MECÂNICA VETORIAL para ENGENHEIROS
ESTÁTICA

Tradução da 9a. ed.

Antônio Eustáquio de Melo Pertence
Doutor em Engenharia Mecânica pela UFMG
Professor aposentado do Departamento de Engenharia Mecânica da UFMG

Revisão técnica da 9a. ed.

Antonio Pertence Júnior
Mestre em Engenharia Mecânica pela UFMG
Ex-professor da Universidade Fumec/MG

Tradução da 11a. ed.

Clara Állyegra Lyra Petter

B415m Beer, Ferdinand P.
          Mecânica vetorial para engenheiros : estática /
       Ferdinand P. Beer, E. Russell Johnston Jr., David F. Mazurek;
       tradução: Clara Állyegra Lyra Petter. – 11. ed. – Porto
       Alegre: AMGH, 2019.
          xvii, [634 p. em várias paginações] : il. color. ; 28 cm. v.1

          ISBN 978-85-8055-621-6 (obra completa). –ISBN 978-
       85-8055-619-3 (v.1). – ISBN 978-85-8055-617-9 (v.2)

          1. Engenharia mecânica. I. Johnston Jr., Russell E. II.
       Mazurek, David F. III. Título.

                                                           CDU 621

Catalogação na publicação: Karin Lorien Menoncin – CRB 10/2147

Ferdinand P. Beer
Ex-professor da Lehigh University

E. Russell Johnston, Jr.
Ex-professor da University of Connecticut

David F. Mazurek
U.S. Coast Guard Academy

MECÂNICA VETORIAL para ENGENHEIROS
Volume 1

ESTÁTICA

COM UNIDADES NO SISTEMA INTERNACIONAL

11ª EDIÇÃO

AMGH Editora Ltda.
2019

Obra originalmente publicada sob o título
Vector Mechanics for Engineers: Statics and Dynamics, 11th Edition
ISBN 9780073398242

Copyright da edição original ©2015, McGraw-Hill Global Education Holdings, LLC.
Todos os direitos reservados.

Gerente editorial: *Arysinha Jacques Affonso*

Colaboraram nesta edição:

Capa: *Marcio Monticelli* (arte sobre capa original)

Imagem da capa: ©shutterstock.com / CL-Medien, One World Trade Center construction in New York City USA Skyline the Big Apple 2

Projeto gráfico e editoração: *Techbooks*

Revisão e conferência de emendas: *Lucas Reis Gonçalves* e *Ildo Orsolin Filho*

Reservados todos os direitos de publicação, em língua portuguesa, à
AMGH EDITORA LTDA., uma parceria entre GRUPO A EDUCAÇÃO S.A. e McGRAW-HILL EDUCATION
Av. Jerônimo de Ornelas, 670 – Santana
90040-340 Porto Alegre RS
Fone: (51) 3027-7000   Fax: (51) 3027-7070

Unidade São Paulo
Rua Doutor Cesário Mota Jr., 63 – Vila Buarque
01221-020 São Paulo SP
Fone: (11) 3221-9033

SAC 0800 703-3444 – www.grupoa.com.br

É proibida a duplicação ou reprodução deste volume, no todo ou em parte, sob quaisquer formas ou por quaisquer meios (eletrônico, mecânico, gravação, fotocópia, distribuição na Web e outros), sem permissão expressa da Editora.

IMPRESSO NO BRASIL
PRINTED IN BRAZIL

Os autores

Ferdinand P. Beer. Nascido na França e educado na França e na Suíça, Ferd era Mestre em Ciências pela Sorbonne e Doutor em Mecânica Teórica pela University of Genebra. Radicou-se nos Estados Unidos após servir ao exército francês no início da Segunda Grande Guerra e lecionar durante quatro anos no Williams College, no programa conjunto Williams-MIT em artes e engenharia. Após trabalhar no Williams College, Ferd ingressou no corpo docente da Lehigh University, onde lecionou durante 37 anos. Ocupou vários cargos, incluindo o de professor emérito da universidade e chefe do Departamento de Engenharia Mecânica. Em 1995, Ferd foi agraciado com o título honorário de Doutor em Engenharia pela Lehigh University.

E. Russell Johnston, Jr. Nascido na Filadélfia, Russ recebeu o título de Bacharel em Engenharia Civil da University of Delaware e o título de Doutor em Engenharia Estrutural do Massachusetts Institute of Tecnology. Lecionou na Lehigh University e no Worcester Polytechnic Institute antes de ingressar na University of Connecticut, onde ocupou o cargo de chefe do Departamento de Engenharia Civil e lecionou por 26 anos. Em 1991, Russ recebeu o prêmio destaque em engenharia civil da seção Connecticut da Sociedade Americana de Engenheiros Civis.

David F. Mazurek. David recebeu o título de Bacharel em Engenharia Oceânica e de Mestre em Engenharia Civil do Florida Institute of Technology e o título de Doutor em Engenharia Civil da University of Connecticut. Trabalhou na Electric Boat Division, da General Dynamics Corporation, e ministrou aulas no Lafayette College antes de entrar para a U. S. Coast Guard Academy em 1990. David é engenheiro profissional registrado em Connecticut e Pensilvânia, e serve desde 1991 no 15° comitê da Associação Americana de Engenharia e Manutenção Ferroviária – estruturas de aço. É conselheiro da Sociedade American de Engenheiros Civis e foi eleito para a Connecticut Academy of Science and Engineering em 2013. Em 2014, recebeu os prêmios Coast Guard Academy's Distinguished Faculty e Center for Advanced Studies Excellence in Scholarship. Seus interesses profissionais incluem engenharia de pontes, perícia em estruturas e projetos com resistência a impacto.

Agradecimentos

Agradecemos especialmente a Amy Mazurek, que verificou cuidadosamente as soluções e respostas de todos os problemas desta edição e preparou as soluções para o *Instructor's and solutions manual*.

Os autores agradecem às várias empresas que forneceram fotografias para esta edição.

É com prazer que agradecemos a David Chelton, que cuidadosamente revisou o texto por completo e propôs muitas sugestões de grande valia para esta edição.

Os autores também são gratos à equipe da McGraw-Hill pelo apoio e dedicação durante a preparação desta nova edição. Gostaríamos de agradecer especialmente as contribuições de Raghu Srinivasan, gerente global de marcas, Thomas Scaife, gerente de marcas, Robin Reed e Joan Weber, desenvolvedores de produtos, Jolynn Kilburge, gerente de conteúdos de projetos, e Lora Neyens, gerente de programas.

David F. Mazurek

Finalmente, os autores agradecem os muitos comentários e sugestões oferecidas pelos grupos de discussão e leitores das edições anteriores deste livro.

George Adams
  Northeastern University
William Altenhof
  University of Windsor
Sean B. Anderson
  Boston University
Manohar Arora
  Colorado School of Mines
Gilbert Baladi
  Michigan State University
Brock E. Barry
  United States Military
Francois Barthelat
  McGill University
Oscar Barton, Jr
  U.S. Naval Academy
M. Asghar Bhatti
  University of Iowa
Shaohong Cheng
  University of Windsor
Philip Datseris
  University of Rhode Island
Daniel Dickrell, III
  University of Florida
Timothy A. Doughty
  University of Portland

Howard Epstein
  University of Connecticut
Asad Esmaeily
  Kansas State University, Civil Engineering Department
David Fleming
  Florida Institute of Technology
Ali Gordon
  University of Central Florida, Orlando
Jeff Hanson
  Texas Tech University
David A. Jenkins
  University of Florida
Shaofan Li
  University of California, Berkeley
Tom Mase
  California Polytechnic State University
Gregory Miller
  University of Washington
William R. Murray Cal Poly
  State University
Eric Musslman
  University of Minnesota, Duluth
Masoud Olia
  Wentworth Institute of Technology
Mark Olles
  Renssalaer Polytechnic Institute

Renee K. B. Petersen
  Washington State University
Carisa Ramming
  Oklahoma State University
Amir G Rezaei
  California State Polytechnic University, Pomona
Martin Sadd
  University of Rhode Island
Stefan Seelecke
  North Carolina State University
Yixin Shao
  McGill University
Muhammad Sharif
  The University of Alabama
Anthony Sinclair
  University of Toronto
Lizhi Sun
  University of California, Irvine
Jeffrey Thomas
  Northwestern University
Robert J. Witt
  University of Wisconsin, Madison
Jiashi Yang
  University of Nebraska
Xiangwa Zeng
  Case Western Reserve University

Prefácio

Objetivos

O principal objetivo de um primeiro curso de mecânica deve ser o de ajudar a desenvolver no estudante a capacidade de analisar problemas de um modo simples e lógico e aplicar princípios básicos à sua resolução. Um entendimento forte e objetivo desses princípios básicos da mecânica é essencial para o sucesso na resolução de problemas dessa área. Espera-se que este livro, assim como o volume seguinte, *Mecânica vetorial para engenheiros: Dinâmica*, possa auxiliar o professor a alcançar esses objetivos.

Abordagem geral

A análise vetorial é apresentada no texto desde o início e usada na apresentação e discussão dos princípios fundamentais da mecânica. Os métodos vetoriais também são usados para resolver problemas, em particular os tridimensionais, nos quais essas técnicas levam a uma solução mais simples e concisa. Todavia, a ênfase deste livro está na compreensão correta dos princípios da mecânica e na sua aplicação à solução de problemas de engenharia, e a análise vetorial é apresentada como uma ferramenta muito útil.*

Aplicações práticas são imediatamente apresentadas. Uma das características da abordagem adotada neste livro é que a mecânica de *partículas* é claramente separada da mecânica de *corpos rígidos*. Essa abordagem permite considerar aplicações práticas simples já em um estágio inicial e postergar a introdução de conceitos mais complexos. Por exemplo:

- No volume *Estática*, a estática de partículas é tratada em primeiro lugar (Cap. 2); após a apresentação das regras de adição e subtração de vetores, o princípio de equilíbrio de uma partícula é imediatamente aplicado a situações práticas que envolvem apenas forças concorrentes. A estática de corpos rígidos é considerada nos Caps. 3 e 4. No Cap. 3, os produtos escalar e vetorial de dois vetores são apresentados e usados para se definir o momento de uma força em relação a um ponto e a um eixo. A apresentação desses novos conceitos é seguida de uma discussão abrangente e rigorosa de sistemas equivalentes de forças, e nos leva, no Cap. 4, a várias aplicações práticas que envolvem o equilíbrio de corpos rígidos sob a ação de sistemas gerais de forças.

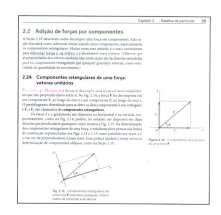

- No volume *Dinâmica*, observa-se a mesma divisão. Os conceitos básicos de força, massa e aceleração, trabalho e energia e de impulso e quantidade de movimento são introduzidos e aplicados primeiramente a problemas que envolvem apenas partículas. Assim, os estudantes podem se familiarizar com os três métodos básicos usados em dinâmica e aprender suas respectivas vantagens antes de se defrontar com dificuldades associadas ao movimento de corpos rígidos.

---

* Em um texto paralelo, em inglês, *Mechanics for Engineers: Statics*, 5ª edição, o uso de álgebra vetorial fica limitado à adição e subtração de vetores.

Novos conceitos são apresentados em termos simples. Considerando que este livro foi desenvolvido para um primeiro curso de estática, novos conceitos são apresentados em termos simples, e cada passo é explicado em detalhe. Por outro lado, discutindo-se os aspectos mais amplos dos problemas e destacando-se os métodos de aplicabilidade geral, atinge-se pleno desenvolvimento da abordagem. Por exemplo, os conceitos de restrições parciais e indeterminação estática são logo apresentados e aplicados do começo ao fim.

Princípios fundamentais são apresentados no contexto de aplicações simples. É destacado o fato de a mecânica ser essencialmente uma ciência *dedutiva*, baseada em poucos princípios fundamentais. As deduções são apresentadas em sua sequência lógica e com todo o rigor permitido nesse nível. Entretanto, como o processo de aprendizagem é amplamente *indutivo*, aplicações simples são consideradas primeiro. Por exemplo:

- A estática de partículas precede a estática de corpos rígidos, e os problemas que envolvem forças internas são postergados até o Cap. 6.
- No Cap. 4, problemas de equilíbrio envolvendo apenas forças coplanares são trabalhados primeiro e resolvidos por álgebra ordinária, enquanto problemas que envolvem forças tridimensionais e que requerem o uso de álgebra vetorial completa são discutidos na segunda parte do capítulo.

Abordagem sistemática da resolução de problemas. Novidade nesta edição do livro, todos os Problemas Resolvidos são solucionados utilizando-se as etapas de Estratégia, Modelagem, Análise e Para refletir. Essa metodologia tem por objetivo dar confiança aos estudantes diante de novos problemas, e eles são encorajados a aplicar essa abordagem na solução de todos os problemas propostos.

Diagramas de corpo livre são usados tanto para resolver problemas de equilíbrio como para expressar a equivalência de sistemas de forças. Diagramas de corpo livre são logo apresentados e sua importância é enfatizada ao longo de todo o texto. Esses diagramas são usados não apenas para resolver problemas de equilíbrio, mas também para exprimir a equivalência de dois sistemas de forças ou, de modo mais geral, de dois sistemas de vetores. A vantagem dessa abordagem torna-se clara no estudo da dinâmica de corpos rígidos, no qual ela é usada para resolver problemas tanto tridimensionais como bidimensionais. Ao se dar ênfase às "equações do diagrama de corpo livre", e não ao padrão das equações do movimento algébricas, é possível atingir uma compreensão mais intuitiva e completa dos princípios fundamentais da dinâmica. Essa abordagem foi introduzida pela primeira vez em 1962, na primeira edição do livro *Mecânica vetorial para engenheiros*, e tem hoje ampla aceitação entre os professores de mecânica dos Estados Unidos. Logo, ela é aplicada preferencialmente ao método do equilíbrio dinâmico e às equações do movimento na solução de todos os problemas resolvidos deste livro.

O Sistema SI é utilizado com consistência. Devido à tendência internacional e industrial de adotar o sistema internacional de unidades (SI), as unidades de medida do SI mais utilizadas na mecânica são apresentadas no Capítulo 1 e utilizadas ao longo do texto. O SI é um sistema absoluto baseado em unidades de tempo, distância e massa. Quando as unidades SI são utilizadas, um corpo geralmente tem sua massa expressa em quilogramas. Na maior parte dos problemas de estática será necessário determinar o peso do corpo em newtons; nesse caso, um cálculo adicional será necessário.

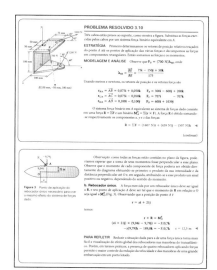

Seções opcionais oferecem tópicos avançados ou especializados. Um grande número de seções opcionais foi incluído. Essas seções podem ser omitidas sem prejuízo do entendimento do restante do texto e são indicadas por asterisco, de modo que o leitor possa distingui-las facilmente daquelas que constituem o núcleo do curso básico de estática.

Entre os tópicos abordados nessas seções adicionais encontram-se a redução de um sistema de forças a um torsor, aplicações à hidrostática, equilíbrio de cabos, produtos de inércia e círculo de Mohr, determinação dos eixos principais e momentos de inércia de um corpo de formato arbitrário e o método dos trabalhos virtuais. As seções sobre propriedades de inércia de corpos tridimensionais são direcionadas principalmente aos estudantes que, mais tarde, realizarão estudos em dinâmica do movimento tridimensional de corpos rígidos.

O material apresentado no texto e a maioria dos problemas não requerem conhecimento matemático prévio além de álgebra, trigonometria e cálculo elementar; todos os elementos de álgebra vetorial necessários ao entendimento do texto são cuidadosamente apresentados nos Caps. 2 e 3. Em geral, é dada maior ênfase à compreensão correta dos conceitos matemáticos básicos envolvidos do que à manipulação expedita de fórmulas matemáticas. Nesse contexto, deve-se mencionar que a determinação dos centroides de áreas compostas precede o cálculo de centroides por integração, tornando possível, então, estabelecer firmemente o conceito de momento de uma área antes de se introduzir o uso de integração.

Suplementos. Um pacote de suplementos destinados aos professores está disponível em loja.grupoa.com.br, na área do professor (sob proteção de senha). Lá constam, em inglês, o manual do professor, os exercícios com soluções e os resumos de cada capítulo. Os estudantes também estão convidados a se cadastrar no site para ter acesso aos problemas de computador e às apresentações PPT® com as imagens do livro.

Lista de símbolos

a	Constante; raio; distância	p	Pressão
A, B, C, ...	Reações em apoios e conexões	**P**	Força; vetor
$A, B, C,$ ...	Pontos	**Q**	Força; vetor
A	Área	**r**	Vetor de posição
b	Largura; distância	r	Raio; distância; coordenada polar
c	Constante	**R**	Força resultante; vetor resultante; reação
C	Centroide	R	Raio da Terra
d	Distância	**s**	Vetor de posição
e	Base dos logaritmos naturais	s	Comprimento de arco; comprimento de cabo
F	Força; força de atrito	**S**	Força; vetor
g	Aceleração da gravidade	t	Espessura
G	Centro de gravidade; constante gravitacional	**T**	Força
h	Altura; flecha de cabo	T	Tração
i, j, k	Vetores unitários ao longo dos eixos coordenados	U	Trabalho
$I, I_x, \ldots$	Momentos de inércia	**V**	Produto vetorial; força cortante
$\bar{I}$	Momento de inércia em relação ao centroide	V	Volume; energia potencial; esforço cortante
$I_{xy}, \ldots$	Produtos de inércia	w	Carga por unidade de comprimento
J	Momento de inércia polar	**W**, W	Peso; carga
k	Constante de mola	x, y, z	Coordenadas retangulares; distâncias
k_x, k_y, k_O	Raios de giração	$\bar{x}, \bar{y}, \bar{z}$	Coordenadas retangulares do centroide ou do centro de gravidade
$\bar{k}$	Raio de giração em relação ao centroide	α, β, γ	Ângulos
l	Comprimento	γ	Peso específico
L	Comprimento; vão	δ	Alongamento
m	Massa	$\delta\mathbf{r}$	Deslocamento virtual
M	Binário; momento	δU	Trabalho virtual
M$_O$	Momento em relação ao ponto O	**λ**	Vetor unitário ao longo de uma linha
M$_O^R$	Momento resultante em relação ao ponto O	η	Eficiência
M	Intensidade do binário ou momento; massa da Terra	θ	Coordenada angular; ângulo; coordenada polar
M_{OL}	Momento em relação ao eixo OL	μ	Coeficiente de atrito
N	Componente normal da reação	ρ	Massa específica
O	Origem das coordenadas	ϕ	Ângulo de atrito; ângulo

Sumário

1 Introdução 1

- 1.1 O que é mecânica? 2
- 1.2 Conceitos e princípios fundamentais 3
- 1.3 Sistemas de unidades 6
- 1.4 Conversão entre dois sistemas de unidades 10
- 1.5 Método de resolução de problemas 12
- 1.6 Precisão numérica 14

2 Estática de partículas 15

- 2.1 Adição de forças no plano 16
- 2.2 Adição de forças por componentes 29
- 2.3 Forças e equilíbrio em um plano 39
- 2.4 Adição de forças no espaço 52
- 2.5 Forças e equilíbrio no espaço 66

    Revisão e resumo 75

    Problemas de revisão 79

3 Corpos rígidos: sistemas equivalentes de forças 82

- 3.1 Forças e momentos 84
- 3.2 Momento de uma força em relação a um eixo 105
- 3.3 Binários e sistemas força-binário 120
- 3.4 Simplificando os sistemas de forças 136

    Revisão e resumo 161

    Problemas de revisão 166

4 Equilíbrio de corpos rígidos 169

4.1 Equilíbrio em duas dimensões 172
4.2 Dois casos especiais 195
4.3 Equilíbrio em três dimensões 204

Revisão e resumo 225
Problemas de revisão 227

5 Forças distribuídas: centroides e centros de gravidade 230

5.1 Centros planares de gravidade e centroides 232
5.2 Considerações adicionais sobre centroides 249
5.3 Aplicações adicionais dos centroides 262
5.4 Centros de gravidade e centroides de sólidos 273

Revisão e resumo 291
Problemas de revisão 295

6 Análise de estruturas 297

6.1 Análise de treliças 299
6.2 Outras análises de treliças 317
6.3 Estruturas 330
6.4 Máquinas 348

Revisão e resumo 361
Problemas de revisão 364

7 Forças internas 367

7.1 Forças internas em elementos 368
7.2 Vigas 378
7.3 Relações entre carregamento, esforço cortante e momento fletor 391
*7.4 Cabos 403
*7.5 Catenária 416

Revisão e resumo 424
Problemas de revisão 427

8 Atrito   429

8.1 As leis de atrito seco   431
8.2 Cunhas e parafusos   450
*8.3 Atrito em eixos, discos e rodas   459
8.4 Atrito em correia   469

Revisão e resumo   479
Problemas de revisão   482

9 Forças distribuídas: momentos de inércia   485

9.1 Momentos de inércia de superfícies   487
9.2 Teorema dos eixos paralelos e superfícies compostas   498
*9.3 Transformação dos momentos de inércia   513
*9.4 Círculo de Mohr para momentos de inércia   523
9.5 Momentos de inércia dos corpos   529
*9.6 Momentos de inércia dos corpos: outros conceitos   549

Revisão e resumo   564
Problemas de revisão   570

10 Método do trabalho virtual   573

*10.1 O método básico   574
*10.2 Trabalho, energia potencial e estabilidade   595

Revisão e resumo   609
Problemas de revisão   612

Respostas   R1

Créditos das fotos   C1

Índice   I1

* Tópicos avançados ou especializados

1
Introdução

Maior arranha-céu do Hemisfério Norte, o One World Trade Center se destaca no horizonte da cidade de Nova York. De suas fundações a seus componentes estruturais e sistemas mecânicos, o projeto e a operação da torre baseiam-se nos fundamentos da engenharia mecânica.

1.1 O que é mecânica?
1.2 Conceitos e princípios fundamentais
1.3 Sistemas de unidades
1.4 Conversão entre dois sistemas de unidades
1.5 Método de resolução de problemas
1.6 Precisão numérica

Objetivos

- **Definir** a ciência da mecânica e examinar seus princípios fundamentais.
- **Discutir** e comparar o Sistema Internacional de Unidades e o Sistema Usual nos Estados Unidos.
- **Discutir** como abordar a solução de problemas da mecânica e introduzir a metodologia SMART de solução de problemas.
- **Examinar** os fatores que governam a precisão numérica na solução dos problemas da mecânica.

1.1 O que é mecânica?

A mecânica pode ser definida como a ciência que descreve e prevê as condições de repouso ou movimento dos corpos sob a ação de forças. Ela é composta pela mecânica dos *corpos rígidos*, mecânica dos *corpos deformáveis* e mecânica dos *fluidos*.

A mecânica dos corpos rígidos é subdividida em **estática** e **dinâmica**. A estática trata dos corpos em repouso; a dinâmica, dos corpos em movimento. Nesta parte do estudo da mecânica, os corpos são considerados perfeitamente rígidos. No entanto, as estruturas e máquinas reais nunca são absolutamente rígidas; elas se deformam sob a ação das cargas a que estão sujeitas. Essas deformações, contudo, geralmente são pequenas e não afetam de modo apreciável as condições de equilíbrio ou movimento da estrutura em consideração. São importantes, por outro lado, quando considerada a resistência da estrutura, e são estudadas em mecânica dos materiais, que é parte da mecânica dos corpos deformáveis. A terceira divisão da mecânica, a mecânica dos fluidos, é subdividida no estudo de *fluidos incompressíveis* e de *fluidos compressíveis*. Uma importante subdivisão do estudo dos fluidos incompressíveis é a *hidráulica*, que trata dos problemas que envolvem a água.

A mecânica é uma ciência física, pois trata do estudo de fenômenos físicos. Todavia, alguns associam a mecânica à matemática, enquanto muitos a consideram um assunto de engenharia. Em parte, ambos os pontos de vista são justificáveis. A mecânica constitui a base de muitas ciências da engenharia, sendo um pré-requisito indispensável para seu estudo. Contudo, não apresenta o *empirismo* encontrado em algumas ciências da engenharia, ou seja, não se baseia apenas na experiência e na observação. Pelo seu rigor e pela ênfase que coloca no raciocínio dedutivo, a mecânica se assemelha à matemática. Apesar disso, a mecânica não é uma ciência *abstrata* nem tampouco *pura*; a mecânica é uma ciência *aplicada*.

O propósito da mecânica é explicar e prever fenômenos físicos e, desse modo, estabelecer os fundamentos para aplicações de engenharia. É preciso conhecer estática para determinar a força que será exercida sobre um ponto no projeto de uma ponte e se sua estrutura poderá suportar tal força. Determinar a força exercida pela água que uma represa em um rio precisa suportar requer conhecimento de estática. A estática é necessária para calcular quanto peso um guindaste pode levantar, quanta força uma locomotiva precisa para parar um trem de carga, ou quanta força uma placa de circuito em um computador pode suportar. Os conceitos da dinâmica permitem analisar as características do voo de um jato, projetar uma edificação para resistir a terremotos, reduzir o choque a vibração para os passageiros dentro de um veículo. Eles ainda possibilitam calcular quanta força é necessária para colocar um satélite em órbita, para acelerar um navio de cruzeiro de 200 mil toneladas, ou para projetar um caminhão de brinquedo que não quebre. Neste curso, você não aprenderá a fazer essas coisas, mas as ideias e métodos aprendidos aqui serão a base dos problemas de engenharia que você encontrará em seu trabalho.

1.2 Conceitos e princípios fundamentais

Embora o estudo da mecânica remonte aos tempos de Aristóteles (384-322 a.C.) e Arquimedes (287-212 a.C.), foi preciso esperar até Newton (1642-1727) para que houvesse uma formulação satisfatória de seus princípios fundamentais. Esses princípios foram posteriormente expressos de maneira diferente por d'Alembert, Lagrange e Hamilton. No entanto, sua validade permaneceu incontestada, até Einstein formular sua **teoria da relatividade** (1905). Apesar de suas limitações serem hoje reconhecidas, a **mecânica newtoniana** ainda continua sendo a base das ciências da engenharia atuais.

Os conceitos básicos usados em mecânica são os de *espaço*, *tempo*, *massa* e *força*. Esses conceitos não podem ser verdadeiramente definidos; devem ser aceitos com base em nossa intuição e experiência e usados como um conjunto de referências mentais para o nosso estudo de mecânica.

O conceito de **espaço** está associado à noção de posição de um ponto *P*. A posição de *P* pode ser definida por três comprimentos medidos a partir de um determinado ponto de referência, ou *origem*, segundo três direções dadas. Esses comprimentos são conhecidos como *coordenadas* de *P*.

Para definir um evento, não é suficiente indicar a sua posição no espaço. O **tempo** do evento também deve ser fornecido.

O conceito de **massa** é usado para caracterização e comparação de corpos com base em certos experimentos mecânicos fundamentais. Dois corpos de mesma massa, por exemplo, serão atraídos pela Terra de modo idêntico e irão oferecer a mesma resistência a uma variação de movimento de translação.

Uma **força** representa a ação de um corpo sobre outro. A força pode ser exercida por contato direto ou à distância, como no caso das forças gravitacionais e magnéticas. Uma força é caracterizada pelo seu *ponto de aplicação*, sua *intensidade* e sua *direção*; uma força é representada por um *vetor* (Seção 2.1B).

Na mecânica newtoniana, espaço, tempo e massa são conceitos absolutos, independentes entre si. (Isto não vale para **mecânica relativística**, na qual o tempo de um evento depende da sua posição e a massa de um corpo varia com sua velocidade.) Por outro lado, o conceito de força não é independente dos outros três. De fato, um dos princípios fundamentais da mecânica newtoniana listados adiante estabelece que a força resultante que atua sobre um corpo está relacionada à massa do corpo e ao modo pelo qual sua velocidade varia com o tempo.

Estudaremos as condições de repouso ou movimento de partículas e de corpos rígidos em termos dos quatro conceitos básicos que acabamos de apresentar. Por **partícula** entendemos uma quantidade de matéria muito pequena e que, por hipótese, ocupa um único ponto no espaço. Um **corpo rígido** é uma combinação de um grande número de partículas que ocupam posições fixas umas em relação às outras. O estudo da mecânica de partículas é obviamente um pré-requisito para o estudo dos corpos rígidos. Além disso, os resultados obtidos para uma partícula podem ser usados diretamente em um grande número de problemas que tratam das condições de repouso ou movimento de corpos reais.

O estudo da mecânica elementar se baseia em seis princípios fundamentais, baseados em evidências experimentais.

- **A lei do paralelogramo para a adição de forças.** Duas forças que atuam sobre uma partícula podem ser substituídas por uma única força, denominada *resultante*, obtida traçando-se a diagonal do paralelogramo cujos lados são iguais às forças dadas (Seção 2.1A).
- **O princípio da transmissibilidade.** As condições de equilíbrio ou movimento de um corpo rígido permanecerão inalteradas se uma força que atue em um dado ponto do corpo rígido for substituída por uma força de igual magnitude e de igual direção, porém atuando em um ponto diferente, desde que as duas forças tenham a mesma linha de ação (Seção 3.1B).
- **Três leis de Newton do movimento.** Formuladas por Sir Isaac Newton no final do século XVII, essas leis podem ser enunciadas da seguinte maneira:

  PRIMEIRA LEI. Se a força resultante que atua sobre uma partícula é nula, a partícula permanecerá em repouso (se originalmente em repouso) ou se moverá à velocidade constante em linha reta (se originalmente em movimento). (Seção 2.3B).

  SEGUNDA LEI. Se a força resultante que atua sobre uma partícula não for nula, a partícula terá uma aceleração de intensidade proporcional à intensidade da resultante e na mesma direção dessa força resultante.

  Conforme você verá na Seção 12.1, essa lei pode ser estabelecida como:

  $$\mathbf{F} = m\mathbf{a} \qquad (1.1)$$

  onde **F**, m e **a** representam, respectivamente, a força resultante que atua sobre a partícula, a massa da partícula e a aceleração da partícula, expressas em um sistema de unidades consistente.

  TERCEIRA LEI. As forças de ação e reação entre corpos em contato têm a mesma intensidade, a mesma linha de ação e sentidos opostos (Capítulo 6, Introdução).

- **Lei de Newton da gravitação.** Duas partículas de massa M e m são mutuamente atraídas com forças iguais e opostas **F** e $-\mathbf{F}$ de magnitude F (Fig. 1.1), dada pela expressão

  $$F = G\frac{Mm}{r^2} \qquad (1.2)$$

  onde r = distância entre as duas partículas e G = uma constante universal denominada *constante gravitacional*. A lei de Newton da gravitação introduz a ideia de uma ação exercida a distância e amplia a faixa de aplicação da terceira lei de Newton: a ação **F** e a reação $-\mathbf{F}$ na Fig. 1.1 são iguais e opostas, e têm a mesma linha de ação.

Um caso particular de grande importância é a atração exercida pela Terra sobre uma partícula localizada na sua superfície. A força **F** exercida pela Terra

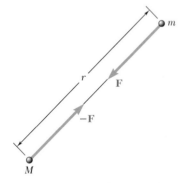

Figura 1.1 De acordo com a lei de Newton da gravitação, duas partículas de massa M e m exercem sobre si força de igual intensidade, direção oposta e mesma linha de ação. Isso também ilustra a terceira lei de Newton do movimento.

sobre a partícula é então definida como o **peso W** (do inglês, *weight*) da partícula. Suponha que M igual à massa da Terra, m igual à massa da partícula e r igual ao raio R da Terra; introduzindo-se a constante

$$g = \frac{GM}{R^2} \quad (1.3)$$

podemos demonstrar a intensidade W do peso de uma partícula de massa m como*

$$W = mg \quad (1.4)$$

O valor de R na Eq. (1.3) depende da altitude do ponto considerado; depende também da sua latitude, pois a Terra não é perfeitamente esférica. Portanto, o valor de g varia com a posição do ponto considerado. Entretanto, desde que o ponto realmente permaneça sobre a superfície da Terra, basta, na maior parte dos cálculos de engenharia, admitir que g seja igual a 9,81 m/s².

Os princípios que acabamos de listar serão apresentados ao longo de nosso estudo de mecânica quando necessário. O estudo da estática de partículas realizado no Cap. 2 será baseado somente na lei do paralelogramo para a adição de forças e na primeira lei de Newton. O princípio de transmissibilidade será apresentado no Cap. 3, quando iniciarmos o estudo da estática de corpos rígidos, e a terceira lei de Newton será apresentada no Cap. 6, quando formos analisar as forças exercidas entre si pelos vários elementos que formam uma estrutura. A segunda lei de Newton e a lei de Newton da gravitação serão apresentadas no estudo da dinâmica. Veremos, então, que a primeira lei de Newton é um caso particular da segunda lei de Newton (Seção 12.1) e que o princípio de transmissibilidade poderia ser deduzido a partir dos outros princípios, podendo assim ser eliminado (Seção 16.1D). Todavia, a primeira e a terceira leis de Newton, a lei do paralelogramo para a adição de forças e o princípio de transmissibilidade irão, por enquanto, nos prover dos fundamentos necessários e suficientes para o estudo completo da estática de partículas, de corpos rígidos e de sistemas de corpos rígidos.

Conforme observamos anteriormente, os seis princípios fundamentais já listados são baseados em evidência experimental. Com exceção da primeira lei de Newton e do princípio de transmissibilidade, são princípios independentes que não podem ser deduzidos matematicamente a partir dos demais ou a partir de qualquer outro princípio físico elementar. Sobre esses princípios está baseada a maior parte da intricada estrutura da mecânica newtoniana. Por mais de dois séculos, um número espantoso de problemas, tratando das condições de repouso e movimento de corpos rígidos, de corpos deformáveis e de fluidos, foi resolvido pela aplicação desses princípios fundamentais. Muitas das soluções obtidas puderam ser verificadas experimentalmente, fornecendo assim uma verificação adicional dos princípios a partir dos quais foram obtidas. Apenas no final do século XIX e início do XX é que a mecânica de Newton foi colocada em cheque, no estudo do movimento dos átomos e no estudo do movimento de certos planetas, situações em que ela teve de ser suplementada pela teoria da relatividade. Mas, em uma escala humana ou da engenharia, na qual as velocidades são pequenas comparadas com a velocidade da luz, a mecânica de Newton ainda não foi refutada.

Foto 1.1 Quando em órbita da Terra, diz-se que as pessoas e os objetos ficam sem peso, muito embora a força gravitacional atuante seja aproximadamente 90% daquela experimentada sobre a superfície da Terra. Essa aparente contradição será resolvida no Cap. 12, quando aplicarmos a segunda lei de Newton ao movimento de partículas.

---

* Uma definição mais precisa do peso **W** deveria levar em conta a rotação da Terra.

1.3 Sistemas de unidades

Associadas aos quatro conceitos fundamentais apresentados na seção anterior, estão as chamadas *unidades cinéticas*, isto é, as unidades de *comprimento, tempo, massa* e *força*. Essas unidades não podem ser escolhidas sem critério se quisermos satisfazer as condições da Eq. (1.1). Três dessas unidades podem ser definidas arbitrariamente; elas são denominadas **unidades básicas**. A quarta unidade, porém, deve ser escolhida de acordo com a Eq. (1.1) e denomina-se **unidade derivada**. Diz-se então que as unidades cinéticas assim selecionadas formam um **sistema de unidades consistente**.

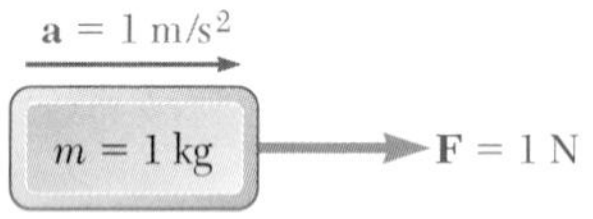

Sistema Internacional de Unidades (Unidades do SI). Nesse sistema, que será de uso universal quando os Estados Unidos completarem sua conversão às unidades do SI, as unidades básicas são as de comprimento, massa e tempo, denominadas, respectivamente, **metro** (m), **quilograma** (kg) e **segundo** (s). As três são definidas arbitrariamente. O segundo, originalmente escolhido para representar 1/86.400 do dia solar médio, é agora definido como a duração de 9.192.631.770 períodos da radiação correspondente à transição entre dois níveis do estado fundamental do átomo de césio-133. O metro, originalmente definido como um décimo de milionésimo da distância do equador a cada polo, é agora definido como 1.650.763,73 comprimentos de onda da luz laranja-vermelha, que correspondem a certa transição em um átomo de criptônio-86. (As definições mais recentes são muito mais precisas, e com a instrumentação moderna, são mais fáceis de serem verificadas como um padrão.) O quilograma, que é aproximadamente igual à massa de 0,001 m^3 de água, é definido como a massa de um padrão de platina-irídio mantido no Bureau Internacional de Pesos e Medidas, em Sèvres, próximo a Paris, França. A unidade de força é uma unidade derivada. Denomina-se **newton** (N) e é definida como a força que imprime uma aceleração de 1 m/s^2 a uma massa de 1 kg (Fig. 1.2). Da Eq. (1.1), temos

$$1 \text{ N} = (1 \text{ kg})(1 \text{ m/s}^2) = 1 \text{ kg·m/s}^2 \qquad (1.5)$$

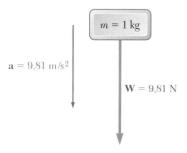

Figura 1.2 Uma força de 1 newton aplicada a um corpo de massa 1 kg imprime uma aceleração de 1 m/s^2.

Figura 1.3 Um corpo de massa 1 kg em aceleração devido à gravidade de 9,81 m/s^2 tem um peso de 9,81 N.

Diz-se que as unidades do SI formam um sistema *absoluto* de unidades. Isso significa que as três unidades básicas escolhidas são independentes do local em que as medições são feitas. O metro, o quilograma e o segundo podem ser usados em qualquer lugar da Terra; podem ser usados, inclusive, em outro planeta, e sempre terão o mesmo significado.

O *peso* de um corpo, ou a *força da gravidade* exercida sobre esse corpo, deve ser expresso em newtons, como qualquer outra força. Da Eq. (1.4), segue-se que o peso de um corpo de 1 kg de massa (Fig. 1.3) é

$$W = mg$$
$$= (1 \text{ kg})(9,81 \text{ m/s}^2)$$
$$= 9,81 \text{ N}$$

Múltiplos e submúltiplos das unidades fundamentais do SI podem ser obtidos pelo uso dos prefixos definidos na Tabela 1.1. Os múltiplos e submúltiplos das unidades de comprimento, massa e força usados mais frequentemente em engenharia são, respectivamente, o *quilômetro* (km) e o *milímetro* (mm); o *me-*

Tabela 1.1 Prefixos SI

Fator de multiplicação	Prefixo	Símbolo
$1.000.000.000.000 = 10^{12}$	tera	T
$1.000.000.000 = 10^{9}$	giga	G
$1.000.000 = 10^{6}$	mega	M
$1.000 = 10^{3}$	kilo	k
$100 = 10^{2}$	hecto*	h
$10 = 10^{1}$	deka*	da
$0,1 = 10^{-1}$	deci*	d
$0,01 = 10^{-2}$	centi*	c
$0,001 = 10^{-3}$	milli	m
$0,000.001 = 10^{-6}$	micro	μ
$0,000.000.001 = 10^{-9}$	nano	n
$0,000.000.000.001 = 10^{-12}$	pico	p
$0,000.000.000.000.001 = 10^{-15}$	femto	f
$0,000.000.000.000.000.001 = 10^{-18}$	atto	a

*O uso desses prefixos deve ser evitado, exceto para a medição de áreas e volumes e para o uso não técnico do centímetro, como no caso das medidas do corpo e de roupas.

gagrama (Mg)* e o *grama* (g); e o *quilonewton* (kN). De acordo com a Tabela 1.1, temos

$$1 \text{ km} = 1.000 \text{ m} \quad 1 \text{ mm} = 0,001 \text{ m}$$
$$1 \text{ Mg} = 1.000 \text{ kg} \quad 1 \text{ g} = 0,001 \text{ kg}$$
$$1 \text{ kN} = 1.000 \text{ N}$$

A conversão dessas unidades em metros, quilogramas e newtons, respectivamente, pode ser efetuada pelo simples movimento da vírgula decimal três casas para a direita ou para a esquerda. Por exemplo, para converter 3,82 km em metros, move-se a vírgula decimal três casas para a direita:

$$3,82 \text{ km} = 3.820 \text{ m}$$

Analogamente, 47,2 mm são convertidos em metros movendo-se a vírgula decimal três casas para a esquerda:

$$47,2 \text{ mm} = 0,0472 \text{ m}$$

Usando notação científica, pode-se escrever também

$$3,82 \text{ km} = 3,82 \times 10^{3} \text{ m}$$
$$47,2 \text{ mm} = 47,2 \times 10^{-3} \text{ m}$$

Os múltiplos da unidade de tempo são o *minuto* (min) e a *hora* (h). Uma vez que 1 min = 60 s e 1 h = 60 min = 3.600 s, esses múltiplos não podem ser convertidos tão prontamente como os outros.

Usando-se o múltiplo ou submúltiplo apropriado de uma dada unidade, é possível evitar a escrita de números muito grandes ou muito pequenos. Por exemplo, geralmente é mais simples escrever 427,2 km em vez de 427.200 m, e 2,16 mm em vez de 0,00216 m.

---

* Também conhecido como *tonelada métrica*.

Unidades de área e volume. A unidade de área é o *metro quadrado* (m²), que representa a área de um quadrado de 1 m de lado; a unidade de volume é o *metro cúbico* (m³), igual ao volume de um cubo de 1 m de lado. Para evitar valores numéricos excessivamente pequenos ou grandes no cálculo de áreas e volumes, utilizam-se sistemas de subunidades, obtidos, respectivamente, pela elevação ao quadrado e ao cubo não só do milímetro mas também de dois submúltiplos intermediários do metro, a saber, o *decímetro* (dm) e o *centímetro* (cm). Por definição,

$$1 \text{ dm} = 0{,}1 \text{ m} = 10^{-1} \text{ m}$$
$$1 \text{ cm} = 0{,}01 \text{ m} = 10^{-2} \text{ m}$$
$$1 \text{ mm} = 0{,}001 \text{ m} = 10^{-3} \text{ m}$$

os submúltiplos da unidade de área são

$$1 \text{ dm}^2 = (1 \text{ dm})^2 = (10^{-1} \text{ m})^2 = 10^{-2} \text{ m}^2$$
$$1 \text{ cm}^2 = (1 \text{ cm})^2 = (10^{-2} \text{ m})^2 = 10^{-4} \text{ m}^2$$
$$1 \text{ mm}^2 = (1 \text{ mm})^2 = (10^{-3} \text{ m})^2 = 10^{-6} \text{ m}^2$$

e os submúltiplos da unidade de volume são

$$1 \text{ dm}^3 = (1 \text{ dm})^3 = (10^{-1} \text{ m})^3 = 10^{-3} \text{ m}^3$$
$$1 \text{ cm}^3 = (1 \text{ cm})^3 = (10^{-2} \text{ m})^3 = 10^{-6} \text{ m}^3$$
$$1 \text{ mm}^3 = (1 \text{ mm})^3 = (10^{-3} \text{ m})^3 = 10^{-9} \text{ m}^3$$

Deve-se notar que, ao medir-se o volume de um líquido, em geral se refere ao decímetro cúbico (dm³) como *litro* (L).

Outras unidades derivadas do SI usadas para se medir o momento de uma força, o trabalho de uma força, etc. estão mostradas na Tabela 1.2. Embora essas unidades venham a ser apresentadas em capítulos subsequentes, quando

Tabela 1.2 Principais unidades do SI usadas em mecânica

Grandeza	Unidade	Símbolo	Fórmula
Aceleração	Metro por segundo ao quadrado	...	m/s²
Ângulo	Radiano	rad	*
Aceleração angular	Radiano por segundo ao quadrado	...	rad/s²
Velocidade angular	Radiano por segundo	...	rad/s
Área	Metro quadrado	...	m²
Massa específica	Quilograma por metro cúbico	...	kg/m³
Energia	Joule	J	N · m
Força	Newton	N	kg · m/s²
Frequência	Hertz	Hz	s⁻¹
Impulso	Newton-segundo	...	kg · m/s
Comprimento	Metro	m	**
Massa	Quilograma	kg	**
Momento de uma força	Newton-metro	...	N · m
Potência	Watt	W	J/s
Pressão	Pascal	Pa	N/m²
Tensão	Pascal	Pa	N/m²
Tempo	Segundo	s	**
Velocidade	Metro por segundo	...	m/s
Volume			m³
Sólidos	Metro cúbico	...	10⁻³ m³
Líquidos	Litro	L	
Trabalho	Joule	J	N · m

* Unidade suplementar (1 revolução = 2π rad = 360°).
** Unidade básica.

necessário, devemos observar desde já uma regra importante: quando uma unidade derivada for obtida pela divisão de uma unidade básica por outra unidade básica, poderá ser usado um prefixo no numerador da unidade derivada, mas não no denominador. Por exemplo, a constante k de uma mola que se estende 20 mm sob uma carga de 100 N será expressa como

$$k = \frac{100 \text{ N}}{20 \text{ mm}} = \frac{100 \text{ N}}{0{,}020 \text{ m}} = 5000 \text{ N/m} \quad \text{ou} \quad k = 5 \text{ kN/m}$$

porém, jamais como $k = 5$ N/mm.

Unidades usuais nos EUA. A maioria dos engenheiros americanos usa um sistema em que as unidades básicas são as de comprimento, força e tempo. Essas unidades são, respectivamente, o *pé* (ft, do inglês *foot*), a *libra* (lb) e o *segundo* (s). O segundo corresponde à unidade do SI. O pé é definido como 0,3048 m. A libra é definida como o peso de um padrão de platina, denominado libra padrão, que é mantido no Instituto Nacional de Padrões e Tecnologia dos Estados Unidos, nos arredores de Washington, cuja massa equivale a 0,45359243 kg. Uma vez que o peso de um corpo depende da atração gravitacional da Terra, que varia com o local, especifica-se que a libra padrão seja colocada ao nível do mar, a uma latitude de 45°, para se definir apropriadamente uma força de 1 lb. Obviamente, as unidades usuais nos Estados Unidos não formam um sistema absoluto de unidades. Em virtude da sua dependência da atração gravitacional da Terra, formam um sistema de unidades *gravitacional*.

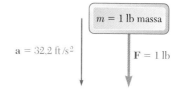

Figura 1.4 Um corpo de massa 1 libra submetido a uma força de 1 libra tem uma aceleração de 32,2 ft/s².

Ainda que a libra padrão também sirva como unidade de massa em transações comerciais nos Estados Unidos, não pode ser usada desse modo em cálculos de engenharia, pois tal unidade não seria consistente com as unidades básicas definidas no parágrafo precedente. De fato, quando submetida a uma força de 1 lb, isto é, quando sujeita à força da gravidade, a libra padrão recebe a aceleração da gravidade, $g = 32{,}2$ ft/s² (Fig. 1.4), e não a aceleração unitária requerida pela Eq. (1.1). A unidade de massa consistente com o pé, a libra e o segundo é a massa que recebe uma aceleração de 1 ft/s² quando submetida a uma força de 1 lb (Fig. 1.5). Essa unidade, às vezes chamada de *slug*, pode ser deduzida da equação $F = ma$, após substituição de 1 lb e 1 ft/s² por F e a, respectivamente. Escrevemos

$$F = ma \quad 1 \text{ lb} = (1 \text{ slug})(1 \text{ ft/s}^2)$$

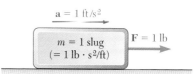

Figura 1.5 Uma força de 1 libra aplicada a um corpo de massa 1 slug produz uma aceleração de 1 ft/s².

Para obter

$$1 \text{ slug} = \frac{1 \text{ lb}}{1 \text{ ft/s}^2} = 1 \text{ lb} \cdot \text{s}^2/\text{ft} \quad (1.6)$$

Comparando as Figs. 1.4 e 1.5, concluímos que o slug é uma massa 32,2 vezes maior que a massa da libra padrão.

O fato dos corpos, no sistema de unidades usuais nos Estados Unidos, serem caracterizados pelo seu peso em libras, em vez de sua massa em slugs, será conveniente no estudo de estática, no qual lidamos constantemente com pesos e outras forças e apenas raramente com massas. Porém, no estudo de dinâmica, que envolve forças, massas e acelerações, a massa m de um corpo será expressa em slugs quando seu peso W for dado em libras. Voltando à Eq. (1.4), escrevemos

$$m = \frac{W}{g} \quad (1.7)$$

onde g é a aceleração da gravidade ($g = 32{,}2$ ft/s²).

Outras unidades usuais nos Estados Unidos, frequentemente encontradas em problemas de engenharia, são a *milha* (mi), igual a 5.280 ft; a *polegada* (in, do inglês *inch*), igual a 1/12 ft; e a *quilolibra* (kip, do inglês *kilo-pound*), igual à força de 1.000 lb. A unidade *ton* é frequentemente usada para representar a massa de 2.000 lb mas, assim como a libra, deve ser convertida em slugs nos cálculos de engenharia.

A conversão em pés, libras e segundos de grandezas expressas nessas outras unidades geralmente é mais complicada e requer maior atenção que as operações correspondentes nas unidades do SI. Por exemplo, se a intensidade de uma velocidade é dada como $v = 30$ mi/h, a conversão para ft/s é feita da seguinte maneira. Primeiro, escrevemos: Primeiro, escrevemos

$$v = 30 \frac{mi}{h}$$

Uma vez que desejamos nos livrar da unidade milhas e passar para a unidade pés, devemos multiplicar o segundo membro da equação por uma expressão que contenha milhas no denominador e pés no numerador. Mas, como não queremos alterar o valor do segundo membro, a expressão usada deve ter um valor igual à unidade. O quociente (5.280 ft)/(1 mi) é a expressão desejada. De modo semelhante, para transformar a unidade hora em segundos, escrevemos

$$v = \left(30 \frac{mi}{h}\right)\left(\frac{5280 \text{ ft}}{1 \text{ mi}}\right)\left(\frac{1 \text{ h}}{3600 \text{ s}}\right)$$

Efetuando os cálculos numéricos e cancelando as unidades que aparecem tanto no numerador como no denominador, obtemos

$$v = 44 \frac{\text{ft}}{\text{s}} = 44 \text{ ft/s}$$

1.4 Conversão entre dois sistemas de unidades

Em diversas ocasiões, um engenheiro deseja converter um resultado numérico obtido em unidades usuais nos Estados Unidos em unidades do SI ou vice-versa. Como a unidade de tempo é a mesma em ambos os sistemas, apenas duas unidades cinéticas básicas precisam ser convertidas. Logo, como todas as outras unidades cinéticas podem ser derivadas das unidades básicas, é preciso lembrar apenas dois fatores de conversão.

Unidades de comprimento. Por definição, a unidade de comprimento usual nos Estados Unidos é

$$1 \text{ ft} = 0{,}3048 \text{ m} \tag{1.8}$$

Segue-se que

$$1 \text{ mi} = 5280 \text{ ft} = 5280(0{,}3048 \text{ m}) = 1609 \text{ m}$$

ou

$$1 \text{ mi} = 1{,}609 \text{ km} \tag{1.9}$$

Além disso,

$$1 \text{ in.} = \frac{1}{12} \text{ ft} = \frac{1}{12}(0{,}3048 \text{ m}) = 0{,}0254 \text{ m}$$

ou

$$1 \text{ in.} = 25{,}4 \text{ mm} \quad (1.10)$$

Unidades de força. Lembrando que a unidade de força usual nos Estados Unidos (a libra) é definida como o peso da libra padrão (de massa 0,4536 kg) no nível do mar e a uma latitude de 45° (onde $g = 9{,}807$ m/s^2), e aplicando a Eq. (1.4), escrevemos

$$W = mg$$
$$1 \text{ lb} = (0{,}4536 \text{ kg})(9{,}807 \text{ m/s}^2) = 4{,}448 \text{ kg·m/s}^2$$

ou, considerando a Eq. (1.5),

$$1 \text{ lb} = 4{,}448 \text{ N} \quad (1.11)$$

Unidades de massa. A unidade de massa usual nos Estados Unidos (slug) é uma unidade derivada. Logo, aplicando as Eqs. (1.6), (1.8) e (1.11), temos

$$1 \text{ slug} = 1 \text{ lb·s}^2/\text{ft} = \frac{1 \text{ lb}}{1 \text{ ft/s}^2} = \frac{4{,}448 \text{ N}}{0{,}3048 \text{ m/s}^2} = 14{,}59 \text{ N·s}^2/\text{m}$$

ou, considerando a Eq. (1.5),

$$1 \text{ slug} = 1 \text{ lb·s}^2/\text{ft} = 14{.}59 \text{ kg} \quad (1.12)$$

Embora não se possa usá-la como uma unidade consistente de massa, lembremos que a massa da libra padrão é, por definição,

$$1 \text{ libra massa} = 0{,}4536 \text{ kg} \quad (1.13)$$

Essa constante pode ser usada para se determinar a *massa* em unidades do SI (quilogramas) de um corpo que foi caracterizado pelo seu *peso* em unidades usuais nos EUA (libras).

Para se converter uma unidade derivada usual nos Estados Unidos em unidades do SI, deve-se simplesmente multiplicar ou dividir tal unidade pelos fatores de conversão apropriados. Por exemplo, para converter o momento de uma força, cujo valor é $M = 47$ lb · in, em unidades do SI, usamos as fórmulas (1.10) e (1.11) e temos

$$M = 47 \text{ lb·in.} = 47(4{,}448 \text{ N})(25{,}4 \text{ mm})$$
$$= 5310 \text{ N·mm} = 5{,}31 \text{ N·m}$$

Esses fatores de conversão podem ser usados para converter um resultado numérico obtido em unidades do SI em unidades usuais nos Estados Unidos. Por exemplo, se o momento de uma força é $M = 40$ N · m, seguindo o procedimento adotado no final da Seção 1.3 escrevemos

$$M = 40 \text{ N·m} = (40 \text{ N·m})\left(\frac{1 \text{ lb}}{4{,}448 \text{ N}}\right)\left(\frac{1 \text{ ft}}{0{,}3048 \text{ m}}\right)$$

Efetuando os cálculos numéricos e cancelando as unidades que aparecem tanto no numerador como no denominador, obtemos

$$M = 29{,}5 \text{ lb·ft}$$

As unidades usuais nos Estados Unidos utilizadas com maior frequência em mecânica estão listadas na Tabela 1.3 com suas equivalentes no SI.

Foto 1.2 Em 1999, o *Mars Climate Orbiter* entrou na órbita de Marte a uma altitude muito baixa e se desintegrou. Investigações mostraram que o *software* a bordo da sonda interpretou as instruções de força em newtons, mas o *software* no controle da missão, na Terra, estava gerando essas instruções em libras.

Tabela 1.3 As unidades usuais nos EUA e as equivalentes no SI

Grandeza	Unidade usual nos EUA	Equivalente no SI
Aceleração	ft/s^2	0,3048 m/s^2
	in/s^2	0,0254 m/s^2
Área	ft^2	0,0929 m^2
	in^2	645,2 mm^2
Energia	ft · lb	1,356 J
Força	kip	4,448 kN
	lb	4,448 N
	oz	0,2780 N
Impulso	lb · s	4,448 N · s
Comprimento	ft	0,3048 m
	in.	25,40 mm
	mi	1,609 km
Massa	massa oz	28,35 g
	massa lb	0,4536 kg
	slug	14,59 kg
	ton	907,2 kg
Momento de uma força	lb · ft	1,356 N · m
	lb · in.	0,1130 N · m
Momento de inércia		
De uma área	in^4	0,4162 × 10^6 mm^4
De uma massa	lb · ft · s^2	1,356 kg · m^2
Quantidade de movimento	lb · s	4,448 kg · m/s
Potência	ft · lb/s	1,356 W
	hp	745,7 W
Pressão ou tensão	lb/ft^2	47,88 Pa
	lb/in^2 (psi)	6,895 kPa
Velocidade	ft/s	0,3048 m/s
	in./s	0,0254 m/s
	mi/h (mph)	0,4470 m/s
	mi/h (mph)	1,609 km/h
Volume	ft^3	0,02832 m^3
	in^3	16,39 cm^3
Líquidos	gal	3,785 L
	qt	0,9464 L
Trabalho	ft · lb	1,356 J

1.5 Método de resolução de problemas

Você deve abordar um problema de mecânica como se fosse abordar uma situação real de engenharia. Argumentando com base em sua própria experiência e intuição, você achará mais fácil entender e formular o problema. Todavia, uma vez enunciado claramente o problema, não haverá lugar em sua solução para metodologias arbitrárias.

A solução deve se basear nos seis princípios fundamentais estabelecidos na Seção 1.2 ou em teoremas deduzidos a partir deles.

Cada passo dado deve ser justificado nessa base. Devemos seguir regras estritas, que conduzam à solução de maneira quase automática, não deixando espaço para a intuição ou o "sentimento". Após obter uma resposta, esta deverá ser conferida. Aqui, você poderá novamente apelar para o bom senso e a experiência pessoal. Se não estiver inteiramente satisfeito com o resultado obtido, você deverá conferir sua formulação do problema, a validade dos métodos empregados para solucioná-lo e a precisão dos cálculos.

Em geral, é possível resolver problemas de inúmeras maneiras; não existe uma abordagem que funcione melhor para todo mundo. Entretanto, observamos que os alunos tendem a achar mais útil ter um conjunto geral de orientações para enquadrar problemas e planejar soluções. Nos Problemas Resolvidos deste livro, utilizamos um método de quatro passos para a abordagem de problemas, que chamamos de metodologia de resolução de problemas SMART: **S**trategy (Estratégia), **M**odeling (Modelagem), **A**nalysis (Análise) e **R**eflect e **T**hink (Refletir e Pensar)

1. **Strategy (Estratégia)** O enunciado de um problema deve ser claro e preciso. Deve conter os dados e indicar a informação pedida. O primeiro passo na resolução do problema é decidir quais conceitos já aprendidos aplicam-se à situação e conectar os dados à informação necessária. Por vezes, é útil trabalhar de trás para a frente, a partir da informação que deve ser encontrada: pergunte-se que grandezas você precisa saber para obter a resposta, e, se alguma dessas grandezas for desconhecida, como você pode encontrá-la nos dados fornecidos.

2. **Modeling (Modelagem)** O primeiro passo da modelagem é definir o sistema, ou seja, definir claramente as informações que você está separando para análise. Depois de selecionado o sistema, faça um esquema mostrando todas as grandezas envolvidas, com um diagrama separado para cada corpo envolvido. Em problemas de equilíbrio, indique as forças agindo sobre cada corpo acompanhadas de todos os dados geométricos relevantes, como comprimentos e ângulos. (Esses diagramas são conhecidos como **diagramas de corpo livre** e estão descritos detalhadamente na Seção 2.3C e no início do Capítulo 4.)

3. **Analysis (Análise)** Depois de desenhar os diagramas, utilize os princípios fundamentais da mecânica listados na Seção 1.2 para escrever as equações que expressam as condições de repouso ou de movimento dos corpos considerados. Cada equação deve ser claramente relacionada a um dos diagramas de corpo livre. Se não há equações suficientes para resolver as informações desconhecidas, tente selecionar outro sistema ou reexamine a sua estratégia para ver se você consegue aplicar outros princípios ao problema. Obtido o número suficiente de equações, é possível encontrar uma solução numérica observando as regras usuais de álgebra e registrando com clareza os vários passos realizados e os resultados intermediários. Você também pode resolver as equações resultantes com calculadora ou computador. (Para problemas com várias partes, pode ser mais conveniente apresentar os passos de Modelagem e Análise juntos, mas eles são partes essenciais do processo como um todo.)

4. **Reflect and Think (Refletir e Pensar;** neste livro, **Para refletir)** Uma vez obtida, a resposta deve ser cuidadosamente conferida. Ela faz sentido no contexto do problema original? Por exemplo, o problema pode pedir a força em um dado ponto de uma estrutura; o que significa para a força naquele ponto se a sua resposta é negativa?

Erros de *raciocínio* podem ser facilmente detectados pela verificação das unidades. Por exemplo, para determinar o momento de uma força de 50 N em relação a um ponto a 0,60 m de sua linha de ação, podemos escrever (Seção 3.3A)

$$M = Fd = (30 \text{ N})(0,60 \text{ m}) = 30 \text{ N·m}$$

A unidade N·m obtida multiplicando-se newtons por metros é a unidade correta para o momento de uma força; se fosse obtida outra unidade, saberíamos que algum erro foi cometido.

Erros de *cálculo* geralmente podem ser detectados substituindo-se os valores numéricos obtidos em uma equação que ainda não foi usada e se a equação é satisfeita. É importante enfatizar a importância dos cálculos corretos em engenharia.

1.6 Precisão numérica

A precisão da solução de um problema depende de dois itens: (1) a precisão dos dados e (2) a precisão dos cálculos efetuados. A solução não pode ser mais precisa que o menos preciso desses dois itens.

Por exemplo, se o carregamento de uma ponte é conhecido como 75.000 N com um possível erro de 100 N, o erro relativo que mede o grau de precisão dos dados é

$$\frac{100 \text{ N}}{75\,000 \text{ N}} = 0{,}0013 = 0{,}13\%$$

Ao se calcular a reação em um dos apoios da ponte, não fará sentido registrá-la como 14.322 N. A precisão da solução não pode ser maior que 0,13%, não importa quão precisos sejam os cálculos, e o possível erro na resposta pode ser de até $(0{,}13/100)(14.322 \text{ N}) \approx 20$ N. A resposta deve ser registrada apropriadamente como 14.320 ± 20 N.

Em problemas de engenharia, os dados raramente têm precisão maior que 0,2%. Logo, raramente se justifica escrever as respostas para tais problemas com uma precisão maior que 0,2%. Uma regra prática é usar 4 algarismos significativos para registrar números que começam com "1" e 3 algarismos significativos em todos os outros casos. A menos que indicado diferentemente, admitiremos que os dados de um problema terão um mesmo grau de precisão. Por exemplo, uma força de 40 N deve ser lida como 40,0 N e uma força de 15 N deve ser lida como 15,00 N.

As calculadoras eletrônicas de bolso são amplamente usadas por engenheiros e estudantes de engenharia. Elas facilitam os cálculos numéricos na resolução de muitos problemas por sua velocidade e precisão. No entanto, os estudantes não devem registrar algarismos significativos além do justificável simplesmente porque estes são fáceis de obter. Como já observado, uma precisão maior que 0,2% raramente é necessária ou significativa na solução de problemas práticos de engenharia.

2
Estática de partículas

Muitos problemas de engenharia podem ser resolvidos considerando o equilíbrio de "partículas". No caso desta viga, que está sendo içada para a posição que ocupará na futura construção, a relação entre as tensões nos vários cabos envolvidos pode ser obtida considerando o equilíbrio do gancho em que os cabos estão presos.

2.1 Adição de forças no plano
2.1A Força sobre uma partícula: resultante de duas forças
2.1B Vetores
2.1C Adição de vetores
2.1D Resultante de várias forças concorrentes
2.1E Decomposição dos componentes de uma força

2.2 Adição de forças por componentes
2.2A Componentes retangulares de uma força: vetores unitários
2.2B Adição de forças pela soma dos componentes *x* e *y*

2.3 Forças e equilíbrio em um plano
2.3A Equilíbrio de uma partícula
2.3B Primeira lei de Newton do movimento
2.3C Problemas que envolvem o equilíbrio de uma partícula: diagramas de corpo livre

2.4 Adição de forças no espaço
2.4A Componentes retangulares de uma força no espaço
2.4B Força definida por sua intensidade e por dois pontos em sua linha de ação
2.4C Adição de forças concorrentes no espaço

2.5 Forças e equilíbrio no espaço

Objetivos

- **Descrever** força como uma grandeza vetorial.
- **Examinar** as operações vetoriais úteis para a análise de forças.
- **Determinar** a resultante de várias forças que atuam sobre uma partícula.
- **Decompor** os componentes de uma força.
- **Adicionar** forças decompostas em componentes retangulares.
- **Introduzir** o conceito de diagrama de corpo livre.
- **Utilizar** diagramas de corpo livre como auxílio na análise de problemas de equilíbrio de partículas planares e espaciais.

Introdução

Neste capítulo você estudará o efeito de forças que atuam sobre partículas. O uso da palavra "partícula" não implica que nosso estudo será limitado a pequenos corpos, como um átomo ou elétron Significa que o tamanho e o formato dos corpos em consideração não afetarão significativamente a resolução dos problemas. Em outras palavras, consideramos que todas as forças atuando sobre um dado corpo atuam no mesmo ponto. Isso não significa que o objeto deva ser pequeno – se estiver modelando a mecânica da Via Láctea, por exemplo, você pode tratar o Sol e todo o sistema solar como uma partícula.

Primeiro, será explicado como substituir duas ou mais forças que atuam sobre determinada partícula por uma única força que tenha o mesmo efeito que as forças originais. Essa força equivalente única é chamada de *resultante* das forças originais. Depois disso, serão deduzidas as relações entre as várias forças atuando sobre uma partícula em estado de *equilíbrio*. Essas relações serão utilizadas para determinar algumas das forças que atuam sobre a partícula.

A primeira parte do capítulo é dedicada ao estudo de forças contidas em um único plano. Como duas linhas determinam um ponto, encontramos essa situação sempre que podemos reduzir o problema a uma única partícula sujeita a duas forças que suportam uma terceira força, como um caixote suspenso por duas correntes ou um semáforo suportado por dois cabos. A segunda parte dedica-se à análise de forças em espaço tridimensional.

2.1 Adição de forças no plano

Muitas situações práticas importantes na engenharia envolvem forças no mesmo plano. Elas incluem as forças atuando sobre uma polia, o movimento de um projétil e um objeto em equilíbrio sobre uma superfície plana. Essa situação será examinada partindo-se das complicações adicionais das forças atuando sobre um espaço tridimensional.

2.1A Força sobre uma partícula: resultante de duas forças

Uma força representa a ação de um corpo sobre outro e geralmente é caracterizada por seu **ponto de aplicação**, sua **intensidade**, sua **direção** e seu **sentido**. Forças que atuam sobre uma dada partícula, no entanto, têm o mesmo ponto de aplicação. Cada força considerada neste capítulo será, então, completamente definida por sua intensidade, sua direção e seu sentido.

A intensidade de uma força é caracterizada por certo número de unidades. Como indicamos no Cap. 1, as unidades do SI usadas por engenheiros para medir a intensidade de uma força são o newton (N) e seu múltiplo, o quilonewton (kN), igual a 1.000 N.

A direção de uma força é definida pela **linha de ação** e o **sentido** da força. A linha de ação é a linha reta infinita ao longo da qual a força atua; caracteriza-se pelo ângulo que ela forma com algum eixo fixo (Fig. 2.1). A força propriamente dita é representada por um segmento dessa linha; por meio do uso de uma escala apropriada, pode-se escolher o comprimento desse segmento para representar a intensidade da força. Por fim, o sentido da força deve ser indicado por uma ponta de seta. É importante, na definição de uma força, a indicação de seu sentido. Duas forças que tenham a mesma intensidade e a mesma linha de ação, mas sentidos diferentes, como as forças mostradas na Fig. 2.1a e b, terão efeitos diretamente opostos sobre uma partícula.

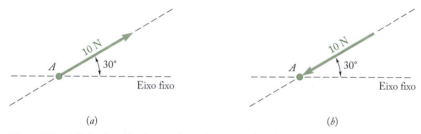

Figura 2.1 A linha de ação de uma força forma um ângulo com um eixo fixo dado. (a) O sentido da força de 10 N se afasta da partícula A; (b) o sentido da força de 10 N se aproxima da partícula A.

Constata-se experimentalmente que duas forças **P** e **Q** que atuam sobre uma partícula A (Fig. 2.2a) podem ser substituídas por uma única força **R** que tem o mesmo efeito sobre essa partícula (Fig. 2.2c). Essa força é chamada de resultante das forças **P** e **Q** e pode ser obtida, como mostra a Fig. 2.2b, pela construção de um paralelogramo, usando-se **P** e **Q** como dois lados adjacentes desse paralelogramo. **A diagonal que passa por A representa a resultante.** Esse método, de encontrar a resultante, é denominado **lei do paralelogramo** para a adição de duas forças. Essa lei é baseada em evidência experimental: não pode ser provada ou deduzida matematicamente.

2.1B Vetores

Observa-se, pelo descrito anteriormente, que forças não obedecem às regras de adição definidas na álgebra ou aritmética comuns. Por exemplo, duas forças que atuam em um ângulo reto entre si, uma de 4 N e a outra de 3 N, somadas resultam em uma força de 5 N que atua em um ângulo entre elas, *não* em uma força de 7 N. Forças não são as únicas quantidades que seguem a lei do parale-

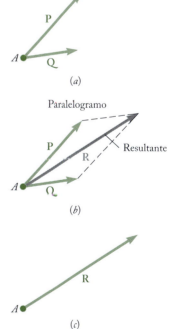

Figura 2.2 (a) Duas forças **P** e **Q** atuam sobre a partícula A. (b) Desenhe um paralelogramo com **P** e **Q** com seus lados adjacentes e denomine **R** a diagonal que passa por A. (c) **R** é a resultante das forças **P** e **Q** e equivale à soma dessas forças.

Foto 2.1 Em sua forma original, o cabo-de-guerra opões duas forças quase iguais uma contra a outra. O time que consegue produzir a maior força vence. Como podemos ver, uma competição de cabo-de-guerra pode ser muito intensa.

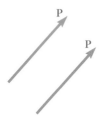

Figura 2.3 Vetores iguais têm a mesma intensidade e a mesma direção, mesmo que tenham diferentes pontos de aplicação.

Figura 2.4 O vetor oposto de um dado vetor tem a mesma intensidade e direção, mas sentido oposto ao do dado vetor.

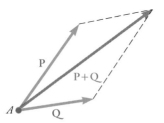

Figura 2.5 Uso da lei do paralelogramo para somar dois vetores.

logramo para adição. Como você verá mais adiante, *deslocamentos*, *velocidades*, *acelerações* e *quantidades de movimento* são outras quantidades físicas que têm intensidade, direção e sentido e que são somadas de acordo com a lei do paralelogramo. Todas essas quantidades podem ser representadas matematicamente por **vetores**, enquanto aquelas quantidades físicas que têm intensidade, mas não direção, como *volume*, *massa* ou *energia*, são representadas por números simples ou **escalares**.

Vetores são definidos como **expressões matemáticas que têm intensidade, direção e sentido, que se somam de acordo com a lei do paralelogramo**. Vetores são representados por setas nas figuras e serão distinguidos dos escalares neste texto pelo uso de negrito (**P**). De forma manuscrita, um vetor pode ser expresso pelo desenho de uma pequena seta acima da letra usada para representá-lo ($\vec{P}$). A intensidade do vetor define o comprimento da seta usada para representá-lo. Neste texto, a fonte em itálico será usada para denotar a intensidade de um vetor. Assim, a intensidade de um vetor **P** será representada por *P*.

Um vetor usado para representar uma força que atua sobre uma dada partícula tem um ponto de aplicação bem definido, a saber, a partícula propriamente dita. Diz-se que tal vetor é *fixo*, ou *ligado*, e não pode ser deslocado sem que se modifiquem as condições do problema. Outras quantidades físicas, entretanto, como momentos e binários (ver Cap. 3), são representadas por vetores que podem se mover livremente no espaço são denominados vetores *livres*. Ainda outras quantidades, como forças atuantes sobre um corpo rígido (ver Cap. 3), são representadas por vetores que podem ser deslocados, ou deslizados, ao longo de suas linhas de ação, denominados vetores *deslizantes*.

Dois vetores que têm a mesma intensidade, a mesma direção e o mesmo sentido são considerados *iguais*, independente de terem ou não o mesmo ponto de aplicação (Fig. 2.3); vetores iguais podem ser representados pela mesma letra.

O *vetor oposto* de um dado vetor **P** é definido como um vetor que tem a mesma intensidade e a mesma direção de **P** e um sentido oposto ao de **P** (Fig. 2.4); o oposto de um vetor **P** é denotado por −**P**. Os vetores **P** e −**P** são geralmente referidos como vetores **iguais e opostos**. Temos então

$$\mathbf{P} + (-\mathbf{P}) = 0$$

2.1C Adição de vetores

Por definição, vetores se somam de acordo com a lei do paralelogramo. Portanto, a soma de dois vetores **P** e **Q** é obtida aplicando-se os dois vetores no mesmo ponto *A* e construindo-se o paralelogramo, usando **P** e **Q** como dois lados do paralelogramo (Fig. 2.5). A diagonal que passa por *A* representa a soma dos vetores **P** e **Q**, e essa soma é representada por **P** + **Q**. O fato de o sinal + ser usado para representar tanto as adições de vetores como as de escalares não deve causar confusão, se as quantidades vetoriais e escalares forem sempre cuidadosamente distinguidas. Devemos notar que a intensidade do vetor **P** + **Q** *não é*, geralmente, igual à soma *P* + *Q* das intensidades dos vetores **P** e **Q**.

Como o paralelogramo construído com os vetores **P** e **Q** não depende da ordem em que **P** e **Q** são selecionados, concluímos que a adição de dois vetores é *comutativa*, dada por

$$\mathbf{P} + \mathbf{Q} = \mathbf{Q} + \mathbf{P} \tag{2.1}$$

Da lei do paralelogramo, podemos deduzir outro método para se determinar a soma de dois vetores, conhecido como **regra do triângulo**. Considere a Fig. 2.5, na qual a soma dos vetores **P** e **Q** foi determinada pela lei do paralelogramo. Como o lado do paralelogramo oposto a **Q** é igual a **Q** em intensidade e direção, podemos desenhar apenas metade do paralelogramo (Fig. 2.6a). A soma dos dois vetores pode, portanto, ser determinada **dispondo-se P e Q no padrão ponta-a-cauda e, em seguida, unindo-se a cauda de P à ponta de Q**. Se desenharmos a outra metade do paralelogramo, como mostrado na Fig. 2.6b, obteremos o mesmo resultado, o que confirma o fato de que a adição de vetores é comutativa.

A *subtração* de um vetor é definida pela adição do vetor oposto correspondente. Portanto, o vetor **P** − **Q**, que representa a diferença entre os vetores **P** e **Q**, é obtido adicionando-se a **P** o vetor oposto −**Q** (Fig. 2.7). Temos

$$\mathbf{P} - \mathbf{Q} = \mathbf{P} + (-\mathbf{Q}) \tag{2.2}$$

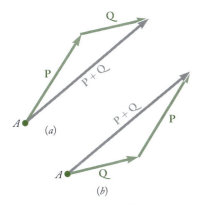

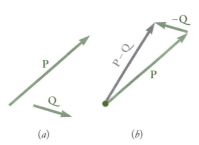

Figura 2.6 A regra do triângulo para a soma de vetores. (a) Somar o vetor **Q** ao vetor **P** é igual a (b) somar o vetor **P** ao vetor **Q**.

Figura 2.7 Subtração de vetores: Subtrair o vetor **Q** do vetor **P** é o mesmo que adicionar o vetor −**Q** ao vetor **P**.

Aqui novamente devemos observar que, embora seja usado o mesmo sinal para denotar a subtração vetorial e a escalar, serão evitadas confusões se forem tomados cuidados para se distinguir entre quantidades escalares e vetoriais.

Vamos agora considerar a *soma de três ou mais vetores*. A soma de três vetores **P**, **Q** e **S** será, *por definição*, obtida primeiro somando-se os vetores **P** e **Q**, e depois adicionando-se o vetor **S** ao vetor **P** + **Q**. Temos, portanto,

$$\mathbf{P} + \mathbf{Q} + \mathbf{S} = (\mathbf{P} + \mathbf{Q}) + \mathbf{S} \tag{2.3}$$

De modo semelhante, a soma de quatro vetores será obtida adicionando-se o quarto vetor à soma dos três primeiros. Segue-se que a soma de qualquer número de vetores pode ser obtida aplicando-se repetidamente a lei do paralelogramo a pares sucessivos de vetores até que todos os vetores dados tenham sido substituídos por um único vetor.

Se os vetores dados são *coplanares*, ou seja, se eles estão contidos no mesmo plano, será fácil obter a sua soma graficamente. Nesse caso, a aplicação sucessiva da regra do triângulo é preferível à aplicação da lei do paralelogramo. Na Fig. 2.8a, a soma de três vetores **P**, **Q** e **S** foi obtida dessa maneira. A regra do triângulo foi primeiro aplicada para se obter a soma **P** + **Q** dos vetores **P** e **Q**, e aplicada novamente para obter a soma dos vetores **P** + **Q** e **S**. A determi-

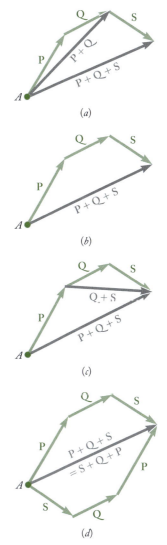

Figura 2.8 Adição gráfica de vetores. (a) Aplicação da regra do triângulo duas vezes para somar três vetores; (b) os vetores podem ser somados em um passo pela regra do polígono; (c) a soma de vetores é associativa; (d) a ordem da adição é irrelevante.

nação do vetor **P** + **Q**, no entanto, poderia ter sido omitida, e a soma dos três vetores obtida diretamente, como mostra a Fig. 2.8*b*, **dispondo-se os vetores dados no padrão ponta-a-cauda e unindo-se a cauda do primeiro vetor à ponta do último**. Esse procedimento é conhecido como **regra do polígono** para adição de vetores.

O resultado obtido teria sido o mesmo se, como mostra a Fig. 2.8*c*, os vetores **Q** e **S** tivessem sido substituídos pela soma **Q** + **S**. Portanto, podemos escrever

$$\mathbf{P} + \mathbf{Q} + \mathbf{S} = (\mathbf{P} + \mathbf{Q}) + \mathbf{S} = \mathbf{P} + (\mathbf{Q} + \mathbf{S}) \quad (2.4)$$

o que expressa o fato de que a adição de vetores é *associativa*. Lembrando que também foi mostrado que a adição de vetores, no caso de dois vetores, é comutativa, e temos

$$\mathbf{P} + \mathbf{Q} + \mathbf{S} = (\mathbf{P} + \mathbf{Q}) + \mathbf{S} = \mathbf{S} + (\mathbf{P} + \mathbf{Q})$$
$$= \mathbf{S} + (\mathbf{Q} + \mathbf{P}) = \mathbf{S} + \mathbf{Q} + \mathbf{P} \quad (2.5)$$

Essa expressão, assim como outras que poderiam ser obtidas da mesma maneira, mostra que a ordem em que vários vetores são adicionados é irrelevante (Fig. 2.8*d*).

Produto de um escalar por um vetor. É conveniente representar a soma **P** + **P** por 2**P**, a soma **P** + **P** + **P** por 3**P** e, em geral, a soma de *n* vetores iguais **P** pelo produto *n***P**. Portanto, definiremos o produto *n***P** de um inteiro positivo *n* por um vetor **P** como um vetor que tem a mesma direção e o mesmo sentido que **P** e a intensidade *nP*. Estendendo essa definição para incluir todos os escalares, e lembrando a definição de vetor oposto dada anteriormente, definimos o produto *k***P** de um escalar *k* por um vetor **P** como um vetor que tem a mesma direção e o mesmo sentido que **P** (se *k* for positivo), ou a mesma direção e sentido oposto ao de **P** (se *k* for negativo), e uma intensidade igual ao produto de *P* e do valor absoluto de *k* (Fig. 2.9).

2.1D Resultante de várias forças concorrentes

Considere uma partícula *A* sobre a qual atuam várias forças coplanares, isto é, várias forças contidas em um mesmo plano (Fig. 2.10*a*). Como as forças consideradas aqui passam todas por *A*, também são denominadas *concorrentes*. Os vetores que representam as forças que atuam sobre *A* podem ser adicionados pela regra do polígono (Fig. 2.10*b*). Como o uso da regra do polígono é equivalente à aplicação repetida da lei do paralelogramo, o vetor **R** assim obtido representa a resultante das forças concorrentes dadas, ou seja, a força única **R** tem sobre a partícula *A* o mesmo efeito que as forças originais dadas. Como indicado anteriormente, a ordem em que são adicionados os vetores **P**, **Q** e **S**, representando as forças dadas, é irrelevante.

2.1E Decomposição dos componentes de uma força

Vimos que duas ou mais forças que atuam sobre uma partícula podem ser substituídas por uma força única que tem o mesmo efeito sobre a partícula. Reciprocamente, uma força única **F** que atua sobre uma partícula pode ser substituída por duas ou mais forças que, juntas, têm

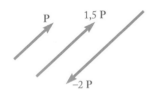

Figura 2.9 Multiplicar um vetor por um escalar altera a intensidade do vetor, mas não sua direção (a não ser que o escalar seja negativo, situação em que a direção é invertida).

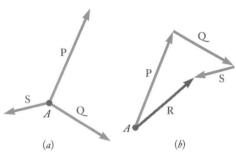

Figura 2.10 Forças concorrentes podem ser adicionadas pela regra do polígono.

o mesmo efeito sobre a partícula. Essas forças são chamadas de **componentes** da força original **F**, e o processo de substituição de **F** por esses componentes é denominado **decomposição dos componentes da força F**.

Obviamente, para cada força **F** existe um número infinito de possíveis conjuntos de componentes. Conjuntos de *dois componentes* **P** *e* **Q** são os mais importantes no que concerne a aplicações práticas. Mas, mesmo assim, o número de maneiras pelas quais uma dada força **F** pode ser decomposta em dois componentes é ilimitado (Fig. 2.11)

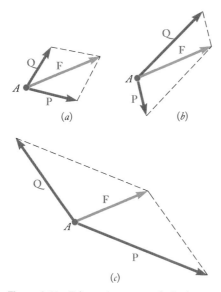

Figura 2.11 Três conjuntos possíveis de componentes para uma dada força vetorial **F**.

Em muitos problemas práticos, começamos com um dado vetor **F** e queremos determinar um conjunto de componentes útil. Dois casos são de particular interesse:

1. **Um dos dois componentes, P, é conhecido.** O segundo componente, **Q**, é obtido aplicando-se a regra do triângulo e unindo-se a ponta de **P** à ponta de **F** (Fig. 2.12). A intensidade, a direção e o sentido de **Q** são determinados graficamente ou por trigonometria. Uma vez determinado **Q**, ambos os componentes **P** e **Q** devem ser aplicados em *A*.
2. **A linha de ação de cada componente é conhecida.** A intensidade e o sentido dos componentes são obtidos aplicando-se a lei do paralelogramo e traçando-se retas a partir da ponta de **F**, paralelas às linhas de ação dadas (Fig. 2.13). Esse processo conduz a dois componentes bem definidos, **P** e **Q**, que podem ser determinados graficamente ou calculados trigonometricamente aplicando-se a lei dos senos.

Muitos outros casos podem ser encontrados; por exemplo, a direção de um componente pode ser conhecida, enquanto se deseja que a intensidade do outro componente seja tão pequena quanto possível (ver Problema Resolvido 2.2). Em todos os casos, o triângulo ou paralelogramo adequado que satisfaz as condições dadas é representado.

Figura 2.12 Quando o componente **P** é conhecido, utilize a regra do triângulo para encontrar o componente **Q**.

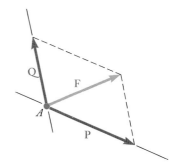

Figura 2.13 Quando as linhas de ação são conhecidas, utilize a regra do paralelogramo para determinar os componentes **P** e **Q**.

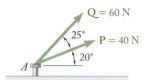

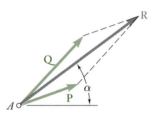

Figura 1 Lei do paralelogramo aplicada para somar as forças **P** e **Q**.

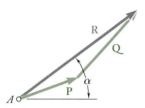

Figura 2 A regra do triângulo aplicada para somar as forças **P** e **Q**.

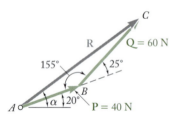

Figura 3 Geometria da regra do triângulo aplicada para somar as forças **P** e **Q**.

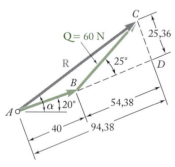

Figura 4 Geometria alternativa da regra do triângulo aplicada para somar as forças **P** e **Q**.

PROBLEMA RESOLVIDO 2.1

As duas forças **P** e **Q** atuam sobre um parafuso A. Determine sua resultante.

ESTRATÉGIA Duas linhas determinam um plano, então, este é um problema de duas forças coplanares. Pode-se resolver o problema graficamente ou por trigonometria.

MODELAGEM Para uma solução gráfica, as regras do paralelogramo ou do triângulo podem ser usadas para a adição de vetores. Para uma solução trigonométrica, é possível usar a lei dos cossenos e a lei dos senos, ou usar a abordagem do triângulo retângulo.

ANÁLISE

Solução gráfica. Um paralelogramo com lados iguais a **P** e **Q** é desenhado em escala (Fig. 1). A intensidade e o ângulo que define a direção da resultante são medidos. São eles:

$$R = 98 \text{ N} \qquad \alpha = 35° \qquad \mathbf{R} = 98 \text{ N} \measuredangle 35° \quad \blacktriangleleft$$

Pode-se usar também a regra do triângulo. As forças **P** e **Q** são desenhadas no padrão ponta-a-cauda (Fig. 2). Novamente, a intensidade e o ângulo que define a direção da resultante são medidos. As respostas podem ser as mesmas.

$$R = 98 \text{ N} \qquad \alpha = 35° \qquad \mathbf{R} = 98 \text{ N} \measuredangle 35° \quad \blacktriangleleft$$

Solução trigonométrica. A regra do triângulo é usada novamente; dois lados e o ângulo incluso são conhecidos (Fig. 3). Aplicamos a lei dos cossenos:

$$R^2 = P^2 + Q^2 - 2PQ \cos B$$
$$R^2 = (40 \text{ N})^2 + (60 \text{ N})^2 - 2(40 \text{ N})(60 \text{ N}) \cos 155°$$
$$R = 97{,}73 \text{ N}$$

Agora, aplicando a lei dos senos, temos

$$\frac{\text{sen} A}{Q} = \frac{\text{sen} B}{R} \qquad \frac{\text{sen} A}{60 \text{ N}} = \frac{\text{sen} 155°}{97{,}73 \text{ N}} \qquad (1)$$

Resolvendo a Eq. (1) para seno A, obtemos

$$\text{sen} A = \frac{(60 \text{ N}) \text{sen} 155°}{97{,}73 \text{ N}}$$

Usando uma calculadora, primeiro calculamos o quociente e, em seguida, seu arco seno:

$$A = 15{,}04° \qquad \alpha = 20° + A = 35{,}04°$$

Usamos 3 algarismos significativos para escrever a resposta (ver Seção 1.6):

$$\mathbf{R} = 97{,}7 \text{ N} \measuredangle 35{,}0° \quad \blacktriangleleft$$

Solução trigonométrica alternativa. Construímos o triângulo retângulo BCD (Fig. 4) e calculamos:

$$CD = (60 \text{ N}) \text{ sen } 25° = 25{,}36 \text{ N}$$
$$BD = (60 \text{ N}) \cos 25° = 54{,}38 \text{ N}$$

Em seguida, usando o triângulo ACD, obtemos:

$$\text{tg}A = \frac{25{,}36 \text{ N}}{94{,}38 \text{ N}} \quad A = 15{,}04°$$

$$R = \frac{25{,}36}{\text{sen}\,A} \quad R = 97{,}73 \text{ N}$$

Novamente,

$$\alpha = 20° + A = 35{,}04° \quad \mathbf{R} = 97{,}7 \text{ N} \measuredangle 35{,}0° \blacktriangleleft$$

PARA REFLETIR Uma solução analítica utilizando trigonometria oferece maior precisão, mas a solução gráfica é útil para conferência.

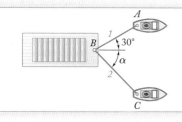

PROBLEMA RESOLVIDO 2.2

Uma barcaça é puxada por dois rebocadores. Se a resultante das forças exercidas pelos rebocadores é uma força de 5 kN dirigida ao longo do eixo da barcaça, determine (a) a força de tração em cada um dos cabos, sabendo que $\alpha = 45°$, (b) o valor de α para o qual a tração no cabo 2 seja mínima.

ESTRATÉGIA Este é um problema de duas forças coplanares. A primeira parte pode ser resolvida tanto graficamente quanto analiticamente. Na segunda parte, a abordagem gráfica mostra rapidamente a direção necessária para o cabo 2, e a abordagem analítica pode ser usada para completar a solução.

MODELAGEM A parte (a) pode ser resolvida com a lei do paralelogramo ou a regra do triângulo. Para a parte (b), deve ser usada uma variação da regra do triângulo.

ANÁLISE a. Tração para $\alpha = 45°$.

Solução gráfica. Aplica-se a lei do paralelogramo; a diagonal (resultante) é igual a 5 kN e está dirigida para a direita. Os lados são desenhados paralelos aos cabos (Fig. 1). Se o desenho for feito em escala, medimos

$$T_1 = 3{,}7 \text{ kN} \qquad T_2 = 2{,}6 \text{ kN} \blacktriangleleft$$

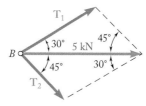

Figura 1 Lei do paralelogramo aplicada para somar as forças $\mathbf{T}_1$ e $\mathbf{T}_2$.

(*continua*)

Solução trigonométrica. Pode-se aplicar a regra do triângulo. Notamos que o triângulo mostrado na Fig. 2 representa metade do paralelogramo mostrado na Fig. 1. Usando a lei dos senos, temos

$$\frac{T_1}{\text{sen}\,45°} = \frac{T_2}{\text{sen}\,30°} = \frac{5\text{ kN}}{\text{sen}\,105°}$$

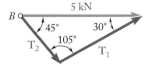

Figura 2 Regra do triângulo aplicada para somar as forças T_1 e T_2.

Com uma calculadora, primeiro calculamos e armazenamos na memória o valor do último quociente. Multiplicando-se esse valor sucessivamente por sen 45° e por sen 30°, obtemos

$$T_1 = 3{,}66 \text{ kN} \qquad T_2 = 2{,}59 \text{ kN} \blacktriangleleft$$

b. Valor de α para T_2 mínimo. Para determinar o valor de α para o qual a tração no cabo 2 é mínima, aplica-se novamente a regra do triângulo. Na Fig. 3, a linha *1-1'* é a direção conhecida de T_1. Várias direções possíveis de T_2 são mostradas pelas linhas *2-2'*. Observa-se que o valor mínimo de T_2 ocorre quando T_1 e T_2 são perpendiculares (Fig. 4). Assim, o valor mínimo de T_2 é

$$T_2 = (5 \text{ kN}) \text{ sen } 30° = 2{,}5 \text{ kN}$$

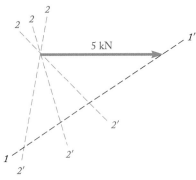

Figura 3 Determinação da direção do valor mínimo de T_2.

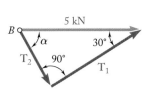

Figura 4 Regra do triângulo aplicada para o valor mínimo de T_2.

Os valores correspondentes de T_1 e α são

$$T_1 = (5 \text{ kN}) \cos 30° = 4{,}33 \text{ kN}$$
$$\alpha = 90° - 30° \qquad\qquad \alpha = 60° \blacktriangleleft$$

PARA REFLETIR A parte (*a*) é uma aplicação direta da decomposição de um vetor em componentes. O segredo da parte (*b*) é reconhecer que o valor mínimo de T_2 ocorre quando T_1 e T_2 são perpendiculares.

METODOLOGIA PARA A RESOLUÇÃO DE PROBLEMAS

As seções anteriores foram dedicadas à adição de vetores utilizando a lei do paralelogramo, a regra do triângulo e a regra do polígono com aplicação a forças.

Apresentamos dois problemas resolvidos. No Problema 2.1, a lei do paralelogramo foi usada para determinar a resultante de duas forças de intensidade, direção e sentido conhecidas. Já no Problema 2.2, a lei foi usada para descobrir uma força dada em dois componentes de direção e sentido conhecidos.

Agora você vai ser solicitado a resolver problemas por conta própria. Alguns podem parecer com um dos problemas resolvidos; outros não. O que todos os problemas desta seção têm em comum é que podem ser solucionados pela aplicação direta da lei do paralelogramo.

A solução de um problema deve seguir os seguintes passos:

1. Identifique quais das forças são as forças aplicadas e qual é a resultante. Frequentemente, é útil escrever a equação vetorial que mostra como as forças estão relacionadas. Por exemplo, no Problema Resolvido 2.1 teríamos

$$\mathbf{R} = \mathbf{P} + \mathbf{Q}$$

Você deve ter em mente essa relação enquanto formula a próxima parte da sua solução.

2. Desenhe um paralelogramo tendo as forças aplicadas como dois lados adjacentes e a resultante como a diagonal inclusa (Fig. 2.2). Alternativamente, você pode usar a **regra do triângulo** com as forças aplicadas desenhadas no padrão ponta-a-cauda e com a resultante se estendendo da cauda do primeiro vetor à ponta do segundo (Fig. 2.6).

3. Indique todas as dimensões. Usando um dos triângulos do paralelogramo ou o triângulo construído de acordo com a regra do triângulo, indique todas as dimensões – sejam lados ou ângulos – e determine as dimensões desconhecidas, seja graficamente ou por trigonometria.

4. Lembre-se das leis da trigonometria. Se você usar trigonometria, lembre-se de que, se dois lados e o ângulo incluso forem conhecidos [Problema Resolvido 2.1], a lei de cossenos deve ser aplicada primeiro; se um lado e todos os ângulos forem conhecidos [Problema Resolvido 2.2], a lei de senos deve ser aplicada primeiro. 2,2).

Se você sabe um pouco de mecânica, pode se sentir tentado a ignorar as técnicas de solução dessa lição em favor da decomposição das forças em componentes retangulares. Esse método também é muito importante e, por isso, será considerado na próxima seção, mas o uso da lei do paralelogramo simplifica a solução de muitos problemas e deve ser dominado completamente neste momento.

PROBLEMAS

2.1 Duas forças são aplicadas a um gancho, como indicado na figura. Determine graficamente a intensidade, a direção e o sentido de sua resultante usando (*a*) a lei do paralelogramo, (*b*) a regra do triângulo.

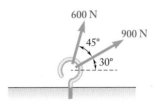

Figura P2.1

2.2 Duas forças são aplicadas a um suporte tipo braçadeira, como indicado na figura. Determine graficamente a intensidade, a direção e o sentido de sua resultante usando (*a*) a lei do paralelogramo, (*b*) a regra do triângulo.

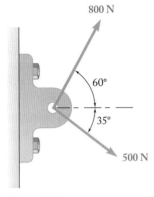

Figura P2.2

2.3 Dois elementos estruturais *B* e *C* estão aparafusados a uma braçadeira *A*. Sabendo que os elementos estão em tração e que $P = 10$ kN e $Q = 15$ kN, determine graficamente a intensidade, a direção e o sentido da força resultante exercida sobre a braçadeira usando (*a*) a lei do paralelogramo, (*b*) a regra do triângulo.

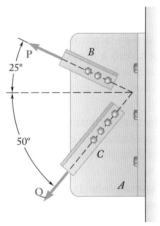

Fig. *P2.3* e P2.4

2.4 Dois elementos estruturais *B* e *C* estão aparafusados a uma braçadeira *A*. Sabendo que os elementos estão em tração e que $P = 6$ kN e $Q = 4$ kN, determine graficamente a intensidade, a direção e o sentido da força resultante exercida sobre a braçadeira usando (*a*) a lei do paralelogramo, (*b*) a regra do triângulo.

2.5 Uma estaca é puxada do solo por meio de duas cordas como mostra a figura. Sabendo que α = 30°, determine por trigonometria (a) a intensidade da força **P** de modo que a força resultante exercida sobre a estaca seja vertical, (b) a intensidade correspondente da resultante.

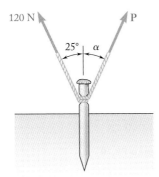

Figura P2.5

2.6 Um cabo de telefone está preso a A no poste AB. Sabendo que a tração no lado esquerdo do cabo $T_1 = 800$ N, determine por trigonometria (a) a tração necessária T_2 no lado direito para que a resultante **R** das forças exercidas pelo cabo em A seja vertical, (b) a intensidade correspondente de **R**.

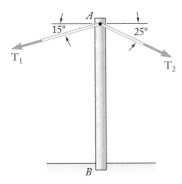

Figura P2.6 e P2.7

2.7 Um cabo de telefone está preso a A no poste AB. Sabendo que a tração no lado direito do cabo $T_2 = 1$ kN, determine por trigonometria (a) a tensão necessária T_1 no lado esquerdo para que a resultante **R** das forças exercidas pelo cabo em A seja vertical, (b) a intensidade correspondente de **R**.

2.8 Um automóvel desligado é puxado por duas cordas, como mostrado na figura. A tração na corda AB é de 2,2 kN e o ângulo α é 25°. Sabendo que a resultante das duas forças aplicadas em A é dirigida ao longo do eixo do automóvel, determine por trigonometria (a) a tração na corda AC, (b) a intensidade da resultante das duas forças aplicadas em A.

2.9 Um automóvel desligado é puxado por duas cordas, como mostrado na figura. Sabendo que a tração na corda AB é de 3 kN, determine por trigonometria a tração na corda AC e o valor de α de modo que a força resultante exercida em A seja uma força de 4,8 kN dirigida ao longo do eixo do automóvel.

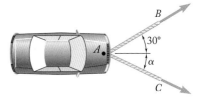

Figura P2.8 e P2.9

2.10 Duas forças são aplicadas a um suporte tipo gancho, como indicado na figura. Usando trigonometria e sabendo que a intensidade de **P** é 35 N, determine (a) o ângulo requerido α se a resultante **R** das duas forças aplicadas no suporte for horizontal, e (b) a intensidade correspondente de **R**.

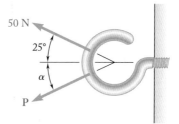

Figura P2.10

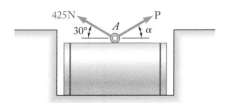

Fig. P2.11, *P2.12* and P2.13

2.11 Um tanque de aço deve ser posicionado em uma escavação. Sabendo-se que α = 20°, determine, usando trigonometria, (a) a intensidade requerida para a força **P** se a resultante **R** das duas forças aplicadas em A é vertical (b) a correspondente intensidade de **R**.

2.12 Um tanque de aço deve ser posicionado em uma escavação. Sabendo-se que a intensidade de **P** = 500 N, determine, usando trigonometria, (a) o ângulo requerido α se a resultante **R** das duas forças aplicadas em A é vertical (b) a correspondente intensidade de **R**.

2.13 Um tanque de aço deve ser posicionado em uma escavação. Determine, usando trigonometria, (a) a intensidade e a direção da menor força **P** para que a resultante **R** das duas forças aplicadas em A seja vertical, (b) a intensidade correspondente de **R**.

2.14 Para o suporte tipo gancho do Problema 2.10, determine, usando trigonometria, (a) a intensidade e a direção da menor força **P** para que a resultante **R** das duas forças aplicadas no suporte seja horizontal, (b) a correspondente intensidade de **R**.

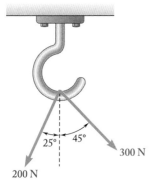

Figura P2.15

2.15 Para o suporte tipo gancho mostrado, determine por trigonometria a intensidade, a direção e o sentido da resultante das duas forças aplicadas ao suporte.

2.16 Resolva o Problema 2.1 usando trigonometria.

2.17 Resolva o Problema 2.4 usando trigonometria.

2.18 Para a estaca do Problema 2.5, sabendo que a tração em uma corda é 120 N, determine por trigonometria a intensidade, a direção e o sentido da força **P** para que a resultante seja uma força vertical de 160 N.

2.19 Duas forças **P** e **Q** são aplicadas à tampa de uma caixa, como mostrado na figura. Sabendo que P = 48 N e Q = 60 N, determine por trigonometria a intensidade, a direção e o sentido da resultante das duas forças.

2.20 Duas forças **P** e **Q** são aplicadas à tampa de uma caixa, como mostrado na figura. Sabendo que P = 60 N e Q = 48 N, determine por trigonometria a intensidade, a direção e o sentido da resultante das duas forças.

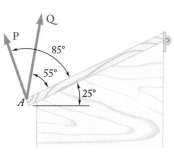

Figura P2.19 e *P2.20*

2.2 Adição de forças por componentes

A Seção 2.1E descreveu como decompor uma força em componentes. Esta seção discutirá como adicionar forças usando seus componentes, especialmente os componentes retangulares. Muitas vezes esse método é o mais conveniente para adicionar forças e, na prática, é a abordagem mais comum. (Observe que as propriedades dos vetores estabelecidas nesta seção são facilmente estendidas para os componentes retangulares que qualquer grandeza vetorial, como velocidade ou quantidade de movimento.)

2.2A Componentes retangulares de uma força: vetores unitários

Em muitos problemas, será desejável decompor uma força em dois componentes que são perpendiculares entre si. Na Fig. 2.14, a força **F** foi decomposta em um componente $\mathbf{F}_x$ ao longo do eixo x e um componente $\mathbf{F}_y$ ao longo do eixo y. O paralelogramo desenhado para se obter os dois componentes é um retângulo, e $\mathbf{F}_x$ e $\mathbf{F}_y$ são chamados de **componentes retangulares**.

Os eixos x e y geralmente são dispostos na horizontal e na vertical, respectivamente, como na Fig. 2.14; podem, no entanto, ser dispostos em duas direções perpendiculares quaisquer, como mostra a Fig. 2.15. Na determinação dos componentes retangulares de uma força, o estudante deve pensar nas linhas de construção representadas nas Figs. 2.14 e 2.15 como *paralelas* aos eixos x e y, em vez de *perpendiculares* a esses eixos. Essa prática ajudará a evitar erros na determinação de componentes *oblíquos*, como na Seção 2.1E.

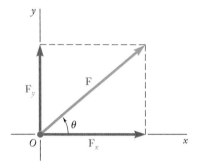

Figura 2.14 Componentes retangulares de uma força **F**.

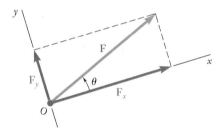

Figura 2.15 Componentes retangulares de uma força **F** para eixos quaisquer, rotacionados da horizontal e da vertical.

Força em termos de vetores unitários. Para simplificar o trabalho com componentes retangulares, dois vetores de intensidade unitária, dirigidos respectivamente ao longo dos eixos positivos x e y, serão introduzidos neste ponto. Esses vetores são denominados **vetores unitários** e são representados por **i** e **j**, respectivamente (Fig. 2.16). Lembrando a definição do produto de um escalar

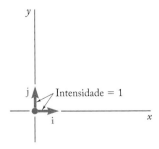

Figura 2.16 Vetores unitários ao longo dos eixos x e y.

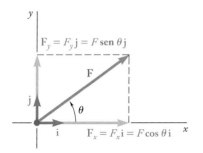

Figura 2.17 Componentes de **F** expressos em vetores unitários com multiplicadores escalares.

por um vetor dada na Seção 2.1C, notamos que os componentes retangulares $\mathbf{F}_x$ e $\mathbf{F}_y$ da força **F** podem ser obtidos multiplicando-se respectivamente os vetores unitários **i** e **j** pelos escalares apropriados (Fig. 2.17). Temos

$$\mathbf{F}_x = F_x \mathbf{i} \qquad \mathbf{F}_y = F_y \mathbf{j} \qquad (2.6)$$

e

$$\mathbf{F} = F_x \mathbf{i} + F_y \mathbf{j} \qquad (2.7)$$

Embora os escalares F_x e F_y possam ser positivos ou negativos, dependendo do sentido de $\mathbf{F}_x$ e $\mathbf{F}_y$, seus valores absolutos são respectivamente iguais às intensidades das forças componentes $\mathbf{F}_x$ e $\mathbf{F}_y$. Os escalares F_x e F_y são denominados **componentes escalares** da força **F**, enquanto as verdadeiras forças componentes $\mathbf{F}_x$ e $\mathbf{F}_y$ recebem o nome de **componentes vetoriais** de **F**. Entretanto, quando não houver possibilidade de confusão, podemos chamar tanto os componentes vetoriais quanto os componentes escalares de **F** simplesmente de **componentes** de **F**. Notamos que o componente escalar F_x é positivo quando o componente vetorial $\mathbf{F}_x$ tiver o mesmo sentido que o vetor unitário **i** (ou seja, o mesmo sentido que o eixo x positivo) e é negativo quando $\mathbf{F}_x$ tiver sentido oposto. Pode-se chegar a conclusão semelhante com relação ao sinal do componente escalar F_y.

Componentes escalares. Representando por F a intensidade da força **F** e por θ o ângulo entre **F** e o eixo x, medido no sentido anti-horário a partir do eixo x positivo (Fig. 2.17), podemos expressar os componentes escalares de **F** da seguinte maneira:

$$F_x = F \cos \theta \qquad F_y = F \sen \theta \qquad (2.8)$$

As relações obtidas valem para qualquer valor do ângulo θ, de 0° a 360°, e definem tanto o sinal como o valor absoluto dos componentes escalares F_x e F_y.

APLICAÇÃO DE CONCEITO 2.1

Uma força de 800 N é exercida no parafuso A, como mostra a Fig. 2.18a. Determine os componentes vertical e horizontal dessa força.

Solução

Para obter o sinal correto para os componentes escalares F_x e F_y, o valor 180° − 35° = 145° deve ser substituído por θ nas Eqs. (2.8). Entretanto, pode ser mais prático determinar por inspeção os sinais de F_x e F_y (Fig. 2.18b) e usar as funções trigonométricas do ângulo $\alpha = 35°$. Logo:

$$F_x = -F \cos \alpha = -(800 \text{ N}) \cos 35° = -655 \text{ N}$$
$$F_y = +F \sen \alpha = +(800 \text{ N}) \sen 35° = +459 \text{ N}$$

Os componentes vetoriais de **F** são, então,

$$\mathbf{F}_x = -(655 \text{ N})\mathbf{i} \qquad \mathbf{F}_y = +(459 \text{ N})\mathbf{j}$$

e podemos escrever **F** na forma

$$\mathbf{F} = -(655 \text{ N})\mathbf{i} + (459 \text{ N})\mathbf{j} \blacktriangleleft$$

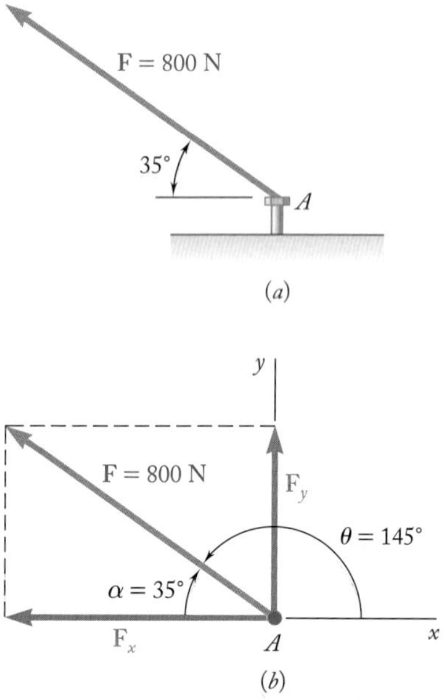

Figura 2.18 (a) Força **F** exercida sobre um parafuso; (b) componentes retangulares de **F**.

APLICAÇÃO DE CONCEITO 2.2

Um homem puxa com uma força de 300 N uma corda amarrada a um edifício, como mostra a Fig. 2.19a. Quais são os componentes horizontal e vertical da força exercida pela corda no ponto A?

Solução

Vê-se da Fig. 2.19b que

$$F_x = +(300 \text{ N}) \cos \alpha \qquad F_y = -(300 \text{ N}) \text{ sen } \alpha$$

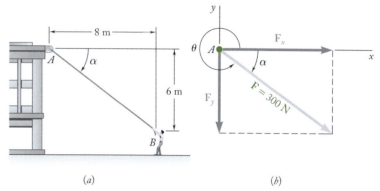

Figura 2.19 (a) Um homem puxa uma corda amarrada a um edifício; (b) componentes da força **F** da corda.

Observando que $AB = 10$ m, obtemos da Fig. 2.19a

$$\cos \alpha = \frac{8 \text{ m}}{AB} = \frac{8 \text{ m}}{10 \text{ m}} = \frac{4}{5} \qquad \text{sen } \alpha = \frac{6 \text{ m}}{AB} = \frac{6 \text{ m}}{10 \text{ m}} = \frac{3}{5}$$

Portanto, obtemos

$$F_x = +(300 \text{ N})\frac{4}{5} = +240 \text{ N} \qquad F_y = -(300 \text{ N})\frac{3}{5} = -180 \text{ N}$$

Isso nos dá uma força total de

$$\mathbf{F} = (240 \text{ N})\mathbf{i} - (180 \text{ N})\mathbf{j} \blacktriangleleft$$

Direção da força. Quando a força **F** é definida pelos seus componentes retangulares F_x e F_y (ver Fig. 2.17), o ângulo θ, que define sua direção, pode ser obtido da seguinte maneira:

$$\text{tg } \theta = \frac{F_y}{F_x} \qquad (2.9)$$

A intensidade F da força pode ser obtida aplicando-se o teorema de Pitágoras da seguinte maneira:

$$F = \sqrt{F_x^2 + F_y^2} \qquad (2.10)$$

ou resolvendo-se em termos de F uma da Eqs. (2.8).

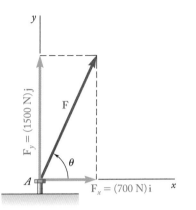

Figura 2.20 Componente de uma força **F** exercida em um parafuso.

APLICAÇÃO DE CONCEITO 2.3

Uma força **F** = (700 N)**i** + (1500 N)**j** é aplicada a um parafuso A. Determine a intensidade da força e o ângulo θ que ela forma com a horizontal.

Solução

Primeiro desenhamos um diagrama mostrando os dois componentes retangulares da força e o ângulo θ (Fig. 2.20). Da Eq. (2.9), obtemos

$$\text{tg } \theta = \frac{F_y}{F_x} = \frac{1500 \text{ N}}{700 \text{ N}}$$

Usando uma calculadora, digitamos 1500 N e dividimos por 700 N; calculando o arco tangente do quociente, obtemos θ = 65,0°. Resolvendo a segunda das Eqs. (2.8) para F, temos

$$F = \frac{F_y}{\text{sen } \theta} = \frac{1500 \text{ N}}{\text{sen } 65,0°} = 1655 \text{ N}$$

O último cálculo fica mais fácil se o valor de F_y for armazenado na memória quando originalmente digitado; ele pode, então, ser chamado de volta para ser dividido por sen **θ**.

2.2B Adição de forças pela soma dos componentes *x* e *y*

Foi visto na Seção 2.1A que forças devem ser adicionadas de acordo com a lei do paralelogramo. A partir dessa lei, dois outros métodos, mais facilmente aplicáveis a soluções gráficas de problemas, foram apresentados: a regra do triângulo para adição de duas forças e a regra do polígono para adição de três ou mais forças. Foi também visto que o triângulo de forças usado para se definir a resultante de duas forças poderia ser usado para se obter uma solução trigonométrica.

Entretanto, quando três ou mais forças são adicionadas, nenhuma solução trigonométrica prática pode ser obtida do polígono de forças que define a resultante das forças. Nesse caso, a melhor abordagem é obter uma solução analítica do problema decompondo cada força em dois componentes retangulares.

Considere, por exemplo, três forças **P**, **Q** e **S** atuando sobre uma partícula A (Fig. 2.21a). A resultante **R** delas é definida pela relação

$$\mathbf{R} = \mathbf{P} + \mathbf{Q} + \mathbf{S} \tag{2.11}$$

Decompondo cada força em seus componentes retangulares, escrevemos

$$R_x\mathbf{i} + R_y\mathbf{j} = P_x\mathbf{i} + P_y\mathbf{j} + Q_x\mathbf{i} + Q_y\mathbf{j} + S_x\mathbf{i} + S_y\mathbf{j}$$
$$= (P_x + Q_x + S_x)\mathbf{i} + (P_y + Q_y + S_y)\mathbf{j}$$

A partir dessa equação, percebemos que

$$R_x = P_x + Q_x + S_x \qquad R_y = P_y + Q_y + S_y \tag{2.12}$$

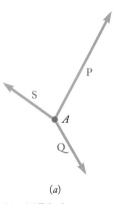

(a)

Figura 2.21 (a) Três forças atuando sobre uma partícula.

ou, em notação reduzida

$$R_x = \Sigma F_x \qquad R_y = \Sigma F_y \qquad (2.13)$$

Concluímos, então, que **quando várias forças atuam sobre uma partícula, os componentes escalares R_x e R_y da resultante R de são obtidos adicionando-se algebricamente os correspondentes componentes escalares das forças dadas**. (*Obviamente, esse resultado também se aplica à adição de outras quantidades vetoriais, tais como velocidades, acelerações ou quantidades de movimento.*)

Na prática, a determinação da resultante **R** é feita em três passos, como ilustra a Fig. 2.21.

1. As forças dadas (Fig. 2.21*a*) são decompostas em seus componentes *x* e *y* (Fig. 2.21*b*).

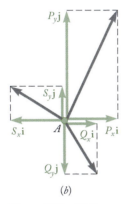

(*b*)

Figura 2.21 (*b*) Componentes retangulares de cada força.

2. Esses componentes são adicionados para obter os componentes *x* e *y* de **R** (Fig. 2.21*c*)

(*c*)

Figura 2.21 (*c*) Soma dos componentes.

3. Aplica-se a lei do paralelogramo para determinar a resultante $\mathbf{R} = R_x\mathbf{i} + R_y\mathbf{j}$ (Fig. 2.21*d*).

Esse procedimento será mais eficiente se os cálculos forem dispostos em uma tabela (veja o Problema Resolvido 2.3). Este é o único método analítico prático para a adição de três ou mais forças e, no caso da adição de duas forças, é também, muitas vezes, preferido em vez da solução trigonométrica.

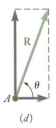

(*d*)

Figura 2.21 (*d*) Determinação da resultante a partir dos componentes.

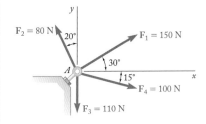

PROBLEMA RESOLVIDO 2.3

Quatro forças atuam no parafuso A, como mostrado na figura. Determine a resultante das forças no parafuso.

ESTRATÉGIA A maneira mais simples de abordar um problema de adição de quatro forças é decompor as forças em componentes.

MODELAGEM Como mencionado, este tipo de problema pode ser mais facilmente resolvido se os componentes de cada força forem dispostos em uma tabela. Os componentes x e y de cada força são inseridos na tabela abaixo conforme determinados por trigonometria (Fig. 1). De acordo com a convenção adotada na Seção 2.7, o número escalar que representa o componente da força é positivo se o componente da força tem o mesmo sentido que o eixo coordenado correspondente. Logo, os componentes x que atuam para a direita e os componentes y que atuam para cima são representados por números positivos.

ANÁLISE

Força	Intensidade, N	Componente x, N	Componente y, N
F_1	150	+129,9	+75,0
F_2	80	−27,4	+75,2
F_3	110	0	−110,0
F_4	100	+96,6	−25,9
		$R_x = +199,1$	$R_y = +14,3$

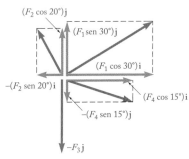

Figura 1 Componentes retangulares de cada força.

Então, a resultante **R** das quatro forças é

$$\mathbf{R} = R_x\mathbf{i} + R_y\mathbf{j} \qquad \mathbf{R} = (199,1\ \text{N})\mathbf{i} + (14,3\ \text{N})\mathbf{j} \ \blacktriangleleft$$

A intensidade, a direção e o sentido da resultante podem agora ser determinados. A partir do triângulo mostrado na Fig. 2, temos

$$\text{tg}\,\alpha = \frac{R_y}{R_x} = \frac{14,3\ \text{N}}{199,1\ \text{N}} \qquad \alpha = 4,1°$$

$$R = \frac{14,3\ \text{N}}{\text{sen}\,\alpha} = 199,6\ \text{N} \qquad \mathbf{R} = 199,6\ \text{N} \measuredangle 4,1° \ \blacktriangleleft$$

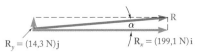

Figura 2 Resultante do sistema de forças dado.

PARA REFLETIR Dispor os dados em uma tabela ajuda a acompanhar os cálculos e também simplifica o uso de uma calculadora em cálculos semelhantes.

METODOLOGIA PARA A RESOLUÇÃO DE PROBLEMAS

Você viu na seção anterior que a resultante de duas forças pode ser determinada graficamente ou a partir da trigonometria de um triângulo oblíquo.

A. Quando três ou mais forças estão envolvidas, a melhor maneira de determinar sua resultante R é primeiramente decompondo cada força em **componentes retangulares**. Dois casos podem ser encontrados, dependendo do modo como cada uma das forças dadas é definida:

Caso 1. A força F é definida por sua intensidade *F* e pelo ângulo α que ela forma com o eixo *x*. Os componentes *x* e *y* da força podem ser obtidos multiplicando-se *F* por cos α e sen α, respectivamente [Aplicação de Conceito 2.1].

Caso 2. A força F é definida por sua intensidade *F* e pelas coordenadas de dois pontos *A* e *B* em sua linha de ação (Fig. 2.19). O ângulo α que **F** forma com o eixo *x* pode ser determinado primeiro por trigonometria, depois segue-se com o processo do Caso 1. Entretanto, os componentes de **F** também podem ser obtidos diretamente a partir das proporções entre as várias dimensões envolvidas, sem de fato determinar α [Aplicação de Conceito 2.2].

B. Componentes retangulares da resultante. Os componentes R_x e R_y da resultante podem ser obtidos somando-se algebricamente os componentes correspondentes das forças dadas [Problema Resolvido 2.3].

Você pode expressar a resultante forma vetorial usando os vetores unitários **i** e **j**, que são direcionados ao longo dos eixos *x* e *y*, respectivamente:

$$\mathbf{R} = R_x\mathbf{i} + R_y\mathbf{j}$$

Você também pode determinar *a intensidade, a direção e o sentido* da resultante solucionando o triângulo retângulo de lados R_x e R_y para *R* e para o ângulo que **R** forma com o eixo *x*.

PROBLEMAS

20.21 e 2.22 Determine os componentes x e y de cada uma das forças indicadas.

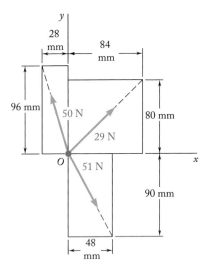

Figura P2.21

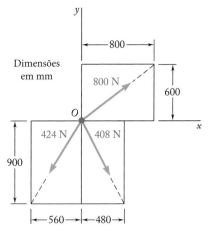

Figura P2.22

2.23 e 2.24 Determine os componentes x e y de cada uma das forças indicadas.

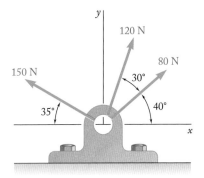

Figura P2.23

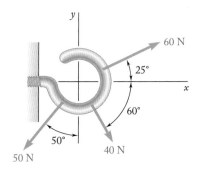

Figura P2.24

2.25 O elemento BC exerce sobre o elemento AC uma força **P** dirigida ao longo da linha BC. Sabendo que **P** tem uma componente horizontal de 325 N, determine (a) a intensidade da força **P**, (b) sua componente vertical.

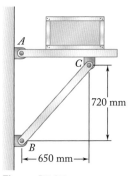

Figura P2.25

2.26 O elemento *BD* exerce sobre o elemento *ABC* uma força **P** dirigida ao longo da linha *BD*. Sabendo que **P** deve ter um componente horizontal de 300 N, determine (*a*) a intensidade da força **P**, (*b*) sua componente vertical.

2.27 Um cilindro hidráulico *BC* exerce sobre o elemento *AB* uma força **P** dirigida ao longo da linha *BC*. Sabendo que **P** tem uma componente de 600 N perpendicular ao elemento *AB*, determine (*a*) a intensidade da força **P**, (*b*) sua componente ao longo da linha *AB*.

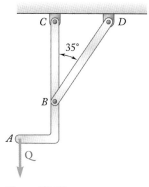

Figura P2.26

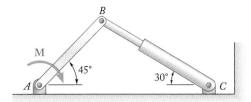

Figura P2.27

2.28 O cabo *AC* exerce sobre a viga *AB* uma força **P** dirigida ao longo da linha *AC*. Sabendo que **P** tem uma componente vertical de 350 N, determine (*a*) a intensidade da força **P**, (*b*) sua componente horizontal.

2.29 Um cilindro hidráulico *BD* exerce sobre o membro *ABC* uma força **P** dirigida ao longo da linha *BD*. Sabendo que **P** tem um componente perpendicular a *ABC* de 750 N, determine (*a*) a intensidade da força **P**, (*b*) sua componente paralela a *ABC*.

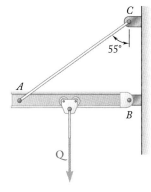

Figura P2.28

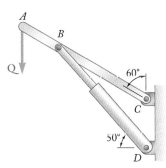

Figura P2.29

2.30 O cabo de sustentação *BD* exerce no poste telefônico *AC* uma força **P** dirigida ao longo de *BD*. Sabendo que **P** tem uma componente de 720 N perpendicular ao poste *AC*, determine (*a*) a intensidade da força **P**, (*b*) sua componente ao longo da linha *AC*.

2.31 Determine a resultante das três forças do Problema 2.21.

2.32 Determine a resultante das três forças do Problema 2.23.

2.33 Determine a resultante das três forças do Problema 2.24.

2.34 Determine a resultante das três forças do Problema 2.22.

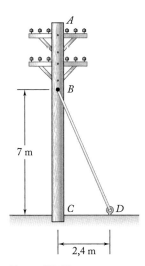

Figura *P2.30*

2.35 Sabendo que $\alpha = 35°$, determine a resultante das três forças indicadas.

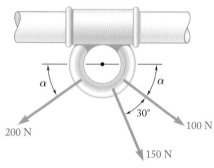

Figura P2.35

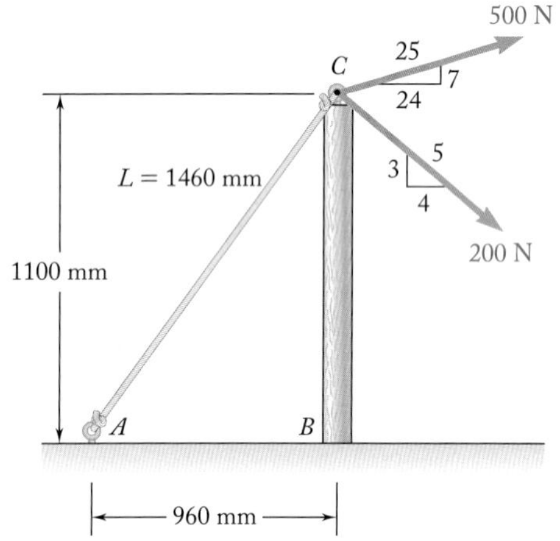

2.36 Sabendo que a tração no cabo AC é 365 N, determine a resultante das três forças exercidas no ponto C do poste BC.

Figura P2.36

2.37 Sabendo que $\alpha = 40°$, determine a resultante das três forças indicadas.

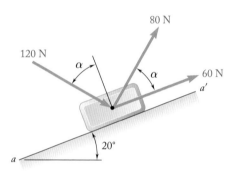

Figura P2.37 e *P2.38*

2.38 Sabendo que $\alpha = 75°$, determine a resultante das três forças indicadas.

2.39 Para o anel do Problema 2.35, determine (*a*) o valor necessário de α para que a resultante das forças seja na vertical, (*b*) a correspondente intensidade da resultante.

2.40 Para o poste do Problema 2.36, determine (*a*) a tração necessária no cabo AC para que a resultante das três forças exercidas no ponto C seja horizontal, (*b*) a correspondente intensidade da resultante.

2.41 Determine (*a*) a tensão de tração necessária no cabo AC, sabendo que a resultante das três forças exercida no ponto C da haste BC deve estar ao longo da linha BC, (*b*) a correspondente intensidade da resultante.

2.42 Para o bloco dos Problemas 2.37 e 2.38, determine (*a*) o valor necessário de α para que a resultante das três forças mostradas seja paralela ao plano inclinado, (*b*) a correspondente intensidade da resultante.

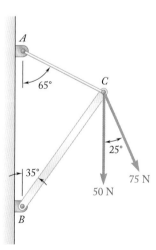

Figura *P2.41*

2.3 Forças e equilíbrio em um plano

Agora que já foi visto como adicionar forças, pode-se seguir para um dos conceitos-chave deste curso: o equilíbrio de uma partícula. A conexão entre equilíbrio e a soma das forças é muito direta: uma partícula só pode estar em equilíbrio quando a soma das forças atuando sobre ela é zero.

2.3A Equilíbrio de uma partícula

Nas seções anteriores, discutimos os métodos para se determinar a resultante de várias forças que atuam sobre uma partícula. Embora isso não tenha ocorrido em nenhum dos problemas considerados até aqui, é perfeitamente possível que a resultante seja zero. Nesse caso, o efeito resultante das forças dadas é nulo, e diz-se que a partícula está em **equilíbrio**. Temos, então, a seguinte definição:

Quando a resultante de todas as forças que atuam sobre uma partícula é igual a zero, a partícula está em equilíbrio.

Uma partícula sobre a qual se aplicam duas forças estará em equilíbrio se as duas forças tiverem a mesma intensidade e a mesma linha de ação, mas sentidos opostos. A resultante dessas duas forças é, então, igual a zero, como mostrado na Fig. 2.22.

Outro caso de equilíbrio de uma partícula é representado na Fig. 2.23a, que mostra quatro forças atuando em A. Na Fig. 2.23b, a resultante das forças dadas é determinada pela regra do polígono. Começando no ponto O com $\mathbf{F}_1$ e dispondo as forças no padrão ponta a cauda, encontramos que a ponta de $\mathbf{F}_4$ coincide com o ponto inicial O. Logo, a resultante $\mathbf{R}$ do sistema de forças dado é zero e a partícula está em equilíbrio.

O polígono fechado desenhado na Fig. 2.23b fornece uma expressão *gráfica* para o equilíbrio de A. Para expressar *algebricamente* as condições de equilíbrio de uma partícula, escrevemos

Equilíbrio de uma partícula
$$\mathbf{R} = \Sigma \mathbf{F} = 0 \tag{2.14}$$

Foto 2.2 As forças que atuam sobre o mosquetão incluem o peso da garota e do cinto de segurança, além da força exercida pelo conjunto de roldanas. Considerando o mosquetão como uma partícula, ele está em equilíbrio porque a resultante de todas as forças que atuam sobre ele é nula.

Figura 2.22 Quando uma partícula está em equilíbrio, a resultante das forças que atuam sobre a partícula é zero.

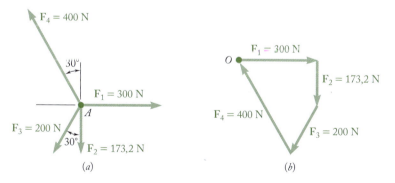

Figura 2.23 (a) Quatro forças atuam sobre a partícula A; (b) uso da lei do polígono para encontrar a resultante das forças em (a), que é zero porque a partícula está em equilíbrio.

Decompondo cada força **F** em componentes retangulares, temos

$$\Sigma\,(F_x\mathbf{i} + F_y\mathbf{j}) = 0 \quad \text{ou} \quad (\Sigma F_x)\mathbf{i} + (\Sigma F_y)\mathbf{j} = 0$$

Concluímos que as condições necessárias e suficientes para o equilíbrio de uma partícula são

Equilíbrio de uma partícula (equações escalares)

$$\Sigma F_x = 0 \qquad \Sigma F_y = 0 \tag{2.15}$$

Retomando a partícula mostrada na Fig. 2.23, verificamos que as condições de equilíbrio são satisfeitas. Temos

$$\Sigma F_x = 300\text{ N} - (200\text{ N})\,\text{sen}\,30° - (400\text{ N})\,\text{sen}\,30°$$
$$= 300\text{ N} - 100\text{ N} - 200\text{ N} = 0$$
$$\Sigma F_y = -173{,}2\text{ N} - (200\text{ N})\cos 30° + (400\text{ N})\cos 30°$$
$$= -173{,}2\text{ N} - 173{,}2\text{ N} + 346{,}4\text{ N} = 0$$

2.3B Primeira lei de Newton do movimento

Como visto na Seção 1.2, Sir Isaac Newton formulou três leis fundamentais nas quais se baseia a ciência da mecânica. A primeira dessas leis pode ser enunciada nos seguintes termos:

Se a força resultante que atua sobre uma partícula é nula, a partícula permanecerá em repouso (se originalmente em repouso) ou se moverá à velocidade constante em linha reta (se originalmente em movimento).

Dessa lei e da definição de equilíbrio apresentada, conclui-se que uma partícula em equilíbrio ou está em repouso ou se desloca em linha reta à velocidade constante. Se uma partícula não se comporta de nenhuma dessas maneiras, ela não está em equilíbrio, e a força resultante sobre ela não é zero. Na próxima seção, serão considerados vários problemas que envolvem o equilíbrio de uma partícula.

Observe que a maior parte da estática inclui utilizar a primeira lei de Newton para analisar uma situação de equilíbrio. Na prática, isso significa projetar uma ponte ou edificação que se mantenha estável e não desabe. Também significa compreender as forças que podem perturbar o equilíbrio, como um vento forte ou uma enchente. A ideia básica é muito simples, mas as aplicações podem ser um tanto complexas.

2.3C Problemas que envolvem o equilíbrio de uma partícula: diagramas de corpo livre

Na prática, um problema de engenharia mecânica é derivado de uma situação física real. Um esboço mostrando as condições físicas do problema é conhecido como **diagrama espacial**.

Os métodos de análise discutidos nas seções precedentes aplicam-se a sistemas de forças que atuam sobre uma partícula. Muitos problemas que envolvem estruturas reais, entretanto, podem ser reduzidos a problemas que envolvem o equilíbrio de uma partícula. Isso é feito escolhendo-se uma partícula significativa e traçando-se um diagrama separado mostrando essa partícula e todas as forças que atuam sobre ela. Tal diagrama é denominado **dia-**

grama de corpo livre. (O nome deriva do fato de que, ao se desenhar o corpo escolhido, ou partícula, ele está "livre" de todos os outros corpos presentes na situação real.)

Como exemplo, considere o caixote de 75 kg mostrado no diagrama espacial da Fig. 2.24a. Esse caixote encontra-se entre dois edifícios, e é carregado em um caminhão que irá removê-lo. O caixote é sustentado por um cabo vertical, que está fixado em A a duas cordas que passam por roldanas presas aos edifícios em B e C. Deseja-se determinar a tração em cada uma das cordas AB e AC.

Para resolver esse problema, deve-se traçar um diagrama de corpo livre mostrando a partícula em equilíbrio. Como estamos interessados nas forças de tração nas cordas, o diagrama de corpo livre deve incluir ao menos uma dessas forças de tração ou, se possível, ambas as forças de tração. Observa-se que o ponto A é um bom corpo livre para esse problema. O diagrama de corpo livre do ponto A está representado na Fig. 2.24b. A figura mostra o ponto A e as forças exercidas nele pelo cabo vertical e pelas duas cordas. A força exercida pelo cabo é dirigida para baixo, e sua intensidade é igual ao peso W do caixote. Voltando à Eq. (1.4), escrevemos

$$W = mg = (75 \text{ kg})(9{,}81 \text{ m/s}^2) = 736 \text{ N}$$

e indicamos esse valor no diagrama de corpo livre. As forças exercidas pelas duas cordas não são conhecidas. Como elas são respectivamente iguais em intensidade às forças de tração na corda AB e na corda AC, vamos designá-las por $\mathbf{T}_{AB}$ e $\mathbf{T}_{AC}$ e desenhá-las afastando-se de A nas direções mostradas no diagrama espacial. Nenhum outro detalhe é incluído no diagrama de corpo livre.

Como o ponto A está em equilíbrio, as três forças que atuam sobre ele devem formar um triângulo fechado quando desenhadas no padrão ponta a cauda. Esse **triângulo de forças** foi desenhado na Fig. 2.24c. Os valores T_{AB} e T_{AC} das forças de tração nas cordas podem ser encontrados graficamente se o triângulo for desenhado em escala, ou podem ser encontrados por trigonometria. Se for escolhido trigonometria, usamos a lei dos senos:

$$\frac{T_{AB}}{\text{sen}\,60°} = \frac{T_{AC}}{\text{sen}\,40°} = \frac{736 \text{ N}}{\text{sen}\,80°}$$

$$T_{AB} = 647 \text{ N} \qquad T_{AC} = 480 \text{ N}$$

Quando uma partícula está em equilíbrio sob três forças, o problema pode ser resolvido desenhando-se um triângulo de forças. Quando a partícula está em equilíbrio sob mais de três forças, o problema pode ser resolvido graficamente desenhando-se um polígono de forças. Se desejarmos uma solução analítica, devemos resolver com auxílio das **equações de equilíbrio**, dadas na Seção 2.3A:

$$\Sigma F_x = 0 \qquad \Sigma F_y = 0 \tag{2.15}$$

Essas equações podem ser resolvidas para no máximo *duas incógnitas*; da mesma forma, o triângulo de forças usado nesse caso de equilíbrio sob três forças pode ser resolvido para duas incógnitas.

Os tipos mais comuns de problemas são aqueles nos quais as duas incógnitas representam (1) os dois componentes (ou a intensidade e a direção) de uma única força, (2) as intensidades de duas forças, cada qual de direção conhecida. Problemas envolvendo a determinação do valor máximo ou mínimo da intensidade de uma força são também encontrados (ver Problemas 2.57 a 2.61).

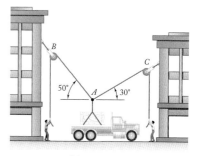

(a) Diagrama espacial

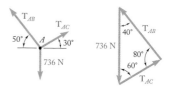

(b) Diagrama de corpo livre (c) Triângulo de forças

Figura 2.24 (a) O diagrama espacial mostra a situação física do problema; (b) o diagrama de corpo livre mostra uma partícula central e as forças que atuam sobre ela; (c) o triângulo de forças pode ser resolvido com a lei dos senos. Observe que as forças formam um triângulo fechado porque a partícula está em equilíbrio e a força resultante é zero.

Foto 2.3 Como ilustrado na Fig. 2.24, é possível determinar as forças de tração nos cabos que sustentam o eixo mostrado tratando o gancho como uma partícula e, então, aplicando as equações de equilíbrio às forças que atuam sobre o gancho.

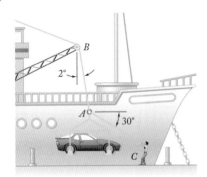

PROBLEMA RESOLVIDO 2.4

Numa operação de descarregamento de um navio, um automóvel de 3,5 kN é sustentado por um cabo. Uma corda é amarrada ao cabo em A e puxada para pousar o automóvel na posição desejada. No momento ilustrado, o automóvel está parado, o ângulo entre o cabo e a vertical é de 2° e o ângulo entre a corda e a horizontal é de 30°. Qual é a tração na corda e no cabo?

ESTRATÉGIA Este é um problema de equilíbrio sob três forças coplanares. Pode-se tratar o ponto A como uma partícula e resolver o problema utilizando um triângulo de forças.

MODELAGEM E ANÁLISE

Diagrama de corpo livre. O ponto A é escolhido como uma partícula, podendo, assim, desenhar o diagrama de corpo livre completo (Fig. 1). T_{AB} é a tração no cabo AB, e T_{AC} é a tração na corda.

Condição de equilíbrio. Como apenas três forças atuam no ponto A, desenhamos um triângulo de forças para expressar que o corpo está em equilíbrio (Fig. 2). Usando a lei dos senos, temos

$$\frac{T_{AB}}{\text{sen}\,120°} = \frac{T_{AC}}{\text{sen}\,2°} = \frac{3,5\text{ kN}}{\text{sen}\,58°}$$

Com uma calculadora, primeiro calculamos e armazenamos na memória o valor do último quociente. Multiplicando-se esse valor sucessivamente por sen 120° e por sen 2°, obtemos

$$T_{AB} = 3{,}57 \text{ kN} \qquad T_{AC} = 144 \text{ N} \blacktriangleleft$$

PARA REFLETIR Conhecer uma força em um problema de equilíbrio de três forças e calcular as outras forças a partir de uma geometria dada é um problema comum. Este tipo básico de problema ocorrerá com frequência neste livro, como parte de situações mais complexas.

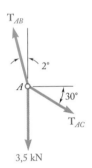

Figura 1 Diagrama de corpo livre da partícula A.

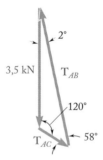

Figura 2 Triângulo de forças das forças que atuam sobre a partícula A.

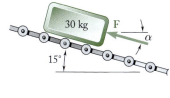

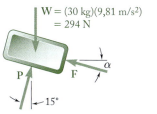

Figura 1 Diagrama de corpo livre de uma embalagem, tratada como uma partícula.

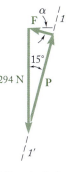

Figura 2 Triângulo de forças das forças que atuam sobre a embalagem.

PROBLEMA RESOLVIDO 2.5

Determine a intensidade e a direção da menor força **F** que irá manter em equilíbrio a embalagem de 30 kg mostrada na figura. Observe que a força exercida pelos roletes na embalagem é perpendicular ao plano inclinado.

ESTRATÉGIA Este é um problema de equilíbrio com três forças coplanares que pode ser resolvido com um triângulo de forças. A novidade é determinar uma força mínima. Esta parte das soluções pode ser abordada de maneira similar ao do Problema Resolvido 2.2.

MODELAGEM E ANÁLISE

Diagrama de corpo livre. Escolhe-se o pacote como um corpo livre, supondo que ele pode ser tratado como uma partícula. Desenha-se o diagrama de corpo livre correspondente.

Condição de equilíbrio. Como apenas três forças atuam no corpo livre, desenha-se um triângulo de forças para expressar que o corpo está em equilíbrio. A linha *1-1'* representa a direção conhecida de **P**. Para obter o valor mínimo da força **F**, escolhemos a direção de **F** perpendicular à de **P**. Da geometria do triângulo, obtemos

$$F = (294 \text{ N}) \text{ sen } 15° = 76{,}1 \text{ N} \qquad \alpha = 15°$$

$$\mathbf{F} = 76{,}1 \text{ N} \searrow 15° \blacktriangleleft$$

PARA REFLETIR Determinar as forças máxima e mínima para manter o equilíbrio é um problema prático comum. Aqui, a força necessária é de aproximadamente 25% do peso da embalagem, o que parece aceitável para uma inclinação de 15°.

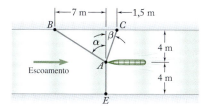

PROBLEMA RESOLVIDO 2.6

Como parte do projeto de um novo barco a vela, deseja-se determinar a força de arrasto que pode ser esperada a uma dada velocidade. Para tal, é colocado um modelo do casco proposto em um canal de teste e são usados três cabos para manter sua proa na linha do centro do canal. Leituras do dinamômetro indicam que, para uma dada velocidade, a tração é de 200 N no cabo *AB* e de 300 N no cabo *AE*. Determine a força de arrasto exercida no casco e a tração no cabo *AC*.

ESTRATÉGIA Todos os cabos se conectam no ponto *A*, então, ele pode ser tratado como uma partícula em equilíbrio. Como há quatro forças atuando em *A* (tração de três cabos e força de arrasto), deve-se usar as condições de equilíbrio e a soma de forças por componentes para encontrar as forças desconhecidas.

(continua)

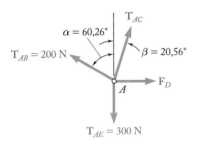

Figura 1 Diagrama de corpo livre da partícula A.

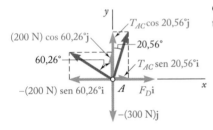

Figura 2 Componentes retangulares das forças que atuam sobre a partícula A.

MODELAGEM E ANÁLISE

Determinação dos ângulos. Primeiro, determinam-se os ângulos α e β que definem as direções dos cabos AB e AC. Temos

$$\text{tg}\,\alpha = \frac{7\text{ m}}{4\text{ m}} = 1{,}75 \qquad \text{tg}\,\beta = \frac{1{,}5\text{ m}}{4\text{ m}} = 0{,}375$$

$$\alpha = 60{,}26° \qquad \beta = 20{,}56°$$

Diagrama de corpo livre. Escolhendo o casco como um corpo livre, desenhamos o diagrama de corpo livre (Fig. 1). Ele inclui as forças exercidas pelos três cabos sobre o casco, assim como a força de arrasto $\mathbf{F}_D$ exercida pelo escoamento.

Condição de equilíbrio. Como o ponto A está em equilíbrio, a resultante de todas as forças é nula.

$$\mathbf{R} = \mathbf{T}_{AB} + \mathbf{T}_{AC} + \mathbf{T}_{AE} + \mathbf{F}_D = 0 \tag{1}$$

Como mais de três forças estão envolvidas, decompomos as forças em componentes (Fig. 2):

$$\mathbf{T}_{AB} = -(200\text{ N})\,\text{sen}\,60{,}26°\mathbf{i} + (200\text{ N})\cos 60{,}26°\mathbf{j}$$
$$= -(173{,}66\text{ N})\mathbf{i} + (99{,}21\text{ N})\mathbf{j}$$
$$\mathbf{T}_{AC} = T_{AC}\,\text{sen}\,20{,}56°\mathbf{i} + T_{AC}\cos 20{,}56°\mathbf{j}$$
$$= 0{,}3512 T_{AC}\mathbf{i} + 0{,}9363 T_{AC}\mathbf{j}$$
$$\mathbf{T}_{AE} = -(300\text{ N})\mathbf{j}$$
$$\mathbf{F}_D = F_D\mathbf{i}$$

Substituindo as expressões obtidas na Eq. (1) e fatorando os vetores unitários $\mathbf{i}$ e $\mathbf{j}$, temos

$$(-173{,}66\text{ N} + 0{,}3512 T_{AC} + F_D)\mathbf{i} + (99{,}21\text{ N} + 0{,}9363 T_{AC} - 300\text{ N})\mathbf{j} = 0$$

Essa equação será satisfeita se, e somente se, os coeficientes de $\mathbf{i}$ e $\mathbf{j}$ forem iguais a zero. Obtemos, então, duas equações de equilíbrio, mostradas a seguir, que expressam, respectivamente, que a soma dos componentes x e a soma dos componentes y das forças dadas devem ser iguais a zero.

$$(\Sigma F_x = 0\text{:}) \qquad -173{,}66\text{ N} + 0{,}3512 T_{AC} + F_D = 0 \tag{2}$$
$$(\Sigma F_y = 0\text{:}) \qquad 99{,}21\text{ N} + 0{,}9363 T_{AC} - 300\text{ N} = 0 \tag{3}$$

Da Eq. (3), encontramos

$$T_{AC} = +214{,}45\text{ N} \quad \blacktriangleleft$$

Substituindo esse valor na Eq. (2), temos

$$F_D = +98{,}35\text{ N} \quad \blacktriangleleft$$

PARA REFLETIR Ao traçarmos o diagrama de corpo livre, pressupomos um sentido para cada força desconhecida. O sinal positivo na resposta indica que o sentido pressuposto está correto. O polígono de forças completo (Fig. 3) pode ser esquematizado para verificar os resultados.

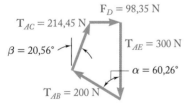

Figura 3 Polígono de forças das forças atuando sobre uma partícula A.

METODOLOGIA PARA A RESOLUÇÃO DE PROBLEMAS

Quando uma partícula está em **equilíbrio**, a resultante das forças que atuam sobre a partícula tem que ser zero. Ao expressar esse fato para uma partícula sob a ação de *forças coplanares*, obtêm-se duas relações entre essas forças. Como vimos nos problemas resolvidos anteriores, essas relações podem ser usadas para se determinar duas incógnitas, tais como a intensidade e a direção de uma força ou as intensidades de duas forças.

Traçar um diagrama de corpo livre claro e preciso é fundamental na solução de qualquer problema de equilíbrio. Esse diagrama mostra a partícula e todas as forças que atuam sobre ela. Indique no seu diagrama de corpo livre as intensidades das forças conhecidas, bem como qualquer ângulo ou dimensões que definam a direção de uma força. Qualquer intensidade ou ângulo desconhecido deve ser representado por um símbolo apropriado. Nada mais deve ser incluído no diagrama de corpo livre. Saltar esse passo pode economizar lápis e papel, mas muito provavelmente levará a uma solução errada.

Caso 1. Se o diagrama de corpo livre envolve apenas três forças, o restante da solução é mais bem executado traçando-se essas forças pelo padrão ponta a cauda para formar um triângulo de forças. Esse triângulo pode ser resolvido graficamente ou por trigonometria, desde que não haja mais do que duas incógnitas [Problemas Resolvidos 2.4 e 2.5].

Caso 2. Se o diagrama de corpo livre indica mais de três forças, é mais prático usar uma *solução analítica*. Selecione os eixos x e y e decomponha cada uma das forças em componentes x e y. Expressando que a soma dos componentes x e a soma dos componentes y de todas as forças são iguais a zero, serão obtidas duas equações que podem ser resolvidas para no máximo duas incógnitas [Problema Resolvido 2.6].

Recomendamos que, ao adotar uma solução analítica, você escreva as equações de equilíbrio na mesma forma que nas Eqs. (2) e (3) do Problema Resolvido 2.6. A prática adotada por alguns estudantes de colocar inicialmente as incógnitas no lado esquerdo da equação e as quantidades conhecidas no lado direito, pode levar à confusão na atribuição do sinal apropriado a cada termo.

Independentemente do método empregado para resolver um problema de equilíbrio bidimensional, é possível determinar no máximo duas incógnitas. Se um problema bidimensional envolve mais de duas incógnitas, uma ou mais relações adicionais têm que ser obtidas a partir da informação contida no enunciado do problema.

PROBLEMAS

PROBLEMAS PRÁTICOS DE DIAGRAMA DE CORPO LIVRE

2.F1 Dois cabos estão ligados juntos a C e carregados como mostra a figura. Desenhe o diagrama de corpo livre necessário para determinar a tração em *AC* e em *BC*.

2.F2 Duas forças de intensidade $T_A = 8$ kN e $T_B = 15$ kN são aplicadas, como mostrado na figura, a uma conexão soldada. Sabendo que a conexão está em equilíbrio, desenhe o diagrama de corpo livre necessário para determinar a intensidade das forças T_C e T_D.

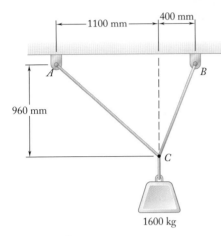

Figura P2.F1

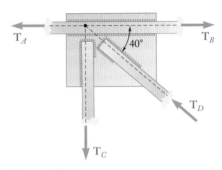

Figura P2.F2

2.F3 O cursor de 60N *A* pode deslizar em uma barra vertical sem atrito e está ligado a um contrapeso de 65 N *C*, como mostrado na figura. Desenhe o diagrama de corpo livre necessário para determinar o valor de *h* em que o sistema esteja em equilíbrio.

2.F4 Um teleférico parou na posição mostrada na figura. Sabendo que cada cadeira pesa 250 N e que o esquiador na cadeira *E* pesa 765 N, desenhe o diagrama de corpo livre necessário para determinar o peso do esquiador na cadeira *F*.

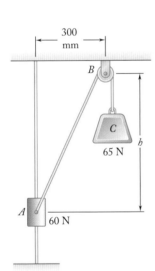

Figura P2.F3

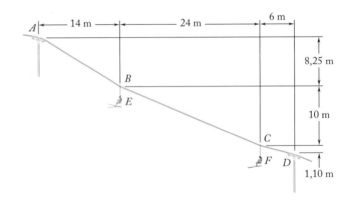

Figura P2.F4

PROBLEMAS DE FINAL DE SEÇÃO

2.43 Dois cabos estão ligados em C e são carregados como mostra a figura. Determine a tração (a) no cabo AC e (b) no cabo BC.

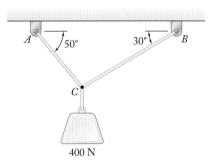

Figura P2.43

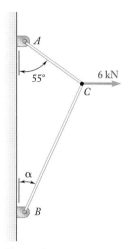

Figura P2.44

2.44 Dois cabos estão ligados em C e são carregados como mostra a figura. Sabendo que $\alpha = 30°$, determine a tração (a) no cabo AC, (b) no cabo BC.

2.45 Dois cabos estão ligados em C e carregados como mostra a figura. Determine a tração (a) no cabo AC e (b) no cabo BC.

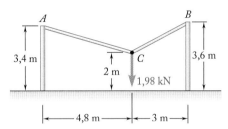

Figura P2.45

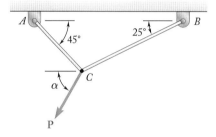

Figura P2.46

2.46 Dois cabos estão ligados em C e são carregados como mostra a figura. Sabendo que $P = 500$ N e $\alpha = 60°$, determine a tração (a) no cabo AC e (b) no cabo BC.

2.47 Dois cabos estão ligados em C e são carregados como mostra a figura. Determine a tração (a) no cabo AC e (b) no cabo BC.

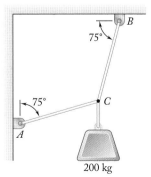

Figura P2.47

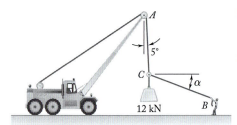

Figura P2.48

2.48 Sabendo que $\alpha = 20°$, determine a tração (a) no cabo AC e (b) na corda BC.

2.49 Dois cabos estão ligados em C e são carregados como mostra a figura. Sabendo que $P = 300$ N, determine a tração nos cabos AC e BC.

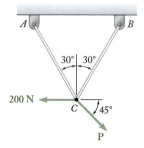

Figura P2.49 e P2.50

2.50 Dois cabos estão ligados em C e são carregados como mostra a figura. Determine a faixa de valores da carga **P** para que ambos os cabos permaneçam esticados.

2.51 Duas forças **P** e **Q** são aplicadas tal como mostra a figura a uma conexão de uma aeronave. Sabendo que a conexão está em equilíbrio e que $P = 500$ N e $Q = 650$ N, determine as intensidades das forças exercidas nas barras A e B.

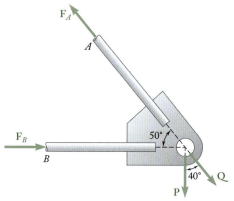

Figura P2.51 e *P2.52*

2.52 Duas forças **P** e **Q** são aplicadas tal como mostra a figura a uma conexão de uma aeronave. Sabendo que a conexão está em equilíbrio e as intensidades das forças exercidas nas barras A e B são $F_A = 750$ N e $F_B = 400$ N, determine as intensidades das forças **P** e **Q**.

2.53 Uma conexão soldada está em equilíbrio sob a ação de quatro forças como mostra a figura. Sabendo que $F_A = 8$ kN e $F_B = 16$ kN, determine as intensidades das outras duas forças.

2.54 Uma conexão soldada está em equilíbrio sob a ação de quatro forças como mostra a figura. Sabendo que $F_A = 5$ kN e $F_D = 6$ kN, determine as intensidades das outras duas forças.

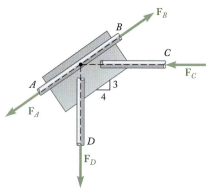

Figura P2.53 e P2.54

2.55 Um marinheiro foi resgatado usando uma cadeira de contramestre suspensa por uma roldana que pode se movimentar livremente suportada pelo cabo ACB e é puxada com velocidade constante pelo cabo CD. Sabendo que $\alpha = 30°$ e $\beta = 10°$ e que o peso da cadeira de contramestre e do marinheiro juntos é 900 N, determine a tensão (a) suportada pelo cabo ACB, (b) pelo cabo de tração CD.

2.56 Um marinheiro foi resgatado usando uma cadeira de contramestre suspensa por uma roldana que pode se movimentar livremente suportada pelo cabo ACB e é puxada com velocidade constante pelo cabo CD. Sabendo que $\alpha = 25°$ e $\beta = 15°$ e que a tensão no cabo CD é 80 N, determine (a) o peso da cadeira de contramestre e do marinheiro juntos, (b) a tensão suportada pelo cabo ACB.

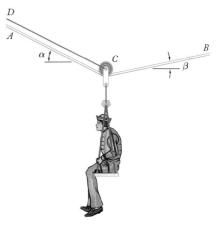

Figura P2.55 e *P2.56*

2.57 Para os cabos do problema 2.44, encontre o valor de α para que a tração seja a menor possível (a) no cabo BC, (b) nos dois cabos simultaneamente. Determine a tensão em cada cabo.

2.58 Para os cabos do Problema 2.46, sabe-se que a máxima tração admissível é de 600 N no cabo AC e 750 N no cabo BC. Determine (a) a máxima força **P** que pode ser aplicada em C, (b) o correspondente valor de α.

2.59 Para a situação descrita na Fig. P2.48, determine (a) o valor de α para que a tensão na corda BC seja a menor possível, (b) o valor correspondente dessa tensão.

2.60 Dois cabos ligados em C estão carregados como mostra a figura. Determine a faixa de valores de Q de forma que a tensão não exceda 60 N em nenhum dos cabos.

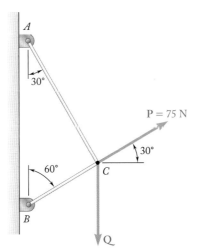

Figura P2.60

2.61 Uma caixa móvel e seu conteúdo pesam, juntos, 2,8 kN. Determine o menor comprimento da corrente ACB que pode ser usado para levantar a caixa carregada de modo que a tração não exceda 5 kN.

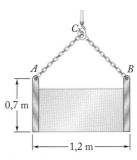

Figura P2.61

2.62 Para $W = 800$ N, $P = 200$ N e $d = 600$ mm, determine o valor de h consistente com o equilíbrio.

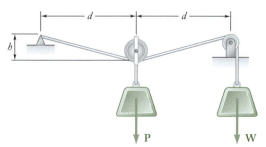

Figura P2.62

2.63 O cursor A é ligado a uma carga de 200 N e pode deslizar sem atrito sobre uma barra horizontal, como mostrado na figura. Determine a intensidade da força **P** para que haja equilíbrio do cursor quando (a) $x = 90$ mm, (b) $x = 300$ mm.

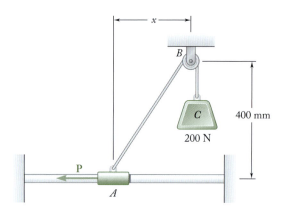

Figura P2.63 e P2.64

2.64 O cursor A é ligado a uma carga de 200 N e pode deslizar sem atrito sobre uma barra horizontal, como mostrado na figura. Determine a distância x para que o cursor esteja em equilíbrio quando $P = 192$ N.

2.65 Três forças são aplicadas a um colchete, como mostra a figura. A direção e sentido das duas forcas de 150 N podem variar, mas o ângulo entre elas é sempre 50°. Determine a faixa de valores de α de modo que a intensidade da resultante das forças que atuam sobre A seja menor do que 600 N.

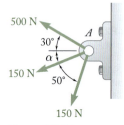

Figura P2.65

2.66 Um caixote de 200 kg é sustentado pelo sistema de corda e roldana mostrado na figura. Determine a intensidade, a direção e o sentido da força **P** que deve ser exercida no lado livre da corda para se manter o equilíbrio. (*Dica*: a tensão na corda é a mesma em cada lado para uma roldana simples. Isso será provado no Cap. 4).

Figura P2.66

2.67 Um caixote de 6 kN é sustentado por vários sistemas de corda e roldana como mostra a figura. Determine para cada caso a tração na corda. (Ver a dica do Problema 2.66.)

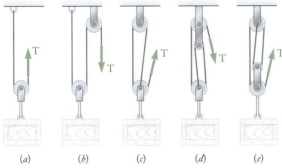

Figura P2.67

2.68 Solucione as partes *b* e *d* do Problema 2.67 considerando que o lado livre da corda está preso ao caixote.

2.69 Uma carga **Q** é aplicada à roldana *C*, que pode rolar no cabo *ACB*. A roldana é mantida na posição mostrada por um segundo cabo CAD, que passa sobre a roldana *A* e sustenta a carga **P**. Sabendo que $P = 750$ N, determine (*a*) a tração no cabo *ACB*, (*b*) a intensidade da carga **Q**.

2.70 Uma carga **Q** de 1.800 N é aplicada à roldana *C*, que pode rolar no cabo *ACB*. A roldana é mantida na posição mostrada por um segundo cabo *CAD*, que passa sobre a roldana *A* e sustenta a carga **P**. Determine (*a*) a tração no cabo *ACB*, (*b*) a intensidade da carga **P**.

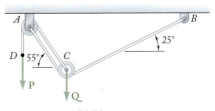

Figura P2.67 e P2.70

2.4 Adição de forças no espaço

Os problemas considerados na primeira parte deste capítulo envolviam somente duas dimensões; eles foram formulados e solucionados em um único plano. Nesta última parte do capítulo, vamos discutir problemas que envolvem as três dimensões do espaço.

2.4A Componentes retangulares de uma força no espaço

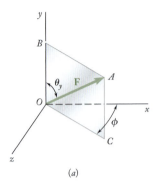

Considere uma força **F** atuando na origem O do sistema de coordenadas retangulares x, y, z. Para definir a direção de **F**, traçamos o plano vertical $OBAC$ contendo **F** (Fig. 2.25a). Esse plano passa pelo eixo vertical y; sua orientação é definida pelo ângulo ϕ que ele forma com o plano xy. A direção de **F** no plano é definida pelo ângulo θ_y que **F** forma com o eixo y. A força **F** pode ser decomposta em um componente vertical $\mathbf{F}_y$ e um componente horizontal $\mathbf{F}_h$; essa operação, mostrada na Fig. 2.25b, é feita no plano $OBAC$ de acordo com as regras desenvolvidas na primeira parte do capítulo. Os componentes escalares correspondentes são

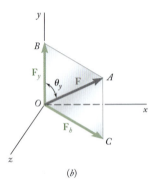

$$F_y = F \cos \theta_y \qquad F_h = F \operatorname{sen} \theta_y \qquad (2.16)$$

Mas $\mathbf{F}_h$ pode ser decomposta em dois componentes retangulares, $\mathbf{F}_x$ e $\mathbf{F}_z$, ao longo dos eixos x e z, respectivamente. Essa operação, mostrada na Fig. 2.25c, é feita no plano xz. Obtemos as seguintes expressões para os componentes escalares correspondentes:

$$F_x = F_h \cos \phi = F \operatorname{sen} \theta_y \cos \phi$$
$$F_z = F_h \operatorname{sen} \phi = F \operatorname{sen} \theta_y \operatorname{sen} \phi \qquad (2.17)$$

A força **F** dada foi então decomposta em três componentes retangulares vetoriais $\mathbf{F}_x$, $\mathbf{F}_y$ e $\mathbf{F}_z$, que estão dirigidos ao longo dos três eixos coordenados.

Aplicando o teorema de Pitágoras aos triângulos OAB e OCD da Fig. 2.25, escrevemos:

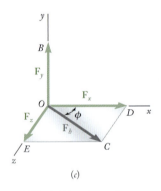

$$F^2 = (OA)^2 = (OB)^2 + (BA)^2 = F_y^2 + F_h^2$$
$$F_h^2 = (OC)^2 = (OD)^2 + (DC)^2 = F_x^2 + F_z^2$$

Eliminando F_h^2 dessas duas equações e resolvendo para F, obtemos a seguinte relação entre a intensidade de **F** e seus componentes retangulares escalares:

Intensidade de uma força no espaço

$$F = \sqrt{F_x^2 + F_y^2 + F_z^2} \qquad (2.18)$$

Figura 2.25 (a) Uma força **F** em um sistema de coordenadas xyz; (b) componentes de **F** ao longo do eixo y e no plano xz; (c) componentes de **F** ao longo de três eixos retangulares.

A relação entre a força **F** e seus três componentes $\mathbf{F}_x$, $\mathbf{F}_y$ e $\mathbf{F}_z$ é mais facilmente visualizada se uma "caixa" tendo $\mathbf{F}_x$, $\mathbf{F}_y$ e $\mathbf{F}_z$ como arestas for desenhada tal como mostra a Fig. 2.26. A força **F** é então representada pela diagonal OA dessa caixa. A Fig. 2.26b mostra o triângulo retângulo OAB usado para se deduzir a primeira das expressões (2.16): $F_y = F \cos \theta_y$. Nas Figs. 2.26a e c, foram também desenhados outros dois triângulos retângulos: OAD e OAE. Esses triângulos ocupam na caixa posições comparáveis à do triângulo OAB. Representando

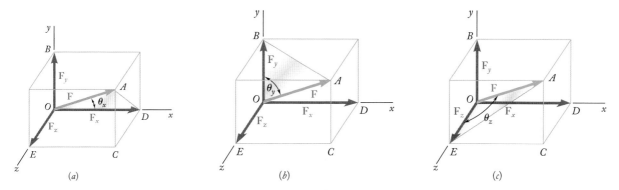

Figura 2.26 (a) Força **F** em uma caixa tridimensional, que mostra seu ângulo com o eixo x; (b) força **F** e seu ângulo com o eixo y; (c) força **F** e seu ângulo com o eixo z.

por θ_x e θ_y, respectivamente, os ângulos que **F** forma com os eixos x e z, podemos deduzir duas expressões similares a θ_y. Escrevemos então

Componentes escalares de uma força F

$$F_x = F \cos \theta_x \qquad F_y = F \cos \theta_y \qquad F_z = F \cos \theta_z \qquad (2.19)$$

Os três ângulos θ_x, θ_y e θ_z definem a direção da força **F**; eles são mais comumente usados para essa finalidade do que os ângulos θ_y e ϕ, apresentados no início desta seção. Os cossenos de θ_x, θ_y e θ_z são conhecidos como **cossenos diretores** da força **F**.

Introduzindo os vetores unitários **i**, **j** e **k**, dirigidos respectivamente ao longo dos eixos x, y e z (Fig. 2.27), podemos expressar **F** na forma

Notação vetorial de uma força F

$$\mathbf{F} = F_x \mathbf{i} + F_y \mathbf{j} + F_z \mathbf{k} \qquad (2.20)$$

na qual os componentes escalares F_x, F_y e F_z são definidos pelas relações na Eq. (2.19).

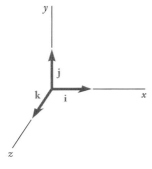

Figura 2.27 Os três vetores unitários **i**, **j**, **k** encontram-se ao longo dos três eixos coordenados x, y e z, respectivamente.

APLICAÇÃO DE CONCEITO 2.4

Uma força de 500 N forma ângulos de 60°, 45° e 120°, respectivamente, com os eixos x, y e z. Encontre os complementos F_x, F_y e F_z dessa força e expresse a força em termos de vetores unitários.

Solução

Substituímos $F = 500$ N, $\theta_x = 60°$, $\theta_y = 45°$, $\theta_z = 120°$ nas fórmulas (2.19). Os componentes escalares de **F** são

$$F_x = (500 \text{ N}) \cos 60° = +250 \text{ N}$$
$$F_y = (500 \text{ N}) \cos 45° = +354 \text{ N}$$
$$F_z = (500 \text{ N}) \cos 120° = -250 \text{ N}$$

Substituindo esses valores na Eq. (2.20), temos

$$\mathbf{F} = (250 \text{ N})\mathbf{i} + (354 \text{ N})\mathbf{j} - (250 \text{ N})\mathbf{k}$$

Assim como no caso de problemas bidimensionais, um sinal positivo indica que o componente tem o mesmo sentido que o eixo correspondente e um sinal negativo, que ele tem sentido oposto.

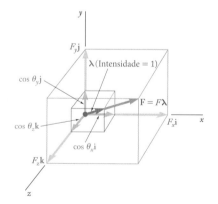

Figura 2.28 Força **F** pode ser expressa como o produto de sua intensidade F e um vetor unitário $\boldsymbol{\lambda}$ na direção de **F**. Os componentes de **F** e seu vetor unitário também são mostrados.

O ângulo que a força **F** forma com um eixo deve ser medido a partir do lado positivo do eixo e será sempre entre 0 e 180°. Um ângulo θ_x menor que 90° (agudo) indica que **F** (cuja origem supõe-se que seja em O) está no mesmo lado do plano yz como o eixo x positivo; $\cos \theta_x$ e F_x serão, então, positivos. Um ângulo θ_x maior que 90° (obtuso) indica que **F** está no outro lado do plano yz; $\cos \theta_x$ e F_x serão, então, negativos. Na Aplicação de Conceito 2.4, os ângulos θ_x e θ_y são agudos, enquanto θ_z é obtuso: consequentemente, F_x e F_y são positivos, enquanto F_z é negativo.

Substituindo em (2.20) as expressões obtidas por F_x, F_y, F_z em (2.19), escrevemos

$$\mathbf{F} = F(\cos \theta_x \mathbf{i} + \cos \theta_y \mathbf{j} + \cos \theta_z \mathbf{k}) \quad (2.21)$$

mostrando que a força **F** pode ser expressa como o produto do escalar F pelo vetor (Fig. 2.28):

$$\boldsymbol{\lambda} = \cos \theta_x \mathbf{i} + \cos \theta_y \mathbf{j} + \cos \theta_z \mathbf{k} \quad (2.22)$$

Obviamente, o vetor $\boldsymbol{\lambda}$ é o vetor cuja intensidade é igual a 1 e cuja direção e sentido são os mesmo que os de **F** (Fig. 2.33). O vetor $\boldsymbol{\lambda}$ é denominado **vetor unitário ao longo da linha de ação** de **F**. A partir da Eq. (2.22), os componentes do vetor unitário $\boldsymbol{\lambda}$ são respectivamente iguais aos cossenos que orientam a linha de ação de **F**:

$$\lambda_x = \cos \theta_x \qquad \lambda_y = \cos \theta_y \qquad \lambda_z = \cos \theta_z \quad (2.23)$$

Deve-se observar que os valores dos três ângulos θ_x, θ_y e θ_z não são independentes. Lembrando que a soma dos quadrados dos componentes de um vetor é igual ao quadrado da sua intensidade, temos

$$\lambda_x^2 + \lambda_y^2 + \lambda_z^2 = 1$$

ou, substituindo os valores de λ_x, λ_y e λ_z a partir de (2.23), obtemos

Relação entre os cossenos diretores

$$\cos^2\theta_x + \cos^2\theta_y + \cos^2\theta_z = 1 \qquad (2.24)$$

Na Aplicação de Conceito 2.4, por exemplo, como os valores $\theta_x = 60°$ e $\theta_y = 45°$ foram selecionados, o valor de θ_z *deve* ser igual a 60° ou 120°, para poder satisfazer a identidade (2.24).

Quando os componentes F_x, F_y, F_z de uma força **F** são dados, a intensidade F da força é obtida de (2.18). Pode-se, então, resolver as relações (2.19) para os cossenos diretores

$$\cos\theta_x = \frac{F_x}{F} \qquad \cos\theta_y = \frac{F_y}{F} \qquad \cos\theta_z = \frac{F_z}{F} \qquad (2.25)$$

e determinar os ângulos θ_x, θ_y e θ_z que caracterizam a direção de **F**.

APLICAÇÃO DE CONCEITO 2.5

A força **F** tem os componentes $F_x = 90$ N, $F_y = -30$ N e $F_z = 60$ N. Determine sua intensidade F e os ângulos θ_x, θ_y e θ_z que essa força forma com seus eixos coordenados.

Solução

Da fórmula (2.18), obtemos a intensidade de **F**:

$$\begin{aligned} F &= \sqrt{F_x^2 + F_y^2 + F_z^2} \\ &= \sqrt{(20\text{ N})^2 + (-30\text{ N})^2 + (60\text{ N})^2} \\ &= \sqrt{4900}\text{ N} = 70\text{ N} \end{aligned}$$

Substituindo os valores dos componentes e a intensidade de **F** nas Eqs. (2.25), os cossenos diretores são

$$\cos\theta_x = \frac{F_x}{F} = \frac{20\text{ N}}{70\text{ N}} \qquad \cos\theta_y = \frac{F_y}{F} = \frac{-30\text{ N}}{70\text{ N}} \qquad \cos\theta_z = \frac{F_z}{F} = \frac{60\text{ N}}{70\text{ N}}$$

Calculando sucessivamente cada quociente e seu arco cosseno, obtemos

$$\theta_x = 73{,}4° \qquad \theta_y = 115{,}4° \qquad \theta_z = 31{,}0°$$

Esses cálculos podem ser feitos facilmente com uma calculadora.

2.4B Força definida por sua intensidade e por dois pontos em sua linha de ação

Em muitas aplicações, a direção de uma força **F** é definida pela coordenada de dois pontos, $M(x_1, y_1, z_1)$ e $N(x_2, y_2, z_2)$, localizados em sua linha de ação (Fig. 2.29). Considere o vetor $\overrightarrow{MN}$ ligando M e N e de mesmo sentido que **F**. Representando seus componentes escalares por d_x, d_y e d_z, respectivamente, temos

$$\overrightarrow{MN} = d_x\mathbf{i} + d_y\mathbf{j} + d_z\mathbf{k} \tag{2.26}$$

O vetor unitário **λ** ao longo da linha de ação de **F** (ou seja, ao longo da linha MN) pode ser obtido dividindo-se o vetor $\overrightarrow{MN}$ por sua intensidade MN. Substituindo por MN de (2.26) e observando que MN é igual à distância d de M a N, resultará:

$$\boldsymbol{\lambda} = \frac{\overrightarrow{MN}}{MN} = \frac{1}{d}(d_x\mathbf{i} + d_y\mathbf{j} + d_z\mathbf{k}) \tag{2.27}$$

Lembrando que **F** é igual ao produto de F por **λ**, temos

$$\mathbf{F} = F\boldsymbol{\lambda} = \frac{F}{d}(d_x\mathbf{i} + d_y\mathbf{j} + d_z\mathbf{k}) \tag{2.28}$$

do qual segue-se que os componentes escalares de **F** são, respectivamente:

Componentes escalares da força F

$$F_x = \frac{Fd_x}{d} \qquad F_y = \frac{Fd_y}{d} \qquad F_z = \frac{Fd_z}{d} \tag{2.29}$$

As relações de (2.29) simplificam consideravelmente a determinação dos componentes de uma força **F** de uma dada intensidade F quando a linha de ação de **F** é definida por dois pontos M e N. O cálculo consiste em primeiro subtrair as

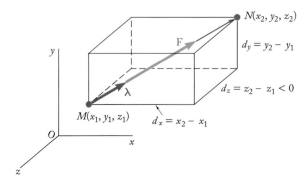

Figura 2.29 Exemplo em que a linha de ação da força **F** é determinada pelos dois pontos M e N. Podemos calcular os componentes de **F** e seus cossenos direcionais a partir do vetor $\overrightarrow{MN}$.

coordenadas de M das coordenadas de N e então determinar os componentes do vetor $\overrightarrow{MN}$ e a distância d de M a N:

$$d_x = x_2 - x_1 \qquad d_y = y_2 - y_1 \qquad d_z = z_2 - z_1$$

$$d = \sqrt{d_x^2 + d_y^2 + d_z^2}$$

Substituindo F e d_x, d_y, d_z e d nas relações de (2.29), obtemos os componentes F_x, F_y e F_z da força.

Os ângulos θ_x, θ_y, θ_z que **F** forma com os eixos coordenados podem então ser obtidos das Eqs. (2.25). Comparando as Eqs. (2.22) e (2.27), podemos também escrever

Cossenos direcionais da força F

$$\cos\theta_x = \frac{d_x}{d} \qquad \cos\theta_y = \frac{d_y}{d} \qquad \cos\theta_z = \frac{d_z}{d} \qquad (2.30)$$

e determinar os ângulos θ_x, θ_y, θ_z diretamente dos componentes e da intensidade do vetor $\overrightarrow{MN}$.

2.4C Adição de forças concorrentes no espaço

A resultante **R** de duas ou mais forças no espaço será determinada somando-se seus componentes retangulares. Métodos gráficos ou trigonométricos geralmente não são práticos no caso de forças no espaço.

O método que será apresentado a seguir é similar àquele usado na Seção 2.2B, para forças coplanares. Estabelecendo

$$\mathbf{R} = \Sigma\mathbf{F}$$

decompomos cada força em seus componentes retangulares e escrevemos

$$R_x\mathbf{i} + R_y\mathbf{j} + R_z\mathbf{k} = \Sigma(F_x\mathbf{i} + F_y\mathbf{j} + F_z\mathbf{k})$$
$$= (\Sigma F_x)\mathbf{i} + (\Sigma F_y)\mathbf{j} + (\Sigma F_z)\mathbf{k}$$

de onde se conclui que

Componentes retangulares da resultante

$$R_x = \Sigma F_x \qquad R_y = \Sigma F_y \qquad R_z = \Sigma F_z \qquad (2.31)$$

A intensidade da resultante e os ângulos θ_x, θ_y, θ_z que a resultante forma com os eixos coordenados são obtidos por meio do método discutido nesta seção. Escrevemos

Resultante de força no espaço

$$R = \sqrt{R_x^2 + R_y^2 + R_z^2} \qquad (2.32)$$

$$\cos\theta_x = \frac{R_x}{R} \qquad \cos\theta_y = \frac{R_y}{R} \qquad \cos\theta_z = \frac{R_z}{R} \qquad (2.33)$$

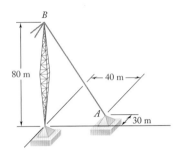

PROBLEMA RESOLVIDO 2.7

Um cabo de sustentação de uma torre está ancorado por meio de um parafuso em A. A tração no cabo é 2.500 N. Determine (a) os componentes F_x, F_y, F_z da força que atua sobre o parafuso e (b) os ângulos $\theta_x, \theta_y, \theta_z$ que definem a direção da força.

ESTRATÉGIA Para as distâncias dadas, podemos determinar o comprimento do cabo e a direção de um vetor unitário ao longo dele. Para isso, podemos encontrar as componentes da tração e os ângulos que definem a sua direção.

MODELAGEM E ANÁLISE

a. Componentes da força. A linha de ação da força que atua no parafuso passa pelos pontos A e B, e a força é dirigida de A para B. Os componentes do vetor $\overrightarrow{AB}$, que têm a mesma direção da força, são

$$d_x = -40 \text{ m} \qquad d_y = +80 \text{ m} \qquad d_z = +30 \text{ m}$$

A distância total de A até B é

$$AB = d = \sqrt{d_x^2 + d_y^2 + d_z^2} = 94{,}3 \text{ m}$$

Representando por **i**, **j** e **k** os vetores unitários ao longo dos eixos coordenados, temos

$$\overrightarrow{AB} = -(40 \text{ m})\mathbf{i} + (80 \text{ m})\mathbf{j} + (30 \text{ m})\mathbf{k}$$

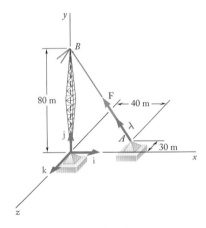

Figura 1 A força do cabo que atua sobre o parafuso em A e seu vetor unitário.

Introduzindo o vetor unitário $\boldsymbol{\lambda} = \overrightarrow{AB}/AB$ (Fig. 1), podemos expressar **F** em termos de $\overrightarrow{AB}$ como:

$$\mathbf{F} = F\boldsymbol{\lambda} = F\frac{\overrightarrow{AB}}{AB} = \frac{2500 \text{ N}}{94{,}3 \text{ m}}\overrightarrow{AB}$$

Substituindo a expressão encontrada para $\overrightarrow{AB}$, obtemos

$$\mathbf{F} = \frac{2500 \text{ N}}{94{,}3 \text{ m}}[-(40 \text{ m})\mathbf{i} + (80 \text{ m})\mathbf{j} + (30 \text{ m})\mathbf{k}]$$
$$= -(1060 \text{ N})\mathbf{i} + (2120 \text{ N})\mathbf{j} + (795 \text{ N})\mathbf{k}$$

Então, os componentes de **F** são

$$F_x = -1060 \text{ N} \qquad F_y = +2120 \text{ N} \qquad F_z = +795 \text{ N} \blacktriangleleft$$

b. Direção da força. Usando as Eqs. (2.25), escrevemos os cossenos direcionais diretamente (Fig. 2):

$$\cos\theta_x = \frac{F_x}{F} = \frac{-1060 \text{ N}}{2500 \text{ N}} \qquad \cos\theta_y = \frac{F_y}{F} = \frac{+2120 \text{ N}}{2500 \text{ N}}$$

$$\cos\theta_z = \frac{F_z}{F} = \frac{+795 \text{ N}}{2500 \text{ N}}$$

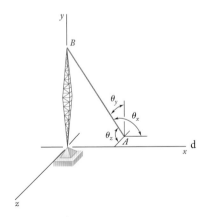

Figura 2 Ângulos direcionais do cabo AB.

Calculando sucessivamente cada quociente e seu arco cosseno, obtemos

$$\theta_x = 115{,}1° \qquad \theta_y = 32{,}0° \qquad \theta_z = 71{,}5° \quad \blacktriangleleft$$

(*Nota*: esse resultado poderia ter sido obtido usando os componentes e a intensidade do vetor $\overrightarrow{AB}$ em vez de os da força **F**.)

PARA REFLETIR Faz sentido que, para uma dada geometria, apenas um determinado conjunto de componentes e ângulos caracterize uma dada força resultante. Os métodos apresentados nesta seção nos permitem avançar e recuar entre forças e geometria.

PROBLEMA RESOLVIDO 2.8

Uma seção de um muro de concreto pré-moldado é temporariamente segurada pelos cabos mostrados na figura. Sabendo que a tração é 4,2 kN no cabo *AB* e 6 kN no cabo *AC*, determine a intensidade, direção e sentido da resultante das forças exercidas pelos cabos *AB* e *AC* na estaca *A*.

ESTRATÉGIA Este é um problema de adição de forças concorrentes no espaço. A abordagem mais simples é primeiro decompor as forças em componentes para então somar os componentes e encontrar a resultante.

MODELAGEM E ANÁLISE

Componentes das forças. A força exercida por cada cabo na estaca *A* será decomposta em componentes *x*, *y* e *z*. Primeiro determinamos os componentes e a intensidade dos vetores $\overrightarrow{AB}$ e $\overrightarrow{AC}$ medindo-os a partir de *A* em direção à seção do muro (Fig. 1). Representando por **i**, **j** e **k** os vetores unitários ao longo dos eixos coordenados, temos

$$\overrightarrow{AB} = -(5\ \text{m})\mathbf{i} + (3\ \text{m})\mathbf{j} + (4\ \text{m})\mathbf{k} \qquad AB = 7{,}07\ \text{m}$$
$$\overrightarrow{AC} = -(5\ \text{m})\mathbf{i} + (3\ \text{m})\mathbf{j} - (5\ \text{m})\mathbf{k} \qquad AC = 7{,}68\ \text{m}$$

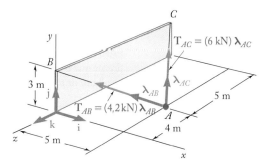

Figura 1 Forças exercidas pelos cabos na estaca *A* e seus vetores unitários.

(*continua*)

Representando por $\boldsymbol{\lambda}_{AB}$ o vetor unitário ao longo de AB, a tração em AB é

$$\mathbf{T}_{AB} = T_{AB}\boldsymbol{\lambda}_{AB} = T_{AB}\frac{\overrightarrow{AB}}{AB} = \frac{4{,}2\text{ kN}}{7{,}07\text{ m}}\overrightarrow{AB}$$

Substituindo a expressão encontrada para $\overrightarrow{AB}$, obtemos

$$\mathbf{T}_{AB} = \frac{4{,}2\text{ kN}}{7{,}07\text{ m}}[-(5\text{ m})\mathbf{i} + (3\text{ m})\mathbf{j} + (4\text{ m})\mathbf{k}]$$

$$\mathbf{T}_{AB} = -(2{,}97\text{ kN})\mathbf{i} + (1{,}78\text{ kN})\mathbf{j} + (2{,}38\text{ kN})\mathbf{k}$$

Sendo $\boldsymbol{\lambda}_{AC}$ o vetor unitário ao longo do AC, obtemos, de modo similar

$$\mathbf{T}_{AC} = T_{AC}\boldsymbol{\lambda}_{AC} = T_{AC}\frac{\overrightarrow{AC}}{AC} = \frac{6\text{ kN}}{7{,}68\text{ m}}\overrightarrow{AC}$$

$$\mathbf{T}_{AC} = -(3{,}91\text{ N})\mathbf{i} + (2{,}34\text{ kN})\mathbf{j} - (3{,}91\text{ kN})\mathbf{k}$$

Resultante das forças. A resultante $\mathbf{R}$ das forças exercidas pelos dois cabos é

$$\mathbf{R} = \mathbf{T}_{AB} + \mathbf{T}_{AC} = -(6{,}88\text{ kN})\mathbf{i} + (4{,}12\text{ kN})\mathbf{j} - (1{,}53\text{ kN})\mathbf{k}$$

A intensidade e a direção da resultante são, agora, determinadas por

$$R = \sqrt{R_x^2 + R_y^2 + R_z^2} = \sqrt{(-6{,}88)^2 + (4{,}12)^2 + (-1{,}53)^2}$$

$$R = 8{,}16\text{ kN} \blacktriangleleft$$

Das Eqs. (2.33), obtemos

$$\cos\theta_x = \frac{R_x}{R} = \frac{-6{,}88\text{ kN}}{8{,}16\text{ kN}} \qquad \cos\theta_y = \frac{R_y}{R} = \frac{+4{,}12\text{ kN}}{8{,}16\text{ kN}}$$

$$\cos\theta_z = \frac{R_z}{R} = \frac{-1{,}53\text{ kN}}{8{,}16\text{ kN}}$$

Calculando sucessivamente cada quociente e seu arco cosseno, obtemos

$$\theta_x = 147{,}5° \qquad \theta_y = 59{,}7° \qquad \theta_z = 100{,}8° \blacktriangleleft$$

PARA REFLETIR Com base na análise visual das forças dos cabos, poderíamos prever que o ângulo θ_x para a resultante seria obtuso e o ângulo θ_y seria agudo. O resultado de θ_z não estava tão aparente.

METODOLOGIA PARA A RESOLUÇÃO DE PROBLEMAS

Nesta seção vimos que **forças no espaço** podem ser definidas por sua intensidade, sua direção e seu sentido ou por seus três componentes retangulares F_x, F_y e F_z.

A. Quando uma força é definida por sua intensidade, sua direção e seu sentido, seus componentes retangulares F_x, F_y e F_z podem ser encontrados das seguintes maneiras:

Caso 1. Se a direção da força **F** é definida pelos ângulos θ_y e ϕ, mostrados na Fig. 2.25, as projeções de **F** calculadas por meio desses ângulos ou seus complementos vão fornecer os componentes de **F** [Eqs. (2.17)]. Observe que os componentes x e z de **F** são encontrados projetando-se **F** primeiramente no plano horizontal; a projeção $\mathbf{F}_h$ obtida dessa maneira é então decomposta nos componentes $\mathbf{F}_x$ e $\mathbf{F}_z$ (Fig. 2.25c).

Caso 2. Se a direção da força **F** é definida pelos ângulos θ_x, θ_y e θ_z que **F** forma com os eixos coordenados, cada componente pode ser obtido multiplicando-se o valor de F da força pelo cosseno do ângulo correspondente [Aplicação de Conceito 2.4]:

$$F_x = F \cos \theta_x \qquad F_y = F \cos \theta_y \qquad F_z = F \cos \theta_z$$

Caso 3. Se a direção da força **F** é definida por dois pontos M e N localizados em sua linha de ação (Fig. 2.29), você vai primeiro expressar o vetor $\overrightarrow{MN}$ traçado de M para N em termos de seus componentes d_x, d_y e d_z e dos vetores unitários **i**, **j**, **k**:

$$\overrightarrow{MN} = d_x \mathbf{i} + d_y \mathbf{j} + d_z \mathbf{k}$$

Em seguida, você vai determinar o vetor unitário $\boldsymbol{\lambda}$ ao longo da linha de ação de **F** dividindo o vetor $\overrightarrow{MN}$ por sua intensidade MN. Multiplicando $\boldsymbol{\lambda}$ pela intensidade de **F**, você vai obter a expressão desejada para **F** em termos de seus componentes retangulares [Problema Resolvido 2.7]:

$$\mathbf{F} = F\boldsymbol{\lambda} = \frac{F}{d}(d_x \mathbf{i} + d_y \mathbf{j} + d_z \mathbf{k})$$

É vantajoso usar um sistema de notação consistente e significativo quando da determinação dos componentes retangulares de uma força. O método usado neste livro é ilustrado no Problema Resolvido 2.8, no qual, por exemplo, a força $\mathbf{T}_{AB}$ atua a partir da estaca A em direção ao ponto B. Observe que os índices foram ordenados para coincidir com o sentido da força. Recomenda-se que você adote a mesma notação, pois ela vai ajudá-lo a identificar o ponto 1 (o primeiro índice) e o ponto 2 (o segundo índice).

Ao formar o vetor que define a linha de ação de uma força, pode pensar em seus componentes escalares como sendo o número de passos que você deve dar em cada direção coordenada para ir do ponto 1 ao ponto 2. É essencial que você sempre se lembre de atribuir o sinal correto a cada um dos componentes.

B. Quando uma força é definida pelos seus componentes retangulares F_x, F_y e F_z, pode-se obter a sua intensidade F escrevendo

$$F = \sqrt{F_x^2 + F_y^2 + F_z^2}$$

Você pode determinar os cossenos diretores da linha de ação de **F** dividindo-se os componentes da força por F

$$\cos\theta_x = \frac{F_x}{F} \quad \cos\theta_y = \frac{F_y}{F} \quad \cos\theta_z = \frac{F_z}{F}$$

Dos cossenos diretores podem-se obter os ângulos θ_x, θ_y e θ_z que **F** forma com os eixos coordenados [Aplicação de Conceito 2.5].

C. Para determinar a resultante *R* de duas ou mais forças em espaço tridimensional, primeiro determine os componentes retangulares de cada força por um dos procedimentos descritos acima. Da adição desses componentes serão obtidas componentes R_x, R_y e R_z da resultante. A intensidade, a direção e o sentido da resultante podem então ser obtidos tal como indicamos anteriormente para a força **F** [Problema Resolvido 2.8].

PROBLEMAS

PROBLEMAS DE FINAL DE SEÇÃO

2.71 Determine (a) os componentes x, y e z da força de 600 N, (b) os ângulos θ_x, θ_y e θ_z que a força forma com os eixos coordenados.

2.72 Determine (a) os componentes x, y e z da força de 450 N, (b) os ângulos θ_x, θ_y e θ_z que a força forma com os eixos coordenados.

2.73 Uma arma está apontada para um ponto A localizado a 35° nordeste. Sabendo que o cano da arma forma um ângulo de 40° com a horizontal e que a força de recuo máxima é 400 N, determine (a) os componentes x, y e z da força, (b) o valor dos ângulos θ_x, θ_y e θ_z que definem a direção da força de recuo. (Considere que os eixos x, y e z apontam para leste, norte e sul, respectivamente).

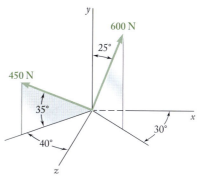

Figura P2.71 e P2.72

2.74 Resolva o Problema 2.73 considerando que o ponto A está localizado a 15° noroeste e que o cano da arma forma um ângulo de 25° com a horizontal.

2.75 O ângulo entre a mola AB e o poste DA é de 30°. Sabendo que a tração na mola é 50 N, determine (a) os componentes x, y e z da força exercida na placa circular em B, (b) os ângulos θ_x, θ_y e θ_z que definem a direção da força em B.

2.76 O ângulo entre a mola AC e o poste DA é de 30°. Sabendo que a tração na mola é 40 N, determine (a) os componentes x, y e z da força exercida na placa circular em C, (b) os ângulos θ_x, θ_y e θ_z que definem a direção da força em C.

2.77 O comprimento do cabo AB é 32,5 m e a tensão neste cabo é 15 kN. Determine (a) as componentes x, y e z da força exercida pelo cabo na âncora B, (b) os ângulos θ_x, θ_y e θ_z definindo a direção e o sentido da força.

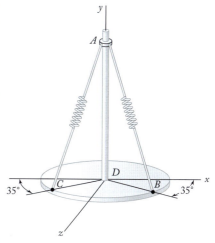

Figura P2.75 e P2.76

2.78 O comprimento do cabo AC é 35 m e a tensão neste cabo é 21 kN. Determine (a) as componentes x, y e z da força exercida pelo cabo na âncora C, (b) os ângulos θ_x, θ_y e θ_z definindo a direção e o sentido da força.

2.79 Determine a intensidade, a direção e o sentido da força $\mathbf{F} = (240\ N)\mathbf{i} - (270\ N)\mathbf{j} + (680\ N)\mathbf{k}$.

2.80 Determine a intensidade, a direção e o sentido da força $\mathbf{F} = (320\ N)\mathbf{i} + (400\ N)\mathbf{j} - (250\ N)\mathbf{k}$.

2.81 Uma força atua na origem de um sistema de coordenadas na direção definida pelos ângulos $\theta_x = 69{,}3°$ e $\theta_z = 57{,}9°$. Sabendo que a componente y da força é −174 N, determine (a) o ângulo θ_y, (b) os outros componentes da força e suas intensidades.

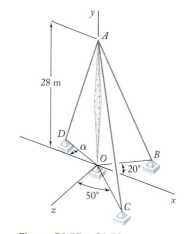

Figura P2.77 e P2.78

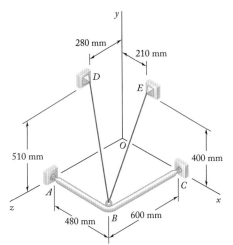

Figura P2.85

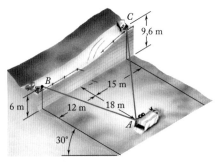

Figura P2.87 e P2.88

2.82 Uma força atua na origem de um sistema de coordenadas na direção definida pelos ângulos $\theta_x = 70{,}9°$ e $\theta_y = 144{,}9°$. Sabendo que a componente z da força é $-52{,}0$ N, determine (a) o ângulo θ_z, (b) os outros componentes e a intensidade da força.

2.83 Uma força **F** de intensidade 210 N atua na origem de um sistema de coordenadas. Sabendo que $F_x = 80$ N, $\theta_z = 151{,}2°$ e $F_y < 0$, determine (a) os componentes F_y e F_z, (b) os ângulos θ_x e θ_y.

2.84 Uma força **F** de intensidade 1200 N atua na origem de um sistema de coordenadas. Sabendo que $\theta_x = 65°$, $\theta_y = 40°$ e $F_z > 0$, determine (a) os componentes da força, (b) o ângulo θ_z.

2.85 Uma barra de aço ABC é sustentada em parte pelo cabo DBE, que passa pelo anel B sem atrito. Sabendo que a tração no cabo é 385 N, determine os componentes dessa força exercida pelo cabo no suporte em D.

2.86 Para a barra de aço e o cabo do Problema 2.85, determine os componentes da força exercida pelo cabo no suporte em E.

2.87 No sentido de mover um caminhão acidentado, dois cabos foram fixados em A e puxados pelos guinchos B e C como mostrado na figura. Sabendo que a tração no cabo AB é 10 kN, determine os componentes da força exercida em A pelo cabo.

2.88 No sentido de mover um caminhão acidentado, dois cabos foram fixados em A e puxados pelos guinchos B e C como mostrado na figura. Sabendo que a tração no cabo AC é 7,5 kN, determine os componentes da força exercida em A pelo cabo.

2.89 Uma placa retangular é sustentada por três cabos, como mostra a figura. Sabendo que a tração no cabo AB é 408 N, determine os componentes da força exercida na placa em B.

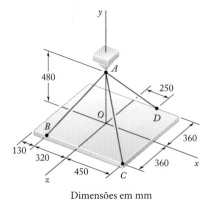

Dimensões em mm

Figura P2.89 e P2.90

2.90 Uma placa retangular é sustentada por três cabos, como mostra a figura. Sabendo que a tração no cabo AD é 429 N, determine os componentes da força exercida na placa em D.

2.91 Encontre a intensidade, a direção e o sentido da resultante das duas forças mostradas, sabendo que $P = 300$ N e $Q = 400$ N.

2.92 Encontre a intensidade, a direção e o sentido da resultante das duas forças mostradas, sabendo que $P = 400$ N e $Q = 300$ N.

2.93 Sabendo que a tração é 425 N no cabo AB e 510 N no cabo AC, determine a intensidade, a direção e o sentido da resultante das forças exercidas em A pelos dois cabos.

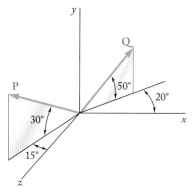

Figura P2.91 e P2.92

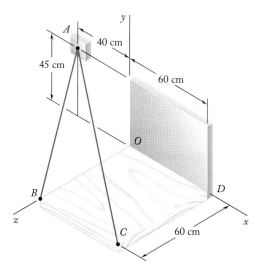

Figura *P.2.93* e P2.94

2.94 Sabendo que a tração é 510 N no cabo AB e 425 N no cabo AC, determine a intensidade, a direção e o sentido da resultante das forças exercidas em A pelos dois cabos.

2.95 Para a barra do Problema 2.85, determine a intensidade, a direção e o sentido da resultante das forças exercidas pelo cabo em B sabendo que a tensão no cabo é 385 N.

2.96 Para a placa do Problema 2.89, determine as trações nos cabos AB e AD, sabendo que a tração no cabo AC é 54 N e que a resultante das forças exercidas pelos três cabos em A precisa ser vertical.

2.97 A haste OA carrega uma carga **P** e é suportada por dois cabos, como mostra a figura. Sabendo que a tração no cabo AB é 183 N e que a resultante da carga **P** e das forças exercidas em A pelos dois cabos precisa ser dirigida ao longo de OA, determine a tração no cabo AC.

2.98 Para a haste suportada pelos dois cabos do Problema 2.97, determine a intensidade da carga **P**.

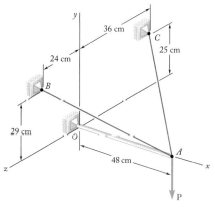

Figura P2.97

2.5 Forças e equilíbrio no espaço

De acordo com a definição dada na Seção 2.3, uma partícula A estará em equilíbrio se a resultante de todas as forças que atuam em A for zero. Os componentes R_x, R_y e R_z da resultante são dados pelas relações (2.31). Dado que os componentes da resultante são zero, escrevemos

$$\Sigma F_x = 0 \qquad \Sigma F_y = 0 \qquad \Sigma F_z = 0 \qquad (2.34)$$

As Eq. (2.34) representam as condições necessárias e suficientes para o equilíbrio de uma partícula no espaço. Podem ser usadas na resolução de problemas relacionados ao equilíbrio de uma partícula que envolvam não mais do que três incógnitas.

Para resolver tais problemas, deve-se primeiro desenhar um diagrama de corpo livre representando a partícula em equilíbrio e *todas* as forças que atuam nela. Pode-se então escrever as equações de equilíbrio (2.34) e resolvê-las para as três incógnitas. Nos problemas mais comuns, essas incógnitas representam (1) os três componentes de uma única força ou (2) a intensidade de três forças, todas de direção conhecida.

Foto 2.4 Apesar de não ser possível determinar a tração nos quatro cabos que suportam o carro utilizando as três equações (2.34), é possível obter uma relação entre as trações analisando o equilíbrio do gancho.

PROBLEMA RESOLVIDO 2.9

Um cilindro de 200 kg está pendurado por meio de dois cabos AB e AC, presos ao topo de uma parede vertical. Uma força horizontal **P** perpendicular à parede segura o cilindro na posição mostrada na figura. Determine a intensidade de **P** e a tração em cada cabo.

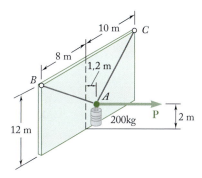

ESTRATÉGIA No ponto de conexão A atuam quatro forças, incluindo o peso do cilindro. Podemos utilizar a geometria dada para expressar os componentes das forças dos cabos e então aplicar as condições de equilíbrio para calcular as trações.

MODELAGEM E ANÁLISE

Diagrama livre. Escolhemos o ponto A como um corpo livre; esse ponto está sujeito a quatro forças, três das quais têm intensidade desconhecida. Introduzindo os vetores unitários **i**, **j** e **k**, decompomos cada força em componentes retangulares (Fig. 1):

$$\mathbf{P} = P\mathbf{i}$$
$$\mathbf{W} = -mg\mathbf{j} = -(200 \text{ kg})(9{,}81 \text{ m/s}^2)\mathbf{j} = -(1962 \text{ N})\mathbf{j} \quad (1)$$

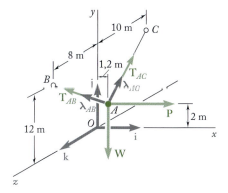

Figura 1 Diagrama de corpo livre da partícula A.

(*continua*)

No caso de $\mathbf{T}_{AB}$ e $\mathbf{T}_{AC}$, é necessário primeiro determinar os componentes e as intensidades dos vetores $\overrightarrow{AB}$ e $\overrightarrow{AC}$. Representando por $\boldsymbol{\lambda}_{AB}$ o vetor unitário ao longo de AB, podemos definir $\mathbf{T}_{AB}$ da seguinte forma:

$$\overrightarrow{AB} = -(1{,}2 \text{ m})\mathbf{i} + (10 \text{ m})\mathbf{j} + (8 \text{ m})\mathbf{k} \qquad AB = 12{,}862 \text{ m}$$

$$\boldsymbol{\lambda}_{AB} = \frac{\overrightarrow{AB}}{12{,}862 \text{ m}} = -0{,}09330\mathbf{i} + 0{,}7775\mathbf{j} + 0{,}6220\mathbf{k}$$

$$\mathbf{T}_{AB} = T_{AB}\boldsymbol{\lambda}_{AB} = -0{,}09330 T_{AB}\mathbf{i} + 0{,}7775 T_{AB}\mathbf{j} + 0{,}6220 T_{AB}\mathbf{k} \qquad (2)$$

Representando por $\boldsymbol{\lambda}_{AC}$ o vetor unitário ao longo de AC, podemos definir $\mathbf{T}_{AC}$ de modo similar:

$$\overrightarrow{AC} = -(1{,}2 \text{ m})\mathbf{i} + (10 \text{ m})\mathbf{j} - (10 \text{ m})\mathbf{k} \qquad AC = 14{,}193 \text{ m}$$

$$\boldsymbol{\lambda}_{AC} = \frac{\overrightarrow{AC}}{14{,}193 \text{ m}} = -0{,}08455\mathbf{i} + 0{,}7046\mathbf{j} - 0{,}7046\mathbf{k}$$

$$\mathbf{T}_{AC} = T_{AC}\boldsymbol{\lambda}_{AC} = -0{,}08455 T_{AC}\mathbf{i} + 0{,}7046 T_{AC}\mathbf{j} - 0{,}7046 T_{AC}\mathbf{k} \qquad (3)$$

Condição de equilíbrio. Como A está em equilíbrio, devemos ter

$$\Sigma \mathbf{F} = 0: \qquad \mathbf{T}_{AB} + \mathbf{T}_{AC} + \mathbf{P} + \mathbf{W} = 0$$

ou, substituindo as expressões (1), (2) e (3) pelas forças e fatorando em $\mathbf{i}$, $\mathbf{j}$ e $\mathbf{k}$, temos

$$(-0{,}09330 T_{AB} - 0{,}08455 T_{AC} + P)\mathbf{i}$$
$$+ (0{,}7775 T_{AB} + 0{,}7046 T_{AC} - 1962 \text{ N})\mathbf{j}$$
$$+ (0{,}6220 T_{AB} - 0{,}7046 T_{AC})\mathbf{k} = 0$$

Igualando os coeficientes de $\mathbf{i}$, $\mathbf{j}$ e $\mathbf{k}$ a zero, escrevemos três equações escalares, que expressam que as somas dos componentes x, y e z das forças são respectivamente iguais a zero.

$(\Sigma F_x = 0\text{:}) \qquad -0{,}09330 T_{AB} - 0{,}08455 T_{AC} + P = 0$
$(\Sigma F_y = 0\text{:}) \qquad +0{,}7775 T_{AB} + 0{,}7046 T_{AC} - 1962 \text{ N} = 0$
$(\Sigma F_z = 0\text{:}) \qquad +0{,}6220 T_{AB} - 0{,}7046 T_{AC} = 0$

Resolvendo essas equações, obtemos

$$P = 235 \text{ N} \qquad T_{AB} = 1402 \text{ N} \qquad T_{AC} = 1238 \text{ N} \quad \blacktriangleleft$$

PARA REFLETIR A solução das três forças desconhecidas gerou resultados positivos, o que é completamente coerente com a situação física deste problema. Por outro lado, se um dos resultados da força dos cabos fosse negativo, refletindo dessa forma compressão em lugar de tração, você poderia perceber que a solução estaria errada.

METODOLOGIA PARA A RESOLUÇÃO DE PROBLEMAS

Vimos anteriormente que, quando uma partícula está em **equilíbrio**, a resultante das forças que atuam sobre a partícula deve ser nula. Ao expressar esse fato no caso do equilíbrio de uma partícula no espaço tridimensional, você obterá três relações entre as forças atuantes sobre a partícula. Essas relações podem ser usadas para a determinação de três incógnitas – geralmente as intensidades das três forças.

A solução consistirá nos seguintes passos:

1. **Desenhe um diagrama de corpo livre da partícula.** Esse diagrama mostra a partícula e todas as forças que atuam sobre ela. Indique no diagrama as intensidades das forças conhecidas, bem como quaisquer ângulos ou dimensões que definam a direção de uma força. Qualquer intensidade ou ângulo desconhecido deve ser representado por um símbolo apropriado. Nada mais deve ser incluído no diagrama de corpo livre.

2. **Decomponha cada uma das forças em componentes retangulares.** Seguindo o método adotado anteriormente, você irá determinar para cada força **F** o vetor unitário **λ** que define a direção daquela força, e expressar **F** como o produto da sua intensidade F pelo vetor unitário **λ**. Você obterá uma expressão da forma

$$\mathbf{F} = F\boldsymbol{\lambda} = \frac{F}{d}(d_x\mathbf{i} + d_y\mathbf{j} + d_z\mathbf{k})$$

na qual d, d_x, d_y, d_z são as dimensões obtidas do diagrama de corpo livre da partícula. Se uma força é conhecida tanto em intensidade como em direção, então F é conhecida, e a expressão obtida para **F** fica inteiramente definida; caso contrário, F é uma das três incógnitas que devem ser determinadas.

3. **Faça a resultante, ou soma, das forças exercidas sobre a partícula igual a zero.** Você obterá uma equação vetorial que consiste em termos que contêm os vetores unitários **i**, **j** ou **k**. Você irá agrupar os termos que contenham o mesmo vetor unitário e fatorar esse vetor. Para que a equação vetorial seja satisfeita, o coeficiente de cada vetor unitário deve ser igual a zero. Logo, tornando cada coeficiente igual a zero, serão obtidas três equações escalares que poderá resolver para um máximo de três incógnitas [Problema Resolvido 2.9].

PROBLEMAS

PROBLEMAS PRÁTICOS DE DIAGRAMA DE CORPO LIVRE

2.F5 Três cabos são usados para amarrar um balão, tal como mostra a figura. Sabendo que a tensão no cabo AC é 444 N, desenhe o diagrama de corpo livre necessário para determinar a força vertical **P** exercida pelo balão em A.

2.F6 Um recipiente de peso $m = 120$ kg é suspenso por três cabos como mostrado na figura. Desenhe o diagrama de corpo livre necessário para determinar a tração em cada cabo.

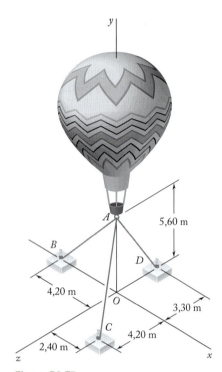

Figura P2.F5

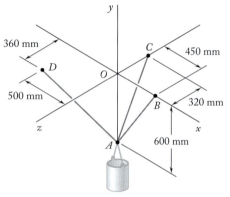

Figura P2.F6

2.F7 Um cilindro de 150 N é sustentado por dois cabos, AC e BC, que estão presos ao topo de postes verticais. Uma força horizontal **P**, que é perpendicular ao plano que contém os postes, mantém o cilindro na posição mostrada na figura. Desenhe o diagrama de corpo livre necessário para determinar a intensidade de **P** e a força em cada cabo.

2.F8 Uma torre de transmissão é sustentada por três cabos de sustentação presos a um pino em A ancorados por parafusos em B, C e D. Sabendo que a tensão no cabo AB é de 2,5 kN, desenhe o diagrama de corpo livre necessário para determinar a força vertical **P** exercida pela torre no pino em A.

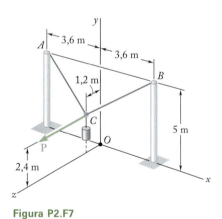

Figura P2.F7

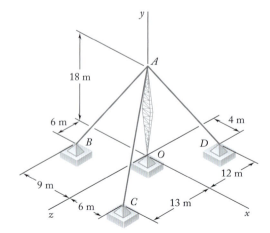

Figura P2.F8

PROBLEMAS DE FINAL DE SEÇÃO

2.99 Um recipiente é sustentado por três cabos que estão presos ao teto como mostrado na figura. Determine o peso W do recipiente, sabendo que a tração no cabo AB é 6 kN.

2.100 Um recipiente é suportado por três cabos que estão presos ao teto como mostrado na figura. Determine o peso W do recipiente, sabendo que a tração no cabo AD é 4,3 kN.

2.101 Três cabos são usados para amarrar um balão, como mostra a figura. Determine a força vertical **P** exercida pelo balão em A, sabendo que a tração no cabo AD é 481 N.

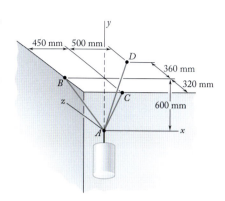

Figura P2.99 e P2.100

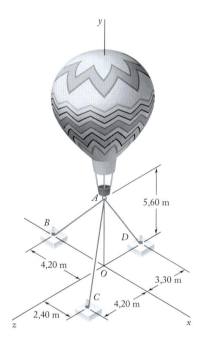

Figura P2.101 e P2.102

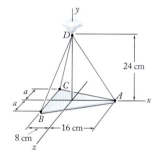

Figura P2.103

2.102 Três cabos são usados para amarrar um balão, como mostra a figura. Sabendo que o balão exerce uma força vertical de 800 N em A, determine a tensão em cada cabo.

2.103 Uma placa retangular de 36 N é sustentada por três cabos, como mostra a figura. Determine a tração em cada cabo, sabendo que $a = 6$ cm.

2.104 Resolva o Problema 2.103 supondo que $a = 8$ cm.

2.105 Um caixote é sustentado por três cabos, como mostrado na figura. Determine o peso do caixote, sabendo que a tração no cabo AC é 544 N.

2.106 O peso de 1,6 kN do caixote é suportado por três cabos como mostrado na figura. Determine a tensão em cada cabo.

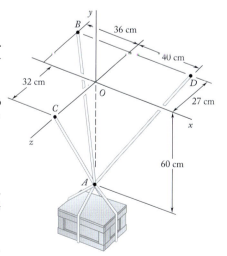

Figura P2.105 e P2.106

2.107 Três cabos estão conectados em A, onde são aplicadas as forças **P** e **Q**, como mostra a figura. Sabendo que $Q = 0$, encontre o valor de P para que a tensão no cabo AD seja 305 N.

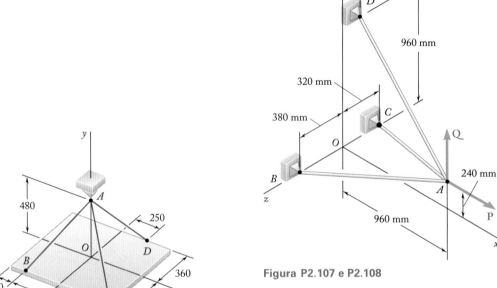

Figura P2.107 e P2.108

2.108 Três cabos estão conectados em A, onde são aplicadas as forças **P** e **Q**, como mostra a figura. Sabendo que $P = 1.200$ N, encontre o valor de Q para que o cabo AD fique esticado.

2.109 Uma placa retangular é sustentada por três cabos, como mostra a figura. Sabendo que a tração no cabo AC é 60 N, determine o peso da placa.

2.110 Uma placa retangular é sustentada por três cabos, como mostra a figura. Sabendo que a tração no cabo AD é 520 N, determine o peso da placa.

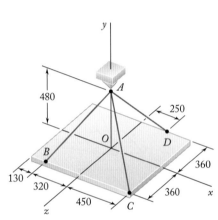

Dimensões em mm
Figura P2.109 e P2.110

2.111 Uma torre de transmissão é sustentada por três cabos de sustentação presos a um pino em A e ancorados por parafusos em B, C e D. Se a tração no cabo AB é de 840 N, determine a força vertical **P** exercida pela torre no pino em A.

2.112 Uma torre de transmissão é sustentada por três cabos de sustentação presos a um pino em A e ancorados por parafusos em B, C e D. Se a tração no cabo AC é de 590 N, determine a força vertical **P** exercida pela torre no pino em A.

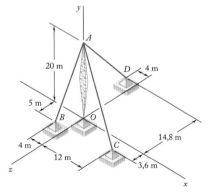

Figura *P2.111* e P2.112

2.113 Ao tentar se mover sobre uma superfície congelada escorregadia, um homem de peso 720 N usa duas cordas, *AB* e *AC*. Sabendo que a força exercida pela superfície congelada sobre o homem é perpendicular a essa superfície, determine a tração em cada corda.

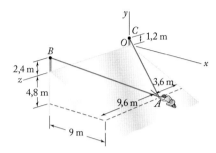

Figura P2.113

2.114 Resolva o Problema 2.113 supondo que um amigo está ajudando o homem em *A* ao puxá-lo com uma força **P** = −(240 N)**k**.

2.115 Para a placa retangular dos Problemas 2.109 e 2.110, determine a tração de cada um dos três cabos sabendo que o peso da placa é 792 N.

2.116 Para o sistema de cabos dos Problemas 2.107 e 2.108, determine a tração em cada cabo, sabendo que *P* = 2880 N e *Q* = 0.

2.117 Para o sistema de cabos dos Problemas 2.107 e 2.108, determine a tração em cada cabo, sabendo que *P* = 2880 N e *Q* = 576 N.

2.118 Para o sistema de cabos dos Problemas 2.107 e 2.108, determine a tração em cada cabo, sabendo que *P* = 2880 N e *Q* = −576 N (A direção de **Q** é para baixo).

2.119 Para a torre de transmissão dos Problemas 2.111 e 2.112, determine a tensão em cada cabo de sustentação sabendo que a torre exerce no pino *A* uma força vertical para cima de 1,8 kN.

2.120 Três cabos estão conectados no ponto *D*, que está localizado 18 cm abaixo do suporte de canos em forma de T *ABC*. Determine a tração em cada cabo quando um cilindro de 180 N é suspenso do ponto *D* como mostra a figura.

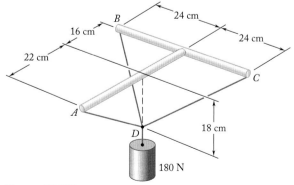

Figura *P2.120*

2.121 Um recipiente de peso W é sustentado pelo anel A, onde os cabos AC e AE são fixados. Uma força **P** é aplicada à extremidade F de um terceiro cabo que passa sobre uma polia em B e através do anel A e que está conectado a um suporte D. Sabendo que W = 1000 N, determine a intensidade de **P**. (*Dica:* A tração é a mesma em todas as porções do cabo FBAD).

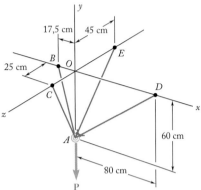
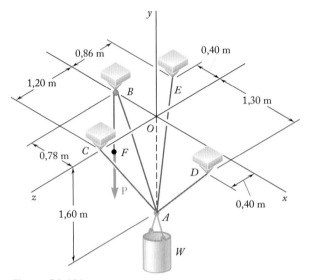

Figura P2.123

Figura P2.121

2.122 Sabendo que a tensão no cabo AC do sistema descrito no Problema 2.121 é 150 N, determine (a) a intensidade da força **P**, (b) o peso W do recipiente.

2.123 O cabo BAC passa pelo anel sem atrito A e é preso aos suportes fixos B e C, enquanto os cabos AD e AE estão ambos amarrados ao anel e estão presos aos suportes D e E, respectivamente. Sabendo que uma carga vertical **P** de 200 N é aplicada ao anel A, determine a tração em cada um dos três cabos.

2.124 Sabendo que a tração no cabo AE do Problema 2.123 é 75 N, determine (a) a intensidade da carga **P**, (b) a tração nos cabos BAC e AD.

2.125 Os cursores A e B são conectados por um fio de comprimento de 525 mm e podem deslizar livremente, sem atrito, sobre as hastes. Se a força **P** = (341 N)**j** é aplicada ao cursor A, determine (a) a tensão no fio quando y = 155 mm, (b) a intensidade da força **Q** requerida para manter o equilíbrio do sistema.

2.126 Resolva o Problema 2.125 supondo que y = 275 mm.

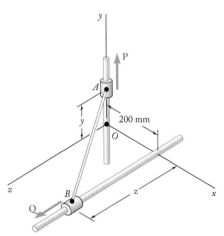

Figura P2.125

REVISÃO E RESUMO

Neste capítulo, estudamos o efeito de forças sobre partículas, isto é, sobre corpos de forma e tamanho tais que todas as forças que atuam sobre eles podem ser consideradas como aplicadas no mesmo ponto.

Resultante de duas forças

Forças são grandezas vetoriais. São caracterizadas por um ponto de aplicação, uma intensidade, uma direção e um sentido e adicionadas de acordo com a lei do paralelogramo (Fig. 2.30). A intensidade, a direção e o sentido da resultante **R** de duas forças **P** e **Q** podem ser determinados graficamente ou por trigonometria usando sucessivamente a lei dos cossenos e a lei dos senos [Problema Resolvido 2.1].

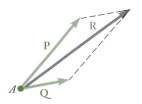

Figura 2.30

Componente de uma força

Qualquer força dada que atue sobre uma partícula pode ser decomposta em dois ou mais componentes, ou seja, pode ser substituída por duas ou mais forças que têm o mesmo efeito sobre a partícula. Pode-se decompor a força **F** em dois componentes **P** e **Q** desenhando-se um paralelogramo com **F** na diagonal; os componentes **P** e **Q** são, então, representados pelos dois lados adjacentes do paralelogramo (Fig. 2.31) e podem ser determinados graficamente ou por trigonometria [Seção 2.1E].

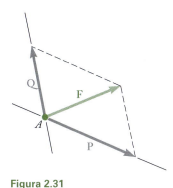

Figura 2.31

Componente retangular; Vetor unitário

Diz-se que a força **F** é decomposta em dois componentes retangulares se seus componentes $\mathbf{F}_x$ e $\mathbf{F}_y$ forem perpendiculares entre si e dirigidos ao longo dos eixos coordenados (Fig. 2.32). Introduzindo os vetores unitários **i** e **j** ao longo dos eixos x e y, respectivamente, escrevemos [Seção 2.2A]

$$\mathbf{F}_x = F_x \mathbf{i} \qquad \mathbf{F}_y = F_y \mathbf{j} \qquad (2.6)$$

e

$$\mathbf{F} = F_x \mathbf{i} + F_y \mathbf{j} \qquad (2.7)$$

onde F_x e F_y são os *componentes escalares* de **F**. Esses componentes, que podem ser positivos ou negativos, são definidos pelas relações:

$$F_x = F \cos \theta \qquad F_y = F \operatorname{sen} \theta \qquad (2.8)$$

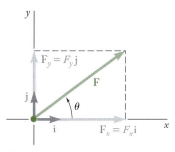

Figura 2.32

Quando os componentes retangulares F_x e F_y de uma força **F** são dados, pode-se obter o ângulo θ que define a direção da força escrevendo-se

$$\operatorname{tg} \theta = \frac{F_y}{F_x} \tag{2.9}$$

Pode-se, então, obter a intensidade F da força resolvendo-se uma das Eqs. (2.8) para F ou aplicando-se o teorema de Pitágoras e escrevendo-se

$$F = \sqrt{F_x^2 + F_y^2} \tag{2.10}$$

Resultante de várias forças coplanares

Quando três ou mais forças coplanares atuam sobre uma partícula, os componentes retangulares de sua resultante **R** podem ser obtidos adicionando-se algebricamente os componentes correspondentes das forças dadas [Seção 2.2B]. Temos

$$R_x = \Sigma F_x \qquad R_y = \Sigma F_y \tag{2.13}$$

Podemos então determinar a intensidade e a direção de **R** a partir de relações similares às das Eqs. (2.9) e (2.10) [Problema Resolvido 2.3].

Forças no espaço

Uma força **F** no espaço tridimensional pode ser decomposta em componentes retangulares $\mathbf{F}_x$, $\mathbf{F}_y$ e $\mathbf{F}_z$, [Seção 2.4A]. Representando por θ_x, θ_y e θ_z, respectivamente, os ângulos formados por **F** com os eixos x, y e z (Fig. 2.33), temos

$$F_x = F \cos \theta_x \qquad F_y = F \cos \theta_y \qquad F_z = F \cos \theta_z \tag{2.19}$$

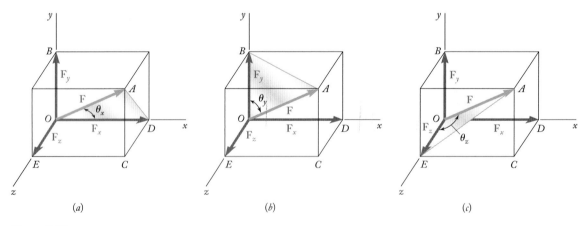

Figura 2.33

Cossenos diretores

Os cossenos de θ_x, θ_y e θ_z são conhecidos como *cossenos diretores* da força **F**. Introduzindo os vetores unitários **i**, **j** e **k** ao longo dos eixos coordenados, temos

$$\mathbf{F} = F_x \mathbf{i} + F_y \mathbf{j} + F_z \mathbf{k} \tag{2.20}$$

ou

$$\mathbf{F} = F(\cos \theta_x \mathbf{i} + \cos \theta_y \mathbf{j} + \cos \theta_z \mathbf{k}) \tag{2.21}$$

o que mostra (Fig. 2.34) que **F** é o produto da sua intensidade F pelo vetor unitário:

$$\boldsymbol{\lambda} = \cos\theta_x \mathbf{i} + \cos\theta_y \mathbf{j} + \cos\theta_z \mathbf{k}$$

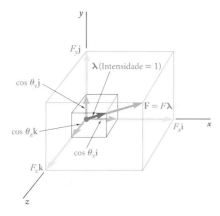

Figura 2.34

Como a intensidade de $\boldsymbol{\lambda}$ é igual à unidade, devemos ter

$$\cos^2\theta_x + \cos^2\theta_y + \cos^2\theta_z = 1 \tag{2.24}$$

Quando os componentes regulares F_x, F_y e F_z de uma força **F** são dados, encontramos a intensidade **F** da força escrevendo

$$F = \sqrt{F_x^2 + F_y^2 + F_z^2} \tag{2.18}$$

e obtemos os cossenos diretores de **F** a partir da Eq. (2.19). Temos

$$\cos\theta_x = \frac{F_x}{F} \qquad \cos\theta_y = \frac{F_y}{F} \qquad \cos\theta_z = \frac{F_z}{F} \tag{2.25}$$

Quando uma força **F** é definida no espaço tridimensional pela sua intensidade F e por dois pontos M e N sobre sua linha de ação [Seção 2.4B], seus componentes retangulares podem ser obtidos da seguinte maneira: primeiro, expressamos o vetor $\overrightarrow{MN}$ que liga os pontos M e N em termos de seus componentes d_x, d_y, d_z (Fig. 2.35); escrevemos

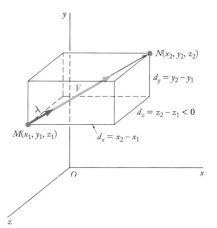

Figura 2.35

$$\overrightarrow{MN} = d_x \mathbf{i} + d_y \mathbf{j} + d_z \mathbf{k} \tag{2.26}$$

Em seguida, determinamos o vetor unitário $\boldsymbol{\lambda}$ ao longo da linha de ação de **F** dividindo $\overrightarrow{MN}$ por sua intensidade $MN = d$:

$$\boldsymbol{\lambda} = \frac{\overrightarrow{MN}}{MN} = \frac{1}{d}(d_x \mathbf{i} + d_y \mathbf{j} + d_z \mathbf{k}) \tag{2.27}$$

Lembrando que **F** é igual ao produto de F por $\boldsymbol{\lambda}$, temos

$$\mathbf{F} = F\boldsymbol{\lambda} = \frac{F}{d}(d_x \mathbf{i} + d_y \mathbf{j} + d_z \mathbf{k}) \tag{2.28}$$

de onde se segue [Problemas Resolvidos 2.7 e 2.8] que os componentes escalares de **F** são, respectivamente

$$F_x = \frac{Fd_x}{d} \qquad F_y = \frac{Fd_y}{d} \qquad F_z = \frac{Fd_z}{d} \qquad (2.29)$$

Resultante de força no espaço

Quando duas ou mais forças atuam sobre uma partícula no espaço tridimensional, podem-se obter os componentes retangulares de sua resultante **R** pela adição algébrica dos componentes correspondentes das forças dadas [Seção 2.4C]. Temos

$$R_x = \Sigma F_x \qquad R_y = \Sigma F_y \qquad R_z = \Sigma F_z \qquad (2.31)$$

A intensidade, a direção e o sentido de **R** podem, então, ser determinados a partir de relações similares às das Eqs. (2.18) e (2.25) [Problema Resolvido 2.8].

Equilíbrio de uma partícula

Diz-se que a partícula está em equilíbrio quando a resultante de todas as forças que atuam sobre ela é nula [Seção 2.3A]. A partícula, então, permanecerá em repouso (se originalmente em repouso) ou se moverá a uma velocidade constante em linha reta (se originalmente em movimento) [Seção 2.3B].

Diagrama de corpo livre

Para resolver um problema que envolva uma partícula em equilíbrio, primeiro devemos traçar um diagrama de corpo livre da partícula, mostrando todas as forças que atuam sobre ela [Seção 2.3C]. Se apenas três forças coplanares atuam sobre a partícula, pode-se desenhar um triângulo de forças para expressar que a partícula está em equilíbrio. Usando-se métodos gráficos ou trigonometria, pode-se resolver esse triângulo para no máximo duas incógnitas [Problema Resolvido 2.4]. Se mais que três forças coplanares estão envolvidas, devem-se usar as equações de equilíbrio.

$$\Sigma F_x = 0 \qquad \Sigma F_y = 0 \qquad (2.15)$$

Essas equações podem ser resolvidas para no máximo duas incógnitas [Problema Resolvido 2.6].

Equilíbrio no espaço

Quando uma partícula está em equilíbrio no espaço tridimensional [Seção 2.5], devem-se usar as três equações de equilíbrio:

$$\Sigma F_x = 0 \qquad \Sigma F_y = 0 \qquad \Sigma F_z = 0 \qquad (2.34)$$

Essas equações podem ser resolvidas para no máximo três incógnitas [Problema Resolvido 2.9].

PROBLEMAS DE REVISÃO

2.127 Dois elementos estruturais A e B são parafusados a um suporte, como mostra a figura. Sabendo que ambos os elementos estão em compressão e que a força é 15 kN no elemento A e 10 kN no elemento B, determine, usando trigonometria, a intensidade, a direção e o sentido da resultante das forças aplicadas ao suporte pelos elementos A e B.

2.128 Determine os componentes x e y de cada uma das forças indicadas.

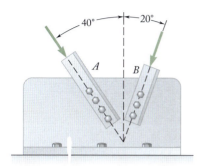

Figura P2.127

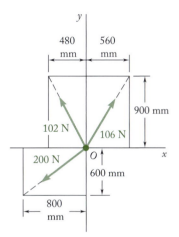

Figura P2.128

2.129 Um *trolley* de carga está sujeito às três forças mostradas na figura. Sabendo que $\alpha = 40°$, determine (*a*) a intensidade requerida para a força **P** se a resultante das três forças for vertical, (*b*) a intensidade correspondente da resultante.

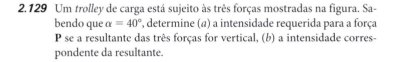

Figura P2.129

2.130 Sabendo que $\alpha = 55°$ e que a haste AC exerce no pino C uma força dirigida ao longo da linha AC, determine (*a*) a intensidade dessa força e (*b*) a tração no cabo BC.

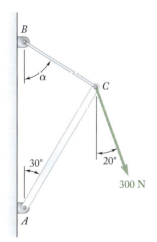

Figura P2.130

2.131 Dois cabos estão ligados juntos a C e carregados como mostra a figura. Sabendo que P = 360 N, determine a tensão (a) no cabo AC, (b) no cabo BC.

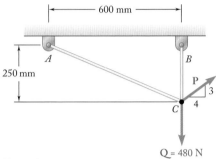

Figura P2.131

2.132 Dois cabos ligados em C estão carregados como mostra a figura. Sabendo que a tração máxima admissível em cada cabo é de 800 N, determine (a) a maior intensidade da força **P** que pode ser aplicada em C, (b) o valor correspondente de α.

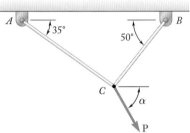

Figura *P2.132*

2.133 A ponta do cabo coaxial AE é fixada ao poste AB, que é ancorado pelos fios AC e AD. Sabendo que a tensão do fio AC é 120 N, determine (a) os componentes da força exercida por esse fio no poste, (b) os ângulos θ_x, θ_y e θ_z que a força forma com os eixos coordenados.

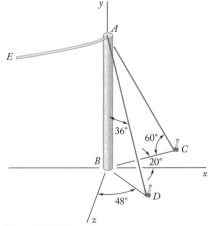

Figura P2.133

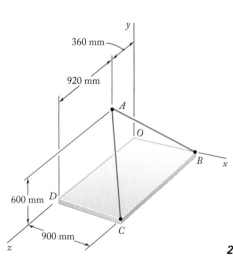

Figura **P2.134**

2.134 Sabendo que a tração no cabo AC é 2.130 N, determine os componentes da força exercida na placa em C.

2.135 Encontre a intensidade, a direção e o sentido da resultante das duas forças mostradas, sabendo que $P = 600$ N e $Q = 450$ N.

2.136 Um recipiente de peso W é sustentado pelo anel A. O cabo BAC passa através do anel e é fixado nos suportes B e C. Duas forças $\mathbf{P} = P\mathbf{i}$ e $\mathbf{Q} = Q\mathbf{k}$ são aplicadas no anel para manter a posição como mostrado na figura. Sabendo que $W = 376$ N, determine P e Q. (*Dica*: a tração é a mesma em ambas as porções do cabo BAC.)

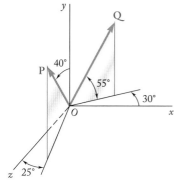

Figura P2.135

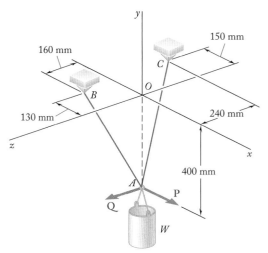

Figura P2.136

2.137 Os cursores A e B são conectados por um fio de 25 cm de comprimento e podem deslizar livremente sobre as hastes sem atrito. Se uma força $\mathbf{Q}$ de 60 N é aplicada no cursor B, como mostrada na figura, determine (*a*) a tração no fio quando $x = 9$ cm, (*b*) a intensidade da força $\mathbf{P}$ necessária para se manter o equilíbrio do sistema.

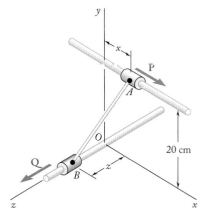

Figura P2.137 e *P2.138*

2.138 Os cursores A e B são conectados por um fio de 25 cm de comprimento e podem deslizar livremente sobre as hastes sem atrito. Determine as distâncias x e z para se manter o equilíbrio do sistema quando $P = 120$ N e $Q = 60$ N.

3
Corpos rígidos: sistemas equivalentes de forças

Quatro rebocadores trabalham juntos para soltar o navio petroleiro *Coastal Eagle Point* que encalhou em um canal em Tampa Bay. Neste capítulo, mostraremos que as forças exercidas pelos quatro rebocadores sobre o navio poderiam ser substituídas por uma única força equivalente exercida por um rebocador mais potente.

Objetivos

- **Discutir** o princípio da transmissibilidade que permite que a força seja vista como um vetor deslizante.
- **Definir** o momento de uma força em relação a um ponto.
- **Examinar** produtos vetoriais e escalares, úteis em análises envolvendo momentos.
- **Aplicar** o Teorema de Varignon para simplificar certas análises de momento.
- **Definir** os produtos triplos mistos e usá-los para determinar o momento de uma força em relação a um eixo.
- **Definir** o momento de um binário e considerar as propriedades particulares dos binários.
- **Decompor** uma dada força em um sistema força-binário equivalente em outro ponto.
- **Reduzir** um sistema de forças a um sistema força-binário equivalente.
- **Examinar** as circunstâncias em que um sistema de forças pode ser reduzido a uma única força.
- **Definir** torsor e refletir sobre como qualquer sistema de forças comum pode ser reduzido a um torsor.

3.1 Forças e momentos
3.1A Forças externas e forças internas
3.1B Princípio da transmissibilidade e forças equivalentes
3.1C Produtos vetoriais
3.1D Componentes retangulares do produto vetorial
3.1E Momento de uma força em relação a um ponto
3.1F Componentes retangulares do momento de uma força

3.2 Momento de uma força em relação a um eixo
3.2A Produtos escalares
3.2B Produtos triplos mistos
3.2C Momento de uma força em relação a um dado eixo

3.3 Binários e sistemas força-binário
3.3A Momento de um binário
3.3B Binários equivalentes
3.3C Adição de binários
3.3D Vetores binários
3.3E Substituição de uma dada força por uma força em O e um binário

3.4 Simplificando os sistemas de forças
3.4A Redução de um sistema de forças a um sistema força-binário
3.4B Sistemas equivalentes e equipolentes de forças
3.4C Casos particulares de redução de um sistema de forças
*3.4D Redução de um sistema de forças a um torsor

Introdução

No Cap. 2, admitimos que cada corpo considerado poderia ser tratado como uma única partícula. Isso nem sempre é possível. Em geral, um corpo deve ser tratado como uma combinação de um grande número de partículas. O tamanho do corpo terá de ser levado em conta, bem como o fato de que as forças atuarão sobre partículas diferentes e, portanto, terão diferentes pontos de aplicação.

Na maior parte dos casos, os corpos considerados em mecânica elementar são rígidos, sendo um **corpo rígido** aquele que não se deforma. No entanto, as estruturas e máquinas reais nunca são absolutamente rígidas e se deformam sob a ação das cargas a que estão sujeitas. Essas deformações, contudo, geralmente são pequenas e não afetam de modo apreciável as condições de equilíbrio ou movimento da estrutura em consideração. São importantes, por outro lado, na medida em que a resistência da estrutura a falhas é levada em consideração, e são estudadas em mecânica dos materiais.

Neste capítulo, você estudará o efeito de forças exercidas sobre um corpo rígido e aprenderá a substituir um dado sistema de forças por um sistema equivalente mais simples. Essa análise terá por base o pressuposto fundamental: o efeito de uma dada força sobre um corpo rígido permanece inalterado se essa força for deslocada ao longo da sua linha de ação (*princípio da transmissibilidade*). Por conseguinte, forças que atuam sobre um corpo rígido podem ser representadas por *vetores deslizantes*, como indicamos anteriormente na Seção 2.1B.

Dois conceitos importantes associados ao efeito de uma força sobre um corpo rígido são o *momento de uma força em relação a um ponto* (Seção 3.1E) e o *momento de uma força em relação a um eixo* (Seção 3.2C). Uma vez que a determinação dessas grandezas envolve o cálculo de produtos vetoriais e produtos escalares de dois vetores, os fundamentos de álgebra vetorial serão apresentados neste capítulo e aplicados na solução de problemas que envolvam forças que atuam sobre corpos rígidos.

Outro conceito importante apresentado neste capítulo é o de *binário*, ou seja, a combinação de duas forças de mesma intensidade, linhas de ação paralelas e sentido oposto (Seção 3.3A) Como você verá, qualquer sistema de forças que atuam sobre um corpo rígido pode ser substituído por um sistema equivalente que consista em uma força que atua em um dado ponto e um binário. Esse sistema básico é denominado *sistema força-binário*. No caso de forças paralelas, coplanares ou concorrentes, o sistema força-binário equivalente pode ainda ser reduzido a uma única força, denominada *resultante* do sistema, ou a um único binário, denominado *binário resultante* do sistema.

3.1 Forças e momentos

A definição básica de força não muda se a força atua em um ponto ou em um corpo rígido. Porém, os efeitos da força podem ser muito diferentes, dependendo de fatores como o ponto de aplicação ou a linha de ação dessa força. Como resultado, os cálculos que envolvem forças atuando sobre um corpo rígido são geralmente mais complicados do que as situações que envolvem forças atuando sobre um ponto. Começaremos examinando algumas classificações gerais das forças que atuam sobre corpos rígidos.

3.1A Forças externas e forças internas

As forças que atuam sobre corpos rígidos podem ser separadas em dois grupos: (1) *forças externas* e (2) *forças internas*:

1. As **forças externas** representam a ação de outros corpos sobre o corpo rígido em consideração. São inteiramente responsáveis pelo comportamento externo do corpo rígido. As forças externas vão causar o movimento do corpo ou garantir que ele permaneça em repouso. Neste capítulo e nos Caps. 4 e 5, vamos nos preocupar apenas com forças externas.
2. As **forças internas** são as forças que mantêm juntas as partículas que formam o corpo rígido. Se o corpo rígido é composto estruturalmente de várias partes, as forças que mantêm juntas as partes componentes também são definidas como forças internas. As forças internas serão estudadas nos Caps. 6 e 7.

Como exemplo de forças externas, consideremos as forças atuantes sobre um caminhão enguiçado que três pessoas puxam para frente por meio de uma corda amarrada no para-choque dianteiro (Fig. 3.1a). As forças externas que atuam sobre o caminhão estão mostradas em um **diagrama de corpo livre** (Fig.3.1b). Observe que o diagrama de corpo livre mostra o objeto inteiro, não apenas uma partícula que representa o objeto. Consideremos primeiro o **peso** do caminhão. Embora ele englobe o efeito da atração da Terra sobre cada uma das partículas que compõem o caminhão, o peso pode ser representado por uma única força **W**. O **ponto de aplicação** desta força, isto é, o ponto onde a força atua, é definido como sendo o **centro de gravidade** do caminhão. Veremos no Cap. 5 como determinar os centros de gravidade. O peso **W** tende a mover o caminhão verticalmente para baixo. De fato, ele realmente faria o

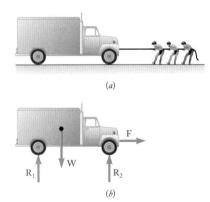

Figura 3.1 (a) Três pessoas puxam um caminhão com uma corda; (b) diagrama de corpo livre do caminhão, mostrado como um corpo rígido e não como uma partícula.

caminhão mover-se para baixo, isto é, cair, não fosse a presença do solo. O solo opõe-se ao movimento descendente do caminhão por meio das reações $\mathbf{R}_1$ e $\mathbf{R}^2$. Essas forças são exercidas *pelo* solo sobre o caminhão e, portanto, devem ser incluídas entre as forças externas que agem sobre o caminhão.

As pessoas que puxam a corda exercem uma força $\mathbf{F}$. O ponto de aplicação de $\mathbf{F}$ está sobre o para-choque dianteiro. A força $\mathbf{F}$ tende a mover o caminhão para frente em linha reta e realmente, o fará, já que não há forças externas opondo-se a esse movimento. (Para simplificar, desprezamos aqui a resistência de rolamento.) Esse movimento do caminhão para frente, durante o qual cada linha reta mantém sua orientação original (o assoalho do caminhão permanece na horizontal e a carroceria permanece na vertical) é conhecido como **translação**. Outras forças podem causar no caminhão um tipo diferente de movimento. Por exemplo, a força exercida por um macaco colocado sob o eixo dianteiro faria o caminhão girar em torno do eixo traseiro. Tal movimento denomina-se **rotação**. Logo, pode-se concluir que cada uma das *forças externas* que atuam sobre um corpo rígido pode, caso não seja contrabalançada, imprimir ao corpo rígido um movimento de translação ou de rotação, ou ambos.

3.1B Princípio da transmissibilidade e forças equivalentes

O **princípio da transmissibilidade** estabelece que as condições de equilíbrio ou movimento de um corpo rígido permanecerão inalteradas se uma força $\mathbf{F}$ que atue em um dado ponto do corpo rígido for substituída por uma força $\mathbf{F}'$ de igual magnitude e de igual direção, porém atuando em um ponto diferente, *desde que as duas forças tenham a mesma linha de ação* (Fig. 3.2). As duas forças $\mathbf{F}$ e $\mathbf{F}'$ têm o mesmo efeito sobre o corpo rígido, e diz-se que são **forças equivalentes**. O princípio da transmissibilidade, que estabelece que a ação de uma força pode ser *transmitida* ao longo da sua linha de ação, está baseado em evidência experimental. Esse princípio *não pode ser* deduzido das propriedades estabelecidas até aqui neste texto e, portanto, deve ser aceito como uma lei experimental. Todavia, como veremos na Seção 16.1D, o princípio da transmissibilidade *pode ser* deduzido do estudo da dinâmica dos corpos rígidos, mas, para esse estudo, é necessária a introdução da segunda e da terceira leis de Newton, bem como de uma gama de outros conceitos. Logo, nosso estudo da estática dos corpos rígidos será baseado nos três princípios apresentados até agora, ou seja, a lei do paralelogramo de adição, a primeira lei de Newton e o princípio da transmissibilidade.

No Cap. 2, indicamos que as forças atuantes sobre uma partícula podem ser representadas por vetores. Esses vetores tinham um ponto de aplicação bem definido, a saber, a própria partícula e, portanto, eram vetores fixos. No caso de forças que atuam sobre um corpo rígido, porém, o ponto de aplicação da força não importa desde que a linha de ação permaneça inalterada. Logo, forças que atuam sobre um corpo rígido devem ser representadas por um tipo diferente de vetor, denominado **vetor deslizante**, pois as forças são livres para deslizar ao longo de suas linhas de ação. Devemos notar que todas as propriedades a ser deduzidas nas próximas seções para as forças que atuam sobre um corpo rígido serão válidas de modo mais geral para qualquer sistema de vetores deslizantes. Todavia, a fim de manter nossa exposição mais intuitiva, iremos obtê-las em termos de forças físicas em vez de vetores deslizantes matemáticos.

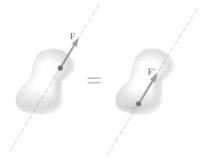

Figura 3.2 Duas forças $\mathbf{F}$ e $\mathbf{F}'$ são equivalentes se elas tiverem a mesma intensidade, direção e sentido e a mesma linha de ação, ainda que elas atuem em pontos diferentes.

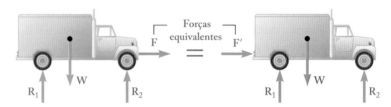

Figura 3.3 A força **F'** é equivalente à força **F**, portanto o movimento do caminhão é o mesmo quer você o puxe ou o empurre.

Retornando ao exemplo do caminhão, observemos primeiro que a linha de ação da força **F** é uma linha horizontal que passa através do para-choque dianteiro e traseiro (Fig. 3.3). Aplicando o princípio da transmissibilidade, podemos então substituir **F** por uma *força equivalente* **F'** que atua sobre o para-choque traseiro. Em outras palavras, as condições de movimento não são afetadas e todas as outras forças externas que atuam sobre o caminhão (**W**, **R₁**, **R₂**) permanecem inalteradas se as pessoas empurrarem pelo para-choque traseiro em vez de puxar pelo para-choque dianteiro do caminhão.

Contudo, o princípio da transmissibilidade e o conceito de forças equivalentes têm limitações. Considere, por exemplo, uma barra curta *AB* sujeita a forças axiais iguais e opostas **P₁** e **P₂**, como mostra a Fig. 3.4a. De acordo com o princípio da transmissibilidade, a força **P₂** pode ser substituída por uma força **P'₂** com a mesma intensidade, a mesma linha de ação e o mesmo sentido, mas atuando em *A* em vez de *B* (Fig. 3.4b). As forças **P₁** e **P'₂** que atuam sobre a mesma partícula podem ser adicionadas de acordo com as regras do Cap. 2 e, como essas forças são iguais e opostas, sua soma é igual a zero. Logo, em termos do comportamento externo da barra, o sistema original de forças mostrado na Fig. 3.4a é equivalente a nenhuma força aplicada (Fig. 3.4c).

Considere agora as duas forças iguais e opostas **P₁** e **P₂** atuando sobre a barra *AB*, como mostra a Fig. 3.4d. A força **P₂** pode ser substituída por uma força **P'₂** de igual intensidade, igual linha de ação e sentido, mas atuando em *B* em vez de em *A* (Fig. 3.4e). As forças **P₁** e **P'₂** podem então ser adicionadas e sua soma é de novo zero (Fig. 3.4f). Logo, do ponto de vista da mecânica dos corpos rígidos, os sistemas mostrados na Fig. 3.4a e d são equivalentes. Mas as *forças internas* e as *deformações* produzidas pelos dois sistemas são nitidamente diferentes. A barra da Fig. 3.4a está sob *tração* e, não sendo absolutamente rígida, irá aumentar ligeiramente de comprimento; a barra da Fig. 3.4d está sob *compressão* e, não sendo absolutamente rígida, irá diminuir ligeiramente de comprimento. Portanto, o princípio da transmissibilidade, embora possa ser usado

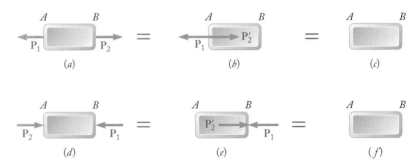

Figura 3.4 (a–c) Um conjunto de forças equivalentes atua sobre a barra *AB*; (d–f) outro conjunto de forças equivalentes atua sobre a barra *AB*. Ambos os conjuntos produzem o mesmo efeito externo (equilíbrio, neste caso), mas diferentes forças internas e deformações.

livremente na determinação das condições de movimento ou de equilíbrio de corpos rígidos e no cálculo das forças externas que atuam sobre esses corpos, deve ser evitado ou, pelo menos, utilizado com cuidado na determinação de forças internas e deformações.

3.1C Produtos vetoriais

A fim de compreendermos melhor o efeito de uma força sobre um corpo rígido, vamos apresentar agora um novo conceito, o conceito de *momento de uma força em relação a um ponto*. Esse conceito será mais bem compreendido e aplicado de maneira mais eficaz se antes acrescentarmos às ferramentas matemáticas de que dispomos o produto vetorial de dois vetores.

O **produto vetorial** de dois vetores **P** e **Q** é definido como o vetor **V** que satisfaz às seguintes condições:

1. A linha de ação de **V** é perpendicular ao plano que contém **P** e **Q** (Fig. 3.5a).
2. A intensidade de **V** é o produto das intensidades de **P** e **Q** e do seno do ângulo θ formado por **P** e **Q** (cujo valor será sempre menor ou igual a 180°); temos então

Intensidade de um produto vetorial

$$V = PQ \operatorname{sen} \theta \quad (3.1)$$

3. A direção e o sentido de **V** são obtidos pela **regra da mão direita.** Feche a mão direita e posicione-a de modo que seus dedos se curvem no mesmo sentido da rotação em θ que leva o vetor **P** a alinhar-se com o vetor **Q**; seu polegar irá então indicar a direção e o sentido do vetor **V** (Fig. 3.5b). Observe que, se não tiverem um ponto comum de aplicação, **P** e **Q** deverão primeiro ser redesenhados com as origens no mesmo ponto. Os três vetores **P**, **Q** e **V** – tomados nesta ordem – formam uma *tríade orientada diretamente.*[*]

Conforme mencionamos anteriormente, o vetor **V** que satisfaz essas três condições (que o definem univocamente) é citado como o *produto vetorial* de **P** e **Q**; esse vetor é representado pela expressao matemática

Produto vetorial

$$\mathbf{V} = \mathbf{P} \times \mathbf{Q} \quad (3.2)$$

Por causa da notação que usamos o produto vetorial dos vetores **P** e **Q** é chamado de produto vetorial de **P** e **Q**.

Tem-se da Eq. (3.1) que, quando dois vetores **P** e **Q** têm a mesma direção e sentidos iguais ou opostos, seu produto vetorial é nulo. No caso geral em que o ângulo θ formado pelos dois vetores não é 0° nem 180°, é possível fornecer uma interpretação geométrica simples da Eq. (3.1): a intensidade V do produto vetorial de **P** e **Q** é igual à área do paralelogramo que tem **P** e **Q** como lados (Fig. 3.6). Logo, o produto vetorial **P** × **Q** ficará inalterado se substituirmos **Q**

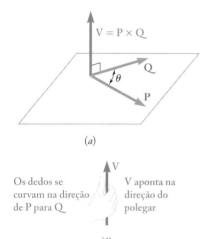

Figura 3.5 (a) O produto vetorial **V** tem a intensidade PQ sen θ e é perpendicular ao plano de **P** e **Q**; (b) podemos determinar a direção de **V** utilizando a regra da mão direita.

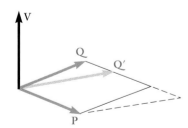

Figura 3.6 A intensidade do produto vetorial **V** é igual à área do paralelogramo formado por **P** e **Q**. Se você alterar **Q** e **Q**' de tal forma que o paralelogramo mude a forma, mas **P** e a área permaneçam iguais, então a intensidade de **V** continua a mesma.

---

[*] Devemos observar que os eixos x, y e z usados no Cap. 2 formam um sistema de eixos ortogonais orientado diretamente e que os vetores unitários i, j e k definidos na Seção 2.4A formam uma tríade ortogonal orientada diretamente.

por um vetor **Q′** coplanar com **P** e **Q** e tal que a linha que une as pontas de **Q** e **Q′** seja paralela a **P**. Escrevemos

$$\mathbf{V} = \mathbf{P} \times \mathbf{Q} = \mathbf{P} \times \mathbf{Q}' \tag{3.3}$$

Da terceira condição usada para definir o produto vetorial **V** de **P** e **Q**, ou seja, a condição que estabelece que **P**, **Q** e **V** devam formar uma tríade orientada diretamente, conclui-se que os produtos vetoriais *não são comutativos*, ou seja, **Q** × **P** não é igual a **P** × **Q**. De fato, podemos constatar facilmente que **Q** × **P** é representado pelo vetor −**V**, que é igual e oposto a **V**. Escrevemos então

$$\mathbf{Q} \times \mathbf{P} = -(\mathbf{P} \times \mathbf{Q}) \tag{3.4}$$

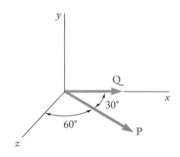

Figura 3.7 Dois vetores **P** e **Q** com um ângulo entre eles.

APLICAÇÃO DE CONCEITO 3.1

Vamos calcular o produto vetorial **V** = **P** × **Q**, onde o vetor **P** tem intensidade 6 e está no plano *zx* a um ângulo de 30° com o eixo *x*, e onde o vetor **Q** é de intensidade 4 e está sobre o eixo *x* (Fig. 3.7).

Solução

Segue-se diretamente da definição de produto vetorial que o vetor **V** deve estar ao longo do eixo *y*, direcionado para cima, e deve ter a intensidade

$$V = PQ \operatorname{sen} \theta = (6)(4) \operatorname{sen} 30° = 12 \quad \blacksquare$$

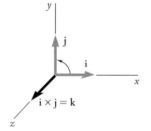

(a)

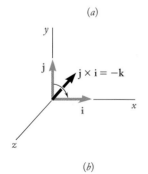

(b)

Figura 3.8 (a) O produto vetorial dos vetores unitários **i** e **j** é o vetor unitário **k**; (b) o produto vetorial dos vetores unitários **i** e **j** é o vetor unitário −**k**.

Vimos que propriedade comutativa não se aplica aos produtos vetoriais. Entretanto, é possível demonstrar que a *propriedade distributiva*

$$\mathbf{P} \times (\mathbf{Q}_1 + \mathbf{Q}_2) = \mathbf{P} \times \mathbf{Q}_1 + \mathbf{P} \times \mathbf{Q}_2 \tag{3.5}$$

se sustenta.

Uma terceira propriedade, a propriedade associativa, não se aplica aos produtos vetoriais; em geral, temos

$$(\mathbf{P} \times \mathbf{Q}) \times \mathbf{S} \neq \mathbf{P} \times (\mathbf{Q} \times \mathbf{S}) \tag{3.6}$$

3.1D Componentes retangulares do produto vetorial

Antes de voltarmos às forças que atuam sobre os corpos rígidos, vamos analisar uma forma mais conveniente de expressar produtos vetoriais utilizando componentes retangulares. Para tanto, utilizaremos os vetores unitários **i**, **j** e **k** que foram definidos no Capítulo 2.

Considere primeiro o produto vetorial **i** × **j** (Fig. 3.8*a*). Como ambos os vetores têm intensidade igual a 1, e como formam um ângulo reto entre si, seu produto vetorial também será um vetor unitário. Esse vetor unitário será **k**, pois os vetores **i**, **j** e **k** são mutuamente perpendiculares e formam uma tríade orientada diretamente. Por outro lado, resulta da regra da mão direita, mencionada na Seção 3.1C, em que o produto $\mathbf{j} \times \mathbf{i}$ será igual a $-\mathbf{k}$ (Fig. 3.8b). Finalmente, deve-se observar que o produto vetorial de um vetor unitário por si próprio, tal como $\mathbf{i} \times \mathbf{i}$ é igual a zero, pois ambos os vetores têm a mesma direção. Os produtos vetoriais dos vários pares possíveis de vetores unitários são

$$\begin{array}{lll}
\mathbf{i} \times \mathbf{i} = 0 & \mathbf{j} \times \mathbf{i} = -\mathbf{k} & \mathbf{k} \times \mathbf{i} = \mathbf{j} \\
\mathbf{i} \times \mathbf{j} = \mathbf{k} & \mathbf{j} \times \mathbf{j} = 0 & \mathbf{k} \times \mathbf{j} = -\mathbf{i} \\
\mathbf{i} \times \mathbf{k} = -\mathbf{j} & \mathbf{j} \times \mathbf{k} = \mathbf{i} & \mathbf{k} \times \mathbf{k} = 0
\end{array} \quad (3.7)$$

Arranjando as três letras que representam os vetores unitários em um círculo, em ordem anti-horária (Fig. 3.9), podemos simplificar a determinação do sinal do produto vetorial de dois vetores unitários. O produto vetorial de dois vetores unitários será positivo se ambos seguirem um ao outro em ordem anti-horária e será negativo se seguirem um ao outro em ordem horária.

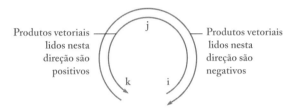

Figura 3.9 Arranje as três letras **i**, **j** e **k** em um círculo anti-horário. Você pode usar a ordem das letras para os três vetores unitários em um produto vetorial para determinar seu sinal.

Podemos agora facilmente expressar o produto vetorial $\mathbf{V}$ de dois vetores dados $\mathbf{P}$ e $\mathbf{Q}$ em termos dos componentes retangulares desses vetores. Exprimindo $\mathbf{P}$ e $\mathbf{Q}$ em componentes, escrevemos primeiro

$$\mathbf{V} = \mathbf{P} \times \mathbf{Q} = (P_x\mathbf{i} + P_y\mathbf{j} + P_z\mathbf{k}) \times (Q_x\mathbf{i} + Q_y\mathbf{j} + Q_z\mathbf{k})$$

Usando a propriedade distributiva, expressamos $\mathbf{V}$ como uma soma de produtos vetoriais, tais como $P_x\mathbf{i} \times Q_y\mathbf{j}$. Uma vez que cada uma das expressões obtidas é igual ao produto vetorial de dois vetores unitários, tais como $\mathbf{i} \times \mathbf{j}$, multiplicado pelo produto de dois escalares, tais como P_xQ_y, e retomando as identidades (3.7), obtemos, após a fatoração de $\mathbf{i}$, $\mathbf{j}$ e $\mathbf{k}$,

$$\mathbf{V} = (P_yQ_z - P_zQ_y)\mathbf{i} + (P_zQ_x - P_xQ_z)\mathbf{j} + (P_xQ_y - P_yQ_x)\mathbf{k} \quad (3.8)$$

Os componentes retangulares do produto vetorial $\mathbf{V}$ são determinados então como

Componentes retangulares do produto vetorial

$$\begin{aligned}
V_x &= P_yQ_z - P_zQ_y \\
V_y &= P_zQ_x - P_xQ_z \\
V_z &= P_xQ_y - P_yQ_x
\end{aligned} \quad (3.9)$$

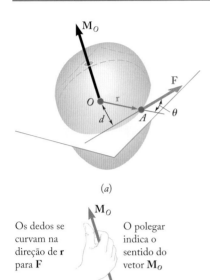

Figura 3.10 Momento de uma força em relação a um ponto. (a) O momento $\mathbf{M}_O$ é o produto vetorial do vetor de posição $\mathbf{r}$ e da força $\mathbf{F}$; (b) a regra da mão direita indica o sentido de $\mathbf{M}_O$.

Retornando à Eq. (3.8), observamos que o segundo elemento representa a expansão de um determinante. O produto vetorial **V** pode então ser representado na seguinte forma, mais fácil de memorizar.*

Componentes retangulares do produto vetorial (forma de determinante)

$$\mathbf{V} = \begin{vmatrix} \mathbf{i} & \mathbf{j} & \mathbf{k} \\ P_x & P_y & P_z \\ Q_x & Q_y & Q_z \end{vmatrix} \qquad (3.10)$$

3.1E Momento de uma força em relação a um ponto

Vamos considerar agora uma força **F** que atua sobre um corpo rígido (Fig. 3.10a). Como sabemos, a força **F** é representada por um vetor que define sua intensidade, sua direção e seu sentido. Entretanto, o efeito da força sobre o corpo rígido depende também do seu ponto de aplicação A. A posição de A pode ser convenientemente definida pelo vetor **r** que liga o ponto de referência fixo O com A; esse vetor é conhecido como *vetor de posição* de A. O vetor de posição **r** e a força **F** definem o plano mostrado na Fig. 3.10a.

Vamos definir o **momento de F em relação a O** como o produto vetorial de **r** e **F**:

Momento de uma força em relação a um ponto O

$$\mathbf{M}_O = \mathbf{r} \times \mathbf{F} \qquad (3.11)$$

De acordo com a definição de produto vetorial dada na Seção 3.1C, o momento $\mathbf{M}_O$ deve ser perpendicular ao plano que contém O e a força **F**. O sentido de $\mathbf{M}_O$ é definido pelo sentido da rotação que faz o vetor **r** ficar alinhado com o vetor **F**; essa rotação será vista como *anti-horária* por um observador localizado na ponta de $\mathbf{M}_O$. Outro modo de se definir o sentido de $\mathbf{M}_O$ é fornecido por uma variação da regra da mão direita: feche a mão direita e a posicione de modo que seus dedos fiquem curvados no sentido da rotação que **F** imprimiria ao corpo rígido em relação a um eixo fixo dirigido ao longo da linha de ação de $\mathbf{M}_O$; seu polegar irá indicar o sentido do momento $\mathbf{M}_O$ (Fig. 3.10b).

Finalmente, representando por θ o ângulo formado entre as linhas de ação do vetor de posição **r** e a força **F**, concluímos que a intensidade do momento de **F** em relação a O é

Intensidade do momento de uma força

$$M_O = rF \operatorname{sen} \theta = Fd \qquad (3.12)$$

---

* Qualquer determinante que consiste em três linhas e três colunas pode ser calculado repetindo-se a primeira e a segunda colunas e formando-se os produtos ao longo de cada linha diagonal. A soma dos produtos obtidos ao longo das linhas é então subtraída da soma dos produtos obtidos ao longo das linhas em preto.

onde *d* representa a distância perpendicular de *O* até a linha de ação de **F** (veja a Figura 3.10). Experimentalmente, a tendência de uma força **F** de fazer um corpo rígido girar em torno de um eixo fixo perpendicular à força depende da distância de **F** desse eixo bem como da intensidade de **F**. Por exemplo, o sopro de uma criança pode exercer força suficiente para fazer um catavento de brinquedo girar (Fig. 3.11*a*), mas uma turbina eólica requer muito vento para girar as hélices e gerar energia elétrica (Fig. 3.11*b*). Além disso, a distância perpendicular entre o ponto de rotação e a linha de ação da força, frequentemente chamada de *braço de momento (braço de alavanca),* também é importante. Se você deseja aplicar um pequeno momento para girar uma porca em uma tubulação sem quebrá-la, você deve usar uma pequena chave-inglesa, que ofereça um pequeno braço de momento (Fig. 3.11*c*). Mas se você precisar de um mo-

(*a*) Força pequena

(*b*) Força grande

(*c*) Braço de momento curto

(*d*) Braço de momento longo

Figura 3.11 (*a*, *b*) O momento de uma força depende da intensidade da força; (*c*, *d*) ele também depende do comprimento do braço de momento.

mento maior, é possível utilizar uma chave-inglesa grande com um longo braço de momento (Fig. 3.11d). Logo:

A intensidade de M_O mede a tendência de uma força F de fazer o corpo rígido girar em torno de um eixo fixo dirigido ao longo de M_O.

No Sistema Internacional de Unidades, no qual a força é expressa em newtons (N) e a distância em metros (m), o momento de uma força é expresso em newton-metros (N·m).

Podemos observar que, embora o momento M_O de uma força em relação a um ponto dependa da intensidade, da linha de ação e do sentido da força, ele *não* depende da posição real do ponto de aplicação da força ao longo da sua linha de ação. De modo inverso, o momento M_O de uma força F não caracteriza a posição do ponto de aplicação de F.

Todavia, como veremos agora, o momento M_O de uma força F de intensidade, direção e sentido conhecidos *define completamente a linha de ação de* F. De fato, a linha de ação de F deve estar em um plano que contenha O e ser perpendicular ao momento M_O; sua distância d de O deve ser igual ao quociente M_O / F das intensidades de M_O e F; e o sentido de M_O determina se a linha de ação de F deve ser traçada de um lado ou de outro do ponto O.

Lembremos, da Seção 3.1B, que o princípio da transmissibilidade estabelece que duas forças F e F' são equivalentes (isto é, têm o mesmo efeito sobre um corpo rígido) se tiverem a mesma intensidade, a mesma linha de ação e o mesmo sentido. Esse princípio pode agora ser reescrito da seguinte maneira:

Duas forças F e F' são equivalentes se, e somente se, forem iguais (isto é, se tiverem a mesma intensidade, a mesma direção e o mesmo sentido) *e têm momentos iguais em relação a um dado ponto O.*

Logo, as condições necessárias e suficientes para que duas forças F e F' sejam equivalentes são

$$F = F' \quad e \quad M_O = M'_O \quad (3.13)$$

Devemos observar, a partir desse enunciado, que, se as relações (3.13) valem para um dado ponto O, irão valer para qualquer outro ponto.

Problemas envolvendo apenas duas dimensões. Muitas aplicações na estática lidam com estruturas bidimensionais, ou seja, estruturas que têm comprimento e largura, mas profundidade desprezível e estão sujeitas a forças contidas no plano da estrutura. Estruturas bidimensionais e as forças que atuam sobre elas podem ser diretamente representadas em uma folha de papel ou em um quadro negro. Sua análise, portanto, é consideravelmente mais simples que a das estruturas e forças tridimensionais.

Considere, por exemplo, uma placa rígida sujeita a uma força F (Fig. 3.12). O momento de F em relação a um ponto O escolhido no plano da figura é representado por um vetor M_O de intensidade Fd, perpendicular ao plano. No caso da Fig. 3.12a, o vetor M_O aponta *para fora* do papel, enquanto no caso da Fig. 3.12b ele aponta *para dentro* do papel. Olhando para a figura, observamos, no primeiro caso, que F tende a girar a placa no sentido anti-horário e, no segundo caso, que ela tende a girar a placa no sentido horário. Logo, é natural

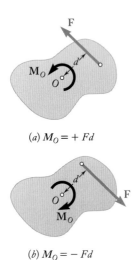

Figura 3.12 (a) Um momento que tende a produzir uma rotação anti-horária é positivo; (b) um momento que tende a produzir uma rotação horária é negativo.

referir-se ao sentido do momento de **F** em relação a O na Fig. 3.12a como anti-horário ↺, e na Fig. 3.12b como horário ↻.

Como o momento de uma força **F** que atua no plano da figura deve ser perpendicular a esse plano, precisamos especificar apenas a *intensidade* e o *sentido* do momento de **F** em relação a O. Isso pode ser feito atribuindo-se à intensidade M_O do momento um sinal positivo ou negativo conforme o vetor $\mathbf{M}_O$ aponte para fora ou para dentro do papel.

3.1F Componentes retangulares do momento de uma força

A propriedade distributiva dos produtos vetoriais pode ser usada para determinar o momento da resultante de várias *forças concorrentes*. Se várias forças $\mathbf{F}_1$, $\mathbf{F}_2$, ..., são aplicadas ao mesmo ponto A (Fig. 3.13) e se representarmos por **r** o vetor de posição de A, segue-se imediatamente da Eq. (3.5) que

$$\mathbf{r} \times (\mathbf{F}_1 + \mathbf{F}_2 + \cdots) = \mathbf{r} \times \mathbf{F}_1 + \mathbf{r} \times \mathbf{F}_2 + \cdots \quad (3.14)$$

Em palavras,

> *O momento em relação a um dado ponto O da resultante de diversas forças concorrentes é igual à soma dos momentos das várias forças em relação ao mesmo ponto O.*

Esta propriedade, que foi originalmente estabelecida pelo matemático francês Pierre Varignon (1654– 1722) bem antes da introdução da álgebra vetorial, é conhecida como **teorema de Varignon**.

A relação (3.14) torna possível a substituição da determinação direta do momento de uma força **F** pela determinação dos momentos de duas ou mais forças componentes. Como você verá em breve, **F** geralmente será decomposta em componentes paralelos aos eixos de coordenadas. Todavia, pode ser mais rápido em algumas circunstâncias decompor **F** em componentes que não sejam paralelos aos eixos de coordenadas (ver Problema Resolvido 3.3).

Em geral, a determinação do momento de uma força no espaço será consideravelmente simplificada se a força e o vetor de posição do seu ponto de aplicação forem decompostos em componentes retangulares x, y e z. Considere, por exemplo, o momento $\mathbf{M}_O$ em relação a O de uma força **F** cujos componentes são F_x, F_y e F_z e que é aplicada a um ponto A de coordenadas x, y e z (Fig. 3.14). Observando que os componentes do vetor de posição **r** são respectivamente iguais às coordenadas x, y e z do ponto A, escrevemos **r** e **F** como

$$\mathbf{r} = x\mathbf{i} + y\mathbf{j} + z\mathbf{k} \quad (3.15)$$

$$\mathbf{F} = F_x\mathbf{i} + F_y\mathbf{j} + F_z\mathbf{k} \quad (3.16)$$

Substituindo as expressões para **r** e **F** das Eqs. (3.15) e (3.16) em

$$\mathbf{M}_O = \mathbf{r} \times \mathbf{F} \quad (3.11)$$

e retomando as Eqs. (3.8) e (3.9), escrevemos o momento $\mathbf{M}_O$ de **F** em relação a O na seguinte forma

$$\mathbf{M}_O = M_x\mathbf{i} + M_y\mathbf{j} + M_z\mathbf{k} \quad (3.17)$$

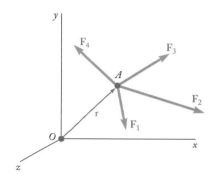

Figura 3.13 O Teorema de Varignon afirma que o momento em relação ao ponto O da resultante dessas quatro forças é igual à soma dos momentos em relação ao ponto O das forças individuais.

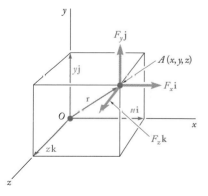

Figura 3.14 O momento $\mathbf{M}_O$ em relação ao ponto O de uma força **F** aplicada no ponto A é o produto vetorial do vetor de posição **r** e da força **F**, que podem ser expressos em componentes retangulares.

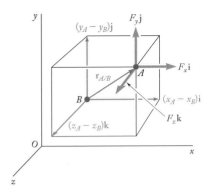

Figura 3.15 O momento $\mathbf{M}_B$ em relação ao ponto B de uma força $\mathbf{F}$ aplicada no ponto A é o produto vetorial do vetor de posição $\mathbf{r}_{A/B}$ e da força $\mathbf{F}$.

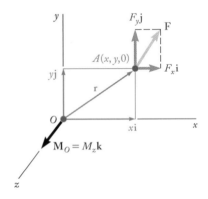

Figura 3.16 Em um problema bidimensional, o momento $\mathbf{M}_O$ de uma força $\mathbf{F}$ aplicada em A no plano xy é reduzido ao componente z do produto vetorial de $\mathbf{r}$ com $\mathbf{F}$.

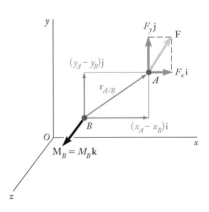

Figura 3.17 Em um problema bidimensional, o momento $\mathbf{M}_B$ em relação a um ponto B de uma força $\mathbf{F}$ aplicada em A no plano xy é reduzido ao componente z do produto vetorial de $\mathbf{r}_{A/B}$ com $\mathbf{F}$.

onde os componentes M_x, M_y e M_z são definidos pelas relações

Componentes retangulares do momento

$$\begin{aligned} M_x &= yF_z - zF_y \\ M_y &= zF_x - xF_z \\ M_z &= xF_y - yF_x \end{aligned} \qquad (3.18)$$

Como você verá na Seção 3.2C, os componentes escalares M_x, M_y e M_z do momento $\mathbf{M}_O$ medem a tendência da força $\mathbf{F}$ de imprimir a um corpo rígido um movimento de rotação em torno dos eixos x, y e z, respectivamente. Substituindo a Eq. (3.18) na Eq. (3.17), podemos também escrever $\mathbf{M}_O$ na forma de um determinante

$$\mathbf{M}_O = \begin{vmatrix} \mathbf{i} & \mathbf{j} & \mathbf{k} \\ x & y & z \\ F_x & F_y & F_z \end{vmatrix} \qquad (3.19)$$

Para calcular o momento $\mathbf{M}_B$ em relação a um ponto B arbitrário de uma força $\mathbf{F}$ aplicada em A (Fig. 3.16), devemos substituir o vetor de posição $\mathbf{r}$ na Eq. (3.11) por um vetor traçado de B até A. Esse vetor é o *vetor de posição de A com relação a B* e será representado por $\mathbf{r}_{A/B}$. Observando que $\mathbf{r}_{A/B}$ pode ser obtido subtraindo-se $\mathbf{r}_B$ de $\mathbf{r}_A$, temos

$$\mathbf{M}_B = \mathbf{r}_{A/B} \times \mathbf{F} = (\mathbf{r}_A - \mathbf{r}_B) \times \mathbf{F} \qquad (3.20)$$

ou, usando a forma de determinante

$$\mathbf{M}_B = \begin{vmatrix} \mathbf{i} & \mathbf{j} & \mathbf{k} \\ x_{A/B} & y_{A/B} & z_{A/B} \\ F_x & F_y & F_z \end{vmatrix} \qquad (3.21)$$

onde $x_{A/B}$, $y_{A/B}$ e $z_{A/B}$ representam os componentes do vetor $\mathbf{r}_{A/B}$:

$$x_{A/B} = x_A - x_B \qquad y_{A/B} = y_A - y_B \qquad z_{A/B} = z_A - z_B$$

No caso de problemas que envolvam apenas duas dimensões, pode-se admitir que a força $\mathbf{F}$ esteja no plano xy (Fig. 3.16). Tornando $z = 0$ e $F_z = 0$ na Eq. (3.19), obtemos

$$\mathbf{M}_O = (xF_y - yF_x)\mathbf{k}$$

Verificamos que o momento de $\mathbf{F}$ em relação a O é perpendicular ao plano da figura e é completamente definido pelo escalar

$$M_O = M_z = xF_y - yF_x \qquad (3.22)$$

Conforme observamos anteriormente, um valor positivo de $\mathbf{M}_O$ indica que o vetor $\mathbf{M}_O$ aponta para fora do papel (a força $\mathbf{F}$ tende a girar o corpo no sentido anti-horário em torno de O) e um valor negativo indica que o vetor $\mathbf{M}_O$ aponta para dentro do papel (a força $\mathbf{F}$ tende a girar o corpo no sentido horário em torno de O).

Para calcular o momento em relação a B (x_B, y_B) de uma força situada no plano xy e aplicada em A (x_A, y_A) (Fig. 3.17), estabelecemos que $z_{A/B} = 0$ e $F_z = 0$ nas relações (3.21), e observamos que o vetor $\mathbf{M}_B$ é perpendicular ao plano xy e é definido em intensidade e sentido pelo escalar

$$M_B = (x_A - x_B)F_y - (y_A - y_B)F_x \qquad (3.23)$$

Capítulo 3 Corpos rígidos: sistemas equivalentes de forças

PROBLEMA RESOLVIDO 3.1

Uma força vertical de 500 N é aplicada na extremidade de uma alavanca que está ligada a um eixo em O. Determine (*a*) o momento da força de 500 N em relação a O; (*b*) a força horizontal aplicada em A que gera o mesmo momento em relação a O; (*c*) a força mínima aplicada em A que gera o mesmo momento em relação a O; (*d*) a que distância do eixo deve atuar uma força vertical de 1,2 kN para gerar o mesmo momento em relação a O; (*e*) se alguma das forças obtidas nas parte *b*, *c* e *d* é equivalente à força original.

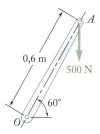

ESTRATÉGIA Os cálculos necessários envolvem variações na equação de definição básica de um momento, $M_O = Fd$.

MODELAGEM E ANÁLISE

a. Momento em relação a O. A distância perpendicular de O até a linha de ação da força de 500 N (Fig. 1) é

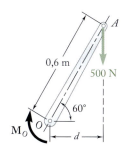

Figura 1 Determinação do momento da força de 500 N em relação a O utilizando a distância perpendicular *d*.

$$d = (0{,}6 \text{ m}) \cos 60° = 0{,}3 \text{ m}$$

A intensidade do momento da força de 500 N em relação a O é

$$M_O = Fd = (500 \text{ N})(0{,}3 \text{ m}) = 150 \text{ N·m}$$

Como a força tende girar a alavanca no sentido horário em torno de O, o momento será representeado pelo vetor $\mathbf{M}_O$ perpendicular ao plano da figura e apontando *para dentro* do papel. Expressamos esse fato da seguinte maneira:

$$\mathbf{M}_O = 150 \text{ N·m} \downarrow \quad \blacktriangleleft$$

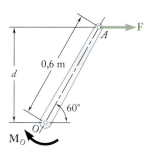

Figura 2 Determinação da força horizontal em A que gera o mesmo momento em relação a O.

b. Força horizontal. Neste caso, temos (Fig. 2)

$$d = (0{,}6 \text{ m}) \text{ sen } 60° = 0{,}52 \text{ m}$$

Como o momento em relação a O deve ser de 150 N·m, escrevemos

$$M_O = Fd$$
$$150 \text{ N·m} = F(0{,}52 \text{ m})$$
$$F = 288{,}5 \text{ N} \qquad \mathbf{F} = 288{,}5 \text{ N} \rightarrow \quad \blacktriangleleft$$

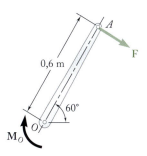

Figura 3 Determinação da força mínima em A que gera o mesmo momento em relação a O.

c. Força mínima. Como $M_O = Fd$, o valor mínimo da força *F* ocorrerá quando *d* for máximo. Escolhemos a força perpendicular a OA e vemos que $d = 0{,}6$ m (Fig. 3); logo,

$$M_O = Fd$$
$$150 \text{ N·m} = F(0{,}6 \text{ m})$$
$$F = 250 \text{ N} \qquad \mathbf{F} = 250 \text{ N} \; \measuredangle 30° \quad \blacktriangleleft$$

(*continua*)

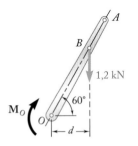

Figura 4 Posição da força vertical de 1,2 kN que gera o mesmo momento em relação a O.

d. Força vertical de 1,2 kN. Neste caso (Fig. 4), $M_O = Fd$ fornece

$$150 \text{ N·m} = (1200 \text{ N})d \qquad d = 0{,}125 \text{ m}$$

mas

$$OB \cos 60° = d$$

então

$$OB = 0{,}25 \text{ m} \blacktriangleleft$$

e. Nenhuma das forças consideradas nas partes *b*, *c* e *d* é equivalente à força original de 500 N. Embora tenha o mesmo momento em relação a O, tais forças têm diferentes componentes *x* e *y*. Em outras palavras, embora cada força tenda a girar o eixo da mesma maneira, cada uma faz a alavanca empurrar o eixo de um modo diferente.

PARA REFLETIR Muitas combinações de força e braço de alavanca podem produzir momentos equivalentes, mas o sistema de força e momento produz um efeito global diferente em cada caso.

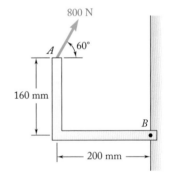

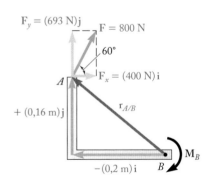

Figura 1 O momento $\mathbf{M}_B$ é determinado por meio do produto vetorial do vetor de posição $\mathbf{r}_{A/B}$ e do vetor de força **F**.

PROBLEMA RESOLVIDO 3.2

Uma força de 800 N atua sobre um suporte, como mostra a ilustração. Determine o momento da força em relação a B.

ESTRATÉGIA Podemos decompor a força e o vetor de posição de B para A em componentes retangulares e então utilizar uma abordagem vetorial para completar a solução.

MODELAGEM E ANÁLISE O momento $\mathbf{M}_B$ da força **F** em relação a B é obtido por meio do produto vetorial

$$\mathbf{M}_B = \mathbf{r}_{A/B} \times \mathbf{F}$$

onde $\mathbf{r}_{A/B}$ é o vetor traçado de B até A (Fig. 1). Decompondo $\mathbf{r}_{A/B}$ e **F** em componentes retangulares, temos

$$\mathbf{r}_{A/B} = -(0{,}2 \text{ m})\mathbf{i} + (0{,}16 \text{ m})\mathbf{j}$$
$$\mathbf{F} = (800 \text{ N}) \cos 60°\mathbf{i} + (800 \text{ N}) \operatorname{sen} 60°\mathbf{j}$$
$$= (400 \text{ N})\mathbf{i} + (693 \text{ N})\mathbf{j}$$

Retomando as relações na Eq. (3.7) para os produtos vetoriais de vetores unitários (Seção 3.5), obtemos

$$\mathbf{M}_B = \mathbf{r}_{A/B} \times \mathbf{F} = [-(0{,}2 \text{ m})\mathbf{i} + (0{,}16 \text{ m})\mathbf{j}] \times [(400 \text{ N})\mathbf{i} + (693 \text{ N})\mathbf{j}]$$
$$= -(138{,}6 \text{ N·m})\mathbf{k} - (64{,}0 \text{ N·m})\mathbf{k}$$
$$= -(202{,}6 \text{ N·m})\mathbf{k} \qquad \mathbf{M}_B = 203 \text{ N·m} \downarrow \blacktriangleleft$$

O momento $\mathbf{M}_B$ é um vetor perpendicular ao plano da figura e que aponta *para dentro* do papel.

Capítulo 3 Corpos rígidos: sistemas equivalentes de forças

PARA REFLETIR Uma abordagem escalar também pode ser usada para resolver este problema, utilizando-se os componentes da força **F** e o vetor de posição $r_{A/B}$. Seguindo a regra da mão direita para atribuição de sinais, temos

$$+\curvearrowleft M_B = \Sigma M_B = \Sigma Fd = -(400 \text{ N})(0,16 \text{ m}) - (693 \text{ N})(0,2 \text{ m}) = -202,6 \text{ N·m}$$

$$\mathbf{M}_B = 203 \text{ N·m} \downarrow \blacktriangleleft$$

PROBLEMA RESOLVIDO 3.3

Uma força de 30 N atua na extremidade de uma alavanca de 3 m, como mostra a ilustração. Determine o momento da força em relação a O.

ESTRATÉGIA Para simplificar o cálculo do momento, vamos decompor a força em componentes que são perpendiculares e paralelos ao eixo da alavanca.

MODELAGEM E ANÁLISE A força é substituída por dois componentes, um **P** na direção OA e um componente **Q** perpendicular a OA. Como O está sobre a linha de ação de **P**, o momento de **P** em relação a O é nulo e o momento da força 30 N reduz-se ao momento de **Q**, que é no sentido horário e, portanto, representado por um escalar negativo.

$$Q = (30 \text{ N}) \text{ sen } 20° = 10,26 \text{ N}$$
$$M_O = -Q(3 \text{ m}) = -(10,26 \text{ N})(3 \text{ m}) = -30,8 \text{ N·m}$$

Como o valor obtido para o escalar M_O é negativo, o momento $\mathbf{M}_O$ aponta *para dentro* do papel. Temos

$$\mathbf{M}_O = 30,8 \text{ N·m} \downarrow \blacktriangleleft$$

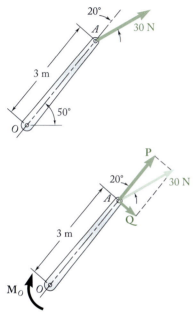

Figura 1 A força de 30 N em A é expressa nos componentes **P** e **Q** para simplificar a determinação do momento $\mathbf{M}_O$.

PARA REFLETIR Sempre esteja alerta em simplificações que podem reduzir a quantidade de cálculos.

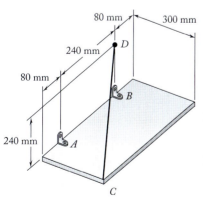

PROBLEMA RESOLVIDO 3.4

Uma placa retangular é sustentada pelos suportes A e B e por um fio CD. Sabendo que a tração no fio é de 200 N, determine o momento em relação a A da força exercida pelo fio no ponto C.

ESTRATÉGIA A solução requer a decomposição da tração no fio e do vetor de posição de A a C em componentes retangulares. Será necessária uma abordagem vetorial unitária para determinar os componentes da força.

MODELAGEM E ANÁLISE O momento $\mathbf{M}_A$ da força **F** exercida pelo fio no ponto C em relação a A é obtido escrevendo-se o produto vetorial

$$\mathbf{M}_A = \mathbf{r}_{C/A} \times \mathbf{F} \qquad (1)$$

(*continua*)

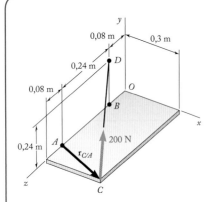

Figura 1 O momento $\mathbf{M}_A$ é determinado pelo vetor de posição $\mathbf{r}_{C/A}$ e pelo vetor de força $\mathbf{F}$.

onde $\mathbf{r}_{C/A}$ é o vetor traçado de A até C

$$\mathbf{r}_{C/A} = \overrightarrow{AC} = (0{,}3 \text{ m})\mathbf{i} + (0{,}08 \text{ m})\mathbf{k} \quad (2)$$

e $\mathbf{F}$ é a força de 200 N dirigida ao longo de CD (Fig. 1). Introduzindo o vetor unitário, temos

$$\boldsymbol{\lambda} = \overrightarrow{CD}/CD,$$

pode-se expressar $\mathbf{F}$ como

$$\mathbf{F} = F\boldsymbol{\lambda} = (200\,\text{N})\frac{\overrightarrow{CD}}{CD} \quad (3)$$

Decompondo o vetor $\overrightarrow{CD}$ em componentes retangulares, temos

$$\overrightarrow{CD} = -(0{,}3 \text{ m})\mathbf{i} + (0{,}24 \text{ m})\mathbf{j} - (0{,}32 \text{ m})\mathbf{k} \quad CD = 0{,}50 \text{ m}$$

Substituindo por (3), obtemos

$$\mathbf{F} = \frac{200 \text{ N}}{0{,}50 \text{ m}}[-(0{,}3 \text{ m})\mathbf{i} + (0{,}24 \text{ m})\mathbf{j} - (0{,}32 \text{ m})\mathbf{k}]$$
$$= -(120 \text{ N})\mathbf{i} + (96 \text{ N})\mathbf{j} - (128 \text{ N})\mathbf{k} \quad (4)$$

Substituindo $\mathbf{r}_{C/A}$ e $\mathbf{F}$ de (2) e (4) por (1) e retomando as relações (3.7) da Seção 3.1D, obtemos (Fig. 2)

$$\mathbf{M}_A = \mathbf{r}_{C/A} \times \mathbf{F} = (0{,}3\mathbf{i} + 0{,}08\mathbf{k}) \times (-120\mathbf{i} + 96\mathbf{j} - 128\mathbf{k})$$
$$= (0{,}3)(96)\mathbf{k} + (0{,}3)(-128)(-\mathbf{j}) + (0{,}08)(-120)\mathbf{j} + (0{,}08)(96)(-\mathbf{i})$$

$$\mathbf{M}_A = -(7{,}68 \text{ N·m})\mathbf{i} + (28{,}8 \text{ N·m})\mathbf{j} + (28{,}8 \text{ N·m})\mathbf{k} \quad \blacktriangleleft$$

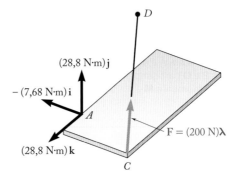

Figura 2 Componentes do momento $\mathbf{M}_A$ aplicados em A.

Solução alternativa. Conforme indicamos na Seção 3.1F, o momento $\mathbf{M}_A$ pode ser expresso em forma de um determinante:

$$\mathbf{M}_A = \begin{vmatrix} \mathbf{i} & \mathbf{j} & \mathbf{k} \\ x_C - x_A & y_C - y_A & z_C - z_A \\ F_x & F_y & F_z \end{vmatrix} = \begin{vmatrix} \mathbf{i} & \mathbf{j} & \mathbf{k} \\ 0{,}3 & 0 & 0{,}08 \\ -120 & 96 & -128 \end{vmatrix}$$

$$\mathbf{M}_A = -(7{,}68 \text{ N·m})\mathbf{i} + (28{,}8 \text{ N·m})\mathbf{j} + (28{,}8 \text{ N·m})\mathbf{k} \quad \blacktriangleleft$$

PARA REFLETIR Problemas envolvendo apenas duas dimensões são frequentemente resolvidos por meio de uma abordagem escalar, mas a versatilidade de uma análise vetorial é bastante relevante em um problema tridimensional como este.

METODOLOGIA PARA A RESOLUÇÃO DE PROBLEMAS

Nesta seção, apresentamos o *produto vetorial* de dois vetores. Nos problemas, a seguir, você usará o produto vetorial para calcular o *momento de uma força em relação a um ponto* e determinar também a *distância perpendicular* de um ponto a uma linha.

Definimos o momento de uma força **F** em relação ao ponto O de um corpo rígido como

$$\mathbf{M}_O = \mathbf{r} \times \mathbf{F} \tag{3.11}$$

onde **r** é o vetor de posição *de O até qualquer ponto* da linha de ação de **F**. Como o produto vetorial não é comutativo, é absolutamente necessário, ao calcular tal produto, que você coloque os vetores na ordem apropriada e que cada vetor tenha o sentido correto. O momento $\mathbf{M}_O$ é importante porque sua intensidade é uma medida da tendência de uma força **F** em fazer o corpo rígido girar em torno de um eixo dirigido ao longo de $\mathbf{M}_O$.

1. **Cálculo do momento M_O de uma força em duas dimensões.** Pode-se adotar um dos seguintes procedimentos:

    a. Use a Eq. (3.12), $M_O = Fd$, que expressa a intensidade do momento como o produto da intensidade de **F** e da *distância perpendicular d* de O até a linha de ação de F (Problema Resolvido 3.1).

    b. Expresse **r** e **F** na forma de componentes e efetue o produto vetorial $\mathbf{M}_O = \mathbf{r} \times \mathbf{F}$ formalmente (Problema Resolvido 3.2).

    c. Decomponha **F** nos componentes paralelo e perpendicular ao vetor de posição **r**, respectivamente. Apenas a componente perpendicular contribui para o momento de **F** (Problema Resolvido 3.3).

    d. Use a Eq. (3.22), $M_O = M_Z = xF_y - yF_x$. Quando se aplica esse método, a abordagem mais simples é tratar os componentes escalares de **r** e **F** como positivos e, por observação, atribuir então o sinal apropriado ao momento produzido por cada um dos componentes da força [Problema Resolvido 3.2].

2. **Cálculo do momento M_O de uma força F em três dimensões.** Seguindo o método do Problema Resolvido 3.4, o primeiro passo é selecionar o vetor de posição **r** mais conveniente (mais simples). Em seguida, você deve expressar **F** em termos de componentes retangulares. O passo final consiste em efetuar o produto vetorial $\mathbf{r} \times \mathbf{F}$ para determinar o momento. Na maioria dos problemas tridimensionais, você achará mais fácil calcular o produto vetorial usando um determinante.

3. **Determinação da distância perpendicular d de um ponto A até uma dada linha.** Primeiro, admita que a força **F** de intensidade conhecida F esteja ao longo de uma dada linha. Em seguida, determine seu momento em relação a A escrevendo o produto vetorial $\mathbf{M}_A = \mathbf{r} \times \mathbf{F}$, e calcule esse produto tal como indicamos anteriormente. Calcule, então, sua intensidade M_A. Finalmente, substitua os valores de F e M_A na equação $M_A = Fd$ e a resolva para d.

PROBLEMAS

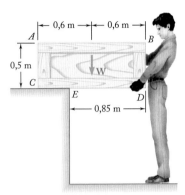

Figura P3.1 e P3.2

3.1 Um caixote de 80 kg de massa é mantido na posição mostrada na figura. Determine (a) o momento produzido pelo peso **W** do caixote em relação ao ponto E, (b) a menor força aplicada em B que produz um momento de igual intensidade e sentido oposto em relação a E.

3.2 Um caixote de 80 kg de massa é mantido na posição mostrada na figura. Determine (a) o momento produzido pelo peso **W** do caixote em relação ao ponto E, (b) a menor força aplicada em A que produz um momento de igual intensidade e sentido oposto em relação a E, (c) a intensidade, sentido, direção e ponto de aplicação no fundo do caixote da menor força vertical que produz um momento de igual intensidade e sentido oposto em relação a E.

3.3 Sabe-se que uma força vertical de 200 N é necessária para remover da tábua o prego fixado em C. Ao primeiro movimento do prego, determine (a) o momento em relação a B da força exercida sobre o prego, (b) a intensidade da força **P** que cria o mesmo momento em relação a B se $\alpha = 10°$, (c) a menor força **P** que cria o mesmo momento em relação a B.

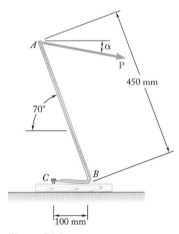

Figura *P3.3*

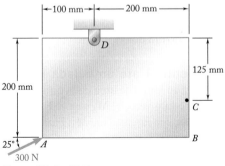

Figura P3.4 e P3.5

3.4 Uma força de 300 N é aplicada em A como mostrado na figura. Determine (a) o momento da força de 300 N sobre D, (b) a menor força aplicada em B que cria o mesmo momento em D.

3.5 Uma força de 300 N é aplicada em A como mostrado na figura. Determine (a) o momento da força de 300 N sobre D, (b) a intensidade e o sentido da força horizontal aplicada em C que cria o mesmo momento em relação a D, (c) a menor força aplicada em C que cria o mesmo momento em D.

3.6 Uma força de 90 N é aplicada sobre uma alavanca AB como mostra a figura. Sabendo que a alavanca tem 225 mm de comprimento e que $\alpha = 25°$, determine o momento da força em relação ao ponto B decompondo a força em componentes horizontais e verticais.

3.7 Uma força de 90 N é aplicada sobre uma alavanca AB como mostra a figura. Sabendo que a alavanca tem 225 mm de comprimento e que $\alpha = 25°$, determine o momento da força em relação ao ponto B decompondo a força em componentes ao longo de AB e em uma direção perpendicular a AB.

3.8 Uma força de 90 N é aplicada sobre uma alavanca AB como mostra a figura. Sabendo que a alavanca tem 225 mm de comprimento e que o momento da força em relação ao ponto B é 13,5 N·m no sentido horário, determine o valor de α.

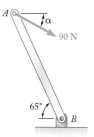

Figura P3.6 a *P3.8*

3.9 A barra AB é sustentada pela corda AC. Sabendo que a tração na corda é 1350 N e que $c = 360$ mm, determine o momento em relação a B da força exercida pela corda no ponto A, decompondo a força em componentes horizontais e verticais aplicados (a) ao ponto A, (b) ao ponto C.

3.10 A barra AB é sustentada pela corda AC. Sabendo que $c = 840$ mm e que o momento em relação a B da força exercida pela corda no ponto A é 756 N·m, determine a tração na corda.

3.11 e 3.12 A porta traseira de um carro é sustentada por uma haste hidráulica BC. Se a haste exerce uma força de 500 N dirigida ao longo da sua linha de centro sobre a rótula em B, determine o momento da força em relação a A.

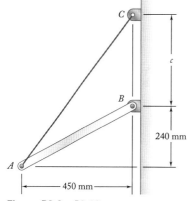

Figura P3.9 e *P3.10*

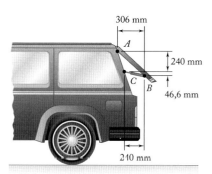

Figura P3.11

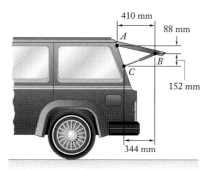

Figura P3.12

3.13 e 3.14 Sabe-se que ao conectar-se a biela AB, ela exerce na manivela BC a força 2,5 kN direcionada para baixo e para a esquerda junto da linha central de AB. Determine o momento da força em relação a C.

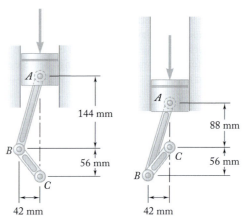

Figura P3.13   Figura P3.14

3.15 Forme os produtos vetoriais $\mathbf{B} \times \mathbf{C}$ e $\mathbf{B}' \times \mathbf{C}$, onde $B = B'$, e utilize os resultados obtidos para provar a identidade

$$\operatorname{sen} \alpha \cos \beta = \tfrac{1}{2}\operatorname{sen}(\alpha + \beta) + \tfrac{1}{2}\operatorname{sen}(\alpha - \beta).$$

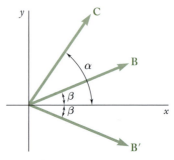

Figura P3.15

3.16 Os vetores $\mathbf{P}$ e $\mathbf{Q}$ constituem dois lados adjacentes de um paralelogramo. Determine a área do paralelogramo quando $(a)\,\mathbf{P} = -8\mathbf{i} + 4\mathbf{j} - 4\mathbf{k}$ e $\mathbf{Q} = 3\mathbf{i} + 3\mathbf{j} + 6\mathbf{k}$, $(b)\,\mathbf{P} = 7\mathbf{i} - 6\mathbf{j} - 3\mathbf{k}$ e $\mathbf{Q} = -3\mathbf{i} + 6\mathbf{j} - 2\mathbf{k}$.

3.17 Um plano contém os vetores $\mathbf{A}$ e $\mathbf{B}$. Determine o vetor unitário normal ao plano quando $\mathbf{A}$ e $\mathbf{B}$ são iguais, respectivamente, $(a)\,2\mathbf{i} + 3\mathbf{j} - 6\mathbf{k}$ e $5\mathbf{i} - 8\mathbf{j} - 6\mathbf{k}$, $(b)\,4\mathbf{i} - 4\mathbf{j} + 3\mathbf{k}$ e $-3\mathbf{i} + 7\mathbf{j} - 5\mathbf{k}$.

3.18 Uma linha passa pelos pontos (12 m, 8 m) e (−3 m, −5 m). Determine a distância perpendicular d da linha até a origem O do sistema de coordenadas.

3.19 Determine o momento em relação à origem O da força $\mathbf{F} = 4\mathbf{i} - 3\mathbf{j} + 5\mathbf{k}$ que atua em um ponto A. Suponha que o vetor de posição de A seja $(a)\,\mathbf{r} = 2\mathbf{i} + 3\mathbf{j} - 4\mathbf{k}$, $(b)\,\mathbf{r} = -8\mathbf{i} + 6\mathbf{j} - 10\mathbf{k}$, $(c)\,\mathbf{r} = 8\mathbf{i} - 6\mathbf{j} + 5\mathbf{k}$.

3.20 Determine o momento em relação à origem O da força $\mathbf{F} = 2\mathbf{i} + 3\mathbf{j} - 4\mathbf{k}$ que atua em um ponto A. Suponha que o vetor de posição de A seja (a) $\mathbf{r} = 3\mathbf{i} - 6\mathbf{j} + 5\mathbf{k}$, (b) $\mathbf{r} = \mathbf{i} - 4\mathbf{j} - 2\mathbf{k}$, (c) $\mathbf{r} = 4\mathbf{i} + 6\mathbf{j} - 8\mathbf{k}$.

3.21 Antes que o tronco de uma grande árvore venha a cair, são amarrados cabos AB e BC, como mostra a figura. Sabendo que as forças de tração nos cabos AB e BC são de 555 N e 660 N, respectivamente, determine o momento em relação a O da força resultante exercida sobre a árvore pelos cabos em B.

3.22 Uma barra AB de 6 m tem uma ponta fixada em A. Um cabo de aço é esticado da ponta livre B da barra ao ponto C localizado na parede vertical. Se a tensão no cabo é 2,5 kN, determine o binário que a força exerce sobre A através do cabo em B.

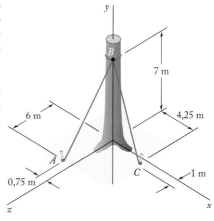

Figura *P3.21*

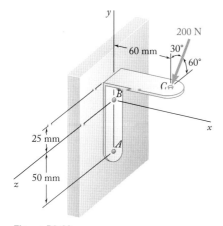

Figura P3.22

3.23 Uma força de 200 N é aplicada em um suporte ABC como mostrado na figura. Determine o momento da força sobre A.

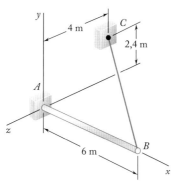

Figura P3.23

3.24 O cabo AE é esticado entre as pontas A e E de uma placa dobrada. Sabendo que a tração no cabo é de 435 N, determine o momento em relação a O da força exercida pelo cabo (a) na ponta A, (b) na ponta E.

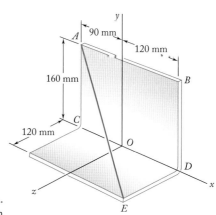

Figura *P3.24*

3.25 Uma vara de pescar AB de 2 m é estirada na areia da praia. Após o peixe morder a isca, a força resultante na linha é 30 N. Determine o momento sobre A da força exercida na linha em B.

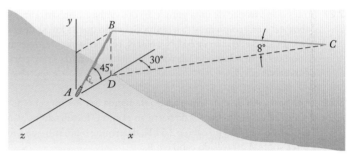

Figura P3.25

3.26 Uma seção de parede de concreto pré-moldado é temporariamente sustentada por dois cabos, como mostra a figura. Sabendo que a tensão no cabo BD é 900 N, determine o momento em relação ao ponto O da força exercida pelo cabo em B.

3.27 No Problema 3.22 determine a distância perpendicular do ponto A até o cabo BC.

3.28 No Problema 3.24 determine a distância perpendicular do ponto O até o cabo AE.

3.29 No Problema 3.24 determine a distância perpendicular do ponto B até o cabo AE.

3.30 No Problema 3.25 determine a distância perpendicular do ponto A até uma linha que passa pelos pontos B e C.

3.31 No Problema 3.25 determine a distância perpendicular do ponto D até uma linha que passa pelos pontos B e C.

3.32 No Problema 3.26 determine a distância perpendicular do ponto O até o cabo BD.

3.33 No Problema 3.26 determine a distância perpendicular do ponto C até o cabo BD.

3.34 Determine o valor de a que minimiza a distância perpendicular de um ponto C até a seção da tubulação que passa pelos pontos A e B.

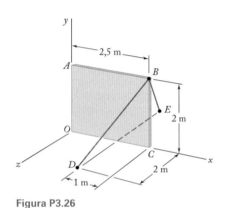

Figura P3.26

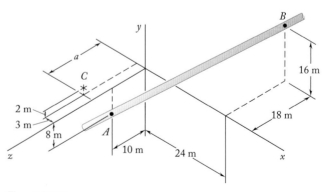

Figura *P3.34*

3.2 Momento de uma força em relação a um eixo

Queremos estender a questão do momento em relação a um ponto para o conceito muitas vezes útil do momento em relação a um eixo. Entretanto, primeiro precisamos introduzir outra ferramenta da matemática dos vetores. Vimos que o produto vetorial multiplica dois vetores juntos e produz um novo vetor. Aqui examinaremos o produto escalar, que multiplica dois vetores juntos e produz uma quantidade escalar.

3.2A Produtos escalares

O **produto escalar** de dois vetores **P** e **Q** é definido como o produto das intensidades de **P** e **Q** e do cosseno do ângulo θ formado entre eles (Fig. 3.18). O produto escalar de **P** e **Q** é representado por $\mathbf{P} \cdot \mathbf{Q}$.

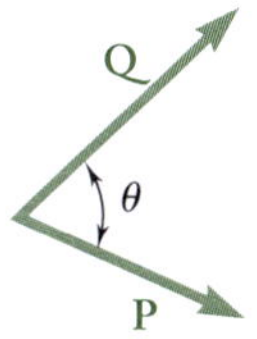

Figura 3.18 Dois vetores **P** e **Q** e o ângulo θ entre eles.

Produto escalar
$$\mathbf{P} \cdot \mathbf{Q} = PQ\cos\theta \tag{3.24}$$

Observe que a expressão definida na Eq. (3.24) não é um vetor, mas um *escalar*, o que explica o nome *produto escalar*.

Segue-se imediatamente da definição que o produto escalar de dois vetores é *comutativo*, ou seja, que

$$\mathbf{P} \cdot \mathbf{Q} = \mathbf{Q} \cdot \mathbf{P} \tag{3.25}$$

Para provar que o produto escalar é também *distributivo*, devemos demonstrar a relação

$$\mathbf{P} \cdot (\mathbf{Q}_1 + \mathbf{Q}_2) = \mathbf{P} \cdot \mathbf{Q}_1 + \mathbf{P} \cdot \mathbf{Q}_2 \tag{3.26}$$

A terceira propriedade – a propriedade associativa – não se aplica aos produtos escalares. De fato, $(\mathbf{P} \cdot \mathbf{Q}) \cdot \mathbf{S}$ não tem sentido, pois $\mathbf{P} \cdot \mathbf{Q}$ não é um vetor, mas um escalar.

O produto escalar de dois vetores **P** e **Q** pode também ser expresso em termos de seus componentes retangulares. Exprimindo **P** e **Q** em componentes, escrevemos primeiro

$$\mathbf{P} \cdot \mathbf{Q} = (P_x\mathbf{i} + P_y\mathbf{j} + P_z\mathbf{k}) \cdot (Q_x\mathbf{i} + Q_y\mathbf{j} + Q_z\mathbf{k})$$

Fazendo uso da propriedade distributiva, expressamos $\mathbf{P} \cdot \mathbf{Q}$ como uma soma de produtos escalares, tais como $P_x\mathbf{i} \cdot Q_x\mathbf{i}$ e $P_x\mathbf{i} \cdot Q_y\mathbf{j}$. Entretanto, da definição do produto escalar segue-se que os produtos escalares dos vetores unitários são iguais a zero ou um.

$$\begin{array}{lll} \mathbf{i} \cdot \mathbf{i} = 1 & \mathbf{j} \cdot \mathbf{j} = 1 & \mathbf{k} \cdot \mathbf{k} = 1 \\ \mathbf{i} \cdot \mathbf{j} = 0 & \mathbf{j} \cdot \mathbf{k} = 0 & \mathbf{k} \cdot \mathbf{i} = 0 \end{array} \tag{3.27}$$

Logo, a expressão obtida para $\mathbf{P} \cdot \mathbf{Q}$ reduz-se a

Produto escalar

$$\mathbf{P} \cdot \mathbf{Q} = P_xQ_x + P_yQ_y + P_zQ_z \tag{3.28}$$

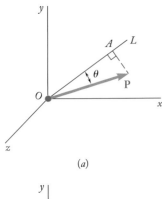

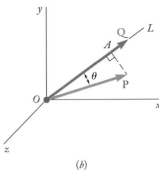

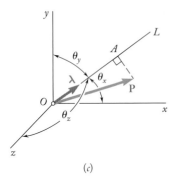

Figura 3.19 (a) A projeção do vetor **P** de um ângulo θ a uma linha OL; (b) a projeção de **P** e de um vetor **Q** à OL; (c) a projeção de **P**, de um vetor unitário λ ao longo de OL, e dos ângulos de OL com os eixos coordenados.

No caso particular em que **P** e **Q** são iguais, observamos que

$$\mathbf{P} \cdot \mathbf{P} = P_x^2 + P_y^2 + P_z^2 = P^2 \quad (3.29)$$

Aplicações do produto escalar

1. **Ângulo formado por dois vetores.** Sejam dois vetores dados em termos de seus componentes:

$$\mathbf{P} = P_x\mathbf{i} + P_y\mathbf{j} + P_z\mathbf{k}$$
$$\mathbf{Q} = Q_x\mathbf{i} + Q_y\mathbf{j} + Q_z\mathbf{k}$$

Para determinar o ângulo formado pelos dois vetores, igualamos as expressões obtidas em (3.24) e (3.28) para seu produto escalar e escrevemos

$$PQ \cos \theta = P_xQ_x + P_yQ_y + P_zQ_z$$

Resolvendo para $\cos \theta$, temos

$$\cos \theta = \frac{P_xQ_x + P_yQ_y + P_zQ_z}{PQ} \quad (3.30)$$

2. **Projeção de um vetor sobre um determinado eixo.** Considere um vetor **P** formando um ângulo θ com um eixo, ou linha orientada, OL (Fig. 3.19a). A *projeção de* **P** *sobre o eixo* OL é definida como sendo o escalar

$$P_{OL} = P \cos \theta \quad (3.31)$$

Observamos que a projeção P_{OL} é igual em valor absoluto ao comprimento do segmento OA; a projeção será positiva se OA tiver o mesmo sentido do eixo OL, ou seja, se o ângulo θ for agudo, e negativo, em caso contrário. Se **P** e OL estiverem em ângulo reto, a projeção de **P** sobre OL será nula.

Considere agora um vetor **Q** dirigido ao longo de OL e no mesmo sentido de OL (Fig. 3.19b). O produto escalar de **P** e **Q** pode ser expresso como

$$\mathbf{P} \cdot \mathbf{Q} = PQ \cos \theta = P_{OL}Q \quad (3.32)$$

da qual segue-se que

$$P_{OL} = \frac{\mathbf{P} \cdot \mathbf{Q}}{Q} = \frac{P_xQ_x + P_yQ_y + P_zQ_z}{Q} \quad (3.33)$$

No caso particular em que o vetor escolhido ao longo de OL seja o vetor unitário λ (Fig. 3.19c), temos

$$P_{OL} = \mathbf{P} \cdot \lambda \quad (3.34)$$

Decompondo P e λ em componentes retangulares, e lembrando da Seção 2.4A, que os componentes de λ ao longo dos eixos de coordenadas são respectivamente iguais aos cossenos diretores de OL, expressamos a projeção de **P** sobre OL como

$$P_{OL} = P_x \cos \theta_x + P_y \cos \theta_y + P_z \cos \theta_z \quad (3.35)$$

onde θ_x, θ_y e θ_z representam os ângulos que o eixo OL forma com os eixos de coordenadas.

3.2B Produtos triplos mistos

Vimos até agora as duas formas possíveis para multiplicar dois vetores juntos: o produto vetorial e o produto escalar. Agora definiremos o **produto triplo misto** de três vetores **S**, **P** e **Q** como a expressão escalar

Produto triplo misto

$$\mathbf{S} \cdot (\mathbf{P} \times \mathbf{Q}) \tag{3.36}$$

obtida a partir do produto escalar de **S** pelo produto vetorial de **P** e **Q**. [Outro tipo de produto triplo será apresentado posteriormente (Cap. 15): o produto triplo vetorial $\mathbf{S} \times (\mathbf{P} \times \mathbf{Q})$.]

Uma interpretação geométrica simples pode ser dada para o produto triplo misto de **S**, **P** e **Q** (Fig. 3.20a). Como vimos na Seção 3.4, o vetor $\mathbf{P} \times \mathbf{Q}$ é perpendicular ao plano que contém **P** e **Q** e que sua intensidade é igual à área do paralelogramo que tem **P** e **Q** por lados. Além disso, a Eq. (3.32) indica que o produto escalar de **S** e $\mathbf{P} \times \mathbf{Q}$ pode ser obtido multiplicando-se a intensidade de $\mathbf{P} \times \mathbf{Q}$ (ou seja, a área do paralelogramo definido por **P** e **Q**) pela projeção de **S** sobre o vetor $\mathbf{P} \times \mathbf{Q}$ (isto é, pela projeção de **S** sobre a normal ao plano que contém o paralelogramo). Logo, o produto triplo misto é igual, em valor absoluto, ao volume do paralelepípedo, tendo os vetores **S**, **P** e **Q** por lados (Fig. 3.20b). Observamos que o sinal do produto triplo misto será positivo se **S**, **P** e **Q** formarem uma tríade orientada diretamente e negativo se formarem uma tríade orientada inversamente (isto é, $\mathbf{S} \cdot (\mathbf{P} \times \mathbf{Q})$ será negativo se a rotação que faz **P** ficar alinhado com **Q** for vista no sentido horário a partir da ponta de **S**). O produto triplo misto será zero se **S**, **P** e **Q** forem coplanares.

Como o paralelepípedo definido no parágrafo anterior independe da ordem em que os três vetores são tomados, os seis produtos triplos mistos que podem ser formados com **S**, **P** e **Q** terão todos o mesmo valor absoluto, embora não o mesmo sinal. Verifica-se facilmente que

$$\begin{aligned}\mathbf{S} \cdot (\mathbf{P} \times \mathbf{Q}) &= \mathbf{P} \cdot (\mathbf{Q} \times \mathbf{S}) = \mathbf{Q} \cdot (\mathbf{S} \times \mathbf{P}) \\ &= -\mathbf{S} \cdot (\mathbf{Q} \times \mathbf{P}) = -\mathbf{P} \cdot (\mathbf{S} \times \mathbf{Q}) = -\mathbf{Q} \cdot (\mathbf{P} \times \mathbf{S})\end{aligned} \tag{3.37}$$

Arranjando as três letras que representam os três vetores em um círculo, em ordem anti-horária (Fig. 3.21), observamos que o sinal do produto triplo misto permanece inalterado se os vetores forem permutados de modo que eles ainda sejam lidos em ordem anti-horária. Tal permutação é denominada *permutação cíclica*. Da Eq. (3.37) e da propriedade comutativa dos produtos escalares resulta também que o produto triplo misto de **S**, **P** e **Q** pode ser bem definido igualmente como $\mathbf{S} \cdot (\mathbf{P} \times \mathbf{Q})$ ou como $(\mathbf{S} \times \mathbf{P}) \cdot \mathbf{Q}$.

O produto triplo misto dos vetores **S**, **P** e **Q** também pode ser expresso em termos dos componentes retangulares desses vetores. Representando $\mathbf{P} \times \mathbf{Q}$ por **V** e usando a fórmula (3.28) para expressar o produto escalar de **S** e **V**, temos

$$\mathbf{S} \cdot (\mathbf{P} \times \mathbf{Q}) = \mathbf{S} \cdot \mathbf{V} = S_x V_x + S_y V_y + S_z V_z$$

Substituindo os componentes de **V** obtidos pelas relações (3.9), obtemos

$$\begin{aligned}\mathbf{S} \cdot (\mathbf{P} \times \mathbf{Q}) = S_x(P_y Q_z - P_z Q_y) &+ S_y(P_z Q_x - P_x Q_z) \\ &+ S_z(P_x Q_y - P_y Q_x)\end{aligned} \tag{3.38}$$

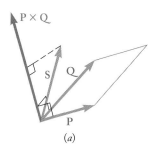

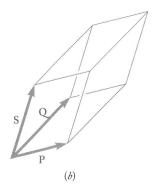

Figura 3.20 (a) O produto triplo misto é igual à intensidade do produto vetorial de dois vetores multiplicados pela projeção do terceiro vetor naquele produto vetorial; (b) o resultado é igual ao volume do paralelepípedo formado pelos três vetores.

Figura 3.21 Arranjo anti-horário para a determinação do sinal do produto triplo misto dos três vetores **S**, **P** e **Q**.

Essa expressão pode ser escrita de modo mais compacto se observarmos que ela representa a expansão de um determinante:

Produto triplo misto, forma de determinante

$$\mathbf{S} \cdot (\mathbf{P} \times \mathbf{Q}) = \begin{vmatrix} S_x & S_y & S_z \\ P_x & P_y & P_z \\ Q_x & Q_y & Q_z \end{vmatrix} \quad (3.39)$$

Aplicando as regras que regem as permutações de linhas em um determinante, poderíamos verificar facilmente as relações (3.37), antes deduzidas a partir de considerações geométricas.

3.2C Momento de uma força em relação a um dado eixo

Agora que aumentamos mais nosso conhecimento de álgebra vetorial, podemos apresentar um novo conceito, o conceito de momento de uma força em relação a um eixo. Considere novamente uma força **F** que atua sobre um corpo rígido e o momento $\mathbf{M}_O$ dessa força em relação a O (Fig. 3.22). Seja OL um eixo através de O.

*Definimos o momento M_{OL} de **F** em relação a OL como a projeção OC do momento $\mathbf{M}_O$ sobre o eixo OL.*

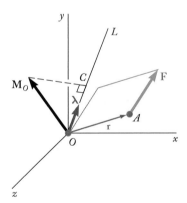

Figura 3.22 O momento $\mathbf{M}_{OL}$ de uma força **F** em relação ao eixo OL é a projeção sobre OL do momento $\mathbf{M}_O$. Os cálculos envolvem o vetor unitário **λ** ao longo de OL e o vetor de posição **r** de O para A, o ponto sobre o qual a força **F** atua.

Representando por **λ** o vetor unitário ao longo de OL e retomando as expressões (3.34) e (3.11) obtidas para as projeções de um vetor sobre um dado eixo e para o momento $\mathbf{M}_O$ de uma força **F**, podemos expressar M_{OL} como

Momento em relação a um eixo através da origem

$$M_{OL} = \boldsymbol{\lambda} \cdot \mathbf{M}_O = \boldsymbol{\lambda} \cdot (\mathbf{r} \times \mathbf{F}) \quad (3.40)$$

que mostra que o momento M_{OL} de **F** em relação ao eixo OL é o escalar obtido desenvolvendo-se o produto triplo misto de **λ**, **r** e **F**. Expressando M_{OL} na forma de um determinante, temos

$$M_{OL} = \begin{vmatrix} \lambda_x & \lambda_y & \lambda_z \\ x & y & z \\ F_x & F_y & F_z \end{vmatrix} \quad (3.41)$$

onde $\lambda_x, \lambda_y, \lambda_z$ = cossenos diretores do eixo OL
x, y, z = coordenadas do ponto de aplicação de **F**
F_x, F_y, F_z = componentes da força **F**

O significado físico do momento M_{OL} de uma força **F** em relação a um eixo fixo OL torna-se mais evidente se decompusermos **F** em dois componentes retangulares $\mathbf{F}_1$ e $\mathbf{F}_2$, com $\mathbf{F}_1$ paralelo a OL e $\mathbf{F}_2$ situado em um plano P perpendicular a OL (Fig. 3.23). Decompondo **r** de modo semelhante em dois componentes $\mathbf{r}_1$ e $\mathbf{r}_2$ e substituindo **F** e **r** na Eq. (3.40), temos

$$M_{OL} = \boldsymbol{\lambda} \cdot [(\mathbf{r}_1 + \mathbf{r}_2) \times (\mathbf{F}_1 + \mathbf{F}_2)]$$
$$= \boldsymbol{\lambda} \cdot (\mathbf{r}_1 \times \mathbf{F}_1) + \boldsymbol{\lambda} \cdot (\mathbf{r}_1 \times \mathbf{F}_2) + \boldsymbol{\lambda} \cdot (\mathbf{r}_2 \times \mathbf{F}_1) + \boldsymbol{\lambda} \cdot (\mathbf{r}_2 \times \mathbf{F}_2)$$

Observe que todos os produtos triplos mistos, exceto o último, são nulos, pois envolvem vetores que são coplanares quando traçados a partir de uma origem comum (Seção 3.2B). Assim, essa expressão se reduz a

$$M_{OL} = \boldsymbol{\lambda} \cdot (\mathbf{r}_2 \times \mathbf{F}_2) \quad (3.42)$$

O produto vetorial $\mathbf{r}_2 \times \mathbf{F}_2$ é perpendicular ao plano P e representa o momento do componente $\mathbf{F}_2$ de **F** em relação ao ponto Q, em que OL intercepta P. Logo, o escalar M_{OL}, que será positivo se $\mathbf{r}_2 \times \mathbf{F}_2$ e OL tiverem o mesmo sentido e sentido negativo em caso contrário, mede a tendência de $\mathbf{F}_2$ a fazer o corpo rígido girar em torno do eixo fixo OL. Como o outro componente $\mathbf{F}_1$ de **F** não tende a fazer o corpo girar em torno de OL, porque $\mathbf{F}_1$ e OL são paralelos, concluímos que

o momento M_{OL} de F em relação a OL mede a tendência da força F a imprimir ao corpo rígido um movimento de rotação em torno do eixo fixo OL.

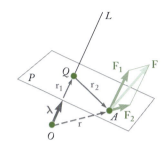

Figura 3.23 Decompondo a força **F** em componentes paralelos ao eixo OL e em um plano perpendicular ao eixo, podemos demonstrar que o momento $\mathbf{M}_{OL}$ de **F** em relação a OL mede a tendência de **F** a girar o corpo rígido em relação ao eixo.

Segue-se da definição do momento de uma força em relação a um eixo que o momento de **F** em relação a um eixo de coordenadas é igual ao componente de $\mathbf{M}_O$ ao longo desse eixo. Dispondo sucessivamente cada um dos vetores unitários **i**, **j** e **k** no lugar de **λ** em (3.40), verificamos que as expressões obtidas para os *momentos de F em relação aos eixos de coordenadas* são, respectivamente, iguais às expressões obtidas anteriormente para os componentes do momento $\mathbf{M}_O$ de **F** em relação a O.

$$M_x = yF_z - zF_y$$
$$M_y = zF_x - xF_z \quad (3.18)$$
$$M_z = xF_y - yF_x$$

Observamos que, assim como os componentes F_x, F_y e F_z de uma força **F** que atua sobre um corpo rígido medem, respectivamente, a tendência de **F** a mover o corpo rígido nas direções x, y e z, os momentos M_x, M_y e M_z de **F** em relação

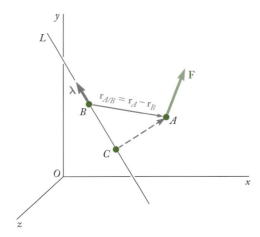

Figura 3.24 O momento de uma força em relação a um eixo ou linha L pode ser encontrado avaliando-se o produto triplo misto em um ponto B da linha. A escolha de B é arbitrária, já que utilização de qualquer outro ponto da linha, como C, produziria o mesmo resultado.

aos eixos de coordenadas medem a tendência de **F** a imprimir ao corpo rígido um movimento de rotação em torno dos eixos x, y e z, respectivamente.

De modo mais geral, o momento de uma força **F** aplicada no ponto A em relação a um eixo que não passa pela origem é obtido escolhendo-se um ponto arbitrário B sobre o eixo (Fig. 3.24) e determinando-se a projeção sobre o eixo BL do momento $\mathbf{M}_B$ de **F** em relação a B. Escrevemos

Momento em relação a um eixo arbitrário

$$M_{BL} = \boldsymbol{\lambda} \cdot \mathbf{M}_B = \boldsymbol{\lambda} \cdot (\mathbf{r}_{A/B} \times \mathbf{F}) \tag{3.43}$$

onde $\mathbf{r}_{A/B} = \mathbf{r}_A - \mathbf{r}_B$ representa o vetor traçado de B até A. Expressando M_{BL} na forma de um determinante, temos

$$M_{BL} = \begin{vmatrix} \lambda_x & \lambda_y & \lambda_z \\ x_{A/B} & y_{A/B} & z_{A/B} \\ F_x & F_y & F_z \end{vmatrix} \tag{3.44}$$

onde $\lambda_x, \lambda_y, \lambda_z$ = cossenos diretores do eixo BL

$$x_{A/B} = x_A - x_B \qquad y_{A/B} = y_A - y_B \qquad z_{A/B} = z_A - z_B$$

F_x, F_y, F_z = componentes da força **F**

Deve-se notar que o resultado obtido é independente da escolha do ponto B sobre o eixo dado. Com efeito, representando por M_{CL} o resultado obtido com um ponto C diferente, temos

$$M_{CL} = \boldsymbol{\lambda} \cdot [(\mathbf{r}_A - \mathbf{r}_C) \times \mathbf{F}]$$
$$= \boldsymbol{\lambda} \cdot [(\mathbf{r}_A - \mathbf{r}_B) \times \mathbf{F}] + \boldsymbol{\lambda} \cdot [(\mathbf{r}_B - \mathbf{r}_C) \times \mathbf{F}]$$

Mas, como os vetores $\boldsymbol{\lambda}$ e $\mathbf{r}_B - \mathbf{r}_C$ estão sobre a mesma linha, o volume do paralelepípedo tendo por lados os vetores $\boldsymbol{\lambda}$, $\mathbf{r}_B$, $\mathbf{r}_C$ e **F** é nulo, bem como o produto triplo misto desses três vetores (Seção 3.2B). A expressão obtida para M_{CL} reduz-se, portanto, ao seu primeiro termo, que é a expressão usada anteriormente para definir M_{BL}. Além disso, segue-se da Seção 3.1E que, ao se calcular o momento de **F** em relação ao eixo dado, A pode ser qualquer ponto sobre a linha de ação de **F**.

PROBLEMA RESOLVIDO 3.5

Um cubo de lado a sofre a ação de uma força **P** ao longo da diagonal de um de seus lados, como mostra a figura. Determine o momento de **P** (*a*) em relação a A, (*b*) em relação à aresta AB, (*c*) em relação à diagonal AG do cubo. (*d*) Usando o resultado da parte *c*, determine a distância perpendicular entre AG e FG.

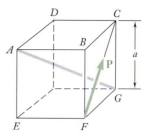

ESTRATÉGIA Use as equações apresentadas nesta seção para calcular os momentos solicitados. Você pode encontrar a distância entre AG e FC a partir da expressão para o momento M_{AG}.

MODELAGEM E ANÁLISE

a. Momento em relação a *A*. Escolhendo os eixos x, y e z como mostrado (Fig. 1), decompomos em componentes retangulares a força **P** e o vetor $\mathbf{r}_{F/A} = \overrightarrow{AF}$ traçado de A até o ponto de aplicação F de **P**.

$$\mathbf{r}_{F/A} = a\mathbf{i} - a\mathbf{j} = a(\mathbf{i} - \mathbf{j})$$
$$\mathbf{P} = (P/\sqrt{2})\mathbf{j} - (P/\sqrt{2})\mathbf{k} = (P/\sqrt{2})(\mathbf{j} - \mathbf{k})$$

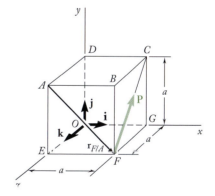

Figura 1 Vetor de posição $\mathbf{r}_{F/A}$ e vetor de força **P** relativos ao sistema de coordenadas escolhido.

O momento de **P** em relação a A é o produto vetorial destes dois vetores:

$$\mathbf{M}_A = \mathbf{r}_{F/A} \times \mathbf{P} = a(\mathbf{i} - \mathbf{j}) \times (P/\sqrt{2})(\mathbf{j} - \mathbf{k})$$
$$\mathbf{M}_A = (aP/\sqrt{2})(\mathbf{i} + \mathbf{j} + \mathbf{k}) \quad \blacktriangleleft$$

b. Momento em relação a *AB*. Projetando $\mathbf{M}_A$ sobre AB, escrevemos

$$M_{AB} = \mathbf{i} \cdot \mathbf{M}_A = \mathbf{i} \cdot (aP/\sqrt{2})(\mathbf{i} + \mathbf{j} + \mathbf{k})$$
$$M_{AB} = aP/\sqrt{2} \quad \blacktriangleleft$$

(continua)

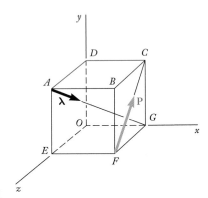

Figura 2 Vetor unitário **λ** usado para determinar o momento **P** em relação a AG.

Verificamos que, como AB é paralelo ao eixo x, M_{AB} também é o componente x do momento $\mathbf{M}_A$.

c. Momento em relação à diagonal AG. O momento **P** em relação a AG é obtido projetando-se $\mathbf{M}_A$ sobre AG. Representando por **λ** o vetor unitário ao longo de AG, temos

$$\boldsymbol{\lambda} = \frac{\overrightarrow{AG}}{AG} = \frac{a\mathbf{i} - a\mathbf{j} - a\mathbf{k}}{a\sqrt{3}} = (1/\sqrt{3})(\mathbf{i} - \mathbf{j} - \mathbf{k})$$

$$M_{AG} = \boldsymbol{\lambda} \cdot \mathbf{M}_A = (1/\sqrt{3})(\mathbf{i} - \mathbf{j} - \mathbf{k}) \cdot (aP/\sqrt{2})(\mathbf{i} + \mathbf{j} + \mathbf{k})$$

$$M_{AG} = (aP/\sqrt{6})(1 - 1 - 1) \quad M_{AG} = -aP/\sqrt{6} \quad \blacktriangleleft$$

Método alternativo. O momento **P** em relação a AG pode também ser expresso em forma de um determinante:

$$M_{AG} = \begin{vmatrix} \lambda_x & \lambda_y & \lambda_z \\ x_{F/A} & y_{F/A} & z_{F/A} \\ F_x & F_y & F_z \end{vmatrix} = \begin{vmatrix} 1/\sqrt{3} & -1/\sqrt{3} & -1/\sqrt{3} \\ a & -a & 0 \\ 0 & P/\sqrt{2} & -P/\sqrt{2} \end{vmatrix} = -aP/\sqrt{6}$$

d. Distância perpendicular entre AG e FC. Primeiro, observamos que **P** é perpendicular à diagonal AG. Pode-se conferir isso efetuando-se o produto escalar **P** · **λ** e verificando-se que este é nulo:

$$\mathbf{P} \cdot \boldsymbol{\lambda} = (P/\sqrt{2})(\mathbf{j} - \mathbf{k}) \cdot (1/\sqrt{3})(\mathbf{i} - \mathbf{j} - \mathbf{k}) = (P\sqrt{6})(0 - 1 + 1) = 0$$

O momento M_{AG} pode, então, ser expresso como $-Pd$, onde d é a distância perpendicular de AG até FC (Fig. 3). (O sinal negativo é usado porque a rotação imprimida ao cubo **P** é vista no sentido horário por um observador em G.) Retomando o valor encontrado para M_{AG} na parte c,

$$M_{AG} = -Pd = -aP/\sqrt{6} \qquad d = a/\sqrt{6} \quad \blacktriangleleft$$

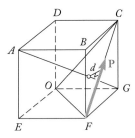

Figura 3 Distância perpendicular d de AG para FC.

PARA REFLETIR Em um problema como este, é importante visualizar as forças e momentos em três dimensões, de forma que seja possível escolher as equações apropriadas para encontrá-los e reconhecer as relações geométricas entre eles.

METODOLOGIA PARA A RESOLUÇÃO DE PROBLEMAS

Nos problemas desta seção, você vai aplicar o *produto escalar* de dois vetores para determinar o *ângulo formado por dois vetores dados* e a *projeção de uma força sobre um dado eixo*. Você também usará o *produto triplo misto* de três vetores para encontrar o *momento de uma força em relação a um dado eixo* e a *distância perpendicular entre duas linhas*.

1. **Cálculo do ângulo formado por dois vetores dados.** Primeiro, expresse os vetores em termos de seus componentes e determine as intensidades dos dois vetores. O cosseno do ângulo desejado é obtido, então, dividindo-se o produto escalar dos dois vetores pelo produto de suas intensidades [Eq. (3.30)].

2. **Cálculo da projeção de um vetor P sobre um dado eixo OL.** Em geral, comece expressando **P** e o vetor unitário **λ**, que define a direção e o sentido do eixo em forma de componentes. Tome cuidado com o sentido correto de **λ** (ou seja, **λ** deve ser dirigido de O para L). Assim, a projeção necessária é igual ao produto escalar $\mathbf{P} \cdot \boldsymbol{\lambda}$. Todavia, se você conhece o ângulo θ entre **P** e **λ**, a projeção também é dada por $P \cos \theta$.

3. **Determinação do momento M_{OL} de uma força em relação a um dado eixo OL.** Definimos M_{OL} como

$$M_{OL} = \boldsymbol{\lambda} \cdot \mathbf{M}_O = \boldsymbol{\lambda} \cdot (\mathbf{r} \times \mathbf{F}) \tag{3.40}$$

onde **λ** é o vetor unitário ao longo de OL e **r** é um vetor de posição de qualquer ponto sobre a linha OL *até qualquer ponto* sobre a linha de ação de **F**. Tal como no caso do momento de uma força em relação a um ponto, a escolha do vetor de posição mais conveniente vai simplificar seus cálculos. Lembre-se também do aviso da seção anterior: os vetores **r** e **F** devem ter o sentido correto e devem ser colocados na ordem apropriada. O procedimento que você deve seguir ao calcular o momento de uma força em relação a um eixo está ilustrado na parte *c* do Problema Resolvido 3.5. Os dois passos essenciais desse procedimento são, em primeiro lugar, expressar **λ**, **r** e **F** em termos de seus componentes retangulares e, em seguida, efetuar o produto triplo misto $\boldsymbol{\lambda} \cdot (\mathbf{r} \times \mathbf{F})$ para determinar o momento em relação ao eixo. Na maioria dos problemas tridimensionais, o modo mais conveniente de se calcular o produto triplo misto é usar um determinante.

Como observamos no texto, quando **λ** estiver direcionado ao longo de um eixo de coordenadas, M_{OL} será igual ao componente escalar de $\mathbf{M}_O$ ao longo desse eixo.

4. **Determinação da distância perpendicular entre duas linhas.** Você deve se lembrar de que é o componente perpendicular $\mathbf{F}_2$ da força **F** que tende a fazer o corpo girar em torno de um dado eixo OL (Fig. 3.23). Resulta, então, que

$$M_{OL} = F_2 d$$

(continua)

onde M_{OL} é o momento de **F** em relação ao eixo OL e d é a distância perpendicular entre OL e a linha de ação de **F**. Esta última equação nos fornece uma técnica simples para determinarmos d. Primeiro, suponha que a força **F** de intensidade conhecida F esteja ao longo de uma das linhas dadas e que o vetor unitário **λ** esteja ao longo da outra linha. Em seguida, calcule o momento M_{OL} da força **F** em relação à segunda linha aplicando o método discutido anteriormente. A intensidade do componente paralelo de F_1 de **F** é obtida usando-se o produto escalar

$$F_1 = \mathbf{F} \cdot \boldsymbol{\lambda}$$

O valor de F_2 é determinado, então, como

$$F_2 = \sqrt{F^2 - F_1^2}$$

Finalmente, substitua os valores de M_{OL} e F_2 na equação $M_{OL} = F_2 d$ e resolva para d.

Você deve agora compreender que o cálculo da distância perpendicular na parte d do Problema Resolvido 3.5 ficou simplificado pelo fato de **P** ser perpendicular à diagonal AG. Em geral, as duas linhas dadas não serão perpendiculares, de modo que a técnica que acabamos de delinear terá de ser usada na determinação da distância perpendicular entre elas.

PROBLEMAS

3.35 Dados os vetores $\mathbf{P} = 2\mathbf{i} + 3\mathbf{j} - \mathbf{k}$, $\mathbf{Q} = 5\mathbf{i} - 4\mathbf{j} + 3\mathbf{k}$ e $\mathbf{S} = -3\mathbf{i} + 2\mathbf{j} - 5\mathbf{k}$, calcule os produtos escalares $\mathbf{P} \cdot \mathbf{Q}$, $\mathbf{P} \cdot \mathbf{S}$ e $\mathbf{Q} \cdot \mathbf{S}$.

3.36 Desenvolva o produto escalar $\mathbf{B} \cdot \mathbf{C}$ e use o resultado obtido para demonstrar a identidade

$$\cos(\alpha - \beta) = \cos\alpha \cos\beta + \text{sen}\,\alpha \,\text{sen}\,\beta$$

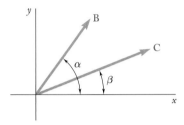

Figura P3.36

3.37 Três cabos são usados para amarrar um balão, tal como mostra a figura. Determine o ângulo formado pelos cabos AB e AD.

3.38 Três cabos são usados para amarrar um balão, tal como mostra a figura. Determine o ângulo formado pelos cabos AC e AD.

3.39 Sabendo que a tensão no cabo AC é 1,26 kN, determine (a) o ângulo entre o cabo AC e a barra AB, (b) a projeção em AB da força exercida pelo cabo AC no ponto A.

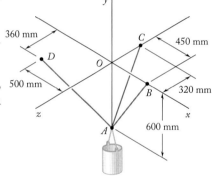

Figura P3.37 e *P3.38*

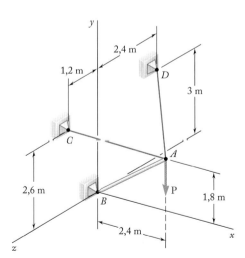

Figura P3.39 e P3.40

3.40 Sabendo que a tensão no cabo AD é de 405 N, determine (a) o ângulo entre o cabo AD e a barra AB, (b) a projeção em AB da força exercida pelo cabo AD no ponto A.

3.41 As cordas AB e BC são duas das cordas usadas para suportar uma barraca. As cordas estão fixadas a uma estaca em B. Se a tensão na corda AB é 540 N, determine (a) o ângulo entre a corda AB e a estaca, (b) a projeção na estaca da força exercida pela corda AB no ponto B.

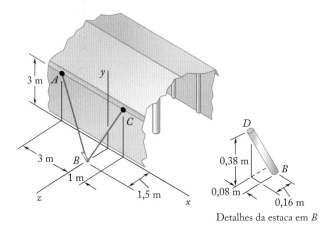

Figura P3.41 e *P3.42*

3.42 As cordas AB e BC são duas das cordas usadas para suportar uma barraca. As cordas estão fixadas a uma estaca em B. Se a tensão na corda BC é 490 N, determine (a) o ângulo entre a corda BC e a estaca, (b) a projeção na estaca da força exercida pela corda BC no ponto B.

3.43 O tubo AB de 20 cm pode deslizar ao longo de uma haste horizontal. As pontas A e B do tubo estão ligadas por cabos elásticos ao ponto fixo C. Para a posição correspondente a $x = 11$ cm, determine o ângulo formado pelos dois cabos (a) utilizando a Eq. (3.30), (b) aplicando a lei dos cossenos ao triângulo ABC.

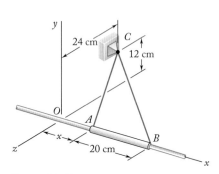

Figura P3.43

3.44 Resolva o Problema 3.43 para a posição correspondente a $x = 4$ cm.

3.45 Determine o volume do paralelepípedo da Fig. 3.20b quando
(a) $\mathbf{P} = 4\mathbf{i} - 3\mathbf{j} + 2\mathbf{k}$, $\mathbf{Q} = -2\mathbf{i} - 5\mathbf{j} + \mathbf{k}$, e $\mathbf{S} = 7\mathbf{i} + \mathbf{j} - \mathbf{k}$,
(b) $\mathbf{P} = 5\mathbf{i} - \mathbf{j} + 6\mathbf{k}$, $\mathbf{Q} = 2\mathbf{i} + 3\mathbf{j} + \mathbf{k}$, e $\mathbf{S} = -3\mathbf{i} - 2\mathbf{j} + 4\mathbf{k}$.

3.46 Dados os vetores $\mathbf{P} = 3\mathbf{i} - \mathbf{j} + \mathbf{k}$, $\mathbf{Q} = 4\mathbf{i} + Q_y\mathbf{j} - 2\mathbf{k}$ e $\mathbf{S} = 2\mathbf{i} - 2\mathbf{j} + 2\mathbf{k}$, determine o valor de Q_y para o qual os três vetores são coplanares.

3.47 Um guindaste está orientado de forma que o final da barra AO de 25 m esteja no plano yz. No instante mostrado na figura, a tração no cabo AB é 4 kN. Determine o momento em relação a cada um dos eixos de coordenadas da força exercida sobre A pelo cabo AB.

3.48 A lança de guindaste AO de 25 m fica no plano yz. Determine a tração máxima permitida no cabo AB se o valor absoluto dos momentos em relação aos eixos de coordenadas da força exercida sobre A pelo cabo AB for

$$|M_x| \leq 60 \text{ kN·m}, \quad |M_y| \leq 12 \text{ kN·m}, \quad |M_z| \leq 8 \text{ kN·m}$$

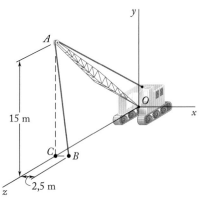

Figura P3.47 e P3.48

3.49 Para afrouxar uma válvula congelada, um a força **F** de intensidade 70 N é aplicada na alavanca da válvula. Sabendo que $\theta = 25°$, $M_x = -7,32$ N·m e $M_z = -5,16$ N·m, determine ϕ e d.

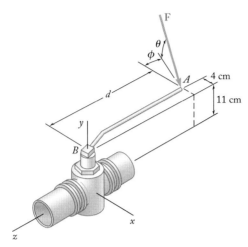

Figura P3.49 e *P3.50*

3.50 Durante a aplicação da força **F** na alavanca da válvula mostrada na figura, os seus momentos sobre os eixos x e z são, respectivamente, $M_x = -9$ N·m e $M_z = -9,5$ N·m. Para $d = 27$ cm, determine o momento M_y de **F** sobre o eixo y.

3.51 Para erguer um caixote pesado, um homem utiliza uma talha presa embaixo de uma viga I pelo gancho *B*. Sabendo que os momentos em relação aos eixos y e z da força exercida em *B* pela porção *AB* da corda são, respectivamente, 120 N·m e -460 N·m, determine a distância a.

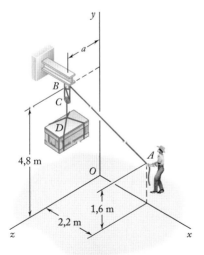

Figura P3.51 e P3.52

3.52 Para erguer um caixote pesado, um homem utiliza uma talha presa embaixo de uma viga I pelo gancho *B*. Sabendo que o homem aplica uma força de 195 N à ponta *A* da corda e que o momento da força em relação ao eixo y é 132 N·m, determine a distância a.

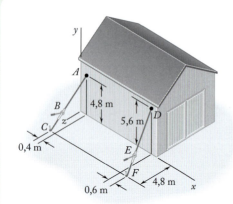

Figura P3.53

3.53 Um fazendeiro utiliza cabos e guinchos B e E para aprumar uma lateral de um pequeno celeiro. Sabendo que a soma dos momentos em relação ao eixo x das forças exercidas pelos cabos sobre o celeiro nos pontos A e D é igual a 7,6 kN·m, determine a intensidade de $\mathbf{T}_{DE}$, quando $T_{AB} = 1{,}02$ kN.

3.54 Resolva o Problema 3.53 quando a tensão no cabo AB é 1,22 kN.

3.55 A haste vertical CD de 23 cm é soldada no ponto médio C da haste de 50 cm AB. Determine o momento em relação a AB da força **P** de 235 N.

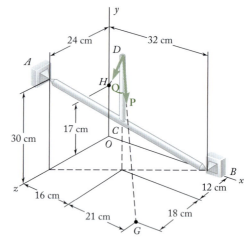

Figura P3.55 e *P3.56*

3.56 A haste vertical CD de 23 cm é soldada no ponto médio C da haste de 50 cm AB. Determine o momento em relação a AB da força **Q** de 174 N.

3.57 A armação ACD é articulada em A e D e é sustentada por um cabo que passa através de um anel em B e é presa a ganchos em G e H. Sabendo que a tensão no cabo é 450 N, determine o momento sobre a diagonal AD exercida pela força na armação pela porção BH do cabo.

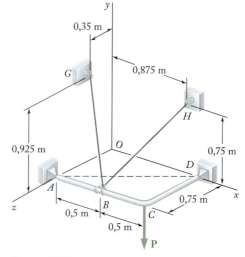

Figura P3.57

a 3.58 No Problema 3.57, determine o momento sobre a diagonal AD exercida pela força na armação pela porção BG do cabo.

3.59 A placa triangular ABC é sustentada por juntas rotuladas em B e D e mantida na posição mostrada pelos cabos AE e CF. Se a força exercida pelo cabo AE em A é de 55 N, determine o momento dessa força em relação à linha que une os pontos D e B.

3.60 A placa triangular ABC é sustentada por juntas rotuladas em B e D e mantida na posição mostrada pelos cabos AE e CF. Se a força exercida pelo cabo CF em C é 33 N, determine o momento dessa força em relação à linha que une os pontos D e B.

3.61 Um tetraedro regular tem seis arestas de comprimento a. Uma força **P** é dirigida ao longo da aresta BC, como mostrado na figura. Determine o momento de **P** em relação à aresta OA.

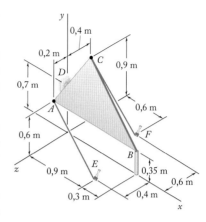

Figura P3.59 e P3.60

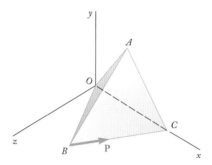

Figura P3.96 e *P3.62*

3.62 Um tetraedro regular tem seis arestas de comprimento a. (a) Mostre que duas arestas opostas, como OA e BC, são perpendiculares uma à outra. (b) Use essa propriedade e o resultado obtido no Problema 3.61 para determinar a distância perpendicular entre as arestas OA e BC.

3.63 Duas forças $\mathbf{F}_1$ e $\mathbf{F}_2$ no espaço têm a mesma intensidade F. Demonstre que o momento de $\mathbf{F}_1$ em relação à linha de ação de $\mathbf{F}_2$ é igual ao momento de $\mathbf{F}_2$ em relação à linha de ação de $\mathbf{F}_1$.

*3.64 No Problema 3.55, determine a distância perpendicular entre a haste AB e a linha de ação de **P**.

*3.65 No Problema 3.56, determine a distância perpendicular entre a haste AB e a linha de ação de **Q**.

3.66 No Problema 3.57, determine a distância perpendicular entre a porção BH do cabo e a diagonal AD.

*3.67 No Problema 3.58, determine a distância perpendicular entre a porção BG do cabo e a diagonal AD.

*3.68 No Problema 3.59, determine a distância perpendicular entre o cabo AE e a linha que une os pontos D e B.

3.69 No Problema 3.60, determine a distância perpendicular entre o cabo CF e a linha que une os pontos D e B.

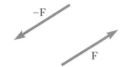

Figura 3.25 Um binário consiste de duas forças com intensidades iguais, linhas de ação paralelas e sentidos opostos.

3.3 Binários e sistemas força-binário

Agora que já estudamos os efeitos de forças e momentos em um corpo rígido, podemos questionar se é possível simplificar um sistema de forças e momentos sem alterar esses efeitos. E na verdade *podemos* substituir um sistema de forças e momentos por um sistema mais simples e equivalente. Uma das ideias chave utilizada nessa transformação é chamada binário.

3.3A Momento de um binário

Diz-se que *duas forças* **F** *e* −**F** *de igual intensidade, linhas de ação paralelas e sentidos opostos formam um* **binário** (Fig. 3.25). É claro que a soma dos componentes das duas forças em qualquer direção é zero. A soma dos momentos das duas forças em relação a um dado ponto, porém, não é zero. As duas forças não fazem o corpo sobre o qual atuam se deslocar ao longo de uma linha (translação), mas tenderão a fazê-lo girar.

Representando por $\mathbf{r}_A$ e $\mathbf{r}_B$, respectivamente, os vetores de posição dos pontos de aplicação de **F** e −**F** (Fig. 3.26), encontramos que a soma dos momentos das duas forças em relação a O é

$$\mathbf{r}_A \times \mathbf{F} + \mathbf{r}_B \times (-\mathbf{F}) = (\mathbf{r}_A - \mathbf{r}_B) \times \mathbf{F}$$

Fazendo $\mathbf{r}_A - \mathbf{r}_B = \mathbf{r}$, onde **r** é o vetor que une os pontos de aplicação das duas forças, concluímos que a soma dos momentos de **F** e −**F** em relação a O é representada pelo vetor

$$\mathbf{M} = \mathbf{r} \times \mathbf{F} \tag{3.45}$$

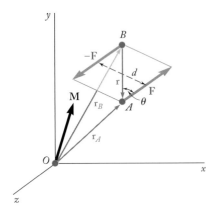

Figura 3.26 O momento **M** do binário em relação a O é a soma dos momentos de **F** e −**F** em relação a O.

O vetor **M** é denominado *momento do binário*; é um vetor perpendicular ao plano que contém as duas forças e sua intensidade é

$$M = rF \operatorname{sen} \theta = Fd \tag{3.46}$$

onde d é a distância perpendicular entre as linhas de ação de **F** e −**F** e θ é o ângulo entre **F** (ou −**F**) e **r**. O sentido de **M** é definido pela regra da mão direita.

Como o vetor **r** em (3.45) é independente da escolha da origem O dos eixos de coordenadas, observamos que o mesmo resultado teria sido obtido se os momentos de **F** e −**F** tivessem sido calculados em relação a um ponto diferente O'. Logo, o momento **M** de um binário é um *vetor livre* (Seção 2.1B) que pode ser aplicado a qualquer ponto (Fig. 3.27).

Foto 3.1 As forças paralelas para cima e para baixo de igual intensidade exercidas sobre os braços de uma chave de roda são um exemplo de binário.

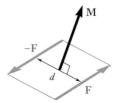

Figura 3.27 O momento **M** de um binário é igual ao produto de **F** e d, é perpendicular ao plano do binário e pode ser aplicado a qualquer ponto desse plano.

Da definição do momento de um binário, conclui-se também que dois binários, um formado das forças $\mathbf{F}_1$ e $-\mathbf{F}_1$ e outro, das forças $\mathbf{F}_2$ e $-\mathbf{F}_2$ (Fig. 3.28), terão momentos iguais se

$$F_1 d_1 = F_2 d_2 \qquad (3.47)$$

e se os dois binários estiverem em planos paralelos (ou no mesmo plano) e tiverem igual sentido (ou seja, horário ou anti-horário).

3.3B Binários equivalentes

Imagine que três binários atuam sucessivamente na mesma caixa retangular (Fig. 3.29). Como foi visto na seção anterior, o único movimento que um binário pode imprimir a um corpo rígido é uma rotação. Como cada um dos três binários mostrados tem o mesmo momento **M** (igual direção, igual sentido e igual intensidade $M = 120$ N·m), podemos esperar que os três binários tenham efeito igual sobre a caixa.

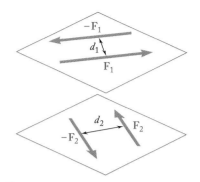

Figura 3.28 Dois binários terão o mesmo momento se ambos estiverem em planos paralelos, tiverem o mesmo sentido e se $F_1 d_1 = F_2 d_2$.

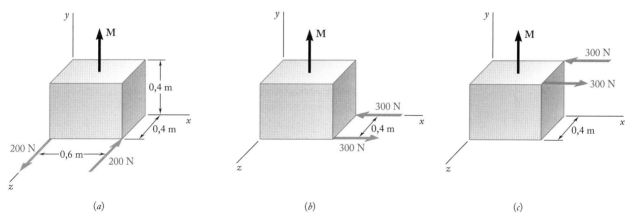

Figura 3.29 Três binários equivalentes. (a) Um binário atuando no fundo da caixa, no sentido anti-horário se visto de cima; (b) um binário no mesmo plano e com o mesmo sentido, mas com forças maiores do que em (a); (c) um binário atuando em um plano diferente, mas com o mesmo sentido.

Por mais razoável que essa conclusão pareça, não devemos aceitá-la. Embora a intuição seja de grande auxílio no estudo de mecânica, não deve ser aceita como um substituto do raciocínio lógico. Antes de estabelecer que dois sistemas (ou grupos) de forças têm o mesmo efeito sobre um corpo rígido, devemos demonstrar esse fato com base na evidência experimental apresentada até aqui. Essa evidência consiste na lei do paralelogramo para a adição de duas forças (Seção 2.1A) e no princípio da transmissibilidade (Seção 3.1B). Portanto, vamos estabelecer que **dois sistemas de forças são equivalentes** (ou seja, têm o mesmo efeito sobre um corpo rígido) **se pudermos transformar um deles no outro por meio de uma ou várias das seguintes operações:** (1) substituição de duas forças que atuam sobre a mesma partícula pela sua resultante; (2) decomposição de uma força em dois componentes; (3) cancelamento de duas forças iguais e opostas que atuam sobre a mesma partícula; (4) aplicação sobre a mesma partícula de duas forças iguais e opostas; (5) deslocamento de uma força ao longo da sua linha de ação. Cada uma dessas operações é facilmente justificada com base na lei do paralelogramo ou no princípio da transmissibilidade.

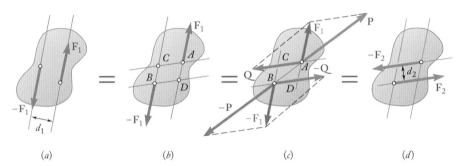

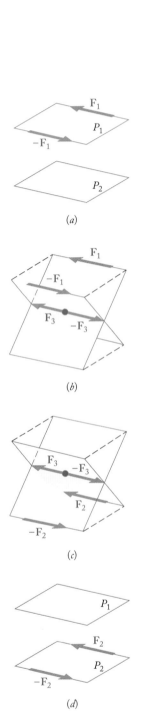

Figura 3.30 Quatro passos para transformar um binário em outro binário no mesmo plano utilizando operações simples. (a) Binário inicial; (b) marcação dos pontos de interseção das linhas de ação dos dois binários; (c) decomposição das forças dos binários iniciais em componentes; (d) binário final.

Vamos agora demonstrar que **dois binários que têm o mesmo momento M são equivalentes**. Primeiro, considere dois binários contidos no mesmo plano e suponha que esse plano coincida com o plano da figura (Fig. 3.30). O primeiro binário consiste nas forças $\mathbf{F}_1$ e $-\mathbf{F}_1$ de intensidade F_1, localizadas a uma distância d_1 uma da outra (Fig. 3.30a), e o segundo binário consiste nas forças $\mathbf{F}_2$ e $-\mathbf{F}_2$ de intensidade F_2, localizadas a uma distância d_2 uma da outra (Fig. 3.30d). Como os dois binários têm o mesmo momento $\mathbf{M}$, que é perpendicular ao plano da figura, devem ter o mesmo sentido (considerado aqui como sendo o anti-horário), e a relação

$$F_1 d_1 = F_2 d_2 \qquad (3.47)$$

deve ser satisfeita. Para comprovar que eles são equivalentes, devemos mostrar que o primeiro binário pode ser transformado no segundo por meio das operações listadas anteriormente.

Representando por A, B, C e D os pontos de interseção das linhas de ação dos dois binários, primeiro deslizamos as forças $\mathbf{F}_1$ e $-\mathbf{F}_1$ até que fiquem aplicadas, respectivamente, nos pontos A e B, como mostra a Fig. 3.30b. Em seguida, a força $\mathbf{F}_1$ é decomposta em um componente $\mathbf{P}$ ao longo da linha AB e um componente $\mathbf{Q}$ ao longo de AC (Fig. 3.30c); de modo semelhante, a força $-\mathbf{F}_1$ é decomposta em $-\mathbf{P}$ ao longo de AB e $-\mathbf{Q}$ ao longo de BD. As forças $\mathbf{P}$ e $-\mathbf{P}$ têm a mesma intensidade, a mesma linha de ação e sentidos opostos; podem ser deslocadas ao longo da sua linha de ação comum até ficarem aplicadas no mesmo ponto e, então, podem ser canceladas. Logo, o binário formado por $\mathbf{F}_1$ e $-\mathbf{F}_1$ reduz-se ao binário que consiste em $\mathbf{Q}$ e $-\mathbf{Q}$.

Vamos mostrar agora que as forças $\mathbf{Q}$ e $-\mathbf{Q}$ são respectivamente iguais às forças $-\mathbf{F}_2$ e $\mathbf{F}_2$. O momento do binário formado por $\mathbf{Q}$ e $-\mathbf{Q}$ pode ser obtido calculando-se o momento de $\mathbf{Q}$ em relação a B; de modo semelhante, o momento do binário formado por $\mathbf{F}_1$ e $-\mathbf{F}_1$ é o momento de $\mathbf{F}_1$ em relação a B. Mas, pelo teorema de Varignon, o momento de $\mathbf{F}_1$ é igual à soma dos momentos de seus componentes $\mathbf{P}$ e $\mathbf{Q}$. Como o momento de $\mathbf{P}$ em relação a B é nulo, o momento do binário formado por $\mathbf{Q}$ e $-\mathbf{Q}$ deve ser igual ao momento do binário formado por $\mathbf{F}_1$ e $-\mathbf{F}_1$. Retomando (3.47), temos

$$Q d_2 = F_1 d_1 = F_2 d_2 \qquad \text{e} \qquad Q = F_2$$

Logo, as forças $\mathbf{Q}$ e $-\mathbf{Q}$ são respectivamente iguais às forças $-\mathbf{F}_2$ e $\mathbf{F}_2$, e o binário da Fig. 3.30a é equivalente ao binário da Fig. 3.30d.

Considere agora dois binários contidos em planos paralelos P_1 e P_2. Vamos demonstrar que eles são equivalentes se tiverem o mesmo momento. Em virtude da discussão anterior, podemos admitir que os binários consistem em

Figura 3.31 Quatro passos para transformar um binário em outro binário em um plano paralelo utilizando-se operações simples. (a) Binário inicial; (b) adição de um par de forças ao longo da linha de interseção de dois planos diagonais; (c) substituição dos dois binários por binários equivalentes nos mesmos planos; (d) binário final.

forças de mesma intensidade F que atuam ao longo de linhas paralelas (Fig. 3.31a e d). Propomos mostrar que o binário contido no plano P_1 pode ser transformado no binário contido no plano P_2 por meio das operações padrão listadas anteriormente.

Vamos considerar os dois planos definidos respectivamente pelas linhas de ação de $\mathbf{F}_1$ e $-\mathbf{F}_2$ e pelas linhas de ação de $-\mathbf{F}_1$ e $\mathbf{F}_2$ (Fig. 3.31b). Em um ponto na sua linha de interseção, aplicamos duas forças $\mathbf{F}_3$ e $-\mathbf{F}_3$, respectivamente iguais a $\mathbf{F}_1$ e $-\mathbf{F}_1$. O binário formado por $\mathbf{F}_1$ e $-\mathbf{F}_3$ pode ser substituído por um binário que consiste em $\mathbf{F}_3$ e $-\mathbf{F}_2$ (Fig. 3.31c), pois é claro que ambos os binários têm o mesmo momento e estão contidos no mesmo plano. De modo semelhante, o binário formado por $-\mathbf{F}_1$ e $\mathbf{F}_3$ pode ser substituído por um binário que consiste em $-\mathbf{F}_3$ e $\mathbf{F}_2$. Cancelando as duas forças iguais e opostas $\mathbf{F}_3$ e $-\mathbf{F}_3$, obtemos o binário desejado no plano P_2 (Fig. 3.31d). Logo, concluímos que dois binários que têm o mesmo momento $\mathbf{M}$ são equivalentes, se estiverem contidos no mesmo plano ou em planos paralelos.

A propriedade que acabamos de estabelecer é muito importante para a correta compreensão da mecânica dos corpos rígidos. Ela indica que, quando um binário atua sobre um corpo rígido, não importa onde as duas forças que formam o binário atuam ou qual a intensidade e a direção que elas têm. A única coisa que importa é o *momento* do binário (intensidade, direção e sentido). Binários com o mesmo momento terão o mesmo efeito sobre o corpo rígido.

3.3C Adição de binários

Considere dois planos que se interceptam P_1 e P_2 e dois binários que atuam respectivamente em P_1 e P_2. Lembre-se de que cada binário é um vetor livre em seu respectivo plano e pode ser representado nesse plano por qualquer combinação de forças iguais, opostas e paralelas e de distâncias perpendiculares de separação que ofereçam o mesmo sentido e a mesma intensidade para esse binário. Sem perda do caráter genérico, podemos admitir que o binário em P_1 consiste em duas forças $\mathbf{F}_1$ e $-\mathbf{F}_1$ perpendiculares à linha de interseção dos dois planos e atuando respectivamente em A e B (Fig. 3.32a). Analogamente, admitimos que o binário em P_2 consiste em duas forças $\mathbf{F}_2$ e $-\mathbf{F}_2$ perpendiculares a AB e que atuam respectivamente em A e B. É claro que a resultante $\mathbf{R}$ de $\mathbf{F}_1$ e $\mathbf{F}_2$ e a resultante $-\mathbf{R}$ de $-\mathbf{F}_1$ e $-\mathbf{F}_2$ formam um binário. Representando por $\mathbf{r}$ o vetor que liga B a A e lembrando-se da definição do momento de um binário (Seção 3.3A), expressamos o momento $\mathbf{M}$ do binário resultante da seguinte maneira:

$$\mathbf{M} = \mathbf{r} \times \mathbf{R} = \mathbf{r} \times (\mathbf{F}_1 + \mathbf{F}_2)$$

e, pelo teorema de Varignon, podemos expandir essa expressão como

$$\mathbf{M} = \mathbf{r} \times \mathbf{F}_1 + \mathbf{r} \times \mathbf{F}_2$$

O primeiro termo da expressão obtida representa o momento $\mathbf{M}_1$ do binário em P_1 e o segundo termo, o momento $\mathbf{M}_2$ do binário em P_2. Logo, temos

$$\mathbf{M} = \mathbf{M}_1 + \mathbf{M}_2 \tag{3.48}$$

e concluímos que a soma de dois binários de momentos $\mathbf{M}_1$ e $\mathbf{M}_2$ é um binário de momento $\mathbf{M}$ igual à soma vetorial de $\mathbf{M}_1$ e $\mathbf{M}_2$ (Fig. 3.32b). Podemos ampliar essa conclusão para afirmar que qualquer número de binários pode ser adicionado para produzir um binário resultante, como

$$\mathbf{M} = \Sigma\mathbf{M} = \Sigma(\mathbf{r} \times \mathbf{F})$$

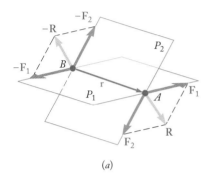

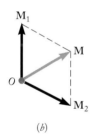

Figura 3.32 (a) Podemos adicionar dois binários, cada um atuando em um dos dois planos que se interseccionam, para formar um novo binário. (b) O momento do binário resultante é a soma vetorial dos momentos dos binários componentes.

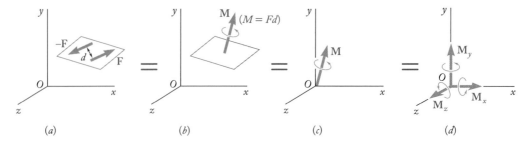

Figura 3.33 (*a*) Um binário formado por duas forças pode ser representado por (*b*) um vetor binário, orientado perpendicularmente ao plano do binário. (*c*) O vetor binário é um vetor livre e pode ser movido para outros pontos de aplicação, como a origem. (*d*) Um vetor binário pode ser decomposto em componentes ao longo dos eixos de coordenadas.

3.3D Vetores binários

Como vimos anteriormente, binários que têm o mesmo momento, atuando no mesmo plano ou em planos paralelos, são equivalentes. Logo, não há necessidade de desenharmos as forças reais que formam um dado binário a fim de definir seu efeito sobre um corpo rígido (Fig. 3.33*a*). Basta desenhar uma seta igual em intensidade, direção e sentido ao momento **M** do binário (Fig. 3.33*b*). Vimos também que a soma de dois binários é também um binário e que o momento **M** do binário resultante pode ser obtido efetuando-se a soma vetorial dos momentos M_1 e M_2 dos binários dados. Logo, binários obedecem à lei de adição de vetores, e a seta usada na Fig. 3.33*b* para representar o binário definido na Fig. 3.33*a* pode realmente ser considerada um vetor.

O vetor que representa um binário é denominado **vetor binário**. Observe que, na Fig. 3.33, para evitar confusão com vetores que representam forças e criar distinção entre vetor binário e momento do binário, foi acrescentado o símbolo ↷ à seta do vetor binário. O momento do binário foi representado apenas por uma seta cheia (sem o símbolo ↷) em figuras anteriores. Um vetor binário, assim como o momento de um binário, é um vetor livre. Seu ponto da aplicação, portanto, pode ser escolhido na origem do sistema de coordenadas (Fig. 3.33*c*). Além disso, o vetor binário **M** pode ser decomposto nos vetores componentes M_x, M_y e M_z, que são dirigidos ao longo dos eixos coordenados (Fig. 3.33*d*). Esses vetores componentes representam binários que atuam, respectivamente, nos planos *yz*, *zx* e *xy*.

3.3E Substituição de uma dada força por uma força em *O* e um binário

Considere uma força **F** que atue sobre um corpo rígido em um ponto *A* definido pelo vetor de posição **r** (Fig. 3.34*a*). Suponha que, por alguma razão, queiramos ter a força atuando no ponto *O*. Podemos mover **F** ao longo da sua linha de ação (princípio de transmissibilidade), mas não para um ponto *O* que não esteja sobre a linha de ação original sem modificar a ação de **F** sobre o corpo rígido.

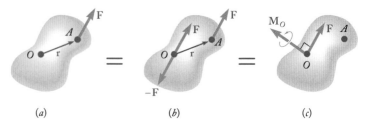

Figura 3.34 Substituição de uma força por uma força e um binário. (*a*) Força inicial **F** atuando sobre o ponto *A*; (*b*) ligação de forças iguais e opostas sobre *O*; (*c*) força **F** atuando sobre o ponto *O* e um binário.

Podemos, no entanto, aplicar duas forças no ponto O, uma igual a **F** e a outra igual a −**F**, sem modificar a ação da força original sobre o corpo rígido (Fig. 3.34b). Como resultado dessa transformação, uma força **F** está agora aplicada em O; as outras duas forças formam um binário de momento $\mathbf{M}_O = \mathbf{r} \times \mathbf{F}$. Logo,

qualquer força F que atue sobre um corpo rígido pode ser movida para um ponto arbitrário O, desde que se adicione um binário cujo momento é igual ao momento de F em relação a O.

O binário tende a imprimir ao corpo rígido o mesmo movimento rotacional em O, que a força **F** tendia a produzir antes de ser transferida para O. O binário é representado por um vetor binário $\mathbf{M}_O$ perpendicular ao plano que contém **r** e **F**. Por ser um vetor livre, $\mathbf{M}_O$ pode ser aplicado em qualquer lugar; por conveniência, no entanto, o vetor binário é geralmente ligado a O, juntamente com **F**, e a combinação obtida é conhecida como **sistema força-binário** (3.34c).

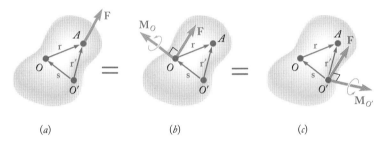

Figura 3.35 Movendo uma força para diferentes pontos. (a) Força inicial **F** atuando sobre A; (b) força **F** sobre O e um binário; (c) força **F** sobre O' e um binário diferente.

Se a força **F** tivesse sido movida de A para um ponto diferente O' (Fig. 3.35a e c), o momento $\mathbf{M}_{O'} = \mathbf{r}' \times \mathbf{F}$ de **F** em relação a O' deveria ter sido calculado e um novo sistema força-binário, consistindo em **F** e no vetor binário $\mathbf{M}_{O'}$, teria sido aplicado a O'. A relação existente entre os momentos de **F** em relação a O e O' é obtida da seguinte maneira:

$$\mathbf{M}_{O'} = \mathbf{r}' \times \mathbf{F} = (\mathbf{r} + \mathbf{s}) \times \mathbf{F} = \mathbf{r} \times \mathbf{F} + \mathbf{s} \times \mathbf{F}$$

$$\mathbf{M}_{O'} = \mathbf{M}_O + \mathbf{s} \times \mathbf{F} \qquad (3.49)$$

onde **s** é o vetor que liga O' a O. Logo, o momento $\mathbf{M}_O$ de **F** em relação a O' é obtido adicionando-se ao momento $\mathbf{M}_{O'}$ de **F** em relação a O o produto vetorial **s** × **F**, que representa o momento em relação a O' da força **F** aplicada em O.

Também se poderia ter estabelecido esse resultado observando-se que, a fim de transferir para O' o sistema força-binário ligado a O (Fig. 3.35b e c), se pode mover livremente o vetor binário $\mathbf{M}_O$ para O'; todavia, para mover a força **F** de O para O', é necessário adicionar a **F** um vetor binário cujo momento é igual ao momento em relação a O' da força **F** aplicada em O. Logo, o vetor binário $\mathbf{M}_{O'}$ deve ser a soma de $\mathbf{M}_O$ ao vetor **s** × **F**.

Como observamos anteriormente, o sistema força-binário obtido pela transferência de uma força **F** de um ponto A para um ponto O consiste em **F** e em um vetor binário $\mathbf{M}_O$ perpendicular a **F**. De modo inverso, qualquer sistema força-binário que consista em uma força **F** e um vetor binário $\mathbf{M}_O$, que sejam perpendiculares pode ser substituído por uma única força equivalente. Isso é feito movendo-se a força **F** no plano perpendicular a $\mathbf{M}_O$ até que seu momento em relação a O fique igual ao momento do binário a ser eliminado.

Foto 3.2 A força exercida por cada uma das mãos sobre a chave poderia ser substituída por um sistema força-binário equivalente que atua sobre a porca.

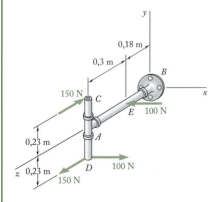

PROBLEMA RESOLVIDO 3.6

Determine os componentes do binário único equivalente aos dois binários mostrados.

ESTRATÉGIA Buscar maneiras de adicionar forças iguais e opostas ao diagrama que, junto com as distâncias perpendiculares já conhecidas, produzirão novos binários com momentos ao longo dos eixos de coordenadas. Esses binários poderão ser combinados em um único binário equivalente.

MODELAGEM Nossos cálculos serão simplificados se ligarmos ao ponto A duas forças de 100 N iguais e opostas (Fig. 1). Isso nos possibilitará substituir o binário original de força 100 N por dois novos binários de força de 100 N, um deles no plano zx e o outro em plano paralelo ao xy.

ANÁLISE Os três binários mostrados no esquema ao lado podem ser representados por três vetores binários $\mathbf{M}_x$, $\mathbf{M}_y$ e $\mathbf{M}_z$, direcionados ao longo dos eixos de coordenadas (Fig. 2). Os momentos correspondentes são:

$$M_x = -(150 \text{ N})(0{,}46 \text{ m}) = -69 \text{ N·m}$$
$$M_y = +(100 \text{ N})(0{,}3 \text{ m}) = +30 \text{ N·m}$$
$$M_z = +(100 \text{ N})(0{,}23 \text{ m}) = +23 \text{ N·m}$$

Esses três momentos representam os componentes do binário $\mathbf{M}$ equivalentes aos dois binários dados. Podemos escrever $\mathbf{M}$ como

$$\mathbf{M} = -(69 \text{ N·m})\mathbf{i} + (30 \text{ N·m})\mathbf{j} + (23 \text{ N·m})\mathbf{k} \quad \blacktriangleleft$$

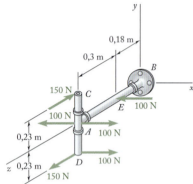

Figura 1 Posicionamento de duas forças de 100 N iguais e opostas em A para simplificação dos cálculos.

PARA REFLETIR Também podemos obter os componentes do binário único equivalente $\mathbf{M}$ calculando a soma dos momentos das quatro forças dadas sobre um ponto arbitrário. Selecionando o ponto D, o momento é (Fig. 3)

$$\mathbf{M} = \mathbf{M}_D = (0{,}46 \text{ m})\mathbf{j} \times (-150 \text{ N})\mathbf{k} + [(0{,}23 \text{ m})\mathbf{j} - (0{,}3 \text{ m})\mathbf{k}] \times (-100 \text{ N})\mathbf{i}$$

e após calcular os vários produtos vetoriais,

$$\mathbf{M} = -(69 \text{ N·m})\mathbf{i} + (30 \text{ N·m})\mathbf{j} + (23 \text{ N·m})\mathbf{k} \quad \blacktriangleleft$$

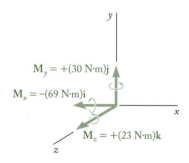

Figura 2 Os três binários representados como vetores binários.

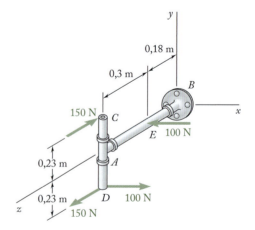

Figura 3 Utilizando o sistema de forças dado, o binário único equivalente também pode ser determinado a partir da soma dos momentos das forças em relação a qualquer ponto, como o ponto D.

Capítulo 3 Corpos rígidos: sistemas equivalentes de forças 127

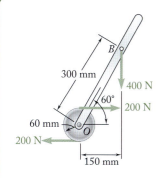

PROBLEMA RESOLVIDO 3.7

Substitua o binário e a força mostrados na figura por uma força única equivalente aplicada à alavanca. Determine a distância do eixo ao ponto de aplicação dessa força equivalente.

ESTRATÉGIA Primeiro substitui-se a força e o binário dados por um sistema força-binário equivalente sobre O. Ao movermos a força desse sistema força-binário para uma distância que cria o mesmo momento do binário, podemos então substituir o sistema por uma força equivalente.

MODELAGEM E ANÁLISE Para substituir a força e o binário dados, movemos a força $\mathbf{F} = -(400\text{ N})\mathbf{j}$ para O e, ao mesmo tempo, adicionamos um binário de momento $\mathbf{M}_O$ igual ao momento em relação a O da força em sua posição original (Fig. 1). Logo,

$$\mathbf{M}_O = \overrightarrow{OB} \times \mathbf{F} = [(0{,}150\text{ m})\mathbf{i} + (0{,}260\text{ m})\mathbf{j}] \times (-400\text{ N})\mathbf{j}$$
$$= -(60\text{ N·m})\mathbf{k}$$

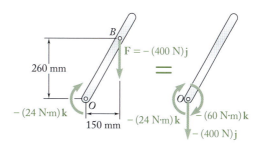

Figura 1 Substituição da força e do binário dados por um sistema força-binário equivalente em O.

Esse binário é adicionado ao binário de momento $-(24\text{ N·m})\mathbf{k}$ formado pelas duas forças de 200 N, obtendo-se um binário de momento $-(84\text{ N·m})\mathbf{k}$ (Fig. 2). Esse último binário pode ser eliminado aplicando-se $\mathbf{F}$ a um ponto C escolhido de modo que

$$-(84\text{ N·m})\mathbf{k} = \overrightarrow{OC} \times \mathbf{F}$$
$$= [(OC)\cos 60°\mathbf{i} + (OC)\sin 60°\mathbf{j}] \times (-400\text{ N})\mathbf{j}$$
$$= -(OC)\cos 60°(400\text{ N})\mathbf{k}$$

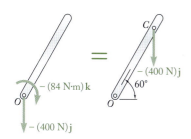

Figura 2 Eliminação do binário resultante movendo-se a força $\mathbf{F}$.

Concluímos que

$$(OC)\cos 60° = 0{,}210\text{ m} = 210\text{ mm} \qquad OC = 420\text{ mm} \blacktriangleleft$$

PARA REFLETIR Como o efeito de um binário não depende da sua localização, o binário de momento $-(24\text{ N·m})\mathbf{k}$ pode ser movido para B; obtemos então um sistema força-binário em B (Fig. 3). O binário pode agora ser eliminado aplicando-se $\mathbf{F}$ a um ponto C escolhido de modo que

$$-(24\text{ N·m})\mathbf{k} = \overrightarrow{BC} \times \mathbf{F}$$
$$= -(BC)\cos 60°(400\text{ N})\mathbf{k}$$

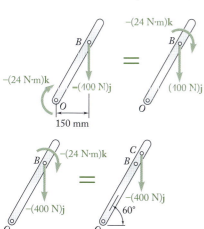

Figura 3 O binário pode ser movido para B sem mudança no efeito. Esse binário pode então ser eliminado movendo-se a força $\mathbf{F}$.

Concluímos que

$$(BC)\cos 60° = 0{,}060\text{ m} = 60\text{ mm} \qquad BC = 120\text{ mm}$$
$$OC = OB + BC = 300\text{ mm} + 120\text{ mm} \qquad OC = 420\text{ mm} \blacktriangleleft$$

METODOLOGIA PARA A RESOLUÇÃO DE PROBLEMAS

Nesta seção, discutimos as propriedades dos *binários*. Para resolver os próximos problemas, você deverá lembrar que o efeito líquido de um binário é produzir um momento **M**. Como esse momento é independente do ponto em relação ao qual ele é calculado, **M** é um *vetor livre* e, portanto, permanece inalterado ao ser movido de um ponto para outro. Além disso, dois binários são *equivalentes* (ou seja, têm o mesmo efeito sobre um dado corpo rígido) se produzirem o mesmo momento.

Ao se determinar o momento de um binário, todas as técnicas anteriores para cálculo de momentos se aplicam. Além disso, como o momento de um binário é um vetor livre, ele deve ser calculado em relação ao ponto mais conveniente.

Como o único efeito de um binário é produzir um momento, é possível representar um binário por um vetor, o *vetor binário*, que é igual ao momento do binário. O vetor binário é um vetor livre e será representado por um símbolo especial, ↻, para distingui-lo de vetores de força.

Ao resolver os problemas desta seção, seremos levados a efetuar as seguintes operações:

1. Adição de dois ou mais binários. Isso resulta em um novo binário, cujo momento é obtido pela adição vetorial dos momentos dos binários dados [Problema Resolvido 3.6].

2. Substituição de uma força por um sistema força-binário equivalente em um ponto especificado. Conforme explicamos na Seção 3.3E, a força do sistema força-binário é igual à força original, ao passo que o vetor binário necessário é igual ao momento da força original em relação ao ponto dado. Além disso, é importante observar que a força e o vetor binário são perpendiculares entre si. De modo inverso, segue-se que um sistema força-binário poderá ser reduzido a uma única força somente se a força e o vetor binário forem perpendiculares (veja o próximo parágrafo).

3. Substituição de um sistema força-binário (com F perpendicular a M) por uma força única equivalente. Observe que o requisito de que **F** e **M** sejam mutuamente perpendiculares será satisfeito em todos os problemas bidimensionais. A força única equivalente é igual a **F** e é aplicada de tal modo que seu momento em relação ao ponto original de aplicação seja igual a **M** [Problema Resolvido 3.7].

PROBLEMAS

3.70 Duas forças de 80 N são aplicadas às pontas B e D de uma placa retangular, como mostra a figura. (*a*) Determine o momento do binário formado pelas duas forças decompondo cada força em componentes horizontais e verticais e adicionando os momentos dos dois binários resultantes. (*b*) Utilize o resultado obtido para determinar a distância perpendicular entre as linhas BE e DF.

3.71 Duas forças paralelas de 40 N são aplicadas a uma alavanca como mostrado na figura. Determine o momento do binário formado pelas duas forças (*a*) decompondo cada força em componentes horizontais e verticais e adicionando os momentos dos dois binários resultantes, (*b*) usando a distância perpendicular entre as duas forças, (*c*) somando os momentos das duas forças em relação ao ponto A.

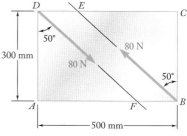

Figura P3.70

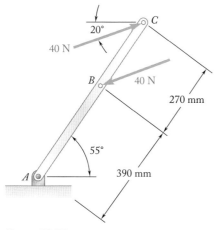

Figura P3.71

3.72 Quatro cavilhas de 10 mm de diâmetro são montadas sobre uma placa como mostrado na figura. Duas cordas são passadas em volta das cavilhas e puxadas com as forças indicadas. (*a*) Determine o binário resultante atuante na placa. (*b*) Se apenas uma corda for usada, em quais cavilhas deveria ser passada e em qual direção deveria ser puxada para criar o mesmo binário com o mínimo de tração na corda? (*c*) Qual é o valor desta tração mínima?

3.73 Quatro cavilhas de mesmo diâmetro são montadas sobre uma placa como mostrado na figura. Duas cordas são passadas em volta das cavilhas e puxadas com as forças indicadas. Determine o diâmetro das cavilhas sabendo que o binário resultante aplicado na placa é de 4,85 N·m, no sentido anti-horário.

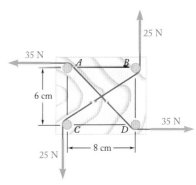

Figura *P3.72* e P3.73

3.74 Uma furadeira está fazendo furos sucessivos em um pedaço de madeira fixado a uma bancada de trabalho por meio de dois pregos. Sabendo que a furadeira exerce um binário de 12 N·m no pedaço de madeira, determine a intensidade das forças resultantes aplicadas nos pregos se eles estiverem localizados (*a*) em *A* e *B*, (*b*) em *B* e *C*, (*c*) em *A* e *C*.

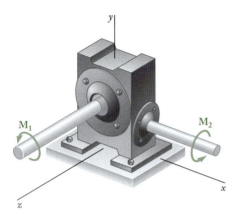

Figura P3.75

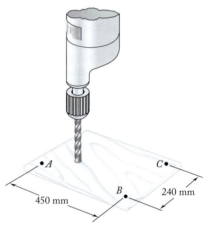

Figura P3.74

3.75 Os dois eixos de uma unidade de redução de velocidade estão sujeitos a binários de intensidade $M_1 = 15$ N·m e $M_2 = 3$ N·m, respectivamente. Substitua os dois binários por um binário único equivalente, especificando sua intensidade e a direção do seu eixo.

3.76 Se $P = 0$ na figura, substitua os dois binários remanescentes por um binário único equivalente, especificando sua intensidade e a direção do seu eixo.

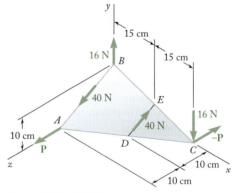

Figura P3.76 e P3.77

3.77 Se $P = 20$ N na figura, substitua os três binários por um binário único equivalente, especificando sua intensidade e a direção do seu eixo.

3.78 Substitua os dois binários mostrados por um binário único equivalente, especificando sua intensidade e a direção do seu eixo.

3.79 Resolva o Problema 3.78, sabendo que duas forças verticais de 10 N foram adicionadas, uma atuando para cima em *C* e outra para baixo em *B*.

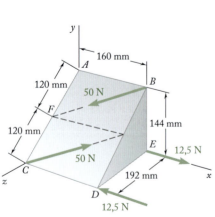

Figura P3.78

3.80 Os eixos A e B são ligados à caixa de engrenagem do conjunto de rodas de um trator, e o eixo C se liga ao motor. Os eixos A e B estão no plano vertical yz, enquanto o eixo C está posicionado ao longo do eixo x. Substitua os binários aplicados aos eixos pelo binário único equivalente, especificando sua intensidade e a direção de seu eixo.

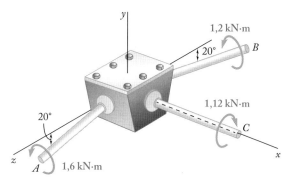

Figura P3.80

3.81 Uma força de 500 N é aplicada a uma placa curvada como mostrado na figura. Determine (a) um sistema força-binário equivalente em B, (b) um sistema equivalente formado por uma força vertical em A e uma força em B.

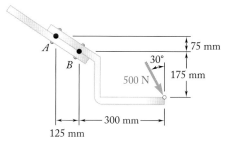

Figura *P3.81*

3.82 A tração no cabo preso à extremidade C de uma lança ajustável ABC é 2,24 N. Substitua a força exercida pelo cabo em C por um sistema força-binário equivalente (a) em A e (b) em B.

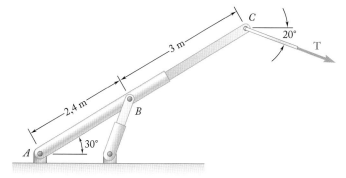

Figura P3.82

3.83 Um dirigível é preso ao solo por um cabo amarrado à sua cabine em B. Se a tração no cabo é 1.040 N, substitua a força exercida pelo cabo em B por um sistema equivalente formado por duas forças paralelas aplicadas em A e C.

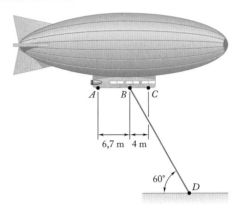

Figura P3.83

3.84 Uma força vertical **P** de 30 N é aplicada em A no suporte mostrado na figura, que é sustentado por parafusos em B e C. (*a*) Substitua **P** por um sistema força-binário equivalente em B. (*b*) Encontre as duas forças horizontais em B e C que são equivalentes ao binário obtido em *a*.

3.85 Um operário tenta mover uma pedra aplicando uma força de 360 N em uma barra de aço, como mostra a figura. (*a*) Substitua essa força por um sistema força-binário equivalente em D. (*b*) Dois operários tentam mover essa mesma pedra aplicando uma força vertical em A e outra força em D. Determine as duas forças se elas forem equivalentes à força única de *a*.

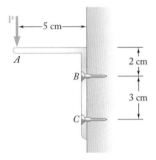

Figura P3.84

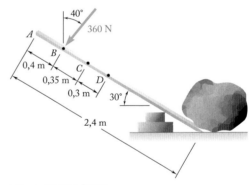

Figura **P3.85** e P3.86

3.86 Um operário tenta mover uma pedra aplicando uma força de 360 N em uma barra de aço, como mostra a figura. Se dois operários tentam mover essa mesma pedra aplicando uma força em A e uma força paralela em C, determine as duas forças de modo que elas sejam equivalentes à força única de 360 N mostrada na figura.

3.87 As forças de cisalhamento atuantes na seção transversal do perfil de aço podem ser representadas por uma força vertical de 900 N e duas forças horizontais de 250 N como mostrado na figura. Substitua essa força e o binário por uma única força **F** aplicada no ponto C, e determine a distância *x* de C até a linha BD. (O ponto C é definido como *centro de cisalhamento* da seção.)

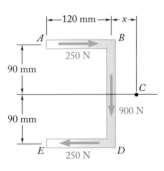

Figura P3.87

3.88 Uma força e um binário são aplicados na extremidade de uma viga em balanço. (*a*) Substitua esse sistema por uma única força **F** aplicada no ponto *C* e determine a distância *d* de *C* até a linha traçada pelos pontos *D* e *E*. (*b*) Resolva a parte *a* se as direções das duas forças de 360 N forem invertidas.

3.89 Três barras de controle são fixadas a uma alavanca *ABC* e exercem forças sobre ela como mostrado na figura. (*a*) Substitua as três forças por um sistema força-binário equivalente em *B*. (*b*) Determine uma força única que equivale ao sistema força-binário obtido na parte *a* e especifique seu ponto de aplicação na alavanca.

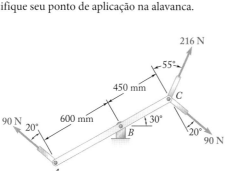

Figura P3.88

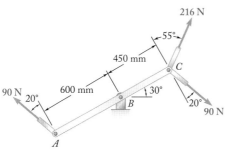

Figura P3.89

3.90 Uma placa retangular sofre a ação da força e do binário mostrados na figura. Esse sistema deve ser substituído por uma força única equivalente. (*a*) Para $\alpha = 40°$, especifique a intensidade e a linha de ação da força equivalente. (*b*) Especifique o valor de α sabendo que a linha de ação da força equivalente intercepta a linha *CD* 300 mm à direita de *D*.

3.91 Ao abrir uma rosca em um furo, um mecânico aplica as forças horizontais mostradas sobre a alavanca de uma tarraxa. Mostre que essas forças são equivalentes a uma força única e especifique, se possível, o ponto de aplicação da força única sobre a alavanca.

3.92 Uma placa hexagonal sofre a ação da força **P** e do binário mostrados na figura. Determine a intensidade e a direção da menor força **P** para a qual o sistema pode ser substituído por uma força única em *E*.

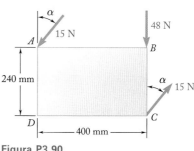

Figura P3.90

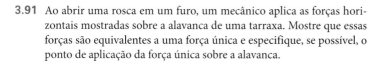

Figura P3.92

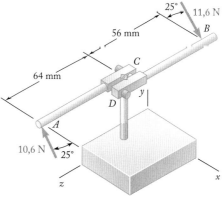

Figura P3.91

3.93 Substitua a força **P** de 250 N pelo sistema força-binário equivalente em G.

3.94 Uma força de 13 kN é aplicada no ponto D do poste de ferro fundido mostrado na figura. Substitua a força por um sistema força-binário equivalente com centro em A na seção da base.

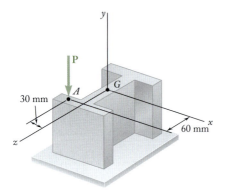

Figura P3.93

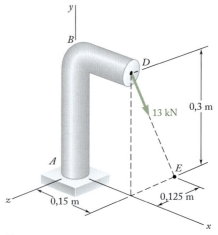

Figura *P3.94*

3.95 Substitua a força de 150 N por um sistema força-binário equivalente em A.

3.96 Para manter uma porta fechada, é colocada uma ripa entre o piso e a maçaneta. A ripa exerce em B uma força de 175 N dirigida ao longo de AB. Substitua essa força por um sistema força-binário equivalente em C.

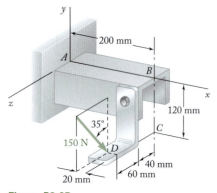

Figura P3.95

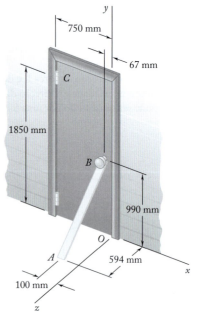

Figura P3.96

3.97 Uma força **F** de 46 N e um binário **M** de 21,2 N·m são aplicados no canto A do bloco mostrado na figura. Substitua o sistema força-binário dado por um sistema força-binário equivalente no canto H.

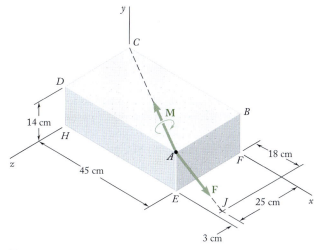

Figura P3.97

3.98 Uma força de 110 N, atuando em um plano vertical paralelo ao plano yz, é aplicada sobre a alavanca horizontal AB de 220 mm de comprimento de uma chave soquete. Substitua a força por um sistema força-binário equivalente na origem O do sistema de coordenadas.

3.99 Uma antena é ancorada por três cabos como mostrado na figura. Sabendo que a tensão no cabo AB é 1,44 kN, substitua a força exercida em A pelo cabo AB por um sistema força-binário equivalente com centro em O na base da antena.

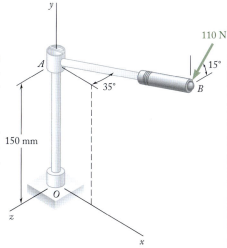

Figura P3.98

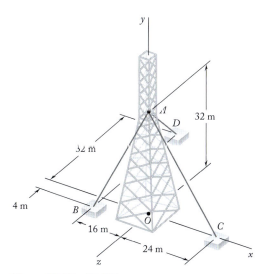

Figura P3.99 e *P3.100*

3.100 Uma antena é ancorada por três cabos como mostrado na figura. Sabendo que a tensão no cabo AD é 1,35 kN, substitua a força exercida em A pelo cabo AD por um sistema força-binário equivalente com centro em O na base da antena.

3.4 Simplificando os sistemas de forças

Vimos na seção anterior que uma força que atua em um corpo rígido pode ser substituída por um sistema força-binário, mais fácil de ser analisado. Entretanto, a verdadeira vantagem de um sistema força-binário é que podemos utilizá-lo para substituir não apenas uma força, mas um sistema de forças para simplificar análises e cálculos.

3.4A Redução de um sistema de forças a um sistema força-binário

Considere um sistema de forças $\mathbf{F}_1$, $\mathbf{F}_2$, $\mathbf{F}_3$, ..., atuando sobre um corpo rígido nos pontos A_1, A_2, A_3 ..., *definidos pelos vetores de posição r_1, r_2, r_3, etc.* (Fig. 3.36a). Como foi visto na seção anterior, $\mathbf{F}_1$ pode ser movida de A_1 para um dado ponto O se um binário de momento $\mathbf{M}_1$, igual ao momento $\mathbf{r}_1 \times \mathbf{F}_1$ de $\mathbf{F}_1$ em relação a O, for adicionado ao sistema original de forças. Repetindo esse procedimento com $\mathbf{F}_2$, $\mathbf{F}_3$, ..., obtemos o sistema mostrado na Fig. 3.36b, que consiste nas forças originais, atuando agora no ponto O, e nos vetores binários adicionados. Como as forças são agora concorrentes, elas podem ser somadas vetorialmente e substituídas pela sua resultante $\mathbf{R}$. De modo análogo, os vetores binários $\mathbf{M}_1$, $\mathbf{M}_2$, $\mathbf{M}_3$, ... podem ser somados vetorialmente e substituídos por um vetor binário único $\mathbf{M}_O^R$. Portanto,

qualquer sistema de forças, por complexo que seja, pode ser reduzido a um sistema força-binário equivalente atuando em um dado ponto O.

Devemos observar que cada um dos vetores binários $\mathbf{M}_1$, $\mathbf{M}_2$, $\mathbf{M}_3$, ..., na Fig. 3.36b, é perpendicular à sua força correspondente, mas a força resultante $\mathbf{R}$ e o vetor binário $\mathbf{M}_O^R$ na Fig. 3.36c não serão, em geral, perpendiculares entre si.

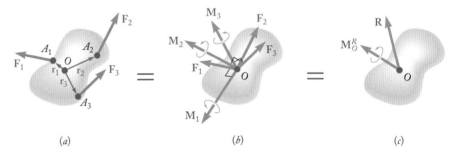

Figura 3.36 Redução de um sistema de forças a um sistema força-binário. (a) Sistema de forças inicial; (b) todas as forças movidas para atuar sobre o ponto O, com os vetores binários adicionados; (c) todas as forças reduzidas a uma força resultante e todos os vetores binários reduzidos a um vetor binário resultante.

O sistema força-binário equivalente é definido pelas equações

Sistema força-binário

$$\mathbf{R} = \Sigma \mathbf{F} \qquad \mathbf{M}_O^R = \Sigma \mathbf{M}_O = \Sigma(\mathbf{r} \times \mathbf{F}) \qquad (3.50)$$

que expressam que a força $\mathbf{R}$ é obtida pela soma de todas as forças do sistema, enquanto que o momento do vetor binário resultante $\mathbf{M}_O^R$, denominado **momento resultante** do sistema, é obtido pela soma dos momentos em relação a O de todas as forças do sistema.

Uma vez que um dado sistema de forças tenha sido reduzido a uma força e a um binário em um ponto O, pode ser facilmente reduzido a uma força e a um binário em outro ponto O'. A força resultante $\mathbf{R}$ permanecerá inalterada, mas o novo momento resultante $\mathbf{M}_{O'}^R$ será igual à soma de $\mathbf{M}_O^R$ e do momento em relação a O' da força $\mathbf{R}$ ligada a O (Fig. 3.37). Temos

$$\mathbf{M}_{O'}^R = \mathbf{M}_O^R + \mathbf{s} \times \mathbf{R} \qquad (3.51)$$

Na prática, a redução de um dado sistema de forças a uma força única $\mathbf{R}$ em O e um vetor binário $\mathbf{M}_O^R$ será efetuada em termos de componentes. Decompondo cada vetor de posição $\mathbf{r}$ e cada força $\mathbf{F}$ do sistema em componentes retangulares, temos

$$\mathbf{r} = x\mathbf{i} + y\mathbf{j} + z\mathbf{k} \qquad (3.52)$$
$$\mathbf{F} = F_x\mathbf{i} + F_y\mathbf{j} + F_z\mathbf{k} \qquad (3.53)$$

Substituindo essas expressões por $\mathbf{r}$ e $\mathbf{F}$ em (3.50) e fatorando os vetores unitários $\mathbf{i}$, $\mathbf{j}$ e $\mathbf{k}$, obtemos $\mathbf{R}$ e $\mathbf{M}_O^R$ da seguinte maneira:

$$\mathbf{R} = R_x\mathbf{i} + R_y\mathbf{j} + R_z\mathbf{k} \qquad \mathbf{M}_O^R = M_x^R\mathbf{i} + M_y^R\mathbf{j} + M_z^R\mathbf{k} \qquad (3.54)$$

Os componentes R_x, R_y, R_z representam, respectivamente, as somas dos componentes x, y e z das forças dadas e medem a tendência do sistema a imprimir ao corpo rígido um movimento de translação nas direções x, y e z. De maneira análoga, os componentes M_x^R, M_y^R e M_z^R representam, respectivamente, as somas dos momentos das forças dadas em relação aos eixos x, y e z e medem a tendência do sistema a imprimir ao corpo rígido um movimento de rotação em torno dos eixos x, y e z.

Se a intensidade e a direção da força $\mathbf{R}$ são desejadas, elas poderão ser obtidas a partir dos componentes R_x, R_y e R_z por meio das relações (2.18) e (2.19) da Seção 2.4A; cálculos semelhantes irão fornecer a intensidade e a direção do vetor binário $\mathbf{M}_O^R$.

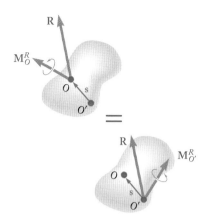

Figura 3.37 Uma vez que um sistema de forças tenha sido reduzido a um sistema força-binário em um ponto, podemos substituí-lo por um sistema força-binário equivalente em outro ponto. A resultante da força permanece a mesma, mas precisamos adicionar o momento da força resultante em relação ao novo ponto ao vetor binário resultante.

3.4B Sistemas equivalentes e equipolentes de forças

Vimos na seção anterior que qualquer sistema de forças que atua sobre um corpo rígido pode ser reduzido a um sistema força-binário em um dado ponto O. Esse sistema força-binário equivalente determina o efeito de um dado sistema de forças sobre o corpo rígido.

Logo, dois sistemas de forças são equivalentes se puderem ser reduzidos ao mesmo sistema força-binário em um dado ponto O.

Lembrando que o sistema força-binário em O é definido pelas relações (3.50), estabelecemos que

dois sistemas de forças, F_1, F_2, F_3, ..., e F'_1, F'_2, F'_3, ..., que atuam sobre o mesmo corpo rígido, são equivalentes se, e somente se, as somas das forças e as somas dos momentos em relação a um dado ponto O das forças dos dois sistemas forem, respectivamente, iguais.

Expressas matematicamente, as condições necessárias e suficientes para que os dois sistemas de forças sejam equivalentes são

Condições para sistemas de forças equivalentes

$$\Sigma \mathbf{F} = \Sigma \mathbf{F}' \qquad \text{e} \qquad \Sigma \mathbf{M}_O = \Sigma \mathbf{M}'_O \qquad (3.55)$$

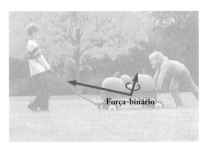

Foto 3.3 As forças exercidas pelas crianças sobre o carrinho podem ser substituídas por um sistema força-binário equivalente ao se analisar o movimento do carrinho.

Observe que, para provar que dois sistemas de forças são equivalentes, a segunda das relações (3.55) deve ser estabelecida com respeito a *apenas um ponto O*. Contudo, ela valerá com respeito a *qualquer ponto* se os dois sistemas forem equivalentes.

Decompondo as forças e os momentos em (3.55) em seus componentes retangulares, podemos expressar da seguinte maneira as condições necessárias e suficientes para a equivalência de dois sistemas de forças que atuam sobre um corpo rígido:

$$\Sigma F_x = \Sigma F'_x \qquad \Sigma F_y = \Sigma F'_y \qquad \Sigma F_z = \Sigma F'_z$$
$$\Sigma M_x = \Sigma M'_x \qquad \Sigma M_y = \Sigma M'_y \qquad \Sigma M_z = \Sigma M'_z \qquad (3.56)$$

Essas equações têm um significado físico simples. Elas expressam que

dois sistemas de forças são equivalentes se tenderem a imprimir ao corpo rígido (1) a mesma translação nas direções x, y e z, respectivamente, e (2) a mesma rotação em torno dos eixos x, y e z, respectivamente.

Geralmente, quando dois sistemas de vetores satisfazem as Eqs. (3.55) ou (3.56), ou seja, quando suas resultantes e seus momentos resultantes em relação a um ponto arbitrário O são respectivamente iguais, diz-se que os dois sistemas são **equipolentes**. O resultado estabelecido pode então ser escrito do seguinte modo:

Se dois sistemas de forças que atuam sobre um corpo rígido forem equipolentes, então eles serão também equivalentes.

É importante observar que esse enunciado não se aplica a *qualquer* sistema de vetores. Considere, por exemplo, o sistema de forças que atua sobre um conjunto de partículas independentes que *não* forma um corpo rígido. Pode acontecer de um sistema de forças diferente que atua sobre as mesmas partículas ser equipolente ao primeiro; ou seja, ele pode ter a mesma resultante e o mesmo momento resultante. Todavia, como forças diferentes irão agora atuar sobre as várias partículas, seus efeitos sobre elas serão diferentes; os dois sistemas, embora equipolentes, *não são equivalentes*.

3.4C Casos particulares de redução de um sistema de forças

Vimos agora que qualquer sistema de forças que atuam sobre um corpo rígido pode ser reduzido a um sistema força-binário equivalente em O, consistido em uma força $\mathbf{R}$ igual à soma das forças do sistema e um vetor binário $\mathbf{M}_O^R$ de momento igual ao momento resultante do sistema.

Quando $\mathbf{R} = 0$, o sistema força-binário reduz-se ao vetor binário $\mathbf{M}_O^R$. O sistema de forças dado pode, então, ser reduzido a um binário único, denominado **binário resultante** do sistema.

Vamos investigar as condições em que um dado sistema de forças pode ser reduzido a uma força única. Segue-se da seção anterior que o sistema força-binário em O pode ser substituído por uma força única $\mathbf{R}$ que atua ao longo de uma nova linha de ação se $\mathbf{R}$ e $\mathbf{M}_O^R$ forem mutuamente perpendiculares. Logo, os sistemas de forças que podem ser reduzidos a uma força única, ou *resultante*, são os sistemas para os quais a força $\mathbf{R}$ e o vetor binário $\mathbf{M}_O^R$ são mutuamente perpendiculares. Essa condição *não é geralmente satisfeita* por sistemas de forças no espaço, mas *será satisfeita* por sistemas que consistem em (1) forças concorrentes, (2) forças coplanares ou (3) forças paralelas. Esses três casos serão discutidos em separado.

1. **Forças concorrentes** são aplicadas ao mesmo ponto e, portanto, podem ser somadas diretamente para se obter sua resultante $\mathbf{R}$. Logo, elas sempre

se reduzem a uma força única. Forças concorrentes foram tratadas em detalhe no Cap. 2.
2. **Forças coplanares** atuam no mesmo plano, que pode ser considerado como sendo o plano da figura (Fig. 3.38a). A soma **R** das forças do sistema também ficará no plano da figura, ao passo que o momento de cada força em relação a O e, portanto, o momento resultante $\mathbf{M}_O^R$ será perpendicular a esse plano. Logo, o sistema força-binário em O consiste em uma força **R** e um vetor binário $\mathbf{M}_O^R$ que são mutuamente perpendiculares (Fig. 3.38b)*. Pode-se reduzi-los a uma força única **R** movendo-se **R** no plano da figura até que seu momento em relação a O torne-se igual a $\mathbf{M}_O^R$. A distância de O até a linha de ação de **R** é $d = M_O^R/R$ (Fig. 3.38c).

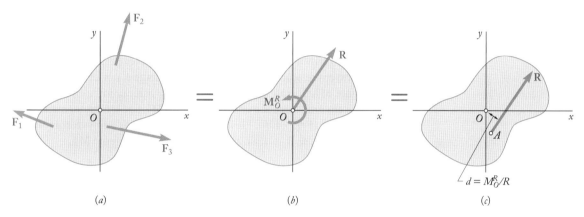

Figura 3.38 Redução de um sistema de forças coplanares. (a) Sistema de forças inicial; (b) sistema força-binário equivalente em O; (c) movendo a força resultante para um ponto A de forma que o momento de **R** em relação a O seja igual ao vetor binário.

Conforme observamos anteriormente, a redução de um sistema de forças é significativamente simplificada se as forças forem decompostas em componentes retangulares. O sistema força-binário em O é caracterizado então pelos componentes (Fig. 3.39a)

$$R_x = \Sigma F_x \qquad R_y = \Sigma F_y \qquad M_z^R = M_O^R = \Sigma M_O \qquad (3.57)$$

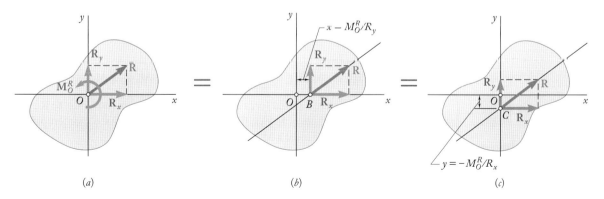

Figura 3.39 Redução de um sistema de forças coplanares utilizando-se componentes retangulares. (a) Da Figura 3.38b, é possível decompor a resultante em componentes ao longo dos eixos x e y e (b) então determinar a interseção x da linha de ação final da resultante e (c) determinar a interseção y da linha de ação final da resultante.

---

* Por ser perpendicular ao plano da figura, o vetor binário $\mathbf{M}_O^R$ é representado pelo símbolo ↺. Um binário anti-horário ↺ representa um vetor apontando para fora do papel, e um binário horário ↻ representa um vetor apontando para dentro do papel.

Para reduzir o sistema a uma força única **R**, fazemos com que o momento de **R** em relação a O tenha de ser igual a $\mathbf{M}_O^R$. Representando por x e y as coordenadas do ponto de aplicação da resultante e retomando a fórmula (3.22) da Seção 3.1F, temos

$$xR_y - yR_x = M_O^R$$

que representa a equação da linha de ação de **R**. Podemos também determinar diretamente as interseções x e y da linha de ação da resultante observando que $\mathbf{M}_O^R$ deve ser igual ao momento em relação a O do componente y de **R** quando **R** é ligado a B (Fig. 3.39b) e ao momento de seu componente x, quando **R** é ligado a C (Fig. 3.39c).

3. **Forças paralelas** têm linhas de ação paralelas, podendo ter ou não o mesmo sentido. Admitindo aqui que as forças são paralelas ao eixo y (Fig. 3.40a), notamos que sua soma **R** também será paralela ao eixo y. Por outro lado, como o momento de uma dada força deve ser perpendicular a ela, o momento em relação a O de cada força do sistema e, portanto, o momento resultante $\mathbf{M}_O^R$ ficarão no plano zx. Logo, o sistema força-binário em O consiste em uma força **R** e um vetor binário $\mathbf{M}_O^R$ que são mutuamente perpendiculares (Fig. 3.40b). Eles podem ser reduzidos a uma força única **R** (Fig. 3.40c) ou, se **R** = 0, a um binário único de momento $\mathbf{M}_O^R$.

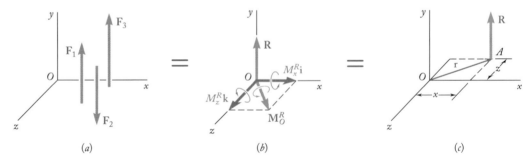

Figura 3.40 Redução de um sistema de forças paralelas. (a) Sistema de forças inicial; (b) sistema força--binário equivalente em O, decomposto em componentes; (c) movendo **R** para o ponto A, escolhido de forma que o momento de **R** em relação a O seja igual ao momento resultante em relação a O.

Foto 3.4 As forças paralelas do vento atuando sobre as placas de sinalização de uma rodovia podem ser reduzidas a uma força única equivalente. A determinação dessa força pode simplificar o cálculo das forças que atuam sobre os apoios da estrutura em que as placas estão fixadas.

Na prática, o sistema força-binário em O será caracterizado pelos componentes

$$R_y = \Sigma F_y \qquad M_x^R = \Sigma M_x \qquad M_z^R = \Sigma M_z \qquad (3.58)$$

A redução do sistema a uma força única pode ser efetuada movendo-se **R** para um novo ponto de aplicação $A(x, 0, z)$, escolhido de modo que o momento de **R** em relação a O fique igual a $\mathbf{M}_O^R$.

$$\mathbf{r} \times \mathbf{R} = \mathbf{M}_O^R$$

$$(x\mathbf{i} + z\mathbf{k}) \times R_y\mathbf{j} = M_x^R\mathbf{i} + M_z^R\mathbf{k}$$

Calculando os produtos vetoriais e igualando os coeficientes dos vetores unitários correspondentes em ambos os membros da equação, obtemos duas equações escalares que definem as coordenadas de A:

$$-zR_y = M_x^R \quad \text{e} \quad xR_y = M_z^R$$

Essas equações expressam que os momentos de **R** em relação aos eixos x e z devem ser iguais a M_x^R e M_z^R, respectivamente.

*3.4D Redução de um sistema de forças a um torsor

No caso geral de forças no espaço, o sistema força-binário equivalente em O consiste em uma força **R** e um vetor binário $\mathbf{M}_O^R$ que não são perpendiculares e nenhum deles é nulo (Fig. 3.41*a*). Logo, o sistema de forças *não pode* ser reduzido a uma força única ou a um binário único. Mas existe uma forma de simplificar ainda mais esse sistema.

O vetor binário pode ser substituído por dois outros vetores binários, obtidos ao decompor $\mathbf{M}_O^R$ em um componente $\mathbf{M}_1$ ao longo de **R** e um componente $\mathbf{M}_2$ em um plano perpendicular a **R** (Fig. 3.41*b*). O vetor binário $\mathbf{M}_2$ e a força **R** podem, assim, ser substituídos por uma força única **R** que atua ao longo de uma nova linha de ação. Logo, o sistema de forças original reduz-se a **R** e ao vetor binário $\mathbf{M}_1$ (Fig. 3.41*c*), ou seja, a **R** e a um binário que atua no plano perpendicular a **R**.

Esse sistema força-binário particular é denominado **torsor** e essa combinação resultante de empurrar e torcer é encontrada em operações de rosqueamento de parafusos. A linha de ação de **R** é conhecida como *eixo do torsor* e a razão $p = M_1/R$ é denominada *passo do torsor*. Logo, um torsor consiste em dois vetores colineares, a saber, uma força **R** e um vetor binário:

$$\mathbf{M}_1 = p\mathbf{R} \tag{3.59}$$

Retomando a expressão (3.33) para a projeção de um vetor sobre a linha de ação de um outro vetor, observamos que a projeção de $\mathbf{M}_O^R$ sobre a linha de ação de **R** é

$$M_1 = \frac{\mathbf{R} \cdot \mathbf{M}_O^R}{R}$$

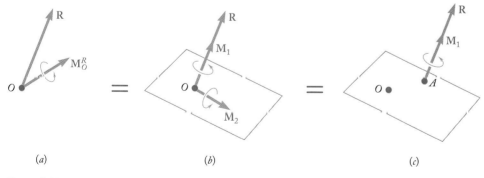

Figura 3.41 Redução de um sistema de forças a um torsor. (*a*) Redução de um sistema geral de forças a uma força única e um vetor binário, não perpendiculares um ao outro; (*b*) decomposição do vetor binário em componentes ao longo da linha de ação da força e perpendicular a ela; (*c*) movendo a força e o vetor binário colinear (o torsor) para eliminar o vetor binário perpendicular à força.

Logo, o passo do torsor pode ser expresso como*

$$p = \frac{M_1}{R} = \frac{\mathbf{R} \cdot \mathbf{M}_O^R}{R^2} \qquad (3.60)$$

Para definir o eixo do torsor, podemos escrever uma relação que envolva o vetor de posição **r** de um ponto arbitrário *P* localizado sobre esse eixo. Ligando a força resultante **R** e o vetor binário $\mathbf{M}_1$ ao ponto *P* (Fig. 3.42) e expressando que o momento em relação a *O* desse sistema força-binário é igual ao momento resultante $\mathbf{M}_O^R$ do sistema de forças original, escrevemos

$$\mathbf{M}_1 + \mathbf{r} \times \mathbf{R} = \mathbf{M}_O^R \qquad (3.61)$$

ou, retomando a Eq. (3.59)

$$p\mathbf{R} + \mathbf{r} \times \mathbf{R} = \mathbf{M}_O^R \qquad (3.62)$$

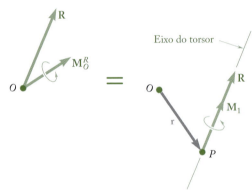

Figura 3.42 Encontrando o vetor de posição **r** que localiza qualquer ponto arbitrário no eixo do torsor, é possível definir seu eixo.

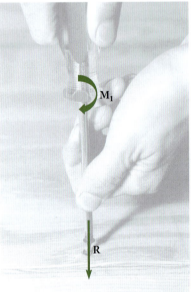

Foto 3.5 A ação de empurrar e girar associada ao aperto de um parafuso ilustra as linhas de ação colineares da força e do vetor binário que constituem um torsor.

---

* As expressões obtidas para a projeção do vetor binário sobre a linha de ação de **R** e para o passo do torsor são independentes da escolha do ponto *O*. Usando a relação (3.51) da Seção 3.4A, observamos que, se um ponto diferente *O'* tivesse sido usado, o numerador em (3.60) seria

$$\mathbf{R} \cdot \mathbf{M}_{O'}^R = \mathbf{R} \cdot (\mathbf{M}_O^R + \mathbf{s} \times \mathbf{R}) = \mathbf{R} \cdot \mathbf{M}_O^R + \mathbf{R} \cdot (\mathbf{s} \times \mathbf{R})$$

como o produto triplo misto $\mathbf{R} \cdot (\mathbf{s} \times \mathbf{R})$ é identicamente nulo, temos

$$\mathbf{R} \cdot \mathbf{M}_{O'}^R = \mathbf{R} \cdot \mathbf{M}_O^R$$

Logo, o produto escalar $\mathbf{R} \cdot \mathbf{M}_O^R$ independe da escolha do ponto *O*.

Capítulo 3 Corpos rígidos: sistemas equivalentes de forças

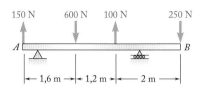

PROBLEMA RESOLVIDO 3.8

Uma viga de 4,80 m de comprimento está sujeita às forças mostradas na figura. Reduza o sistema de forças dado a (*a*) um sistema força-binário equivalente em *A*, (*b*) um sistema força-binário equivalente em *B*, (*c*) uma força única ou resultante. *Observação:* como as relações de apoio não estão incluídas no sistema de forças dado, esse sistema não manterá a viga em equilíbrio.

ESTRATÉGIA A parte *força* de um sistema força-binário equivalente é simplesmente a soma das forças envolvidas. A parte *binário* é a soma dos momentos causados por cada força em relação ao ponto de interesse. Uma vez que seja encontrada a força-binário equivalente em um ponto, é possível transferi-la para qualquer outro ponto com um cálculo de momento.

MODELAGEM E ANÁLISE

a. Sistema força-binário em *A*. O sistema força-binário em *A* equivalente ao sistema de forças dado consiste em uma força **R** e um binário $\mathbf{M}_A^R$ definidos da seguinte maneira (Fig. 1):

$$\mathbf{R} = \Sigma \mathbf{F}$$
$$= (150 \text{ N})\mathbf{j} - (600 \text{ N})\mathbf{j} + (100 \text{ N})\mathbf{j} - (250 \text{ N})\mathbf{j} = -(600 \text{ N})\mathbf{j}$$
$$\mathbf{M}_A^R = \Sigma(\mathbf{r} \times \mathbf{F})$$
$$= (1,6\mathbf{i}) \times (-600\mathbf{j}) + (2,8\mathbf{i}) \times (100\mathbf{j}) + (4,8\mathbf{i}) \times (-250\mathbf{j})$$
$$= -(1880 \text{ N·m})\mathbf{k}$$

Logo, o sistema força-binário equivalente em *A* é

$$\mathbf{R} = 600 \text{ N} \downarrow \qquad \mathbf{M}_A^R = 1880 \text{ N·m} \downarrow \blacktriangleleft$$

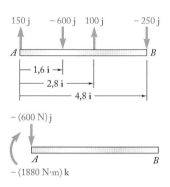

Figura 1 Sistema força-binário em *A* equivalente ao sistema de forças dado.

b. Sistema força-binário em *B*. Sugerimos encontrar um sistema força-binário em *B* equivalente ao sistema de força-binário em *A*, determinado na parte *a*. A força **R** fica inalterada; porém, deve-se determinar um novo binário $\mathbf{M}_B^R$ cujo momento é igual ao momento em relação a *B* do sistema força-binário determinado na parte *a* (Fig. 2). Assim, temos

$$\mathbf{M}_B^R = \mathbf{M}_A^R + \overrightarrow{BA} \times \mathbf{R}$$
$$= -(1880 \text{ N·m})\mathbf{k} + (-4.8 \text{ m})\mathbf{i} \times (-600 \text{ N})\mathbf{j}$$
$$= -(1880 \text{ N·m})\mathbf{k} + (2880 \text{ N·m})\mathbf{k} = +(1000 \text{ N·m})\mathbf{k}$$

Logo, o sistema força-binário equivalente em *B* é

$$\mathbf{R} = 600 \text{ N} \downarrow \qquad \mathbf{M}_B^R = 1000 \text{ N·m} \uparrow \blacktriangleleft$$

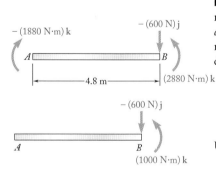

Figura 2 Encontrando um sistema força-binário em *B* equivalente àquele determinado no trecho *a*.

c. Força única ou resultante. A resultante do sistema de forças dado é igual a **R**, e seu ponto de aplicação deve ser tal que o momento de **R** em relação a *A* é igual a $\mathbf{M}_A^R$. Essa igualdade de momentos leva a

$$\mathbf{r} \times \mathbf{R} = \mathbf{M}_A^R$$
$$x\mathbf{i} \times (-600 \text{ N})\mathbf{j} = -(1880 \text{ N·m})\mathbf{k}$$
$$-x(600 \text{ N})\mathbf{k} = -(1880 \text{ N·m})\mathbf{k}$$

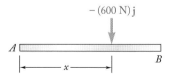

Figura 3 Força única equivalente ao sistema de forças dado.

(*continua*)

Resolvendo para x, obtemos $x = 3{,}13$ m. Logo, a força única equivalente ao sistema dado é definida como

$$\mathbf{R} = 600 \text{ N} \downarrow \qquad x = 3{,}13 \text{ m} \quad \blacktriangleleft$$

PARA REFLETIR Essa redução de um sistema de forças dado a uma força única equivalente utiliza os mesmos princípios que serão utilizados mais tarde para encontrar centros de gravidade e centros de massa, os quais são parâmetros importantes na engenharia mecânica.

PROBLEMA RESOLVIDO 3.9

Quatro rebocadores são usados para trazer um transatlântico ao cais. Cada rebocador exerce uma força de 5 kN na direção mostrada na figura. Determine (*a*) o sistema força-binário equivalente no mastro de proa O, (*b*) o ponto sobre o casco no qual um único rebocador, mais potente, deva empurrar para produzir o mesmo efeito dos quatro rebocadores originais.

ESTRATÉGIA O sistema força-binário equivalente é definido pela soma das forças dadas e pela soma dos momentos dessas forças em um determinado ponto. Um único rebocador poderia produzir esse sistema ao exercer a força resultante em um ponto de aplicação, de forma a produzir um momento equivalente.

MODELAGEM E ANÁLISE

a. Sistema força-binário em O. Cada uma das forças dadas é decomposta nos componentes do diagrama apresentado na Figura 1 (a unidade das forças são em kN). O sistema força-binário em O equivalente ao sistema de forças dado consiste em uma força $\mathbf{R}$ e um binário $\mathbf{M}_O^R$ definidos da seguinte maneira:

$$\begin{aligned}\mathbf{R} &= \Sigma\mathbf{F} \\ &= (2{,}50\mathbf{i} - 4{,}33\mathbf{j}) + (3{,}00\mathbf{i} - 4{,}00\mathbf{j}) + (-5{,}00\mathbf{j}) + (3{,}54\mathbf{i} + 3{,}54\mathbf{j}) \\ &= 9{,}04\mathbf{i} - 9{,}79\mathbf{j}\end{aligned}$$

$$\begin{aligned}\mathbf{M}_O^R &= \Sigma(\mathbf{r} \times \mathbf{F}) \\ &= (-27\mathbf{i} + 15\mathbf{j}) \times (2{,}50\mathbf{i} - 4{,}33\mathbf{j}) \\ &\quad + (30\mathbf{i} + 21\mathbf{j}) \times (3{,}00\mathbf{i} - 4{,}00\mathbf{j}) \\ &\quad + (120\mathbf{i} + 21\mathbf{j}) \times (-5{,}00\mathbf{j}) \\ &\quad + (90\mathbf{i} - 21\mathbf{j}) \times (3{,}54\mathbf{i} + 3{,}54\mathbf{j}) \\ &= (116{,}9 - 37{,}5 - 120 - 63 - 600 + 318{,}6 + 74{,}3)\mathbf{k} \\ &= -310{,}7\mathbf{k}\end{aligned}$$

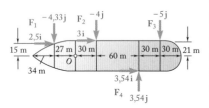

Figura 1 Decomposição das forças dadas em componentes.

Logo, o sistema força-binário equivalente em O é (Fig. 2)

$$\mathbf{R} = (9{,}04 \text{ kN})\mathbf{i} - (9{,}79 \text{ kN})\mathbf{j} \qquad \mathbf{M}_O^R = -(310{,}7 \text{ kN·m})\mathbf{k}$$

ou

$$\mathbf{R} = 13{,}33 \text{ kN} \measuredangle 47{,}3° \qquad \mathbf{M}_O^R = 310{,}7 \text{ kN·m} \downarrow \quad \blacktriangleleft$$

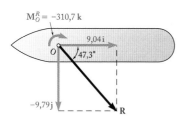

Figura 2 Sistema força-binário equivalente em O.

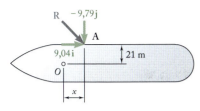

Figura 3 Ponto de aplicação do rebocador único necessário para criar o mesmo efeito do sistema de forças dado.

Observação: como todas as forças estão contidas no plano da figura, poderíamos esperar que a soma de seus momentos fosse perpendicular a esse plano. Observe que o momento de cada componente de força poderia ser obtido diretamente do diagrama efetuando-se primeiro o produto da sua intensidade e da distância perpendicular até O e, em seguida, atribuindo-se a esse produto um sinal positivo ou negativo, dependendo do sentido do momento.

b. Rebocador único. A força exercida por um rebocador único deve ser igual a **R**, e seu ponto de aplicação A deve ser tal que o momento de **R** em relação a O seja igual a $\mathbf{M}_O^R$ (Fig. 3). Observando que a posição do ponto A é

$$\mathbf{r} = x\mathbf{i} + 21\mathbf{j}$$

temos

$$\mathbf{r} \times \mathbf{R} = \mathbf{M}_O^R$$
$$(x\mathbf{i} + 21\mathbf{j}) \times (9{,}04\mathbf{i} - 9{,}79\mathbf{j}) = -310{,}7\mathbf{k}$$
$$-x(9{,}79)\mathbf{k} - 189{,}8\mathbf{k} = -310{,}7\mathbf{k} \quad x = 12{,}3 \text{ m} \blacktriangleleft$$

PARA REFLETIR Reduzir a situação dada para a de uma força única torna mais fácil a visualização do efeito global dos rebocadores nas manobras do transatlântico. Porém, em termos práticos, a presença de quatro rebocadores aplicando forças permite o maior controle da redução da velocidade e das manobras de uma grande embarcação em um porto lotado.

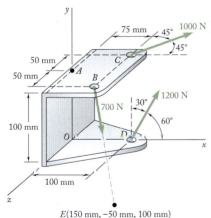

PROBLEMA RESOLVIDO 3.10

Três cabos estão presos ao suporte, como mostra a figura. Substitua as forças exercidas pelos cabos por um sistema força-binário equivalente em A.

ESTRATÉGIA Primeiro determinamos os vetores de posição relativos traçados do ponto A até os pontos de aplicação das várias forças e decompomos as forças em componentes retangulares. Então somamos as forças e os momentos.

MODELAGEM E ANÁLISE Observe que $\mathbf{F}_B = (700 \text{ N})\boldsymbol{\lambda}_{BE}$, onde

$$\boldsymbol{\lambda}_{BE} = \frac{\overrightarrow{BE}}{BE} = \frac{75\mathbf{i} - 150\mathbf{j} + 50\mathbf{k}}{175}$$

Usando metros e newtons, os vetores de posição e os vetores força são

$$\mathbf{r}_{B/A} = \overrightarrow{AB} = 0{,}075\mathbf{i} + 0{,}050\mathbf{k} \qquad \mathbf{F}_B = 300\mathbf{i} - 600\mathbf{j} + 200\mathbf{k}$$
$$\mathbf{r}_{C/A} = \overrightarrow{AC} = 0{,}075\mathbf{i} - 0{,}050\mathbf{k} \qquad \mathbf{F}_C = 707\mathbf{i} \qquad\quad - 707\mathbf{k}$$
$$\mathbf{r}_{D/A} = \overrightarrow{AD} = 0{,}100\mathbf{i} - 0{,}100\mathbf{j} \qquad \mathbf{F}_D = 600\mathbf{i} + 1039\mathbf{j}$$

O sistema força-binário em A equivalente ao sistema de forças dado consiste em uma força $\mathbf{R} = \Sigma\mathbf{F}$ e um binário $\mathbf{M}_A^R = \Sigma(\mathbf{r} \times \mathbf{F})$. A força $\mathbf{R}$ é obtida somando-se respectivamente os componentes x, y e z das forças:

$$\mathbf{R} = \Sigma\mathbf{F} = (1607 \text{ N})\mathbf{i} + (439 \text{ N})\mathbf{j} - (507 \text{ N})\mathbf{k} \blacktriangleleft$$

(continua)

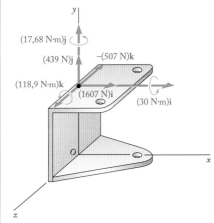

Figura 1 Componentes retangulares do sistema força-binário equivalente em A.

O cálculo de $\mathbf{M}_A^R$ ficará facilitado se expressarmos o momento das forças em forma de determinantes (Seção 3.1F). Portanto,

$$\mathbf{r}_{B/A} \times \mathbf{F}_B = \begin{vmatrix} \mathbf{i} & \mathbf{j} & \mathbf{k} \\ 0{,}075 & 0 & 0{,}050 \\ 300 & -600 & 200 \end{vmatrix} = 30\mathbf{i} \qquad -45\mathbf{k}$$

$$\mathbf{r}_{C/A} \times \mathbf{F}_C = \begin{vmatrix} \mathbf{i} & \mathbf{j} & \mathbf{k} \\ 0{,}075 & 0 & -0{,}050 \\ 707 & 0 & -707 \end{vmatrix} = \qquad 17{,}68\mathbf{j}$$

$$\mathbf{r}_{D/A} \times \mathbf{F}_D = \begin{vmatrix} \mathbf{i} & \mathbf{j} & \mathbf{k} \\ 0{,}100 & -0{,}100 & 0 \\ 600 & 1039 & 0 \end{vmatrix} = \qquad 163{,}9\mathbf{k}$$

Somando as expressões obtidas, temos

$$\mathbf{M}_A^R = \Sigma(\mathbf{r} \times \mathbf{F}) = (30 \text{ N·m})\mathbf{i} + (17{,}68 \text{ N·m})\mathbf{j} + (118{,}9 \text{ N·m})\mathbf{k} \blacktriangleleft$$

Os componentes retangulares da força $\mathbf{R}$ e do binário $\mathbf{M}_A^R$ são mostrados na Figura 1.

PARA REFLETIR As vantagens da abordagem do determinante para calcular momentos ficam aparentes em um problema de três-dimensões comum como este.

PROBLEMA RESOLVIDO 3.11

Uma laje de fundação quadrada apoia os quatro pilares, como mostrado na figura. Determine a intensidade e o ponto de aplicação da resultante das quatro cargas.

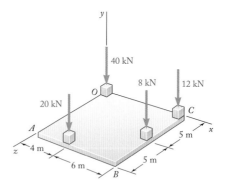

ESTRATÉGIA Primeiro, reduzimos o sistema de forças a um sistema força-binário na origem O do sistema de coordenadas. Então, reduzimos ainda mais o sistema a uma força única aplicada em um ponto com coordenadas x, z.

MODELAGEM Esse sistema força-binário consiste em uma força $\mathbf{R}$ e um binário $\mathbf{M}_O^R$ definidos da seguinte maneira:

$$\mathbf{R} = \Sigma \mathbf{F} \qquad \mathbf{M}_O^R = \Sigma(\mathbf{r} \times \mathbf{F})$$

ANÁLISE Depois de determinar os vetores de posição dos pontos de aplicação das várias forças, os cálculos são distribuídos em forma de tabela. Os resultados são mostrados na Figura 1.

r, m	F, kN	r × F, kN·m
0	$-40\mathbf{j}$	0
$10\mathbf{i}$	$-12\mathbf{j}$	$-120\mathbf{k}$
$10\mathbf{i} + 5\mathbf{k}$	$-8\mathbf{j}$	$40\mathbf{i} - 80\mathbf{k}$
$4\mathbf{i} + 10\mathbf{k}$	$-20\mathbf{j}$	$200\mathbf{i} - 80\mathbf{k}$
	$\mathbf{R} = -80\mathbf{j}$	$\mathbf{M}_O^R = 240\mathbf{i} - 280\mathbf{k}$

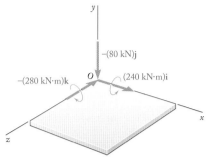

Figura 1 Sistema força-binário em O equivalente ao sistema de forças dado.

Como a força $\mathbf{R}$ e o vetor binário $\mathbf{M}_O^R$ são perpendiculares entre si, o sistema força-binário obtido pode ainda ser reduzido a uma força única $\mathbf{R}$. O novo ponto de aplicação de $\mathbf{R}$ será escolhido no plano da laje de modo que o momento $\mathbf{R}$ em relação a O seja igual a $\mathbf{M}_O^R$. Representando por $\mathbf{r}$ o vetor de posição do ponto de aplicação desejado e por x e z as suas coordenadas (Fig. 2), temos

$$\mathbf{r} \times \mathbf{R} = \mathbf{M}_O^R$$
$$(x\mathbf{i} + z\mathbf{k}) \times (-80\mathbf{j}) = 240\mathbf{i} - 280\mathbf{k}$$
$$-80x\mathbf{k} + 80z\mathbf{i} = 240\mathbf{i} - 280\mathbf{k}$$

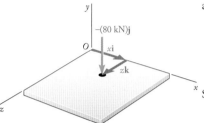

Figura 2 Força única equivalente ao sistema de forças dado.

Segue-se que

$$-80x = -280 \qquad 80z = 240$$
$$x = 3{,}50 \text{ m} \qquad z = 3{,}00 \text{ m}$$

Concluímos que a resultante do sistema de forças dado é

$$\mathbf{R} = 80 \text{ kN} \downarrow \qquad \text{em } x = 3{,}50 \text{ m}, z = 3{,}00 \text{ m} \quad \blacktriangleleft$$

PARA REFLETIR O fato de as forças dadas serem todas paralelas simplifica os cálculos, portanto o último passo se torna apenas uma análise bidimensional.

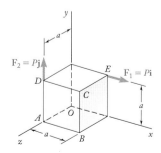

PROBLEMA RESOLVIDO 3.12

Duas forças de igual intensidade P atuam sobre um cubo de aresta a, como mostra a figura. Substitua as duas forças por um torsor equivalente e determine (*a*) a intensidade e a direção da força resultante $\mathbf{R}$, (*b*) o passo do torsor, (*c*) o ponto em que o eixo do torsor intercepta o plano yz.

ESTRATÉGIA Primeiro, determinamos o sistema força-binário equivalente na origem O. Então podemos reduzir esse sistema a um torsor e determinar suas propriedades.

(*continua*)

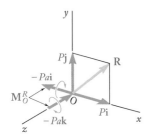

Figura 1 Sistema força-binário em O equivalente ao sistema de forças dado.

MODELAGEM E ANÁLISE

Sistema força-binário equivalente em O. Observamos que os vetores de posição dos pontos de aplicação E e D das duas forças dadas são $\mathbf{r}_E = a\mathbf{i} + a\mathbf{j}$ e $\mathbf{r}_D = a\mathbf{j} + a\mathbf{k}$. A resultante $\mathbf{R}$ das duas forças e o momento resultante $\mathbf{M}_O^R$ delas em relação a O são (Fig. 1)

$$\mathbf{R} = \mathbf{F}_1 + \mathbf{F}_2 = P\mathbf{i} + P\mathbf{j} = P(\mathbf{i} + \mathbf{j}) \quad (1)$$

$$\mathbf{M}_O^R = \mathbf{r}_E \times \mathbf{F}_1 + \mathbf{r}_D \times \mathbf{F}_2 = (a\mathbf{i} + a\mathbf{j}) \times P\mathbf{i} + (a\mathbf{j} + a\mathbf{k}) \times P\mathbf{j}$$
$$= -Pa\mathbf{k} - Pa\mathbf{i} = -Pa(\mathbf{i} + \mathbf{k}) \quad (2)$$

a. Força resultante R. Segue-se da Eq. (1) e da Figura 1 que a força resultante $\mathbf{R}$ tem intensidade $R = P\sqrt{2}$, está no plano xy e forma ângulos de 45° com os eixos x e y. Logo:

$$R = P\sqrt{2} \quad \theta_x = \theta_y = 45° \quad \theta_z = 90° \quad \blacktriangleleft$$

b. Passo do torsor. Usando a fórmula (3.60) da Seção 3.4D e as Eqs. (1) e (2) anteriores, temos

$$p = \frac{\mathbf{R} \cdot \mathbf{M}_O^R}{R^2} = \frac{P(\mathbf{i} + \mathbf{j}) \cdot (-Pa)(\mathbf{i} + \mathbf{k})}{(P\sqrt{2})^2} = \frac{-P^2 a(1 + 0 + 0)}{2P^2} \quad p = -\frac{a}{2} \quad \blacktriangleleft$$

c. Eixo do torsor. Segue-se dos resultados anteriores e da Eq. (3.59) que o torsor consiste na força $\mathbf{R}$ encontrada em (1) e no vetor binário

$$\mathbf{M}_1 = p\mathbf{R} = -\frac{a}{2}P(\mathbf{i} + \mathbf{j}) = -\frac{Pa}{2}(\mathbf{i} + \mathbf{j}) \quad (3)$$

Para encontrar o ponto em que o eixo do torsor intercepta o plano yz, demonstramos que o momento do torsor em relação ao ponto O é igual ao momento resultante $\mathbf{M}_O^R$ do sistema original:

$$\mathbf{M}_1 + \mathbf{r} \times \mathbf{R} = \mathbf{M}_O^R$$

ou, observando que $\mathbf{r} = y\mathbf{j} + z\mathbf{k}$ (Fig. 2) e substituindo $\mathbf{R}$, $\mathbf{M}_O^R$ e $\mathbf{M}_1$ das Eqs. (1), (2) e (3), temos

$$-\frac{Pa}{2}(\mathbf{i} + \mathbf{j}) + (y\mathbf{j} + z\mathbf{k}) \times P(\mathbf{i} + \mathbf{j}) = -Pa(\mathbf{i} + \mathbf{k})$$

$$-\frac{Pa}{2}\mathbf{i} - \frac{Pa}{2}\mathbf{j} - Py\mathbf{k} + Pz\mathbf{j} - Pz\mathbf{i} = -Pa\mathbf{i} - Pa\mathbf{k}$$

Igualando os coeficientes de $\mathbf{k}$ e, em seguida, os coeficientes de $\mathbf{j}$, encontramos

$$y = a \quad z = a/2 \quad \blacktriangleleft$$

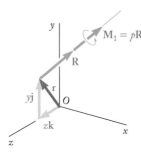

Figura 2 Torsor equivalente ao sistema de forças dado.

PARA REFLETIR Conceitualmente, a redução de um sistema de forças a um torsor é simplesmente uma aplicação alternativa para descobrir um sistema força-binário equivalente.

METODOLOGIA PARA A RESOLUÇÃO DE PROBLEMAS

Esta seção foi dedicada à redução e simplificação de sistemas de forças. Ao resolver os problemas a seguir, seremos chamados a efetuar as operações discutidas a seguir.

1. **Redução de um sistema de forças a uma força e um binário em um dado ponto A.** A força é a *resultante* $\mathbf{R}$ do sistema e é obtida somando-se as várias forças; o momento do binário é o *momento resultante* do sistema e é obtido somando-se os momentos em relação a A das várias forças. Temos:

$$\mathbf{R} = \Sigma \mathbf{F} \qquad \mathbf{M}_A^R = \Sigma(\mathbf{r} \times \mathbf{F})$$

onde o vetor de posição $\mathbf{r}$ é traçado de A até *qualquer ponto* sobre a linha de ação de $\mathbf{F}$.

2. **Deslocamento de um sistema força-binário de um ponto A para um ponto B.** Se desejamos reduzir um dado sistema de forças a um sistema força-binário no ponto B após tê-lo reduzido a um sistema força-binário no ponto A, não é preciso recalcular os momentos das forças em relação a B. A resultante $\mathbf{R}$ permanece inalterada e o novo momento $\mathbf{M}_B^R$ resultante pode ser obtido somando-se a $\mathbf{M}_A^R$ o momento em relação a B da força $\mathbf{R}$ aplicada em A [Problema Resolvido 3.8]. Dado $\mathbf{s}$ o vetor traçado de B até A, podemos escrever:

$$\mathbf{M}_B^R = \mathbf{M}_A^R + \mathbf{s} \times \mathbf{R}$$

3. **Verificação da equivalência de dois sistemas de forças.** Primeiro, devemos reduzir cada sistema de forças a um sistema força-binário *num mesmo ponto A arbitrário* (como explicamos no primeiro parágrafo). Os dois sistemas serão equivalentes (ou seja, terão o mesmo efeito sobre o corpo rígido dado) se os dois sistemas força-binário que obtemos forem idênticos, ou seja, se

$$\Sigma \mathbf{F} = \Sigma \mathbf{F}' \qquad e \qquad \Sigma \mathbf{M}_A = \Sigma \mathbf{M}'_A$$

Devemos reconhecer que, se a primeira dessas equações não está satisfeita, ou seja, se os dois sistemas não têm a mesma resultante $\mathbf{R}$, os dois sistemas não podem ser equivalentes e, portanto, não é necessário conferir se a segunda equação é, ou não, satisfeita.

4. **Redução de um dado sistema de forças a uma força única.** Primeiro, devemos reduzir o sistema dado a um sistema força-binário que consista na resultante **R** e no vetor binário $\mathbf{M}_A^R$ em algum ponto A conveniente (como explicamos no primeiro parágrafo). Foi mencionado na Seção 3.4 que uma redução adicional a uma força única é possível *somente se a força **R** e o vetor binário $\mathbf{M}_A^R$ forem perpendiculares entre si*. Esse certamente será o caso para sistemas de forças que sejam concorrentes, coplanares ou paralelas. A força única necessária pode ser obtida movendo-se **R** até que o momento em relação ao ponto A seja igual a $\mathbf{M}_A^R$, como foi feito em vários problemas da Seção 3.4. De forma mais formal, podemos escrever que o vetor de posição **r** traçado de A até qualquer ponto sobre a linha de ação da força única **R** deve satisfazer a equação

$$\mathbf{r} \times \mathbf{R} = \mathbf{M}_A^R$$

Esse procedimento foi usado nos Problemas Resolvidos 3.8, 3.9 e 3.11.

5. **Redução de um sistema de forças dado a um torsor.** Se o sistema dado consiste em forças que não são concorrentes, coplanares ou paralelas, o sistema força-binário equivalente em um ponto A consistirá em uma força **R** e um vetor binário $\mathbf{M}_A^R$ que geralmente *não são perpendiculares entre si*. (Para conferir se **R** e $\mathbf{M}_A^R$ são perpendiculares entre si, efetuemos o produto escalar de ambos. Se esse produto for nulo, eles são perpendiculares entre si; caso contrário, não são.) Se **R** e $\mathbf{M}_A^R$ não são mutuamente perpendiculares, o sistema força-binário (e, portanto, o sistema de forças dado) *não pode ser reduzido a uma força única*. No entanto, o sistema pode ser reduzido a um *torsor* – a combinação de uma força **R** e um vetor binário $\mathbf{M}_1$ direcionado ao longo de uma linha comum de ação denominada *eixo do torsor* (Fig. 3.42). A razão $p = M_1/R$ é denominada *passo do torsor*.

Para reduzir um dado sistema de forças a um torsor, devemos obedecer aos seguintes passos:
   a. Reduzir o sistema dado a um sistema força-binário equivalente (**R**, $\mathbf{M}_O^R$), geralmente localizado na origem O.
   b. Determinar o passo p da Eq. (3.60):

$$p = \frac{M_1}{R} = \frac{\mathbf{R} \cdot \mathbf{M}_O^R}{R^2}$$

   e o vetor binário de $\mathbf{M}_1 = p\mathbf{R}$.

   c. Expressar que o momento em relação a O do torsor é igual ao momento resultante $\mathbf{M}_O^R$ do sistema força-binário em O.

$$\mathbf{M}_1 + \mathbf{r} \times \mathbf{R} = \mathbf{M}_O^R \tag{3.61}$$

Essa equação nos possibilita determinar o ponto em que a linha de ação do torsor intercepta um plano especificado, pois o vetor de posição **r** é direcionado de O para aquele ponto. Esses passos são ilustrados no Problema Resolvido 3.12. Embora a determinação de um torsor e do ponto em que seu eixo intercepta um plano possa parecer difícil, o processo é somente a aplicação de algumas das ideias e técnicas desenvolvidas neste capítulo. Portanto, uma vez que dominamos o torsor, podemos estar seguros de que compreendemos grande parte do Cap. 3.

PROBLEMAS

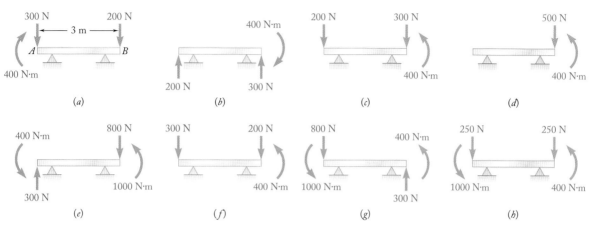

Figura P3.101

3.101 Uma viga de 3 m de comprimento está sujeita a uma variedade de cargas. (a) Substitua cada carga por um sistema força-binário equivalente na extremidade A da viga. (b) Quais das cargas são equivalentes?

3.102 Uma viga de 3 m de comprimento está carregada como mostra a figura. Determine a carga do Problema 3.101 que é equivalente a essa carga.

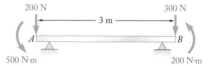

Figura P3.102

3.103 Determine a força única equivalente e a distância do ponto A até sua linha de ação para a viga e a carga do (a) Problema 3.101a, (b) Problema 3.101b, (c) Problema 3.102.

3.104 Cinco sistemas força-binário separados atuam nos cantos de uma peça de metal que foi dobrada no formato mostrado na figura. Determine quais desses sistemas é equivalente a uma força $\mathbf{F} = (10\text{ N})\mathbf{i}$ e um binário de momento $\mathbf{M} = (15\text{ N·m})\mathbf{j} + (15\text{ N·m})\mathbf{k}$ localizados na origem.

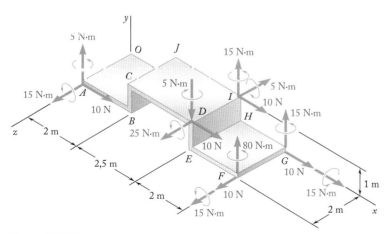

Figura P3.104

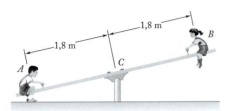

Figura P3.105

3.105 Os pesos de duas crianças sentadas nas extremidades A e B de uma gangorra são 420 N e 320 N, respectivamente. Onde deverá sentar-se uma terceira criança de modo que a resultante dos pesos das três crianças passe pelo ponto C se a criança tiver um peso de (a) 300 N, (b) 260 N?

3.106 Três refletores de palco são montados em um tubo, como mostra a figura. As luzes em A e B pesam 20 N cada uma, enquanto a outra em C pesa 18 N. (a) Se $d = 0{,}60$ m, determine a distância do ponto D até a linha de ação da resultante dos pesos dos três refletores. (b) Determine o valor de d de modo que a resultante dos pesos passe pelo ponto médio do tubo.

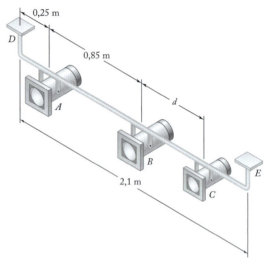

Figura P3.106

3.107 Uma viga suporta três cargas com intensidade indicada na figura e uma quarta carga cuja intensidade é função da posição. Se $b = 1{,}5$ m e as cargas forem representadas por uma única força equivalente, determine (a) o valor de a tal que a distância do apoio A até a linha de ação da força equivalente seja máxima, (b) a intensidade da força equivalente e seu ponto de aplicação na viga.

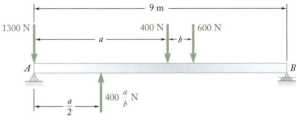

Figura P3.107

3.108 Uma placa de 6 x 12 cm está sujeita a quatro cargas como mostra a figura. Encontre a resultante das quatro cargas e os dois pontos em que a linha de ação da resultante intercepta a borda da placa.

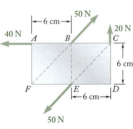

Figura P3.108

3.109 Um motor de 160 N é montado em um piso. Encontre a resultante do peso e das forças exercidas sobre a correia e determine o ponto em que a linha de ação da resultante intercepta o piso.

3.110 Para testar a força de uma mala de 625 x 500 mm, forças são aplicadas conforma mostra a figura. Se $P = 88$ N, (a) determine a resultante das forças aplicadas, (b) localize os dois pontos onde a linha de ação da resultante intercepta o limite da mala.

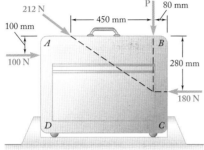

Figura P3.110

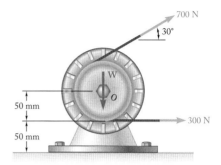

Figura P3.109

3.111 Resolva o Problema 3.110, considerando que $P = 138$ N.

3.112 As polias A e B estão montadas sobre o suporte CDEF. A tração em cada lado das duas correias é mostrada na figura. Substitua as quatro forças por uma força única equivalente e determine em que ponto a sua linha de ação intercepta a parte inferior do suporte.

3.113 Uma treliça sustenta a carga mostrada na figura. Determine a força equivalente que atua sobre a treliça e o ponto de interseção da sua linha de ação com uma linha que passa pelos pontos A e G.

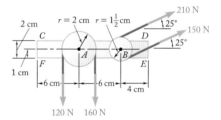

Figura P3.112

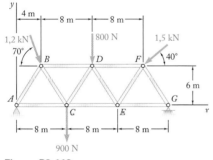

Figura P3.113

3.114 Um binário de intensidade $M = 0,54$ N · m e três forças mostradas são aplicadas em um suporte angular. (a) Determine a resultante do sistema de forças. (b) Localize o ponto em que a linha de ação da resultante intercepta a linha AB e a linha BC.

3.115 Um binário de intensidade **M** e três forças mostradas são aplicadas em um suporte angular. Encontre o momento do binário se a linha de ação da resultante do sistema de força passa através do (a) ponto A, (b) ponto B, (c) ponto C.

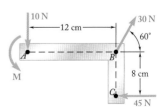

Figura P3.114 e P3.115

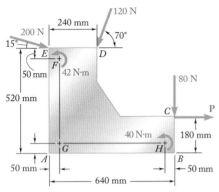

Figura P3.116

3.116 Um componente de máquina é sujeito a forças e binários mostrados na figura. O componente é mantido no local por um único rebite que pode resistir à força, mas não ao binário. Se $P = 0$, determine o posição do furo do rebite se for localizado (*a*) na linha *FG*, (*b*) na linha *GH*.

3.117 Resolva o Problema 3.116, considerando que $P = 60$ N.

3.118 À medida que rola ao longo da superfície do elemento *C*, o rolete seguidor *AB* exerce uma força constante **F** perpendicular à superfície. (*a*) Substitua **F** por um sistema força-binário equivalente no ponto *D* obtido traçando-se a perpendicular desde o ponto de contato até o eixo *x*. (*b*) Para $a = 1$ m e $b = 2$ m, determine o valor de *x* para o qual o momento do sistema força-binário equivalente em *D* é máximo.

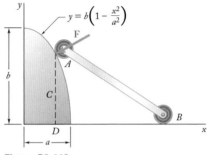

Figura P3.118

3.119 Um componente de máquina é sujeito às forças mostradas na figura, cada qual paralela a um dos eixos coordenados. Substitua essas forças por um sistema de força-binário equivalente em *A*.

3.120 Duas polias de 150 mm de diâmetro estão montadas no eixo *AD*. As correias *B* e *C* ficam em planos verticais paralelos ao plano *yz*. Substitua as forças das correias mostradas por um sistema força-binário equivalente em *A*.

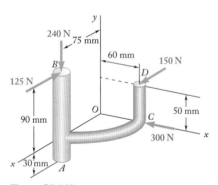

Figura P3.119

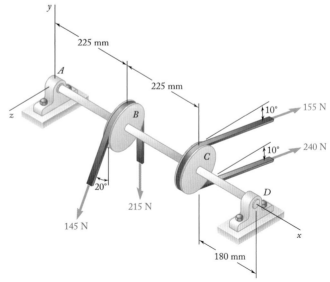

Figura P3.120

3.121 Quando um suporte ajustável BC é usado para aprumar uma parede, o sistema força-binário mostrado na figura é exercido sobre a parede. Substitua esse sistema força-binário por um sistema força-binário equivalente em A, sabendo que $R = 21,2$ N e $M = 0,1325$ N·m.

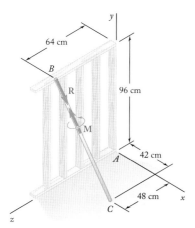

Figura **P3.121**

3.122 Para desenroscar a torneira A, um encanador utiliza duas chaves-inglesas, como mostra a figura. Ao exercer uma força de 200 N em cada chave a uma distância de 200 mm do eixo do cano e em uma direção perpendicular ao cano e à chave, ele evita que o cano gire e que haja o afrouxamento ou o aperto da junta entre o cano e o cotovelo rosqueado C. Determine (a) o ângulo θ que a chave A deveria formar com a vertical se o cotovelo C não girar em relação à vertical, (b) o sistema força-binário em C equivalente às duas forças de 200 N quando essa condição é satisfeita.

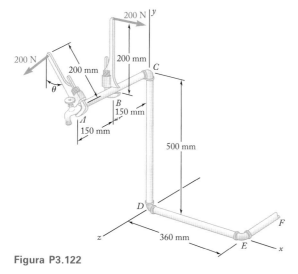

Figura P3.122

3.123 Considerando $\theta = 60°$ no Problema 3.122, substitua as duas forças de 200 N por um sistema força-binário equivalente em D e determine se a ação do encanador tende a apertar ou afrouxar a junta entre (a) o cano CD e o cotovelo D, (b) o cotovelo D e o cano DE. Considere que todas as roscas são de sentido horário (direitas).

3.124 Quatro forças são aplicadas no componente de máquinas *ABDE* como mostra na figura. Substitua essas forças por um sistema de força-binário equivalente em *A*.

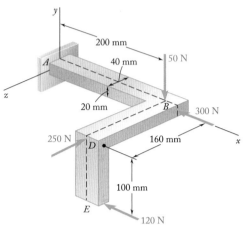

Figura P3.124

3.125 Uma lâmina fixada em um suporte é usada para enroscar um parafuso em *A*. (*a*) Determine as forças exercidas em *B* e *C*, sabendo que estas são equivalentes a um sistema força-binário em *A* representado por $\mathbf{R} = -(25\ \text{N})\mathbf{i} + R_y\mathbf{j} + R_z\mathbf{k}$ e $\mathbf{M}_A^R = -(13{,}5\ \text{N·m})\mathbf{i}$. (*b*) Encontre os valores correspondentes de R_y e R_z. (*c*) Qual é a orientação da fenda na cabeça do parafuso para qual a lâmina tenha menor probabilidade de escapar quando o suporte está na posição mostrada?

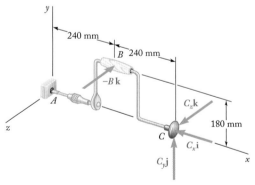

Figura P3.125

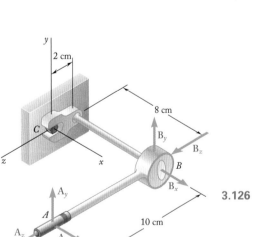

Figura P3.126

3.126 Um mecânico utiliza uma chave de boca para afrouxar um parafuso em *C*. O mecânico mantém o cabo da chave de boca nos pontos *A* e *B* e aplica forças nesses pontos. Sabendo que essas forças são equivalentes a um sistema força-binário em *C* que consiste em uma força $= -(8\ \text{N})\mathbf{i} + (4\ \text{N})\mathbf{k}$ e um binário $\mathbf{M}_c = (3{,}6\ \text{N·m})\mathbf{i}$, determine as forças aplicadas em *A* e *B* quando $A_z = 2\ \text{N}$.

3.127 Três crianças estão em pé sobre uma balsa de 5 x 5 m. Se os pesos das crianças nos pontos A, B e C são de 375 N, 260 N e 400 N, respectivamente, determine a intensidade e o ponto de aplicação da resultante dos três pesos.

3.128 Três crianças estão em pé sobre uma balsa de 5 x 5 m. Os pesos das crianças nos pontos A, B e C são de 375 N, 260 N e 400 N, respectivamente. Se uma quarta criança de peso 425 N subir na balsa, determine onde ela deve ficar se as outras crianças permanecerem nas posições mostradas na figura e a linha de ação da resultante dos quatro pesos passar através do centro da balsa.

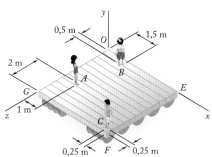

Figura P3.127 e P3.128

3.129 Quatro placas são montadas numa estrutura no vão da autoestrada, e as intensidades das forças do vento horizontal exercidas nas placas são mostradas na figura. Determine a intensidade e o ponto de aplicação da resultante das quatro forças do vento quando $a = 0,4$ m e $b = 4,8$ m.

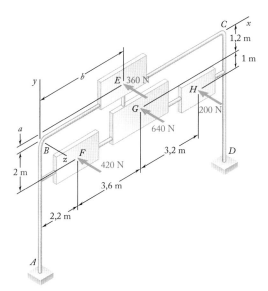

Figura P3.129 e P3.130

3.130 Quatro placas são montadas numa estrutura no vão da autoestrada, e as intensidades das forças do vento horizontal exercidas nas placas são mostradas na figura. Determine a e b tal que o ponto de aplicação da resultante das quatro forças seja em G.

3.131 Uma base de concreto de 5 m de raio suporta quatro colunas separadas igualmente, cada qual localizada a 4 m do centro da base. Determine a intensidade e o ponto de aplicação da resultante das quatro cargas.

3.132 Determine a intensidade e o ponto de aplicação da menos carga adicional que precisa ser aplicada à base de concreto do Problema 3.131 se a resultante das cinco forças deve passar através do centro da base.

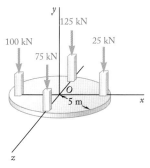

Figura P3.131

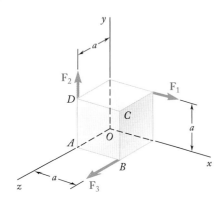

Figura P3.133

*3.133 Três forças de uma mesma intensidade P atuam no cubo de lado a como mostrado na figura. Substitua as três forças por um torsor equivalente e determine (a) a intensidade, a direção e o sentido da resultante **R**, (b) o passo do torsor, (c) o eixo do torsor.

*3.134 Uma peça de chapa metálica é dobrada no formato mostrado e sofre a ação de três forças. Se as forças têm a mesma intensidade P, substitua as três forças por um torsor equivalente e determine (a) a intensidade, a direção e o sentido da resultante **R**, (b) o passo do torsor, (c) o eixo do torsor.

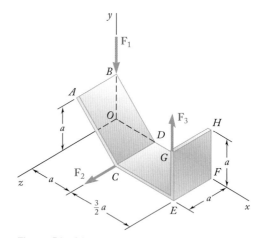

Figura P3.134

*3.135 e ***3.136** As forças e binários mostrados na figura são aplicados em dois parafusos à medida que uma chapa metálica é parafusada em um bloco de madeira. Reduza as forças e os binários a um torsor equivalente e determine (a) a intensidade, a direção e o sentido da resultante **R**, (b) o passo do torsor, (c) o ponto em que o eixo do torsor intercepta o plano xz.

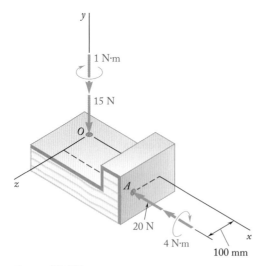

Figura P3.135

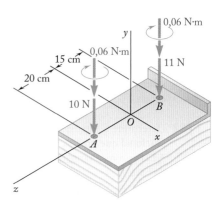

Figura P3.136

*3.137 e *3.138 Dois parafusos A e B são apertados aplicando-se as forças e os binários mostrados na figura. Substitua os dois torsores por um torsor único equivalente e determine (a) a resultante **R**, (b) o passo do torsor único equivalente, (c) o ponto em que o eixo do torsor intercepta o plano xz.

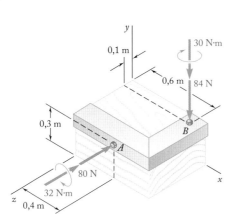

Figura P3.137

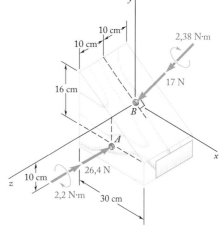

Figura P3.138

*3.139 Duas cordas amarradas em A e B são usadas para mover um tronco de uma árvore caída. Substitua as forças exercidas pelas cordas por um torsor equivalente e determine (a) a força resultante **R**, (b) o passo do torsor, (c) o ponto em que o eixo do torsor intercepta o plano yz.

*3.140 Um mastro de bandeira é escorado por três cabos. Sabendo que as forças de tração nos cabos têm a mesma intensidade P, substitua as forças exercidas sobre o mastro por um torsor equivalente e determine (a) a força resultante **R**, (b) o passo do torsor, (c) o ponto em que o eixo do torsor intercepta o plano xz.

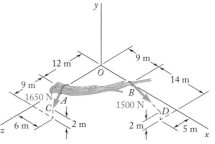

Figura P3.139

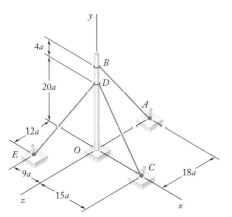

Figura P3.140

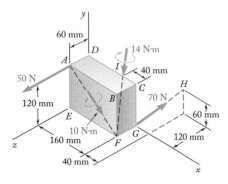

Figura P3.141

*3.141 e *3.142* Determine se o sistema força-binário mostrado na figura pode ser reduzido a uma força única equivalente **R**. Se for o caso, determine **R** e o ponto em que a linha de ação de **R** intercepta o plano *yz*. Caso contrário, substitua o sistema dado por um torsor equivalente e determine sua resultante, seu passo e o ponto em que seu eixo intercepta o plano *yz*.

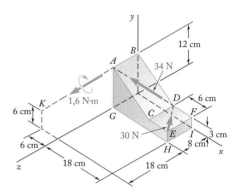

Figura *P3.142*

*3.143 Substitua o torsor mostrado na figura por um sistema equivalente que consista em duas forças perpendiculares ao eixo *y* exercidas, respectivamente, em *A* e *B*.

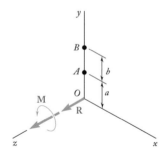

Figura P3.143

*3.144 Mostre que um torsor geralmente pode ser substituído por duas forças escolhidas de tal modo que uma força passa por um dado ponto enquanto a outra força fica em um dado plano.

*3.145 Mostre que um torsor pode ser substituído por duas forças perpendiculares, uma das quais é aplicada em um dado ponto.

*3.146 Mostre que um torsor pode ser substituído por duas forças, uma das quais tem uma linha de ação prescrita.

REVISÃO E RESUMO

Princípio da transmissibilidade

Neste capítulo estudamos o efeito das forças exercidas sobre um corpo rígido. Primeiro, aprendemos a distinguir forças **externas** e forças **internas** [Seção 3.1A] e vimos que, de acordo com o **princípio da transmissibilidade**, o efeito de uma força externa sobre um corpo rígido permanece inalterado se essa força for movida ao longo da sua linha de ação [Seção 3.1B]. Em outras palavras, duas forças **F** e **F'** que atuem sobre um corpo rígido em dois pontos diferentes terão o mesmo efeito sobre esse corpo se tiverem a mesma intensidade, a mesma linha de ação e o mesmo sentido (Fig. 3.43). Duas forças assim são ditas **equivalentes**.

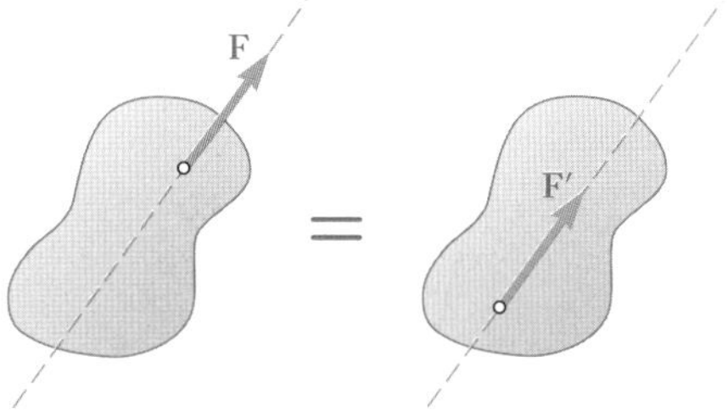

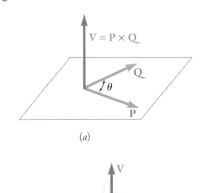

Figura P3.43

Produto vetorial

Antes de prosseguirmos com a discussão sobre **sistemas de forças equivalentes**, apresentamos o conceito de **produto vetorial de dois vetores** [Seção 3.1C]. O produto vetorial

$$\mathbf{V} = \mathbf{P} \times \mathbf{Q}$$

dos vetores **P** e **Q** foi definido como um vetor perpendicular ao plano que contém **P** e **Q** (Fig. 3.44), de intensidade

$$V = PQ \,\text{sen}\, \theta \tag{3.1}$$

e direcionado de modo que uma pessoa localizada na ponta de **V** observará como anti-horária a rotação ao longo de θ que faz o vetor **P** ficar alinhado com o vetor **Q**. Os três vetores **P**, **Q** e **V** – tomados nessa ordem – formam uma *tríade orientada diretamente*. Segue-se que os produtos vetoriais $\mathbf{Q} \times \mathbf{P}$ e $\mathbf{P} \times \mathbf{Q}$ são representados por vetores opostos.

$$\mathbf{Q} \times \mathbf{P} = -(\mathbf{P} \times \mathbf{Q}) \tag{3.4}$$

Segue-se também da definição de produto vetorial de dois vetores que os produtos vetoriais dos vetores unitários **i**, **j** e **k** são

$$\mathbf{i} \times \mathbf{i} = 0 \qquad \mathbf{i} \times \mathbf{j} = \mathbf{k} \qquad \mathbf{j} \times \mathbf{i} = -\mathbf{k}$$

e assim por diante. O sinal do produto vetorial de dois vetores unitários pode ser obtido arranjando-se as três letras que representam os vetores unitários em um círculo, em ordem anti-horária (Fig. 3.45): o produto vetorial de dois vetores unitários será positivo se seguirem um ao outro em ordem anti-horária, e negativo se seguirem um ao outro em ordem horária.

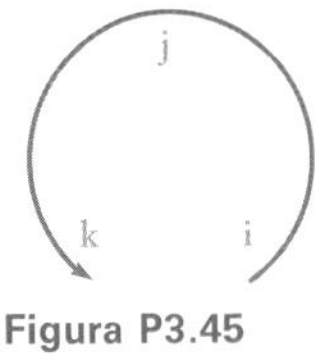

Figura P3.44

Figura P3.45

Componentes retangulares do produto vetorial

Os **componentes retangulares do produto vetorial V** de dois vetores **P** e **Q** são expressos [Seção 3.1D] como

$$\begin{aligned} V_x &= P_y Q_z - P_z Q_y \\ V_y &= P_z Q_x - P_x Q_z \\ V_z &= P_x Q_y - P_y Q_x \end{aligned} \tag{3.9}$$

Usando um determinante, temos também:

$$V = \begin{vmatrix} i & j & k \\ P_x & P_y & P_z \\ Q_x & Q_y & Q_z \end{vmatrix} \quad (3.10)$$

Momento de uma força em relação a um ponto

O **momento de uma força F em relação a um ponto** O foi definido [Seção 3.1E] como o produto vetorial

$$M_O = r \times F \quad (3.11)$$

onde **r** é o *vetor de posição* traçado de O até o ponto de aplicação A da força **F** (Fig. 3.46). Representando por θ o ângulo entre às linhas de ação de **r** e **F**, encontramos que a intensidade do momento de **F** em relação a O pode ser expressa como

$$M_O = rF \operatorname{sen} \theta = Fd \quad (3.12)$$

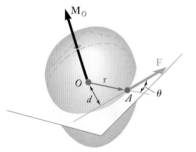

Figura P3.46

onde d representa a distância perpendicular do ponto O até a linha de ação de **F**.

Componentes retangulares do momento

Os **componentes retangulares do momento M_O de uma força F** foram expressos [Seção 3.1F] como

$$\begin{aligned} M_x &= yF_z - zF_y \\ M_y &= zF_x - xF_z \\ M_z &= xF_y - yF_x \end{aligned} \quad (3.18)$$

onde x, y e z são os componentes do vetor de posição **r** (Fig. 3.47). Usando uma forma de determinante, também temos

$$M_O = \begin{vmatrix} i & j & k \\ x & y & z \\ F_x & F_y & F_z \end{vmatrix} \quad (3.19)$$

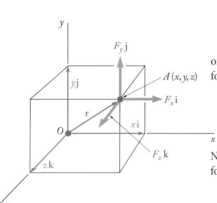

Figura P3.47

No caso mais geral do momento em relação a um ponto arbitrário B de uma força **F** aplicada em A, obtivemos:

$$M_B = \begin{vmatrix} i & j & k \\ x_{A/B} & y_{A/B} & z_{A/B} \\ F_x & F_y & F_z \end{vmatrix} \quad (3.21)$$

onde $x_{A/B}$, $y_{A/B}$ e $z_{A/B}$ representam os componentes do vetor $r_{A/B}$:

$$x_{A/B} = x_A - x_B \qquad y_{A/B} = y_A - y_B \qquad z_{A/B} = z_A - z_B$$

No caso de *problemas que envolvem apenas duas dimensões*, pode-se admitir que a força **F** fique no plano xy. Seu momento M_B em relação a um ponto B no mesmo plano é perpendicular a esse plano (Fig. 3.48) e é completamente definido pelo escalar

$$M_B = (x_A - x_B)F_y - (y_A - y_B)F_x \quad (3.23)$$

Vários métodos para o cálculo do momento de uma força em relação a um ponto foram ilustrados nos Problemas Resolvidos 3.1 a 3.4.

Produto escalar de dois vetores

O **produto escalar** de dois vetores **P** e **Q** [Seção 3.2A] foi representado por **P** · **Q** e definido como a grandeza escalar

$$P \cdot Q = PQ \cos \theta \quad (3.24)$$

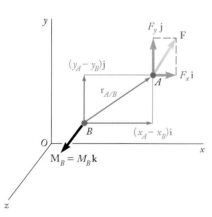

Figura P3.48

onde θ é o ângulo entre **P** e **Q** (Fig. 3.49). Expressando o produto escalar de **P** e **Q** em termos dos componentes retangulares dos dois vetores, determinamos que

$$\mathbf{P} \cdot \mathbf{Q} = P_x Q_x + P_y Q_y + P_z Q_z \tag{3.28}$$

Projeção de um vetor sobre um eixo
A **projeção de um vetor P sobre um eixo** OL (Fig. 3.50) pode ser obtida efetuando-se o produto escalar de **P** e do vetor unitário $\boldsymbol{\lambda}$ ao longo de OL. Temos

$$P_{OL} = \mathbf{P} \cdot \boldsymbol{\lambda} \tag{3.34}$$

ou, usando componentes retangulares,

$$P_{OL} = P_x \cos\theta_x + P_y \cos\theta_y + P_z \cos\theta_z \tag{3.35}$$

onde θ_x, θ_y e θ_z representam os ângulos que o eixo OL forma com os eixos de coordenadas.

Produto triplo misto de três vetores
O **produto triplo misto** de três vetores **S**, **P** e **Q** foi definido como a expressão escalar

$$\mathbf{S} \cdot (\mathbf{P} \times \mathbf{Q}) \tag{3.36}$$

obtida efetuando-se o produto escalar de **S** pelo produto vetorial de **P** e **Q** [Seção 3.2B]. Foi mostrado que

$$\mathbf{S} \cdot (\mathbf{P} \times \mathbf{Q}) = \begin{vmatrix} S_x & S_y & S_z \\ P_x & P_y & P_z \\ Q_x & Q_y & Q_z \end{vmatrix} \tag{3.39}$$

onde os elementos do determinante são os componentes retangulares dos três vetores.

Momento de uma força em relação a um eixo
O **momento de uma força F em relação a um eixo** OL [Seção 3.2C] foi definido como a projeção OC sobre OL do momento $\mathbf{M}_O$ da força **F** (Fig. 3.51), ou seja, como o produto triplo misto do vetor unitário $\boldsymbol{\lambda}$, do vetor de posição **r** e da força **F**:

$$M_{OL} = \boldsymbol{\lambda} \cdot \mathbf{M}_O = \boldsymbol{\lambda} \cdot (\mathbf{r} \times \mathbf{F}) \tag{3.40}$$

Figura P3.49

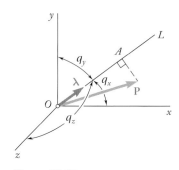

Figura P3.50

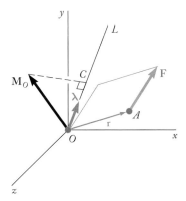

Figura P3.51

Usando a forma determinante para o produto triplo misto, temos

$$M_{OL} = \begin{vmatrix} \lambda_x & \lambda_y & \lambda_z \\ x & y & z \\ F_x & F_y & F_z \end{vmatrix} \quad (3.41)$$

onde

$\lambda_x, \lambda_y, \lambda_z$ = cossenos diretores do eixo OL
x, y, z = componentes de **r**
F_x, F_y, F_z = componentes de **F**

Um exemplo de determinação do momento de uma força em relação a um eixo inclinado foi dado no Problema Resolvido 3.5.

Binários

Diz-se que *duas forças* **F** *e* −**F** *de igual intensidade, linhas de ação paralelas e sentidos opostos formam um* **binário** [Seção 3.3A]. Foi mostrado que o momento de um binário é independente do ponto em relação ao qual é calculado; esse momento é um vetor **M** perpendicular ao plano do binário e cuja intensidade é igual ao produto da intensidade comum F das forças e da distância perpendicular d entre suas linhas de ação (Fig. 3.52).

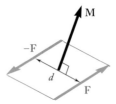

Figura P3.52

Dois binários que têm o mesmo momento **M** são *equivalentes*, ou seja, têm o mesmo efeito sobre um dado corpo rígido [Seção 3.3B]. A soma de dois binários é, ela própria, um binário [Seção 3.3C], e o momento **M** do binário resultante pode ser obtido somando-se vetorialmente os momentos $\mathbf{M}_1$ e $\mathbf{M}_2$ dos binários originais [Problema Resolvido 3.6]. Segue-se que um binário pode ser representado por um vetor denominado **vetor binário**, igual em intensidade, direção e sentido ao momento **M** do binário [Seção 3.3D]. Um vetor binário é um *vetor livre* que pode ser ligado à origem O, se assim desejar, e representado por componentes (Fig. 3.53).

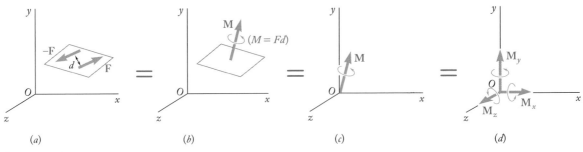

Figura P3.53

Sistema força-binário

Qualquer força **F** que atua em um ponto A de um corpo rígido pode ser substituída por um **sistema força-binário** em um ponto arbitrário O, que consiste na força **F** aplicada em O e um binário de momento $\mathbf{M}_O$ igual ao momento em relação a O da força **F** em sua posição original [Seção 3.3E]; deve-se observar que a força **F** e o vetor binário $\mathbf{M}_O$ são sempre perpendiculares entre si (Fig. 3.54).

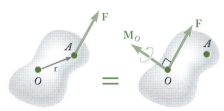

Figura P3.54

Redução de um sistema de forças a um sistema força-binário

Segue-se [Seção 3.4A] que *qualquer sistema de forças pode ser reduzido a um sistema força-binário em um dado ponto O* substituindo-se primeiro cada uma das forças do sistema por um sistema força-binário equivalente em O (Fig. 3.55) e, em seguida, somando-se todas as forças e todos os binários determinados dessa maneira para se obter uma força resultante **R** e um vetor binário resultante $\mathbf{M}_O^R$ [Problemas Resolvidos 3.8 até 3.11]. Observe que geralmente a resultante **R** e o vetor binário $\mathbf{M}_O^R$ não serão perpendiculares entre si.

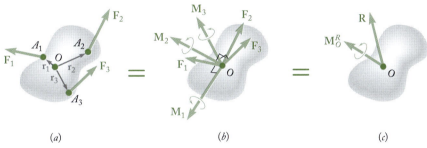

(a)　　　　　　　　　(b)　　　　　　　　　(c)

Figura P3.55

Sistemas equivalentes de forças

Concluímos do que foi exposto anteriormente [Seção 3.4B] que, em se tratando de um corpo rígido, *dois sistemas de forças, $\mathbf{F}_1$, $\mathbf{F}_2$, $\mathbf{F}_3$, ..., e $\mathbf{F}'_1$, $\mathbf{F}'_2$, $\mathbf{F}'_3$, são equivalentes se, e somente se,*

$$\Sigma \mathbf{F} = \Sigma \mathbf{F}' \qquad \text{e} \qquad \Sigma \mathbf{M}_O = \Sigma \mathbf{M}'_O \qquad (3.55)$$

Redução adicional de um sistema de forças

Se a força resultante **R** e o vetor binário resultante $\mathbf{M}_O^R$ são perpendiculares entre si, o sistema força-binário em O pode ainda ser reduzido a uma força única resultante [Seção 3.4C]. Esse será o caso para sistemas constituídos de (a) forças concorrentes (Cap. 2), (b) forças coplanares [Problemas Resolvidos 3.8 e 3.9] ou (c) forças paralelas [Problema Resolvido 3.11]. Se a resultante **R** e o vetor binário $\mathbf{M}_O^R$ *não* são perpendiculares entre si, o sistema *não pode* ser reduzido a uma força única. Todavia, pode ser reduzido a um tipo especial de sistema força-binário denominado *torsor*, que consiste na resultante **R** e em um vetor binário $\mathbf{M}_1$ dirigido ao longo de **R** [Seção 3.4D e Problema Resolvido 3.12].

PROBLEMAS DE REVISÃO

3.147 Uma força **P** de 300 N é aplicada no ponto A da alavanca mostrada. (a) Calcule o momento da força **P** em relação a O decompondo-a nos componentes horizontal e vertical. (b) Utilizando o resultado da parte a, determine a distância perpendicular de O até a linha de ação de **P**.

3.148 Um guincho AB é usado para endireitar um mourão. Sabendo que a tração no cabo BC é 1.040 N e o comprimento d é 1,9 m, determine o momento em relação a D da força exercida pelo cabo em C decompondo tal força no componente horizontal e no vertical aplicados (a) no ponto C, (b) no ponto E.

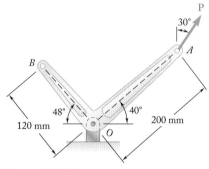

Figura P3.147

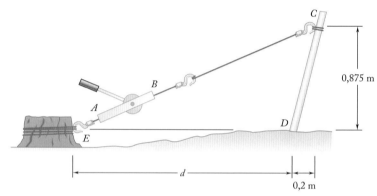

Figura P3.148

3.149 Um pequeno barco é suportado por dois guindastes, um dos quais é mostrado na figura. A tensão na linha ABAD é 369 N. Determine o momento da resultante $\mathbf{R}_A$ sobre C exercida pelo guindaste em A.

3.150 Considere a rede de voleibol mostrada na figura. Determine o ângulo formado pelos cabos de sustentação AB e AC.

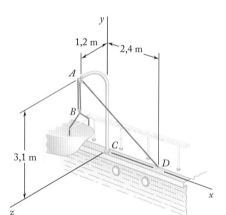

Figura P3.149

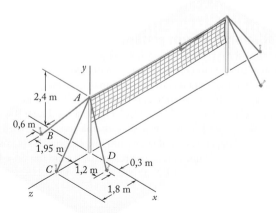

Figura P3.150

3.151 Uma força única **P** atua sobre C em uma direção perpendicular à alça BC da manivela mostrada. Determine o momento M_x de **P** em relação ao eixo x quando $\theta = 65°$, sabendo que $M_y = -15$ N·m e $M_z = -36$ N·m.

3.152 Um pequeno barco é suportado por dois guindastes, um dos quais é mostrado na figura. Sabendo que o momento sobre o eixo z da resultante R_A exercida no guindaste em A não deve exceder 558 N·m em valores absolutos. Determine a maior tensão admissível na linha ABAD quando $x = 2,4$ m.

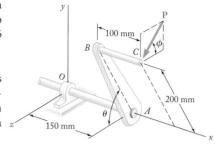

Figura P3.151

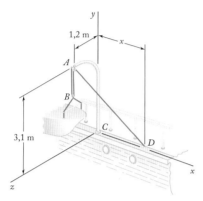

Figura *P3.152*

3.153 Em uma operação de fabricação, são feitas três perfurações simultâneas em uma peça. Se as perfurações são perpendiculares às superfícies da peça, substitua os binários aplicados às brocas pelo binário único equivalente, especificando sua intensidade e a direção de seu eixo.

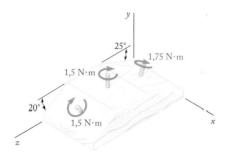

Figura P3.153

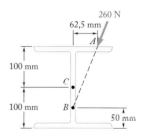

Figura P3.154

3.154 Uma força de 260 N é aplicada em A sobre a seção de aço laminado mostrada na figura. Substitua essa força por um sistema força-binário equivalente no centro C da seção.

3.155 A força e o binário mostrados devem ser substituídos por uma força única equivalente. Sabendo que $P = 2Q$, determine o valor necessário de α se a linha de ação da força única equivalente deve passar através (a) do ponto A, (b) do ponto C.

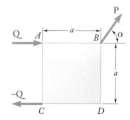

Figura *P3.155*

3.156 Uma força F_1 de 77 N e um binário M_1 de 31 N · m são aplicados no canto E da chapa dobrada mostrada na figura. Se F_1 e M_1 tiverem de ser substituídos por um sistema força-binário equivalente (F_2, M_2) no canto B, e se $(M_2)_z = 0$, determine (a) a distância d, (b) F_2 e M_2.

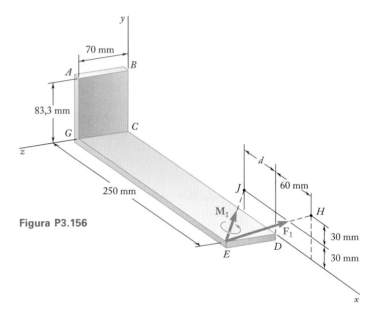

Figura P3.156

3.157 Três forças horizontais são aplicadas a um braço vertical de ferro fundido, como mostra a figura. Determine a resultante das forças e a distância do chão até a sua linha de ação quando (a) $P = 200$ N, (b) $P = 2400$ N, (c) $P = 1000$ N.

3.158 Ao utilizar um apontador de lápis, um estudante aplica as forças e o binário mostrado na figura. (a) Determine as forças exercidas em B e C sabendo que essas forças e o binário são equivalentes a um sistema força-binário em A constituído da força $R = (13\ N)i + R_y j - (3,5\ N)k$ e do binário $M_A^R = M_x i + (0,12\ N·m)j - (0,85\ N·m)k$. (b) Encontre os valores correspondentes de R_y e M_x.

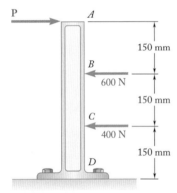

Figura P3.157

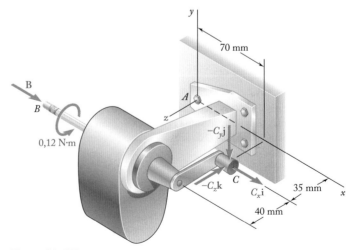

Figura P3.158

4
Equilíbrio de corpos rígidos

Tianjin Eye é uma roda gigante sustentada por uma ponte sobre o rio Hai na China. A estrutura foi projetada de forma que as reações de apoio nos rolamentos da roda e na base da armação mantenham o equilíbrio, mesmo sob os efeitos das forças vertical (gravidade) e horizontal (do vento).

Diagramas de corpo livre

4.1 Equilíbrio em duas dimensões
4.1A Reações para uma estrutura bidimensional
4.1B Equilíbrio de um corpo rígido em duas dimensões
4.1C Reações estaticamente indeterminadas e vinculações parciais

4.2 Dois casos especiais
4.2A Equilíbrio de um corpo sujeito à ação de duas forças
4.2B Equilíbrio de um corpo sujeito à ação de três forças

4.3 Equilíbrio em três dimensões
4.3A Equilíbrio de um corpo rígido em três dimensões
4.3B Reações para uma estrutura tridimensional

Objetivos

- **Analisar** o equilíbrio estático de corpos rígidos em duas e três dimensões.
- **Considerar** os atributos de um diagrama de corpo livre desenhado corretamente, uma ferramenta essencial para a análise do equilíbrio de corpos rígidos.
- **Examinar** corpos rígidos suportados por reações estaticamente indeterminadas e vinculações parciais.
- **Estudar** dois casos de interesse especial: o equilíbrio de corpos sujeitos à ação de duas e três forças.

Introdução

Vimos no Capítulo 3 que as forças externas exercidas sobre um corpo rígido podem ser reduzidas a um sistema força-binário em algum ponto arbitrário O. Quando a força e o binário são iguais a zero, as forças externas formam um sistema equivalente a zero, e diz-se que o corpo rígido está em **equilíbrio**.

As condições necessárias e suficientes para o equilíbrio de um corpo rígido, portanto, podem ser obtidas estabelecendo-se $\mathbf{R}$ e $\mathbf{M}_O^R$ iguais a zero nas relações (3.50) da Seção 3.4A:

$$\Sigma \mathbf{F} = 0 \qquad \Sigma \mathbf{M}_O = \Sigma\, (\mathbf{r} \times \mathbf{F}) = 0 \qquad (4.1)$$

Decompondo cada força e cada momento em seus componentes retangulares, podemos substituir essas equações para o equilíbrio de um corpo rígido pelas seis equações escalares seguintes:

$$\Sigma F_x = 0 \qquad \Sigma F_y = 0 \qquad \Sigma F_z = 0 \qquad (4.2)$$
$$\Sigma M_x = 0 \qquad \Sigma M_y = 0 \qquad \Sigma M_z = 0 \qquad (4.3)$$

Podem-se utilizar as equações obtidas para determinar forças desconhecidas aplicadas ao corpo rígido ou reações desconhecidas exercidas sobre ele por seus apoios. Observe que as Eqs. (4.2) provam o fato de que os componentes das forças externas nas direções x, y e z estão equilibradas; já as Eqs. (4.3) indicam o fato de que os momentos das forças externas em torno dos eixos x, y e z estão equilibrados. Portanto, para um corpo rígido em equilíbrio, o sistema de forças externas não causa qualquer movimento translacional ou rotacional ao corpo considerado.

Para escrever as equações de equilíbrio para um corpo rígido, é essencial primeiro identificar todas as forças que atuam sobre esse corpo e, então, desenhar o **diagrama de corpo livre** correspondente. Neste capítulo consideramos primeiro o equilíbrio de *estruturas bidimensionais* sujeitas a forças contidas em seus planos e aprendemos como desenhar seus diagramas de corpo livre. Além das forças *exercidas* numa estrutura, vamos estudar as *reações* exercidas sobre a estrutura por seus apoios. Uma reação específica será associada a cada tipo de apoio. Iremos aprender como determinar se a estrutura está adequadamente apoiada, de modo que possamos saber antecipadamente se as equações de equilíbrio podem ser resolvidas para forças e reações desconhecidas.

Mais adiante neste capítulo, trataremos do equilíbrio de estruturas tridimensionais, e o mesmo tipo de análise será feito para essas estruturas e seus apoios.

Diagramas de corpo livre

Quando resolver um problema que envolva o equilíbrio de um corpo rígido, é essencial considerar *todas* as forças atuantes sobre o corpo; é igualmente importante excluir qualquer força que *não* esteja diretamente aplicada ao corpo. Omitir ou acrescentar uma força extra acabaria com as condições de equilíbrio. Portanto, o primeiro passo na solução do problema deve ser traçar um **diagrama de corpo livre** do corpo rígido que está em análise.

Diagramas de corpo livre já foram usados em muitas ocasiões no Cap. 2. Entretanto, tendo em vista a sua importância para a solução de problemas de equilíbrio, resumimos aqui os vários passos que devem ser seguidos aos esquematizar um diagrama de corpo livre.

1. Deve-se tomar uma decisão clara em relação à escolha do corpo livre a ser usado. Mentalmente, esse corpo é, então, separado do solo e de todos os outros corpos. Feito isso, esboça-se o contorno do corpo assim isolado.
2. Todas as forças externas devem ser indicadas no diagrama de corpo livre. Essas forças representam as ações exercidas *sobre* o corpo livre *pelo* solo e *pelos* corpos que foram destacados; devem ser aplicadas nos vários pontos em que o corpo livre estava apoiado sobre o solo ou estava conectado aos outros corpos. Geralmente, o *peso* do corpo livre deve ser também incluído entre as forças externas, pois representa a atração exercida pela

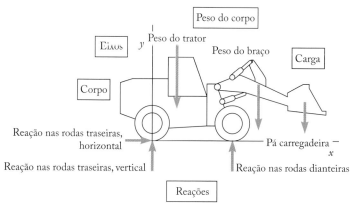

Foto 4.1 Um trator sustentando uma pá carregadeira. Um diagrama de corpo livre do trator mostrado incluiria todas as forças externas exercidas sobre ele.

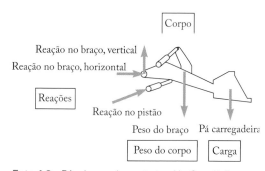

Foto 4.2 Pá e braço de um trator. No Cap. 6 discutiremos como determinar as forças internas em estruturas feitas de várias peças conectadas, como essas, utilizando diagramas de corpo livre.

Terra sobre as várias partículas que formam o corpo livre. Como veremos no Cap. 5, o peso deve ser aplicado no centro de gravidade do corpo. Quando o corpo livre for constituído de várias partes, as forças que as várias partes exercem umas sobre as outras *não* devem ser incluídas entre as forças externas. Essas forças são forças internas no que concerne ao corpo livre.

3. As intensidades, as direções e os sentidos das *forças externas conhecidas* devem ser claramente representados no diagrama de corpo livre. Quando se for indicar as direções dessas forças, devemos lembrar que as forças mostradas no diagrama de corpo livre devem ser aquelas que são exercidas *sobre*, e não *pelo*, corpo livre. Forças externas conhecidas geralmente incluem o *peso* do corpo livre e as *forças aplicadas* com uma dada finalidade.

4. As *forças externas desconhecidas* geralmente consistem em **reações** por meio das quais o solo e os outros corpos se opõem a um possível movimento do corpo livre. As reações limitam o corpo livre a permanecer na mesma posição e, por esse motivo, são às vezes denominadas *forças vinculares*. As reações são exercidas nos pontos em que o corpo livre é *apoiado* ou *conectado* a outros corpos e devem ser claramente indicadas. As reações são discutidas em detalhe nas Seções 4.1 e 4.3.

5. O diagrama de corpo livre deve também incluir as dimensões, pois podem ser necessárias no cálculo dos momentos das forças. Qualquer outro detalhe, no entanto, deve ser omitido.

4.1 Equilíbrio em duas dimensões

Na primeira parte deste capítulo, considera-se o equilíbrio de uma estrutura bidimensional; ou seja, pressupõe-se que a estrutura que está sendo analisada e as forças a ela aplicadas estão contidas no mesmo plano. Obviamente, as reações necessárias para se manter a estrutura na mesma posição estarão também contidas nesse plano.

4.1A Reações para uma estrutura bidimensional

As reações exercidas sobre uma estrutura bidimensional podem ser divididas em três grupos, que correspondem a três tipos de **apoios**, ou **conexões**:

1. **Reações equivalentes a uma força com linha de ação conhecida.** Apoios e conexões que causam reações desse tipo incluem *roletes, suportes basculantes, superfícies sem atrito, hastes de conexão e cabos curtos, cursores em hastes sem atrito* e *pinos sem atrito em fendas*. Cada um desses apoios e conexões pode impedir o movimento em uma direção apenas. Esses apoios e conexões são mostrados na Fig. 4.1, junto com as reações que produzem. Cada uma dessas reações envolve *uma incógnita*, a saber, a intensidade da reação, que deve ser representada por uma letra apropriada. A linha de ação da reação é conhecida e deve ser indicada claramente no diagrama de corpo livre.

    O sentido da reação deve ser como mostra a Fig. 4.1 para os casos de uma superfície sem atrito (em direção ao corpo livre) ou um cabo (afastando-se do corpo livre). A reação pode ser dirigida em um ou outro sentido no caso de roletes de pista dupla, hastes de conexão, cursores em hastes e pinos em fendas. Roletes de pista simples e suportes basculantes são geralmente considerados reversíveis, e portanto as reações correspondentes podem também ser dirigidas em um ou outro sentido.

Capítulo 4 Equilíbrio de corpos rígidos

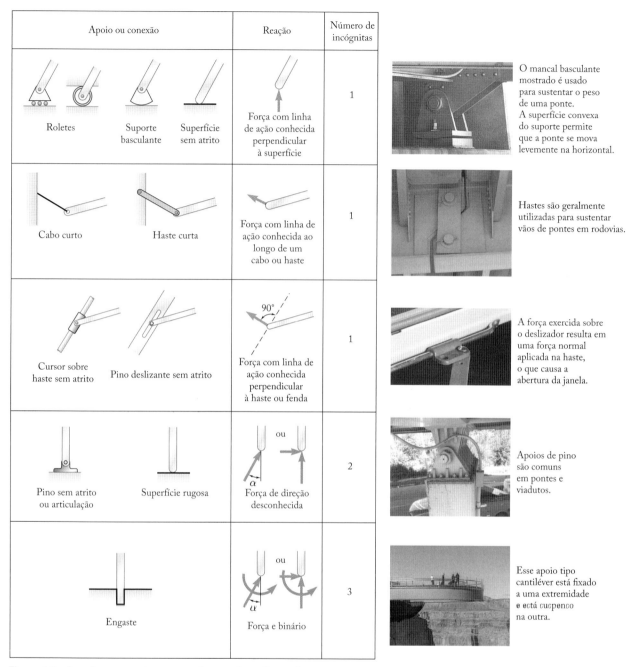

Figura 4.1 Reações em apoios e conexões em duas dimensões.

2. **Reações equivalentes a uma força de direção, sentido e intensidade desconhecidos.** Apoios e conexões que causam reações desse tipo incluem *pinos sem atrito ajustados em furos*, *articulações* e *superfícies rugosas*. Esses apoios e conexões podem impedir a translação do corpo livre em todas as direções, mas não podem impedir o corpo de girar em torno da conexão. As reações desse grupo envolvem *duas incógnitas* e são geralmente representadas por seus componentes x e y. No caso de uma superfície rugosa, o componente normal à superfície deve ser dirigido para fora da superfície e, portanto, é dirigido em direção ao corpo livre.

3. Reações equivalentes a uma força e a um binário. Essas reações são causadas por *engastes*, que impedem qualquer movimento do corpo livre e, portanto, o imobilizam totalmente. Os engastes, na verdade, produzem forças ao longo de toda a superfície de contato; essas forças, no entanto, formam um sistema que pode ser reduzido a uma força e a um binário. Reações desse grupo envolvem *três incógnitas*, que geralmente consistem nos dois componentes da força e no momento do binário.

Quando o sentido de uma força ou binário desconhecido não é facilmente previsível, não se deve fazer qualquer tentativa de determiná-lo. Em vez disso, o sentido da força ou binário deve ser escolhido de maneira arbitrária; o sinal da solução obtida indicará se a hipótese estava correta ou não. (Uma resposta positiva indica que a hipótese está correta, enquanto uma resposta negativa indica que a hipótese está incorreta).

4.1B Equilíbrio de um corpo rígido em duas dimensões

As condições estabelecidas na Seção 4.1A para o equilíbrio de um corpo rígido tornam-se consideravelmente mais simples para o caso de uma estrutura bidimensional. Escolhendo os eixos x e y no plano da estrutura, temos

$$F_z = 0 \qquad M_x = M_y = 0 \qquad M_z = M_O$$

para cada uma das forças aplicadas à estrutura. Portanto, as seis equações de equilíbrio deduzidas na Seção 4.1 se reduzem a três equações:

$$\Sigma F_x = 0 \qquad \Sigma F_y = 0 \qquad \Sigma M_O = 0 \qquad (4.4)$$

Como $\Sigma M_O = 0$, deve ser satisfeita independentemente da escolha da origem O, podemos escrever as equações de equilíbrio para uma estrutura bidimensional na forma mais geral.

Equações do equilíbrio em duas dimensões

$$\Sigma F_x = 0 \qquad \Sigma F_y = 0 \qquad \Sigma M_A = 0 \qquad (4.5)$$

onde A é um ponto qualquer no plano da estrutura. As três equações obtidas podem ser resolvidas para no máximo *três incógnitas*.

Vimos na seção precedente que as forças desconhecidas incluem as reações e que o número de incógnitas correspondentes a uma dada reação depende do tipo de apoio ou conexão produzido por essa reação. Retomando a Figura 4.1, observamos que as equações de equilíbrio (4.5) podem ser aplicadas para se determinar as reações produzidas por dois roletes e um cabo, um engaste, ou um rolete e um pino ajustado em furo, etc.

Considere por exemplo a Figura 4.2a, na qual a treliça mostrada está sujeita às forças dadas **P**, **Q** e **S**. A treliça é mantida no lugar por um pino em A e um rolete em B. O pino impede o ponto A de se mover exercendo na treliça uma força que pode ser decomposta nos componentes $\mathbf{A}_x$ e $\mathbf{A}_y$; o rolete impede a rotação da treliça em torno de A exercendo a força vertical **B**. O diagrama de corpo livre da treliça é mostrado na Fig. 4.2b que inclui as reações $\mathbf{A}_x$, $\mathbf{A}_y$ e **B**, assim como as forças aplicadas **P**, **Q**, **S** (na forma dos componentes x e y) e o peso **W** da treliça.

Considerando que a treliça está em equilíbrio, a soma dos momentos em relação a A de todas as forças mostradas na Fig. 4.2b é igual a zero. Podemos escrever a equação $\Sigma M_A = 0$, que pode ser usada para se determinar a intensidade B, uma vez que essa equação não contém A_x ou A_y. A seguir, considerando que a soma dos componentes em x e a soma dos componentes em y das forças

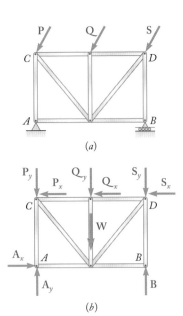

Figura 4.2 (a) Uma treliça sustentada por um pino e por um rolete; (b) diagrama de corpo livre da treliça.

são iguais a zero, podemos escrever as equações $\Sigma F_x = 0$ e $\Sigma F_y = 0$, das quais podemos obter os componentes A_x e A_y, respectivamente.

Poderíamos obter uma equação adicional considerando que a soma dos momentos das forças externas em relação a um ponto diferente de A é zero, como, por exemplo, $\Sigma M_B = 0$. Tal afirmação, no entanto, não contém qualquer informação nova, pois já foi estabelecido que o sistema de forças mostrado na Fig. 4.2b é equivalente a zero. A equação adicional *não é independente* e não pode ser usada para se determinar uma quarta incógnita. Porém, essa equação será útil para se conferir a solução obtida a partir das três equações de equilíbrio originais.

Embora não seja possível adicionar às três equações de equilíbrio equações adicionais, qualquer uma delas pode ser *substituída* por outra equação. Se escolhido corretamente, o novo sistema de equações ainda descreve o equilíbrio, mas pode facilitar o trabalho. Por exemplo, um sistema alternativo de equações de equilíbrio é

$$\Sigma F_x = 0 \qquad \Sigma M_A = 0 \qquad \Sigma M_B = 0 \qquad (4.6)$$

onde o segundo ponto, a servir de referência para a soma dos momentos, (neste caso, o ponto B) não pode estar sobre a linha paralela ao eixo y, que passa pelo ponto A (Fig. 4.2b). Essas equações são condições suficientes para o equilíbrio da treliça. As duas primeiras equações indicam que as forças externas devem se reduzir a uma única força vertical em A. Como a terceira equação requer que o momento dessa força seja zero em relação ao ponto B, que não está sobre sua linha de ação, a força deve ser nula e o corpo rígido estar em equilíbrio.

Um terceiro conjunto possível de equações de equilíbrio é

$$\Sigma M_A = 0 \qquad \Sigma M_B = 0 \qquad \Sigma M_C = 0 \qquad (4.7)$$

em que os pontos A, B e C não estão sobre uma linha reta (Fig. 4.2b). A primeira equação requer que as forças externas se reduzam a uma única força em A; a segunda equação requer que essa força passe por B; e a terceira equação requer que ela passe por C. Como os pontos A, B e C não estão sobre uma linha reta, a força deve ser zero e o corpo rígido estar em equilíbrio.

A equação $\Sigma M_A = 0$, que expressa que a soma dos momentos das forças sobre o pino A é zero, tem um significado físico mais bem definido do que o das duas outras equações (4.7). Essas duas equações expressam uma ideia similar de equilíbrio, mas referindo-se a pontos em relação aos quais o corpo rígido não está articulado. Elas são, no entanto, tão úteis quanto a primeira equação, e nossa escolha de equações de equilíbrio não deve ser desnecessariamente influenciada pelo significado físico dessas equações. De fato, na prática, será desejável escolher equações de equilíbrio que contenham somente uma incógnita, já que isso elimina a necessidade de se obter as soluções de equações simultâneas. É possível obter equações que contenham somente uma incógnita somando-se os momentos em relação ao ponto de interseção das linhas de ação de duas forças desconhecidas ou, se essas forças forem paralelas, somando-se os componentes em uma direção perpendicular à sua direção comum.

Por exemplo, na Fig. 4.3, na qual a treliça mostrada é sustentada por roletes em A e B e por uma haste curta de conexão em D, podem-se eliminar as reações em A e B somando-se os componentes x. As reações em A e D serão eliminadas somando-se os momentos em relação a C, e as reações em B e D, somando-se os momentos em relação a D. As equações obtidas são

$$\Sigma F_x = 0 \qquad \Sigma M_C = 0 \qquad \Sigma M_D = 0$$

Cada uma dessas equações contém somente uma incógnita.

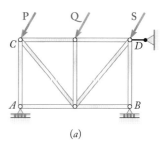

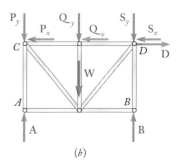

Figura 4.3 (a) Uma treliça sustentada por dois roletes e por uma haste curta; (b) diagrama de corpo livre da treliça.

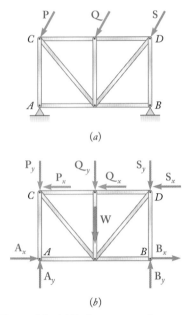

Figura 4.4 (a) Treliça com reações estaticamente indeterminadas; (b) diagrama de corpo livre.

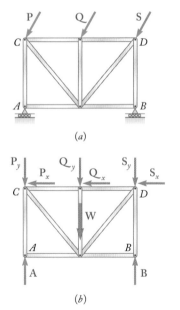

Figura 4.5 (a) Treliça com vinculações parciais; (b) diagrama de corpo livre.

4.1C Reações estaticamente indeterminadas e vinculações parciais

Nos dois exemplos examinados nas Figuras 4.2 e 4.3, os tipos de apoio usados foram tais que o corpo rígido não poderia se mover sob as cargas dadas ou sob quaisquer outras condições de carregamento. Em tais casos, diz-se que o corpo rígido está **completamente vinculado**. Recordamos também que as reações correspondentes a esses apoios envolviam *três incógnitas* e podiam ser determinadas resolvendo-se as três equações de equilíbrio. Quando tal situação ocorre, diz-se que as reações são **estaticamente determinadas**.

Considere a Fig. 4.4a, na qual a treliça mostrada é sustentada por pinos em A e B. Esses suportes fornecem mais vínculos do que são necessários para impedir a treliça de se mover sob as cargas aplicadas ou sob quaisquer outras condições de carregamento. Observamos também, a partir do diagrama de corpo livre da Fig. 4.4b, que as reações correspondentes envolvem *quatro incógnitas*. Uma vez que, conforme apresentamos na Seção 4.1D, só estão disponíveis três equações de equilíbrio independentes, há *mais incógnitas que equações*; portanto, nem todas as incógnitas podem ser determinadas. Enquanto as equações $\Sigma M_A = 0$ e $\Sigma M_B = 0$ fornecem os componentes B_y e A_y, respectivamente, a equação $\Sigma F_x = 0$ fornece somente a soma $A_x + B_x$ dos componentes horizontais das reações em A e B. Os componentes A_x e B_x são considerados **estaticamente indeterminados**. Podem-se determinar esses componentes considerando-se as deformações produzidas na treliça pelo carregamento dado, mas esse método está além do escopo da estática e pertence ao estudo de mecânica dos materiais.

Vamos analisar a situação oposta. Os apoios usados para sustentar a treliça mostrada na Fig. 4.5a consistem em roletes em A e em B. De forma evidente, os vínculos fornecidos por esses apoios não são suficientes para impedir o movimento da treliça. Embora qualquer movimento vertical esteja impedido, a treliça pode mover-se livremente na horizontal. Diz-se que a treliça está **parcialmente vinculada***. Voltando nossa atenção para a Fig. 4.5b, observamos que as reações em A e B envolvem somente *duas incógnitas*. Como três equações de equilíbrio devem ainda ser satisfeitas, há *menos incógnitas que equações*, e uma das equações de equilíbrio poderá não ser satisfeita. Embora as equações $\Sigma M_A = 0$ e $\Sigma M_B = 0$ possam ser satisfeitas por meio de uma escolha apropriada das reações em A e B, a equação $\Sigma F_x = 0$ não será satisfeita a menos que se conclua que a soma dos componentes horizontais das forças aplicadas é nula. Observamos, portanto, que o equilíbrio da treliça da Fig. 4.5 não pode ser mantido em condições gerais de carregamento.

Conclui-se da discussão anterior que, para um corpo rígido estar completamente vinculado e as reações em seus apoios serem estaticamente determinadas, **deve haver tantas incógnitas quanto equações de equilíbrio**. Quando essa condição *não* é satisfeita, podemos estar certos de que o corpo rígido não está completamente vinculado ou as reações em seus apoios não são estaticamente determinadas; é também possível que o corpo rígido não esteja completamente vinculado *e* que as reações sejam estaticamente indeterminadas.

Devemos notar, no entanto, que, embora *necessária*, a condição anterior *não é suficiente*. Em outras palavras: o fato de o número de incógnitas ser igual ao número de equações não é garantia de que o corpo esteja completamente

---

* Corpos parcialmente vinculados são frequentemente citados como *instáveis*. No entanto, para evitar confusão entre esse tipo de instabilidade, devida às restrições insuficientes, e o tipo de instabilidade considerada no Cap. 10, que é relativo ao comportamento de um corpo rígido quando seu equilíbrio é perturbado, vamos restringir o uso dos termos *estável* e *instável* a esse último caso.

vinculado ou que as reações em seus apoios sejam estaticamente determinadas. Considere a Fig. 4.6a, na qual a treliça mostrada é sustentada por roletes em A, B e E. Embora existam três reações incógnitas, **A**, **B** e **E** (Fig. 4.6b), a equação $\Sigma F_x = 0$ não será satisfeita a menos que se conclua que a soma dos componentes horizontais das forças aplicadas é igual a zero. Apesar de haver um número suficiente de vínculos, esses vínculos não estão apropriadamente arranjados, e a treliça pode mover-se livremente em sentido horizontal. Diz-se que a treliça está **impropriamente vinculada**. Como restam somente duas equações de equilíbrio para determinar três incógnitas, as reações serão estaticamente indeterminadas. Deste modo, vínculos impróprios também produzem indeterminação estática.

Outro exemplo de vinculações impróprias – e de indeterminação estática – é dado pela treliça mostrada na Fig. 4.7. Essa treliça é sustentada por um pino em A e por roletes em B e C, o que ao todo envolve quatro incógnitas. Como só estão disponíveis três equações de equilíbrio independentes, as reações nos apoios são estaticamente indeterminadas. Por outro lado, verifica-se que a equação $\Sigma M_A = 0$ não pode ser satisfeita em condições gerais de carregamento, pois as linhas de ação das reações **B** e **C** passam por A. Concluímos que a treliça pode girar em torno de A e que ela está impropriamente vinculada*.

Os exemplos das Figs. 4.6 e 4.7 levam-nos a concluir que

> **um corpo rígido está impropriamente vinculado sempre que os suportes, mesmo que forneçam um número suficiente de reações, estiverem dispostos de tal modo que as reações sejam concorrentes em um mesmo ponto ou paralelas.****

Em suma, para se ter certeza de que um corpo rígido bidimensional está completamente vinculado e que as reações em seus apoios são estaticamente determinadas, devemos verificar se as reações envolvem três – e somente três – incógnitas e se os apoios estão dispostos de tal modo que não exijam que as reações sejam concorrentes ou paralelas.

Suportes que envolvem reações estaticamente indeterminadas devem ser usados com cuidado no projeto de estruturas e só com conhecimento completo dos problemas que eles podem causar. Por outro lado, a análise de estruturas que apresentam reações estaticamente indeterminadas pode, muitas vezes, ser parcialmente realizada por meio dos métodos da estática. No caso da treliça da Fig. 4.4, por exemplo, os componentes verticais das reações em A e B foram obtidos das equações de equilíbrio.

Por razões óbvias, os suportes que produzem vinculações parciais ou impróprias devem ser evitados no projeto de estruturas estacionárias. Porém, uma estrutura parcial ou impropriamente vinculada não irá necessariamente entrar em colapso; em certas condições de carregamento, o equilíbrio poderá ser mantido. Por exemplo, as treliças das Figuras 4.5 e 4.6 estarão em equilíbrio se as forças aplicadas **P**, **Q** e **S** forem verticais. Além disso, estruturas que são projetadas para se mover *devem* ser apenas parcialmente vinculadas. Um vagão de trem, por exemplo, seria pouco útil se fosse completamente vinculado por meio da aplicação permanente de seus freios.

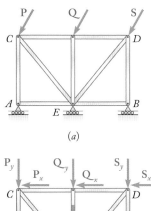

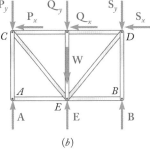

Figura 4.6 (a) Treliça com vinculações impróprias; (b) diagrama de corpo livre.

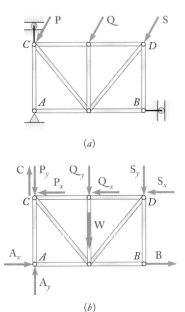

Figura 4.7 (a) Treliça com vinculações impróprias; (b) diagrama de corpo livre.

---

* A rotação da treliça em torno de A requer alguma "folga" nos apoios em B e C. Na prática, essa folga sempre existirá. Além disso, observa-se que, se a folga se mantiver pequena, os deslocamentos dos roletes B e C – e, assim, as distâncias do ponto A às linhas de ação das reações **B** e **C** também serão pequenos. A equação $\Sigma M_A = 0$ requer, então, que as reações **B** e **C** sejam muito grandes, situação que pode resultar no colapso dos suportes em B e C.

** Pelo fato de decorrer de uma *geometria* ou arranjo inadequados dos apoios, essa situação é frequentemente citada como *instabilidade geométrica*.

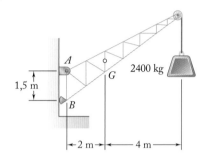

PROBLEMA RESOLVIDO 4.1

Um guindaste fixo tem massa de 1.000 kg e é usado para suspender um caixote de 2.400 kg. Ele é mantido na posição indicada na figura por um pino em A e por um suporte basculante em B. O centro de gravidade do guindaste está localizado em G. Determine os componentes das reações em A e B.

ESTRATÉGIA Traça-se um diagrama de corpo livre do guindaste mostrando todas as forças que nele atuam; então, utilizam-se as equações de equilíbrio para calcular os valores das forças desconhecidas.

MODELAGEM

Diagrama de corpo livre. Multiplicando as massas do guindaste e do caixote por $g = 9,81$ m/s², obtemos os pesos correspondentes, ou seja, 9.810 N, ou 9,81 kN, e 23.500 N, ou 23,5 kN (Fig. 1). A reação no pino A é uma força de direção desconhecida e é representada por seus componentes $\mathbf{A}_x$ e $\mathbf{A}_y$. A reação no suporte basculante B é perpendicular à superfície deste; portanto, ela é horizontal. Admitimos que $\mathbf{A}_x$, $\mathbf{A}_y$ e $\mathbf{B}$ atuam nas direções e sentidos mostrados na figura

ANÁLISE

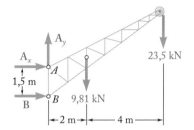

Figura 1 Diagrama de corpo livre do guindaste.

Cálculo de B. Expressamos que a soma dos momentos de todas as forças em relação ao ponto A é zero. A equação obtida não conterá A_x nem A_y, pois os momentos de $\mathbf{A}_x$ e $\mathbf{A}_y$ em relação a A são nulos. Multiplicando a intensidade de cada força por sua distância perpendicular a partir de A, temos

$$+\circlearrowleft \Sigma M_A = 0: \qquad +B(1,5 \text{ m}) - (9,81 \text{ kN})(2 \text{ m}) - (23,5 \text{ kN})(6 \text{ m}) = 0$$
$$B = +107,1 \text{ kN} \qquad \mathbf{B} = 107,1 \text{ kN} \rightarrow \quad \blacktriangleleft$$

Como o resultado é positivo, a reação tem a direção que lhe atribuímos anteriormente.

Cálculo de A_x. Determina-se a intensidade de $\mathbf{A}_x$ expressando-se que a soma dos componentes horizontais de todas as forças externas é nula.

$$\xrightarrow{+} \Sigma F_x = 0: \qquad A_x + B = 0$$
$$A_x + 107,1 \text{ kN} = 0$$
$$A_x = -107,1 \text{ kN} \qquad \mathbf{A}_x = 107,1 \text{ kN} \leftarrow \quad \blacktriangleleft$$

Como o resultado é negativo, o sentido de $\mathbf{A}_x$ é oposto ao assumido originalmente.

Cálculo de A_y. A soma dos componentes verticais também deve ser nula. Logo,
$$+\uparrow \Sigma F_y = 0: \qquad A_y - 9,81 \text{ kN} - 23,5 \text{ kN} = 0$$
$$A_y = +33,3 \text{ kN} \qquad \mathbf{A}_y = 33,3 \text{ kN} \uparrow \quad \blacktriangleleft$$

Adicionando vetorialmente os componentes $\mathbf{A}_x$ e $\mathbf{A}_y$, descobrimos que a reação em A é 112,2 kN ⦨ 17,3°.

PARA REFLETIR Os valores obtidos para as reações podem ser verificados recordando-se que a soma dos momentos de todas as forças externas em relação a qualquer ponto deve ser nula. Por exemplo, considerando-se o ponto B (Fig. 2), temos

$$+\circlearrowleft \Sigma M_B = -(9,81 \text{ kN})(2 \text{ m}) - (23,5 \text{ kN})(6 \text{ m}) + (107,1 \text{ kN})(1,5 \text{ m}) = 0$$

Figura 2 Diagrama de corpo livre do guindaste com as reações solucionadas.

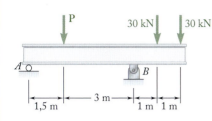

PROBLEMA RESOLVIDO 4.2

Três cargas são aplicadas a uma viga como mostra a figura. A viga é sustentada por um rolete em A e por um pino em B. Desprezando o peso da viga, determine as reações em A e B quando $P = 75$ kN.

ESTRATÉGIA   Traça-se um diagrama de corpo livre da viga; então, escreve-se as equações de equilíbrio, primeiro somando-se as forças na direção x e depois os momentos em A e em B.

MODELAGEM

Diagrama de corpo livre.   A reação em A é vertical e é representada por **A** (Fig. 1). A reação em B é representada pelos componentes $\mathbf{B}_x$ e $\mathbf{B}_y$. Admite-se que cada componente atua no sentido indicado na figura.

ANÁLISE

Equações de equilíbrio.   Escrevemos as três equações de equilíbrio e as resolvemos para as reações indicadas:

$$\xrightarrow{+} \Sigma F_x = 0: \qquad\qquad B_x = 0 \qquad\qquad \mathbf{B}_x = 0 \blacktriangleleft$$

$$+\circlearrowleft \Sigma M_A = 0:$$
$$-(75\text{ kN})(1,5\text{ m}) + B_y(4,5\text{ m}) - (30\text{ kN})(5,5\text{ m}) - (30\text{ kN})(6,5\text{ m}) = 0$$
$$B_y = +105\text{ kN} \qquad \mathbf{B}_y = 105\text{ kN} \uparrow \blacktriangleleft$$

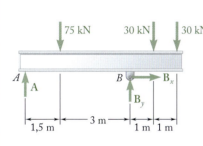

Figura 1 Diagrama de corpo livre da viga.

$$+\circlearrowleft \Sigma M_B = 0:$$
$$-A(4,5\text{ m}) + (75\text{ kN})(3\text{ m}) - (30\text{ kN})(1\text{ m}) - (30\text{ kN})(2\text{ m}) = 0$$
$$A = +30\text{ kN} \qquad \mathbf{A} = 30\text{ kN} \uparrow \blacktriangleleft$$

PARA REFLETIR   Os resultados são verificados somando-se os componentes verticais de todas as forças externas:

$$+\uparrow \Sigma F_y = +30\text{ kN} - 75\text{ kN} + 105\text{ kN} - 30\text{ kN} - 30\text{ kN} = 0$$

Observação.   Neste problema, as reações tanto em A como em B são verticais; no entanto, essas reações são verticais por razões diferentes. Em A, a viga é sustentada por um rolete; portanto, a reação não pode ter qualquer componente horizontal. Em B, o componente horizontal da reação é zero porque deve satisfazer a equação de equilíbrio $\Sigma F_x = 0$ e nenhuma das outras forças exercidas na viga tem um componente horizontal.

Poderíamos ter percebido à primeira vista que a reação em B era vertical e dispensado o componente horizontal $\mathbf{B}_x$. Contudo, não seria uma boa opção. Se a seguíssemos, correríamos o risco de esquecer o componente $\mathbf{B}_x$ quando as condições de carregamento exigissem tal componente (ou seja, quando fosse incluída uma carga horizontal). Além disso, o componente $\mathbf{B}_x$ foi calculado igual a zero por meio da solução de uma equação de equilíbrio, $\Sigma F_x = 0$. Se estabelecêssemos $\mathbf{B}_x$ igual a zero de imediato, poderíamos não perceber que realmente fizemos uso dessa equação e, assim, perderíamos o controle do número de equações disponíveis para resolver o problema.

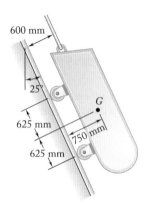

Figura 1 Diagrama de corpo livre do vagão.

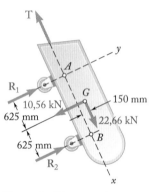

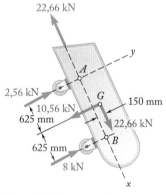

Figura 2 Diagrama de corpo livre do vagão com as reações solucionadas.

PROBLEMA RESOLVIDO 4.3

Um vagão de carga está em repouso sobre um trilho formando um ângulo de 25° com a vertical. O peso bruto do vagão e sua carga é 25 kN e atua em um ponto a 750 mm do trilho, no meio entre os dois eixos. O vagão é segurado por um cabo a 600 mm do trilho. Determine a tração no cabo e a reação em cada par de rodas.

ESTRATÉGIA Traça-se um diagrama de corpo livre do vagão para determinar as forças desconhecidas, e escreve-se equações de equilíbrio para encontrar seus valores, somando momentos em A e B, e então somando as forças.

MODELAGEM

Diagrama de corpo livre. A reação em cada roda é perpendicular ao trilho, e a força de tração **T** é paralela a ele. Por conveniência, escolhemos o eixo x paralelo ao trilho e o eixo y perpendicular ao trilho (Fig. 1). O peso de 25 kN é, então, decomposto em componentes x e y.

$$W_x = +(25 \text{ kN}) \cos 25° = +22{,}66 \text{ kN}$$
$$W_y = -(25 \text{ kN}) \text{ sen } 25° = -10{,}56 \text{ kN}$$

ANÁLISE

Equações de equilíbrio. Consideramos momentos em relação a A a fim de excluir **T** e $\mathbf{R}_1$ dos cálculos.

$$+\circlearrowleft \Sigma M_A = 0: \quad -(10{,}56 \text{ kN})(0{,}625 \text{ m}) - (22{,}66 \text{ kN})(0{,}15 \text{ m}) + R_2(1{,}25 \text{ m}) = 0$$

$$R_2 = +8 \text{ kN} \qquad \qquad \mathbf{R}_2 = 8 \text{ kN} \nearrow \quad \blacktriangleleft$$

Agora, levando em conta os momentos em relação a B para eliminar **T** e $\mathbf{R}_2$ dos cálculos, temos

$$+\circlearrowleft \Sigma M_B = 0: \quad (10{,}56 \text{ kN})(0{,}625 \text{ m}) - (22{,}66 \text{ kN})(0{,}15 \text{ m}) - R_1(1{,}25 \text{ m}) = 0$$

$$R_1 = +2{,}56 \text{ kN} \qquad \qquad \mathbf{R}_1 = +2{,}56 \text{ kN} \nearrow \quad \blacktriangleleft$$

Encontra-se o valor de T somando-se as forças na direção de x.

$$\searrow + \Sigma F_x = 0: \quad +22{,}66 \text{ kN} - T = 0$$
$$T = +22{,}66 \text{ kN} \qquad \mathbf{T} = 22{,}66 \text{ kN} \nwarrow \blacktriangleleft$$

Os valores calculados das reações são mostrados na Figura 2.

PARA REFLETIR Podemos verificar os cálculos somando-se as forças na direção y.

$$\nearrow + \Sigma F_y = +2{,}56 \text{ kN} + 8 \text{ kN} - 10{,}56 \text{ kN} = 0$$

Poderíamos também ter verificado a solução calculando os momentos em relação a qualquer outro ponto diferente de A e B.

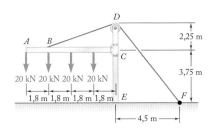

PROBLEMA RESOLVIDO 4.4

A estrutura representada na figura sustenta parte do teto de um pequeno edifício. Sabendo que a tração no cabo é 150 kN, determine a reação na extremidade fixa E.

ESTRATÉGIA Traça-se um diagrama de corpo livre da estrutura e do cabo BDF. O apoio em E é fixo; neste caso, portanto, as reações incluem um momento; para determinar seu valor, devemos somar os momentos em relação ao ponto E.

MODELAGEM

Diagrama de corpo livre. A reação na extremidade fixa E é representada pelos componentes de força $\mathbf{E}_x$ e $\mathbf{E}_y$ e pelo binário $\mathbf{M}_E$ (Fig. 1). As outras forças que atuam no corpo livre são as quatro cargas de 20 kN e a força de 150 kN exercida na extremidade F do cabo.

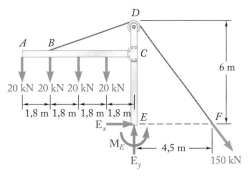

Figura 1 Diagrama de corpo livre da estrutura.

ANÁLISE

Equações de equilíbrio. Primeiro observamos que

$$DF = \sqrt{(4,5 \text{ m})^2 + (6 \text{ m})^2} = 7,5 \text{ m}$$

Então podemos escrever as três equações de equilíbrio e decompô-las para as reações em E.

$\xrightarrow{+} \Sigma F_x = 0$:
$$E_x + \frac{4,5}{7,5}(150 \text{ kN}) = 0$$
$$E_x = -90,0 \text{ kN} \qquad \mathbf{E}_x = 90,0 \text{ kN} \leftarrow \blacktriangleleft$$

$+\uparrow \Sigma F_y = 0$:
$$E_y - 4(20 \text{ kN}) - \frac{6}{7,5}(150 \text{ kN}) = 0$$
$$E_y = +200 \text{ kN} \qquad \mathbf{E}_y = 200 \text{ kN} \uparrow \blacktriangleleft$$

$+\circlearrowleft \Sigma M_E = 0$: $(20 \text{ kN})(7,2 \text{ m}) + (20 \text{ kN})(5,4 \text{ m}) + (20 \text{ kN})(3,6 \text{ m})$
$$+ (20 \text{ kN})(1,8 \text{ m}) - \frac{6}{7,5}(150 \text{ kN})(4,5 \text{ m}) + M_E = 0$$
$$M_E = +180,0 \text{ kN} \cdot \text{m} \qquad \mathbf{M}_E = 180,0 \text{ kN} \cdot \text{m} \circlearrowleft \blacktriangleleft$$

PARA REFLETIR O cabo fornece um quarto vínculo, tornando essa situação estaticamente indeterminada. Esse problema nos deu, portanto, o valor da tração do cabo, que teria sido determinada por outros meios que não a estática. Poderíamos então utilizar as três equações de equilíbrio independentes disponíveis para resolver as três reações remanescentes.

PROBLEMA RESOLVIDO 4.5

Um peso de 1.800 N está ligado em A à alavanca mostrada na figura. A constante da mola BC é $k = 45$ N/mm, e a mola está indeformada quando $\theta = 0$. Determine a posição de equilíbrio.

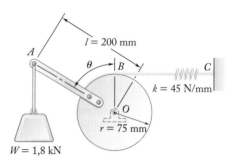

ESTRATÉGIA Traça-se um diagrama de corpo livre da alavanca e do cilindro para mostrar todas as forças atuando no corpo (Fig. 1), e então soma-se o momento em relação a O. A solução final deve ser o ângulo θ.

MODELAGEM

Diagrama de corpo livre. Representando por s a deflexão da mola a partir de sua posição indeformada, e observando que $s = r\theta$, temos $F = ks = kr\theta$.

ANÁLISE

Equação de equilíbrio. Somando os momentos de **W** e **F** em relação a O para eliminar as reações que suportam o cilindro, temos

$$+\circlearrowleft \Sigma M_O = 0: \qquad Wl \operatorname{sen} \theta - r(kr\theta) = 0 \qquad \operatorname{sen} \theta = \frac{kr^2}{Wl}\theta$$

Substituindo os valores dados, obtemos

$$\operatorname{sen} \theta = \frac{(45 \text{ N/mm})(75 \text{ mm})^2}{(1800 \text{ N})(200 \text{ mm})} \theta \qquad \operatorname{sen} \theta = 0{,}703\, \theta$$

Resolvendo numericamente, encontramos $\qquad \theta = 0 \qquad \theta = 80{,}3°$ ◄

PARA REFLETIR O peso poderia representar qualquer força vertical atuando sobre a alavanca. A chave para o problema é expressar a força da mola como uma função do ângulo θ.

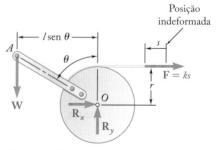

Figura 1 Diagrama de corpo livre da alavanca e do cilindro.

METODOLOGIA PARA A RESOLUÇÃO DE PROBLEMAS

Vimos que as forças externas aplicadas sobre um corpo rígido em equilíbrio formam um sistema de forças equivalente a zero. Para resolver um problema de equilíbrio, sua primeira tarefa é traçar um **diagrama de corpo livre** claro e em uma escala adequada, no qual você irá representar todas as forças externas e as dimensões relevantes. Tanto as forças conhecidas quanto as forças desconhecidas devem ser incluídas.

Para um corpo rígido bidimensional, as reações nos apoios podem envolver uma, duas ou três incógnitas, dependendo do tipo de apoio (Fig. 4.1). Para uma solução bem-sucedida de um problema, um diagrama de corpo livre correto é essencial. Nunca devemos prosseguir com a solução de um problema enquanto não estivermos seguros de que seu diagrama de corpo livre inclui todas as cargas, todas as reações e o peso do corpo (se for o caso).

1. **Podemos escrever três equações de equilíbrio** e resolvê-las para *três incógnitas*. As três equações podem ser:

$$\Sigma F_x = 0 \qquad \Sigma F_y = 0 \qquad \Sigma M_O = 0$$

Porém, há geralmente vários conjuntos de equações que podem ser escritos, como

$$\Sigma F_x = 0 \qquad \Sigma M_A = 0 \qquad \Sigma M_B = 0$$

onde o ponto B é escolhido de modo que a linha AB não seja paralela ao eixo y, ou

$$\Sigma M_A = 0 \qquad \Sigma M_B = 0 \qquad \Sigma M_C = 0$$

em que os pontos A, B e C não estão em uma linha reta.

2. **Para simplificar a solução,** pode ser útil aplicar uma das seguintes técnicas de solução, se for aplicável:
   a. **Pela soma dos momentos em relação ao ponto de interseção** das linhas de ação de duas forças desconhecidas, obteremos uma equação com uma única incógnita.
   b. **Pela soma dos componentes numa direção perpendicular a duas forças desconhecidas paralelas,** também obteremos uma equação com uma única incógnita.

3. **Após traçar o diagrama de corpo livre** podemos encontrar uma das seguintes situações especiais:
   a. **As reações envolvem menos que três incógnitas:** o corpo é considerado **parcialmente vinculado** e seu movimento é possível.
   b. **As reações envolvem mais que três incógnitas:** as reações são consideradas **estaticamente indeterminadas**. Embora possamos ser capazes de calcular uma ou duas reações, não podemos determinar todas as reações.
   c. **As reações passam por um único ponto ou são paralelas:** o corpo é considerado **impropriamente vinculado** e seu movimento pode ocorrer de acordo com as condições gerais de carregamento.

PROBLEMAS

PROBLEMAS PRÁTICOS DE DIAGRAMA DE CORPO LIVRE

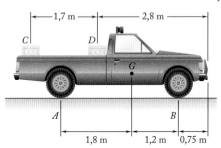

Figura P4.F1

4.F1 Dois caixotes, de massa 350 kg cada, são colocados na caçamba de uma caminhonete de 1.400 kg. Trace o diagrama de corpo livre necessário para determinar as reações em cada uma das duas rodas traseiras A e rodas dianteiras B.

4.F2 Uma alavanca AB é articulada em C e presa a um cabo de controle em A. Se a alavanca é sujeita a uma força vertical de 200 N em B, trace o diagrama de corpo livre necessário para determinar a tração no cabo e a reação em C.

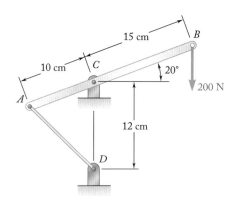

Figura P4.F2

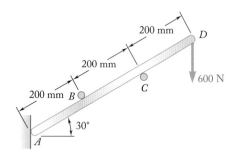

Figura P4.F3

4.F3 Uma haste leve AD é suportada sem atrito por cavilhas em B e C e se apoia sem atrito na parede em A. Uma força vertical de 600 N é aplicada em D. Trace o diagrama de corpo livre necessário para determinar as reações em A, B e C.

4.F4 Uma força de tração de 20 N é mantida em uma fita à medida que esta passa pelo sistema de suportes mostrado na figura. Sabendo que o raio de cada polia é 10 mm, trace o diagrama de corpo livre necessário para determinar a reação em C.

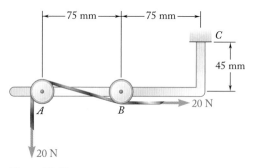

Figura P4.F4

PROBLEMAS DE FINAL DE SEÇÃO

4.1 Uma jardineira usa um carrinho de mão de 60 N para transportar um saco de fertilizante de 250 N. Qual a força que ela deve exercer em cada barra?

4.2 A jardineira do Problema 4.1 deseja transportar um segundo saco de fertilizante de 250 N ao mesmo tempo que o primeiro. Determine a máxima distância horizontal admissível do eixo A do carrinho de mão até o centro de gravidade do segundo saco se ela pode carregar somente 75 N em cada braço.

4.3 Um trator de 8,4 kN é usado para erguer 3,6 kN de cascalho. Determine a reação em cada uma das duas (a) rodas traseiras A, (b) rodas dianteiras B.

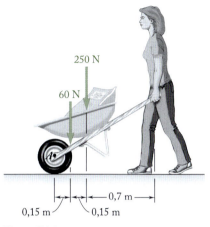

Figura P4.1

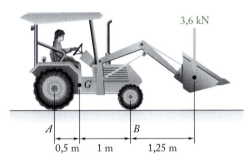

Figura *P4.3*

4.4 Para a viga e carregamento mostrados na figura, determine (a) a reação em A, (b) a tração no cabo BC.

4.5 Uma carga de madeira de peso $W = 25$ kN está sendo erguida por um guindaste móvel. O peso do braço ABC e o peso combinado do caminhão e do motorista são mostrados na figura. Determine a reação em cada uma das duas (a) rodas dianteiras H, (b) rodas traseiras K.

4.6 Uma carga de madeira de peso $W = 25$ kN está sendo erguida por um guindaste móvel. Sabendo que a tração é 25 kN em todas as partes do cabo AEF e que o peso do braço ABC é 3 kN, determine (a) a tração na haste CD, (b) a reação no pino B.

4.7 Um apoio em T sustenta as quatro cargas mostradas na figura. Determine as reações em A e B (a) se $a = 10$ cm, (b) se $a = 7$ cm.

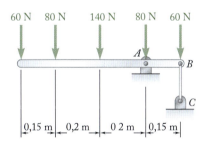

Figura P4.4

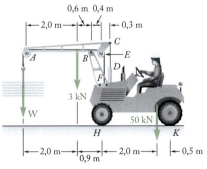

Figura P4.5 e P4.6

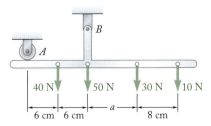

Figura P4.7

4.8 Para o apoio e o carregamento do Problema 4.7, determine a menor distância *a* para a qual o apoio não se move.

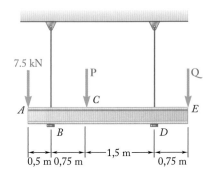

Figura P4.9 e **P4.10**

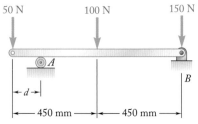

Figura P4.13

4.9 Três cargas são aplicadas a uma viga leve sustentada por cabos presos em B e D, como mostra a figura. Desprezando o peso da viga, determine o intervalo de valores de Q para os quais nenhum dos cabos torna-se frouxo quando $P = 0$.

4.10 Três cargas são aplicadas a uma viga leve sustentada por cabos presos em B e D, como mostra a figura. Sabendo que a tração máxima admitida em cada cabo é 12 kN e desprezando o peso da viga, determine o intervalo de valores de Q para os quais a carga estará segura quando $P = 0$.

4.11 Para a viga do Problema 4.10, determine o intervalo de valores de Q para os quais a carga estará segura quando $P = 5$ kN.

4.12 Para a viga do Problema Resolvido 4.2, determine o intervalo de valores de P para os quais a viga estará segura, sabendo que o valor máximo admissível de cada uma das reações é 125 kN e a reação em A deve estar direcionada para cima.

4.13 O máximo valor admissível de cada uma das reações é 180 N. Desprezando o peso da viga, determine o intervalo de valores da distância d para os quais a viga está segura.

4.14 Para a viga e o carregamento mostrados na figura, determine o intervalo de valores da distância a para os quais a reação em B não exceda 100 N dirigida para baixo ou 200 N dirigida para cima.

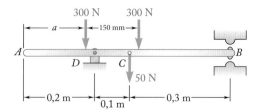

Figura P4.14

4.15 Duas hastes AB e DE são conectadas por uma alavanca como mostrado na figura. Sabendo que a tração na haste AB é 720 N, determine (a) a tração na haste DE, (b) a reação em C.

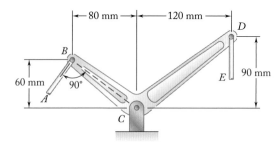

Figura P4.15 e **P4.16**

4.16 Duas hastes AB e DE são conectadas por uma alavanca como mostrado na figura. Determine a máxima força que pode ser exercida com segurança pela haste AB na alavanca se o máximo valor admissível para a reação em C é 1.600 N.

4.17 A tração necessária no cabo AB é 200 N. Determine (a) a força vertical **P** que deve ser aplicada ao pedal, (b) a reação correspondente em C.

4.18 Determine a máxima tração que pode ser aplicada no cabo AB se o valor máximo admissível da reação em C for 250 N.

4.19 O suporte BCD é articulado em C e preso a um cabo de controle em B. Para a carga mostrada na figura, determine (a) a tração no cabo, (b) a reação em C.

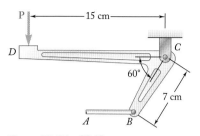

Figura P4.17 e *P4.18*

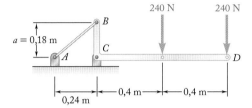

Figura P4.19

4.20 Resolva o Problema 4.19, considerando que $a = 0{,}32$ m.

4.21 O braço AB de 12 m pesa 2 kN; a distância do eixo A ao centro de gravidade G do braço é 6 m. Para a posição mostrada, determine (a) a tração T no cabo, (b) a reação em A.

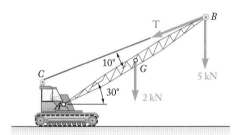

Figura *P4.21*

4.22 Uma alavanca AB é articulada em C e presa a um cabo de controle em A. Se a alavanca for submetida a uma força horizontal de 500 N em B, determine (a) a tração no cabo, (b) a reação em C.

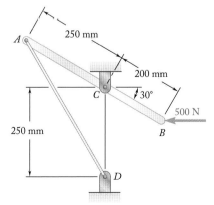

Figura P4.22

4.23 e 4.24 Para cada uma das placas e carregamentos mostrados nas figuras, determine as reações em A e B.

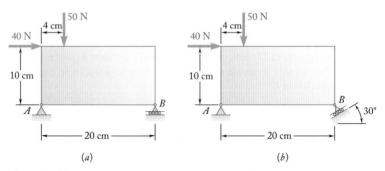

Figura P4.23

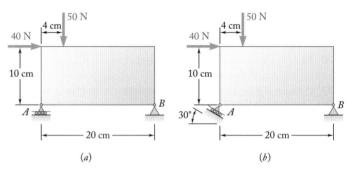

Figura P4.24

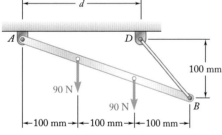

Figura P4.25 e P4.26

4.25 A barra AB, articulada em A e presa em B ao cabo BD, suporta as cargas mostradas nas figuras. Sabendo que $d = 200$ mm, determine (a) a tração no cabo BD, (b) a reação em A.

4.26 A barra AB, articulada em A e presa em B ao cabo BD, suporta as cargas mostradas nas figuras. Sabendo que $d = 150$ mm, determine (a) a tração no cabo BD, (b) a reação em A.

4.27 Determine as reações em A e B quando (a) $\alpha = 0$, (b) $\alpha = 90°$, (c) $\alpha = 30°$.

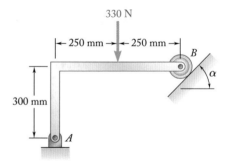

Figura **P4.27**

4.28 Determine as reações em A e C quando (a) α = 0, (b) α = 30°.

4.29 A haste ABC é dobrada em forma de um arco de círculo de raio R. Sabendo que θ = 30°, determine a reação (a) em B, (b) em C.

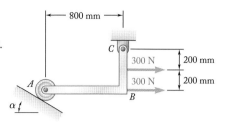

Figura P4.28

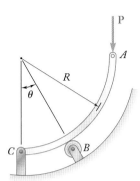

Figura **P4.29** e **P4.30**

4.30 A haste ABC é dobrada em forma de um arco de círculo de raio R. Sabendo que θ = 60°, determine a reação (a) em B, (b) em C.

4.31 Desprezando o atrito, determine a tração no cabo ABD e a reação no suporte C quando θ = 60°.

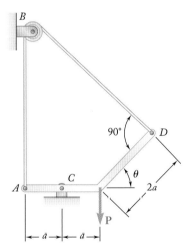

Figura **P4.31** e **P4.32**

4.32 Desprezando o atrito, determine a tração no cabo ABD e a reação no suporte C quando θ = 45°.

4.33 A força **P** de intensidade 90 N é aplicada no membro ACDE, que é suportado sem atrito pelo pino em D e pelo cabo ABE. Já que o cabo passa por uma pequena polia em B, a tração no cabo pode ser considerada a mesma nas porções AB e BE do cabo. Para o caso em que a = 3 cm, determine (a) a tração no cabo, (b) a reação em D.

4.34 Resolva o Problema 4.33 para a = 6 cm.

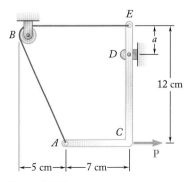

Figura P4.33

4.35 A barra *AC* sustenta duas cargas de 400 N, tal como mostra a figura. Os roletes *A* e *C* estão apoiados em superfícies sem atrito, e um cabo *BD* é preso em *B*. Determine (*a*) a tração no cabo *BD*, (*b*) a reação em *A* e (*c*) a reação em *C*.

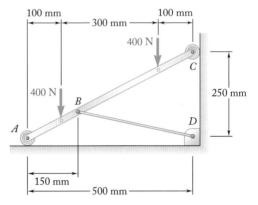

Figura P4.35

4.36 Uma barra leve *AD* é suspensa pelo cabo *BE* e suporta um bloco de 20 kg em *C*. As extremidades *A* e *D* da barra estão em contato, sem atrito, com as paredes. Determine a tração no cabo *BE* e as reações em *A* e *D*.

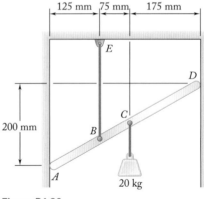

Figura P4.36

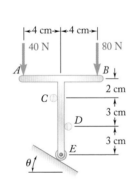

Figura **P4.37** e **P4.38**

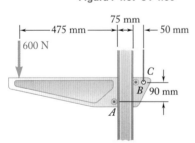

Figura **P4.39**

4.37 O suporte em forma de T mostrado na figura é apoiado por uma pequena roda em *E* e por cavilhas em *C* e *D*. Desprezando o efeito do atrito, determine as reações em *C*, *D* e *E* quando $\theta = 30°$.

4.38 O suporte em forma de *T* mostrado na figura é apoiado por uma pequena roda em *E* e por cavilhas em *C* e *D*. Desprezando o efeito do atrito, determine (*a*) o menor valor de θ para que seu equilíbrio seja mantido, (*b*) as reações correspondentes em *C*, *D* e *E*.

4.39 Um suporte móvel é mantido em repouso por um cabo preso em *C* e por roletes sem atrito em *A* e *B*. Para o carregamento mostrado, determine (*a*) a tração no cabo, (*b*) as reações em *A* e *B*.

4.40 Uma viga leve *AB* sustenta um bloco de 15 kg em seu ponto médio *C*. Roletes em *A* e *B* repousam contra superfícies sem atrito, e um cabo horizontal *AD* está preso em *A*. Determine (*a*) a tração no cabo *AD*, (*b*) as reações em *A* e *B*.

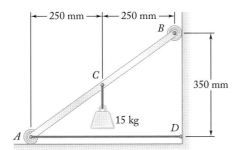

Figura P4.40

4.41 Duas reentrâncias foram feitas na chapa *DEF*, e esta foi posicionada pelas fendas nos pinos fixos *A* e *B* sem atrito. Sabendo que $P = 15$ N, determine (*a*) a força que cada pino exerce sobre a chapa, (*b*) a reação em *F*.

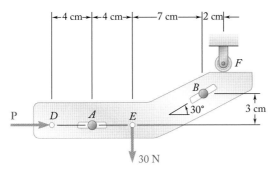

Figura P4.41

4.42 Para o Problema 4.41, a reação em *F* deve ser direcionada para baixo e seu valor máximo admissível é 20 N. Desprezando o atrito nos pinos, determine o intervalo de valores requeridos de *P*.

4.43 O equipamento mostrado consiste de um membro horizontal *ABC* de 5,4 kN e um membro vertical *DBE*, soldados um ao outro em *B*. O equipamento está sendo usado para elevar um caixote de 16,2 kN a uma distância $x = 4,8$ m do membro vertical *DBE*. Se a tração no cabo é de 18 kN, determine a reação em *E*, considerando que o cabo está (*a*) ancorado em *F* como mostra a figura, (*b*) preso ao membro vertical em um ponto localizado 0,4 m acima de *E*.

4.44 Para o equipamento e o caixote do Problema 4.43 e considerando que o cabo está ancorado em *F* como mostrado na figura, determine (*a*) a tração necessária no cabo *ADCF* se o valor máximo do binário em *E* enquanto *x* varia de 0,6 a 7 m for o menor possível, (*b*) o valor máximo correspondente do binário.

4.45 Um poste de 175 kg é usado para sustentar a extremidade de um fio elétrico em *C*. A tração no fio é 600 N e ele forma um ângulo de 15° com a horizontal no ponto *C*. Determine as trações mais alta e mais baixa admissíveis no cabo *BD* se a intensidade do binário em *A* não puder exceder 500 N·m.

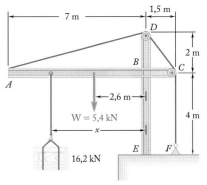

Figura P4.43

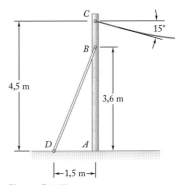

Figura P4.45

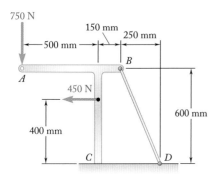

Figura P4.46 e P4.47

4.46 Sabendo que a tração no arame BD é 1.300 N, determine a reação do engaste C na estrutura mostrada na figura.

4.47 Determine o intervalo de valores admissíveis da tração no arame BD sabendo que a intensidade do binário no engaste C não pode exceder 100 N·m.

4.48 A viga AD sustenta as duas cargas de 200 N mostradas na figura. A viga é sustentada por um suporte fixo em D e por um cabo BE que está preso ao contrapeso W. Determine a reação sobre D quando (a) W = 500 N, (b) W = 450 N.

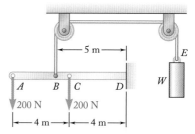

Figura P4.48 e *P4.49*

4.49 Para a viga e o carregamento mostrados na figura, determine o intervalo de valores de W para os quais a intensidade do binário em D não exceda a 200 N·m.

4.50 Uma massa de 8 kg pode ser sustentada das três diferentes maneiras mostradas nas figuras. Sabendo que as polias têm um raio de 100 mm, determine a reação em A em cada caso.

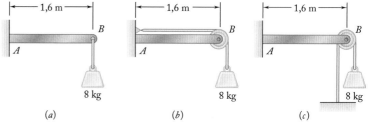

Figura P4.50

4.51 Uma barra uniforme AB de comprimento *l* e peso W é suspenso por duas cordas AC e BC de igual comprimento. Determine o ângulo θ que corresponde à posição de equilíbrio quando um binário **M** é aplicado à barra.

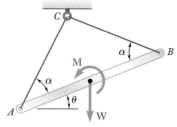

Figura P4.51

4.52 Sobre a barra AD atuam uma força vertical **P** na extremidade A e duas forças horizontais iguais e opostas de intensidade Q sobre os pontos B e C. Desprezando o peso da barra, expresse o ângulo θ correspondente à posição de equilíbrio em termos de P e Q.

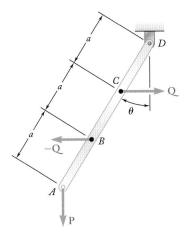

Figura P4.52

4.53 Uma barra delgada AB com peso W é unida aos blocos A e B que podem se mover sem atrito nas guias mostradas na figura. Os blocos são conectados por uma corda elástica que passa sobre uma polia em C. (a) Expresse a tração na corda em termos de W e θ. (b) Determine o valor de θ para o qual a tração na corda é igual a $3W$.

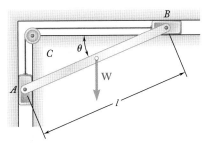

Figura P4.53

4.54 e 4.55 Uma carga vertical **P** é aplicada na extremidade B da barra BC. (a) Desprezando o peso da haste, determine o ângulo θ correspondente à posição de equilíbrio em termos de P, l e do contrapeso W. (b) Determine o valor de θ correspondente ao equilíbrio se $P = 2W$.

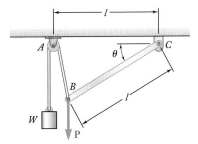

Figura P4.54

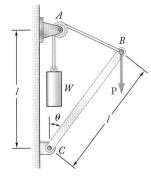

Figura P4.55

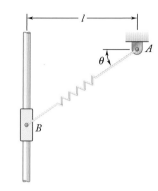

Figura **P4.56**

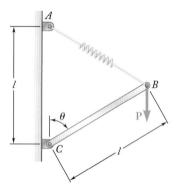

Figura **P4.58**

4.56 Um cursor B de peso W pode mover-se livremente ao longo da haste vertical mostrada na figura. A constante da mola é k, e a mola não fica deformada quando $\theta = 0$. (a) Deduza uma equação em função de θ, W, k e l que deve ser satisfeita quando o cursor estiver em equilíbrio. (b) Sabendo que $W = 300$ N, $l = 500$ mm e $k = 800$ N/m, determine o valor de θ correspondente ao equilíbrio.

4.57 Resolva o Problema Resolvido 4.5, considerando que a mola não fica deformada quando $\theta = 90°$.

4.58 Uma carga vertical **P** é aplicada na extremidade B da barra BC. A constante de mola é k, e a mola não fica deformada quando $\theta = 60°$. (a) Desprezando o peso da haste, expresse o ângulo θ correspondente ao equilíbrio em termos de P, k e l. (b) Determine o valor de θ correspondente ao equilíbrio quando $P = \frac{1}{4}kl$.

4.59 Oito placas retangulares idênticas de 500×750 mm, cada qual com massa $m = 40$ kg, são mantidas em um plano vertical como mostram as figuras. Todos os apoios consistem em pinos sem atrito, roletes ou hastes curtas. Para cada caso, determine se (a) a placa é completamente, parcialmente, ou impropriamente vinculada, (b) as reações são estaticamente determinadas ou indeterminadas, (c) o equilíbrio da placa é mantido nas posições mostradas. Também, se possível, calcule as reações.

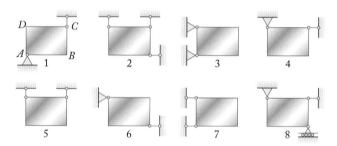

Figura P4.59

4.60 O suporte ABC pode ser apoiado das oito diferentes maneiras mostradas nas figuras. Todas as conexões consistem em pinos sem atrito, roletes ou hastes curtas. Em cada caso, responda às questões apresentadas no Problema 4.59 e, onde for possível, calcule as reações, considerando que a intensidade da força **P** é 400 N.

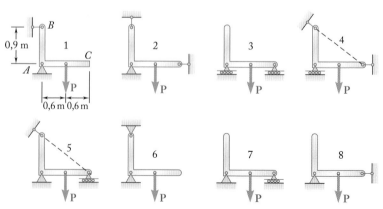

Figura **P4.60**

4.2 Dois casos especiais

Na prática, alguns casos simples de equilíbrio ocorrem com frequência, tanto como parte de uma análise mais complicada quanto como na forma de modelos completos de uma situação. Ao entender as características desses casos, geralmente é possível simplificar a análise global.

4.2A Equilíbrio de um corpo sujeito à ação de duas forças

Um caso particular de equilíbrio que merece atenção é o de um corpo rígido sujeito à ação de duas forças. Será mostrado que, **se um corpo sujeito à ação de duas forças está em equilíbrio, as duas forças devem ter igual intensidade, igual linha de ação e sentidos opostos.**

Considere uma cantoneira sujeita à ação de duas forças F_1 e F_2 aplicadas em A e B, respectivamente (Fig. 4.8a). Se essa placa estiver em equilíbrio, a soma dos momentos de F_1 e F_2 em relação a qualquer eixo deve ser zero. Primeiro, somamos os momentos em relação a A. Como o momento de F_1 é sem dúvida igual a zero, o momento de F_2 deve também ser zero, e a linha de ação de F_2 deve passar por A (Fig. 4.8b). Somando os momentos em relação a B, provamos de modo semelhante que a linha de ação de F_1 deve passar por B (Fig. 4.8c). Portanto, ambas as forças têm a mesma linha de ação (linha AB). De qualquer uma das equações $\Sigma F_x = 0$ e $\Sigma F_y = 0$, vê-se que elas devem também ter igual intensidade, mas sentidos opostos.

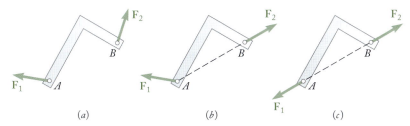

Figura 4.8 Um corpo sujeito à ação de duas forças em equilíbrio. (a) Forças atuam em dois pontos do corpo; (b) soma dos momentos em relação ao ponto A, mostrando que a linha de ação de F_2 deve passar através de A; (c) soma dos momentos em relação ao ponto B, mostrando que a linha de ação de F_1 deve passar através de B.

Se várias forças forem aplicadas em dois pontos A e B, as forças aplicadas em A podem ser substituídas por sua resultante F_1 e as em B, por sua resultante F_2. Portanto, um corpo sujeito à ação de duas forças pode ser definido, de modo mais geral, como **um corpo rígido sujeito à ação de forças que atuam apenas em dois pontos.** As resultantes F_1 e F_2, portanto, devem ter igual linha de ação, igual intensidade e sentidos opostos (Fig. 4.8).

No estudo de estruturas e máquinas, você verá como a identificação de corpos sujeitos à ação de duas forças simplifica a solução de certos problemas.

4.2B Equilíbrio de um corpo sujeito à ação de três forças

Outro caso de equilíbrio de grande interesse é o de um **corpo rígido sujeito à ação de três forças**, ou, de modo mais amplo, **um corpo rígido sujeito à ação de forças aplicadas somente em três pontos.** Considere um corpo rígido sujeito à ação de um sistema de forças que pode ser reduzido a três forças F_1, F_2 e F_3

aplicadas nos pontos A, B e C, respectivamente (Fig. 4.9a). Será mostrado que, se o corpo estiver em equilíbrio, **as linhas de ação das três forças devem ser concorrentes ou paralelas.**

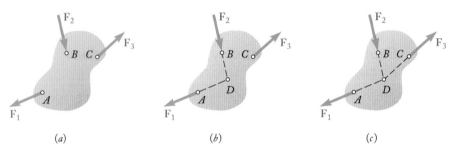

Figura 4.9 Um corpo sujeito à ação de três forças em equilíbrio. (a–c) Demonstração mostrando que as linhas de ação das três forças precisam ser concorrentes ou paralelas.

Como, o corpo rígido está em equilíbrio, a soma dos momentos de F_1, F_2 e F_3 em relação a qualquer eixo deve ser zero. Supondo que as linhas de ação de F_1 e F_2 se interceptam, e representando seu ponto de interseção por D, somamos os momentos em relação a D (Fig. 4.9b). Como os momentos de F_1 e F_2 em relação a D são iguais a zero, o momento de F_3 em relação a D deve também ser zero, e a linha de ação de F_3 deve passar por D (Fig. 4.9c). Portanto, as três linhas de ação são concorrentes. A única exceção ocorre quando as linhas não se interceptam, isto é, as linhas de ação são paralelas.

Ainda que problemas relativos a corpos rígidos sujeitos à ação de três forças possam ser resolvidos pelos métodos gerais da Seção 4.1, a propriedade que acabamos de demonstrar pode ser utilizada para resolvê-los, gráfica ou matematicamente, a partir de relações trigonométricas ou geométricas simples (veja o Problema Resolvido 4.6).

Capítulo 4 Equilíbrio de corpos rígidos 197

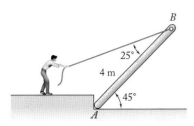

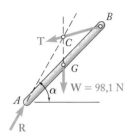

Figura 1 Diagrama de corpo livre da viga.

PROBLEMA RESOLVIDO 4.6

Um homem levanta uma viga de sustentação de 10 kg e 4 m de comprimento puxando-a com uma corda. Encontre a tração T na corda e a reação em A.

ESTRATÉGIA A viga de sustentação é um corpo rígido sujeito à ação de três forças, pois sobre ele atuam três forças: seu peso **W**, a força **T** exercida pela corda e a reação **R** do solo em A. Portanto, podemos calcular as forças utilizando um triângulo de força.

MODELAGEM Observamos que

$$W = mg = (10 \text{ kg})(9{,}81 \text{ m/s}^2) = 98{,}1 \text{ N}$$

Como a viga é um corpo sujeito à ação de três forças, as forças que atuam sobre ela deveriam ser concorrentes. A reação **R**, portanto, vai passar pelo ponto de interseção C das linhas de ação do peso **W** e da força de tração **T**, como mostra o diagrama de corpo livre (Fig. 1). Esse fato será usado para determinar o ângulo α que **R** forma com a horizontal.

ANÁLISE Traçando-se a vertical BF por B e a horizontal CD por C (Fig. 2), observamos que

$$AF = BF = (AB) \cos 45° = (4 \text{ m}) \cos 45° = 2{,}828 \text{ m}$$
$$CD = EF = \tfrac{1}{2}(AF) = 1{,}414 \text{ m}$$
$$BD = (CD) \cot (45° + 25°) = (1{,}414 \text{ m}) \text{ tg } 20° = 0{,}515 \text{ m}$$
$$CE = DF = BF - BD = 2{,}828 \text{ m} - 0{,}515 \text{ m} = 2{,}313 \text{ m}$$

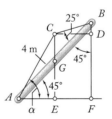

Figura 2 Análise geométrica das linhas de ação das três forças que atuam na viga, concorrentes sobre o ponto C.

Desses cálculos, podemos determinar o ângulo α como

$$\text{tg } \alpha = \frac{CE}{AE} = \frac{2{,}313 \text{ m}}{1{,}414 \text{ m}} = 1{,}636$$

$$\alpha = 58{,}6° \blacktriangleleft$$

Agora sabemos a direção de todas as forças que atuam sobre a viga.

Triângulo de forças. Um triângulo de forças é desenhado como mostra a Figura 3, e seus ângulos interiores são calculados a partir das direções conhecidas das forças. Aplicando a lei dos senos, temos

$$\frac{T}{\text{sen } 31{,}4°} = \frac{R}{\text{sen } 110°} = \frac{98{,}1 \text{ N}}{\text{sen } 38{,}6°}$$

$$T = 81{,}9 \text{ N} \blacktriangleleft$$
$$R = 147{,}8 \text{ N} \measuredangle 58{,}6° \blacktriangleleft$$

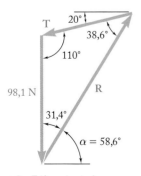

Figura 3 Triângulo de forças.

PARA REFLETIR Na prática, corpos que sofrem a atuação de três forças ocorrem com frequência, e o aprendizado desse método de análise é útil em diversas situações.

METODOLOGIA PARA A RESOLUÇÃO DE PROBLEMAS

Esta seção abordou dois casos particulares de equilíbrio de um corpo rígido.

1. Um corpo sujeito à ação de duas forças é um corpo sujeito à ação de forças em apenas dois pontos. As resultantes das forças aplicadas em cada um desses pontos devem ter *igual intensidade, igual linha de ação e sentidos opostos*. Essa propriedade nos permitirá simplificar as soluções de alguns problemas substituindo os dois componentes desconhecidos da reação por uma única força de intensidade desconhecida, mas de *direção conhecida*.

2. Um corpo sujeito à ação de três forças é um corpo sujeito à ação de forças em apenas três pontos. As resultantes das forças aplicadas em cada um desses pontos devem ser *concorrentes ou paralelas*. Para resolver um problema envolvendo um corpo sujeito à ação de três forças com forças concorrentes, desenhamos seu diagrama de corpo livre mostrando que as linhas de ação dessas três forças passam pelo mesmo ponto. O uso da geometria básica talvez nos auxilie a completar a solução usando um triângulo de forças e a lei dos senos [Problema Resolvido 4.6].

Embora o princípio indicado anteriormente para a solução de problemas que envolvam corpos sujeitos à ação de três forças seja facilmente entendido, na prática pode ser difícil determinar os esquemas geométricos necessários. Se encontrarmos dificuldade, primeiro desenhamos um diagrama de corpo livre razoavelmente grande e, então, procuramos uma relação entre comprimentos conhecidos, ou facilmente calculáveis, e uma dimensão que envolva uma incógnita. Isso foi feito no Problema Resolvido 4.6, cujas dimensões *AE* e *CE*, facilmente calculáveis, foram utilizadas para determinar o ângulo α.

PROBLEMAS

4.61 Um tanque cilíndrico de 2 kN e 2 m de diâmetro será erguido por cima de uma obstrução de 0,5 m. Um cabo é enrolado ao redor do tanque e puxado horizontalmente como mostra a figura. Considerando que o canto da obstrução em *A* é irregular, encontre a tração necessária no cabo e a reação em *A*.

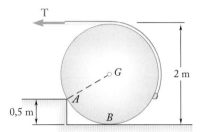

Figura P4.61

4.62 Determine as reações em *A* e *B* quando $a = 180$ mm.

4.63 Para o suporte e carregamento mostrados na figura, determine o intervalo de valores da distância *a* para que a intensidade da reação em *B* não exceda 600 N.

4.64 A chave mostrada na figura é usada para girar o eixo. Um pino é fixado no furo em *A*, enquanto noutro ponto, sem atrito, se apoia sobre o eixo em *B*. Se a força **P** de 60 N é exercida na chave em *D*, encontre as reações em *A* e *B*.

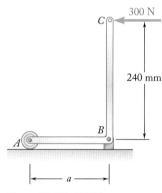

Figura P4.62 e P4.63

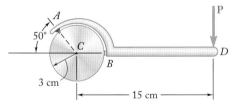

Figura P4.64

4.65 Determine as reações em *B* e *C* quando $a = 38$ mm.

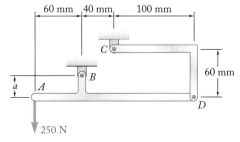

Figura P4.65

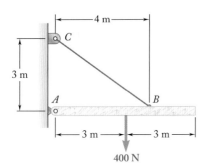

Figura P4.66

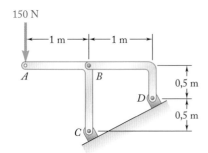

Figura **P4.68**

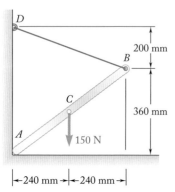

Figura **P4.70**

4.66 Uma viga de madeira de 6 m e 400 N é sustentada por um pino e um suporte em A e por um cabo BC. Encontre a reação em A e a tração no cabo.

4.67 Determine as reações em B e D quando $b = 60$ mm.

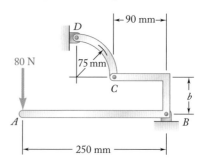

Figura P4.67

4.68 Para a estrutura e carregamento mostrados na figura, determine as reações em C e D.

4.69 Um caixote de 50 kg é preso a uma viga de rolamento como mostrado na figura. Sabendo que $a = 1,5$ m, determine (a) a tração no cabo CD, (b) a reação em B.

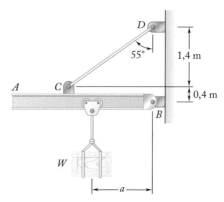

Figura P4.69

4.70 A extremidade de uma haste AB se apoia no canto A e a outra extremidade é presa na corda BD. Se a haste suporta uma carga de 150 N no ponto médio C, encontre a reação em A e a tração da corda.

4.71 Para o guindaste e a carga mostrados na figura, determine (a) a tração na corda BD, (b) a reação em C.

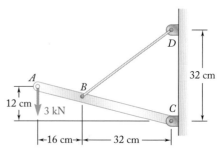

Figura P4.71

4.72 Um rolete de 40 N e 80 mm de diâmetro, para ser usado em um piso de cerâmica, está apoiado diretamente sobre a base abaixo do piso, tal como mostra a figura. Sabendo que a espessura de cada ladrilho é 3 mm, determine a força **P** necessária para se mover o rolete sobre os ladrilhos, sabendo-se que o rolete é (*a*) empurrado para a esquerda, (*b*) puxado para a direita.

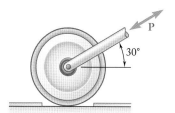

Figura P4.72

4.73 Um apoio em T sustenta uma carga de 300 N mostrada na figura. Determine as reações em *A* e *C* quando $\alpha = 45°$.

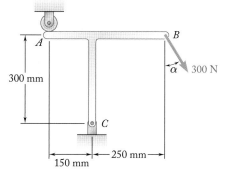

Figura P4.73 e *P4.74*

4.74 Um apoio em T sustenta uma carga de 300 N mostrada na figura. Determine as reações em *A* e *C* quando $\alpha = 60°$.

4.75 A haste *AB* é suportada por um pino e um suporte em *A* e se apoia sem atrito numa cavilha em *C*. Determine as reações em *A* e *C* quando uma força vertical de 170 N é aplicada em *B*.

4.76 Resolva o Problema 4.75, considerando que a força de 170 N aplicada em *B* é horizontal e direcionada para a esquerda.

4.77 O elemento *ABC* é sustentado por um pino e um suporte em *B* e por uma corda inextensível presa em *A* e *C*, passando por uma polia sem atrito em *D*. Pode-se supor que a tração seja a mesma na porção *AD* e *CD* da corda. Para o carregamento mostrado na figura e desprezando o tamanho da polia, determine a tração na corda e a reação em *B*.

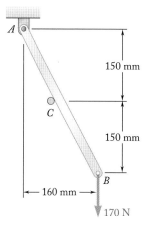

Figura P4.75

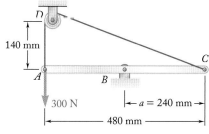

Figura P4.77

4.78 Usando o método da Seção 4.2B, resolva o Problema 4.22.

4.79 Sabendo que $\theta = 30°$, determine as reações (*a*) em *B*, (*b*) em *C*.

4.80 Sabendo que $\theta = 60°$, determine as reações (*a*) em *B*, (*b*) em *C*.

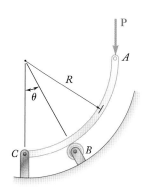

Figura P4.79 e P4.80

4.81 Determine as reações em A e B quando $\beta = 50°$.

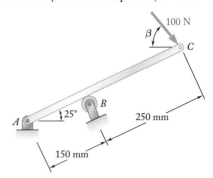

Figura P4.81 e **P4.82**

4.82 Determine as reações em A e B quando $\beta = 80°$.

4.83 A haste AB está curvada no formato de um arco de círculo e alojada entre dois pinos D e E. A haste sustenta uma carga **P** na extremidade B. Desprezando o atrito e o peso da haste, determine a distância c correspondente à condição de equilíbrio quando $a = 20$ mm e $R = 100$ mm.

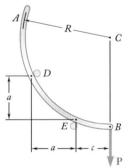

Figura P4.83

4.84 Uma haste delgada de comprimento L é presa a cursores que podem deslizar livremente ao longo das guias mostradas na figura. Sabendo que a haste está em equilíbrio, deduza uma expressão para o ângulo θ em termos do ângulo β.

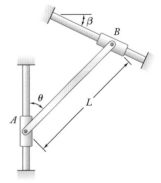

Figura P4.84 e P4.85

4.85 Uma haste delgada de massa 8 kg e comprimento L é presa a cursores que podem deslizar livremente ao longo das guias mostradas na figura. Sabendo que a haste está em equilíbrio e que $\beta = 30°$, determine (a) o ângulo θ que a haste forma com a vertical, (b) as reações em A e B.

4.86 Uma haste uniforme AB de comprimento $2R$ está apoiada dentro de um recipiente semiesférico de raio R tal como mostra a figura. Desprezando o atrito, determine o ângulo θ correspondente à condição de equilíbrio.

4.87 Uma haste delgada BC com comprimento L e peso W é sustentada por dois cabos como mostra a figura. Sabendo que o cabo AB está na horizontal e que a haste forma um ângulo de 40° com a horizontal, determine (*a*) o ângulo θ que o cabo CD forma com a horizontal, (*b*) a tração em cada cabo.

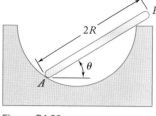

Figura P4.86

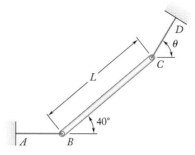

Figura **P4.87**

4.88 Um anel fino com massa de 2 kg e raio $r = 140$ mm é sustentado contra uma parede sem atrito por uma corda AB de 125 mm. Determine (*a*) a distância d, (*b*) a tração na corda, (*c*) a reação em C.

4.89 A haste delgada de comprimento L e peso W é presa a um cursor em A e equipada com uma pequena roda em B. Sabendo que a roda desliza livremente ao longo da superfície cilíndrica de raio R e desprezando o atrito, deduza uma equação com θ, L e R que deve ser satisfeita quando a haste estiver em equilíbrio.

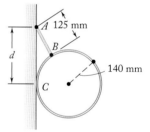

Figura P4.88

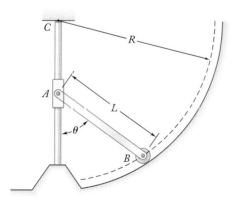

Figura **P4.89**

4.90 Sabendo que para a haste do Problema 4.89, $L = 15$ cm, $R = 20$ cm e $W = 10$ N, determine (*a*) o ângulo θ correspondente ao equilíbrio, (*b*) as reações em A e B.

4.3 Equilíbrio em três dimensões

As situações mais comuns de equilíbrio de corpos rígidos ocorrem em três dimensões. A abordagem para a análise e a modelagem dessas situações é a mesma que utilizamos para duas dimensões: traçamos um diagrama de corpo livre e então escrevemos e resolvemos as equações de equilíbrio. Entretanto, agora temos que lidar com mais equações e mais variáveis. Além disso, as reações em suportes e conexões podem ser mais variadas, tendo até mesmo três componentes de força e três binários atuando em um único suporte. Como veremos nos Problemas Resolvidos, é preciso visualizar claramente em três dimensões, relembrando as análises vetoriais dos Capítulos 2 e 3.

4.3A Equilíbrio de um corpo rígido em três dimensões

Vimos na Seção 4.1 que são necessárias seis equações escalares para demonstrar as condições de equilíbrio de um corpo rígido no caso geral tridimensional.

$$\Sigma F_x = 0 \quad \Sigma F_y = 0 \quad \Sigma F_z = 0 \qquad (4.2)$$
$$\Sigma M_x = 0 \quad \Sigma M_y = 0 \quad \Sigma M_z = 0 \qquad (4.3)$$

Essas equações podem ser resolvidas para no máximo *seis incógnitas*, que geralmente representam reações em apoios ou conexões.

Na maior parte dos problemas, as equações escalares (4.2) e (4.3) serão obtidas de modo mais conveniente se expressarmos, inicialmente, as condições para o equilíbrio do corpo rígido na forma vetorial. Temos

$$\Sigma \mathbf{F} = 0 \qquad \Sigma \mathbf{M}_O = \Sigma(\mathbf{r} \times \mathbf{F}) = 0 \qquad (4.1)$$

e indicamos as forças **F** e os vetores de posição **r** em termos de componentes escalares e vetores unitários. Em seguida, calculamos todos os produtos vetoriais, seja por cálculo direto, seja por meio de determinantes (ver Seção 3.1F). Observamos que até três componentes da reação desconhecidos podem ser eliminados desses cálculos por uma escolha criteriosa do ponto O. Igualando a zero os coeficientes dos vetores unitários em cada uma das duas relações (4.1), obtemos as equações escalares desejadas*.

Alguns problemas de equilíbrio e os diagramas de corpo livre a eles associados podem envolver binários individuais $\mathbf{M}_i$ tanto como cargas aplicadas quanto como reações de apoio. Nessas situações, podemos acomodar esses binários expressando a segunda parte da Equação (4.1) como

$$\Sigma \mathbf{M}_O = \Sigma(\mathbf{r} \times \mathbf{F}) + \Sigma \mathbf{M}_i = 0 \qquad (4.1')$$

4.3B Reações para uma estrutura tridimensional

As reações em uma estrutura tridimensional abrangem desde a força única de direção conhecida, exercida por uma superfície sem atrito, até o sistema força-binário, exercido por um engaste. Consequentemente, em problemas envolvendo o equilíbrio de uma estrutura tridimensional, pode haver de uma a seis incógnitas associadas às reações em cada apoio ou conexão.

---

* Em alguns problemas, poderemos achar conveniente eliminar as reações em dois pontos A e B da solução escrevendo a equação de equilíbrio $\Sigma M_{AB} = 0$, que envolve a determinação dos momentos das forças em relação ao eixo AB que une os pontos A e B (ver o Problema Resolvido 4.10).

A Figura 4.10 mostra os vários tipos de apoios e conexões com suas reações correspondentes. Uma maneira simples de se determinar o tipo de reação correspondente a um dado apoio ou conexão e o número de incógnitas envolvidas é descobrir quais dos seis movimentos fundamentais (translação nas direções x, y e z, rotação em torno dos eixos x, y e z) são permitidos e quais movimentos são impedidos. O número de movimentos impedidos é igual ao número de reações.

Apoios de esferas, superfícies sem atrito e cabos, por exemplo, impedem a translação em uma direção apenas e, portanto, exercem uma força única cuja linha de ação é conhecida; cada um desses apoios envolve uma incógnita, a saber, a intensidade da reação. Roletes sobre superfícies rugosas e rodas sobre trilhos impedem a translação em duas direções e suas reações correspondentes consistem em dois componentes de força desconhecidos. Superfícies rugosas em contato direto e apoios do tipo rótula impedem a translação em três direções, mas permitem a rotação; esses apoios envolvem três componentes de força desconhecidos.

Alguns apoios e conexões podem impedir tanto a rotação como a translação; as reações correspondentes incluem tanto binários como forças. Por exemplo, a reação em um engaste, que impede qualquer movimento (tanto rotação quanto translação), consiste em três forças desconhecidas e três binários desconhecidos. Uma junta universal, que é projetada para possibilitar rotação em torno de dois eixos, exercerá uma reação constituída de três componentes de força desconhecidos e um binário desconhecido.

Outros apoios e conexões são projetados principalmente para impedir a translação; seu projeto, no entanto, é tal que eles também impedem algumas rotações. As reações correspondentes consistem essencialmente em componentes de força, mas *podem* também incluir binários. Um grupo de apoios desse tipo inclui articulações e mancais projetados para sustentar somente cargas radiais (por exemplo, mancais de deslizamentos, mancais de rolamento). As reações correspondentes consistem em dois componentes de força, mas também podem incluir dois binários. Outro grupo inclui apoios do tipo pino e suporte, articulações e mancais, projetados para sustentar tanto um empuxo axial como uma carga radial (por exemplo, mancais de esferas). As reações correspondentes consistem em três componentes de força, mas também podem incluir dois binários. Entretanto, esses apoios não exercerão quaisquer binários apreciáveis em condições normais de uso. Portanto, *somente* componentes de força devem ser incluídos em suas análises, *a não ser que* se verifique a necessidade de binários para se manter o equilíbrio do corpo rígido, ou a não ser que o apoio tiver sido projetado especificamente para exercer um binário (ver Problemas 4.119 a 4.122).

Se as reações envolvem mais de seis incógnitas, há mais incógnitas que equações, e algumas das reações são **estaticamente indeterminadas**. Se as reações envolvem menos de seis incógnitas, há mais equações do que incógnitas, e algumas das equações de equilíbrio não podem ser satisfeitas em condições gerais de carregamento; o corpo rígido só está **parcialmente vinculado**. No entanto, nas condições de carregamento particulares que correspondem a um dado problema, as equações extras frequentemente se reduzem a identidades triviais, como $0 = 0$, e podem ser desconsideradas; embora esteja apenas parcialmente vinculado, o corpo rígido permanece em equilíbrio (ver Problemas Resolvidos 4.7 e 4.8). Mesmo com seis ou mais incógnitas, é possível que algumas equações de equilíbrio não sejam satisfeitas. Isso pode ocorrer quando as reações associadas aos apoios ou são paralelas ou interceptam a mesma linha; o corpo rígido está, então, **impropriamente vinculado**.

Foto 4.3 Juntas universais, comumente encontradas nos eixos de direção de carros e caminhões de tração traseira, possibilitam que o movimento de rotação seja transferido entre dois eixos não colineares.

Foto 4.4 O mancal de rolamento mostrado suporta o eixo de um ventilador usado em uma aplicação industrial.

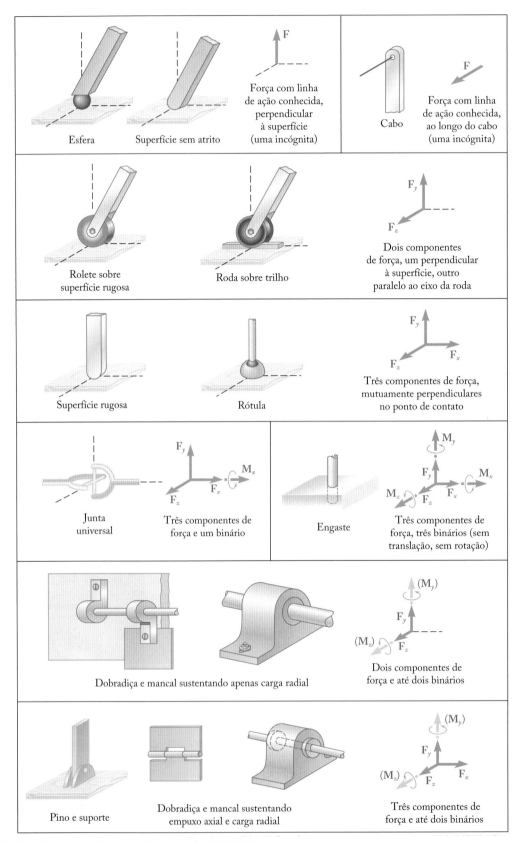

Figura 4.10 Reações em apoios e conexões em três dimensões.

PROBLEMA RESOLVIDO 4.7

Uma escada de 20 kg é usada para alcançar as prateleiras altas em um depósito e está apoiada por duas rodas flangeadas* A e B montadas sobre um trilho e por uma roda sem flange apoiada sobre um trilho fixado à parede. Um homem de 80 kg está em pé sobre a escada e inclina-se para a direita. A linha de ação do peso combinado **W** do homem e da escada intercepta o piso no ponto D. Determine as reações em A, B e C.

ESTRATÉGIA Traça-se um diagrama de corpo livre da escada, e depois escreve-se e resolve-se as equações de equilíbrio em três dimensões.

MODELAGEM

Diagrama de corpo livre. O peso combinado do homem e da escada é

$$\mathbf{W} = -mg\mathbf{j} = -(80 \text{ kg} + 20 \text{ kg})(9{,}81 \text{ m/s}^2)\mathbf{j} = -(981 \text{ N})\mathbf{j}$$

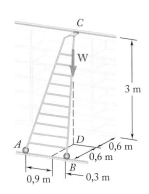

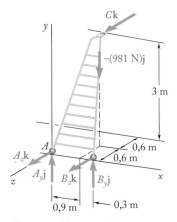

Figura 1 Diagrama de corpo livre da escada.

Temos cinco componentes de reações desconhecidos, dois em cada roda com flange e um na roda sem flange (Fig. 1). A escada está então apenas parcialmente vinculada; ela está livre para rolar ao longo dos trilhos. No entanto, a escada está em equilíbrio sob a carga dada, pois a equação $\Sigma F_x = 0$ está satisfeita.

ANÁLISE

Equações de equilíbrio. Expressamos que as forças que atuam na escada formam um sistema equivalente a zero:

$$\Sigma \mathbf{F} = 0: \quad A_y\mathbf{j} + A_z\mathbf{k} + B_y\mathbf{j} + B_z\mathbf{k} - (981 \text{ N})\mathbf{j} + C\mathbf{k} = 0$$
$$(A_y + B_y - 981 \text{ N})\mathbf{j} + (A_z + B_z + C)\mathbf{k} = 0 \quad (1)$$

$$\Sigma \mathbf{M}_A = \Sigma(\mathbf{r} \times \mathbf{F}) = 0: \quad 1{,}2\mathbf{i} \times (B_y\mathbf{j} + B_z\mathbf{k}) + (0{,}9\mathbf{i} - 0{,}6\mathbf{k}) \times (-981\mathbf{j})$$
$$+ (0{,}6\mathbf{i} + 3\mathbf{j} - 1{,}2\mathbf{k}) \times C\mathbf{k} = 0$$

Calculando o produto vetorial, temos[5]

$$1{,}2B_y\mathbf{k} - 1{,}2B_z\mathbf{j} - 882{,}9\mathbf{k} - 588{,}6\mathbf{i} - 0{,}6C\mathbf{j} + 3C\mathbf{i} = 0$$
$$(3C - 588{,}6)\mathbf{i} - (1{,}2B_z + 0{,}6C)\mathbf{j} + (1{,}2B_y - 882{,}9)\mathbf{k} = 0 \quad (2)$$

Estabelecendo os coeficientes de **i**, **j** e **k** iguais a zero na Eq. (2), obtemos as três equações escalares a seguir, que expressam que a soma dos momentos em relação a cada eixo coordenado deve ser zero:

$$3C - 588{,}6 = 0 \quad C = +196{,}2 \text{ N}$$
$$1{,}2B_z + 0{,}6C = 0 \quad B_z = -98{,}1 \text{ N}$$
$$1{,}2B_y - 882{,}9 = 0 \quad B_y = +736 \text{ N}$$

As reações em B e C são, portanto,

$$\mathbf{B} = +(736 \text{ N})\mathbf{j} - (98{,}1 \text{ N})\mathbf{k} \quad \mathbf{C} = +(196{,}2 \text{ N})\mathbf{k} \quad \blacktriangleleft$$

(continua)

---

* N. de T.: flange: aro ou calor exterior que se projeta para fora de uma roda, para mantê-la em posição, por exemplo, em relação a um trilho.
[5] Os momentos neste Problema Resolvido e nos Problemas Resolvidos 4.8 e 4.9 podem também ser expressos em forma de determinantes (ver Problema Resolvido 3.10).

Tornando os coeficientes de **j** e **k** iguais a zero na Eq. (1), obtemos duas equações escalares demonstrando que as somas dos componentes nas direções y e z são iguais a zero. Substituindo B_y, B_z e C pelos valores obtidos acima, temos

$$A_y + B_y - 981 = 0 \qquad A_y + 736 - 981 = 0 \qquad A_y = +245 \text{ N}$$
$$A_z + B_z + C = 0 \qquad A_z - 98,1 + 196,2 = 0 \qquad A_z = -98,1 \text{ N}$$

Concluímos que a reação em A é

$$\mathbf{A} = +(245 \text{ N})\mathbf{j} - (98,1 \text{ N})\mathbf{k} \blacktriangleleft$$

PARA REFLETIR Somamos momentos em relação a A como parte da análise. Para verificação, poderíamos utilizar agora esses resultados e demonstrar que a soma dos momentos em relação a qualquer outro ponto, como o ponto B, também é zero.

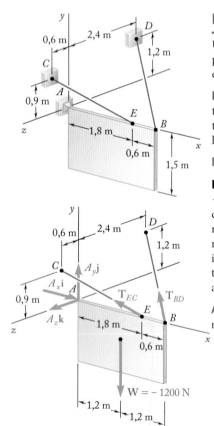

Figura 1 Diagrama de corpo livre da placa.

PROBLEMA RESOLVIDO 4.8

Uma placa de $1,5 \times 2,4$ m de massa específica uniforme pesa 1,2 kN e é sustentada por uma rótula em A e por dois cabos. Determine a tração em cada cabo e a reação em A.

ESTRATÉGIA Traça-se um diagrama de corpo livre da placa e expressa-se as trações desconhecidas do cabo como vetores cartesianos. Então determina-se as trações dos cabos e a reação em A escrevendo e resolvendo as equações de equilíbrio.

MODELAGEM

Diagrama de corpo livre. As forças exercidas no corpo livre são o peso $\mathbf{W} = -(1200 \text{ N})\mathbf{j}$ e as reações em A, B e E (Fig. 1). A reação em A é uma força de direção desconhecida e é representada por três componentes desconhecidos. Como as direções das forças exercidas pelos cabos são conhecidas, essas forças envolvem apenas uma incógnita cada, a saber, as intensidades T_{BD} e T_{EC}. Como há apenas cinco incógnitas, a placa está parcialmente vinculada. A placa pode girar livremente em torno do eixo x; ela está, no entanto, em equilíbrio sob o carregamento dado, pois a equação $\Sigma M_x = 0$ está satisfeita.

ANÁLISE Os componentes das forças $\mathbf{T}_{BD}$ e $\mathbf{T}_{EC}$ podem ser expressos em termos das intensidades desconhecidas T_{BD} e T_{EC} da seguinte maneira:

$$\overrightarrow{BD} = -(2,4 \text{ m})\mathbf{i} + (1,2 \text{ m})\mathbf{j} - (2,4 \text{ m})\mathbf{k} \qquad BD = 3,6 \text{ m}$$
$$\overrightarrow{EC} = -(1,8 \text{ m})\mathbf{i} + (0,9 \text{ m})\mathbf{j} + (0,6 \text{ m})\mathbf{k} \qquad EC = 2,1 \text{ m}$$

$$\mathbf{T}_{BD} = T_{BD}\left(\frac{\overrightarrow{BD}}{BD}\right) = T_{BD}(-\tfrac{2}{3}\mathbf{i} + \tfrac{1}{3}\mathbf{j} - \tfrac{2}{3}\mathbf{k})$$

$$\mathbf{T}_{EC} = T_{EC}\left(\frac{\overrightarrow{EC}}{EC}\right) = T_{EC}(-\tfrac{6}{7}\mathbf{i} + \tfrac{3}{7}\mathbf{j} + \tfrac{2}{7}\mathbf{k})$$

Equações de equilíbrio. Indicamos que as forças atuantes sobre a placa formam um sistema equivalente a zero:

$\Sigma \mathbf{F} = 0$: $A_x\mathbf{i} + A_y\mathbf{j} + A_z\mathbf{k} + \mathbf{T}_{BD} + \mathbf{T}_{EC} - (1200 \text{ N})\mathbf{j} = 0$
$(A_x - \frac{2}{3}T_{BD} - \frac{6}{7}T_{EC})\mathbf{i} + (A_y + \frac{1}{3}T_{BD} + \frac{3}{7}T_{EC} - 1200 \text{ N})\mathbf{j}$
$\qquad\qquad\qquad\qquad\qquad + (A_z - \frac{2}{3}T_{BD} + \frac{2}{7}T_{EC})\mathbf{k} = 0 \qquad (1)$

$\Sigma \mathbf{M}_A = \Sigma(\mathbf{r} \times \mathbf{F}) = 0$:
$(2{,}4 \text{ m})\mathbf{i} \times T_{BD}(-\frac{2}{3}\mathbf{i} + \frac{1}{3}\mathbf{j} - \frac{2}{3}\mathbf{k}) + (1{,}8 \text{ m})\mathbf{i} \times T_{EC}(-\frac{6}{7}\mathbf{i} + \frac{3}{7}\mathbf{j} + \frac{2}{7}\mathbf{k})$
$\qquad\qquad\qquad\qquad\qquad + (1{,}2 \text{ m})\mathbf{i} \times (-1200 \text{ N})\mathbf{j} = 0$
$(0{,}8T_{BD} + 0{,}771T_{EC} - 1440 \text{ N})\mathbf{k} + (1{,}6T_{BD} - 0{,}514T_{EC})\mathbf{j} = 0 \qquad (2)$

Tornando os coeficientes de **j** e **k** iguais a zero na Eq. (2), obtemos duas equações escalares que podem ser resolvidas para T_{BD} e T_{EC}:

$$T_{BD} = 450 \text{ N} \qquad T_{EC} = 1400{,}8 \text{ N} \blacktriangleleft$$

Estabelecendo os coeficientes de **i**, **j** e **k** iguais a zero na Eq. (1), obtemos mais três equações, que nos possibilitam calcular os componentes de **A**. Temos

$$\mathbf{A} = +(1500{,}7 \text{ N})\mathbf{i} + (449{,}7 \text{ N})\mathbf{j} - (100{,}2 \text{ N})\mathbf{k} \blacktriangleleft$$

PARA REFLETIR Os cabos podem agir apenas sob tração, e o diagrama de corpo livre e as expressões dos vetores cartesianos para os cabos foram consistentes com essa premissa. A solução resultou positiva para os cabos de forças, o que confirma que eles estavam sob tração e valida a análise.

PROBLEMA RESOLVIDO 4.9

Uma tampa de tubulação de raio $r = 240$ mm e 30 kg de massa é mantida na posição horizontal pelo cabo CD. Considerando que o mancal em B não exerce qualquer empuxo axial, determine a tração no cabo e as reações em A e B.

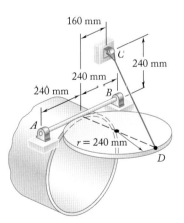

(*continua*)

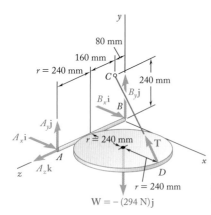

Figura 1 Diagrama de corpo livre da tampa de tubulação.

ESTRATÉGIA Traça-se um diagrama de corpo livre com os eixos coordenados mostrados (Fig. 1) e expressa-se a tração desconhecida do cabo como um vetor cartesiano. Então, aplica-se as equações de equilíbrio para determinar essa tração e as reações de apoio.

MODELAGEM

Diagrama de corpo livre. As forças que atuam no corpo livre são o peso da tampa

$$\mathbf{W} = -mg\mathbf{j} = -(30 \text{ kg})(9{,}81 \text{ m/s}^2)\mathbf{j} = -(294 \text{ N})\mathbf{j}$$

e as relações que envolvem seis incógnitas, a saber, a intensidade da força $\mathbf{T}$ exercida pelo cabo, três componentes da força na articulação A e dois na articulação B. Os componentes $\mathbf{T}$ são expressos em termos da intensidade desconhecida T decompondo-se o vetor $\overrightarrow{DC}$ em componentes retangulares:

$$\overrightarrow{DC} = -(480 \text{ mm})\mathbf{i} + (240 \text{ mm})\mathbf{j} - (160 \text{ mm})\mathbf{k} \qquad DC = 560 \text{ mm}$$

$$\mathbf{T} = T\frac{\overrightarrow{DC}}{DC} = -\tfrac{6}{7}T\mathbf{i} + \tfrac{3}{7}T\mathbf{j} - \tfrac{2}{7}T\mathbf{k}$$

ANÁLISE

Equações de equilíbrio. Demonstramos que as forças exercidas na tampa de tubulação formam um sistema equivalente a zero:

$$\Sigma\mathbf{F} = 0: \qquad A_x\mathbf{i} + A_y\mathbf{j} + A_z\mathbf{k} + B_x\mathbf{i} + B_y\mathbf{j} + \mathbf{T} - (294 \text{ N})\mathbf{j} = 0$$
$$(A_x + B_x - \tfrac{6}{7}T)\mathbf{i} + (A_y + B_y + \tfrac{3}{7}T - 294 \text{ N})\mathbf{j} + (A_z - \tfrac{2}{7}T)\mathbf{k} = 0 \qquad (1)$$

$$\Sigma\mathbf{M}_B = \Sigma(\mathbf{r} \times \mathbf{F}) = 0:$$
$$2r\mathbf{k} \times (A_x\mathbf{i} + A_y\mathbf{j} + A_z\mathbf{k})$$
$$+ (2r\mathbf{i} + r\mathbf{k}) \times (-\tfrac{6}{7}T\mathbf{i} + \tfrac{3}{7}T\mathbf{j} - \tfrac{2}{7}T\mathbf{k})$$
$$+ (r\mathbf{i} + r\mathbf{k}) \times (-294 \text{ N})\mathbf{j} = 0$$
$$(-2A_y - \tfrac{3}{7}T + 294 \text{ N})r\mathbf{i} + (2A_x - \tfrac{2}{7}T)r\mathbf{j} + (\tfrac{6}{7}T - 294 \text{ N})r\mathbf{k} = 0 \qquad (2)$$

Tornando os coeficientes dos vetores unitários iguais a zero na Eq. (2), obtemos três equações escalares, que resultam em

$$A_x = +49{,}0 \text{ N} \qquad A_y = +73{,}5 \text{ N} \qquad T = 343 \text{ N} \blacktriangleleft$$

Estabelecendo os coeficientes dos vetores unitários iguais a zero na Eq. (1), obtemos mais três equações escalares. Depois de substituir os valores de T, A_x e A_y nessas equações, obtemos

$$A_z = +98{,}0 \text{ N} \qquad B_x = +245 \text{ N} \qquad B_y = +73{,}5 \text{ N}$$

As reações A e B são, portanto,

$$\mathbf{A} = +(49{,}0 \text{ N})\mathbf{i} + (73{,}5 \text{ N})\mathbf{j} + (98{,}0 \text{ N})\mathbf{k} \blacktriangleleft$$
$$\mathbf{B} = +(245 \text{ N})\mathbf{i} + (73{,}5 \text{ N})\mathbf{j} \blacktriangleleft$$

PARA REFLETIR Como verificação, podemos determinar a tração no cabo utilizando uma análise escalar. Determinando os sinais pela regra da mão direita, obtemos

$$\Sigma M_z = 0: \quad \tfrac{3}{7}T(0{,}48 \text{ m}) - (294 \text{ N})(0{,}24 \text{ m}) = 0 \quad T = 343 \text{ N} \blacktriangleleft$$

PROBLEMA RESOLVIDO 4.10

Uma carga de 2 kN está suspensa no canto C de uma tabulação rígida ABCD que foi dobrada como mostra a figura. A tubulação é sustentada pelas rótulas A e D, que estão presas, respectivamente, no solo e em uma parede vertical, e por um cabo que liga o ponto médio E da porção BC da tubulação e o ponto G na parede. Determine (a) onde G deverá estar localizado se a tração no cabo tiver de ser mínima, (b) o valor mínimo correspondente a essa tração.

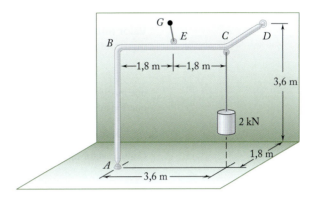

ESTRATÉGIA Traça-se o diagrama de corpo livre da tubulação mostrando as reações em A e D. Isola-se a tração desconhecida **T** e o peso conhecido **W** somando momentos em relação à linha diagonal AD, e calcula-se valores das equações de equilíbrio.

MODELAGEM E ANÁLISE

Diagrama de corpo livre. O diagrama de corpo livre da tubulação inclui a carga $\mathbf{W} = (-2000 \text{ N})\mathbf{j}$, as reações em A e D e a força **T** exercida pelo cabo (Fig.1). Para eliminar as reações em A e D dos cálculos, escrevemos que a soma dos momentos das forças em relação a AD é zero. Representando por $\boldsymbol{\lambda}$ o vetor unitário ao longo de AD, temos

$$\Sigma M_{AD} = 0: \quad \boldsymbol{\lambda} \cdot (\overrightarrow{AE} \times \mathbf{T}) + \boldsymbol{\lambda} \cdot (\overrightarrow{AC} \times \mathbf{W}) = 0 \tag{1}$$

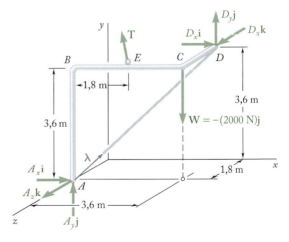

Figura 1 Diagrama de corpo livre da tubulação.

(*continua*)

O segundo termo da Eq. (1) pode ser calculado como se segue:

$$\overrightarrow{AC} \times \mathbf{W} = (3{,}6\mathbf{i} + 3{,}6\mathbf{j}) \times (-2000\mathbf{j}) = -7200\mathbf{k}$$

$$\boldsymbol{\lambda} = \frac{\overrightarrow{AD}}{AD} = \frac{3{,}6\mathbf{i} + 3{,}6\mathbf{j} - 1{,}8\mathbf{k}}{5{,}4} = \tfrac{2}{3}\mathbf{i} + \tfrac{2}{3}\mathbf{j} - \tfrac{1}{3}\mathbf{k}$$

$$\boldsymbol{\lambda} \cdot (\overrightarrow{AC} \times \mathbf{W}) = (\tfrac{2}{3}\mathbf{i} + \tfrac{2}{3}\mathbf{j} - \tfrac{1}{3}\mathbf{k}) \cdot (-7200\mathbf{k}) = +2400$$

Substituindo o valor obtido na Eq. (1), temos

$$\boldsymbol{\lambda} \cdot (\overrightarrow{AE} \times \mathbf{T}) = -2400 \text{ N·m} \qquad (2)$$

Valor mínimo da tração. Recordando a propriedade comutativa para produtos triplos mistos, reescrevemos a Eq. (2) na forma

$$\mathbf{T} \cdot (\boldsymbol{\lambda} \times \overrightarrow{AE}) = -2400 \text{ N·m} \qquad (3)$$

que mostra que a projeção de $\mathbf{T}$ sobre o vetor $\boldsymbol{\lambda} \times \overrightarrow{AE}$ é uma constante. Segue-se que $\mathbf{T}$ é mínimo quando for paralelo ao vetor

$$\boldsymbol{\lambda} \times \overrightarrow{AE} = (\tfrac{2}{3}\mathbf{i} + \tfrac{2}{3}\mathbf{j} - \tfrac{1}{3}\mathbf{k}) \times (1{,}8\mathbf{i} + 3{,}6\mathbf{j}) = 1{,}2\mathbf{i} - 0{,}6\mathbf{j} + 1{,}2\mathbf{k}$$

Como o vetor unitário correspondente é $\tfrac{2}{3}\mathbf{i} - \tfrac{1}{3}\mathbf{j} + \tfrac{2}{3}\mathbf{k}$, temos

$$\mathbf{T}_{mín} = T(\tfrac{2}{3}\mathbf{i} - \tfrac{1}{3}\mathbf{j} + \tfrac{2}{3}\mathbf{k}) \qquad (4)$$

Substituindo por $\mathbf{T}$ e $\boldsymbol{\lambda} \times \overrightarrow{AE}$ na Eq. (3) e calculando os produtos escalares, obtemos $1{,}8T = -2.400$ e, portanto, $T = -1333{,}3$ N. Transferindo esse valor para (4), obtemos

$$\mathbf{T}_{mín} = -888{,}9\mathbf{i} + 444{,}4\mathbf{j} - 888{,}9\mathbf{k} \qquad T_{mín} = 1333{,}3 \text{ N} \blacktriangleleft$$

Localização de G. Como o vetor $\overrightarrow{EG}$ e a força $\mathbf{T}_{mín}$ têm a mesma direção, seus componentes devem ser proporcionais. Representando as coordenadas de G por x, y e 0 (Fig. 2), temos

$$\frac{x - 1{,}8}{-888{,}9} = \frac{y - 3{,}6}{+444{,}4} = \frac{0 - 1{,}8}{-888{,}9} \qquad x = 0 \quad y = 4{,}5 \text{ m} \blacktriangleleft$$

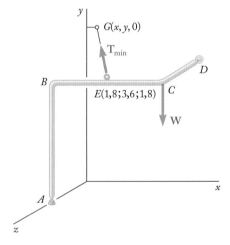

Figura 2 Localização do ponto G para a mínima tração no cabo.

PARA REFLETIR Algumas vezes é preciso utilizar a análise vetorial apresentada nos Capítulos 2 e 3 tanto quanto as condições para o equilíbrio descritas neste capítulo.

METODOLOGIA PARA A RESOLUÇÃO DE PROBLEMAS

O equilíbrio de um *corpo tridimensional* foi tratado nas seções que acabamos de ler. Novamente, é mais importante que, como primeiro passo da solução, tracemos um *diagrama de corpo livre* completo.

1. À medida que desenhar o diagrama de corpo livre, dê atenção especial às reações nos apoios. O número de incógnitas em um apoio pode variar de uma a seis (Fig. 4.10). Para decidir se uma reação desconhecida ou um componente de reação existe no apoio, perguntemos a nós mesmos se o apoio impede o movimento do corpo em uma certa direção ou em torno de um certo eixo.

 a. Se o movimento é impedido em uma certa direção, incluamos no diagrama de corpo livre uma *reação desconhecida* ou um *componente de reação* que atue na *mesma direção*.

 b. Se o apoio impede rotação em torno de um certo eixo, incluamos no diagrama de corpo livre um *binário* de intensidade desconhecida que atue sobre o *mesmo eixo*.

2. As forças externas que atuam em um corpo tridimensional formam um sistema equivalente a zero. Escrevendo $\Sigma\mathbf{F} = 0$ e $\Sigma\mathbf{M}_A = 0$ sobre um ponto apropriado A e igualando os coeficientes de $\mathbf{i}, \mathbf{j}, \mathbf{k}$ em ambas as equações iguais a zero, obtêm-se seis equações escalares. Em geral, essas equações vão conter seis incógnitas e podem ser resolvidas para essas incógnitas.

3. Após completar o diagrama de corpo livre, é conveniente procurarmos equações que envolvam o menor número possível de incógnitas. Essas estratégias podem nos ser úteis:

 a. Somando os momentos em relação a uma rótula ou uma articulação, obtemos equações nas quais três componentes de reações desconhecidas foram eliminados [Problemas Resolvidos 4.8 e 4.9].

 b. Se for possível traçar um eixo que passe pelos pontos de aplicação de todas as reações desconhecidas, exceto uma, ao se somarem os momentos em relação a esse eixo, obtém-se uma equação com uma única incógnita [Problemas Resolvidos 4.10].

4. Após traçar o diagrama de corpo livre, podemos encontrar uma das seguintes situações:

 a. As reações envolvem menos que seis incógnitas: o corpo é considerado parcialmente vinculado e seu movimento é possível. Porém, podemos ser capazes de determinar as reações se forem dadas as condições de carregamento [Problema Resolvido 4.7].

 b. As reações envolvem mais que seis incógnitas: as reações são consideradas estaticamente indeterminadas. Embora possamos ser capazes de calcular uma ou duas reações, não podemos determinar todas as reações [Problema Resolvido 4.10].

 c. As reações são paralelas ou interceptam a mesma linha: o corpo é considerado impropriamente vinculado e seu movimento pode ocorrer de acordo com as condições gerais de carregamento.

PROBLEMAS

PROBLEMAS PRÁTICOS DE DIAGRAMA DE CORPO LIVRE

4.F5 Dois rolos de fitas são presos a um eixo e segurados por mancais em A e D. O raio do rolo B é 30 mm e o raio do rolo C é 40 mm. Sabendo que $T_B = 80$ N e que o sistema gira em velocidade constante, trace o diagrama de corpo livre necessário para determinar as reações em A e D. Considere que o mancal A não exerce qualquer esforço axial e despreze os pesos dos rolos e do eixo.

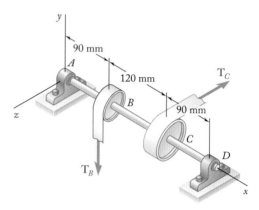

Figura P4.F5

4.F6 Um poste de 12 m sustenta um cabo horizontal CD e é sustentado por uma rótula em A e por dois cabos BE e BF. Sabendo que a tração no cabo CD é 14 kN e considerando que CD é paralelo ao eixo x ($\phi = 0$), trace o diagrama de corpo livre necessário para determinar a tração nos cabos BE e BF e a reação em A.

4.F7 Uma cobertura de 20 kg de uma abertura de um telhado é articulada nos cantos A e B. O telhado forma um ângulo de 30° com a horizontal e a cobertura é mantida em uma posição horizontal pelo apoio CE. Trace o diagrama de corpo livre necessário para determinar a intensidade da força exercida pelo apoio e as reações nas dobradiças. Suponha que a articulação em A não exerce qualquer esforço axial.

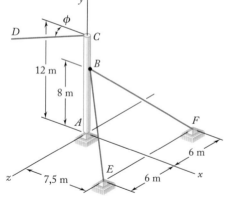

Figura P4.F6

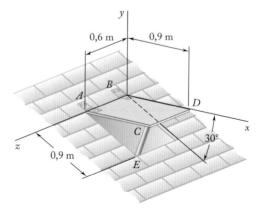

Figura P4.F7

PROBLEMAS DE FINAL DE SEÇÃO

4.91 Duas correias de transmissão passam por duas roldanas soldadas a um eixo apoiado por mancais em A e D. A roldana interna tem um raio de 125 mm, e a roldana externa tem um raio de 250 mm. Sabendo que, quando o sistema está em repouso, a tração é de 90 N nas duas partes da correia B e de 150 N nas duas partes da correia C, determine as reações em A e D. Considere que o mancal em D não exerce qualquer esforço axial.

4.92 Resolva o Problema 4.91, considerando que a roldana gira a uma taxa constante e que $T_B = 104$ N, $T'_B = 84$ N e $T_C = 175$ N.

4.93 Uma pequena manivela é utilizada para elevar uma carga de 120 N. Encontre (a) a intensidade da força vertical **P** que deveria ser aplicada em C para manter o equilíbrio na posição mostrada, (b) as reações em A e B, considerando que o rolamento em B não exerce qualquer esforço axial.

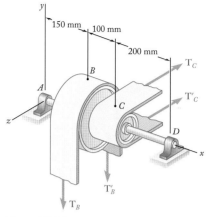

Figura P4.91

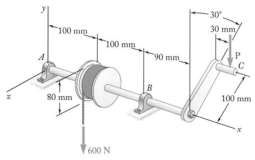

Figura P4.93

4.94 Uma placa de madeira compensada de 4 m $\times$ 8 m, pesando 170 N, foi temporariamente colocada entre três apoios tubulares. A borda inferior da placa apoia em pequenos cursores em A e B, e a borda superior está inclinada contra o tubo C. Desprezando o atrito em toda a superfície, determine as reações em A, B e C.

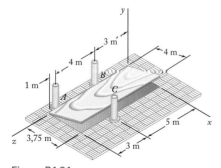

Figura P4.94

4.95 Uma placa de 250 $\times$ 400 mm e massa 12 kg e uma polia de 300 mm de diâmetro estão soldadas ao eixo AC que é suportado pelos rolamentos em A e B. Para $\beta = 30°$, determine (a) a tração no cabo, (b) as reações em A e B. Considere que o rolamento em B não exerce qualquer esforço axial.

4.96 Resolva o Problema 4.95 para $\beta = 60°$.

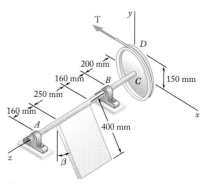

Figura P4.95

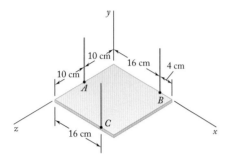

Figura P4.97 e P4.98

4.97 A placa quadrada de 20 × 20 cm mostrada na figura tem peso 56 N e é sustentada por três arames verticais. Determine a tração em cada arame.

4.98 A placa quadrada de 20 × 20 cm mostrada na figura tem peso 56 N e é sustentada por três arames verticais. Determine o peso e a localização do bloco mais leve que poderia ser colocado na placa se as trações nos três arames forem iguais.

4.99 Uma abertura no piso é coberta por uma folha de madeira compensada de 1 × 1,2 m, com massa de 18 kg. A folha é articulada em A e B e é mantida em uma posição ligeiramente acima do solo por um pequeno bloco C. Determine o componente vertical da reação (a) em A, (b) em B, (c) em C.

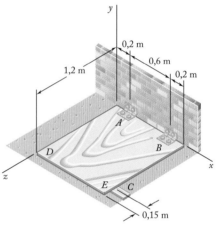

Figura P4.99

4.100 Resolva o Problema 4.99, considerando que o pequeno bloco C é movido e colocado na borda DE num ponto 0,15 m do canto E.

4.101 Dois tubos de aço AB e BC, cada qual com uma massa por unidade de comprimento de 8 kg/m, são soldados juntos em B e estão sustentados por três arames. Sabendo que $a = 0,4$ m, determine a tração em cada arame.

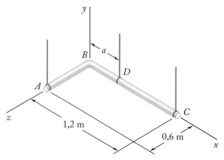

Figura P4.101

4.102 Para a montagem de tubos do Problema 4.101 determine (*a*) o maior valor admissível de *a* para o conjunto não virar e (*b*) a tração correspondente em cada arame.

4.103 A placa quadrada de 240 N mostrada na figura é sustentada por três arames verticais. Determine (*a*) a tração em cada arame quando *a* = 10 cm, (*b*) o valor de *a* para o qual a tração em cada arame seja 80 N.

4.104 A mesa mostrada na figura pesa 120 N e tem um diâmetro de 1,6 m. É suportada por três pernas igualmente distribuídas nas extremidades. A carga vertical **P** de intensidade 400 N é aplicada no topo da mesa em *D*. Determine valor máximo de *a* para a mesa não tombar. Mostre, num esboço, a área da mesa sobre a qual **P** possa agir sem tombar a mesa.

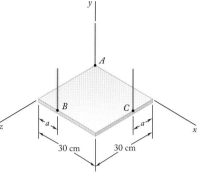

Figura P4.103

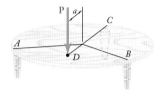

Figura *P4.104*

4.105 Sobre uma lança de 10 m atua uma força de 4 kN como mostrado na figura. Determine a tração em cada cabo e a reação na rótula em *A*.

4.106 No poste *ABC* de 6 m, atua uma força de 455 N, tal como mostra a figura. O poste é sustentado por uma rótula em *A* e por dois cabos *BD* e *BE*. Para *a* = 3 m, determine a tração em cada cabo e a reação em *A*.

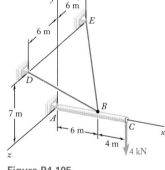

Figura P4.105

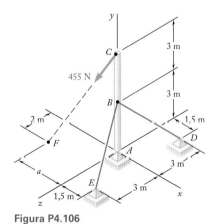

Figura P4.106

4.107 Resolva o Problema 4.106 para *a* = 1,5 m.

4.108 Uma lança de 2,4 m é segura por uma rótula em *C* e por dois cabos *AD* e *AE*. Determine a tração em cada cabo e a reação em *C*.

4.109 Resolva o Problema 4.108 considerando que a carga de 3,6 kN é aplicada em *A*.

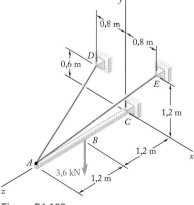

Figura P4.108

4.110 O mastro AC de 10 m forma um ângulo de 30° com o eixo z. Ele é sustentado por uma rótula em C e por dois suportes finos BD e BE. Sabendo que a distância BC é 3 m, determine a tração em cada suporte e a reação em C.

4.111 Uma lança de 1,2 m é mantida pela rótula em C e por dois cabos BF e DAE, sendo que o cabo DAE passa por uma polia sem atrito em A. Para a carga mostrada na figura, determine a tração em cada cabo e a reação em C.

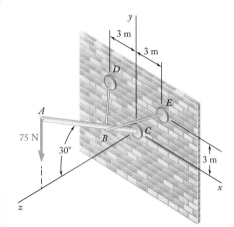

Figura P4.110

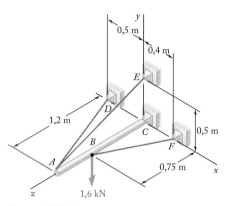

Figura P4.111

4.112 Resolva o Problema 4.111 considerando que a carga de 1,6 kN é aplicada em A.

4.113 Uma janela de 10 kg, medindo 900 x 1500 mm, é sustentada por dobradiças em A e B. Na posição mostrada, ela fica afastada da lateral da casa por uma haste CD de 600 mm. Considerando que a dobradiça em A não exerce qualquer esforço axial, determine a intensidade da força exercida pela haste e os componentes das reações em A e B.

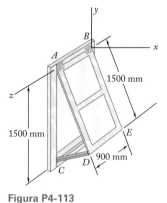

Figura P4-113

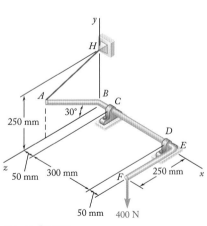

Figura P4.114

4.114 A haste dobrada ABEF é sustentada por mancais em C e D e pelo arame AH. Sabendo que a porção AB da haste tem 250 mm de comprimento, determine (a) a tração no arame AH, (b) as reações em C e D. Considere que o mancal em D não exerce qualquer esforço axial.

4.115 A plataforma horizontal *ABCD* pesa 60 N e suporta uma carga de 240 N em seu centro. A plataforma é normalmente mantida em posição pelas dobradiças *A* e *B* e pelos suportes *CE* e *DE*. Se o suporte *DE* for removido, determine as reações nas dobradiças e a força exercida pelo suporte remanescente *CE*. Suponha que a articulação em *A* não exerce qualquer esforço axial.

4.116 A tampa de uma escotilha de telhado pesa 75 N e é articulada nas extremidades *A* e *B* e mantida na posição desejada por uma haste *CD* articulada em *C*. Um pino na extremidade *D* da haste se encaixa em um dos diversos furos contidos na borda da tampa. Para $\alpha = 50°$, determine (*a*) a intensidade da força exercida pela haste *CD*, (*b*) as reações nas dobradiças. Considere que a dobradiça em *B* não exerce qualquer esforço axial.

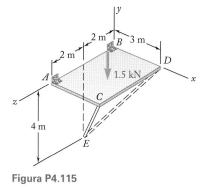

Figura P4.115

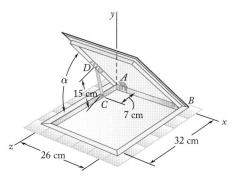

Figura P4.116

4.117 Uma placa retangular uniforme de 100 kg de massa é sustentada na posição mostrada na figura pelas dobradiças *A* e *B* e pelo cabo *DCE*, que passa por um gancho sem atrito em *C*. Considerando que a tração é a mesma em ambas as partes do cabo, determine (*a*) a tração no cabo, (*b*) as reações em *A* e *B*. Considere que a dobradiça em *B* não exerce qualquer esforço axial.

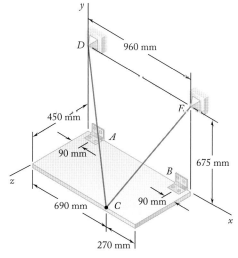

Figura P4.117

4.118 Resolva o Problema 4.117, considerando que o cabo *DCE* é substituído por um cabo preso no ponto *E* e no gancho em *C*.

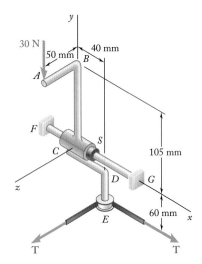

Figura P4.121

4.119 Resolva o Problema 4.113, supondo que a dobradiça em *A* tenha sido removida e que a dobradiça em *B* pode exercer binários em relação aos eixos paralelos aos eixos *x* e *y*.

4.120 Resolva o Problema 4.115, supondo que a dobradiça em *B* tenha sido removida e que a dobradiça em *A* pode exercer um esforço axial, assim como binários em relação aos eixos paralelos aos eixos *x* e *y*.

4.121 O conjunto mostrado na figura é usado para controlar a tração *T* na fita que passa no rolo em *E* sem atrito. O cursor *C* é soldado nas barras *ABC* e *CDE*. Ele pode rodar sobre o eixo *FG*, mas seu movimento ao longo do eixo é impedido pela arruela *S*. Para a carga mostrada, determine (*a*) a tração *T* na fita, (*b*) a reação em *C*.

4.122 O conjunto mostrado na figura é soldado ao cursor *A*, que se encaixa no pino vertical mostrado. O pino pode exercer binários em torno dos eixos *x* e *z*, mas não impede movimento em torno ou ao longo do eixo *y*. Para o carregamento mostrado, determine a tração em cada cabo e a reação em *A*.

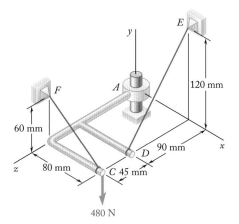

Figura P4.122

4.123 O elemento rígido *ABC* em formato de L é sustentado por uma rótula em *A* e por três cabos. Se um carregamento de 1,8 kN é aplicado em *F*, determine a tração em cada cabo.

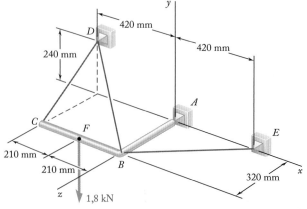

Figura P4.123

4.124 Resolva o Problema 4.123 considerando que a carga de 1,8 kN é aplicada em C.

4.125 O elemento rígido *ABF* em formato de L é sustentado por uma rótula em *A* e por três cabos. Para o carregamento mostrado, determine a tração em cada cabo e a reação em *A*.

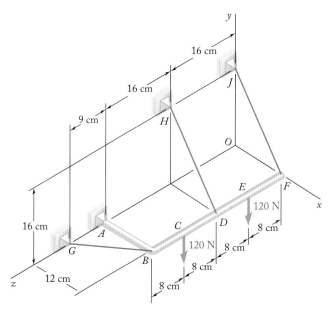

Figura **P4.125**

4.126 Resolva o Problema 4.125 considerando que a carga aplicada em *C* foi removida.

4.127 Três hastes são soldadas juntas para formar uma "cantoneira" sustentada por três parafusos de olhal. Desprezando o atrito, determine as reações em *A*, *B* e *C* quando $P = 240$ N, $a = 12$ cm, $b = 8$ cm e $c = 10$ cm.

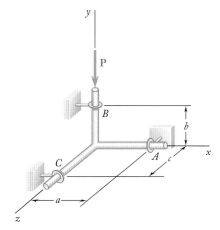

Figura P4.127

4.128 Resolva o Problema 4.127, considerando que a força **P** é removida e substituída por um binário $\mathbf{M} = +(6\ \text{N·m})\mathbf{j}$ atuando em *B*.

4.129 A estrutura $ABCD$ é sustentada por uma rótula em A e por três cabos. Para $a = 150$ mm, determine a tração em cada cabo e a reação em A.

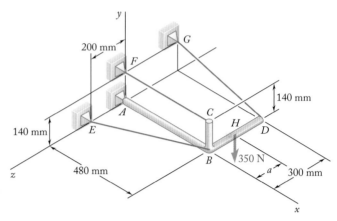

Figura P4.129 e *P4.130*

4.130 A estrutura $ABCD$ é sustentada por uma rótula em A e por três cabos. Sabendo que a carga de 350 N é aplicada em D ($a = 300$ mm), determine a tração em cada cabo e a reação em A.

4.131 A montagem mostrada na figura consiste em uma barra AF de 80 mm que é soldada a uma cruz representada por quatro braços de 200 mm. A montagem é mantida por uma rótula em F e por três conexões curtas, cada qual formando um ângulo de 45° com a vertical. Para o carregamento mostrado, determine (*a*) a tração em cada conexão, (*b*) a reação a F.

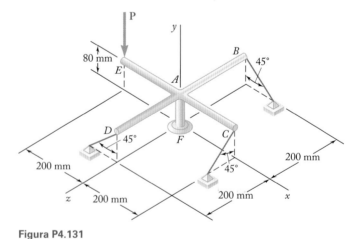

Figura P4.131

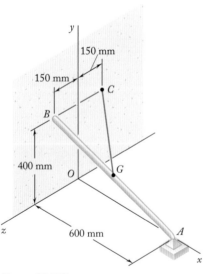

Figura *P4.132*

4.132 Uma haste uniforme de massa de 10 kg AB é sustentada por uma rótula em A e por uma corda CG que é presa no ponto médio G da corda. Sabendo que a barra encosta sem fricção na parede vertical em B, determine (*a*) a tração na corda, (*b*) as reações em A e B.

4.133 A armação *ACD* é sustentada pelas rótulas *A* e *D* e por um cabo que passa através de um anel em *B* e está preso a ganchos em *G* e *H*. Sabendo que a armação sustenta no ponto *C* uma carga de intensidade *P* = 268 N, determine a tração no cabo.

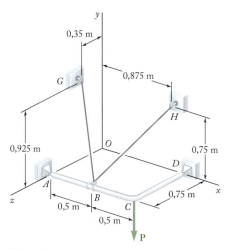

Figura P4.133

4.134 Resolva o Problema 4.133, considerando que o cabo *GBH* seja substituído por um cabo *GB* preso a *G* e *B*.

4.135 A haste dobrada *ABDE* é apoiada por rótulas em *A* e *E* e pelo cabo *DF*. Se uma carga de 300 N é aplicada em *C*, tal como mostra a figura, determine a tração no cabo.

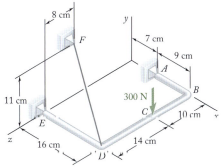

Figura P4.135

4.136 Resolva o Problema 4.135, considerando que o cabo *DF* é substituído por um cabo que conecte *B* e *F*.

4.137 Duas placas retangulares são soldadas juntas para formar o conjunto mostrado na figura. O conjunto é sustentado por rótulas em *B* e *D* e por uma esfera sobre uma superfície horizontal em *C*. Para o carregamento mostrado na figura, determine a reação em *C*.

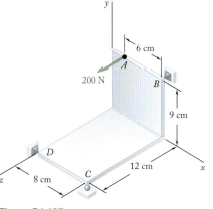

Figura P4.137

4.138 O tubo *ACDE* é suportado por rótulas em *A* e *E* e pelo arame *DF*. Determine a tração no arame quando uma carga de 640 N é aplicada em *B* como mostrado na figura.

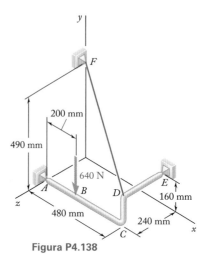

Figura P4.138

4.139 Resolva o Problema 4.138, considerando que o arame *DF* é substituído por um arame que conecta *C* e *F*.

4.140 Dois painéis de madeira compensada de 2 m × 4 m, cada qual com peso de 60 N, são pregados juntos tal como mostra a figura. Os painéis são sustentados por rótulas em *A* e *F* e pelo arame *BH*. Determine (*a*) a localização de *H* no plano *xy* para a tração no arame ser mínima e (*b*) a correspondente tração mínima.

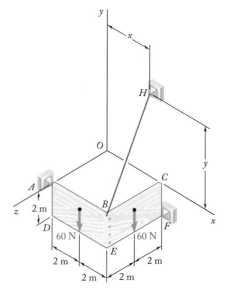

Figura P4.140

4.141 Resolva o Problema 4.140, sujeito à restrição de que *H* deve estar sobre o eixo *y*.

REVISÃO E RESUMO

Equações de equilíbrio

Este capítulo foi dedicado ao estudo do **equilíbrio de corpos rígidos**, isto é, da situação em que forças externas exercidas sobre um corpo rígido *formam um sistema equivalente a zero* [Introdução]. Temos, então:

$$\Sigma \mathbf{F} = 0 \qquad \Sigma \mathbf{M}_O = \Sigma(\mathbf{r} \times \mathbf{F}) = 0 \qquad (4.1)$$

Decompondo cada força e cada momento em seus componentes retangulares, podemos demonstrar as condições necessárias e suficientes para o equilíbrio de um corpo rígido com as seis equações escalares seguintes:

$$\Sigma F_x = 0 \qquad \Sigma F_y = 0 \qquad \Sigma F_z = 0 \qquad (4.2)$$

$$\Sigma M_x = 0 \qquad \Sigma M_y = 0 \qquad \Sigma M_z = 0 \qquad (4.3)$$

Essas equações podem ser usadas para determinar forças desconhecidas aplicadas ao corpo rígido ou reações desconhecidas exercidas pelos seus apoios.

Diagrama de corpo livre

Quando resolver um problema que envolva o equilíbrio de um corpo rígido, é essencial considerar *todas* as forças atuantes sobre o corpo. Assim, o primeiro passo na solução do problema deve ser traçar um **diagrama de corpo livre** mostrando o corpo em destaque e todas as incógnitas, assim como as forças conhecidas exercidas sobre ele.

Equilíbrio de uma estrutura bidimensional

Na primeira parte do capítulo, consideramos o **equilíbrio de uma estrutura bidimensional**; isto é, que a estrutura considerada e as forças aplicadas nela estavam contidas no mesmo plano. Vimos que cada uma das reações exercidas sobre a estrutura pelos seus apoios pode envolver uma, duas ou três incógnitas, dependendo do tipo de apoio [Seção 4.1A].

No caso de uma estrutura bidimensional, as equações dadas anteriormente se reduzem a *três equações de equilíbrio*, a saber

$$\Sigma F_x = 0 \qquad \Sigma F_y = 0 \qquad \Sigma M_A = 0 \qquad (4.5)$$

onde A é um ponto arbitrário no plano da estrutura [Seção 4.1B]. Essas equações podem ser usadas para se obter a solução para as três incógnitas. Embora as três equações de equilíbrio (4.5) não possam ser *aumentadas* com outras equações, qualquer uma delas pode ser *substituída* por outra equação. Portanto, podemos escrever outros conjuntos de equações de equilíbrio, como

$$\Sigma F_x = 0 \qquad \Sigma M_A = 0 \qquad \Sigma M_B = 0 \qquad (4.6)$$

onde o ponto B é escolhido de modo que a linha AB não seja paralela ao eixo y, ou

$$\Sigma M_A = 0 \qquad \Sigma M_B = 0 \qquad \Sigma M_C = 0 \qquad (4.7)$$

em que os pontos A, B e C não estão em uma linha reta.

Indeterminação estática, vinculações parciais, vinculações impróprias

Já que qualquer conjunto de equações de equilíbrio pode ser resolvido para somente três incógnitas, as reações nos apoios de uma estrutura rígida bidimensional não podem ser completamente determinadas se envolverem *mais do que três incógnitas*; diz-se que elas são *estaticamente indeterminadas* [Seção 4.1C].

Por outro lado, se as reações envolvem *menos do que três incógnitas*, o equilíbrio não poderá ser mantido para condições gerais de carregamento; diz-se que a estrutura é *parcialmente vinculada*. O fato de as reações envolverem exatamente três incógnitas não é garantia de que o equilíbrio das equações possa ser resolvido para todas as três incógnitas. Se os suportes são arranjados de tal maneira que as reações são *ou concorrentes ou paralelas*, as reações são estaticamente indeterminadas, e diz-se que a estrutura é *impropriamente vinculada*.

Corpos sujeitos à ação de duas e três forças

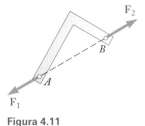

Figura 4.11

Foi dada especial atenção a dois casos específicos de equilíbrio de um corpo rígido na Seção 4.2. Um **corpo sujeito à ação de duas forças** foi definido como um corpo rígido sujeito à ação de forças em apenas dois pontos, e foi mostrado que as resultantes F_1 e F_2 dessas forças devem ter *igual intensidade, igual linha de ação e sentidos opostos* (Fig. 4.11), uma propriedade que vai simplificar a solução de certos problemas em capítulos futuros. Um **corpo sujeito à ação de três forças** foi definido como um corpo rígido sujeito à ação de forças em apenas três pontos e mostrado que as resultantes F_1, F_2 e F_3 dessas forças podem ser *tanto concorrentes* (Fig. 4.12) *como paralelas*. Essa propriedade nos concede uma técnica alternativa para a solução de problemas que envolvam um corpo sujeito à ação de três forças [Problema Resolvido 4.6].

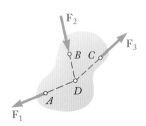

Figura 4.12

Equilíbrio de um corpo tridimensional

Na segunda parte do capítulo, consideramos o *equilíbrio de um corpo tridimensional* e vimos que cada uma das reações exercidas sobre o corpo por seus apoios pode envolver de uma a seis incógnitas, dependendo do tipo de apoio [Seção 4.3A].

No caso geral do equilíbrio de um corpo tridimensional, todas as seis equações escalares de equilíbrio (4.2) e (4.3) listadas no início desta revisão devem ser usadas e resolvidas para *seis incógnitas* [Seção 4.3B]. Na maioria dos problemas, no entanto, essas equações serão mais convenientemente obtidas se primeiro considerarmos

$$\Sigma \mathbf{F} = 0 \qquad \Sigma \mathbf{M}_O = \Sigma(\mathbf{r} \times \mathbf{F}) = 0 \qquad (4.1)$$

e indicarmos as forças **F** e os vetores de posição **r** em termos de componentes escalares e vetores unitários. Os produtos vetoriais podem, então, ser calculados diretamente ou por meio de determinantes, e as equações escalares desejadas podem ser obtidas igualando-se a zero os coeficientes dos vetores unitários [Problemas Resolvidos 4.7 a 4.9].

Observamos que no máximo três componentes de reações desconhecidas podem ser eliminados dos cálculos de $\Sigma \mathbf{M}_O$ na segunda das relações (4.1) por meio de uma escolha criteriosa do ponto O. Além disso, é possível eliminar as reações em dois pontos A e B da solução de alguns problemas escrevendo-se a equação $\Sigma M_{AB} = 0$, que envolve o cálculo dos momentos das forças em relação ao eixo AB, que une os pontos A e B [Problema Resolvido 4.10].

Observamos também que quando um corpo está sujeito a binários individuais $\mathbf{M}_i$, seja como cargas aplicadas, seja como reações de suporte, podemos incluir esses binários expressando a segunda parte da Equação (4.1) como

$$\Sigma \mathbf{M}_O = \Sigma(\mathbf{r} \times \mathbf{F}) + \Sigma \mathbf{M}_i = 0 \qquad (4.1')$$

Se as reações envolvem mais do que seis incógnitas, algumas das reações são *estaticamente indeterminadas*; se envolvem menos do que seis incógnitas, o corpo rígido é apenas *parcialmente vinculado*. Mesmo com seis ou mais incógnitas, o corpo rígido vai estar *impropriamente vinculado* se as reações associadas aos apoios dados forem paralelas ou interceptarem a mesma linha.

PROBLEMAS DE REVISÃO

4.142 Uma empilhadeira de 16 kN é utilizada para erguer um caixote de 8,5 kN. Determine a reação em cada uma das duas (*a*) rodas dianteiras *A*, (*b*) rodas traseiras *B*.

4.143 A alavanca *BCD* é articulada em *C* e presa a uma haste de comando em *B*. Se *P* = 100 N, determine (*a*) a tração na haste *AB*, (*b*) a reação em *C*.

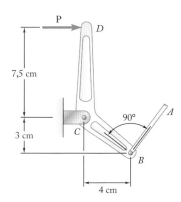

Figura P4.143

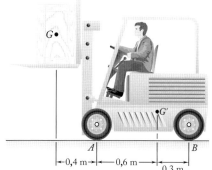

Figura P4.142

4.144 Determine as reações em *A* e *B* quando (*a*) *h* = 0, (*b*) *h* = 200 mm.

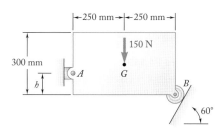

Figura P4.144

4.145 Desprezando o atrito e o raio da polia, determine (*a*) a tração no cabo *ADB*, (*b*) a reação em *C*.

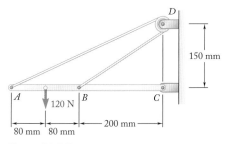

Figura P4.145

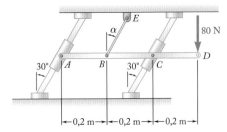

Figura P4.146

4.146 A barra AD é presa em A e C por cursores que podem se mover livremente nas hastes mostradas na figura. Se a corda BE é vertical ($\alpha = 0$), determine a tração na corda e as reações em A e C.

4.147 Uma barra delgada AB com um peso W é unida aos blocos A e B que podem se mover livremente nas guias mostradas na figura. A constante da mola é k, e a mola não fica deformada quando $\theta = 0$. (a) Desprezando o peso dos blocos, deduza uma equação em função de W, k, l e θ que deve ser satisfeita quando a haste estiver em equilíbrio. (b) Determine o valor de θ quando $W = 75$ N, $l = 0{,}3$ m e $k = 300$ N/m.

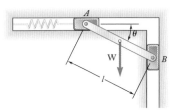

Figura P4.147

4.148 Determine as reações em A e B quando $a = 150$ mm.

4.149 Para a estrutura e carregamento mostrados na figura, determine as reações em A e C.

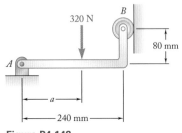

Figura P4.148

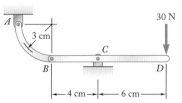

Figura P4.149

4.150 Uma alavanca de 200 mm e uma polia de diâmetro 240 mm estão soldadas ao eixo BE que é suportado pelos mancais em C e D. Se uma carga vertical de 720 N é aplicada em A quando a alavanca está na horizontal, determine (a) a tração na corda, (b) a reação em C e D. Considere que o mancal em D não exerce qualquer esforço axial.

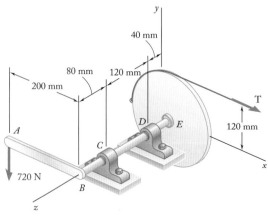

Figura P4.150

4.151 A placa quadrada de 45 N mostrada na figura é sustentada por três arames verticais. Determine a tração em cada arame.

4.152 A placa retangular mostrada na figura tem peso de 75 N e é mantida na posição mostrada pelas dobradiças *A* e *B* e pelo cabo *EF*. Considerando que a dobradiça em *B* não exerce qualquer esforço axial, determine (*a*) a tração no cabo e (*b*) as reações em *A* e *B*.

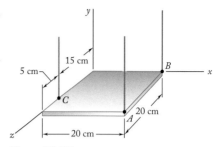

Figura P4.151

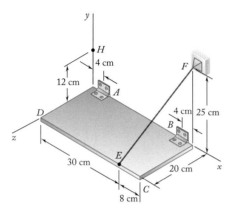

Figura **P4.152**

4.153 Uma força **P** é aplicada numa barra dobrada *ABC*, que pode ser apoiada de quatro maneiras diferentes, como mostrado na figura. Em cada caso, se possível, determine as reações nos suportes.

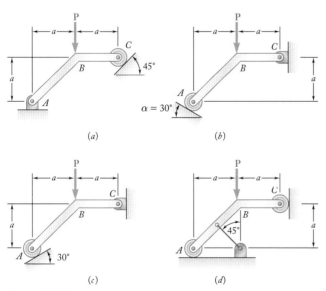

Figura P4.153

5
Forças distribuídas: centroides e centros de gravidade

As cargas em barragens incluem três tipos de forças distribuídas: o peso de seus elementos, a pressão exercida pela força da água em sua superfície submersa e a pressão exercida pelo solo em sua base.

Objetivos

- **Descrever** os centros de gravidade de corpos bidimensionais e tridimensionais.
- **Definir** os centroides de linhas, áreas e volumes.
- **Considerar** os momentos de primeira ordem de linhas e áreas e examinar suas propriedades.
- **Determinar** pelo método da soma os centroides de linhas, áreas e sólidos compostos.
- **Determinar** por integração os centroides de linhas, áreas e sólidos compostos.
- **Aplicar** os teoremas de Pappus-Guldinus para analisar superfícies e sólidos de revolução.
- **Analisar** vigas sujeitas a cargas distribuídas e forças em superfícies submersas.

5.1 Centros planares de gravidade e centroides
5.1A Centro de gravidade de um corpo bidimensional
5.1B Centroides de áreas e linhas
5.1C Momentos de primeira ordem de áreas e linhas
5.1D Placas e fios compostos

5.2 Considerações adicionais sobre centroides
5.2A Determinação de centroides por integração
5.2B Teoremas de Pappus-Guldinus

5.3 Aplicações adicionais dos centroides
5.3A Cargas distribuídas sobre vigas
*5.3B Forças em superfícies submersas

5.4 Centros de gravidade e centroides de sólidos
5.4A Centros de gravidade tridimensionais e centroides
5.4B Corpos compostos
5.4C Determinação de centroides de sólidos por integração

Introdução

Até aqui, temos considerado que a atração exercida pela Terra sobre um corpo rígido pode ser representada por uma força única **W**. Essa força, denominada força de gravidade ou peso do corpo, é aplicada no **centro de gravidade** do corpo (Seção 3.1A). Na verdade, a Terra exerce uma força sobre cada uma das partículas que constituem o corpo. Logo, a ação da Terra sobre um corpo rígido deve ser representada por um grande número de pequenas forças distribuídas sobre todo o corpo. Todavia, aprenderemos neste capítulo que todas essas pequenas forças podem ser substituídas por uma força única equivalente **W**. Também veremos como determinar o centro de gravidade, ou seja, o ponto de aplicação da resultante **W**, para corpos de formas diversas.

Na primeira parte do capítulo, consideramos corpos bidimensionais, tais como placas planas e arames contidos em um dado plano. Serão apresentados dois conceitos estreitamente associados à determinação do centro de gravidade de uma placa ou fio: o conceito de **centroide** de uma área ou linha e o conceito de **momento de primeira ordem** de uma área ou linha em relação a um dado eixo. O cálculo da área de uma superfície de revolução ou do volume de um sólido de revolução está diretamente relacionado com a determinação do centroide da curva ou da superfície usada para gerar tal superfície ou sólido de revolução (Teoremas de Pappus-Guldinus). E, conforme mostra a Seção 5.3, a determinação do centroide de uma área simplifica a análise de vigas sujeitas a cargas distribuídas e o cálculo das forças exercidas sobre superfícies retangulares submersas, tais como comportas hidráulicas e partes de barragens.

Na parte final do capítulo, aprenderemos a determinar o centro de gravidade de um corpo tridimensional, assim como o centroide de um sólido e os momentos de primeira ordem desse sólido em relação aos planos coordenados.

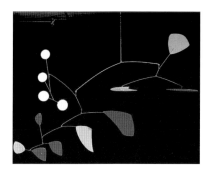

Foto 5.1 O balanceamento preciso dos componentes de um móbile requer certo conhecimento sobre centros de gravidade e centroides, os principais tópicos deste capítulo.

5.1 Centros planares de gravidade e centroides

No Capítulo 4, vimos de que forma a localização das linhas de ação das forças afetam a substituição de um sistema de forças por um sistema de forças e binários equivalente. Nesta seção, estenderemos essa ideia para mostrar como um sistema de forças distribuídas (mais especificamente, os elementos do peso de um objeto) pode ser substituído por uma única força resultante atuando sobre um ponto específico de um objeto. Esse ponto específico é chamado centro de gravidade de um objeto.

5.1A Centro de gravidade de um corpo bidimensional

Vamos considerar inicialmente uma placa plana horizontal (Fig. 5.1). Podemos dividir a placa em n pequenos elementos. As coordenadas do primeiro elemento são representadas por x_1 e y_1; as do segundo elemento, por x_2 e y_2, etc. As forças exercidas pela Terra sobre os elementos de placa serão representadas por $\Delta \mathbf{W}_1$, $\Delta \mathbf{W}_2$, ..., $\Delta \mathbf{W}_n$, respectivamente. Essas forças, ou pesos, estão dirigidas para o centro da Terra; para fins práticos, porém, podem ser tomadas como paralelas. Logo, sua resultante é uma força única com mesma direção e sentido. A intensidade W dessa força é obtida pela adição das intensidades dos pesos elementares:

$$\Sigma F_z: \qquad W = \Delta W_1 + \Delta W_2 + \cdots + \Delta W_n$$

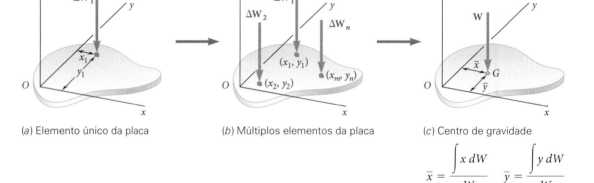

(a) Elemento único da placa (b) Múltiplos elementos da placa (c) Centro de gravidade

$$\bar{x} = \frac{\int x\, dW}{W} \qquad \bar{y} = \frac{\int y\, dW}{W}$$

Figura 5.1 O centro de gravidade de uma placa é o ponto sobre o qual o peso resultante da placa atua. Trata-se da média ponderada de todos os elementos do peso que constituem a placa.

Para obter as coordenadas $\bar{x}$ e $\bar{y}$ do ponto G no qual a resultante $\mathbf{W}$ deve ser aplicada, escrevemos que os momentos de $\mathbf{W}$ em relação aos eixos x e y são iguais às somas dos momentos correspondentes dos pesos elementares:

$$\begin{aligned}\Sigma M_y: &\quad \bar{x}W = x_1 \Delta W_1 + x_2 \Delta W_2 + \cdots + x_n \Delta W_n \\ \Sigma M_x: &\quad \bar{y}W = y_1 \Delta W_1 + y_2 \Delta W_2 + \cdots + y_n \Delta W_n\end{aligned} \qquad (5.1)$$

Decompondo essas equações para $\bar{x}$ e $\bar{y}$, obtemos

$$\bar{x} = \frac{x_1 \Delta W_1 + x_2 \Delta W_2 + \cdots + x_n \Delta W_n}{W}$$

$$\bar{y} = \frac{y_1 \Delta W_1 + y_2 \Delta W_2 + \cdots + y_n \Delta W_n}{W}$$

Podemos utilizar as equações dessa forma para determinar o centro de gravidade de uma coleção de n objetos, cada um com um peso W_i.

Se aumentarmos o número de elementos em que se divide a placa e diminuirmos, simultaneamente, o tamanho de cada elemento, no limite de um número infinito de elementos de tamanho infinitesimal, obteremos as seguintes expressões:

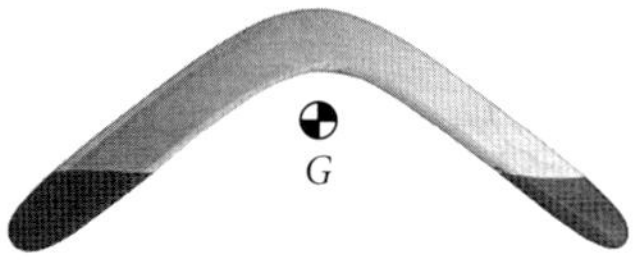

Foto 5.2 O centro de gravidade de um bumerangue não está localizado no próprio objeto.

Peso, centro de gravidade de uma placa plana

$$W = \int dW \quad \bar{x}W = \int x\, dW \quad \bar{y}W = \int y\, dW \qquad (5.2)$$

Ou, resolvendo para $\bar{x}$ e $\bar{y}$, obtemos

$$W = \int dW \quad \bar{x} = \frac{\int x\, dW}{W} \quad \bar{y} = \frac{\int y\, dW}{W} \qquad (5.2')$$

Essas equações definem o peso **W** e as coordenadas $\bar{x}$ e $\bar{y}$ do **centro de gravidade** G de uma placa plana. As mesmas equações podem ser deduzidas para um fio contido no plano xy (Fig. 5.2). Observamos que geralmente o centro de gravidade G de um fio não está localizado sobre o fio.

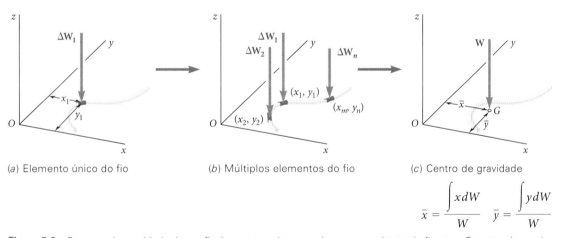

(a) Elemento único do fio (b) Múltiplos elementos do fio (c) Centro de gravidade

$$\bar{x} = \frac{\int x\, dW}{W} \quad \bar{y} = \frac{\int y\, dW}{W}$$

Figura 5.2 O centro de gravidade de um fio é o ponto sobre o qual o peso resultante do fio atua. O centro de gravidade pode não estar localizado realmente sobre o fio.

5.1B Centroides de áreas e linhas

No caso de uma placa plana homogênea de espessura uniforme, a intensidade ΔW do peso de um elemento da placa pode ser expressa como

$$\Delta W = \gamma t\, \Delta A$$

sendo: γ = peso específico (peso por unidade de volume) do material
t = espessura da placa
ΔA = área do elemento

Analogamente, podemos demonstrar a intensidade W do peso de toda a placa como

$$W = \gamma t A$$

sendo A a área total da placa.

Se forem usadas as unidades do SI, γ será em N/m³, t em metros e as áreas ΔA e A em metros quadrados; desse modo, os pesos ΔW e W serão expressos em newtons.*

Substituindo ΔW e W nas equações de momentos (5.1) e dividindo todos os termos por γt, obtemos:

$$\Sigma M_y: \quad \bar{x}A = x_1 \Delta A_1 + x_2 \Delta A_2 + \cdots + x_n \Delta A_n$$
$$\Sigma M_x: \quad \bar{y}A = y_1 \Delta A_1 + y_2 \Delta A_2 + \cdots + y_n \Delta A_n$$

Se aumentarmos o número de elementos em que se divide a superfície de área A e diminuirmos simultaneamente o tamanho de cada elemento, obteremos, obtemos no limite:

Centroide de uma área A

$$\bar{x}A = \int x\, dA \qquad \bar{y}A = \int y\, dA \qquad (5.3)$$

Ou, resolvendo para $\bar{x}$ e $\bar{y}$, obtemos

$$\bar{x} = \frac{\int x\, dA}{A} \qquad \bar{y} = \frac{\int y\, dA}{A} \qquad (5.3')$$

Essas equações definem as coordenadas $\bar{x}$ e $\bar{y}$ do centro de gravidade de uma placa homogênea. O ponto de coordenadas $\bar{x}$ e $\bar{y}$ também é conhecido como o **centroide C da superfície** A da placa (Fig. 5.3). Se a placa não é homogênea, essas equações não podem ser usadas para se determinar o centro de gravidade da placa; todavia, elas ainda determinam o centroide da superfície.

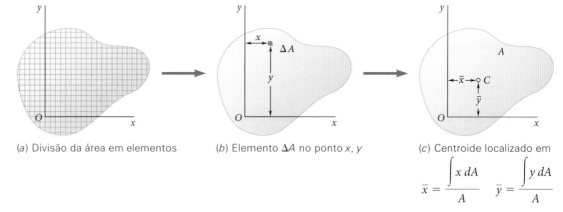

(a) Divisão da área em elementos (b) Elemento ΔA no ponto x, y (c) Centroide localizado em

$$\bar{x} = \frac{\int x\, dA}{A} \qquad \bar{y} = \frac{\int y\, dA}{A}$$

Figura 5.3 O centroide de uma área é o ponto em que uma placa homogênea de espessura uniforme estaria em equilíbrio.

---

* Deve-se observar que, no Sistema Internacional (SI) de unidades, geralmente se caracteriza um material dado pela sua massa específica ρ (massa por unidade de volume), em vez do peso específico γ. O peso específico do material pode, então, ser obtido da relação

$$\gamma = \rho g$$

na qual $g = 9{,}81$ m/s². Uma vez que ρ é expresso em kg/m³, observamos que γ será medido em (kg/m³)(m/s²), ou seja, em N/m³.

No caso de um fio homogêneo de seção transversal uniforme, a intensidade ΔW do peso de um elemento do fio pode ser expressa por

$$\Delta W = \gamma a \, \Delta L$$

sendo γ = peso específico do material
a = área da seção transversal do fio
ΔL = comprimento do elemento

O centro de gravidade do fio coincide, então, com o **centroide C da linha L**, que define o formato do fio (Fig. 5.4). As coordenadas $\bar{x}$ e $\bar{y}$ do centroide da linha L são obtidas das equações:

Centroide de uma linha L

$$\bar{x}L = \int x\, dL \qquad \bar{y}L = \int y\, dL \qquad (5.4)$$

Resolvendo para $\bar{x}$ e $\bar{y}$, obtemos

$$\bar{x} = \frac{\int x\, dL}{L} \qquad \bar{y} = \frac{\int y\, dL}{L} \qquad (5.4')$$

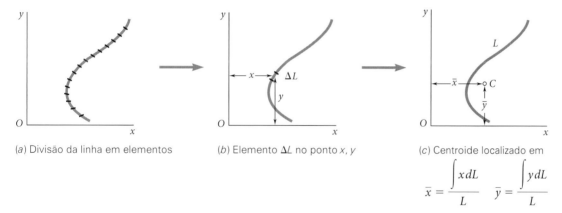

(a) Divisão da linha em elementos (b) Elemento ΔL no ponto x, y (c) Centroide localizado em

$$\bar{x} = \frac{\int x\, dL}{L} \qquad \bar{y} = \frac{\int y\, dL}{L}$$

Figura 5.4 O centroide de uma linha é o ponto em que um fio homogêneo de seção transversal uniforme estaria em equilíbrio.

5.1C Momentos de primeira ordem de áreas e linhas

A integral $\int x\, dA$ nas Eqs. (5.3) é conhecida como o **momento de primeira ordem da área A em relação ao eixo y**, sendo representada por Q_y. De forma análoga, a integral $\int y\, dA$ define o **momento de primeira ordem da área A em relação ao eixo x**, sendo representada por Q_x. Ou seja,

Momentos de primeira ordem da área A

$$Q_y = \int x\, dA \qquad Q_x = \int y\, dA \qquad (5.5)$$

Comparando as Eqs. (5.3) com as Eqs. (5.5), notamos que os momentos de primeira ordem da área A podem ser determinados como produtos da área coordenadas de seu centroide:

$$Q_y = \bar{x}A \qquad Q_x = \bar{y}A \tag{5.6}$$

Resulta das Eqs. (5.6) que as coordenadas do centroide de uma área podem ser obtidas dividindo-se os momentos de primeira ordem pelo próprio valor da área. Os momentos de primeira ordem da área também são úteis em mecânica dos materiais na determinação de tensões de cisalhamento em vigas sob ação de carregamentos transversais. Por fim, observamos nas Eqs. (5.6) que, se o centroide de uma área estiver localizado sobre um eixo de coordenadas, o momento de primeira ordem da área em relação a esse eixo será nulo. Inversamente, se o momento de primeira ordem de uma área em relação a um eixo de coordenadas for nulo, o centroide da área estará localizado sobre esse eixo.

Relações semelhantes às Eqs. (5.5) e (5.6) podem ser usadas para definir os momentos de primeira ordem de uma linha em relação aos eixos de coordenadas e para expressar esses momentos como produtos do comprimento L da linha e das coordenadas $\bar{x}$ e $\bar{y}$ de seu centroide.

Diz-se que uma área A é **simétrica em relação a um eixo** BB' se para cada ponto P da área existir um ponto P' da mesma área tal que a linha PP' seja perpendicular a BB' e fique dividida em duas partes iguais por esse eixo (Fig. 5.5a). O eixo BB' é chamado **eixo de simetria**. Diz-se que uma linha L é simétrica em relação a um eixo BB' se satisfizer condições semelhantes. Quando uma área A ou uma linha L possuem um eixo de simetria BB', seu momento de primeira ordem em relação a BB' é zero, e seu centroide está sobre esse eixo. Por exemplo, no caso da área A da Fig. 5.5b, que é simétrica

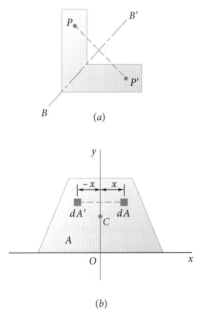

Figura 5.5 Simetria em relação a um eixo. (a) A área é simétrica em relação ao eixo BB'. (b) O centroide da área está localizado sobre o eixo de simetria.

em relação ao eixo y, observamos que para cada elemento de superfície dA de abscissa x existe um elemento dA' de igual área e com abscissa $-x$. Por conseguinte, a integral na primeira das Eqs. (5.5) é zero e, portanto, $Q_y = 0$. Da primeira das relações (5.3) resulta também que $\bar{x} = 0$. Logo, se uma área A ou uma linha L tiverem um eixo de simetria, seu centroide C ficará localizado sobre esse eixo.

Observemos ainda que, se uma área ou linha tiver dois eixos de simetria, seu centroide C deverá se localizar na interseção dos dois eixos (Fig. 5.6). Essa propriedade permite-nos determinar imediatamente, tanto o centroide de áreas tais como círculos, elipses, quadrados, retângulos, triângulos equiláteros ou outras figuras simétricas, bem como o centroide de linhas com a forma da circunferência de um círculo, do perímetro de um quadrado, etc.

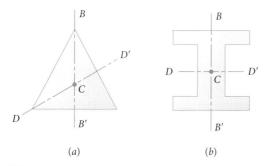

Figura 5.6 Se uma área tem dois eixos de simetria, o centroide estará localizado em sua interseção. (a) Uma área com dois eixos de simetria e nenhum centro de simetria; (b) uma área com dois eixos de simetria e um centro de simetria.

Diz-se que uma área é **simétrica em relação a um centro** O se para cada elemento de superfície dA de coordenadas x e y existir um elemento dA' de igual área com coordenadas $-x$ e $-y$ (Fig. 5.7). Tem-se, então, que as integrais nas Eqs. (5.5) são ambas nulas e que $Q_x = Q_y = 0$. Das Eqs. (5.3), tem-se também que $\bar{x} = \bar{y} = 0$, ou seja, o centroide da superfície coincide com seu centro de simetria O. De forma análoga, se uma linha tem um centro de simetria O, o centroide da curva coincidirá com o centro O.

Deve-se observar que uma figura que apresenta um centro de simetria não necessariamente apresenta um eixo de simetria (Fig. 5.7), ao passo que uma figura que apresenta dois eixos de simetria não necessariamente apresenta um centro de simetria (Fig. 5.6a). Porém, se uma figura apresenta dois eixos de simetria formando um ângulo reto entre si, o ponto de interseção desses eixos será um centro de simetria (Fig. 5.6b).

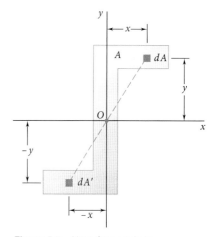

Figura 5.7 Uma área pode ter um centro de simetria e não possuir eixo de simetria.

A determinação de centroides de áreas e linhas assimétricas ou com um único eixo de simetria será discutida na próxima seção. Nas Figs. 5.8A e B, são mostrados centroides de áreas e linhas de formas usuais.

5.1D Placas e fios compostos

Em muitas situações, uma placa plana pode ser dividida em retângulos, triângulos ou outras formas usuais mostradas na Fig. 5.8A. Pode-se determinar a abscissa $\bar{X}$ do seu centro de gravidade G a partir das abscissas $\bar{x}_1, \bar{x}_2, ..., \bar{x}_n$ dos centros de gravidade de diversas partes, representando que o momento do peso de toda placa em relação ao eixo y é igual à soma dos momentos dos pesos das

Formato		$\bar{x}$	$\bar{y}$	Área
Superfície triangular	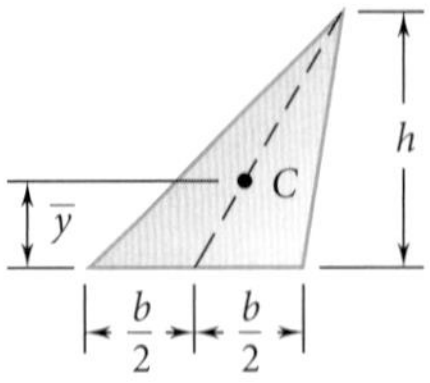		$\dfrac{h}{3}$	$\dfrac{bh}{2}$
Superfície de um quarto de círculo	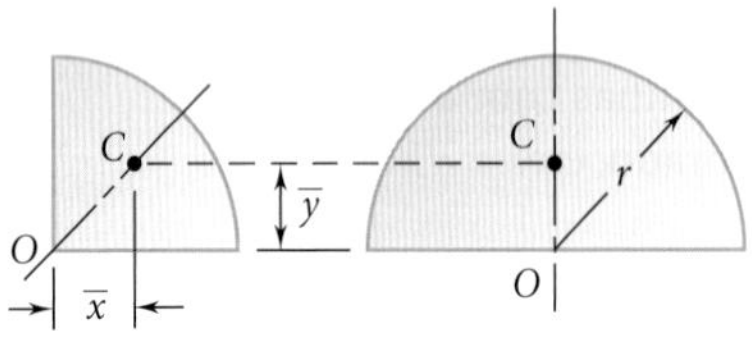	$\dfrac{4r}{3\pi}$	$\dfrac{4r}{3\pi}$	$\dfrac{\pi r^2}{4}$
Superfície semicircular		0	$\dfrac{4r}{3\pi}$	$\dfrac{\pi r^2}{2}$
Superfície de um quarto de elipse	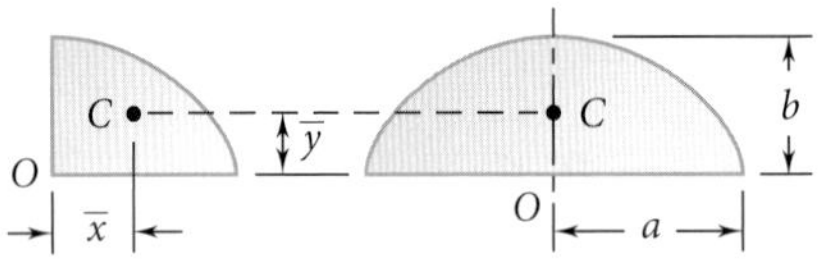	$\dfrac{4a}{3\pi}$	$\dfrac{4b}{3\pi}$	$\dfrac{\pi ab}{4}$
Superfície semielíptica		0	$\dfrac{4b}{3\pi}$	$\dfrac{\pi ab}{2}$
Superfície semiparabólica	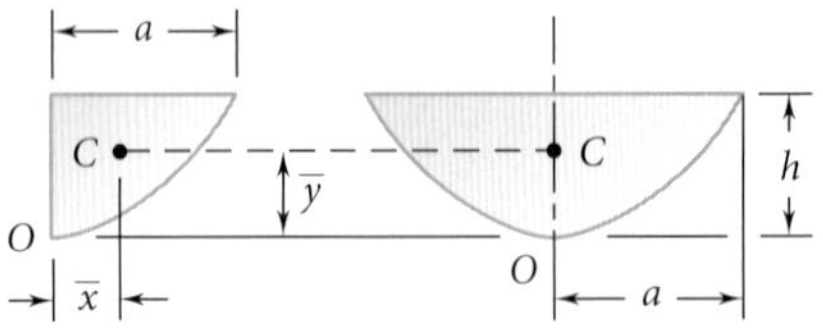	$\dfrac{3a}{8}$	$\dfrac{3h}{5}$	$\dfrac{2ah}{3}$
Superfície parabólica		0	$\dfrac{3h}{5}$	$\dfrac{4ah}{3}$
Superfície sob um arco parabólico	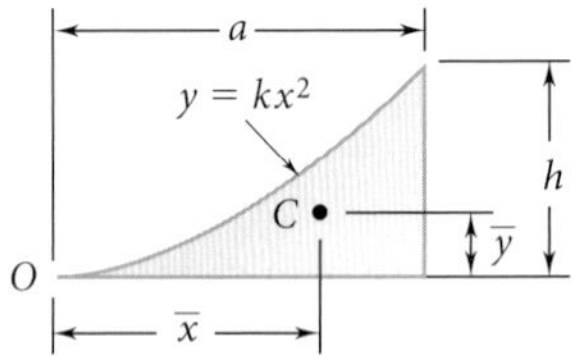 $y = kx^2$	$\dfrac{3a}{4}$	$\dfrac{3h}{10}$	$\dfrac{ah}{3}$
Superfície sob um arco exponencial qualquer	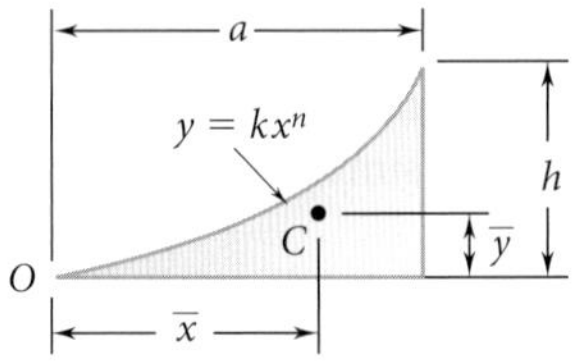 $y = kx^n$	$\dfrac{n+1}{n+2}a$	$\dfrac{n+1}{4n+2}h$	$\dfrac{ah}{n+1}$
Setor circular	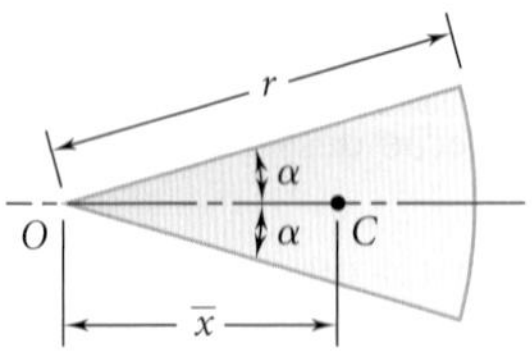	$\dfrac{2r\,\text{sen}\,\alpha}{3\alpha}$	0	αr^2

Figura 5.8A Centroides de áreas de formatos usuais.

Formato		$\bar{x}$	$\bar{y}$	Comprimento
Arco de um quarto de círculo	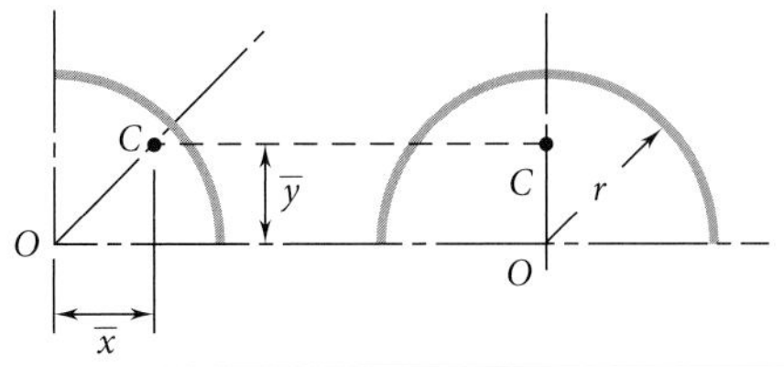	$\dfrac{2r}{\pi}$	$\dfrac{2r}{\pi}$	$\dfrac{\pi r}{2}$
Arco semicircular		0	$\dfrac{2r}{\pi}$	πr
Arco de círculo	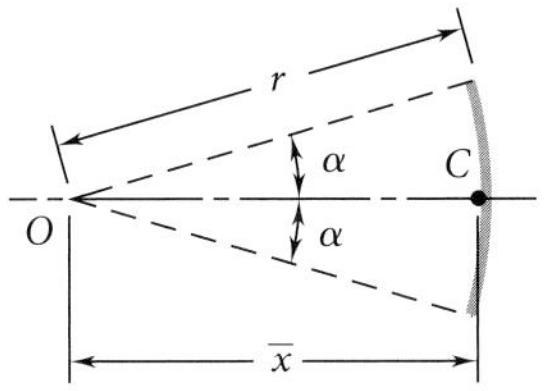	$\dfrac{r \operatorname{sen} \alpha}{\alpha}$	0	$2\alpha r$

Figura 5.8B Centroides de linhas de formatos mais comuns.

diversas partes em relação ao mesmo eixo (Fig. 5.9). A ordenada $\overline{Y}$ do centro de gravidade da placa é determinada de modo semelhante, igualando-se momentos em relação ao eixo x. Matematicamente, temos

$$\Sigma M_y: \quad \overline{X}(W_1 + W_2 + \cdots + W_n) = \bar{x}_1 W_1 + \bar{x}_2 W_2 + \cdots + \bar{x}_n W_n$$
$$\Sigma M_x: \quad \overline{Y}(W_1 + W_2 + \cdots + W_n) = \bar{y}_1 W_1 + \bar{y}_2 W_2 + \cdots + \bar{y}_n W_n$$

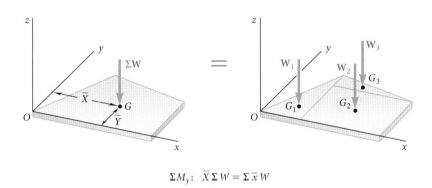

$$\Sigma M_y: \quad \overline{X} \Sigma W = \Sigma \bar{x} W$$
$$\Sigma M_x: \quad \overline{Y} \Sigma W = \Sigma \bar{y} W$$

Figura 5.9 Podemos determinar a localização do centro de gravidade G de um corpo composto a partir dos centros de gravidade $G_1, G_2, \ldots$ das placas componentes.

ou, de maneira compacta,

Centro de gravidade de um corpo composto

$$\overline{X} = \frac{\Sigma \bar{x} W}{W} \quad \overline{Y} = \frac{\Sigma \bar{y} W}{W} \qquad (5.7)$$

Podemos utilizar essas equações para encontrar as coordenadas $\overline{X}$ e $\overline{Y}$ do centro de gravidade da placa a partir dos centros de gravidade de suas partes componentes.

Se a placa é homogênea e de espessura uniforme, o centro de gravidade coincide com o centroide C da sua superfície. A abscissa $\overline{X}$ do centroide da superfície pode ser determinada observando-se que o momento de primeira ordem Q_y da superfície composta com relação ao eixo y pode ser expresso como (1) o produto de $\overline{X}$ pela área total quanto ou como (2) a soma dos momentos de primeira ordem das áreas elementares em relação ao eixo y (Fig. 5.10). A

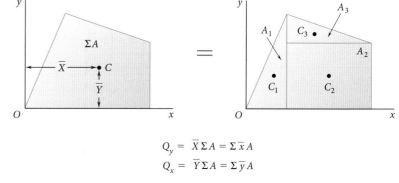

$$Q_y = \overline{X}\Sigma A = \Sigma \overline{x} A$$
$$Q_x = \overline{Y}\Sigma A = \Sigma \overline{y} A$$

Figura 5.10 Podemos encontrar a localização do centroide de uma superfície composta a partir dos centroides das áreas componentes.

ordenada $\overline{Y}$ do centroide é determinada de modo semelhante, considerando-se o momento de primeira ordem Q_x da área composta. Temos

$$Q_y = \overline{X}(A_1 + A_2 + \cdots + A_n) = \overline{x}_1 A_1 + \overline{x}_2 A_2 + \cdots + \overline{x}_n A_n$$
$$Q_x = \overline{Y}(A_1 + A_2 + \cdots + A_n) = \overline{y}_1 A_1 + \overline{y}_2 A_2 + \cdots + \overline{y}_n A_n$$

ou, de forma reduzida:

Centroide de uma superfície composta

$$Q_y = \overline{X}\Sigma A = \Sigma \overline{x} A \quad Q_x = \overline{Y}\Sigma A = \Sigma \overline{y} A \tag{5.8}$$

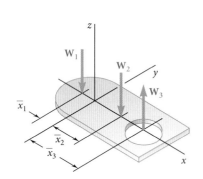

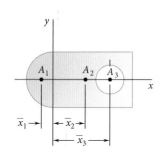

	$\overline{x}$	A	$\overline{x}A$
A_1 Semicírculo	−	+	−
A_2 Retângulo cheio	+	+	+
A_3 Furo circular	+	−	−

Figura 5.11 Ao calcularmos o centroide de uma superfície composta, devemos observar que se o centroide de uma área componente tiver uma distância coordenada negativa em relação à origem, ou se a área representar uma superfície vazia, então o momento de primeira ordem será negativo.

Essas equações fornecem os momentos de primeira ordem da superfície composta ou podem ser usadas para se obter as coordenadas $\overline{X}$ e $\overline{Y}$ do seu centroide.

Os momentos de primeira ordem de áreas, assim como os momentos de forças, podem ser positivos ou negativos. É preciso ter cuidado para se atribuir o sinal correto ao momento de cada área. Por exemplo, uma superfície cujo centroide localiza-se à esquerda do eixo y terá um momento de primeira ordem negativo em relação a esse eixo. Além disso, deve-se atribuir um sinal negativo à área de uma superfície vazia (furo) (Fig. 5.11).

De modo análogo, em muitos casos é possível determinar o centro de gravidade de um fio composto ou o centroide de uma linha composta dividindo-se o fio ou a linha em elementos mais simples (ver o Problema Resolvido 5.2).

Capítulo 5 Forças distribuídas: centroides e centros de gravidade

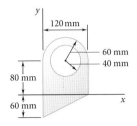

PROBLEMA RESOLVIDO 5.1

Para a área plana mostrada na figura, determine (*a*) os momentos de primeira ordem em relação aos eixos *x* e *y*, (*b*) a localização do centroide.

ESTRATÉGIA Divide-se a área dada em componentes simples, encontra-se o centroide de cada componente e, depois, os momentos de primeira ordem e centroide totais.

MODELAGEM Como mostrado na Figura 1, a área é formada pela adição de um retângulo, um triângulo e um semicírculo e depois pela subtração de um círculo. Com o uso dos eixos de coordenadas mostrados, encontre a área e as coordenadas do centroide de cada componente. Para manter o controle dos dados, disponha-os em uma tabela. A área do círculo é indicada como negativa, pois deve ser subtraída das demais áreas. Notemos que a coordenada $\bar{y}$ do centroide do triângulo é negativa para os eixos mostrados. Calcule os momentos de primeira ordem das áreas componentes em relação aos eixos de coordenadas e informe-os em sua tabela.

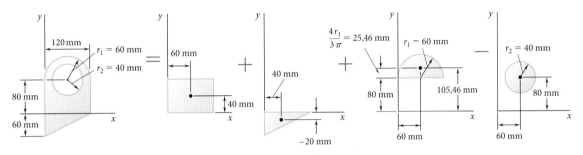

Componente	A, mm²	$\bar{x}$, mm	$\bar{y}$, mm	$\bar{x}A$, mm³	$\bar{y}A$, mm³
Retângulo	$(120)(80) = 9,6 \times 10^3$	60	40	$+576 \times 10^3$	$+384 \times 10^3$
Triângulo	$\frac{1}{2}(120)(60) = 3,6 \times 10^3$	40	-20	$+144 \times 10^3$	-72×10^3
Semicírculo	$\frac{1}{2}\pi(60)^2 = 5,655 \times 10^3$	60	105,46	$+339,3 \times 10^3$	$+596,4 \times 10^3$
Círculo	$-\pi(40)^2 = -5,027 \times 10^3$	60	80	$-301,6 \times 10^3$	$-402,2 \times 10^3$
	$\Sigma A = 13,828 \times 10^3$			$\Sigma \bar{x}A = +757,7 \times 10^3$	$\Sigma \bar{y}A = +506,2 \times 10^3$

Figura 1 Área dada modelada como uma combinação de formas geométricas simples.

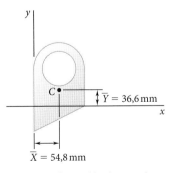

Figura 2 Centroide de uma área composta.

ANÁLISE

a. Momentos de primeira ordem da área. Usando as Eq. (5.8), obtemos

$$Q_x = \Sigma \bar{y}A = 506,2 \times 10^3 \text{ mm}^3 \quad Q_x = 506 \times 10^3 \text{ mm}^3 \blacktriangleleft$$

$$Q_y = \Sigma \bar{x}A = 757,7 \times 10^3 \text{ mm}^3 \quad Q_y = 758 \times 10^3 \text{ mm}^3 \blacktriangleleft$$

b. Localização do centroide. Substituindo os valores dados na tabela nas equações que definem o centroide de uma área composta, obtemos (Fig. 2)

$$\bar{X}\Sigma A = \Sigma \bar{x}A: \quad \bar{X}(13,828 \times 10^3 \text{ mm}^2) = 757,7 \times 10^3 \text{ mm}^3$$
$$\bar{X} = 54,8 \text{ mm} \blacktriangleleft$$

$$\bar{Y}\Sigma A = \Sigma \bar{y}A: \quad \bar{Y}(13,828 \times 10^3 \text{ mm}^2) = 506,2 \times 10^3 \text{ mm}^3$$
$$\bar{Y} = 36,6 \text{ mm} \blacktriangleleft$$

(*continua*)

PARA REFLETIR Uma vez que a porção inferior da forma tem mais área à esquerda e que a porção superior apresenta um furo, a localização do centroide parece justa ao analisarmos visualmente.

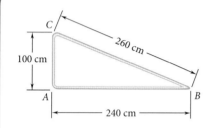

PROBLEMA RESOLVIDO 5.2

A figura mostrada é feita de um pedaço de arame fino e homogêneo. Determine a localização do centro de gravidade.

ESTRATÉGIA Como a figura é formada por um arame homogêneo, seu centro de gravidade coincide com o centroide de linha correspondente; logo, esse centroide será determinado.

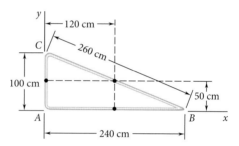

Figura 1 Localização do centroide de cada segmento de reta.

MODELAGEM Escolhendo os eixos de coordenadas mostrados na Figura 1, com origem em A, determinamos as coordenadas do centroide de cada segmento de reta e calculamos os momentos de primeira ordem em relação aos eixos de coordenadas. Pode ser conveniente listar os dados em uma tabela.

Segmento	L, mm	$\bar{x}$, mm	$\bar{y}$, mm	$\bar{x}L$, mm²	$\bar{y}L$, mm²
AB	240	120	0	$28{,}8 \times 10^3$	0
BC	260	120	50	$31{,}2 \times 10^3$	13×10^3
CA	100	0	50	0	5×10^3
	$\Sigma L = 600$			$\Sigma \bar{x}L = 60 \times 10^3$	$\Sigma \bar{y}L = 18 \times 10^3$

ANÁLISE Substituindo os valores obtidos da tabela nas equações de definição do centroide de uma linha composta, obtemos

$\bar{X}\Sigma L = \Sigma \bar{x}L$: $\bar{X}(600 \text{ mm}) = 60 \times 10^3 \text{ mm}^3$ $\bar{X} = 100 \text{ mm}$ ◀

$\bar{Y}\Sigma L = \Sigma \bar{y}L$: $\bar{Y}(600 \text{ mm}) = 18 \times 10^3 \text{ mm}^3$ $\bar{Y} = 30 \text{ mm}$ ◀

PARA REFLETIR O centroide não está localizado no arame propriamente dito, mas na área englobada pelo arame.

PROBLEMA RESOLVIDO 5.3

Uma barra semicircular uniforme de peso W e raio r é ligada a um pino em A e repousa sobre uma superfície sem atrito em B. Determine as reações em A e B.

ESTRATÉGIA A chave para solucionar o problema é encontrar onde o peso W da barra atua. Como a barra é uma forma geométrica simples, podemos procurar na Figura 5.8 a localização do centroide de um arco.

MODELAGEM Trace um diagrama de corpo livre da barra (Fig. 1). As forças exercidas sobre a barra são o seu próprio peso **W**, aplicado no centro de gravidade G (cuja posição é obtida da Fig. 5.8B) uma reação em A, representada pelos seus componentes $\mathbf{A}_x$ e $\mathbf{A}_y$, e uma reação horizontal em B.

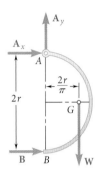

Figura 1 Diagrama de corpo livre da barra.

ANÁLISE

$+\circlearrowleft \Sigma M_A = 0$:
$$B(2r) - W\left(\frac{2r}{\pi}\right) = 0$$
$$B = +\frac{W}{\pi} \qquad \mathbf{B} = \frac{W}{\pi} \rightarrow \blacktriangleleft$$

$\xrightarrow{+} \Sigma F_x = 0$: $A_x + B = 0$
$$A_x = -B = -\frac{W}{\pi} \qquad \mathbf{A}_x = \frac{W}{\pi} \leftarrow$$

$+\uparrow \Sigma F_y = 0$: $A_y - W = 0 \qquad \mathbf{A}_y = W \uparrow$

Somando-se os dois componentes da reação em A (Fig. 2), obtemos

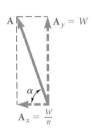

Figura 2 Reação em A.

$$A = \left[W^2 + \left(\frac{W}{\pi}\right)^2\right]^{1/2} \qquad A = W\left(1 + \frac{1}{\pi^2}\right)^{1/2} \blacktriangleleft$$

$$\operatorname{tg} \alpha = \frac{W}{W/\pi} = \pi \qquad \alpha = \operatorname{tg}^{-1}\pi \blacktriangleleft$$

As respostas também podem ser escritas da seguinte maneira:

$$\mathbf{A} = 1{,}049W \measuredangle 72{,}3° \qquad \mathbf{B} = 0{,}318W\rightarrow \blacktriangleleft$$

PARA REFLETIR Uma vez que conhecemos a localização do centro de gravidade da barra, o problema se torna uma aplicação objetiva dos conceitos do Capítulo 4.

METODOLOGIA PARA A RESOLUÇÃO DE PROBLEMAS

Nesta seção, desenvolvemos as equações gerais para a determinação dos centros de gravidade de corpos e fios bidimensionais [Eqs. (5.2)], dos centroides de áreas planas [Eqs. (5.3)] e das linhas [Eqs. (5.4)]. Nos problemas a seguir, devemos determinar os centroides de áreas e linhas compostas e determinar os momentos de primeira ordem de áreas de placas compostas [Eqs.(5.8)].

1. Determinação dos centroides de áreas e linhas compostas. Os Problemas Resolvidos 5.1 e 5.2 ilustram o procedimento que devemos seguir para resolver problemas desse tipo. Todavia, há vários pontos que devem ser ressaltados.

  a. O primeiro passo na solução deve ser decidir como construir a área ou linha dada a partir das formas mais comuns da Fig. 5.8. Devemos considerar que, para áreas planas, frequentemente é possível construir uma determinada forma de mais de um modo. Além disso, a indicação dos vários componentes (como foi feito no Problema Resolvido 5.1) irá nos auxiliar a estabelecer corretamente seus centroides e áreas ou comprimentos. Não nos esqueçamos de que podemos tanto adicionar como subtrair áreas para se obter a forma desejada.

  b. Recomendamos totalmente que, para cada problema, se construa uma tabela contendo as áreas ou comprimentos e as respectivas coordenadas dos centroides. É essencial que nos lembremos de que áreas que são "removidas" (por exemplo, furos) sejam tratadas como negativas. Além disso, é necessário incluir o sinal das coordenadas negativas. Portanto, devemos sempre indicar cuidadosamente o local de origem do sistema de coordenadas.

  c. Sempre que possível, usar propriedades de simetria [Seção 5.1C] para ajudar na determinação de um centroide.

  d. Nas fórmulas para um setor circular e para o arco de um círculo na Fig. 5.8, o ângulo α deve sempre ser expresso em radianos.

2. Cálculo dos momentos de primeira ordem de uma área. Os procedimentos para determinar o centroide de uma área e os momentos de primeira ordem de uma área são semelhantes; para o último, porém, não é necessário calcular o valor da área total. Além disso, conforme observamos na Seção 5.1C, devemos considerar que o momento de primeira ordem de uma área em relação a um eixo que passa pelo centroide é nulo.

3. Resolução de problemas que envolvam o centro de gravidade. Os corpos considerados nos problemas a seguir são homogêneos; logo, seus centros de gravidade e seus centroides coincidem. Além disso, quando um corpo suspenso por um único pino está em equilíbrio, o pino e o centro de gravidade do corpo devem situar-se sobre a mesma linha vertical.

Pode parecer que muitos dos problemas desta seção têm pouco a ver com o estudo de mecânica. No entanto, a capacidade de determinar o centroide de formas compostas será essencial em vários tópicos que encontraremos mais adiante.

PROBLEMAS

5.1 a 5.9 Determine o centroide das áreas planas a seguir.

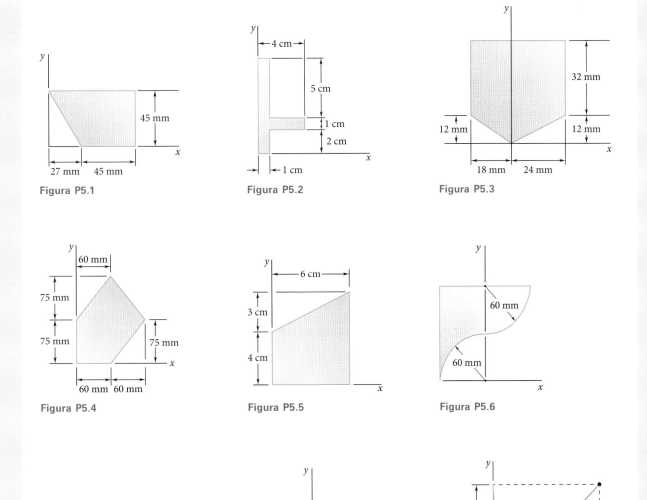

Figura P5.1

Figura P5.2

Figura P5.3

Figura P5.4

Figura P5.5

Figura P5.6

Figura P5.7

Figura P5.8

Figura P5.9

5.10 a 5.15 Determine o centroide das áreas planas a seguir.

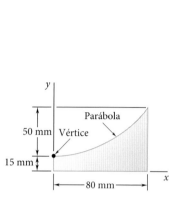
Figura P5.10

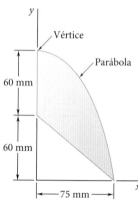
Figura P5.11

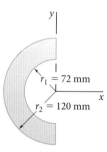
Figura P5.12

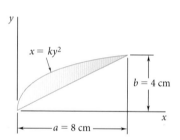
Figura P5.13

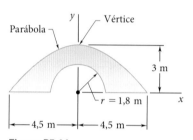
Figura P5.14

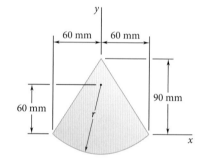
Figura P5.15

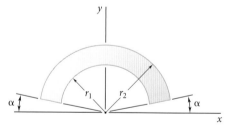
Figura P5.16 e P5.17

5.16 Determine a coordenada y do centroide da área sombreada em termos de r_1, r_2 e α.

5.17 Demonstre que à medida que r_1 aproxima de r_2, a localização do centroide, por sua vez, o aproxima de um arco circular de raio $(r_1 + r_2)/2$.

5.18 Determine a coordenada x do centroide do trapézio mostrado em termos de h_1, h_2 e a.

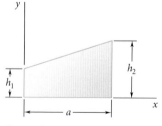
Figura P5.18

5.19 Para a área semianular do Problema 5.12, determine a razão r_2/r_1 tal que o centroide da área esteja localizado em $x = -\frac{1}{2}r_2$ e $y = 0$.

5.20 Uma viga é composta de quatro placas aparafusadas a quatro cantoneiras de 60 × 60 × 12 mm, como mostra a figura. Os parafusos são igualmente espaçados ao longo da viga, que sustenta uma carga vertical. Em mecânica dos materiais, demonstra-se que as forças de cisalhamento exercidas sobre os parafusos em A e B são proporcionais aos momentos de primeira ordem em relação ao eixo centroide x das áreas sombreadas em vermelho, mostradas nas partes a e b da figura. Sabendo que a força exercida sobre o parafuso em A é de 280 N, determine a força exercida sobre o parafuso em B.

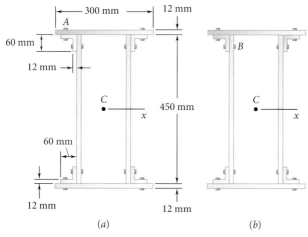

Figura P5.20

5.21 e 5.22 O eixo x horizontal passa pelo centroide C da área mostrada na figura e divide a superfície em duas áreas componentes, A_1 e A_2. Determine o momento de primeira ordem de cada componente de superfície em relação ao eixo x e explique os resultados obtidos.

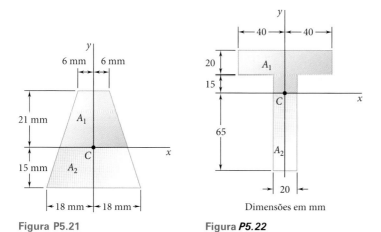

Figura P5.21

Figura P5.22

Dimensões em mm

5.23 O momento de primeira ordem da superfície sombreada em relação ao eixo x é representado por Q_x. (a) Determine Q_x em termos de b, c e a distância y da base da área sombreada até o eixo x. (b) Para qual valor de y o valor de Q_x é máximo e qual é esse valor máximo?

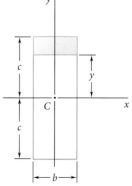

Figura P5.23

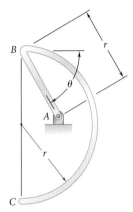

Figura **P5.28**

5.24 a 5.27 Um arame homogêneo e fino é dobrado de modo a formar o perímetro da figura indicada. Determine o seu centro de gravidade.
 5.24 Fig. P5.1.
 5.25 Fig. P5.3.
 5.26 Fig. P5.5.
 5.27 Fig. P5.8.

5.28 O arame homogêneo ABC é dobrado em forma de arco semicircular e uma seção reta, como mostrado na figura, e é apoiado na articulação em A. Determine o valor do ângulo θ para que o arame esteja em equilíbrio na posição indicada.

5.29 A moldura de um letreiro é fabricada com uma barra chata de aço fina cuja massa por unidade de comprimento é 4,73 kg/m. A moldura é sustentada por um pino em C e pelo cabo AB. Determine (*a*) a tração no cabo, (*b*) a reação em C.

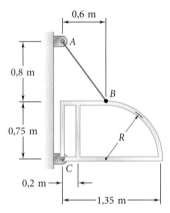

Figura P5.29

5.30 O arame homogêneo $ABCD$ é dobrado como mostra a figura e é apoiado em uma articulação em C. Determine o comprimento L para a qual a porção BCD do arame é horizontal.

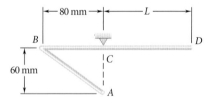

Figura P5.30 e P5.31

5.31 O arame homogêneo $ABCD$ é dobrado como mostra a figura e é apoiado em uma articulação em C. Determine o comprimento L para a qual a porção AB do arame é horizontal.

5.32 Determine a distância h para qual o centroide da área sombreada fique o mais distante possível da linha BB', quando (*a*) $k = 0{,}10$, (*b*) $k = 0{,}80$.

5.33 Sabendo que a distância h foi escolhida para maximizar a distância $\bar{y}$, que vai da linha BB' ao centroide da área sombreada, mostre que $\bar{y} = 2h/3$.

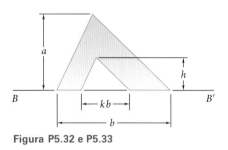

Figura **P5.32 e P5.33**

5.2 Considerações adicionais sobre centroides

Os objetos que analisamos na Seção 5.1 eram compostos de formas geométricas básicas, como retângulos, triângulos e círculos. A ideia de localizar um centro de gravidade ou centroide também se aplica para um objeto com uma forma mais complicada, mas as técnicas matemáticas para encontrar essa localização são um pouco mais complexas.

5.2A Determinação de centroides por integração

O centroide de uma área limitada por curvas analíticas (isto é, curvas definidas por equações algébricas) é geralmente determinado pelo cálculo das integrais nas Eqs. (5.3′):

$$\bar{x} = \frac{\int x\,dA}{A} \quad \bar{y} = \frac{\int y\,dA}{A} \tag{5.3′}$$

Se o elemento de área dA é um pequeno retângulo de lados dx e dy, o cálculo de cada uma dessas integrais requer uma *integração dupla* em relação a x e y. Também será necessária uma integração dupla ao usar coordenadas polares nas quais dA é um pequeno elemento de lados dr e $rd\theta$.

No entanto, em muitos casos é possível determinar as coordenadas do centroide de uma superfície efetuando-se uma integração simples. Consegue-se isso escolhendo dA como sendo um retângulo estreito (ou uma tira) ou um setor circular estreito (ou em forma de fatia de bolo) (Fig. 5.12); o centroide do retângulo estreito é localizado em seu centro e o centroide do setor estreito, a uma distância $(2/3)r$ do vértice (como se fosse um triângulo). As coordenadas do centroide da área sob consideração são obtidas demonstrando que o momento de primeira ordem de toda área em relação a cada um dos eixos de

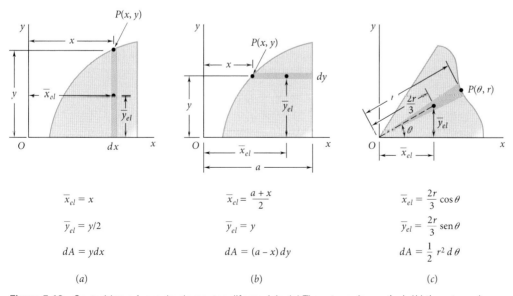

Figura 5.12 Centroides e áreas de elementos diferenciais. (*a*) Tira retangular vertical; (*b*) tira retangular horizontal; (*c*) setor triangular.

coordenadas é igual à soma (ou integral) dos momentos correspondentes dos elementos de superfície. Representando por $\bar{x}_{el}$ e $\bar{y}_{el}$ as coordenadas do centroide do elemento dA, temos

Momentos de primeira ordem da área

$$Q_y = \bar{x}A = \int \bar{x}_{el}\, dA$$
$$Q_x = \bar{y}A = \int \bar{y}_{el}\, dA$$
(5.9)

Se a área A não for ainda conhecida, também poderá ser calculada com esses elementos.

As coordenadas $\bar{x}_{el}$ e $\bar{y}_{el}$ do centroide do elemento de área dA devem ser expressas em termos das coordenadas de um ponto localizado sobre a curva que limita a área sob consideração. Além disso, a área dA do elemento deve ser expressa em termos das coordenadas desse ponto e dos diferenciais apropriados. Isso foi feito na Fig. 5.12 para três tipos mais comuns de elementos; o elemento do setor circular da parte c deve ser usado quando a equação da curva que limita a área é dada em coordenadas polares. As expressões apropriadas devem ser substituídas nas fórmulas (5.9) e a equação da curva limite deve ser usada para expressar uma das coordenadas em termos da outra. Assim, a integração dupla ficará reduzida a uma integração simples. Uma vez determinada a área e calculadas as integrais nas Eqs. (5.9), essas equações podem ser resolvidas para as coordenadas $\bar{x}$ e $\bar{y}$ do centroide da área.

Quando uma curva é definida por uma equação algébrica, seu centroide pode ser determinado pelo cálculo das integrais nas Eqs. (5.4′):

$$\bar{x} = \frac{\int x\, dL}{L} \quad \bar{y} = \frac{\int y\, dL}{L}$$
(5.4′)

O diferencial de comprimento dL deve ser substituído por uma das expressões a seguir, dependendo de qual coordenada, x, y ou θ, for escolhida como variável independente da equação, usada para definir essa linha (pode-se deduzir essas expressões aplicando o teorema de Pitágoras):

$$dL = \sqrt{1 + \left(\frac{dy}{dx}\right)^2}\, dx \quad dL = \sqrt{1 + \left(\frac{dx}{dy}\right)^2}\, dy$$
$$dL = \sqrt{r^2 + \left(\frac{dr}{d\theta}\right)^2}\, d\theta$$

Após usar a equação da linha para expressar uma das coordenadas em termos da outra, pode-se efetuar a integração e resolver as Eqs. (5.4) para as coordenadas $\bar{x}$ e $\bar{y}$ do centroide da linha.

5.2B Teoremas de Pappus-Guldinus

Esses teoremas que foram formulados inicialmente pelo geômetra grego Pappus no século III d.C. e retomados posteriormente pelo matemático suíço Guldinus, ou Guldin (1577-1643), tratam de superfícies e corpos de revolução. Uma **superfície de revolução** é uma superfície que pode ser gerada pela rotação de uma curva no plano (curva geratriz) em torno de um eixo fixo. Por

Capítulo 5 Forças distribuídas: centroides e centros de gravidade 251

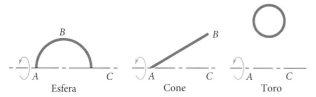

Figura 5.13 A rotação de curvas no plano em torno de um eixo gera superfícies de revolução.

Foto 5.3 Os tanques de armazenagem mostrados na foto são todos corpos sólidos de revolução. Logo, é possível determinar as áreas de suas superfícies e seus volumes aplicando-se os teoremas de Pappus-Guldinus.

exemplo, na (Fig. 5.13), a superfície de uma esfera pode ser obtida pela rotação de um arco semicircular ABC em torno do diâmetro AC, a superfície de um cone pela rotação de uma linha reta AB em torno do eixo AC e a superfície de um toro ou anel pela rotação de uma circunferência de um círculo em torno de um eixo que não o intercepte. Um **sólido de revolução** é um sólido que pode ser criado pela rotação de uma superfície plana em torno de um eixo fixo. Conforme mostra a Fig. 5.14, uma esfera, um cone e um toro podem ser gerados pela rotação da forma apropriada em torno do eixo indicado.

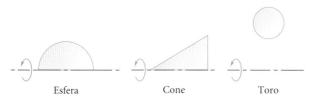

Figura 5.14 A rotação de superfícies no plano em torno de um eixo gera sólidos de revolução.

TEOREMA I *A área de uma superfície de revolução é igual ao produto do comprimento da curva geratriz pela distância percorrida pelo centroide da curva durante a geração da superfície.*

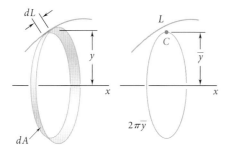

Figura 5.15 A rotação de um elemento de comprimento dL em torno do eixo x gera uma tira circular de área dA. A área de toda a superfície de revolução é igual ao comprimento da linha L multiplicado pela distância percorrida pelo centroide C da linha durante uma revolução.

Demonstração. Considere um elemento dL da curva L (Fig. 5.15), girado em torno do eixo x. A tira circular gerada pelo elemento dL tem uma área dA igual a $2\pi y\, dL$. Logo, a área total gerada por L é $A = \int 2\pi y\, dL$. Voltando aos nossos resultados anteriores, onde determinamos que a integral $\int y\, dL$ é igual a $\bar{y}L$, temos, então

$$A = 2\pi\bar{y}L \tag{5.10}$$

onde $2\pi\bar{y}$ é a distância percorrida pelo centroide C de L (Fig. 5.15). ◄

Deve-se observar que a curva geratriz não deve cruzar o eixo em torno do qual está sendo girada; nesse caso, as duas seções de curva em cada lado do eixo criariam áreas de sinais opostos e o teorema não se aplicaria.

TEOREMA II *O volume de um sólido de revolução é igual ao produto da área da superfície geratriz pela distância percorrida pelo centroide da superfície durante a geração do sólido.*

Demonstração. Considere um elemento dA da superfície A girado em torno do eixo x (Fig. 5.16). O volume dV do anel circular gerado pelo elemento dA é igual a $2\pi y\, dA$. Logo, o volume total gerado por A é $V = \int 2\pi\bar{y}\, dA$ e sendo a integral $\int y\, dA$ igual a $\bar{y}A$, como mostrado anteriormente, temos

$$V = 2\pi\bar{y}A \tag{5.11}$$

onde $2\pi\bar{y}$ é a distância percorrida pelo centroide de A. ◄

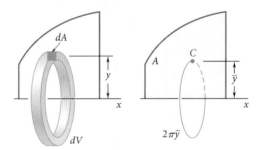

Figura 5.16 A rotação de um elemento de área dA em torno do eixo x gera um anel circular de volume dV. O volume total do sólido de revolução é igual à área da região A multiplicada pela distância percorrida pelo centroide C da região durante uma revolução.

Novamente, é importante observar que o teorema não se aplica caso o eixo de rotação intercepte a superfície geratriz.

Os teoremas de Pappus-Guldinus proporcionam um modo simples de se calcularem as áreas de superfícies de revolução e os volumes de sólidos de revolução. Reciprocamente, podem ser usados para se determinar o centroide de uma curva plana quando a área da superfície gerada pela curva for conhecida ou para se determinar o centroide de uma área plana quando o volume do sólido gerado for conhecido (ver o Problema Resolvido 5.8).

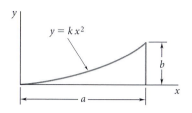

PROBLEMA RESOLVIDO 5.4

Determine por integração direta a localização do centroide de um arco parabólico.

ESTRATÉGIA Primeiro, expresse a curva parabólica usando os parâmetros a e b. Então, escolha um elemento diferencial da superfície e expresse sua área em termos de a, b, x e y. Ilustraremos a solução primeiro com um elemento vertical e depois com um elemento horizontal.

MODELAGEM

Determinação da constante k. O valor de k é determinado por substituição de $x = 0$ e $y = b$ na equação dada. Temos $b = ka^2$ ou $k = b/a^2$. Logo, a equação da curva fica

$$y = \frac{b}{a^2}x^2 \quad \text{ou} \quad x = \frac{a}{b^{1/2}}y^{1/2}$$

ANÁLISE

Elemento diferencial vertical. Escolhemos o elemento diferencial mostrado na Figura 1 e encontramos sua área total.

$$A = \int dA = \int y\, dx = \int_0^a \frac{b}{a^2}x^2\, dx = \left[\frac{b}{a^2}\frac{x^3}{3}\right]_0^a = \frac{ab}{3}$$

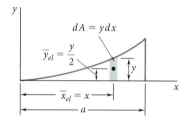

Figura 1 Elemento diferencial vertical usado para determinar o centroide.

O momento de primeira ordem do elemento diferencial em relação ao eixo y é $\bar{x}_{el}\, dA$; assim, o momento de primeira ordem de toda a área em relação ao eixo y é

$$Q_y = \int \bar{x}_{el}\, dA = \int xy\, dx = \int_0^a x\left(\frac{b}{a^2}x^2\right)dx = \left[\frac{b}{a^2}\frac{x^4}{4}\right]_0^a = \frac{a^2 b}{4}$$

Uma vez que $Q_y = \bar{x}A$, temos

$$\bar{x}A = \int \bar{x}_{el}\, dA \qquad \bar{x}\frac{ab}{3} = \frac{a^2 b}{4} \qquad \bar{x} = \tfrac{3}{4}a \quad \blacktriangleleft$$

De modo análogo, o momento de primeira ordem do elemento diferencial em relação ao eixo x é $\bar{x}_{el}\, dA$, e o momento de primeira ordem de toda a superfície é

$$Q_x = \int \bar{y}_{el}\, dA = \int \frac{y}{2}y\, dx = \int_0^a \frac{1}{2}\left(\frac{b}{a^2}x^2\right)^2 dx = \left[\frac{b^2}{2a^4}\frac{x^5}{5}\right]_0^a = \frac{ab^2}{10}$$

Uma vez que $Q_x = \bar{y}A$, temos

$$\bar{y}A = \int \bar{y}_{el}\, dA \qquad \bar{y}\frac{ab}{3} = \frac{ab^2}{10} \qquad \bar{y} = \tfrac{3}{10}b \quad \blacktriangleleft$$

(continua)

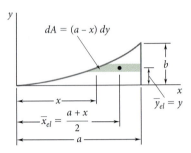

Figura 2 Elemento diferencial horizontal usado para determinar o centroide.

Elemento diferencial horizontal. Podem-se obter os mesmos resultados considerando-se um elemento horizontal (Fig. 2). Os momentos de primeira ordem da área são

$$Q_y = \int \bar{x}_{el}\, dA = \int \frac{a+x}{2}(a-x)\, dy = \int_0^b \frac{a^2 - x^2}{2}\, dy$$

$$= \frac{1}{2}\int_0^b \left(a^2 - \frac{a^2}{b} y\right) dy = \frac{a^2 b}{4}$$

$$Q_x = \int \bar{y}_{el}\, dA = \int y(a-x)\, dy = \int y\left(a - \frac{a}{b^{1/2}} y^{1/2}\right) dy$$

$$= \int_0^b \left(ay - \frac{a}{b^{1/2}} y^{3/2}\right) dy = \frac{ab^2}{10}$$

Para determinar $\bar{x}$ e $\bar{y}$, substitua novamente as expressões obtidas nas equações de definição do centroide de área.

PARA REFLETIR Podemos obter os mesmos resultados quer escolhamos um elemento vertical ou horizontal, como vimos. É possível utilizar ambos os métodos como uma verificação de possíveis erros em seus cálculos.

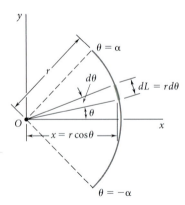

Figura 1 Elemento diferencial usado para determinar o centroide.

PROBLEMA RESOLVIDO 5.5

Determine a localização do centroide do arco circular mostrado na figura.

ESTRATÉGIA Para uma figura simples com geometria circular, devemos utilizar coordenadas polares.

MODELAGEM Como o arco é simétrico em relação ao eixo x, $\bar{y} = 0$. Escolhe-se um elemento diferencial, como mostrado na Figura 1.

ANÁLISE Determina-se o comprimento do arco por integração.

$$L = \int dL = \int_{-\alpha}^{\alpha} r\, d\theta = r\int_{-\alpha}^{\alpha} d\theta = 2r\alpha$$

O momento de primeira ordem do arco em relação ao eixo y é

$$Q_y = \int x\, dL = \int_{-\alpha}^{\alpha} (r\cos\theta)(r\, d\theta) = r^2 \int_{-\alpha}^{\alpha} \cos\theta\, d\theta$$

$$= r^2 [\operatorname{sen}\theta]_{-\alpha}^{\alpha} = 2r^2 \operatorname{sen}\alpha$$

Uma vez que $Q_y = \bar{x} L$, temos

$$\bar{x}(2r\alpha) = 2r^2 \operatorname{sen}\alpha \qquad \bar{x} = \frac{r \operatorname{sen}\alpha}{\alpha} \blacktriangleleft$$

PARA REFLETIR Observamos que este resultado corresponde àquele obtido para este caso na Figura 5.8B.

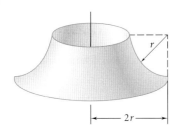

PROBLEMA RESOLVIDO 5.6

Determine a área da superfície de revolução mostrada na figura gerada pela rotação do arco de um quarto de círculo em torno de um eixo vertical.

ESTRATÉGIA De acordo com o Teorema I de Pappus-Guldinus, a área gerada é igual ao produto do comprimento do arco pela distância percorrida pelo seu centroide.

MODELAGEM E ANÁLISE Voltando à Figura 5.8B e à Figura 1, temos

$$\bar{x} = 2r - \frac{2r}{\pi} = 2r\left(1 - \frac{1}{\pi}\right)$$

$$A = 2\pi\bar{x}L = 2\pi\left[2r\left(1 - \frac{1}{\pi}\right)\right]\left(\frac{\pi r}{2}\right)$$

$$A = 2\pi r^2(\pi - 1) \blacktriangleleft$$

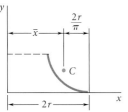

Figura 1 Localização do centroide de um arco.

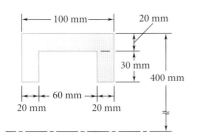

PROBLEMA RESOLVIDO 5.7

O diâmetro externo de uma polia é 0,8 m e a seção transversal da sua borda é mostrada na figura. Sabendo que a polia é feita de aço e que sua massa específica é $\rho = 7{,}85 \times 10^3$ kg/m^3, determine a massa e o peso da borda.

ESTRATÉGIA Pode-se determinar o volume da borda pela aplicação do Teorema II de Pappus-Guldinus, o qual estabelece que o volume é igual ao produto da área da seção transversal pela distância percorrida pelo seu centroide em uma revolução completa. No entanto, pode-se determinar o volume de modo mais fácil se observarmos que a seção transversal pode ser formada pelo retângulo I, cuja área é positiva, e pelo retângulo II, cuja área é negativa (Fig. 1).

MODELAGEM Pode-se utilizar uma tabela para manter o controle dos dados, como fizemos na Seção 5.1

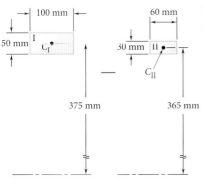

Figura 1 Modelagem da área dada subtraindo-se a área II da área I.

	Área, mm²	$\bar{y}$, mm	Distância percorrida por C, mm	Volume, mm³
I	+5000	375	$2\pi(375) = 2356$	$(5000)(2356) = 11{,}78 \times 10^6$
II	−1800	365	$2\pi(365) = 2293$	$(−1800)(2293) = −4{,}13 \times 10^6$
				Volume da borda = $7{,}65 \times 10^6$

ANÁLISE Como 1 mm = 10^{-3} m, temos 1 mm³ = $(10^{-3}$ m$)^3 = 10^{-9}$ m³ e obtemos $V = 7{,}65 \times 10^6$ mm³ = $(7{,}65 \times 10^6)(10^{-9}$ m³$) = 7{,}65 \times 10^{-3}$ m³.

$$m = \rho V = (7{,}85 \times 10^3 \text{ kg/m}^3)(7{,}65 \times 10^{-3} \text{ m}^3) \qquad m = 60{,}0 \text{ kg} \blacktriangleleft$$

$$W = mg = (60{,}0 \text{ kg})(9{,}81 \text{ m/s}^2) = 589 \text{ kg·m/s}^2 \qquad W = 589 \text{ N} \blacktriangleleft$$

(*continua*)

> **PARA REFLETIR** Quando uma seção transversal pode ser dividida em múltiplas formas comuns, podemos aplicar o Teorema II de Pappus-Guldinus de modo a encontrar os produtos do centroide ($\bar{y}$) e área (A), ou os momentos de primeira ordem da área ($\bar{y}A$), para cada forma. Assim, não é necessário determinar o centroide ou a área da seção transversal inteira.

PROBLEMA RESOLVIDO 5.8

Aplicando os teoremas de Pappus-Guldinus, determine (a) o centroide de uma superfície semicircular, (b) o centroide de um arco semicircular. Lembre-se de que o volume e a área da superfície de uma esfera são $\frac{4}{3}\pi r^3$ e $4\pi r^2$, respectivamente.

ESTRATÉGIA O volume de uma esfera é igual ao produto da área de um semicírculo pela distância percorrida pelo centroide do semicírculo em uma revolução em torno do eixo x. Dado o volume, é possível determinar a distância percorrida pelo centroide e, assim, a distância do centroide até o eixo. De modo análogo, a área de uma esfera é igual ao produto do comprimento do semicírculo geratriz pela distância percorrida pelo seu centroide em uma revolução. Podemos utilizar isso para determinar a localização do centroide do arco.

MODELAGEM Trace diagramas da área semicircular e do arco semicircular (Fig. 1) e identifique as geometrias essenciais.

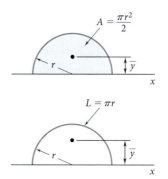

Figura 1 Área semicircular e arco semicircular.

ANÁLISE Determinam-se as igualdades descritas nos teoremas de Pappus-Guldinus e soluciona-se para a localização do centroide.

$$V = 2\pi\bar{y}A \qquad \frac{4}{3}\pi r^3 = 2\pi\bar{y}\left(\frac{1}{2}\pi r^2\right) \qquad \bar{y} = \frac{4r}{3\pi} \blacktriangleleft$$

$$A = 2\pi\bar{y}L \qquad 4\pi r^2 = 2\pi\bar{y}(\pi r) \qquad \bar{y} = \frac{2r}{\pi} \blacktriangleleft$$

PARA REFLETIR Observamos que este resultado corresponde aos dados da Figura 5.8 para esses casos.

METODOLOGIA PARA A RESOLUÇÃO DE PROBLEMAS

Nos problemas propostos para esta seção aplicaremos as equações

$$\bar{x} = \frac{\int x\,dA}{A} \quad \bar{y} = \frac{\int y\,dA}{A} \tag{5.3'}$$

$$\bar{x} = \frac{\int x\,dL}{L} \quad \bar{y} = \frac{\int y\,dL}{L} \tag{5.4'}$$

para determinar os centroides de áreas e linhas planas, respectivamente. Aplicaremos também os teoremas de Pappus-Guldinus para determinar as áreas de superfícies de revolução e os volumes de sólidos de revolução.

1. **Determinação dos centroides de áreas e linhas por integração direta.** Ao resolver problemas desse tipo, devemos seguir o método de resolução adotado nos Problemas Resolvidos 5.4 e 5.5: calcular A ou L, determinar os momentos de primeira ordem da área ou linha e resolva as Eqs. (5.3) ou (5.4) para as coordenadas do centroide. Além disso, devemos dar atenção especial aos seguintes pontos:

    a. Iniciar a solução definindo ou determinando cuidadosamente cada termo nas fórmulas integrais aplicáveis. Recomendamos totalmente mostrar em um esboço da superfície ou linha dada sua escolha para dA ou dL e as distâncias do centroide.

    b. Conforme explicamos na Seção 5.2A, os símbolos x e y nas equações (5.3) e (5.4) representam as *coordenadas do centroide* dos elementos diferenciais dA e dL. É importante reconhecer que as coordenadas do centroide de dA não são iguais às coordenadas de um ponto localizado sobre a curva que limita a área que está em destaque. Deve-se estudar a Fig. 5.12 criteriosamente até compreender por completo esse ponto importante.

    c. Buscando talvez simplificar ou reduzir seus cálculos, examinar sempre a forma da superfície ou curva dada antes de definir o elemento diferencial que será usado. Por exemplo, às vezes é preferível usar elementos retangulares horizontais em vez de verticais. Além disso, em geral é vantajoso usar coordenadas polares quando uma linha ou área apresenta simetria circular.

    d. Embora a maioria das integrações desta seção sejam diretas, às vezes pode ser necessário empregar técnicas mais avançadas, tais como substituições trigonométricas ou integração por partes. Como é lógico, o método mais rápido para se determinar integrais difíceis é usando uma tabela de integrais.

2. **Aplicação dos teoremas de Pappus-Guldinus.** Conforme mostramos nos Problemas Resolvidos 5.6 a 5.8, esses teoremas simples, mas bastante úteis, possibilitam que apliquemos nosso conhecimento sobre centroides no cálculo de áreas e volumes. Embora os teoremas façam referência à distância percorrida pelo centroide e ao comprimento da curva geratriz ou à área da superfície geratriz, as equações resultantes [(5.10) e (5.11)] contêm os produtos dessas grandezas, que nada mais são que os momentos de primeira ordem de uma linha ($\bar{y}L$) ou de uma área ($\bar{y}A$). Logo, para problemas em que a linha ou área geratriz é composta de várias formas mais comuns, precisamos somente determinar $\bar{y}L$ ou $\bar{y}A$; não é preciso calcular o comprimento da linha geratriz nem o valor da área da geratriz.

PROBLEMAS

5.34 a 5.36 Determine por integração direta os centroides das áreas a seguir. Demonstre sua resposta em termos de a e h.

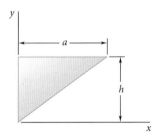

Figura P5.34

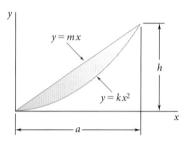

Figura P5.35

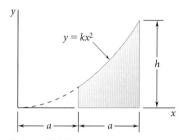

Figura P5.36

5.37 a 5.39 Determine por integração direta o centroide da área mostrada na figura.

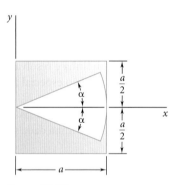

Figura P5.37

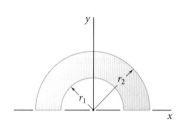

Figura P5.38

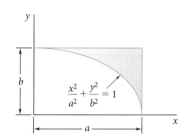

Figura P5.39

5.40 e 5.41 Determine por integração direta os centroides das áreas a seguir. Demonstre sua resposta em termos de a e b.

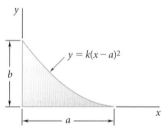

Figura P5.40

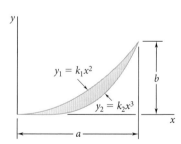

Figura P5.41

5.42 Determine por integração direta o centroide da área mostrada na figura.

5.43 e 5.44 Determine por integração direta os centroides das áreas a seguir. Demonstre sua resposta em termos de a e b.

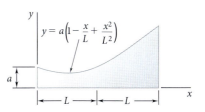

Figura P5.42

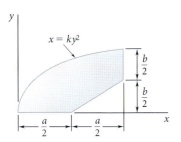

Figura P5.43

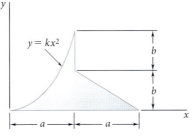

Figura P5.44

5.45 e 5.46 Um arame homogêneo é dobrado nas formas a seguir. Determine por integração direta a coordenada x de seu centroide.

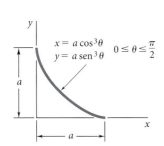

Figura P5.45

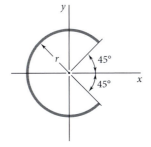

Figura P5.46

*5.47 Um arame homogêneo é dobrado na forma mostrada na figura. Determine por integração direta a coordenada x de seu centroide. Expresse sua resposta em termos de a.

*5.48 e *5.49 Determine por integração direta os centroides das áreas a seguir.

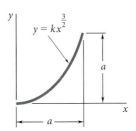

Figura P5.47

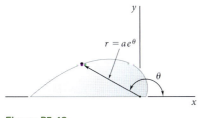

Figura P5.48

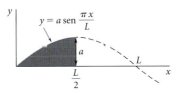

Figura P5.49

5.50 Determine o centroide da área mostrada na figura em termos de a.

5.51 Determine o centroide da área mostrada na figura quando $a = 4$ cm.

5.52 Determine o volume e a área da superfície do sólido obtido pela rotação da área do Problema 5.1 em torno (a) do eixo x, (b) da linha $x = 72$ mm.

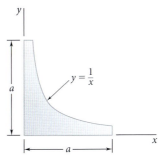

Figura P5.50 e P5.51

5.53 Determine o volume e a área da superfície do sólido obtido pela rotação da área do Problema 5.2 em torno (a) do eixo x, (b) do eixo y.

5.54 Determine o volume e a área da superfície do sólido obtido pela rotação da área do Problema 5.6 em torno (a) da linha $x = -60$ mm, (b) da linha $x = 120$ mm.

5.55 Determine o volume e a área da superfície do elo de corrente mostrado na figura, que é feito de uma barra de 6 mm de diâmetro, se $R = 10$ mm e $L = 30$ mm.

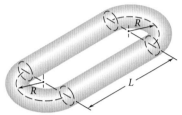

Figura P5.55

5.56 Determine o volume do sólido gerado pela rotação da área parabólica mostrado na figura em torno (a) do eixo x, (b) do eixo AA'.

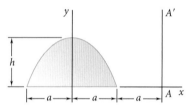

Figura **P5.56**

5.57 Verifique se as expressões para os volumes das quatro primeiras formas na Fig. 5.21 estão corretas.

5.58 Sabendo que dois topos iguais foram removidos da esfera de madeira de diâmetro 10 cm, determine a área total da superfície da parte restante.

5.59 Três diferentes perfis de correia de acionamento devem ser estudados. Se em todas as situações cada correia fizer contato com metade da circunferência de sua polia, determine a *área de contato* entre correia e polia para cada projeto.

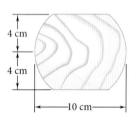

Figura P5.58

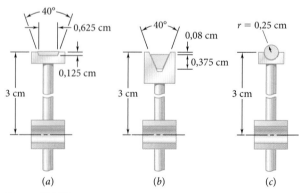

Figura **P5.59**

5.60 Determine a capacidade, em litros, da poncheira mostrada se $R = 250$ mm.

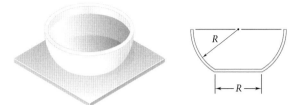

Figura P5.60

5.61 Determine o volume e a área total da superfície da bucha mostrada na figura.

5.62 Determine o volume e o peso da maçaneta de latão sólida mostrada na figura, sabendo que a densidade do bronze é 8470 kg/m^3.

5.63 Determine a área total da superfície da maçaneta de bronze sólida mostrada na figura.

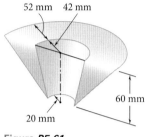

Figura P5.61

5.64 O quebra-luz de alumínio de uma pequena luminária de alta intensidade tem espessura uniforme de 1 mm. Sabendo que a densidade do alumínio é de 2.800 kg/m^3, determine a massa do quebra-luz.

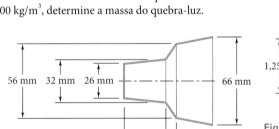

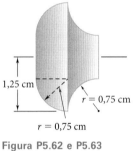

Figura P5.62 e P5.63

Figura P5.64

***5.65** A máscara de uma luminária de parede é feita de uma placa fina de plástico translúcido. Determine a área de sua superfície externa, sabendo que ela tem uma seção transversal parabólica como mostrado na figura.

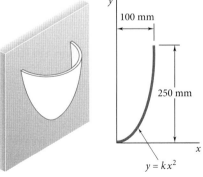

Figura P5.65

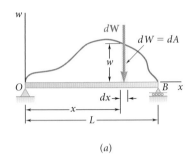

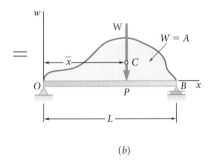

Figura 5.17 (a) Uma curva de carga representando a distribuição de forças de carga ao longo de uma viga horizontal, com um elemento de comprimento dx; (b) a carga resultante W tem intensidade igual à área A abaixo da curva de carga e atua através do centroide da área.

Foto 5.4 O telhado da construção mostrada na foto deve ter capacidade de suportar não apenas o peso total da neve, mas também as cargas distribuídas assimétricas resultantes da camada depositada de neve.

5.3 Aplicações adicionais dos centroides

O conceito de centroide de uma área pode ser usado na resolução de outros problemas além daqueles que envolvem pesos de placas planas. As mesmas técnicas nos permitem lidar com outros tipos de cargas distribuídas em objetos, como as forças em uma viga reta (a viga mestra de uma ponte ou a viga principal do piso de uma casa) ou uma placa plana debaixo d'água (a lateral de uma barragem ou uma janela em um tanque de aquário).

5.3A Cargas distribuídas sobre vigas

Considere uma viga que sustenta uma **carga distribuída**; essa carga pode advir do peso de materiais sustentados direta ou indiretamente pela viga ou pode ser causada pelo vento ou por pressões hidrostáticas. A carga distribuída pode ser caracterizada por uma curva representando a carga w sustentada por unidade de comprimento (Fig. 5.17); essa carga é medida em N/m. A intensidade da força exercida sobre um elemento de viga de comprimento dx é $dW = w\,dx$ e a carga total sustentada pela viga é

$$W = \int_0^L w\,dx$$

Observamos que o produto $w\,dx$ é igual em intensidade ao elemento de área dA mostrado na Fig. 5.17a. Logo, a carga W equivale em intensidade à área total A sob a curva de carga:

$$W = \int dA = A$$

Vamos determinar agora onde uma *carga concentrada única* **W**, de intensidade W igual à da carga total distribuída, deve ser aplicada sobre a viga para produzir as mesmas reações de apoio (Fig. 5.17b). Todavia, essa carga concentrada **W**, que representa a resultante do carregamento distribuído dado, é equivalente ao carregamento apenas quando se considera o diagrama de corpo livre de toda a viga. O ponto de aplicação P de uma carga concentrada equivalente **W** é obtido escrevendo-se que o momento de **W** em relação ao ponto O é igual à soma dos momentos das cargas elementares $d\mathbf{W}$ em relação ao ponto O.

$$(OP)W = \int x\,dW$$

Ou, uma vez que $dW = w\,dx = dA$ e $W = A$,

$$(OP)A = \int_0^L x\,dA \qquad (5.12)$$

Por representar o momento de primeira ordem, em relação ao eixo w, da área sob a curva de carga, a integral pode ser substituída pelo produto $\bar{x}A$. Logo, temos que $OP = \bar{x}$, sendo $\bar{x}$ a distância do eixo w ao centroide C da área A (*não se trata do centroide da viga*).

Podemos sumarizar esse resultado da seguinte forma:

Uma carga distribuída sobre uma viga pode ser substituída por uma carga concentrada; a intensidade dessa carga única é igual à área sob a curva de carga e sua linha de ação passa pelo centroide dessa área.

Deve-se notar, porém, que a carga concentrada é equivalente à carga dada somente quando se consideram forças externas. Essa carga pode ser usada para determinar reações, mas não deve ser usada no cálculo de forças internas e deformações.

*5.3B Forças em superfícies submersas

A abordagem que adotamos para as cargas distribuídas também serve para outras aplicações. Vamos agora adotá-la para determinar a resultante das forças de pressão hidrostática exercidas sobre uma *superfície retangular* submersa em um líquido. Os métodos delineados nesta seção podem ser adotados para determinar a resultante das forças hidrostáticas exercidas sobre superfícies de barragens e comportas retangulares. No Capítulo 9 discutiremos as resultantes das forças que atuam em superfícies submersas de larguras variáveis.

Considere a placa retangular mostrada na Fig. 5.18, cujo comprimento é L e a largura é b, sendo b medida perpendicularmente ao plano da figura. Como vimos no caso de cargas distribuídas em uma viga, uma carga exercida sobre um elemento da placa de comprimento dx é $w\,dx$, sendo w a carga por unidade de comprimento e x a distância ao longo do comprimento. Todavia, essa carga também pode ser determinada como $p\,dA = pb\,dx$, sendo p a pressão manométrica do líquido* e b a largura da placa; logo, $w = bp$. Uma vez que a pressão manométrica em um líquido é $p = \gamma h$, sendo γ o peso específico do líquido e h a distância vertical da superfície livre, resulta na equação

$$w = bp = b\gamma h \qquad (5.13)$$

a qual mostra que a carga por unidade de comprimento w é proporcional a h e, portanto, varia linearmente com x.

Recordando os resultados da Seção 5.3A, observamos que a resultante **R** das forças hidrostáticas exercidas em um lado da placa é igual em intensidade à área trapezoidal sob a curva de carga e sua linha de ação passa pelo centroide C dessa área. O ponto P da placa no qual **R** é aplicado é conhecido como *centro de pressão*.**

Em seguida, consideramos as forças exercidas por um líquido sobre uma superfície curva de largura constante (Fig. 5.19a). Uma vez que a determinação da resultante **R** dessas forças por integração direta não seria fácil, consideramos o corpo livre obtido pela separação do volume de líquido ABD limitado pela superfície curva AB e pelas duas superfícies planas AD e DB mostradas na Fig. 5.19b. As forças atuantes sobre o corpo livre ABD são o peso **W** do volume de líquido destacado, a resultante $\mathbf{R}_1$ das forças exercidas sobre AD, a resultante $\mathbf{R}_2$ das forças exercidas sobre BD e a resultante $-\mathbf{R}$ das forças exercidas *pela superfície curva sobre o líquido*. A resultante $-\mathbf{R}$ tem igual intensidade, sentido oposto e a mesma linha de ação da resultante **R** das forças *exercidas pelo líquido sobre a superfície curva*. As forças **W**, $\mathbf{R}_1$ e $\mathbf{R}_2$ podem ser determinadas por métodos padrões; encontrados seus valores, a força $-\mathbf{R}$ é obtida pela solução das equações de equilíbrio para o corpo livre da Fig. 5.19b. A resultante **R** das forças hidrostáticas exercidas sobre a superfície curva é, então, obtida revertendo-se o sentido de $-\mathbf{R}$.

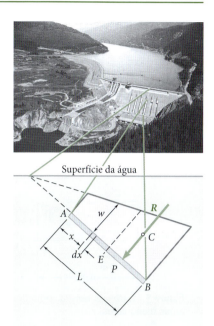

Figura 5.18 A face voltada para a água de uma barragem hidrelétrica pode ser modelada como uma placa retangular submersa na água. A vista lateral da placa é mostrada na figura.

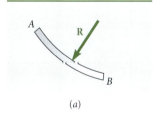

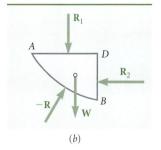

Figura 5.19 (a) Força R exercida por um líquido sobre uma superfície curva submersa; (b) diagrama de corpo livre do volume do líquido ABD.

---

* A pressão p, que representa uma carga por unidade de área, é expressa em N/m². Esta unidade é chamada *pascal* (Pa).

** Observe-se que a área sob a curva de carga á igual a $w_E L$, sendo w_E a carga por unidade de comprimento no centro E da placa e, retomando a Eq (5.13), podemos escrever

$$R = w_E L = (bp_E)L = p_E(bL) = p_E A$$

sendo que A representa a área da placa. Logo, a intensidade de **R** pode ser obtida pelo produto da área da placa pela pressão em seu centro E. A resultante **R**, porém, *deve ser aplicada em P, não em E*.

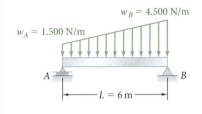

PROBLEMA RESOLVIDO 5.9

Uma viga sustenta a carga distribuída mostrada na figura. (*a*) Determine a carga concentrada equivalente. (*b*) Determine as reações de apoio.

ESTRATÉGIA A intensidade da resultante da carga é igual à área sob a curva de carga, e a linha de ação da resultante passa pelo centroide dessa área. Divide-se a área em pedaços para facilitar os cálculos e determina-se a carga resultante. Então, as forças calculadas ou suas resultantes são utilizadas para determinar as reações.

MODELAGEM E ANÁLISE

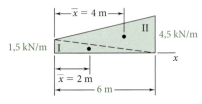

Figura 1 Carga modelada como duas áreas triangulares.

a. Carga concentrada equivalente. Dividimos a superfície sob a curva de carga em dois triângulos (Fig. 1) e construímos a tabela mostrada a seguir. Para simplificar os cálculos e a tabulação, as cargas fornecidas por unidade de comprimento foram convertidas para kN/m.

Componente	A, kN	$\bar{x}$, m	$\bar{x}A$, kN·m
Triângulo I	4,5	2	9
Triângulo II	13,5	4	54
	$\Sigma A = 18{,}0$		$\Sigma \bar{x}A = 63$

Então, $\bar{X}\Sigma A = \Sigma \bar{x}A$: $\bar{X}(18 \text{ kN}) = 63 \text{ kN·m}$ $\bar{X} = 3{,}5$ m

A carga concentrada equivalente (Fig. 2) é

$$\mathbf{W} = 18 \text{ kN} \downarrow \blacktriangleleft$$

e a sua linha de ação está localizada a uma distância

$$\bar{X} = 3{,}5 \text{ m à direita de } A \blacktriangleleft$$

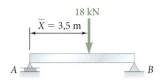

Figura 2 Carga concentrada equivalente.

b. Reações. A reação em A é vertical e é representada por $\mathbf{A}$. A reação em B é representada por suas componentes $\mathbf{B}_x$ e $\mathbf{B}_y$. A carga fornecida pode ser considerada como a soma das duas cargas triangulares mostradas na Figura 3. A resultante de cada carga triangular é igual à área do triângulo e atua em seu centroide.

Escrevemos as seguintes equações de equilíbrio para o corpo livre mostrado:

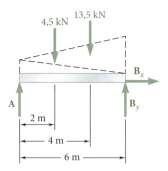

Figura 3 Diagrama de corpo livre da viga.

$\xrightarrow{+} \Sigma F_x = 0$: $\mathbf{B}_x = 0 \blacktriangleleft$

$+\curvearrowleft \Sigma M_A = 0$: $-(4{,}5 \text{ kN})(2 \text{ m}) - (13{,}5 \text{ kN})(4 \text{ m}) + B_y(6 \text{ m}) = 0$

$$\mathbf{B}_y = 10{,}5 \text{ kN} \uparrow \blacktriangleleft$$

$+\curvearrowleft \Sigma M_B = 0$: $+(4{,}5 \text{ kN})(4 \text{ m}) + (13{,}5 \text{ kN})(2 \text{ m}) - A(6 \text{ m}) = 0$

$$\mathbf{A} = 7{,}5 \text{ kN} \uparrow \blacktriangleleft$$

PARA REFLETIR Podemos substituir a carga distribuída dada pela sua resultante, que encontramos na parte *a*. Então, podemos determinar as reações a partir das equações de equilíbrio $\Sigma F_x = 0$, $\Sigma M_A = 0$ e $\Sigma M_B = 0$. Novamente os resultados são

$$\mathbf{B}_x = 0 \qquad \mathbf{B}_y = 10{,}5 \text{ kN} \uparrow \qquad \mathbf{A} = 7{,}5 \text{ kN} \uparrow \blacktriangleleft$$

PROBLEMA RESOLVIDO 5.10

A seção transversal de uma barragem de concreto é mostrada na figura. Considere uma seção da barragem com 0,3 m de largura e determine (*a*) a resultante das forças de reação exercidas pelo solo sobre a base *AB* da barragem, (*b*) a resultante das forças de pressão exercidas pela água sobre a face *BC* da barragem. Os pesos específicos do concreto e da água são, respectivamente, 2400 kg/m^3 e 1000 kg/m^3.

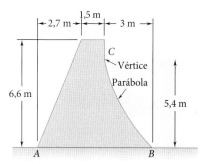

ESTRATÉGIA Traça-se um diagrama de corpo livre da seção da barragem, dividindo-a em partes para simplificar os cálculos. Modela-se a resultante das reações como um sistema força-binário em *A*. Utilizaremos o método descrito na Seção 5.3B para encontrar a força exercida pela barragem na água e revertê-lo para encontrar a força exercida pela água na face *BC*.

MODELAGEM E ANÁLISE

a. Reação do solo. Escolhemos como corpo livre a seção de 0,3 m de largura *AEFCDB* da barragem e da água (Fig. 1). As forças de reação exercidas pelo solo sobre a base *AB* são representadas por um sistema força-binário equivalente em *A*. Outras forças atuantes sobre o corpo livre são o peso da barragem, representado pelos pesos de seus componentes **W**$_1$, **W**$_2$ e **W**$_3$, o peso da água **W**$_4$ e a resultante **P** das forças de pressão exercidas sobre a seção *BD* pela água à direita da seção *BD*.

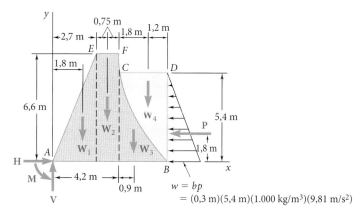

Figura 1 Diagrama de corpo livre da barragem e da água.

(*continua*)

Calcule cada uma das forças que aparecem no diagrama de corpo livre (Fig. 1):

$W_1 = \frac{1}{2}(2,7 \text{ m})(6,6 \text{ m})(0,3 \text{ m})(2.400 \text{ kg/m}^3)(9,81 \text{ m/s}^2) = 62,93 \text{ kN}$
$W_2 = (1,5 \text{ m})(6,6 \text{ m})(0,3 \text{ m})(2.400 \text{ kg/m}^3)(9,81 \text{ m/s}^2) = 69,93 \text{ kN}$
$W_3 = \frac{1}{3}(3 \text{ m})(5,4 \text{ m})(0,3 \text{ m})(2.400 \text{ kg/m}^3)(9,81 \text{ m/s}^2) = 38,14 \text{ kN}$
$W_4 = \frac{2}{3}(3 \text{ m})(5,4 \text{ m})(0,3 \text{ m})(1.000 \text{ kg/m}^3)(9,81 \text{ m/s}^2) = 31,78 \text{ kN}$
$P = \frac{1}{2}(5,4 \text{ m})(0,3 \text{ m})(5,4 \text{ m})(1.000 \text{ kg/m}^3)(9,81 \text{ m/s}^2) = 42,91 \text{ kN}$

Equações de equilíbrio. Escreva as equações de equilíbrio para a seção da barragem e calcule as forças e o momento identificados em *A* na Figura 1.

$\xrightarrow{+} \Sigma F_x = 0:$ $H - 42,91 \text{ kN} = 0$ $\mathbf{H} = 42,91 \text{ kN} \rightarrow$ ◄

$+ \uparrow \Sigma F_y = 0:$ $V - 62,93 \text{ kN} - 69,93 \text{ kN} - 38,14 \text{ kN} - 31,78 \text{ kN} = 0$
$\mathbf{V} = 202,78 \text{ kN} \uparrow$ ◄

$+ \nwarrow \Sigma M_A = 0:$ $-(62,93 \text{ kN})(1,8 \text{ m}) - (69,93 \text{ kN})(3,45 \text{ m})$
$- (38,14 \text{ kN})(5,1 \text{ m}) - (31,78 \text{ kN})(6 \text{ m}) + (42,91 \text{ kN})(1,8 \text{ m}) + M = 0$
$\mathbf{M} = 662,49 \text{ kN} \cdot \text{m} \nwarrow$ ◄

Podemos substituir o sistema força-binário obtido por uma força única atuante a uma distância *d* à direita de *A*, sendo:

$$d = \frac{662,49 \text{ kN} \cdot \text{m}}{202,78 \text{ kN}} = 3,27 \text{ m}$$

b. Resultante R das forças da água. Trace um diagrama de corpo livre para a seção parabólica *BCD* da água (Fig. 2). As forças envolvidas são a resultante −**R** das forças exercidas pela barragem sobre a água, o peso **W**₄ e a força **P**. Como essas forças devem ser concorrentes, −**R** passa pelo ponto de interseção *G* de **W**₄ e **P**. Desenha-se um triângulo de forças do qual são determinados a intensidade, a direção e o sentido de −**R**. A resultante **R** das forças exercidas pela água sobre a face *BC* tem igual intensidade e sentido oposto. Portanto,

$\mathbf{R} = 53,4 \text{ kN} \; \angle\!\!\!\nearrow 36,5°$ ◄

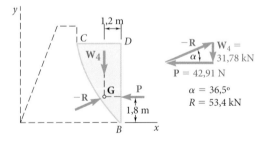

Figura 2 Diagrama de corpo livre da seção parabólica *BCD* da água.

PARA REFLETIR Podemos observar que, se encontrássemos uma distância *d* negativa – ou seja, se a reação do momento em *A* tivesse agido na direção oposta – isso indicaria uma condição de instabilidade da barragem. Nessa situação, os efeitos da pressão da água iriam superar o peso da barragem, derrubando-a sobre *A*.

METODOLOGIA PARA A RESOLUÇÃO DE PROBLEMAS

Os problemas desta seção envolvem dois tipos comuns e muito importantes de carregamento: cargas distribuídas sobre vigas e forças sobre superfícies submersas de largura constante. Conforme discutimos na Seção 5.3 e exemplificamos nos Problemas Resolvidos 5.9 e 5.10, a determinação da força única equivalente para cada um desses carregamentos requer conhecimento sobre centroides.

1. Análise de vigas sujeitas a cargas distribuídas. Na Seção 5.3A, mostramos que uma carga distribuída sobre uma viga pode ser substituída por uma força única equivalente. A intensidade dessa força é igual à área sob a curva de carga distribuída, e sua linha de ação passa pelo centroide dessa superfície. Logo, devemos iniciar sua solução substituindo as diversas cargas distribuídas sobre uma dada viga pelas suas respectivas forças únicas equivalentes. As reações de apoio da viga podem ser determinadas por meio dos métodos do Cap. 4.

Sempre que possível, cargas distribuídas complexas devem ser divididas nas superfícies de formas mais comuns mostradas na Fig. 5.8A [Problema Resolvido 5.9]. Cada uma dessas superfícies pode, então, ser substituída por uma força única equivalente. Se necessário, pode-se ainda reduzir o sistema de forças equivalentes a uma força única equivalente. Ao estudar o Problema Resolvido 5.9, observamos como se usa a analogia entre força e área e as técnicas para localizar o centroide de uma superfície composta a fim de analisar uma viga sujeita a uma carga distribuída.

2. Resolução de problemas que envolvam forças sobre corpos submersos. Ao resolver problemas desse tipo, devemos nos lembrar dos seguintes pontos e técnicas:

   a. A pressão p a uma profundidade h abaixo de uma superfície livre de um líquido é igual a γh ou $\rho g h$, sendo γ e ρ o peso específico e a massa específica do líquido, respectivamente. Logo, a carga por unidade de comprimento w atuante sobre uma superfície submersa de largura constante b é

$$w = bp + b\gamma h = b\rho g h$$

   b. A linha de ação da força resultante **R** exercida sobre uma superfície plana submersa é perpendicular a essa superfície.

   c. Para uma superfície plana retangular de largura b vertical ou inclinada, o carregamento sobre a superfície pode ser representado por uma carga distribuída linearmente, de forma trapezoidal (Fig. 5.18). Além disso, a intensidade de **R** é dada por

$$R = \gamma h_E A$$

sendo h_E a distância vertical (profundidade) até o centro da superfície e A a área da superfície.

   d. A curva de carga será triangular (em vez de trapezoidal) quando a aresta superior da superfície plana retangular coincidir com a superfície livre do líquido, pois a pressão manométrica do líquido na superfície livre é nula. Nesse caso, a linha de ação de **R** é facilmente determinada e passa pelo centroide de uma carga distribuída *triangular*.

   e. No caso geral, em vez de analisar um trapézio, sugerimos adotar o método indicado na parte *b* do Problema Resolvido 5.9. Primeiro, dividamos a carga distribuída trapezoidal em dois triângulos e, em seguida, calculemos a intensidade da resultante de cada carga triangular. (A intensidade é igual à área do triângulo multiplicada pela largura da placa.) Observemos que a linha de ação de cada força resultante passa pelo centroide do triângulo correspondente e que a soma dessas forças é equivalente a **R**. Logo, em vez de usar **R**, podemos usar as duas forças resultantes equivalentes, cujos pontos de aplicação são facilmente calculados. De forma evidente, a equação dada para *R* no parágrafo **c** deve ser usada apenas quando a intensidade de **R** for necessária.

  f. Quando a superfície submersa de largura constante for curva, obtém-se a força resultante exercida sobre a superfície considerando-se o equilíbrio do volume de líquido limitado pela superfície curva e pelos planos horizontal e vertical (Fig. 5.19). Observemos que a força R_1 da Fig. 5.19 é igual ao peso do líquido que fica acima do plano *AD*. O método de solução para problemas que envolvem superfícies curvas é demonstrado na parte *b* do Problema Resolvido 5.10.

Em cursos subsequentes de mecânica (em particular, mecânica dos materiais e mecânica dos fluidos), haverá muitas oportunidades de empregar as ideias apresentadas nesta seção.

PROBLEMAS

5.66 e 5.67 Para a viga e o carregamento mostrados nas figuras, determine (*a*) a intensidade e a localização da resultante da carga distribuída, (*b*) as reações de apoio da viga.

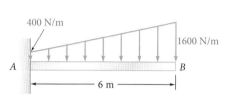

Figura P5.66

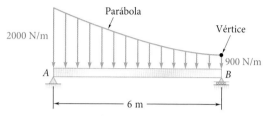

Figura P5.67

5.68 a 5.73 Determine as reações de apoio da viga para a carga dada.

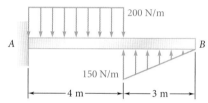

Figura *P5.68*

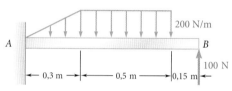

Figura P5.69

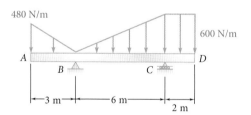

Figura P5.70

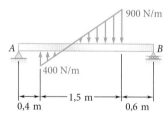

Figura P5.71

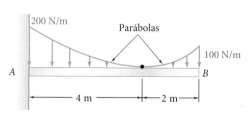

Figura *P5.72*

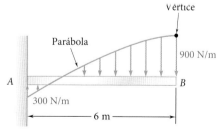

Figura P5.73

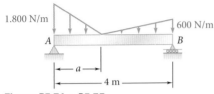

Figura P5.74 e **P5.75**

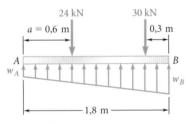

Figura P5.78

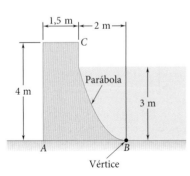

Figura P5.81

5.74 Determine (a) a distância a tal que as reações verticais dos apoios A e B sejam iguais, (b) as reações de apoio correspondentes.

5.75 Determine (a) a distância a tal que a reação vertical do apoio B seja mínima, (b) as reações de apoio correspondentes.

5.76 Determine as reações de apoio da viga para o carregamento dado quando $w_0 = 400$ N/m.

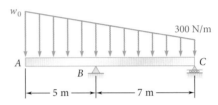

Figura P5.76 e P5.77

5.77 Determine (a) a carga distribuída w_0 na extremidade A da viga ABC tal que a reação em C seja nula, (b) as reações correspondentes em B.

5.78 Uma viga AB sustenta duas cargas concentradas e repousa sobre o solo que exerce uma carga distribuída para cima como mostrado na figura. Determine os valores de w_A e w_B correspondentes ao equilíbrio.

5.79 Para a viga do Problema 5.78, determine (a) a distância a para que $w_A = 20$ kN/m, (b) o valor correspondente de w_B.

Nos próximos problemas, utilize $\rho = 10^3$ kg/m³ para a massa específica da água doce e $\rho_c = 2{,}40 \times 10_3$ kg/m³ para a massa específica do concreto. (Ver a nota de rodapé da página 234 para saber como determinar o peso específico de um material, sendo sua massa específica dada).

5.80 A seção transversal de uma barragem de concreto é mostrada na figura. Para uma seção de barragem de largura de 1 m, determine (a) as forças de reação exercidas pelo solo sobre a base AB da barragem, (b) o ponto de aplicação da resultante das forças de reação da alternativa a, (c) a resultante das forças de pressão exercidas pela água sobre a face BC da barragem.

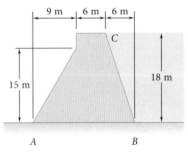

Figura P5.80

5.81 A seção transversal de uma barragem de concreto é mostrada na figura. Para uma seção de barragem de largura de 1 m, determine (a) a resultante das forças de reação exercidas pelo solo sobre a base AB da barragem, (b) o ponto de aplicação da resultante das forças de reação da alternativa a, (c) a resultante das forças de pressão exercidas pela água sobre a face BC da barragem.

5.82 A barragem de um lago é projetada para suportar a força adicional causada pelo lodo depositado no fundo do lago. Admitindo que o lodo é equivalente a um líquido de densidade $\rho_s = 1{,}76 \times 10^3$ kg/m³ considerando uma seção da barragem de 1 m de largura, determine o aumento percentual da força exercida sobre a face da barragem para um acúmulo de lodo de 2 m de profundidade.

5.83 A base da barragem de um lago é projetada para resistir a até 120% da força horizontal da água. Após a construção, verificou-se a deposição de lodo (que é equivalente a um líquido de densidade $\rho_s = 1{,}76 \times 10^3$ kg/m³) no fundo do lago a uma taxa de 12 mm/ano. Considerando uma seção da barragem de 1 m de largura, determine quantos anos se passarão até a barragem deixar de ser segura.

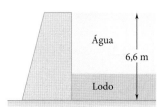

Figura P5.82 e *P5.83*

5.84 Uma comporta automática consiste em uma placa quadrada de 225 × 225 mm que gira em torno de um eixo horizontal em A localizado a uma distância h = 90 mm da borda inferior. Determine a profundidade de água d para que a comporta seja aberta.

5.85 Uma comporta automática consiste em uma placa quadrada de 225 × 225 mm que gira em torno de um eixo horizontal em A. Se a comporta deve abrir quando a profundidade da água for d = 450 mm, determine a distância h da parte inferior da comporta até o eixo A.

5.86 A lateral AB de um tanque aberto mede 3m × 4 m, está articulada no fundo em A e é mantida no lugar por meio de uma haste fina BC. A força máxima de tração que a haste pode suportar sem quebrar é de 200 kN, e as especificações do projeto exigem que a força na haste não exceda a 20% desse valor. Se o tanque for cheio lentamente com água, determine a máxima profundidade admissível d no tanque.

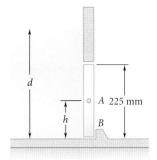

Figura P5.84 e P5.85

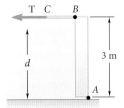

Figura *P5.86* e P5.87

5.87 A lateral AB de um tanque aberto mede 3m × 4 m, está articulada no fundo em A e é mantida no lugar por meio de uma barra fina BC. O tanque é cheio com glicerina, cuja densidade é de 1.263 kg/m³. Determine a força **T** na barra e as reações na articulação após o enchimento do tanque a uma profundidade de 2,9 m.

5.88 Uma comporta AB de 0,5 m × 0,8 m está localizada no fundo de um tanque cheio de água. A comporta é articulada ao longo da aresta superior em A e descansa sem atrito em um batente em B. Determine as reações em A e B quando o cabo BCD é solto.

5.89 Uma comporta AB de 0,5 m × 0,8 m está localizada no fundo de um tanque cheio de água. A comporta é articulada ao longo da aresta superior em A e descansa sem atrito em um batente em B. Determine a tensão mínima requerida no cabo BCD para abrir a comporta.

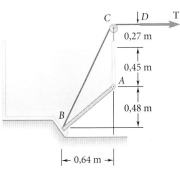

Figura P5.88 e P5.89

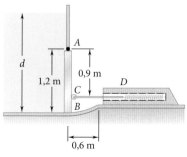

Figura P5.90

5.90 Uma comporta de 1,2m × 0,6 m está articulada em A e é mantida pela barra CD. A extremidade D apoia-se em uma mola cuja constante é 12 kN/m. Não há deformação na mola quando a comporta está na vertical. Considerando que a força exercida pela barra CD sobre a comporta permanece na horizontal, determine a mínima profundidade de água d para a qual o fundo B da comporta irá se deslocar até o final da porção cilíndrica do chão.

5.91 Resolva o Problema 5.90 se a comporta pesa 5 kN.

5.92 Uma comporta de forma prismática é colocada no fim de um canal de água doce. É mantida por um pino e um suporte em A e repousa no apoio B sem atrito. O pino está a uma distância $h = 0,10$ m abaixo do centro de gravidade C da comporta. Determine a profundidade de água d para que a comporta seja aberta.

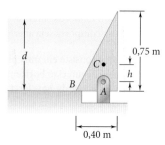

Figura P5.92 e P5.93

5.93 Uma comporta de forma prismática é colocada no fim de um canal de água doce. É mantida por um pino e um suporte em A e repousa no apoio B sem atrito. O pino está a uma distância h abaixo do centro de gravidade C da comporta. Determine a distância h se a comporta é aberta com $d = 0,75$ m.

5.94 Uma calha longa é suportada por uma dobradiça contínua ao longo da aresta inferior e por uma série de cabos horizontais fixados na aresta superior. Determine a tensão em cada um dos cabos no momento em que a calha esteja completamente cheia.

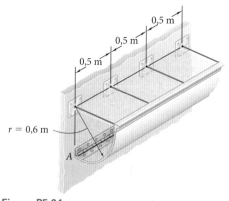

Figura P5.94

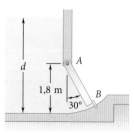

Figura P5.95

5.95 A comporta quadrada AB é mantida na posição mostrada na figura por meio de articulações ao longo de sua aresta superior A e por um pino de cisalhamento em B. Para uma profundidade de água $d = 3,5$ m, determine a força exercida sobre a comporta pelo pino de cisalhamento.

5.4 Centros de gravidade e centroides de sólidos

Até agora neste capítulo tratamos de encontrar os centros de gravidade e centroides de áreas bidimensionais e objetos como placas e superfícies planas. Todavia, as mesmas ideias também se aplicam a objetos tridimensionais. As situações mais comuns requerem o uso de integração múltipla para a análise, mas ocasionalmente podemos utilizar considerações de simetria para simplificar os cálculos. Nesta seção mostraremos como isso é possível.

5.4A Centros de gravidade tridimensionais e centroides

Foto 5.5 Para se prever as características de voo do Boeing 747 modificado, usado para transportar um ônibus espacial, foi preciso determinar o centro de gravidade de cada nave.

O centro de gravidade G de um corpo tridimensional é obtido dividindo-se o corpo em pequenos elementos e, em seguida, demonstrando que o peso **W** do corpo, atuando em G, é equivalente ao sistema de forças distribuídas Δ**W** que representa os pesos dos pequenos elementos. Escolhendo o eixo y na vertical, com sentido positivo para cima (Fig. 5.20) e representado por $\bar{\mathbf{r}}$ o vetor de posição de G, temos que **W** é igual à soma dos pesos elementares Δ**W** e que seu momento em relação a O é igual à soma dos momentos em relação a O dos pesos elementares.

Σ**F**: $\qquad -W\mathbf{j} = \Sigma(-\Delta W \mathbf{j})$

Σ**M**$_O$: $\qquad \bar{\mathbf{r}} \times (-W\mathbf{j}) = \Sigma [\mathbf{r} \times (-\Delta W \mathbf{j})]$ (5.14)

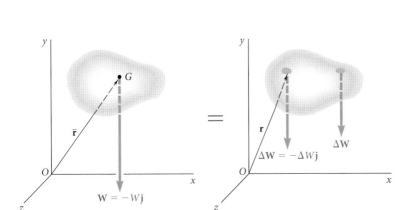

Figura 5.20 Para um corpo tridimensional, o peso W que atua através do centro de gravidade G e seu momento em relação a O é equivalente a um sistema de pesos distribuídos que atuam sobre todos os elementos do corpo e sobre a soma de seus momentos em relação a O.

Reescrevendo a última equação da seguinte maneira

$$\bar{\mathbf{r}}W \times (-\mathbf{j}) = (\Sigma \mathbf{r} \Delta W) \times (-\mathbf{j}) \qquad (5.15)$$

Observamos que o peso **W** do corpo será equivalente ao sistema dos pesos elementares Δ**W** se forem satisfeitas as seguintes condições:

$$W = \Sigma \Delta W \qquad \bar{\mathbf{r}}W = \Sigma \mathbf{r} \Delta W$$

Aumentando o número de elementos e diminuindo, simultaneamente, o tamanho de cada elemento, obtemos, no limite,

Peso, centro de gravidade de um corpo tridimensional

$$W = \int dW \quad \bar{\mathbf{r}} W = \int \mathbf{r}\, dW \tag{5.16}$$

Note que as relações obtidas são independentes da orientação do corpo. Por exemplo, se o corpo e os eixos coordenados fossem girados de tal modo que o eixo z aponte para cima, o vetor unitário $-\mathbf{j}$ seria substituído por $-\mathbf{k}$ nas Eqs. (5.14) e (5.15), mas as relações (5.16) permaneceriam inalteradas.

Decompondo os vetores $\bar{\mathbf{r}}$ e $\mathbf{r}$ em seus componentes retangulares, observamos que a segunda das relações (5.16) é equivalente às três equações escalares

$$\bar{x} W = \int x\, dW \quad \bar{y} W = \int y\, dW \quad \bar{z} W = \int z\, dW \tag{5.17}$$

ou

$$\bar{x} = \frac{\int x\, dW}{W} \quad \bar{y} = \frac{\int y\, dW}{W} \quad \bar{z} = \frac{\int z\, dW}{W} \tag{5.17'}$$

Se o corpo é feito de um material homogêneo de peso específico γ a intensidade dW do peso de um elemento infinitesimal pode ser expressa em função do volume dV do elemento, e a intensidade W do peso total pode ser expressa em termos do volume total V. Obtemos

$$dW = \gamma\, dV \qquad W = \gamma V$$

Substituindo dW e W na segunda das relações (5.16), temos

$$\bar{\mathbf{r}} V = \int \mathbf{r}\, dV \tag{5.18}$$

ou, em forma escalar,

Centroide de um sólido V

$$\bar{x} V = \int x\, dV \quad \bar{y} V = \int y\, dV \quad \bar{z} V = \int z\, dV \tag{5.19}$$

ou

$$\bar{x} = \frac{\int x\, dV}{V} \quad \bar{y} = \frac{\int y\, dV}{V} \quad \bar{z} = \frac{\int z\, dV}{V} \tag{5.19'}$$

O centro de gravidade de um corpo homogêneo cujas coordenadas são $\bar{x}, \bar{y}, \bar{z}$ é também conhecido como **centroide C do volume** V do corpo. Se o corpo não for homogêneo, as Eqs. (5.19) não podem ser usadas para determinar o centro de gravidade do corpo; no entanto, as Eqs. (5.19) ainda definem o centroide do sólido.

A integral $\int x\, dV$ é conhecida como **momento de primeira ordem do sólido em relação ao plano** *yz*. De forma análoga, as integrais $\int y\, dV$ e $\int z\, dV$ definem os momentos de primeira ordem do sólido em relação ao plano *zx* e ao plano *xy*, respectivamente. Pode-se ver, a partir das Eqs. (5.19), que, se o centroide do sólido está localizado em um plano coordenado, o momento de primeira ordem do sólido em relação a esse plano é nulo.

Diz-se que o sólido é simétrico com relação a um plano dado se para cada ponto *P* do sólido existe um ponto *P'* do mesmo sólido, tal que o segmento *PP'* é perpendicular ao dado plano e dividido em duas partes iguais por esse plano. O plano é chamado de **plano de simetria** para o dado sólido. Quando um sólido *V* tem um plano de simetria, o momento de primeira ordem de *V* com relação a esse plano é nulo, e o centroide do sólido está localizado no plano de simetria. Quando o sólido apresenta dois planos de simetria, o centroide do sólido fica na linha de interseção dos dois planos. Finalmente, quando o sólido apresenta três planos de simetria que se interceptam em um ponto definido (isto é, não ao longo de uma reta comum), o ponto de interseção dos três planos coincide com o centroide do sólido. Essa propriedade nos possibilita determinar imediatamente a localização dos centroides de esferas, elipsoides, cubos, paralelepípedos retangulares, etc.

Os centroides de sólidos não simétricos ou de sólidos que apresentem apenas um ou dois planos de simetria devem ser determinados por integração (Seção 5.4C). Os centroides de vários sólidos comuns são mostrados na Fig. 5.21. Deve-se observar que geralmente o centroide de um sólido de revolução *não coincide* com o centroide de sua seção transversal. Portanto, o centroide de um hemisfério é diferente do de uma área semicircular, e o centroide de um cone é diferente do de um triângulo.

5.4B Corpos compostos

Se um corpo pode ser dividido em várias das formas mais comuns mostradas na Fig. 5.21, pode-se determinar seu centro de gravidade *G* demonstrando que o momento em relação a *O* de seu peso total é igual à soma dos momentos em relação a *O* dos pesos das várias partes componentes. Procedendo dessa forma, obtemos as seguintes equações, que definem as coordenadas $\overline{X}$, $\overline{Y}$ e $\overline{Z}$ do centro de gravidade *G*.

Centro de gravidade de um corpo com peso W

$$\overline{X}\Sigma W = \Sigma \bar{x} W \quad \overline{Y}\Sigma W = \Sigma \bar{y} W \quad \overline{Z}\Sigma W = \Sigma \bar{z} W \quad (5.20)$$

ou

$$\overline{X} = \frac{\Sigma \bar{x} W}{\Sigma W} \quad \overline{Y} = \frac{\Sigma \bar{y} W}{\Sigma W} \quad \overline{Z} = \frac{\Sigma \bar{z} W}{\Sigma W} \quad (5.20')$$

Se o corpo é feito de um material homogêneo, seu centro de gravidade coincide com o centroide de seu volume. Assim, obtemos

Centroide de um sólido V

$$\overline{X}\Sigma V = \Sigma \bar{x} V \quad \overline{Y}\Sigma V = \Sigma \bar{y} V \quad \overline{Z}\Sigma V = \Sigma \bar{z} V \quad (5.21)$$

ou

$$\overline{X} = \frac{\Sigma \bar{x} V}{\Sigma V} \quad \overline{Y} = \frac{\Sigma \bar{y} V}{\Sigma V} \quad \overline{Z} = \frac{\Sigma \bar{z} V}{\Sigma V} \quad (5.21')$$

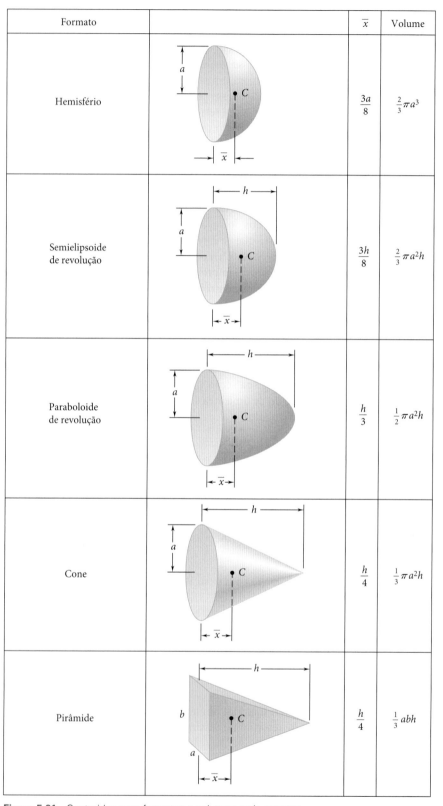

Figura 5.21 Centroides com formatos e volumes mais comuns.

5.4C Determinação de centroides de sólidos por integração

Pode-se determinar o centroide de um sólido limitado por superfícies analíticas avaliando-se as integrais dadas anteriormente nesta seção:

$$\bar{x}V = \int x\, dV \quad \bar{y}V = \int y\, dV \quad \bar{z}V = \int z\, dV \quad (5.22)$$

Se o elemento de volume dV é escolhido como sendo igual a um pequeno cubo de lados dx, dy e dz, a avaliação de cada uma dessas integrais requer uma *integração tripla*. Porém, é possível determinar as coordenadas do centroide da maioria dos sólidos por *integração dupla* se dV for escolhido como sendo igual ao volume de um filamento delgado (Fig. 5.22). As coordenadas do centroide do sólido são, então, obtidas reescrevendo-se as Eqs. (5.22) como

$$\bar{x}V = \int \bar{x}_{el}\, dV \quad \bar{y}V = \int \bar{y}_{el}\, dV \quad \bar{z}V = \int \bar{z}_{el}\, dV \quad (5.23)$$

e, em seguida, substituindo-se as expressões dadas na Fig. 5.22 pelo volume dV e as coordenadas $\bar{x}_{el}$, $\bar{y}_{el}$, $\bar{z}_{el}$. Aplicando-se a equação da superfície para expressar z em termos de x e y, a integração é reduzida a uma integração dupla em x e y.

Se o sólido sob consideração apresentar *dois planos de simetria*, seu centroide deve estar sobre a linha de interseção dos dois planos. Escolhendo o eixo x ao longo dessa linha, temos

$$\bar{y} = \bar{z} = 0$$

e a única coordenada a ser determinada é $\bar{x}$. Isso pode ser feito com uma *integração simples* dividindo-se o volume dado em elementos delgados paralelos ao plano yz e demonstrando dV em termos de x e dx na equação:

$$\bar{x}V = \int \bar{x}_{el}\, dV \quad (5.24)$$

Para um corpo de revolução, os elementos são circulares e seu volume é dado na Fig. 5.23.

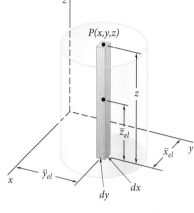

$\bar{x}_{el} = x,\ \bar{y}_{el} = y,\ \bar{z}_{el} = \frac{z}{2}$
$dV = z\, dx\, dy$

Figura 5.22 Determinação do centroide de um sólido por integração dupla.

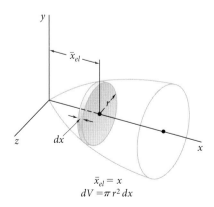

$\bar{x}_{el} = x$
$dV = \pi r^2\, dx$

Figura 5.23 Determinação do centroide de um corpo de revolução.

PROBLEMA RESOLVIDO 5.11

Determine a localização do centro de gravidade do corpo de revolução homogêneo mostrado na figura, que foi obtido adicionando-se um hemisfério e um cilindro e extraindo-se um cone.

ESTRATÉGIA O corpo é homogêneo, portanto o centro de gravidade coincide com o centroide. Como o corpo foi formado a partir de um composto de três formas simples, pode-se determinar o centroide de cada forma e combiná-los utilizando a Eq. (5.21).

MODELAGEM Por causa da simetria, o centro de gravidade situa-se sobre o eixo x. Como mostra a Figura 1, pode-se obter o corpo adicionando-se um hemisfério a um cilindro e depois se extraindo um cone. O sólido e a abscissa do centroide de cada um desses componentes são obtidos a partir da Fig. 5.21 e registrados na tabela a seguir. O volume total do corpo e o momento de primeira ordem do sólido com relação ao plano yz são, então, determinados.

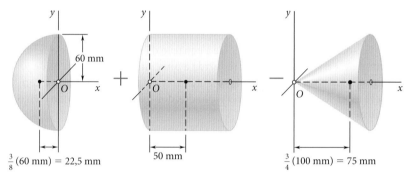

Figura 1 Corpo dado modelado como a combinação de formas geométricas simples.

ANÁLISE Observe que a localização do centroide do hemisfério é negativa porque ele encontra-se à esquerda da origem.

Componente	Volume, mm³		$\bar{x}$, mm	$\bar{x} V$, mm⁴
Hemisfério	$\frac{1}{2}\frac{4\pi}{3}(60)^3 =$	$0{,}4524 \times 10^6$	$-22{,}5$	$-10{,}18 \times 10^6$
Cilindro	$\pi(60)^2(100) =$	$1{,}1310 \times 10^6$	$+50$	$+56{,}55 \times 10^6$
Cone	$-\frac{\pi}{3}(60)^2(100) =$	$-0{,}3770 \times 10^6$	$+75$	$-28{,}28 \times 10^6$
	$\Sigma V =$	$1{,}206 \times 10^6$		$\Sigma \bar{x} V = +18{,}09 \times 10^6$

Então

$$\overline{X} \Sigma V = \Sigma \bar{x} V: \quad \overline{X}(1{,}206 \times 10^6 \text{ mm}^3) = 18{,}09 \times 10^6 \text{ mm}^4$$

$$\overline{X} = 15 \text{ mm} \blacktriangleleft$$

PARA REFLETIR Somar o hemisfério e subtrair o cone tem o efeito de deslocar o centroide da forma composta para a esquerda do centroide do cilindro (50 mm). Todavia, já que o momento de primeira ordem do sólido para o cilindro é maior do que o do hemisfério e o do cone combinados, devemos esperar que o centroide do composto ainda esteja no domínio positivo do eixo x. Assim, com uma verificação visual aproximada, o resultado +15 mm parece razoável.

PROBLEMA RESOLVIDO 5.12

Determine o centro de gravidade da peça de máquina de aço mostrada na figura. O diâmetro de cada furo é 20 mm.

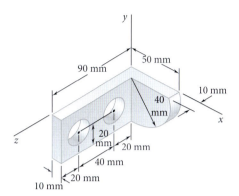

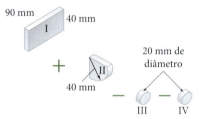

Figura 1 Corpo modelado como a combinação de formas geométricas simples.

ESTRATÉGIA Esta peça pode ser dividida em dois sólidos menos dois sólidos menores (furos). Devemos encontrar o volume e o centroide de cada sólido e combiná-los utilizando a Eq. (5.21) para encontrarmos o centroide total.

MODELAGEM Como mostra a Figura 1, a peça de máquina pode ser obtida adicionando-se um paralelepípedo retangular (I) a um quarto de cilindro (II), e, em seguida extraindo-se de dois cilindros (III e IV) de 20 mm de diâmetro. O volume e as coordenadas do centro de gravidade de cada componente são determinados e anotados na tabela a seguir. Usando os dados da tabela, determinamos, então, o volume total e os momentos de cada volume com relação a cada um dos planos coordenados.

ANÁLISE Podemos considerar cada sólido componente como uma forma planar utilizando a Figura 5.8A para encontrar os volumes e centroides, mas os ângulos retos dos componentes I e II requerem cálculos em três dimensões. Pode ser útil traçar esboços mais detalhados dos componentes com os centroides cuidadosamente identificados (Fig. 2).

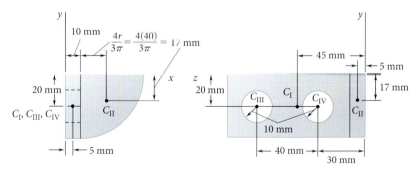

Figura 2 Centroides dos componentes.

(continua)

	V, mm³	$\bar{x}$, mm	$\bar{y}$, mm	$\bar{z}$, mm	$\bar{x}V$, mm⁴	$\bar{y}V$, mm⁴	$\bar{z}V$, mm⁴
I	$(4,5)(40)(10) = 36.000$	5	-20	45	$0,18 \times 10^6$	$-0,72 \times 10^6$	$1,62 \times 10^6$
II	$\frac{1}{4}\pi(40)^2(10) = 12.566$	27	-17	5	$0,3393 \times 10^6$	$-0,2136 - 10^6$	$0,0628 \times 10^6$
III	$-\pi(10)^2(10) = -3.142$	5	-20	70	$-0,0157 \times 10^6$	$0,0628 \times 10^6$	$-0,2199 \times 10^6$
IV	$-\pi(10)^2(10) = -3.142$	5	-20	30	$-0,0157 \times 10^6$	$0,0628 \times 10^6$	$-0,0943 \times 10^6$
	$\Sigma V = 42,282 \times 10^3$				$\Sigma \bar{x}V = 0,4879 \times 10^6$	$\Sigma \bar{y}V = -0,808 \times 10^6$	$\Sigma \bar{z}V = 1,3686 \times 10^6$

Então

$\bar{X}\Sigma V = \Sigma\bar{x}V$: $\bar{X}(4,2282 \times 10^4 \text{ mm}^3) = 0,4879 \times 10^6 \text{ mm}^4$

$\bar{X} = 11,5$ mm ◄

$\bar{Y}\Sigma V = \Sigma\bar{y}V$: $\bar{Y}(4,2282 \times 10^4 \text{ mm}^3) = -0,808 \times 10^6 \text{ mm}^4$

$\bar{Y} = -19,1$ mm ◄

$\bar{Z}\Sigma V = \Sigma\bar{z}V$: $\bar{Z}(4,2282 \times 10^4 \text{ mm}^3) = 1,3686 \times 10^6 \text{ mm}^4$

$\bar{Z} = 32,4$ mm ◄

PARA REFLETIR Por análise, podemos esperar que $\bar{X}$ e $\bar{Z}$ sejam consideravelmente menores que $(1/2)(50$ mm$)$ e $(1/2)(90$ mm$)$, respectivamente, e que $\bar{Y}$ seja ligeiramente menor em magnitude do que $(1/2)(40$ mm$)$. Então, em uma rápida inspeção visual, os resultados obtidos estão de acordo.

PROBLEMA RESOLVIDO 5.13

Determine a localização do centroide da metade do cone circular reto mostrada na figura.

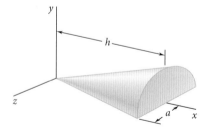

ESTRATÉGIA Esta não é uma das formas da Figura 5.21, então devemos determinar o centroide utilizando integração.

MODELAGEM Como o plano xy é um plano de simetria, o centroide está situado nesse plano e $\bar{z} = 0$. Um elemento de espessura dx é escolhido como um elemento diferencial. O volume desse elemento é

$$dV = \frac{1}{2}\pi r^2 dx$$

As coordenadas $\bar{x}_{el}$ e $\bar{y}_{el}$ do centroide do elemento são obtidas da Fig. 5.8 (área semicircular):

$$\bar{x}_{el} = x \qquad \bar{y}_{el} = \frac{4r}{3\pi}$$

Observando que r é proporcional a x, utilizamos triângulos similares (Fig. 1) para obter

$$\frac{r}{x} = \frac{a}{h} \qquad r = \frac{a}{h}x$$

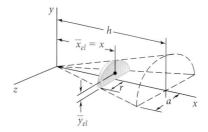

Figura 1 Geometria do elemento diferencial.

ANÁLISE O volume do corpo é

$$V = \int dV = \int_0^h \tfrac{1}{2}\pi r^2\, dx = \int_0^h \tfrac{1}{2}\pi \left(\frac{a}{h}x\right)^2 dx = \frac{\pi a^2 h}{6}$$

O momento do elemento diferencial em relação ao plano yz é $\bar{x}_{el}\,dV$; o momento total do corpo em relação a esse plano é

$$\int \bar{x}_{el}\, dV = \int_0^h x(\tfrac{1}{2}\pi r^2)\, dx = \int_0^h x(\tfrac{1}{2}\pi)\left(\frac{a}{h}x\right)^2 dx = \frac{\pi a^2 h^2}{8}$$

Então

$$\bar{x}V = \int \bar{x}_{el}\, dV \qquad \bar{x}\,\frac{\pi a^2 h}{6} = \frac{\pi a^2 h^2}{8} \qquad \bar{x} = \tfrac{3}{4}h \quad \blacktriangleleft$$

Do mesmo modo, o momento do elemento diferencial em relação ao plano zx é $\bar{x}_{el}\,dV$; o momento total é

$$\int \bar{y}_{el}\, dV = \int_0^h \frac{4r}{3\pi}(\tfrac{1}{2}\pi r^2)\, dx = \frac{2}{3}\int_0^h \left(\frac{a}{h}x\right)^3 dx = \frac{a^3 h}{6}$$

Então

$$\bar{y}V = \int \bar{y}_{el}\, dV \qquad \bar{y}\,\frac{\pi a^2 h}{6} = \frac{a^3 h}{6} \qquad \bar{y} = \frac{a}{\pi} \quad \blacktriangleleft$$

PARA REFLETIR Como um cone circular reto completo é um sólido de revolução, seu $\bar{x}$ é imutável para qualquer porção do cone limitada por planos que se interceptam ao longo do eixo x. A localização do centroide na direção x para a metade do core é igual à localização do centroide na direção x para o core inteiro, mostrada na Figura 5.21. De modo análogo, o mesmo resultado para $\bar{x}$ seria obtido para um quarto do cone.

METODOLOGIA PARA A RESOLUÇÃO DE PROBLEMAS

Nos problemas para esta seção, será pedido que determinemos os centros de gravidade de corpos tridimensionais ou os centroides de seus volumes. Todas as técnicas discutidas anteriormente para corpos bidimensionais – utilizando-se simetria, dividindo-se o corpo em formas mais comuns, escolhendo-se o elemento diferencial mais eficiente, etc. – podem ser aplicadas também ao caso geral tridimensional.

1. **Determinação dos centros de gravidade de corpos compostos.** Em geral, devem ser usadas as Eqs. (5.20):

$$\overline{X}\Sigma W = \Sigma \overline{x}W \qquad \overline{Y}\Sigma W = \Sigma \overline{y}W \qquad \overline{Z}\Sigma W = \Sigma \overline{z}W \qquad (5.20)$$

No entanto, para o caso de um *corpo homogêneo*, o centro de gravidade do corpo coincide com o *centroide de seu volume*. Por isso, para esse caso especial, também se pode achar o centro de gravidade do corpo aplicando-se as Eqs. (5.21):

$$\overline{X}\Sigma V = \Sigma \overline{x}V \qquad \overline{Y}\Sigma V = \Sigma \overline{y}V \qquad \overline{Z}\Sigma V = \Sigma \overline{z}V \qquad (5.21)$$

Deve-se perceber que essas equações são simplesmente uma extensão das equações usadas para os problemas bidimensionais considerados anteriormente neste capítulo. Como ilustram as soluções dos Problemas Resolvidos 5.11 e 5.12, os métodos de solução para problemas bi e tridimensionais são idênticos. Portanto, novamente é aconselhável construir diagramas e tabelas apropriados quando analisarmos corpos compostos. Além disso, quando estudarmos o Problema Resolvido 5.12, observemos como as coordenadas x e y do centroide do quarto de cilindro foram obtidas por meio das equações para o centroide de um quarto de círculo.

Observamos que *dois casos especiais* de interesse ocorrem quando o corpo dado consiste em arames uniformes ou em placas uniformes feitos do mesmo material.

   a. Para um corpo feito de *vários elementos de arame da mesma seção transversal uniforme*, a área A da seção transversal dos elementos de arame será fatorada para fora das Eqs. (5.21), quando V for substituído pelo produto AL, sendo L o comprimento de um dado elemento. Dessa forma, as equações (5.21) serão reduzidas a

$$\overline{X}\Sigma L = \Sigma \overline{x}L \qquad \overline{Y}\Sigma L = \Sigma \overline{y}L \qquad \overline{Z}\Sigma L = \Sigma \overline{z}L$$

   b. Para um corpo feito de *várias placas* da *mesma espessura uniforme*, a espessura t das placas será fatorada para fora das Eqs. (5.21), quando V for substituído pelo produto tA, sendo A a área de uma dada placa. Dessa forma, as equações (5.21) serão reduzidas a

$$\overline{X}\Sigma A = \Sigma \overline{x}A \qquad \overline{Y}\Sigma A = \Sigma \overline{y}A \qquad \overline{Z}\Sigma A = \Sigma \overline{z}A$$

2. **Localização dos centroides de sólidos por integração direta.** Como explicamos na Seção 5.4C, a avaliação das integrais das Eqs. (5.22) pode ser simplificada escolhendo-se um elemento delgado (Fig. 5.22) ou uma fatia delgada (Fig. 5.23) para o elemento de volume dV. Portanto, a solução deve ser iniciada identificando-se, se possível, o dV que produz as integrais simples ou duplas que forem as mais fáceis de calcular. Para corpos de revolução, isso pode ser uma fatia delgada (como no Problema Resolvido 5.13) ou uma casca cilíndrica delgada. Porém, é importante lembrar que a relação que você estabelecer entre as variáveis (assim como a relação entre r e x no Problema Resolvido 5.13) vai afetar diretamente a complexidade das integrais que você vai ter que calcular. Por fim, lembremos novamente que $\overline{x}_{el}$, $\overline{y}_{el}$ e $\overline{z}_{el}$ nas Eqs. (5.23) são as coordenadas do centroide de dV.

PROBLEMAS

5.96 Considere o corpo composto mostrado na figura. Determine (a) o valor de $\bar{x}$ quando $h = L/2$, (b) a razão h/L para a qual $\bar{x} = L$.

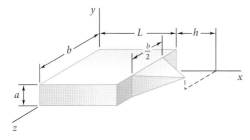

Figura P5.96

5.97 Determine a posição do centroide do corpo composto mostrado na figura, quando (a) $h = 2b$, (b) $h = 2,5b$.

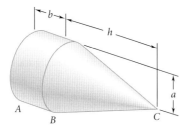

Figura P5.97

5.98 O corpo composto mostrado na figura é formado pela remoção de um semielipsoide de revolução de semieixo maior h e semieixo menor $a/2$ a partir de um hemisfério de raio a. Determine (a) a coordenada y do centroide quando $h = a/2$, (b) a razão h/a para a qual $\bar{y} = -0,4a$.

5.99 Localize o centroide de um tronco de um cone reto circular quando $r_1 = 40$ mm, $r_2 = 50$ mm e $h = 60$ mm.

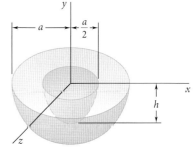

Figura P5.98

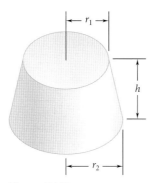

Figura P5.99

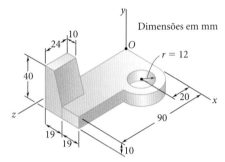

Figura P5.100 e **P5.101**

5.100 Para o elemento mecânico mostrado na figura, determine a coordenada x do centro de gravidade.

5.101 Para o elemento mecânico mostrado na figura, determine a coordenada z do centro de gravidade.

5.102 Para o elemento mecânico mostrado na figura, determine a coordenada y do centro de gravidade.

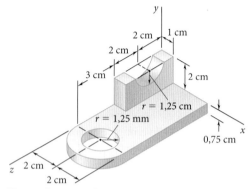

Figura P5.102 e P5.103

5.103 Para o elemento mecânico mostrado na figura, determine a coordenada z do centro de gravidade.

5.104 Para o elemento mecânico mostrado na figura, determine a coordenada y do centro de gravidade.

5.105 Para o elemento mecânico mostrado na figura, determine a coordenada x do centro de gravidade.

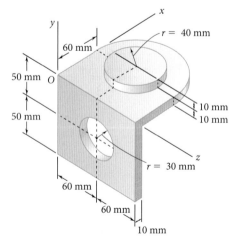

Figura P5.104 e **P5.105**

5.106 e 5.107 Determine o centro de gravidade da chapa metálica conformada mostrada na figura.

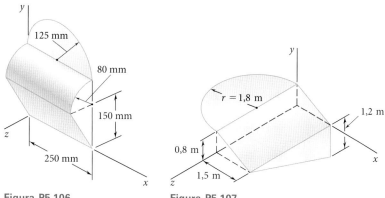

Figura P5.106   Figura P5.107

5.108 Um refletor de canto para o rastreamento por radar possui dois lados na forma de um quarto de círculo com um raio de 15 cm e um lado na forma de um triângulo. Localize o centro de gravidade do refletor, sabendo que ele é feito de uma chapa de metal de espessura uniforme.

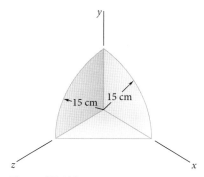

Figura P5.108

5.109 Um cesto de lixo projetado para ser colocado no canto de um cômodo tem 16 cm de altura e a base em forma de um quarto de círculo de raio 10 cm. Determine o centro de gravidade do cesto de lixo, sabendo que ele é feito de uma chapa de metal de espessura uniforme.

5.110 Um cotovelo para o duto de um sistema de ventilação é feito de uma chapa de metal de espessura uniforme. Determine o centro de gravidade do cotovelo.

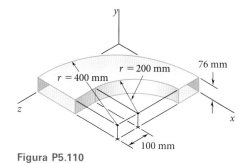

Figura P5.110

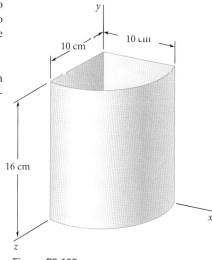

Figura P5.109

5.111 Um toldo de janela é fabricado a partir de uma chapa metálica de espessura uniforme. Determine o centro de gravidade do toldo.

5.112 Um suporte de montagem para componentes eletrônicos é conformado a partir de uma chapa de metal de espessura uniforme. Determine o centro de gravidade do suporte.

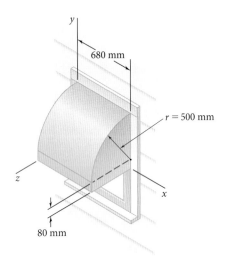

Figura P5.111

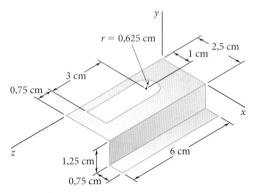

Figura *P5.112*

5.113 Uma chapa fina de plástico de espessura uniforme é dobrada na forma de porta-arquivo. Determine o centro de gravidade do organizador.

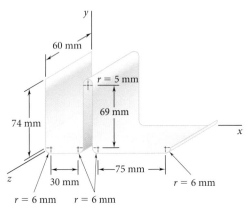

Figura P5.113

5.114 Um arame de aço fino de seção reta uniforme é dobrado na forma mostrada na figura. Determine seu centro de gravidade.

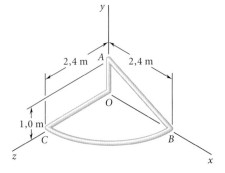

Figura P5.114

5.115 A estrutura de uma estufa de plantas é construída a partir de tubos uniformes de alumínio. Determine o centro de gravidade da parte da estrutura mostrada na figura.

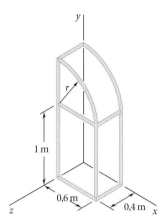

Figura **P5.115**

5.116 e 5.117 Determine o centro de gravidade mostrada na figura, sabendo que ela é feita de barras finas de latão de diâmetro uniforme.

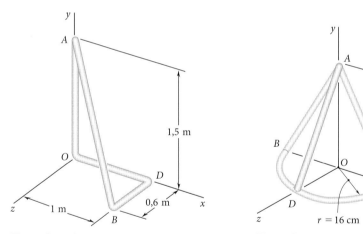

Figura P5.116 Figura P5.117

5.118 Um cinzel tem um punho de plástico e uma lâmina e haste de aço. Sabendo que a densidade do plástico é 1.030 kg/m^3 e o do aço é 7.860 kg/m^3, determine o centro de gravidade dessa ferramenta.

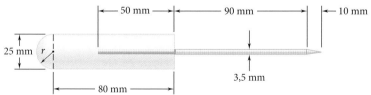

Figura P5.118

5.119 Uma bucha de bronze é montada na parte interior de uma luva de aço. Sabendo que a densidade do bronze é 8800 kg/m^3 e o do aço é 7.860 kg/m^3, determine o centro de gravidade dessa ferramenta.

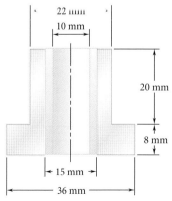

Figura P5.119

5.120 Um colar de bronze de comprimento 2,5 cm é montado em uma barra de alumínio de comprimento 4 cm. Determine o centro de gravidade do corpo composto. (Densidade: bronze = 8.470 kg/m³, alumínio = 2.800 kg/m³.)

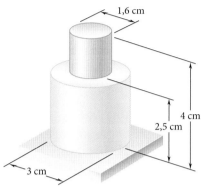

Figura **P5.120**

5.121 Uma pequena mesa com tampo de vidro de três pernas igualmente espaçadas feitas em tubos de aço cujo diâmetro externo é 24 mm e a área da seção transversal de 150 mm². O diâmetro e a espessura do tampo de vidro é 600 mm e 10 mm, respectivamente. Sabendo que a densidade do aço é 7.860 kg/m³ e do vidro é 2.190 kg/m³, determine o centro de gravidade da mesa.

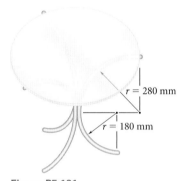

Figura **P5.121**

5.122 a 5.124 Determine por integração direta os valores de $\bar{x}$ para os dois sólidos obtidos passando-se um plano de corte vertical através da forma dada na Fig. 5.21. O plano de corte é paralelo à base da forma dada e divide-se em dois sólidos de mesma altura.
    5.122 Um hemisfério.
    5.123 Um semielipsoide de revolução.
    5.124 Uma paraboloide de revolução.

5.125 e 5.126 Determine o centroide do volume obtido pela rotação da área sombreada da figura sobre o eixo x.

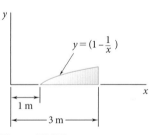

Figura **P5.125**

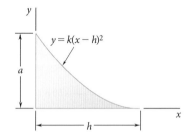

Figura **P5.126**

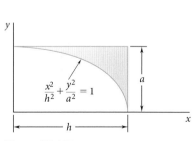

Figura **P5.127**

5.127 Determine o centroide do sólido obtido pela rotação da área sombreada da figura em torno da linha $x = h$.

*5.128 Determine o centroide do sólido gerado pela revolução da parte da curva senoidal mostrada na figura em torno do eixo x.

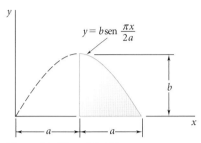

Figura P5.128 e P5.129

*5.129 Determine o centroide do sólido gerado pela revolução da parte da curva senoidal mostrada na figura em torno do eixo y. (*Dica*: use uma casca cilíndrica delgada de raio r e espessura dr como elemento do sólido.).

*5.130 Mostre que, para uma pirâmide regular de altura h e n lados ($n = 3, 4, ...$), o centroide do volume da pirâmide está localizado a uma distância $h/4$ acima da base.

5.131 Determine por integração direta a localização do centroide de metade de uma casca hemisférica delgada uniforme de raio R.

5.132 Os lados e a base de uma poncheira têm espessura uniforme t. Se $t \ll R$ e $R = 250$ mm, determine a localização do centro de gravidade (*a*) da poncheira, (*b*) do ponche.

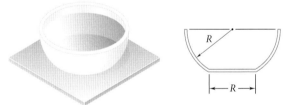

Figura P5.132

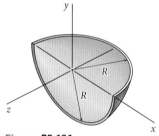

Figura *P5.131*

5.133 Determine o centroide da seção mostrada na figura, que foi obtida pelo corte de um tubo circular fino por dois planos inclinados.

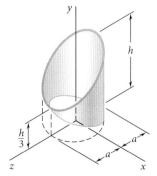

Figura *P5.133*

*5.134 Determine o centroide da seção mostrada na figura, que foi obtida pelo corte de um cilindro elíptico por um plano inclinado.

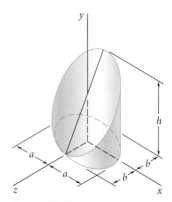

Figura P5.134

5.135 Determine por integração direta a localização do centroide do sólido limitado pelo plano xz e pela parte mostrada da superfície $y = 16h(ax - x^2)(bz - z^2)/a^2b^2$.

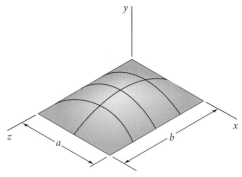

Figura P5.135

5.136 Depois de nivelar um lote, um construtor coloca quatro estacas para indicar os cantos da base para uma casa. Para prover uma base nivelada firme, o construtor coloca um mínimo de 80 mm de brita abaixo da base. Determine o volume de brita necessário e a coordenada x do centroide do volume de brita. (*Dica*: o fundo da brita é um plano inclinado, que pode ser representado pela equação $y = a + bx + cz$.)

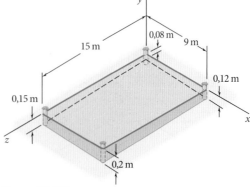

Figura P5.136

REVISÃO E RESUMO

Este capítulo foi dedicado principalmente à determinação do **centro de gravidade** de um corpo rígido, ou seja, à determinação do ponto G no qual uma única força **W**, chamada de *peso* do corpo, pode ser aplicada para representar o efeito da atração da Terra sobre o corpo.

Centro de gravidade de um corpo bidimensional

Na primeira parte do capítulo, consideramos *corpos bidimensionais*, tais como placas planas e arames contidos no plano xy. Somando-se os componentes de força na direção vertical z e os momentos em relação aos eixos horizontais x e y [Seção 5.1A], deduzimos as relações

$$W = \int dW \quad \bar{x}W = \int x\, dW \quad \bar{y}W = \int y\, dW \quad (5.2)$$

que definem o peso do corpo e as coordenadas $\bar{x}$ e $\bar{y}$ do seu centro de gravidade.

Centroide de uma área ou linha

No caso de uma placa *plana homogênea* de espessura uniforme [Seção 5.1B], o centro de gravidade G da placa coincide com o **centroide C da área** A da placa, cujas coordenadas são definidas pelas relações

$$\bar{x}A = \int x\, dA \quad \bar{y}A = \int y\, dA \quad (5.3)$$

De forma análoga, a determinação do centro de gravidade de um *arame homogêneo de seção transversal uniforme* contido em um plano se reduz à determinação do **centroide C da linha** L representando o arame. Temos

$$\bar{x}L = \int x\, dL \quad \bar{y}L = \int y\, dL \quad (5.4)$$

Momentos de primeira ordem

As integrais nas Eqs. (5.3) são chamadas de **momentos de primeira ordem** da área A em relação aos eixos y e x e são representadas por Q_y e Q_x, respectivamente [Seção 5.1C]. Temos

$$Q_y = \bar{x}A \quad Q_x = \bar{y}A \quad (5.6)$$

Os momentos de primeira ordem de uma linha podem ser definidos de maneira análoga.

Propriedades de simetria

A determinação do centroide C de uma área ou linha é simplificada quando a área ou linha apresenta certas propriedades de simetria. Se a área ou linha for simétrica em relação a um eixo, seu centroide C está nesse eixo; se for simétrica em relação a dois eixos, C está na interseção dos dois eixos; se for simétrica em relação ao centro O, C coincide com O.

Centro de gravidade de um corpo composto

As áreas e os centroides de várias formas comuns estão tabelados na Fig. 5.8. Quando for possível dividir uma placa plana em várias dessas formas, poderemos determinar as coordenadas $\overline{X}$ e $\overline{Y}$ do seu centro de gravidade G a partir das coordenadas $\overline{x}_1, \overline{x}_2, ...,$ e $\overline{y}_1, \overline{y}_2, ...$ dos centros de gravidade $G_1, G_2, ...,$ das várias partes [Seção 5.1D]. Igualando os momentos em relação aos eixos y e x, respectivamente (Fig. 5.24), temos

$$\overline{X}\Sigma W = \Sigma \overline{x}W \qquad \overline{Y}\Sigma W = \Sigma \overline{y}W \qquad (5.7)$$

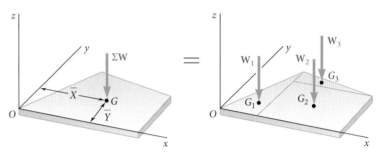

Figura 5.24

Se a placa for homogênea e de espessura uniforme, seu centro de gravidade coincide com o centroide C da área da placa, e as Eqs. (5.7) se reduzem a

$$Q_y = \overline{X}\Sigma A = \Sigma \overline{x}A \qquad Q_x = \overline{Y}\Sigma A = \Sigma \overline{y}A \qquad (5.8)$$

Essas equações fornecem os momentos de primeira ordem da área composta ou podem ser resolvidas para as coordenadas $\overline{X}$ e $\overline{Y}$ do seu centroide [Problema Resolvido 5.1]. A determinação do centro de gravidade de um arame composto é efetuada de maneira semelhante [Problema Resolvido 5.2].

Determinação do centroide por integração

Quando uma superfície está limitada por curvas analíticas, podem-se determinar as coordenadas do seu centroide por *integração* [Seção 5.2A]. Isso pode ser feito avaliando-se as integrais duplas nas Eqs. (5.3) ou uma integral simples que usa um dos elementos de área delgadas, retangulares ou em forma de torta, mostradas na Fig. 5.12. Representadas por $\overline{x}_{el}$ e $\overline{y}_{el}$ as coordenadas do centroide do elemento dA, temos

$$Q_y = \overline{x}A = \int \overline{x}_{el}\, dA \qquad Q_x = \overline{y}A = \int \overline{y}_{el}\, dA \qquad (5.9)$$

É vantajoso usar o mesmo elemento de área para calcular os dois momentos de primeira ordem Q_y e Q_x; o mesmo elemento pode também ser usado para se determinar a área A [Problema Resolvido 5.4].

Teoremas de Pappus-Guldinus

Os **teoremas de Pappus-Guldinus** relacionam a determinação da área de uma superfície de revolução ou o volume de um sólido de revolução à determinação do centroide da curva ou superfície geratriz [Seção 5.2B]. A área A da superfície gerada pela rotação de uma curva de comprimento L em torno de um eixo fixo (Fig. 5.25a) é

$$A = 2\pi \overline{y} L \qquad (5.10)$$

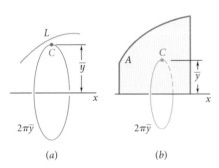

Figura 5.25

Onde $\bar{y}$ representa a distância do centroide C da curva até o eixo fixo. De modo semelhante, o volume V do sólido gerado pela rotação de uma área A em torno de um eixo fixo (Fig. 5.25b) é

$$V = 2\pi\bar{y}A \qquad (5.11)$$

onde $\bar{y}$ representa a distância do centroide C da área até o eixo fixo.

Cargas distribuídas

Pode-se também usar o conceito de centroide de uma superfície para resolver outros problemas além daqueles que envolvem o peso de placas planas. Por exemplo, para se determinar as reações nos apoios de uma viga [Seção 5.3A], podemos substituir uma **carga distribuída** w por uma carga concentrada **W** igual em intensidade à área A sob a curva de carregamento e passando pelo centroide C dessa área (Fig. 5.26). Pode-se adotar a mesma abordagem para se determinar a resultante das forças hidrostáticas exercidas em uma **placa retangular submersa em um líquido** [Seção 5.3B].

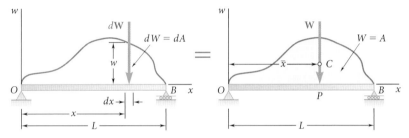

Figura 5.26

Centro de gravidade de um corpo tridimensional

A última parte do capítulo foi dedicada à determinação do centro de gravidade G de um corpo tridimensional. As coordenadas $\bar{x}, \bar{y}, \bar{z}$ de G foram definidas pelas relações

$$\bar{x}W = \int x\, dW \qquad \bar{y}W = \int y\, dW \qquad \bar{z}W = \int z\, dW \qquad (5.17)$$

Centroide de um sólido

No caso de um corpo homogêneo, o centro de gravidade G coincide com o centroide C do volume V do corpo; as coordenadas de C são definidas pelas relações

$$\bar{x}V = \int x\, dV \qquad \bar{y}V = \int y\, dV \qquad \bar{z}V = \int z\, dV \qquad (5.19)$$

Se o sólido apresenta um *plano de simetria*, seu centroide C estará nesse plano; se apresenta dois planos de simetria, C será localizado na linha de interseção dos dois planos; se apresenta três planos de simetria que se interceptam em um único ponto, C coincidirá com esse ponto [Seção 5.4A].

Centro de gravidade de um corpo composto

Os volumes e centroides de várias formas tridimensionais comuns estão tabelados na Fig. 5.21. Quando é possível dividir um corpo em várias dessas formas, podem-se determinar as coordenadas $\bar{X}, \bar{Y}$ e $\bar{Z}$ do seu centro de gravidade G a partir das coordenadas correspondentes dos centros de gravidade de suas várias partes [Seção 5.4B]. Temos

$$\bar{X}\Sigma W = \Sigma\bar{x}W \qquad \bar{Y}\Sigma W = \Sigma\bar{y}W \qquad \bar{Z}\Sigma W = \Sigma\bar{z}W \qquad (5.20)$$

Se o corpo é feito de um material homogêneo, seu centro de gravidade coincide com o centroide C do seu volume, e escrevemos [Problemas Resolvidos 5.11 e 5.12]

$$\overline{X}\Sigma V = \Sigma \overline{x}V \qquad \overline{Y}\Sigma V = \Sigma \overline{y}V \qquad \overline{Z}\Sigma V = \Sigma \overline{z}V \qquad (5.21)$$

Determinação do centroide por integração

Quando um volume é limitado por superfícies analíticas, as coordenadas do seu centroide podem ser determinadas por *integração* [Seção 5.4C]. Para se evitar o cálculo de integrais triplas nas Eqs. (5.19), podemos usar elementos de volume no formato de elementos delgados, como mostra a Fig. 5.27. Representadas por $\overline{x}_{el}$, $\overline{y}_{el}$, $\overline{z}_{el}$, as coordenadas do centroide do elemento dV, reescrevemos as Eqs. (5.19) como

$$\overline{x}V = \int \overline{x}_{el}\, dV \qquad \overline{y}V = \int \overline{y}_{el}\, dV \qquad \overline{z}V = \int \overline{z}_{el}\, dV \qquad (5.23)$$

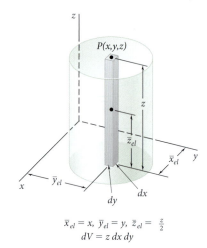

$\overline{x}_{el} = x$, $\overline{y}_{el} = y$, $\overline{z}_{el} = \dfrac{z}{2}$
$dV = z\, dx\, dy$

Figura 5.27

que envolvem somente integrais duplas. Se o sólido apresenta *dois planos de simetria*, seu centroide C está localizado na linha de interseção dos mesmos. Escolhendo-se o eixo x ao longo dessa linha e dividindo-se o sólido em fatias finas paralelas ao plano yz, podemos determinar C a partir da relação

$$\overline{x}V = \int \overline{x}_{el}\, dV \qquad (5.24)$$

com uma *integração simples* [Problema Resolvido 5.13]. Para um corpo de revolução, essas fatias são circulares e seu volume é dado na Fig. 5.28.

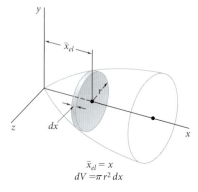

$\overline{x}_{el} = x$
$dV = \pi r^2\, dx$

Figura 5.28

PROBLEMAS DE REVISÃO

5.137 e 5.138 Determine o centroide da área plana das figuras mostradas a seguir.

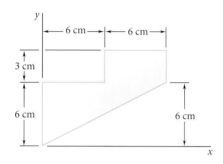

Figura P5.137   Figura P5.138

5.139 Uma haste circular uniforme de peso 40 N e raio 10 cm é fixada pelo pino C e pelo cabo AB. Determine (a) a tração no cabo, (b) a reação em C.

5.140 Determine por integração direta o centroide da área mostrada na figura. Demonstre sua resposta em termos de a e h.

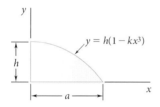

Figura P5.140

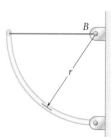

Figura P5.139

5.141 Determine por integração direta o centroide da área mostrada na figura.

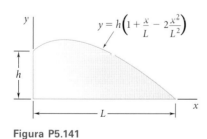

Figura P5.141

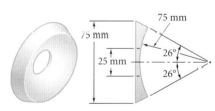

Figura P5.142

5.142 A figura mostra um anel de acabamento (uma peça decorativa colocada em um tubo que sai de uma parede) fundido em latão. Sabendo que a densidade do latão é de 8.470 kg/m³, determine a massa da peça.

5.143 Determine as reações nos apoios da viga para o carregamento mostrado na figura.

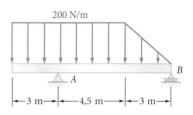

Figura P5.143

5.144 Uma viga é submetida a uma carga distribuída linearmente em ordem decrescente e repousa em dois suportes largos *BC* e *DE*, que exercem cargas uniformemente distribuídas para cima como mostrado na figura. Determine os valores de w_{BC} e w_{DE} correspondentes ao equilíbrio quando $w_A = 600$ N/m.

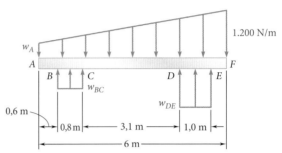

Figura P5.144

5.145 Um tanque é dividido em duas seções por uma comporta quadrada de 1 x 1 m articulada em *A*. Um binário com intensidade de 490 N·m é necessário para que a comporta possa girar. Se um lado do tanque é preenchido com água a uma taxa de 0,1 m³/min e o outro lado é preenchido simultaneamente com álcool metílico (massa específica $\rho_{ma} = 789$ kg/m³) a uma taxa de 0,2 m³/min, determine qual o tempo e a direção em que a comporta vai girar.

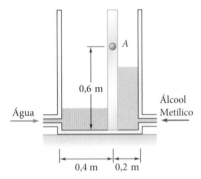

Figura *P5.145*

5.146 Determine a coordenada *y* do centroide do corpo mostrado na figura.

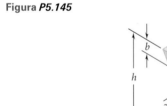

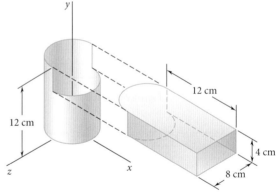

Figura P5.146   Figura *P5.147*

5.147 Um duto cilíndrico de 8 cm de diâmetro e um duto retangular de 4 × 8 cm devem ser unidos tal como indica a figura. Sabendo que os dutos são fabricados a partir da mesma chapa de metal, que tem espessura uniforme, determine o centro de gravidade do conjunto.

5.148 Três placas de latão são soldadas a um cano de aço para formar a base do mastro mostrada na figura. Sabendo que o cano tem uma espessura de parede de 8 mm e que cada placa tem 6 mm de espessura, determine a localização do centro de gravidade da base. (Massas específicas: latão = 8470 kg/m³; aço = 7860 kg/m³.)

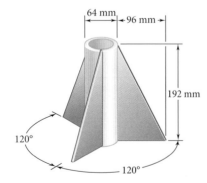

Figura **P5.148**

6
Análise de estruturas

Treliças, tais como estas da ponte cantiléver em arco sobre o Deception Pass, no estado de Washington, Estados Unidos, são uma solução prática e econômica para muitos problemas de engenharia.

6.1 Análise de treliças
6.1A Treliças simples
6.1B Método dos nós
*6.1C Nós sujeitos a condições especiais de carregamento
*6.1D Treliças espaciais

6.2 Outras análises de treliças
6.2A Método das seções
6.2B Treliças feitas de várias treliças simples

6.3 Estruturas
6.3A Análise de uma estrutura
6.3B Estruturas que entram em colapso sem apoios

6.4 Máquinas

Objetivos

- **Definir** uma treliça ideal e considerar as características de treliças simples.
- **Analisar** treliças planas e espaciais pelo método dos nós.
- **Simplificar** certas análises de treliças pela determinação das condições especiais de carregamento e das condições geométricas.
- **Analisar** treliças pelo método das seções.
- **Considerar** as características das treliças compostas.
- **Analisar** estruturas que contêm elementos sujeitos a múltiplas forças, como estruturas e máquinas.

Introdução

Nos capítulos precedentes, estudamos o equilíbrio de um único corpo rígido, onde todas as forças consideradas eram externas a esse corpo. Consideraremos, agora, o equilíbrio de estruturas feitas de várias partes interligadas. Essas situações tratam da determinação das forças não apenas externas que agem sobre uma estrutura, mas também daquelas que mantêm unidas as várias partes da estrutura. Do ponto de vista da estrutura como um todo, essas forças são **forças internas**.

Considere, por exemplo, o guindaste ilustrado na Fig. 6.1a, que suporta uma carga W. O guindaste consiste em três vigas, AD, CF e BE, ligadas por pinos sem atrito. Ele é preso por um pino em A e por um cabo DG. O diagrama de corpo livre do guindaste foi desenhado na Fig. 6.1b. As forças externas estão indicadas no diagrama e incluem o peso **W**, as duas componentes $\mathbf{A}_x$ e $\mathbf{A}_y$ da reação em A e a força **T** exercida pelo cabo em D. As forças internas que mantêm unidas as várias partes do guindaste não aparecem no diagrama de corpo livre. Se, contudo, o guindaste fosse desmembrado e um diagrama de corpo livre para cada uma de suas partes componentes fosse traçado, as forças que mantêm as três vigas unidas deveriam também ser representadas, uma vez que são forças externas sob o ponto de vista de cada parte componente (Fig. 6.1c).

Deve-se notar que a força exercida pela barra BE sobre o ponto B da barra AD é igual e oposta à força exercida no mesmo ponto da barra BE pela barra

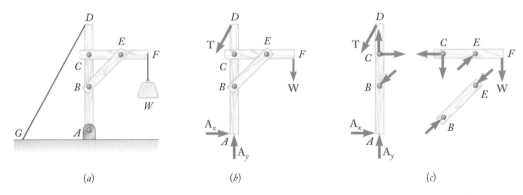

Figura 6.1 Uma estrutura em equilíbrio. (a) Diagrama de um guindaste que suporta uma carga; (b) diagrama de corpo livre do guindaste; (c) diagramas de corpo livre dos componentes do guindaste.

AD; da mesma forma, a força exercida por *BE* sobre o ponto *E* de *CF* é igual e oposta à força exercida por *CF* sobre *BE*; e as componentes da força exercida por *CF* sobre o ponto *C* de *AD* são iguais e opostas às componentes da força exercida por *AD* sobre *CF*. Isto está de acordo com a terceira lei de Newton, que estabelece que

> **As forças de ação e reação entre corpos em contato têm a mesma intensidade, a mesma linha de ação e sentidos opostos.**

Como mencionado no Capítulo 1, essa lei, que é baseada em evidências experimentais, é um dos seis princípios fundamentais da Mecânica clássica e sua aplicação é essencial à solução de problemas envolvendo corpos interligados.

Neste capitulo, serão consideradas três importantes categorias de estruturas em engenharia:

1. **Treliças**, que são projetadas para apoiar cargas e geralmente consideradas como fixas e totalmente vinculadas. Treliças são formadas unicamente por elementos retilíneos conectados a juntas localizadas nas extremidades de cada elemento. Os elementos de uma treliça são, portanto, **elementos sujeitos a duas forças**, ou seja, elementos que atuam sob duas forças de mesmo módulo, mas de sentidos opostos ao elemento.
2. **Estruturas**, que também são projetadas para apoiar cargas e que também são totalmente vinculadas. As estruturas têm, no entanto, como no guindaste da Fig. 6.1, pelo menos um **elemento sujeito a múltiplas forças**, ou seja, um elemento sobre o qual são aplicadas três ou mais forças que na maioria das vezes não são direcionadas ao longo do elemento.
3. **Máquinas**, que são projetadas para transmitir e modificar forças e são estruturas que contêm partes móveis. As máquinas tais como as estruturas, sempre contêm ao menos um elemento sujeito a múltiplas forças.

Elemento sujeito a duas forças

Sujeito a múltiplas forças

Sujeito a múltiplas forças

(*a*) Ponte em treliça   (*b*) Quadro de bicicleta   (*c*) Braço hidráulico

Foto 6.1 Os instrumentos que vemos ao nosso redor para o suporte de cargas ou transmissão de força são geralmente treliças, estruturas ou máquinas.

6.1 Análise de treliças

A treliça é um dos principais tipos de estruturas da engenharia. Ela oferece, ao mesmo tempo, uma solução prática e econômica a muitas situações de engenharia, especialmente no projeto de pontes e edifícios. Nesta seção, vamos descrever os elementos básicos de uma treliça e estudar um método comum para a análise das forças que atuam sobre ela.

6.1A Treliças simples

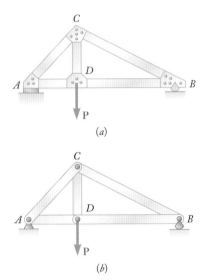

Figura 6.2 (a) Uma treliça típica consiste em elementos retos unidos por nós; (b) podemos reduzir uma treliça a elementos sujeitos a duas forças conectados por pinos.

Uma treliça típica é mostrada na Fig. 6.2a. Ela consiste em elementos retos unidos por nós. Elementos de treliça são unidos apenas em suas extremidades; portanto, nenhum deles é contínuo por meio de um nó. Na Fig. 6.2a, por exemplo, não existe um elemento AB; em vez disso, existem dois elementos distintos AD e DB. A maioria das estruturas reais é feita de várias treliças unidas para formar uma estrutura espacial. Cada treliça é projetada para sustentar cargas que atuam em seu plano, podendo ser tratada como uma estrutura bidimensional.

Em geral, os elementos de uma treliça são delgados e podem suportar uma pequena carga lateral; todas as cargas, portanto, devem ser aplicadas aos vários nós, e não aos elementos propriamente ditos. Quando uma carga concentrada é aplicada entre dois nós, ou quando uma carga distribuída é suportada pela treliça, como no caso de uma treliça de ponte, é preciso prever um sistema de pavimentação que, por meio do uso de longarinas e vigas transversais, transfere a carga aos nós (Fig. 6.3).

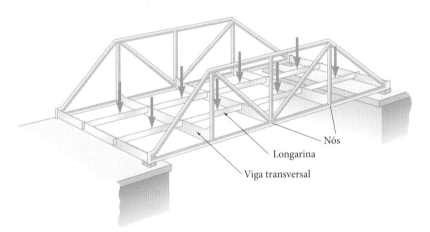

Figura 6.3 O sistema de pavimentação de uma treliça utiliza longarinas e vigas transversais para transferir uma carga aplicada aos nós da treliça.

Foto 6.2 A foto mostra uma conexão por pinos de um vão de aproximação da ponte San Francisco – Oakland Bay.

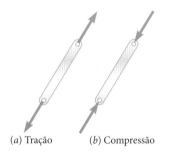

Figura 6.4 Um elemento sujeito a duas forças de uma treliça pode estar sob tração ou sob compressão.

Também se supõe que os pesos dos elementos da treliça são aplicados nos nós, sendo metade do peso do elemento aplicado a cada um dos dois nós que o une. Embora os elementos sejam, de fato, unidos por meio de conexões aparafusadas, rebitadas ou soldadas, costuma-se considerar que são unidos por meio de pinos; portanto, as forças em cada extremidade de um elemento reduzem-se a uma única força sem nenhum binário. Assim, as únicas forças consideradas, exercidas a um elemento de treliça, reduzem-se a uma única força em cada extremidade do elemento. Sendo assim, cada elemento pode ser tratado como um elemento sujeito à ação de duas forças, e a treliça toda pode ser considerada como um grupo de pinos e elementos sujeitos à ação de duas forças (Fig. 6.2b). A ação das forças sob um elemento individual pode ocorrer conforme indicado nos dois esboços da Fig. 6.4. Em (a), as forças tendem a dividir em pedaços o elemento, que está sob tração, enquanto, em (b), as forças tendem a comprimir o elemento, que está sob compressão. Algumas treliças típicas são ilustradas na Fig. 6.5.

Considere-se a treliça da Fig. 6.6a, constituída de quatro elementos ligados por pinos em A, B, C e D. Se uma carga for aplicada em B, a treliça sofrerá grande deformação e perderá completamente sua forma original. Por outro lado, a treliça da Fig. 6.6b, constituída de três elementos ligados por pinos em A, B e C, irá deformar-se apenas um pouco sob uma carga aplicada em B. A

Capítulo 6   Análise de estruturas   **301**

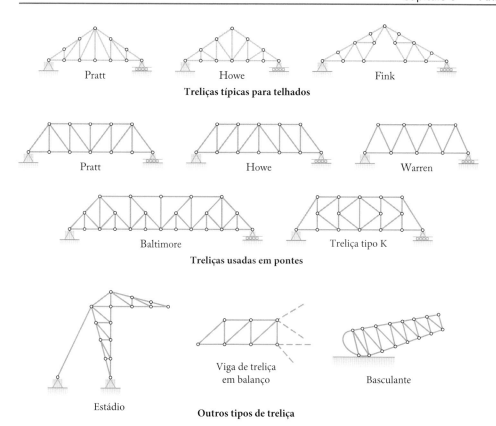

Figura 6.5   Muitas vezes vemos treliças no projeto de telhados de edifícios, pontes e outras grandes estruturas.

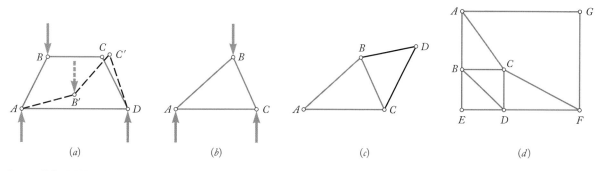

Figura 6.6   (*a*) Uma treliça mal projetada que não suporta uma carga; (*b*) a treliça rígida mais primária, constituída de um triângulo simples; (*c*) uma treliça rígida maior construída a partir do triângulo em (*b*); (*d*) uma treliça rígida construída não somente de triângulos.

única deformação possível para essa treliça é aquela que envolve pequenas alterações no comprimento de seus elementos. A treliça da Fig. 6.6*b* é chamada de **treliça rígida**, sendo o termo rígido usado para indicar que a treliça *não entrará em colapso.*

Como mostrado na Fig. 6.6*c*, uma extensa treliça rígida pode ser obtida pela adição de dois elementos *BD* e *CD* à treliça triangular básica da Fig. 6.6*b*. Esse procedimento pode ser repetido quantas vezes for preciso, e a treliça resultante será rígida se cada vez que adicionarmos dois novos elementos, estes sejam ligados a diferentes nós existentes e interligados em um novo nó. Os três nós não podem estar em linha reta. Uma treliça que pode ser construída dessa maneira é chamada **treliça simples**.

Foto 6.3 Duas treliças K foram usadas como componentes principais da ponte da foto, que se move sobre uma grande pilha de minério de ferro. A caçamba abaixo das treliças pegava o minério e o despejava novamente até que estivesse completamente misturado. O minério era, então, enviado para a siderurgia para ser processado e transformado em aço.

Deve-se notar que uma treliça simples não é necessariamente composta apenas de triângulos. A treliça da Fig. 6.6d, por exemplo, é uma treliça simples que foi construída a partir do triângulo ABC, adicionando-se sucessivamente os nós D, E, F e G. Por outro lado, treliças rígidas nem sempre são treliças simples, mesmo que pareçam triângulos. As treliças tipo Fink e Baltimore, ilustradas na Fig. 6.5, por exemplo, não são treliças simples, uma vez que não podem ser construídas a partir de um único triângulo da maneira descrita anteriormente. Já todas as outras treliças ilustradas na Fig. 6.5 são simples, como podemos perceber. (Para a treliça tipo K, começa-se por um dos triângulos centrais.)

Retornando à Fig. 6.6b, nota-se que a treliça triangular básica possui três elementos e três nós. A treliça da Fig. 6.6c possui dois elementos adicionais e um nó adicional, isto é, ao todo, cinco elementos e quatro nós. Observando que cada vez que dois novos elementos são acrescentados, o número de nós aumenta em um. Deduzimos, então, que em uma treliça simples o número total de elementos é $m = 2n - 3$, onde n é o número total de nós.

6.1B Método dos nós

Acabamos de ver que uma treliça pode ser considerada como um grupo de pinos e elementos sujeitos à ação de duas forças. A treliça da Fig. 6.2, cujo diagrama de corpo livre é ilustrado na Fig. 6.7a, pode então ser desmembrada, e um diagrama de corpo livre traçado para cada pino e cada elemento (Fig. 6.7b). Cada elemento é submetido a duas forças, uma em cada extremidade, tendo elas mesmo módulo, mesma linha de ação e sentidos opostos (Seção 4.2A). Além disso, a terceira lei de Newton indica que as forças de ação e reação entre um elemento e um pino são iguais e opostas. Portanto, as forças exercidas por um elemento sobre os dois pinos que o interliga devem ser dirigidas ao longo desse elemento e ser iguais e opostas. A intensidade comum das forças exercidas por um elemento sobre os dois pinos que o interligam é comumente referida como a *força no elemento* considerada, muito embora essa quantidade seja, na realidade, um escalar. Uma vez que as linhas de ação de todas as forças internas de uma treliça são conhecidas, a análise de uma treliça se reduz ao cálculo das forças em seus vários elementos e à determinação da situação em cada um deles, isto é, se o mesmo está sujeito a tração ou compressão.

Uma vez que a treliça está em equilíbrio, cada pino deve estar em equilíbrio. O fato do pino estar em equilíbrio pode ser demonstrado ao traçar seu diagrama de corpo livre e por duas equações de equilíbrio (Seção 2.3A). Se a treliça contém n pinos, existirão, portanto, $2n$ equações disponíveis, que podem ser resolvidas para $2n$ incógnitas. No caso de uma treliça simples, tem-se $m = 2n - 3$, isto é, $2n = m + 3$, e o número de incógnitas pode ser determinado, a partir dos diagramas de corpo livre dos pinos, pela equação $m + 3$. Isto significa que as forças em todos os elementos, bem como as duas componentes da reação R_A e da reação R_B, podem ser determinadas considerando-se os diagramas de corpo livre dos pinos.

O fato de a treliça inteira ser um corpo rígido em equilíbrio pode ser usado para escrever três novas equações envolvendo as forças indicadas no diagrama de corpo livre da Fig. 6.7a. Uma vez que não contém nenhuma informação extra, essas equações não são independentes das equações associadas com os diagramas de corpo livre dos pinos. Além disso, podem ser usadas para determinar imediatamente os componentes das reações nos apoios. A disposição de pinos e elementos numa treliça simples é tal que será, então, sempre possível encontrar um nó envolvendo apenas duas forças desenvolvidas. Essas forças podem ser determinadas pelos métodos da Seção 2.3C, e seus valores transferidos para os nós adjacentes e tratados como quantidades conhecidas nesses nós. Esse procedimento pode ser repetido até que todas as forças desconhecidas tenham sido determinadas.

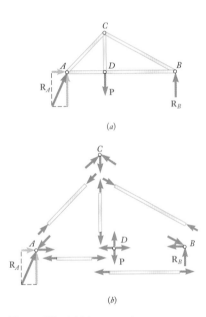

Figura 6.7 (a) Diagrama de corpo livre da treliça como um corpo rígido; (b) diagramas de corpo livre dos cinco elementos e quatro pinos que compõem a treliça.

Como exemplo, a treliça da Fig. 6.7 será analisada considerando-se sucessivamente, o equilíbrio de cada pino, começando por um nó no qual somente duas forças são desconhecidas. Na treliça considerada, todos os pinos são submetidos a pelo menos três forças desconhecidas. Portanto, as reações nos suportes devem primeiramente ser determinadas considerando-se a treliça toda como sendo um corpo livre e usando-se as equações de equilíbrio de um corpo rígido. Dessa maneira, verificamos que $\mathbf{R}_A$ é vertical e determinamos a intensidade de $\mathbf{R}_A$ e $\mathbf{R}_B$.

Foto 6.4 Já que as treliças de telhado, tais como as da foto, precisam de apoio somente em suas extremidades, é possível construir edifícios com grandes vãos livres centrais.

O número de forças desconhecidas no nó A é então reduzido para dois, e essas forças podem ser determinadas considerando-se o equilíbrio do pino A. A reação $\mathbf{R}_A$ e as forças $\mathbf{F}_{AC}$ e $\mathbf{F}_{AD}$ exercidas sobre o pino A pelos elementos AC e AD, respectivamente, devem formar um triângulo de forças. Primeiro traçamos $\mathbf{R}_A$ (Fig. 6.8). Ao notar que $\mathbf{F}_{AC}$ e $\mathbf{F}_{AD}$ são dirigidas ao longo de AC e AD, respectivamente, completamos o triângulo e determinamos a intensidade, a direção e o sentido de $\mathbf{F}_{AC}$ e $\mathbf{F}_{AD}$. As intensidades F_{AC} e F_{AD} representam as forças nos elementos AC e AD. Como $\mathbf{F}_{AC}$ está direcionada para baixo e para a esquerda, isto é, *em direção* ao nó A, o elemento AC empurra o pino A e fica em compressão. (A partir da terceira lei de Newton, percebe-se que o pino A *empurra* o elemento

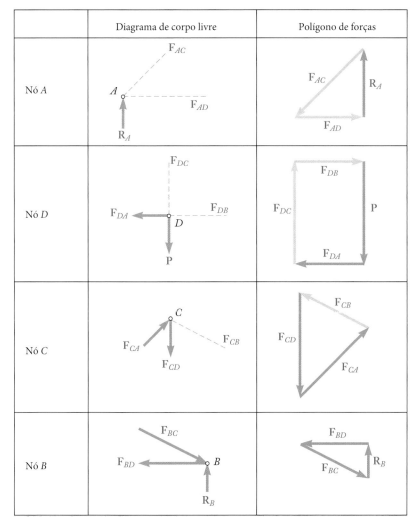

Figura 6.8 Diagramas de corpo livre e polígonos de forças usados para determinar as forças sobre os pinos e sobre os elementos da treliça da Figura 6.7.

AC.) Como $\mathbf{F}_{AD}$ está direcionada *para fora* do nó *A*, o elemento *AD* puxa o pino *A* e está sob tração. (A partir da terceira lei de Newton, percebe-se que o pino *tende a se afastar* do elemento *AD*.)

Podemos agora prosseguir ao nó *D*, onde somente duas forças, $\mathbf{F}_{DC}$ e $\mathbf{F}_{DB}$, ainda são desconhecidas. As outras forças são a carga **P** dada, e a força $\mathbf{F}_{DA}$ exercida no pino pelo elemento *AD*. Como mencionado anteriormente, essa força é igual e oposta à força $\mathbf{F}_{AD}$ exercida pelo mesmo elemento no pino *A*. Podemos traçar o polígono de forças correspondentes ao nó *D*, como ilustrado na Fig. 6.8, e determinar as forças $\mathbf{F}_{DC}$ e $\mathbf{F}_{DB}$ por meio desse polígono. Contudo, quando mais de três forças estão envolvidas, em geral é mais conveniente escrever as equações de equilíbrio $\Sigma F_x = 0$ e $\Sigma F_y = 0$ e resolvê-las para as duas forças desconhecidas. Uma vez que vimos que ambas as forças se movem para fora do nó *D*, os elementos *DC* e *DB* puxam o pino e estão sob tração.

A seguir, o nó *C* é considerado; seu diagrama de corpo livre é mostrado na Fig. 6.8. Observe-se que tanto $\mathbf{F}_{DC}$ como $\mathbf{F}_{CA}$ são conhecidas pela análise de nós precedentes e que somente $\mathbf{F}_{CB}$ é desconhecida. Como o equilíbrio de cada pino possibilita informação suficiente para determinar duas forças desconhecidas, uma verificação de nossa análise é obtida através desse nó. O triângulo de forças é traçado, e a intensidade, direção e sentido de $\mathbf{F}_{CB}$ são determinados. Como $\mathbf{F}_{CB}$ está direcionada para o nó *C*, o elemento *CB* empurra o pino *C* e está sob compressão. A verificação é obtida averiguando-se que a força $\mathbf{F}_{CB}$ e o elemento *CB* são paralelos.

No nó *B*, todas as forças são conhecidas. Como o pino correspondente está em equilíbrio, o triângulo de forças deve fechar, e uma verificação adicional da análise é obtida.

Deve-se observar que os polígonos de forças mostrados na Fig. 6.8 não são únicos. Cada um deles pode ser substituído por uma configuração alternativa. Por exemplo, o triângulo de forças correspondente ao nó *A* pode ser traçado como mostra a Fig. 6.9. O triângulo ilustrado na Fig. 6.8 foi obtido traçando-se as três forças $\mathbf{R}_A$, $\mathbf{F}_{AC}$ e $\mathbf{F}_{AD}$ pelo padrão ponta-a-cauda na ordem em que suas linhas de ação foram encontradas, movendo-se no sentido horário em torno do nó *A*.

Figura 6.9 Polígono de forças alternativo para o nó *A* da Figura 6.8.

*6.1C Nós sujeitos a condições especiais de carregamento

Alguns arranjos geométricos de elementos em uma treliça são particularmente simples de se analisar por meio de observação. Consideremos o nó ilustrado na Fig. 6.10*a*, o qual interliga quatro elementos situados em duas linhas retas que se interceptam. O diagrama de corpo livre da Fig. 6.10*b* mostra que o pino *A*

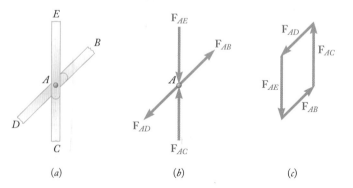

Figura 6.10 (*a*) Um nó *A* conecta quatro elementos de uma treliça em duas linhas retas; (*b*) diagrama de corpo livre do pino *A*; (*c*) polígono de forças (paralelogramo) para o pino *A*. As forças nos elementos opostos são iguais.

está submetido a dois pares de forças diretamente opostas. O correspondente polígono de forças, portanto, deve ser um paralelogramo (Fig. 6.10c), e **as forças nos elementos opostos devem ser iguais.**

Consideremos agora o nó da Fig. 6.11a, que interliga três elementos e suporta uma carga **P**. Dois dos elementos se situam sobre a mesma linha reta, e a carga **P** atua ao longo do terceiro elemento. O diagrama de corpo livre do pino A e o correspondente polígono de forças serão como os indicados na Fig. 6.10b e c, com F_{AE} substituído pela carga **P**. Assim, **as forças em dois elementos opostos devem ser iguais, e a força no outro elemento deve ser igual a** P. Um caso particular de especial interesse é ilustrado na Fig. 6.11b. Uma vez que, nesse caso, nenhuma carga externa é aplicada ao nó, tem-se $P = 0$, e a força no elemento AC é zero. O elemento AC é chamado de **elemento sem força aplicada**.

Consideremos agora um nó ligando apenas dois elementos. Sabe-se, da Seção 2.3A, que uma partícula submetida a duas forças estará em equilíbrio se as duas forças tiverem a mesma intensidade, a mesma linha de ação e sentidos opostos. No caso do nó da Fig. 6.12a, que liga dois elementos, AB e AD, que estão na mesma linha, as forças nos dois elementos devem ser iguais para o pino A estar em equilíbrio. Já no caso do nó da Fig. 6.12b, o pino A não estará em equilíbrio, a não ser que as forças em ambos os elementos sejam zero. Por isso, elementos ligados, tal como indicado na Fig. 6.12b, devem ser **elementos sem força aplicada**.

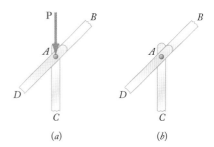

Figura 6.11 (a) O nó A em uma treliça conecta três elementos, dois em uma linha reta e o terceiro ao longo da linha de uma carga. A força no terceiro elemento é igual à carga. (b) Se a carga for zero, o terceiro elemento é um elemento sem força aplicada.

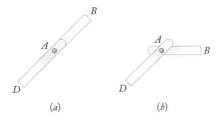

Figura 6.12 (a) Um nó em um treliça conectando dois elementos em uma linha reta. As forças nos elementos são iguais. (b) Se os elementos não estão em uma linha reta, eles devem ser elementos sem força aplicada.

Marcar os nós que se encontram sob condições especiais de carregamento, mencionadas anteriormente, facilitará a análise de uma treliça. Consideremos, por exemplo, uma treliça tipo Howe carregada, como mostra a Fig. 6.13. Todos os elementos representados por linhas verdes serão reconhecidos como elementos sem força aplicada. O nó C interliga três elementos, dois dos quais se situam ao longo de uma mesma linha, e não se encontra sujeito a nenhuma carga externa; o elemento BC é, então, um elemento sem força aplicada. Aplicando o mesmo raciocínio ao nó K, verificamos que o elemento JK é também um elemento sem força aplicada. Mas o nó J está agora na mesma situação que os nós C e K, e o elemento IJ deve ser um elemento sem força aplicada. A análise dos nós C, J e K mostra também que as forças nos elementos AC e CE são iguais, que as forças nos elementos HJ e JL são iguais e que as forças nos elementos IK e KL são iguais. Voltando nossa atenção para o nó I, onde uma carga de 20 kN e o elemento HI são colineares, notamos que a força no elemento HI é 20 kN (tração) e as forças nos elementos GI e IK são iguais. Dessa forma, as forças nos elementos GI, IK e KL são iguais.

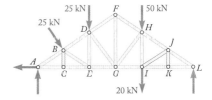

Figura 6.13 Um exemplo de carga em uma treliça do tipo Howe com a identificação de condições especiais de carregamento.

Observemos que as condições discutidas anteriormente não se aplicam aos nós B e D na Fig. 6.13, e seria errado supor que a força no elemento DE seja 25 kN

Foto 6.5 Treliças tridimensionais ou espaciais são usadas para torres de radiodifusão, torres de linhas de transmissão de energia, armação de telhados e aplicações em veículos espaciais, tais como componentes da *Estação Espacial Internacional*.

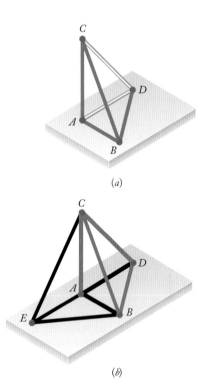

Figura 6.14 (*a*) A treliça espacial mais primária consiste de seis elementos unidos em suas extremidades para formar um tetraedro. (*b*) Podemos adicionar três elementos de cada vez a três nós de uma treliça espacial existente, conectando os novos elementos a um novo nó, para construir uma treliça espacial simples maior.

ou que as forças nos elementos *AB* e *BD* sejam iguais. As forças nesses elementos e em todos os elementos restantes devem ser encontradas por meio da análise dos nós *A, B, D, E, F, G, H* e *L* da maneira usual. Portanto, até que tenha ficado inteiramente familiarizado com as condições sob as quais as regras estabelecidas nesta seção podem ser aplicadas, você deve traçar os diagramas de corpo livre de todos os pinos e escrever as equações correspondentes de equilíbrio (ou desenhar os polígonos correspondentes de força), estando ou não os nós em destaque sujeitos a uma das condições especiais de carregamento descritas anteriormente.

Uma última observação a respeito dos elementos sem força aplicada: esses elementos não são inúteis. Por exemplo, embora os elementos sem força aplicada da Fig. 6.13 não suportem cargas sob as condições de carregamento consideradas, os mesmos elementos provavelmente iriam suportar cargas se as condições de carregamento fossem alteradas. Além disso, mesmo no caso considerado, esses elementos são necessários para suportar o peso da treliça e para manter sua forma desejada.

*6.1D Treliças espaciais

Quando vários elementos retilíneos são unidos por suas extremidades para formar uma configuração tridimensional, a estrutura obtida é chamada de **treliça espacial**. Recordemos da Seção 6.1A que a treliça rígida bidimensional mais primária consiste em três elementos unidos por suas extremidades para formar os lados de um triângulo; pela adição de dois elementos de cada vez a essa configuração básica, e ligando-os em um novo nó, é possível obter uma estrutura rígida maior, que é chamada de treliça simples. Da mesma forma, a treliça rígida espacial mais primária consiste em seis elementos ligados por suas extremidades para formar as arestas de um tetraedro *ABCD* (Fig. 6.14*a*). Acrescentando três elementos de cada vez a essa configuração básica, tais como *AE, BE* e *CE* (Fig. 6.15*b*), fixando-os a três nós existentes e unindo-os em um novo nó, podemos obter uma estrutura rígida maior, que é definida como uma **treliça espacial simples**. Os quatro nós não podem estar em um plano. Observando-se que o tetraedro básico possui seis elementos e quatro nós e que cada vez que três elementos são adicionados, o número de nós é acrescido de um. Concluímos, então, que em uma treliça espacial simples o número total de elementos é $m = 3n - 6$, onde *n* é o número total de nós.

Se uma treliça espacial deve estar completamente vinculada e as reações em seus apoios devem ser estaticamente determinadas, os apoios devem consistir em uma combinação de esferas, roletes e rótulas, fornecendo seis reações desconhecidas (ver Seção 4.3B). Essas reações desconhecidas podem ser facilmente determinadas resolvendo-se as seis equações que expressam que a treliça tridimensional está em equilíbrio.

Embora os elementos de uma treliça espacial sejam de fato unidos por meio de conexões soldadas ou rebitadas, supõe-se que cada nó consiste em uma conexão em rótula. Dessa forma, nenhum binário será aplicado aos elementos da treliça, e cada elemento pode ser tratado como um corpo sujeito à ação de duas forças. As condições de equilíbrio para cada nó serão expressas pelas três equações $\Sigma F_x = 0$, $\Sigma F_y = 0$ e $\Sigma F_z = 0$. No caso de uma treliça espacial simples contendo *n* nós, escrevemos que as condições de equilíbrio para cada nó conduzirão, portanto, a 3*n* equações. Uma vez que $m = 3n - 6$, essas equações são suficientes para determinar todas as forças desconhecidas (forças em *m* elementos e seis reações nos apoios). Contudo, para evitar resolução de muitas equações simultâneas, deve-se tomar cuidado para selecionar os nós escolhidos em uma ordem tal que nenhum nó selecionado envolva mais que três forças desconhecidas.

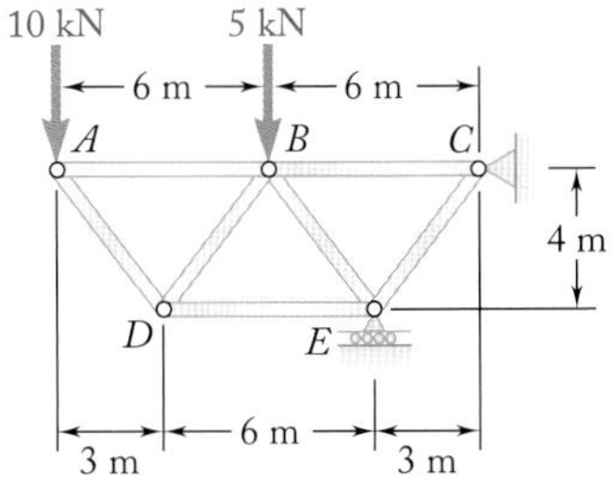

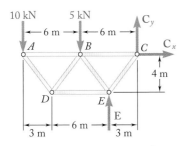

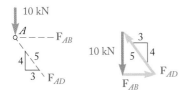

Figura 1 Diagrama de corpo livre da treliça inteira.

PROBLEMA RESOLVIDO 6.1

Usando o método de nós, determine a força em cada elemento da treliça mostrada na figura.

ESTRATÉGIA Para utilizar o método dos nós, começamos com uma análise do diagrama de corpo livre da treliça por inteiro. Então procuramos por um nó que conecte apenas dois elementos como ponto de partida para os cálculos. Neste exemplo, iniciaremos pelo nó A e prosseguiremos pelos nós D, B, E e C, mas poderíamos iniciar também pelo nó C e prosseguir pelos nós E, B, D e A.

MODELAGEM E ANÁLISE Podemos combinar estas etapas para cada nó da treliça: traçamos um diagrama de corpo livre, traçamos um polígono de forças ou escrevemos as equações de equilíbrio, e resolvemos para as forças desconhecidas.

Treliça inteira. Traça-se um diagrama de corpo livre da treliça inteira (Fig. 1); as forças externas atuantes nesse corpo livre consistem nas cargas aplicadas e nas reações em C e E. Podemos escrever as seguintes equações de equilíbrio, tomandoos momentos em relação a C:

$+\circlearrowleft \Sigma M_C = 0$: $(10 \text{ kN})(12 \text{ m}) + (5 \text{ kN})(6 \text{ m}) - E(3 \text{ m}) = 0$
$E = +50 \text{ kN}$ $\mathbf{E} = 50 \text{ kN} \uparrow$

$\xrightarrow{+} \Sigma F_x = 0$: $\mathbf{C}_x = 0$
$+\uparrow \Sigma F_y = 0$: $-10 \text{ kN} - 5 \text{ kN} + 50 \text{ kN} + C_y = 0$
$C_y = -35 \text{ kN}$ $\mathbf{C}_y = 35 \text{ kN} \downarrow$

Nó A. Esse nó está sujeito a apenas duas forças desconhecidas, a saber, as forças exercidas pelos elementos AB e AD. Um triângulo de forças é usado para determinar $\mathbf{F}_{AB}$ e $\mathbf{F}_{AD}$ (Fig. 2). Observamos que o elemento AB atua puxando o nó e, portanto, está sob tração, e que o elemento AD atua empurrando o nó e, portanto, está sob compressão. As intensidades das duas forças são obtidas a partir da proporção:

$$\frac{10 \text{ kN}}{4} = \frac{F_{AB}}{3} = \frac{F_{AD}}{5}$$

$F_{AB} = 7,5 \text{ kN } T$ ◀
$F_{AD} = 12,5 \text{ kN } C$ ◀

Figura 2 Diagrama de corpo livre do nó A.

Nó D. Como a força exercida pelo elemento AD foi determinada, agora somente duas forças desconhecidas estão envolvidas nesse nó. Novamente, utiliza-se um triângulo de forças para se determinar as forças desconhecidas nos elementos DB e DE (Fig. 3).

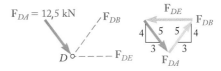

Figura 3 Diagrama de corpo livre do nó D.

(*continua*)

$$F_{DB} = F_{DA} \qquad\qquad F_{DB} = 12{,}5 \text{ kN } T \blacktriangleleft$$
$$F_{DE} = 2\left(\tfrac{3}{5}\right)F_{DA} \qquad\qquad F_{DE} = 15 \text{ kN } C \blacktriangleleft$$

Nó B. Uma vez que mais de três forças atuam nesse nó (Fig. 4), determinamos as duas forças desconhecidas $\mathbf{F}_{BC}$ e $\mathbf{F}_{BE}$ resolvendo as equações de equilíbrio $\Sigma F_x = 0$ e $\Sigma F_y = 0$. Supomos arbitrariamente que ambas as forças desconhecidas atuam para fora desse nó, ou seja, os elementos estão sob tração. O valor positivo obtido para F_{BC} indica que nossa suposição estava correta: o elemento BC está sob tração. O valor negativo de F_{BE} indica que nossa suposição estava errada: o elemento BE está sob compressão.

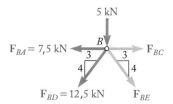

Figura 4 Diagrama de corpo livre do nó B.

$+\!\uparrow\Sigma F_y = 0:\quad -5 \text{ kN} - \tfrac{4}{5}(12{,}5 \text{ kN}) - \tfrac{4}{5}F_{BE} = 0$
$$F_{BE} = -18{,}75 \text{ kN} \qquad F_{BE} = 18{,}75 \text{ kN } C \blacktriangleleft$$

$\xrightarrow{+}\Sigma F_x = 0:\quad F_{BC} - 7{,}5 \text{ kN} - \tfrac{3}{5}(12{,}5 \text{ kN}) - \tfrac{3}{5}(18{,}75 \text{ kN}) = 0$
$$F_{BC} = +26{,}25 \text{ kN} \qquad F_{BC} = 26{,}25 \text{ kN } T \blacktriangleleft$$

Nó E. Supõe-se que a força desconhecida $\mathbf{F}_{EC}$ atue para fora do nó (Fig. 5). Somando-se os componentes x, temos

$\xrightarrow{+}\Sigma F_x = 0:\quad \tfrac{3}{5}F_{EC} + 15 \text{ kN} + \tfrac{3}{5}(18{,}75 \text{ kN}) = 0$
$$F_{EC} = -43{,}75 \text{ kN} \qquad F_{EC} = 43{,}75 \text{ kN } C \blacktriangleleft$$

Somando-se os componentes y, obtemos uma verificação para nossos cálculos:

$+\!\uparrow\Sigma F_y = 50 \text{ kN} - \tfrac{4}{5}(18{,}75 \text{ kN}) - \tfrac{4}{5}(43{,}75 \text{ kN})$
$\qquad\qquad = 50 \text{ kN} - 15 \text{ kN} - 35 \text{ kN} = 0 \qquad$ (verificado)

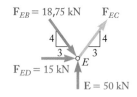

Figura 5 Diagrama de corpo livre do nó E.

PARA REFLETIR Usando os valores calculados de $\mathbf{F}_{CB}$ e $\mathbf{F}_{CE}$, podemos determinar as reações $\mathbf{C}_x$ e $\mathbf{C}_y$ considerando o equilíbrio do nó C (Fig. 6). Como as reações já foram determinadas a partir do equilíbrio da treliça inteira, obtemos duas verificações para nossos cálculos. Podemos também simplesmente usar os valores calculados de todas as forças atuantes no nó (forças em elementos e reações) e verificar que o nó está em equilíbrio:

$\xrightarrow{+}\Sigma F_x = -26{,}25 \text{ kN} + \tfrac{3}{5}(43{,}75 \text{ kN}) = -26{,}25 \text{ kN} + 26{,}25 \text{ kN} = 0$ (verificado)

$+\!\uparrow\Sigma F_y = -35 \text{ kN} + \tfrac{4}{5}(43{,}75 \text{ kN}) = -35 \text{ kN} + 35 \text{ kN} = 0 \qquad$ (verificado)

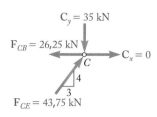

Figura 6 Diagrama de corpo livre do nó C.

METODOLOGIA PARA A RESOLUÇÃO DE PROBLEMAS

Nesta seção, aprendemos a usar o **método dos nós** para determinar as forças nos elementos de uma **treliça simples**, ou seja, uma treliça que pode ser construída a partir de uma treliça triangular básica e pelo acréscimo de dois elementos novos de cada vez e pela ligação desses elementos a um novo nó.

Esse procedimento consiste nos seguintes passos.

1. **Traçar um diagrama de corpo rígido da treliça inteira e usar esse diagrama para determinar as reações nos apoios.**

2. **Localizar um nó ligando apenas dois elementos e traçar o diagrama de corpo livre desse pino.** Usemos esse diagrama de corpo livre para determinar a força desconhecida em cada um dos dois elementos. Se apenas três forças estão envolvidas (as duas forças desconhecidas e uma conhecida), provavelmente acharemos mais conveniente traçar e resolver o triângulo de forças correspondente. Se mais de três forças estiverem envolvidas, devemos escrever e resolver as equações de equilíbrio para o pino, $\Sigma F_x = 0$ e $\Sigma F_y = 0$, supondo que os elementos estejam sob tração. Uma resposta positiva significa que o elemento está sob tração; uma resposta negativa significa que o elemento está sob compressão. Uma vez que as forças forem encontradas, apliquemos seus valores em um esboço da treliça, com T para tração e C para compressão.

3. **Em seguida, localizar um nó onde as forças em apenas dois dos elementos ligados ainda sejam desconhecidas.** Tracemos o diagrama de corpo livre do pino e usemo-lo tal como foi indicado no Passo 2 para determinar as duas forças desconhecidas.

4. **Repetir esse procedimento até que tenham sido encontradas as forças em todos os elementos da treliça.** Como foi usada anteriormente as três equações de equilíbrio associadas ao diagrama de corpo livre da treliça inteira para determinar as reações nos apoios, acabaremos com três equações adicionais. Essas equações podem ser usadas para verificar seus cálculos.

5. **Observar que a escolha do primeiro nó não é única.** Depois que tiver determinado as reações nos apoios da treliça, podemos escolher qualquer dos dois nós como ponto de partida da nossa análise. No Problema Resolvido 6.1, começamos pelo no A e prosseguimos pelos nós D, B, E e C, mas poderíamos também ter começado pelo nó C e prosseguido pelos nós E, B, D e A. Por outro lado, tendo selecionado um primeiro nó, podemos, em alguns casos, chegar a um ponto da nossa análise além do qual não é possível prosseguir. Devemos, então, recomeçar de em outro nó para completar sua solução.

Devemos ter em mente que a análise da treliça simples sempre pode ser realizada pelo método dos nós. Lembremos também que é útil esboçar a solução *antes* de começar quaisquer cálculos.

PROBLEMAS

6.1 a 6.8 Usando o método dos nós, determine a força em cada elemento da treliça mostrada na figura. Indique se cada elemento está sob tração ou sob compressão.

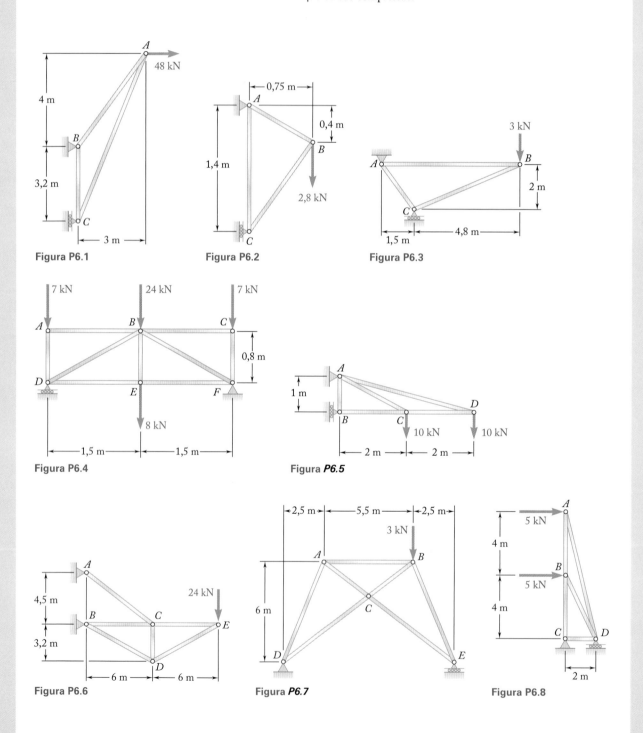

Figura P6.1

Figura P6.2

Figura P6.3

Figura P6.4

Figura P6.5

Figura P6.6

Figura P6.7

Figura P6.8

6.9 e 6.10 Determine a força em cada elemento da treliça mostrada na figura. Indique se cada elemento está sob tração ou sob compressão.

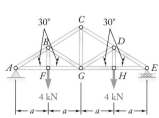

Figura P6.9   Figura P6.10

6.11 Determine a força em cada elemento da treliça de telhado Gambrel mostrada na figura. Indique se cada elemento está sob tração ou sob compressão.

6.12 Determine a força em cada elemento da treliça de telhado Howe mostrada na figura. Indique se cada elemento está sob tração ou sob compressão.

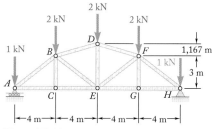

Figura P6.11

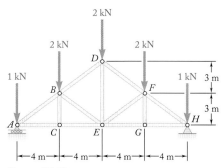

Figura P6.12

6.13 Determine a força em cada elemento da treliça de telhado mostrada na figura. Indique se cada elemento está sob tração ou sob compressão.

6.14 Determine a força em cada elemento da treliça de telhado mostrada na figura. Indique se cada elemento está sob tração ou sob compressão.

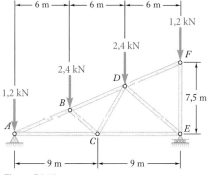

Figura P6.13

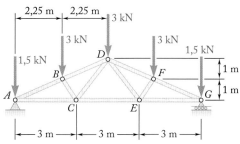

Figura P6.14

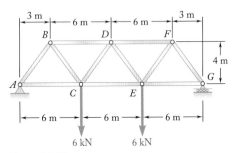

Figura P6.15

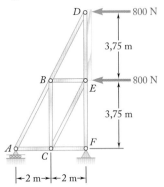

Figura P6.18

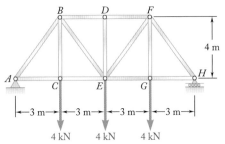

Figura P6.19

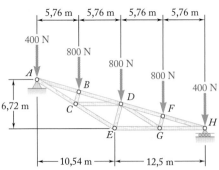

Figura P6.22 e P6.23

6.15 Determine a força em cada elemento da treliça de ponte Warren mostrada na figura. Indique se cada elemento está sob tração ou sob compressão.

6.16 Resolva o Problema 6.15 considerando que a carga aplicada em E foi removida.

6.17 Determine a força em cada elemento da treliça de telhado Pratt mostrada na figura. Indique se cada elemento está sob tração ou sob compressão.

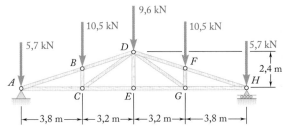

Figura P6.17

6.18 A treliça mostrada na figura é uma das várias que suportam um painel publicitário. Determine a força em cada elemento da treliça para uma carga de vento equivalente às duas forças mostradas. Indique se cada elemento está sob tração ou sob compressão.

6.19 Determine a força em cada elemento da treliça de ponte Pratt mostrada na figura. Indique se cada elemento está sob tração ou sob compressão.

6.20 Resolva o Problema 6.19 considerando que a carga aplicada em G foi removida.

6.21 Determine a força em cada um dos elementos localizados à esquerda do elemento FG para a treliça de telhado em tesoura mostrada na figura. Indique se cada elemento está sob tração ou sob compressão.

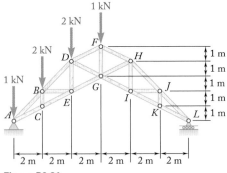

Figura P6.21

6.22 Determine a força no elemento DE e em cada um dos elementos localizados à esquerda de DE para a treliça de telhado tipo Howe invertida mostrada na figura. Indique se cada elemento está sob tração ou sob compressão.

6.23 Determine a força em cada um dos elementos localizados à direita de DE para a treliça de telhado tipo Howe invertida mostrada na figura. Indique se cada elemento está sob tração ou sob compressão.

6.24 A porção de treliça mostrada na figura representa a parte superior de uma torre de linha de transmissão de energia elétrica. Para o carregamento dado, determine a força em cada um dos elementos localizados acima de *HJ*. Indique se cada elemento está sob tração ou sob compressão.

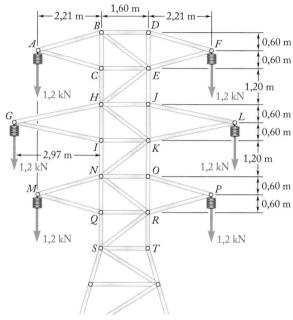

Figura P6.24

6.25 Para a torre e o carregamento do Problema 6.24, sabendo que $F_{CH} = F_{EJ} = 1{,}2$ kN em *C* e $F_{EH} = 0$, determine a força no elemento *HJ* e em cada um dos elementos localizados entre *HJ* e *NO*. Indique se cada elemento está sob tração ou sob compressão.

6.26 Resolva o Problema 6.24 considerando que os cabos pendurados no lado direito da torre tenham caído no solo.

6.27 a 6.28 Determine a força em cada elemento da treliça mostrada na figura. Indique se cada elemento está sob tração ou sob compressão.

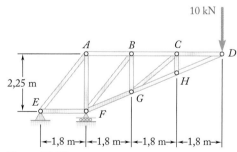

Figura P6.27

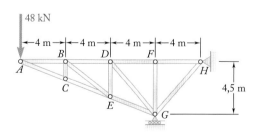

Figura P6.28

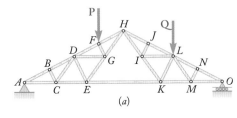

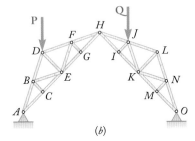

Figura **P6.31**

6.29 Determine se as treliças dos Problemas 6.31a, 6.32a e 6.33a são treliças simples.

6.30 Determine se as treliças dos Problemas 6.31b, 6.32b e 6.33b são treliças simples.

6.31 Para o carregamento indicado, determine o elemento sem força aplicada em cada uma das duas treliças mostradas.

6.32 Para o carregamento indicado, determine o elemento sem força aplicada em cada uma das duas treliças mostradas.

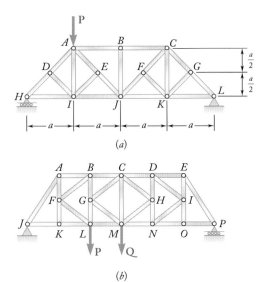

Figura P6.32

6.33 Para o carregamento indicado, determine o elemento sem força aplicada em cada uma das duas treliças mostradas.

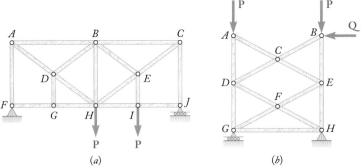

Figura **P6.33**

6.34 Determine o elemento sem força aplicada na treliça do (a) Problema 6.21, (b) Problema 6.27.

*6.35 A treliça mostrada na figura consiste em seis elementos e é sustentada por uma pequena haste de conexão em A, duas pequenas hastes de conexão em B e por uma rótula em D. Determine a força em cada um dos elementos para o carregamento dado.

*6.36 A treliça mostrada na figura consiste em seis elementos e é sustentada por uma rótula em B, uma pequena haste de conexão em C e duas pequenas hastes de conexão em D. Determine a força em cada um dos elementos para $\mathbf{P} = (-2184 \text{ N})\mathbf{j}$ e $\mathbf{Q} = 0$.

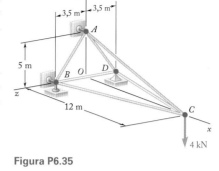

Figura P6.35

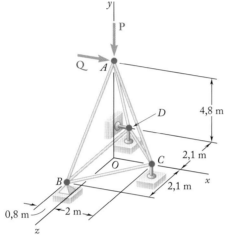

Figura P6.36 e P6.37

*6.37 A treliça mostrada na figura consiste em seis elementos e é sustentada por uma rótula em B, uma pequena haste de conexão em C e duas pequenas hastes de conexão em D. Determine a força em cada um dos elementos para $\mathbf{P} = 0$ e $\mathbf{Q} = (2968 \text{ N})\mathbf{i}$.

*6.38 A treliça mostrada na figura consiste em nove elementos e é sustentada por uma rótula em A, duas pequenas hastes de conexão em B e uma pequena haste de conexão em C. Determine a força em cada um dos elementos para a carga dada.

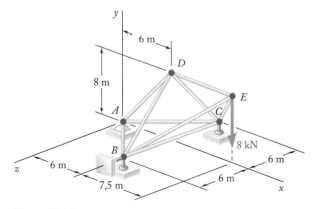

Figura P6.38

*6.39 A treliça mostrada na figura consiste em nove elementos e é sustentada por uma rótula em B, uma pequena haste de conexão em C e duas pequenas hastes de conexão em D. (a) Verifique se essa treliça é uma treliça simples, se é completamente vinculada e se as reações em seus apoios são estaticamente determinadas. (b) Determine a força em cada elemento para $\mathbf{P} = (-1200\ \text{N})\mathbf{j}$ e $\mathbf{Q} = 0$.

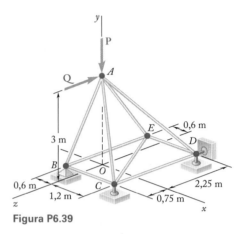

Figura P6.39

*6.40 Resolva o Problema 6.39 para $\mathbf{P} = 0$ e $\mathbf{Q} = (-900\ \text{N})\mathbf{k}$.

*6.41 A treliça mostrada na figura consiste em 18 elementos e é sustentada por uma rótula em A, duas pequenas hastes de conexão em B e uma pequena haste de conexão em G. (a) Verifique se essa treliça é uma treliça simples, se é completamente vinculada e se as reações em seus apoios são estaticamente determinadas. (b) Para o carregamento dado, determine a força em cada um dos seis elementos unidos em E.

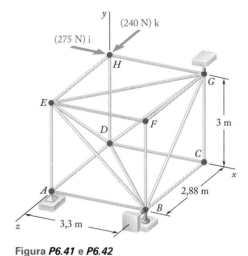

Figura P6.41 e P6.42

*6.40 A treliça mostrada na figura consiste em 18 elementos e é sustentada por uma rótula em A, duas pequenas hastes de conexão em B e uma pequena haste de conexão em G. (a) Verifique se essa treliça é uma treliça simples, se é completamente vinculada e se as reações em seus apoios são estaticamente determinadas. (b) Para o carregamento dado, determine a força em cada um dos seis elementos unidos em G.

6.2 Outras análises de treliças

O método dos nós é mais eficaz quando as forças em todos os elementos de uma treliça devem ser determinadas. Se, todavia, o que se deseja é a força em apenas um elemento ou as forças em uns poucos elementos, outro método, o método das seções, é mais eficiente.

6.2A Método das seções

Suponha, por exemplo, que queiramos determinar a força no elemento BD da treliça mostrada na Fig. 6.15a. Para fazer isso, devemos determinar a força com a qual o elemento BD atua sobre os nós B ou D. Se fôssemos usar o método dos nós, iríamos escolher o nó B ou o nó D como um corpo livre. No entanto, podemos também escolher como um corpo livre uma parte maior da treliça, composta de vários nós e elementos, contanto que a força desejada seja uma das forças externas exercidas nessa parte. Se, além disso, a parte da treliça for escolhida de modo que haja um total de apenas três forças desconhecidas atuando sobre ela, pode-se obter a força desejada resolvendo-se as equações de equilíbrio para essa parte da treliça. Na prática, a parte da treliça a ser utilizada é obtida *passando-se uma seção* através de três elementos da treliça, um dos quais é o elemento desejado, ou seja, traçando-se uma linha que divide a treliça em duas partes completamente separadas, mas que não corta mais do que três elementos. Cada uma das duas partes da treliça obtidas depois que os elementos cortados tenham sido removidos pode ser usada como corpo livre.[*]

Na Fig. 6.15a, a seção nn passa através dos elementos BD, BE e CE, e a parte ABC da treliça foi escolhida como um corpo livre (Fig. 6.15b). As forças atuantes no corpo livre são as cargas $\mathbf{P}_1$ e $\mathbf{P}_2$ nos pontos A e B, e as três forças desconhecidas $\mathbf{F}_{BD}$, $\mathbf{F}_{BE}$ e $\mathbf{F}_{CE}$. Como não se sabe se os elementos removidos estão sob tração ou sob compressão, as três forças são traçadas arbitrariamente, direcionadas para fora do corpo livre, como se os elementos estivessem sob tração.

O fato do corpo rígido ABC estar em equilíbrio pode ser expresso escrevendo-se três equações que podem ser resolvidas para as três forças desconhecidas. Se somente a força $\mathbf{F}_{BD}$ for desejada, precisamos escrever apenas uma equação, contanto que essa equação não contenha as outras forças desconhecidas. Portanto, a equação $\Sigma M_E = 0$ fornece o valor da intensidade F_{BD} (Fig. 6.15b). Um sinal positivo na resposta indica que nossa suposição original quanto ao sinal de $\mathbf{F}_{BD}$ estava correta e que o elemento BD está sob tração; já um sinal negativo indica que nossa suposição estava incorreta, e que BD está sob compressão.

Por outro lado, se apenas a força $\mathbf{F}_{CE}$ for desejada, deve-se escrever uma equação que não envolva $\mathbf{F}_{BD}$ ou $\mathbf{F}_{BE}$; a equação apropriada é $\Sigma M_B = 0$. Novamente, um sinal positivo para a intensidade F_{CE} da força desejada indica uma suposição correta, ou seja, uma tração; e um sinal negativo indica uma suposição incorreta, ou seja, uma compressão.

Se apenas a força $\mathbf{F}_{BE}$ for desejada, a equação apropriada é $\Sigma F_y = 0$. Novamente, o sinal da resposta determina se o elemento está sob tração ou sob compressão.

Quando a força em somente um elemento for determinada, nenhuma verificação independente para os cálculos estará disponível. No entanto, quando

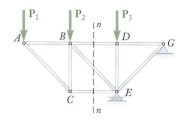

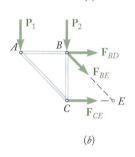

Figura 6.15 (a) Podemos passar uma seção nn através dos elementos BD, BE e CE. (b) Diagrama de corpo livre da porção ABC da treliça. Supomos que os membros BD, BE e CE estão sob tração.

---

[*] Na análise de certas treliças, são passadas seções que interceptam mais de três elementos. As forças em um, ou talvez dois, dos elementos cortados poderão ser obtidas se puderem ser encontradas as equações de equilíbrio, cada uma das quais envolvendo apenas uma incógnita (ver Problemas 6.61 a 6.64).

todas as forças desconhecidas exercidas sobre o corpo livre forem determinadas, podem-se verificar os cálculos escrevendo-se uma equação adicional. Por exemplo, se $\mathbf{F}_{BD}$, $\mathbf{F}_{BE}$ e $\mathbf{F}_{CE}$ são determinados como se indicou anteriormente, podem-se verificar os cálculos conferindo que $\Sigma F_x = 0$.

6.2B Treliças feitas de várias treliças simples

Considere duas treliças simples *ABC* e *DEF*. Se estão ligadas por três barras *BD*, *BE* e *CE*, tal como mostra a Fig. 6.16a, elas irão formar juntas uma treliça rígida *ABDF*. As treliças *ABC* e *DEF* podem também ser combinadas em uma única treliça rígida unindo-se os nós *B* e *D* em um único nó *B*, e os nós *C* e *E* por uma barra *CE* (Fig. 6.16b). A treliça assim obtida é conhecida como *treliça Fink*. Deve-se observar que as treliças da Fig. 6.16a e *b não são* treliças simples; elas não podem ser construídas a partir de uma treliça triangular pela adição sucessiva de pares de elementos tal como descrevemos na Seção 6.1A. Porém, são treliças rígidas, como podemos verificar comparando os sistemas de conexões usados para manter unidas as treliças simples *ABC* e *DEF* (três barras na Fig. 6.16a, um pino e uma barra na Fig. 6.16b) com os sistemas de apoios discutidos nas Seções 4.1. Treliças formadas de várias treliças simples rigidamente interligadas são conhecidas como **treliças compostas**.

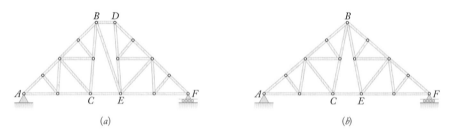

Figura 6.16 Treliças compostas. (*a*) Duas treliças simples *ABC* e *DEF* ligadas por três barras. (*b*) Duas treliças simples *ABC* e *DEF* ligadas por um nó e uma barra (uma treliça Fink).

Em uma treliça composta, o número de elementos *m* e o número de nós *n* são ainda relacionados pela fórmula $m = 2n - 3$. Pode-se verificar isso observando-se que, se uma treliça composta é sustentada por um pino sem atrito e um rolete (envolvendo três reações desconhecidas), o número total de incógnitas é $m + 3$, e esse número deve ser igual ao número $2n$ de equações obtidas expressando-se que *n* pinos estão em equilíbrio; segue-se que $m = 2n - 3$.

Treliças compostas sustentadas por um pino e um rolete, ou por um sistema equivalente de apoios, são *estaticamente determinadas, rígidas e completamente vinculadas*. Isso significa que todas as reações desconhecidas e as forças em todos os elementos podem ser determinadas pelos métodos da estática e que a treliça não entrará em colapso nem se moverá. Nem todas as forças nos elementos, no entanto, podem ser determinadas pelo método dos nós, exceto pela solução de um grande número de equações simultâneas. No caso da treliça composta da Fig. 6.16a, por exemplo, é mais eficiente fazer uma seção passando pelos elementos *BD*, *BE* e *CE* para determinar as forças nesses elementos.

Suponha, agora, que as treliças simples *ABC* e *DEF* estejam ligadas por *quatro* barras, *BD*, *BE*, *CD* e *CE* (Fig. 6.17). O número de elementos *m* é agora maior que $2n - 3$: a treliça obtida é **indeformável** e um dos seus quatro elementos *BD*, *BE*, *CD* ou *CE* é chamado de **redundante**. Se a treliça está sustentada por um pino em *A* e um rolete em *F*, o número total de incógnitas é

$m + 3$. Como $m > 2n - 3$, o número $m + 3$ de incógnitas é agora maior que o número $2n$ de equações independentes disponíveis: a treliça é *estaticamente indeterminada*.

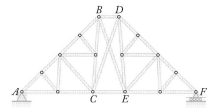

Figura 6.17 Uma treliça composta estaticamente indeterminada e indeformável com um elemento redundante.

Finalmente, vamos supor que as duas treliças simples ABC e DEF sejam unidas por um único pino, tal como mostra a Fig. 6.18a. O número de elementos m é agora menor que $2n - 3$. Se a treliça está sustentada por um pino em A e um rolete em F, o número total de incógnitas é $m + 3$. Como $m < 2n - 3$, o número $m + 3$ de incógnitas é agora menor que o número $2n$ de equações de equilíbrio que devem ser satisfeitas: a treliça **não é rígida** e é deformável, e entrará em colapso sob seu próprio peso. No entanto, se dois pinos forem usados para apoiá-la, a treliça torna-se *rígida* e não entrará em colapso (Fig. 6.18b). Observamos que o número de incógnitas é agora $m + 4$ e é igual ao número $2n$ de equações.

De modo mais geral, se as reações nos apoios envolvem r incógnitas, a condição para uma treliça composta ser estaticamente determinada, rígida e completamente vinculada é $m + r = 2n$. Contudo, embora necessária, essa condição não é suficiente para o equilíbrio de uma estrutura que deixa de ser rígida quando separada de seus apoios (veja Seção 6.3B).

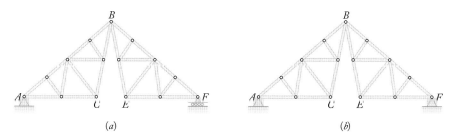

Figura 6.18 Duas treliças simples ligadas por um pino. (*a*) Suportada por um pino e um rolete, a treliça entrará em colapso sob seu próprio peso. (*b*) Suportada por dois pinos, a treliça se torna rígida e não entra em colapso.

PROBLEMA RESOLVIDO 6.2

Determine as forças nos elementos *EF* e *GI* da treliça mostrada na figura.

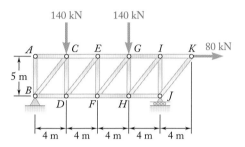

ESTRATÉGIA Devemos determinar as forças em apenas dois elementos nesta treliça; portanto, o método das seções é mais apropriado do que o método dos nós. Podemos utilizar um diagrama de corpo livre da treliça inteira para auxiliar na determinação das reações e então passar seções através da treliça para isolar partes dela, para o cálculo das forças desejadas.

MODELAGEM E ANÁLISE Podemos seguir as etapas abaixo para a determinação das reações de apoio e, depois, para a análise das partes da treliça.

Corpo livre: Treliça inteira. Traça-se o diagrama de corpo livre da treliça inteira; as forças externas atuantes nesse corpo livre consistem nas cargas aplicadas e nas reações em *B* e *J* (Fig. 1). Escrevemos e solucionamos as seguintes equações de equilíbrio:

$+\uparrow \Sigma M_B = 0$:
$$-(140 \text{ kN})(4 \text{ m}) - (140 \text{ kN})(12 \text{ m}) - (80 \text{ kN})(5 \text{ m}) + J(16 \text{ m}) = 0$$
$$J = +165 \text{ kN} \qquad \mathbf{J} = 165 \text{ kN} \uparrow$$

$\xrightarrow{+} \Sigma F_x = 0$: $\quad B_x + 80 \text{ kN} = 0$
$$B_x = -80 \text{ kN} \qquad \mathbf{B}_x = 80 \text{ kN} \leftarrow$$

$+\uparrow \Sigma M_J = 0$:
$$(140 \text{ kN})(12 \text{ m}) + (140 \text{ kN})(4 \text{ m}) - (80 \text{ kN})(5 \text{ m}) - B_y(16 \text{ m}) = 0$$
$$B_y = +115 \text{ kN} \qquad \mathbf{B}_y = 115 \text{ kN} \uparrow$$

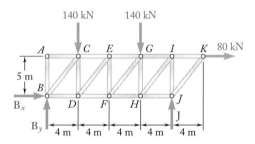

Figura 1 Diagrama de corpo livre da treliça inteira.

Força no elemento *EF*. A seção *nn* é definida passando pela treliça de modo que corta o elemento *EF* e apenas outros dois elementos (Fig. 2).

Depois que os elementos cortados foram removidos, a parte da treliça à esquerda é escolhida como corpo livre (Fig. 3). Três incógnitas estão envolvidas. Para eliminar as duas forças horizontais, temos

$$+\uparrow \Sigma F_y = 0: \qquad +115 \text{ kN} - 140 \text{ kN} - F_{EF} = 0$$
$$F_{EF} = -25 \text{ kN}$$

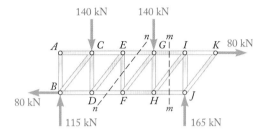

Figura 2 Seções *nn* e *mm* que serão utilizadas para a análise dos elementos *EF* e *GI*.

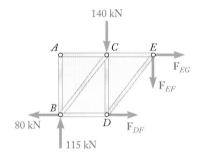

Figura 3 Diagrama de corpo livre para a análise do elemento *EF*.

Escolheu-se o sentido de $\mathbf{F}_{EF}$ na suposição de que o elemento *EF* estivesse sob tração; o sinal negativo obtido indica que o elemento está sob compressão.

$$F_{EF} = 25 \text{ kN } C \qquad \blacktriangleleft$$

Força no elemento GI. Passamos a seção *mm* verticalmente através da treliça de forma que ela intercepte o elemento *GI* e apenas dois elementos adicionais (Fig. 2). Depois que os elementos cortados foram removidos, a parte da treliça a direita é escolhida como um corpo livre (Fig. 4). Novamente, três incógnitas estão envolvidas; para eliminar as duas forças que passam pelo ponto *H*, somamos os momentos em relação a esse ponto.

$$+\curvearrowleft \Sigma M_H = 0: \qquad (165 \text{ kN})(4 \text{ m}) - (80 \text{ kN})(5 \text{ m}) + F_{GI}(5 \text{ m}) = 0$$
$$F_{GI} = -52 \text{ kN} \qquad F_{GI} = 52 \text{ kN } C \qquad \blacktriangleleft$$

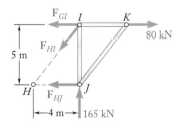

Figura 4 Diagrama de corpo livre para a análise do elemento *GI*.

PARA REFLETIR Observe que uma seção que passa por uma treliça não precisa ser somente vertical ou horizontal: ela também pode ser diagonal. Escolhemos a orientação que atravessa não mais do que três elementos de força desconhecida e que nos fornece a parte mais simples da treliça, para a qual podemos escrever as equações de equilíbrio e determinar as incógnitas.

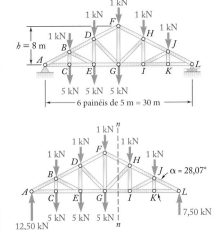

Figura 1 Diagrama de corpo livre da treliça inteira.

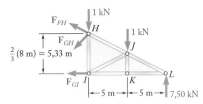

Figura 2 Diagrama de corpo livre para a análise do elemento GI.

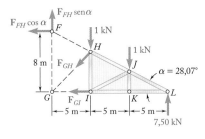

Figura 3 Simplifica-se a análise do elemento FH primeiro arrastando-se sua força para o ponto F.

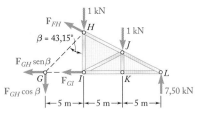

Figura 4 Simplifica-se a análise do elemento GH primeiro arrastando-se sua força para o ponto G.

PROBLEMA RESOLVIDO 6.3

Determine a força nos elementos *FH*, *GH* e *GI* da treliça de telhado mostrada na figura.

ESTRATÉGIA Devemos determinar as forças em apenas três elementos da treliça; portanto, usaremos o método das seções. Determinamos as reações considerando a treliça inteira como um corpo livre e depois isolamos parte dela para análise. Neste caso, poderemos utilizar a menor parte da treliça para determinar todas as três forças desejadas.

MODELAGEM E ANÁLISE Nosso raciocínio e cálculos devem seguir aproximadamente a sequência dada abaixo:

Corpo livre: treliça inteira. A partir do diagrama de corpo livre da treliça inteira (Fig. 1), encontramos as reações em *A* e *L*.

$$\mathbf{A} = 12{,}50 \text{ kN} \uparrow \qquad \mathbf{L} = 7{,}50 \text{ kN} \uparrow$$

Observamos que:

$$\text{tg } \alpha = \frac{FG}{GL} = \frac{8 \text{ m}}{15 \text{ m}} = 0{,}5333 \qquad \alpha = 28{,}07°$$

Força no elemento *GI*. A seção *nn* é definida passando-a verticalmente pela treliça tal como mostra a Figura 1. Usando-se a parte *HLI* da treliça como um corpo livre (Fig. 2), obtém-se o valor de F_{GI} da seguinte forma:

$$+\curvearrowleft \Sigma M_H = 0: \quad (7{,}50 \text{ kN})(10 \text{ m}) - (1 \text{ kN})(5 \text{ m}) - F_{GI}(5{,}33 \text{ m}) = 0$$
$$F_{GI} = +13{,}13 \text{ kN} \qquad F_{GI} = 13{,}13 \text{ kN } T \quad \blacktriangleleft$$

Força no elemento *FH*. O valor de F_{FH} é obtido a partir da equação $\Sigma M_G = 0$. Movemos $\mathbf{F}_{FH}$ ao longo de sua linha de ação até que esta atue no ponto *F*, no qual ela é decomposta em seus componentes *x* e *y* (Fig. 3). O momento de $\mathbf{F}_{FH}$ em relação ao ponto *G* é igual a $(F_{FH} \cos \alpha)(8 \text{ m})$.

$$+\curvearrowleft \Sigma M_G = 0:$$
$$(7{,}50 \text{ kN})(15 \text{ m}) - (1 \text{ kN})(10 \text{ m}) - (1 \text{ kN})(5 \text{ m}) + (F_{FH} \cos \alpha)(8 \text{ m}) = 0$$
$$F_{FH} = -13{,}81 \text{ kN} \qquad F_{FH} = 13{,}81 \text{ kN } C \quad \blacktriangleleft$$

Força no elemento *GH*. Primeiro observamos que

$$\text{tg } \beta = \frac{GI}{HI} = \frac{5 \text{ m}}{\frac{2}{3}(8 \text{ m})} = 0{,}9375 \qquad \beta = 43{,}15°$$

O valor de F_{GH} é, então, determinado decompondo-se a força $\mathbf{F}_{GH}$ em componentes *x* e *y* no ponto *G* (Fig. 4) e resolvendo-se a equação $\Sigma M_L = 0$:

$$+\curvearrowleft \Sigma M_L = 0: \quad (1 \text{ kN})(10 \text{ m}) + (1 \text{ kN})(5 \text{ m}) + (F_{GH} \cos \beta)(15 \text{ m}) = 0$$
$$F_{GH} = -1{,}371 \text{ kN} \qquad F_{GH} = 1{,}371 \text{ kN } C \quad \blacktriangleleft$$

PARA REFLETIR Algumas vezes, devemos decompor uma força em componentes para incluí-la nas equações de equilíbrio. Arrastando essa força ao longo de sua linha de ação para um ponto mais estratégico, podemos eliminar um de seus componentes na equação de equilíbrio para o momento.

METODOLOGIA PARA A RESOLUÇÃO DE PROBLEMAS

O **método dos nós** que estudamos na Seção 6.1 é, em geral, o melhor método a ser usado quando é preciso encontrar as forças *em todos os elementos* de uma treliça simples. No entanto, o **método das seções**, que foi estudado nesta seção, é mais eficaz quando são desejadas a força *em apenas um elemento* ou as forças *em uns poucos elementos* de uma treliça simples. O método das seções também deve ser usado quando a treliça *não é uma treliça simples*.

A. Para determinar a força em um dado elemento de treliça pelo método das seções, devemos seguir estes passos:

1. Traçar um diagrama de corpo rígido da treliça inteira e usar esse diagrama para determinar as reações nos apoios.

2. Defina uma seção que passe por três elementos da treliça, um dos quais é o elemento desejado. Depois que tiver removido esses elementos, obteremos duas partes separadas da treliça.

3. Selecionar uma das duas partes da treliça que foi obtida e traçar seu diagrama de corpo livre. Esse diagrama deve incluir as forças externas aplicadas à parte selecionada assim como as forças exercidas sobre ela pelos elementos cortados antes deles serem removidos.

4. Agora podemos escrever três equações de equilíbrio que podem ser resolvidas para as forças nos três elementos cortados.

5. Outra abordagem possível é escrever uma única equação que pode ser resolvida para a força no elemento desejado. Para tanto, primeiro observe se as forças exercidas pelos outros dois elementos sobre o corpo livre são paralelas ou se suas linhas de ação se cruzam.

    a. Se as forças são paralelas, podemos eliminá-las escrevendo uma equação de equilíbrio que envolva *componentes em uma direção perpendicular* à dessas duas forças.
    b. Se suas linhas de ação se cruzam no ponto H, podemos eliminá-las escrevendo uma equação de equilíbrio que envolva *momentos em relação ao ponto H*.

6. Ter em mente que a seção que for usada deve cortar três elementos apenas. Isso porque as equações de equilíbrio no passo 4 podem ser resolvidas para três incógnitas apenas. No entanto, podemos definir uma seção passando por mais de três elementos para encontrar a força em um desses elementos se pudemos escrever uma equação de equilíbrio que contenha apenas essa força como incógnita. Exemplos de tais situações especiais são encontrados nos Problemas 6.61 a 6.64.

B. Sobre treliças completamente vinculadas e determinadas:

1. Primeiro observemos que qualquer treliça simples que estiver simplesmente apoiada é uma treliça completamente vinculada e determinada.

2. Para determinarmos se qualquer outra treliça é ou não completamente vinculada e determinada, primeiro devemos contar o número m de seus elementos, o número n de seus nós e o número r dos componentes de reação em seus apoios. Comparemos, então, a soma $m + r$ que representa o número de incógnitas e o produto $2n$ que representa o número de equações de equilíbrio independentes disponíveis.

    a. Se $m + r < 2n$, há menos incógnitas do que equações. Portanto, algumas das equações não podem ser satisfeitas: a treliça é apenas *parcialmente vinculada*.

    b. Se $m + r > 2n$, há mais incógnitas do que equações. Portanto, algumas das incógnitas não podem ser determinadas: a treliça é *indeterminada*.

    c. Se $m + r = 2n$, há tantas incógnitas quanto equações. Isso, no entanto, não significa que todas as incógnitas podem ser determinadas e que todas as equações podem ser satisfeitas. Para descobrirmos se uma treliça é *completamente* ou *impropriamente vinculada*, devemos tentar determinar as reações em seus apoios e as forças em seus elementos. Se for possível achar todas, a treliça é *completamente vinculada e determinada*.

PROBLEMAS

6.43 Uma treliça de telhado Mansard é carregada tal como mostra a figura. Determine a força nos elementos *DF*, *DG* e *EG*.

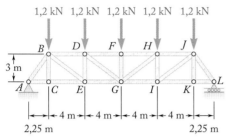

Figura P6.43 e P6.44

6.44 Uma treliça de telhado Mansard é carregada tal como mostra a figura. Determine a força nos elementos *GI*, *HI* e *HJ*.

6.45 Determine a força nos elementos *BD* e *CD* na treliça mostrada na figura.

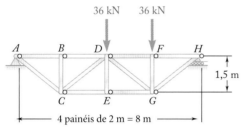

Figura P6.45 e P6.46

6.46 Determine a força nos elementos *DF* e *DG* na treliça mostrada na figura.

6.47 Determine a força nos elementos *CD* e *DF* na treliça mostrada na figura.

6.48 Determine a força nos elementos *FG* e *FH* na treliça mostrada na figura.

6.49 Determine a força nos elementos *CD* e *DF* na treliça mostrada na figura.

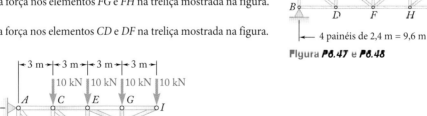

Figura P6.47 e P6.48

Figura P6.49 e P6.50

6.50 Determine a força nos elementos *CE* e *EF* na treliça mostrada na figura.

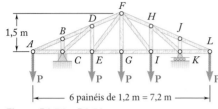

Figura P6.51 e P6.52

6.51 Determine a força nos elementos *DE* e *DF* da treliça mostrada na figura quando $P = 20$ kN.

6.52 Determine a força nos elementos *EG* e *EF* da treliça mostrada na figura quando $P = 20$ kN.

6.53 Determine a força nos elementos *DF* e *DE* na treliça mostrada na figura.

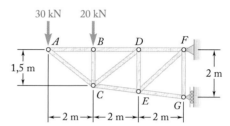

Figura P6.53 e P6.54

6.54 Determine a força nos elementos *CD* e *CE* na treliça mostrada na figura.

6.55 Uma treliça de telhado de uma água da é carregada tal como mostra a figura. Determine a força nos elementos *CE*, *DE* e *DF*.

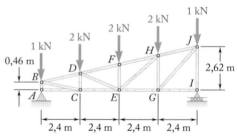

Figura P6.55 e P6.56

6.56 Uma treliça de telhado de uma água é carregada tal como mostra a figura. Determine a força nos elementos *EG*, *GH* e *HJ*.

6.57 Uma treliça de telhado Howe em forma de tesoura é carregada tal como mostra a figura. Determine a força nos elementos *DF*, *DG* e *EG*.

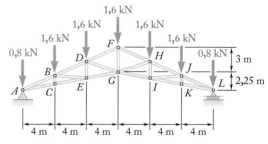

Figura P.57 e P6.58

6.58 Uma treliça de telhado Howe em forma de tesoura é carregada tal como mostra a figura. Determine a força nos elementos *GI*, *HI* e *HJ*.

6.59 Determine a força nos elementos *AD*, *CD* e *CE* na treliça mostrada na figura.

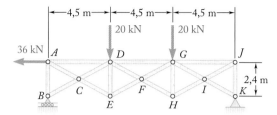

Figura P6.59 e P6.60

6.60 Determine a força nos elementos *DG*, *FG* e *FH* na treliça mostrada na figura.

6.61 Determine a força nos elementos *DG* e *FI* na treliça mostrada na figura. (*Dica*: use a seção *aa*.)

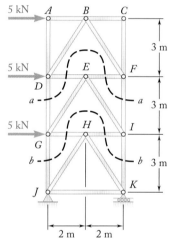

Figura P6.61 e P6.62

6.62 Determine a força nos elementos *GJ* e *IK* na treliça mostrada na figura. (*Dica*: use a seção *bb*.)

6.63 Determine a força nos elementos *EH* e *GI* da treliça mostrada na figura. (*Dica*: use a seção *aa*.)

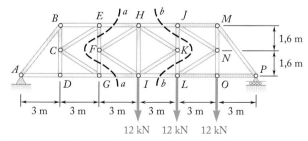

Figura P6.63 e P6.64

6.64 Determine a força nos elementos *HJ* e *IL* da treliça mostrada na figura. (*Dica*: use a seção *bb*.)

6.65 e 6.66 Os elementos diagonais nos painéis centrais da torre da linha de transmissão mostrada na figura são muito delgados e podem atuar apenas sob tração; tais elementos são conhecidos como *tirantes*. Para o carregamento dado, determine (*a*) qual dos dois tirantes listados abaixo está atuando, (*b*) a força neste tirante.

6.65 Tirantes *CJ* e *HE*.
6.66 Tirantes *IO* e *KN*.

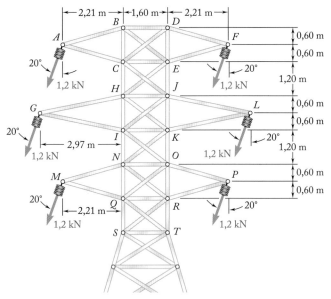

Figura P6.65 e P6.66

6.67 Os elementos diagonais no painel central da treliça mostrada na figura são muito delgados e podem atuar apenas sob tração; tais elementos são conhecidos como *tirantes*. Determine a força exercida no elemento *DE* e nos tirantes que atuam sob o carregamento dado.

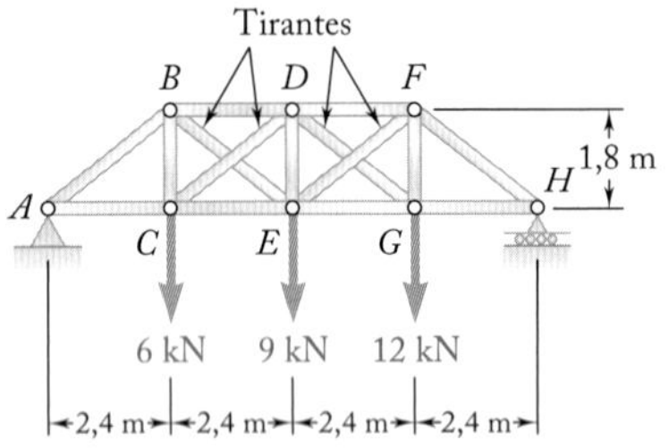

6.68 Resolva o Problema 6.67 considerando que a carga 9 kN foi removida.

6.69 Classifique cada uma das estruturas mostradas nas figuras como completamente, parcialmente ou impropriamente vinculada; se completamente vinculada, classifique-a também como determinada ou indeterminada. (Todos os elementos podem atuar tanto sob tração como sob compressão.)

Figura P6.67

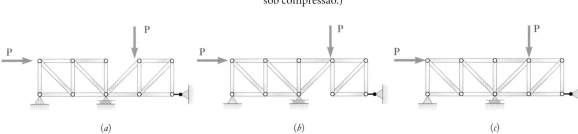

Figura P6.69

6.70 a 6.74 Classifique cada uma das estruturas mostradas nas figuras como completamente, parcialmente ou impropriamente vinculada; se completamente vinculada, classifique-a também como determinada ou indeterminada. (Todos os elementos podem atuar tanto sob tração como sob compressão.)

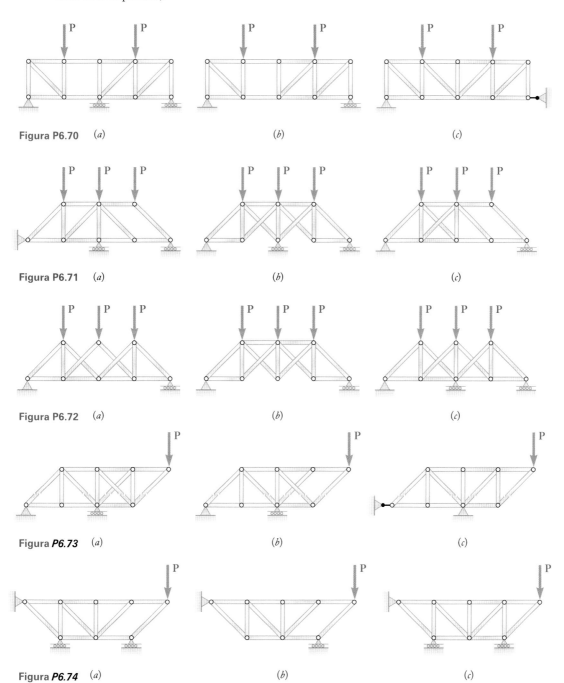

Figura P6.70 (a) (b) (c)

Figura P6.71 (a) (b) (c)

Figura P6.72 (a) (b) (c)

Figura P6.73 (a) (b) (c)

Figura P6.74 (a) (b) (c)

6.3 Estruturas

No estudo sobre treliças, tratamos de estruturas que consistiam inteiramente em pinos e elementos retos sujeitos à ação de duas forças. Naquele caso, era sabido que as forças que atuam nesses elementos estavam direcionadas ao longo dos elementos propriamente ditos. Agora consideramos estruturas nas quais pelo menos um dos elementos é um elemento *sujeito à ação de múltiplas forças*, ou seja, um elemento sobre o qual atuam três ou mais forças. Essas forças geralmente não serão direcionadas ao longo dos elementos sobre os quais elas atuam; sua direção é desconhecida, e elas devem, portanto, ser representadas por dois componentes desconhecidos.

Estruturas e máquinas são composições que contêm elementos sujeitos à ação de múltiplas forças. As **estruturas** são projetadas para sustentar cargas e geralmente são estacionárias e completamente vinculadas. As **máquinas** são projetadas para transmitir e modificar forças; podem ou não ser estacionárias e sempre conterão partes móveis.

Foto 6.6 Estruturas e máquinas contêm elementos sujeitos à ação de múltiplas forças. Estruturas são completamente vinculadas, enquanto máquinas, como a mão protética da foto, são móveis e projetadas para transmitir ou modificar forças.

6.3A Análise de uma estrutura

Como um primeiro exemplo de análise de uma estrutura, o guindaste descrito na Seção 6.1, que carrega uma dada carga W (Fig. 6.19a), será novamen-

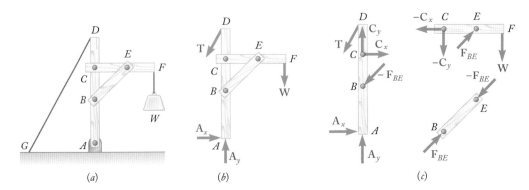

Figura 6.19 Uma estrutura em equilíbrio. (a) Diagrama de um guindaste que suporta uma carga; (b) diagrama de corpo livre do guindaste; (c) diagramas de corpo livre dos componentes do guindaste.

te considerado. O diagrama de corpo livre de toda a estrutura é mostrado na Fig. 6.19*b*. Esse diagrama pode ser usado para se determinar as forças externas exercidas nessa estrutura. Somando os momentos em relação a *A*, primeiro determinamos a força **T** exercida pelo cabo; somando os componentes em *x* e *y*, determinamos então os componentes $\mathbf{A}_x$ e $\mathbf{A}_y$ da reação no pino *A*.

Para determinar as forças internas que mantêm as várias partes da estrutura juntas, devemos desmembrar a estrutura e traçar um diagrama de corpo livre para cada uma de suas partes componentes (Fig. 6.19*c*). Primeiro, devem-se considerar os elementos sujeitos a duas forças. Nessa estrutura, o elemento *BE* é o único sujeito à ação de duas forças. As forças atuantes em cada extremidade desse elemento têm que ser de igual intensidade, igual linha de ação e sentidos opostos (Seção 4.2A). Elas são, portanto, direcionadas ao longo de *BE* e serão representadas, respectivamente, por $\mathbf{F}_{BE}$ e $-\mathbf{F}_{BE}$. Seus sentidos serão arbitrariamente considerados, tal como mostra a Fig. 6.19*c*; depois, o sinal obtido para a intensidade comum F_{BE} das duas forças confirmará ou negará essa suposição.

Em seguida, consideramos os elementos sujeitos à ação de múltiplas forças, ou seja, os elementos sobre os quais atuam três ou mais forças. De acordo com a terceira lei de Newton, a força exercida em *B* pelo elemento *BE* no elemento *AD* tem que ser igual e oposta à força $\mathbf{F}_{BE}$ exercida por *AD* em *BE*. De modo semelhante, a força exercida em *E* pelo elemento *BE* no elemento *CF* tem que ser igual e oposta à força $-\mathbf{F}_{BE}$ exercida por *CF* em *BE*. Logo, as duas forças que o elemento *BE* exerce em *AD* e *CF* são, respectivamente, iguais a $-\mathbf{F}_{BE}$ e $\mathbf{F}_{BE}$; elas têm igual intensidade F_{BE} e sentidos opostos e devem estar direcionadas tal como mostra a Fig. 6.19*c*.

Em *C*, dois elementos sujeitos à ação de múltiplas forças estão ligados. Como nem a direção nem a intensidade das forças exercidas em *C* são conhecidas, essas forças serão representadas pelos seus componentes *x* e *y*. Os componentes $\mathbf{C}_x$ e $\mathbf{C}_y$ da força exercidas no elemento *AD* serão arbitrariamente direcionados para a direita e para cima. Como, de acordo com a terceira lei de Newton, as forças exercidas pelo elemento *CF* em *AD* e pelo elemento *AD* em *CF* são iguais e opostas, os componentes da força que atuam no elemento *CF* *devem* estar direcionados para a esquerda e para baixo; eles serão representados, respectivamente, por $-\mathbf{C}_x$ e $-\mathbf{C}_y$. Se a força $\mathbf{C}_x$ está realmente direcionada para a direita e a força $-\mathbf{C}_x$ para a esquerda, será determinado depois pelo sinal de sua intensidade comum C_x, um sinal positivo que indica que a suposição que se fez estava certa e um sinal negativo de que ela estava errada. Os diagramas de corpo livre dos elementos sujeitos a múltiplas forças são completados mostrando as forças externas atuando em *A*, *D* e *F*.*

Podem-se agora determinar as forças internas considerando o diagrama de corpo livre de qualquer dos dois elementos sujeitos a múltiplas forças. Escolhendo o diagrama de corpo livre de *CF*, por exemplo, escrevemos as equações $\Sigma M_C = 0$, $\Sigma M_E = 0$ e $\Sigma F_x = 0$, que dão os valores das intensidades F_{BE}, C_y e C_x, respectivamente. Esses valores podem ser confirmados verificando-se que o elemento *AD* está também em equilíbrio.

---

* Não é estritamente necessário utilizar um sinal negativo para distinguir a força exercida por um elemento sobre outro de força igual e oposta exercida pelo segundo elemento no primeiro, já que as duas forças pertencem a diagramas de corpo livre diferentes e, portanto, não podem ser facilmente confundidas. Nos Problemas Resolvidos, é usado o mesmo símbolo para representar forças iguais e opostas que são aplicadas a corpos livres distintos. Deve-se observar que, sob essas condições, o sinal obtido para um dado componente de força não relacionará diretamente o sentido desse componente com o sentido do eixo coordenado correspondente. Em vez disso, um sinal positivo indicará que *o sentido que se pressupôs para esse componente no diagrama de corpo livre* está certo, e um sinal negativo indicará que ele está errado.

Deve-se observar que os pinos na Fig. 6.19 foram considerados parte integrante de um dos dois elementos que eles unem e, por isso, não foi necessário mostrar seus diagramas de corpo livre. Essa suposição pode sempre ser usada para simplificar a análise de estruturas e máquinas. Porém, quando um pino está ligado a três ou mais elementos, ou quando um pino está ligado a um apoio e a dois ou mais elementos, ou quando uma carga é aplicada a um pino, deve-se tomar uma decisão clara na escolha do elemento ao qual o pino supostamente pertence. (Se elementos sujeitos a múltiplas forças estiverem envolvidos, o pino deve estar preso a um desses elementos.) As várias forças exercidas no pino devem então ser identificadas claramente. Isso é ilustrado no Problema Resolvido 6.6.

6.3B Estruturas que entram em colapso sem apoios

O guindaste analisado foi construído de tal modo que podia manter a mesma forma sem a ajuda de seus apoios; considerou-se, então, como um corpo rígido. Muitas estruturas, no entanto, entrarão em colapso se separadas de seus apoios; tais estruturas não podem ser consideradas como corpos rígidos. Considere, por exemplo, a estrutura mostrada na Fig. 6.20a, que consiste em dois elementos AC e CB que sustentam as cargas **P** e **Q** em seus pontos médios; os elementos são apoiados por pinos em A e B e são unidos por um pino em C. Se separada de seus apoios, essa estrutura não manterá sua forma; deve-se então considerá-la como feita de *duas partes rígidas distintas AC e CB*.

As equações $\Sigma F_x = 0$, $\Sigma F_y = 0$ e $\Sigma M = 0$ (em relação a qualquer ponto dado) expressam as condições para o *equilíbrio de um corpo rígido* (Cap. 4); devemos utilizá-las, portanto, em conexão com os diagramas de corpo livre de corpos rígidos, em outras palavras os diagramas de corpo livre dos elementos AC e CB (Fig. 6.20b). Como esses elementos estão sujeitos à ação de múltiplas forças e como pinos são usados nos apoios e na conexão, as reações em A e B e das forças em C serão representadas por dois componentes. De acordo com a terceira lei de Newton, os componentes da força exercida por CB em AC e os componentes da força exercida por AC em CB são representados por vetores de igual intensidade e sentidos opostos; então, se o primeiro par de componentes consiste em **C**$_x$ e **C**$_y$, o segundo par será representado por −**C**$_x$ e −**C**$_y$.

Observamos que quatro componentes de força desconhecidos atuam no corpo livre AC, enquanto somente três equações independentes podem ser usadas para demonstrar que o corpo está em equilíbrio; de modo semelhante, quatro incógnitas, mas somente três equações, estão associadas a CB. No en-

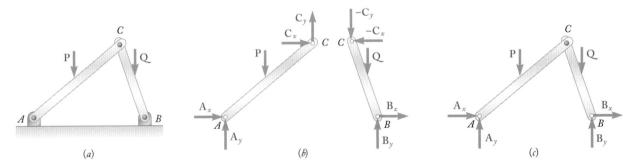

Figura 6.20 (a) Uma estrutura de dois elementos apoiados por dois pinos e ligados por um terceiro. Sem os apoios, a estrutura entraria em colapso e, portanto, não é um corpo rígido. (b) Diagramas de corpo livre dos dois elementos. (c) Diagrama de corpo livre da estrutura inteira.

tanto, somente seis incógnitas diferentes estão envolvidas na análise dos dois elementos, e no total seis equações estão disponíveis para demonstrar que os elementos estão em equilíbrio. Escrevendo $\Sigma M_A = 0$ para o corpo livre AC e $\Sigma M_B = 0$ para CB, obtemos duas equações simultâneas que podem ser resolvidas para a intensidade comum C_x dos componentes $\mathbf{C}_x$ e $-\mathbf{C}_x$ e para a intensidade comum C_y dos componentes $\mathbf{C}_y$ e $-\mathbf{C}_y$. Então, escrevemos $\Sigma F_x = 0$ e $\Sigma F_y = 0$ para cada um dos dois corpos livres, obtendo, sucessivamente, as intensidades A_x, A_y, B_x e B_y.

Pode-se agora observar que, como as equações de equilíbrio $\Sigma F_x = 0$, $\Sigma F_y = 0$ e $\Sigma M = 0$ (em relação a qualquer ponto dado) são satisfeitas pelas forças que atuam no corpo livre AC, e uma vez que também são satisfeitas pelas forças atuantes no corpo livre CB, elas devem ser satisfeitas quando as forças atuantes nos dois corpos livres são consideradas simultaneamente. Como as forças internas em C se anulam mutuamente, encontramos que as equações de equilíbrio devem ser satisfeitas pelas forças externas mostradas no diagrama de corpo livre da estrutura ACB propriamente dita (Fig. 6.20c), apesar de essa estrutura não ser um corpo rígido. Essas equações podem ser usadas para se determinar alguns dos componentes das reações em A e B. Contudo, acharemos também que **as reações não podem ser completamente determinadas a partir do diagrama de corpo livre da estrutura inteira.** É, portanto, necessário desmembrar a estrutura e considerar os diagramas de corpo livre de suas partes componentes (Fig. 6.20b), mesmo quando estamos interessados em determinar somente as reações externas. Isso ocorre porque as equações de equilíbrio obtidas para o corpo livre ACB *são condições necessárias para o equilíbrio de uma estrutura não rígida, mas não são condições suficientes.*

O método de solução esboçado aqui envolvia equações simultâneas. Agora nos é apresentado um método mais eficaz, que usa o corpo livre ACB bem como os corpos livres AC e CB. Tendo $\Sigma M_A = 0$ e $\Sigma M_B = 0$ para o corpo livre ACB, obtemos B_y e A_y. E tendo $\Sigma M_C = 0$, $\Sigma F_x = 0$ e $\Sigma F_y = 0$ para o corpo livre AC, obtemos, sucessivamente, A_x, C_x e C_y. Por fim, tendo $\Sigma F_x = 0$ para ACB, obtemos B_x.

Observamos anteriormente que a análise da estrutura da Fig. 6.20 envolve seis componentes de força desconhecidos e seis equações de equilíbrio independentes. (As equações de equilíbrio para a estrutura inteira foram obtidas a partir das seis equações originais e, por isso, não são independentes.) Além disso, verificamos que todas as incógnitas podiam realmente ser determinadas e que todas as equações podiam ser satisfeitas. A estrutura considerada é **estaticamente determinada e rígida**. A palavra rígida é usada aqui para indicar que a estrutura manterá sua forma enquanto permanecer ligada aos seus apoios. Geralmente, para determinar se uma estrutura é estaticamente determinada e rígida, devemos traçar um diagrama de corpo livre para cada uma de suas partes componentes e contar as reações e forças internas envolvidas. Devemos também determinar o número de equações de equilíbrio independentes (excluindo-se as equações que expressam o equilíbrio da estrutura inteira ou de grupos de partes componentes já analisados). Se há mais incógnitas que equações, a estrutura é *estaticamente indeterminada*. Se há menos incógnitas que equações, a estrutura *não é rígida*. Se há tantas incógnitas quanto equações, *e se todas as incógnitas podem ser determinadas e todas equações podem ser satisfeitas* em condições gerais de carregamento, a estrutura é estaticamente determinada e rígida. Se, no entanto, por causa de um arranjo impróprio de elementos e apoios, as incógnitas não puderem ser todas determinadas e as equações não puderem ser todas satisfeitas, a estrutura é **estaticamente indeterminada e não rígida.**

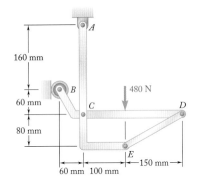

Figura 1 Diagrama de corpo livre da estrutura inteira.

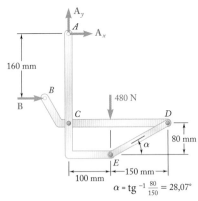

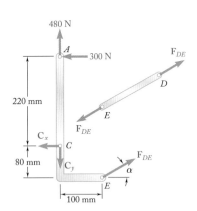

Figura 3 Diagramas de corpo livre dos elementos ACE e DE.

PROBLEMA RESOLVIDO 6.4

Na estrutura mostrada na figura, os elementos ACE e BCD estão ligados por um pino em C e pela haste DE. Para o carregamento mostrado na figura, determine a força na haste DE e os componentes da força exercidos em C no elemento BCD.

ESTRATÉGIA Seguiremos os procedimentos gerais discutidos nesta seção. Primeiro, considera-se a estrutura inteira como um corpo livre, permitindo que encontremos as reações em A e B. Então, desmembra-se a estrutura e considera-se cada elemento como um corpo livre, o que nos fornecerá as equações necessárias para encontrarmos a força em C.

MODELAGEM E ANÁLISE Como as reações externas envolvem apenas três incógnitas, calculamos as reações considerando o diagrama de corpo livre da estrutura inteira (Fig. 1).

$+\uparrow \Sigma F_y = 0$: $A_y - 480 \text{ N} = 0$ $A_y = +480 \text{ N}$ $\mathbf{A}_y = 480 \text{ N} \uparrow$
$+\circlearrowleft \Sigma M_A = 0$: $-(480 \text{ N})(100 \text{ mm}) + B(160 \text{ mm}) = 0$
$B = +300 \text{ N}$ $\mathbf{B} = 300 \text{ N} \rightarrow$
$\xrightarrow{+} \Sigma F_x = 0$: $B + A_x = 0$
$300 \text{ N} + A_x = 0$ $A_x = -300 \text{ N}$ $\mathbf{A}_x = 300 \text{ N} \leftarrow$

A estrutura é agora desmembrada (Fig. 2 e 3). Como somente dois elementos estão ligados em C, os componentes das forças desconhecidas em ACE e BCD são, respectivamente, iguais e opostos. Partimos do pressuposto que a haste DE está sob tração (Fig. 3) e exerce forças iguais e opostas em D e E, direcionadas como mostra a figura.

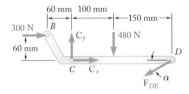

Figura 2 Diagrama de corpo livre do elemento BCD.

Corpo livre: Elemento BCD. Utilizando o corpo livre BCD (Fig. 2), podemos escrever e solucionar as três equações de equilíbrio:

$+\circlearrowright \Sigma M_C = 0$:
$(F_{DE} \text{ sen } \alpha)(250 \text{ mm}) + (300 \text{ N})(60 \text{ mm}) + (480 \text{ N})(100 \text{ mm}) = 0$
$F_{DE} = -561 \text{ N}$ $F_{DE} = 561 \text{ N C}$ ◀

$\xrightarrow{+} \Sigma F_x = 0$: $C_x - F_{DE} \cos \alpha + 300 \text{ N} = 0$
$C_x - (-561 \text{ N}) \cos 28{,}07° + 300 \text{ N} = 0$ $C_x = -795 \text{ N}$
$+\uparrow \Sigma F_y = 0$: $C_y - F_{DE} \text{ sen } \alpha - 480 \text{ N} = 0$
$C_y - (-561 \text{ N}) \text{ sen } 28{,}07° - 480 \text{ N} = 0$ $C_y = +216 \text{ N}$

Dos sinais obtidos para C_x e C_y, os componentes de força $\mathbf{C}_x$ e $\mathbf{C}_y$ exercidos no membro BCD estão direcionados para a esquerda e para cima, respectivamente. Então, temos

$\mathbf{C}_x = 795 \text{ N} \leftarrow$, $\mathbf{C}_y = 216 \text{ N} \uparrow$ ◀

PARA REFLETIR Para conferir os resultados, consideramos o corpo livre ACE (Fig. 3). Por exemplo:

$+\circlearrowleft \Sigma M_A = (F_{DE} \cos \alpha)(300 \text{ mm}) + (F_{DE} \text{ sen } \alpha)(100 \text{ mm}) - C_x(220 \text{ mm})$
$= (-561 \cos \alpha)(300) + (-561 \text{ sen } \alpha)(100) - (-795)(220) = 0$

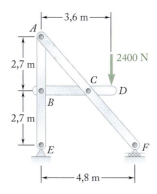

PROBLEMA RESOLVIDO 6.5

Determine os componentes das forças exercidas em cada elemento da estrutura mostrada na figura.

ESTRATÉGIA Nesta análise, devemos considerar a estrutura inteira como um corpo livre para a determinação das reações e, depois, considerar os elementos separadamente. Entretanto, neste caso, não poderemos determinar as forças em um elemento sem analisar um segundo elemento ao mesmo tempo.

MODELAGEM E ANÁLISE Como as reações externas envolvem apenas três incógnitas, calculamos as reações considerando o diagrama de corpo livre da estrutura inteira (Fig. 1).

$+\circlearrowleft \Sigma M_E = 0$: $-(2400\text{ N})(3{,}6\text{ m}) + F(4{,}8\text{ m}) = 0$
$\qquad F = +1800\text{ N}$ $\mathbf{F} = 1800\text{ N}\uparrow$ ◀

$+\uparrow \Sigma F_y = 0$: $-2400\text{ N} + 1800\text{ N} + E_y = 0$
$\qquad E_y = +600\text{ N}$ $\mathbf{E}_y = 600\text{ N}\uparrow$ ◀

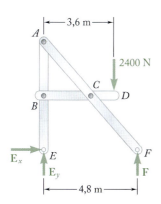

Figura 1 Diagrama de corpo livre da estrutura inteira.

$\xrightarrow{+} \Sigma F_x = 0$: $E_x = 0$ ◀

Agora desmembramos a estrutura. Como apenas dois elementos estão ligados a cada nó, componentes iguais e opostos são mostrados atuando sobre cada elemento em cada nó (Fig. 2).

Corpo livre: Elemento BCD.

$+\circlearrowleft \Sigma M_B = 0$: $-(2400\text{ N})(3{,}6\text{ m}) + C_y(2{,}4\text{ m}) = 0$ $C_y = +3600\text{ N}$ ◀

$+\circlearrowleft \Sigma M_C = 0$: $-(2400\text{ N})(1{,}2\text{ m}) + B_y(2{,}4\text{ m}) = 0$ $B_y = +1200\text{ N}$ ◀
$\xrightarrow{+} \Sigma F_x = 0$: $-B_x + C_x = 0$

Observamos que não é possível obter B_x e nem C_x considerando-se apenas o elemento BCD. Precisamos considerar o elemento ABE. Os valores positivos obtidos para B_y e C_y indicam que os componentes de força $\mathbf{B}_y$ e $\mathbf{C}_y$ estão direcionados como o esperado.

Corpo livre: Elemento ABE.

$+\circlearrowleft \Sigma M_A = 0$: $B_x(2{,}7\text{ m}) = 0$ $B_x = 0$ ◀

$\xrightarrow{+} \Sigma F_x = 0$: $+B_x - A_x = 0$ $A_x = 0$ ◀

$+\uparrow \Sigma F_y = 0$: $-A_y + B_y + 600\text{ N} = 0$
$\qquad -A_y + 1200\text{ N} + 600\text{ N} = 0$ $A_y = +1800\text{ N}$ ◀

Corpo livre: Elemento BCD.
Retornando agora ao elemento BCD, temos

$\xrightarrow{+} \Sigma F_x = 0$: $-B_x + C_x = 0$ $0 + C_x = 0$ $C_x = 0$ ◀

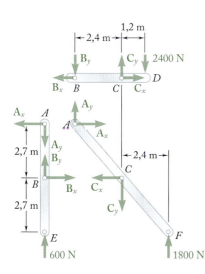

Figura 2 Diagramas de corpo livre dos elementos individuais.

PARA REFLETIR Todos os componentes desconhecidos foram encontrados. Para verificar os resultados, podemos verificar se o membro ACF está em equilíbrio.

$+\circlearrowleft \Sigma M_C = (1800\text{ N})(2{,}4\text{ m}) - A_y(2{,}4\text{ m}) - A_x(2{,}7\text{ m})$
$\qquad = (1800\text{ N})(2{,}4\text{ m}) - (1800\text{ N})(2{,}4\text{ m}) - 0 = 0$ (verificado)

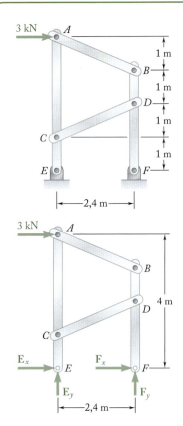

Figura 1 Diagrama de corpo livre da estrutura inteira.

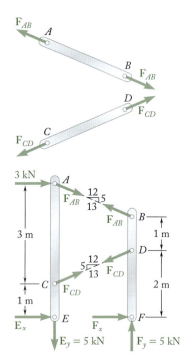

Figura 2 Diagramas de corpo livre dos elementos individuais.

PROBLEMA RESOLVIDO 6.6

Uma força horizontal de 3 kN é aplicada no pino A da estrutura mostrada na figura. Determine as forças atuantes nos dois elementos verticais dessa estrutura.

ESTRATÉGIA Começamos, como sempre, por um diagrama de corpo livre da estrutura inteira, mas dessa vez não poderemos determinar todas as reações. Teremos que analisar um elemento em separado e então retornar à análise da estrutura inteira, buscando determinar as forças de reação remanescentes.

MODELAGEM E ANÁLISE A estrutura inteira é escolhida como um corpo livre (Fig. 1); podemos determinar os dois componentes de força $\mathbf{E}_y$ e $\mathbf{F}_y$ escrevendo equações de equilíbrio. Entretanto, essas equações não são suficientes para determinar $\mathbf{E}_x$ e $\mathbf{F}_x$.

$+\circlearrowleft \Sigma M_E = 0:\quad -(3\text{ kN})(4\text{ m}) + F_y(2.4\text{ m}) = 0$
$\qquad F_y = +5\text{ kN} \qquad\qquad \mathbf{F}_y = 5\text{ kN}\uparrow$ ◀

$+\uparrow \Sigma F_y = 0:\quad E_y + F_y = 0$
$\qquad E_y = -5\text{ kN} \qquad\qquad \mathbf{E}_y = 5\text{ kN}\downarrow$ ◀

Devemos agora considerar os diagramas de corpo livre dos vários elementos para prosseguirmos com a solução (Fig. 2). Ao desmembramos a estrutura, vamos supor que o pino A esteja preso ao elemento sujeito à ação de múltiplas forças ACE e que, portanto, a força de 3 kN é aplicada sobre esse elemento. Observamos também que AB e CD são elementos sujeitos à ação de duas forças.

Corpo livre: Elemento ACE.

$+\uparrow \Sigma F_y = 0:\quad -\tfrac{5}{13}F_{AB} + \tfrac{5}{13}F_{CD} - 5\text{ kN} = 0$
$+\circlearrowleft \Sigma M_E = 0:\quad -(3\text{ kN})(4\text{ m}) - (\tfrac{12}{13}F_{AB})(4\text{ m}) - (\tfrac{12}{13}F_{CD})(1\text{ m}) = 0$

Resolvendo essas equações simultaneamente, encontramos

$\qquad\qquad F_{AB} = -5{,}2\text{ kN} \qquad F_{CD} = +7{,}8\text{ kN}$ ◀

Os sinais obtidos indicam que o sentido que era esperado para F_{CD} estava correto e que o sentido F_{AB} estava incorreto. Somando-se agora os componentes em x,

$\xrightarrow{+}\Sigma F_x = 0:\quad 3\text{ kN} + \tfrac{12}{13}(-5{,}2\text{ kN}) + \tfrac{12}{13}(+7{,}8\text{ kN}) + E_x = 0$
$\qquad E_x = -5{,}4\text{ kN} \qquad\qquad \mathbf{E}_x = 5{,}4\text{ kN}\leftarrow$ ◀

Corpo livre: estrutura inteira. Como $\mathbf{E}_x$ foi determinado, podemos retornar ao diagrama de corpo livre da estrutura inteira.

$\xrightarrow{+}\Sigma F_x = 0:\quad 3\text{ kN} - 5{,}4\text{ kN} + F_x = 0$
$\qquad F_x = +2{,}4\text{ kN} \qquad\qquad \mathbf{F}_x = 2{,}4\text{ kN}\rightarrow$ ◀

PARA REFLETIR Para verificarmos os cálculos, verificamos se a equação $\Sigma M_B = 0$ é satisfeita pelas forças que atuam no elemento BDF.

$+\circlearrowleft \Sigma M_B = -\left(\tfrac{12}{13}F_{CD}\right)(1\text{ m}) + (F_x)(3\text{ m})$
$\qquad\qquad = -\tfrac{12}{13}(7{,}8\text{ kN})(1\text{ m}) + (2{,}4\text{ kN})(3\text{ m})$
$\qquad\qquad = -7{,}2\text{ kN·m} + 7{,}2\text{ kN} = 0 \qquad\text{(verificado)}$

METODOLOGIA PARA A RESOLUÇÃO DE PROBLEMAS

Nesta seção, aprendemos a analisar **estruturas que contêm um ou mais elementos sujeitos à ação de múltiplas forças.** Nos problemas que se seguem, seremos solicitados a determinar as reações externas exercidas na estrutura e as forças internas que mantêm unidos os elementos da estrutura.

Na solução de problemas que envolvam estruturas que contêm um ou mais elementos sujeitos à ação de múltiplas forças, seguiremos estes passos:

1. Trace um diagrama de corpo livre da estrutura inteira. Usar esse diagrama de corpo livre para calcular, até onde for possível, as reações nos apoios. (No Problema Resolvido 6.6, somente dois dos quatro componentes de reações podiam ser encontrados a partir do diagrama de corpo livre da estrutura inteira.)

2. Desmembrar a estrutura e traçar um diagrama de corpo livre de cada elemento.

3. Considerando primeiro os elementos sujeitos à ação de duas forças, apliquemos forças iguais e opostas a cada elemento sujeito à ação de duas forças nos pontos em que ele está ligado a outro elemento. Se o elemento sujeito a ação de duas forças for um elemento reto, essas forças estarão direcionadas ao longo do eixo do elemento. Se não pudermos dizer nesse ponto se o elemento está sob tração ou sob compressão, simplesmente *suponhamos* que o elemento está sob tração e *direcionemos ambas as forças apontando para fora do elemento*. Como essas forças têm a mesma intensidade desconhecida, dar a ambas o *mesmo nome* e, para evitar qualquer confusão posterior, *não usar um sinal de mais nem um sinal de menos*.

4. Em seguida, consideremos os elementos sujeitos a múltiplas forças. Para cada um desses elementos, mostremos todas as forças exercidas sobre o elemento, incluindo *cargas aplicadas, reações e forças internas nas conexões*. A intensidade e a direção de qualquer reação ou componente de reação encontrados anteriormente a partir do diagrama de corpo livre da estrutura inteira deve ser claramente indicado.

    a. Onde um elemento sujeito à ação de múltiplas forças está ligado a um elemento sujeito à ação de duas forças, apliquemos ao elemento sujeito à ação de múltiplas forças uma força *igual e oposta* à força traçada no diagrama de corpo livre do elemento sujeito à ação de duas forças, *dando-lhe o mesmo nome*.

    b. Onde um elemento sujeito à ação de múltiplas forças estiver ligado a um outro elemento sujeito à ação de múltiplas forças, usemos, nesse ponto, *componentes horizontais e verticais* para representar as forças internas, já que nem a direção nem a intensidade dessas forças são conhecidas. A direção que escolhermos para cada um dos dois componentes de força exercidos no primeiro elemento sujeito à ação de múltiplas forças é arbitrária, mas *devemos aplicar componentes de força iguais e opostos de mesmo nome*, ao outro elemento sujeito à ação de múltiplas forças. Novamente, *não usaremos um sinal de mais nem um sinal de menos*.

(continua)

5. **As forças internas podem agora ser determinadas**, assim como quaisquer reações que ainda não encontramos.

    a. **O diagrama de corpo livre** de cada um dos elementos sujeitos à ação de múltiplas forças pode nos fornecer *três equações de equilíbrio*.
    b. **Para simplificar a solução**, devemos procurar uma maneira de escrever uma equação que envolva uma única incógnita. Se pudermos localizar *um ponto em que todos os componentes de força, exceto um, se cruzam*, obtermos uma equação em uma única incógnita somando momentos em relação a esse ponto. *Se todas as forças desconhecidas, exceto uma, forem paralelas*, obtermos uma equação em uma única incógnita somando componentes de forças em uma direção perpendicular às forças paralelas.
    c. **Como foi escolhido arbitrariamente o sentido de cada uma das forças desconhecidas,** não podemos determinar se a sua suposição estava certa até que a solução esteja completa. Para fazer isso, consideremos o *sinal* do valor encontrado para cada uma das incógnitas: um sinal *positivo* significa que o sentido que selecionamos estava *certo*; um sinal *negativo* significa que o sentido é *oposto* ao sentido que se era esperado.

6. **Para sermos mais eficazes e eficientes** à medida que prosseguimos com a solução, observemos as seguintes regras:

    a. **Se uma equação que envolva uma única incógnita puder ser encontrada,** iremos escrever essa equação e *resolvê-la para essa incógnita*. Imediatamente, substituir essa incógnita em todos os lugares em que ela aparece nos outros diagramas de corpo livre pelo valor que encontramos. Devemos repetir esse processo, procurando equações de equilíbrio que envolvam uma única incógnita, até que tenhamos encontrado todas as forças internas e reações desconhecidas.
    b. **Se uma equação que envolva uma única incógnita não puder ser encontrada,** podemos *resolver um par de equações simultâneas*. Antes de fazer isso, verifiquemos se foi mostrado os valores de todas as reações que foram obtidos do diagrama de corpo livre da estrutura inteira.
    c. **O número total de equações** de equilíbrio para a estrutura inteira e para os elementos individuais *será maior que o número de forças e de reações desconhecidas*. Depois que tivermos encontrado todas as reações e todas as forças internas, poderemos usar as equações dependentes restantes para verificar a exatidão da solução.

PROBLEMAS

PROBLEMAS PRÁTICOS DE DIAGRAMA DE CORPO LIVRE

6.F1 Para a estrutura e a carga mostradas na figura, trace o(s) diagrama(s) de corpo livre necessário(s) para determinar a força no elemento BD e os componentes da reação em C.

6.F2 Para a estrutura e a carga mostradas na figura, trace o(s) diagrama(s) de corpo livre necessário(s) para determinar os componentes de todas as forças que atuam no membro ABC.

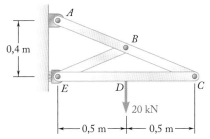

Figura P6.F2

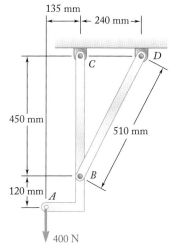

Figura P6.F1

6.F3 Trace o(s) diagrama(s) de corpo livre necessário(s) para determinar todas as forças que atuam no elemento AI se a estrutura é carregada por um binário no sentido horário de intensidade 600 N·m aplicada no ponto D.

6.F4 Sabendo que a polia tem um raio de 0,5 m, trace o(s) diagrama(s) de corpo livre necessário(s) para determinar os componentes das reações em A e E.

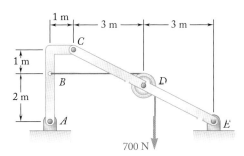

Figura P6.F4

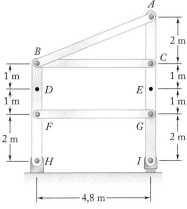

Figura P6.F3

PROBLEMAS DE FINAL DE SEÇÃO

6.75 a 6.76 Determine a força exercida no elemento *BD* e os componentes da reação em *C*.

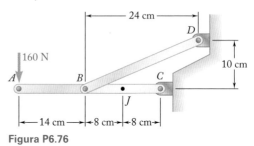

Figura P6.76

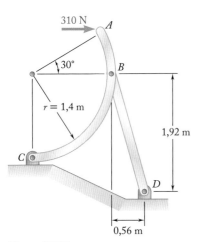

Figura P6.75

6.77 Para a estrutura e carregamento mostrados na figura, determine a força exercida no elemento *ABC* (*a*) em *B*, (*b*) em *C*.

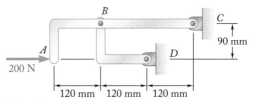

Figura P6-77

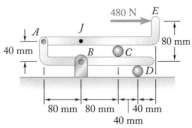

Figura P6.78

6.78 Determine os componentes de todas as forças exercidas no elemento *ABCD* da estrutura mostrada.

6.79 Para a estrutura e carregamento mostrados na figura, determine os componentes de todas as forças atuando no elemento *ABC*.

6.80 Resolva o Problema 6.79 considerando que a carga de 18 kN é substituída por um binário no sentido horário de intensidade 72 kN·m aplicado no elemento *CDEF* no ponto *D*.

6.81 Determine os componentes de todas as forças atuantes no elemento *ABCD* quando $\theta = 0°$.

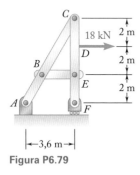

Figura P6.79

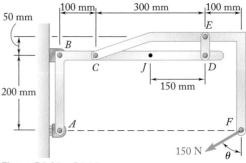

Figura P6.81 e *P6.82*

6.82 Determine os componentes de todas as forças atuantes no elemento *ABCD* quando $\theta = 90°$.

6.83 Determine os componentes das reações em A e E se (a) a carga de 800 N é aplicada tal como mostra a figura, (b) a carga de 800 N é movida ao longo da sua linha de ação e aplicada em D.

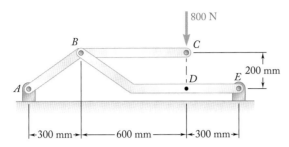

Figura P6.83

6.84 Determine os componentes das reações em D e E quando a estrutura é carregada por um binário no sentido horário de intensidade 150 N·m aplicado (a) em A, (b) em B.

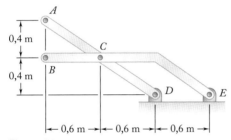

Figura P6.84

6.85 Determine os componentes das reações em A e E quando uma força de 750 N direcionada verticalmente para baixo é aplicada (a) em B, (b) em D.

6.86 Determine os componentes das reações em A e E quando a estrutura é carregada por um binário no sentido horário de intensidade 36 N·m aplicado (a) em B, (b) em D.

6.87 Determine os componentes das reações em A e B quando (a) a carga de 100 N é aplicada tal como mostra a figura, (b) a carga de 100 N é movida ao longo da sua linha de ação e aplicada em F.

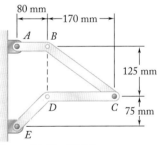

Figura P6.85 e P6.86

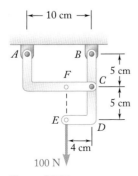

Figura P6.87

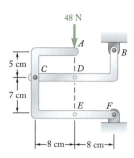

Figura P6.88 e P6.89

6.88 A carga de 48 N pode ser movida ao longo da linha de ação mostrada na figura, e aplicada em A, D ou E. Determine os componentes das reações em B e F quando a carga de 48 N é aplicada (a) em A, (b) em D, (c) em E.

6.89 A carga de 48 N é removida, e um binário de 2,88 N·m no sentido horário é aplicado sucessivamente em A, D e E. Determine os componentes das reações em B e F quando o binário é aplicado (a) em A, (b) em D, (c) em E.

6.90 (a) Mostre que, quando uma estrutura sustenta uma polia em A, um carregamento equivalente da estrutura e de cada uma de suas partes componentes pode ser obtido removendo-se a polia e aplicando-se em A duas forças iguais e paralelas às forças que o cabo exerce na polia. (b) Mostre que, se uma extremidade do cabo é presa na estrutura no ponto B, uma força de intensidade igual à tração no cabo deve também ser aplicada em B.

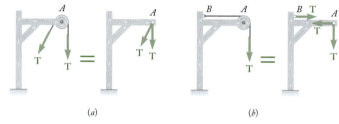

Figura P6.90

6.91 Sabendo que cada polia tem um raio de 250 mm, determine os componentes das reações em D e E.

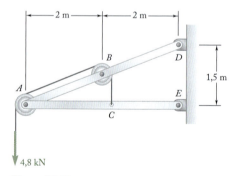

Figura P6.91

6.92 Sabendo que a polia tem um raio de 75 mm, determine os componentes das reações em A e B.

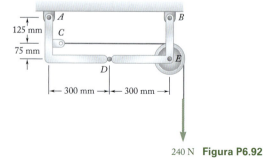

Figura P6.92

6.93 Um tubo de 1,5 m de diâmetro é apoiado a cada 8 m por uma pequena estrutura, tal como mostra a figura. Sabendo que o peso de cada tubo somado ao seu conteúdo é 500 N/m e considerando superfícies sem atrito, determine os componentes (*a*) da reação em *E*, (*b*) da força exercida em *C* sobre o elemento *CDE*.

6.94 Resolva o Problema 6.93 para uma estrutura na qual $h = 3$ m.

6.95 Um trailer pesa 12 kN e é rebocado a uma caminhonete de carga de 14,5 kN por meio de um engate de rótula fixo em *D*. Determine (*a*) as reações em cada uma das seis rodas quando a caminhonete e o trailer estão em repouso, (*b*) o carregamento adicional em cada roda da caminhonete devido ao trailer.

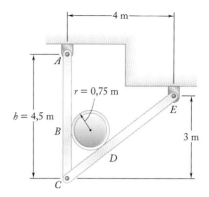

Figura P6.93

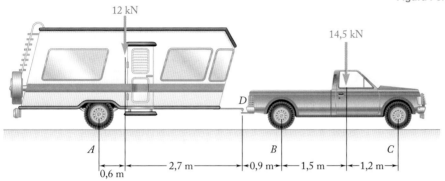

Figura P6.95

6.96 A fim de obter a melhor distribuição de peso sob as quatro rodas da caminhonete de carga do Problema 6.95, um tipo de fixação compensatória mostrada na figura é usada para a caminhonete rebocar o trailer. A fixação consiste em duas barras amortecedoras (apenas uma é mostrada na figura) rigidamente encaixadas em rolamentos dentro do suporte preso junto à caminhonete. As barras são também conectadas por correntes na estrutura do trailer, e ganchos especialmente projetados tornam possível colocar ambas as correntes em tração. (*a*) Determine a tensão *T* necessária em cada uma das duas correntes se o carregamento adicional do trailer for uniformemente distribuido sobre as quatro rodas da caminhonete. (*b*) Quais são as reações resultantes em cada uma das seis rodas da combinação trailer-caminhonete.

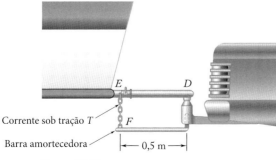

Figura P6.96

6.97 A cabine e a unidade motora da pá carregadeira articulada mostrada na figura estão ligadas por um pino vertical localizado 2 m atrás das rodas da cabine. A distância de C para D é 1 m. O centro de gravidade da unidade motora de 300 kN está localizado em G_m enquanto que os centros de gravidade da cabine de 100 kN e da carga de 75 kN estão localizados em G_c e G_l, respectivamente. Sabendo que a máquina está em repouso e com os freios soltos, determine (a) as reações em cada uma das quatro rodas, (b) as forças exercidas pela unidade motora em C e D.

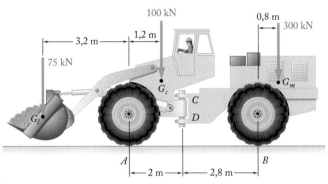

Figura P6.97

6.98 Resolva o Problema 6.97 considerando que a carga de 75 kN foi removida.

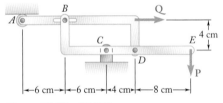

Figura P6.99 e P6.100

6.99 Sabendo que $P = 90$ N e $Q = 60$ N, determine os componentes de todas as forças atuando no elemento BCDE da estrutura mostrada na figura.

6.100 Sabendo que $P = 60$ N e $Q = 90$ N, determine os componentes de todas as forças atuando no elemento BCDE da estrutura mostrada na figura.

6.101 e 6.102 Para a estrutura e carregamento mostrados na figura, determine os componentes de todas as forças atuantes no elemento ABE.

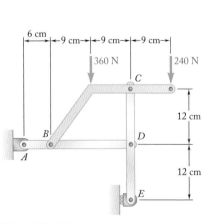

Figura P6.103

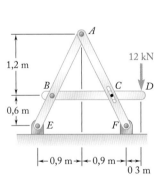

Figura P6.101

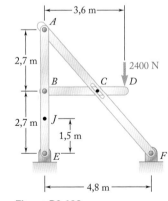

Figura P6.102

6.103 Para a estrutura e carregamento mostrados na figura, determine os componentes de todas as forças atuando no elemento ABD.

6.104 Resolva o Problema 6.103 considerando que a carga de 360 N foi removida.

6.105 Para a estrutura e carregamento mostrado na figura, determine os componentes das forças atuantes no elemento $DABC$ em B e D.

6.106 Resolva o Problema 6.105 considerando que a carga 6 kN foi removida.

6.107 O eixo do arco de três articulações ABC é uma parábola com vértice em B. Sabendo que $P = 112$ kN e $Q = 140$ kN, determine (*a*) os componentes da reação em A, (*b*) os componentes da força exercida em B sobre o segmento AB.

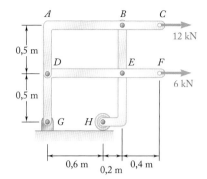

Figura **P6.105**

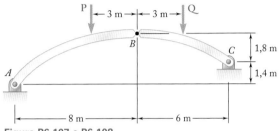

Figura P6.107 e P6.108

6.108 O eixo do arco de três articulações ABC é uma parábola com vértice em B. Sabendo que $P = 140$ kN e $Q = 112$ kN, determine (*a*) os componentes da reação em A, (*b*) os componentes da força exercida em B sobre o segmento AB.

6.109 e 6.110 Ignorando o efeito do atrito nas superfícies horizontal e vertical, determine as forças exercidas sobre B e C no elemento BCE.

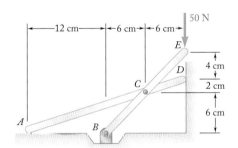

Figura P6.109

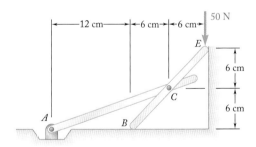

Figura P6.110

6.111, 6.112 e 6.113 Os elementos ABC e CDE são ligados por pinos em C e sustentados por quatro hastes. Para o carregamento mostrado nas figuras, determine a força em cada haste.

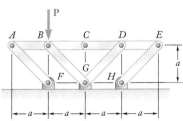

Figura **P6.111**

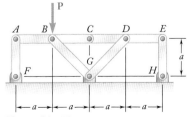

Figura P6.112

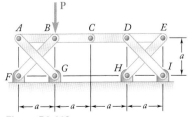

Figura P6.113

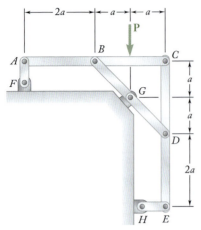

Figura P6.114

6.114 Os elementos ABC e CDE são ligados por pinos em C e sustentados por quatro hastes AF, BG, DG e EH. Para o carregamento mostrado nas figuras, determine a força em cada haste.

6.115 Resolva o Problema 6.112 considerando que a força **P** é substituída por um binário no sentido horário de momento M_0 aplicado ao elemento CDE em D.

6.116 Resolva o Problema 6.114 considerando que a força **P** é substituída por um binário no sentido horário de momento M_0 aplicado no mesmo ponto.

6.117 Quatro vigas, cada qual de comprimento 2a, são pregadas juntas em seus pontos médios para formar o sistema de apoio mostrado na figura. Considerando que apenas forças verticais são exercidas nas conexões, determine as reações verticais em A, D, E e H.

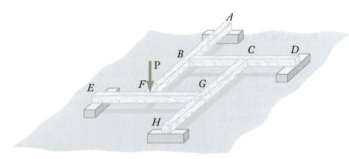

Figura P6.117

6.118 Quatro vigas, cada qual de comprimento 3a, são pregadas juntas com um único prego em A, B, C e D. Cada viga é fixada a um suporte localizado a uma distância a a partir da ponta da viga como mostrado na figura. Considerando que apenas forças verticais são exercidas nas conexões, determine as reações verticais em E, F, G e H.

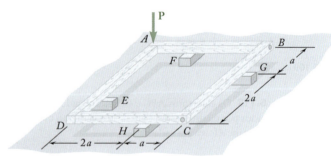

Figura P6.118

6.119 a 6.121 Cada uma das estruturas mostradas nas figuras consiste em dois elementos em forma de L ligados por duas hastes rígidas. Para cada estrutura, determine as reações nos apoios e indique se a estrutura é rígida.

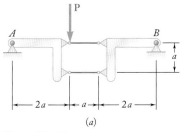 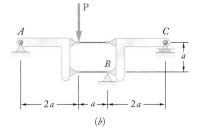 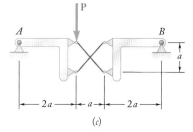

Figura P6.119

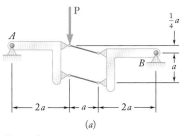 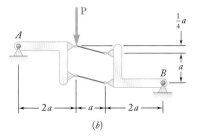 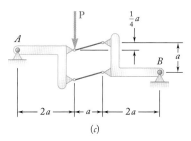

Figura P6.120

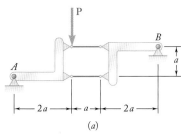 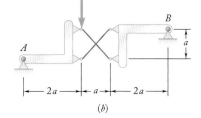 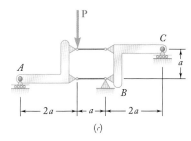

Figura P6.121

6.4 Máquinas

Máquinas são estruturas projetadas para transmitir e modificar forças. Sejam simples ferramentas ou que incluam mecanismos mais complicados, a principal função das máquinas é transformar **forças de entrada** em **forças de saída**. Considere, por exemplo, um alicate de corte usado para cortar um arame (Fig. 6.21a). Se aplicarmos duas forças iguais e opostas **P** e −**P** em seus cabos, eles exercerão duas forças iguais e opostas **Q** e −**Q** no arame (Fig. 6.21b).

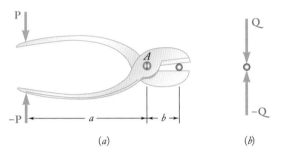

Foto 6.7 A luminária mostrada pode ser colocada em várias posições diferentes. A força nas molas e as forças internas nos nós podem ser determinadas considerando-se os componentes da luminária como corpos livres.

Figura 6.21 (a) Forças de entrada nos cabos de um alicate de corte; (b) as forças de saída cortam o arame.

Para determinar a intensidade Q das forças de saída quando a intensidade P das forças de entrada é conhecida (ou, inversamente, para determinar P quando Q é conhecido), traçamos um diagrama de corpo livre do alicate *sozinho*, mostrando as forças de entrada **P** e −**P** e as *reações* −**Q** e **Q** que o arame exerce no alicate (Fig. 6.22). No entanto, como o alicate forma uma estrutura não rígida, devemos usar uma de suas partes componentes como um corpo livre com a finalidade de determinar as forças desconhecidas. Considerando a Fig. 6.23a, por exemplo, e tomando momentos em relação a A, obtemos a relação $Pa = Qb$, que define a intensidade Q em termos de P, ou P em termos de Q. O mesmo diagrama de corpo livre pode ser usado para se determinar os componentes da força interna em A; encontramos $A_x = 0$ e $A_y = P + Q$.

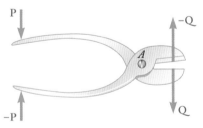

Figura 6.22 Para obter um diagrama de corpo livre do alicate em equilíbrio, devemos incluir as forças de entrada e as reações às forças de saída.

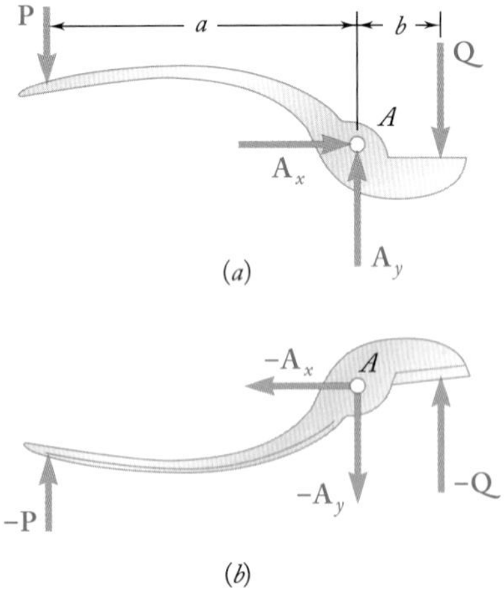

Figura 6.23 Diagramas de corpo livre dos elementos do alicate, mostrando os componentes das forças internas no nó A.

No caso de máquinas mais complicadas, geralmente será necessário usar vários diagramas de corpo livre e, possivelmente, resolver equações simultâneas que envolvam várias forças internas. Os corpos livres devem ser escolhidos para que incluam as forças de entrada e as reações às forças de saída, e o número total de componentes de força envolvidos que são desconhecidos não deve exceder o número de equações independentes disponíveis. É aconselhável, antes de tentar resolver um problema, determinar se a estrutura considerada é determinada. Não há motivo, porém, para se discutir a rigidez da máquina, já que uma máquina inclui partes que se movem e, portanto, *deve* ser não rígida.

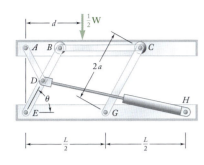

PROBLEMA RESOLVIDO 6.7

Uma mesa elevatória hidráulica é usada para levantar um caixote de 1.000 kg. A mesa consiste em uma plataforma e dois acoplamentos idênticos, sobre os quais os cilindros hidráulicos exercem forças iguais. (Somente um acoplamento e um cilindro são mostrados na figura.) Os elementos EDB e CG têm, cada qual, comprimento $2a$, e o elemento AD está preso por pino ao ponto médio de EDB. Se o caixote é colocado na mesa, de modo que a metade de seu peso é apoiada pelo sistema mostrado na figura, determine a força exercida por cada cilindro no momento de levantar o caixote para $\theta = 60°$, $a = 0{,}70$ m e $L = 3{,}20$ m. Mostre que o resultado obtido é independente da distância d.

ESTRATÉGIA O diagrama de corpo livre da estrutura inteira vai envolver mais de três incógnitas; portanto, não poderemos utilizar somente ele para resolver este problema. Ao invés disso, traçaremos os diagramas de corpo livre de cada componente da máquina e trabalharemos com eles.

MODELAGEM A máquina considerada consiste na plataforma e no acoplamento. O diagrama de corpo livre (Fig. 1) inclui a força $\mathbf{F}_{DH}$ exercida pelo cilindro, o peso $\mathbf{W}/2$, igual à força de saída e de sentido oposto, e as reações em E e G, que supomos estarem direcionadas tal como mostra a figura. Decompomos a estrutura e traçamos um diagrama de corpo livre para cada um de seus elementos (Fig. 2). Observamos que AD, BC e CG são elementos sujeitos a duas forças. Já consideramos que o elemento CG está sob compressão. Consideramos agora que AD e BC estão sob tração e que as forças exercidas neles são então direcionadas tal como mostra a figura. Vetores iguais e opostos são usados para representar as forças exercidas pelos elementos sujeitos a duas forças na plataforma, no elemento BDE e no rolete C.

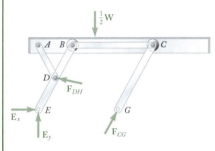

Figura 1 Diagrama de corpo livre da máquina.

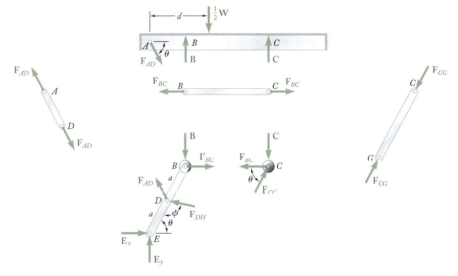

Figura 2 Diagrama de corpo livre de cada parte componente.

(continua)

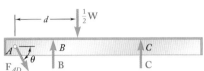

Figura 3 Diagrama de corpo livre da plataforma ABC.

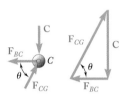

Figura 4 Diagrama de corpo livre do rolete C e seu triângulo de forças.

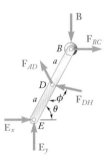

Figura 5 Diagrama de corpo livre do elemento BDE.

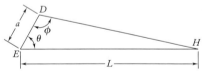

Figura 6 Geometria do triângulo EDH.

ANÁLISE

Corpo livre: Plataforma ABC (Fig. 3).

$$\xrightarrow{+}\Sigma F_x = 0: \qquad F_{AD}\cos\theta = 0 \qquad F_{AD} = 0$$
$$+\uparrow\Sigma F_y = 0: \qquad B + C - \tfrac{1}{2}W = 0 \qquad B + C = \tfrac{1}{2}W \qquad (1)$$

Corpo livre: Rolete C (Fig. 4). Traçamos um triângulo de forças e obtemos $F_{BC} = C \cot\theta$..

Corpo livre: Elemento BDE (Fig. 5). Recordando que $F_{AD} = 0$:

$$+\curvearrowleft\Sigma M_E = 0: \quad F_{DH}\cos(\phi - 90°)a - B(2a\cos\theta) - F_{BC}(2a\,\text{sen}\,\theta) = 0$$
$$F_{DH}a\,\text{sen}\,\phi - B(2a\cos\theta) - (C\cot\theta)(2a\,\text{sen}\,\theta) = 0$$
$$F_{DH}\,\text{sen}\,\phi - 2(B + C)\cos\theta = 0$$

Da Eq. (1), obtemos

$$F_{DH} = W\frac{\cos\theta}{\text{sen}\,\phi} \qquad (2)$$

e observamos que *o resultado obtido é independente de d*. ◀

Aplicando primeiro a lei dos senos ao triângulo EDH (Fig. 6), temos

$$\frac{\text{sen}\,\phi}{EH} = \frac{\text{sen}\,\theta}{DH} \qquad \text{sen}\,\phi = \frac{EH}{DH}\text{sen}\,\theta \qquad (3)$$

Aplicando agora a lei dos cossenos, temos

$$(DH)^2 = a^2 + L^2 - 2aL\cos\theta$$
$$= (0{,}70)^2 + (3{,}20)^2 - 2(0{,}70)(3{,}20)\cos 60°$$
$$(DH)^2 = 8{,}49 \qquad DH = 2{,}91\text{ m}$$

Observamos também que

$$W = mg = (1000\text{ kg})(9{,}81\text{ m/s}^2) = 9810\text{ N} = 9{,}81\text{ kN}$$

Substituindo sen ϕ de (3) em (2) e usando os dados numéricos, temos

$$F_{DH} = W\frac{DH}{EH}\cot\theta = (9{,}81\text{ kN})\frac{2{,}91\text{ m}}{3{,}20\text{ m}}\cot 60°$$

$$F_{DH} = 5{,}15\text{ kN} \qquad ◀$$

PARA REFLETIR Observamos que a haste AD acabou tendo força nula nessa situação. Entretanto, esse elemento ainda possui uma função importante, já que ele é necessário para permitir que a máquina suporte qualquer carga horizontal que venha a ser exercida sobre a plataforma

METODOLOGIA PARA A RESOLUÇÃO DE PROBLEMAS

Esta seção foi dedicada à análise de *máquinas*. Como são projetadas para transmitir ou modificar forças, as máquinas sempre contêm partes móveis. No entanto, as máquinas aqui consideradas vão sempre estar em repouso, e trabalharemos com o conjunto de forças *necessárias para se manter o equilíbrio da máquina*.

Forças conhecidas atuantes sobre a máquina são chamadas de *forças de entrada*. *Uma máquina transforma as forças de entrada em forças de saída*, tais como as forças de corte aplicadas pelo alicate da Fig. 6.21. Determinamos as forças de saída encontrando as forças iguais e opostas às forças de saída que devem ser aplicadas à máquina para se manter seu equilíbrio.

Na Seção 6.3, analisamos estruturas; agora adotaremos quase o mesmo procedimento para analisar máquinas:

1. **Traçar um diagrama de corpo livre da máquina inteira** e usá-lo para determinar tantas forças desconhecidas exercidas sobre a máquina quantas for possível.

2. **Decompor a máquina e traçar um diagrama de corpo livre de cada elemento.**

3. **Considerando primeiro os elementos sujeitos à ação de duas forças,** aplicar forças iguais e opostas a cada elemento sujeito a duas forças nos pontos em que eles estão ligados a outro elemento. Se não é possível nesse momento dizer se o elemento está sob tração ou sob compressão, simplesmente *suponhamos* que o elemento está sob tração e *direcione para fora ambas as forças do elemento*. Como essas forças têm a mesma intensidade desconhecida, *dar a ambas o mesmo nome*.

4. **Em seguida, consideremos os elementos sujeitos a múltiplas forças.** Para cada um desses elementos, mostremos todas as forças exercidas no elemento, incluindo cargas e forças aplicadas, reações e forças internas nas conexões.

    a. **Onde um elemento sujeito à ação de múltiplas forças está ligado a um elemento sujeito à ação de duas forças,** apliquemos ao elemento sujeito à ação de múltiplas forças uma força *igual e oposta* à força traçada no diagrama de corpo livre do elemento sujeito à ação de duas forças, *dando-lhe o mesmo nome*.

    b. **Onde um elemento sujeito à ação de múltiplas forças está ligado a um outro elemento sujeito à ação de múltiplas forças,** usemos *componentes verticais e horizontais* para representar as forças internas naquele ponto. Os sentidos escolhidos para cada um dos dois componentes de força exercidos no primeiro elemento sujeito à ação de múltiplas forças são arbitrários, mas *devemos aplicar componentes de força iguais e opostos, de igual nome,* ao outro elemento sujeito à ação de múltiplas forças.

5. **Equações de equilíbrio podem ser escritas** depois que os vários diagramas de corpo livre forem completados.

    a. **Para simplificar a solução,** devemos, sempre que possível, escrever e resolver equações de equilíbrio que envolvam, cada qual, uma só incógnita.

    b. **Como você escolheu arbitrariamente o sentido de cada uma das forças desconhecidas,** devemos determinar ao final da solução se a sua suposição estava certa. Para fazer isso, *consideremos o sinal* do valor encontrado para cada uma das incógnitas. Um sinal *positivo* indica que sua suposição estava certa; um sinal *negativo* indica que não estava.

6. **Finalmente, verificar a solução** substituindo os resultados obtidos em uma equação de equilíbrio que não foi usada anteriormente.

PROBLEMAS

PROBLEMAS PRÁTICOS DE DIAGRAMA DE CORPO LIVRE

6.F5 Uma força de 84 N é aplicada à alavanca da prensa em C. Sabendo que $\theta = 90°$, trace o(s) diagrama(s) de corpo livre necessário(s) para determinar a força vertical exercida no bloco em D.

6.F6 Para o sistema e a carga mostrados na figura, trace o(s) diagrama(s) de corpo livre necessário(s) para determinar a força **P** necessária para o equilíbrio.

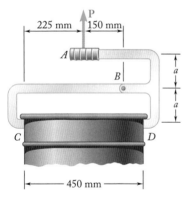

Figura P6.F5

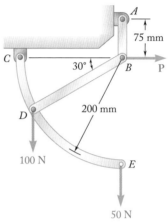

Figura P6.F6

6.F7 Um pequeno barril com peso de 300 N é erguido por um par de garras tal como mostra a figura. Sabendo que $a = 125$ mm, trace o(s) diagrama(s) de corpo livre necessário(s) para determinar as forças exercidas em B e D na garra ABD.

6.F8 A posição do elemento ABC é controlada pelo cilindro hidráulico CD. Sabendo que $\theta = 30°$, trace o(s) diagrama(s) de corpo livre necessário(s) para determinar a força exercida pelo cilindro hidráulico no pino C e a reação em B.

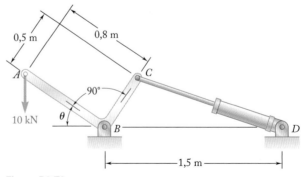

Figura P6.F7

Figura P6.F8

PROBLEMAS DE FINAL DE SEÇÃO

6.122 O cortador mostrado é utilizado para cortar e aparar placas de circuito eletrônico. Para a posição mostrada na figura, determine (a) o componente vertical da força exercida na lâmina de cisalhamento em D, (b) a reação em C.

6.123 Uma força de 100 N dirigida verticalmente para baixo é aplicada à alavanca da prensa em C. Sabendo que a haste BD tem 6 cm de comprimento e que $a = 4$ cm, determine a força horizontal exercida no bloco E.

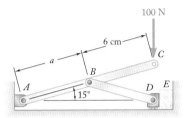

Figura P6.123 e P6.124

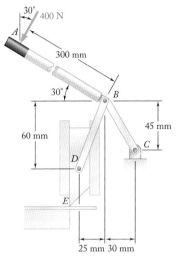

Figura P6.122

6.124 Uma força de 100 N dirigida verticalmente para baixo é aplicada à alavanca da prensa em C. Sabendo que a haste BD tem 6 cm de comprimento e que $a = 8$ cm, determine a força horizontal exercida no bloco E.

6.125 A barra de comando CE passa através do mancal horizontal no corpo do sistema de alternância mostrado na figura. Sabendo que a haste de ligação BD tem comprimento de 250 mm, determine a força **Q** necessária para manter o sistema em equilíbrio quando $\beta = 20°$.

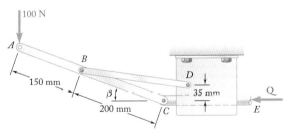

Figura P6.125

6.126 Resolva o Problema 6.125 quando (a) $\beta = 0$, (b) $\beta = 6°$.

6.127 A prensa mostrada é usada para cunhar um pequeno carimbo em E. Sabendo que $P = 250$ N, determine (a) o componente vertical da força exercida sobre o selo, (b) a reação em A.

6.128 A prensa mostrada é usada para cunhar um pequeno carimbo em E. Sabendo que o componente vertical da força exercida no carimbo deve ser 900 N, determine (a) a força vertical **P** requerida, (b) a reação correspondente em A.

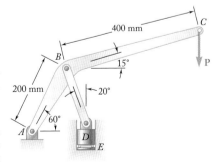

Figura P6.127 e P6.128

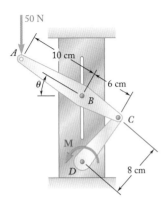

Figura P6.129 e P6.130

6.129 O pino em *B* é fixado ao elemento *ABC* e pode deslizar livremente ao longo do rasgo aberto na placa fixa. Desprezando o efeito do atrito, determine o binário **M** necessário para manter o sistema em equilíbrio quando $\theta = 30°$.

6.130 O pino em *B* é fixado ao elemento *ABC* e pode deslizar livremente ao longo do rasgo aberto na placa fixa. Desconsiderando o efeito do atrito, determine o binário **M** necessário para manter o sistema em equilíbrio quando $\theta = 60°$.

6.131 O braço *ABC* está ligado por pinos ao colar em *B* e à manivela *CD* em *C*. Desprezando o efeito do atrito, determine o binário **M** necessário para manter o sistema em equilíbrio quando $\theta = 0°$.

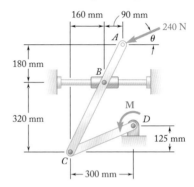

Figura P6.131 e P6.132

6.132 O braço *ABC* está ligado por pinos ao colar em *B* e à manivela *CD* em *C*. Desprezando o efeito do atrito, determine o binário **M** necessário para manter o sistema em equilíbrio quando $\theta = 90°$.

6.133 O mecanismo Whitworth mostrado é utilizado para a produção de um movimento de retorno rápido no ponto *D*. O bloco em *B* está preso à manivela *AB* e é livre para deslizar em um rasgo no membro *CD*. Determine o binário **M** que deve ser aplicado na manivela *AB* para manter o mecanismo em equilíbrio quando (*a*) $\alpha = 0$, (*b*) $\alpha = 30°$.

6.134 Resolva o Problema 6.133 para quando (*a*) $\alpha = 60°$, (*b*) $\alpha = 90°$.

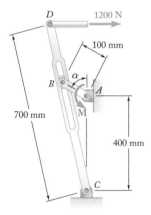

Figura P6.133

6.135 e 6.136 Duas barras estão conectadas por um colar sem atrito *B*. Sabendo que a intensidade do binário $\mathbf{M}_A$ é 5 N·m, determine (*a*) o binário $\mathbf{M}_C$ necessário para o equilíbrio, (*b*) os componentes correspondentes da reação em *C*.

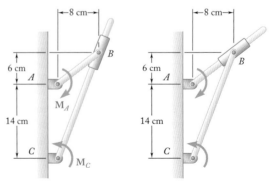

Figura P6.135   **Figura P6.136**

6.137 e 6.138 A haste CD está presa ao colar D e passa por um colar soldado na extremidade B da alavanca AB. Desprezando o efeito do atrito, determine o binário **M** necessário para manter o sistema em equilíbrio quando $\theta = 30°$.

6.139 Dois cilindros hidráulicos controlam a posição do braço robótico ABC. Sabendo que na posição mostrada os cilindros estão paralelos, determine a força exercida em cada cilindro quando $P = 160$ N e $Q = 80$ N.

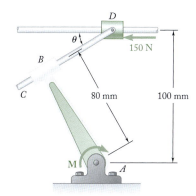

Figura P6.137

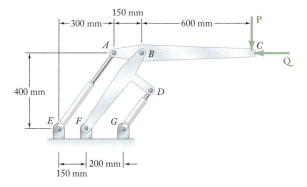

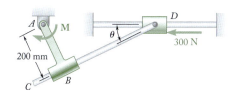

Figura P6.138

Figura P6.139 e P6.140

---6.140 Dois cilindros hidráulicos controlam a posição do braço robótico ABC. Na posição mostrada na figura os cilindros estão paralelos e ambos em tração. Sabendo que $F_{AE} = 600$ N e $F_{DG} = 50$ N, determine a forças **P** e **Q** aplicadas em C para o braço ABC.

6.141 Um trilho de ferrovia de comprimento 12 m e peso 660 N/m é elevado pela tenaz mostrada na figura. Determine as forças exercidas em D e F na garra BDF.

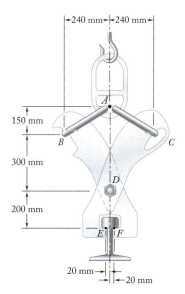

Figura P6.141

6.142 Uma tora de madeira pesando 4 kN é elevado por uma tenaz como mostrado na figura. Determine as forças exercidas em E e F na garra DEF.

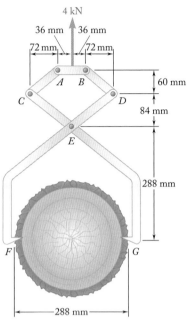

Figura P6.142

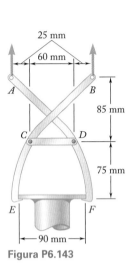

Figura P6.143

6.143 A tenaz mostrada na figura é usada para aplicar uma força total para cima de 45 kN no tampão da tubulação. Determine as forças exercidas em D e F na garra ADF.

6.144 Se a chave mostrada é adicionada à tenaz do Problema 6.143 e uma força vertical única é aplicada em G, determine as forças exercidas em D e F na garra ADF.

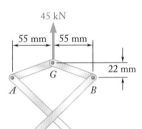

Figura P6.144

6.145 O alicate mostrado na figura é usado para apertar uma haste de diâmetro 8 mm. Sabendo que duas forças de 250 N são aplicadas nos cabos, determine (a) a intensidade das forças exercidas na haste, (b) a força exercida pelo pino em A na parte AB do alicate.

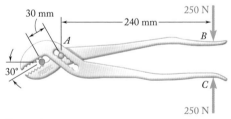

Figura P6.145

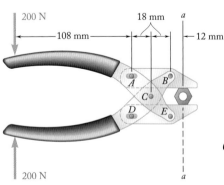

Figura P6.146

6.146 Determine a intensidade das forças de aperto exercidas ao longo da linha aa sobre a porca quando se aplicam duas forças de 200 N nos cabos da ferramenta, tal como mostra a figura. Suponha que os pinos A e D deslizem livremente em rasgos abertos na mandíbula.

6.147 Ao usar o cortador de parafusos mostrado na figura, um operário aplica duas forças de 300 N aos cabos da ferramenta. Determine a intensidade das forças exercidas pelo cortador no parafuso.

6.148 Determine a intensidade das forças de aperto produzidas quando duas forças de 300 N são aplicadas tal como mostra a figura.

6.149 e **6.150** Determine a força **P** que deve ser aplicada à chave *CDE* para manter o suporte *ABC* na posição mostrada.

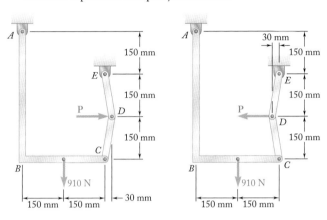

Figura P6.149   Figura P6.150

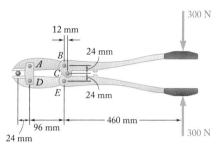

Figura P6.147

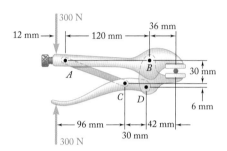

Figura P6.148

6.151 Como a braçadeira mostrada na figura deve ser mantida em posição mesmo quando a intensidade de **P** for muito pequena, uma única mola de segurança é presa a *D* e *E*. A mola *DE* tem uma constante de 50 N/cm e um comprimento quando não esticado de 7 cm. Sabendo que $l = 10$ cm e que a intensidade de **P** é 800 N, determine a força **Q** necessária para soltar a braçadeira.

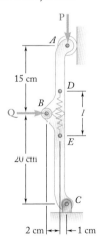

Figura P6.151

6.152 A chave inglesa especial para encanadores mostrada na figura é utilizada em espaços exíguos (por exemplo, sob um lavatório ou pia). Consiste essencialmente em um mordente *BC* articulado em *B* a uma haste longa. Sabendo que as forças exercidas sobre a porca são equivalentes a um binário no sentido horário (quando visto de cima) de momento 14 N·m, determine (*a*) a intensidade da força exercida pelo pino *B* no mordente *BC*, (*b*) o binário $\mathbf{M}_0$ aplicado à chave.

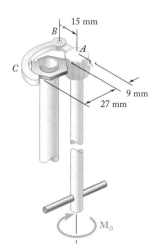

Figura P6.152

6.153 O movimento da pá carregadeira do trator de carregador frontal mostrado na figura é controlado por dois braços e um acoplamento unidos por pinos em *D*. Os braços estão localizados simetricamente em relação aos planos central, vertical e longitudinal do carregador; um braço *AFJ* e seu cilindro de controle *EF* são mostrados. O acoplamento simples *GHDB* e seu cilindro de controle *BC* estão localizados no plano de simetria. Para a posição e carregamento mostrados, determine a força exercida (*a*) pelo cilindro *BC*, (*b*) pelo cilindro *EF*.

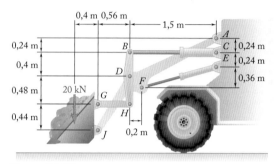

Figura P6.153

6.154 A pá carregadeira do trator de carregador frontal mostrado na figura sustenta uma carga de 16 kN. O movimento da caçamba é controlado por dois mecanismos idênticos, dos quais apenas um é mostrado. Sabendo que o mecanismo mostrado sustenta metade da carga de 16 kN, determine a força exercida (*a*) pelo cilindro *CD*, (*b*) pelo cilindro *FH*.

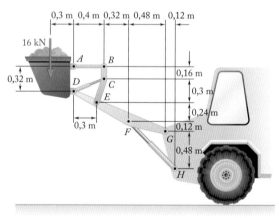

Figura P6.154

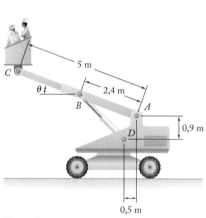

Figura P6.155

6.155 O braço regulável *ABC* é usado para movimentar uma plataforma de elevação para operários de construção. Juntos, os operários e a plataforma têm uma massa de 200 kg e um centro de gravidade combinado localizado diretamente acima de *C*. Para a posição, quando $\theta = 20°$, determine (*a*) a força exercida em *B* pelo cilindro hidráulico simples *BD*, (*b*) a força exercida na base do equipamento em *A*.

6.156 O braço regulável *ABC* do Problema 6.155 pode ser abaixado até que a extremidade *C* esteja perto do chão, de modo que os operários possam embarcar facilmente na plataforma. Para a posição, quando $\theta = -20°$, determine (*a*) a força exercida em *B* pelo cilindro hidráulico simples *BD*, (*b*) a força exercida na base do equipamento em *A*.

6.157 O movimento da pá carregadeira da retroescavadeira mostrada na figura é controlado pelos cilindros hidráulicos *AD*, *CG* e *EF*. Para cada tentativa de retirar uma parte do calçamento, uma força **P** de 10 kN é exercida no dente da pá carregadeira em *J*. Sabendo que $\theta = 45°$, determine a força exercida em cada cilindro.

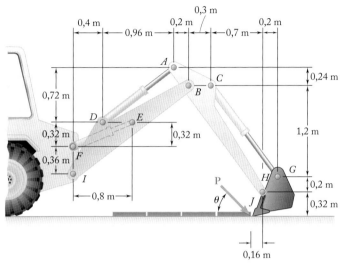

Figura **P6.157**

6.158 Resolva o Problema 6.157 considerando que a força **P** de 10 kN atua horizontalmente para a direita ($\theta = 0$).

6.159 As engrenagens *D* e *G* estão rigidamente presas a eixos que são apoiados por mancais sem atrito. Se $r_D = 90$ mm e $r_G = 30$ mm, determine (*a*) o binário $\mathbf{M}_0$ que deve ser aplicado para manter o equilíbrio, (*b*) as reações em *A* e *B*.

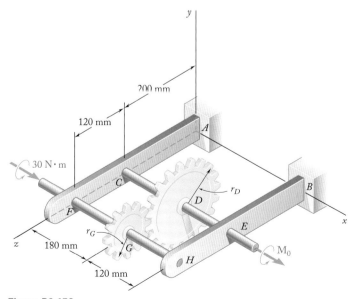

Figura P6.159

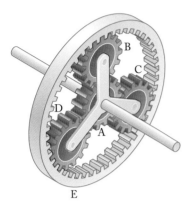

Figura P6.160

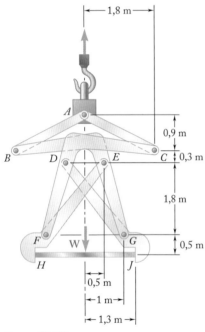

Figura P6.163

6.160 No sistema de engrenagem planetária mostrado na figura, o raio da engrenagem central A é $a = 18$ mm, o raio das engrenagens planetárias é b e o raio da engrenagem externa E é $(a + 2b)$. Um binário no sentido horário de intensidade $M_A = 10$ N·m é aplicado sobre a engrenagem central A, e um binário no sentido anti-horário de intensidade $M_S = 50$ N·m é aplicado sobre o suporte BCD. Se o sistema estiver em equilíbrio, determine (a) o raio b necessário para as engrenagens planetárias, (b) o binário M_E que deve ser aplicado sobre a engrenagem externa E.

*6.161 Dois eixos AC e CF, que estão no plano vertical xy, estão acoplados por uma junta universal em C. Os mancais em B e D não exercem nenhuma força axial. Um binário de intensidade 50 N·m (no sentido horário quando visto a partir do eixo x positivo) é aplicado ao eixo CF em F. Em um dado instante, quando o braço da cruzeta preso ao eixo CF é horizontal, determine (a) a intensidade do binário que deve ser aplicado ao eixo AC em A para se manter equilíbrio, (b) as reações em B, D e E. (*Dica*: a soma dos binários exercidos sobre a cruzeta deve ser zero.)

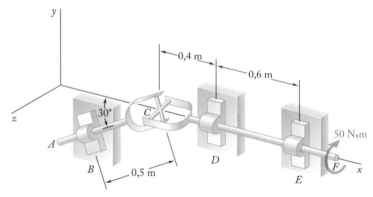

Figura *P6.161*

*6.162 Resolva o Problema 6.161 considerando que o braço da cruzeta presa ao eixo CF é vertical.

*6.163 A grande tenaz mecânica mostrada na figura é usada para agarrar e erguer uma placa grossa de aço HJ de 7.500 kg. Sabendo que não ocorre escorregamento entre as garras da tenaz e a placa em H e J, determine os componentes de todas as forças exercidas sobre o elemento EFH. (*Dica*: considere a simetria das garras para estabelecer as relações entre os componentes da força exercidos em E sobre EFH e os componentes da força exercidos em D sobre DGJ.)

REVISÃO E RESUMO

Neste capítulo aprendemos a determinar as **forças internas** que mantêm unidas as várias partes de uma estrutura.

Análise das treliças
A primeira metade do capítulo foi dedicada à análise de **treliças**, isto é, à análise de estruturas que consistem em *elementos retos unidos somente em suas extremidades*. Sendo os elementos delgados e incapazes de suportar cargas laterais, todas as cargas devem ser aplicadas nos nós; pode-se então supor que uma treliça consiste em *pinos e elementos sujeitos à ação de duas forças* [Seção 6.1A].

Treliça simples
Diz-se que uma treliça é **rígida** se ela for projetada de tal modo que não será muito deformada ou não entrará em colapso devido a uma pequena carga. Uma treliça triangular de três elementos unidos em três nós é, com certeza, uma treliça rígida (Fig. 6.24a), e assim será a treliça obtida adicionando-se dois novos elementos a essa primeira treliça e ligando-os a um novo nó (Fig. 6.24b). As treliças obtidas repetindo-se esse processo são chamadas de **treliças simples**. Podemos verificar que em uma treliça simples o número total de elementos é $m = 2n - 3$, sendo n o número total de nós [Seção 6.1A].

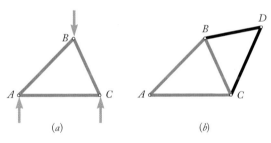

Figura 6.24

Método dos nós
As forças nos vários elementos de uma treliça simples podem ser determinadas pelo **método dos nós** [Seção 6.1B]. Primeiro, as reações nos apoios podem ser obtidas considerando-se a treliça inteira como um corpo livre. Depois, traça-se o diagrama de corpo livre de cada pino, mostrando as forças exercidas sobre ele pelos elementos ou apoios conectados. Como os elementos são elementos retos sujeitos à ação de duas forças, a força exercida por um elemento sobre o pino é direcionada ao longo deste elemento, e somente a intensidade da força é desconhecida. Sempre é possível, no caso de uma treliça simples, traçar os diagramas de corpo livre dos pinos em uma tal ordem que somente duas forças desconhecidas sejam incluídas em cada diagrama. Essas forças podem ser obtidas das duas equações de equilíbrio correspondentes ou – se somente três forças estão envolvidas – do triângulo de força correspondente. Se a força exercida por um elemento sobre um pino é direcionada para o pino, o elemento está sob **compressão**; se está direcionada para fora do pino, o elemento está sob **tração** [Problema Resolvido 6.1]. A análise de uma treliça é às vezes agilizada se primeiro reconhecermos **nós em condições especiais de carregamento** [Seção 6.1C]. O método dos nós pode também ser estendido à análise de **treliças espaciais** ou tridimensionais [Seção 6.1D].

Método das seções

O **método das seções** é geralmente preferido ao método dos nós quando se deseja a força em um único elemento – ou em muitos poucos elementos – da treliça [Seção 6.2A]. Para determinar a força no elemento *BD* da treliça da Fig.6.25*a*, por exemplo, definimos *uma seção passando* pelos elementos *BD*, *BE* e *CE*, removemos esses elementos e usamos a parte *ABC* da treliça como um corpo livre (Fig. 6.25*b*). Escrevendo $\Sigma M_E = 0$, determinamos a intensidade da força $\mathbf{F}_{BD}$, que representa a força no elemento *BD*. Um sinal positivo indica que o elemento está sob *tração*; um sinal negativo indica que ele está sob *compressão* [Problemas Resolvidos 6.2 e 6.3].

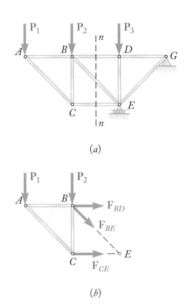

Figura 6.25

Treliças compostas

O método das seções é particularmente útil na análise de **treliças compostas**, ou seja, treliças que não podem ser construídas a partir da treliça triangular básica da Fig. 6.24*a*, mas que podem ser obtidas ligando-se firmemente a várias treliças simples [Seção 6.2B]. Se as treliças componentes foram adequadamente unidas (por exemplo, um pino e uma haste de conexão, ou três hastes não concorrentes e não paralelas) e se a estrutura resultante está adequadamente apoiada (por exemplo, um pino e um rolete), a treliça composta é **estaticamente determinada, rígida e completamente vinculada**. É, então, satisfeita a seguinte condição necessária, mas não suficiente: $m + r = 2n$, sendo *m* o número de elementos, *r* o número de incógnitas representando as reações nos apoios e *n* o número de nós.

Estruturas e máquinas
A segunda parte do capítulo foi dedicada à análise de **estruturas** e **máquinas**. Estruturas e máquinas são conjuntos que contêm *elementos sujeitos à ação de múltiplas forças*, ou seja, elementos sobre os quais atuam três ou mais forças. As estruturas são projetadas para sustentar cargas e geralmente são estacionárias e completamente vinculadas. Máquinas são projetadas para transmitir ou modificar forças e sempre contêm partes móveis [Seção 6.3].

Análise de uma estrutura
Para analisar uma estrutura, primeiro consideramos a estrutura inteira como um corpo livre e escrevemos três equações de equilíbrio [Seção 6.3A]. Se a estrutura permanece rígida quando separada de seus apoios, as reações envolvem somente três incógnitas e podem ser determinadas a partir dessas equações [Problemas Resolvidos 6.4 e 6.5]. Por outro lado, se a estrutura deixar de ser rígida quando separada de seus apoios, as reações envolvem mais de três incógnitas e não podem ser completamente determinadas pelas equações de equilíbrio da estrutura [Seção 6.3B; Problema Resolvido 6.6].

Elementos sujeitos à ação de múltiplas forças
Decompomos, então, a estrutura e identificamos os vários elementos, seja como elementos sujeitos à ação de duas forças, seja como elementos sujeitos à ação de múltiplas forças; supõe-se que os pinos formem uma parte inteira de um dos elementos que eles unem. Traçamos o diagrama de corpo livre de cada um dos elementos sujeitos à ação de múltiplas forças, observando que, quando dois elementos sujeitos à ação de múltiplas forças são unidos ao mesmo elemento sujeito à ação de duas forças, esse elemento atua neles com *forças iguais e opostas de intensidade desconhecida, mas direção conhecida*. Quando dois elementos sujeitos à ação de múltiplas forças são unidos por um pino, eles exercem, um sobre o outro, *forças iguais e opostas de direção desconhecida*, que devem ser representadas por *dois componentes desconhecidos*. As equações de equilíbrio obtidas dos diagramas de corpo livre dos elementos sujeitos à ação de múltiplas forças podem então ser resolvidas para as várias forças internas [Problemas Resolvidos 6.4 e 6.5]. As equações de equilíbrio podem também ser usadas para completar a determinação das reações nos apoios [Problema Resolvido 6.6]. Na verdade, se a estrutura é *estaticamente determinada e rígida*, os diagramas de corpo livre dos elementos sujeitos a múltiplas forças podem nos dar tantas equações quantos forças desconhecidas existirem (incluindo as reações) [Seção 6.3B]. No entanto, como sugerimos anteriormente, é aconselhável primeiro considerar o diagrama de corpo livre da estrutura inteira para reduzir o número de equações que devem ser resolvidas simultaneamente.

Análise de uma máquina
Para analisar uma máquina, decompomos a mesma e, seguindo o mesmo procedimento que se adota para uma estrutura, traçamos o diagrama de corpo livre de cada elemento sujeito à ação de múltiplas forças. As equações de equilíbrio correspondentes produzem as **forças de saída** exercidas pela máquina em termos das **forças de entrada** nela aplicadas, assim como as **forças internas** nas várias conexões [Seção 6.4; Problema Resolvido 6.7].

PROBLEMAS DE REVISÃO

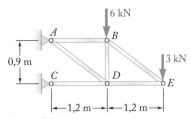

Figura P6.164

6.164 Usando o método dos nós, determine a força em cada elemento da treliça mostrada na figura. Indique se cada elemento está sob tração ou sob compressão.

6.165 Usando o método dos nós, determine a força em cada elemento da treliça de telhado de passo duplo mostrada na figura. Indique se cada elemento está sob tração ou sob compressão.

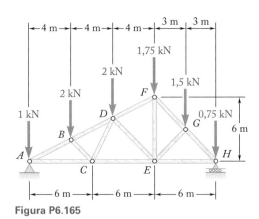

Figura P6.165

6.166 Uma treliça de telhado de estádio é carregada tal como mostra a figura. Determine a força nos elementos AB, AG e FG.

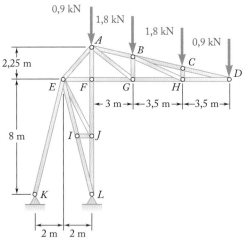

Figura P6.166 e P6.167

6.167 Uma treliça de telhado de estádio é carregada tal como mostra a figura. Determine a força nos elementos AE, EF e FJ.

6.168 Determine os componentes de todas as forças atuando no elemento ABD da estrutura mostrada.

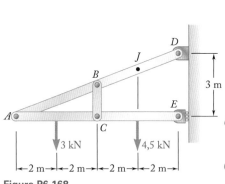

Figura P6.168

6.169 Determine os componentes das reações em *A* e *E* quando a estrutura é carregada por um binário no sentido horário de intensidade 36 N·m aplicado (*a*) em *B*, (*b*) em *D*.

6.170 Sabendo que a polia tem um raio de 50 mm, determine os componentes das reações em *B* e *E*.

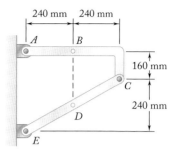

Figura **P6.169**

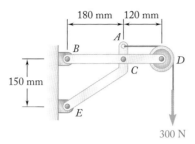

Figura P6.170

6.171 Para a estrutura e carregamento mostrados na figura, determine a força exercida no elemento *CFE* em *C* e *F*.

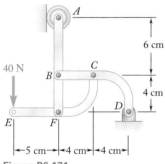

Figura P6.171

6.172 Para a estrutura e carregamento mostrados na figura, determine as reações em *A*, *B*, *D* e *E*. Considere sem atrito a superfície de cada apoio.

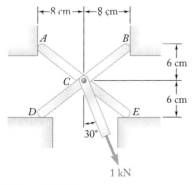

Figura P6.172

6.173 A pressão da água no sistema de prevenção a incêndio exerce uma força para baixo de 135 N no bujão vertical em A. Determine a tração na haste do fusível DE e a força exercida no elemento BCE em B.

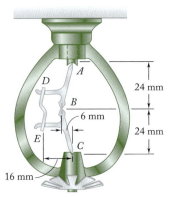

Figura *P6.173*

6.174 Um binário **M** de intensidade 1,5 kN·m é aplicado na manivela do sistema de motor mostrado na figura. Para cada uma das duas posições mostradas, determine a força **P** necessária para manter o sistema em equilíbrio.

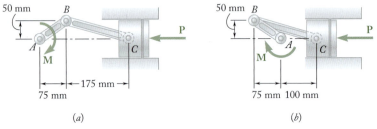

Figura P6.174

6.175 A alavanca composta da tesoura de podar mostrada na figura pode ser ajustada colocando-se o pino A em várias posições dentadas na lâmina ACE. Sabendo que forças verticais de 1,2 kN são necessárias para completar a poda de um pequeno ramo, determine a intensidade P das forças que devem ser aplicadas aos cabos quando a tesoura estiver ajustada conforme a figura.

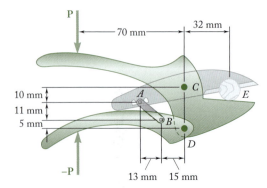

Figura *P6.175*

7
Forças internas

A ponte Assut de l'Or na Cidade das Artes e das Ciências, em Valência, na Espanha, é estaiada: o tabuleiro da ponte é sustentado por cabos presos à torre curva, e o próprio mastro é parcialmente sustentado por quatro cabos de ancoragem. O tabuleiro é composto de um sistema de vigas que suportam a rodovia.

7.1 Forças internas em elementos

7.2 Vigas
7.2A Diversos tipos de carregamento e de apoio
7.2B Esforço cortante e momento fletor em uma viga
7.2C Diagramas de esforço cortante e de momento fletor

7.3 Relações entre carregamento, esforço cortante e momento fletor

*7.4 Cabos
7.4A Cabos com cargas concentradas
7.4B Cabos com cargas distribuídas
7.4C Cabos parabólicos

*7.5 Catenária

Objetivos

- **Considerar** a condição geral das forças internas em elementos, que incluem a força axial, o esforço cortante e o momento fletor.
- **Aplicar** métodos de análise de equilíbrio para obter valores específicos, expressões gerais e diagramas para o esforço cortante e para o momento fletor em vigas.
- **Examinar** as relações entre carregamento, esforço cortante e momento fletor e utilizá-los para obter diagramas para o esforço cortante e para o momento fletor em vigas.
- **Analisar** as forças de tração em cabos sujeitos a cargas concentradas, cargas uniformemente distribuídas ao longo da horizontal e cargas uniformemente distribuídas ao longo do próprio cabo.

Introdução

Nos capítulos anteriores, foram considerados dois problemas básicos que envolviam estruturas: (1) determinar as forças externas que atuam em uma estrutura (Cap. 4) e (2) determinar as forças internas que mantêm unidos os vários elementos que formam uma estrutura (Cap. 6). O problema de determinar as forças internas que mantêm unidas as várias partes de um dado elemento será considerado agora.

Primeiro vamos analisar as forças internas nos elementos de uma estrutura, tais como o guindaste considerado na Figura 6.1, observando que, enquanto as forças internas em um elemento reto sujeito à ação de duas forças podem produzir somente **tração** ou **compressão** nesse elemento, as forças internas em qualquer outro tipo de elemento geralmente produzem também **cisalhamento** e **flexão**.

A maior parte deste capítulo foi dedicada à análise das forças internas nos dois tipos de estruturas de engenharia mais importantes:

1. **Vigas,** que geralmente são elementos prismáticos longos e retos, projetados para sustentar cargas aplicadas em vários pontos ao longo do elemento.
2. **Cabos,** que são elementos flexíveis capazes de resistir apenas à tração, projetados para sustentar cargas concentradas ou distribuídas. Cabos são usados em muitas aplicações de engenharia, tais como pontes suspensas e linhas de transmissão.

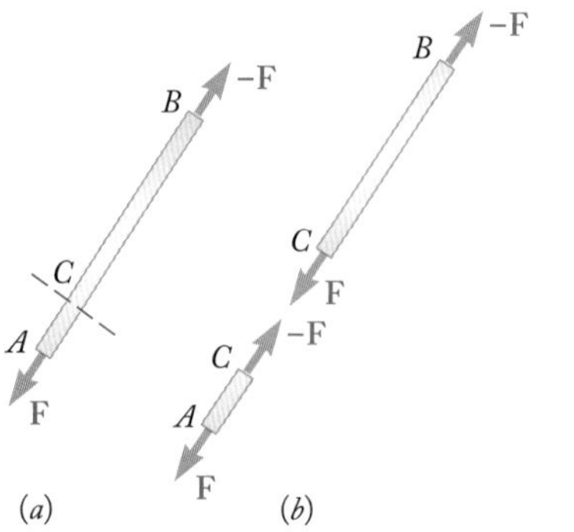

7.1 Forças internas em elementos

Consideremos primeiramente um elemento reto sujeito à ação de duas forças AB (Fig. 7.1a). Sabemos da Seção 4.6, que as forças **F** e **−F** exercidas em A e B, respectivamente, devem ser direcionadas ao longo de AB em sentidos opostos e devem ter a mesma intensidade F. Agora, cortemos o elemento em C. Para manter o equilíbrio dos corpos livres AC e CB assim obtidos, devemos aplicar em AC uma força **−F** igual e oposta a **F**, e em CB uma força **F** igual e oposta a **−F** (Fig. 7.1b). Essas novas forças estão direcionadas ao longo de AB em sentidos opostos e têm a mesma intensidade F. Como as duas partes AC e CB estavam em equilíbrio antes de o elemento ser cortado, **forças internas** equivalentes a

Figura 7.1 Elemento reto sujeito à ação de duas forças sob tração. (a) Forças externas atuam nas extremidades do elemento; (b) forças axiais internas são independentes da localização da seção C.

essas novas forças deveriam existir no próprio elemento. Concluímos que, no caso de um elemento reto sujeito à ação de duas forças, as forças internas que as duas partes do elemento exercem uma sobre a outra são equivalentes a **forças axiais**. A intensidade comum F dessas forças não depende da localização da seção C e é chamada de *força no elemento AB*. No caso representado na Fig. 7.1, o elemento está sob tração e aumentará em comprimento sob a ação das forças internas. No caso representado na Fig. 7.2, o elemento está sob compressão e diminuirá em comprimento sob a ação das forças internas.

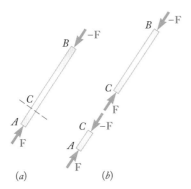

Figura 7.2 Elemento reto sujeito à ação de duas forças sob compressão. (*a*) Forças externas atuam nas extremidades; (*b*) forças axiais internas são independentes da localização da seção C.

A seguir, vamos considerar um **elemento sujeito à ação de múltiplas forças**. Tomemos, por exemplo, o elemento AD do guindaste analisado na Seção 6.3A. Esse guindaste é mostrado novamente na Fig. 7.3*a*, e o diagrama de corpo livre do elemento AD está traçado na Fig. 7.3*b*. Agora cortamos o elemento AD em J e traçamos um diagrama de corpo livre para cada uma das partes JD e AJ do elemento (Fig. 7.3*c* e *d*). Considerando o corpo livre JD, encontramos que seu equilíbrio será mantido se aplicarmos em J uma força **F** para equilibrar o componente vertical de **T**, uma força **V** para equilibrar o componente

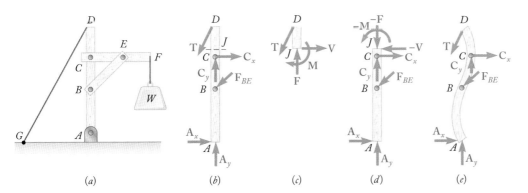

Figura 7.3 (*a*) Guindaste do Capítulo 6; (*b*) diagrama de corpo livre do elemento sujeito à ação de múltiplas forças AD; (*c*, *d*) diagramas de corpo livre das seções do elemento AD mostrando os sistemas força-binário internos; (*e*) deformação do elemento AD.

Foto 7.1 Deve-se levar em conta em um projeto do eixo de uma serra circular as forças internas que resultam das forças aplicadas aos dentes da lâmina. Em um determinado ponto do eixo, essas forças internas são equivalentes a um sistema força-binário, constituído de forças axiais e cortantes e de binários que representam os momentos de flexão e de torção.

horizontal de **T** e um binário **M** para equilibrar o momento de **T** em relação a *J*. Novamente concluímos que forças internas deveriam existir em *J* antes de o elemento *AD* ter sido cortado. As forças internas exercidas no trecho *JD* do elemento *AD* são equivalentes ao sistema força-binário mostrado na Fig.7.3c.

De acordo com a terceira lei de Newton, as forças internas que atuam em *AJ* devem ser equivalentes a um sistema força-binário igual e oposto, tal como mostra a Fig. 7.3d. É claro que a ação das forças internas no elemento *AD não é limitada a produzir tração ou compressão* como no caso de elementos retos sujeitos à ação de duas forças; as forças internas *também produzem cisalhamento e flexão*. A força **F** é uma **força axial**; a força **V** é chamada de **esforço cortante**; e o momento **M** do binário é conhecido como **momento fletor em *J*.** Observamos que, para determinar as forças internas em um elemento, devemos indicar claramente em que parte do elemento as forças devem atuar. A deformação que vai ocorrer no elemento *AD* é esboçada na Fig. 7.3e. A análise propriamente dita de tal deformação é parte do estudo de mecânica dos materiais.

Deve-se observar que, em um **elemento sujeito à ação de duas forças que não é reto,** as forças internas são também equivalentes a um sistema força-binário. Isso é mostrado na Fig. 7.4, na qual o elemento *ABC* sujeito à ação de duas forças foi cortado em *D*.

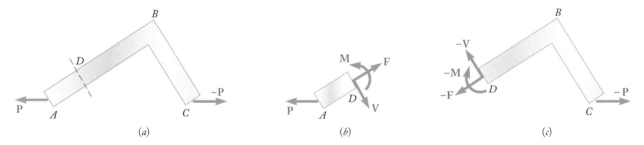

Figura 7.4 (*a*) Diagrama de corpo livre de um elemento sujeito à ação de duas forças que não é reto; (*b*, *c*) diagramas de corpo livre das seções do elemento *ABC* mostrando os sistemas força-binário internos.

PROBLEMA RESOLVIDO 7.1

Na estrutura mostrada na figura, determine as forças internas (*a*) no elemento *ACF* no ponto *J*, (*b*) no elemento *BCD* no ponto *K*. Essa estrutura foi anteriormente considerada no Problema Resolvido 6.5.

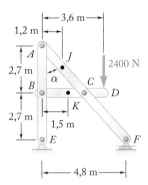

ESTRATÉGIA Após isolar cada elemento, podemos cortá-lo no ponto dado e considerar as partes resultantes como objetos em equilíbrio. Assim como no Problema Resolvido 6.5, o sistema força-binário interno será determinado pela análise das equações de equilíbrio.

MODELAGEM As reações e as forças nas conexões exercidas em cada elemento da estrutura foram determinadas anteriormente no Problema Resolvido 6.5, e os resultados são repetidos na Figura 1.

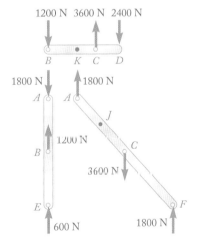

Figura 1 Reações e forças nas conexões exercidas em cada elemento da estrutura.

(*continua*)

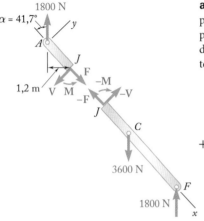

Figura 2 Diagramas de corpo livre das partes AJ e FJ do elemento ACF.

ANÁLISE

a. Forças internas em J. O elemento ACF é cortado no ponto J, e as duas partes obtidas são mostradas na Figura 2. As forças internas em J são representadas por um sistema equivalente força-binário e podem ser determinadas considerando-se o equilíbrio de qualquer uma das partes. Considerando o corpo livre AJ, temos

$+\circlearrowleft \Sigma M_J = 0:$ $-(1800 \text{ N})(1,2 \text{ m}) + M = 0$
 $M = +2160 \text{ N·m}$ $\mathbf{M} = 2160 \text{ N·m} \circlearrowleft$ ◄

$+\searrow \Sigma F_x = 0:$ $F - (1800 \text{ N}) \cos 41{,}7° = 0$
 $F = +1344 \text{ N}$ $\mathbf{F} = 1344 \text{ N} \searrow$ ◄

$+\nearrow \Sigma F_y = 0:$ $-V + (1800 \text{ N}) \text{ sen } 41{,}7° = 0$
 $V = +1197 \text{ N}$ $\mathbf{V} = 1197 \text{ N} \swarrow$ ◄

As forças internas em J são, portanto, equivalentes a um binário $\mathbf{M}$, uma força axial $\mathbf{F}$ e um esforço cortante $\mathbf{V}$. O sistema força-binário atuante na parte JCF é igual e oposto.

b. Forças internas em K. Cortamos o elemento BCD em K e obtemos as duas partes mostradas na Figura 3. Considerando o corpo livre BK, temos

$+\circlearrowleft \Sigma M_K = 0:$ $(1200 \text{ N})(1,5 \text{ m}) + M = 0$
 $M = -1800 \text{ N·m}$ $\mathbf{M} = 1800 \text{ N·m} \circlearrowright$ ◄

$\xrightarrow{+} \Sigma F_x = 0:$ $F = 0$ $\mathbf{F} = 0$ ◄

$+\uparrow \Sigma F_y = 0:$ $-1200 \text{ N} - V = 0$
 $V = -1200 \text{ N}$ $\mathbf{V} = 1200 \text{ N} \uparrow$ ◄

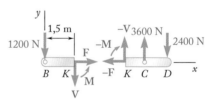

Figura 3 Diagramas de corpo livre das partes BK e DK do elemento BCD.

PARA REFLETIR As técnicas matemáticas envolvidas na solução de um problema como este não são novas; elas são simples aplicações de conceitos apresentados em capítulos anteriores. Porém, a interpretação física é nova: estamos agora determinando as forças e momentos dentro de um elemento estrutural. Essas forças são de importância central no estudo da mecânica dos materiais.

METODOLOGIA PARA A RESOLUÇÃO DE PROBLEMAS

Nesta seção, aprendemos a determinar as forças internas em um elemento de uma estrutura. As forças internas em um dado ponto do **elemento reto sujeito à ação de duas forças** se reduzem a uma força axial, mas, em todos os outros casos, são equivalentes a um **sistema força-binário** que consiste em uma **força axial F**, um **esforço cortante V** e um binário **M** que representa o **momento fletor** nesse ponto.

Para determinar as forças internas em um dado ponto J do elemento de uma estrutura, devemos seguir os seguintes passos:

1. Traçar um diagrama de corpo livre da estrutura inteira e usá-lo para determinar quantas reações nos apoios forem possíveis.

2. Decompor a estrutura e traçar um diagrama de corpo livre para cada um de seus elementos. Escrever quantas equações de equilíbrio forem necessárias para encontrar todas as forças exercidas no elemento no qual o ponto J está localizado.

3. Cortar o elemento no ponto J e traçar um diagrama de corpo livre para cada uma das partes resultantes do elemento que obtivemos, aplicando a cada parte, no ponto J, os componentes de força e binário que representam as forças internas exercidas pela outra parte. Observemos que esses componentes de força e binários são iguais em intensidade e opostos em sentido.

4. Selecionar um dos dois diagramas de corpo livre traçados e usá-lo para escrever três equações de equilíbrio para a parte correspondente do elemento.
   a. **Somar momentos em relação a J** e igualá-los a zero fornecerá o momento fletor no ponto J.
   b. **Somar componentes nas direções paralela e perpendicular** ao elemento em J e igualá-los a zero fornecerá, respectivamente, as forças axial e cortante.

5. Quando anotar as respostas, não nos esqueçamos de especificar a parte do elemento utilizada, pois as forças e os binários exercidas nas duas partes têm sentidos opostos.

Como as soluções dos problemas nesta seção requerem a determinação das forças exercidas entre si pelos vários elementos de uma estrutura, não deixemos de revisar os métodos usados no Cap. 6 para resolver esse tipo de problema. Quando estruturas envolvem roldanas e cabos, por exemplo, devemos nos lembrar de que as forças exercidas por uma roldana no elemento da estrutura ao qual ela está presa têm mesma intensidade e direção que as forças exercidas pelo cabo na roldana [Problema 6.90].

PROBLEMAS

7.1 e 7.2 Determine as forças internas (força axial, esforço cortante e momento fletor) no ponto *J* das estruturas indicadas:
  7.1 Estrutura e carregamento do Problema 6.76.
  7.2 Estrutura e carregamento do Problema 6.78.

7.3 Determine as forças internas no ponto *J* quando $\alpha = 90°$.

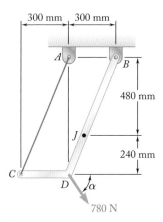

Figura P7.3 e P7.4

7.4 Determine as forças internas no ponto *J* quando $\alpha = 0°$.

7.5 e 7.6 Para a estrutura mostrada na figura, determine as forças internas no ponto indicado:
  7.5 Ponto *J*.
  7.6 Ponto *K*.

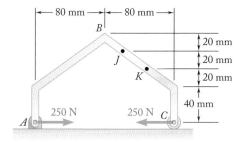

Figura *P7.5* e *P7.6*

7.7 Um arqueiro fazendo mira em um alvo está puxando a corda do arco com uma força de 240 N. Considerando que a forma do arco pode ser aproximadamente uma parábola, determine as forças internas no ponto *J*.

7.8 Para o arco do Problema 7.7, determine a intensidade e a localização da (*a*) força axial máxima, (*b*) do esforço cortante máximo (*c*) do momento fletor máximo.

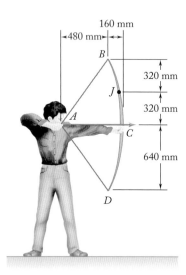

Figura P7.7

7.9 Uma barra semicircular é carregada tal como mostra a figura. Determine as forças internas no ponto J.

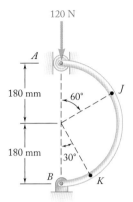

Figura P7.9 e P7.10

7.10 Uma barra semicircular é carregada tal como mostra a figura. Determine as forças internas no ponto K.

7.11 Uma barra semicircular é carregada tal como mostra a figura. Determine as forças internas no ponto J sabendo que $\theta = 30°$.

7.12 Uma barra semicircular é carregada tal como mostra a figura. Determine a intensidade e a localização do momento fletor máximo na barra.

7.13 O eixo do elemento curvado AB é uma parábola com vértice em A. Se uma carga vertical **P** de intensidade 450 N for aplicada em A, determine as forças internas em J quando $h = 12$ cm, $L = 40$ cm, e $a = 24$ cm.

7.14 Sabendo que o eixo do elemento curvado AB é uma parábola com vértice em A, determine a intensidade e a localização do momento fletor máximo.

7.15 Sabendo que o raio de cada roldana é 200 mm e desprezando o atrito, determine as forças internas no ponto J da estrutura mostrada na figura.

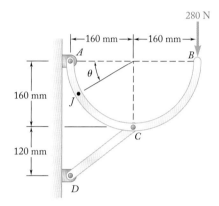

Figura P7.11 e P7.12

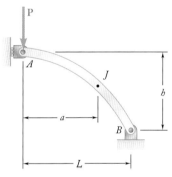

Figura *P7.13* e *P7.14*

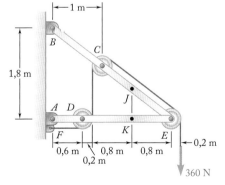

Figura P7.15 e P7.16

7.16 Sabendo que o raio de cada roldana é 200 mm e desprezando o atrito, determine as forças internas no ponto K da estrutura mostrada na figura.

7.17 Um tubo de 50 mm de diâmetro é apoiado a cada 1 m por uma pequena estrutura constituída de dois elementos, tal como mostra a figura. Sabendo que o peso combinado do tubo e seu conteúdo é 90 N/m e desprezando o efeito do atrito, determine a intensidade e a localização do momento fletor máximo no elemento AC.

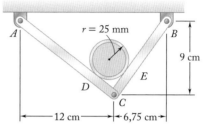

Figura P7.17

7.18 Para a estrutura do Problema 7.17, determine a intensidade e a localização do momento fletor máximo no elemento BC.

7.19 Sabendo que o raio de cada roldana é 200 mm e desprezando o atrito, determine as forças internas no ponto J da estrutura mostrada na figura.

7.20 Sabendo que o raio de cada roldana é 200 mm e desprezando o atrito, determine as forças internas no ponto K da estrutura mostrada na figura.

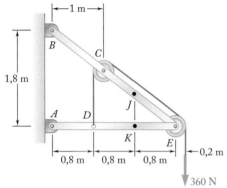

Figura P7.19 e P7.20

7.21 e 7.22 Uma força **P** é aplicada em uma haste dobrada que é apoiada por um rolete e um suporte com pino. Para cada um dos três casos mostrados, determine as forças internas no ponto J.

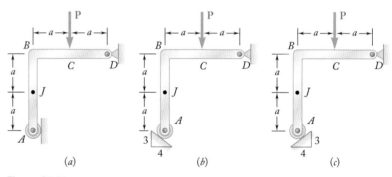

Figura P7.21

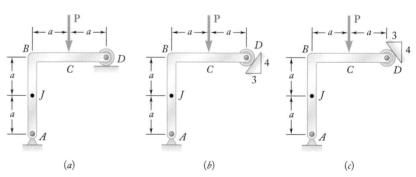

Figura P7.22

7.23 Uma haste de um quarto de círculo de peso W e de seção transversal uniforme é apoiada tal como mostra a figura. Determine o momento fletor no ponto J quando $\theta = 30°$.

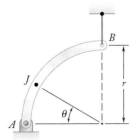

Figura P7.23

7.24 Para a haste do Problema 7.23, determine a intensidade e a localização do momento fletor máximo.

7.25 Uma haste semicircular de peso W e seção transversal uniforme é apoiada tal como mostra a figura. Determine o momento fletor no ponto J quando $\theta = 60°$.

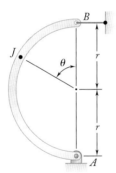

Figura P 7.25 e P7.26

7.26 Uma haste semicircular de peso W e seção transversal uniforme é apoiada tal como mostra a figura. Determine o momento fletor no ponto J quando $\theta = 150°$.

7.27 e 7.28 A metade de uma seção de tubo é mantida em uma superfície horizontal sem atrito, como mostra a figura. Se a metade da seção de tubo tem uma massa de 9 kg e diâmetro de 300 mm, determine o momento fletor no ponto J quando $\theta = 90°$.

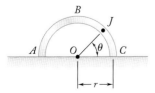

Figura **P7.27**

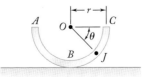

Figura **P7.28**

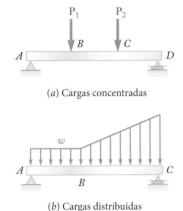

(a) Cargas concentradas

(b) Cargas distribuídas

Figura 7.5 Uma viga pode estar submetida a (a) cargas concentradas, (b) cargas distribuídas, ou à combinação de ambas.

7.2 Vigas

Um elemento estrutural projetado para sustentar cargas aplicadas em vários pontos de sua extensão é denominado **viga**. Em geral, as cargas são perpendiculares ao eixo da viga e causarão nela somente cisalhamento e flexão. Quando não formam um ângulo reto com a viga, as cargas produzem nela também forças axiais.

As vigas geralmente são barras prismáticas retas e longas. A projeção de uma viga para o suporte mais efetivo das cargas aplicadas consiste em um processo de duas partes: (1) determinar os esforços cortantes e os momentos fletores produzidos pelas cargas e (2) selecionar a seção reta mais adequada para resistir aos esforços cortantes e aos momentos fletores determinados na primeira parte. Nesta seção, estamos preocupados com a primeira parte do problema de projeto de vigas; já a segunda parte pertence ao estudo de mecânica dos materiais.

7.2A Diversos tipos de carregamento e de apoio

Uma viga pode estar submetida a **cargas concentradas** P_1, P_2, ... indicadas em newtons ou em seu múltiplo, quilonewtons (Fig. 7.5a), a uma **carga distribuída** w, indicada em N/m ou kN/m (Fig. 7.5b), ou a combinação de ambas. Quando a carga w por unidade de comprimento tem um valor constante sobre parte da viga (tal como entre A e B na Fig. 7.5b), diz-se que a carga é **uniformemente distribuída** sobre aquela parte da viga. A determinação das reações nos apoios é consideravelmente simplificada se cargas distribuídas forem substituídas por cargas concentradas equivalentes, conforme explicado na Seção 5.3A. Essa substituição, no entanto, não deve ser efetuada, ou pelo menos deve ser efetuada com cuidado, quando as forças internas estiverem sendo calculadas (ver Problema Resolvido 7.3).

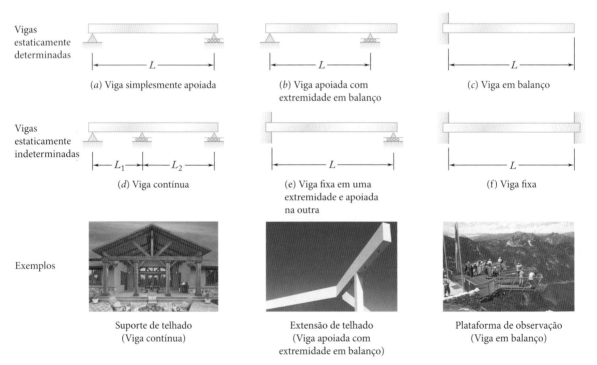

Figura 7.6 Alguns tipos comuns de vigas e seus apoios.

As vigas são classificadas de acordo com o modo como são apoiadas. Diversos tipos de vigas frequentemente usadas estão mostrados na Fig. 7.6. A distância L entre os apoios é denominada **vão.** Deve-se observar que as reações serão determinadas se os apoios envolverem apenas três incógnitas. Se mais incógnitas estiverem envolvidas, as reações serão estaticamente indeterminadas e os métodos da estática não serão suficientes para se determinar as reações; as propriedades da viga com relação a sua resistência à flexão devem, então, ser consideradas. As vigas apoiadas por apenas dois roletes não são ilustradas aqui; elas são vinculadas apenas em parte e irão se mover em certas condições de carregamento.

Em alguns momentos, duas ou mais vigas são acopladas por articulações para se formar uma única estrutura contínua. Dois exemplos de vigas articuladas em um ponto H são mostrados na Fig. 7.7. Será visto que as reações nos apoios envolvem quatro incógnitas e não podem ser determinadas a partir do diagrama de corpo livre do sistema de duas vigas. Essas incógnitas poderão ser determinadas, no entanto, considerando-se o diagrama de corpo livre de cada viga separadamente; seis incógnitas estão envolvidas (incluindo-se dois componentes de força na articulação) e seis equações estão disponíveis.

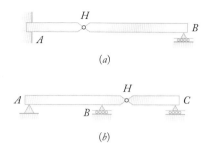

Figura 7.7 Exemplos de sistemas de duas vigas conectadas por uma articulação. Em ambos os casos, diagramas de corpo livre de cada viga permitem a determinação das reações de apoio.

7.2B Esforço cortante e momento fletor em uma viga

Considere uma viga AB submetida a várias cargas concentradas e distribuídas (Fig. 7.8a). Propomos que se determinem o esforço cortante e o momento fletor em qualquer ponto da viga. No exemplo aqui considerado, a viga é simplesmente apoiada, mas o método utilizado pode ser aplicado a qualquer tipo de viga estaticamente determinada.

Foto 7.2 As forças internas nas vigas do viaduto mostrado variam à medida que o caminhão cruza o viaduto.

Primeiro determinamos as reações em A e B escolhendo a viga inteira como um corpo livre (Fig. 7.8b); escrevendo $\Sigma M_A = 0$ e $\Sigma M_B = 0$, obtemos, respectivamente, $\mathbf{R}_B$ e $\mathbf{R}_A$.

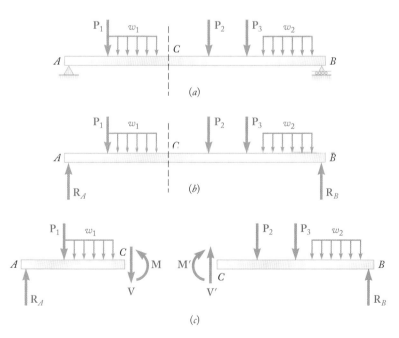

Figura 7.8 (a) uma viga simplesmente apoiada AB; (b) diagrama de corpo livre da viga; (c) diagramas de corpo livre das partes AC e CB da viga, mostrando binários e esforços cortantes internos.

Para determinar as forças internas em *C*, cortamos a viga em *C* e traçamos os diagramas de corpo livre das partes *AC* e *CB* da viga (Fig. 7.8*c*). Usando o diagrama de corpo livre de *AC*, podemos determinar o esforço cortante **V** em *C* igualando a zero a soma dos componentes verticais de todas as forças que atuam em *AC*. Analogamente, o momento fletor **M** em *C* pode ser encontrado igualando-se a zero a soma dos momentos em relação a *C* de todas as forças e os binários atuantes em *AC*. Como alternativa, poderíamos ter usado igualmente o diagrama de corpo livre em *CB** e determinado o esforço cortante **V**′ e o momento fletor **M**′ igualando-se a zero a soma dos componentes verticais e a soma dos momentos em relação a *C* de todas as forças e binários atuantes em *CB*. Se, por um lado, essa escolha de corpos livres pudesse facilitar o cálculo dos valores numéricos do esforço cortante o do momento fletor, por outro se torna necessário indicar em qual parte da viga as forças internas que estão sendo consideradas estão atuando. Se o esforço cortante e o momento fletor devem ser calculados em cada ponto da viga e eficientemente registrados, precisamos encontrar uma maneira de evitar ter de especificar, a cada instante, qual parte da viga está sendo utilizada como um corpo livre. Adotaremos, portanto, as seguintes convenções:

Ao se determinar o esforço cortante em uma viga, *será sempre considerado* que as forças internas **V** e **V**′ estão direcionadas conforme mostra a Fig. 7.8*c*. Um valor positivo obtido para sua intensidade comum *V* indicará que essa hipótese estava certa e que os esforços cortantes estão realmente direcionados tal como mostra a figura. Um valor negativo obtido para *V* indicará que a hipótese estava errada e que os esforços cortantes estão dirigidos no sentido oposto. Assim, somente a intensidade *V*, associada a um sinal de mais ou de menos, necessita ser registrada para definir completamente os esforços cortantes em um dado ponto da viga. O escalar *V* é comumente denominado **esforço cortante** em um dado ponto da viga.

De modo semelhante, *sempre vamos pressupor* que os binários internos **M** e **M**′ estão direcionados tal como mostra a Fig. 7.8*c*. Um sinal positivo obtido para sua intensidade *M*, comumente denominado **momento fletor**, indicará que esta hipótese estava certa, e um valor negativo indicará que estava errada.

Resumindo as convenções de sinais que apresentamos, temos:

O esforço cortante V e o momento fletor M em um dado ponto de uma viga serão positivos quando as forças internas e os binários exercidos em cada parte da viga estiverem direcionados conforme mostra a Fig. 7.9a.

Essas convenções podem ser mais facilmente lembradas se observarmos que:

1. *O esforço cortante em C é positivo quando as forças* **externas** *(cargas e reações) exercidas na viga tendem a cisalha-la em C, tal como indica, a Fig. 7.9b.*
2. *O momento fletor em C é positivo quando as forças* **externas** *exercidas na viga tendem a flexioná-la em C, como indica a Fig. 7.9c.*

Pode também ser útil observar que a situação descrita na Fig. 7.9, na qual os valores do esforço cortante e do momento fletor são positivos, é precisamente a situação que ocorre na metade esquerda de uma viga simplesmente apoiada que sustenta uma única carga concentrada em seu ponto médio. Esse exemplo particular é analisado em detalhes na próxima seção.

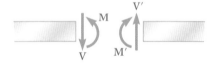

(*a*) Forças internas na seção
(esforço cortante e momento fletor positivos)

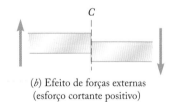

(*b*) Efeito de forças externas
(esforço cortante positivo)

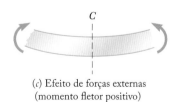

(*c*) Efeito de forças externas
(momento fletor positivo)

Figura 7.9 Figura para memorizar os sinais de esforço cortante e de momento fletor.

* A força e o binário que representam as forças internas exercidas sobre *CB* serão agora representados por **V**′ e **M**′, em vez de −**V** e −**M**, como fizemos anteriormente, de modo a evitar confusão quando aplicarmos a convenção de sinais que estamos apresentando.

7.2C Diagramas de esforço cortante e de momento fletor

Agora que o esforço cortante e o momento fletor foram claramente definidos tanto em sentido como em intensidade, podemos facilmente registrar seus valores em qualquer ponto de uma viga representando-os em um gráfico em função da distância x medida a partir de uma extremidade da viga. Os gráficos obtidos desse modo são denominados, respectivamente, **diagrama de esforço cortante** e **diagrama de momento fletor.**

Como exemplo, consideremos uma viga AB simplesmente apoiada, de vão L, sujeita a uma única carga concentrada **P** aplicada em seu ponto médio D (Fig. 7.10a). Primeiro determinamos as reações nos apoios a partir do diagrama de corpo livre da viga inteira (Fig. 7.10b); descobrimos que a intensidade de cada reação é igual a $P/2$.

Em seguida, cortamos a viga em um ponto C entre A e D e traçamos os diagramas de corpo livre de AC e CB (Fig. 7.10c). *Supondo que o esforço cortante e o momento fletor são positivos*, direcionamos as forças internas **V** e **V'** e os binários internos **M** e **M'** tal como indica a Fig. 7.9a. Considerando o corpo livre AC e escrevendo que a soma dos componentes verticais e a soma dos momentos em relação a C das forças exercidas no corpo livre são iguais a zero, encontramos $V = +P/2$ e $M = +Px/2$. Tanto o esforço cortante quanto o momento fletor são, portanto, positivos; isso pode ser verificado observando-se que a reação em A tende a cisalhar e a flexionar a viga em C, como mostra a Fig. 7.9b e c. Podemos traçar em um gráfico V e M entre A e D (Fig. 7.10e e f); o esforço cortante tem valor constante $V = P/2$, enquanto o momento fletor aumenta linearmente a partir de $M = 0$ em $x = 0$ para $M = PL/4$ em $x = L/2$.

Cortando agora a viga em um ponto E entre D e B e considerando o corpo livre EB (Fig. 7.10d), escrevemos que a soma dos componentes verticais e a soma dos momentos em relação a E das forças exercidas no corpo livre são iguais a zero. Obtemos $V = -P/2$ e $M = P(L - x)/2$. O esforço cortante é, portanto, negativo, e o momento fletor, positivo; isso pode ser verificado observando-se que a reação em B flexiona a viga no ponto E, como mostra a Fig. 7.9c, mas tende a cisalhá-la de forma oposta àquela mostrada na Fig. 7.9b. Podemos completar agora os diagramas de esforço cortante e de momento fletor da Fig. 7.10e e f; o esforço cortante tem valor constante $V = -P/2$ entre D e B, enquanto o momento fletor decresce linearmente de $M = PL/4$ em $x = L/2$, para $M = 0$, em $x = L$.

Quando uma viga está sujeita somente a cargas concentradas, o esforço cortante tem valor constante entre cargas e o momento fletor varia linearmente entre cargas. Por outro lado, quando uma viga é sujeita a cargas distribuídas, o esforço cortante e o momento fletor variam de maneira bem diferente [Problema Resolvido 7.3].

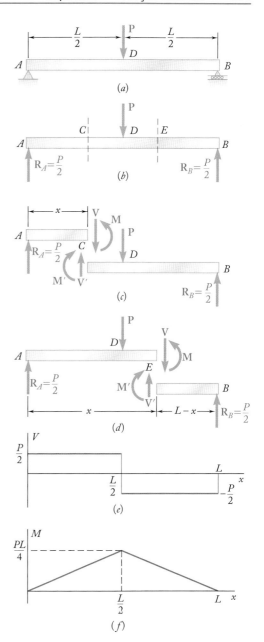

Figura 7.10 (a) Uma viga suportando uma única carga concentrada em seu ponto médio; (b) diagrama de corpo livre da viga; (c) diagramas de corpo livre das partes da viga após um corte em C; (d) diagramas de corpo livre das partes da viga após um corte em E; (e) diagrama do esforço cortante da viga; (f) diagrama do momento fletor da viga.

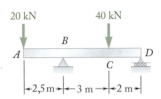

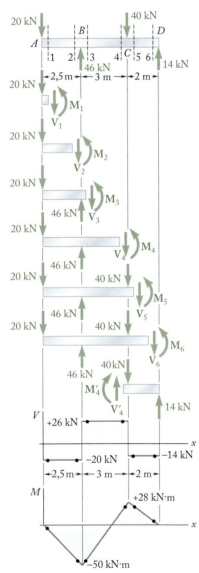

Figura 1 Diagramas de corpo livre das partes da viga, e diagramas de esforço cortante e de momento fletor resultantes.

PROBLEMA RESOLVIDO 7.2

Trace os diagramas de esforço cortante e de momento fletor para a viga e o carregamento mostrados na figura.

ESTRATÉGIA A viga inteira deve ser tratada como um corpo livre para determinarmos as reações e então cortada um pouco antes e um pouco depois de cada força externa concentrada (Fig. 1) para verificarmos como o esforço cortante e o momento fletor variam ao longo do comprimento da viga.

MODELAGEM e ANÁLISE

Corpo livre: viga inteira. A partir do diagrama de corpo livre da viga inteira, encontramos as reações em B e D:

$$\mathbf{R}_B = 46 \text{ kN} \uparrow \qquad \mathbf{R}_D = 14 \text{ kN} \uparrow$$

Esforço cortante e momento fletor. Primeiro, determinamos as forças internas imediatamente à direita da carga de 20 kN em A. Considerando o pedaço da viga à esquerda da seção 1 como corpo livre e considerando V e M positivos (de acordo com a convenção padrão), temos

$+\uparrow \Sigma F_y = 0$: $-20 \text{ kN} - V_1 = 0$ $V_1 = -20 \text{ kN}$
$+\curvearrowleft \Sigma M_1 = 0$: $(20 \text{ kN})(0 \text{ m}) + M_1 = 0$ $M_1 = 0$

Em seguida, tomamos como corpo livre a parte da viga à esquerda da seção 2 e escrevemos

$+\uparrow \Sigma F_y = 0$: $-20 \text{ kN} - V_2 = 0$ $V_2 = -20 \text{ kN}$
$+\curvearrowleft \Sigma M_2 = 0$: $(20 \text{ kN})(2,5 \text{ m}) + M_2 = 0$ $M_2 = -50 \text{ kN·m}$

O esforço cortante e o momento fletor nas seções 3, 4, 5 e 6 são determinados de maneira análoga a partir dos diagramas de corpo livre mostrados na figura. Obtemos

$$\begin{aligned} V_3 &= +26 \text{ kN} & M_3 &= -50 \text{ kN·m} \\ V_4 &= +26 \text{ kN} & M_4 &= +28 \text{ kN·m} \\ V_5 &= -14 \text{ kN} & M_5 &= +28 \text{ kN·m} \\ V_6 &= -14 \text{ kN} & M_6 &= 0 \end{aligned}$$

Para várias das últimas seções, os resultantes são mais facilmente obtidos considerando-se como corpo livre a parte da viga à direita da seção. Por exemplo, considerando a parte da viga à direita da seção 4, temos

$+\uparrow \Sigma F_y = 0$: $V_4 - 40 \text{ kN} + 14 \text{ kN} = 0$ $V_4 = +26 \text{ kN}$
$+\curvearrowleft \Sigma M_4 = 0$: $-M_4 + (14 \text{ kN})(2 \text{ m}) = 0$ $M_4 = +28 \text{ kN·m}$

Diagramas de esforço cortante e de momento fletor. Podemos agora traçar os seis pontos mostrados nos diagramas de esforço cortante e de momento fletor. Como indica a Seção 7.2C, o esforço cortante tem valor constante entre cargas concentradas, e o momento fletor varia linearmente; obtemos, portanto, os diagramas de esforço cortante e de momento fletor mostrados na Figura 1.

PARA REFLETIR Os cálculos são muito similares para cada nova escolha de corpo livre. Ao longo da viga, no entanto, o esforço cortante varia sua intensidade a cada força transversal, e o gráfico do momento fletor muda a inclinação nesses pontos.

PROBLEMA RESOLVIDO 7.3

Trace os diagramas de esforço cortante e de momento fletor para a viga AB. A carga distribuída de 7,2 kN/cm estende-se por 30 cm sobre a viga, de A até C, e a carga de 1.800 N está aplicada em E.

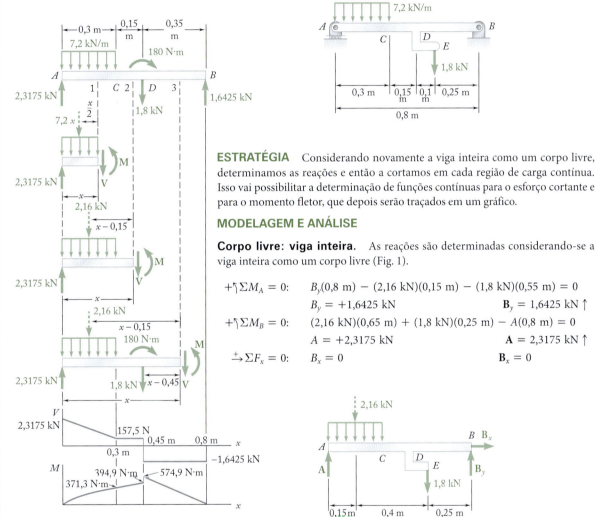

ESTRATÉGIA Considerando novamente a viga inteira como um corpo livre, determinamos as reações e então a cortamos em cada região de carga contínua. Isso vai possibilitar a determinação de funções contínuas para o esforço cortante e para o momento fletor, que depois serão traçados em um gráfico.

MODELAGEM E ANÁLISE

Corpo livre: viga inteira. As reações são determinadas considerando-se a viga inteira como um corpo livre (Fig. 1).

$+\uparrow \Sigma M_A = 0$: $B_y(0,8 \text{ m}) - (2,16 \text{ kN})(0,15 \text{ m}) - (1,8 \text{ kN})(0,55 \text{ m}) = 0$
$B_y = +1,6425 \text{ kN}$ $\mathbf{B}_y = 1,6425 \text{ kN} \uparrow$

$+\uparrow \Sigma M_B = 0$: $(2,16 \text{ kN})(0,65 \text{ m}) + (1,8 \text{ kN})(0,25 \text{ m}) - A(0,8 \text{ m}) = 0$
$A = +2,3175 \text{ kN}$ $\mathbf{A} = 2,3175 \text{ kN} \uparrow$

$\xrightarrow{+} \Sigma F_x = 0$: $B_x = 0$ $\mathbf{B}_x = 0$

Figura 2 Diagramas de corpo livre das partes da viga, e diagramas de esforço cortante e de momento fletor resultantes.

Figura 1 Diagrama de corpo livre da viga inteira.

A carga de 1,8 kN é agora substituída por um sistema equivalente força-binário atuante na viga no ponto D, e a viga é cortada em diversos pontos (Fig. 2).

(continua)

Esforço cortante e momento fletor. *De A até C.* Determinamos as forças internas a uma distância x do ponto A considerando a parte da viga à esquerda da seção 1. A parte da carga distribuída atuante sobre o corpo livre é substituída por sua resultante. Assim, temos

$+\uparrow \Sigma F_y = 0:$ $\quad 2{,}3175 - 7{,}2x - V = 0 \quad\quad V = 2{,}3175 - 7{,}2x$

$+\curvearrowleft \Sigma M_1 = 0:$ $\quad -2{,}3175 + 7{,}2x(\tfrac{1}{2}x) + M = 0 \quad\quad M = 2{,}3175x - 3{,}6x^2$

Observemos que V e M não são valores numéricos, mas são expressos como funções de x. Como o diagrama de corpo livre mostrado pode ser usado para todos os valores de x menores que 0,3 m, as expressões obtidas para V e M são válidas por toda a região $0 < x < 0{,}3$ m:

De C até D. Considerando a parte da viga à esquerda da seção 2 e novamente substituindo a carga distribuída pela sua resultante, obtemos

$+\uparrow \Sigma F_y = 0:$ $\quad 2{,}3175 - 2{,}16 - V = 0 \quad\quad V = 157{,}5$ N

$+\curvearrowleft \Sigma M_2 = 0:$ $\quad -2{,}3175x + 2{,}16(x - 0{,}15) + M = 0$

$$M = (0{,}324 + 0{,}1575x) \text{ kN·m}$$

Essas expressões são válidas na região $0{,}3$ m $< x < 0{,}45$ m.

De D para B. Usando a parte da viga à esquerda da seção 3, obtemos para a região $0{,}45$ m $< x < 0{,}8$ m:

$+\uparrow \Sigma F_y = 0:$ $\quad 2{,}3175 - 2{,}16 - 1{,}8 - V = 0 \quad V = -1{,}6425$ kN

$+\curvearrowleft \Sigma M_3 = 0:$ $\quad -2{,}3175x + 2{,}16(x - 0{,}15) - 0{,}18 + 1{,}8(x - 0{,}45) + M = 0$

$$M = (1{,}34 - 1{,}6425x) \text{ kN·m}$$

Diagramas de esforço cortante e de momento fletor. Trace os diagramas de esforço cortante e de momento fletor para a viga inteira. Observamos que o binário de momento 180 N·m aplicado no ponto D introduz uma descontinuidade no diagrama de momento fletor. Percebemos também que o diagrama de momento fletor sob a carga distribuída não é reto, mas ligeiramente curvado.

PARA REFLETIR Diagramas de esforço cortante e de momento fletor geralmente contém vários tipos de curvas e descontinuidades. Nesses casos, pode ser útil expressar V e M como funções de x, bem como determinar certos valores numéricos.

METODOLOGIA PARA A RESOLUÇÃO DE PROBLEMAS

Nesta seção aprendemos a determinar o **esforço cortante** V e o **momento fletor** M em qualquer ponto de uma viga. Também aprendemos a traçar o **diagrama de esforço cortante** e o **diagrama de momento fletor** para a viga representando em um gráfico, respectivamente, V e M pela distância x medida ao longo da viga.

A. Determinar o esforço cortante e o momento fletor em uma viga. Para determinar o esforço cortante V e o momento fletor M em um dado ponto C de uma viga, devemos seguir os seguintes passos:

1. Traçar um diagrama de corpo livre para a viga inteira e usá-lo para determinar as reações nos apoios da viga.

2. Cortar a viga no ponto C e, usando o carregamento original, selecionar uma das duas partes da viga que você obteve.

3. Traçar um diagrama de corpo livre da parte da viga que você selecionou, mostrando:
  a. As cargas e as reações exercidas nessa parte da viga, substituindo cada carga distribuída por uma carga concentrada equivalente tal como explicamos na Seção 5.3A.
  b. O esforço cortante e o binário fletor que representam as forças internas em C. Para facilitar o registro do esforço cortante V e do momento fletor M depois de eles serem determinados, siga a convenção indicada nas Figs. 7.8 e 7.9. Portanto, se estamos usando a parte da viga localizada à *esquerda de C*, apliquemos em C um *esforço cortante* **V** *direcionado para baixo* e um *momento fletor* **M** *direcionado no sentido anti-horário*. Se estamos usando a parte da viga localizada à *direita de C*, apliquemos em C um *esforço cortante* **V**′ *direcionado para cima* e um *momento fletor* **M**′ *direcionado no sentido horário* [Problema Resolvido 7.2].

4. Escrever as equações de equilíbrio para a parte da viga que foi selecionada. Resolva a equação $\Sigma F_y = 0$ para V e a equação $\Sigma M_C = 0$ para M.

5. Anotar os valores de V e M com os sinais obtidos para cada um deles. Um sinal positivo para V indica que os esforços cortantes exercidos em C em cada uma das duas partes da viga estão direcionados tal como mostram as Figs. 7.8 e 7.9; um sinal negativo indica que eles têm o sentido oposto. De modo análogo, um sinal positivo para M significa que os binários fletores em C estão direcionados tal como mostram essas figuras, e um sinal negativo indica que eles têm o sentido oposto. Além disso, um sinal positivo para M significa que a concavidade da viga em C está direcionada para cima, e um sinal negativo indica que está direcionada para baixo.

B. Traçar os diagramas de esforço cortante e de momento fletor para uma viga. Esses diagramas são obtidos traçando-se em um diagrama, respectivamente, V e M pela distância x medida ao longo da viga. No entanto, na maioria dos casos, os valores de V e M têm que ser calculados apenas em alguns poucos pontos.

1. **Para uma viga sujeita somente a cargas concentradas,** observamos [Problema Resolvido 7.2] que:
    a. **O diagrama de esforço cortante consiste em segmentos de linhas horizontais.** Portanto, para traçar o diagrama de esforço cortante da viga, precisaremos apenas calcular V à esquerda ou à direita dos pontos em que as cargas ou as reações são aplicadas.
    b. **O diagrama de momento fletor consiste em segmentos de retas inclinadas.** Portanto, para traçar o diagrama de momento fletor da viga precisaremos calcular M somente nos pontos em que as cargas ou reações estão aplicadas.

2. **Para uma viga sujeita a cargas uniformemente distribuídas,** observamos [Problema Resolvido 7.3] que, sob cada uma das cargas distribuídas:
    a. **O diagrama de esforço cortante consiste em um segmento de reta inclinado.** Portanto, precisaremos calcular V somente onde a carga distribuída começa e onde ela acaba.
    b. **O diagrama de momento fletor consiste em um arco parabólico.** Na maioria dos casos precisaremos calcular M somente onde a carga distribuída começa e onde acaba.

3. **Para uma viga com um carregamento mais complicado,** é necessário considerar o diagrama de corpo livre de uma parte da viga de comprimento arbitrário x e determinar V e M como funções de x. Pode ser que esse procedimento tenha de ser repetido várias vezes, pois V e M são frequentemente representados por funções diferentes nas várias partes da viga [Problema Resolvido 7.3].

4. **Quando um binário é aplicado a uma viga,** o esforço cortante tem o mesmo valor em ambos os lados do ponto de aplicação do binário, mas o diagrama de momento fletor mostrará uma descontinuidade nesse ponto, subindo ou descendo de um valor igual à intensidade do binário. Observe que um binário pode ser aplicado diretamente à viga ou resultar da aplicação de uma carga a um elemento rigidamente unido à viga [Problema Resolvido 7.3].

PROBLEMAS

7.29 a 7.32 Para a viga e o carregamento mostrados na figura, (*a*) trace os diagramas de esforço cortante e de momento fletor, (*b*) determine os valores absolutos máximos do esforço cortante e do momento fletor.

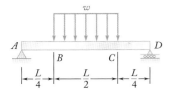
Figura P7.29

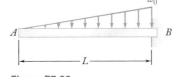
Figura P7.30

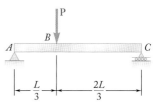
Figura P7.31

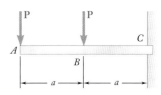
Figura P7.32

7.33 e 7.34 Para a viga e o carregamento mostrados nas figuras, (*a*) trace os diagramas de esforço cortante e de momento fletor, (*b*) determine os valores absolutos máximos do esforço cortante e do momento fletor.

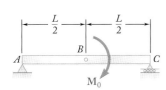
Figura *P7.33*

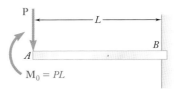
Figura *P7.34*

7.35 e 7.36 Para a viga e o carregamento mostrados nas figuras, (*a*) trace os diagramas de esforço cortante e de momento fletor, (*b*) determine os valores absolutos máximos do esforço cortante e do momento fletor.

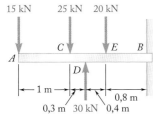
Figura P7.35

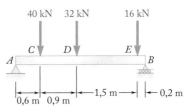
Figura P7.36

7.37 e 7.38 Para a viga e o carregamento mostrados nas figuras, (*a*) trace os diagramas de esforço cortante e de momento fletor, (*b*) determine os valores absolutos máximos do esforço cortante e do momento fletor.

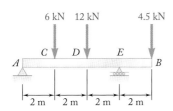
Figura *P7.37*

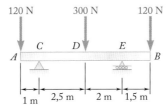
Figura *P7.38*

7.39 a 7.42 Para a viga e o carregamento mostrados na figura, (a) trace os diagramas de esforço cortante e de momento fletor, (b) determine os valores absolutos máximos do esforço cortante e do momento fletor.

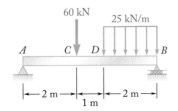
Figura P7.39

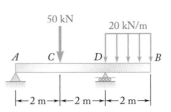
Figura P7.40

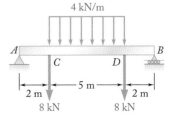
Figura P7.41

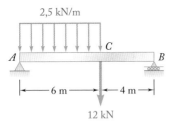
Figura P7.42

7.43 Considerando que a reação, direcionada para cima, do solo sobre a viga AB é uniformemente distribuída e sabendo que $P = wa$, (a) trace os diagramas de esforço cortante e de momento fletor, (b) determine os valores absolutos máximos do esforço cortante e do momento fletor.

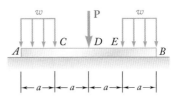
Figura *P7.43*

7.44 Resolva o Problema 7.43 sabendo que $P = 3wa$.

7.45 Considerando que a reação, direcionada para cima, do solo sobre a viga AB é uniformemente distribuída, (a) trace os diagramas de esforço cortante e de momento fletor, (b) determine os valores absolutos máximos do esforço cortante e do momento fletor.

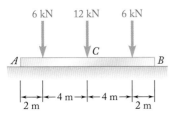
Figura P7.45

7.46 Resolva o Problema 7.45 considerando que a carga 12 kN foi removida.

7.47 e 7.48 Considerando que a reação, direcionada para cima, do solo sobre a viga AB é uniformemente distribuída, (a) trace os diagramas de esforço cortante e de momento fletor, (b) determine os valores absolutos máximos do esforço cortante e do momento fletor.

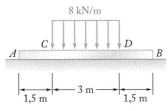
Figura P7.47

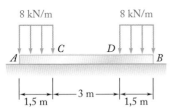
Figura P7.48

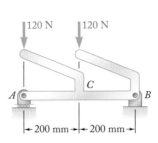
Figura P7.49

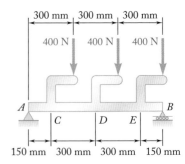
Figura P7.50

7.49 e 7.50 Trace os diagramas de esforço cortante e de momento fletor para a viga AB, e determine os valores absolutos máximos do esforço cortante e do momento fletor.

7.51 e 7.52 Trace os diagramas de esforço cortante e de momento fletor para a viga AB, e determine os valores absolutos máximos do esforço cortante e do momento fletor.

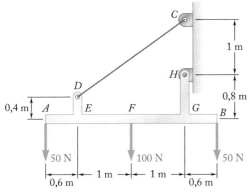

Figura P7.51

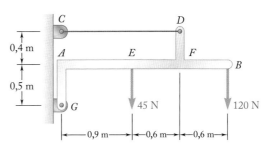

Figura P7.52

7.53 Duas pequenas seções de um canal DF e EH são soldadas à viga uniforme AB de peso W = 3 kN, para formar um elemento estrutural rígido como mostra a figura. Este elemento é erguido por dois cabos ligados em D e E. Sabendo que $\theta = 30°$ e desprezando o peso das pequenas seções, (a) trace os diagramas de esforço cortante e de momento fletor para a viga AB, (b) determine os valores absolutos máximos do esforço cortante e do momento fletor nessa viga.

7.54 Resolva o Problema 7.53 para $\theta = 60°$.

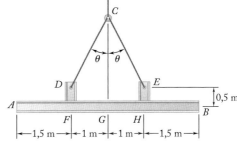

Figura P7.53

7.55 Para o elemento estrutural do Problema 7.53, determine (a) o ângulo θ para o qual o valor absoluto máximo do momento fletor na viga AB é o menor possível, (b) o valor correspondente de $|M|_{máx}$. (*Dica*: trace o diagrama de momento fletor e depois iguale os valores absolutos dos maiores momentos fletores positivo e negativo obtidos.)

7.56 Para a viga do Problema 7.43, determine (a) a razão k = P/wa para a qual o valor absoluto máximo do momento fletor na viga é o menor possível, (b) o valor correspondente de $|M|_{máx}$. (Ver dica do Problema 7.55.)

7.57 Determine (a) a distância a para a qual o valor absoluto máximo do momento fletor na viga AB é o menor possível, (b) o valor correspondente de |M|máx. (Ver a dica do Problema 7.55).

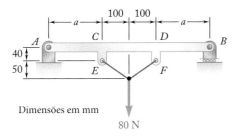

Figura P7.57

7.58 Para a viga e carregamento mostrados na figura, determine (*a*) a distância *a* para a qual o valor absoluto máximo do momento fletor na viga é o menor possível, (*b*) o valor correspondente de $|M|_{máx}$. (Ver dica do Problema 7.55.)

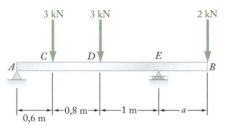

Figura P7.58

7.59 Uma viga uniforme é elevada por cabos de guindaste ligados em *A* e *B*. Determine a distância *a* das extremidades da viga até os pontos onde os cabos devem ser ligados se o máximo valor absoluto do momento fletor é o menor possível (*Dica*: trace o diagrama de momento fletor em termos de *a*, *L* e o peso *w* por unidade de comprimento, e depois iguale os valores absolutos dos maiores momentos fletores positivo e negativo obtidos.)

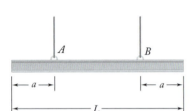

Figura P7.59

7.60 Sabendo que $P = Q = 150$ N, determine (*a*) a distância *a* para a qual o valor absoluto máximo do momento fletor na viga *AB* é o menor possível, (*b*) o valor correspondente de $|M|_{máx}$. (Ver a dica do Problema 7.55).

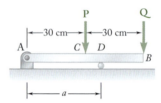

Figura *P7.60*

7.61 Resolva o Problema 7.60 considerando que $P = 300$ N e $Q = 150$ N.

*7.62 Para reduzir o momento fletor na viga em balanço *AB*, um cabo e um contrapeso são permanentemente ligados à extremidade *B*. Determine o valor do contrapeso para o qual o valor absoluto máximo do momento fletor na viga é o menor possível e o valor correspondente de $|M|_{máx}$. Considere (*a*) o caso em que a carga distribuída é permanentemente aplicada na viga e (*b*) o caso mais geral em que a carga distribuída pode ser aplicada ou retirada.

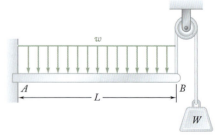

Figura P7.62

7.3 Relações entre carregamento, esforço cortante e momento fletor

Quando uma viga sustenta mais de duas ou três cargas concentradas, ou quando sustenta cargas distribuídas, o método esboçado na Seção 7.2 para representar graficamente os esforços cortantes e os momentos fletores pode ser muito complicado. A construção do diagrama de esforço cortante e, em especial, do diagrama de momento fletor será bastante facilitada se forem levadas em consideração certas relações existentes entre a carga, o esforço cortante e o momento fletor.

Consideremos uma viga simplesmente apoiada AB, que sustenta uma carga distribuída w por unidade de comprimento (Fig. 7.11a), e sejam C e C' dois pontos da viga separados por uma distância Δx. O esforço cortante e o momento fletor em C são representados por V e M, respectivamente, e supõe-se que sejam positivos; o esforço cortante e o momento fletor em C' são representados por $V + \Delta V$ and $M + \Delta M$.

Vamos agora separar a parte CC' da viga e traçar seu diagrama de corpo livre (Fig. 7.11b). As forças exercidas sobre o corpo livre incluem uma carga de intensidade $w \, \Delta x$ (indicada por uma flecha pontilhada para distingui-la da carga distribuída original da qual é derivada) e forças e binários internos em C e C'. Como se supôs que o esforço cortante e o momento fletor eram positivos, as forças e os momentos serão direcionados tal como mostra a figura.

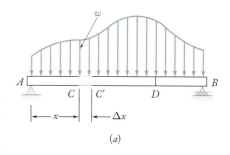

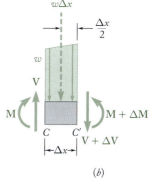

Figura 7.11 (a) Uma viga simplesmente apoiada suportando uma carga distribuída; (b) diagrama de corpo livre da parte CC' da viga.

Relações entre a carga e o esforço cortante. Como o corpo livre CC' está em equilíbrio, escrevemos que a soma dos componentes verticais das forças que atuam nele é zero:

$$V - (V + \Delta V) - w \, \Delta x = 0$$
$$\Delta V = -w \, \Delta x$$

Dividindo os membros da equação por Δx e fazendo Δx tender a zero, obtemos

$$\frac{dV}{dx} = -w \qquad (7.1)$$

A Eq. (7.1) indica que, para uma viga carregada tal como mostra a Fig. 7.11a, a inclinação dV/dx da curva de esforço cortante é negativa; o valor absoluto da inclinação em qualquer ponto é igual à carga por unidade de comprimento desse ponto.

Integrando (7.1) entre os pontos C e D, obtemos

$$V_D - V_C = -\int_{x_C}^{x_D} w \, dx \qquad (7.2)$$

ou

$$V_D - V_C = -(\text{área sob a curva de carregamento entre } C \text{ e } D) \qquad (7.2')$$

Observe que este resultado poderia também ter sido obtido considerando o equilíbrio na parte CD da viga, uma vez que a área sob a curva de carregamento representa a carga total aplicada entre C e D.

Deve-se observar que a Eq. (7.1) *não é valida* em um ponto em que uma carga concentrada é aplicada; em tal ponto, a curva do esforço cortante é descontínua, como vimos na Seção 7.2. Do mesmo modo, as Eqs. (7.2) e (7.2') dei-

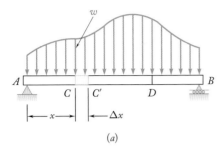

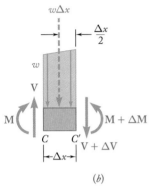

Figura 7.11 (repetida)

xam de ser válidas quando cargas concentradas são aplicadas entre C e D, uma vez que elas não levam em consideração a súbita variação no esforço cortante causada por uma carga concentrada. As Eqs. (7.2) e (7.2'), portanto, devem ser aplicadas somente entre cargas concentradas consecutivas.

Relações entre o esforço cortante e o momento fletor. Retornando ao diagrama de corpo livre da Fig. 7.11b e escrevendo agora que a soma dos momentos em relação a C' é zero, obtemos

$$(M + \Delta M) - M - V \Delta x + w\Delta x \frac{\Delta x}{2} = 0$$

$$\Delta M = V \Delta x - \tfrac{1}{2}w(\Delta x)^2$$

Dividindo os membros da equação por Δx e fazendo Δx tender a zero, obtemos:

$$\frac{dM}{dx} = V \qquad (7.3)$$

A Eq. (7.3) indica que a inclinação dM/dx da curva de momento fletor é igual ao valor do esforço cortante. Isto é verdadeiro para qualquer ponto em que o esforço cortante tenha um valor bem definido, ou seja, em qualquer ponto no qual nenhuma carga concentrada está aplicada. A Eq. (7.3) também mostra que o esforço cortante é zero nos pontos em que o momento fletor é o máximo. Essa propriedade facilita a determinação dos pontos em que a viga pode se romper por flexão.

Integrando (7.3) entre os pontos C e D, obtemos

$$M_D - M_C = \int_{x_C}^{x_D} V dx \qquad (7.4)$$

$$M_D - M_C = \text{área sob a curva de esforço cortante entre } C \text{ e } D \qquad (7.4')$$

Observe que a área sob a curva de esforço cortante deve ser considerada positiva onde o esforço cortante é positivo, e negativa onde o esforço cortante é negativo. As Eqs. (7.4) e (7.4') são válidas mesmo quando cargas concentradas são aplicadas entre C e D, desde que a curva de esforço cortante tenha sido corretamente traçada. As equações deixam de ser válidas, no entanto, se um *binário* é aplicado em um ponto entre C e D, uma vez que não levam em consideração a súbita variação no momento fletor causada por um binário (ver Problema Resolvido 7.7).

Na maior parte das aplicações de engenharia, o valor do momento fletor precisa ser conhecido somente em alguns poucos pontos específicos. Uma vez que tenhamos traçado o diagrama de esforço cortante e determinado M em uma extremidade da viga, podemos obter o valor do momento fletor em qualquer ponto dado calculando-se a área sob a curva de esforço e utilizando-se a fórmula (7.4'). Por exemplo, como $M_A = 0$ para a viga da Fig. 7.12, o valor máximo do momento fletor para essa viga pode ser obtido simplesmente calculando-se a área do triângulo sombreado no diagrama de esforço cortante:

$$M_{máx} = \frac{1}{2} \frac{L}{2} \frac{wL}{2} = \frac{wL^2}{8}$$

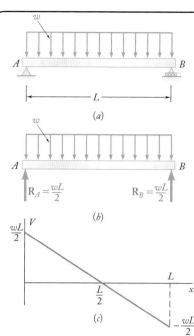

APLICAÇÃO DE CONCEITO 7.1

Consideremos uma viga AB simplesmente apoiada de vão L que sustenta uma carga uniformemente distribuída w (Fig. 7.12a). A partir do diagrama de corpo livre da viga inteira, determinamos a intensidade das reações nos apoios: $R_A = R_B = wL/2$ (Fig. 7.12b). Em seguida, traçamos o diagrama de esforço cortante. Junto à extremidade A da viga, o esforço cortante é igual a R_A, ou seja, a $wL/2$, como podemos comprovar tomando uma parte muito pequena da viga como um corpo livre. Utilizando a Eq. (7.2), podemos então determinar o esforço cortante V a qualquer distância x a partir de A. Temos

$$V - V_A = -\int_0^x w\,dx = -wx$$

$$V = V_A - wx = \frac{wL}{2} - wx = w\left(\frac{L}{2} - x\right)$$

A curva de esforço cortante é, portanto, uma reta inclinada que corta o eixo x em $x = L/2$ (Fig. 7.12c). Considerando agora o momento fletor, primeiro observamos que $M_A = 0$. O valor M do momento fletor a qualquer distância x de A pode então ser obtido a partir da Eq. (7.4). Escrevemos

$$M - M_A = \int_0^x V\,dx$$

$$M = \int_0^x w\left(\frac{L}{2} - x\right)dx = \frac{w}{2}(Lx - x^2)$$

A curva de momento fletor é uma parábola. O valor máximo do momento fletor ocorre quando $x = L/2$, uma vez que V (e, portanto, dM/dx) é zero para esse valor de x. Substituindo $x = L/2$ na última equação, obtemos $M_{\text{máx}} = wL^2/8$.

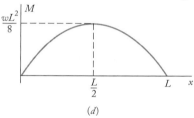

Figura 7.12 (a) Uma viga simplesmente apoiada sustentando uma carga uniformemente distribuída; (b) diagrama de corpo livre da viga para determinar as reações nos apoios; (c) a curva de esforço cortante é uma reta inclinada; (d) o diagrama do momento fletor é uma parábola.

Neste exemplo, a curva de carregamento é uma reta horizontal, a curva de esforço cortante é uma reta inclinada e a curva de momento fletor é uma parábola. Se a curva de carregamento fosse uma reta inclinada (primeiro grau), a curva de esforço cortante seria uma parábola (segundo grau) e a curva de momento fletor, uma cúbica (terceiro grau). As curvas de esforço cortante e de momento fletor serão sempre, respectivamente, um ou dois graus acima da curva de carregamento. Portanto, assim que alguns poucos valores do esforço cortante e do momento fletor forem calculados, devemos ser capazes de esquematizar os diagramas de esforço cortante e de momento fletor sem realmente determinar as funções $V(x)$ e $M(x)$. Os diagramas esquemáticos obtidos serão mais exatos se fizermos uso do fato que, a qualquer ponto em que as curvas são contínuas, a inclinação da curva do esforço cortante é igual a $-w$ e a inclinação da curva do momento fletor é igual a V.

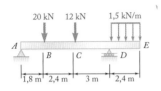

PROBLEMA RESOLVIDO 7.4

Trace os diagramas de esforço cortante e de momento fletor para a viga e o carregamento mostrados na figura.

ESTRATÉGIA A viga sustenta duas cargas concentradas e uma carga distribuída. Podemos utilizar as equações apresentadas nesta seção entre essas cargas e sob a carga distribuída, mas devemos esperar certas variações nos diagramas nos pontos de carga.

MODELAGEM E ANÁLISE

Corpo livre: viga inteira. Considerando a viga inteira como um corpo livre, determinamos as reações (Fig.1):

$+\circlearrowleft \Sigma M_A = 0$:

$$D(7,2 \text{ m}) - (20 \text{ kN})(1,8 \text{ m}) - (12 \text{ kN})(4,2 \text{ m}) - (3,6 \text{ kN})(8,4 \text{ m}) = 0$$
$$D = +16,2 \text{ kN} \qquad \mathbf{D} = 16,2 \text{ kN} \uparrow$$

$+\uparrow \Sigma F_y = 0$: $\quad A_y - 20 \text{ kN} - 12 \text{ kN} + 16,2 \text{ kN} - 3,6 \text{ kN} = 0$
$\quad\quad\quad\quad\quad\quad A_y = +19,4 \text{ kN} \qquad \mathbf{A}_y = 19,4 \text{ kN} \uparrow$
$\xrightarrow{+} \Sigma F_x = 0$: $\quad A_x = 0 \qquad\qquad\qquad\qquad \mathbf{A}_x = 0$

Observamos ainda que o momento fletor é zero em A e E; assim, dois pontos (indicados por pequenos círculos) são obtidos no diagrama de momento fletor.

Diagrama de esforço cortante. Como $dV/dx = -w$, encontramos que, entre cargas e reações concentradas, a inclinação do diagrama de esforço cortante é zero (ou seja, o esforço cortante é constante). O esforço cortante em qualquer ponto é determinado dividindo-se a viga em duas partes e considerando qualquer dessas partes como um corpo livre. Por exemplo, utilizando o trecho da viga à esquerda da seção 1 (Fig. 1), obtemos o esforço cortante entre B e C:

$+\uparrow \Sigma F_y = 0$: $\qquad +19,4 \text{ kN} - 20 \text{ kN} - V = 0 \qquad V = -0,6 \text{ kN}$

Encontramos também que o esforço cortante é $+3,6$ kN imediatamente à direita de D e é zero na extremidade E. Como a inclinação $dV/dx = -w$ é constante entre D e E, o diagrama de esforço cortante entre esses dois pontos é uma linha reta.

Diagrama de momento fletor. Lembremos que a área sob a curva de esforço cortante entre dois pontos é igual à variação do momento fletor entre esses mesmos dois pontos. Por conveniência, a área em cada trecho do diagrama de esforço cortante é calculada e indicada no diagrama (Fig. 1). Uma vez que o momento fletor M_A na extremidade esquerda é zero, temos

$$\begin{aligned} M_B - M_A &= +34,92 & M_B &= +34,92 \text{ kN·m} \\ M_C - M_B &= -1,44 & M_C &= +33,48 \text{ kN·m} \\ M_D - M_C &= -37,8 & M_D &= -4,32 \text{ kN·m} \\ M_E - M_D &= +4,32 & M_E &= 0 \end{aligned}$$

Como sabemos que M_E é nulo, uma verificação dos cálculos é obtida.

Entre as cargas concentradas e as reações, o esforço cortante é constante; portanto, a inclinação dM/dx é constante e o diagrama de momento fletor é traçado unindo-se os pontos conhecidos por segmentos de reta.

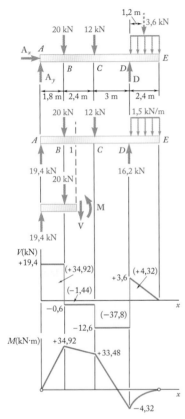

Figura 1 Diagramas de corpo livre da viga, diagrama de corpo livre da seção à esquerda do corte, diagrama de esforço cortante, diagrama de momento fletor.

Entre D e E, onde o diagrama de esforço cortante é um segmento reto inclinado, o diagrama de momento fletor é uma parábola.

Dos diagramas V e M, observamos que $V_{máx} = 19{,}4$ kN e $M_{máx} = 34{,}92$ KN·m.

PARA REFLETIR Como esperado, os valores do esforço cortante e as inclinações das curvas de momento fletor trazem mudanças bruscas onde as cargas concentradas atuam. Úteis para o projeto, esses diagramas tornam mais fácil a determinação dos valores máximos do esforço cortante e do momento fletor para uma viga e sua carga.

PROBLEMA RESOLVIDO 7.5

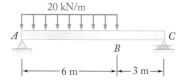

Trace os diagramas de esforço cortante e de momento fletor para a viga e o carregamento mostrados na figura e determine a localização e a intensidade do momento fletor máximo.

ESTRATÉGIA A carga é distribuída ao longo de parte da viga sem cargas concentradas. Podemos utilizar as equações desta seção em duas partes: para as regiões com e sem carga. A partir do que foi discutido nesta seção, podemos esperar que o diagrama de esforço cortante mostre uma linha inclinada sob a carga, seguida de uma linha horizontal. O diagrama de momento fletor deverá mostrar uma parábola sob a carga e uma linha oblíqua sob o resto da viga.

MODELAGEM E ANÁLISE

Corpo livre: viga inteira. Considerando a viga inteira um corpo livre, obtemos as reações (Fig. 1):

$$\mathbf{R}_A = 80 \text{ kN} \uparrow \qquad \mathbf{R}_C = 40 \text{ kN} \uparrow$$

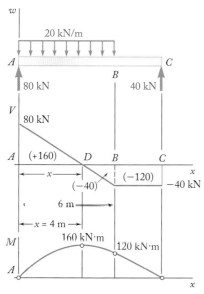

Figura 1 Diagrama de corpo livre da viga, diagrama de esforço cortante, diagrama de momento fletor.

Diagrama de esforço cortante. O esforço cortante imediatamente à direita de A é $V_A = +80$ kN. Uma vez que a variação no esforço cortante entre dois pontos é igual a *menos* a área sob a curva de carregamento entre esses dois pontos, obtemos V_B da seguinte maneira:

$$V_B - V_A = -(20 \text{ kN/m})(6 \text{ m}) = -120 \text{ kN}$$
$$V_B = -120 + V_A = -120 + 80 = -40 \text{ kN}$$

Como a inclinação $dV/dx = -w$ é constante entre A e B, o diagrama de esforço cortante entre esses dois pontos é representado por uma linha reta. Entre B e C, a área sob a curva de carregamento é nula. Portanto,

$$V_C - V_B = 0 \qquad V_C = V_B = -40 \text{ kN}$$

e o esforço cortante é constante entre B e C (Fig. 1).

Diagrama de momento fletor. Observamos que o momento fletor em cada extremidade da viga é nulo. Para determinar o momento fletor máximo, posicionamos a seção D da viga onde $V = 0$. Temos

$$V_D - V_A = -wx$$
$$0 - 80 \text{ kN} = -(20 \text{ kN/m})x$$

(continua)

e, para x: $\quad x = 4\text{ m}$ ◀

O momento fletor máximo ocorre no ponto D, no qual temos $dM/dx = V = 0$. As áreas das várias partes do diagrama de esforço cortante são calculadas e anotadas (entre parênteses) no diagrama (Fig. 1). Como a área do diagrama de esforço cortante entre dois pontos é igual à variação do momento fletor entre esses dois pontos, temos

$$M_D - M_A = +160 \text{ kN·m} \qquad M_D = +160 \text{ kN·m}$$
$$M_B - M_D = -40 \text{ kN·m} \qquad M_B = +120 \text{ kN·m}$$
$$M_C - M_B = -120 \text{ kN·m} \qquad M_C = 0$$

O diagrama de momento fletor consiste em um arco parabólico seguido de um segmento de reta; a inclinação da parábola em A é igual ao valor de V nesse ponto.

O momento fletor máximo é

$$M_{\text{máx}} = M_D = +160 \text{ kN·m} \quad ◀$$

PARA REFLETIR A análise está de acordo com nossas expectativas iniciais. Algumas vezes é útil predizer os resultados da análise como uma forma de checagem contra erros de larga escala. Entretanto, os resultados finais dependem somente da modelagem e análise detalhadas.

PROBLEMA RESOLVIDO 7.6

Esboce os diagramas de esforço cortante e de momento fletor para a viga em balanço mostrada na figura.

ESTRATÉGIA Como não há reações de apoio aparentes até a extremidade direita da viga, podemos utilizar as equações vistas nesta seção sem precisar de diagramas de corpo livre e de equações de equilíbrio. Devido à carga não uniforme, devemos esperar que os resultados envolvam equações de grau superior, com uma curva parabólica no diagrama de esforço cortante e uma curva cúbica no diagrama de momento fletor.

MODELAGEM E ANÁLISE

Diagrama de esforço cortante. Na extremidade da viga, encontramos $V_A = 0$. Entre A e B, a área sob a curva de carregamento é $\frac{1}{2}w_0 a$; encontramos V_B da seguinte maneira:

$$V_B - V_A = -\tfrac{1}{2}w_0 a \qquad V_B = -\tfrac{1}{2}w_0 a$$

Entre B e C, a viga não está carregada; portanto, $V_C = V_B$. Em A, temos $w = w_0$, e, de acordo com a Eq. (7.1), a inclinação da curva de esforço cortante é $dV/dx = -w_0$, enquanto em B a inclinação é $dV/dx = 0$. Entre A e B, o carregamento diminui linearmente, e o diagrama de esforço cortante é parabólico (Fig. 1). Entre B e C, $w = 0$, e o diagrama de esforço cortante é uma linha horizontal.

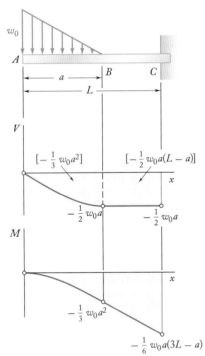

Figura 1 Viga com a carga, diagrama de esforço cortante, diagrama de momento fletor.

Diagrama de momento fletor. Observamos que $M_A = 0$ na extremidade livre da viga. Calculamos a área sob a curva de esforço cortante da seguinte maneira:

$$M_B - M_A = -\tfrac{1}{3}w_0 a^2 \qquad M_B = -\tfrac{1}{3}w_0 a^2$$
$$M_C - M_B = -\tfrac{1}{2}w_0 a(L - a)$$
$$M_C = -\tfrac{1}{6}w_0 a(3L - a)$$

O esboço do diagrama de momento fletor é completado recordando-se que $dM/dx = V$. Encontramos que, entre A e B, o diagrama é representado por uma curva cúbica com inclinação nula em A e, entre B e C, o diagrama é representado por uma linha reta.

PARA REFLETIR Apesar de não ser estritamente necessária para a solução do problema, a determinação das reações de apoio serviria como uma ótima conferência dos valores finais dos diagramas de esforço cortante e de momento fletor.

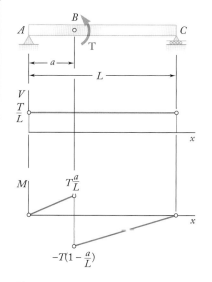

Figura 1 Viga com a carga, diagrama de esforço cortante, diagrama de momento fletor.

PROBLEMA RESOLVIDO 7.7

A viga simplesmente apoiada AC é carregada com um binário de intensidade T aplicado no ponto B. Trace os diagramas de esforço cortante e de momento fletor para a viga.

ESTRATÉGIA A carga suportada pela viga é um binário concentrado. Como as únicas cargas verticais são aquelas associadas às reações de apoio, devemos esperar que o diagrama de esforço cortante tenha um valor constante. Entretanto, o diagrama de momento fletor terá uma descontinuidade em B devido ao binário.

MODELAGEM E ANÁLISE

Corpo livre: viga inteira. Considerando a viga inteira como um corpo livre, determinamos as reações:

$$\mathbf{R}_A = \frac{T}{L}\uparrow \qquad \mathbf{R}_D = \frac{T}{L}\downarrow$$

Diagramas de esforço cortante e de momento fletor (Fig. 1). O esforço cortante em qualquer seção é constante e igual a T/L. Como um binário é aplicado em B, o diagrama de momento fletor é descontínuo em B; uma vez que o binário está no sentido anti-horário, o momento fletor *diminui* abruptamente de um valor igual a T. Podemos demonstrar isso através de uma seção imediatamente à direita de B, aplicando o equilíbrio para solucionar o momento fletor nesse ponto.

PARA REFLETIR Podemos generalizar o efeito de um binário aplicado a uma viga. No ponto em que o binário é aplicado, o diagrama de momento fletor aumenta do valor do binário se ele for horário e diminui do valor do binário se ele for anti-horário.

METODOLOGIA PARA A RESOLUÇÃO DE PROBLEMAS

Nessa seção, aprendemos como usar as relações existentes entre carregamento, esforço cortante e momento fletor para simplificar o desenho dos diagramas de esforço cortante e de momento fletor. Essas relações são

$$\frac{dV}{dx} = -w \qquad (7.1)$$

$$\frac{dM}{dx} = V \qquad (7.3)$$

$$V_D - V_C = -(\text{área sob a curva de carregamento entre } C \text{ e } D) \qquad (7.2')$$

$$M_D - M_C = (\text{área sob a curva de esforço cortante entre } C \text{ e } D) \qquad (7.4')$$

Levando em conta essas relações, podemos usar os seguintes procedimentos para traçar os diagramas de esforço cortante e de momento fletor para uma viga:

1. **Traçar um diagrama de corpo livre para a viga inteira** e usá-lo para determinar as reações nos apoios da viga.

2. **Traçar o diagrama de esforço cortante.** Isso pode ser feito como na seção anterior, cortando a viga em vários pontos e considerando o diagrama de corpo livre de uma das duas partes da viga que você obtém [Problema Resolvido 7.3]. Podemos, no entanto, considerar um dos seguintes procedimentos alternativos:
   a. **O esforço cortante V em qualquer ponto da viga é a soma das reações e das cargas à esquerda desse ponto:** uma força para cima é contada como positiva e uma força para baixo é contada como negativa.
   b. **Para uma viga que carrega uma carga distribuída,** podemos começar de um ponto onde V é conhecido e usar a Eq. (7.2') repetidamente para encontrar V em todos os outros pontos de interesse.

3. **Traçar o diagrama de momento fletor** usando o seguinte procedimento:
   a. **Calcular a área sob cada parte da curva de esforço cortante,** atribuindo um sinal positivo às áreas localizadas acima do eixo x e um sinal negativo às áreas localizadas abaixo do eixo x.
   b. **Aplicando a Eq. (7.4') repetidamente** [Problemas Resolvidos 7.4 e 7.5], começando da extremidade esquerda da viga, onde $M = 0$ (exceto se um binário for aplicado nessa extremidade, ou se a viga for uma viga em balanço com a extremidade esquerda fixa).
   c. **No caso de um binário ser aplicado à viga,** tome o cuidado de mostrar uma descontinuidade no diagrama do momento fletor *aumentando* o valor de M nesse ponto por um valor igual à intensidade do binário, se o binário estiver no *sentido horário*, ou *diminuindo* o valor de M desse valor se o binário estiver no *sentido anti-horário* [Problema Resolvido 7.7].

4. **Determine a localização e a intensidade de $|M|_{máx}$.** O máximo valor absoluto do momento fletor ocorre em um dos pontos onde $dM/dx = 0$, ou seja, conforme a Eq. (7.3), em um ponto onde V é igual a zero ou muda de sinal. Devemos, então:

   a. **Determinar, pelo diagrama de esforço cortante, os valores de $|M|$ em que V muda de sinal:** isso ocorrerá sob cargas concentradas [Problema Resolvido 7.4].

   b. **Determinar os pontos em que $V = 0$ e os valores correspondentes de $|M|$:** ocorrerá sob uma carga distribuída. Para achar a distância x entre o ponto C, onde a carga distribuída começa, e o ponto D, onde o esforço cortante é zero, use a Eq. (7.2′); para V_C, usemos o valor conhecido do esforço cortante no ponto C; para V_D, usemos zero e demonstremos a área sob a curva de carregamento como função de x [Problema Resolvido 7.5].

5. **É possível melhorar a qualidade dos desenhos** lembrando que, a qualquer ponto dado, de acordo com as Eqs. (7.1) e (7.3), a inclinação da curva V é igual a $-w$ e a inclinação da curva M é igual a V.

6. **Finalmente, para vigas que sustentam uma carga distribuída demonstrada como uma função $w(x)$,** lembremo-nos de que o esforço cortante V pode ser obtido integrando a função $-w(x)$ e o momento fletor M, integrando $V(x)$ [Eqs. (7.2) e (7.4)].

PROBLEMAS

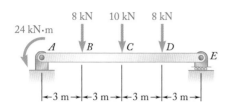

Figura P7.69

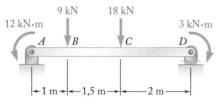

Figura P7.70

7.63 Resolva o Problema 7.29 utilizando o método da Seção 7.3.

7.64 Resolva o Problema 7.30 utilizando o método da Seção 7.3.

7.65 Resolva o Problema 7.31 utilizando o método da Seção 7.3.

7.66 Resolva o Problema 7.32 utilizando o método da Seção 7.3.

7.67 Resolva o Problema 7.33 utilizando o método da Seção 7.3.

7.68 Resolva o Problema 7.34 utilizando o método da Seção 7.3.

7.69 e 7.70 Para a viga e o carregamento mostrados nas figuras, (*a*) trace os diagramas de esforço cortante e de momento fletor, (*b*) determine os valores absolutos máximos do esforço cortante e do momento fletor.

7.71 Resolva o Problema 7.39 utilizando o método da Seção 7.3.

7.72 Resolva o Problema 7.40 utilizando o método da Seção 7.3.

7.73 Resolva o Problema 7.41 utilizando o método da Seção 7.3.

7.74 Resolva o Problema 7.42 utilizando o método da Seção 7.3.

7.75 e 7.76 Para a viga e o carregamento mostrados nas figuras, (*a*) trace os diagramas de esforço cortante e de momento fletor, (*b*) determine os valores absolutos máximos do esforço cortante e do momento fletor.

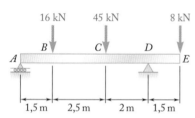

Figura P7.75

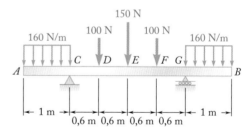

Figura P7.76

7.77 e 7.78 Para a viga e o carregamento mostrados nas figuras, (*a*) trace os diagramas de esforço cortante e de momento fletor, (*b*) determine a intensidade e a localização do máximo valor absoluto do momento fletor.

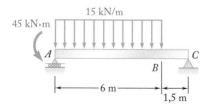

Figura P7.77

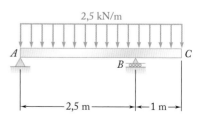

Figura P7.77

7.79 e 7.80 Para a viga e o carregamento mostrados nas figuras, (a) trace os diagramas de esforço cortante e de momento fletor, (b) determine a intensidade e a localização do máximo valor absoluto do momento fletor.

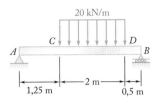

Figura P7.79

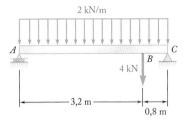

Figura P7.80

7.81 e 7.82 Para a viga e o carregamento mostrados nas figuras, (a) trace os diagramas de esforço cortante e de momento fletor, (b) determine a intensidade e a localização do máximo valor absoluto do momento fletor.

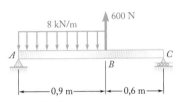

Figura P7.81

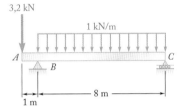

Figura P7.82

7.83 (a) Trace os diagramas de esforço cortante e de momento fletor para a viga AB, (b) Determine a intensidade e a localização do máximo valor absoluto do momento fletor.

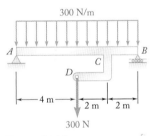

Figura *P7.83*

7.84 Resolva o Problema 7.83, considerando que a força aplicada de 300 N em D é direcionada para cima.

7.85 e 7.86 Para a viga e o carregamento mostrados nas figuras, (a) deduza as equações das curvas de esforço cortante e de momento fletor, (b) determine a intensidade e a localização do máximo momento fletor.

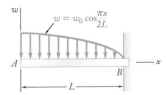

Figura *P7.85*

Figura P7.86

7.87 e 7.88 Para a viga e o carregamento mostrados nas figuras, (a) deduza as equações das curvas de esforço cortante e de momento fletor, (b) determine a intensidade e a localização do máximo momento fletor.

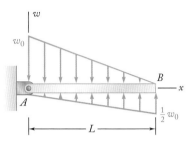

Figura P7.87

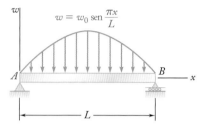

Figura P7.88

*7.89 A viga AB está sujeita ao carregamento uniformemente distribuído mostrado na figura e a duas forças desconhecidas **P** e **Q**. Sabendo que foi experimentalmente determinado que o momento fletor é $+800$ N·m em D e $+1.300$ N·m em E, (a) determine **P** e **Q**, (b) trace os diagramas de esforço cortante e de momento fletor para a viga.

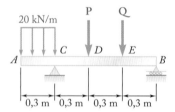

Figura P7.89

*7.90 Resolva o Problema 7.89, considerando que o momento fletor que foi encontrado era $+650$ N·m em D e $+1.450$ N·m em E.

*7.91 A viga AB está sujeita ao carregamento uniformemente distribuído mostrado na figura e a duas forças desconhecidas **P** e **Q**. Sabendo que foi experimentalmente determinado que o momento fletor é $+6,10$ kN·m em D e $+5,50$ kN·m em E, (a) determine **P** e **Q**, (b) trace os diagramas de esforço cortante e de momento fletor para a viga.

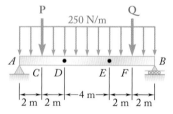

Figura P7.91

*7.92 Resolva o Problema 7.91, considerando que o momento fletor que foi encontrado era $+5,96$ kN·m em D e $+6,84$ kN·m em E.

*7.4 Cabos

Cabos são usados em muitas aplicações da engenharia, tais como pontes suspensas, linhas de transmissão, teleféricos, cabos de fixação para torres elevadas, etc. Os cabos podem ser divididos em duas categorias, de acordo com seu carregamento: (1) cabos que sustentam cargas concentradas e (2) cabos que sustentam cargas distribuídas.

7.4A Cabos com cargas concentradas

Considere um cabo preso a dois pontos fixos A e B sustentando n cargas verticais concentradas $\mathbf{P}_1, \mathbf{P}_2, ..., \mathbf{P}_n$ (Fig.7.13a). Supomos que o cabo é *flexível*, ou seja, que sua resistência à flexão é pequena e pode ser desprezada. Além disso, supomos que o *peso do cabo é desprezível* comparado com as cargas sustentadas pelo mesmo. Qualquer parte de cabo entre cargas sucessivas pode, portanto, ser considerada um elemento submetido à ação de duas forças, e as forças internas em qualquer ponto do cabo se reduzem a uma *força de tração direcionada ao longo do cabo*.

Consideramos que cada uma das cargas está em uma dada linha vertical, ou seja, que a distância horizontal do apoio A até cada uma das cargas é conhecida; supomos também que as distâncias horizontal e vertical entre os apoios são conhecidas. Nossa proposta é que se determinem a forma do cabo, isto é, a distância vertical do apoio A até cada um dos pontos $C_1, C_2, ..., C_n$ e também a tração T em cada parte do cabo.

Em primeiro lugar, traçamos o diagrama de corpo livre do cabo inteiro (Fig. 7.13b). Como a inclinação dos trechos de cabo presos em A e B não é conhecida, as reações em A e B devem ser representadas por dois componentes cada. Logo, quatro incógnitas estão envolvidas, e as três equações de equilíbrio não serão suficientes para determinar as reações. (É evidente que, o cabo não é um corpo rígido; as equações de equilíbrio representam, portanto, *condições necessárias, mas não suficientes*. Ver Seção 6.3B.) Devemos, então, obter uma equação adicional considerando o equilíbrio de uma parte do cabo. Isto será possível se conhecermos as coordenadas x e y de um ponto D do cabo.

Traçando o diagrama de corpo livre do trecho AD do cabo (Fig.7.14a) e escrevendo $\Sigma M_D = 0$, obtemos uma relação adicional entre os componentes escalares A_x e A_y e podemos determinar as reações em A e B. No entanto, o

Foto 7.3 Como o peso do cabo do teleférico mostrado é desprezível em comparação com o peso das cadeiras e dos esquiadores, podem-se usar os métodos desta seção para se determinar a força em qualquer ponto do cabo.

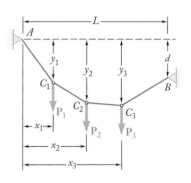

(a)

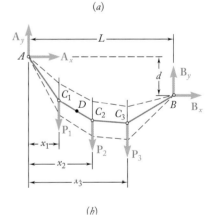

(b)

Figura 7.13 (a) Um cabo sustentando cargas verticais concentradas; (b) diagrama de corpo livre de toda a extensão do cabo.

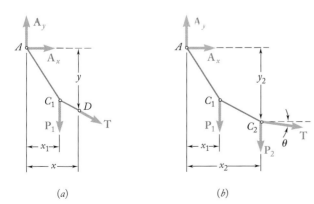

Figura 7.14 (a) Diagrama de corpo livre da parte AD do cabo; (b) diagrama de corpo livre da arte AC_2 do cabo.

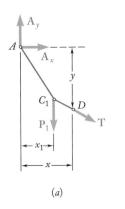

(a)

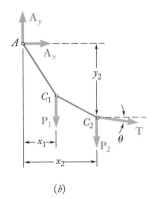

(b)

Figura 7.14 (*repetida*)

problema permaneceria indeterminado se não conhecêssemos as coordenadas de *D*, a não ser que fosse dada alguma outra relação entre A_x e A_y (ou então entre B_x e B_y). O cabo pode ficar suspenso em qualquer um dos vários modos possíveis, como indicam as linhas tracejadas da Fig. 7.13*b*.

Uma vez que A_x e A_y sejam determinados, pode-se facilmente encontrar a distância vertical de *A* até qualquer ponto do cabo. Considerando o ponto C_2, por exemplo, traçamos o diagrama de corpo livre da parte AC_2 do cabo (Fig. 7.14*b*). Dado $\Sigma F_{C_2} = 0$, obtemos uma equação que pode ser resolvida para y_2. Dado $\Sigma F_x = 0$ e $\Sigma F_y = 0$, obtemos os componentes da força **T** que representa a tração no trecho do cabo à direita de C_2. Observamos que $T \cos \theta = -A_x$; *o componente horizontal da força de tração é o mesmo em qualquer ponto do cabo.* Segue-se que a tração *T* é máxima quando $\cos \theta$ é mínimo, isto é, na parte do cabo que tem o maior ângulo de inclinação θ. Evidentemente, tal parte do cabo deve ser adjacente a um dos dois apoios do cabo.

7.4B Cabos com cargas distribuídas

Considere um cabo preso a dois pontos fixos *A* e *B* e sustentando uma carga *distribuída* (Fig. 7.15*a*). Vimos na seção precedente que, para um cabo que sustenta cargas concentradas, a força interna em qualquer ponto é uma força de tração direcionada ao longo do cabo. No caso de um cabo que sustenta uma carga distribuída, o mesmo toma a forma de uma curva e a força interna em um ponto *D* torna-se uma força de tração **T** *direcionada ao longo da tangente a essa curva*. Nesta seção, você vai aprender a determinar a tração em qualquer ponto de um cabo que sustenta uma dada carga distribuída. Nas próximas seções, a forma do cabo será determinada para dois tipos específicos de cargas distribuídas.

Considerando o caso mais geral de carga distribuída, traçamos o diagrama de corpo livre do trecho do cabo que se estende do ponto mais baixo *C* até um dado ponto *D* do cabo (Fig. 7.15*b*). As forças exercidas no corpo livre são: a força de tração $\mathbf{T}_0$ em *C*, que é horizontal, a força de tração **T** em *D*, direcionada ao longo da tangente ao cabo em *D*, e a resultante **W** da carga distribuída sustentada pela parte *CD* do cabo. Desenhando o correspondente triângulo de forças (Fig. 7.15*c*), obtemos as seguintes relações:

$$T \cos \theta = T_0 \qquad T \sin \theta = W \qquad (7.5)$$

$$T = \sqrt{T_0^2 + W^2} \qquad \tan \theta = \frac{W}{T_0} \qquad (7.6)$$

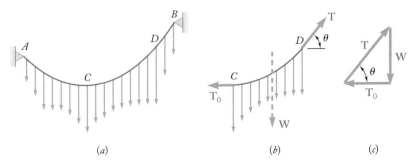

(a) (b) (c)

Figura 7.15 (*a*) Um cabo sustentando uma carga distribuída; (*b*) diagrama de corpo livre do trecho *CD* do cabo; (*c*) triângulo de forças para o diagrama de corpo livre da parte (*b*).

A partir das Eqs. (7.5), é evidente que o componente horizontal da força de tração **T** é o mesmo em qualquer ponto e que o componente vertical de **T** é igual à intensidade W da carga medida a partir do ponto mais baixo (C) até o ponto em questão (D). As Eqs. (7.6) mostram que a tração T é mínima no ponto mais baixo e máxima em um dos dois pontos de apoio.

7.4C Cabos parabólicos

Vamos supor, agora, que o cabo AB sustenta uma carga *uniformemente distribuída ao longo da horizontal* (Fig. 7.16a). Cabos de pontes suspensas podem ser considerados como sendo carregados desse modo, desde que o peso dos cabos seja leve comparado com o peso dos tabuleiros da ponte. Representamos por w a carga por unidade de comprimento (*medida ao longo do cabo*) e a indicamos em N/m. Escolhendo eixos coordenados com a origem no ponto mais baixo C do cabo, descobrimos que a intensidade W da carga total, sustentada pela parte do cabo que se estende desde C até o ponto D de coordenadas x e y, é $W = wx$. As relações (7.6), definindo a intensidade e a direção da força de tração em D, tornam-se

$$T = \sqrt{T_0^2 + w^2x^2} \qquad \text{tg } \theta = \frac{wx}{T_0} \qquad (7.7)$$

Além disso, a distância de D até a linha de ação da resultante **W** é igual à metade da distância horizontal de C até D (Fig. 7.16b). Somando os momentos em relação a D, temos

$$+\curvearrowleft \Sigma M_D = 0: \qquad wx\frac{x}{2} - T_0 y = 0$$

e, para y,

Equação do cabo parabólico

$$y = \frac{wx^2}{2T_0} \qquad (7.8)$$

Esta é a equação de uma *parábola* com um eixo vertical e seu vértice na origem do sistema de coordenadas. A curva formada por cabos uniformemente carregados ao longo da horizontal é, portanto, uma parábola.*

Quando os apoios A e B do cabo têm a mesma elevação, a distância L entre esses apoios é chamada de **vão** do cabo e a distância vertical h, desde os apoios até o ponto mais baixo, é denominada **flecha** do cabo (Fig. 7.17a). Se o vão e a flecha de um cabo são conhecidos e se a carga w por unidade de comprimento horizontal é dada, pode-se encontrar a tração mínima T_0 substituindo-se $x = L/2$ e $y = h$ na Eq. (7.8). As Eqs. (7.7) vão, então, fornecer a tração e a inclinação em qualquer ponto do cabo, e a Eq. (7.8) vai definir a forma do cabo.

Foto 7.4 Pode-se dizer que os cabos principais de pontes suspensas, como a Golden Gate Bridge mostrada acima, sustentam cargas uniformemente distribuídas ao longo da horizontal.

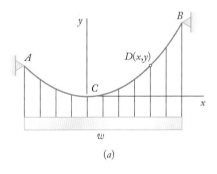

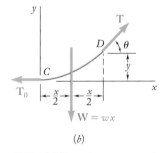

Figura 7.16 (a) Um cabo sustentando uma carga uniformemente distribuída ao longo da horizontal; (b) diagrama de corpo livre do trecho CD do cabo.

---

* Cabos suspensos sob a ação de seu próprio peso não são uniformemente carregados na direção horizontal e não formam uma parábola. No entanto, o erro apresentado, considerando uma forma parabólica para cabos suspensos sob a ação de seu próprio peso, é pequeno quando o cabo está suficientemente tenso. Uma discussão completa dos cabos suspensos sob ação de seu próprio peso é dada na próxima seção.

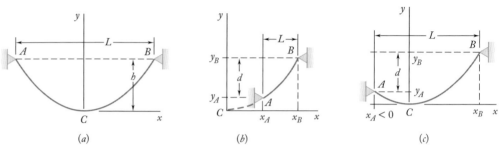

Figura 7.17 (a) A forma de um cabo parabólico é determinada por seu vão L e sua flecha h; (b, c) vão e distância vertical entre apoios para cabos com apoios em diferentes alturas.

Quando os apoios tiverem diferentes elevações, a posição do ponto mais baixo do cabo não é conhecida, e as coordenadas x_A, y_A e x_B, y_B dos apoios devem ser determinadas. Para fazer isso, indicamos que as coordenadas de A e B satisfazem a Eq. (7.8) e que

$$x_B - x_A = L \quad \text{e} \quad y_A = d$$

onde L e d representam, respectivamente, as distâncias horizontal e vertical entre os dois apoios (Fig. 7.17b e c).

O comprimento do cabo desde seu ponto mais baixo C até o apoio B pode ser obtido por meio da equação

$$s_B = \int_0^{x_B} \sqrt{1 + \left(\frac{dy}{dx}\right)^2} \, dx \qquad (7.9)$$

Ao distinguir a Eq. (7.8), obtemos o derivado $dy/dx = wx/T_0$; substituindo na Eq. (7.9) e expandindo a raiz quadrada em uma série infinita, temos

$$s_B = \int_0^{x_B} \sqrt{1 + \frac{w^2 x^2}{T_0^2}} \, dx = \int_0^{x_B} \left(1 + \frac{w^2 x^2}{2T_0^2} - \frac{w^4 x^4}{8T_0^4} + \cdots\right) dx$$

$$s_B = x_B \left(1 + \frac{w^2 x_B^2}{6T_0^2} - \frac{w^4 x_B^4}{40 T_0^4} + \cdots\right)$$

e, como $wx_B^2/2T_0 = y_B$,

$$s_B = x_B \left[1 + \frac{2}{3}\left(\frac{y_B}{x_B}\right)^2 - \frac{2}{5}\left(\frac{y_B}{x_B}\right)^4 + \cdots\right] \qquad (7.10)$$

A série converge para valores da razão y_B/x_B menores que 0,5; na maioria dos casos, essa razão é muito menor, e somente os dois primeiros termos da série precisam ser calculados.

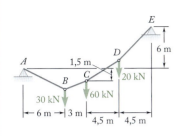

PROBLEMA RESOLVIDO 7.8

O cabo AE sustenta três cargas verticais nos pontos indicados. Se o ponto C está 1,5 m abaixo do apoio esquerdo, determine (a) a elevação dos pontos B e D, (b) a inclinação e a tração máximas no cabo.

ESTRATÉGIA Para resolver as reações de apoio em A, consideramos um diagrama de corpo livre de toda a extensão do cabo e um que utiliza uma seção em C, já que conhecemos as coordenadas desse ponto. Tomando seções subsequentes em B e D, poderemos determinar suas elevações. A geometria resultante do cabo estabelece a inclinação máxima, que é onde a tração máxima ocorre.

MODELAGEM E ANÁLISE

Corpo livre: cabo inteiro. Os componentes da reação $\mathbf{A}_x$ e $\mathbf{A}_y$ são determinados como se segue:

$+\circlearrowleft \Sigma M_E = 0$:
$$A_x(6 \text{ m}) - A_y(18 \text{ m}) + (30 \text{ kN})(12 \text{ m}) + (60 \text{ kN})(9 \text{ m}) + (20 \text{ kN})(4,5 \text{ m}) = 0$$
$$6A_x - 18A_y + 990 = 0$$

Corpo livre: ABC. Considerando o trecho ABC do cabo como um corpo livre (Fig.1), temos

$+\circlearrowleft \Sigma M_C = 0$: $\quad -A_x(1,5 \text{ m}) - A_y(9 \text{ m}) + (30 \text{ kN})(3 \text{ m}) = 0$
$$-1,5A_x - 9A_y + 90 = 0$$

Resolvendo as duas equações simultaneamente, obtemos

$$A_x = -90 \text{ kN} \qquad \mathbf{A}_x = 90 \text{ kN} \leftarrow$$
$$A_y = +25 \text{ kN} \qquad \mathbf{A}_y = 25 \text{ kN} \uparrow$$

a. Elevação dos pontos B e D:

Corpo livre: AB. Considerando o trecho AB do cabo um corpo livre, temos

$+\circlearrowleft \Sigma M_B = 0$: $\quad (90 \text{ kN})y_B - (25 \text{ kN})(6 \text{ m}) = 0$
$$y_B = 1,67 \text{ m abaixo de A} \blacktriangleleft$$

Corpo livre: ABCD. Usando o trecho $ABCD$ do cabo como um corpo livre, temos

$+\circlearrowleft \Sigma M_D = 0$:
$$-(90 \text{ kN})y_D - (25 \text{ kN})(13,5 \text{ m}) + (30 \text{ kN})(7,5 \text{ m}) + (60 \text{ kN})(4,5 \text{ m}) = 0$$
$$y_D = 1,75 \text{ m acima de A} \blacktriangleleft$$

b. Inclinação e tração máximas. Observamos que a inclinação máxima ocorre no trecho DE. Como o componente horizontal da tração é constante e igual a 90 kN, temos

$$\text{tg } \theta = \frac{4,25 \text{ m}}{4,5 \text{ m}} \qquad \theta = 43,4° \blacktriangleleft$$

$$T_{\text{máx}} = \frac{90 \text{ kN}}{\cos \theta} \qquad T_{\text{máx}} = 123,9 \text{ kN} \blacktriangleleft$$

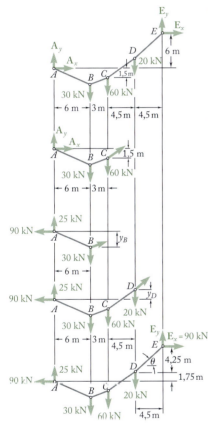

Figura 1 Diagramas de corpo livre do sistema do cabo.

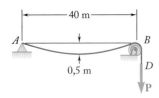

PROBLEMA RESOLVIDO 7.9

Um cabo leve é preso a um apoio em *A*, passa por uma pequena roldana sem atrito em *B* e sustenta uma carga **P**. Sabendo que a flecha do cabo é 0,5 m e que a massa por unidade de comprimento do cabo é 0,75 kg/m, determine (*a*) a intensidade da carga **P**, (*b*) a inclinação do cabo em *B*, (*c*) o comprimento total do cabo de *A* até *B*. Como a razão entre a flecha e o vão é pequena, suponha que o cabo é parabólico. Despreze, também, o peso do trecho do cabo de *B* até *D*.

ESTRATÉGIA Como a roldana não possui atrito, a carga **P** é igual em intensidade à tração no cabo em *B*. Podemos determinar a tração usando os métodos vistos nesta seção e então utilizar o valor obtido para determinar a inclinação e o comprimento do cabo.

MODELAGEM E ANÁLISE

a. Carga P. Representamos por *C* o ponto mais baixo do cabo e traçamos o diagrama de corpo livre do trecho *CB* (Fig. 1). Considerando que a carga é uniformemente distribuída ao longo da horizontal, temos

$$w = (0,75 \text{ kg/m})(9,81 \text{ m/s}^2) = 7,36 \text{ N/m}$$

A carga total para o trecho *CB* do cabo é

$$W = wx_B = (7,36 \text{ N/m})(20 \text{ m}) = 147,2 \text{ N}$$

e é aplicada no ponto médio entre *C* e *B*. Somando os momentos em relação a *B*, temos

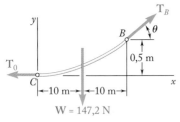

Figura 1 Diagrama de corpo livre da parte *CB* do cabo.

$$+\circlearrowleft \Sigma M_B = 0: \qquad (147,2 \text{ N})(10 \text{ m}) - T_0(0,5 \text{ m}) = 0 \qquad T_0 = 2944 \text{ N}$$

Do triângulo de forças (Fig. 2), obtemos

$$T_B = \sqrt{T_0^2 + W^2}$$
$$= \sqrt{(2944 \text{ N})^2 + (147,2 \text{ N})^2} = 2948 \text{ N}$$

Como a tração em cada lado da roldana é a mesma, encontramos

$$P = T_B = 2948 \text{ N} \quad \blacktriangleleft$$

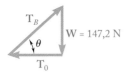

Figura 2 Triângulo de forças para a parte *CB* do cabo.

b. Inclinação do cabo em *B*. Obtemos também do triângulo de forças

$$\text{tg } \theta = \frac{W}{T_0} = \frac{147,2 \text{ N}}{2944 \text{ N}} = 0,05$$

$$\theta = 2,9° \quad \blacktriangleleft$$

c. Comprimento do cabo. Aplicando a Eq. (7.10) entre *C* e *B* (Fig. 3), temos

$$s_B = x_B \left[1 + \frac{2}{3}\left(\frac{y_B}{x_B}\right)^2 + \cdots \right]$$
$$= (20 \text{ m}) \left[1 + \frac{2}{3}\left(\frac{0,5 \text{ m}}{20 \text{ m}}\right)^2 + \cdots \right] = 20,00833 \text{ m}$$

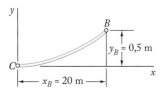

Figura 3 Dimensões usadas para determinar o comprimento do cabo.

O comprimento total do cabo entre *A* e *B* é o dobro desse valor. Então:

$$\text{Comprimento} = 2s_B = 40,0167 \text{ m} \quad \blacktriangleleft$$

PARA REFLETIR Podemos observar que o comprimento do cabo é apenas ligeiramente maior do que o comprimento do vão entre *A* e *B*. Isso significa que o cabo deve estar muito tenso, o que é consistente com o valor relativamente alto da carga **P** (comparado ao peso do cabo).

METODOLOGIA PARA A RESOLUÇÃO DE PROBLEMAS

Nos problemas desta seção, aplicaremos as equações de equilíbrio a *cabos contidos em um plano vertical*. Consideramos que o cabo não resiste à flexão, de modo que a força de tração no cabo é sempre direcionada ao longo do cabo.

A. Na primeira parte desta seção, consideramos **cabos sujeitos a cargas concentradas**. Como o peso do cabo é desprezado, o cabo é reto entre as cargas.

A solução consistirá nos seguintes passos:

1. Traçar um diagrama de corpo livre do cabo inteiro mostrando as cargas e os componentes horizontal e vertical da reação em cada apoio. Usar esse diagrama de corpo livre para escrever as equações de equilíbrio correspondentes.

2. Deparamos com quatro componentes desconhecidos e somente três equações de equilíbrio (ver Fig. 7.13). Devemos, portanto, encontrar uma informação adicional, tal como a *posição* de um ponto no cabo ou a *inclinação* do cabo em um dado ponto.

3. Depois que tivermos identificado no cabo o ponto em que a informação adicional existe, corte o cabo nesse ponto e tracemos um diagrama de corpo livre de uma das duas partes do cabo que obtivemos.
   a. Se sabemos a posição do ponto em que cortamos o cabo, ao escrever $\Sigma M = 0$ em relação àquele ponto para o novo corpo livre, fornecerá as equações adicionais necessárias para resolver os quatro componentes desconhecidos das reações [Problema Resolvido 7.8].
   b. Se sabemos a inclinação da parte do cabo que cortamos, ao escrever $\Sigma F_x = 0$ e $\Sigma F_y = 0$ para o novo corpo livre, fornecerá duas equações de equilíbrio que, junto com as três equações originais, poderão ser resolvidas para os quatro componentes de reação e para a tração no cabo em que ele foi cortado.

4. Para achar a elevação de um dado ponto do cabo e a inclinação e a tração nesse ponto quando as reações nos apoios tiverem sido encontradas, você deve cortar o cabo nesse ponto e traçar um diagrama de corpo livre de uma das duas partes do cabo que você obtive. Escrevendo $\Sigma M = 0$ em relação ao ponto dado, obtemos sua elevação. Considerando $\Sigma F_x = 0$ e $\Sigma F_y = 0$, obtemos os componentes da força de tração, a partir dos quais a sua intensidade e a sua direção podem ser facilmente encontradas.

5. Para um cabo que sustenta somente cargas verticais, observaremos que *o componente horizontal da força de tração é o mesmo em qualquer ponto*. Assim, para um cabo sujeito a essas condições de carregamento, a *tração máxima ocorre onde o cabo tem a inclinação máxima*.

B. Na segunda parte desta seção, consideramos **cabos que carregam uma carga uniformemente distribuída ao longo da horizontal**. A forma do cabo é, então, parabólica.

(continua)

Essa solução vai usar um ou mais dos seguintes conceitos:

1. **Colocando a origem do sistema de coordenadas no ponto mais baixo do cabo** e direcionando os eixos *x* e *y* para a direita e para cima, respectivamente, descobrimos que a *equação da parábola* é

$$y = \frac{wx^2}{2T_0} \tag{7.8}$$

A tração mínima no cabo ocorre na origem, onde o cabo é horizontal e a tração máxima ocorre no apoio em que a inclinação é máxima.

2. **Se os apoios do cabo têm a mesma elevação,** a flecha *h* do cabo é a distância vertical entre o ponto mais baixo do cabo até a linha horizontal que une os suportes. Para resolver um problema que envolva esse tipo de cabo parabólico, devemos escrever a Eq. (7.8) para um dos apoios; essa equação pode ser resolvida para uma das incógnitas.

3. **Se os apoios do cabo têm elevações diferentes,** teremos que escrever a Eq. (7.8) para cada um dos apoios (ver Fig. 7.17).

4. **Para encontrar o comprimento do cabo** desde o seu ponto mais baixo até um dos seus apoios, poderemos usar a Eq. (7.10). Na maioria dos casos, teremos que calcular somente os dois primeiros termos da série.

PROBLEMAS

7.93 Duas cargas estão suspensas no cabo *ABCDE* tal como mostra a figura. Sabendo que $d_C = 4$ m, determine (*a*) os componentes da reação em *E*, (*b*) a tração máxima no cabo.

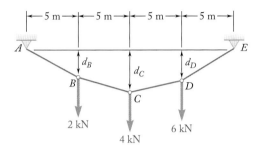

Figura P7.93 e P7.94

7.94 Sabendo que a tensão máxima do cabo *ABCDE* é 25 kN, determine a distância d_C.

7.95 Se $d_C = 0{,}8$ m, determine (*a*) a reação em *A*, (*b*) a reação em *E*.

7.96 Se $d_C = 0{,}45$ m, determine (*a*) a reação em *A*, (*b*) a reação em *E*.

7.97 Sabendo que $d_C = 3$ m, determine (*a*) as distâncias d_B e d_D, (*b*) a reação em *E*.

7.98 Determine (*a*) a distância d_C para a qual a parte *DE* do cabo é horizontal, (*b*) as correspondentes reações em *A* e *E*.

7.99 Se $d_C = 5$ m, determine (*a*) as distâncias d_B e d_D, (*b*) a máxima tensão no cabo.

7.100 Determine (*a*) a distância d_C para a qual a parte *BC* do cabo é horizontal, (*b*) os componentes correspondentes da reação em *E*.

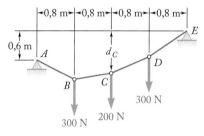

Figura P7.95 e P7.96

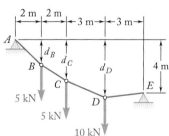

Figura P7.97 e P7.98

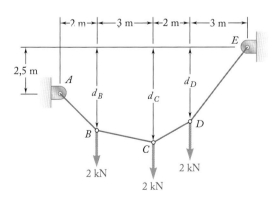

Figura P7.99 e P7.100

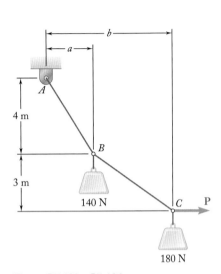

Figura P7.103 e P7.104

7.101 Sabendo que m_B = 70 kg e m_C = 25 kg, determine a intensidade da força **P** necessária para se manter o equilíbrio.

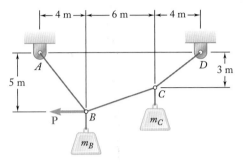

Figura P7.101 e P7.102

7.102 Sabendo que m_B = 18 kg e m_C = 10 kg, determine a intensidade da força **P** necessária para se manter o equilíbrio.

7.103 O cabo *ABC* sustenta duas cargas tal como mostra a figura. Sabendo que b = 7 m, determine (*a*) a intensidade necessária da força horizontal **P**, (*b*) a distância correspondente *a*.

7.104 O cabo *ABC* sustenta duas cargas tal como mostra a figura. Determine as distâncias *a* e *b* quando uma força horizontal **P** de intensidade 200 N é aplicada em *C*.

7.105 Se a = 3 m, determine as intensidades de **P** e **Q** necessárias para se manter o cabo na forma mostrada na figura.

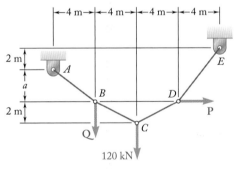

Figura P7.105 e P7.106

7.106 Se a = 4 m, determine as intensidades de **P** e **Q** necessárias para se manter o cabo na forma mostrada na figura.

7.107 Um cabo tem massa por unidade de comprimento de 0,6 kg/m e é suspenso em dois isoladores de igual elevação separados a uma distância de 60 m entre si. Se a flecha do cabo é 1,5 m, determine (*a*) a tração máxima no cabo, (*b*) o comprimento do cabo.

7.108 A massa total do cabo *ACB* é 20 kg. Considerando que a massa do cabo é distribuída uniformemente ao longo da horizontal, determine (*a*) a flecha *h*, (*b*) a inclinação do cabo em *A*.

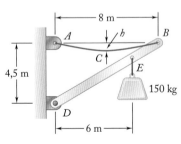

Figura P7.108

7.109 O vão central da ponte George Washington, tal como foi originalmente construída, consistia em um tabuleiro uniforme suspenso por quatro cabos. A carga uniforme sustentada por cada cabo era $w = 9{,}75$ kN/m ao longo da horizontal. Sabendo que o vão L é 1.050 m e que a flecha h é 95 m, determine, para a configuração original, (a) a tração máxima em cada cabo, (b) o comprimento de cada cabo.

7.110 O vão central da ponte Verrazano-Narrows consiste em dois tabuleiros uniformes suspensos por quatro cabos. O projeto da ponte levou em conta o efeito de mudanças extremas de temperatura, que fazem a flecha do vão central variar de $h_w = 116$ m no inverno a $h_s = 118$ m no verão. Sabendo que o vão é $L = 1.278$ m, determine a mudança no comprimento dos cabos por causa dessas variações extremas de temperatura.

7.111 Cada cabo da ponte Golden Gate sustenta uma carga $w = 170$ kN/m ao longo da horizontal. Sabendo que o vão L é 1.245 m e que a flecha h é 139 m, determine, (a) a tração máxima em cada cabo (b) o comprimento de cada cabo.

7.112 Dois cabos de igual bitola são presos a uma torre de transmissão em B. Como a torre é estreita, o componente horizontal da resultante das forças exercidas pelos cabos em B deve ser nulo. Sabendo que a massa por unidade de comprimento dos cabos é 0,4 kg/m, determine (a) a flecha necessária h, (b) a tração máxima em cada cabo.

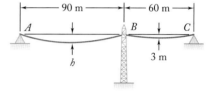

Figura P7.112

7.113 Um comprimento de 76 m de arame tendo uma massa por unidade de comprimento de 2,2 kg/m é usado em um vão de 75 m. Determine (a) a flecha aproximada do arame, (b) a tensão máxima no arame. [*Dica*: use apenas o primeiro termo da Eq. (7.10)].

7.114 Um cabo de comprimento $L + \Delta$ é suspenso entre dois pontos que estão na mesma elevação e que tem uma distância L entre si. (a) Considerando que Δ é curto comparado com L e que o cabo é parabólico, determine a flecha aproximada em termos de L e Δ. (b) Se $L = 30$ m e $\Delta = 1{,}2$ m, determine a flecha aproximada. [*Dica*: use apenas o primeiro termo da Eq. (7.10)].

7.115 A massa total do cabo AC é 25 kg. Considerando que a massa do cabo é distribuída uniformemente ao longo da horizontal, determine a flecha h e a inclinação do cabo entre A e C.

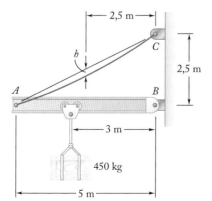

Figura P7.115

7.116 O cabo *ACB* sustenta um carga uniformemente distribuída ao longo da horizontal, como mostra a figura. Sabendo que o ponto mais baixo *C* do cabo é localizado a uma distância de 9 m à direita de *A*, determine (*a*) a distância vertical *a*, (*b*) o comprimento do cabo, (*c*) os componentes da reação em *A*.

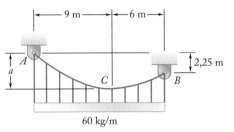

Figura P7.116

7.117 Cada cabo dos vãos laterais da ponte Golden Gate sustenta uma carga $w = 136$ kN/m ao longo da horizontal. Sabendo que para os vãos laterais a distância vertical máxima *h* de cada cabo até a corda *AB* é 9 m e ocorre no ponto médio do vão, determine (*a*) a tração máxima em cada cabo, (*b*) a inclinação em *B*.

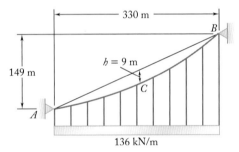

Figura P7.117

7.118 Um cano de vapor pesando 700 N/m que passa entre dois prédios, distanciados 12 m entre si, é sustentado por um sistema de cabos tal como mostra a figura. Considerando que o peso do cabo é equivalente a um carregamento uniformemente distribuído de 75 N/m, determine (*a*) a localização do ponto mais baixo *C* no cabo, (*b*) a tração máxima no cabo.

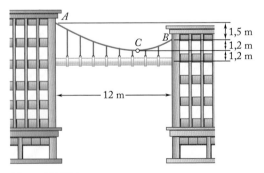

Figura P7.118

*7.119 Um cabo AB de vão L e uma viga simplesmente apoiada $A'B'$ de mesmo vão estão sujeitos a carregamentos verticais idênticos, como mostra a figura. Mostre que a intensidade do momento fletor no ponto C' da viga é igual ao produto $T_0 h$, sendo T_0 a intensidade do componente horizontal da força de tração no cabo e h a distância vertical entre o ponto C e a corda que une os pontos de apoio A e B.

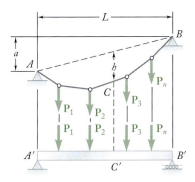

Figura P7.119

7.120 a 7.123 Utilizando a propriedade estabelecida no Problema 7.119, resolva o problema indicado, resolvendo primeiro o problema de viga correspondente.
    7.120 Problema 7.94.
    7.121 Problema 7.97a.
    7.122 Problema 7.99a.
    7.123 Problema 7.100a.

*7.124 Mostre que a curva assumida por um cabo que carrega uma carga distribuída $w(x)$ é definida pela equação diferencial $d^2y/dx^2 = w(x)/T_0$, sendo T_0 a tração no ponto mais baixo.

*7.125 Usando a propriedade indicada no Problema 7.124, determine a curva assumida por um cabo de vão L e flecha h que sustenta uma carga distribuída $w = w_0 \cos(\pi x/L)$, onde x é medido a partir do ponto médio do vão. Determine também os valores máximo e mínimo da tração no cabo.

*7.126 Se o peso por unidade de comprimento do cabo AB é $w_0/\cos^2\theta$, prove que a curva formada pelo cabo é um arco de círculo. (*Dica:* use a propriedade indicada no Problema 7.124.)

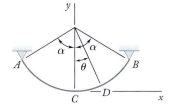

Figura P7.126

*7.5 Catenária

Agora vamos considerar um cabo AB que sustenta uma carga **uniformemente distribuída ao longo do próprio cabo** (Fig. 7.18a). Cabos suspensos sob seu próprio peso são carregados dessa maneira. Representamos por w a carga por unidade de comprimento (*medida ao longo do cabo*) e a indicamos em N/m. A intensidade W da carga total sustentada por uma parte de cabo de comprimento s que se estende do ponto mais baixo C a um ponto D é $W = ws$. Substituindo esse valor por W na Eq. (7.6), obtemos a tração em D:

$$T = \sqrt{T_0^2 + w^2 s^2}$$

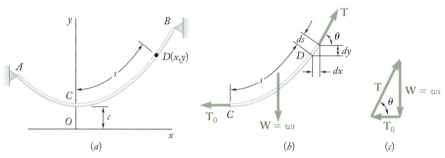

Figura 7.18 (a) Uma carga uniformemente distribuída ao longo de um cabo; (b) diagrama de corpo livre do trecho CD do cabo; (c) triângulo de forças para a parte (b).

Para simplificar os cálculos subsequentes, introduzimos a constante $c = T_0/w$. Temos, então,

$$T_0 = wc \qquad W = ws \qquad T = w\sqrt{c^2 + s^2} \tag{7.11}$$

O diagrama de corpo livre da parte CD do cabo é mostrado na Fig. 7.18b. Esse diagrama, no entanto, não pode ser usado para obter diretamente a equação da curva traçada pelo cabo, uma vez que não conhecemos a distância horizontal de D até a linha de ação da resultante **W** da carga. Para obter essa equação, primeiro escrevemos que a projeção horizontal de um pequeno elemento

(a) Linhas de transmissão de alta tensão

(b) Teia de aranha

(c) Arco Gateway to the West

Foto 7.5 Catenárias aparecem tanto na natureza quanto em estruturas da engenharia. (a) As linhas de transmissão de alta tensão, comuns no mundo todo, sustentam apenas o seu próprio peso. (b) As catenárias podem ser tão delicadas quanto os fios de seda de uma teia de aranha. (c) O arco *Gateway to the West*, em St. Louis, nos Estados Unidos, é um arco catenário invertido feito de concreto (que sofre compressão em lugar de tração).

de cabo de comprimento ds é $dx = ds\cos\theta$. Observando na Fig. 7.18c que $\cos\theta = T_0/T$ e utilizando as Eqs. (7.11), temos

$$dx = ds\cos\theta = \frac{T_0}{T}ds = \frac{wc\,ds}{w\sqrt{c^2+s^2}} = \frac{ds}{\sqrt{1+s^2/c^2}}$$

Selecionando a origem O das coordenadas a uma distância c diretamente abaixo de C (Fig. 7.18a), e integrando de $C(0, c)$ até $D(x, y)$, obtemos:*

$$x = \int_0^s \frac{ds}{\sqrt{1+s^2/c^2}} = c\left[\operatorname{senh}^{-1}\frac{s}{c}\right]_0^s = c\operatorname{senh}^{-1}\frac{s}{c}$$

Esta equação, que relaciona o comprimento s da parte CD do cabo e a distância horizontal x, pode ser escrita na forma:

Comprimento da catenária

$$s = c\operatorname{senh}\frac{x}{c} \quad (7.15)$$

Pode-se agora obter a relação entre as coordenadas x e y escrevendo $dy = dx\tan\theta$. Observando da Fig. 7.18c que $\theta = W/T_0$ e utilizando as Eqs. (7.11) e (7.15), temos

$$dy = dx\,\operatorname{tg}\theta = \frac{W}{T_0}dx = \frac{s}{c}dx = \operatorname{senh}\frac{x}{c}dx$$

Integrando de $C(0, c)$ até $D(x, y)$ e usando as Eqs. (7.12) e (7.13), obtemos

$$y - c = \int_0^x \operatorname{senh}\frac{x}{c}dx = c\left[\cosh\frac{x}{c}\right]_0^x = c\left(\cosh\frac{x}{c} - 1\right)$$

$$y - c = c\cosh\frac{x}{c} - c$$

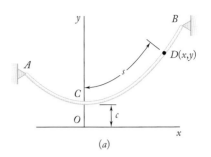

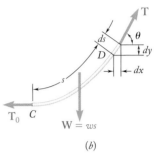

Figura 7.18 (continuação)

---

* Essa integral pode ser encontrada em qualquer tabela de integrais. A função

$$z = \operatorname{senh}^{-1}u$$

(leia-se; "arco do seno hiperbólico de u") é o inverso da função $u = \operatorname{senh} z$ (leia-se "seno hiperbólico de z"). Essa função e a função $v = \cosh z$ (leia-se: "cosseno hiperbólico de z") são definidas como se segue:

$$u = \operatorname{senh} z = \frac{1}{2}(e^z - e^{-z}) \qquad v = \cosh z = \frac{1}{2}(e^z + e^{-z})$$

Os valores números das funções senh z e cosh z são encontrados em tabelas de funções hiperbólicas. Podem, também, ser obtidos na maioria das calculadoras, seja diretamente, seja a partir das definições anteriores. O aluno deve procurar qualquer livro de cálculo para ter uma descrição completa das propriedades dessas funções. Nesta seção, utilizamos somente as seguintes propriedades, que podem ser facilmente deduzidas a partir de definições anteriores:

$$\frac{d\operatorname{senh} z}{dz} = \cosh z \qquad \frac{d\cosh z}{dz} = \operatorname{senh} z \quad (7.12)$$

$$\operatorname{senh} 0 = 0 \qquad \cosh 0 = 1 \quad (7.13)$$

$$\cosh^2 z - \operatorname{senh}^2 z = 1 \quad (7.14)$$

que se reduz a

Equação da catenária

$$y = c \cosh \frac{x}{c} \qquad (7.16)$$

Esta é a equação de uma **catenária** com um eixo vertical. A ordenada c do ponto inferior C é denominada *parâmetro* da catenária. Elevando ao quadrado os lados das Eqs. (7.15) e (7.16), subtraindo e considerando a Eq. (7.14), obtemos a seguinte relação entre y e s:

$$y^2 - s^2 = c^2 \qquad (7.17)$$

Ao resolver a Eq. (7.17) para s^2 e transmitir seu valor para a última das relações das Eqs. (7.11), escrevemos essas relações como se segue:

$$T_0 = wc \qquad W = ws \qquad T = wy \qquad (7.18)$$

A última relação indica que a tração em qualquer ponto D do cabo é proporcional à distância vertical de D até a linha horizontal que representa o eixo x.

Quando os apoios A e B do cabo tiverem a mesma elevação, a distância L entre esses apoios é denominada *vão* do cabo e a distância vertical h desde os apoios até o ponto mais baixo C é chamada de *flecha* do cabo. Essas definições são as mesmas que foram dadas para o caso de cabos parabólicos; porém, deve-se notar que, em virtude de nossa escolha de eixos coordenados, a flecha h é agora:

$$h = y_A - c \qquad (7.19)$$

Deve-se também observar que certos problemas de catenária envolvem equações transcendentais, que devem ser resolvidas por aproximações sucessivas (ver Problema Resolvido 7.10). Quando o cabo está razoavelmente esticado, no entanto, pode-se supor que a carga é uniformemente distribuída *ao longo da horizontal* e a catenária pode ser substituída por uma parábola. Isto simplifica bastante a solução do problema, e o erro apresentado é pequeno.

Quando os apoios A e B têm elevações diferentes, a posição do ponto mais baixo do cabo não é conhecida. O problema pode, então, ser resolvido de maneira semelhante à indicada para cabos parabólicos, demonstrando que o cabo deve passar pelos apoios e que $x_B - x_A = L$ e $y_B - y_A = d$, onde L e d representam, respectivamente, as distâncias horizontal e vertical entre os dois apoios.

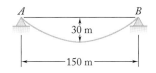

PROBLEMA RESOLVIDO 7.10

Um cabo uniforme pesando 50 N/m está suspenso entre dois pontos A e B tal como mostra a figura. Determine (a) os valores máximo e mínimo da tração no cabo, (b) o comprimento do cabo.

ESTRATÉGIA Este é um cabo suportando apenas o seu próprio peso pelas extremidades com a mesma elevação. Podemos utilizar a análise feita nesta seção para resolver o problema.

MODELAGEM E ANÁLISE

Equação do cabo. A origem das coordenadas é colocada a uma distância c abaixo do ponto inferior do cabo (Fig. 1). A equação do cabo é dada pela Eq. (7.16):

$$y = c \cosh \frac{x}{c}$$

As coordenadas do ponto B são

$$x_B = 75 \text{ m} \qquad y_B = 30 + c$$

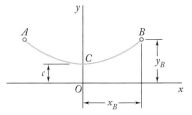

Figura 1 Geometria do cabo.

Substituindo essas coordenadas na equação do cabo, obtemos:

$$30 + c = c \cosh \frac{75}{c}$$

$$\frac{30}{c} + 1 = \cosh \frac{75}{c}$$

O valor de c é determinado considerando-se sucessivos valores por tentativas, como mostra a tabela a seguir:

c	$\dfrac{75}{c}$	$\dfrac{30}{c}$	$\dfrac{30}{c} + 1$	$\cosh \dfrac{75}{c}$
90	0,833	0,333	1,333	1,367
105	0,714	0,286	1,286	1,266
99	0,758	0,303	1,303	1,301
98,4	0,762	0,305	1,305	1,305

Considerando $c = 98,4$, temos

$$y_B = 30 + c = 128,4 \text{ m}$$

a. Valores máximo e mínimo da tração. Usando as Eq. (7.18), obtemos

$$T_{\text{mín}} = T_0 = wc = (50 \text{ N/m})(98,4 \text{ m}) \qquad T_{\text{mín}} = 4,92 \text{ kN} \blacktriangleleft$$

$$T_{\text{máx}} = T_B = wy_B = (50 \text{ N/m})(128,4 \text{ m}) \qquad T_{\text{máx}} = 6,42 \text{ kN} \blacktriangleleft$$

b. Comprimento do cabo. Metade do comprimento do cabo é encontrada resolvendo-se a Eq. (7.17). Logo:

$$y_B^2 - s_{CB}^2 = c^2 \qquad s_{CB}^2 = y_B^2 - c^2 = (128,4)^2 - (98,4)^2 \qquad s_{CB} = 82,5 \text{ m}$$

O comprimento total do cabo é, portanto,

$$s_{AB} = 2s_{CB} = 2(82,5 \text{ m}) \qquad s_{AB} = 165 \text{ m} \blacktriangleleft$$

PARA REFLETIR A flecha no cabo ocupa um quinto do vão do cabo, então ele não está muito tenso. O peso do cabo é $ws = (50 \text{ N/m})(165 \text{ m}) = 8,25 \text{ kN}$, enquanto sua tração máxima é apenas 6,42 kN. Isso demonstra que o peso total de um cabo pode exceder sua tração máxima.

METODOLOGIA PARA A RESOLUÇÃO DE PROBLEMAS

Na última seção deste capítulo, aprendemos a resolver problemas que envolviam um *cabo carregando uma carga uniformemente distribuída ao longo do cabo*. A forma traçada pelo cabo é uma catenária e é definida pela equação

$$y = c \cosh \frac{x}{c} \quad (7.16)$$

1. **Devemos ter em mente que a origem das coordenadas para uma catenária está localizada a uma distância c diretamente abaixo do ponto mais baixo da catenária.** O comprimento do cabo desde a origem até qualquer ponto é indicado como:

$$s = c \operatorname{senh} \frac{x}{c} \quad (7.15)$$

2. **Devemos primeiro identificar todas as quantidades conhecidas e desconhecidas.** Em seguida, considere cada uma das equações listadas no texto (Eqs. 7.15 a 7.19) e resolva uma equação que contenha apenas uma incógnita. Substitua o valor encontrado em outra equação e resolva essa equação para outra incógnita.

3. **Se a flecha h é dada,** use a Eq. (7.19) para substituir y por $h + c$ na Eq. (7.16) se x é conhecido [Problema Resolvido 7.10], ou na Eq. (7.17) se s é conhecido, e resolva as equações obtidas para a constante c.

4. **Muitos dos problemas que encontraremos envolverão soluções por tentativa e erro** de uma equação que envolva um seno ou cosseno hiperbólico. Podemos facilitar o trabalho mantendo um histórico de seus cálculos em uma tabela, como no Problema Resolvido 7.10, ou adotando uma técnica de solução numérica que use um computador ou uma calculadora.

PROBLEMAS

7.127 Uma corrente de massa 12 kg é suspensa entre dois pontos com a mesma elevação. Sabendo que a flecha é 8 m, determine (a) a distância entre os apoios, (b) a tração máxima na corrente.

7.128 Um cabo para teleférico de 180 m de comprimento e peso por unidade de comprimento de 50 N/m é suspenso entre dois pontos de igual elevação. Sabendo que a flecha é 45 m, determine (a) a distância horizontal entre os apoios, (b) a tração máxima no cabo.

7.129 Um cabo de 40 m é pendurado entre dois edifícios como mostra a figura. A tensão máxima encontrada é 350 N e o ponto mais baixo do cabo observado está a 6 m acima do solo. Determine (a) a distância horizontal entre os edifícios, (b) a massa total do cabo.

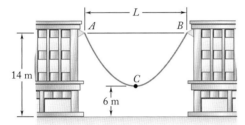

Figura P7.129

7.130 Uma trena de 50 m pesa 1,6 kg. Sendo a fita esticada entre dois pontos de igual elevação e puxada até que a tração em cada ponta seja de 60 N, determine a distância horizontal entre as pontas da fita. Despreze o alongamento da fita devido à tração.

7.131 Um fio de 20 m de comprimento, que tem massa por unidade de comprimento igual a 0,2 kg/m, está preso a um apoio fixo em A e a um colar em B. Desprezando o efeito do atrito, determine (a) a força **P** para a qual h = 8 m, (b) o vão L correspondente.

7.132 Um fio de 20 m de comprimento, que tem massa por unidade de comprimento igual a 0,2 kg/m, está preso a um apoio fixo em A e a um colar em B. Sabendo que a intensidade da força horizontal aplicada ao colar é P = 20 N, determine (a) a flecha h, (b) o vão L correspondente.

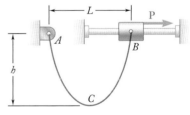

Figura P7.131, P7.132 e P7.133

7.133 Um fio de 20 m de comprimento, que tem massa por unidade de comprimento igual a 0,2 kg/m, está preso a um apoio fixo em A e a um colar em B. Desprezando o efeito do atrito, determine (a) a flecha h para a qual L = 15 m, (b) a força **P** correspondente.

7.134 Determine a flecha de uma corrente de 30 m que está presa a dois pontos de igual elevação, distanciados 20 m um do outro.

7.135 Um contrapeso D é fixado a um cabo que passa por uma pequena roldana em A e é preso no suporte em B. Sabendo que $L = 45$ m e $h = 15$ m, determine (a) o comprimento do cabo de A até B, (b) o peso por unidade de comprimento do cabo. Despreze o peso do cabo de A até D.

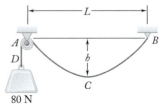

Figura P7.135

7.136 Um fio de 90 m de comprimento está suspenso por dois pontos de igual elevação, que estão afastados 60 m entre si. Sabendo que a tração máxima é 300 N, determine (a) a flecha do fio e (b) a massa total do fio.

7.137 Um cabo pesando 2 N/m é suspenso entre dois pontos de igual elevação distanciados 160 m entre si. Determine a menor flecha possível do cabo se a tração máxima não exceder 400 N.

7.138 Uma corda uniforme de 50 cm de comprimento passa por uma roldana em B e é fixada em um pino de apoio em A. Sabendo que $L = 20$ cm e desprezando o efeito do atrito, determine o menor dos dois valores de h para que a corda esteja em equilíbrio.

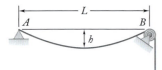

Figura *P7.138*

7.139 Um motor M é usado para enrolar lentamente o cabo, mostrado na figura. Sabendo que a massa por unidade de comprimento do cabo é 0,4 kg/m, determine a tração máxima no cabo quando $h = 5$ m.

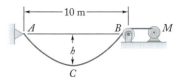

Figura P7.139 e P7.140

7.140 Um motor M é usado para enrolar lentamente o cabo, mostrado na figura. Sabendo que a massa por unidade de comprimento do cabo é 0,4 kg/m, determine a tração máxima no cabo quando $h = 3$ m.

7.141 O cabo ACB tem massa por unidade de comprimento de 0,45 kg/m. Sabendo que o ponto mais baixo do cabo está localizado a uma distância $a = 0,6$ m abaixo do apoio A, determine (a) a localização do ponto mais baixo C, (b) a tração máxima no cabo.

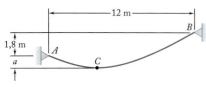

Figura *P7.141* e *P7.142*

7.142 O cabo ACB tem massa por unidade de comprimento de 0,45 kg/m. Sabendo que o ponto mais baixo do cabo está localizado a uma distância $a = 2$ m abaixo do apoio A, determine (a) a localização do ponto mais baixo C, (b) a tração máxima no cabo.

7.143 Um cabo uniforme pesando 3 N/m é mantido na posição mostrada na figura por uma força horizontal **P** aplicada em B. Sabendo que P = 180 N e $\theta_A = 60°$, determine (a) a localização do ponto B, (b) o comprimento do cabo.

7.144 Um cabo uniforme pesando 3 N/m é mantido na posição mostrada na figura por uma força horizontal **P** aplicada em B. Sabendo que P = 150 N e $\theta_A = 60°$, determine (a) a localização do ponto B, (b) o comprimento do cabo.

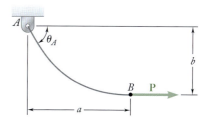

Figura P7.143 e P7.144

7.145 À esquerda do ponto B, o cabo longo ABDE repousa sobre a superfície horizontal áspera mostrada na figura. Sabendo que a massa por unidade de comprimento do cabo é 2 kg/m, determine a força **F** quando a = 3,6 m.

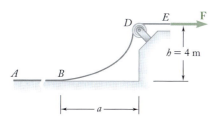

Figura P7.145 e P7.146

7.146 À esquerda do ponto B, o cabo longo ABDE repousa sobre a superfície horizontal áspera mostrada na figura. Sabendo que a massa por unidade de comprimento do cabo é 2 kg/m, determine a força **F** quando a = 6 m.

*7.147 Um cabo AB de 10 m é fixado em dois colares como mostra a figura. O colar em A pode deslizar livremente ao longo da haste; um batente de fixação na haste evita que o colar B se mova na haste. Desprezando o efeito do atrito e os pesos dos colares, determine a distância a.

*7.148 Resolva o Problema 7.147 considerando que o ângulo θ formado pela barra e pela horizontal é 45°.

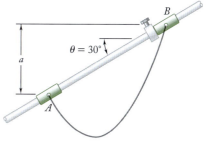

Figura P7.147

7.149 Sendo θ o ângulo formado entre um cabo uniforme e a horizontal, mostre que, em qualquer ponto, (a) $s = c \tan \theta$, (b) $y = c \sec \theta$.

*7.150 (a) Determine o vão horizontal máximo permitido para um cabo uniforme de peso por unidade de comprimento w se a tração no cabo não exceder um valor dado T_m. (b) Usando o resultado da parte a, determine o vão máximo de um cabo de aço para o qual w = 4 N/m e T_m = 8 kN.

*7.151 Um cabo tem massa por unidade de comprimento de 3 kg/m e é erguido tal como mostra a figura. Sabendo que o vão L é 6 m, determine os *dois* valores da flecha h para os quais a tração máxima é 350 N.

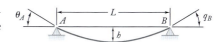

Figura P7.151, P7.152 e P7.153

*7.152 Determine a razão flecha por vão para a qual a tração máxima no cabo é igual ao peso total do cabo AB inteiro.

*7.153 Um cabo de peso w por unidade de comprimento é suspenso entre dois pontos de mesma elevação, a uma distância L entre si. Determine (a) a razão flecha por vão para a qual a tração máxima é a menor possível, (b) os valores correspondentes de θ_B e T_m.

REVISÃO E RESUMO

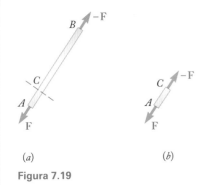

Figura 7.19

Neste capítulo, aprendemos a determinar as forças internas que mantêm unidas as várias partes de um dado elemento em uma estrutura.

Forças em elementos retos sujeitos à ação de duas forças

Considerando primeiro um **elemento reto sujeito à ação de duas forças** AB [Seção 7.1], recordamos que tal elemento é sujeito, em A e B, a forças iguais e opostas $\mathbf{F}$ e $-\mathbf{F}$ direcionadas ao longo de AB (Fig. 7.19a). Cortando o elemento AB em C e traçando o diagrama de corpo livre da parte AC, concluímos que as forças internas que existiam em C no elemento AB são equivalentes a uma **força axial** $-\mathbf{F}$ igual e oposta a $\mathbf{F}$ (Fig. 7.19b). Observamos que, no caso de um elemento sujeito a duas forças que não é reto, as forças internas se reduzem a um sistema força-binário, e não a uma força única.

Forças em elementos sujeitos à ação de múltiplas forças

Considerando a seguir um **elemento sujeito à ação de múltiplas forças** AD (Fig. 7.20a), ao cortar o mesmo em J e traçar o diagrama de corpo livre da parte JD, concluímos que as forças internas em J são equivalentes a um sistema força-binário que consiste na **força axial** $\mathbf{F}$, no **esforço cortante** $\mathbf{V}$ e em um binário $\mathbf{M}$ (Fig. 7.20b). A intensidade do esforço cortante mede o **cisalhamento** no ponto J, e o momento do binário é chamado de **momento fletor** em J. Visto que um sistema força-binário igual e oposto pode ser obtido considerando-se o diagrama de corpo livre da parte AJ, é necessário especificar qual parte do elemento AD foi usada quando se escreveram as respostas [Problema Resolvido 7.1].

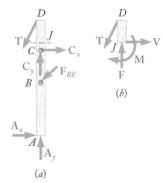

Figura 7.20

Forças em vigas

A maior parte deste capítulo foi dedicada à análise das forças internas nos dois tipos de estruturas de engenharia mais importantes: **Vigas**, que geralmente são elementos prismáticos longos e retos, projetados para sustentar cargas aplicadas em vários pontos ao longo do elemento. Em geral, as cargas são perpendiculares ao eixo da viga e produzem somente cisalhamento e flexão na viga. As cargas podem ser tanto **concentradas** em pontos específicos como **distribuídas** ao longo de todo o comprimento ou de uma parte da viga. A própria viga pode ser apoiada de várias maneiras; como somente vigas estaticamente determinadas são consideradas neste capítulo, limitamos nossa análise ao exame de vigas simplesmente apoiadas, vigas apoiadas com extremidade em balanço e vigas em balanço [Seção 7.2].

Esforço cortante e momento fletor em uma viga

Para obter o esforço cortante V e o momento fletor M em um dado ponto C de uma viga, primeiro determinamos as reações nos apoios considerando a viga inteira como um corpo livre. Cortamos, então, a viga em C e usamos o diagrama de corpo livre de uma das duas partes obtidas dessa maneira para determinar V e M. Para se evitar qualquer confusão em relação ao sentido do esforço cortante **V** e do binário **M** (atuantes em direções opostas nas duas partes da viga), foi adotada [Seção 7.2B] a convenção de sinais ilustrada na Fig. 7.21. Uma vez que os valores do esforço cortante e do momento fletor serem determinados em alguns pontos selecionados da viga, geralmente é possível traçar um **diagrama de esforço cortante** e um **diagrama de momento fletor** representando, respectivamente, o cisalhamento e a flexão em qualquer ponto da viga [Seção 7.2C]. Quando uma viga está sujeita somente a cargas concentradas, o esforço cortante tem valor constante entre cargas e o momento fletor varia linearmente entre cargas [Problema Resolvido 7.2]. Por outro lado, quando uma viga é sujeita a cargas distribuídas, o esforço cortante e o momento fletor variam de maneira bem diferente [Problema Resolvido 7.3].

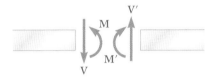

Forças internas na seção
(esforço cortante e momento fletor positivos)

Figura 7.21

Relações entre carregamento, esforço cortante e momento fletor

A construção dos diagramas de esforço cortante e de momento fletor é facilitada se forem levadas em consideração as relações a seguir. Sendo w a carga distribuída por unidade de comprimento (considerada positiva se dirigida para baixo), temos [Seção 7.3]

$$\frac{dV}{dx} = -w \qquad (7.1)$$

$$\frac{dM}{dx} = V \qquad (7.3)$$

ou, na forma integrada,

$$V_D - V_C = -(\text{área sob a curva de carregamento entre } C \text{ e } D) \qquad (7.2')$$

$$M_D - M_C = \text{área sob a curva de esforço cortante entre } C \text{ e } D \qquad (7.4')$$

A Eq. (7.2') torna possível traçar o diagrama de esforço cortante de uma viga a partir da curva que representa a carga distribuída nessa viga e do valor de V em uma extremidade da viga. De maneira similar, a Eq. (7.4') torna possível traçar o diagrama de momento fletor a partir do diagrama de esforço cortante e do valor de M em uma extremidade da viga. No entanto, cargas concentradas apresentam descontinuidades no diagrama de esforço cortante e binários concentrados no diagrama de momento fletor, sendo que nenhuma dessas descontinuidades é levada em consideração nessas equações [Problemas Resolvidos 7.4 e 7.7]. Por fim, observamos, a partir da Eq. (7.3), que os pontos da viga em que o momento fletor é máximo ou mínimo são também os pontos em que o esforço cortante é zero [Problema Resolvido 7.5]

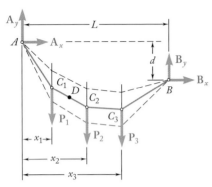

Figura 7.22

Cabos com cargas concentradas

A segunda parte do capítulo foi dedicada à análise de **cabos flexíveis**. Consideramos, inicialmente, um cabo de peso desprezível sustentando **cargas concentradas** [Seção 7.4A]. Usando o cabo AB inteiro como um corpo livre (Fig. 7.22), observamos que as três equações de equilíbrio não são suficientes para determinar as quatro incógnitas, representando as reações nos apoios A e B. No entanto, se as coordenadas de um ponto D do cabo forem conhecidas, pode-se obter uma outra equação considerando-se o diagrama de corpo livre da parte AD ou DB do cabo. Uma vez que as reações nos apoios tiverem sido determinadas, a elevação de qualquer ponto do cabo e a tração em qualquer parte do cabo podem ser encontradas utilizando-se o diagrama de corpo livre apropriado [Problema Resolvido 7.8]. Foi observado que o componente horizontal da força **T**, representando a tração, é o mesmo em qualquer ponto do cabo.

Cabos com cargas distribuídas

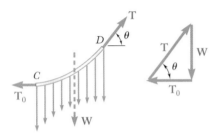

Figura 7.23

Em seguida, consideramos cabos sustentando **cargas distribuídas** [Seção 7.4B]. Utilizando como um corpo livre uma parte do cabo CD que se estende do ponto mais baixo C até um ponto arbitrário D do cabo (Fig. 7.23), observamos que o componente horizontal da força de tração **T** em D é constante e igual à tração T_0 em C, enquanto seu componente vertical é igual ao peso W da parte CD do cabo. A intensidade e a direção de **T** foram obtidas do triângulo de força:

$$T = \sqrt{T_0^2 + W^2} \qquad \operatorname{tg} \theta = \frac{W}{T_0} \qquad (7.6)$$

Cabo parabólico

No caso de uma carga uniformemente distribuída ao longo da horizontal – como em uma ponte suspensa (Fig. 7.24) – a carga sustentada pelo trecho CD é $W = wx$, sendo w a carga constante por unidade de comprimento horizontal [Seção 7.4C]. Encontramos também que a curva formada pelo cabo é uma **parábola** de equação

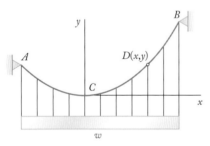

Figura 7.24

$$y = \frac{wx^2}{2T_0} \qquad (7.8)$$

e que o comprimento do cabo pode ser encontrado usando-se a expansão em série dada na Eq. (7.10) [Problema Resolvido 7.9].

Catenária

No caso de uma carga uniformemente distribuída ao longo do próprio cabo [por exemplo, um cabo que pende sujeito ao seu próprio peso (Fig. 7.25)], a carga sustentada pela parte CD é $W = ws$, sendo s o comprimento medido ao longo do cabo e w a carga constante por unidade de comprimento [Seção 7.5]. Escolhendo a origem O dos eixos coordenados a uma distância $c = T_0/w$ abaixo de C, deduzimos as relações

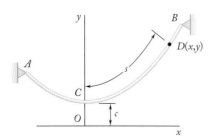

Figura 7.25

$$s = c \operatorname{senh} \frac{x}{c} \qquad (7.15)$$

$$y = c \cosh \frac{x}{c} \qquad (7.16)$$

$$y^2 - s^2 = c^2 \qquad (7.17)$$

$$T_0 = wc \qquad W = ws \qquad T = wy \qquad (7.18)$$

que podem ser utilizadas para resolver os problemas que envolvem cabos suspensos sujeitos ao seu próprio peso [Problema Resolvido 7.10]. A Eq. (7.16), que define a forma do cabo, é a equação de uma **catenária.**

PROBLEMAS DE REVISÃO

7.154 e 7.155 Sabendo que o tensor foi apertado até a tração no cabo AD chegar a 850 N, determine as forças internas no ponto indicado:
  7.154 Ponto J.
  7.155 Ponto K.

7.156 Dois elementos, cada qual consiste de uma parte reta e um quarto de círculo, são unidos tal como mostra a figura e sustentam uma carga de 75 N em A. Determine as forças internas no ponto J.

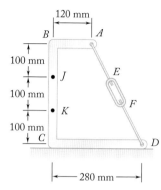

Figura P7.154 e *P7.155*

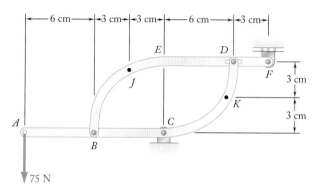

Figura P7.156

7.157 Sabendo que o raio de cada roldana é 150 mm, que $\alpha = 20°$ e desprezando o atrito, determine as forças internas em (*a*) no ponto J, (*b*) no ponto K.

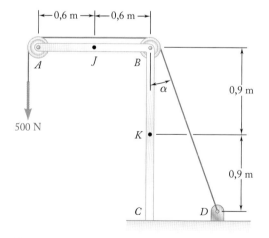

Figura P7.157

7.158 Para a viga mostrada na figura, determine (*a*) a intensidade P das duas forças direcionadas para cima para que o valor absoluto máximo do momento fletor na viga é o menor possível, (*b*) o valor correspondente de $|M|_{máx}$.

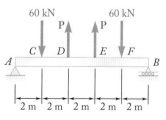

Figura P7.158

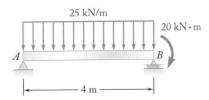

Figura P7.159

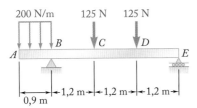

Figura P7.160

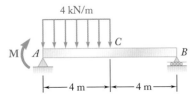

Figura P7.161

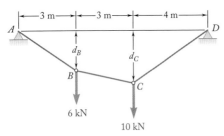

Figura P7.163

7.159 Para a viga e o carregamento mostrados nas figuras, (a) trace os diagramas de esforço cortante e de momento fletor, (b) determine a intensidade e a localização do máximo valor absoluto do momento fletor.

7.160 Para a viga e o carregamento mostrados nas figuras, (a) trace os diagramas de esforço cortante e de momento fletor, (b) determine os valores absolutos máximos do esforço cortante e do momento fletor.

7.161 Para a viga mostrada, trace os diagramas de esforço cortante e de momento fletor e determine a intensidade e a localização do máximo valor absoluto do momento fletor, sabendo que (a) $M = 0$, (b) $M = 24$ kN·m.

7.162 A viga AB, que está disposta sobre o solo, sustenta a carga parabólica mostrada na figura. Considerando que a reação para cima do solo é uniformemente distribuída, (a) escreva as equações das curvas de esforço cortante e de momento fletor, (b) determine o máximo momento fletor.

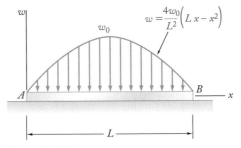

Figura P7.162

7.163 Duas cargas estão suspensas no cabo $ABCD$ tal como mostra a figura. Sabendo que $d_B = 1,8$ m, determine (a) a distância d_C, (b) os componentes da reação em D, (c) a tração máxima no cabo.

7.164 Um cabo tem massa por unidade de comprimento de 0,65 kg/m e é suspenso em dois isoladores de igual elevação separados a uma distância de 120 m entre si. Se a flecha do cabo é 30 m, determine (a) o comprimento total do cabo, (b) a tração máxima no cabo.

7.165 Uma corda de 10 m está presa a dois suportes A e B, como mostrado na figura. Determine (a) o vão da corda para o qual o vão é igual à flecha, (b) o ângulo correspondente θ_B.

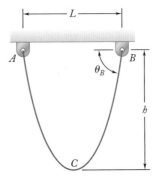

Figura P7.165

8
Atrito

A força de tração que a locomotiva pode desenvolver depende da resistência ao atrito entre as rodas motrizes e os trilhos. Quando há possibilidade de ocorrer descarrilhamento, como quando o trem corre sobre trilhos molhados, areia é depositada no topo do boleto dos trilhos para aumentar esse atrito.

8

8.1 As leis de atrito seco
8.1A Coeficientes de atrito
8.1B Ângulos de atrito
8.1C Problemas que envolvem atrito seco

8.2 Cunhas e parafusos
8.2A Cunhas
8.2B Parafusos de rosca quadrada

***8.3 Atrito em eixos, discos e rodas**
8.3A Mancais de deslizamento e atrito em eixo
8.3B Mancais de escora e atrito em disco
8.3C Atrito em roda e resistência ao rolamento

8.4 Atrito em correia

Objetivos

- **Examinar** as leis de atrito seco e os coeficientes e ângulos de atrito relacionados.
- **Considerar** o equilíbrio de corpos rígidos onde o atrito seco em superfícies de contato é modelado.
- **Aplicar** as leis do atrito para analisar problemas que envolvem cunhas e parafusos de rosca quadrada.
- **Estudar** aplicações das leis de atrito na engenharia, como a modelagem do atrito em eixo, disco, roda e correia.

Introdução

Nos capítulos anteriores, consideramos que superfícies que estão em contato são *sem atrito* (lisas) ou *rugosas* (ásperas). Se forem sem atrito, a força exercida por uma superfície sobre a outra será normal às superfícies e as duas superfícies poderão se mover livremente uma em relação à outra. Se forem rugosas, admitimos que forças tangenciais podem se desenvolver a ponto de evitar o movimento de uma superfície em relação à outra.

Esse ponto de vista é simplificado. Na verdade, não existe uma superfície perfeitamente sem atrito. Quando duas superfícies estão em contato, as forças tangenciais, chamadas **forças de atrito**, sempre irão aparecer ao tentarmos mover uma superfície em relação à outra. Por outro lado, essas forças de atrito são de intensidade limitada e não impedirão o movimento caso sejam aplicadas forças suficientemente grandes. Desse modo, a distinção entre superfícies sem atrito e superfícies rugosas é mera questão de gradação. Isso será visto mais claramente neste capítulo, dedicado ao estudo do atrito e suas aplicações a situações corriqueiras de engenharia.

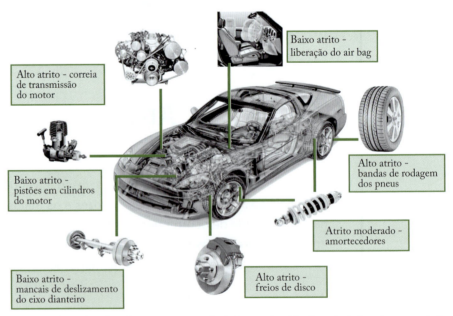

Foto 8.1 Exemplos de atrito em um automóvel. O grau de atrito é controlado pelos engenheiros de projeto e depende da aplicação.

Existem dois tipos de atrito: o **atrito seco**, por vezes denominado *atrito de Coulomb*, e o **atrito fluido**. O atrito fluido aparece entre camadas de fluido que se movem a diferentes velocidades. O atrito fluido é de grande importância em problemas que envolvam o escoamento de fluidos por meio de tubos e orifícios ou que tratem de corpos imersos em fluidos em movimento. Esse tipo de atrito também é básico na análise do movimento de *mecanismos lubrificados*. Tais problemas são levados em consideração em textos sobre mecânica dos fluidos. O presente estudo é limitado ao atrito seco, ou seja, a problemas que envolvam corpos rígidos em contato com superfícies *sem lubrificação*.

Na primeira parte deste capítulo, será analisado o equilíbrio de diversos corpos e estruturas rígidas, admitindo-se atrito seco nas superfícies de contato. Em seguida, serão consideradas algumas situações específicas de engenharia em que o atrito seco desempenha papel importante: cunhas, parafusos de rosca quadrada, mancais de deslizamento, mancais de escora, resistência ao rolamento e atrito em correia.

8.1 As leis de atrito seco

As leis de atrito seco são exemplificadas pelo seguinte experimento: um bloco de peso **W** é colocado sobre uma superfície plana horizontal. (Fig. 8.1*a*). As forças exercidas sobre o bloco são seu peso **W** e a reação da superfície. Como o peso não tem componente horizontal, a reação da superfície também não apresenta componente horizontal; logo, a reação é *normal* à superfície e é representada por **N** na Fig. 8.1*a*. Suponha agora que uma força horizontal **P** seja aplicada sobre o bloco (Fig. 8.1*b*). Se **P** for de pouca intensidade, o bloco não se moverá; portanto, alguma outra força horizontal deverá existir para contrabalançar **P**. Essa outra força é a **força de atrito estático F**, que, na verdade, é resultante de um grande número de forças exercidas sobre toda a superfície de contato entre o bloco e o plano. A natureza dessas forças não é conhecida exatamente, mas, em geral, admite-se que elas são irregularidades das superfícies que estão em contato e, em certa medida, uma atração molecular.

Se a força **P** aumentar, a força de atrito **F** também aumentará, permanecendo oposta a **P** até que sua intensidade atinja um certo *valor máximo* F_m (Fig. 8.1*c*). Se **P** aumentar ainda mais, a força de atrito não mais poderá contrabalançá-la, e o bloco começará a deslizar. Logo que o bloco entra em movimento, a intensidade de **F** cai de F_m para um valor menor F_k. Isto porque há menos interpenetração entre as irregularidades das superfícies que estão em contato quando estas se movem entre si. Daí em diante, o bloco continuará deslizan-

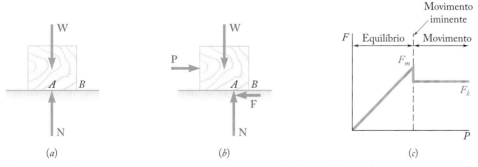

Figura 8.1 (*a*) Bloco em um plano horizontal: a força de atrito é zero; (*b*) uma força aplicada na horizontal **P** produz uma força de atrito oposta **F**; (*c*) gráfico de **F** com a força **P** aumentando.

do em velocidade crescente, enquanto a força de atrito, representada por $\mathbf{F}_k$ e denominada **força de atrito cinético**, permanecerá mais ou menos constante.

Deve-se observar que à medida que a intensidade F da força de atrito aumenta de zero até F_m, o ponto de aplicação A da resultante $\mathbf{N}$ das forças normais de contato desloca-se para a direita, de modo que os binários formados, respectivamente, por $\mathbf{P}$ e $\mathbf{F}$ e por $\mathbf{W}$ e $\mathbf{N}$ permaneçam contrabalançados. Caso $\mathbf{N}$ atinja B antes que F alcance seu valor máximo F_m, o bloco irá inclinar sobre B antes que possa começar a deslizar (veja o Problema Resolvido 8.4).

8.1A Coeficientes de atrito

Evidências experimentais mostram que o valor máximo F_m da força de atrito estático é proporcional ao componente normal N da reação da superfície. Temos

Atrito estático

$$F_m = \mu_s N \quad (8.1)$$

sendo μ_s uma constante denominada **coeficiente de atrito estático**. De modo semelhante, a intensidade F_k da força de atrito cinético pode ser determinada pela forma

Atrito cinético

$$F_k = \mu_k N \quad (8.2)$$

sendo μ_k uma constante denominada **coeficiente de atrito cinético**. Os coeficientes de atrito μ_s e μ_k não dependem da área das superfícies que estão em contato. Os coeficientes, porém, dependem muito da *natureza* das superfícies em contato. Como eles dependem também da condição exata das superfícies, seus valores raramente são conhecidos em uma precisão maior que 5%. Valores aproximados dos coeficientes de atrito estático para diversas superfícies secas são dados na Tabela 8.1. Os valores correspondentes do coeficiente de atrito cinético seriam algo em torno de 25% menores. Como os coeficientes de atrito são grandezas adimensionais, os valores dados na Tabela 8.1 podem ser usados em qualquer sistema de unidades.

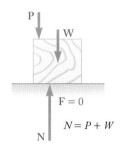
(a) Sem atrito ($P_x = 0$)

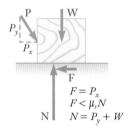
(b) Sem movimento ($P_x < F_m$)

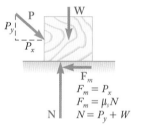
(c) Movimento iminente ⟶ ($P_x = F_m$)

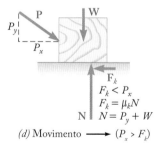
(d) Movimento ⟶ ($P_x > F_k$)

Figura 8.2 (*a*) A força aplicada é vertical, a força de atrito é zero; (*b*) o componente horizontal da força aplicada é menor do que F_m, nenhum movimento ocorre; (*c*) o componente horizontal da força aplicada é igual a F_m, o movimento é iminente; (*d*) o componente horizontal da força aplicada é maior do que F_k, as forças estão desequilibradas e o movimento continua.

Tabela 8.1 Valores aproximados do coeficiente de atrito estático para superfícies secas

Metal sobre metal	0,15–0,60
Metal sobre madeira	0,20–0,60
Metal sobre pedra	0,30–0,70
Metal sobre couro	0,30–0,60
Madeira sobre madeira	0,25–0,50
Madeira sobre couro	0,25–0,50
Pedra sobre pedra	0,40–0,70
Terra sobre terra	0,20–1,00
Borracha sobre concreto	0,60–0,90

A partir da descrição fornecida anteriormente, quatro situações aparentemente podem ocorrer quando um corpo rígido está em contato com uma superfície horizontal:

1. As forças aplicadas sobre o corpo não tendem a movê-lo ao longo da superfície de contato; não há força de atrito (Fig. 8.2*a*).

2. As forças aplicadas tendem a mover o corpo ao longo da superfície de contato, mas não são grandes o suficiente para colocá-lo em movimento. Pode-se determinar a força de atrito **F** que se desenvolve resolvendo-se as equações de equilíbrio para o corpo. Como não há evidência de que **F** tenha atingido seu valor máximo, a equação $F_m = \mu_s N$ *não pode ser usada* para determinar a força de atrito (Fig. 8.2*b*).
3. As forças aplicadas são tais que o corpo está prestes a deslizar. Dizemos que *o movimento é iminente*. A força de atrito **F** atingiu seu valor máximo F_m e, junto com a força normal **N**, contrabalança com as forças aplicadas. Tanto as equações de equilíbrio quanto a equação $F_m = \mu_s N$ *podem ser usadas*. Observemos também que a força de atrito tem sentido contrário a do movimento iminente (Fig. 8.2*c*).
4. O corpo está deslizando sob ação das forças aplicadas, e as equações de equilíbrio não mais se aplicam. Porém, **F** é agora igual a $\mathbf{F}_k$ e a equação $F_k = \mu_k N$ pode ser usada. O sentido de $\mathbf{F}_k$ é contrário ao do movimento (Fig. 8.2*d*).

8.1B Ângulos de atrito

Convém às vezes substituir a força normal **N** e a força de atrito **F** pela sua resultante **R**. Vejamos o que acontece quando fazemos isso.

Consideremos novamente um bloco de peso **W** em repouso sobre uma superfície plana horizontal. Se nenhuma força horizontal é aplicada sobre o bloco, a resultante **R** reduz-se à força normal **N** (Fig. 8.3*a*). Porém, se a força aplicada **P** tiver um componente horizontal $\mathbf{P}_x$ que tenda a mover o bloco, a força **R** terá um componente horizontal **F** e, portanto, formará um ângulo ϕ com a normal à superfície (Fig. 8.3*b*). Se $\mathbf{P}_x$ aumentar até o movimento tornar-se iminente, o ângulo entre **R** e a força vertical crescerá e atingirá um valor máximo (Fig. 8.3*c*). Esse valor é denominado **ângulo de atrito estático** e é representado por ϕ_s. Da geometria da Fig. 8.3*c*, observamos que

Ângulo de atrito estático

$$\operatorname{tg} \phi_s = \frac{F_m}{N} = \frac{\mu_s N}{N}$$

$$\operatorname{tg} \phi_s = \mu_s \tag{8.3}$$

Se o movimento de fato ocorrer, a intensidade da força de atrito cairá para F_k; de modo similar, o ângulo entre **R** e **N** diminuirá para um valor menor ϕ_k, denominado **ângulo de atrito cinético** (Fig. 8.3*d*). Da geometria da Fig. 8.3*d*, temos:

Ângulo de atrito cinético

$$\operatorname{tg} \phi_k = \frac{F_k}{N} = \frac{\mu_k N}{N}$$

$$\operatorname{tg} \phi_k = \mu_k \tag{8.4}$$

Outro exemplo mostrará como o uso do ângulo de atrito pode ser vantajoso na análise de alguns problemas. Considere um bloco em repouso sobre uma prancha sujeito apenas ao seu peso **W** e à reação **R** da prancha. A prancha pode assumir qualquer inclinação desejada. Se a prancha está na horizontal, a força **R** exercida pela prancha sobre o bloco é perpendicular à prancha e contrabalança o peso **W** (Fig. 8.4*a*). Se a prancha assumir um pequeno ângulo de inclinação θ, a força **R** se desviará da perpendicular à prancha do ângulo θ e continuará a contrabalançar **W** (Fig. 8.4*b*); a força terá então um componente normal **N** de intensidade $N = W \cos \theta$ e um componente tangencial **F** de intensidade $F = W \operatorname{sen} \theta$.

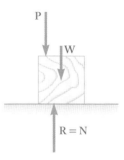

(*a*) Sem atrito

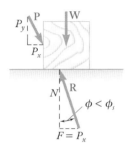

(*b*) Sem movimento

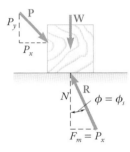

(*c*) Movimento iminente ⟶

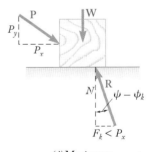

(*d*) Movimento ⟶

Figura 8.3 (*a*) A força aplicada é vertical, a força de atrito é zero; (*b*) a força aplicada está em um ângulo, seu componente horizontal é equilibrado pelo componente horizontal da resultante da superfície; (*c*) movimento iminente, o componente horizontal da força aplicada se iguala ao componente horizontal máximo da resultante; (*d*) movimento, o componente horizontal da resultante é menor do que o componente horizontal da força aplicada.

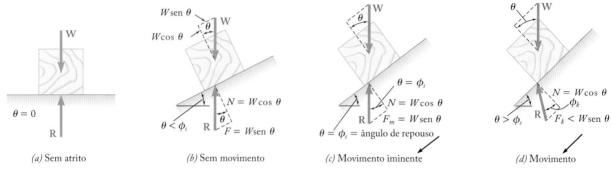

(a) Sem atrito   *(b)* Sem movimento   *(c)* Movimento iminente   *(d)* Movimento

Figura 8.4 (*a*) Bloco em uma placa horizontal, a força de atrito é zero; (*b*) o ângulo de inclinação da placa é menor do que o ângulo de atrito estático, sem movimento; (*c*) o ângulo de inclinação da placa se iguala ao ângulo de atrito, o movimento é iminente; (*d*) o ângulo de inclinação é maior do que o ângulo de atrito, as forças estão desequilibradas, e o movimento ocorre.

Se continuarmos a aumentar o ângulo de inclinação, o movimento logo se tornará iminente. Nesse momento, o ângulo entre **R** e a normal terá atingido seu valor máximo $\theta = \phi_s$ (Fig. 8.4*c*). O valor do ângulo de inclinação correspondente ao movimento iminente é denominado **ângulo de repouso**. Fica claro que o ângulo de repouso equivale ao ângulo de atrito estático ϕ_s. Se o ângulo de inclinação θ aumentar ainda mais, o movimento terá início, e o ângulo entre **R** e a normal cairá para o valor menor ϕ_k (Fig. 8.4*d*). A reação **R** não mais será vertical, e as forças exercidas sobre o bloco estarão desequilibradas.

8.1C Problemas que envolvem atrito seco

Encontram-se problemas que envolvem atrito seco em muitos usos de engenharia. Alguns tratam de situações simples, tais como as do bloco deslizando sobre um plano, descrito nas seções anteriores. Outros envolvem situações mais complicadas, como as do Problema Resolvido 8.3; muitos tratam da estabilidade de corpos rígidos em movimento acelerado e serão estudados em dinâmica. Além disso, diversas máquinas e mecanismos comuns podem ser analisados pela aplicação das leis do atrito seco. Incluem-se aqui cunhas, parafusos, mancais de deslizamento e de escora e transmissões por correia. Esses casos serão estudados nas próximas seções.

Foto 8.2 O coeficiente de atrito estático entre um dos pacotes e a correia transportadora inclinada deve ser grande o suficiente para possibilitar que o pacote seja transportado sem deslizar.

Os métodos a serem adotados na resolução de problemas que envolvam atrito seco são os mesmos já adotados nos capítulos anteriores. Se o problema envolve apenas um movimento de translação, sem possíveis rotações, o corpo em consideração geralmente pode ser tratado como uma partícula, e aplicando-se os métodos do Cap. 2. Se o problema envolve uma possível rotação, o corpo deve ser considerado rígido e os métodos do Cap. 4 devem ser adotados. Se a estrutura considerada é constituída de diversas partes, deve-se utilizar o princípio de ação e reação, como foi feito no Cap. 6.

Se o corpo considerado sofrer ação de mais do que três forças (incluindo as reações das superfícies de contato), a reação de cada superfície será representada pelos seus componentes **N** e **F**, e o problema será resolvido a partir das equações de equilíbrio. Se apenas três forças atuam sobre o corpo em consideração, pode ser mais conveniente representar cada reação por uma força única **R** e resolver o problema desenhando um triângulo de forças.

A maioria dos problemas que envolvem atrito recai em um dos seguintes três grupos.

1. Todas as forças aplicadas são dadas, e os coeficientes de atrito são conhecidos; devemos, então, determinar se o corpo considerado permanecerá em repouso ou deslizará. A força de atrito **F** *necessária para manter o*

equilíbrio é desconhecida (sua intensidade *não* é igual a $\mu_s N$) e deve ser determinada em conjunto com a força normal **N** traçando-se um diagrama de corpo livre e resolvendo-se as equações de equilíbrio (Fig. 8.5*a*). O valor encontrado para a intensidade F da força de atrito é, então, comparado com o valor máximo $F_m = \mu_s N$. Se F for menor ou igual a F_m, o corpo permanecerá em repouso. Se o valor encontrado para F for maior que F_m, o equilíbrio não poderá ser mantido e ocorrerá movimento; a intensidade real da força de atrito será, então, $F_k = \mu_k N$.

2. Todas as forças aplicadas são dadas, e sabe-se que o movimento é iminente; devemos, então, determinar o valor do coeficiente de atrito estático. Novamente, determinamos a força de atrito e a força normal traçando um diagrama de corpo livre e resolvendo as equações de equilíbrio (Fig. 8.5*b*). Como agora sabemos que o valor encontrado para F é igual ao valor máximo F_m, podemos determinar o coeficiente de atrito escrevendo e resolvendo a equação $F_m = \mu_s N$.

3. O coeficiente de atrito estático é dado, e sabe-se que o movimento é iminente em uma dada direção; devemos, então, determinar a intensidade ou a direção de uma das forças aplicadas. A força de atrito deve ser mostrada no diagrama de corpo livre com um *sentido contrário ao do movimento iminente* e uma intensidade $F_m = \mu_s N$ (Fig. 8.5*c*). Pode-se, então, escrever as equações de equilíbrio e determinar a força desejada.

Conforme se observou anteriormente, quando apenas três forças estiverem envolvidas, pode ser mais conveniente representar a reação da superfície por uma força única **R** e resolver o problema traçando-se um triângulo de forças. Tal resolução é empregada no Problema Resolvido 8.2.

Quando dois corpos A e B estão em contato (Fig. 8.6*a*), as forças de atrito exercidas, respectivamente, por A sobre B e por B sobre A são iguais e opostas (terceira lei de Newton). Ao se traçar o diagrama de corpo livre de um dos corpos, é importante incluir a força de atrito apropriada com seu sentido correto. Deve-se então observar a seguinte regra: *o sentido da força de atrito exercida sobre A é contrário ao do movimento (ou movimento iminente) de A observado de B* (Fig. 8.6*b*). (Portanto, é o mesmo sentido do movimento de B observado de A.) O sentido da força de atrito atuante sobre B é determinado de modo similar (Fig. 8.6*c*). Observe-se que o movimento de A observado de B é um *movimento relativo*. Por exemplo, se o corpo A está parado e o corpo B se move, o corpo A terá um movimento em relação a B. Além disso, se os corpos A e B movem-se para baixo, mas B é mais rápido que A, o movimento do corpo A observado do corpo B será para cima.

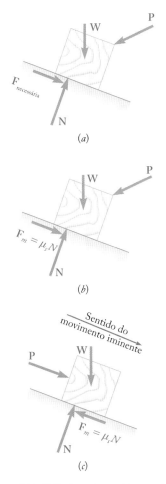

Figura 8.5 Três tipos de problemas de atrito: (*a*) dadas as forças e o coeficiente de atrito, o bloco vai deslizar ou ficar em repouso? (*b*) dadas as forças e sabendo que o movimento é iminente, determinamos o coeficiente de atrito; (*c*) dado o coeficiente de atrito e sabendo que o movimento é iminente, determinamos a força aplicada.

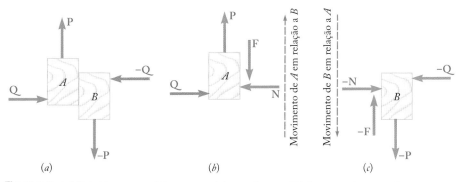

Figura 8.6 (*a*) Dois blocos mantidos em contato por forças; (*b*) diagrama de corpo livre para o bloco A, incluindo a direção da força de atrito; (*c*) diagrama de corpo livre para o bloco B, incluindo a direção da força de atrito.

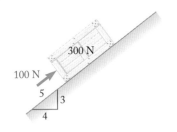

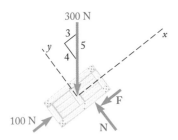

Figura 1 Diagrama de corpo livre do bloco mostrando a direção presumida da força de atrito.

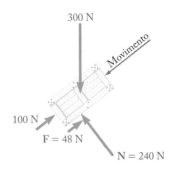

Figura 2 Diagrama de corpo livre do bloco mostrando a força de atrito real.

PROBLEMA RESOLVIDO 8.1

Uma força de 100 N é exercida sobre um bloco de 300 N posicionado sobre um plano inclinado como mostra a figura. Os coeficientes de atrito entre o bloco e o plano são $\mu_s = 0{,}25$ e $\mu_k = 0{,}20$. Determine se o bloco está em equilíbrio e encontre o valor da força de atrito.

ESTRATÉGIA Este é um problema de atrito do primeiro tipo: conhecemos as forças e os coeficientes de atrito e queremos determinar se o bloco se move. Também desejamos encontrar a força de atrito.

MODELAGEM E ANÁLISE

Força necessária para equilíbrio. Determinamos primeiramente o valor da força de atrito *necessária para se manter o equilíbrio*. Admitindo que **F** seja direcionada para baixo e para esquerda, traçamos o diagrama de corpo livre do bloco (Fig. 1) e resolvemos as equações de equilíbrio da seguinte maneira:

$$+\nearrow \Sigma F_x = 0: \qquad 100\text{ N} - \tfrac{3}{5}(300\text{ N}) - F = 0$$
$$F = -80\text{ N} \qquad \mathbf{F} = 80\text{ N}\nearrow$$

$$+\nwarrow \Sigma F_y = 0: \qquad N - \tfrac{4}{5}(300\text{ N}) = 0$$
$$N = +240\text{ N} \qquad \mathbf{N} = 240\text{ N}\nwarrow$$

A força **F** necessária para se manter o equilíbrio é 80 N, direcionada para cima e para direita; logo, a tendência do bloco é deslizar plano abaixo.

Força de atrito máxima. A intensidade de força de atrito máxima que pode se desenvolver entre o bloco e o plano é

$$F_m = \mu_s N \qquad F_m = 0{,}25(240\text{ N}) = 60\text{ N}$$

Como o valor da força necessária para manter o equilíbrio (80 N) é maior que o valor máximo que pode ser obtido (60 N), o equilíbrio não será mantido e *o bloco deslizará plano abaixo*.

Valor real da força de atrito. A intensidade da força de atrito real é obtida como se segue:

$$F_{\text{real}} = F_k = \mu_k N = 0{,}20(240\text{ N}) = 48\text{ N}$$

O sentido dessa força é contrário ao sentido do movimento; logo, a força é direcionada para cima e para direita (Fig. 2):

$$\mathbf{F}_{\text{real}} = 48\text{ N}\nearrow \quad \blacktriangleleft$$

Deve-se observar que as forças exercidas sobre o bloco não estão equilibradas; a resultante é:

$$\tfrac{3}{5}(300\text{ N}) - 100\text{ N} - 48\text{ N} = 32\text{ N}\swarrow$$

PARA REFLETIR Este é um problema de atrito típico do primeiro tipo. Observe-se que utilizamos o coeficiente de atrito estático para determinar se o bloco se move, mas uma vez que vimos que ele se move, foi necessário o coeficiente de atrito cinético para determinar a força de atrito.

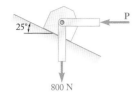

PROBLEMA RESOLVIDO 8.2

Um bloco de apoio sofre a ação de duas forças, tal como mostra a figura. Sabendo que os coeficientes de atrito entre o bloco e o plano inclinado são $\mu_s = 0{,}35$ e $\mu_k = 0{,}25$, determine a força **P** necessária para (*a*) o bloco se mover para cima; (*b*) mantê-lo se movendo para cima; (*c*) evitar que deslize para baixo.

ESTRATÉGIA Este problema envolve variações práticas do terceiro tipo de atrito. Podemos chegar às soluções por meio do conceito dos ângulos de atrito.

MODELAGEM

Diagrama de corpo livre. Para cada parte do problema, traçamos um diagrama de corpo livre do bloco e um triângulo de forças formado pela força vertical de 800 N, a força horizontal **P** e a força **R** exercida pelo plano inclinado sobre o bloco. A direção de **R** deve ser determinada em cada caso. Observamos que, sendo **P** perpendicular à força de 800 N, o triângulo de forças é retângulo, possibilitando uma fácil resolução para **P**. Na maioria dos problemas, porém, o triângulo de forças é escaleno, devendo-se aplicar a lei dos senos para se obter a solução.

ANÁLISE

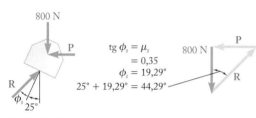

Figura 1 Diagrama de corpo livre do bloco e seu triângulo de forças – movimento iminente para cima.

a. Força *P* para o movimento iminente do bloco para cima. Neste caso, o movimento é iminente para cima; portanto, a resultante é direcionada com o ângulo de atrito estático (Fig. 1). Observe que a resultante está orientada à esquerda da normal, de forma que seu componente de atrito (não mostrado) está direcionado para o lado oposto da direção do movimento iminente.

$$P = (800 \text{ N}) \text{ tg } 44{,}29° \qquad \mathbf{P} = 780 \text{ N} \leftarrow$$

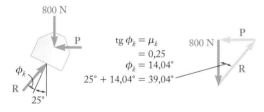

Figura 2 Diagrama de corpo livre do bloco e seu triângulo de forças – movimento contínuo plano acima.

b. Força *P* para manter o bloco em movimento plano acima. Como o movimento continua, a resultante está direcionada com o ângulo de atrito cinético (Fig. 2). Novamente, a resultante está orientada à esquerda da normal, de forma que seu componente de atrito está direcionado para o lado oposto da direção do movimento iminente.

$$P = (800 \text{ N}) \text{ tg } 39{,}04° \qquad \mathbf{P} = 649 \text{ N} \leftarrow$$

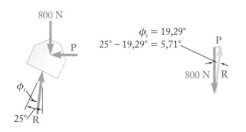

Figura 3 Diagrama de corpo livre do bloco e seu triângulo de forças – movimento que evita o deslizamento.

c. Força *P* para evitar que o bloco deslize plano abaixo. Aqui, o movimento é iminente para baixo; portanto, a resultante está direcionada com o ângulo de atrito estático (Fig. 3). Observe que a resultante está orientada à direita da normal, de forma que seu componente de atrito está direcionado para o lado oposto da direção do movimento iminente.

$$P = (800 \text{ N}) \text{ tg } 5{,}71° \qquad \mathbf{P} = 80{,}0 \text{ N} \leftarrow$$

PARA REFLETIR Conforme o esperado, é necessária muito mais força para iniciar o movimento do bloco para cima do que para evitar que ele deslize plano abaixo.

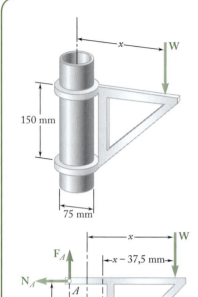

Figura 1 Diagrama de corpo livre do suporte.

PROBLEMA RESOLVIDO 8.3

O suporte móvel mostrado na figura pode ser posicionado a qualquer altura sobre o tubo de 75 mm de diâmetro. Sabendo que o coeficiente de atrito estático entre o tubo e o suporte é 0,25, determine a distância mínima x para a qual a carga **W** pode ser sustentada. Desconsidere o peso do suporte.

ESTRATÉGIA Nesta variação do terceiro tipo de problema de atrito, conhecemos o coeficiente de atrito estático e sabemos que o movimento é iminente. Como o problema envolve a consideração da resistência à rotação, devemos aplicar a equação de equilíbrio para o momento e para forças.

MODELAGEM

Diagrama de corpo livre. Traçamos um diagrama de corpo livre do suporte (Fig. 1). Quando **W** for aplicada à distância mínima x do eixo do tubo, o suporte estará prestes a deslizar e as forças do atrito em A e B terão atingido seus valores máximos:

$$F_A = \mu_s N_A = 0{,}25\ N_A$$
$$F_B = \mu_s N_B = 0{,}25\ N_B$$

ANÁLISE

Equações de equilíbrio.

$\xrightarrow{+} \Sigma F_x = 0:$ $\qquad N_B - N_A = 0$
$\qquad\qquad\qquad\qquad\qquad N_B = N_A$

$+\uparrow \Sigma F_y = 0:$ $\qquad F_A + F_B - W = 0$
$\qquad\qquad\qquad 0{,}25N_A + 0{,}25N_B = W$

E, como N_B é igual a N_A,

$$0{,}50N_A = W$$
$$N_A = 2W$$

$+\circlearrowleft \Sigma M_B = 0:$ $\qquad N_A(0{,}15\text{ m}) - F_A(0{,}075\text{ m}) - W(x - 0{,}0375\text{ m}) = 0$
$\qquad\qquad\qquad 0{,}15N_A - 0{,}075(0{,}25N_A) - Wx + 0{,}0375\text{ m} = 0$
$\qquad\qquad\qquad 0{,}15(2W) - 0{,}01875(2W) - Wx + 0{,}0375\text{ m} = 0$

Dividindo-se por W e resolvendo para x:

$$x = 0{,}3\text{ m} \quad \blacktriangleleft$$

PARA REFLETIR Em um problema como este, podemos não entender como chegar à solução até que o diagrama de corpo livre seja traçado e sejam examinadas as informações dadas e o que é necessário encontrar. Neste caso, como foi solicitada uma distância, deve estar clara a necessidade de calcular o equilíbrio do momento.

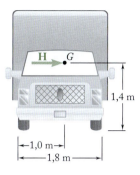

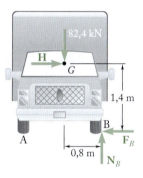

Figura 1 Diagrama de corpo livre do caminhão.

PROBLEMA RESOLVIDO 8.4

Um caminhão de 8.400 kg está percorrendo uma curva de nível horizontal, resultando em uma força lateral efetiva **H** (aplicada no centro de gravidade *G* do caminhão). Tratando o caminhão como um sistema rígido com o centro de gravidade mostrado e sabendo que a distância entre as bordas externas dos pneus é de 1,8 m, determine (*a*) a força máxima **H** antes que ocorra o tombamento do caminhão; (*b*) o coeficiente de atrito estático mínimo entre os pneus e a estrada de modo que não ocorra o deslizamento antes do tombamento.

ESTRATÉGIA Para a direção de **H** mostrada, o caminhão iria tombar sobre a borda externa do pneu direito. No limite do tombamento, a força normal e a força de atrito são zero no pneu esquerdo, e a força normal no pneu direito está na borda externa. Podemos aplicar a equação de equilíbrio para determinar o valor de **H** necessário para levantar o pneu esquerdo e a força de atrito necessária para que o deslizamento não ocorra.

MODELAGEM Traçamos o diagrama de corpo livre do caminhão (Fig. 1), que reflete o tombamento iminente sobre o ponto *B*. Obtemos o peso do caminhão por meio da multiplicação de sua massa de 8.400 kg por $g = 9,81$ m/s^2; ou seja, $W = 82.400$ N ou 82,4 kN.

ANÁLISE

Corpo livre: Caminhão (Fig. 1).

$+\circlearrowleft \Sigma M_B = 0$: $(82,4 \text{ kN})(0,8 \text{ m}) - H(1,4 \text{ m}) = 0$
$H = +47,1 \text{ kN}$ $H = 47,1 \text{ kN} \rightarrow$

$\xrightarrow{+} \Sigma F_x = 0$: $47,1 \text{ kN} - F_B = 0$
$F_B = +47,1 \text{ kN}$

$+\uparrow \Sigma F_y = 0$: $N_B - 82,4 \text{ kN} = 0$
$N_B = +82,4 \text{ kN}$

Coeficiente de atrito estático mínimo A intensidade de força de atrito máxima que pode ser desenvolvida é

$$F_m = \mu_s N_B = \mu_s (82,4 \text{ kN})$$

Igualando à força de atrito necessária, $F_B = 47,1$ kN, obtemos

$$\mu_s (82,4 \text{ kN}) = 47,1 \text{ kN} \qquad \mu_s = 0,572 \blacktriangleleft$$

PARA REFLETIR Lembre-se, da física, que **H** representa a força devida à aceleração centrípeta do caminhão (de massa *m*), e sua intensidade é

$$H = m(v^2/\rho)$$

onde

v = velocidade do caminhão
ρ = raio da curvatura

Neste problema, se o caminhão estivesse percorrendo uma curva de 100 m de raio (medida até *G*), a velocidade em que ele começaria a tombar seria 23,7 m/s (ou 85,2 km/h). Aprenderemos mais sobre este aspecto nos estudos de dinâmica.

METODOLOGIA PARA A RESOLUÇÃO DE PROBLEMAS

Nesta seção, estudamos e aplicamos as **leis de atrito seco**. Antes havíamos nos deparado apenas com (*a*) superfícies sem atrito (lisas) que podem se mover livremente umas em relação às outras, (*b*) superfícies rugosas (ásperas) que não admitiam movimento relativo entre si.

A. Na resolução de problemas que envolvam atrito seco, devemos ter em mente o seguinte.

1. A reação R exercida por uma superfície sobre um corpo livre pode ser decomposta em um componente normal **N** e um componente tangencial **F**. O componente tangencial é denominado **força de atrito.** Quando um corpo está em contato com uma superfície fixa, a direção da força de atrito **F** é contrária ao do movimento real ou iminente do corpo.

    a. Não ocorrerá movimento enquanto F não exceder o valor máximo $F_m = \mu_s N$, sendo μ_s o **coeficiente de atrito estático.**

    b. Ocorrerá movimento se um valor de F maior que F_m for necessário para se manter o equilíbrio. Estabelecendo-se o movimento, o valor real de F cai para $F_k = \mu_k N$, sendo μ_k o **coeficiente de atrito cinético** [Problema Resolvido 8.1].

    c. O movimento também poderá ocorrer a um valor de F menor do que F_m se o tombamento do corpo rígido for uma possibilidade [Problema Resolvido 8.4].

2. Quando apenas três forças estiverem envolvidas, pode ser preferível uma outra abordagem para a análise do atrito [Problema Resolvido 8.2]. A reação **R** é definida pela sua intensidade R e pelo ângulo ϕ que ela forma com a normal à superfície. Não ocorrerá movimento enquanto ϕ não exceder ao valor máximo ϕ_s, sendo tg $\phi_s = \mu_s$. Ocorrerá movimento se um valor de ϕ maior que ϕ_s for necessário para se manter o equilíbrio, e o valor real de ϕ cairá para ϕ_k, sendo tg $\phi_k = \mu_k$.

3. Quando dois corpos estiverem em contato, o sentido do movimento relativo real ou iminente do ponto de contato deve ser determinado. Em cada um dos dois corpos, devemos mostrar uma força de atrito **F** de sentido contrário ao do movimento real ou iminente do corpo visto em relação ao outro corpo (veja a Fig. 8.6).

B. Métodos de resolução. A primeira etapa da sua resolução consiste em traçar um diagrama de corpo livre do corpo sob consideração, decompondo-se a força exercida em cada plano em que existe atrito em um componente normal **N** e uma força de atrito **F**. Se vários corpos estiverem envolvidos, tracemos um diagrama de corpo livre para cada um deles, rotulando e direcionando as forças em cada superfície de contato, do modo que aprendemos a fazer ao analisar as estruturas no Cap. 6.

O problema que temos de resolver pode enquadrar-se em uma das cinco categorias seguintes:

1. **Todas as forças aplicadas e os coeficientes de atrito são conhecidos e deve-se determinar se o equilíbrio é mantido.** Observe que, nesta situação, a força de atrito é desconhecida e *não pode ser considerada igual a $\mu_s N$*.
   a. **Escrever as equações de equilíbrio** para determinar N e F.
   b. **Calcular a força de atrito admissível máxima,** $F_m = \mu_s N$. Se $F \leq F_m$, o equilíbrio é mantido. Se $F \geq F_m$, ocorre movimento e a intensidade da força de atrito é $F_k = \mu_k N$ [Problema Resolvido 8.1].

2. **Todas as forças aplicadas são conhecidas e deve-se encontrar o menor valor admissível de μ_s para o qual o equilíbrio é mantido.** Admitiremos que o movimento é iminente e determinaremos o valor correspondente de μ_s.
   a. **Escrever as equações de equilíbrio** para determinar N e F.
   b. **Como o movimento é iminente,** $F = F_m$. Substituir os valores encontrados para N e F na equação $F_m = \mu_s N$ e resolver para μ_s [Problema Resolvido 8.4].

3. **O movimento do corpo é iminente e μ_s é conhecido; deve-se encontrar alguma grandeza desconhecida,** tal como uma distância, um ângulo, a intensidade de uma força ou a direção de uma força.
   a. **Supor um possível movimento iminente do corpo** e, no diagrama de corpo livre, traçar a força de atrito em sentido contrário ao do suposto movimento.
   b. **Como o movimento é iminente,** $F = F_m = \mu_s N$. Considerando o valor conhecido de μ_s, podemos expressar F em termos de N no diagrama de corpo livre e, assim, eliminar uma incógnita.
   c. **Escrever e resolver as equações de equilíbrio** para a incógnita que é procurada [Problema Resolvido 8.3].

PROBLEMAS

PROBLEMAS PRÁTICOS DE DIAGRAMA DE CORPO LIVRE

8.F1 Sabendo que o coeficiente de atrito entre o bloco de 25 kg e o plano inclinado é $\mu_s = 0{,}25$, trace o diagrama de corpo livre necessário para determinar o menor valor de P necessário para o movimento iminente do bloco e o valor correspondente de β.

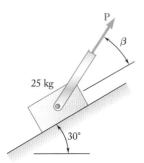

Figura P8.F1

8.F2 Dois blocos A e B estão ligados por um cabo como mostrado. Sabendo que o coeficiente de atrito estático em todas as superfícies de contato é 0,30 e negligenciando o atrito das polias, trace o diagrama de corpo livre necessário para determinar a menor força **P** necessária para mover os blocos.

Figura P8.F2

8.F3 Um cordão está preso e parcialmente enrolado em um cilindro com peso W e raio r que repousa em um plano, como mostrado. Sabendo que $\theta = 30°$, trace o diagrama de corpo livre necessário para determinar a tração no cordão e o menor valor permitido para o coeficiente de atrito estático entre o cilindro e o plano para o qual o equilíbrio é mantido.

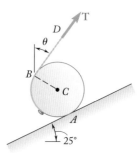

Figura P8.F3

8.F4 Um caixote de 40 kg precisa ser movido para a esquerda ao longo de um piso sem tombar. Sabendo que o coeficiente de atrito estático entre o caixote e o piso é 0,35, trace o diagrama de corpo livre necessário para determinar o maior valor permitido de α e a intensidade correspondente da força **P**.

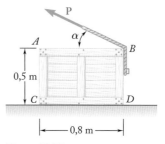

Figura P8.F4

PROBLEMAS DE FINAL DE SEÇÃO

8.1 Determine se o bloco mostrado na figura está em equilíbrio e encontre a intensidade e o sentido da força de atrito quando $P = 150$ N.

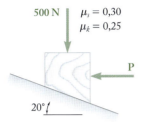

Figura P8.1 e P8.2

8.2 Determine se o bloco mostrado na figura está em equilíbrio e encontre a intensidade e o sentido da força de atrito quando $P = 400$ N.

8.3 Determine se o bloco mostrado na figura está em equilíbrio e encontre a intensidade e o sentido da força de atrito quando $P = 120$ N.

8.4 Determine se o bloco mostrado na figura está em equilíbrio e encontre a intensidade e o sentido da força de atrito quando $P = 80$ N.

8.5 Determine o menor valor de P necessário para (*a*) o movimento iminente do bloco para cima, (*b*) manter o movimento para cima.

8.6 O bloco A de 20 N está suspenso de um cabo conforme mostrado. A polia C está conectada por uma articulação curta ao bloco E, que repousa em um trilho horizontal. Sabendo que o coeficiente de atrito estático entre o bloco E e o trilho é $\mu_s = 0{,}35$ e negligenciando o peso do bloco E e o atrito nas polias, determine o maior valor permitido de θ se o sistema permanecer em equilíbrio.

8.7 O bloco de 10 kg está ligado à articulação AB e repousa sobre uma esteira em movimento. Sabendo que $\mu_s = 0{,}30$ e $\mu_k = 0{,}25$ e negligenciando o peso da articulação, determine a intensidade da força horizontal **P** que pode ser aplicada na esteira para manter esse movimento (*a*) para a esquerda, como mostrado, (*b*) para a direita.

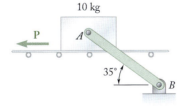

Figura P8.7

8.8 Considerando apenas valores de θ menores que 90°, determine o menor valor de θ solicitado para o qual o movimento do bloco para a direita é iminente quando (*a*) $W = 75$ N, (*b*) $W = 100$ N.

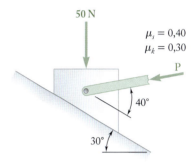

Figura P8.3, P8.4 e P8.5

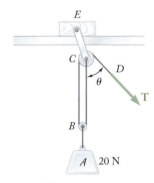

Figura *P8.6*

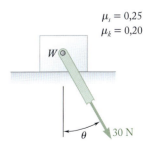

Figura *P8.8*

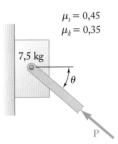

Figura P8.9 e 8.10

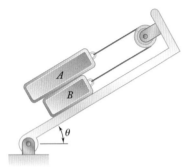

Figura P8.11 e P8.12

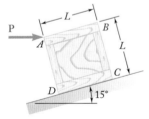

Figura P8.15

8.9 Sabendo que $\theta = 40°$, determine a menor força **P** para a qual o equilíbrio do bloco de 7,5 kg é mantido.

8.10 Sabendo que $P = 100$ N, determine o intervalo de valores de θ para o qual o equilíbrio do bloco de 7,5 kg é mantido.

8.11 O bloco A de 50 N e o bloco B de 25 N estão apoiados em um plano inclinado que é mantido na posição mostrada na figura. Sabendo que o coeficiente de atrito estático é 0,15 entre os dois blocos e zero entre o bloco B e o plano, determine o valor de θ para que o movimento seja iminente.

8.12 O bloco A de 50 N e o bloco B de 25 N estão apoiados em um plano inclinado que é mantido na posição mostrada na figura. Sabendo que o coeficiente de atrito estático é 0,15 entre todas as superfícies de contato, determine o valor de θ para que o movimento seja iminente.

8.13 Três pacotes de 4 kg A, B e C são colocados em uma esteira transportadora que está em repouso. Entre a esteira e os pacotes A e C, os coeficientes de atrito são $\mu_s = 0{,}30$ e $\mu_k = 0{,}20$; entre o pacote B e a esteira, os coeficientes são $\mu_s = 0{,}10$ e $\mu_k = 0{,}08$. Os pacotes são colocados na esteira tal que eles estejam em contato cada um com o outro e em repouso. Determine qual dos pacotes, se houver, se moverá e a força de atrito atuante em cada um dos pacotes.

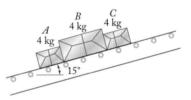

Figura P8.13

8.14 Resolva o Problema 8.13 considerando que o pacote B é colocado à direita dos pacotes A e C.

8.15 Um bloco uniforme com massa 30 kg precisa ser deslocado para cima ao longo do plano inclinado de 15° sem tombar. Sabendo que a força **P** é horizontal, determine (*a*) o maior coeficiente de atrito estático permitido entre o caixote e o plano, (*b*) a intensidade correspondente da força **P**.

8.16 Um trabalhador move vagarosamente um caixote de 50 kg para a esquerda ao longo de uma plataforma de carga aplicando uma força **P** no canto B como mostra a figura. Sabendo que o caixote começa a inclinar-se sobre a extremidade E da plataforma de carga quando $a = 200$ mm, determine (*a*) o coeficiente de atrito cinético entre o caixote e a plataforma de carga, (*b*) a intensidade P correspondente da força.

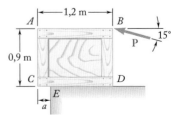

Figura P8.16

8.17 Meia seção de um tubo pesando 200 N é puxado por um cabo conforme mostrado. O coeficiente do atrito estático entre o tubo e o piso é 0,40. Se $\alpha = 30°$, determine (a) a tração T necessária para mover o tubo, (b) se o tubo vai deslizar ou tombar.

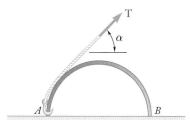

Figura P8.17

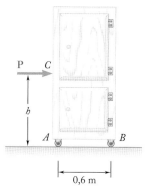

Figura P8.18

8.18 Um armário de 480 N é montado sobre rodízios que podem ser travados para evitar seu rolamento. O coeficiente de atrito estático entre o piso e cada rodízio é 0,30. Considerando que os rodízios em A e B estejam travados, determine (a) a força **P** necessária para o movimento iminente do armário para a direita, (b) a máxima altura admissível h para que o armário não tombe.

8.19 Um arame está sendo puxado de um carretel a uma taxa constante aplicando-se uma força vertical **P** ao arame, conforme mostrado. o carretel e o arame enrolado em volta dele têm um peso combinado de 100 N. Sabendo que os coeficientes de atrito em A e B são $\mu_s = 0,40$ e $\mu_k = 0,30$, determine a intensidade necessária da força **P**.

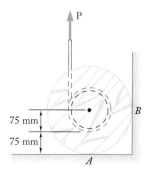

Figura P8.19

8.20 Resolva o Problema 8.19 considerando que os coeficientes de atrito em B são zero.

8.21 O cilindro mostrado na figura tem peso W e raio r. Expresse, em termos de W e r, a intensidade do maior binário **M** que pode ser aplicado ao cilindro para que ele não gire, considerando que o coeficiente de atrito estático seja (a) zero em A e 0,30 em B, (b) 0,25 em A e 0,30 em B.

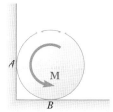

Figura P8.21 e P.22

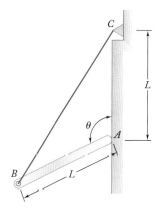

Figura P8.23

8.22 O cilindro mostrado tem peso W e raio r, e o coeficiente de atrito estático μ_s é o mesmo em A e B. Determine a intensidade do maior binário **M** que pode ser aplicado ao cilindro para que ele não gire.

8.23 e 8.24 A extremidade A de uma haste delgada e uniforme de comprimento L e peso W é mantida em equilíbrio na superfície como mostrado na figura, enquanto a extremidade B é suportada por uma corda BC. Sabendo que os coeficientes de atrito são $\mu_s = 0,40$ e $\mu_k = 0,30$, determine (a) o maior valor de θ para o qual o movimento é iminente, (b) o valor correspondente da tensão na corda.

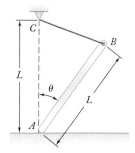

Figura *P8.24*

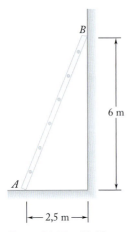

Figura P8.25 e *P8.26*

8.25 Uma escada AB de 6,5 m está encostada em uma parede como mostrado na figura. Considerando que o coeficiente de atrito estático μ_s é zero em B, determine o menor valor de μ_s em A para que o equilíbrio seja mantido.

8.26 Uma escada AB de 6,5 m está encostada em uma parede como mostrado na figura. Considerando que o coeficiente de atrito estático μ_s é o mesmo para A e B, determine o menor valor de μ_s para que o equilíbrio seja mantido.

8.27 A prensa mostrada é usada para cunhar um pequeno carimbo em E. Sabendo que o coeficiente de atrito estático entre a guia vertical e a matriz de cunhagem D é 0,30, determine a força exercida pelo cunho sobre o carimbo.

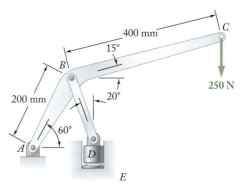

Figura P8.27

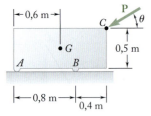

Figura *P8.28*

8.28 A base de máquina mostrada tem massa de 75 kg e é equipada com calços em A e B. O coeficiente de atrito estático entre os calços e o piso é 0,30. Se uma força **P** com intensidade de 500 N é aplicada na quina C, determine o intervalo de valores de θ para o qual a base não vai se mover.

8.29 A placa ABCD de 50 N é ligada em A e D aos colares que podem deslizar sobre a barra vertical. Sabendo que o coeficiente de atrito estático entre os colares e a barra é 0,40, determine se a placa está em equilíbrio na posição mostrada na figura quando a intensidade da força vertical aplicada em E é (a) P = 0, (b) P = 20 N.

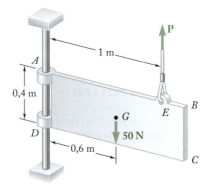

Figura P8.29 e P8.30

8.30 No Problema 8.29, determine o intervalo de intensidade dos valores da força vertical P aplicada em E para o qual a placa se moverá para baixo.

8.31 Uma janela corrediça pesando 10 N é geralmente sustentada por dois pesos de 5 N. Sabendo que a janela permanece aberta depois que uma das cordas dos pesos foi cortada, determine o menor valor possível do coeficiente de atrito estático. (Considere que os pesos são levemente menores que a estrutura e se prenderão apenas nos pontos A e D.)

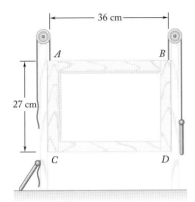

Figura *P8.31*

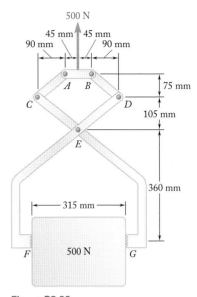

Figura P8.32

8.32 Um bloco de concreto de 500 N é elevado por um par de pinças mostrado na figura. Determine o menor valor admissível do coeficiente e atrito estático entre o bloco e as pinças em F e G.

8.33 Um tubo de 60 mm de diâmetro é apertado pela chave inglesa mostrada na figura. As partes AB e DE da chave são rigidamente ligadas entre si e a parte CF é conectada por um pino em D. Se a chave deve apertar o tubo e ser autotravante, determine os coeficientes de atrito mínimos necessários em A e C.

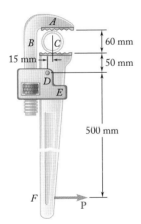

Figura *P8.33*

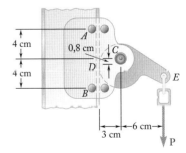

Figura P8.34

8.34 Um dispositivo de segurança utilizado por trabalhadores que sobem escadas fixas em estruturas de grande altura consiste em um trilho preso à escada que pode deslizar na flange do trilho. Uma corrente prende o cinturão do trabalhador à extremidade de um came excêntrico que pode rodar no eixo ligado à manga em C. Determine o menor valor admissível comum do coeficiente de atrito estático entre a flange do trilho, os pinos A e B é o came excêntrico se a manga não puder deslizar para baixo quando a corrente é puxada verticalmente para baixo.

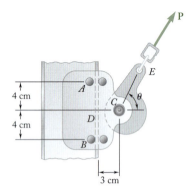

Figura P8.35

8.35 Para ser de uso prático, o dispositivo de segurança descrito no problema anterior deve deslizar livremente ao longo do trilho quando puxado para cima. Determine o maior valor admissível do coeficiente de atrito estático entre a flange do trilho e os pinos A e B, para que a manga fique livre para deslizar quando puxada como mostra a figura, considerando (a) $\theta = 60°$, (b) $\theta = 50°$, (c) $\theta = 40°$.

8.36 Dois blocos A e B de 10 N estão ligados por uma haste esbelta de massa desprezível. O coeficiente de atrito estático é 0,30 entre todas as superfícies de contato, e a barra forma um ângulo $\theta = 30°$ com a vertical. (a) Mostre que o sistema está em equilíbrio quando $P = 0$. (b) Determine o maior valor de P para o qual o equilíbrio é mantido.

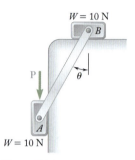

Figura P8.36

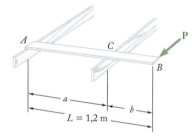

Figura P8.37

8.37 Uma placa de 1,2 m com massa de 3 kg está em repouso sobre duas vigas. Sabendo que o coeficiente de atrito estático entre a placa e as vigas é 0,30, determine a intensidade da força horizontal necessária para mover a placa quando (a) $a = 750$ mm, (b) $a = 900$ mm.

8.38 Duas tábuas uniformes idênticas, cada qual pesando 40 N, estão encostadas temporariamente uma contra a outra tal como mostra a figura. Sabendo que o coeficiente de atrito estático entre todas as superfícies é 0,40, determine (a) a maior intensidade da força **P** para que o equilíbrio seja mantido, (b) a superfície em que o movimento é iminente.

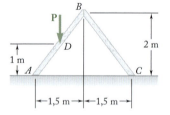

Figura P8.38

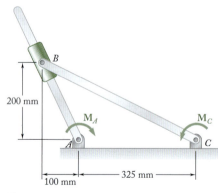

Figura P8.39

8.39 Duas hastes estão ligadas por um colar em B. Um binário $\mathbf{M}_A$ com uma intensidade de 15 N·m é aplicado à haste AB. Sabendo que o coeficiente de atrito estático entre o colar e a haste é 0,30, determine o maior binário $\mathbf{M}_C$ para o qual o equilíbrio será mantido.

8.40 No Problema 8.39, determine o menor binário $\mathbf{M}_C$ para o qual o equilíbrio será mantido.

8.41 Uma viga de 3 m, pesando 4,8 kN, é movida para a esquerda sobre a plataforma, conforme mostrado. A força horizontal **P** é aplicada no carrinho, que é montado em rodas sem atrito. Os coeficientes de atrito entre as superfícies são $\mu_s = 0{,}30$ e $\mu_k = 0{,}25$, e inicialmente $x = 0{,}6$ m. Sabendo que a superfície superior do carrinho é ligeiramente mais alta que a plataforma, determine a força **P** necessária para iniciar o movimento da viga. (*Dica*: a viga é suportada em *A* e *D*.)

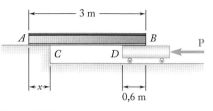

Figura P8.41

8.42 (*a*) Mostre que a viga do Problema 8.41 *não pode* se mover se a superfície superior do carrinho é ligeiramente *mais baixa* que a plataforma. (*b*) Mostre que a viga *pode* ser movida se dois trabalhadores de 700 N estão na viga em *B* e determine a distância máxima para a esquerda que a viga pode ser movida.

8.43 Dois blocos *A* e *B* de 8 kg repousam em prateleiras e são conectadas por uma barra de massa desprezível. Sabendo que a intensidade da força horizontal **P** aplicada em *C* é lentamente incrementada a partir de zero, determine o valor de *P* para o qual o movimento ocorre, e qual é o movimento, quando o coeficiente de atrito estático entre todas as superfícies é (*a*) $\mu_s = 0{,}40$, (*b*) $\mu_s = 0{,}50$.

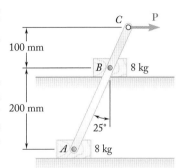

Figura P8.43

8.44 Uma barra esbelta de aço de 225 mm de comprimento é colocada dentro de um tubo, tal como mostra a figura. Sabendo que o coeficiente de atrito estático entre a barra e o tubo é 0,20; determine o maior valor de θ para que a barra não caia dentro do tubo.

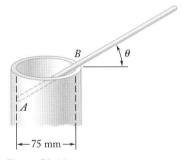

Figura P8.44

8.45 No Problema 8.44, determine o menor valor de θ para que a barra não caia fora do tubo.

8.46 Duas hastes esbeltas de peso desprezível são conectadas por um pino em *C* e ligadas aos blocos *A* e *B*, cada qual com peso *W*. Sabendo que $\theta = 80°$ e que o coeficiente de atrito estático entre os blocos e a superfície horizontal é 0,30, determine o maior valor de *P* para o qual o equilíbrio é mantido.

8.47 Duas hastes esbeltas de peso desprezível são conectadas por um pino em *C* e ligadas aos blocos *A* e *B*, cada qual com peso *W*. Sabendo que $P = 1{,}260W$ e que o coeficiente de atrito estático entre os blocos e a superfície horizontal é 0,30, determine o intervalo de valores de θ entre 0 e 180° em que o equilíbrio é mantido.

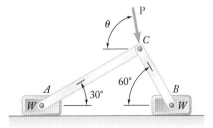

Figura P8.46 e P8.47

450 Mecânica vetorial para engenheiros: Estática

Foto 8.3 Podem-se usar cunhas para rachar troncos de árvore, pois as forças normais exercidas pelas cunhas sobre a madeira são muito maiores que as forças necessárias para se inserirem as cunhas.

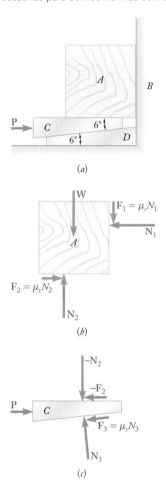

Figura 8.7 (*a*) Uma cunha *C* utilizada para erguer um bloco *A*; (*b*) diagrama de corpo livre do bloco *A*; (*c*) diagrama de corpo livre da cunha *C*. Observe os sentidos das forças de atrito.

8.2 Cunhas e parafusos

O atrito é um elemento fundamental na análise da função e operação de diversos tipos de máquinas simples. Aqui examinamos a cunha e o parafuso, ambas extensões do plano inclinado que analisamos na Seção 8.1.

8.2A Cunhas

Cunhas são máquinas simples usadas para erguer grandes blocos de pedra e outras cargas pesadas. Essas cargas podem ser erguidas aplicando-se à cunha uma força, em geral, consideravelmente menor que o peso da carga. Além disso, devido ao atrito entre as superfícies de contato, uma cunha de formato adequado permanecerá no lugar após ter sido empurrada para debaixo da carga. Desse modo, podem-se aproveitar as cunhas para fazer pequenos ajustes na posição de peças pesadas de máquinas.

Considere o bloco *A* mostrado na Fig.8.7*a*. O bloco repousa sobre uma parede vertical *B* e deve ser erguido ligeiramente empurrando-se uma cunha *C* entre o bloco *A* e uma segunda cunha *D*. Queremos encontrar o valor mínimo da força **P** que deve ser aplicada à cunha *C* para mover o bloco. Admite-se que o peso **W** do bloco seja conhecido diretamente em newtons ou através de sua massa em quilogramas.

Os diagramas de corpo livre do bloco *A* e da cunha *C* foram traçados na Fig. 8.7*b* e *c*. As forças exercidas sobre o bloco incluem seu peso e as forças normal e de atrito nas superfícies de contato com a parede *B* e a cunha *C*. As intensidades das forças de atrito F_1 e F_2 são respectivamente iguais a $\mu_s N_1$ e $\mu_s N_2$, pois o movimento do bloco é iminente. É importante indicar as forças de atrito no sentido correto. Como o bloco irá mover-se para cima, o sentido da força F_1 exercida pela parede sobre o bloco deve ser para baixo. Por outro lado, como a cunha *C* irá mover-se para a direita, o movimento de *A* em relação a *C* é para a esquerda e o sentido da força F_2 exercida por *C* sobre *A* deve ser para a direita.

Considerando agora o corpo livre *C* na Fig. 8.7*c*, notamos que as forças exercidas sobre *C* incluem a força aplicada **P** e as forças normal e de atrito nas superfícies de contato com *A* e *D*. O peso da cunha é pequeno comparado com as outras forças envolvidas e pode ser desprezado. As forças exercidas por *A* sobre *C* são iguais e opostas às forças N_2 e F_2 exercidas por *C* sobre *A* e são representadas por $-N_2$ e $-F_2$, respectivamente. Logo, o sentido da força de atrito $-F_2$ deve ser para a esquerda. Verificamos que o sentido da força F_3 exercida por *D* também é para a esquerda.

O número total de incógnitas envolvidas nos dois diagramas de corpo livre pode ser reduzido a quatro se as forças de atrito forem expressas em termos das forças normais. Ao indicar que o bloco *A* e a cunha *C* estão em equilíbrio, fornecerá quatro equações que podem ser resolvidas para obtermos a intensidade de **P**. Deve-se notar que, no exemplo aqui considerado, será mais conveniente substituir cada par de forças de atrito e normal por sua resultante. Assim, cada corpo livre fica sujeito a apenas três forças, e o problema pode ser resolvido pelo traçado dos triângulos de força correspondentes (ver o Problema Resolvido 8.5).

8.2B Parafusos de rosca quadrada

Parafusos de rosca quadrada são frequentemente usados em macacos, prensas e outros mecanismos. Sua análise é semelhante à de um bloco que desliza sobre um plano inclinado. (Parafusos também são comumente usados como prendedores, mas as roscas nesses parafusos têm forma diferente.)

Considere o macaco mostrado na Fig. 8.8. O parafuso sustenta uma carga **W** e se apoia na base do macaco. O contato entre o parafuso e a base se dá ao longo de uma parte de seus filetes de rosca. Aplicando uma força **P** sobre a alavanca, o parafuso pode girar e erguer a carga **W**.

O filete de rosca na região da base foi desenvolvido e está mostrado como uma linha reta na Fig. 8.9a. A inclinação correta foi obtida traçando-se horizontalmente o produto $2\pi r$, sendo r o raio médio da rosca e, verticalmente, o **avanço** L do parafuso, ou seja, a distância que o parafuso avança em uma volta completa. O ângulo θ entre essa linha e a horizontal é o **ângulo de avanço**. Como a força de atrito entre duas superfícies que estão em contato não depende da área de contato, pode-se considerar uma área de contato entre as duas roscas bem menor que a real e o parafuso pode ser representado pelo bloco mostrado na Fig. 8.9a. Deve-se observar, porém, que o atrito entre o cabeçote e o parafuso é desconsiderado nesta análise do macaco.

O diagrama de corpo livre do bloco deve incluir a carga **W**, a reação **R** do filete da base e uma força horizontal **Q** com o mesmo efeito da força **P** exercida sobre a alavanca. A força **Q** deve produzir o mesmo momento de **P** em relação ao eixo do parafuso e, portanto, sua intensidade deve ser $Q = Pa/r$. A força **Q** e, por conseguinte, a força **P** necessária para se erguer a carga **W** podem ser obtidas do diagrama de corpo livre mostrado na Fig. 8.9a. Considera-se que o ângulo de atrito é igual a ϕ_s, pressupondo-se que carga será erguida através de uma sucessão de pequenos impulsos. Em mecanismos concebidos para rotação contínua de um parafuso, pode ser desejável distinguir entre a força necessária para o movimento iminente (usando ϕ_s) e a força necessária para se manter o movimento (usando-se ϕ_k).

Se o ângulo de atrito ϕ_s for maior que o ângulo de avanço θ, diz-se que o parafuso é *autotravante*; o parafuso permanecerá no lugar sob ação da carga. Para baixar a carga, deveremos então aplicar a força mostrada na Fig. 8.9b. Se ϕ_s for menor que θ, o parafuso cederá sob ação da carga; será, então, necessário aplicar a força mostrada na Fig. 8.9c para se manter o equilíbrio.

Não se deve confundir o avanço de um parafuso com seu **passo**. O *avanço* foi definido como a distância axial percorrida pelo parafuso durante uma volta; o *passo* é a distância medida entre duas roscas consecutivas. Embora sejam iguais no caso de *parafusos de rosca simples*, o avanço e o passo diferem no caso de *parafusos de rosca múltipla*, ou seja, parafusos com vários filetes de rosca independentes. Verifica-se facilmente que o avanço é duas vezes maior que o passo para parafusos de rosca dupla, três vezes maior para parafusos de rosca tripla, etc.

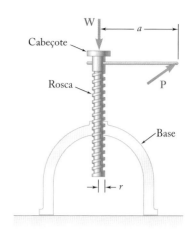

Figura 8.8 Um parafuso que compõe um macaco sustentando uma carga **W**.

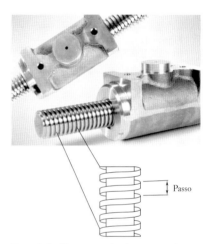

Foto 8.4 Um exemplo de um parafuso de rosca quadrada, encaixado em uma manga, conforme usado em aplicações industriais.

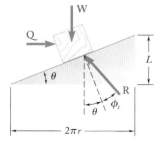

(a) Movimento iminente para cima

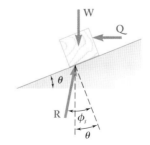

(b) Movimento iminente para baixo com $\phi_s > \theta$

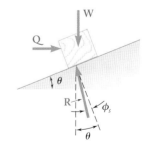

(c) Movimento iminente para baixo com $\phi_s < \theta$

Figura 8.9 Análise bloco-e-plano de um parafuso. Podemos representar o parafuso como um bloco, pois a força do atrito não depende da área de contato entre duas superfícies.

PROBLEMA RESOLVIDO 8.5

A posição do bloco de máquina B é ajustada pelo movimento de uma cunha A. Sabendo que o coeficiente de atrito estático entre todas as superfícies de contato é 0,35, determine a força **P** para que o movimento do bloco B (*a*) seja iminente para cima, (*b*) seja iminente para baixo.

ESTRATÉGIA Para ambas as partes deste problema, forças normais e forças de atrito atuam entre a cunha e o bloco. Na parte (a), também temos forças normal e de atrito na superfície esquerda do bloco; na parte (b), elas estão na superfície direita do bloco. Se combinarmos em resultantes as forças normal e de atrito em cada superfície, teremos um total de três forças atuando em cada corpo e poderemos utilizar triângulos de forças para solucionar o problema.

MODELAGEM Para cada parte, traçam-se os diagramas de corpo livre do bloco B e da cunha A, juntamente os triângulos de forças correspondentes. A lei dos senos é usada para encontrar as forças desejadas. Como $\mu_s = 0{,}35$, verificamos que o ângulo de atrito é

$$\phi_s = \text{tg}^{-1}\, 0{,}35 = 19{,}3°$$

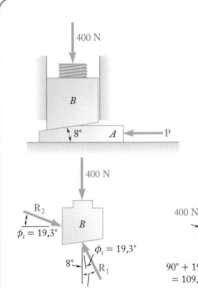

Figura 1 Diagrama de corpo livre do bloco e seu triângulo de forças – bloco sendo erguido.

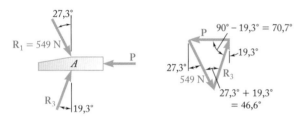

Figura 2 Diagrama de corpo livre da cunha e seu triângulo de forças – bloco sendo erguido.

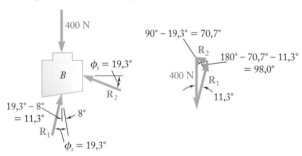

Figura 3 Diagrama de corpo livre do bloco e seu triângulo de forças – bloco se movendo para baixo.

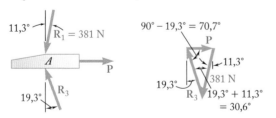

Figura 4 Diagrama de corpo livre da cunha e seu triângulo de forças – bloco se movendo para baixo.

ANÁLISE

a. Força P para o movimento iminente do bloco para cima

Corpo livre: Bloco B (Fig. 1) A força de atrito sobre o bloco B pela cunha A é direcionada para a esquerda, então a resultante $\mathbf{R}_1$ está em um ângulo igual à inclinação da cunha mais o ângulo de atrito.

$$\frac{R_1}{\text{sen}\, 109{,}3°} = \frac{400\ \text{N}}{\text{sen}\, 43{,}4°} \qquad R_1 = 549\ \text{N}$$

Corpo livre: Cunha A (Fig. 2) As forças de atrito na cunha A estão direcionadas para a direita.

$$\frac{P}{\text{sen}\, 46{,}6°} = \frac{549\ \text{N}}{\text{sen}\, 70{,}7°} \qquad P = 423\ \text{N} \leftarrow \quad \blacktriangleleft$$

b. Força P para movimento iminente do bloco para baixo

Corpo livre: Bloco B (Fig. 3) Agora a força de atrito sobre o bloco B pela cunha A é direcionada para a direita, então a resultante $\mathbf{R}_1$ está em um ângulo igual à inclinação da cunha menos o ângulo de atrito.

$$\frac{R_1}{\text{sen}\, 70{,}7°} = \frac{400\ \text{N}}{\text{sen}\, 98{,}0°} \qquad R_1 = 381\ \text{N}$$

Corpo livre: Cunha A (Fig. 4) As forças de atrito na cunha A estão direcionadas para a esquerda.

$$\frac{P}{\text{sen}\, 30{,}6°} = \frac{381\ \text{N}}{\text{sen}\, 70{,}7°} \qquad P = 206\ \text{N} \rightarrow \quad \blacktriangleleft$$

PARA REFLETIR A força necessária para baixar o bloco é muito menor do que a força necessária para erguê-lo, o que faz sentido.

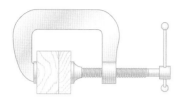

PROBLEMA RESOLVIDO 8.6

Um grampo é usado para manter juntas duas peças de madeira como mostra a figura. O grampo tem parafuso de rosca quadrada dupla de diâmetro médio igual a 10 mm e passo de 2 mm. O coeficiente de atrito entre as roscas é $\mu_s = 0{,}30$. Se um torque máximo de 40 N·m é aplicado no aperto do grampo, determine (*a*) a força exercida sobre as peças de madeira, (*b*) o torque necessário para se afrouxar o grampo.

ESTRATÉGIA Se representarmos o parafuso por um bloco, como na análise feita nesta seção, podemos determinar a inclinação do parafuso a partir da geometria dada no problema, e podemos encontrar a força aplicada ao bloco igualando seu momento ao torque aplicado.

MODELAGEM E ANÁLISE

a. Força exercida pelo grampo. O raio médio de parafuso é $r = 5$ mm. Como o parafuso é de rosca dupla, o avanço L é igual a duas vezes o passo: $L = 2(2$ mm$) = 4$ mm. O ângulo de avanço θ e o ângulo de atrito ϕ_s são obtidos da seguinte maneira:

$$\operatorname{tg} \theta = \frac{L}{2\pi r} = \frac{4 \text{ mm}}{10\pi \text{ mm}} = 0{,}1273 \qquad \theta = 7{,}3°$$

$$\operatorname{tg} \phi_s = \mu_s = 0{,}30 \qquad\qquad \phi_s = 16{,}7°$$

A força **Q** que deve ser aplicada ao bloco que representa o parafuso é obtida escrevendo-se que seu momento Qr em relação ao eixo do parafuso é igual ao torque aplicado.

$$Q(5 \text{ mm}) = 40 \text{ N·m}$$
$$Q = \frac{40 \text{ N·m}}{5 \text{ mm}} = \frac{40 \text{ N·m}}{5 \times 10^{-3} \text{ m}} = 8000 \text{ N} = 8 \text{ kN}$$

O diagrama de corpo livre e o triângulo de forças correspondente podem agora ser traçados para o bloco (Fig. 1); a intensidade da força **W** exercida sobre as peças da madeira é obtida pela resolução do triângulo.

$$W = \frac{Q}{\operatorname{tg}(\theta + \phi_s)} = \frac{8 \text{ kN}}{\operatorname{tg} 24{,}0°}$$

$$W = 17{,}97 \text{ kN} \blacktriangleleft$$

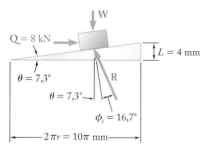

Figura 1 Diagrama de corpo livre do bloco e seu triângulo de forças – grampo sendo apertado.

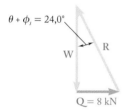

b. Torque necessário para se afrouxar o grampo. A força $\bar{Q}$ necessária para se afrouxar o grampo e o torque correspondente são obtidos do diagrama de corpo livre e do triângulo de forças mostrados na Figura 2.

$$Q = W \operatorname{tg}(\phi_s - \theta) = (17{,}97 \text{ kN}) \operatorname{tg} 9{,}4°$$
$$= 2{,}975 \text{ kN}$$

$$\text{Torque} = Qr = (2{,}975 \text{ kN})(5 \text{ mm})$$
$$= (2{,}975 \times 10^3 \text{ N})(5 \times 10^{-3} \text{ m}) = 14{,}87 \text{ N·m}$$

$$\text{Torque} = 14{,}87 \text{ N·m} \blacktriangleleft$$

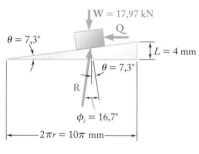

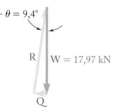

Figura 2 Diagrama de corpo livre do bloco e seu triângulo de forças – grampo sendo afrouxado.

PARA REFLETIR Na prática, muitas vezes temos que determinar a força efetivamente atuante em um parafuso igualando o momento dessa força em relação ao eixo do parafuso ao torque aplicado. Entretanto, o restante da análise é basicamente uma aplicação de atrito seco. Observe também que o torque necessário para afrouxar um parafuso não é o mesmo que o torque necessário para apertá-lo.

METODOLOGIA PARA A RESOLUÇÃO DE PROBLEMAS

Nesta seção, aprendemos a aplicar as leis de atrito à resolução de problemas que envolvem **cunhas** e **parafusos de rosca quadrada**.

1. **Cunhas.** Ao resolver um problema que envolva cunhas, tenhamos em mente os seguintes passos:

    a. **Traçar primeiro um diagrama de corpo livre da cunha e de todos os outros corpos envolvidos.** Observemos cuidadosamente o sentido do movimento relativo entre todas as superfícies de contato e mostremos cada força de atrito exercida com *sentido oposto* ao do movimento relativo.

    b. **Mostrar a força máxima de atrito estático F_m** em cada superfície no caso de a cunha ser inserida ou removida, pois o movimento será iminente em cada um desses casos.

    c. **A reação R e o ângulo de atrito,** em vez das forças normal e de atrito, podem ser usados em muitas aplicações. Podemos, então, traçar um ou mais triângulos de força e determinar as grandezas incógnitas, seja graficamente, seja por trigonometria [Problema Resolvido 8.5].

2. **Parafusos de rosca quadrada.** A análise de um parafuso de rosca quadrada é equivalente à análise de um bloco que desliza sobre um plano inclinado. Para traçar a inclinação adequada, devemos desenvolver o filete de rosca do parafuso e representá-lo por uma linha reta [Problema Resolvido 8.6]. Ao resolver um problema que envolva parafusos de rosca quadrada, tenha em mente o seguinte:

    a. **Não confundir o passo de um parafuso com o avanço de um parafuso.** O **passo** de um parafuso é a distância entre duas roscas consecutivas e o **avanço** de um parafuso é a distância que o parafuso avança em uma volta completa. O avanço e o passo são iguais somente para parafusos de rosca simples. Em um parafuso de rosca dupla, o avanço é o dobro do passo.

    b. **O torque necessário para apertar um parafuso é diferente do torque necessário para afrouxá-lo.** Além disso, os parafusos utilizados em macacos e grampos geralmente são *autotravantes*; ou seja, o parafuso permanecerá em equilíbrio enquanto não lhe for aplicado um torque, e um torque deve ser aplicado ao parafuso para afrouxá-lo [Problema Resolvido 8.6].

PROBLEMAS

8.48 A parte ABC da máquina é sustentada por uma dobradiça sem atrito em B e uma cunha de 10° em C. Sabendo que o coeficiente de atrito estático é 0,20 em ambas faces da cunha, determine (*a*) a força **P** necessária para mover a cunha para a esquerda, (*b*) os componentes da reação correspondente em B.

8.49 Resolva o Problema 8.48 considerando que a cunha deve ser movida para direita.

8.50 e 8.51 Duas cunhas de 8° e massa desprezível são usadas para mover e posicionar um bloco de 800 kg. Sabendo que o coeficiente de atrito estático em todas as superfícies de contato é 0,30, determine a menor força **P** que poderá ser aplicada, como mostrado na figura, em uma das cunhas.

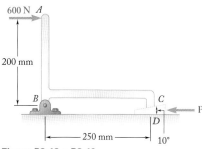

Figura P8.48 e P8.49

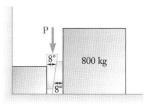

Figura **P8.50** Figura **P8.51**

8.52 A elevação da extremidade de uma viga de aço apoiada em um piso de concreto é ajustada através das cunhas de aço E e F. A placa de base CD foi soldada no flange inferior da viga e sabe-se que a reação na extremidade da viga é 100 kN. O coeficiente de atrito estático é 0,30 entre as duas superfícies de aço e 0,60 entre o aço e o concreto. Se o movimento horizontal da viga é contido pela força **Q**, determine (*a*) a força **P** necessária para se erguer a viga, (*b*) a força **Q** correspondente.

8.53 Resolva o Problema 8.52 considerando que a extremidade da viga deve ser abaixada.

8.54 O bloco A sustenta uma coluna tubular e repousa sobre a cunha B, tal como mostra a figura. Sabendo que o coeficiente de atrito estático em todas as superfícies de contato é 0,25 e que $\theta = 45°$, determine a menor força **P** necessária para erguer o bloco A.

8.55 O bloco A sustenta uma coluna tubular e repousa sobre a cunha B, tal como mostra a figura. Sabendo que o coeficiente de atrito estático em todas as superfícies de contato é 0,25 e que $\theta = 45°$, determine a menor força **P** para que o equilíbrio seja mantido.

8.56 O bloco A sustenta uma coluna tubular e repousa sobre a cunha B, tal como mostra a figura. O coeficiente de atrito estático em todas as superfícies de contato é 0,25. Se **P** = 0, determine (*a*) o ângulo θ para que o deslizamento seja iminente, (*b*) a força correspondente exercida no bloco pela parede vertical.

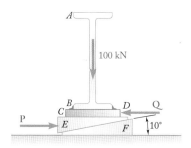

Figura P8.52

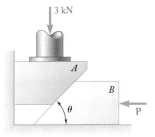

Figura P8.54, P8.55 e P8.56

8.57 Uma cunha A de peso desprezível é forçada entre dois blocos B e C de 100 N que repousam em uma superfície horizontal. Sabendo que o coeficiente de atrito estático em todas as superfícies de contato é 0,35, determine a menor força **P** necessária para iniciar o movimento da cunha (a) se os blocos são igualmente livres para mover, (b) se o bloco C está aparafusado na superfície horizontal.

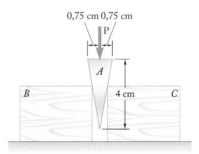

Figura P8.57

Figura P8.58

8.58 Uma cunha de 15° é forçada em um corte de serra para evitar que a serra circular fique presa. O coeficiente de atrito estático entre a cunha e a madeira é 0,25. Sabendo que uma força horizontal **P** com intensidade de 30 N foi necessária para a inserção da cunha, determine a intensidade das forças exercidas na tábua pela cunha após a inserção.

8.59 Uma cunha de 12° é usada para abrir um anel dividido. O coeficiente de atrito estático entre a cunha e o anel é 0,30. Sabendo que uma força horizontal **P** com intensidade de 120 N foi necessária para a inserção da cunha, determine a intensidade das forças exercidas no anel pela cunha após a inserção.

8.60 A mola do trinco de uma porta tem uma constante de 375 N/m e, na posição mostrada, exerce uma força de 3 N no trinco. O coeficiente de atrito estático entre o trinco e a contratesta é 0,40; todas as outras superfícies estão bem lubrificadas e podem ser consideradas sem atrito. Determine a intensidade da força **P** necessária para começar a trancar a porta.

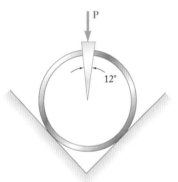

Figura P8.59

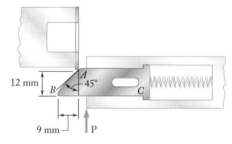

Figura P8.60

8.61 No Problema 8.60, determine o ângulo que a face do trinco próxima a B deve formar com a linha BC se a força **P** necessária para fechar a porta for a mesma para a posição mostrada e para a posição em que B está quase na contratesta.

8.62 Uma cunha de 5° é forçada sob a base de uma máquina de 1,4 kN em A. Sabendo que o coeficiente de atrito estático entre todas as superfícies é 0,20, (a) determine a força **P** necessária para mover a cunha, (b) indique se a base da máquina se moverá.

8.63 Resolva o Problema 8.62 considerando que a cunha é forçada sob a base de uma máquina em B ao invés de em A.

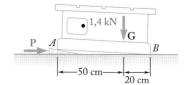

Figura P8.62

8.64 Uma cunha de 15° é forçada por baixo de um tubo de 50 kg, tal como mostra a figura. O coeficiente de atrito estático de todas as superfícies é 0,20. (a) Mostre que o deslizamento ocorrerá entre o tubo e a parede vertical. (b) Determine a força **P** necessária para mover a cunha.

8.65 Uma cunha de 15° é forçada por baixo de um tubo de 50 kg, tal como mostra a figura. Sabendo que o coeficiente de atrito estático nas superfícies da cunha é 0,20, determine o maior coeficiente de atrito estático entre o tubo e a parede vertical para que o escorregamento seja iminente em A.

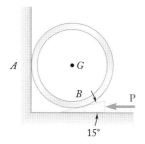

Figura P8.64 e P8.65

*8.66 O bloco de 200 N repousa sobre uma cunha de peso desprezível, como mostra a figura. O coeficiente de atrito estático μ_s é o mesmo entre as superfícies da cunha, e o atrito entre o bloco e a parede vertical pode ser desprezado. Para $P = 100$ N, determine o valor de μ_s para que o movimento seja iminente. (*Dica*: resolva a equação por tentativa e erro).

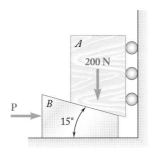

Figura P8.66

*8.67 Resolva o Problema 8.66 considerando que os rolos são removidos e que μ_s é o coeficiente de atrito entre todas as superfícies de contato.

8.68 Deduza as seguintes fórmulas, relacionando a carga **W** e a força **P** exercidas sobre a alavanca do macaco discutido na Seção 8.2B: (a) $P = (Wr/a)\,\text{tg}\,(\theta + \phi_s)$ para erguer a carga; (b) $P = (Wr/a)\,\text{tg}\,(\phi_s - \theta)$ para descer a carga se o parafuso for autotravante; (c) $P = (Wr/a)\,\text{tg}\,(\theta - \phi_s)$ para manter a carga se o parafuso não for autotravante.

8.69 A engrenagem sem fim de rosca quadrada mostrada na figura tem um raio médio de 30 mm e um avanço de 7,5 mm. A engrenagem maior está sujeita a um torque horário constante de 700 N·m. Sabendo que o coeficiente de atrito estático entre as duas engrenagens é 0,12, determine o torque que deve ser aplicado ao eixo AB a fim de rodar a engrenagem maior no sentido anti-horário. Despreze o atrito nos mancais em A, B e C.

8.70 No Problema 8.69, determine o torque que deve ser aplicado no eixo AB a fim de se rodar no sentido horário.

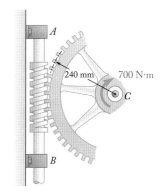

Figura *P8.69*

Figura P8.71

8.71 Parafusos de alta resistência são usados na construção de muitas estruturas de aço. Para um parafuso de 25 mm de diâmetro nominal, a tração mínima necessária é 210 kN. Considerando que o coeficiente de atrito seja 0,30, determine o torque necessário que deve ser aplicado ao parafuso e à porca. O diâmetro médio do filete de rosca é 22,6 mm e o avanço é 3 mm. Despreze o atrito entre a porca e a arruela e considere o parafuso como sendo de rosca quadrada.

8.72 A posição do macaco de automóvel mostrado na figura é controlada por um parafuso ABC com rosca simples em cada extremidade (rosca à direita em A, rosca à esquerda em C). Cada rosca tem um passo de 2,5 mm e um diâmetro médio de 9 mm. Se o coeficiente de atrito estático é 0,15, determine a intensidade do binário **M** que deve ser aplicado para se erguer o automóvel.

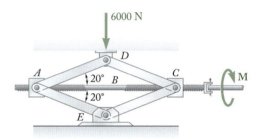

Figura P8.72

8.73 Para o macaco do Problema 8.72, determine a intensidade do binário **M** que deve ser aplicado para baixar o automóvel.

8.74 A morsa mostrada é composta de dois membros ligados por dois parafusos de rosca dupla com um raio médio de 5 mm e passo de 1,6 mm. O membro inferior é roscado em A e B ($\mu_s = 0,35$), mas o membro superior não é roscado. Deseja-se aplicar duas forças iguais e opostas de 600 N nos blocos sustentados entre os mordentes. (*a*) Qual parafuso deve ser ajustado primeiro? (*b*) Qual o torque máximo aplicado para apertar o segundo parafuso?

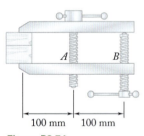

Figura P8.74

8.75 As extremidades de duas barras fixas A e B são feitas cada qual na forma de um parafuso de rosca quadrada simples de raio médio 6 mm e passo 2 mm. A barra A tem uma rosca à direita e a barra B uma rosca à esquerda. O coeficiente de atrito estático entre as barras e a luva rosqueada é 0,12. Determine a intensidade do torque que deve ser aplicado à luva a fim de se juntarem as barras.

Figura *P8.75*

8.76 Considerando no Problema 8.75 que uma rosca à direita seja usada em *ambas* as barras A e B, determine a intensidade do torque que deve ser aplicado à luva a fim de girá-la.

*8.3 Atrito em eixos, discos e rodas

Mancais de deslizamento são usados para fornecer apoio lateral a árvores e eixos rotativos. Os **mancais de escora** são usados para fornecer apoio axial a árvores e eixos. Se o mancal de deslizamento for completamente lubrificado, a resistência de atrito dependerá da velocidade de rotação, da folga entre o eixo e o mancal e da viscosidade do lubrificante. Conforme indicado na Seção 8.1, tais problemas são estudados em mecânica dos fluidos. Os métodos deste capítulo, porém, podem ser aplicados ao estudo de atrito em eixo quando o mancal não é lubrificado ou é pouco lubrificado. Assim, é possível supor que o eixo e o mancal estejam em contato direto ao longo de uma linha reta única.

8.3A Mancais de deslizamento e atrito em eixo

Considere duas rodas, cada uma de peso **W**, montadas rigidamente sobre um eixo apoiado simetricamente em dois mancais de deslizamento (Fig. 8.10*a*). Se as rodas giram, concluímos que é necessário aplicar um binário **M** a cada

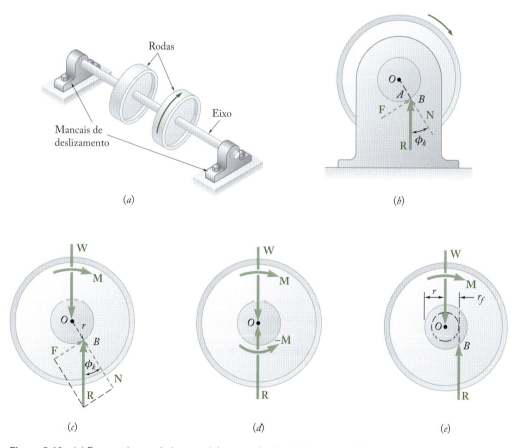

Figura 8.10 (*a*) Duas rodas apoiadas por dois mancais de deslizamento; (*b*) ponto de contato quando o eixo está girando; (*c*) diagrama de corpo livre de uma roda e da metade correspondente do eixo; (*d*) a resistência ao atrito produz um binário oposto ao binário que mantém o eixo em movimento; (*e*) análise gráfica com o círculo de atrito.

uma delas para mantê-las girando. O diagrama de corpo livre mostrado na Fig. 8.10c representa uma das rodas e o semieixo correspondente em projeção sobre um plano perpendicular ao eixo. As forças atuantes sobre o corpo livre incluem o peso **W** da roda, o binário **M** necessário para se manter seu movimento e a força **R** representativa da reação do mancal. Essa força é vertical, igual e oposta a **W**, mas não passa pelo centro *O* do eixo; **R** localiza-se à direita de *O* a uma distância tal que seu momento em relação a *O* contrabalança o momento **M** do binário. Logo, o contato entre eixo e mancais não se dá no ponto mais baixo *A* quando o eixo gira. Esse contato ocorre no ponto *B* (Fig. 8.10b), ou melhor, ao longo de uma linha reta que intercepta o plano da figura em *B*.

Fisicamente, isso se explica pelo fato de que, quando as rodas são postas em movimento, o eixo "sobe" nos mancais até que ocorra escorregamento. Após deslizar ligeiramente de volta, o eixo se assenta mais ou menos na posição mostrada na figura. Essa posição é tal que o ângulo entre a reação **R** e a normal à superfície do mancal é igual ao ângulo de atrito cinético ϕ_k. Logo, a distância de *O* até a linha de ação de **R** é r sen ϕ_k, sendo r o raio do eixo. Escrevendo $\Sigma M_O = 0$ para as forças atuantes sobre o corpo livre considerado, obtemos a intensidade do binário **M** necessário para se vencer a resistência de atrito de um dos mancais:

$$M = Rr \text{ sen } \phi_k \tag{8.5}$$

Observando que, para pequenos valores do ângulo de atrito, sen ϕ_k pode ser substituído por tg ϕ_k, ou seja, por μ_k, escrevemos a fórmula aproximada:

$$M \approx Rr\mu_k \tag{8.6}$$

Na solução de certos problemas, pode ser mais conveniente deixar a linha de ação de **R** passar por *O*, como ela faz quando o eixo não gira. Um binário −**M** com a mesma intensidade do binário **M**, mas com sentido oposto, deve então ser adicionado à reação **R** (Fig. 8.10d). Esse binário representa a resistência de atrito do mancal.

No caso de se preferir uma solução gráfica, pode-se traçar a linha de ação de **R** prontamente (Fig. 8.10e) caso se note que ela deve ser tangente a um círculo centrado em *O* e de raio

$$r_f = r \text{ sen } \phi_k \approx r\mu_k \tag{8.7}$$

Esse círculo é chamado de **círculo de atrito** do eixo e do mancal e independe das condições de carregamento do eixo.

8.3B Mancais de escora e atrito em disco

Dois tipos de mancais de escora são usados para fornecer apoio axial a árvores e eixos rotativos: (1) **mancais de extremidade** e (2) **mancais de colar** (Fig. 8.11). No caso de mancais de colar, as forças de atrito se desenvolvem entre as duas superfícies de formato anelar que estão em contato. No caso de mancais de extremidade, o atrito se dá em superfícies inteiramente circulares ou em superfícies de formato anelar quando a extremidade do eixo é oca. O atrito entre

(a) Mancal de extremidade   *(b)* Mancal de colar

Figura 8.11 Em mancais de escora, uma força axial mantém o eixo rotativo em contato com o mancal de apoio.

superfícies circulares, denominado **atrito em disco**, ocorre também em outros mecanismos, tais como embreagens a disco.

Para obtermos uma fórmula que seja válida no caso mais geral de atrito em disco, vamos considerar uma árvore oca rotativa. Um binário **M** mantém a árvore girando a velocidade constante enquanto uma força **P** a mantém em contato com um mancal fixo (Fig. 8.12). O contato entre a árvore e o mancal se dá em uma superfície de formato anelar de raio interno R_1 e raio externo R_2. Considerando que a pressão entre as duas superfícies que estão em contato seja uniforme, concluímos que a intensidade da força normal $\Delta \mathbf{N}$ exercida sobre um elemento de área ΔA é $\Delta N = P\,\Delta A/A$, sendo $A = \pi(R_2^2 - R_1^2)$, e que a intensidade da força de atrito $\Delta \mathbf{F}$ que atua sobre ΔA é $\Delta F = \mu_k \Delta N$. Representando por r a distância entre o eixo de rotação e o elemento de área ΔA, expressamos a intensidade ΔM do momento de $\Delta \mathbf{F}$ em relação ao eixo de rotação da seguinte maneira:

$$\Delta M = r\,\Delta F = \frac{r\mu_k P\,\Delta A}{\pi(R_2^2 - R_1^2)}$$

O equilíbrio da árvore exige que o momento **M** do binário aplicado seja igual em intensidade à soma dos momentos das forças de atrito $\Delta \mathbf{F}$. Substituindo ΔA pelo elemento infinitesimal $dA = r\,d\theta\,dr$ em coordenadas polares e integrando sobre a área de contato, obtemos então a seguinte expressão para a

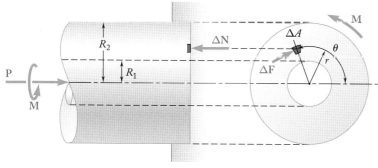

Figura 8.12 Geometria da superfície de atrito em um mancal de escora.

intensidade do binário **M** necessário para se vencer a resistência de atrito do mancal:

$$M = \frac{\mu_k P}{\pi(R_2^2 - R_1^2)} \int_0^{2\pi} \int_{R_1}^{R_2} r^2 \, dr \, d\theta$$

$$= \frac{\mu_k P}{\pi(R_2^2 - R_1^2)} \int_0^{2\pi} \tfrac{1}{3}(R_2^3 - R_1^3) \, d\theta$$

$$M = \tfrac{2}{3}\mu_k P \frac{R_2^3 - R_1^3}{R_2^2 - R_1^2} \tag{8.8}$$

Quando o contato se dá em um círculo completo de raio R, a fórmula (8.8) reduz-se a

$$M = \tfrac{2}{3}\mu_k PR \tag{8.9}$$

O valor de M é, então, o mesmo que seria obtido se ocorresse o contato entre a árvore e o mancal em um único ponto localizado a uma distância $2R/3$ do eixo da árvore.

O maior torque que pode ser transmitido por uma embreagem a disco sem causar escorregamento é dado por uma fórmula similar à (8.9), com μ_k sendo substituído pelo coeficiente de atrito estático μ_s.

8.3C Atrito em roda e resistência ao rolamento

A roda é uma das mais importantes invenções da nossa civilização. Além de diversas outras aplicações, seu uso torna possível cargas pesadas serem movimentadas com esforço relativamente pequeno. Uma vez que o ponto da roda em contato com o solo em qualquer instante dado não apresenta movimento em relação ao solo, a roda elimina as grandes forças de atrito que apareceriam caso a carga estivesse em contato direto com o solo. Todavia, existe alguma resistência ao movimento da roda. Essa resistência tem duas causas distintas. Ela se deve (1) a um efeito combinado de atrito no eixo e no aro e (2) ao fato de que a roda e o solo deformam-se, de modo que o contato entre roda e solo ocorre em certa superfície em vez de um único ponto.

Para entender melhor a primeira causa da resistência ao movimento de uma roda, consideremos um vagão ferroviário apoiado em oito rodas montadas sobre eixos e mancais. Admite-se que o vagão move-se para a direita a velocidade constante sobre trilhos retilíneos horizontais. O diagrama de corpo livre de uma das rodas está mostrado na Fig. 8.13a. As forças exercidas sobre o corpo livre incluem a carga **W** sustentada pela roda e a reação normal **N** do trilho. Como **W** é desenhada através do centro O do eixo, a resistência de atrito do mancal deve ser representada por um binário **M** anti-horário (ver a Seção 8.3A). Para manter o corpo livre em equilíbrio, devemos adicionar duas forças **P** e **F** iguais e opostas, formando um binário horário de momento −**M**. A força **F** é a força de atrito exercida pelo trilho sobre a roda e **P** representa a força que deve ser aplicada à roda para mantê-la rodando a uma velocidade constante. Observe que as forças **P** e **F** não existiriam se não houvesse atrito entre a roda e o trilho. O binário **M** que representa o atrito no eixo seria, então, nulo; assim, a roda deslizaria sobre o trilho sem girar em seu mancal.

O binário **M** e as forças **P** e **F** também se reduzem a zero quando não há atrito de eixo. Por exemplo, uma roda que não é apoiada em mancais e roda livremente a uma velocidade constante em um solo horizontal (Fig. 8.13b) estará sujeita a apenas duas forças: seu peso próprio **W** e a reação normal **N** do solo. Independentemente do valor do coeficiente de atrito entre a roda e o solo, não haverá força de atrito sobre a roda. Uma roda que gira livremente sobre um solo horizontal deve, então, manter-se girando sem fim.

A experiência, porém, indica que a roda irá desacelerar e finalmente atingir o repouso. Isso se deve ao segundo tipo de resistência mencionado no início desta seção, conhecido como a **resistência ao rolamento**. Sob ação da carga **W**, tanto a roda como o solo deformam-se um pouco, fazendo com que o contato entre roda e solo se dê em uma certa superfície. Evidências experimentais mostram que a resultante das forças exercidas pelo solo sobre a roda nessa superfície é uma força **R** aplicada no ponto B, que não se localiza diretamente sob o centro O da roda, mas sim um pouco à sua frente (Fig. 8.13c). Para contrabalançar o momento de **W** em relação a B e manter a roda rodando a uma velocidade constante, é necessário aplicar uma força horizontal **P** no centro da roda. Ao escrever $\Sigma M_B = 0$, obtemos

$$Pr = Wb \tag{8.10}$$

sendo r = raio da roda
 b = distância horizontal entre O e B

A distância b é comumente denominada **coeficiente de resistência ao rolamento**. Deve-se notar que b não é um coeficiente adimensional, pois representa um comprimento; geralmente b é expresso em milímetros. O valor de b depende de vários parâmetros, de forma que ele ainda não foi claramente estabelecido. Valores do coeficiente de resistência ao rolamento variam aproximadamente de 0,25 mm para uma roda de aço sobre um trilho de aço a 125 mm para a mesma roda sobre solo macio.

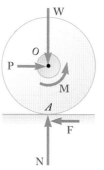

(a) Efeito do atrito no eixo

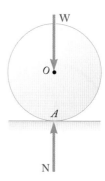

(b) Roda livre

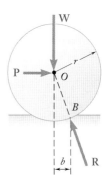

(c) Atrito de rolamento

Figura 8.13 (*a*) Diagrama de corpo livre de uma roda em movimento, mostrando o efeito do atrito no eixo; (*b*) diagrama de corpo livre de uma roda livre, não conectada a um eixo; (*c*) diagrama de corpo livre de uma roda em movimento, mostrando o efeito da resistência ao rolamento.

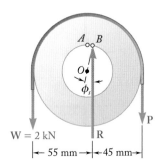

Figura 1 Diagrama de corpo livre da roldana – menor força vertical para erguer a carga.

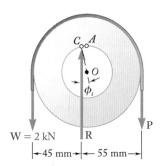

Figura 2 Diagrama de corpo livre da roldana – menor força vertical para manter a carga.

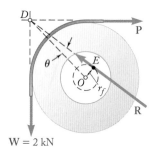

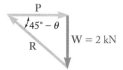

Figura 3 Diagrama de corpo livre da roldana e triângulo de forças – menor força horizontal para erguer a carga.

PROBLEMA RESOLVIDO 8.7

Uma roldana de 100 mm de diâmetro pode girar em torno de um eixo fixo de 50 mm de diâmetro. O coeficiente de atrito estático entre a roldana e o eixo é 0,20. Determine (a) a menor força vertical **P** necessária para se começar a erguer uma carga de 2 kN, (b) a menor força vertical **P** necessária para manter a carga, (c) a menor força horizontal **P** necessária para começar a erguer a mesma carga.

ESTRATÉGIA Podemos utilizar o raio do círculo de atrito para localizar a reação da roldana em cada cenário e então aplicar os princípios do equilíbrio.

MODELAGEM E ANÁLISE

a. Força vertical P necessária para começar a erguer a carga. Quando as forças em ambas as partes da corda são iguais, o contato entre a roldana e o eixo se dá em A (Fig. 1). Quando **P** aumenta, a roldana roda ligeiramente em torno do eixo e o contato se dá em B. O diagrama de corpo livre da roldana quando o movimento é iminente está traçado na figura. A distância perpendicular do centro O da roldana até a linha de ação de **R** é

$$r_f = r \operatorname{sen} \phi_s \approx r\mu_s \qquad r_f \approx (25 \text{ mm})0{,}20 = 5 \text{ mm}$$

Somando os momentos em relação a B, temos

$$+\!\!\uparrow \Sigma M_B = 0: \qquad (55 \text{ mm})(2 \text{ kN}) - (45 \text{ mm})P = 0$$
$$P = 2{,}44 \text{ kN} \qquad \mathbf{P} = 2{,}44 \text{ kN} \downarrow \quad \blacktriangleleft$$

b. Força vertical P para se manter a carga. À medida que a força **P** diminui, a roldana roda em torno do eixo, e o contato se dá em C (Fig. 2). Tomando a roldana como um corpo livre e somando os momentos em relação a C, temos

$$+\!\!\uparrow \Sigma M_C = 0: \qquad (45 \text{ mm})(2 \text{ kN}) - (55 \text{ mm})P = 0$$
$$P = 1{,}64 \text{ kN} \qquad \mathbf{P} = 1{,}64 \text{ kN} \downarrow \quad \blacktriangleleft$$

c. Força horizontal P para começar a erguer a carga. Como não são paralelas, as três forças **W**, **P** e **R** devem ser concorrentes (Fig. 3). Logo, a direção de **R** é determinada a partir do fato de que sua linha de ação deve passar pelo ponto de interseção D de **W** e **P** e deve ser tangente ao círculo de atrito. Lembrando que o raio do círculo de atrito é $r_f = 5$ mm, podemos calcular o ângulo θ destacado na Figura 3 como

$$\operatorname{sen} \theta = \frac{OE}{OD} = \frac{5 \text{ mm}}{(50 \text{ mm})\sqrt{2}} = 0{,}0707 \qquad \theta = 4{,}1°$$

Do triângulo de forças, obtemos

$$P = W \cot (45° - \theta) = (2 \text{ kN}) \cot 40{,}9°$$
$$= 2{,}31 \text{ kN} \qquad \mathbf{P} = 2{,}31 \text{ kN} \rightarrow \quad \blacktriangleleft$$

PARA REFLETIR Muitos problemas básicos de física tratam as roldanas como sem atrito, mas quando levamos em consideração o atrito, os resultados podem ser bem diferentes, dependendo do sentido do movimento e das forças envolvidas e, principalmente, do coeficiente de atrito.

METODOLOGIA PARA A RESOLUÇÃO DE PROBLEMAS

Nesta seção, aprendemos várias outras aplicações de engenharia das leis de atrito.

1. **Mancais de deslizamento e atrito em eixo.** Em mancais de deslizamento, a reação não passa pelo centro da árvore ou eixo que está sendo apoiado. A distância entre o centro da árvore ou eixo e a linha de ação da reação (Fig. 8.10) é definida pela equação

$$r_f = r \operatorname{sen} \phi_k \approx r\mu_k$$

se o movimento está ocorrendo de fato,
   e pela equação

$$r_f = r \operatorname{sen} \phi_s \approx r\mu_s$$

se o movimento é iminente.

Assim que tiver determinado a linha de ação da reação, poderemos traçar um diagrama de corpo livre e usar as equações correspondentes de equilíbrio para completar sua resolução [Problema Resolvido 8.7]. Em alguns problemas, é importante observarmos que a linha de ação da reação deve ser tangente a um círculo de raio $r_f \approx r\mu_k$ ou $r_f \approx r\mu_s$, conhecido como **círculo de atrito** [Problema Resolvido 8.7, item *c*].

2. **Mancais de escora e atrito em disco.** Em um mancal de escora, a intensidade do binário necessário para se vencer a resistência de atrito é igual à soma dos momentos das forças de atrito *cinético* exercidas sobre os elementos na extremidade da árvore [Eqs. (8.8) e (8.9)].

Um exemplo de atrito em disco ocorre na **embreagem a disco.** Esse tipo de embreagem é analisado do mesmo modo que um mancal de escora, exceto pelo fato de que, na determinação do maior torque que pode ser transmitido, devemos calcular a soma dos momentos das forças de atrito *estático* máximas exercidas sobre o disco.

3. **Atrito em roda e resistência ao rolamento.** Vimos que a resistência ao rolamento de uma roda é causada por deformações tanto da roda como do solo. A linha de ação da reação **R** do solo sobre a roda intercepta o solo a uma distância horizontal *b* do centro da roda. A distância *b* é conhecida como **coeficiente de resistência ao rolamento**, sendo expressa em milímetros.

4. **Em problemas que envolvam tanto resistência ao rolamento como atrito em eixo,** o diagrama de corpo livre deve mostrar que a linha de ação da reação **R** do solo sobre a roda é tangente ao círculo de atrito do eixo e intercepta o solo a uma distância horizontal do centro da roda igual ao coeficiente de resistência ao rolamento.

PROBLEMAS

8.77 Uma alavanca de peso desprezível está encaixada com folga em um eixo de 75 mm de diâmetro. Observa-se que a alavanca apenas inicia um movimento de rotação se a massa de 3 kg é adicionada em C. Determine o coeficiente de atrito estático entre o eixo e a alavanca.

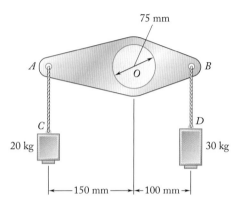

Figura P8.77

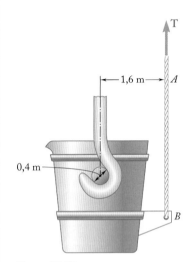

Figura P8.78

8.78 Uma concha de metal quente e seu conteúdo pesam 520 kN. Sabendo que o coeficiente de atrito estático entre os ganchos e o pinhão é 0,30, determine a tração no cabo AB necessária para se começar a tombar a concha.

8.79 e 8.80 A roldana dupla mostrada na figura é fixada a um eixo de 10 mm de raio que se ajusta com folga a um mancal fixo. Sabendo que o coeficiente de atrito estático entre o eixo e o mancal pouco lubrificado é 0,40, determine a intensidade da força **P** necessária para se começar a erguer a carga.

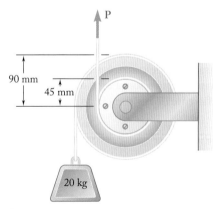

Figura P8.80 e P8.82

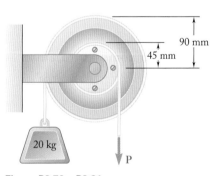

Figura P8.79 e P8.81

8.81 e 8.82 A roldana dupla mostrada na figura é fixada a um eixo de 10 mm de raio que se ajusta com folga a um mancal fixo. Sabendo que o coeficiente de atrito estático entre o eixo e o mancal pouco lubrificado é 0,40, determine a intensidade da menor força **P** necessária para se manter o equilíbrio.

8.83 A talha mostrada na figura é usada para erguer uma carga de 150 N. Cada uma das roldanas de 30 mm de diâmetro gira sobre um eixo de 5 mm de diâmetro. Sabendo que o coeficiente de atrito cinético é 0,20, determine a tração em cada parte da corda quando a carga é erguida devagar.

8.84 A talha mostrada na figura é usada para erguer uma carga de 150 N. Cada uma das roldanas de 30 mm de diâmetro gira sobre um eixo de 5 mm de diâmetro. Sabendo que o coeficiente de atrito cinético é 0,20, determine a tração em cada parte da corda quando a carga é baixada devagar.

8.85 Um patinete é projetado para andar à velocidade constante em um declive com 2% de inclinação. Considerando que o coeficiente de atrito cinético entre os eixos de 25 mm e os mancais é 0,10, determine o diâmetro necessário das rodas. Despreze a resistência ao rolamento entre as rodas e o solo.

8.86 O elo de ligação mostrado na figura é usado frequentemente na construção de pontes de rodovias para possibilitar a expansão causada por variações de temperatura. Em cada um dos pinos A e B de 60 mm, o coeficiente de atrito estático é 0,20. Sabendo que o componente vertical da força exercida por BC sobre a união é 200 kN, determine (a) a força horizontal que deve ser exercida sobre a viga BC para começar a mover o elo, (b) o ângulo que a força resultante exercida pela viga BC sobre o elo fará com a vertical.

8.87 e **8.88** Uma alavanca AB de peso desprezível é montada com folga em um eixo fixo de 50 mm de diâmetro. Sabendo que o coeficiente de atrito estático entre o eixo fixo e a alavanca é 0,15, determine a força **P** necessária para iniciar a rotação da alavanca no sentido anti-horário.

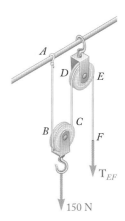

Figura **P8.83** e P8.84

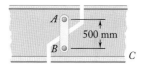

Figura P8.86

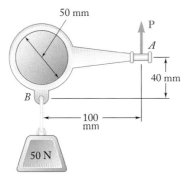

Figura **P8.87** e P8.89

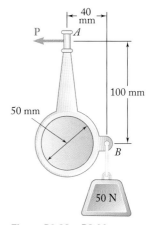

Figura P8.88 e P8.90

8.89 e **8.90** Uma alavanca AB de peso desprezível é montada com folga em um eixo fixo de 50 mm de diâmetro. Sabendo que o coeficiente de atrito estático entre o eixo fixo e a alavanca é 0,15, determine a força **P** necessária para iniciar a rotação da alavanca no sentido horário.

8.91 Um vagão ferroviário tem massa 30 Mg e é apoiado em oito rodas de 800 mm de diâmetro, com eixos de 125 mm de diâmetro. Sabendo que os coeficientes de atrito são $\mu_s = 0,020$ e $\mu_k = 0,015$, determine a força horizontal necessária (a) para o movimento iminente do vagão, (b) para manter o vagão movendo-se em velocidade constante. Despreze a resistência ao rolamento entre as rodas e os trilhos.

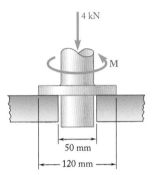

Figura P8.92

Figura P8.93

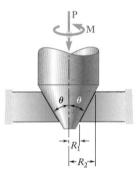

Figura P8.96

Figura P8.100

8.92 Sabendo que é necessário um torque de intensidade 30 N·m para iniciar a rotação do eixo vertical, determine o coeficiente de atrito estático entre as superfícies anelares de contato.

8.93 Uma enceradeira elétrica de 200 N é operada sobre uma superfície cujo coeficiente de atrito cinético é 0,25. Considerando que a força normal por unidade de área entre o disco e o assoalho é distribuída uniformemente, determine a intensidade Q das forças horizontais necessárias para se impedir o movimento da máquina.

*8.94 À medida que as superfícies de um eixo e um mancal se desgastam, a resistência ao atrito de um mancal de escora diminui. Geralmente, considera-se que o desgaste é diretamente proporcional à distância percorrida por qualquer ponto dado do eixo e, portanto, à distância r do ponto ao eixo de rotação. Logo, supondo que a força normal por unidade de área é inversamente proporcional a r, mostre que a intensidade M do binário necessário para se vencer a resistência ao atrito de um mancal de extremidade gasto (com contato na superfície circular completa) é igual a 75% do valor dado pela fórmula (8.9) para um mancal novo.

*8.95 Supondo que os mancais se desgastam como indicado no Problema 8.94, mostre que a intensidade M do binário necessário para se vencer a resistência ao atrito de um mancal de colar gasto é

$$M = \tfrac{1}{2} \mu_k P(R_1 + R_2)$$

sendo P = intensidade da força axial total
R_1, R_2 = raios interno e externo do colar

*8.96 Supondo que a pressão entre as superfícies de contato seja uniforme, mostre que a intensidade M do binário necessário para se vencer a resistência de atrito para o mancal cônico mostrado é:

$$M = \frac{2}{3} \frac{\mu_k P}{\operatorname{sen}\theta} \frac{R_2^3 - R_1^3}{R_2^2 - R_1^2}$$

8.97 Resolva o Problema 8.93 considerando que a força normal por unidade de área entre o disco e o assoalho varia linearmente desde um máximo no centro até zero na circunferência do disco.

8.98 Determine a força horizontal necessária para se mover um automóvel de 10 kN com pneus de 500 mm de diâmetro ao longo de uma estrada horizontal com velocidade constante. Despreze todas as formas de atrito, exceto a resistência ao rolamento, e considere que o coeficiente de resistência ao rolamento é 1,2 mm.

8.99 Sabendo que um disco de 100 mm de diâmetro rola a uma velocidade constante em um declive com 2% de inclinação, determine o coeficiente de resistência ao rolamento entre o disco e o declive.

8.100 Uma base de máquina de 900 kg é rolada ao longo de um piso de concreto usando uma série de tubos de aço com diâmetro externo de 100 mm. Sabendo que o coeficiente de resistência ao rolamento é 0,5 mm entre os tubos e a base e 1,25 mm entre os tubos e o piso de concreto, determine a intensidade da força **P** necessária para se mover devagar a base ao longo do piso.

8.101 Resolva o Problema 8.85 incluindo o efeito de um coeficiente de resistência ao rolamento de 1,75 mm.

8.102 Resolva o Problema 8.91 incluindo o efeito de um coeficiente de resistência ao rolamento de 0,5 mm.

8.4 Atrito em correia

Outra aplicação comum do atrito seco diz respeito a correias, que servem a diferentes propósitos na engenharia, como na transmissão do torque de um motor de cortador de grama para suas rodas. Algumas análises nesse contexto também servem para o projeto de freios de cinta e para a operação de cordas e polias.

Considere uma correia plana que passa sobre um tambor cilíndrico fixo (Fig. 8.14a). Propomo-nos a determinar a relação que existe entre os valores T_1 e T_2 da tração nas duas partes da correia quando a correia está prestes a deslizar para a direita.

Vamos destacar da correia um pequeno elemento PP' subentendendo um ângulo $\Delta\theta$. Representando por T a tração em P e por $T + \Delta T$ a tração em P', traçamos o diagrama de corpo livre do elemento da correia (Fig. 8.14b). Além das duas forças de tração, as forças exercidas sobre o corpo livre são o componente normal $\Delta\mathbf{N}$ da reação do tambor e a força de atrito $\Delta\mathbf{F}$. Como assume-se que o movimento é iminente, temos $\Delta F = \mu_s \Delta N$. Deve-se notar que, se $\Delta\theta$ tender a zero, as intensidades ΔN e ΔF e a *diferença* ΔT entre a tração em P e a tração em P' também tenderão a zero; no entanto, o valor T da tensão em P permanecerá inalterado. Esta observação ajuda a entender a notação que escolhemos.

Escolhendo os eixos de coordenadas mostrados na Fig. 8.14b, escrevemos as equações de equilíbrio para o elemento PP':

$$\Sigma F_x = 0: \quad (T + \Delta T)\cos\frac{\Delta\theta}{2} - T\cos\frac{\Delta\theta}{2} - \mu_s \Delta N = 0 \quad (8.11)$$

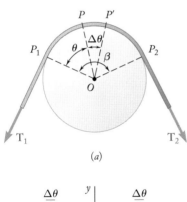

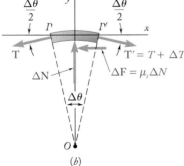

Figura 8.14 (a) Trações nas extremidades de uma correia que passa sobre um tambor; (b) diagrama de corpo livre de um elemento da correia, indicando a condição em que a correia está prestes a deslizar para a direita.

$$\Sigma F_y = 0: \quad \Delta N - (T + \Delta T)\operatorname{sen}\frac{\Delta\theta}{2} - T\operatorname{sen}\frac{\Delta\theta}{2} = 0 \quad (8.12)$$

Resolvendo a Eq. (8.12) para ΔN, substituindo-a na Eq. (8.11) e simplificando-a, obtemos

$$\Delta T \cos\frac{\Delta\theta}{2} - \mu_s(2T + \Delta T)\operatorname{sen}\frac{\Delta\theta}{2} = 0$$

Os termos são agora divididos por $\Delta\theta$. Para o primeiro termo, simplesmente divide-se ΔT por $\Delta\theta$. A divisão do segundo termo é efetuada dividindo-se os termos entre parênteses por 2 e o seno por $\Delta\theta/2$. Temos

$$\frac{\Delta T}{\Delta\theta}\cos\frac{\Delta\theta}{2} - \mu_s\left(T + \frac{\Delta T}{2}\right)\frac{\operatorname{sen}(\Delta\theta/2)}{\Delta\theta/2} = 0$$

Se agora fizermos $\Delta\theta$ tender a 0, o cosseno tende a 1, e $\Delta T/2$ tende a zero, como observamos anteriormente. O quociente entre sen $(\Delta\theta/2)$ e $\Delta\theta/2$ tende a 1, de acordo com um lema demonstrado em livros de cálculo. Como o limite de $\Delta T/\Delta\theta$ conforme $\Delta\theta$ se aproxima de zero é, por definição, igual à derivada $dT/d\theta$, temos

$$\frac{dT}{d\theta} - \mu_s T = 0 \qquad \frac{dT}{T} = \mu_s d\theta$$

Os membros da última equação (Fig. 8.14a) serão agora integrados desde P_1 até P_2. Em P_1, temos $\theta = 0$ e $T = T_1$; em P_2, temos $\theta = \beta$ e $T = T_2$. Integrando entre esses limites, temos

$$\int_{T_1}^{T_2}\frac{dT}{T} = \int_0^\beta \mu_s d\theta$$

$$\ln T_2 - \ln T_1 = \mu_s\beta$$

ou, observando que o primeiro membro é igual ao logaritmo natural do quociente entre T_2 e T_1:

$$\boxed{\ln\frac{T_2}{T_1} = \mu_s\beta} \quad (8.13)$$

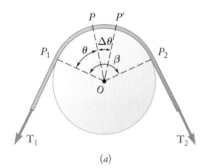

Figura 8.14a (repetida)

Foto 8.5 Um marinheiro enrola uma amarra em torno do cabrestante para controlar a corda usando muito menos força do que a tração na parte tensionada da amarra.

Essa relação também pode ser escrita na forma

Atrito em correia, deslizamento iminente

$$\boxed{\frac{T_2}{T_1} = e^{\mu_s\beta}} \quad (8.14)$$

As fórmulas que acabamos de deduzir aplicam-se da mesma forma a problemas que envolvam correias planas que passam sobre tambores cilíndricos fixos e a problemas que envolvam cordas enroladas em torno de um pilar ou de um cabrestante. Essas fórmulas também podem ser usadas para se resolver problemas que envolvam freios de cinta. (Em tais problemas, é o tambor que está prestes a girar, enquanto a cinta permanece fixa.) As fórmulas também podem ser aplicadas a problemas que envolvam transmissões por correia. Nesses problemas, tanto a polia como a correia giram; nosso interesse, então, é determinar se a correia irá escorregar, ou seja, se ela irá se mover em relação à polia.

As fórmulas (8.13) e (8.14) devem ser usadas somente se a correia, corda ou freio estiver *prestes a escorregar*. A fórmula (8.14) será usada se T_1 ou T_2 for necessária; a fórmula (8.13) será preferível se μ_s ou o ângulo de contato β for necessário. Devemos observar que T_2 é sempre maior que T_1; logo, T_2 representa a tração naquela parte da correia ou corda que *puxa*, enquanto T_1 é a tração na parte que *resiste*. É preciso observar também que o ângulo de contato β deve ser expresso em *radianos*. O ângulo β pode ser maior que 2π; por exemplo, se uma corda é enrolada n vezes em torno de um pilar, β é igual a $2\pi n$.

Se a correia, corda ou freio estiver de fato escorregando, fórmulas similares a (8.13) e (8.14), mas que envolvem o coeficiente de atrito cinético μ_k, deverão ser usadas para encontrar a diferença nas forças. Se a correia, corda ou freio não estiver escorregando ou prestes a escorregar, nenhuma dessas fórmulas pode ser usada.

As correias usadas em transmissões geralmente são de formato em V. Na correia em V mostrada na Fig. 8.15a, o contato entre a correia e a polia se dá ao longo das laterais da canaleta. A relação que existe entre os valores T_1 e T_2 da tração nas duas partes da correia quando a correia está prestes a escorregar pode ser obtida novamente traçando-se o diagrama de corpo livre de um elemento da correia (Fig. 8.15b e c). Equações semelhantes às Eqs. (8.11) e (8.12) são deduzidas, mas agora a intensidade da força de atrito total sobre o elemento é 2 ΔF e a soma dos componentes y das forças normais é 2 ΔN sen $(\alpha/2)$. Procedendo como antes, obtemos:

$$\ln \frac{T_2}{T_1} = \frac{\mu_s \beta}{\operatorname{sen}(\alpha/2)} \tag{8.15}$$

ou

$$\frac{T_2}{T_1} = e^{\mu_s \beta / \operatorname{sen}(\alpha/2)} \tag{8.16}$$

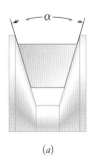
(a)

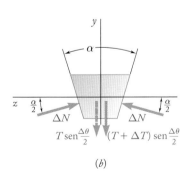
(b)

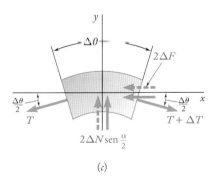
(c)

Figura 8.15 (a) Uma correia em V na canaleta de uma roldana; (b) diagrama de corpo livre de um elemento transversal da correia; (c) diagrama de corpo livre de um trecho curto da correia.

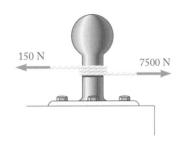

PROBLEMA RESOLVIDO 8.8

Uma amarra lançada de um navio ao cais é enrolada com duas voltas completas em torno de um poste de amarração. A tração na amarra é de 7.500 N; exercendo uma força de 150 N na extremidade livre, um estivador pode manter a amarra prestes a escorregar. (*a*) Determine o coeficiente de atrito estático entre a amarra e o poste. (*b*) Determine a tração na amarra que poderia ser suportada pela força de 150 N caso a amarra fosse enrolada com três voltas completas em torno do poste.

ESTRATÉGIA Foram fornecidos a diferença entre as forças e o ângulo de contato pelo qual o atrito atua. Podemos inserir esses dados nas equações do atrito em correia para determinar o coeficiente de atritos e então utilizar o resultado para determinar a relação de forças na segunda situação.

MODELAGEM E ANÁLISE

a. Coeficiente de atrito. Como o escorregamento da amarra é iminente, usamos a Eq. (8.13):

$$\ln \frac{T_2}{T_1} = \mu_s \beta$$

Foto 8.6 Estivador atracando um navio utilizando uma amarra enrolada ao redor de um poste de amarração.

Como a amarra é enrolada com duas voltas completas em torno do poste, temos

$$\beta = 2(2\pi \text{ rad}) = 12{,}57 \text{ rad}$$
$$T_1 = 150 \text{ N} \quad T_2 = 7500 \text{ N}$$

Logo,

$$\mu_s \beta = \ln \frac{T_2}{T_1}$$
$$\mu_s (12{,}57 \text{ rad}) = \ln \frac{7500 \text{ N}}{150 \text{ N}} = \ln 50 = 3{,}91$$
$$\mu_s = 0{,}311 \qquad\qquad \mu_s = 0{,}311 \blacktriangleleft$$

b. Amarra enrolada com três voltas em torno do poste. Usando o valor de μ_s obtido no item *a*, temos agora (Fig. 1)

$$\beta = 3(2\pi \text{ rad}) = 18{,}85 \text{ rad}$$
$$T_1 = 150 \text{ N} \quad \mu_s = 0{,}311$$

Substituindo esses valores na Eq. (8.14), obtemos

$$\frac{T_2}{T_1} = e^{\mu_s \beta}$$
$$\frac{T_2}{150 \text{ N}} = e^{(0{,}311)(18{,}85)} = e^{5.862} = 351{,}5$$
$$T_2 = 52\ 725 \text{ N}$$
$$T_2 = 52{,}7 \text{ kN} \blacktriangleleft$$

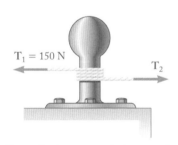

Figura 1 Amarra enrolada com três voltas em torno do poste.

PARA REFLETIR Podemos ver como o uso de um simples poste ou roldana pode ter um enorme efeito na intensidade de uma força. É por isso que tais sistemas são comumente usados para controlar, carregar e descarregar navios porta-contêineres em um porto.

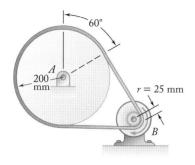

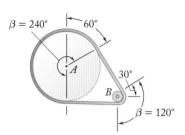

Figura 1 Ângulos de contato das polias.

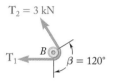

Figura 2 Trações da correia na polia B.

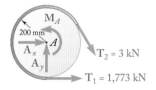

Figura 3 Diagrama de corpo livre da polia A.

PROBLEMA RESOLVIDO 8.9

Uma correia plana liga a polia A, que aciona uma máquina-ferramenta, à polia B, que é fixada ao eixo de um motor elétrico. Os coeficientes de atrito entre as polias e a correia são $\mu_s = 0{,}25$ e $\mu_k = 0{,}20$. Sabendo que a máxima tração admissível na correia é 3 kN, determine o maior torque que pode ser exercido pela correia sobre a polia A.

ESTRATÉGIA A chave para solucionar este problema é identificar a polia onde o escorregamento ocorreria primeiro e então encontrar as trações da correia correspondentes ao escorregamento iminente. A resistência ao escorregamento depende do ângulo de contato β entre a polia e a correia, bem como do coeficiente de atrito estático μ_s. Como μ_s é o mesmo para ambas as polias, o escorregamento ocorre primeiro na polia B, para a qual β é menor (Fig. 1).

MODELAGEM E ANÁLISE

Polia B. Usando a Eq. (8.14) com $T_2 = 1$ kN, $\mu_s = 0{,}25$ e $\beta = 120° = 2\pi/3$ rad (Fig. 2), temos

$$\frac{T_2}{T_1} = e^{\mu_s \beta} \qquad \frac{1 \text{ kN}}{T_1} = e^{0{,}25(2\pi/3)} = 1{,}688$$

$$T_1 = \frac{1 \text{ kN}}{1{,}688} = 1{,}773 \text{ kN}$$

Polia A. Traçamos o diagrama de corpo livre da polia A (Fig. 3). O binário $\mathbf{M}_A$ é aplicado à polia pela máquina-ferramenta à qual esta fixada, sendo igual e oposto ao torque exercido pela correia. Igualando a soma dos momentos a zero, temos

$+\circlearrowleft \Sigma M_A = 0$: $\quad M_A - (1 \text{ kN})(0{,}2 \text{ m}) + (1{,}773 \text{ kN})(0{,}2 \text{ m}) = 0$
$\quad M_A = 2{,}4454 \text{ kN·m} \qquad\qquad M_A = 2{,}4454 \text{ kN·m}$ ◀

PARA REFLETIR Podemos verificar que a correia não escorrega sobre a polia A calculando o valor de μ_s necessário para impedir o escorregamento em A e concluindo que ele é menor que o valor real de μ_s. A partir da Eq. (8.13), temos

$$\mu_s \beta = \ln \frac{T_2}{T_1} = \ln \frac{1 \text{ kN}}{1{,}773 \text{ kN}} = 0{,}524$$

e, como $\beta = 240° = 4\pi/3$ rad,

$$\frac{4\pi}{3}\mu_s = 0{,}524 \qquad \mu_s = 0{,}125 < 0{,}25$$

METODOLOGIA PARA A RESOLUÇÃO DE PROBLEMAS

Na seção anterior, aprendemos sobre o **atrito em correia**. Os problemas que teremos de resolver incluem correias passando sobre tambores fixos, freios de cinta – em que o tambor gira enquanto a cinta permanece fixa – e transmissões por correia.

1. **Problemas que envolvam atrito em correia** recaem em uma das seguintes categorias:

    a. **Problemas em que o escorregamento é iminente.** Uma das fórmulas a seguir, envolvendo o *coeficiente de atrito estático* μ_s, pode então ser usada como

    $$\ln\frac{T_2}{T_1} = \mu_s \beta \tag{8.13}$$

    ou

    $$\frac{T_2}{T_1} = e^{\mu_s \beta} \tag{8.14}$$

    b. **Problemas em que o escorregamento está ocorrendo.** As fórmulas a serem usadas podem ser obtidas das Eqs. (8.13) e (8.14), substituindo μ_s pelo *coeficiente de atrito cinético* μ_k.

2. **Ao começarmos a resolver um problema que envolva atrito em correia,** lembremo-nos do seguinte:

    a. **O ângulo β deve ser expresso em radianos.** Em um problema de correia e tambor, esse é o ângulo subentendido pelo arco do tambor sobre o qual a correia está enrolada.

    b. **A maior tração é sempre representada por T_2** e a menor tração é representada por T_1.

    c. **A maior tração ocorre na extremidade da correia que está no sentido do movimento,** ou do movimento iminente, da correia em relação ao tambor.

3. **Em cada problema que formos chamados a resolver,** três entre as quatro grandezas T_1, T_2, β e μ_s (ou μ_k) serão dadas ou encontradas prontamente e então resolveremos a equação apropriada para a quarta grandeza. Há dois tipos de problema com que iremos nos deparar:

    a. **Encontrar μ_s entre a correia e o tambor, sabendo que o escorregamento é iminente.** A partir dos dados fornecidos, devemos determinar T_1, T_2 e β; substituir esses valores na Eq. (8.13) e resolver para μ_s [Problema Resolvido 8.8, item *a*]. Siga o mesmo procedimento para encontrar o menor valor de μ_s para que o escorregamento não ocorra.

    b. **Encontrar a intensidade de uma força ou binário aplicado à correia ou tambor, sabendo que o escorregamento é iminente.** Os dados fornecidos devem incluir μ_s e β. Se incluírem também T_1 ou T_2, usemos a Eq. (8.14) para determinar a outra tração. Se nem T_1 nem T_2 são conhecidas, mas algum outro dado é fornecido, use o diagrama de corpo livre do sistema correia/tambor para escrever uma equação de equilíbrio que deveremos resolver simultaneamente com a Eq. (8.14) para T_1 e T_2. Estaremos, então, aptos a encontrar a intensidade da força ou binário especificado do diagrama de corpo livre do sistema. Sigamos o mesmo procedimento para determinar o maior valor de uma força ou binário que pode ser aplicado à correia ou tambor para não ocorrer escorregamento (Problema Resolvido 8.9).

PROBLEMAS

8.103 Uma corda com um peso por unidade de comprimento de 2 N/m é enrolada $2\frac{1}{2}$ vezes em volta de uma barra horizontal. Sabendo que o coeficiente de atrito estático entre a corda e a barra é 0,30, determine o comprimento mínimo x da corda que deve ser deixado pendente se uma carga de 100 N for sustentada.

8.104 Uma amarra é enrolada com duas voltas completas em torno de um poste de amarração. Exercendo uma força de 400 N na extremidade livre da amarra, um estivador consegue resistir a uma força de 25 kN na outra extremidade da amarra. Determine (*a*) o coeficiente de atrito estático entre a amarra e o poste, (*b*) o número de voltas com que a amarra deve ser enrolada em torno do poste para resistir a uma força de 100 kN com a mesma força de 400 N.

8.105 Dois cilindros estão ligados por uma corda que passa sobre duas barras fixas como mostrado. Sabendo que o coeficiente de atrito estático entre a corda e as barras é 0,40, determine a faixa de valores da massa m do cilindro D para a qual o equilíbrio é mantido.

8.106 Dois cilindros estão ligados por uma corda que passa sobre duas barras fixas como mostrado. Sabendo que o cilindro D tem movimento iminente para cima quando $m = 20$ kg, determine (*a*) o coeficiente de atrito estático entre a corda e as barras, (*b*) a tração correspondente na parte BC da corda.

8.107 Sabendo que o coeficiente de atrito estático é 0,25 entre a corda e o tubo horizontal e 0,20 entre a corda e o tubo vertical, determine a faixa de valores de P para a qual o equilíbrio é mantido.

8.108 Sabendo que o coeficiente de atrito estático é 0,30 entre a corda e o tubo horizontal e que o menor valor de P para o qual o equilíbrio é mantido é 80 N, determine (*a*) o maior valor de P para o qual o equilíbrio é mantido, (*b*) o coeficiente de atrito estático entre a corda e o tubo vertical.

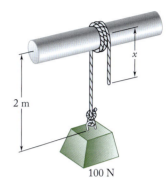

Figura P8.103

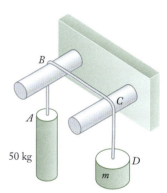

Figura P8.105 e P8.106

Figura P8.107 e P8.108

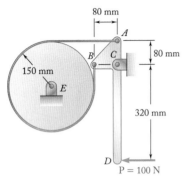

Figura P8.109

8.109 Um freio de cinta é utilizado para controlar a velocidade de um volante, conforme mostra a figura. Determine a intensidade do torque que está sendo aplicado ao volante, sabendo que o coeficiente de atrito cinético entre a cinta e o volante é 0,25, e que o volante está rodando a uma velocidade constante no sentido horário. Mostre que o mesmo resultado é obtido se o volante rodar no sentido anti-horário.

8.110 A configuração mostrada é usada para medir a saída de uma pequena turbina. Quando o volante está em repouso, a leitura de cada balança de mola é 70 N. Se um torque de 12,6 N·m precisa ser aplicado ao volante para mantê-lo rodando no sentido horário a uma velocidade constante, determine (a) a leitura em cada balança nesse momento, (b) o coeficiente de atrito cinético. Considere que o comprimento da cinta não muda.

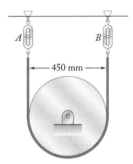

Figura P8.110 e P8.111

8.111 A configuração mostrada é usada para medir a saída de uma pequena turbina. O coeficiente de atrito cinético é 0,20 e a leitura de cada balança de mola é 80 N quando o volante está em repouso. Determine (a) a leitura em cada balança quando o volante está rodando em sentido horário a uma velocidade constante, (b) o torque que deve ser aplicado ao volante. Considere que o comprimento da cinta não muda.

8.112 Uma correia plana é usada para transmitir o torque do tambor B para o tambor A. Sabendo que o coeficiente de atrito estático é 0,40 e que a tração permitida da cinta é 450 N, determine o maior torque que pode ser exercido no tambor A.

8.113 Uma correia plana é usada para transmitir um torque da roldana A para a roldana B. O raio de cada roldana é 60 mm, e uma força de intensidade $P = 900$ N é aplicada ao eixo da roldana A, como mostrado. Sabendo que o coeficiente de atrito estático é 0,35, determine (a) o maior torque que pode ser transmitido, (b) o valor máximo correspondente da tração na correia.

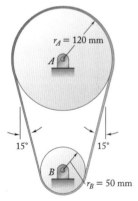

Figura P8.112

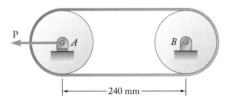

Figura P8.113

8.114 Resolva o Problema 8.113 considerando que a correia é lançada em forma de oito em torno das roldanas.

8.115 A velocidade de um tambor de freio mostrado na figura é controlada por uma cinta fixada a uma barra de controle AD. A força **P** de intensidade 25 N é aplicada na barra de controle em A. Determine a intensidade do torque que está sendo aplicado ao tambor, sabendo que o coeficiente de atrito cinético entre a cinta e o tambor é 0,25, que $a = 4$ cm e que o tambor está rodando a uma velocidade constante (*a*) no sentido anti-horário, (*b*) no sentido horário.

8.116 A velocidade do tambor de freio mostrado na figura é controlada por uma cinta fixada a uma barra de controle AD. Sabendo que $a = 4$ cm, determine o máximo valor do coeficiente de atrito estático para o qual o freio não é autotravante quando o tambor roda no sentido anti-horário.

8.117 A velocidade de um tambor de freio mostrado na figura é controlada por uma cinta fixada a uma barra de controle AD. Sabendo que o coeficiente de atrito estático é 0,30 e que o tambor de freio está rodando no sentido anti-horário, determine o mínimo valor de *a* para o qual o freio não é autotravante.

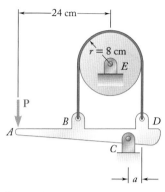

Figura **P8.115**, **P8.116** e **P8.117**

8.118 O balde A e o bloco C estão ligados por uma corda que passa sobre o tambor B. Sabendo que o tambor B gira devagar em sentido anti-horário e que os coeficientes de atrito em todas as superfícies são $\mu_s = 0{,}35$ e $\mu_k = 0{,}25$, determine a menor massa combinada *m* do balde e seu conteúdo para que o bloco C (*a*) permaneça em repouso, (*b*) esteja prestes a se mover plano acima, (*c*) continue a se mover plano acima a uma velocidade constante.

8.119 Resolva o Problema 8.118 considerando que o tambor B esteja fixo e não possa girar.

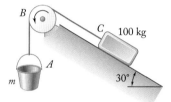

Figura P8.118

8.120 e 8.122 Um cabo passa em torno de três tubos paralelos. Sabendo que os coeficientes de atrito são $\mu_s = 0{,}25$ e $\mu_k = 0{,}20$, determine (*a*) o menor peso W para o qual o equilíbrio é mantido, (*b*) o maior peso W que pode ser suspenso se o tubo B está rodando vagarosamente no sentido anti-horário enquanto os tubos A e C permanecem fixos.

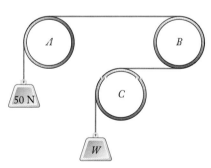

Figura P8.120 e P8.121

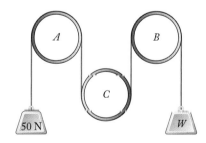

Figura **P8.122** e **P8.123**

8.121 e 8.123 Um cabo passa em torno de três tubos paralelos. Dois dos tubos são fixos e não podem rodar, enquanto o terceiro tubo é girado vagarosamente. Sabendo que os coeficientes de atrito são $\mu_s = 0{,}25$ e $\mu_k = 0{,}20$, determine o maior peso W que pode ser erguido (*a*) se apenas o tubo A está rodando no sentido anti-horário, (*b*) se apenas o tubo C está rodando no sentido horário.

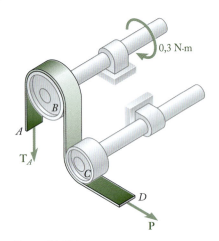

Figura P8.124

8.124 Uma fita de gravação passa sobre o tambor de acionamento B de 20 mm de raio e sob o tambor esticador C. Sabendo que os coeficientes de atrito entre a fita e os tambores são $\mu_s = 0{,}40$ e $\mu_k = 0{,}30$ e que o tambor C é livre para girar, determine o menor valor admissível de P para que a fita não escorregue sobre o tambor B.

8.125 Resolva o Problema 8.124 considerando que o tambor esticador C esteja fixo e não possa girar.

8.126 A chave de cinta mostrada na figura é usada para apertar o tubo com firmeza sem danificar sua superfície. Sabendo que o coeficiente de atrito estático é o mesmo para todas as superfícies de contato, determine o menor valor de μ_s para que a chave seja autotravante quando $a = 200$ mm, $r = 30$ mm e $\theta = 65°$.

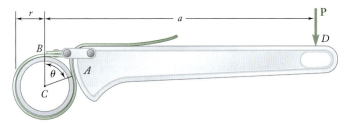

Figura P8.126

8.127 Resolva o problema 8.126 considerando que $\theta = 75°$.

8.128 Uma barra AE de 10 N é suspensa por um cabo que passa por um tambor de 5 cm de raio. O movimento vertical na extremidade E é impedida por dois batentes mostrados na figura. Sabendo que $\mu_s = 0{,}30$ entre o cabo e o tambor, determine (a) o maior binário no sentido anti-horário $\mathbf{M}_0$ que pode ser aplicado no tambor se o deslizamento não ocorre, (b) a força correspondente aplicada na extremidade E da barra.

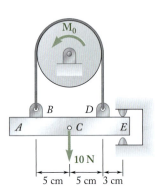

Figura P8.128

8.129 Resolva o Problema 8.128, considerando que um binário no sentido horário $\mathbf{M}_0$ é aplicado ao tambor.

8.130 Demonstre que as Eqs. (8.13) e (8.14) são válidas para qualquer formato de superfície, desde que o coeficiente de atrito seja o mesmo em todos os pontos de contato.

8.131 Complete a dedução da Eq. (8.15) que relaciona as trações nas duas parte de uma correia em V.

8.132 Resolva o Problema 8.112 supondo que a correia plana e os tambores sejam substituídos por uma correia em V e por polias em V com $\alpha = 36°$. (O ângulo α está mostrado na Fig. 8.15a.)

8.133 Resolva o Problema 8.113 supondo que a correia plana e as polias sejam substituídas por uma correia em V e por polias em V com $\alpha = 36°$. (O ângulo α está mostrado na Fig. 8.15a.)

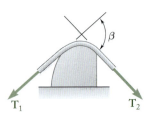

Figura P8.130

REVISÃO E RESUMO

Este capítulo foi dedicado ao estudo do **atrito seco**, ou seja, a problemas que envolvam corpos rígidos em contato ao longo de superfícies sem lubrificação.

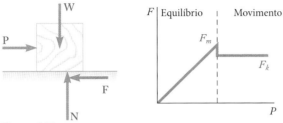

Figura 8.16

Atrito estático e cinético

Aplicando uma força horizontal **P** a um bloco em repouso sobre uma superfície horizontal [Seção 8.1], observamos que, de início, o bloco não se move. Isto mostra que uma **força de atrito F** deve ter se desenvolvido para contrabalançar **P** (Fig. 8.16). À medida que a intensidade de **P** aumenta, a intensidade de **F** também aumenta até atingir um valor máximo F_m. Se **P** aumentar ainda mais, o bloco começa a deslizar e a intensidade de **F** cai de F_m a um valor menor F_k. Evidências experimentais mostram que F_m e F_k são proporcionais ao componente normal N da reação da superfície. Temos

$$F_m = \mu_s N \qquad F_k = \mu_k N \qquad (8.1, 8.2)$$

em que μ_s e μ_k são denominados, respectivamente, **coeficiente de atrito estático** e **coeficiente de atrito cinético**. Esses coeficientes dependem da natureza e da condição das superfícies que estão em contato. Valores aproximados dos coeficientes de atrito estático foram dados na Tabela 8.1.

Ângulos de atrito

É conveniente às vezes substituir a força normal **N** e a força de atrito **F** pela sua resultante **R** (Fig. 8.17). À medida que a força de atrito aumenta e atinge seu valor máximo $F_m = \mu_s N$, o ângulo ϕ que **R** forma com a normal à superfície aumenta e atinge um valor máximo ϕ_s, denominado **ângulo de atrito estático**. Se o movimento ocorrer de fato, a intensidade de **F** cai para F_k; de modo análogo, o ângulo ϕ cai para um valor menor ϕ_k, denominado **ângulo de atrito cinético**. Conforme mostramos na Seção 8.1B, temos

$$\operatorname{tg} \phi_s = \mu_s \qquad \operatorname{tg} \phi_k = \mu_k \qquad (8.3, 8.4)$$

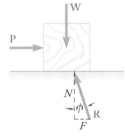

Figura 8.17

Problemas que envolvem atrito

Ao resolver problemas de equilíbrio que envolvam atrito, devemos ter em mente que a intensidade F da força de atrito será igual a $F_m = \mu_s N$ *somente se o corpo estiver prestes a deslizar* [Seção 8.1C]. *Se o movimento não for iminente, F e N devem ser considerados incógnitas independentes a serem determinadas das equações de equilíbrio* (Fig. 8.18a). Devemos também verificar se o valor de F necessário para se manter equilíbrio não é maior que F_m; se for, o corpo irá se mover e a intensidade da força de atrito será $F_k = \mu_k N$ [Problema Resolvido 8.1]. Por outro lado, *caso se saiba que o movimento é iminente, F* atingiu seu valor máximo $F_m = \mu_s N$ (Fig. 8.18b), e essa expressão pode ser substituída por F nas equações de equilíbrio [Problema Resolvido 8.3]. Quando apenas três forças estão envolvidas em um diagrama de corpo livre, incluindo a reação **R** da superfície em contato com o corpo, geralmente é mais conveniente resolver o problema traçando-se um triângulo de forças [Problema Resolvido 8.2]. Em alguns problemas, o movimento iminente pode ser devido ao tombamento em vez de escorregamento; a avaliação desta condição requer uma análise do equilíbrio do momento para o corpo [Problema Resolvido 8.4].

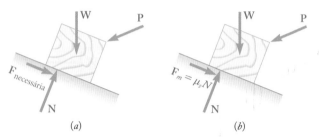

Figura 8.18

Quando um problema envolve a análise das forças exercidas por *dois corpos A e B* um sobre o outro, é importante indicar as forças de atrito com seu sentido correto. Por exemplo, o sentido correto da força de atrito exercida por *B* sobre *A* é oposto ao sentido do *movimento relativo* (ou movimento relativo iminente) de *A* em relação a *B* [Fig. 8.6].

Cunhas e parafusos

Na segunda parte do capítulo, consideramos uma série de aplicações de engenharia específicas em que o atrito seco desempenha papel importante. No caso das **cunhas**, que são máquinas simples usadas para erguer cargas pesadas [Seção 8.2A], são traçados dois ou mais diagramas de corpo livre e toma-se o cuidado de mostrar cada força de atrito com seu sentido correto [Problema Resolvido 8.5]. A análise de **parafusos de rosca quadrada**, frequentemente usados em macacos, prensas e outros mecanismos, foi reduzida à análise de um bloco que desliza sobre um plano inclinado, desenvolvendo (planificando) o filete do parafuso e apresentando-o como uma linha reta [Seção 8.2B]. Isto é feito novamente na Fig. 8.19, onde *r* representa o *raio médio* do filete, *L* é o *avanço* do parafuso, ou seja, a distância axial percorrida pelo parafuso durante uma volta, **W** é a carga e *Qr* é igual ao torque exercido sobre o parafuso. Observou-se que, no caso de parafusos com rosca múltipla, o avanço *L* não é igual a seu passo, que é a distância medida entre duas roscas consecutivas.

Outros usos de engenharia considerados neste capítulo foram **mancais de deslizamento** e **atrito em eixo** [Seção 8.3A], **mancais de escora** e **atrito em disco** [Seção 8.3B], **atrito em roda** e **resistência ao rolamento** [Seção 8.3C] e **atrito em correia** [Seção 8.4].

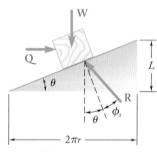

Figura 8.19

Atrito em correia

Ao resolver um problema que envolva uma correia plana que passa sobre um cilindro fixo, é importante determinar primeiro o sentido em que a correia escorrega ou está prestes a escorregar. Se o tambor estiver girando, o movimento real ou iminente da correia deve ser determinado *em relação* ao tambor giratório. Por exemplo, se a correia mostrada na Fig. 8.20 estiver prestes a escorregar

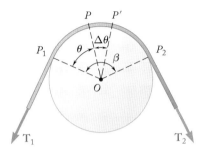

Figura 8.20

para a direita em relação ao tambor, as forças de atrito exercidas pelo tambor sobre a correia estarão direcionadas para a esquerda e a tração na parte direita da correia será maior que na parte esquerda. Representando a maior tração por T_2, a menor tração por T_1, o coeficiente de atrito estático por μ_s e o ângulo (em radianos) subentendido pela correia por β, deduzimos na Seção 8.4 as fórmulas

$$\ln\frac{T_2}{T_1} = \mu_s\beta \qquad (8.13)$$

$$\frac{T_2}{T_1} = e^{\mu_s\beta} \qquad (8.14)$$

que foram usadas nos Problemas Resolvidos 8.7 e 8.8. Se a correia de fato escorregar sobre o tambor, o coeficiente de atrito estático μ_s deve ser substituído pelo coeficiente de atrito cinético μ_k em ambas as fórmulas.

PROBLEMAS DE REVISÃO

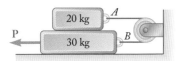

Figura P8.134

8.134 e 8.135 Os coeficientes de atrito são $\mu_s = 0{,}40$ e $\mu_k = 0{,}30$ entre todas as superfícies de contato. Determine a menor força **P** necessária para iniciar o movimento do bloco de 30 kg se o cabo AB (a) está ligado tal como mostra a figura, (b) é removido.

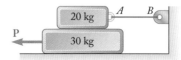

Figura *P8.135*

8.136 Um armário de 480 N é montado sobre rodízios que podem ser travados para evitar seu rolamento. O coeficiente de atrito estático entre o piso e cada rodízio é 0,30. Se $h = 0{,}8$ m, determine a intensidade da força **P** necessária para o movimento iminente do armário para a direita (a) se todos os rodízios estiverem travados, (b) se os rodízios em B estiverem travados e os rodízios em A estiverem livres para rodar, (c) se os rodízios em A estiverem travados e os rodízios em B estiverem livres para rodar.

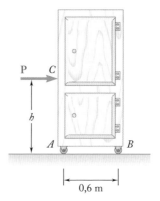

Figura P8.136

8.137 Uma barra delgada de comprimento L está apoiada entre um pino C e a parede vertical e sustenta uma carga **P** na extremidade A. Sabendo que o coeficiente de atrito estático entre o pino e a barra é 0,15 e desprezando o atrito no rolo, determine o intervalo de valores da razão L/a para a qual o equilíbrio é mantido.

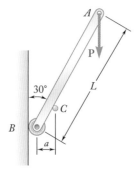

Figura P8.137

8.138 O cilindro hidráulico mostrado na figura exerce uma força de 3 kN para a direita no ponto B e para a esquerda no ponto E. Determine a intensidade do binário **M** necessária para girar o tambor no sentido horário a uma velocidade constante.

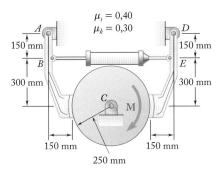

Figura P8.138

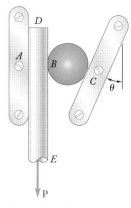

Figura *P8.139*

8.139 Uma barra DE e um pequeno cilindro são colocados entre duas guias como mostrado. A barra não desliza para baixo, por mais forte que seja a força **P**; ou seja, o conjunto é dito autotravante. Desprezando o peso do cilindro, determine os coeficientes de atrito estático mínimos permitidos em A, B e C.

8.140 A barra AB é ligada aos colares que podem deslizar sobre as barras inclinadas mostradas na figura. Uma força **P** é aplicada no ponto D localizado a uma distância a da extremidade A. Sabendo que o coeficiente de atrito estático μ_s entre cada colar e a barra correspondente é 0,30 e desprezando os pesos da barra e dos colares, determine o menor valor da razão a/L para que o equilíbrio seja mantido.

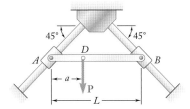

Figura P8.140

8.141 Duas cunhas de 10° e massa desprezível são usadas para movero posicionar um bloco de 400 N. Sabendo que o coeficiente de atrito estático em todas as superfícies de contato é 0,25, determine a menor força **P** que poderá ser aplicada, como mostrado na figura, em uma das cunhas.

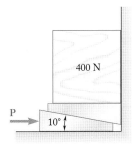

Figura P8.141

8.142 Uma cunha de 10° é usada para dividir a seção de uma tora. O coeficiente do atrito estático entre a cunha e a tora é 0,35. Sabendo que a intensidade da força **P** necessária para inserção da cunha foi de 600 N, determine a intensidade das forças exercidas na madeira pela cunha após a inserção.

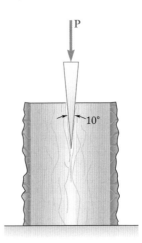

Figura **P8.142**

8.143 No sacador de engrenagens mostrado na figura, o parafuso de rosca quadrada AB tem um raio médio de 15 mm e um avanço de 4 mm. Sabendo que o coeficiente de atrito estático é 0,10, determine o torque que se deve aplicar ao parafuso para se produzir uma força de 3 kN sobre a engrenagem. Despreze o atrito na extremidade A do parafuso.

8.144 Uma alavanca de peso desprezível é montada com folga em um eixo de 30 mm de raio como mostrado na figura. Sabendo que a aplicação da força **P** de intensidade 275 N dará início à rotação no sentido horário da alavanca, determine (a) o coeficiente de atrito estático entre o eixo e a alavanca, (b) a menor força **P** para que a alavanca não inicie a rotação no sentido anti-horário.

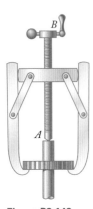

Figura **P8.143**

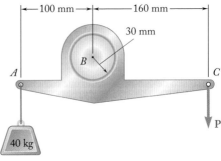

Figura P8.144

8.145 Na base do motor pivotante mostrada na figura, o peso **W** do motor de 175 N é usado para se manter tração na correia de transmissão. Sabendo que o coeficiente de atrito estático entre a correia plana e os tambores A e B é 0,40, e desprezando o peso da plataforma CD, determine o maior torque que pode ser transmitido ao tambor B quando o tambor acionador A está girando em sentido horário.

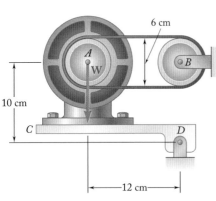

Figura **P8.145**

9
Forças distribuídas: momentos de inércia

A resistência de elementos estruturais utilizados na construção de edifícios depende em grande medida das propriedades de suas seções transversais. Isso inclui os momentos de segunda ordem, os chamados momentos de inércia, de suas seções transversais.

9.1 Momentos de inércia de superfícies
9.1A Momento de segunda ordem, ou momento de inércia, de uma superfície
9.1B Determinação do momento de inércia de uma superfície por integração
9.1C Momento de inércia polar
9.1D Raio de giração de uma superfície

9.2 Teorema dos eixos paralelos e superfícies compostas
9.2A O teorema dos eixos paralelos
9.2B Momentos de inércia de superfícies compostas

*9.3 Transformação dos momentos de inércia
9.3A Produto de inércia
9.3B Eixos principais e momentos principais de inércia

*9.4 Círculo de Mohr para momentos de inércia

9.5 Momentos de inércia dos corpos
9.5A Momento de inércia de um corpo simples
9.5B Teorema dos eixos paralelos para momentos de inércia dos corpos
9.5C Momentos de inércia de placas delgadas
9.5D Determinação do momento de inércia de um corpo tridimensional por integração
9.5E Momentos de inércia de corpos compostos

*9.6 Momentos de inércia dos corpos: outros conceitos
9.6A Produtos de inércia de corpos
9.6B Eixos principais e momentos principais de inércia
9.6C Eixos principais e momentos principais de inércia de um corpo de formato arbitrário

Objetivos

- **Descrever** o momento de segunda ordem, ou momento de inércia, de uma superfície.
- **Determinar** os momentos de inércia retangulares e polares de superfícies e seus raios de giração correspondentes por integração.
- **Desenvolver** o teorema dos eixos paralelos e aplicá-lo na determinação dos momentos de inércia de superfícies compostas.
- **Introduzir** o produto de inércia e aplicá-lo na análise da transformação dos momentos de inércia quando os eixos coordenados sofrem rotação.
- **Determinar** o momento de inércia de um corpo em relação a um eixo.
- **Aplicar** o teorema dos eixos paralelos para facilitar os cálculos do momento de inércia de um corpo.
- **Analisar** a transformação dos momentos de inércia dos corpos quando os eixos coordenados sofrem rotação.

Introdução

No Cap. 5, analisamos diversos sistemas de forças distribuídas ao longo de uma superfície ou de um sólido. Os três tipos principais de forças considerados foram (1) pesos de placas homogêneas de espessura uniforme (Seções 5.1 e 5.2), (2) cargas distribuídas sobre vigas e forças hidrostáticas (Seção 5.3) e (3) pesos de corpos tridimensionais homogêneos (Seção 5.4). Em todos os casos, as forças distribuídas eram proporcionais às áreas ou volumes elementares associados a elas. Logo, a resultante dessas forças poderia ser obtida pela soma das áreas ou volumes correspondentes e o momento da resultante em relação a qualquer eixo dado poderia ser determinado pelo cálculo dos momentos de primeira ordem das superfícies ou sólidos em relação a esse eixo.

Na primeira parte deste capítulo, consideramos forças distribuídas $\Delta \mathbf{F}$ cujas intensidades dependem não só dos elementos de área ΔA sobre as quais essas forças atuam, mas também da distância entre ΔA e algum eixo dado. Mais precisamente, admite-se que a intensidade da força por unidade de área $\Delta F / \Delta A$ varie linearmente com a distância até esse eixo. Conforme indicaremos na próxima seção, encontram-se forças desse tipo no estudo da flexão de vigas e em problemas que envolvem superfícies submersas não retangulares.

Considerando-se que as forças elementares envolvidas são distribuídas sobre uma superfície A e variam linearmente com a distância y ao eixo x, será mostrado que, enquanto a intensidade de sua resultante $\mathbf{R}$ depende do momento de primeira ordem Q_x da superfície A, a localização do ponto em que $\mathbf{R}$ está aplicada depende do *momento de segunda ordem*, ou *momento de inércia*, I_x da mesma superfície em relação ao eixo x. Aprenderemos a calcular os momentos de inércia de diferentes superfícies em relação aos eixos x e y dados. Apresentamos também o *momento de inércia polar* J_O de uma superfície. Para facilitar os cálculos, será estabelecida uma relação entre o momento de inércia I_x de uma superfície A em relação a um dado eixo x e o momento de inércia $I_{x'}$ da mesma superfície em relação ao eixo x' paralelo centroidal – relação conhecida como teorema dos eixos paralelos. Estudaremos também a transformação dos momentos de inércia de uma dada superfície quando os eixos coordenados sofrem rotação.

Na segunda parte do capítulo, aprenderemos a determinar os momentos de inércia de vários *corpos* em relação a um eixo dado. Encontram-se momentos de inércia em problemas de dinâmica que envolvam a rotação de um corpo rígido em relação a um eixo. Para facilitar o cálculo dos momentos de inércia de corpos, será apresentada outra versão do teorema dos eixos paralelos. Finalmente, vamos analisar a transformação de momentos de inércia de corpos quando os eixos coordenados sofrem rotação.

9.1 Momentos de inércia de superfícies

Na primeira parte deste capítulo, consideramos forças distribuídas $\Delta\mathbf{F}$ cujas intensidades ΔF são proporcionais aos elementos de área ΔA sobre os quais essas forças atuam e, ao mesmo tempo, variam linearmente com a distância entre ΔA e um dado eixo.

9.1A Momento de segunda ordem, ou momento de inércia, de uma superfície

Consideremos, por exemplo, uma viga de seção transversal uniforme sujeita a dois binários iguais e opostos aplicados em cada extremidade da viga. Dizemos que tal viga está sob **flexão pura**. As forças internas em qualquer seção da viga são forças distribuídas cujas intensidades $\Delta F = ky\,\Delta A$ variam linearmente com a distância y entre o elemento de área ΔA e um eixo que passa pelo centroide da seção. (Essa afirmação pode ser desenvolvida em um curso de mecânica dos materiais.) Esse eixo, representado pelo eixo x na Fig. 9.1, é conhecido como **eixo neutro** da seção. As forças sobre um dos lados da seção dividida pelo eixo neutro são forças de compressão, ao passo que sobre o outro lado são forças de tração; sobre o próprio eixo neutro, as forças são nulas.

A intensidade da resultante $\mathbf{R}$ das forças elementares $\Delta\mathbf{F}$ exercidas sobre toda a seção é:

$$R = \int ky\,dA = k\int y\,dA$$

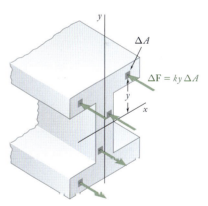

Figura 9.1 Forças representativas em uma seção transversal de uma viga submetida a binários iguais e opostos em cada extremidade.

Reconhecemos a última integral como sendo o **momento de primeira ordem** Q_x da seção em relação ao eixo x; essa integral vale $\bar{y}A$ e, portanto, é igual a zero, pois o centroide da seção localiza-se sobre o eixo x. Logo, o sistema de forças $\Delta\mathbf{F}$ reduz-se a um binário. A intensidade M desse binário (momento fletor) deve ser igual à soma dos momentos $\Delta M_x = y\,\Delta F = ky^2\,\Delta A$ das forças elementares. Integrando sobre toda a seção, obtemos:

$$M = \int ky^2\,dA = k\int y^2\,dA$$

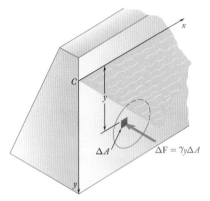

Figura 9.2 Comporta circular vertical submersa na água, usada para fechar a saída de um reservatório.

A última integral é conhecida como o **momento de segunda ordem**, ou **momento de inércia***, da seção da viga em relação ao eixo x, sendo representada por I_x. É obtida multiplicando-se cada elemento de área dA pelo *quadrado de sua distância* do eixo x e integrando-se sobre a seção da viga. Como cada produto $y^2 dA$ é positivo, não importando o sinal de y, ou zero (se y for zero), a integral I_x será sempre positiva.

Outro exemplo de um momento de segunda ordem, ou momento de inércia, de uma superfície é fornecido pelo seguinte problema de hidrostática: uma comporta circular vertical usada para fechar a saída de um grande reservatório está submersa na água como mostrado na Fig. 9.2. Qual é a resultante das forças exercidas pela água sobre a comporta e qual é o momento da resultante em relação à linha de interseção do plano da comporta e da superfície da água (eixo x)?

Se a comporta fosse retangular, a resultante das forças de pressão poderia ser determinada pela curva de pressão, como foi feito na Seção 5.3B. Porém, como a comporta é circular, é preciso usar um método mais geral. Representando por y a profundidade de um elemento de área ΔA e por γ o peso específico da água, a pressão em um elemento é $p = \gamma y$, e a intensidade da força elementar exercida sobre ΔA é $\Delta F = p\, \Delta A = \gamma y\, \Delta A$. Logo, a intensidade da resultante das forças elementares é

$$R = \int \gamma y\, dA = \gamma \int y\, dA$$

e pode ser obtida pelo cálculo do momento de primeira ordem $Q_x = \int y\, dA$ da superfície da comporta em relação ao eixo x. O momento M_x da resultante deve ser igual à soma dos momentos $\Delta M_x = y\, \Delta F = \gamma y^2\, \Delta A$ das forças elementares. Integrando sobre a área da comporta, temos

$$M_x = \int \gamma y^2\, dA = \gamma \int y^2\, dA$$

Novamente aqui a integral obtida representa o momento de segunda ordem, ou momento de inércia, I_x da superfície da comporta em relação ao eixo x.

9.1B Determinação do momento de inércia de uma superfície por integração

Definimos na seção anterior o momento de segunda ordem, ou momento de inércia, I_x de uma superfície A em relação ao eixo x. Definindo de modo semelhante o momento de inércia I_y da superfície A em relação ao eixo y, temos (Fig. 9.3a)

Momento de inércia de uma superfície

$$I_x = \int y^2\, dA \quad I_y = \int x^2\, dA \tag{9.1}$$

---

* A expressão *momento de segunda ordem* é mais apropriada que *momento de inércia* pois, é lógico, a última deve ser usada apenas para designar integrais de massa (ver a Seção 9.5). No entanto, no uso de engenharia, a expressão momento de inércia é usada no contexto tanto de áreas como de massas.

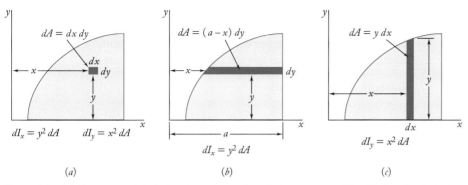

Figura 9.3 (a) Momentos de inércia retangulares dI_x e dI_y de uma superfície dA; (b) cálculo de I_x com uma faixa horizontal; (c) cálculo de I_y com uma faixa vertical.

Essas integrais, denominadas **momentos de inércia retangulares** da superfície A, podem ser mais facilmente calculadas se escolhermos dA como sendo uma faixa estreita paralela a um dos eixos coordenados. Para calcular I_x, escolhe-se a faixa paralela ao eixo x, de modo que todos os pontos da faixa estão à mesma distância y do eixo x (Fig. 9.3b); o momento de inércia dI_x da faixa é, então, obtido multiplicando-se a área dA da faixa por y^2. Para calcular I_y, escolhe-se a faixa paralela ao eixo y de modo que todos os pontos da faixa estão à mesma distância x do eixo y (Fig. 9.3c); o momento de inércia dI_y da faixa é $x^2 dA$.

Momento de inércia de uma superfície retangular. Como exemplo, vamos determinar o momento de inércia de um retângulo em relação à sua base (Fig. 9.4). Dividindo o retângulo em faixas paralelas ao eixo x, obtemos

$$dA = b\,dy \qquad dI_x = y^2 b\,dy$$

$$I_x = \int_0^h by^2\,dy = \frac{1}{3}bh^3 \tag{9.2}$$

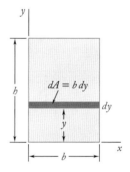

Figura 9.4 Determinação do momento de inércia de um retângulo em relação à sua base.

Cálculo de I_x e I_y pelo uso das mesmas faixas elementares. A fórmula que acabamos de deduzir pode ser usada para se determinar o momento de inércia dI_x em relação ao eixo x de uma faixa retangular paralela ao eixo y, tal como a faixa mostrada na Fig. 9.3c. Estabelecendo $b = dx$ e $h = y$ na fórmula (9.2), temos

$$dI_x = \frac{1}{3}y^3\,dx$$

Temos também

$$dI_y = x^2\,dA = x^2 y\,dx$$

Portanto, o mesmo elemento pode ser usado para o cálculo dos momentos de inércia I_x e I_y de uma dada superfície (Fig. 9.5).

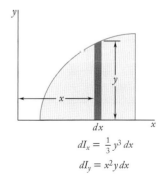

Figura 9.5 Uso do mesmo elemento de uma dada superfície para calcular I_x e I_y.

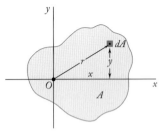

Figura 9.6 Distância *r* usada para calcular o momento de inércia polar da superfície *A*.

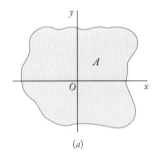
(a)

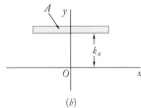
(b)

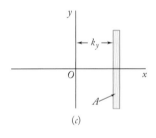
(c)

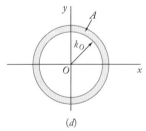
(d)

Figura 9.7 (*a*) Superfície *A* com o dado momento de inércia I_x; (*b*) concentração da superfície em uma faixa horizontal com raio de giração k_x; (*c*) concentração da superfície em uma faixa vertical com raio de giração k_y; (*d*) concentração da superfície em um anel circular com raio de giração polar k_O.

9.1C Momento de inércia polar

Uma integral de grande importância em problemas referentes à torção de eixos cilíndricos e em problemas que tratam da rotação de placas é

Momentos de inércia polar

$$J_O = \int r^2 \, dA \qquad (9.3)$$

sendo *r* a distância de *O* ao elemento de área *dA* (Fig. 9.6). Essa integral é o **momento de inércia polar** da superfície *A* em relação ao "polo" *O*.

O momento de inércia polar de uma dada superfície pode ser calculado a partir dos momentos de inércia retangulares I_x e I_y da superfície se essas grandezas já forem conhecidas. Com efeito, notando que $r^2 = x^2 + y^2$, temos

$$J_O = \int r^2 \, dA = \int (x^2 + y^2) \, dA = \int y^2 \, dA + \int x^2 \, dA$$

ou seja

$$J_O = I_x + I_y \qquad (9.4)$$

9.1D Raio de giração de uma superfície

Considere uma superfície *A* com momento de inércia I_x em relação ao eixo *x* (Fig. 9.7*a*). Vamos supor que concentramos essa superfície em uma faixa estreita paralela ao eixo *x* (Fig. 9.7*b*). Se a superfície de área *A* concentrada tiver o mesmo momento de inércia em relação ao eixo *x*, a faixa deverá ser colocada a uma distância k_x do eixo *x*, sendo k_x definido pela relação

$$I_x = k_x^2 A$$

Resolvendo para k_x, temos

Raio de giração

$$k_x = \sqrt{\frac{I_x}{A}} \qquad (9.5)$$

A distância k_x é denominada **raio de giração** da superfície em relação ao eixo *x*. De modo semelhante, podemos definir os raios de giração k_y e k_O (Fig. 9.7*c* e *d*). Assim, temos

$$I_y = k_y^2 A \qquad k_y = \sqrt{\frac{I_y}{A}} \qquad (9.6)$$

$$J_O = k_O^2 A \qquad k_O = \sqrt{\frac{J_O}{A}} \qquad (9.7)$$

Se reescrevermos a Eq. (9.4) em termos dos raios de giração, concluímos que

$$k_O^2 = k_x^2 + k_y^2 \qquad (9.8)$$

APLICAÇÃO DE CONCEITO 9.1

Para o retângulo mostrado na Fig. 9.8, vamos calcular o raio de giração k_x em relação à sua base. Usando as fórmulas (9.5) e (9.2), temos

$$k_x^2 = \frac{I_x}{A} = \frac{\frac{1}{3}bh^3}{bh} = \frac{h^2}{3} \qquad k_x = \frac{h}{\sqrt{3}}$$

O raio de giração k_x do retângulo é mostrado na Fig. 9.8. Não se deve confundir com a ordenada $\bar{y} = h/2$ do centroide da superfície. Enquanto o raio de giração k_x depende do *momento de segunda ordem* da superfície, a ordenada $\bar{y}$ está relacionada com o *momento de primeira ordem* da superfície.

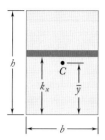

Figura 9.8 Raio de giração de um retângulo em relação à sua base.

PROBLEMA RESOLVIDO 9.1

Determine o momento de inércia de um triângulo em relação à sua base.

ESTRATÉGIA Para encontrar o momento de inércia em relação à base, é conveniente utilizar uma faixa diferencial de superfície paralela à base. Utilize a geometria da situação para executar a integração.

MODELAGEM Um triângulo de base b e altura h é desenhado; o eixo x é escolhido de modo a coincidir com a base (Fig. 1). Uma faixa diferencial paralela ao eixo x é escolhida como área dA. Como todas as porções da faixa estão à mesma distância do eixo x, temos

$$dI_x = y^2 \, dA \qquad dA = l \, dy$$

ANÁLISE Usando triângulos semelhantes, temos

$$\frac{l}{b} = \frac{h-y}{h} \qquad l = b\frac{h-y}{h} \qquad dA = b\frac{h-y}{h}dy$$

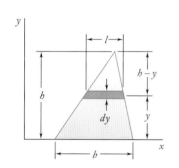

Figura 1 Triângulo com a faixa diferencial paralela à sua base.

Integrando dI_x de $y = 0$ até $y = h$, obtemos

$$I_x = \int y^2 \, dA = \int_0^h y^2 b \frac{h-y}{h} dy = \frac{b}{h}\int_0^h (hy^2 - y^3)\, dy$$

$$= \frac{b}{h}\left[h\frac{y^3}{3} - \frac{y^4}{4} \right]_0^h \qquad\qquad I_x = \frac{bh^3}{12} \quad \blacktriangleleft$$

PARA REFLETIR Este problema também poderia ter sido resolvido utilizando-se uma faixa diferencial perpendicular à base e aplicando-se a Eq. (9.2) para expressar o momento de inércia da faixa. Entretanto, devido à geometria deste triângulo, precisaríamos de duas integrais para completar a solução.

PROBLEMA RESOLVIDO 9.2

(*a*) Determine o momento de inércia polar centroidal de uma superfície circular por integração direta. (*b*) Usando o resultado do item (*a*), determine o momento de inércia de uma superfície circular em relação a um diâmetro.

ESTRATÉGIA Por se tratar de uma superfície circular, podemos calcular o item (*a*) utilizando uma superfície diferencial anelar. Para o item (*b*), podemos utilizar simetria e a Eq. (9.4) para resolver o momento de inércia em relação ao diâmetro.

MODELAGEM E ANÁLISE
a. Momento de inércia polar. Escolhemos um elemento diferencial de superfície anelar para ser dA (Fig. 1). Como todas as porções da superfície diferencial estão à mesma distância da origem, temos

$$dJ_O = u^2 dA \quad dA = 2\pi u\, du$$

$$J_O = \int dJ_O = \int_0^r u^2 (2\pi u\, du) = 2\pi \int_0^r u^3 du$$

$$J_O = \frac{\pi}{2} r^4 \quad \blacktriangleleft$$

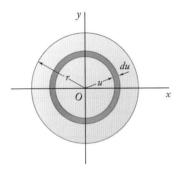

Figura 1 Superfície circular com um elemento diferencial anelar.

b. Momento de inércia em relação a um diâmetro. Devido à simetria da superfície circular, temos $I_x = I_y$. Logo, da Eq. (9.4), temos

$$J_O = I_x + I_y = 2I_x \quad \frac{\pi}{2} r^4 = 2I_x \quad I_{\text{diâmetro}} = I_x = \frac{\pi}{4} r^4 \quad \blacktriangleleft$$

PARA REFLETIR Sempre devemos procurar maneiras de simplificar um problema com o uso da simetria. Isso se aplica especialmente para situações que envolvam círculos ou esferas.

PROBLEMA RESOLVIDO 9.3

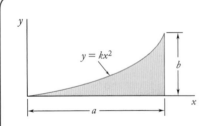

(*a*) Determine o momento de inércia da superfície sombreada em relação a cada um dos eixos coordenados. (As propriedades dessa superfície foram consideradas no Problema Resolvido 5.4.) (*b*) Usando os resultados do item (*a*), determine o raio de giração da superfície sombreada em relação a cada um dos eixos coordenados.

ESTRATÉGIA Podemos determinar os momentos de inércia utilizando uma única faixa diferencial de superfície; uma faixa vertical será mais conveniente. Feito isso, calculamos os raios de giração a partir dos momentos de inércia e da área da região.

MODELAGEM Voltando ao Problema Resolvido 5.4, obtemos as seguintes expressões para a equação da curva e para a área total:

$$y = \frac{b}{a^2}x^2 \quad A = \tfrac{1}{3}ab$$

ANÁLISE

a. Momentos de inércia.

Momento de inércia I_x. Um elemento diferencial vertical de área é escolhido como dA (Fig. 1). Como todas as porções desse elemento *não* estão à mesma distância do eixo x, devemos tratar o elemento como um retângulo fino. O momento de inércia do elemento em relação ao eixo x é, então

$$dI_x = \tfrac{1}{3}y^3\,dx = \frac{1}{3}\left(\frac{b}{a^2}x^2\right)^3 dx = \frac{1}{3}\frac{b^3}{a^6}x^6\,dx$$

$$I_x = \int dI_x = \int_0^a \frac{1}{3}\frac{b^3}{a^6}x^6\,dx = \left[\frac{1}{3}\frac{b^3}{a^6}\frac{x^7}{7}\right]_0^a$$

$$I_x = \frac{ab^3}{21} \quad \blacktriangleleft$$

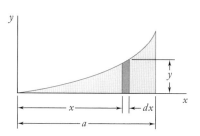

Figura 1 Área com um elemento de faixa diferencial vertical.

Momento de inércia I_y. É usado o mesmo elemento diferencial vertical de área. Como todas as porções do elemento estão à mesma distância do eixo y, temos

$$dI_y = x^2\,dA = x^2(y\,dx) = x^2\left(\frac{b}{a^2}x^2\right)dx = \frac{b}{a^2}x^4\,dx$$

$$I_y = \int dI_y = \int_0^a \frac{b}{a^2}x^4\,dx = \left[\frac{b}{a^2}\frac{x^5}{5}\right]_0^a$$

$$I_y = \frac{a^3 b}{5} \quad \blacktriangleleft$$

b. Raios de giração k_x e k_y. Da definição de raio de giração, temos

$$k_x^2 = \frac{I_x}{A} = \frac{ab^3/21}{ab/3} = \frac{b^2}{7} \qquad k_x = \sqrt{\tfrac{1}{7}}\,b \quad \blacktriangleleft$$

e

$$k_y^2 = \frac{I_y}{A} = \frac{a^3 b/5}{ab/3} = \tfrac{3}{5}a^2 \qquad k_y = \sqrt{\tfrac{3}{5}}\,a \quad \blacktriangleleft$$

PARA REFLETIR Este problema demonstra como podemos calcular I_x e I_y utilizando o mesmo elemento de faixa. Porém, a abordagem matemática geral em cada caso é distinta.

METODOLOGIA PARA A RESOLUÇÃO DE PROBLEMAS

O propósito desta seção foi apresentar os **momentos de inércia retangulares e polares de superfícies** e os correspondentes **raios de giração**. Embora os problemas que estamos para resolver possam parecer mais apropriados para uma aula de cálculo que de mecânica, esperamos que nossos comentários introdutórios sejam convincentes da relevância dos momentos de inércia para o estudo de uma variedade de tópicos de engenharia.

1. **Cálculo dos momentos de inércia retangulares I_x e I_y.** Definimos essas grandezas como

$$I_x = \int y^2 \, dA \qquad I_y = \int x^2 \, dA \tag{9.1}$$

sendo dA um elemento diferencial de superfície de área $d_x\, d_y$. Os momentos de inércia são os **momentos de segunda ordem da superfície**; é por essa razão que I_x, por exemplo, depende da distância perpendicular y da superfície dA. Ao estudar a Seção 9.1, devemos reconhecer a importância de se definirem cuidadosamente a forma e a orientação de dA. Além disso, devemos nos atentar para os seguintes pontos:

   a. **Os momentos de inércia da maioria das superfícies podem ser obtidos por meio de uma integração simples.** As expressões fornecidas nas Figs. 9.3b e c e na Fig. 9.5 podem ser usadas para o cálculo de I_x e I_y. Não importa se estamos usando uma integração simples ou dupla, certifiquemo-nos de mostrar em nosso esboço o elemento de superfície dA que foi escolhido.

   b. **O momento de inércia de uma superfície é sempre positivo,** não importa a localização da superfície em relação aos eixos de coordenadas. Isto porque o momento de inércia é obtido por integração do produto entre dA e o *quadrado* de uma distância. (Observe como isso é diferente dos resultados para o momento de primeira ordem de uma superfície.) Apenas quando uma superfície é *removida* (como no caso de um buraco), o momento de inércia entrará com sinal negativo em seus cálculos.

   c. **Como verificação parcial de seu trabalho,** observemos que os momentos de inércia são iguais ao produto entre uma área e o quadrado de um comprimento. Logo, todos os termos em uma expressão para um momento de inércia devem ter dimensão de comprimento elevado à quarta potência.

2. **Cálculo do momento de inércia polar J_O.** Definimos J_O como

$$J_O = \int r^2 \, dA \tag{9.3}$$

sendo $r^2 = x^2 + y^2$. Se a superfície dada tem simetria circular (como no Problema Resolvido 9.2), é possível exprimir dA em termos de r e calcular J_O com uma integração simples. Quando a superfície não tem simetria circular, geralmente é mais fácil calcular primeiro I_x e I_y e determinar J_O em seguida a partir de

$$J_O = I_x + I_y \tag{9.4}$$

Finalmente, se a equação da curva que limita a superfície dada for expressa em coordenadas polares, então $dA = r \, dr \, d\theta$, sendo necessária uma integração dupla no cálculo da integral para J_O [ver o Problema 9.27].

3. **Determinação dos raios de giração k_x e k_y e o raio de giração polar k_O.** Essas grandezas foram definidas na Seção 9.5 e devemos levar em conta que elas só poderão ser determinadas depois que a área e os momentos de inércia apropriados tenham sido calculados. É importante lembrar que k_x é medido na direção y, enquanto k_y é medido na direção x; é preciso estudar cuidadosamente a Seção 9.1D até entendermos essa questão.

PROBLEMAS

9.1 a 9.4 Determine por integração direta o momento de inércia da superfície sombreada em relação ao eixo y.

9.5 a 9.8 Determine por integração direta o momento de inércia da superfície sombreada em relação ao eixo x.

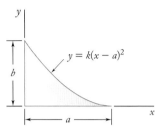

Figura P9.1 e *P9.5*

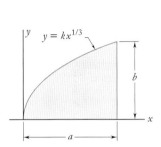

Figura P9.2 e P9.6

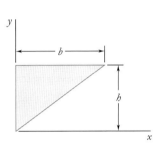

Figura P9.3 e *P9.7*

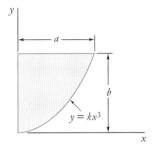

Figura P9.4 e P9.8

9.9 a 9.11 Determine por integração direta o momento de inércia da superfície sombreada em relação ao eixo x.

9.12 a 9.14 Determine por integração direta o momento de inércia da superfície sombreada em relação ao eixo y.

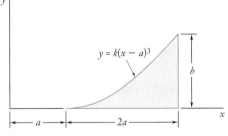

Figura P9.9 e P9.12

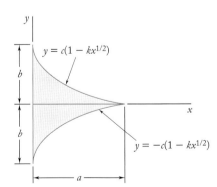

Figura P9.10 e *P9.13*

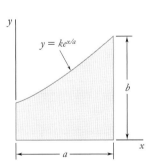

Figura P9.11 e *P9.14*

9.15 e 9.16 Determine o momento de inércia e o raio de giração da superfície sombreada mostrada na figura em relação ao eixo x.

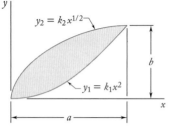

Figura P9.15 e P9.17

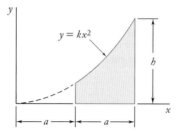

Figura P9.16 e P9.18

9.17 e 9.18 Determine o momento de inércia e o raio de giração da superfície sombreada mostrada na figura em relação ao eixo y.

9.19 Determine o momento de inércia e o raio de giração da superfície sombreada mostrada na figura em relação ao eixo x.

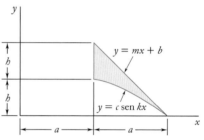

Figura *P9.19* e *P9.20*

9.20 Determine o momento de inércia e o raio de giração da superfície sombreada mostrada na figura em relação ao eixo y.

9.21 e 9.22 Determine o momento de inércia polar e o raio de giração polar da superfície sombreada mostrada na figura em relação ao ponto P.

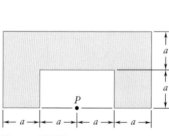

Figura P9.21

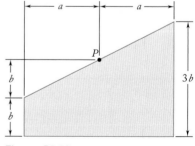

Figura P9.22

9.23 e **9.24** Determine o momento de inércia polar e o raio de giração polar da superfície sombreada mostrada na figura em relação ao ponto P.

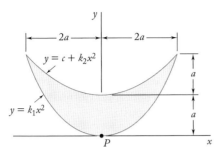

Figura P9.23

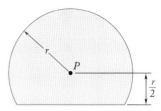

Figura **P9.24**

9.25 (a) Determine por integração direta o momento de inércia polar da superfície anelar mostrada na figura em relação ao ponto O. (b) Usando o resultado do item a, determine o momento de inércia da superfície dada em relação ao eixo x.

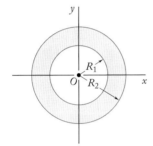

Figura P9.25 e P9.26

9.26 (a) Mostre que o raio de giração polar k_O da superfície anelar mostrada na figura é aproximadamente igual ao raio médio $R_m = (R_1 + R_2)/2$ para pequenos valores da espessura $t = R_2 - R_1$. (b) Determine o erro percentual cometido ao se usar R_m no lugar de k_O para os seguintes valores de t/R_m: $1, \frac{1}{2}$ e $\frac{1}{10}$.

9.27 Determine o momento de inércia polar e o raio de giração polar da superfície sombreada mostrada na figura em relação ao ponto O.

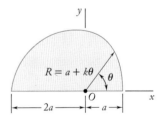

Figura P9.27

9.28 Determine o momento de inércia polar e o raio de giração do triângulo isósceles mostrado na figura em relação ao ponto O.

*9.29** Usando o momento de inércia polar do triângulo isósceles do Problema 9.28, mostre que o momento de inércia polar centroidal de uma superfície circular de raio r é $\pi r^4/2$. (*Dica*: à medida que a superfície circular for dividida em um número crescente de setores circulares iguais, qual será a forma aproximada de cada setor circular?).

*9.30** Demonstre que o momento de inércia polar centroidal de uma dada superfície de área A não pode ser menor que $A^2/2\pi$. (*Dica*: compare o momento de inércia da superfície dada com o momento de inércia de um círculo com a mesma área e o mesmo centroide).

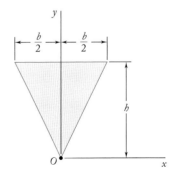

Figura P9.28

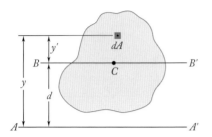

Figura 9.9 O momento de inércia de uma superfície A em relação a um eixo AA' pode ser determinado a partir de seu momento de inércia em relação ao eixo centroidal BB' por meio de um cálculo que envolve a distância d entre os eixos.

9.2 Teorema dos eixos paralelos e superfícies compostas

Na prática, muitas vezes precisamos determinar o momento de inércia de uma superfície complexa, que pode ser quebrada em uma soma de superfícies simples. Entretanto, ao fazer esses cálculos, temos que determinar o momento de inércia de cada superfície simples com relação ao mesmo eixo. Nesta seção, primeiro vamos derivar uma fórmula para calcular o momento de inércia de uma superfície com relação a um eixo centroidal paralelo a um dado eixo. Então, vamos mostrar como podemos utilizar essa fórmula para encontrar o momento de inércia de uma superfície composta.

9.2A O teorema dos eixos paralelos

Considere o momento de inércia I de uma superfície A em relação a um eixo AA' (Fig. 9.9). Representado por y a distância entre um elemento de superfície de área dA e AA', temos

$$I = \int y^2 \, dA$$

Vamos traçar agora um eixo BB' paralelo a AA' passando pelo centroide C; esse eixo é denominado *eixo centroidal*. Representando por y' a distância do elemento dA até BB', temos $y = y' + d$, sendo d a distância entre os eixos AA' e BB'. Substituindo por y na integral anterior, temos

$$I = \int y^2 \, dA = \int (y' + d)^2 \, dA$$

$$= \int y'^2 \, dA + 2d \int y' \, dA + d^2 \int dA$$

A primeira integral representa o momento de inércia $\bar{I}$ da superfície em relação ao eixo centroidal BB'. A segunda integral representa o momento de primeira ordem da superfície em relação a BB'; como o centroide C da superfície está localizado sobre esse eixo, a segunda integral deve ser nula. Finalmente, observamos que a última integral é igual à área total A da superfície. Logo, temos

Teorema dos eixos paralelos

$$I = \bar{I} + Ad^2 \tag{9.9}$$

Esse teorema estabelece que o momento de inércia I de uma superfície em relação a um dado eixo AA' é igual ao momento de inércia $\bar{I}$ da superfície em relação ao eixo centroidal BB' paralelo a AA' mais o produto da área A pelo quadrado da distância d entre os dois eixos. Esse teorema é conhecido como **teorema dos eixos paralelos.** Substituindo I por $k^2 A$ e $\bar{I}$ por $\bar{k}^2 A$, o teorema também pode ser expresso como

$$k^2 = \bar{k}^2 + d^2 \tag{9.10}$$

Uma relação equivalente existe entre o momento de inércia polar J_O de uma superfície em relação a um ponto O e o momento de inércia polar $\bar{J}_C$ da mesma superfície em relação ao seu centroide C. Representado por d a distância entre O e C, temos

$$J_O = \bar{J}_C + Ad^2 \quad \text{ou} \quad k_O^2 = \bar{k}_C^2 + d^2 \tag{9.11}$$

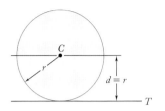

Figura 9.10 Determinando o momento de inércia de um círculo em relação a uma linha tangente a ele.

APLICAÇÃO DE CONCEITO 9.2

Como aplicação do teorema dos eixos paralelos, vamos determinar o momento de inércia I_T de uma superfície circular em relação a uma linha tangente ao círculo (Fig. 9.10). No Problema Resolvido 9.2, concluímos que o momento de inércia de uma superfície circular em relação a um eixo centroidal é $\bar{I} = \frac{1}{4}\pi r^4$. Logo, temos

$$I_T = \bar{I} + Ad^2 = \tfrac{1}{4}\pi r^4 + (\pi r^2)r^2 = \tfrac{5}{4}\pi r^4$$

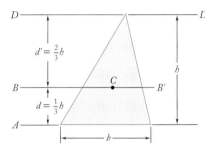

Figura 9.11 Determinação do momento centroidal de inércia de um triângulo a partir do momento de inércia em relação a um eixo paralelo.

APLICAÇÃO DE CONCEITO 9.3

O teorema dos eixos paralelos também pode ser aplicado na determinação do momento de inércia centroidal de uma superfície quando se conhece o momento de inércia da superfície em relação a um eixo paralelo. Considere, por exemplo, uma superfície triangular (Fig. 9.11). No Problema Resolvido 9.1, concluímos que o momento de inércia de um triângulo em relação à sua base AA' é igual a $\frac{1}{12}bh^3$. Usando o teorema dos eixos paralelos, temos

$$I_{AA'} = \bar{I}_{BB'} + Ad^2$$
$$\bar{I}_{BB'} = I_{AA'} - Ad^2 = \tfrac{1}{12}bh^3 - \tfrac{1}{2}bh(\tfrac{1}{3}h)^2 = \tfrac{1}{36}bh^3$$

Deve-se observar que o produto Ad^2 foi *subtraído* do momento de inércia dado a fim de se obter o momento de inércia centroidal do triângulo. Observe que esse produto é *adicionado* ao se transferir *de* um eixo centroidal para um eixo paralelo, mas deve ser *subtraído* ao se transferir *para* um eixo centroidal. Em outras palavras, o momento de inércia de uma superfície é sempre menor em relação a um eixo centroidal que em relação a qualquer outro eixo paralelo.

Retornando à Fig. 9.11, observamos que o momento de inércia de um triângulo em relação à linha DD' (passando pelo vértice) pode ser obtido da seguinte maneira:

$$I_{DD'} = \bar{I}_{BB'} + Ad'^2 = \tfrac{1}{36}bh^3 + \tfrac{1}{2}bh(\tfrac{2}{3}h)^2 = \tfrac{1}{4}bh^3$$

Note que $I_{DD'}$ não poderia ter sido obtido diretamente de $I_{AA'}$. O teorema dos eixos paralelos só pode ser aplicado se um dos dois eixos paralelos passar pelo centroide da superfície.

9.2B Momentos de inércia de superfícies compostas

Considere uma superfície A constituída por diversas superfícies componentes $A_1, A_2, A_3, \ldots$. Como a integral que representa o momento de inércia de A pode ser subdividida nas integrais calculadas sobre $A_1, A_2, A_3, \ldots$, o momento de inércia de A em relação a um dado eixo é obtido pela adição dos momentos de inércia das superfícies $A_1, A_2, A_3, \ldots$ em relação ao mesmo eixo.

O momento de inércia de uma superfície que consiste em vários dos formatos mostrados na Fig. 9.12 pode então ser obtido pelo uso das fórmulas dadas nessa figura. Todavia, antes de se adicionarem os momentos de inércia

Foto 9.1 A Figura 9.13 fornece dados para uma pequena amostra de perfis laminados prontamente disponíveis. São mostrados nesta foto exemplos de perfis de aba larga (perfis I) comumente utilizados na construção de edifício.

das superfícies componentes, talvez tenha que se aplicar o teorema dos eixos paralelos para se transferir cada momento de inércia para o eixo desejado. Os Problemas Resolvidos 9.4 e 9.5 ilustram o método de solução adequado.

As propriedades das seções transversais de diversos formatos estruturais são dadas na Fig. 9.13. Conforme observamos na Seção 9.1A, o momento de

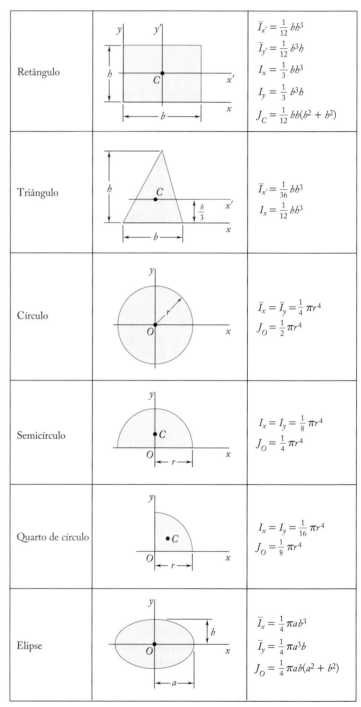

Figura 9.12 Momentos de inércia de formatos geométricos simples.

	Designação	Área in²	Altura in.	Largura in.	Eixos X–X			Eixo Y–Y		
					$\overline{I}_x$, in⁴	$\overline{k}_x$, in.	$\overline{y}$, in.	$\overline{I}_y$, in⁴	$\overline{k}_y$, in.	$\overline{x}$, in.
Perfil I 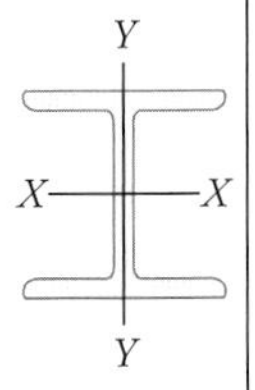	W18 × 76†	22,3	18,2	11,0	1330	7,73		152	2,61	
	W16 × 57	16,8	16,4	7,12	758	6,72		43,1	1,60	
	W14 × 38	11,2	14,1	6,77	385	5,87		26,7	1,55	
	W8 × 31	9,12	8,00	8,00	110	3,47		37,1	2,02	
Perfil duplo T 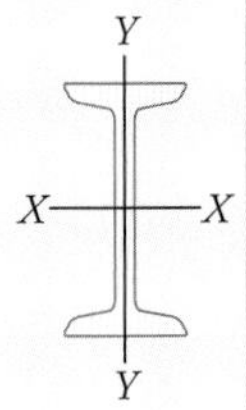	S18 × 54,7†	16,0	18,0	6,00	801	7,07		20,7	1,14	
	S12 × 31,8	9,31	12,0	5,00	217	4,83		9,33	1,00	
	S10 × 25,4	7,45	10,0	4,66	123	4,07		6,73	0,950	
	S6 × 12,5	3,66	6,00	3,33	22,0	2,45		1,80	0,702	
Perfil C 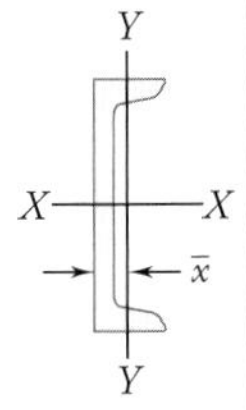	C12 × 20,7†	6,08	12,0	2,94	129	4,61		3,86	0,797	0,698
	C10 × 15,3	4,48	10,0	2,60	67,3	3,87		2,27	0,711	0,634
	C8 × 11,5	3,37	8,00	2,26	32,5	3,11		1,31	0,623	0,572
	C6 × 8,2	2,39	6,00	1,92	13,1	2,34		0,687	0,536	0,512
Cantoneira 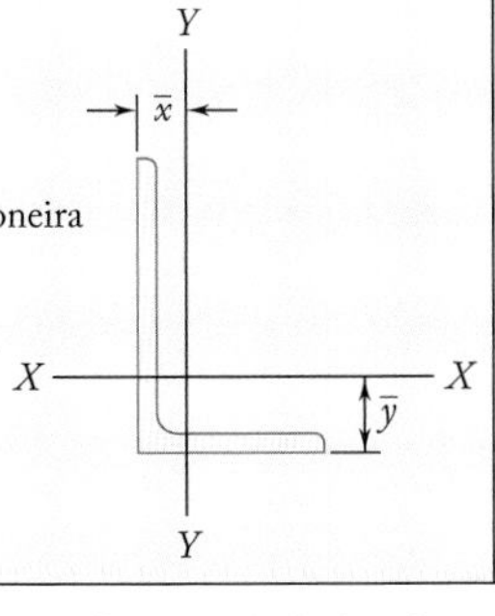	L6 × 6 × 1‡	11,0			35,4	1,79	1,86	35,4	1,79	1,86
	L4 × 4 × ½	3,75			5,52	1,21	1,18	5,52	1,21	1,18
	L3 × 3 × ¼	1,44			1,23	0,926	0,836	1,23	0,926	0,836
	L6 × 4 × ½	4,75			17,3	1,91	1,98	6,22	1,14	0,981
	L5 × 3 × ½	3,75			9,43	1,58	1,74	2,55	0,824	0,746
	L3 × 2 × ¼	1,19			1,09	0,953	0,980	0,390	0,569	0,487

Figura 9.13A Propriedades de perfis laminados (unidades usuais dos EUA).
*Cortesia do American Institute of Steel Construction, de Chicago, EUA
†Altura nominal em polegadas e massa em libras por pé
‡Altura, largura e espessura em polegadas

inércia de uma seção de viga em relação ao seu eixo neutro é fortemente relacionado ao cálculo do momento fletor nessa seção da viga. Logo, a determinação de momentos de inércia é um pré-requisito para a análise e o projeto de elementos estruturais.

Deve-se observar que o raio de giração de uma superfície composta *não* é igual à soma dos raios de giração das superfícies componentes. Para se determinar o raio de giração de uma superfície composta, é preciso primeiro calcular o momento de inércia da superfície.

	Designação	Área mm²	Altura mm	Largura mm	Eixos X–X $\overline{I_x}$ 10⁶ mm⁴	$\overline{k_x}$ mm	$\overline{y}$ mm	Eixos Y–Y $\overline{I_y}$ 10⁶ mm⁴	$\overline{k_y}$ mm	$\overline{x}$ mm
Perfil I 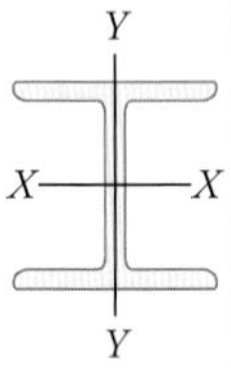	W460 × 113†	14 400	462	279	554	196		63,3	66,3	
	W410 × 85	10 800	417	181	316	171		17,9	40,6	
	W360 × 57,8	7230	358	172	160	149		11,1	39,4	
	W200 × 46,1	5880	203	203	45,8	88,1		15,4	51,3	
Perfil duplo T 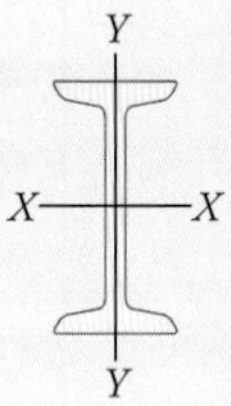	S460 × 81,4†	10 300	457	152	333	180		8,62	29,0	
	S310 × 47,3	6010	305	127	90,3	123		3,88	25,4	
	S250 × 37,8	4810	254	118	51,2	103		2,80	24,1	
	S150 × 18,6	2360	152	84,6	9,16	62,2		0,749	17,8	
Perfil C 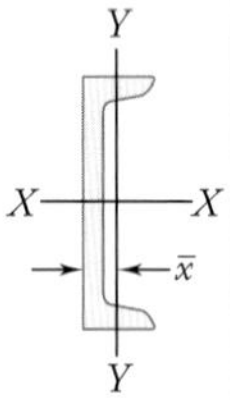	C310 × 30,8†	3920	305	74,7	53,7	117		1,61	20,2	17,7
	C250 × 22,8	2890	254	66,0	28,0	98,3		0,945	18,1	16,1
	C200 × 17,1	2170	203	57,4	13,5	79,0		0,545	15,8	14,5
	C150 × 12,2	1540	152	48,8	5,45	59,4		0,286	13,6	13,0
Cantoneira 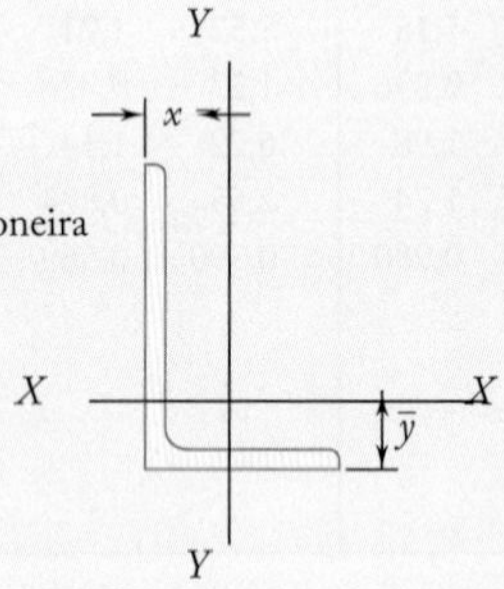	L152 × 152 × 25,4‡	7100			14,7	45,5	47,2	14,7	45,5	47,2
	L102 × 102 × 12,7	2420			2,30	30,7	30,0	2,30	30,7	30,0
	L76 × 76 × 6,4	929			0,512	23,5	21,2	0,512	23,5	21,2
	L152 × 102 × 12,7	3060			7,20	48,5	50,3	2,59	29,0	24,9
	L127 × 76 × 12,7	2420			3,93	40,1	44,2	1,06	20,9	18,9
	L76 × 51 × 6,4	768			0,454	24,2	24,9	0,162	14,5	12,4

Figura 9.13B Propriedades de perfis laminados (Unidades do SI).
†Altura nominal em milímetros e massa em quilogramas por metro
‡Altura, largura e espessura em milímetros

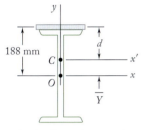

Figura 1 A origem das coordenadas é localizada no centroide do perfil I.

PROBLEMA RESOLVIDO 9.4

A resistência de uma viga em perfil I 360 × 57,8 é aumentada ao se anexar uma placa de 220 × 18 mm à sua aba superior como mostra a figura. Determine o momento de inércia e o raio de giração da seção composta em relação a um eixo paralelo à placa passando pelo centroide C da seção.

ESTRATÉGIA Este problema envolve a determinação do momento de inércia de uma superfície composta em relação ao seu centroide. Devemos primeiro determinar a localização desse centroide. Então, utilizando o teorema dos eixos paralelos, podemos determinar o momento de inércia em relação a esse centroide para a seção inteira a partir do momento centroidal de inércia de cada parte componente.

MODELAGEM E ANÁLISE A origem O das coordenadas é localizada no centroide do perfil I, e a distância $\overline{Y}$ é calculada pelos métodos de solução para centroides de seção composta do Cap. 5. A área do perfil I é encontrada na Fig. 9.13B. A área e a coordenada y do centroide da placa são:

$$A = (220 \text{ mm})(18 \text{ mm}) = 3960 \text{ mm}^2$$
$$\overline{y} = \tfrac{1}{2}(358 \text{ mm}) + \tfrac{1}{2}(18 \text{ mm}) = 188 \text{ mm}$$

Seção	Área, mm²	$\overline{y}$, mm	$\overline{y}A$, mm³
Placa	3960	188	744480
Perfil I	7230	0	0
	$\Sigma A = 11190$		$\Sigma \overline{y}A = 744480$

$$\overline{Y}\Sigma A = \Sigma \overline{y}A \qquad \overline{Y}(11190) = 744480 \qquad \overline{Y} = 66,53 \text{ mm}$$

Momento de inércia. O teorema dos eixos paralelos é aplicado na determinação dos momentos de inércia do perfil I e da placa em relação ao eixo x'. Esse eixo é centroidal para a seção composta, mas *não* para cada um dos elementos considerados separadamente. O valor de $\overline{I}_x$ para o perfil I é obtido na Fig. 9.13B.

Para o perfil I:

$$I_{x'} = \overline{I}_x + A\overline{Y}^2 = 160 \times 10^6 + (7230)(66,53)^2 = 192 \times 10^6 \text{ mm}^4$$

Para a placa:

$$I_{x'} = \overline{I}_x + Ad^2 = (\tfrac{1}{12})(220)(18)^3 + (3960)(188 - 66,53)^2 = 58,54 \times 10^6 \text{ mm}^4$$

Para a seção composta:

$$I_{x'} = (192 + 58,54) \times 10^6 = 250,54 \times 10^6 \text{ mm}^4 \quad I_{x'} = 250,54 \times 10^6 \text{ mm}^4 \quad \blacktriangleleft$$

Raio de giração. Do momento de inércia e da área recém calculados, obtemos

$$k_{x'}^2 = \frac{I_{x'}}{A} = \frac{250,54 \times 10^6 \text{ mm}^4}{11190 \text{ mm}^2} \quad k_{x'} = 149,6 \text{ mm} \quad \blacktriangleleft$$

PARA REFLETIR Este é um cálculo comum para muitas situações diferentes. Muitas vezes é útil listar dados em uma tabela para controlar os números e identificar quais dados vocês precisa.

PROBLEMA RESOLVIDO 9.5

Determine o momento de inércia da superfície sombreada em relação ao eixo x.

ESTRATÉGIA A superfície dada pode ser obtida subtraindo-se um semicírculo de um retângulo (Fig. 1). Os momentos de inércia do retângulo e do semicírculo serão calculados separadamente.

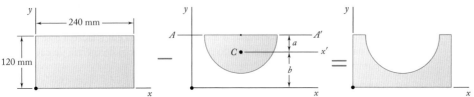

Figura 1 Modelagem da superfície dada pela subtração de um semicírculo de um retângulo.

MODELAGEM E ANÁLISE

Momento de inércia do retângulo. Voltando à Fig. 9.12, obtemos

$$I_x = \tfrac{1}{3}bh^3 = \tfrac{1}{3}(240 \text{ mm})(120 \text{ mm})^3 = 138,2 \times 10^6 \text{ mm}^4$$

Momento de inércia do semicírculo. Voltando à Fig. 5.8, determinamos a localização do centroide C do semicírculo em relação ao diâmetro AA'. Conforme mostramos na Fig. 2, temos

$$a = \frac{4r}{3\pi} = \frac{(4)(90 \text{ mm})}{3\pi} = 38,2 \text{ mm}$$

A distância b do centroide C ao eixo x é

$$b = 120 \text{ mm} - a = 120 \text{ mm} - 38,2 \text{ mm} = 81,8 \text{ mm}$$

Voltando agora à Fig. 9.12, calculamos o momento de inércia do semicírculo em relação ao diâmetro AA' e, logo, a sua área.

$$I_{AA'} = \tfrac{1}{8}\pi r^4 = \tfrac{1}{8}\pi(90 \text{ mm})^4 = 25,76 \times 10^6 \text{ mm}^4$$
$$A = \tfrac{1}{2}\pi r^2 = \tfrac{1}{2}\pi(90 \text{ mm})^2 = 12,72 \times 10^3 \text{ mm}^2$$

Usando o teorema dos eixos paralelos, obtemos o valor $\bar{I}_{x'}$:

$$I_{AA'} = \bar{I}_{x'} + Aa^2$$
$$25,76 \times 10^6 \text{ mm}^4 = \bar{I}_{x'} + (12,72 \times 10^3 \text{ mm}^2)(38,2 \text{ mm})^2$$
$$\bar{I}_{x'} = 7,20 \times 10^6 \text{ mm}^4$$

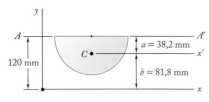

Figura 2 Localização do centroide do semicírculo.

Usando novamente o teorema dos eixos paralelos, obtemos o valor I_x:

$$I_x = \bar{I}_{x'} + Ab^2 = 7,20 \times 10^6 \text{ mm}^4 + (12,72 \times 10^3 \text{ mm}^2)(81,8 \text{ mm})^2$$
$$= 92,3 \times 10^6 \text{ mm}^4$$

Momento de inércia da superfície dada. Subtraindo o momento de inércia do semicírculo do momento de inércia do retângulo, obtemos

$$I_x = 138,2 \times 10^6 \text{ mm}^4 - 92,3 \times 10^6 \text{ mm}^4$$
$$I_x = 45,9 \times 10^6 \text{ mm}^4 \quad \blacktriangleleft$$

PARA REFLETIR As Figuras 5.8 e 9.12 são referências úteis para a localização de centroides e momentos de inércia de superfícies comuns; não esqueça de usá-las.

METODOLOGIA PARA A RESOLUÇÃO DE PROBLEMAS

Nesta seção, apresentamos o **teorema dos eixos paralelos** e exemplificamos como ele pode ser usado para simplificar o cálculo de momentos de inércia retangulares e polares de superfícies compostas. As superfícies que iremos levar em conta nos problemas a seguir consistirão em formatos simples e em perfis laminados. Também usaremos o teorema dos eixos paralelos para localizar o ponto de aplicação (o centro de pressões) da resultante de forças hidrostáticas atuantes sobre uma superfície plana submersa.

1. **Aplicação do teorema dos eixos paralelos.** Na Seção 9.2, deduzimos o teorema dos eixos paralelos

$$I = \bar{I} + Ad^2 \qquad (9.9)$$

que estabelece o momento de inércia I de uma superfície de área A em relação a um dado eixo sendo igual à soma do momento de inércia $\bar{I}$ dessa superfície em relação ao *eixo paralelo centroidal* e ao produto Ad^2, em que d é a distância entre os dois eixos. É importante que nos lembremos dos seguintes pontos ao aplicar o teorema dos eixos paralelos:

    a. **O momento centroidal de inércia $\bar{I}$ de uma superfície de área A** pode ser obtido pela subtração do produto Ad^2 do momento de inércia I da superfície em relação a um eixo paralelo. Logo, o momento de inércia $\bar{I}$ é *menor* que o momento de inércia I da mesma superfície em relação a qualquer eixo paralelo.

    b. **O teorema dos eixos paralelos só pode ser aplicado se um dos dois eixos for um eixo centroidal.** Logo, como observamos no Exemplo 9.3, para calcular o momento de inércia de uma superfície em relação a um *eixo não centroidal* quando se conhece o momento de inércia da superfície em relação a *outro eixo não centroidal* paralelo, é preciso primeiro calcular o momento de inércia da superfície em relação ao eixo centroidal paralelo aos dois eixos dados.

2. **Cálculo dos momentos de inércia retangulares e polares de superfícies compostas.** Os Problemas Resolvidos 9.4 e 9.5 ilustram os passos que devemos seguir para resolver problemas desse tipo. Assim como em todos os problemas de superfícies compostas, devemos mostrar em seu esboço os formatos simples ou os perfis laminados que constituem os diversos elementos da superfície dada, bem como as distâncias entre os eixos centroidais dos elementos e os eixos em relação aos quais é preciso calcular os momentos de inércia. Além disso, é importante que os seguintes pontos sejam observados:

    a. **O momento de inércia de uma superfície é sempre positivo,** não importa a localização do eixo em relação ao qual ele está sendo calculado. Conforme salientamos nos comentários da seção anterior, apenas quando uma superfície é *removida* (como no caso de um buraco), é que o momento de inércia deverá entrar com um sinal negativo em seus cálculos.

(continua)

b. Os momentos de inércia de uma semielipse e de um quarto de elipse podem ser determinados dividindo-se o momento de inércia de uma elipse por 2 e 4, respectivamente. Deve-se observar, porém, que os momentos de inércia assim obtidos estão *em relação aos eixos de simetria da elipse*. Para se obterem os momentos de inércia *centroidais* desses formatos, é preciso aplicar o teorema dos eixos paralelos. Note que essa observação também se aplica a um semicírculo e a um quarto de círculo, e que as expressões dadas para esses formatos na Fig. 9.12 *não* se referem a momentos de inércia centroidais.

c. Para calcular o momento de inércia polar de uma superfície composta, podemos usar seja as expressões dadas na Fig. 9.12 para J_O, seja a relação

$$J_O = I_x + I_y \tag{9.4}$$

dependendo do formato da superfície dada.

d. Antes de calcular os momentos de inércia centroidais de uma dada superfície, podemos concluir que é necessário primeiro localizar o centroide da superfície usando os métodos do Cap. 5.

3. Localização do ponto de aplicação da resultante de um sistema de forças hidrostáticas. Na Seção 9.1, descobrimos que

$$R = \gamma \int y\, dA = \gamma \bar{y} A$$

$$M_x = \gamma \int y^2\, dA = \gamma I_x$$

sendo $\bar{y}$ a distância entre o eixo x e o centroide da superfície plana submersa. Como **R** é equivalente ao sistema de forças hidrostáticas elementares, segue-se que

$$\Sigma M_x: \qquad y_P R = M_x$$

sendo y_P a profundidade do ponto de aplicação de **R**. Logo:

$$y_P(\gamma \bar{y} A) = \gamma I_x \quad \text{ou} \quad y_P = \frac{I_x}{\bar{y} A}$$

Para encerrar, é sugerido que se estude cuidadosamente a notação utilizada na Fig. 9.13 para os perfis laminados, pois é provável que nos deparemos com ela em cursos de engenharia subsequentes.

PROBLEMAS

9.31 e 9.32 Determine o momento de inércia e o raio de giração da superfície sombreada em relação ao eixo x.

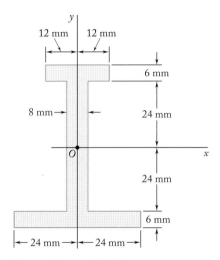

Figura P9.31 e P9.33

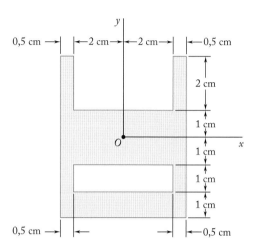

Figura P9.32 e P9.34

9.33 e 9.34 Determine o momento de inércia e o raio de giração da superfície sombreada em relação ao eixo y.

9.35 e 9.36 Determine os momentos de inércia da superfície sombreada em relação aos eixos x e y.

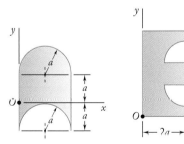

Figura **P9.35**   Figura **P9.36**

9.37 O momento de inércia centroidal polar $\bar{J}_C$ da superfície sombreada de 24 mm² é 600 mm⁴. Determine os momentos polares de inércia J_B e J_D da superfície sombreada sabendo que $J_D = 2J_B$ e $d = 5$ mm.

9.38 O momento de inércia centroidal polar $\bar{J}_C$ da superfície sombreada de 25 mm² sabendo que os momentos de inércia polar da superfície com relação aos pontos A, B e D são, respectivamente, $J_A = 281$ mm⁴, $J_B = 810$ mm⁴ e $J_D = 1578$ mm⁴.

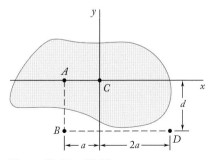

Figura P9.37 e **P9.38**

9.39 Determine para a superfície sombreada a área e o momento de inércia em relação ao eixo centroidal paralelo a AA', sabendo que $d_1 = 25$ mm e $d_2 = 10$ mm e que os momentos de inércia em relação a AA' e BB' são $2,2 \times 10^6$ mm^4 e 4×10^6 mm^4, respectivamente.

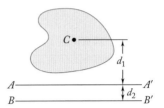

Figura P9.39 e P9.40

9.40 Sabendo que a área da superfície sombreada é igual a 6000 mm^2 e que seu momento de inércia em relação a AA' é 18×10^6 mm^4, determine seu momento de inércia em relação a BB' para $d_1 = 50$ mm e $d_2 = 10$ mm.

9.41 a 9.44 Determine os momentos de inércia $\bar{I}_x$ e $\bar{I}_y$ da superfície mostrada na figura em relação aos eixos centroidais paralelo e perpendicular ao lado AB, respectivamente.

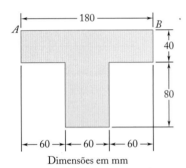

Dimensões em mm
Figura P9.41

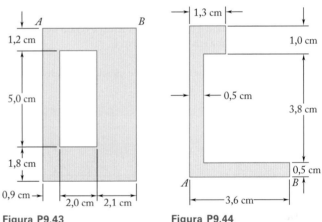

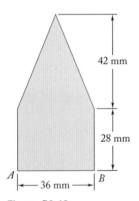

Figura P9.42

Figura P9.43

Figura P9.44

9.45 e 9.46 Determine o momento de inércia polar da área mostrada na figura em relação (a) ao ponto O, (b) ao centroide da superfície.

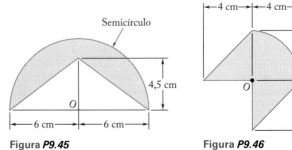

Figura P9.45

Figura P9.46

9.47 e 9.48 Determine o momento de inércia polar da área mostrada na figura em relação (a) ao ponto O, (b) ao centroide da superfície.

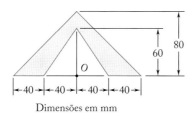

Dimensões em mm
Figura P9.47

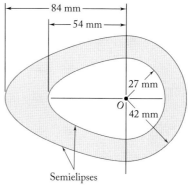

Figura P9.48

9.49 Dois perfis e duas placas são usados para formar a seção de coluna mostrada. Para $b = 200$ mm, determine os momentos de inércia e os raios de giração da seção composta em relação aos eixos centroidais x e y.

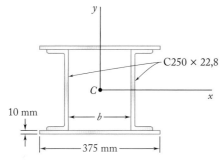

Figura P9.49

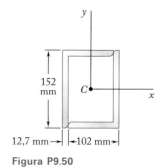

Figura P9.50

9.50 Duas cantoneiras L152 × 102 × 12,7 mm são soldadas para formar a seção mostrada na figura. Determine os momentos de inércia e os raios de giração da seção composta em relação aos eixos centroidais x e y.

9.51 Duas cantoneiras L102 × 76 × 6,4 mm são soldadas no perfil I laminado como mostrado na figura. Determine os momentos de inércia e os raios de giração da seção composta em relação aos eixos centroidais x e y.

9.52 Duas chapas de aço de 20 mm são soldadas a um perfil duplo T laminado tal como mostra a figura. Determine os momentos de inércia e os raios de giração da seção composta em relação aos eixos centroidais x e y.

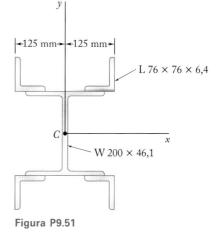

Figura P9.51

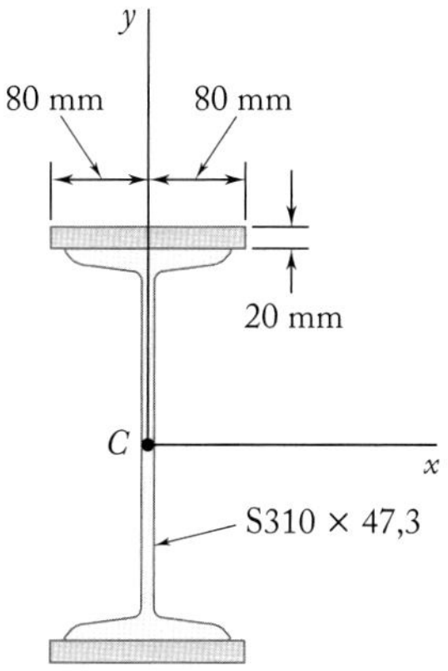

Figura P9.52

9.53 Um perfil e uma placa são soldados como mostrado na figura para formar uma seção que é simétrica em relação ao eixo y. Determine o momento de inércia do perfil combinado em relação aos eixos centroidais x e y.

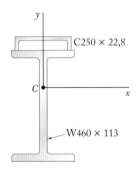

Figura **P9.54**

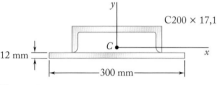

Figura **P9.53**

9.54 A resistência de um perfil I mostrado na figura é aumentada pela soldagem de perfil na aba superior. Determine o momento de inércia do perfil combinado em relação aos eixos centroidais x e y.

9.55 Duas cantoneiras de L76 × 76 × 6,4 mm são soldadas a um perfil C de 250 × 22,8. Determine os momentos de inércia da seção composta em relação aos eixos centroidais paralelo e perpendicular à junção do perfil C.

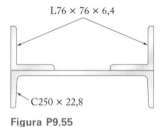

Figura P9.55

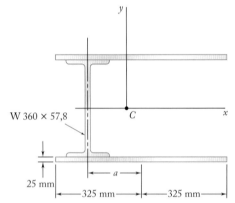

Figura **P9.56**

9.56 Duas placas de aço são soldadas no perfil I laminado como mostrado na figura. Sabendo que os momentos centroidas de inércia $\bar{I}_x$ e $\bar{I}_y$ da seção composta são iguais, determine (a) a distância a, (b) os momentos de inércia em relação aos eixos centroidais x e y.

9.57 e 9.58 O painel mostrado na figura forma a seção transversal de uma calha que está cheia de água até a linha AA'. Voltando à Seção 9.1A, determine a altura do ponto de aplicação da resultante das forças hidrostáticas atuantes sobre o painel (o centro de pressões).

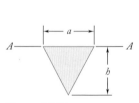

Figura P9.57

Figura P9.58

9.59 e *9.60 O painel mostrado na figura forma a seção transversal de uma calha que está cheia de água até a linha AA'. Voltando à Seção 9.1A, determine a altura do ponto de aplicação da resultante das forças hidrostáticas atuantes sobre o painel (o centro de pressões).

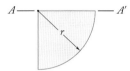

Figura P9.59

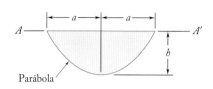

Figura P9.60

9.61 Uma comporta trapezoidal vertical, usada como válvula automática, se mantém fechada por duas molas ligadas a dobradiças localizadas ao longo da aresta AB. Sabendo que cada mola exerce um binário de intensidade 1.470 N · m, determine a profundidade d da água necessária para que a comporta se abra.

9.62 Uma tampa para um ralo de acesso de 0,5 m a um tanque de armazenamento de água é fixado ao tanque por quatro parafusos igualmente espaçados como mostra a figura. Determine a força adicional em cada parafuso devido a pressão da água quando o centro da tampa é localizado a 1,4 m abaixo da superfície da água.

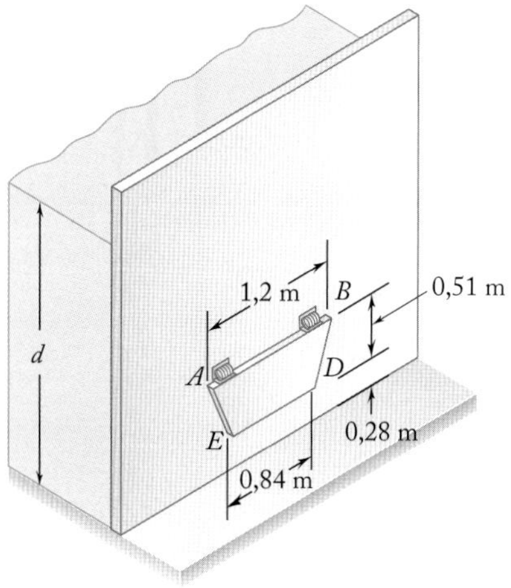

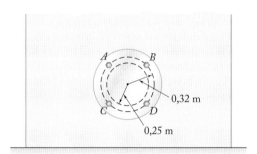

Figura *P9.62*

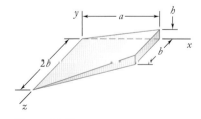

Figura *P9.61*

*** 9.63** Determine a coordenada x do centroide do sólido mostrado na figura. (*Dica*: a altura y do sólido é proporcional à coordenada x; faça uma analogia entre essa altura e a pressão da água sobre uma superfície submersa.)

*** 9.64** Determine a coordenada x do centroide do sólido mostrado; esse sólido foi obtido pela interseção de um cilindro elíptico com um plano oblíquo. (Veja a dica do problema 9.63)

Figura P9.63

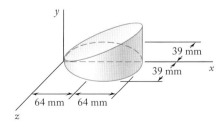

Figura P9.64

*9.65 Mostre que o sistema de forças hidrostáticas atuantes sobre uma superfície plana submersa de área A pode ser reduzido a uma força **P** no centroide C da superfície e dois binários. A força **P** é perpendicular a superfície e sua intensidade é $P = \gamma A \bar{y} \operatorname{sen} \theta$, sendo γ o peso específico do líquido e os binários são $\mathbf{M}_{x'} = (\gamma \bar{I}_{x'} \operatorname{sen} \theta)\mathbf{i}$ e $\mathbf{M}_{y'} = (\gamma \bar{I}_{x'y'} \operatorname{sen} \theta)\mathbf{j}$, sendo $\bar{I}_{x'y'} = \int x'y' dA$ (ver a Seção 9.3). Observe que os binários independem da profundidade a que a superfície está submersa.

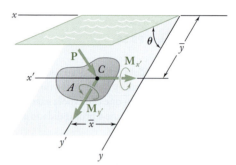

Figura P9.65

*9.66 Mostre que a resultante das forças hidrostáticas exercidas sobre uma superfície plana submersa de área A é uma força **P** perpendicular à superfície cuja a intensidade é $P = \gamma A \bar{y} \operatorname{sen} \theta = \bar{p} A$, sendo γ o peso específico do líquido e $\bar{p}$ a pressão no centroide C da superfície. Mostre que **P** é aplicada em um ponto C_P, denominado centro de pressões, cujas coordenadas são $x_p = I_{xy}/A\bar{y}$ e $y_p = I_x/A\bar{y}$, sendo $I_{xy} = \int xy \, dA$ (ver a Seção 9.3). Mostre também que a diferença de ordenadas $y_p - \bar{y}$ é igual a $\bar{k}_{x'}^2/\bar{y}$ e, portanto, depende da profundidade a que a superfície está submersa.

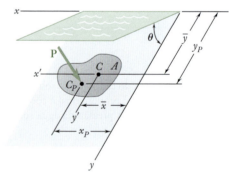

Figura P9.66

*9.3 Transformação dos momentos de inércia

Os momentos de inércia de uma superfície podem ter diferentes valores dependendo de quais eixos usamos para calculá-los. Acontece que muitas vezes é importante determinar os valores máximo e mínimo dos momentos de inércia, o que significa determinar a orientação específica dos eixos que produzem esses valores. O primeiro passo ao se calcular momentos de inércia em relação a eixos que sofreram rotação é determinar um novo tipo de momento de segunda ordem, chamado de produto de inércia. Nesta seção, ilustraremos esse procedimento.

9.3A Produto de inércia

O **produto de inércia** de uma superfície A em relação aos eixos x e y é definido pela integral

Produto de inércia

$$I_{xy} = \int xy\, dA \qquad (9.12)$$

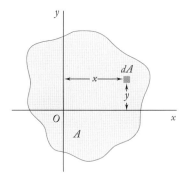

Figura 9.14 Elemento de área dA com as coordenadas x e y.

Ele é obtido pela multiplicação de cada elemento de área dA da superfície A pelas suas coordenadas x e y e por meio da integração sobre a área (Fig. 9.14). Diferentemente dos momentos de inércia I_x e I_y, o produto de inércia I_{xy} pode ser positivo, negativo ou nulo. Veremos a seguir que o produto de inércia é necessário para transformar momentos de inércia em relação a diferentes conjuntos de eixos; em um curso de mecânica dos materiais é possível encontrar outras aplicações para esse cálculo.

Quando um ou ambos os eixos x e y são eixos de simetria para a superfície A, o produto de inércia I_{xy} é nulo. Considere, por exemplo, o perfil C mostrado na Fig. 9.15. Como essa seção é simétrica em relação ao eixo x, podemos associar a cada elemento dA de coordenadas x e y um elemento dA' de coordenadas x e $-y$. Obviamente, as contribuições para I_{xy} de qualquer par de elementos escolhido desse modo são ignoradas e a integral (9.12) reduz-se a zero.

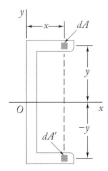

Figura 9.15 Se uma superfície possui um eixo de simetria, seu produto de inércia é nulo.

Um teorema de eixos paralelos semelhante àquele estabelecido na Seção 9.2 para momentos de inércia pode ser deduzido para produtos de inércia. Considere uma superfície A e um sistema de coordenadas retangulares x e y (Fig. 9.16). Passando pelo centroide C da superfície, de coordenadas $\bar{x}$ e $\bar{y}$, traçamos dois eixos centroidais x' e y' paralelos aos eixos x e y, respectivamente. Representados por x e y as coordenadas de um elemento de área dA em relação aos eixos originais e por x' e y' as coordenadas do mesmo elemento em relação aos eixos centroidais, escrevemos

$$x = x' + \bar{x} \quad \text{e} \quad y = y' + \bar{y}$$

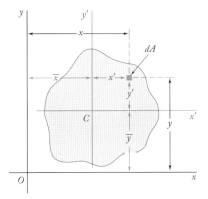

Figura 9.16 Um elemento de área dA em relação aos eixos x e y e os eixos centroidais x' e y' para a superfície A.

Substituindo pela Eq. (9.12), obtemos a seguinte expressão para o produto de inércia I_{xy}:

$$I_{xy} = \int xy\, dA = \int (x' + \bar{x})(y' + \bar{y})\, dA$$

$$= \int x'y'\, dA + \bar{y}\int x'\, dA + \bar{x}\int y'\, dA + \bar{x}\bar{y}\int dA$$

A primeira integral representa o produto de inércia $\bar{I}_{xy}$ da superfície A em relação aos eixos centroidais x' e y'. As duas integrais seguintes representam momentos de primeira ordem da superfície em relação aos eixos centroidais; elas se reduzem a zero, pois o centroide C localiza-se sobre esses eixos. Finalmente, observamos que a última integral é igual à área total A da superfície. Logo, temos

Teorema dos eixos paralelos para produtos de inércia

$$I_{xy} = \bar{I}_{x'y'} + \bar{x}\bar{y}A \qquad (9.13)$$

9.3B Eixos principais e momentos principais de inércia

Considere a superfície A e os eixos de coordenadas x e y (Fig. 9.17). Admitindo que os momentos e o produto de inércia da superfície A sejam conhecidos, temos

$$I_x = \int y^2\, dA \qquad I_y = \int x^2\, dA \qquad I_{xy} = \int xy\, dA \qquad (9.14)$$

Propomos determinar os momentos e o produto de inércia $I_{x'}$, $I_{y'}$ e $I_{x'y'}$ de A em relação a novos eixos x' e y' obtidos por rotação dos eixos originais de um ângulo θ em torno da origem.

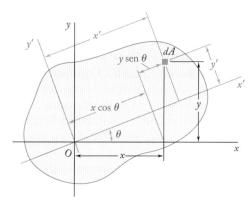

Figura 9.17 Um elemento de área dA em relação aos eixos x e y e um conjunto de eixos x' e y' rotacionados em torno da origem em um ângulo θ.

Observemos primeiro as seguintes relações entre as coordenadas x', y' e x, y de um elemento de área dA:

$$x' = x\cos\theta + y\,\text{sen}\,\theta \qquad y' = y\cos\theta - x\,\text{sen}\,\theta$$

Substituindo y' na expressão para $I_{x'}$, temos

$$I_{x'} = \int (y')^2\, dA = \int (y\cos\theta - x\,\text{sen}\,\theta)^2\, dA$$

$$= \cos^2\theta \int y^2\, dA - 2\,\text{sen}\,\theta\cos\theta \int xy\, dA + \text{sen}^2\theta \int x^2\, dA$$

Usando as relações da Eq. (9.14), temos

$$I_{x'} = I_x \cos^2\theta - 2I_{xy}\,\text{sen}\,\theta\cos\theta + I_y\,\text{sen}^2\theta \qquad (9.15)$$

De modo semelhante, obtemos as expressões para $I_{y'}$ e $I_{x'y'}$:

$$I_{y'} = I_x \operatorname{sen}^2 \theta + 2I_{xy} \operatorname{sen} \theta \cos \theta + I_y \cos^2 \theta \tag{9.16}$$

$$I_{x'y'} = (I_x - I_y) \operatorname{sen} \theta \cos \theta + I_{xy}(\cos^2 \theta - \operatorname{sen}^2 \theta) \tag{9.17}$$

Relembrando as relações trigonométricas

$$\operatorname{sen} 2\theta = 2 \operatorname{sen} \theta \cos \theta \qquad \cos 2\theta = \cos^2 \theta - \operatorname{sen}^2 \theta$$

e

$$\cos^2 \theta = \frac{1 + \cos 2\theta}{2} \qquad \operatorname{sen}^2 \theta = \frac{1 - \cos 2\theta}{2}$$

podemos escrever as Eqs. (9.15), (9.16) e (9.17) da seguinte maneira:

$$I_{x'} = \frac{I_x + I_y}{2} + \frac{I_x - I_y}{2} \cos 2\theta - I_{xy} \operatorname{sen} 2\theta \tag{9.18}$$

$$I_{y'} = \frac{I_x + I_y}{2} - \frac{I_x - I_y}{2} \cos 2\theta + I_{xy} \operatorname{sen} 2\theta \tag{9.19}$$

$$I_{x'y'} = \frac{I_x - I_y}{2} \operatorname{sen} 2\theta + I_{xy} \cos 2\theta \tag{9.20}$$

Adicionando as Eqs. (9.18) e (9.19), verificamos que

$$I_{x'} + I_{y'} = I_x + I_y \tag{9.21}$$

Esse resultado poderia ter sido antecipado, pois ambos os membros de (9.21) são iguais ao momento de inércia polar J_O.

As Eqs. (9.18) e (9.20) são as equações paramétricas de um círculo. Isso significa que, se escolhermos um conjunto de eixos de coordenadas retangulares e esboçarmos um ponto M de abscissa $I_{x'}$ e ordenada $I_{x'y'}$ para qualquer valor dado do parâmetro θ, todos os pontos assim obtidos ficarão sobre um círculo. Para estabelecer essa propriedade, eliminaremos θ das Eqs. (9.18) e (9.20); isso é feito transpondo-se $(I_x + I_y)/2$ na Eq. (9.18), elevando-se ao quadrado os membros das Eqs. (9.18) e (9.20) e somando estes membros. Temos

$$\left(I_{x'} - \frac{I_x + I_y}{2}\right)^2 + I_{x'y'}^2 = \left(\frac{I_x - I_y}{2}\right)^2 + I_{xy}^2 \tag{9.22}$$

Estabelecendo

$$I_{\text{méd}} = \frac{I_x + I_y}{2} \quad \text{e} \quad R = \sqrt{\left(\frac{I_x - I_y}{2}\right)^2 + I_{xy}^2} \tag{9.23}$$

escrevemos a identidade (9.22) da seguinte maneira

$$(I_{x'} - I_{\text{méd}})^2 + I_{x'y'}^2 = R^2 \tag{9.24}$$

que é a equação de um círculo de raio R centrado no ponto C cujas coordenadas x e y são $I_{\text{méd}}$ e 0, respectivamente (Fig. 9.18a).

Notamos que as Eqs. (9.19) e (9.20) são equações paramétricas do mesmo círculo. Além disso, devido à simetria do círculo em relação ao eixo horizontal, o mesmo resultado seria obtido se, em vez de desenhar M, tivéssemos desenhado um ponto N de coordenadas $I_{y'}$ e $-I_{x'y'}$ (Fig. 9.18b). Essa propriedade será usada na Seção 9.4.

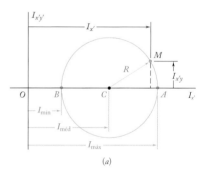

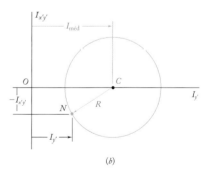

Figura 9.18 Os esboços de $I_{x'y'}$ versus (a) $I_{x'}$ e (b) $I_{y'}$ para diferentes valores do parâmetro θ são círculos idênticos. O círculo de (a) indica os valores médio, máximo e mínimo do momento de inércia.

Os dois pontos A e B em que esse círculo intercepta o eixo horizontal (Fig. 9.18a) são de especial interesse: o ponto A corresponde ao valor máximo do momento de inércia $I_{x'}$, enquanto o ponto B corresponde ao seu valor mínimo. Além disso, os pontos correspondem a um valor nulo do produto de inércia $I_{x'y'}$. Logo, é possível obter os valores θ_m do parâmetro θ que correspondem aos pontos A e B estabelecendo-se $I_{x'y'} = 0$ na Eq. (9.20). Obtemos*

$$\operatorname{tg} 2\theta_m = \frac{2I_{xy}}{I_x - I_y} \quad (9.25)$$

Essa equação define dois valores ($2\theta_m$) distanciados 180° e, portanto, dois valores (θ_m) distanciados 90°. Um desses valores corresponde ao ponto A na Fig. 9.18a e a um eixo que passa por O na Fig. 9.17 em relação ao qual o momento de inércia da superfície dada é máximo. O outro valor corresponde ao ponto B e a um eixo que passa por O em relação ao qual o momento de inércia da superfície é mínimo. Os dois eixos assim definidos, perpendiculares entre si, são denominados **eixos principais da superfície em relação a** O, e os valores correspondentes $I_{\text{máx}}$ e $I_{\text{mín}}$ do momento de inércia são denominados **momentos principais de inércia da superfície em relação a** O. Como os dois valores θ_m definidos pela Eq. (9.25) foram obtidos estabelecendo-se $I_{x'y'} = 0$ na Eq. (9.20), é evidente que o produto de inércia da superfície dada em relação aos seus eixos principais é nulo.

Pela Fig. 9.18a, verificamos que

$$I_{\text{máx}} = I_{\text{méd}} + R \qquad I_{\text{mín}} = I_{\text{méd}} - R \quad (9.26)$$

Usando os valores para $I_{\text{méd}}$ e R das fórmulas (9.23), temos

$$I_{\text{máx, mín}} = \frac{I_x + I_y}{2} \pm \sqrt{\left(\frac{I_x - I_y}{2}\right)^2 + I_{xy}^2} \quad (9.27)$$

A menos que seja possível dizer por inspeção qual dos dois eixos principais corresponde a $I_{\text{máx}}$ e qual corresponde a $I_{\text{mín}}$, será necessário substituir um dos valores de θ_m na Eq. (9.18) a fim de se determinar qual dos dois eixos corresponde ao valor máximo do momento de inércia da superfície em relação a O.

Voltando à Seção 9.3, notamos que, se uma superfície apresenta um eixo de simetria passando por um ponto O, esse eixo deve ser um eixo principal da superfície em relação a O. Por outro lado, um eixo principal não precisa ser um eixo de simetria; independentemente de uma superfície ter ou não algum eixo de simetria, ela sempre terá dois eixos principais de inércia em relação a qualquer ponto O.

As propriedades que acabamos de estabelecer valem para qualquer ponto O situado dentro ou fora da superfície dada. Se for escolhido o ponto O coincidente com o centroide da superfície, qualquer eixo que passe por O será um eixo centroidal; diz-se que os dois eixos principais de uma superfície em relação ao seu centroide são os **eixos centroidais principais da superfície**.

---

* Essa relação também pode ser obtida diferenciando-se $I_{x'}$ na Eq. (9.18) e adotando-se $dI_{x'}/d\theta = 0$.

PROBLEMA RESOLVIDO 9.6

Determine o produto de inércia do triângulo retângulo mostrado (*a*) em relação aos eixos *x* e *y*, (*b*) em relação aos eixos centroidais paralelos aos eixos *x* e *y*.

ESTRATÉGIA Podemos abordar este problema utilizando uma faixa diferencial vertical. Como cada ponto da faixa está a uma distância diferente do eixo *x*, é necessário descrever essa faixa matematicamente utilizando o teorema dos eixos paralelos. Uma vez que tenhamos determinado o produto de inércia em relação aos eixos *x* e *y*, uma segunda aplicação do teorema dos eixos paralelos resultará no produto de inércia em relação aos eixos centroidais.

MODELAGEM E ANÁLISE

a. Produto de inércia I_{xy}. Uma faixa retangular vertical é escolhida como elemento diferencial de área (Fig. 1). Usando uma versão diferencial do teorema dos eixos paralelos, temos

$$dI_{xy} = dI_{x'y'} + \bar{x}_{el}\bar{y}_{el}\, dA$$

Como o elemento é simétrico em relação aos eixos x' e y', observamos que $dI_{x'y'} = 0$. A partir da geometria do triângulo, podemos expressar as variáveis em termos de *x* e *y*:

$$y = h\left(1 - \frac{x}{b}\right) \qquad dA = y\, dx = h\left(1 - \frac{x}{b}\right)dx$$

$$\bar{x}_{el} = x \qquad \bar{y}_{el} = \tfrac{1}{2}y = \tfrac{1}{2}h\left(1 - \frac{x}{b}\right)$$

Integrando dI_{xy} de $x = 0$ até $x = b$, obtemos para I_{xy}

$$I_{xy} = \int dI_{xy} = \int \bar{x}_{el}\bar{y}_{el}\, dA = \int_0^b x(\tfrac{1}{2})h^2\left(1 - \frac{x}{b}\right)^2 dx$$

$$= h^2 \int_0^b \left(\frac{x}{2} - \frac{x^2}{b} + \frac{x^3}{2b^2}\right)dx = h^2\left[\frac{x^2}{4} - \frac{x^3}{3b} + \frac{x^4}{8b^2}\right]_0^b$$

$$I_{xy} = \tfrac{1}{24}b^2h^2 \quad \blacktriangleleft$$

b. Produto de inércia $\bar{I}_{x''y''}$. As coordenadas do centroide do triângulo relativas aos eixos *x* e *y* são (Fig. 2 e Fig. 5.8A):

$$\bar{x} = \frac{1}{3}b \quad \bar{y} = \frac{1}{3}h$$

Usando a expressão para I_{xy} obtida no item *a*, aplicamos novamente o teorema dos eixos paralelos:

$$I_{xy} = \bar{I}_{x''y''} + \bar{x}\bar{y}A$$
$$\tfrac{1}{24}b^2h^2 = \bar{I}_{x''y''} + (\tfrac{1}{3}b)(\tfrac{1}{3}h)(\tfrac{1}{2}bh)$$
$$\bar{I}_{x''y''} = \tfrac{1}{24}b^2h^2 - \tfrac{1}{18}b^2h^2$$

$$\bar{I}_{x''y''} = -\tfrac{1}{72}b^2h^2 \quad \blacktriangleleft$$

PARA REFLETIR Uma estratégia alternativa igualmente efetiva é usar um elemento de faixa horizontal. Novamente seria necessário utilizar o teorema dos eixos paralelos para descrever essa faixa, já que cada ponto na faixa estaria a uma distância diferente do eixo *y*.

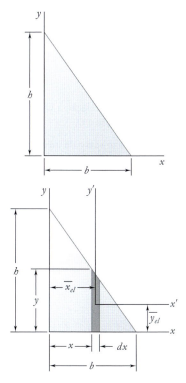

Figura 1 Utilização de uma faixa retangular vertical como elemento diferencial.

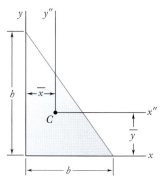

Figura 2 Centroide da área triangular.

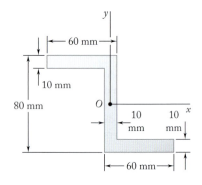

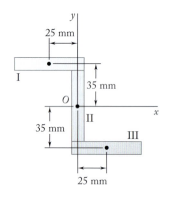

Figura 1 Modelagem da superfície dada em três retângulos.

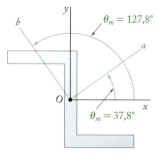

Figura 2 Orientação dos eixos principais.

PROBLEMA RESOLVIDO 9.7

Para a seção mostrada, os momentos de inércia em relação aos eixos x e y foram calculados e são conhecidos:

$$I_x = 1{,}66 \times 10^6 \text{ mm}^4 \qquad I_y = 1{,}12 \times 10^6 \text{ mm}^4$$

Determine (a) a orientação dos eixos principais da seção em relação a O, (b) os valores dos momentos principais de inércia da seção em relação a O.

ESTRATÉGIA O primeiro passo consiste em calcular o produto de inércia em relação aos eixos x e y, tratando a seção como uma superfície composta de três retângulos. Então, podemos usar a Eq. (9.25) para encontrar os eixos principais e a Eq. (9.27) para encontrar os momentos principais de inércia.

MODELAGEM E ANÁLISE A área é dividida em três retângulos como mostra a Figura 1. Observamos que o produto de inércia $I_{x'y'}$ em relação aos eixos centroidais paralelos aos eixos x e y é nulo para cada retângulo. Logo, usando o teorema dos eixos paralelos

$$I_{xy} = I_{x'y'} + \bar{x}\bar{y}A$$

concluímos que I_{xy} reduz-se a $\bar{x}\bar{y}A$ para cada retângulo.

Retângulo	Área, mm²	$\bar{x}$, mm	$\bar{y}$, mm	$\bar{x}\bar{y}A$, mm⁴
I	600	-25	$+35$	$-5{,}25 \times 10^5$
II	600	0	0	0
III	600	$+25$	-35	$-5{,}25 \times 10^5$
				$\Sigma \bar{x}\bar{y}A = -1{,}05 \times 10^6$

$$I_{xy} = \Sigma \bar{x}\bar{y}A = -1{,}05 \times 10^6 \text{ mm}^4$$

a. Eixos principais. Como os valores de I_x, I_y e I_{xy} são conhecidos, a Eq. (9.25) é usada para determinar os valores de θ_m (Fig. 2):

$$\text{tg } 2\theta_m = -\frac{2I_{xy}}{I_x - I_y} = -\frac{2(-1{,}05 \times 10^6)}{1{,}66 - 1{,}12} = +3{,}89$$

$$2\theta_m = 75{,}6° \text{ e } 255{,}6°$$

$$\theta_m = 37{,}8° \quad \text{e} \quad \theta_m = 127{,}8° \blacktriangleleft$$

b. Momentos principais de inércia. Usando a Eq. (9.27), temos

$$I_{\text{máx,mín}} = \frac{I_x + I_y}{2} \pm \sqrt{\left(\frac{I_x - I_y}{2}\right)^2 + I_{xy}^2}$$

$$= \frac{(1{,}66 + 1{,}12 \times 10^6)}{2} \pm \sqrt{\left(\frac{1{,}16 \times 10^6 - 1{,}12 \times 10^6}{2}\right)^2 + (-1{,}05 \times 10^6)^2}$$

$$I_{\text{máx}} = 2{,}47 \times 10^6 \text{ mm}^4 \quad I_{\text{mín}} = 0{,}306 \times 10^6 \text{ mm}^4 \blacktriangleleft$$

PARA REFLETIR Observando que os elementos de área da seção estão distribuídos com mais proximidade em torno do eixo b do que em torno do eixo a, concluímos que $I_a = I_{\text{máx}} = 2{,}47 \times 10^6 \text{ mm}^4$ e $I_b = I_{\text{mín}} = 0{,}306 \times 10^6 \text{ mm}^4$. Esta conclusão pode ser verificada substituindo-se $\theta = 37{,}8°$ nas Eqs. (9.18) e (9.19).

METODOLOGIA PARA A RESOLUÇÃO DE PROBLEMAS

Nos problemas desta seção, continuaremos a trabalhar com **momentos de inércia** e utilizaremos várias técnicas para calcular **produtos de inércia**. Embora os problemas sejam geralmente diretos, vale a pena destacar alguns itens.

1. **Cálculo do produto de inércia I_{xy} por integração.** Definimos esta grandeza como

$$I_{xy} = \int xy\, dA \tag{9.12}$$

e verificamos que seu valor pode ser positivo, negativo ou nulo. O produto de inércia pode ser calculado diretamente da equação anterior usando-se integração dupla ou pode ser determinado usando-se integração simples, como mostra o Problema Resolvido 9.6. Ao se aplicar essa última técnica com o teorema dos eixos paralelos, é importante lembrar que $\bar{x}_{el}$ e $\bar{y}_{el}$ na equação

$$dI_{xy} = dI_{x'y'} + \bar{x}_{el}\bar{y}_{el}\, dA$$

são as coordenadas do centroide do elemento de área dA. Logo, se dA não estiver no primeiro quadrante, uma dessas coordenadas será negativa, ou ambas serão negativas.

2. **Cálculo dos produtos de inércia de superfícies compostas.** Tais produtos podem ser facilmente calculados a partir dos produtos de inércia das partes componentes da superfície usando-se o teorema dos eixos paralelos:

$$I_{xy} = \bar{I}_{x'y'} + \bar{x}\bar{y}A \tag{9.13}$$

A técnica apropriada para a resolução de problemas desse tipo está ilustrada nos Problemas Resolvidos 9.6 e 9.7. Além das regras usuais para problemas de superfícies compostas, é essencial que nos lembremos dos seguintes pontos:

   a. Se um dos eixos centroidais de uma superfície componente for um eixo de simetria dessa superfície, o produto de inércia $\bar{I}_{x'y'}$ para essa superfície será nulo. Logo, $\bar{I}_{x'y'}$ é igual a zero para superfícies componentes tais como círculos, semicírculos, retângulos e triângulos isósceles que tenham um eixo de simetria paralelo a um dos eixos de coordenadas.

   b. Deve-se prestar muita atenção aos sinais das coordenadas $\bar{x}$ e $\bar{y}$ de cada superfície componente ao usar o teorema dos eixos paralelos [Problema Resolvido 9.7].

3. **Determinação dos momentos de inércia e do produto de inércia para eixos de coordenadas que sofreram rotação.** Na Seção 9.3B, deduzimos as Eqs. (9.18), (9.19) e (9.20) a partir das quais é possível calcular os momentos de inércia e o produto de inércia para eixos de coordenadas que sofreram rotação em torno da origem O. Para aplicar essas equações, devemos conhecer um conjunto de valores I_x, I_y e I_{xy} para uma dada orientação dos eixos e nos lembrar de que θ é positivo para rotações anti-horárias dos eixos e negativo para rotações horárias.

4. **Cálculo dos momentos principais de inércia.** Mostramos na Seção 9.3B que existe uma determinada orientação dos eixos de coordenadas para a qual os momentos de inércia atingem seus valores máximo e mínimo, $I_{máx}$ e $I_{mín}$, e o produto de inércia é nulo. A Eq. (9.27) pode ser usada no cálculo desses valores, conhecidos como **momentos principais de inércia** da superfície em relação a O. Os eixos correspondentes são ditos **eixos principais** da superfície em relação a O e a orientação está definida pela Eq. (9.25). Para determinar qual dos eixos principais corresponde a $I_{máx}$ e corresponde a $I_{mín}$, devemos seguir o procedimento explicado no texto após a Eq. (9.27) ou, então, observar em torno de qual dos eixos principais a área da superfície está distribuída com maior proximidade; esse eixo corresponde a $I_{mín}$ [Problema Resolvido 9.7].

PROBLEMAS

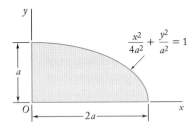

Figura P9.67

9.67 a 9.70 Determine por integração direta o produto de inércia da superfície dada em relação aos eixos x e y.

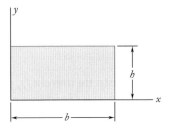

Figura P9.68

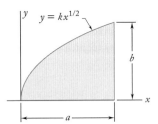

Figura P9.69

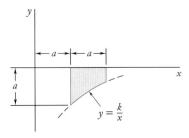

Figura P9.70

9.71 a 9.74 Usando o teorema dos eixos paralelos, determine o produto de inércia da superfície mostrada na figura em relação aos eixos centroidais x e y.

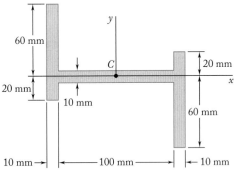

Figura P9.71

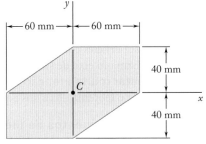

Figura P9.72

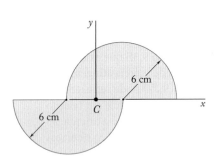

Figura P9.73

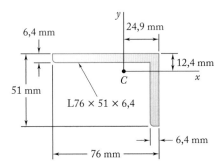

Figura P9.74

9.75 a 9.78 Usando o teorema dos eixos paralelos, determine o produto de inércia da superfície mostrada na figura em relação aos eixos centroidais *x* e *y*.

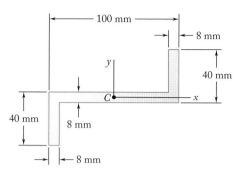

Figura P9.75

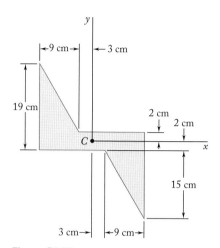

Figura P9.76

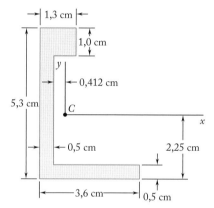

Figura *P9.77*

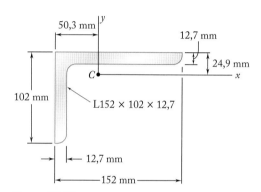

Figura P9.78

9.79 Para um quarto de elipse do Problema 9.67, determine os momentos de inércia e o produto de inércia em relação a novos eixos obtidos por rotação dos eixos *x* e *y* em torno de O (*a*) de 45° no sentido anti-horário, (*b*) de 30° no sentido horário.

9.80 Determine os momentos de inércia e o produto de inércia da superfície do Problema 9.72 em relação a novos eixos centroidais obtidos por rotação dos eixos *x* e *y* de 30° no sentido anti-horário.

9.81 Determine os momentos de inércia e o produto de inércia da superfície do Problema 9.73 em relação a novos eixos centroidais obtidos por rotação dos eixos *x* e *y* de 60° no sentido anti-horário.

9.82 Determine os momentos de inércia e o produto de inércia da superfície do Problema 9.75 em relação a novos eixos centroidais obtidos por rotação dos eixos *x* e *y* de 45° no sentido horário.

9.83 Determine os momentos de inércia e o produto de inércia da seção transversal de cantoneira de L76 × 51 × 6,4 mm do Problema 9.74 em relação a novos eixos centroidais obtidos por rotação dos eixos *x* e *y* de 30° no sentido horário.

9.84 Determine os momentos de inércia e o produto de inércia da seção transversal de cantoneira de L152 × 102 × 12,7 mm do Problema 9.78 em relação a novos eixos centroidais obtidos por rotação dos eixos x e y de 30° no sentido horário.

9.85 Para um quarto de elipse do Problema 9.67, determine a orientação dos eixos principais na origem e os valores correspondentes dos momentos de inércia.

9.86 a 9.88 Para a superfície indicada, determine a orientação dos eixos principais na origem e os valores correspondentes dos momentos de inércia.
    9.86 Superfície do Problema 9.72.
    9.87 Superfície do Problema 9.73.
    9.88 Superfície do Problema 9.75.

9.89 e 9.90 Para a seção transversal de cantoneira indicada, determine a orientação dos eixos principais na origem os valores correspondentes dos momentos de inércia.
    9.89 A seção transversal de cantoneira de L76 × 51 × 6,4 mm do Problema 9.74.
    9.90 A seção transversal de cantoneira de L152 × 102 × 12,7 mm do Problema 9.78.

*9.4 Círculo de Mohr para momentos de inércia

O círculo usado na seção anterior para ilustrar as relações existentes entre os momentos e os produtos de inércia de uma dada superfície em relação a eixos que passam por um ponto fixo O foi proposto originalmente pelo engenheiro alemão Otto Mohr (1835-1918) e é conhecido como **círculo de Mohr**. Será mostrado aqui que, se os momentos e o produto de inércia de uma superfície A em relação a dois eixos retangulares x e y que passam por um ponto O forem conhecidos, pode-se utilizar o círculo de Mohr para se determinar graficamente (a) os eixos principais e os momentos principais de inércia da superfície em relação a O e (b) os momentos e o produto de inércia da superfície em relação a qualquer outro par de eixos retangulares x' e y' passando por O.

Considere uma dada superfície A e dois eixos de coordenadas retangulares x e y (Fig. 9.19a). Supondo que os momentos de inércia I_x e I_y e o produto de inércia I_{xy} sejam conhecidos, vamos representá-los em um diagrama desenhando um ponto X de coordenadas I_x e I_{xy} e um ponto Y de coordenadas I_y e $-I_{xy}$ (Fig. 9.19b). Se I_{xy} for positivo, como suposto na Fig. 9.19a, o ponto X fica localizado acima do eixo horizontal e o ponto Y fica abaixo, conforme mostra a Fig. 9.19b. Se I_{xy} for negativo, o ponto X ficará localizado abaixo do eixo horizontal e o ponto Y ficará acima. Ligando X e Y por uma linha reta, representamos por C o ponto de interseção da linha XY com o eixo horizontal e traçamos um círculo com centro C e diâmetro XY. Observando que a abscissa de C e o raio do círculo são, respectivamente, iguais às grandezas $I_{méd}$ e R definidas pelas fórmulas (9.23), concluímos que o círculo obtido é o círculo de Mohr para a superfície dada em relação ao ponto O. Logo, as abscissas dos pontos A e B, onde o círculo intercepta o eixo horizontal, representam respectivamente os momentos principais de inércia $I_{máx}$ e $I_{mín}$ da superfície.

Uma vez que tg $(XCA) = 2I_{xy}/(I_x - I_y)$, verificamos também que o ângulo XCA é igual em intensidade a um dos ângulos $2\theta_m$ que satisfazem a Eq. (9.25);

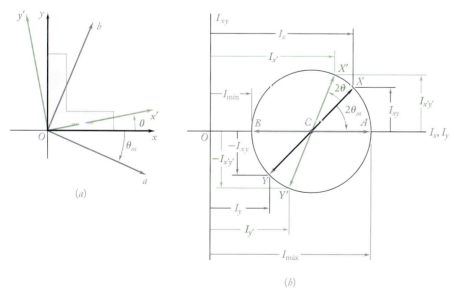

Figura 9.19 (a) Uma superfície A com os eixos principais Oa e Ob e os eixos Ox' e Oy' obtidos pela rotação em um ângulo θ; (b) círculo de Mohr utilizado para determinar ângulos e momentos de inércia.

logo, o ângulo θ_m, que na Fig. 9.19a define o eixo principal Oa correspondente ao ponto A na Fig. 9.19b, é igual a metade do ângulo XCA do círculo de Mohr. Observamos ainda que, se $I_x > I_y$ e $I_{xy} > 0$, como no caso aqui considerado, a rotação que leva CX para CA é horária. Nessas condições, o ângulo θ_m obtido na Eq. (9.25) é negativo; portanto, a rotação que leva Ox para Oa também é horária. Concluímos que os sentidos de rotação nas partes da Fig. 9.19 são os mesmos. Se for preciso uma rotação horária de $2\theta_m$, de modo a levar CX para CA no círculo de Mohr, uma rotação horária θ_m levará Ox para o eixo principal correspondente Oa na Fig. 9.19a.

Como o círculo de Mohr é definido de maneira única, pode-se obter o mesmo círculo considerando-se os momentos e o produto de inércia da superfície A em relação aos eixos retangulares x' e y' (Fig. 9.19a). O ponto X' de coordenadas $I_{x'}$ e $I_{x'y'}$ e o ponto Y' de coordenadas $I_{y'}$ e $-I_{x'y'}$ ficam, então, localizados sobre o círculo de Mohr, e o ângulo $X'CA$ na Fig. 9.19b deve ser igual a duas vezes o ângulo $x'Oa$ na Fig. 9.19a. Conforme já observamos, uma vez que o ângulo XCA é o dobro do ângulo xOa, resulta que o ângulo XCX' na Fig. 9.19b é o dobro do ângulo xOx' na Fig. 9.19a. O diâmetro $X'Y'$, que define os momentos e o produto de inércia $I_{x'}$, $I_{y'}$ e $I_{x'y'}$ da superfície dada em relação aos eixos retangulares x' e y' que formam um ângulo θ com os eixos x e y, pode ser obtido por rotação de um ângulo 2θ do diâmetro XY, correspondendo aos momentos e ao produto de inércia I_x, I_y e I_{xy}. Observamos que a rotação que leva o diâmetro XY para o diâmetro $X'Y'$ na Fig. 9.19b tem o mesmo sentido da rotação que leva os eixos x e y para os eixos x' e y' na Fig. 9.19a.

Deve-se observar que o uso do círculo de Mohr não fica limitado a soluções gráficas, ou seja, a soluções baseadas em desenhos e medições cuidadosas dos diversos parâmetros envolvidos. Pelo simples esboço do círculo de Mohr e com o uso de trigonometria, é possível deduzir facilmente as diversas relações necessárias para uma solução numérica de um dado problema (ver o Problema Resolvido 9.8).

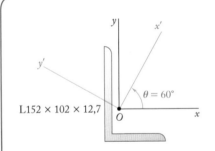

PROBLEMA RESOLVIDO 9.8

Para a seção mostrada, sabe-se que os momentos e o produto de inércia em relação aos eixos x e y são

$$I_x = 7{,}20 \times 10^6 \text{ mm}^4 \quad I_y = 2{,}59 \times 10^6 \text{ mm}^4 \quad I_{xy} = -2{,}54 \times 10^6 \text{ mm}^4$$

Usando o círculo de Mohr, determine (a) os eixos principais da seção em relação a O, (b) os valores dos momentos principais de inércia da seção em relação a O, (c) os momentos e o produto de inércia da seção em relação aos eixos x' e y' que formam um ângulo de 60° com os eixos x e y.

ESTRATÉGIA Devemos esboçar cuidadosamente o círculo de Mohr e utilizar a geometria do círculo para determinar a orientação dos eixos principais. Então, completamos a análise para os momentos de inércia solicitados.

MODELAGEM

Traçando o círculo de Mohr. Primeiro plotamos o ponto X, de coordenadas $I_x = 7{,}20$ e $I_{xy} = -2{,}54$, e o ponto Y, de coordenadas $I_y = 2{,}59$ e $-I_{xy} = +2{,}54$. Ligando X e Y por meio de uma linha reta, definimos o centro C do círculo de Mohr

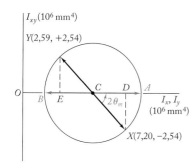

Figura 1 Círculo de Mohr.

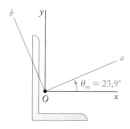

Figura 2 Orientação dos eixos principais.

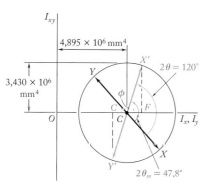

Figura 3 Uso do círculo de Mohr para determinar os momentos e o produto de inércia em relação aos eixos x' e y'.

(Fig. 1). A abscissa de C, que representa $I_{méd}$ e o raio R do círculo, pode ser medida diretamente ou calculada do seguinte modo:

$$I_{méd} = OC = \tfrac{1}{2}(I_x + I_y) = \tfrac{1}{2}(7{,}20 \times 10^6 + 2{,}59 \times 10^6) = 4{,}895 \times 10^6 \text{ mm}^4$$

$$CD = \tfrac{1}{2}(I_x - I_y) = \tfrac{1}{2}(7{,}20 \times 10^6 - 2{,}59 \times 10^6) = 2{,}305 \times 10^6 \text{ mm}^4$$

$$R = \sqrt{(CD)^2 + (DX)^2} = \sqrt{(2{,}305 \times 10^6)^2 + (2{,}54 \times 10^6)^2}$$
$$= 3{,}430 \times 10^6 \text{ mm}^4$$

ANÁLISE

a. Eixos principais. Os eixos principais da seção correspondem aos pontos A e B do círculo de Mohr, e o ângulo no qual devemos girar CX para levá-lo a CA define $2\theta_m$. Temos

$$\text{tg } 2\theta_m = \frac{DX}{CD} = \frac{2{,}54}{2{,}305} = 1{,}102 \quad 2\theta_m = 47{,}8° \quad \theta_m = 23{,}9°\quad \blacktriangleleft$$

Logo, o eixo principal Oa correspondente ao valor máximo do momento de inércia é obtido pela rotação do eixo x de 23,9° no sentido anti-horário; o eixo principal Ob correspondente ao valor mínimo do momento de inércia é obtido pela rotação do eixo y por meio do mesmo ângulo (Fig. 2).

b. Momentos principais de inércia. Os momentos principais de inércia estão representados pelas abscissas de A e B. Temos

$$I_{máx} = OA = OC + CA = I_{méd} + R = (4{,}895 + 3{,}430)10^6 \text{ mm}^4$$
$$I_{máx} = 8{,}33 \times 10^6 \text{ mm}^4 \quad \blacktriangleleft$$

$$I_{mín} = OB = OC - BC = I_{méd} - R = (4{,}895 - 3{,}430)10^6 \text{ mm}^4$$
$$I_{mín} = 1{,}47 \times 10^6 \text{ mm}^4 \quad \blacktriangleleft$$

c. Momentos e produto de inércia em relação aos eixos x' e y'. Sobre o círculo de Mohr, os pontos X' e Y' correspondentes aos eixos x' e y' são obtidos pela rotação de CX e CY em um ângulo $2\theta = 2(60°) = 120°$ no sentido anti-horário (Fig. 3). As coordenadas de X' e Y' fornecem os momentos e o produto de inércia desejados. Observando que o ângulo que CX' forma com o eixo horizontal é $\phi = 120° - 47{,}8° = 72{,}2°$, temos

$$I_{x'} = OF = OC + CF = 4{,}895 \times 10^6 \text{ mm}^4 + (3{,}430 \times 10^6 \text{ mm}^4) \cos 72{,}2°$$
$$I_{x'} = 5{,}94 \times 10^6 \text{ mm}^4 \quad \blacktriangleleft$$

$$I_{y'} = OG = OC - GC = 4{,}895 \times 10^6 \text{ mm}^4 - (3{,}430 \times 10^6 \text{ mm}^4) \cos 72{,}2°$$
$$I_{y'} = 3{,}85 \times 10^6 \text{ mm}^4 \quad \blacktriangleleft$$

$$I_{x'y'} = FX' = (3{,}430 \times 10^6 \text{ mm}^4) \text{ sen } 72{,}2°$$
$$I_{x'y'} = 3{,}27 \times 10^6 \text{ mm}^4 \quad \blacktriangleleft$$

PARA REFLETIR Este problema ilustra os cálculos típicos que envolvem o círculo de Mohr. É uma técnica útil para aprender e lembrar.

METODOLOGIA PARA A RESOLUÇÃO DE PROBLEMAS

Nos problemas desta seção, usaremos o **círculo de Mohr** para determinar os momentos e os produtos de inércia de uma dada superfície para diferentes orientações dos eixos de coordenadas. Embora em alguns casos o uso do círculo de Mohr possa não ser tão direto quanto a substituição nas equações apropriadas [Eqs. (9.18) a (9.20)], este método de solução tem a vantagem de prover uma representação visual das relações entre as diversas variáveis. Além disso, o círculo de Mohr mostra todos os valores de momentos e produtos de inércia possíveis para um dado problema.

Usando o círculo de Mohr. A teoria subjacente foi apresentada na Seção 9.3B e discutimos as aplicações deste método na Seção 9.4 e no Problema Resolvido 9.8. Nesse mesmo problema, apresentamos os passos que devemos seguir para determinar os **eixos principais**, os **momentos principais de inércia** e os **momentos e produto de inércia em relação a uma orientação específica dos eixos de coordenadas**. Ao usar o círculo de Mohr na resolução de problemas, é importante lembrarmos os seguintes pontos:

    a. O círculo de Mohr é completamente definido pelas grandezas R e $I_{méd}$ que representam, respectivamente, o raio do círculo e a distância da origem O ao centro C do círculo. Essas grandezas poderão ser obtidas a partir das Eqs. (9.23), caso os momentos e o produto de inércia sejam conhecidos para uma dada orientação dos eixos. No entanto, o círculo de Mohr pode ser definido por outras combinações de valores conhecidos [Problemas 9.103, 9.106 e 9.107]. Para esses casos, pode ser preciso primeiro levantar uma ou mais hipóteses, tais como escolher uma localização arbitrária do centro quando $I_{méd}$ é desconhecido, atribuir intensidades relativas aos momentos de inércia (por exemplo, $I_x > I_y$) ou selecionar o sinal do produto de inércia.

    b. O ponto X de coordenadas (I_x, I_{xy}) e o ponto Y de coordenadas (I_y, $-I_{xy}$) são localizados sobre o círculo de Mohr e são diametralmente opostos.

    c. Uma vez que os momentos de inércia devem ser positivos, todo o círculo de Mohr deve ficar à direita do eixo I_{xy}; resulta que $I_{méd} > R$ em todos os casos.

    d. Para uma rotação dos eixos de coordenadas de um ângulo θ, a rotação associada do diâmetro do círculo de Mohr é igual a 2θ e se dá no mesmo sentido (horário ou anti-horário). Recomendamos enfaticamente que os pontos conhecidos sobre a circunferência do círculo sejam rotulados com as letras maiúsculas apropriadas, como foi feito na Fig. 9.19b e nos círculos de Mohr do Problema Resolvido 9.8. Isso possibilitará que determinemos, para cada valor de θ, o sinal do produto de inércia correspondente e estabeleçamos qual momento de inércia está associado a cada eixo de coordenadas [ver o Problema Resolvido 9.8, itens a e c].

Embora tenhamos apresentado o círculo de Mohr no contexto específico do estudo de momentos e produtos de inércia, a técnica do círculo de Mohr também se aplica à solução de problemas análogos, mas fisicamente diferentes em mecânica dos materiais. Esse uso múltiplo de uma técnica específica não é único e, à medida que prosseguirmos nossos estudos de engenharia, encontraremos diversos métodos de solução que podem ser aplicados a uma variedade de problemas.

PROBLEMAS

9.91 Para um quarto de elipse do Problema 9.67, determine os momentos de inércia e o produto de inércia em relação a novos eixos obtidos por rotação dos eixos x e y em torno de O (a) de 45° no sentido anti-horário, (b) de 30° no sentido horário.

9.92 Usando o círculo de Mohr, determine os momentos de inércia e o produto de inércia da superfície do Problema 9.72 em relação a novos eixos centroidais obtidos por rotação dos eixos x e y de 30° no sentido anti-horário.

9.93 Usando o círculo de Mohr, determine os momentos de inércia e o produto de inércia da superfície do Problema 9.73 em relação a novos eixos centroidais obtidos por rotação dos eixos x e y de 60° no sentido anti-horário.

9.94 Usando o círculo de Mohr, determine os momentos de inércia e o produto de inércia da superfície do Problema 9.75 em relação a novos eixos centroidais obtidos por rotação dos eixos x e y de 45° no sentido horário.

9.95 Usando o círculo de Mohr, determine os momentos de inércia e o produto de inércia da seção transversal da cantoneira de L76 × 51 × 6,4 mm do Problema 9.74 em relação a novos eixos centroidais obtidos por rotação dos eixos x e y de 30° no sentido horário.

9.96 Usando o círculo de Mohr, determine os momentos de inércia e o produto de inércia da seção transversal da cantoneira de L152 × 102 × 12,7 mm do Problema 9.78 em relação a novos eixos centroidais obtidos por rotação dos eixos x e y de 30° no sentido horário.

9.97 Para um quarto de elipse do Problema 9.67, use o círculo de Mohr para determinar a orientação dos eixos principais na origem e os valores correspondentes dos momentos de inércia.

9.98 a 9.102 Usando o círculo de Mohr para a superfície indicada, determine a orientação dos eixos centroidais principais e os valores correspondentes dos momentos de inércia.
    9.98 Superfície do Problema 9.78.
    9.99 Superfície do Problema 9.76.
    9.100 Superfície do Problema 9.73.
    9.101 Superfície do Problema 9.74.
    9.102 Superfície do Problema 9.77.

    (Os momentos de inércia $\bar{I}_x$ e $\bar{I}_y$ da superfície do Problema 9.102 foram determinados no Problema 9.44.)

9.103 Os momentos de inércia e o produto de inércia de uma seção transversal da cantoneira de L127 × 76 × 12,7 mm em relação a dois eixos retangulares x e y passando por C são, respectivamente, $\bar{I}_x = 1,06 \times 10^6$ mm⁴, $\bar{I}_y = 3,93 \times 10^6$ mm⁴ e $\bar{I}_{xy} < 0$, sendo $\bar{I}_{mín} = 0,647 \times 10^6$ mm⁴ o valor mínimo do momento de inércia da superfície em relação a qualquer eixo que passa por C. Usando o círculo de Mohr, determine (a) o produto de inércia $\bar{I}_{xy}$ da supefície, (b) a orientação dos eixos principais, (c) o valor de $\bar{I}_{máx}$.

9.5 Momentos de inércia dos corpos

Até agora, examinamos os momentos de inércia de superfícies. No restante deste capítulo, consideramos momentos de inércia associados às massas dos corpos. Este será um conceito importante em dinâmica no estudo do movimento rotacional de um corpo rígido em torno de um eixo.

9.5A Momento de inércia de massa de um corpo simples

Considere um pequeno corpo de massa Δm fixado em uma barra de massa desprezível que pode girar livremente em torno de um eixo AA' (Fig. 9.20a). Se um binário é aplicado ao sistema, a barra e o corpo, considerados inicialmente em repouso, começarão a girar em torno de AA'. Os detalhes desse movimento serão estudados posteriormente em dinâmica. Por ora, queremos apenas indicar que o tempo necessário para que o sistema alcance uma dada velocidade de rotação é proporcional à massa Δm e ao quadrado da distância r. O produto $r^2 \Delta m$ fornece, portanto, uma medida da **inércia** do sistema, ou seja, uma medida da resistência que o sistema oferece quando tentamos colocá-lo em movimento. Por essa razão, o produto $r^2 \Delta m$ é denominado **momento de inércia** do corpo de massa Δm em relação ao eixo AA'.

Considere agora um corpo de massa m que deve ser posto para girar em torno de um eixo AA' (Fig. 9.20b). Dividindo o corpo em elementos de massa $\Delta m_1, \Delta m_2$, etc., verificamos que a resistência do corpo ao movimento de rotação é medida pela soma $r_1^2 \Delta m_1 + r_2^2 \Delta m_2 + \ldots$. Esta soma define, portanto, o momento de inércia do corpo em relação ao eixo AA'. Aumentando o número de elementos, concluímos que o momento de inércia é igual, no limite, à integral

Momento de inércia de um corpo

$$I = \int r^2 \, dm \tag{9.28}$$

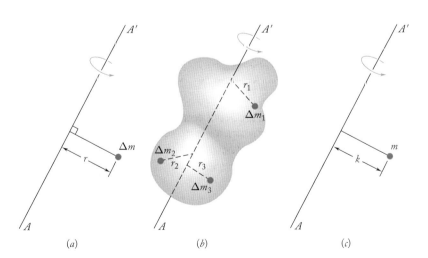

Figura 9.20 (a) Um elemento de massa Δm a uma distância r do eixo AA'; (b) o momento de inércia de um corpo rígido é a soma dos momentos de inércia de várias massas pequenas; (c) o momento de inércia permanece inalterado se toda a massa estiver concentrada em um ponto a uma distância do eixo igual ao raio de giração.

O **raio de giração** k do corpo em relação ao eixo AA' é definido pela relação

Raio de giração de um corpo

$$I = k^2 m \quad \text{ou} \quad k = \sqrt{\frac{I}{m}} \qquad (9.29)$$

Logo, o raio de giração k representa a distância a que toda massa do corpo deve ser concentrada para que seu momento de inércia em relação a AA' permaneça inalterado (Fig. 9.20c). Seja mantido em seu formato original (Fig. 9.20b), seja concentrado da maneira mostrada na Fig. 9.20c, o corpo de massa m reagirá do mesmo modo a uma rotação, ou *giração*, em torno de AA'.

O raio de giração k é expresso em metros e a massa m, em quilogramas; logo, a unidade usada para o momento de inércia de um corpo é kg·m².

O momento de inércia de um corpo em relação a um eixo de coordenadas pode ser facilmente expresso em termos das coordenadas x, y, z do elemento de massa dm (Fig. 9.21). Observando, por exemplo, que o quadrado da distância r do elemento dm ao eixo y é $z^2 + x^2$, denotamos o momento de inércia do corpo em relação ao eixo y do seguinte modo:

$$I_y = \int r^2 \, dm = \int (z^2 + x^2) \, dm$$

Expressões similares podem ser obtidas para os momentos de inércia em relação aos eixos x e z.

Momento de inércia em relação aos eixos coordenados

$$I_x = \int (y^2 + z^2) \, dm$$
$$I_y = \int (z^2 + x^2) \, dm \qquad (9.30)$$
$$I_z = \int (x^2 + y^2) \, dm$$

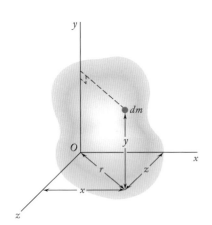

Figura 9.21 Um elemento de massa dm em um sistema de coordenadas x, y, z.

9.5B Teorema dos eixos paralelos para momentos de inércia dos corpos

Considere um corpo de massa m. Seja $Oxyz$ um sistema de coordenadas retangulares cuja origem está em um ponto arbitrário O, e $Gx'y'z'$ um sistema de eixos centroidais paralelos, ou seja, um sistema cuja origem está no centro de gravidade G do corpo e cujos eixos x', y', z' são paralelos aos eixos x, y, z, respectivamente (Fig. 9.22). (Observe que o termo *centroidal* é usado aqui para definir um eixo que passa pelo centro de gravidade G do corpo, seja G coincidente ou não com o centroide do volume do corpo.) Representando por $\bar{x}$, $\bar{y}$, $\bar{z}$ as coordenadas de G em relação a $Oxyz$, temos as seguintes relações entre as coordenadas x, y, z do elemento dm em relação a $Oxyz$ e suas coordenadas x', y', z' em relação aos eixos centroidais $Gx'y'z'$:

$$x = x' + \bar{x} \quad y = y' + \bar{y} \quad z = z' + \bar{z} \qquad (9.31)$$

Foto 9.2 Como você discutirá em seu curso de dinâmica, o comportamento rotacional de uma árvore de comando de válvulas depende do seu momento de inércia de massa em relação ao eixo de rotação.

Voltando às Eqs. (9.30), podemos expressar o momento de inércia do corpo em relação ao eixo x da seguinte maneira:

$$I_x = \int (y^2 + z^2)\, dm = \int [(y' + \bar{y})^2 + (z' + \bar{z})^2]\, dm$$

$$= \int (y'^2 + z'^2)\, dm + 2\bar{y}\int y'\, dm + 2\bar{z}\int z'\, dm + (\bar{y}^2 + \bar{z}^2)\int dm$$

A primeira integral representa o momento de inércia $\bar{I}_{x'}$ do corpo em relação ao eixo centroidal x'; a segunda e a terceira integrais representam o momento de primeira ordem do corpo em relação aos planos $z'x'$ e $x'y'$, respectivamente, e, como ambos os planos contêm G, as duas integrais são nulas; a última integral é igual à massa total m do corpo. Logo, temos

$$I_x = \bar{I}_{x'} + m(\bar{y}^2 + \bar{z}^2) \qquad (9.32)$$

e, de maneira análoga,

$$I_y = \bar{I}_{y'} + m(\bar{z}^2 + \bar{x}^2) \qquad I_z = \bar{I}_{z'} + m(\bar{x}^2 + \bar{y}^2) \qquad (9.32')$$

Pela Fig. 9.22, verificamos facilmente que a soma $\bar{z}^2 + \bar{x}^2$ representa o quadrado da distância OB entre os eixos y e y'. Analogamente, $\bar{y}^2 + \bar{z}^2$ e $\bar{x}^2 + \bar{y}^2$ representam os quadrados da distância entre os eixos x e x' e os eixos z e z', respectivamente. Portanto, representando por d a distância entre um eixo arbitrário AA' e um eixo centroidal paralelo BB' (Fig. 9.23), podemos escrever a seguinte relação geral entre os momentos de inércia I do corpo em relação a AA' e seu momento de inércia $\bar{I}$ em relação a BB', conhecida como teorema dos eixos paralelos para momentos de inércia dos corpos:

Teorema dos eixos paralelos para momentos de inércia dos corpos

$$I = \bar{I} + md^2 \qquad (9.33)$$

Expressando os momentos de inércia em termos dos raios de giração correspondentes, podemos escrever também

$$k^2 = \bar{k}^2 + d^2 \qquad (9.34)$$

onde k e $\bar{k}$ representam os raios de giração do corpo em relação a AA' e BB', respectivamente.

9.5C Momentos de inércia de placas delgadas

Considere uma placa delgada de espessura uniforme t, feita de um material homogêneo de massa específica ρ (massa específica = massa por unidade de volume). O momento de inércia de massa da placa em relação a um eixo AA' *contido no plano* da placa (Fig. 9.24a) é

$$I_{AA',\, \text{massa}} = \int r^2\, dm$$

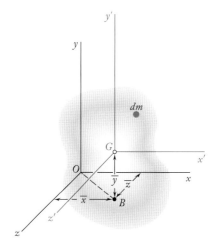

Figura 9.22 Um corpo de massa m com um sistema de coordenadas retangular arbitrário em O e um sistema de coordenadas centroidal paralelo em G. Também é possível observar, na imagem, um elemento de massa dm.

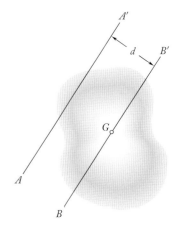

Figura 9.23 Utilizamos d para representar a distância entre um eixo arbitrário AA' e um eixo centroidal paralelo BB'.

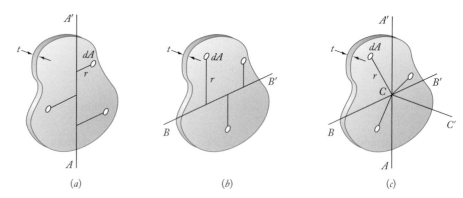

Figura 9.24 (a) Uma placa delgada com um eixo AA' contido no plano da placa; (b) um eixo BB' contido no plano da placa e perpendicular a AA'; (c) um eixo CC' perpendicular à placa e atravessando a intersecção de AA' e BB'.

Uma vez que $dm = \rho t\, dA$, temos

$$I_{AA',\,\text{massa}} = \rho t \int r^2 dA$$

Mas r representa a distância do elemento de área dA ao eixo AA'. Logo, a integral é igual ao momento de inércia da superfície da placa em relação a AA'. Temos

$$I_{AA',\,\text{massa}} = \rho t I_{AA',\,\text{área}} \tag{9.35}$$

De modo semelhante, para um eixo BB' contido no plano da placa e perpendicular a AA' (Fig. 9.24b), temos

$$I_{BB',\,\text{massa}} = \rho t I_{BB',\,\text{área}} \tag{9.36}$$

Considerando agora o eixo CC' *perpendicular* ao plano da placa e passando pelo ponto de interseção C de AA' e BB' (Fig. 9.24c), temos

$$I_{CC',\,\text{massa}} = \rho t J_{C,\,\text{área}} \tag{9.37}$$

sendo J_C o momento de inércia polar da superfície da placa em relação ao ponto C.

Recordando a relação entre os momentos de inércia retangular e polar de uma superfície, $J_C = I_{AA'} + I_{BB'}$, escrevemos a seguinte relação entre os momentos de inércia de corpo de uma placa delgada:

$$I_{CC'} = I_{AA'} + I_{BB'} \tag{9.38}$$

Placa retangular. No caso de uma placa retangular de lados a e b (Fig. 9.25), obtemos os seguintes momentos de inércia de massa em relação a eixos que passam pelo centro de gravidade da placa:

$$I_{AA',\,\text{massa}} = \rho t I_{AA',\,\text{área}} = \rho t(\tfrac{1}{12}a^3 b)$$
$$I_{BB',\,\text{massa}} = \rho t I_{BB',\,\text{área}} = \rho t(\tfrac{1}{12}a b^3)$$

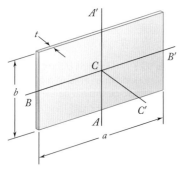

Figura 9.25 Uma placa delgada retangular de lados *a* e *b*.

Observando que o produto ρabt é igual à massa m da placa, escrevemos os momentos de inércia de corpo de uma placa retangular delgada da seguinte maneira:

$$I_{AA'} = \tfrac{1}{12}ma^2 \quad I_{BB'} = \tfrac{1}{12}mb^2 \qquad (9.39)$$

$$I_{CC'} = I_{AA'} + I_{BB'} = \tfrac{1}{12}m(a^2 + b^2) \qquad (9.40)$$

Placa circular. No caso de uma placa circular, ou disco, de raio r (Fig. 9.26), a Eq. (9.35) se torna

$$I_{AA', \text{massa}} = \rho t I_{AA', \text{área}} = \rho t(\tfrac{1}{4}\pi r^4)$$

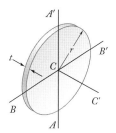

Figura 9.26 Uma placa circular delgada de raio r.

Observando que o produto $\rho \pi r^2 t$ é igual à massa m da placa e que $I_{AA'} = I_{BB'}$, escrevemos os momentos de inércia de corpo de uma placa circular delgada da seguinte maneira:

$$I_{AA'} = I_{BB'} = \tfrac{1}{4}mr^2 \qquad (9.41)$$

$$I_{CC'} = I_{AA'} + I_{BB'} = \tfrac{1}{2}mr^2 \qquad (9.42)$$

9.5D Determinação do momento de inércia de um corpo tridimensional por integração

O momento de inércia de um corpo tridimensional é obtido pelo cálculo da integral $I = \int r^2\, dm$. Se o corpo é feito de um material homogêneo de massa específica ρ, o elemento de massa dm é igual a $\rho\, dV$, e podemos escrever $I = \rho \int r^2\, dV$. Essa integral depende do formato do corpo. Logo, para se calcular o momento de inércia de um corpo tridimensional, provavelmente será preciso efetuar uma integração tripla ou, pelo menos, uma integração dupla.

Todavia, se o corpo tiver dois planos de simetria, provavelmente será possível determinar o momento de inércia do corpo com uma integração simples, escolhendo como elemento de massa dm uma fatia delgada perpendicular aos planos de simetria. No caso de corpos de revolução, por exemplo, o elemento de massa seria um disco delgado (Fig. 9.27). Usando a fórmula (9.42), o momento de inércia do disco em relação ao eixo de revolução pode ser expresso como indicado na Fig. 9.27. Seu momento de inércia em relação a cada um dos outros dois eixos de coordenadas é obtido pela fórmula (9.41) e pelo teorema dos eixos paralelos. A integração da expressão obtida conduz aos momentos de inércia do corpo.

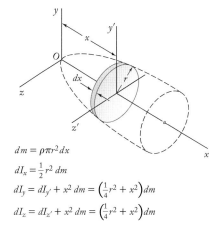

$dm = \rho \pi r^2\, dx$
$dI_x = \tfrac{1}{2}r^2\, dm$
$dI_y = dI_{y'} + x^2\, dm = \left(\tfrac{1}{4}r^2 + x^2\right)dm$
$dI_z = dI_{z'} + x^2\, dm = \left(\tfrac{1}{4}r^2 + x^2\right)dm$

Figura 9.27 Uso de um disco delgado para determinar o momento de inércia de um corpo de revolução.

9.5E Momentos de inércia de corpos compostos

Os momentos de inércia de alguns formatos simples são mostrados na Fig. 9.28. Para um corpo constituído de vários desses formatos simples, pode-se obter o momento de inércia em relação a um dado eixo calculando-se primeiro os momentos de inércia de suas partes componentes em relação ao eixo desejado e somando-os em seguida. Tal como no caso de superfícies, o raio de giração de um corpo composto *não pode* ser obtido pela adição dos raios de giração de suas partes componentes.

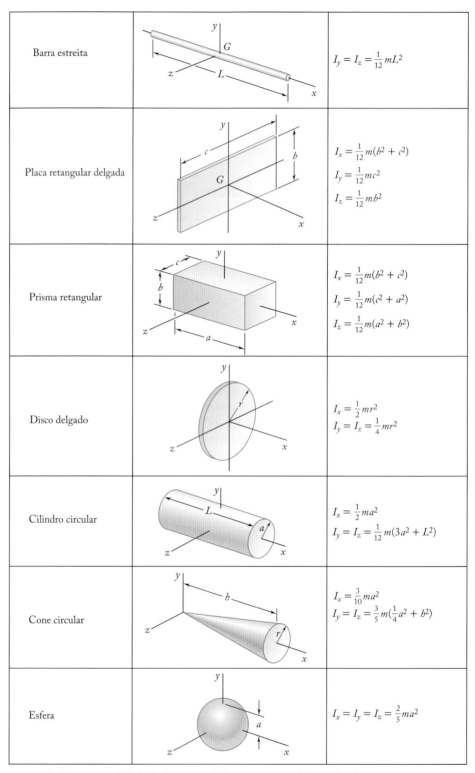

Figura 9.28 Momentos de inércia de massa de formatos geométricos simples.

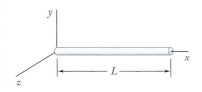

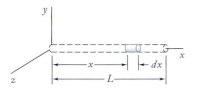

Figura 1 Elemento diferencial de massa.

PROBLEMA RESOLVIDO 9.9

Determine o momento de inércia de uma barra estreita de comprimento L e massa m em relação a um eixo perpendicular à barra passando por uma de suas extremidades.

ESTRATÉGIA Considerar a barra como um corpo de uma dimensão permite que resolvamos o problema como uma única integração.

MODELAGEM E ANÁLISE Escolhemos o elemento diferencial de massa mostrado na Figura 1 e o expressamos como uma massa por unidade de comprimento.

$$dm = \frac{m}{L}dx$$

$$I_y = \int x^2\, dm = \int_0^L x^2 \frac{m}{L} dx = \left[\frac{m}{L}\frac{x^3}{3}\right]_0^L \quad I_y = \tfrac{1}{3}mL^2 \quad \blacktriangleleft$$

PARA REFLETIR Este problema também poderia ter sido solucionado partindo-se do momento de inércia para uma barra estreita em relação ao seu controide, apresentado na Fig. 9.28, e utilizando-se o teorema dos eixos paralelos para obter o momento de inércia em relação a uma extremidade da barra.

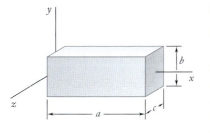

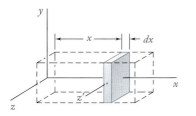

Figura 1 Elemento diferencial de massa.

PROBLEMA RESOLVIDO 9.10

Para o prisma retangular homogêneo mostrado na figura, determine o momento de inércia em relação ao eixo z.

ESTRATÉGIA Podemos abordar este problema escolhendo um elemento diferencial de massa perpendicular ao eixo longitudinal do prisma; encontramos seu momento de inércia em relação a um eixo centroidal paralelo ao eixo z e então aplicamos o teorema dos eixos paralelos.

MODELAGEM E ANÁLISE Escolhemos o elemento diferencial de massa mostrado na Figura 1. Logo,

$$dm = \rho bc\, dx$$

Voltando à Seção 9.5C, verificamos que o momento de inércia do elemento em relação ao eixo z' é

$$dI_{z'} = \tfrac{1}{12}b^2\, dm$$

Aplicando o teorema dos eixos paralelos, obtemos o momento de inércia de massa do elemento em relação ao eixo z.

$$dI_z = dI_{z'} + x^2\, dm = \tfrac{1}{12}b^2\, dm + x^2\, dm = (\tfrac{1}{12}b^2 + x^2)\rho bc\, dx$$

Integrando de $x = 0$ até $x = a$, obtemos

$$I_z = \int dI_z = \int_0^a (\tfrac{1}{12}b^2 + x^2)\rho bc\, dx = \rho abc(\tfrac{1}{12}b^2 + \tfrac{1}{3}a^2)$$

Como a massa total do prisma é $m = \rho abc$, podemos escrever:

$$I_z = m(\tfrac{1}{12}b^2 + \tfrac{1}{3}a^2) \qquad I_z = \tfrac{1}{12}m(4a^2 + b^2) \quad \blacktriangleleft$$

PARA REFLETIR Observamos que, se o prisma é delgado, sendo b pequeno em comparação com a, a expressão para I_z se reduz a $\tfrac{1}{3}ma^2$, que é o resultado obtido no Problema Resolvido 9.9, quando $L = a$.

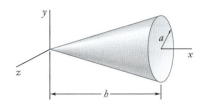

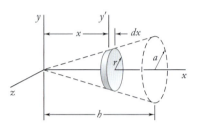

Figura 1 Elemento diferencial de massa.

PROBLEMA RESOLVIDO 9.11

Determine o momento de inércia de um cone circular em relação a (a) seu eixo longitudinal, (b) um eixo que passa pelo vértice do cone e é perpendicular ao seu eixo longitudinal, (c) um eixo que passa pelo centroide do cone e é perpendicular a seu eixo longitudinal.

ESTRATÉGIA Para os itens (a) e (b), escolhemos um elemento diferencial de massa na forma de um disco circular delgado perpendicular ao eixo longitudinal do cone. Podemos resolver o item (c) com a aplicação do teorema dos eixos paralelos.

MODELAGEM E ANÁLISE Escolhemos o elemento diferencial de massa mostrado na Fig. 1. O raio e a massa do disco são expressos como

$$r = a\frac{x}{h} \qquad dm = \rho\pi r^2\, dx = \rho\pi\frac{a^2}{h^2}x^2\, dx$$

a. Momento de inércia I_x. Usando a expressão deduzida na Seção 9.5C para um disco delgado, calculamos o momento de inércia de massa do elemento diferencial em relação ao eixo x.

$$dI_x = \tfrac{1}{2}r^2\, dm = \tfrac{1}{2}\left(a\frac{x}{h}\right)^2\left(\rho\pi\frac{a^2}{h^2}x^2\, dx\right) = \tfrac{1}{2}\rho\pi\frac{a^4}{h^4}x^4\, dx$$

Integrando de $x = 0$ até $x = h$, obtemos

$$I_x = \int dI_x = \int_0^h \tfrac{1}{2}\rho\pi\frac{a^4}{h^4}x^4\, dx = \tfrac{1}{2}\rho\pi\frac{a^4}{h^4}\frac{h^5}{5} = \tfrac{1}{10}\rho\pi a^4 h$$

Como a massa total do cone é $m = \tfrac{1}{3}\rho\pi a^2 h$, podemos escrever

$$I_x = \tfrac{1}{10}\rho\pi a^4 h = \tfrac{3}{10}a^2(\tfrac{1}{3}\rho\pi a^2 h) = \tfrac{3}{10}ma^2 \qquad I_x = \tfrac{3}{10}ma^2 \quad\blacktriangleleft$$

b. Momento de inércia I_y. É usado o mesmo elemento diferencial. Aplicando o teorema dos eixos paralelos e usando a expressão deduzida na Seção 9.5C para um disco delgado, temos

$$dI_y = dI_{y'} + x^2\, dm = \tfrac{1}{4}r^2\, dm + x^2\, dm = (\tfrac{1}{4}r^2 + x^2)\, dm$$

Substituindo as expressões para r e dm na equação, obtemos

$$dI_y = \left(\tfrac{1}{4}\frac{a^2}{h^2}x^2 + x^2\right)\left(\rho\pi\frac{a^2}{h^2}x^2\, dx\right) = \rho\pi\frac{a^2}{h^2}\left(\frac{a^2}{4h^2} + 1\right)x^4\, dx$$

$$I_y = \int dI_y = \int_0^h \rho\pi\frac{a^2}{h^2}\left(\frac{a^2}{4h^2} + 1\right)x^4\, dx = \rho\pi\frac{a^2}{h^2}\left(\frac{a^2}{4h^2} + 1\right)\frac{h^5}{5}$$

Introduzindo a massa total m do cone, reescrevemos I_y da seguinte maneira:

$$I_y = \tfrac{3}{5}(\tfrac{1}{4}a^2 + h^2)\tfrac{1}{3}\rho\pi a^2 h \qquad I_y = \tfrac{3}{5}m(\tfrac{1}{4}a^2 + h^2) \quad\blacktriangleleft$$

c. Momento de inércia $\bar{I}_{y''}$. Aplicamos o teorema dos eixos paralelos e, assim, temos

$$I_y = \bar{I}_{y''} + m\bar{x}^2$$

Resolvendo para $\bar{I}_{y''}$ e lembrando da Fig. 5.21 que $\bar{x} = \tfrac{3}{4}h$ (Fig. 2), temos

$$\bar{I}_{y''} = I_y - m\bar{x}^2 = \tfrac{3}{5}m(\tfrac{1}{4}a^2 + h^2) - m(\tfrac{3}{4}h)^2$$

$$\bar{I}_{y''} = \tfrac{3}{20}m(a^2 + \tfrac{1}{4}h^2) \quad\blacktriangleleft$$

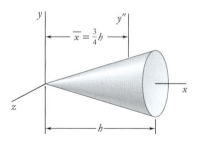

Figura 2 Centroide de um cone circular.

PARA REFLETIR O teorema dos eixos paralelos para corpos pode ser tão útil quanto a sua versão para superfícies. Não podemos esquecer de usar as figuras de referência para os centroides dos volumes quando necessário.

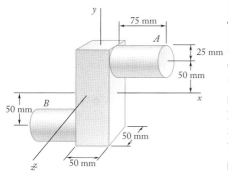

PROBLEMA RESOLVIDO 9.12

Uma peça de aço forjado consiste em um prisma retangular de 150 × 50 × 50 mm e dois cilindros de 50 mm de diâmetro e 75 mm de comprimento, tal como mostra a figura. Determine os momentos de inércia do conjunto em relação aos eixos coordenados. (A massa específica do aço é 7.850 kg/m³.)

ESTRATÉGIA Os momentos de inércia de cada componente são calculados a partir da Fig. 9.28, usando-se o teorema dos eixos paralelos quando necessário. Observe que todos os comprimentos devem ser expressos em metros para serem consistentes com as unidades da massa específica fornecida.

MODELAGEM E ANÁLISE

Cálculo das massas.
Prisma

$$V = (0{,}05 \text{ m})(0{,}05 \text{ m})(0{,}15 \text{ m}) = 3{,}75 \times 10^{-4} \text{ m}^3$$
$$m = (7850 \text{ kg/m}^3)(3{,}75 \times 10^{-4} \text{ m}^3) = 2{,}94 \text{ kg}$$

Cada cilindro

$$V = \pi(0{,}025 \text{ m})^2(0{,}075 \text{ m}) = 1{,}473 \times 10^{-4} \text{ m}^3$$
$$m = (7850 \text{ kg/m}^3)(1{,}473 \times 10^{-4} \text{ m}^3) = 1{,}16 \text{ kg}$$

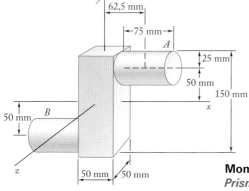

Figura 1 Geometria de cada componente.

Momentos de Inércia (Fig. 1).
Prisma

$I_x = I_z = \frac{1}{12}(2{,}94 \text{ kg})[(0{,}15 \text{ m})^2 + (0{,}05 \text{ m})^2] = 6{,}125 \times 10^{-3} \text{ kg·m}^2$
$I_y = \frac{1}{12}(2{,}94 \text{ kg})[(0{,}05 \text{ m})^2 + (0{,}05 \text{ m})^2] = 1{,}225 \times 10^{-3} \text{ kg·m}^2$

Cada cilindro

$I_x = \frac{1}{2}ma^2 + m\bar{y}^2 = \frac{1}{2}(1{,}16 \text{ kg})(0{,}025 \text{ m})^2$
$\qquad + (1{,}16 \text{ kg})(0{,}05 \text{ m})^2 = 3{,}263 \times 10^{-3} \text{ kg·m}^2$
$I_y = \frac{1}{12}m(3a^2 + L^2) = m\bar{x}^2 = \frac{1}{12}(1{,}16 \text{ kg})(3 \times 0{,}025 \text{ m})^2 + (0{,}075 \text{ m})^2$
$\qquad + (1{,}16 \text{ kg})(0{,}0625 \text{ m})^2 = 5{,}256 \times 10^{-3} \text{ kg·m}^2$
$I_z = \frac{1}{12}m(3a^2 + L^2) + m(\bar{x}^2 + \bar{y}^2) = \frac{1}{12}(1{,}16 \text{ kg})(3 \times 0{,}025 \text{ m})^2 + (0{,}075 \text{ m})^2$
$\qquad + (1{,}16 \text{ kg})(0{,}0625 \text{ m})^2 + (0{,}05 \text{ m})^2 = 8{,}156 \times 10^{-3} \text{ kg·m}^2$

Todo o corpo. Adicionando os valores obtidos para o prisma e dois cilindros, temos

$I_x = 6{,}125 \times 10^{-3} + 2(3{,}263 \times 10^{-3})$ $\qquad I_x = 12{,}65 \times 10^{-3} \text{ kg·m}^2$ ◄

$I_y = 1{,}225 \times 10^{-3} + 2(5{,}256 \times 10^{-3})$ $\qquad I_y = 11{,}74 \times 10^{-3} \text{ kg·m}^2$ ◄

$I_z = 6{,}125 \times 10^{-3} + 2(8{,}156 \times 10^{-3})$ $\qquad I_z = 22{,}44 \times 10^{-3} \text{ kg·m}^2$ ◄

PARA REFLETIR A solução indica que este conjunto tem mais resistência à rotação em relação ao eixo z (maior momento de inércia) do que em relação aos eixos x e y. Como a maior parte da massa do conjunto está mais distante do eixo z do que dos eixos x ou y, podemos considerar este resultado razoável.

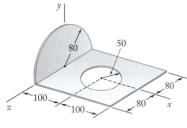

Dimensões em mm

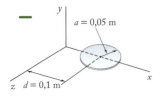

Figura 1 Modelagem da peça de máquina como uma combinação de formas geométricas simples.

PROBLEMA RESOLVIDO 9.13

Uma placa de aço delgada de 4 mm de espessura é cortada e dobrada para formar a peça de máquina mostrada na figura. A massa específica do aço é 7850 kg/m³. Determine os momentos de inércia da superfície sombreada em relação aos eixos coordenados.

ESTRATÉGIA Observamos que a peça da máquina consiste em uma placa semicircular e uma placa retangular da qual foi retirada uma placa circular (Fig. 1). Após o cálculo dos momentos de inércia de cada parte, adicionamos os momentos da placa semicircular e da placa retangular e então subtraímos os da placa circular para determinar os momentos de inércia de toda a peça de máquina.

MODELAGEM E ANÁLISE

Cálculo das massas. *Placa semicircular*

$$V_1 = \tfrac{1}{2}\pi r^2 t = \tfrac{1}{2}\pi(0{,}08 \text{ m})^2(0{,}004 \text{ m}) = 40{,}21 \times 10^{-6} \text{ m}^3$$
$$m_1 = \rho V_1 = (7{,}85 \times 10^3 \text{ kg/m}^3)(40{,}21 \times 10^{-6} \text{ m}^3) = 0{,}3156 \text{ kg}$$

Placa retangular

$$V_2 = (0{,}200 \text{ m})(0{,}160 \text{ m})(0{,}004 \text{ m}) = 128 \times 10^{-6} \text{ m}^3$$
$$m_2 = \rho V_2 = (7{,}85 \times 10^3 \text{ kg/m}^3)(128 \times 10^{-6} \text{ m}^3) = 1{,}005 \text{ kg}$$

Placa circular

$$V_3 = \pi a^2 t = \pi(0{,}050 \text{ m})^2(0{,}004 \text{ m}) = 31{,}42 \times 10^{-6} \text{ m}^3$$
$$m_3 = \rho V_3 = (7{,}85 \times 10^3 \text{ kg/m}^3)(31{,}42 \times 10^{-6} \text{ m}^3) = 0{,}2466 \text{ kg}$$

Momentos de inércia. Adotando o método apresentado na Seção 9.5C, calculamos os momentos de inércia de cada componente.

Placa semicircular. Observamos na Fig. 9.28 que, para uma placa circular de massa m e raio r,

$$I_x = \tfrac{1}{2}mr^2 \quad I_y = I_z = \tfrac{1}{4}mr^2$$

Devido à simetria, os valores para uma placa semicircular são reduzidos pela metade. Então,

$$I_x = \tfrac{1}{2}(\tfrac{1}{2}mr^2) \quad I_y = I_z = \tfrac{1}{2}(\tfrac{1}{4}mr^2)$$

Como a massa de uma placa semicircular é $m_1 = \tfrac{1}{2}m$, temos

$$I_x = \tfrac{1}{2}m_1 r^2 = \tfrac{1}{2}(0{,}3156 \text{ kg})(0{,}08 \text{ m})^2 = 1{,}010 \times 10^{-3} \text{ kg·m}^2$$
$$I_y = I_z = \tfrac{1}{4}(\tfrac{1}{2}mr^2) = \tfrac{1}{4}m_1 r^2 = \tfrac{1}{4}(0{,}3156 \text{ kg})(0{,}08 \text{ m})^2 = 0{,}505 \times 10^{-3} \text{ kg·m}^2$$

Placa retangular

$$I_x = \tfrac{1}{12}m_2 c^2 = \tfrac{1}{12}(1{,}005 \text{ kg})(0{,}16 \text{ m})^2 = 2{,}144 \times 10^{-3} \text{ kg·m}^2$$
$$I_z = \tfrac{1}{3}m_2 b^2 = \tfrac{1}{3}(1{,}005 \text{ kg})(0{,}2 \text{ m})^2 = 13{,}400 \times 10^{-3} \text{ kg·m}^2$$
$$I_y = I_x + I_z = (2{,}144 + 13{,}400)(10^{-3}) = 15{,}544 \times 10^{-3} \text{ kg·m}^2$$

Placa circular

$$I_x = \tfrac{1}{4}m_3 a^2 = \tfrac{1}{4}(0{,}2466 \text{ kg})(0{,}05 \text{ m})^2 = 0{,}154 \times 10^{-3} \text{ kg·m}^2$$
$$I_y = \tfrac{1}{2}m_3 a^2 + m_3 d^2$$
$$= \tfrac{1}{2}(0{,}2466 \text{ kg})(0{,}05 \text{ m})^2 + (0{,}2466 \text{ kg})(0{,}1 \text{ m})^2 = 2{,}774 \times 10^{-3} \text{ kg·m}^2$$
$$I_z = \tfrac{1}{4}m_3 a^2 + m_3 d^2 = \tfrac{1}{4}(0{,}2466 \text{ kg})(0{,}05 \text{ m})^2 + (0{,}2466 \text{ kg})(0{,}1 \text{ m})^2$$
$$= 2{,}620 \times 10^{-3} \text{ kg·m}^2$$

Peça de máquina completa

$$I_x = (1{,}010 + 2{,}144 - 0{,}154)(10^{-3}) \text{ kg·m}^2 \qquad I_x = 3{,}00 \times 10^{-3} \text{ kg·m}^2 \blacktriangleleft$$
$$I_y = (0{,}505 + 15{,}544 - 2{,}774)(10^{-3}) \text{ kg·m}^2 \qquad I_y = 13{,}28 \times 10^{-3} \text{ kg·m}^2 \blacktriangleleft$$
$$I_z = (0{,}505 + 13{,}400 - 2{,}620)(10^{-3}) \text{ kg·m}^2 \qquad I_z = 11{,}29 \times 10^{-3} \text{ kg·m}^2 \blacktriangleleft$$

METODOLOGIA PARA A RESOLUÇÃO DE PROBLEMAS

Nesta seção, apresentamos o **momento de inércia de massa** e o **raio de giração** de um corpo tridimensional em relação a um dado eixo [Eqs. (9.28) e (9.29)]. Também deduzimos um **teorema dos eixos paralelos** referente a momentos de inércia de massa e discutimos o cálculo dos momentos de inércia de massa de placas delgadas e corpos tridimensionais.

1. **Cálculo dos momentos de inércia de massa.** O momento de inércia de massa I de um corpo em relação a um dado eixo pode ser calculado diretamente a partir da definição dada na Eq. (9.28) para formatos comuns [Problema Resolvido 9.9]. Em muitos casos, porém, é necessário dividir o corpo em fatias delgadas, calcular o momento de inércia de uma fatia típica em relação ao eixo dado – usando o teorema dos eixos paralelos – e integrar a expressão obtida.

2. **Aplicação do teorema dos eixos paralelos.** Na Seção 9.5B, deduzimos o teorema dos eixos paralelos para momentos de inércia de massa

$$I = \bar{I} + md^2 \qquad (9.33)$$

estabelecendo que o momento de inércia I de um corpo de massa m em relação a um dado eixo é igual à soma do momento de inércia $\bar{I}$ desse corpo em relação ao eixo centroidal paralelo e ao produto md^2, sendo d a distância entre os dois eixos. Quando o momento de inércia de um corpo tridimensional é calculado em relação a um dos eixos de coordenadas, d^2 pode ser substituído pela soma dos quadrados das distâncias medidas ao longo dos outros dois eixos de coordenadas [Eqs. (9.32) e (9.32′)].

3. **Evitando erros de unidades.** Para evitar erros, é essencial que você seja consistente no uso de unidades. Recomendamos enfaticamente que sejam incluídas as unidades ao efetuar os cálculos [Problemas Resolvidos 9.12 e 9.13].

4. **Cálculo do momento de inércia de massa de placas delgadas.** Mostramos na Seção 9.5C que o momento de inércia de massa de uma placa delgada em relação a um dado eixo pode ser obtido pelo produto do momento correspondente de inércia da superfície da placa com a massa específica ρ e a espessura t da placa [Eqs. (9.35) a (9.37)]. Observe que, sendo o eixo CC' na Fig. 9.24c perpendicular à placa, $I_{CC', \text{massa}}$ é associado ao momento de inércia polar $J_{C, \text{área}}$.

Em vez de calcular diretamente o momento de inércia de uma placa delgada em relação a um eixo especificado, às vezes podemos concluir que é mais conveniente calcular primeiro o momento de inércia em relação a um eixo paralelo ao eixo especificado e, em seguida, aplicar o teorema dos eixos paralelos. Além disso, para determinar o momento de inércia de uma placa delgada em relação a um eixo perpendicular à placa, podemos querer determinar primeiro seus momentos de inércia em relação a dois eixos perpendiculares no plano e, então, usar a Eq. (9.38). Finalmente, lembre-se de que a massa de uma placa de área A, espessura t e massa específica ρ é $m = \rho t A$.

(continua)

5. **Determinação do momento de inércia de um corpo por integração direta simples.** Discutimos na Seção 9.5D e exemplificamos nos Problemas Resolvidos 9.10 e 9.11 de que maneira se pode usar uma integração simples para calcular o momento de inércia de um corpo que pode ser dividido em uma série de elementos delgados paralelos. Nesses casos, às vezes você precisará expressar a massa do corpo em termos da massa específica e das dimensões do corpo. Assim como nos Problemas Resolvidos, considerando que o corpo tenha sido dividido em elementos delgados perpendiculares ao eixo x, precisaremos expressar as dimensões de cada elemento em função da variável x.

   a. **No caso especial de um corpo de revolução,** o elemento é um disco delgado, e as equações fornecidas na Fig. 9.27 devem ser usadas para determinar o momento de inércia do corpo [Problema Resolvido 9.11].

   b. **No caso geral, quando o corpo não é de revolução,** o elemento diferencial não é um disco, mas um elemento delgado de formato diferente, e as equações da Fig. 9.27 não podem ser usadas. Veja, por exemplo, o Problema Resolvido 9.10, em que o elemento era uma placa delgada retangular. Para configurações mais complexas, podemos querer usar uma ou mais das seguintes equações, baseadas nas Eqs. (9.32) e (9.32′) da Seção 9.5B.

$$dI_x = dI_{x'} + (\bar{y}_{el}^2 + \bar{z}_{el}^2)\, dm$$
$$dI_y = dI_{y'} + (\bar{z}_{el}^2 + \bar{x}_{el}^2)\, dm$$
$$dI_z = dI_{z'} + (\bar{x}_{el}^2 + \bar{y}_{el}^2)\, dm$$

onde as plicas indicam os eixos centroidais de cada elemento e onde $\bar{x}_{el}$, $\bar{y}_{el}$ e $\bar{z}_{el}$ representam as coordenadas do seu centroide. Os momentos de inércia centroidais do elemento são determinados da maneira descrita anteriormente para uma placa delgada: voltando à Fig. 9.12, calcule os momentos correspondentes de inércia de superfície do elemento e multiplique o resultado pela massa específica ρ e pela espessura t do elemento. Além disso, considerando que o corpo tenha sido dividido em elementos delgados perpendiculares ao eixo x, lembre-se de que você pode obter $dI_{x'}$ adicionando $dI_{y'}$ e $dI_{z'}$, em vez de calculá-lo diretamente. Finalmente, usando a geometria do corpo, expresse o resultado obtido em termos da variável única x e integre em x.

6. **Cálculo do momento de inércia de um corpo composto.** Conforme estabelecemos na Seção 9.5E, o momento de inércia de um corpo composto em relação a um eixo especificado é igual à soma dos momentos de inércia de seus componentes em relação ao mesmo eixo. Os Problemas Resolvidos 9.12 e 9.13 ilustram o método de solução adequado. Você deve se lembrar também de que o momento de inércia de um componente só será negativo se o componente estiver *removido* (como no caso de um furo).

Embora os problemas de corpos compostos desta seção sejam relativamente diretos, precisaremos trabalhar com cuidado para evitar erros de cálculo. Além disso, se alguns dos momentos de inércia de que você necessitar não estiverem dados na Fig. 9.28, teremos de deduzir suas próprias fórmulas usando as técnicas desta seção.

PROBLEMAS

9.111 Uma placa delgada de massa m é cortada na forma de um triângulo equilátero de lado a. Determine o momento de inércia de massa da placa em relação (*a*) aos eixos centroidais AA' e BB', (*b*) ao eixo centroidal CC' perpendicular à placa.

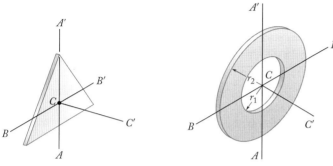

Figura P9.111

Figura P9.112

9.112 Um anel de massa m é cortado de uma placa delgada uniforme. Determine o momento de inércia de massa do anel em relação (*a*) ao eixo AA', (*b*) ao eixo centroidal CC' perpendicular ao plano do anel.

9.113 Uma placa delgada semielíptica tem massa m. Determine o momento de inércia de massa da placa em relação (*a*) ao eixo centroidal BB', (*b*) ao eixo centroidal CC' perpendicular à placa.

9.114 O arco parabólico mostrado na figura foi cortado de uma placa delgada uniforme. Indicando a massa do arco parabólico por m, determine seu momento de inércia com relação (*a*) ao eixo BB', (*b*) o eixo DD' que é perpendicular ao arco parabólico. (*Dica*: ver o Problema Resolvido 9.3.)

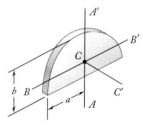

Figura P9.113

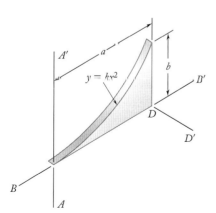

Figura P9.114

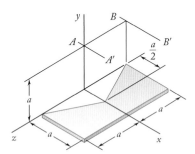

Figura P9.115 e P9.116

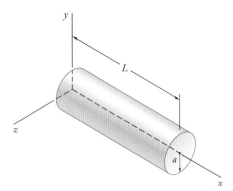

Figura P9.119

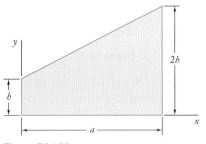

Figura P9.120

9.115 Um pedaço de chapa metálica delgada e uniforme é cortado para formar o componente de máquina mostrado na figura. Representada a massa do componente por m, determine seu momento de inércia de massa em relação (a) ao eixo x, (b) ao eixo y.

9.116 Um pedaço de chapa metálica delgada e uniforme é cortado para formar o componente de máquina mostrado na figura. Representada a massa do componente por m, determine o momento de inércia em relação (a) ao eixo AA', (b) ao eixo BB', sendo os eixos AA' e BB' paralelos ao eixo x e pertencentes a um plano paralelo ao plano xz a uma distância a acima.

9.117 Uma placa delgada de massa m tem o formato trapezoidal mostrado na figura. Determine o momento de inércia de massa da placa em relação (a) ao eixo x, (b) ao eixo y.

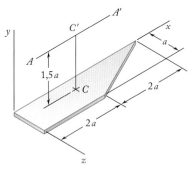

Figura P9.117 e P9.118

9.118 Uma placa delgada de massa m tem o formato trapezoidal mostrado na figura. Determine o momento de inércia de massa da placa em relação (a) ao eixo centroidal CC' perpendicular à placa, (b) ao eixo AA' paralelo ao eixo x e localizado a uma distância $1{,}5a$ da placa.

9.119 Determine por integração direta o momento de inércia de massa em relação ao eixo z do cilindro circular mostrado na figura, considerando que ele tem massa específica uniforme e massa m.

9.120 A superfície plana mostrada na figura é girada em torno do eixo x para formar um corpo de revolução homogêneo de massa m. Usando integração direta, expresse o momento de inércia do corpo em relação ao eixo x em termos de m e h.

9.121 A superfície plana mostrada na figura é girada em torno do eixo x para formar um corpo de revolução homogêneo de massa m. Usando integração direta, expresse o momento de inércia do corpo em relação (a) ao eixo x, (b) ao eixo y. Expresse suas respostas em termos de m e as dimensões do sólido.

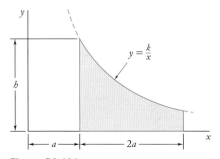

Figura P9.121

9.122 Determine por integração direta o momento de inércia de massa em relação ao eixo x do corpo tetraédrico mostrado na figura, considerando que ele tem massa específica uniforme e massa m.

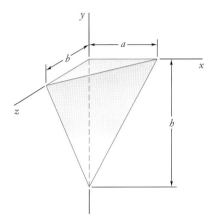

Figura P9.122 e *P9.123*

9.123 Determine por integração direta o momento de inércia em relação ao eixo y do corpo tetraédrico mostrado na figura, considerando que ele tem massa específica uniforme e massa m.

9.124 Determine por integração direta o momento de inércia de massa e o raio de giração em relação ao eixo x do paraboloide mostrado na figura, considerando que ele tem massa específica uniforme e massa m.

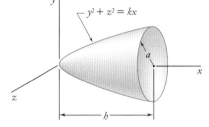

Figura P9.124

9.125 Uma placa retangular delgada com massa m é soldada a um eixo vertical AB como mostra a figura. Sabendo que a placa faz um ângulo θ com o eixo y, determine por integração direta o momento de inércia de massa da placa em relação (*a*) ao eixo y, (*b*) ao eixo z.

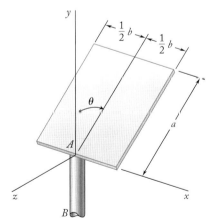

Figura *P9.125*

*9.126 Um arame fino de aço é dobrado no formato mostrado na figura. Representando por m' a massa por unidade de comprimento do arame, determine por integração direta o momento de inércia do arame em relação a cada um dos eixos coordenados.

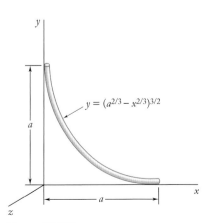

Figura P9.126

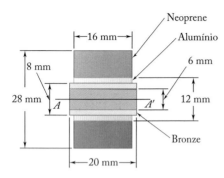

Figura P9.127

9.127 A figura mostra a seção transversal de um rolete esticador. Determine seu momento de inércia de massa e seu raio de giração em relação ao eixo AA'. (A densidade do bronze é 8.580 kg/m³; do alumínio, 2.770 kg/m³; do neoprene, 1.250 kg/m³).

9.128 A figura mostra a seção transversal de uma polia plana fundida. Determine seu momento de inércia de massa e seu raio de giração em relação ao eixo AA'. (A massa específica do latão é 8.650 kg/m³ e a massa específica do policarboneto reforçado em fibra é 1.250 kg/m³.)

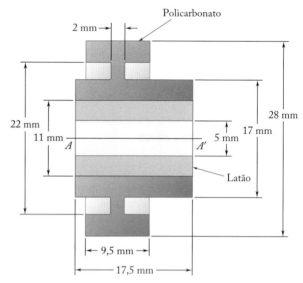

Figura P9.128

9.129 Uma peça de máquina mostrada na figura é formada por uma superfície cônica feita por usinagem num cilindro. Para $b = \frac{1}{2}h$, determine o momento de inércia de massa e o raio de giração da peça da máquina com relação a eixo y.

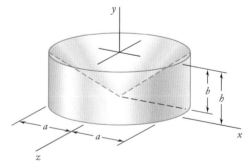

Figura P9.129

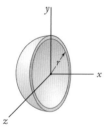

Figura P9.130

9.130 Sabendo que uma concha hemisférica delgada tem massa m e espessura t, determine o momento de inércia de massa e o raio de giração da concha em relação ao eixo x. (*Dica*: considere que a concha é formada removendo-se um hemisfério de raio r de um hemisfério de raio $r + t$; então, ignore os termos contendo t^2 e t^3 e mantenha aqueles contendo t.)

9.131 O componente de alumínio de uma máquina tem um furo de seção quadrada centrado ao longo de seu comprimento. Determine (*a*) o valor de *a* para que o momento de inércia do componente em relação ao eixo AA', que intercepta a superfície superior do furo, seja máximo, (*b*) os valores correspondentes do momento de inércia de massa e do raio de giração em relação ao eixo AA'. (A densidade do alumínio é 2.770 kg/m³.)

9.132 As conchas e os braços de um anemômetro são fabricados de um material de massa específica ρ. Sabendo que o momento de inércia de uma casca hemisférica de massa *m* e espessura *t* em relação ao seu eixo centroidal GG' é $5ma^2/12$, determine (*a*) o momento de inércia do anemômetro em relação ao eixo AA', (*b*) a razão a/l para que o momento de inércia centroidal das conchas seja igual a 1% do momento de inércia das conchas em relação ao eixo AA'.

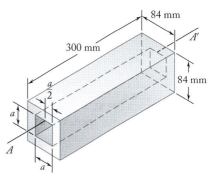

Figura P9.131

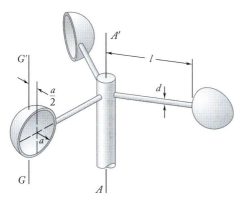

Figura P9.132

9.133 Após um período de uso, uma das lâminas de um desfibrador desgasta-se, assumindo o formato mostrado na figura de massa 0,18 kg. Sabendo que os momentos de inércia da lâmina em relação aos eixos AA' e BB' são 0,320 g·m² e 0,680 g·m², respectivamente, determine (*a*) a localização do eixo centroidal GG', (*b*) o raio de giração em relação ao eixo GG'.

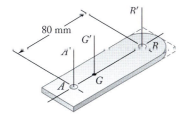

Figura P9.133

9.134 Determine o momento de inércia de massa de um componente de máquina de 0,5 kg mostrado na figura com relação ao eixo AA'.

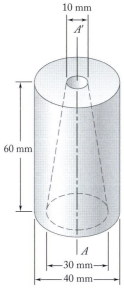

Figura *P9.134*

9.135 e 9.136 Um pedaço de chapa metálica de 2 mm de espessura é cortado e dobrado para formar o componente de máquina mostrado na figura. Sabendo que a massa específica do aço é 7.850 kg/m³, determine o momento de inércia de massa do componente em relação a cada um dos eixos coordenados.

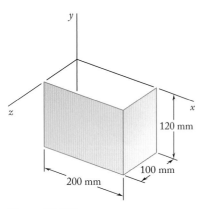

Figura P9.135

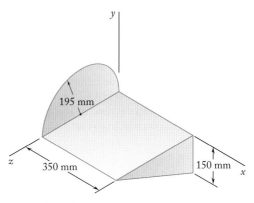

Figura P9.136

9.137 Um subconjunto de um modelo de aeroplano é fabricado com três peças de 1,5 mm de madeira. Desprezando a massa do adesivo usado na montagem das três peças, determine o momento de inércia de massa do subconjunto com relação a cada um dos eixos coordenados. (A massa específica da madeira é 780 kg/m³).

9.138 Uma seção de chapa de aço de 0,3 mm de espessura é cortada e dobrada para formar o componente de máquina mostrado na figura. Determine o momento de inércia de massa do componente em relação a cada um dos eixos de coordenadas. (A massa específica do aço é 7.850 kg/m³.)

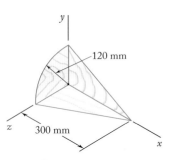

Figura *P9.137*

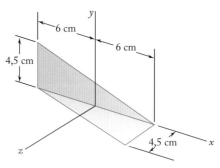

Figura P9.138

9.139 Um apoio estrutural é feito com chapa de aço galvanizado de 2 mm de espessura. Determine o momento de inércia de massa do apoio em relação a cada um dos eixos de coordenadas. (A densidade do aço galvanizado é 7.530 kg/m³.)

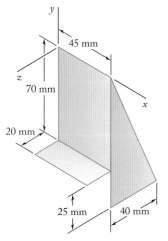

Figura P9.139

9.140 Um fazendeiro constrói uma calha soldando uma chapa de aço retangular de espessura 2 mm a uma metade de um tambor. Sabendo que a massa específica do aço é 7.850 kg/m³ e que a espessura das paredes do tambor é 1,8 mm, determine o momento de inércia da massa da calha em relação aos eixos coordenados. Despreze a massa das soldas.

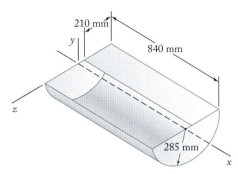

Figura *P9.140*

9.141 O elemento de máquina mostrado na figura é fabricado em aço. Determine o momento de inércia de massa do conjunto em relação (*a*) ao eixo *x*, (*b*) ao eixo *y*, (*c*) ao eixo *z*. (A massa específica do aço é 7.850 kg/m³.)

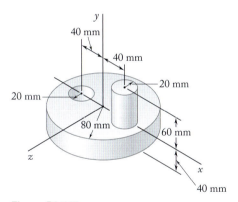

Figura P9.141

9.142 Determine os momentos de inércia e os raios de giração do elemento de máquina de aço mostrado na figura em relação aos eixos *x* e *y*. (A massa específica do aço é 7.850 kg/m³.)

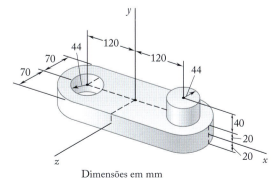

Dimensões em mm

Figura P9.142

9.143 Determine o momento de inércia de massa do elemento de máquina de aço mostrado na figura em relação ao eixo *x*. (A densidade do aço é 7.850 kg/m³.)

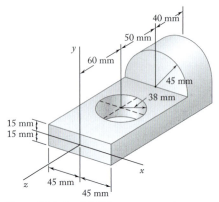

Figura P9.143 e *P9.144*

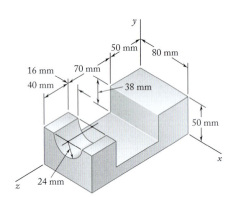

Figura P9.145

9.144 Determine o momento de inércia de massa do elemento de máquina de aço mostrado na figura em relação ao eixo *y*. (A densidade do aço é 7.850 kg/m³.)

9.145 Determine o momento de inércia de massa do objeto de aço mostrado na figura em relação (*a*) ao eixo *x*, (*b*) ao eixo *y*, (*c*) ao eixo *z*. (A densidade do aço é 7.850 kg/m³.)

9.146 Um arame de alumínio com 0,049 kg/m de massa por unidade de comprimento é usado para formar o círculo e os membros retilíneos mostrados na figura. Determine o momento de inércia de massa do conjunto em relação a cada um dos eixos coordenados.

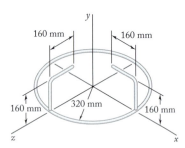

Figura *P9.146*

9.147 A armação mostrada na figura é formada por um arame de aço de 3 mm de diâmetro. Sabendo que a massa específica do aço é 7.850 kg/m³, determine o momento de inércia de massa da armação em relação a cada um dos eixos coordenados.

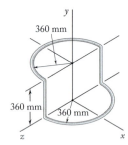

Figura P9.147

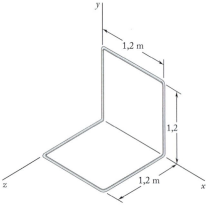

Figura P9.148

9.148 Um arame homogêneo com 0,056 kg/m de massa por unidade de comprimento é usado para formar a armação mostrada na figura. Determine o momento de inércia da armação em relação a cada um dos eixos coordenados.

*9.6 Momentos de inércia dos corpos: outros conceitos

Nesta última seção do capítulo, apresentamos diversos conceitos envolvendo momentos de inércia de massa que são análogos ao material apresentado na Seção 9.4 envolvendo momentos de inércia de superfícies. Essas ideias incluem momentos de inércia de massa, eixos principais de inércia e momentos principais de inércia para massas, que são necessários para o estudo da dinâmica dos corpos rígidos em três dimensões.

9.6A Produtos de inércia de corpos

Nesta seção, veremos que o momento de inércia de um corpo pode ser determinado em relação a um eixo arbitrário OL que passa pela origem (Fig. 9.29) se já estiverem determinados os momentos de inércia em relação aos três eixos de coordenadas, bem como outras grandezas a serem definidas a seguir.

O momento de inércia I_{OL} do corpo em relação a OL é igual a $\int p^2 \, dm$, sendo p a distância perpendicular do elemento de massa dm ao eixo OL. Se representarmos por $\boldsymbol{\lambda}$ o vetor unitário ao longo de OL e por $\mathbf{r}$ o vetor de posição do elemento dm, observamos que a distância perpendicular p é igual a $r \operatorname{sen} \theta$, que é a intensidade do produto vetorial $\boldsymbol{\lambda} \times \mathbf{r}$. Logo, temos

$$I_{OL} = \int p^2 \, dm = \int |\boldsymbol{\lambda} \times \mathbf{r}|^2 \, dm \qquad (9.43)$$

Expressando $|\boldsymbol{\lambda} \times \mathbf{r}|^2$ em termos dos componentes retangulares do produto vetorial, temos

$$I_{OL} = \int [(\lambda_x y - \lambda_y x)^2 + (\lambda_y z - \lambda_z y)^2 + (\lambda_z x - \lambda_x z)^2] \, dm$$

onde os componentes $\lambda_x, \lambda_y, \lambda_z$ do vetor unitário $\boldsymbol{\lambda}$ representam os cossenos diretores do eixo OL e os componentes x, y, z de $\mathbf{r}$ representam as coordenadas do elemento de massa dm. Expandindo os quadrados e rearrumando os termos, temos

$$I_{OL} = \lambda_x^2 \int (y^2 + z^2) \, dm + \lambda_y^2 \int (z^2 + x^2) \, dm + \lambda_z^2 \int (x^2 + y^2) \, dm$$
$$- 2\lambda_x \lambda_y \int xy \, dm - 2\lambda_y \lambda_z \int yz \, dm - 2\lambda_z \lambda_x \int zx \, dm \qquad (9.44)$$

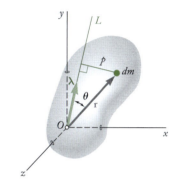

Figura 9.29 Um elemento de massa dm de um corpo e sua distância perpendicular a um eixo arbitrário OL que passa pela origem.

Voltando às Eqs. (9.30), notamos que as três primeiras integrais em (9.44) representam, respectivamente, os momentos de inércia I_x, I_y e I_z do corpo em relação aos eixos de coordenadas. As três últimas integrais em (9.44), que envolvem os produtos de coordenadas, são denominadas **produtos de inércia** do corpo em relação aos eixos x e y, aos eixos y e z e aos eixos z e x, respectivamente.

Produtos de inércia dos corpos

$$I_{xy} = \int xy \, dm \qquad I_{yz} = \int yz \, dm \qquad I_{zx} = \int zx \, dm \qquad (9.45)$$

Reescrevendo a Eq. (9.44) em termos das integrais definidas nas Eqs. (9.30) e (9.45), temos:

$$I_{OL} = I_x\lambda_x^2 + I_y\lambda_y^2 + I_z\lambda_z^2 - 2I_{xy}\lambda_x\lambda_y - 2I_{yz}\lambda_y\lambda_z - 2I_{zx}\lambda_z\lambda_x \quad (9.46)$$

Observamos que a definição dos produtos de inércia de um corpo dada nas Eqs. (9.45) é uma extensão da definição do produto de inércia de uma superfície (Seção 9.3). Produtos de inércia de um corpo reduzem-se a zero nas mesmas condições de simetria em que os produtos de inércia de uma superfície se anulam, e o teorema dos eixos paralelos para produtos de inércia de um corpo é expresso por relações similares à formula derivada para o produto de inércia de uma superfície. Substituindo as expressões para x, y e z dadas nas Eqs. (9.31) nas Eqs. (9.45), concluímos que

Teorema dos eixos paralelos para produtos de inércia dos corpos

$$\begin{aligned} I_{xy} &= \bar{I}_{x'y'} + m\bar{x}\bar{y} \\ I_{yz} &= \bar{I}_{y'z'} + m\bar{y}\bar{z} \\ I_{zx} &= \bar{I}_{z'x'} + m\bar{z}\bar{x} \end{aligned} \quad (9.47)$$

sendo $\bar{x}, \bar{y}, \bar{z}$ as coordenadas do centro de gravidade G do corpo e $\bar{I}_{x'y'}, \bar{I}_{y'z'}, \bar{I}_{z'x'}$ representantes dos produtos de inércia do corpo em relação aos eixos centroidais x', y' e z' (Fig. 9.22).

9.6B Eixos principais e momentos principais de inércia

Vamos admitir que o momento de inércia do corpo considerado na seção anterior tenha sido determinado em relação a um grande número de eixos OL que passam pelo ponto fixo O e que tenha sido plotado um ponto Q sobre cada eixo OL a uma distância $OQ = 1/\sqrt{I_{OL}}$ de O. O lugar geométrico dos pontos Q assim obtidos forma uma superfície (Fig. 9.30). A equação dessa superfície pode ser obtida substituindo-se $1/(OQ)^2$ por I_{OL} em (9.46) e depois multiplicando-se os membros da equação por $(OQ)^2$. Observando que

$$(OQ)\lambda_x = x \qquad (OQ)\lambda_y = y \qquad (OQ)\lambda_z = z$$

com x, y, z representando as coordenadas retangulares de Q, temos:

$$I_x x^2 + I_y y^2 + I_z z^2 - 2I_{xy}xy - 2I_{yz}yz - 2I_{zx}zx = 1 \quad (9.48)$$

A equação obtida é a equação de uma *superfície quádrica*. Como o momento de inércia I_{OL} é diferente de zero para cada eixo OL, nenhum ponto Q pode ficar a uma distância infinita de O. Portanto, a superfície quádrica obtida é um *elipsoide*. Esse elipsoide, que define o momento de inércia do corpo em relação a qualquer eixo que passe por O, é conhecido como o **elipsoide de inércia** do corpo em O.

Observamos que, se os eixos na Fig. 9.30 são girados, os coeficientes da equação que define o elipsoide se alteram, pois tornam-se iguais aos momentos e produtos de inércia do corpo em relação aos eixos de coordenadas girados. No entanto, *o próprio elipsoide permanece inalterado*, pois sua forma depende apenas da distribuição de massa do corpo considerado. Suponha que escolhemos como eixo de coordenadas os eixos principais x', y' e z' do elipsoide de

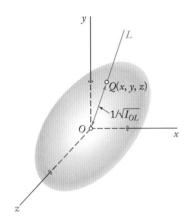

Figura 9.30 O elipsoide de inércia define o momento de inércia de um corpo em relação a qualquer eixo que passe por O.

inércia (Fig. 9.31). Sabe-se que a equação do elipsoide em relação a esses eixos de coordenadas é da forma

$$I_x x'^2 + I_y y'^2 + I_z z'^2 = 1 \qquad (9.49)$$

que não contém quaisquer produtos das coordenadas. Comparando as Eqs. (9.48) e (9.49), observamos que os produtos de inércia do corpo em relação aos eixos x', y', z' precisam ser nulos. Os eixos x', y' e z' são conhecidos como **eixos principais de inércia** do corpo em O e os coeficientes $I_{x'}$, $I_{y'}$ e $I_{z'}$ são referidos como os **momentos principais de inércia** do corpo em O. Observe que, dado um corpo de formato arbitrário e um ponto O, sempre é possível encontrar eixos principais de inércia do corpo em O, ou seja, em relação aos quais os produtos de inércia do corpo são nulos. De fato, qualquer que seja o formato do corpo, os momentos e os produtos de inércia do corpo em relação aos eixos x, y e z que passam por O irão definir um elipsoide, e esse elipsoide terá eixos principais que, por definição, são os eixos principais de inércia do corpo em O.

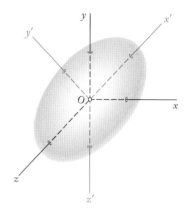

Figura 9.31 Eixos principais de inércia x', y', z' do corpo em O.

Se os eixos principais de inércia x', y', z' são usados como eixos de coordenadas, a expressão obtida na Eq. (9.46) para o momento de inércia de um corpo em relação a um eixo arbitrário reduz-se a

$$I_{OL} = I_{x'}\lambda_{x'}^2 + I_{y'}\lambda_{y'}^2 + I_{z'}\lambda_{z'}^2 \qquad (9.50)$$

A determinação dos eixos principais de inércia de um corpo de formato arbitrário é um tanto complexa e será discutida na próxima seção. Todavia, há muitos casos em que esses eixos podem ser identificados de imediato. Por exemplo, considere o corpo cônico homogêneo de base elíptica mostrado na Fig. 9.32: esse corpo tem dois planos de simetria perpendiculares entre si, OAA' e OBB'. Observemos na definição (9.45) que, se os planos $x'y'$ e $y'z'$ são escolhidos para coincidir com os dois planos de simetria, todos os produtos de inércia são nulos. Portanto, os eixos x', y' e z' assim selecionados são os eixos principais de inércia do corpo cônico em O. No caso do corpo homogêneo em forma de tetraedro regular $OABC$ mostrado na Fig. 9.33, a linha que une o vértice O ao centro D da face oposta é um eixo principal de inércia em O, e qualquer linha que passe por O perpendicular a OD também é um eixo principal de

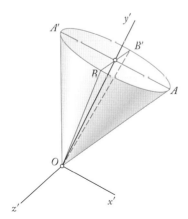

Figura 9.32 Um corpo cônico homogêneo com base elíptica tem dois planos de simetria perpendiculares entre si.

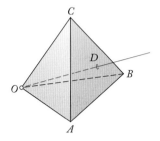

Figura 9.33 Uma linha traçada de uma quina até o centro da face oposta de um tetraedro homogêneo regular é um eixo principal, já que cada rotação de 120° do corpo em torno desse eixo inaltera a forma e a distribuição da massa.

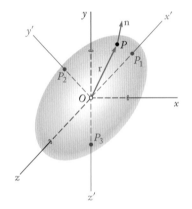

Figura 9.34 Os eixos principais interceptam um elipsoide de inércia nos pontos em que os vetores raio são colineares com os vetores unitários da normal à superfície.

inércia em O. Essa propriedade fica evidente se observarmos que uma rotação de 120° do corpo em torno de OD deixa inalterados o formato e a distribuição de massa. Resulta que o elipsoide de inércia em O também permanece inalterado mediante tal rotação. Logo, o elipsoide é um corpo de revolução cujo eixo de revolução é OD, e a linha OD, assim como qualquer linha perpendicular que passe por O, deve ser um eixo principal do elipsoide.

9.6C Eixos principais e momentos principais de inércia de um corpo de formato arbitrário

O método de análise descrito nesta seção amplia a análise da seção anterior. Entretanto, de um modo geral, ele deve ser usado somente quando o corpo que está em consideração não apresenta uma propriedade clara de simetria.

Considere o elipsoide de inércia do corpo em um dado ponto O (Fig. 9.34); seja **r** o vetor raio de um ponto P sobre a superfície do elipsoide e seja **n** o vetor unitário ao longo da normal a essa superfície em P. Observamos que os únicos pontos em que **r** e **n** são colineares são os pontos P_1, P_2 e P_3, onde os eixos principais interceptam a parte visível da superfície do elipsoide, e os pontos correspondentes sobre o outro lado do elipsoide.

Lembremos agora do cálculo de que a direção da normal a uma superfície de equação $f(x, y, z) = 0$ em um ponto $P(x, y, z)$ é definida pelo gradiente ∇f da função f nesse ponto. Para obter os pontos em que os eixos principais interceptam a superfície do elipsoide de inércia, devemos então escrever que **r** e ∇f são colineares,

$$\nabla f = (2K)\mathbf{r} \qquad (9.51)$$

sendo K uma constante, $\mathbf{r} = x\mathbf{i} + y\mathbf{j} + z\mathbf{k}$, e

$$\nabla f = \frac{\partial f}{\partial x}\mathbf{i} + \frac{\partial f}{\partial y}\mathbf{j} + \frac{\partial f}{\partial z}\mathbf{k}$$

Voltando à Eq. (9.48), notamos que a função $f(x, y, z)$ correspondente ao elipsoide de inércia é

$$f(x, y, z) = I_x x^2 + I_y y^2 + I_z z^2 - 2I_{xy}xy - 2I_{yz}yz - 2I_{zx}zx - 1$$

Substituindo **r** e ∇f na Eq. (9.51) e igualando os coeficientes dos vetores unitários, obtemos

$$\begin{aligned} I_x x - I_{xy} y - I_{zx} z &= Kx \\ -I_{xy} x + I_y y - I_{yz} z &= Ky \\ -I_{zx} x - I_{yz} y + I_z z &= Kz \end{aligned} \qquad (9.52)$$

Dividindo cada termo pela distância r de O a P, obtemos equações similares que envolvem os cossenos diretores λ_x, λ_y e λ_z:

$$\begin{aligned} I_x \lambda_x - I_{xy}\lambda_y - I_{zx}\lambda_z &= K\lambda_x \\ -I_{xy}\lambda_x + I_y \lambda_y - I_{yz}\lambda_z &= K\lambda_y \\ -I_{zx}\lambda_x - I_{yz}\lambda_y + I_z \lambda_z &= K\lambda_z \end{aligned} \qquad (9.53)$$

Transpondo os termos do segundo membro para o primeiro, chegamos ao seguinte sistema de equações lineares homogêneas:

$$(I_x - K)\lambda_x - I_{xy}\lambda_y - I_{zx}\lambda_z = 0$$
$$-I_{xy}\lambda_x + (I_y - K)\lambda_y - I_{yz}\lambda_z = 0 \quad \text{(9.54)}$$
$$-I_{zx}\lambda_x - I_{yz}\lambda_y + (I_z - K)\lambda_z = 0$$

Para que esse sistema tenha solução diferente da trivial, $\lambda_x = \lambda_y = \lambda_z = 0$, seu determinante deve ser nulo: Então,

$$\begin{vmatrix} I_x - K & -I_{xy} & -I_{zx} \\ -I_{xy} & I_y - K & -I_{yz} \\ -I_{zx} & -I_{yz} & I_z - K \end{vmatrix} = 0 \quad \text{(9.55)}$$

Expandindo esse determinante e trocando sinais, temos

$$K^3 - (I_x + I_y + I_z)K^2 + (I_xI_y + I_yI_z + I_zI_x - I_{xy}^2 - I_{yz}^2 - I_{zx}^2)K$$
$$- (I_xI_yI_z - I_xI_{yz}^2 - I_yI_{zx}^2 - I_zI_{xy}^2 - 2I_{xy}I_{yz}I_{zx}) = 0 \quad \text{(9.56)}$$

Trata-se de uma equação cúbica em K que fornece três raízes reais positivas K_1, K_2 e K_3.

Para obter os cossenos diretores do eixo principal correspondente à raiz K_1, substituímos K_1 por K nas Eqs. (9.54). Como essas equações são agora linearmente dependentes, apenas duas delas podem ser usadas para se determinar λ_x, λ_y e λ_z. No entanto, pode-se obter uma equação adicional voltando à Seção 2.4A, em que se viu que os cossenos diretores devem satisfazer a relação

$$\lambda_x^2 + \lambda_y^2 + \lambda_z^2 = 1 \quad \text{(9.57)}$$

Repetindo esse procedimento com K_2 e K_3, obtemos os cossenos diretores dos outros dois eixos principais.

Vamos mostrar agora que *as raízes K_1, K_2 e K_3 da Eq. (9.56) são os momentos principais de inércia do corpo considerado.* Vamos substituir K nas Eqs. (9.53) pela raiz K_1 e λ_x, λ_y e λ_z pelos valores correspondentes $(\lambda_x)_1$, $(\lambda_y)_1$ e $(\lambda_z)_1$ dos cossenos diretores; as três equações serão satisfeitas. Multipliquemos agora cada termo da primeira, segunda e terceira equações por $(\lambda_x)_1$, $(\lambda_y)_1$ e $(\lambda_z)_1$, respectivamente, e adicionemos as equações obtidas desse modo. Temos

$$I_x^2(\lambda_x)_1^2 + I_y^2(\lambda_y)_1^2 + I_z^2(\lambda_z)_1^2 - 2I_{xy}(\lambda_x)_1(\lambda_y)_1$$
$$- 2I_{yz}(\lambda_y)_1(\lambda_z)_1 - 2I_{zx}(\lambda_z)_1(\lambda_x)_1 = K_1[(\lambda_x)_1^2 + (\lambda_y)_1^2 + (\lambda_z)_1^2]$$

Voltando à Eq. (9.46), observamos que o primeiro membro dessa equação representa o momento de inércia do corpo em relação ao eixo principal correspondente a K_1; logo, trata-se do momento principal de inércia correspondente a essa raiz. Por outro lado, voltando à Eq. (9.57), observamos que o segundo membro reduz-se a K_1. Portanto, K_1 é o próprio momento principal de inércia. Da mesma maneira, podemos mostrar que K_2 e K_3 são os outros dois momentos principais de inércia do corpo.

PROBLEMA RESOLVIDO 9.14

Considere o corpo em forma de prisma retangular de massa m e lados a, b e c. Determine (a) os momentos e os produtos de inércia do prisma em relação aos eixos de coordenadas mostradas na figura, (b) o momento de inércia do corpo em relação à diagonal OB.

ESTRATÉGIA Para o item (a), podemos introduzir eixos centroidais e aplicar o teorema dos eixos paralelos. Para o item (b), determinamos os cossenos diretores da linha OB da geometria dada e usamos a Eq. (9.46) ou (9.50).

MODELAGEM E ANÁLISE   a. Momentos e produtos de inércia em relação aos eixos de coordenadas.

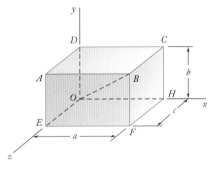

Momentos de inércia. Apresentando os eixos centroidais x', y' e z', em relação aos quais os momentos de inércia são fornecidos na Fig. 9.28, aplicamos o teorema dos eixos paralelos (Fig. 1). Então,

$$I_x = \bar{I}_{x'} + m(\bar{y}^2 + \bar{z}^2) = \tfrac{1}{12}m(b^2 + c^2) + m(\tfrac{1}{4}b^2 + \tfrac{1}{4}c^2)$$

$$I_x = \tfrac{1}{3}m(b^2 + c^2) \quad \blacktriangleleft$$

e, de maneira análoga,

$$I_y = \tfrac{1}{3}m(c^2 + a^2) \qquad I_z = \tfrac{1}{3}m(a^2 + b^2) \quad \blacktriangleleft$$

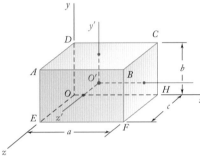

Figura 1 Eixos centroidais para o prisma retangular.

Produtos de inércia. Devido à simetria, os produtos de inércia em relação aos eixos centroidais x', y' e z' são nulos, e estes são eixos principais de inércia. Usando o teorema dos eixos pararelos, temos

$$I_{xy} = \bar{I}_{x'y'} + m\bar{x}\bar{y} = 0 + m(\tfrac{1}{2}a)(\tfrac{1}{2}b) \qquad I_{xy} = \tfrac{1}{4}mab \quad \blacktriangleleft$$

e, de maneira análoga,

$$I_{yz} = \tfrac{1}{4}mbc \qquad I_{zx} = \tfrac{1}{4}mca \quad \blacktriangleleft$$

b. Momento de inércia em relação a *OB*. Voltando à Eq. (9.46):

$$I_{OB} = I_x\lambda_x^2 + I_y\lambda_y^2 + I_z\lambda_z^2 - 2I_{xy}\lambda_x\lambda_y - 2I_{yz}\lambda_y\lambda_z - 2I_{zx}\lambda_z\lambda_x$$

onde os cossenos diretores de OB são (Fig. 2)

$$\lambda_x = \cos\theta_x = \frac{OH}{OB} = \frac{a}{(a^2+b^2+c^2)^{1/2}}$$

$$\lambda_y = \frac{b}{(a^2+b^2+c^2)^{1/2}} \quad \lambda_z = \frac{c}{(a^2+b^2+c^2)^{1/2}}$$

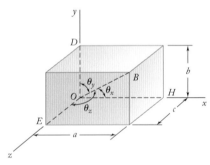

Figura 2 Ângulos diretores para OB.

Substituindo os valores obtidos no item (a) para os momentos e produtos de inércia e para os cossenos diretores na equação para I_{OB}, obtemos

$$I_{OB} = \frac{1}{a^2+b^2+c^2}\left[\tfrac{1}{3}m(b^2+c^2)a^2 + \tfrac{1}{3}m(c^2+a^2)b^2 + \tfrac{1}{3}m(a^2+b^2)c^2 \right.$$
$$\left. -\tfrac{1}{2}ma^2b^2 - \tfrac{1}{2}mb^2c^2 - \tfrac{1}{2}mc^2a^2\right]$$

$$I_{OB} = \frac{m}{6}\frac{a^2b^2 + b^2c^2 + c^2a^2}{a^2+b^2+c^2} \quad \blacktriangleleft$$

PARA REFLETIR O momento de inércia I_{OB} pode ser obtido diretamente dos momentos principais de inércia $\bar{I}_{x'}$, $\bar{I}_{y'}$ e $\bar{I}_{z'}$, pois a linha OB passa pelo centroide O'. Sendo x', y' e z' os eixos principais de inércia (Fig. 3), usamos a Eq. (9.50) para escrever:

$$I_{OB} = \bar{I}_{x'}\lambda_x^2 + \bar{I}_{y'}\lambda_y^2 + \bar{I}_{z'}\lambda_z^2$$

$$= \frac{1}{a^2+b^2+c^2}\left[\frac{m}{12}(b^2+c^2)a^2 + \frac{m}{12}(c^2+a^2)b^2 + \frac{m}{12}(a^2+b^2)c^2\right]$$

$$I_{OB} = \frac{m}{6}\frac{a^2b^2+b^2c^2+c^2a^2}{a^2+b^2+c^2} \quad \blacktriangleleft$$

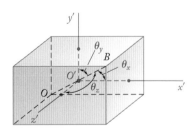

Figura 3 A linha OB passa pelo do centroide O'.

PROBLEMA RESOLVIDO 9.15

Se $a = 3c$ e $b = 2c$ para o prisma retangular do Problema Resolvido 9.14, determine (*a*) os momentos principais de inércia na origem O, (*b*) os eixos principais de inércia em O.

ESTRATÉGIA Substituindo os resultados obtidos no Problema Resolvido 9.14 pelos dados fornecidos aqui, obtemos valores que podemos utilizar com a Eq. (9.56) para determinar os momentos principais de inércia. Podemos usar esses valores para configurar um sistema de equações e determinar os cossenos diretores dos eixos principais.

MODELAGEM E ANÁLISE

a. Momentos principais de inércia na origem *O*. Substituindo $a = 3c$ e $b = 2c$ na solução do Problema Resolvido 9.14, temos

$$I_x = \tfrac{5}{3}mc^2 \qquad I_y = \tfrac{10}{3}mc^2 \qquad I_z = \tfrac{13}{3}mc^2$$
$$I_{xy} = \tfrac{3}{2}mc^2 \qquad I_{yz} = \tfrac{1}{2}mc^2 \qquad I_{zx} = \tfrac{3}{4}mc^2$$

Substituindo os valores dos momentos e dos produtos de inércia na Eq. (9.56) e agrupando os termos, temos

$$K^3 - (\tfrac{28}{3}mc^2)K^2 + (\tfrac{3479}{144}m^2c^4)K - \tfrac{589}{54}m^3c^6 = 0$$

Em seguida, determinamos as raízes dessa equação; pela discussão da Seção 9.6C, segue-se que essas raízes são os momentos principais de inércia do corpo na origem.

$$K_1 = 0{,}568867mc^2 \qquad K_2 = 4{,}20885mc^2 \qquad K_3 = 4{,}55562mc^2$$
$$K_1 = 0{,}569mc^2 \qquad K_2 = 4{,}21mc^2 \qquad K_3 = 4{,}56mc^2 \quad \blacktriangleleft$$

b. Eixos principais de inércia em *O*. Para determinar a direção de um eixo principal de inércia, primeiro substituímos o valor correspondente de K em duas das Eqs. (9.54); as equações resultantes, em conjunto com a Eq. (9.57), constituem um sistema de três equações do qual é possível determinar os cossenos diretores do eixo principal correspondente. Logo, para o primeiro momento de inércia principal K_1, temos

$$(\tfrac{5}{3} - 0{,}568867)mc^2(\lambda_x)_1 - \tfrac{3}{2}mc^2(\lambda_y)_1 - \tfrac{3}{4}mc^2(\lambda_z)_1 = 0$$
$$-\tfrac{3}{2}mc^2(\lambda_x)_1 + (\tfrac{10}{3} - 0{,}568867)mc^2(\lambda_y)_1 - \tfrac{1}{2}mc^2(\lambda_z)_1 = 0$$
$$(\lambda_x)_1^2 + (\lambda_y)_1^2 + (\lambda_z)_1^2 = 1$$

Resolvendo o sistema, obtemos

$$(\lambda_x)_1 = 0{,}836600 \qquad (\lambda_y)_1 = 0{,}496001 \qquad (\lambda_z)_1 = 0{,}232557$$

Assim, os ângulos que os eixos principais de inércia fazem com os eixos de coordenadas são

$$(\theta_x)_1 = 33{,}2° \qquad (\theta_y)_1 = 60{,}3° \qquad (\theta_z)_1 = 76{,}6° \quad \blacktriangleleft$$

Usando sucessivamente o mesmo conjunto de equações com K_2 e K_3, concluímos que os ângulos associados ao segundo e terceiro momentos principais de inércia na origem são, respectivamente,

$$(\theta_x)_2 = 57{,}8° \qquad (\theta_y)_2 = 146{,}6° \qquad (\theta_z)_2 = 98{,}0° \quad \blacktriangleleft$$

e

$$(\theta_x)_3 = 82{,}8° \qquad (\theta_y)_3 = 76{,}1° \qquad (\theta_z)_3 = 164{,}3° \quad \blacktriangleleft$$

METODOLOGIA PARA A RESOLUÇÃO DE PROBLEMAS

Nesta seção, definimos os **produtos de inércia de massa** I_{xy}, I_{yz} e I_{zx} de um corpo e mostramos como determinar os momentos de inércia desse corpo em relação a um eixo arbitrário que passa pela origem O. Também aprendemos como determinar na origem O os **eixos principais de inércia** de um corpo e os **momentos principais de inércia** correspondentes.

1. **Determinação dos produtos de inércia de massa de um corpo composto.** Os produtos de inércia de massa de um corpo composto em relação aos eixos de coordenadas podem ser expressos como as somas dos produtos de inércia de suas partes componentes em relação a esses eixos. Para cada parte componente, podemos usar o teorema dos eixos paralelos e escrever as Eqs. (9.47):

$$I_{xy} = \bar{I}_{x'y'} + m\bar{x}\bar{y} \qquad I_{yz} = \bar{I}_{y'z'} + m\bar{y}\bar{z} \qquad I_{zx} = \bar{I}_{z'x'} + m\bar{z}\bar{x}$$

onde as plicas indicam os eixos centroidais de cada parte componente e $\bar{x}$, $\bar{y}$ e $\bar{z}$ representam as coordenadas do seu centro de gravidade. Temos que ter em mente que os produtos de inércia de massa de um corpo podem ser positivos, negativos ou nulos, e certifiquemo-nos de levar em conta os sinais de $\bar{x}$, $\bar{y}$ e $\bar{z}$.

   a. **Das propriedades de simetria de uma parte componente,** pode-se deduzir que dois ou todos os três de seus produtos de inércia de massa são nulos. Por exemplo, para uma placa delgada paralela ao plano xy, um arame situado em um plano paralelo ao plano xy, um corpo com um plano de simetria paralelo ao plano xy, e um corpo com um eixo de simetria paralelo ao eixo z, pode-se verificar que os produtos de inércia $\bar{I}_{y'z'}$ e $\bar{I}_{z'x'}$ são nulos.

   Para placas retangulares, circulares ou semicirculares com eixos de simetria paralelos aos eixos de coordenadas, arames retilíneos paralelos a um eixo de coordenadas, arames circulares e semicirculares com eixos de simetria paralelos aos eixos de coordenadas, e prismas retangulares com eixos de simetria paralelos aos eixos de coordenadas, os produtos de inércia $\bar{I}_{x'y'}$, $\bar{I}_{y'z'}$ e $\bar{I}_{z'x'}$ são todos nulos.

   b. **Produtos de inércia diferentes de zero** podem ser calculados pelas Eqs. (9.45). Embora geralmente seja necessária uma integração tripla para se determinar um produto de inércia de massa, uma integração simples poderá ser usada caso o corpo em consideração possa ser dividido em uma série de elementos delgados paralelos. Nesse caso, os cálculos serão semelhantes àqueles discutidos na lição anterior para os momentos de inércia.

2. **Cálculo do momento de inércia de um corpo em relação a um eixo arbitrário OL.** Uma expressão para o momento de inércia I_{OL} foi deduzida na Seção 9.6A e é dada na Eq. (9.46). Antes de calcular I_{OL}, devemos determinar os momentos de massa e os produtos de inércia do corpo em relação aos eixos de coordenadas dados, bem como os cossenos diretores do vetor unitário λ ao longo de OL.

3. **Cálculo dos momentos principais de inércia de um corpo e determinação de seus eixos principais de inércia.** Vimos na Seção 9.6B que é sempre possível encontrar uma orientação dos eixos de coordenadas para a qual os produtos de inércia de massa são nulos. Esses eixos são citados como os **eixos principais de inércia**, e os momentos de inércia correspondentes são conhecidos como os **momentos principais de inércia** do corpo. Em muitos casos, os eixos principais de inércia de um corpo podem ser determinados por suas propriedades de simetria. O procedimento para se determinarem os momentos e os eixos principais de inércia de um corpo sem propriedade evidente de simetria foi discutido na Seção 9.6C e ilustrado no Problema Resolvido 9.15. Esse procedimento consiste nos seguintes passos:

    a. **Expandir o determinante da Eq. (9.55) e resolver a equação cúbica resultante.** A solução pode ser obtida por tentativa e erro ou, de preferência, com uma calculadora científica avançada ou um programa de computador apropriado. As raízes K_1, K_2 e K_3 dessa equação são os momentos principais de inércia do corpo.

    b. **Para determinar a direção do eixo principal correspondente a K_1,** devemos substituir esse valor de K em duas das Eqs. (9.54) e resolver essas equações em conjunto com a Eq. (9.57) para os cossenos diretores do eixo principal correspondente a K_1.

    c. **Repetir esse procedimento com K_2 e K_3** para se determinar as direções dos outros dois eixos principais. Para se certificar dos cálculos, podemos verificar que o produto escalar de dois vetores unitários quaisquer ao longo dos eixos que obtivemos é nulo e, portanto, que esses eixos são perpendiculares entre si.

PROBLEMAS

9.149 Determine os produtos de inércia I_{xy}, I_{yz} e I_{zx} do aparelho de aço mostrado na figura. (A massa específica do aço é 7.850 kg/m³.)

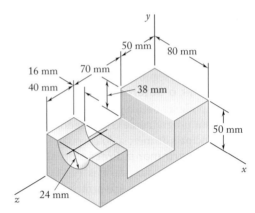

Figura P9.149

9.150 Determine os produtos de inércia I_{xy}, I_{yz} e I_{zx} da peça de máquina de aço mostrado na figura. (A massa específica do aço é 7.850 kg/m³.)

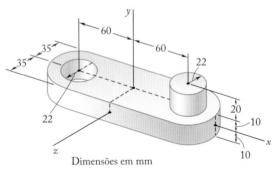

Dimensões em mm

Figura P9.150

9.151 e 9.152 Determine os produtos de inércia de massa I_{xy}, I_{yz} e I_{zx} da peça de máquina de alumínio fundido mostrado na figura. (A massa específica do alumínio é 2.770 kg/m³.)

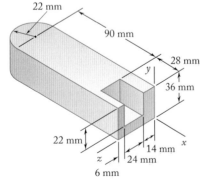

Figura P9.151

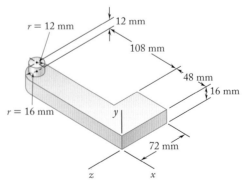

Figura P9.152

9.153 a 9.156 Uma seção de chapa de aço de 2 mm de espessura é cortada e dobrada para formar o componente de máquina mostrado na figura. Sabendo que a massa específica do aço é 7.850 kg/m³, determine os produtos de inércia I_{xy}, I_{yz} e I_{zx} do componente.

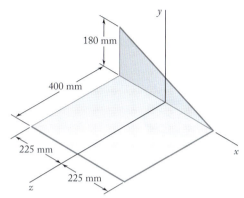

Figura *P9.153*

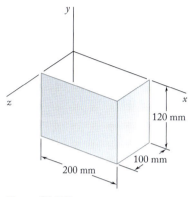

Figura *P9.154*

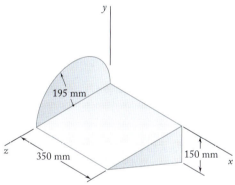

Figura P9.155

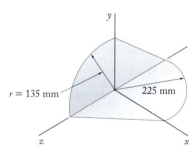

Figura P9.156

9.157 A armação mostrada na figura é formada por um arame de alumínio de 1,5 mm de espessura. Sabendo que a massa específica do alumínio é 2.800 kg/m³, determine os produtos de inércia I_{xy}, I_{yz} e I_{zx} da armação.

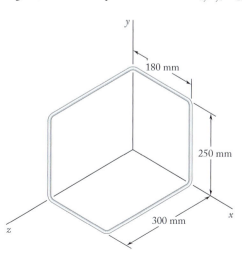

Figura P9.157

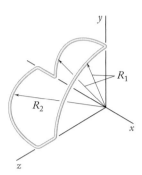

Figura P9.158

9.158 Um arame fino de alumínio com diâmetro uniforme é usado para formar a armação mostrada na figura. Representado por m' a massa por unidade de comprimento do arame, determine os produtos de inércia I_{xy}, I_{yz} e I_{zx} da armação.

9.159 e 9.160 Um arame de latão com peso por unidade de comprimento w é usado para formar a armação mostrada na figura. Determine os produtos de inércia I_{xy}, I_{yz} e I_{zx} da armação.

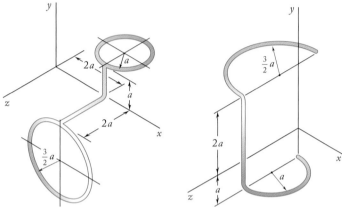

Figura P9.159 Figura P9.160

9.161 Complete a dedução das Eqs. (9.47), que representam o teorema de eixos paralelos para produtos de inércia de massa.

9.162 Para o tetraedro homogêneo de massa m mostrado na figura, (*a*) determine por integração direta o produto de inércia de massa I_{zx}, (*b*) deduza I_{yz} e I_{xy} dos resultados obtidos no item *a*.

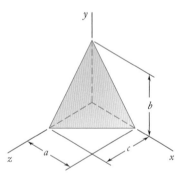

Figura P9.162

9.163 O cilindro circular homogêneo mostrado na figura tem massa m. Determine seu momento de inércia de massa em relação à linha que liga a origem O e o ponto A.

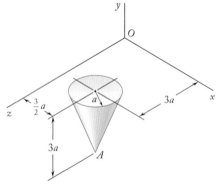

Figura **P9.163**

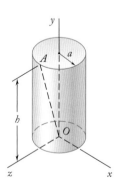

Figura **P9.164**

9.164 O cilindro circular homogêneo mostrado na figura tem massa m. Determine o momento de inércia do cilindro em relação à linha que liga a origem O e o ponto A localizado sobre o perímetro da superfície superior do cilindro.

9.165 A figura mostra o elemento de máquina do Problema 9.141. Determine seu momento de inércia de massa em relação à linha que liga a origem O e o ponto A.

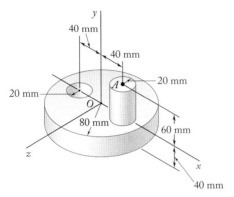

Figura P9.165

9.166 Determine o momento de inércia do elemento de máquina de aço dos Problemas 9.145 e 9.149 em relação ao eixo que passa pela origem e forma ângulos iguais com os eixos x, y e z.

9.167 Na figura é mostrada uma placa delgada dobrada de massa específica uniforme e peso W. Determine seu momento de inércia de massa em relação à linha que liga a origem O e o ponto A.

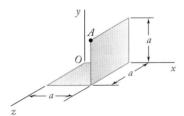

Figura P9.167

9.168 Um pedaço de chapa metálica de espessura t e massa específica γ é cortada e dobrada no formato mostrado na figura. Determine seu momento de inércia de massa em relação à linha que liga a origem O e o ponto A.

9.169 Determine o momento de inércia de massa do componente da máquina dos Problemas 9.136 e 9.155 em relação ao eixo que passa pela origem caracterizado pelo vetor unitário $\lambda = (-4\mathbf{i} + 8\mathbf{j} + \mathbf{k})/9$.

9.170 a 9.172 Para a armação de arame do problema indicado, determine o momento de inércia de massa da armação em relação ao eixo que passa pela origem caracterizado pelo vetor unitário $\lambda = (-3\mathbf{i} - 6\mathbf{j} + 2\mathbf{k})/7$.
    9.170 Problema 9.148.
    9.171 Problema 9.147.
    9.172 Problema 9.146.

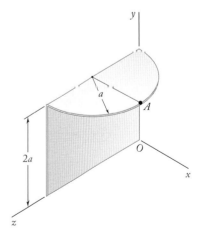

Figura P9.168

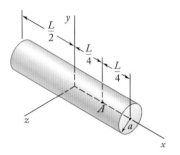

Figura P9.173

9.173 Para o cilindro circular homogêneo mostrado na figura, de raio a e comprimento L, determine o valor da razão a/L para que o elipsoide de inércia do cilindro seja uma esfera quando calculado (*a*) no centroide do cilindro, (*b*) no ponto A.

9.174 Para o prisma retangular mostrado na figura, determine os valores das razões b/a e c/a para que o elipsoide de inércia do prisma seja uma esfera quando calculado (*a*) no ponto A, (*b*) no ponto B.

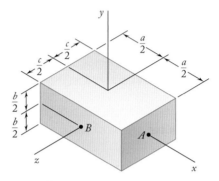

Figura P9.174

9.175 Para o cone circular do Problema Resolvido 9.11, determine o valor da razão a/h para que o elipsoide de inércia do cone seja uma esfera quando calculado (*a*) no vértice do cone, (*b*) no centro da base do cone.

9.176 Dado um corpo arbitrário e três eixos retangulares x, y e z, demonstre que o momento de inércia do corpo em relação a qualquer um dos três eixos não pode ser maior que a soma dos momentos de inércia do corpo em relação aos outros dois eixos. Em outras palavras, demonstre que a desigualdade $I_x \leq I_y + I_z$ e as duas desigualdades similares são satisfeitas. Além disso, demonstre que $I_y \geq \frac{1}{2}I_x$ caso o corpo seja sólido de revolução homogêneo, com x representando o eixo de revolução e y um eixo transversal.

9.177 Considere um cubo de massa m e lado a. (*a*) Mostre que o elipsoide de inércia no centro do cubo é uma esfera e use essa propriedade para determinar o momento de inércia do cubo em relação a uma de suas diagonais. (*b*) Mostre que o elipsoide de inércia em um dos vértices do cubo é um elipsoide de revolução e determine os momentos principais de inércia do cubo nesse ponto.

9.178 Dado um corpo homogêneo de massa m e de formato arbitrário e três eixos retangulares x, y e z com origem em O, demonstre que a soma $I_x + I_y + I_z$ dos momentos de inércia do corpo não pode ser menor que a soma equivalente calculada para uma esfera de igual massa e mesmo material centrada em O. Além disso, usando os resultados do Problema 9.176, mostre que, se o corpo é sólido de revolução, com x representando o eixo de revolução, seu momento de inércia I_y em relação a um eixo transversal y não pode ser menor que $3ma^2/10$, sendo a o raio da esfera de igual massa e mesmo material.

*9.179 O cilindro circular homogêneo mostrado na figura tem massa m, e o diâmetro OB da sua superfície superior forma ângulos de 45° com os eixos x e z. (a) Determine os momentos principais de inércia do cilindro na origem O. (b) Calcule os ângulos que os eixos principais de inércia em O formam com os eixos de coordenadas. (c) Esboce o cilindro e mostre a orientação dos eixos principais de inércia em relação aos eixos x, y e z.

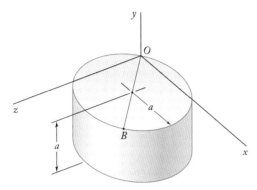

Figura P9.179

9.180 a *9.184* Para o componente descrito no problema indicado, determine (a) os momentos principais de inércia na origem, (b) os eixos principais de inércia na origem. Esboce o corpo e mostre a orientação dos eixos principais de inércia em relação aos eixos x, y e z.
  *9.180 Problema 9.165.
  *9.181 Problemas 9.145 e 9.149.
  *9.182 Problema 9.167.
  *9.183 Problema 9.168.
  *9.184 Problemas 9.148 e 9.170.

REVISÃO E RESUMO

Na primeira metade deste capítulo, discutimos a determinação da resultante **R** de forças $\Delta \mathbf{F}$ distribuídas sobre uma superfície plana A quando as intensidades dessas forças são proporcionais tanto às áreas ΔA dos elementos sobre os quais elas atuam quanto às distâncias y entre esses elementos a um dado eixo x; temos, então, $\Delta F = ky\,\Delta A$. Verificamos que a intensidade da resultante **R** é proporcional ao momento de primeira ordem $Q_x = \int y\,dA$ da superfície A, ao passo que o momento de **R** em relação ao eixo x é proporcional ao **momento de segunda ordem**, ou **momento de inércia**, $I_x = \int y^2\,dA$, de A em relação ao mesmo eixo [Seção 9.1A].

Momentos de inércia retangulares
Os **momentos de inércia retangulares I_x e I_y de uma superfície** [Seção 9.1B] foram obtidos pela avaliação das integrais:

$$I_x = \int y^2\,dA \quad I_y = \int x^2\,dA \quad (9.1)$$

Esses cálculos podem ser reduzidos a integrações simples, escolhendo-se dA como sendo um elemento estreito paralelo a um dos eixos de coordenadas. Lembremos também de que é possível calcular I_x e I_y com o mesmo elemento (Fig. 9.35) usando a fórmula para o momento de inércia de uma superfície retangular [Problema Resolvido 9.3].

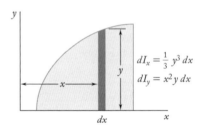

Figura 9.35

Momentos de inércia polar
O **momento de inércia polar de uma superfície** A em relação a um polo O [Seção 9.1C] foi definido como

$$J_O = \int r^2\,dA \quad (9.3)$$

sendo r a distância de O ao elemento de área dA (Fig. 9.36). Observando que $r^2 = x^2 + y^2$, estabelecemos a relação

$$J_O = I_x + I_y \quad (9.4)$$

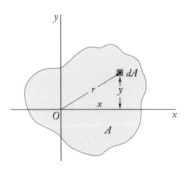

Figura 9.36

Raio de giração

O **raio de giração de uma superfície** A em relação ao eixo x [Seção 9.1D] foi definido como a distância k_x, sendo $I_x = k_x^2 A$. Com definições semelhantes para os raios de giração de A em relação ao eixo y e em relação ao polo O, temos

$$k_x = \sqrt{\frac{I_x}{A}} \qquad k_y = \sqrt{\frac{I_y}{A}} \qquad k_O = \sqrt{\frac{J_O}{A}} \qquad (9.5\text{-}9.7)$$

Teorema dos eixos paralelos

O **teorema dos eixos paralelos** foi apresentado na Seção 9.2A. Esse teorema estabelece que o momento de inércia I de uma superfície em relação a um dado eixo AA' (Fig. 9.37) é igual ao momento de inércia $\bar{I}$ da superfície em relação ao eixo centroidal BB' paralelo a AA' mais o produto da área A pelo quadrado da distância d entre os dois eixos:

$$I = \bar{I} + Ad^2 \qquad (9.9)$$

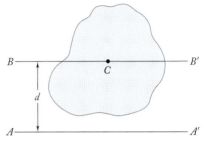

Figura 9.37

Essa fórmula também pode ser usada para se determinar o momento de inércia $\bar{I}$ de uma superfície em relação a um eixo centroidal BB' quando se conhece seu momento de inércia I em relação a um eixo paralelo AA'. Nesse caso, porém, o produto Ad^2 deve ser subtraído do momento de inércia I conhecido.

Uma relação equivalente existe entre o momento de inércia polar J_O de uma superfície em relação a um ponto O e o momento de inércia polar $\bar{J}_C$ da mesma superfície em relação ao seu centroide C. Representado por d a distância entre O e C, temos

$$J_O = \bar{J}_C + Ad^2 \qquad (9.11)$$

Superfícies compostas

O teorema dos eixos paralelos pode ser usado de maneira bastante eficaz para se calcular o **momento de inércia de uma superfície composta** em relação a um dado eixo [Seção 9.2B]. Considerando cada superfície componente em separado, calculamos primeiro o momento de inércia de cada superfície em relação ao seu eixo centroidal, usando os dados fornecidos nas Figs. 9.12 e 9.13 sempre que possível. Em seguida, aplicamos o teorema dos eixos paralelos para determinar o momento de inércia de cada superfície componente em relação ao eixo desejado e acrescentamos os vários valores obtidos [Problemas Resolvidos 9.4 e 9.5].

Produto de inércia

A Seção 9.3 foi dedicada à transformação dos momentos de inércia de uma superfície mediante uma rotação dos eixos de coordenadas. Primeiro, definimos o **produto de inércia de uma superfície** A como

$$I_{xy} = \int xy\, dA \qquad (9.12)$$

e mostramos que $I_{xy} = 0$, se a superfície A for simétrica em relação a um ou ambos os eixos de coordenadas. Deduzimos também o **teorema dos eixos paralelos para produtos de inércia**:

$$I_{xy} = \bar{I}_{x'y'} + \bar{x}\bar{y}A \qquad (9.13)$$

sendo $\bar{I}_{x'y'}$ o produto de inércia da superfície em relação aos eixos centroidais x' e y' paralelos aos eixos x e y, respectivamente, e $\bar{x}$ e $\bar{y}$ as coordenadas do centroide da superfície [Seção 9.3A].

Rotação de eixos

Na Seção 9.3B, determinamos os momentos e o produto de inércia $I_{x'}$, $I_{y'}$ e $I_{x'y'}$ de uma superfície em relação aos eixos x' e y' obtidos por rotação dos eixos de coordenadas x e y originais de um ângulo θ no sentido anti-horário (Fig. 9.38). Expressamos $I_{x'}$, $I_{y'}$ e $I_{x'y'}$ em termos dos momentos e do produto de inércia I_x, I_y e I_{xy} calculados em relação aos eixos x e y originais. Obtivemos

$$I_{x'} = \frac{I_x + I_y}{2} + \frac{I_x - I_y}{2}\cos 2\theta - I_{xy}\operatorname{sen} 2\theta \qquad (9.18)$$

$$I_{y'} = \frac{I_x + I_y}{2} - \frac{I_x - I_y}{2}\cos 2\theta + I_{xy}\operatorname{sen} 2\theta \qquad (9.19)$$

$$I_{x'y'} = \frac{I_x - I_y}{2}\operatorname{sen} 2\theta + I_{xy}\cos 2\theta \qquad (9.20)$$

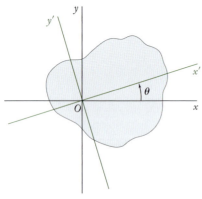

Figura 9.38

Eixos principais

Os **eixos principais da superfície em relação a** O foram definidos como sendo os dois eixos perpendiculares entre si em relação aos quais os momentos de inércia de uma superfície são um máximo e um mínimo. Os valores correspondentes de θ, representados por θ_m, foram obtidos da fórmula

$$\operatorname{tg} 2\theta_m = -\frac{2I_{xy}}{I_x - I_y} \qquad (9.21)$$

Momentos principais de inércia

Os valores máximo e mínimo correspondentes de I são denominados **momentos principais de inércia** da superfície em relação a O. Obtivemos

$$I_{\text{máx,mín}} = \frac{I_x + I_y}{2} \pm \sqrt{\left(\frac{I_x - I_y}{2}\right)^2 + I_{xy}^2} \qquad (9.27)$$

Observamos também que os valores correspondentes do produto de inércia são nulos.

Círculo de Mohr

A transformação dos momentos e do produto de inércia de uma superfície mediante uma rotação de eixos pode ser representada graficamente pelo traçado do **círculo de Mohr** [Seção 9.4]. Dados os momentos e o produto de inércia I_x, I_y e I_{xy} de uma superfície em relação aos eixos de coordenadas x e y, plotamos os pontos $X(I_x, I_{xy})$ e $Y(I_y, -I_{xy})$ e traçamos a linha que une esses dois pontos (Fig. 9.39). Essa linha é um diâmetro do círculo de Mohr e, portanto, define esse círculo. À medida que os eixos de coordenadas são girados de θ, o diâmetro gira *o dobro desse ângulo*, e as coordenadas de X' e Y' fornecem os novos valores $I_{x'}$, $I_{y'}$ e $I_{x'y'}$ dos momentos e do produto de inércia da superfície. Além disso, o ângulo θ_m e as coordenadas dos pontos A e B definem os eixos principais a e b e os momentos principais de inércia da superfície [Problema Resolvido 9.8].

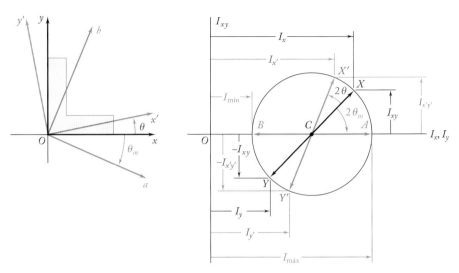

Figura 9.39

Momentos de inércia dos corpos

A segunda parte do capítulo foi dedicada à determinação de **momentos de inércia de massa de corpos**, que aparecem em problemas de dinâmica que envolvem a rotação de um corpo rígido em torno de um eixo. O momento de inércia de massa de um corpo em relação a um eixo AA' (Fig. 9.40) foi definido como

$$I = \int r^2 \, dm \qquad (9.28)$$

sendo r a distância de AA' ao elemento de massa [Seção 9.5A]. O **raio de giração** do corpo foi definido como

$$k = \sqrt{\frac{I}{m}} \qquad (9.29)$$

Os momentos de inércia de um corpo em relação aos eixos de coordenadas foram expressos como

$$I_x = \int (y^2 + z^2) \, dm$$
$$I_y = \int (z^2 + x^2) \, dm \qquad (9.30)$$
$$I_z = \int (x^2 + y^2) \, dm$$

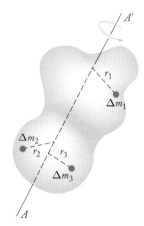

Figura 9.40

Teorema dos eixos paralelos

Vimos que o **teorema dos eixos paralelos** também se aplica aos momentos de inércia de massa [Seção 9.5B]. Assim, o momento de inércia I de um corpo em relação a um eixo arbitrário AA' (Fig. 9.41) pode ser expresso como

$$I = \bar{I} + md^2 \qquad (9.33)$$

sendo $\bar{I}$ o momento de inércia do corpo em relação ao eixo centroidal BB' paralelo ao eixo AA', m a massa do corpo e d a distância entre os dois eixos.

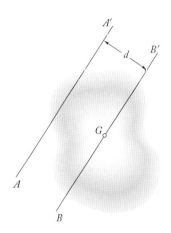

Figura 9.41

Momentos de inércia de placas delgadas

Os momentos de inércia de placas delgadas podem ser obtidos diretamente dos momentos de inércia de suas superfícies [Seção 9.5C]. Concluímos que, para uma placa retangular, os momentos de inércia em relação aos eixos mostrados (Fig. 9.42) são

$$I_{AA'} = \tfrac{1}{12}ma^2 \qquad I_{BB'} = \tfrac{1}{12}mb^2 \tag{9.39}$$

$$I_{CC'} = I_{AA'} + I_{BB'} = \tfrac{1}{12}m(a^2 + b^2) \tag{9.40}$$

enquanto, para uma placa circular (Fig. 9.43), eles são

$$I_{AA'} = I_{BB'} = \tfrac{1}{4}mr^2 \tag{9.41}$$

$$I_{CC'} = I_{AA'} + I_{BB'} = \tfrac{1}{2}mr^2 \tag{9.42}$$

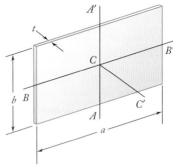

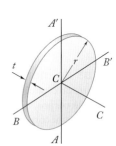

Figura 9.42 **Figura 9.43**

Corpos compostos

Quando um corpo tem dois planos de simetria, geralmente é possível efetuar uma integração simples para se determinar seu momento de inércia em relação a um dado eixo, selecionando-se o elemento de massa dm igual ao de uma placa delgada [Problemas Resolvidos 9.10 e 9.11]. Por outro lado, quando um corpo consiste em diversos formatos geométricos simples, seu momento de inércia em relação a um dado eixo pode ser obtido aplicando-se as fórmulas dadas na Fig. 9.28 juntamente com o teorema dos eixos paralelos [Problemas Resolvidos 9.12 e 9.13].

Momento de inércia de um corpo em relação a um eixo arbitrário

Na última seção do capítulo, aprendemos a determinar o momento de inércia de um corpo em relação a um eixo arbitrário OL que passa pela origem O [Seção 9.6A]. Representado por $\lambda_x, \lambda_y, \lambda_z$ os componentes do vetor unitário λ ao longo de $\boldsymbol{OL}$ (Fig. 9.44) e apresentando os **produtos de inércia** como

$$I_{xy} = \int xy\, dm \qquad I_{yz} = \int yz\, dm \qquad I_{zx} = \int zx\, dm \tag{9.45}$$

concluímos que o momento de inércia de um corpo em relação a OL pode ser expresso como

$$I_{OL} = I_x\lambda_x^2 + I_y\lambda_y^2 + I_z\lambda_z^2 - 2I_{xy}\lambda_x\lambda_y - 2I_{yz}\lambda_y\lambda_z - 2I_{zx}\lambda_z\lambda_x \tag{9.46}$$

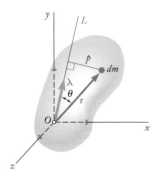

Figura 9.44

Elipsoide de inércia

Plotando um ponto Q ao longo de cada eixo OL a uma distância $OQ = 1/\sqrt{I_{OL}}$ de O [Seção 9.6B], obtivemos a superfície de um elipsoide, conhecido como **elipsoide de inércia** do corpo no ponto O.

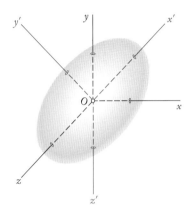

Figura 9.45

Eixos principais e momentos principais de inércia

Os eixos principais x', y', z' desse elipsoide (Fig. 9.45) são os **eixos principais de inércia** do corpo; ou seja, os produtos de inércia $I_{x'y'}$, $I_{y'z'}$ e $I_{z'x'}$ do corpo em relação a esses eixos são todos nulos. Há muitas situações em que os eixos principais de inércia de um corpo podem ser deduzidos das propriedades de simetria do corpo. Escolhendo esses eixos como sendo os eixos de coordenadas, podemos então expressar I_{OL} como

$$I_{OL} = I_{x'}\lambda_{x'}^2 + I_{y'}\lambda_{y'}^2 + I_{z'}\lambda_{z'}^2 \qquad (9.50)$$

sendo $I_{x'}$, $I_{y'}$ e $I_{z'}$ os **momentos principais de inércia** do corpo em O.

Quando os eixos principais de inércia não podem ser obtidos por inspeção [Seção 9.6B], é preciso resolver a equação cúbica

$$K^3 - (I_x + I_y + I_z)K^2 + (I_xI_y + I_yI_z + I_zI_x - I_{xy}^2 - I_{yz}^2 - I_{zx}^2)K$$
$$- (I_xI_yI_z - I_xI_{yz}^2 - I_yI_{zx}^2 - I_zI_{xy}^2 - 2I_{xy}I_{yz}I_{zx}) = 0 \qquad (9.56)$$

Verificamos [Seção 9.6C] que as raízes K_1, K_2 e K_3 dessa equação são os momentos principais de inércia do corpo considerado. Os cossenos diretores $(\lambda_x)_1$, $(\lambda_y)_1$ e $(\lambda_z)_1$ do eixo principal correspondente ao momento principal de inércia K_1 são, então, determinados por substituição de K_1 nas Eqs. (9.54) e solução de duas dessas equações e a Eq. (9.57) simultaneamente. O mesmo procedimento é, então, repetido com K_2 e K_3 para se determinarem os cossenos diretores dos outros dois eixos principais [Problema Resolvido 9.15].

PROBLEMAS DE REVISÃO

9.185 Determine por integração direta o momento de inércia da superfície sombreada em relação aos eixos *x* e *y*.

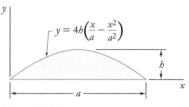

Figura P9.185

9.186 Determine o momento de inércia e o raio de giração da superfície sombreada mostrada na figura em relação ao eixo *y*.

9.187 Determine o momento de inércia e o raio de giração da superfície sombreada mostrada na figura em relação ao eixo *x*.

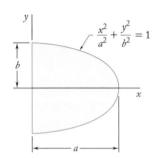

Figura P9.186

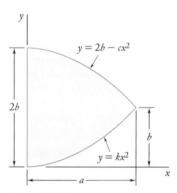

Figura P9.187

9.188 Determine os momentos de inércia $\bar{I}_x$ e $\bar{I}_y$ da superfície mostrada na figura em relação aos eixos centroidais paralelo e perpendicular ao lado *AB*, respectivamente.

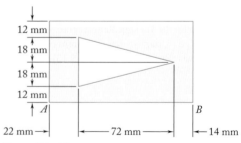

Figura P9.188

9.189 Determine o momento de inércia polar da superfície sombreada em relação (a) ao ponto O, (b) ao centroide da superfície.

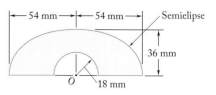

Figura P9.189

9.190 Duas cantoneiras L102 × 102 × 12,7 mm são soldadas a uma placa de aço mostrada na figura. Determine os momentos de inércia da seção composta em relação aos eixos centroidais paralelo e perpendicular à placa.

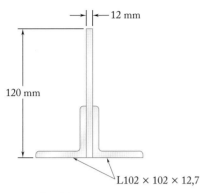

Figura *P9.190*

9.191 Usando o teorema de eixos paralelos, determine o produto de inércia da cantoneira de seção L127 × 76 × 12,7 mm mostrada na figura com relação aos eixos centroidais x e y.

9.192 Para a cantoneira de L127 × 76 × 12,7 mm mostrada na figura, use o círculo de Mohr para determinar (a) os momentos de inércia e o produto de inércia em relação a eixos centroidais novos obtidos por rotação dos eixos x e y de 30° no sentido horário, (b) a orientação dos eixos principais por meio do centroide e os valores correspondentes dos momentos de inércia.

9.193 Uma placa delgada de massa m foi cortada em forma de paralelogramo como mostra a figura. Determine o momento de inércia da massa da placa com relação (a) ao eixo x, (b) ao eixo BB' que é perpendicular à placa.

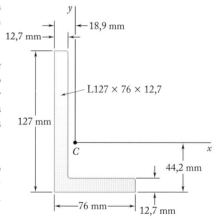

Figura P9.191 e *P9.192*

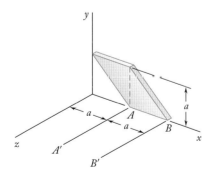

Figura P9.193 e *P9.194*

9.194 Uma placa delgada de massa m foi cortada em forma de paralelogramo como mostra a figura. Determine o momento de inércia da massa da placa com relação (a) ao eixo y, (b) ao eixo AA' que é perpendicular à placa.

9.195 Um pedaço de chapa metálica de 2 mm de espessura é cortado e dobrado para formar o componente de máquina mostrado na figura. Sabendo que a massa específica do aço é 7.850 kg/m^3, determine o momento de inércia de massa do componente em relação a cada um dos eixos coordenados.

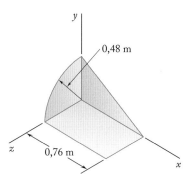

Figura P9.195

9.196 Determine o momento de inércia de massa do elemento de máquina de aço mostrado na figura em relação ao eixo z. (A massa específica do aço é 7.850 kg/m^3.)

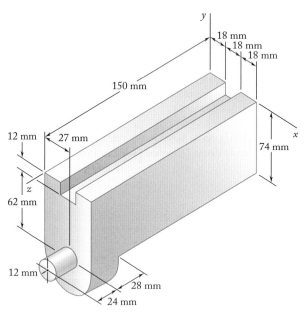

Figura P9.196

10
Método do trabalho virtual

O método do trabalho virtual é especialmente eficaz em casos em que há uma relação simples entre os deslocamentos dos pontos de aplicação das várias forças envolvidas. É o que ocorre com o elevador tipo tesoura, que pode ser usado por trabalhadores para obter acesso a uma ponte em construção.

*10.1 O método básico
10.1A Trabalho de uma força
10.1B Princípio do trabalho virtual
10.1C Aplicando o princípio do trabalho virtual
10.1D Eficiência mecânica de máquinas reais

*10.2 Trabalho, energia potencial e estabilidade
10.2A Trabalho de uma força durante um deslocamento finito
10.2B Energia potencial
10.2C Energia potencial e equilíbrio
10.2D Estabilidade do equilíbrio

Objetivos

- **Definir** o trabalho de uma força e considerar as circunstâncias de quando uma força não realiza trabalho.
- **Examinar** o princípio do trabalho virtual e aplicá-lo à análise do equilíbrio de máquinas e mecanismos.
- **Aplicar** o conceito de energia potencial à determinação da posição de equilíbrio de um corpo rígido ou de um sistema de corpos rígidos.
- **Avaliar** a eficiência mecânica de máquinas e considerar a estabilidade do equilíbrio.

Introdução

Nos capítulos anteriores, foram resolvidos problemas que envolviam o equilíbrio de corpos rígidos, impondo que as forças externas atuantes nos corpos estavam equilibradas. As equações de equilíbrio $\Sigma F_x = 0$, $\Sigma F_y = 0$ e $\Sigma M_A = 0$ foram escritas e resolvidas para as incógnitas desejadas. Agora vamos considerar um método diferente, que se mostrará mais eficaz para resolver certos tipos de problemas de equilíbrio. Esse método é baseado no **princípio dos trabalhos virtuais** e foi usado formalmente pela primeira vez pelo matemático suíço Jean Bernoulli no século XVIII.

Como você verá na Seção 10.1B, o princípio dos trabalhos virtuais afirma que, se uma partícula, um corpo rígido ou, de maneira mais geral, um sistema de corpos rígidos ligados entre si, em equilíbrio sob a ação de várias forças externas, sofre um deslocamento arbitrário a partir dessa posição de equilíbrio, o trabalho total efetuado pelas forças externas durante o deslocamento é nulo. Este princípio é particularmente eficaz quando aplicado à solução de problemas que envolvam o equilíbrio de máquinas ou mecanismos que consistem em vários elementos ligados entre si.

Na segunda parte do capítulo, o método dos trabalhos virtuais será aplicado de uma forma alternativa, baseada no conceito de **energia potencial**. Será mostrado na Seção 10.2 que, se uma partícula, um corpo rígido ou um sistema de corpos rígidos está em equilíbrio, então a derivada de sua energia potencial em relação a uma variável que define sua posição deve ser zero.

Neste capítulo, iremos também aprender a avaliar a eficiência mecânica de uma máquina (Seção 10.1D) e a determinar se uma posição de equilíbrio dada é estável, instável ou neutra (Seção 10.2D).

*10.1 O método básico

Vamos primeiro definir os termos *deslocamento* e *trabalho* tal como são usados em mecânica. Então, podemos formular o princípio do trabalho virtual e mostrar como aplicá-lo a situações práticas. Também aproveitamos a oportunidade para definir eficiência mecânica, que é um importante e útil parâmetro para o projeto de máquinas reais.

10.1A Trabalho de uma força

Considere uma partícula que se move de um ponto A em direção a um ponto vizinho A' (Fig 10.1). Se **r** representa o vetor de posição correspondente ao ponto A, o pequeno vetor que liga A e A' pode ser representado pelo diferencial $d\mathbf{r}$; o vetor $d\mathbf{r}$ é chamado de **deslocamento** da partícula.

Agora, vamos considerar que a força **F** está atuando sobre a partícula. O **trabalho** dU **da força F correspondente ao deslocamento** $d\mathbf{r}$ é definido pela quantidade

Definição de trabalho

$$dU = \mathbf{F} \cdot d\mathbf{r} \quad (10.1)$$

Ou seja, dU é o produto escalar da força **F** pelo deslocamento $d\mathbf{r}$. Representadas, respectivamente, por F e ds as intensidades da força e do deslocamento, e por α o ângulo formado por **F** e $d\mathbf{r}$, e recordando a definição do produto escalar de dois vetores (Seção 3.2A), temos

$$dU = F\,ds\,\cos\alpha \quad (10.1')$$

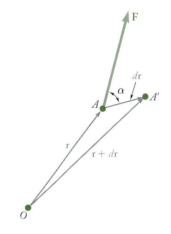

Figura 10.1 O trabalho de uma força atuando em uma partícula é o produto escalar da força pelo deslocamento da partícula.

Sendo uma grandeza escalar, o trabalho tem intensidade e sinal, mas não direção. Observamos também que o trabalho deve ser expresso em unidades obtidas pela multiplicação de unidades de comprimento por unidades de força. Portanto, o trabalho deverá ser expresso em N·m. A unidade de trabalho N·m é denominada **joule** (J).*

Segue-se de (10.1′) que o trabalho dU é positivo se o ângulo α for agudo, e negativo se o ângulo α for obtuso. Três casos particulares são de especial interesse.

- Se a força **F** tem a mesma direção de $d\mathbf{r}$, o trabalho dU se reduz a $F\,ds$.
- Se **F** tem direção oposta à de $d\mathbf{r}$, o trabalho é $dU = -F\,ds$.
- Finalmente, se **F** é perpendicular a $d\mathbf{r}$, o trabalho dU é zero.

O trabalho dU de uma força **F** durante um deslocamento $d\mathbf{r}$ pode também ser considerado como o produto de F pelo componente $ds\,\cos\alpha$ do deslocamento $d\mathbf{r}$ ao longo de **F** (Fig. 10.2a). Essa interpretação é especialmente útil no cálculo do trabalho realizado pelo peso **W** de um corpo (Fig. 10.2b). O trabalho de **W** é igual ao produto de W pelo deslocamento vertical dy do centro de gravidade G do corpo. Se o deslocamento está direcionado para baixo, o trabalho é positivo; se está direcionado para cima, o trabalho é negativo.

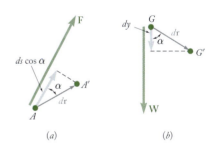

Figura 10.2 (a) Podemos considerar trabalho como o produto de uma força pelo componente de deslocamento na direção da força. (b) Isso é útil para a determinação do trabalho realizado pelo peso de um objeto.

Diversas forças encontradas frequentemente em estática não realizam trabalho: forças aplicadas a pontos fixos ($ds = 0$) ou atuando em uma direção perpendicular ao deslocamento ($\cos\alpha = 0$). Entre essas forças, estão: a reação em um pino sem atrito quando o corpo suportado gira em torno do pino; a reação

---

* Joule é a unidade do SI de *energia*, seja na forma mecânica (trabalho, energia potencial, energia cinética) ou na forma química, elétrica ou térmica. Devemos notar que, embora 1 N·m = 1 J, o momento de uma força deve ser expresso em N·m, e não em joules, pois o momento de uma força não é uma forma de energia.

Foto 10.1 (*a*) Ao analisarmos um guindaste, podemos considerar o deslocamento associado ao movimento vertical de um contêiner. (*b*) Uma força realiza trabalho se possuir um componente na direção do deslocamento. (*c*) Uma força não realiza trabalho se não houver deslocamento ou se a força for perpendicular a um deslocamento.

em uma superfície sem atrito quando o corpo em contato se move ao longo da superfície; a reação em um rolete que se move ao longo de seu trilho; o peso de um corpo quando seu centro de gravidade se move horizontalmente; e a força de atrito exercida em uma roda que rola sem escorregar (pois, em qualquer instante, o ponto de contato não se move). Exemplos de forças que realizam trabalho são: o peso de um corpo (exceto no caso considerado anteriormente), a força de atrito exercida em um corpo que escorrega em uma superfície rugosa e a maioria das forças aplicadas a um corpo em movimento.

Em certos casos, a soma do trabalho realizado por várias forças é igual a zero. Considere, por exemplo, dois corpos rígidos *AC* e *BC* unidos em *C* por um *pino sem atrito* (Fig. 10.3*a*). Entre as forças atuantes em *AC*, está a força **F** exercida em *C* por *BC*. Em geral, o trabalho dessa força não será igual a zero, mas será igual em intensidade e oposto em sinal ao trabalho da força −**F** exercida por *AC* em *BC*, pois essas forças são iguais e opostas e são aplicadas à mesma partícula. Portanto, quando se considera o trabalho total feito por todas as forças atuantes em *AB* e *BC*, o trabalho das duas forças internas em *C* é cancelado. Um resultado equivalente é obtido se considerarmos um sistema que consiste em dois blocos unidos por uma *corda* inextensível *AB* (Fig. 10.3*b*). O trabalho da força de tração **T** em *A* é igual em intensidade ao trabalho da força de tração **T**′ em *B*, já que essas forças têm a mesma intensidade e os pontos *A* e *B* se movem pela mesma distância; mas, em um caso, o trabalho é positivo e, no outro, é negativo. Portanto, o trabalho das forças internas novamente é cancelado.

Pode-se mostrar que o trabalho total das forças internas que mantêm unidas as partículas de um corpo rígido é igual a zero. Considere duas partículas *A* e *B* de um corpo rígido e as duas forças iguais e opostas **F** e −**F** que elas exercem uma sobre a outra (Fig. 10.4). Enquanto, geralmente, pequenos desloca-

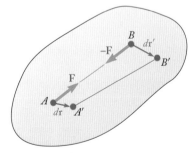

Figura 10.4 Como aqui demonstrado para um par arbitrário de partículas, o trabalho total das forças internas que mantêm um corpo rígido unido é zero.

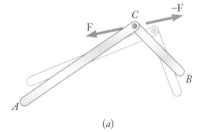
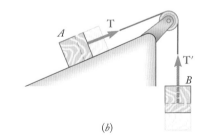

(*a*)   (*b*)

Figura 10.3 (*a*) Para um pino sem atrito ou (*b*) uma corda inextensível, o trabalho total realizado pelos pares das forças internas é zero.

mentos $d\mathbf{r}$ e $d\mathbf{r}'$ das duas partículas são diferentes, os componentes desses deslocamentos ao longo de AB devem ser iguais; caso contrário, as partículas não permaneceriam à mesma distância uma da outra, e o corpo não seria rígido. Portanto, o trabalho de $\mathbf{F}$ é igual em intensidade e oposto em sinal ao trabalho de $-\mathbf{F}$, e a soma deles é igual a zero.

Quando se calcula o trabalho das forças externas atuantes em um corpo rígido, muitas vezes é conveniente determinar o trabalho de um binário sem considerar separadamente o trabalho de cada uma das duas forças que formam o binário. Considere as duas forças $\mathbf{F}$ e $-\mathbf{F}$ que formam um binário de momento $\mathbf{M}$ e atuam sobre um corpo rígido (Fig. 10.5). Qualquer pequeno deslocamento do corpo rígido que leve A e B, respectivamente, até A' e B'' pode ser dividido em duas partes, em uma das quais os pontos A e B sofrem deslocamentos iguais $d\mathbf{r}_1$, e outra em que A' permanece fixo enquanto B' se move até B'' por meio de um deslocamento $d\mathbf{r}_2$ de intensidade $ds_2 = r\, d\theta$. Na primeira parte do movimento, o trabalho de $\mathbf{F}$ é igual em intensidade e oposto em sinal ao trabalho de $-\mathbf{F}$, e a soma desses trabalhos é zero. Na segunda parte do movimento, somente a força $\mathbf{F}$ realiza trabalho, e seu trabalho é $dU = F\, ds_2 = Fr\, d\theta$. Porém, o produto Fr é igual à intensidade M do momento do binário. Portanto, o trabalho de um binário de momento $\mathbf{M}$ exercido sobre um corpo rígido é

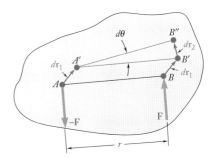

Figura 10.5 O trabalho de um binário que atua em um corpo rígido é o momento do binário multiplicado pela rotação angular.

Trabalho de um binário

$$dU = M\, d\theta \qquad (10.2)$$

sendo $d\theta$ o pequeno ângulo, expresso em radianos, que o corpo gira. Novamente, observamos que o trabalho deve ser expresso em unidades obtidas pela multiplicação de unidades de comprimento por unidades de força.

10.1B Princípio do trabalho virtual

Considere uma partícula submetida à ação de várias forças $\mathbf{F}_1, \mathbf{F}_2, \ldots, \mathbf{F}_n$ (Fig. 10.6). Podemos imaginar que essa partícula sofre um pequeno deslocamento de A até A'. Esse deslocamento é possível, porém não será necessariamente realizado. As forças podem estar equilibradas e a partícula estar em repouso, ou a partícula pode se mover sob a ação das forças dadas em uma direção diferente de AA'. Como o deslocamento considerado não ocorre realmente, ele é denominado **deslocamento virtual**, e é representado por $\delta\mathbf{r}$. O símbolo $\delta\mathbf{r}$ representa um diferencial de primeira ordem; ele é utilizado para distinguir o deslocamento virtual do deslocamento $d\mathbf{r}$ que ocorreria no movimento real. Como você verá, deslocamentos virtuais podem ser usados para se determinar se as condições de equilíbrio de uma partícula material estão satisfeitas.

O trabalho de cada uma das forças $\mathbf{F}_1, \mathbf{F}_2, \ldots, \mathbf{F}_n$ durante o deslocamento virtual $\delta\mathbf{r}$ é denominado **trabalho virtual**. O trabalho virtual de todas as forças atuantes na partícula da Fig. 10.6 é

$$\delta U = \mathbf{F}_1 \cdot \delta\mathbf{r} + \mathbf{F}_2 \cdot \delta\mathbf{r} + \ldots + \mathbf{F}_n \cdot \delta\mathbf{r}$$
$$= (\mathbf{F}_1 + \mathbf{F}_2 + \ldots + \mathbf{F}_n) \cdot \delta\mathbf{r}$$

ou

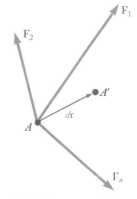

Figura 10.6 Forças atuando em uma partícula em deslocamento virtual.

$$\delta U = \mathbf{R} \cdot \delta\mathbf{r} \qquad (10.3)$$

sendo $\mathbf{R}$ a resultante das forças dadas. Portanto, o trabalho virtual total das forças $\mathbf{F}_1, \mathbf{F}_2, \ldots, \mathbf{F}_n$ é igual ao trabalho virtual de sua resultante $\mathbf{R}$.

O princípio do trabalho virtual para uma partícula estabelece que,

se uma partícula está em equilíbrio, o trabalho virtual total das forças exercidas na partícula é igual a zero para qualquer deslocamento virtual da partícula.

Essa condição é necessária: se a partícula estiver em equilíbrio, a resultante **R** das forças será zero, e segue-se da Eq. (10.3) que o trabalho virtual total δU é zero. A condição é também suficiente: se o trabalho virtual total δU é zero para qualquer deslocamento virtual, o produto escalar $\mathbf{R} \cdot \delta \mathbf{r}$ é zero para qualquer $\delta \mathbf{r}$, e a resultante **R** deve ser zero.

No caso de um corpo rígido, o princípio dos trabalhos virtuais estabelece que,

se um corpo rígido está em equilíbrio, o trabalho virtual total das forças externas atuantes sobre o corpo rígido é zero para qualquer deslocamento virtual desse corpo.

A condição é necessária: se o corpo está em equilíbrio, todas as partículas que formam o corpo estão em equilíbrio e o trabalho virtual total das forças atuantes sobre todas as partículas deve ser zero; vimos, porém, na seção anterior, que o trabalho total das forças internas é zero; portanto, o trabalho total das forças externas deve também ser zero. Pode-se demonstrar que essa condição é também suficiente.

O princípio dos trabalhos virtuais pode ser estendido ao caso de um **sistema de corpos rígidos ligados entre si**. Se o sistema permanece ligado durante o deslocamento virtual, **somente o trabalho das forças externas ao sistema precisa ser considerado**, pois o trabalho total das forças internas nas várias conexões é zero.

10.1C Aplicando o princípio do trabalho virtual

O princípio do trabalho virtual é particularmente eficaz quando aplicado à solução de problemas que envolvam máquinas ou mecanismos que consistam em vários corpos rígidos ligados entre si. Considere, por exemplo, a alavanca articulada *ACB* da Fig. 10.7a, usada para comprimir um bloco de madeira. Desejamos determinar a força exercida pela alavanca sobre o bloco quando uma dada força **P** é aplicada em *C*, considerando que não há atrito. Representada por **Q** a reação do bloco sobre a alavanca, traçamos o diagrama de corpo livre da alavanca e consideramos o deslocamento virtual obtido dando um incre-

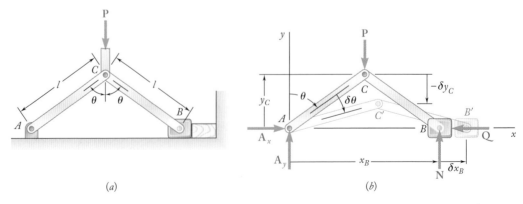

Figura 10.7 (a) Alavanca articulada usada para comprimir um bloco de madeira, supondo que não existe atrito; (b) deslocamento virtual da alavanca.

mento positivo $\delta\theta$ ao ângulo θ (Fig. 10.7b). Escolhendo um sistema de eixos coordenados com a origem em A, verificamos que x_B aumenta enquanto y_C diminui. Isso é indicado na figura, onde são mostrados um incremento positivo δx_B e um incremento negativo $-\delta y_C$. As reações $\mathbf{A}_x$, $\mathbf{A}_y$ e $\mathbf{N}$ não realizarão trabalho durante o deslocamento virtual considerado, e precisamos calcular apenas o trabalho de $\mathbf{P}$ e $\mathbf{Q}$. Como $\mathbf{Q}$ e δx_B têm sentidos opostos, o trabalho virtual de $\mathbf{Q}$ é $\delta U_Q = -Q\,\delta x_B$. Como $\mathbf{P}$ e o incremento mostrado $(-\delta y_C)$ têm o mesmo sentido, o trabalho virtual de $\mathbf{P}$ é $\delta U_P = +P(-\delta y_C) = -P\,\delta y_C$. (O sinal de menos obtido poderia ter sido previsto pela simples observação de que as forças $\mathbf{Q}$ e $\mathbf{P}$ são direcionadas em sentidos opostos aos eixos x e y positivos, respectivamente.) Expressando as coordenadas x_B e y_C em termos do ângulo θ e diferenciando-as, obtemos

$$x_B = 2l\,\text{sen}\,\theta \qquad y_C = l\cos\theta$$
$$\delta x_B = 2l\cos\theta\,\delta\theta \qquad \delta y_C = -l\,\text{sen}\,\theta\,\delta\theta \qquad (10.4)$$

O trabalho virtual total das forças $\mathbf{Q}$ e $\mathbf{P}$ é, portanto,

$$\delta U = \delta U_Q + \delta U_P = -Q\,\delta x_B - P\,\delta y_C$$
$$= -2Ql\cos\theta\,\delta\theta + Pl\,\text{sen}\,\theta\,\delta\theta$$

Estabelecendo $\delta U = 0$, obtemos

$$2Ql\cos\theta\,\delta\theta = Pl\,\text{sen}\,\theta\,\delta\theta \qquad (10.5)$$

e

$$Q = \frac{1}{2}P\,\text{tg}\,\theta \qquad (10.6)$$

A superioridade do método dos trabalhos virtuais sobre as equações convencionais de equilíbrio, no problema aqui considerado, é clara: utilizando o método dos trabalhos virtuais, fomos capazes de eliminar todas as reações desconhecidas, enquanto a equação $\Sigma M_A = 0$ teria eliminado apenas duas dessas reações desconhecidas. Essa propriedade do método dos trabalhos virtuais pode ser usada na resolução de muitos problemas que envolvam máquinas e mecanismos.

Se o deslocamento virtual considerado é constante com as restrições impostas pelos apoios e conexões, todas as reações e forças internas são eliminadas, e somente o trabalho das cargas, das forças aplicadas e das forças de atrito precisa ser considerado.

Pode-se também usar o método dos trabalhos virtuais para resolver problemas que envolvem estruturas rígidas, embora os deslocamentos virtuais considerados nunca venham de fato a ocorrer. Considere, por exemplo, a estrutura ACB mostrada na Fig. 10.8a. Se o ponto A é mantido fixo, enquanto B sofre um deslocamento virtual horizontal (Fig. 10.8b), precisamos considerar somente o trabalho de $\mathbf{P}$ e $\mathbf{B}_x$. Podemos, portanto, determinar o componente da reação $\mathbf{B}_x$ do mesmo modo que determinamos a força $\mathbf{Q}$ no exemplo anterior (Fig. 10.7b); temos

$$B_x = \frac{1}{2}P\,\text{tg}\,\theta$$

Mantendo B fixo e dando a A um deslocamento virtual horizontal podemos, de forma análoga, determinar o componente $\mathbf{A}_x$ da reação. Os componentes $\mathbf{A}_y$ e $\mathbf{B}_y$ podem ser determinados girando-se a estrutura ACB como um corpo rígido, em torno de B e de A respectivamente.

Foto 2 As forças exercidas pelos cilindros hidráulicos para posicionar a caçamba suspensa mostrada podem ser determinadas por meio do método do trabalho virtual, pois existe uma relação simples entre os deslocamentos dos pontos de aplicação das forças exercidas sobre os elementos do elevador.

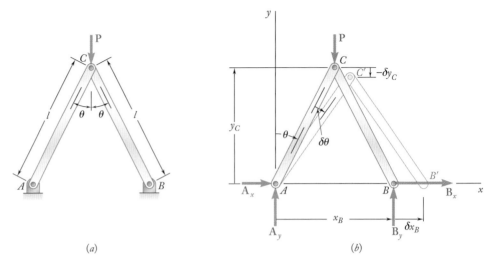

Figura 10.8 (a) Estrutura completamente rígida ACB; (b) deslocamento virtual da estrutura para determinar B_x, mantendo A fixo.

O método dos trabalhos virtuais pode também ser usado para se determinar a configuração de um sistema em equilíbrio submetido a forças dadas. Por exemplo, o valor do ângulo θ para o qual a articulação da Fig. 10.7 está em equilíbrio, sob a ação de duas forças dadas **P** e **Q**, pode ser obtido resolvendo-se a Eq. (10.6) para tg θ.

Deve-se observar, entretanto, que o atrativo do método dos trabalhos virtuais depende, em grande parte, da existência de relações geométricas simples entre os vários deslocamentos virtuais envolvidos na solução de um dado problema. Quando tais relações simples não existirem, em geral é aconselhável voltar ao método convencional do Capítulo 6.

10.1D Eficiência mecânica de máquinas reais

Analisando a alavanca articulada da Fig. 10.7, consideramos que não havia forças de atrito envolvidas. Assim, o trabalho virtual consistiu somente no trabalho da força aplicada **P** e na reação **Q**. Mas o trabalho da reação **Q** é igual em intensidade e oposto em sinal ao trabalho da força exercida pela alavanca sobre o bloco. A Eq. (10.5), portanto, expressa que o **trabalho produzido** (output), $2Ql \cos \theta \, \delta\theta$ é igual ao **trabalho recebido** (input)Pl sen $\theta \, \delta\theta$. Uma máquina na qual os trabalhos recebido e produzido são iguais é chamada de máquina "ideal". Em uma máquina "real", as forças de atrito sempre realizarão algum trabalho e o trabalho produzido será menor que o trabalho recebido.

Considere novamente a alavanca articulada da Fig. 10.7a e admita agora que uma força de atrito **F** se desenvolva entre o bloco deslizante B e o plano horizontal (Fig. 10.9). Usando os métodos convencionais da estática e somando os momentos em relação a A, obtemos $N = P/2$. Representado por μ o coeficiente de atrito entre o bloco B e o plano horizontal, temos $F = \mu N = \mu P/2$.

Foto 10.3 A força de aperto do torno articulado aqui mostrado pode ser expressa como função da força aplicada ao seu cabo, primeiro estabelecendo-se as relações geométricas entre os elementos do torno e, em seguida, aplicando-se o método do trabalho virtual.

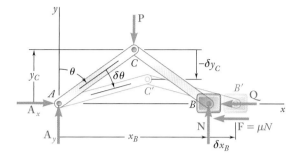

Figura 10.9 Deslocamento virtual da alavanca articulada com atrito.

Relembrando as fórmulas (10.4), encontramos que o trabalho virtual total das forças **Q**, **P** e **F** durante o deslocamento virtual mostrado na Fig. 10.9 é

$$\delta U = -Q\ \delta x_B - P\ \delta y_C - F\ \delta x_B$$
$$= -2Ql \cos \theta\ \delta\theta + Pl \sen \theta\ \delta\theta - \mu Pl \cos \theta\ \delta\theta$$

Estabelecendo $\delta U = 0$, obtemos

$$2Ql \cos \theta\ \delta\theta = Pl \sen \theta\ \delta\theta - \mu Pl \cos \theta\ \delta\theta \qquad (10.7)$$

que mostra que o trabalho produzido é igual ao trabalho recebido menos o trabalho da força de atrito. Resolvendo para Q, temos

$$Q = \frac{1}{2}P\ (\tg\ \theta - \mu) \qquad (10.8)$$

Notamos que $Q = 0$ quando $\tg\ \theta = \mu$, ou seja, quando θ é igual ao ângulo de atrito ϕ, e que $Q < 0$ quando $\theta < \phi$. A alavanca articulada pode, então, ser usada somente para valores de θ maiores que o ângulo de atrito.

Definimos a **eficiência mecânica** η de uma máquina como a relação

Eficiência mecânica

$$\eta = \frac{\text{trabalho produzido}}{\text{trabalho recebido}} \qquad (10.9)$$

Fica evidente que, a eficiência mecânica de uma máquina ideal é $\eta = 1$, uma vez que os trabalhos recebido e produzido são iguais, enquanto a eficiência mecânica de uma máquina real será sempre menor que 1.

No caso da alavanca articulada que acabamos de analisar, temos

$$\eta = \frac{\text{trabalho produzido}}{\text{trabalho recebido}} = \frac{2Ql \cos \theta\ \delta\theta}{Pl \sen \theta\ \delta\theta} \qquad (10.10)$$

Verificamos que, na ausência de forças de atrito, teremos $\mu = 0$ e $\eta = 1$. No caso geral, quando μ é diferente de zero, a eficiência η torna-se zero para $\mu \cotg\ \theta = 1$, ou seja, para $\tg\ \theta = \mu$, ou $\theta = \tg^{-1} \mu = \phi$. Observamos, novamente, que a alavanca articulada pode ser usada somente para valores de θ maiores que o ângulo de atrito ϕ.

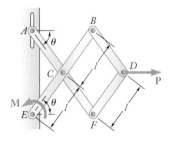

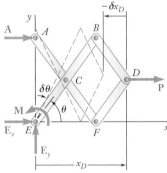

Figura 1 Diagrama de corpo livre do mecanismo mostrando um deslocamento virtual.

PROBLEMA RESOLVIDO 10.1

Usando o método do trabalho virtual, determine a intensidade do binário **M** necessária para se manter o equilíbrio do mecanismo mostrado na figura.

ESTRATÉGIA Para um deslocamento virtual coerente com as restrições, as reações não realizam trabalho, então podemos focar exclusivamente na força **P** e no momento **M**. Calculamos, assim, **M** em termos de **P** e dos parâmetros geométricos.

MODELAGEM Escolhendo um sistema de eixos coordenados com origem em E (Fig. 1), temos

$$x_D = 3l\cos\theta \qquad\qquad \delta x_D = -3l\,\mathrm{sen}\,\theta\,\delta\theta$$

ANÁLISE Princípio do trabalho virtual. Como as reações **A**, $\mathbf{E}_x$ e $\mathbf{E}_y$ não realizarão trabalho durante o deslocamento virtual, o trabalho virtual total realizado por **M** e **P** deve ser zero. Observando que **P** atua no sentido positivo do eixo x e que **M** atua no sentido positivo de θ, temos

$$\delta U = 0: \qquad +M\,\delta\theta + P\,\delta x_D = 0$$
$$+M\,\delta\theta + P(-3l\,\mathrm{sen}\,\theta\,\delta\theta) = 0$$
$$M = 3Pl\,\mathrm{sen}\,\theta \quad \blacktriangleleft$$

PARA REFLETIR Este problema mostra que o princípio do trabalho virtual pode auxiliar na determinação tanto de um momento como de uma força em um cálculo direto.

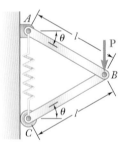

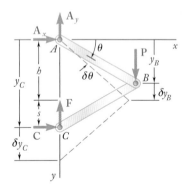

Figura 1 Diagrama de corpo livre do mecanismo mostrando um deslocamento virtual.

PROBLEMA RESOLVIDO 10.2

Determine as expressões para θ e para a tração na mola que correspondem à posição de equilíbrio do mecanismo. O comprimento informado da mola é h, e a constante de mola é k. Despreze o peso do mecanismo.

ESTRATÉGIA A tração na mola é uma força **F** exercida sobre C. Aplicando o princípio do trabalho virtual, podemos obter uma relação entre **F** e a força aplicada **P**.

MODELAGEM Com o sistema de coordenadas mostrado na Fig. 1,

$$y_B = l\,\mathrm{sen}\,\theta \qquad\qquad y_C = 2l\,\mathrm{sen}\,\theta$$
$$\delta y_B = l\cos\theta\,\delta\theta \qquad\qquad \delta y_C = 2l\cos\theta\,\delta\theta$$

O alongamento da mola é $s = y_C - h = 2l\,\mathrm{sen}\,\theta - h$. A intensidade da força exercida em C pela mola é:

$$F = ks = k(2l\,\mathrm{sen}\,\theta - h) \qquad (1)$$

ANÁLISE Princípio do trabalho virtual. Como as reações $\mathbf{A}_x$, $\mathbf{A}_y$ e **C** não realizam trabalho, o trabalho virtual total realizado por **P** e **F** deve ser zero.

$$\delta U = 0: \qquad P\,\delta y_B - F\,\delta y_C = 0$$
$$P(l\cos\theta\,\delta\theta) - k(2l\,\mathrm{sen}\,\theta - h)(2l\cos\theta\,\delta\theta) = 0$$
$$\mathrm{sen}\,\theta = \frac{P + 2kh}{4kl} \quad \blacktriangleleft$$

Substituindo esta expressão em (1), obtemos $\qquad F = \tfrac{1}{2}P \quad \blacktriangleleft$

PARA REFLETIR Podemos conferir esses resultados aplicando as equações de equilíbrio apropriadas.

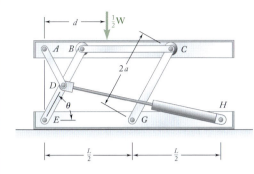

PROBLEMA RESOLVIDO 10.3

Uma mesa elevatória hidráulica é usada para levantar um caixote de 1.000 kg. A mesa consiste em uma plataforma e dois sistemas articulados idênticos sobre os quais os cilindros hidráulicos exercem forças iguais. (Somente um sistema articulado e um cilindro são mostrados na figura.) Os elementos *EDB* e *CG* têm, cada qual, comprimento 2*a*, e o elemento *AD* está preso por pino ao ponto médio de *EDB*. Se o caixote é colocado sobre a mesa de modo tal que metade do seu peso é suportada pelo sistema mostrado na figura, determine a força exercida por cada cilindro na elevação do caixote para $\theta = 60°$, $a = 0{,}70$ m e $L = 3{,}20$ m. (Esse mecanismo já foi considerado anteriormente no Problema Resolvido 6.7.)

ESTRATÉGIA O princípio do trabalho virtual nos permite encontrar uma relação entre a força aplicada pelo cilindro e o peso sem envolver as reações. No entanto, precisamos de uma relação entre o deslocamento virtual e a variação no ângulo θ, que pode ser encontrada a partir da aplicação da lei dos cossenos à geometria dada.

MODELAGEM A máquina considerada consiste na plataforma e no sistema articulado (Fig. 1), com uma força aplicada (*input*) $\mathbf{F}_{DH}$ exercida pelo cilindro e uma força de saída (*output*) igual e oposta a $\tfrac{1}{2}\mathbf{W}$.

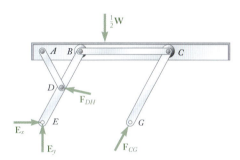

Figura 1 Diagrama de corpo livre da plataforma e sistema articulado.

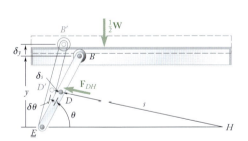

Figura 2 Deslocamento virtual da máquina.

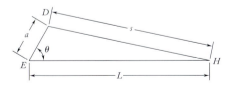

Figura 3 Geometria associada ao conjunto cilindro–pistão.

ANÁLISE **Princípio do trabalho virtual.** Inicialmente observamos que as reações em *E* e *G* não realizam trabalho. Representado por *y* a elevação da plataforma acima da base e por *s* o comprimento *DH* do conjunto cilindro–pistão (Fig. 2), temos

$$\delta U = 0: \qquad -\tfrac{1}{2}W\ \delta y + F_{DH}\ \delta s = 0 \qquad (1)$$

O deslocamento vertical δy da plataforma é expresso em termos do deslocamento angular $\delta\theta$ de *EDB* como se segue:

$$y = (EB)\ \text{sen}\ \theta = 2a\ \text{sen}\ \theta$$
$$\delta y = 2a\ \cos\theta\ \delta\theta$$

De forma semelhante, para expressar δs em termos de $\delta\theta$, primeiro verificamos que, pela lei dos cossenos (Fig. 3),

$$s^2 = a^2 + L^2 - 2aL\cos\theta$$

Diferenciando,

$$2s\,\delta s = -2aL(-\operatorname{sen}\theta)\,\delta\theta$$

$$\delta s = \frac{aL\operatorname{sen}\theta}{s}\delta\theta$$

Substituindo para δy e δs em (1), temos

$$(-\tfrac{1}{2}W)2a\cos\theta\,\delta\theta + F_{DH}\frac{aL\operatorname{sen}\theta}{s}\delta\theta = 0$$

$$F_{DH} = W\frac{s}{L}\cot\theta$$

Com os dados numéricos fornecidos, temos

$$W = mg = (1000\text{ kg})(9{,}81\text{ m/s}^2) = 9810\text{ N} = 9{,}81\text{ kN}$$

$$s^2 = a^2 + L^2 - 2aL\cos\theta$$

$$= (0{,}70)^2 + (3{,}20)^2 - 2(0{,}70)(3{,}20)\cos 60° = 8{,}49$$

$$s = 2{,}91\text{ m}$$

$$F_{DH} = W\frac{s}{L}\cot\theta = (9{,}81\text{ kN})\frac{2{,}91\text{ m}}{3{,}20\text{ m}}\cot 60°$$

$$F_{DH} = 5{,}15\text{ kN} \blacktriangleleft$$

PARA REFLETIR O princípio do trabalho virtual nos fornece a relação entre as forças, mas algumas vezes é necessário revisar cuidadosamente a geometria para encontrar a relação entre os deslocamentos.

METODOLOGIA PARA A RESOLUÇÃO DE PROBLEMAS

Nesta seção, aprendemos a usar o **método do trabalho virtual**, que é uma maneira diferente de resolver problemas que envolvam o equilíbrio de corpos rígidos.

O trabalho realizado por uma força durante um deslocamento do seu ponto de aplicação, ou por um binário durante uma rotação, é obtido por meio das Eqs. (10.1) e (10.2), respectivamente:

$$dU = F\, ds \cos \alpha \qquad (10.1)$$

$$dU = M\, d\theta \qquad (10.2)$$

Princípio do trabalho virtual. Em sua forma mais geral e mais útil, esse princípio pode ser escrito como se segue:

> **se um sistema de corpos rígidos ligados entre si está em equilíbrio, o trabalho virtual total das forças externas aplicadas ao sistema é igual a zero para qualquer deslocamento virtual desse sistema.**

Quando formos aplicar o princípio dos trabalhos virtuais, tenhamos em mente o seguinte:

1. Deslocamento virtual. Uma máquina ou mecanismo não tem tendência a se mover. No entanto, podemos causar, ou imaginar, um pequeno deslocamento. Como não ocorre de fato, tal deslocamento é chamado de **deslocamento virtual**.

2. Trabalho virtual. O trabalho realizado por uma força ou um binário durante um deslocamento virtual é chamado de **trabalho virtual**.

3 É preciso só considerar as forças que realizam trabalho durante o deslocamento virtual.

4. Forças que não realizam trabalho durante um deslocamento virtual que sejam consistentes com as restrições impostas no sistema incluem as seguintes:
    a. Reações nos apoios.
    b. Forças internas nas ligações.
    c. Forças exercidas por cordas e cabos inextensíveis.
Nenhuma dessas forças precisa ser considerada quando você usar o método do trabalho virtual.

5. Certifiquemo-nos de expressar os vários deslocamentos virtuais envolvidos nos seus cálculos em termos de um único deslocamento virtual. Isso foi feito em cada um dos três problemas resolvidos precedentes, nos quais os deslocamentos virtuais foram todos expressos em termos de $\delta\theta$.

6. Lembremo-nos de que o método dos trabalhos virtuais é efetivo somente nos casos em que a geometria do sistema o torna relativamente fácil para se relacionar com os deslocamentos envolvidos.

PROBLEMAS

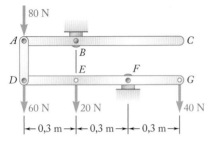

Figura P10.1 e P10.3

10.1 Determine a força vertical **P** que deve ser aplicada em C para se manter o equilíbrio do sistema articulado.

10.2 Determine a força vertical **P** que deve ser aplicada em A para se manter o equilíbrio do sistema articulado.

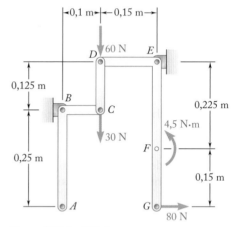

Figura P10.2 e P10.4

10.3 e 10.4 Determine o binário **M** que deve ser aplicado ao elemento ABC para se manter o equilíbrio do sistema articulado.

10.5 Uma mola de constante 15 kN/m é presa a pinos nos pontos C e F tal como mostra a figura. Desprezando o peso da mola e do mecanismo articulado, determine a força na mola e o deslocamento vertical do ponto G quando uma força vertical de 120 N é aplicada (a) no ponto C, (b) nos pontos C e H.

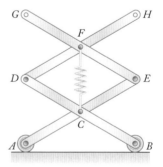

Figura P10.5 e P10.6

10.6 Uma mola de constante 15 kN/m é presa a pinos nos pontos C e F tal como mostra a figura. Desprezando o peso da mola e do mecanismo articulado, determine a força na mola e o deslocamento vertical do ponto G quando uma força vertical de 120 N é aplicada (a) no ponto E, (b) nos pontos E e F.

10.7 O mecanismo articulado de duas barras mostrado na figura é sustentado por um pino e um suporte em *B* e por um colar em *D*, que desliza livremente sobre uma haste vertical. Determine a força **P** necessária para se manter o equilíbrio do mecanismo.

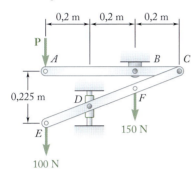

Figura P10.7

10.8 Sabendo que a força de atrito máxima exercida pela garrafa sobre a rolha é 300 N, determine (*a*) a força **P** que se deve aplicar ao saca-rolhas para abrir a garrafa, (*b*) a força máxima exercida pela base do saca-rolhas sobre a boca da garrafa.

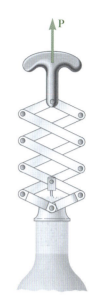

Figura P10.8

10.9 Sobre a barra *AD* atuam uma força vertical **P** na extremidade *A* e duas forças horizontais iguais e opostas de intensidade *Q* nos pontos *B* e *C*. Deduza uma expressão para a intensidade *Q* das forças horizontais necessárias para manter o equilíbrio.

10.10 e 10.11 A haste fina *AB* é presa a um colar *A* e repousa sobre uma pequena roda em *C*. Desprezando o raio da roda e o efeito do atrito, deduza uma expressão para a intensidade da força **Q** necessária para se manter o equilíbrio da haste.

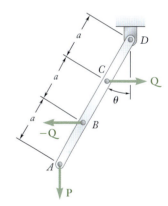

Figura P10.9

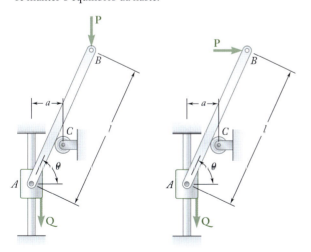

Figura P10.10   **Figura P10.11**

10.12 Sabendo que a linha de ação da força **Q** passa pelo ponto *C*, deduza uma expressão para a intensidade de **Q** necessária para se manter o equilíbrio.

10.13 Resolva o Problema 10.12 considerando que a força **P** aplicada no ponto *A* atua horizontalmente para a esquerda.

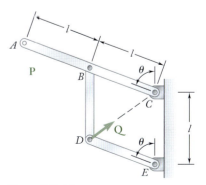

Figura P10.12

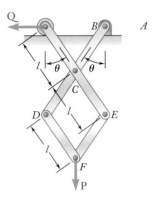

Figura P10.14

10.14 A força **P** atua sobre o mecanismo mostrado na figura. Deduza uma expressão para a intensidade da força **Q** necessária para o equilíbrio.

10.15 e 10.16 Deduza uma expressão para a intensidade do binário **M** necessária para se manter o equilíbrio do mecanismo articulado mostrado na figura.

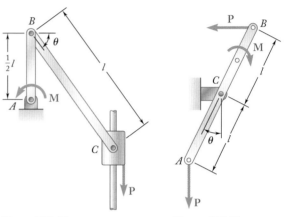

Figura P10.15   Figura P10.16

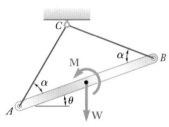

Figura P10.17

10.17 Uma barra uniforme AB de comprimento l e peso W é suspensa por duas cordas AC e BC de igual comprimento. Deduza uma expressão para a intensidade do binário **M** necessária para manter o equilíbrio da haste na posição mostrada na figura.

10.18 O pino em C é preso ao elemento BCD e pode deslizar ao longo de uma fenda aberta na placa fixa mostrada na figura. Desprezando o efeito do atrito, deduza uma expressão para a intensidade do binário **M** necessária para se manter o equilíbrio quando a força **P** atuante em D está direcionada (a) tal como mostra a figura, (b) verticalmente para baixo, (c) horizontalmente para a direita.

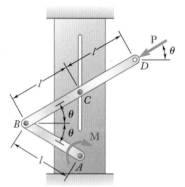

Figura P10.18

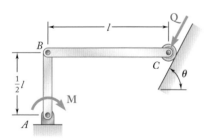

Figura P10.19 e P10.20

10.19 Para o mecanismo articulado mostrado na figura, determine o binário **M** necessário para o equilíbrio, quando $l = 1,8$ m, $Q = 200$ N, e $\theta = 65°$.

10.20 Para o mecanismo articulado mostrado na figura, determine a força **Q** necessária para o equilíbrio, quando $l = 18$ m, $M = 3$ kN·m e $\theta = 70°$.

10.21 Uma força **P** de 4 kN é aplicada tal como mostra a figura ao pistão de um sistema motor. Sabendo que $AB = 50$ mm e $BC = 200$ mm, determine o binário **M** necessário para se manter o equilíbrio do sistema, quando (a) $\theta = 30°$, (b) $\theta = 150°$.

10.22 Um binário **M** de intensidade 100 N · m é aplicado, tal como mostra a figura, à manivela de um sistema motor. Sabendo que $AB = 50$ mm e $BC = 200$ mm, determine a força **P** necessária para se manter o equilíbrio do sistema, quando (a) $\theta = 60°$, (b) $\theta = 120°$.

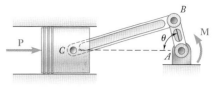

Figura *P10.21* e *P10.22*

10.23 A barra AB é fixada ao bloco A que desliza sem atrito na fenda vertical como mostrada na figura. Desprezando o efeito do atrito e o peso das barras, determine o valor de θ correspondente ao equilíbrio.

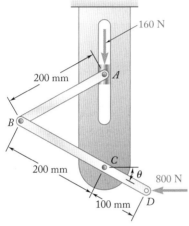

Figura P10.23

10.24 Resolva o Problema 10.23 considerando que a força de 800 N é substituída por um binário de 24 N·m no sentido horário aplicado em D.

10.25 Determine o valor de θ correspondente para a posição de equilíbrio da haste do Problema 10.10, quando $l = 600$ mm, $a = 100$ mm, $P = 100$ N e $Q = 160$ N.

10.26 Determine o valor de θ correspondente para a posição de equilíbrio da haste do Problema 10.11, quando $l = 480$ mm, $a = 80$ mm, $P = 50$ N e $Q = 90$ N.

10.27 Determine o valor de θ correspondente para a posição de equilíbrio do mecanismo do Problema 10.12, quando $P = 80$ N e $Q = 100$ N.

10.28 Determine o valor de θ correspondente para a posição de equilíbrio do mecanismo do Problema 10.14, quando $P = 270$ N e $Q = 960$ N.

10.29 Duas hastes AC e CE são unidas por um pino em C e por uma mola AE. A constante de mola é k, e a mola não fica deformada quando $\theta = 30°$. Para o carregamento mostrado na figura, deduza uma equação em P, θ, l e k que deve ser satisfeita quando o sistema está em equilíbrio.

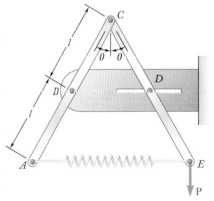

Figura *P10.29* e P10.30

10.30 Duas hastes AC e CE são unidas por um pino em C e por uma mola AE. A constante da mola é 300 N/m, e a mola está indeformada quando $\theta = 30°$. Sabendo que $l = 200$ mm e desprezando os pesos das hastes, determine o valor de θ correspondente ao equilíbrio quando $P = 160$ N.

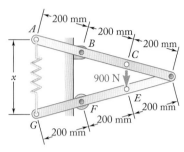

Figura P10.32

10.31 Resolva o Problema 10.30 considerando que a força **P** é movida para C e atua verticalmente para baixo.

10.32 Duas hastes AD e DG são unidas por um pino em D e por uma mola AG. Sabendo que a mola tem comprimento de 300 mm quando indeformada e que a constante da mola é 5 kN/m, determine a distância x correspondente ao equilíbrio quando a carga de 900 N é aplicada em E como mostra a figura.

10.33 Resolva o Problema 10.32 considerando que a carga de 900 N é aplicada em C ao invés de E.

10.34 Duas hastes AB e BC de 5 kg são unidas por um pino em B e por uma mola DE. Sabendo que a mola tem comprimento de 150 mm quando indeformada e que a constante da mola é 1 kN/m, determine o valor de x correspondente ao equilíbrio.

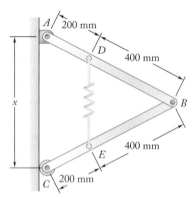

Figura P10.34

10.35 Uma força vertical **P** com uma intensidade de 150 N é aplicada à extremidade E do cabo CDE que passa sobre uma pequena polia D e está ligada ao mecanismo em C. A constante de mola é $k = 4$ kN/m, e a mola não fica deformada quando $\theta = 0$. Desprezando o peso do mecanismo e o raio da polia, determine o valor de θ correspondente ao equilíbrio.

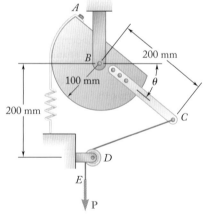

Figura P10.35

10.36 Uma carga **W** de intensidade 360 N é aplicada ao mecanismo em C. Desprezando o peso do mecanismo, determine o valor de θ correspondente ao equilíbrio. A constante de mola é $k = 5$ kN/m, e a mola não fica deformada quando $\theta = 0$.

10.37 e P10.38 Sabendo que a constante da mola CD é k e que a mola está indeformada quando a haste ABC está horizontal, determine o valor de θ correspondente ao equilíbrio para os dados indicados.
  10.37 $P = 300$ N, $l = 400$ mm e $k = 5$ kN/m
  10.38 $P = 300$ N, $l = 300$ mm e $k = 4$ kN/m

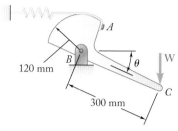

Figura P10.36

10.39 Uma alavanca AB é presa ao eixo horizontal BC que passa através de um mancal e é soldado a um suporte fixo em C. A constante de mola torcional do eixo BC é K; ou seja, é necessário um binário de intensidade K para girar a extremidade B de 1 radiano. Sabendo que o eixo não está torcido quando AB é horizontal, determine o valor de θ correspondente à posição de equilíbrio quando $P = 100$ N, $l = 250$ mm e $K = 12{,}5$ N·m/rad.

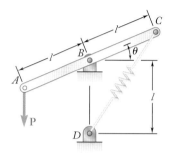

Figura P10.37 e P10.38

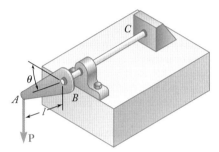

Figura P10.39

10.40 Resolva o Problema 10.39 considerando que $P = 350$ N, $l = 250$ mm e $K = 12.5$ N·m/rad. Obtenha respostas em cada um dos seguintes quadrantes: $0 < \theta < 90°$, $270° < \theta < 360°$ e $360° < \theta < 450°$.

10.41 A posição da manivela ABC é controlada pelo cilindro hidráulico BD. Para o carregamento mostrado na figura, determine a força exercida pelo cilindro hidráulico no pino B sabendo que $\theta = 70°$.

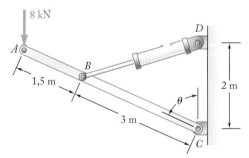

Figura *P10.41* e *P10.42*

10.42 A posição da manivela ABC é controlada pelo cilindro hidráulico BD. Para o carregamento mostrado na figura, determine o maior valor permitido para o ângulo θ se a força máxima que o cilindro pode exercer no pino B é 25 kN.

10.43 A posição da manivela ABC é controlada pelo cilindro hidráulico CD. Para o carregamento mostrado na figura, determine a força exercida pelo cilindro hidráulico no pino C quando $\theta = 55°$.

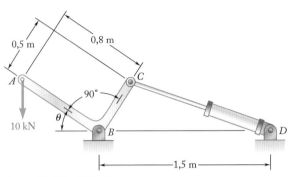

Figura P10.43 e P10.44

10.44 A posição da manivela ABC é controlada pelo cilindro hidráulico CD. Determine o ângulo θ sabendo que o cilindro hidráulico exerce uma força 15 kN no pino C.

10.45 O braço regulável ABC é usado para movimentar uma plataforma de elevação para operários de construção. Juntos, operários e a plataforma têm um peso de 2 kN, e seu centro de gravidade combinado está localizado diretamente acima de C. Para a posição em que $\theta = 20°$, determine a força exercida sobre o pino B pelo único cilindro hidráulico BD.

10.46 Resolva o Problema 10.45 considerando que os operários desceram para um ponto próximo ao solo de modo que $\theta = -20°$.

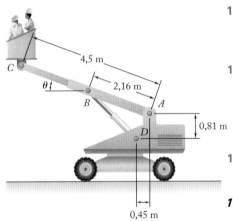

Figura P10.45

10.47 Representado por μ_s o coeficiente de atrito estático entre o colar C e a haste vertical, deduza uma expressão para a intensidade do maior binário **M** para o qual o equilíbrio é mantido na posição mostrada na figura. Explique o que acontece se $\mu_s \geq \text{tg } \theta$.

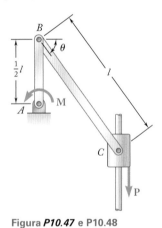

Figura *P10.47* e P10.48

10.48 Sabendo que o coeficiente de atrito estático entre o colar C e a haste vertical é 0,40, determine a intensidade do maior e do menor binário **M** para o qual equilíbrio é mantido na posição mostrada quando $\theta = 35°$, $l = 600$ mm e $P = 300$ N.

10.49 Um bloco de peso W é levado ao repouso em um plano formando um ângulo α com a horizontal por meio de uma força **P** direcionada ao longo do plano. Se μ é o coeficiente de atrito entre o bloco e o plano deduza uma expressão para a eficiência mecânica do sistema. Mostre que a eficiência mecânica não pode exceder $\frac{1}{2}$ se o bloco permanecer no lugar quando a força **P** for removida.

10.50 Deduza uma expressão para a eficiência mecânica do macaco discutido na Seção 8.2B. Mostre que, se o macaco tem que ser autotravante, a eficiência mecânica não pode exceder $\frac{1}{2}$.

10.51 Representado por μ_s o coeficiente de atrito estático entre o bloco preso à barra ACE e a superfície horizontal, deduza as expressões em termos de P, μ_s e θ para a maior e a menor intensidade da força **Q** para as quais o equilíbrio é mantido.

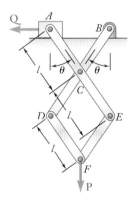

Figura **P10.51** e P10.52

10.52 Sabendo que o coeficiente de atrito estático entre o bloco preso à barra ACE e a superfície horizontal é igual a 0,15, determine as intensidades da maior e da menor força **Q** para as quais o equilíbrio é mantido quando $\theta = 30°$, $l = 0{,}2$ m e $P = 40$ N.

10.53 Usando o método do trabalho virtual, determine separadamente a força e o binário que representa a reação em A.

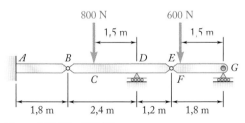

Figura P10.53 e P10.54

10.54 Usando o método do trabalho virtual, determine a reação em D.

10.55 Voltando ao Problema 10.43 e usando o valor encontrado para a força exercida pelo cilindro hidráulico *CD*, determine a mudança no comprimento de *CD* necessária para se elevar a carga de 10 kN em 15 mm.

10.56 Voltando ao Problema 10.45 e usando o valor encontrado para a força exercida pelo cilindro hidráulico *BD*, determine a mudança no comprimento de *BD* necessária para se elevar a plataforma presa em *C* em 60 mm.

10.57 Determine o movimento vertical do nó *D* se o comprimento do elemento *BF* é aumentado em 38 mm. (*Dica*: aplique uma carga vertical no nó *D* e, usando os métodos do Capítulo 6, calcule a força exercida pelo elemento *BF* nos nós *B* e *F*. Em seguida, aplique o método do trabalho virtual para um deslocamento virtual que resulta no aumento específico no comprimento do elemento *BF*. Esse método deve ser usado somente para pequenas mudanças nos comprimentos dos elementos.)

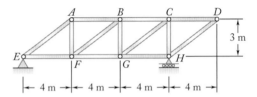

Figura P10.57 e P10.58

10.58 Determine o movimento horizontal do nó *D* se o comprimento do elemento *BF* é aumentado em 38 mm. (Ver dica para o Problema 10.57.)

*10.2 Trabalho, energia potencial e estabilidade

O conceito de trabalho virtual tem outra importante ligação com o equilíbrio, conduzindo critérios para condições de equilíbrio estável, instável e neutro. Entretanto, para explicar essa conexão, precisamos primeiro apresentar expressões para o trabalho de uma força durante um deslocamento finito e então definir o conceito de energia potencial.

10.2A Trabalho de uma força durante um deslocamento finito

Considere uma força **F** exercida sobre uma partícula. O trabalho de **F** correspondente a um deslocamento infinitesimal $d\mathbf{r}$ da partícula foi definido na Seção 10.1A como

$$dU = \mathbf{F} \cdot d\mathbf{r} \qquad (10.1)$$

O trabalho de **F** correspondente a um deslocamento finito da partícula de A_1 até A_2 (Fig. 10.10a) é representado por $U_{1\to2}$ e é obtido integrando-se (10.1) ao longo da curva descrita pela partícula:

Trabalho durante um deslocamento finito

$$U_{1\to2} = \int_{A_1}^{A_2} \mathbf{F} \cdot d\mathbf{r} \qquad (10.11)$$

Usando a expressão alternativa

$$dU = F\, ds\, \cos\alpha \qquad (10.1')$$

dada na Seção 10.1 para o trabalho elementar dU, podemos também expressar o trabalho $U_{1\to2}$ como

$$U_{1\to2} = \int_{s_1}^{s_2} (F \cos\alpha)\, ds \qquad (10.11')$$

onde a variável de integração s mede a distância ao longo do caminho percorrido pela partícula. O trabalho $U_{1\to2}$ é representado pela área sob a curva obtida traçando $F \cos\alpha$ em função de s (Fig. 10.10b). No caso de uma força **F**

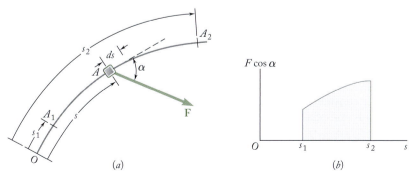

Figura 10.10 (a) Uma força atuando sobre uma partícula que se move ao longo de uma trajetória de A_1 até A_2; (b) o trabalho realizado pela força em (a) é igual à área sob o gráfico de $F \cos\alpha$ versus s.

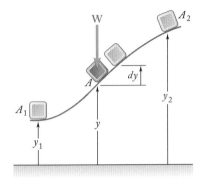

Figura 10.11 O trabalho realizado pelo peso de um corpo é igual à intensidade do peso vezes o deslocamento vertical do seu centro de gravidade.

de intensidade constante atuante na direção do movimento, a fórmula (10.11') fornece $U_{1\to 2} = F(s_2 - s_1)$.

Lembrando-se da Seção 10.1, de que o trabalho de um binário de momento **M** durante uma rotação infinitesimal $d\theta$ de um corpo rígido é

$$dU = M\, d\theta \quad (10.2)$$

Assim, expressamos a seguir o trabalho do binário durante uma rotação finita do corpo:

Trabalho durante uma rotação finita

$$U_{1\to 2} = \int_{\theta_1}^{\theta_2} M\, d\theta \quad (10.12)$$

No caso de um binário constante, a fórmula (10.12) fornece

$$U_{1\to 2} = M(\theta_2 - \theta_1)$$

Trabalho de um peso. Afirmamos na Seção 10.1 que o trabalho do peso **W** de um corpo durante um deslocamento infinitesimal desse corpo é igual ao produto de W pelo deslocamento vertical do centro de gravidade do corpo. Com o eixo y apontando para cima, o trabalho de **W** durante um deslocamento finito do corpo (Fig. 10.11) é obtido da seguinte maneira:

$$dU = -W\, dy$$

Integrando de A_1 até A_2, temos

$$U_{1\to 2} = -\int_{y_1}^{y_2} W\, dy = Wy_1 - Wy_2 \quad (10.13)$$

ou

$$U_{1\to 2} = -W(y_2 - y_1) = -W\, \Delta y \quad (10.13')$$

sendo Δy o deslocamento vertical de de A_1 até A_2. O trabalho do peso **W** é, portanto, igual ao **produto de W pelo deslocamento vertical do centro de gravidade do corpo.** O trabalho é positivo quando $\Delta y < 0$, ou seja, quando o corpo está se movendo para baixo.

Trabalho da força exercida por uma mola. Considere um corpo A unido ao ponto fixo B por uma mola; considera-se que a mola esteja indeformada quando o corpo está em A_0 (Fig. 10.12a). A evidência experimental nos mostra que a intensidade da força **F** exercida pela mola no corpo A é proporcional à deflexão x da mola medida a partir da posição A_0. Temos

$$F = kx \quad (10.14)$$

sendo k a **constante de mola**, expressa em N/m nas unidades do SI. O trabalho da força **F** exercida pela mola durante um deslocamento finito do corpo de A_1 ($x = x_1$) até A_2 ($x = x_2$) é obtido da seguinte maneira:

$$dU = -F\, dx = -kx\, dx$$

$$U_{1\to 2} = -\int_{x_1}^{x_2} kx\, dx = \frac{1}{2}kx_1^2 - \frac{1}{2}kx_2^2 \quad (10.15)$$

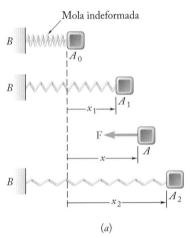

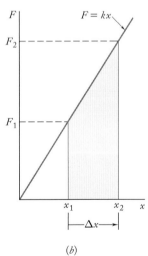

Figura 10.12 (a) Quando um corpo está preso a um ponto fixo por uma mola, a força que atua sobre ele é o produto da constante da mola pelo deslocamento a partir da posição indeformada; (b) o trabalho de uma força é igual à área sob o gráfico de F versus x entre x_1 e x_2.

Devemos tomar o cuidado de expressar k e x nas unidades corretas. Por exemplo, k deve ser expresso em N/m e x em m; o trabalho é obtido em N·m. Observamos que o trabalho da força **F** exercida pela mola sobre o corpo é *positivo* quando $x_2 < x_1$, ou seja, *quando a mola está retornando à sua posição indeformada*.

Como a Eq. (10.14) é a equação de uma linha reta de inclinação k que passa pela origem, pode-se obter o trabalho $U_{1 \to 2}$ de **F** durante o deslocamento de A_1 até A_2 avaliando-se a área do trapézio mostrado na Fig. 10.12b. Isso é feito calculando-se os valores F_1 e F_2 e multiplicando-se a base Δx do trapézio pela sua altura média $\frac{1}{2}(F_1 + F_2)$. Como o trabalho da força **F** exercido pela mola é positivo para um valor negativo de Δx, temos

$$U_{1 \to 2} = -\frac{1}{2}(F_1 + F_2)\,\Delta x \tag{10.16}$$

A fórmula (10.16) geralmente é mais conveniente de se usar do que a fórmula (10.15).

10.2B Energia potencial

Considerando novamente o corpo da Fig. 10.11, verificamos da Eq. (10.13) que o trabalho do peso **W** durante um deslocamento finito é obtido subtraindo-se o valor da função Wy correspondente à segunda posição do corpo de seu valor correspondente à primeira posição. O trabalho de **W** é, então, independente do caminho realmente seguido; ele depende somente dos valores inicial e final da função Wy. Essa função denomina-se **energia potencial** do corpo com respeito à força da gravidade **W** e é representada por V_g. Temos

$$U_{1 \to 2} = (V_g)_1 - (V_g)_2 \qquad \text{com } V_g = Wy \tag{10.17}$$

Observamos que se $(V_g)_2 > (V_g)_1$, ou seja, *se a energia potencial aumenta* durante o deslocamento (como no caso considerado aqui), *o trabalho $U_{1 \to 2}$ é negativo*. Se, por outro lado, o trabalho de **W** é positivo, a energia potencial diminui. Portanto, a energia potencial V_g do corpo fornece uma medida do *trabalho que pode ser realizado* por seu peso **W**. Como somente a *mudança* na energia potencial, e não o valor real de V_g, está envolvida na fórmula (10.17), pode-se acrescentar uma constante arbitrária à expressão obtida para V_g. Em outras palavras, o nível a partir do qual a elevação y é medida pode ser escolhido arbitrariamente. Observamos que a energia potencial é expressa nas mesmas unidades que o trabalho, ou seja, em joules (J)*.

Considerando agora o corpo da Fig. 10.12a, observamos a partir da Equação (10.15) que o trabalho da força elástica **F** é obtido subtraindo-se o valor da função $\frac{1}{2}kx^2$ correspondente à segunda posição do corpo de seu valor correspondente à primeira posição. Essa função é representada por V_e e denomina-se **energia potencial** do corpo com respeito à **força elástica F**. Temos

$$U_{1 \to 2} = (V_e)_1 - (V_e)_2 \qquad \text{com } V_e = \frac{1}{2}kx^2 \tag{10.18}$$

e observamos que, durante o deslocamento considerado, o trabalho da força **F** exercida pela mola sobre o corpo é negativo e a energia potencial V_e aumenta. Devemos observar que a expressão obtida para V_e é válida somente se a deflexão da mola for medida a partir da sua posição indeformada.

O conceito de energia potencial pode ser usado quando estão envolvidas forças diferentes das forças gravitacionais e das forças elásticas. Esse conceito

---

* Veja nota de rodapé da página 575.

continua válido enquanto o trabalho elementar dU da força considerada for um *diferencial exato*. É, então, possível encontrar uma função V denominada energia potencial, tal que

$$dU = -dV \qquad (10.19)$$

Integrando (10.19) sobre um deslocamento finito, obtemos a fórmula geral

Energia potencial, fórmula geral

$$U_{1\to 2} = V_1 - V_2 \qquad (10.20)$$

que expressa que **o trabalho da força é independente do caminho seguido e é igual a menos a mudança na energia potencial.** Diz-se que a força que satisfaz a Eq. (10.20) é uma **força conservativa.***

10.2C Energia potencial e equilíbrio

A aplicação do princípio do trabalho virtual é consideravelmente simplificada quando se conhece a energia potencial de um sistema. No caso de um deslocamento virtual, a fórmula (10.19) se torna $\delta U = -\delta V$. Além disso, se a posição do sistema é definida por uma única variável independente θ, podemos escrever $\delta V = (dV/d\theta)\,\delta\theta$. Como $\delta\theta$ deve ser diferente de zero, a condição $\delta U = 0$ para o equilíbrio do sistema torna-se

Condição de equilíbrio. $\qquad \dfrac{dV}{d\theta} = 0 \qquad (10.21)$

Em termos de energia potencial, portanto, o princípio dos trabalhos virtuais afirma que,

se um sistema está em equilíbrio, a derivada de sua energia potencial total é igual a zero.

Se a posição do sistema depende de várias variáveis independentes (diz-se então que o sistema tem *vários graus de liberdade*), as derivadas parciais de V em relação a cada uma das variáveis independentes devem ser iguais a zero.

Considere, por exemplo, uma estrutura feita de dois elementos AC e CB que sustenta uma carga W em C. A estrutura é sustentada por um pino em A e um rolete em B, e uma mola BD que liga B a um ponto fixo D (Fig. 10.13a). A constante da mola é k, e supõe-se que o comprimento natural da mola seja igual a AD e, portanto, que a mola está indeformada quando B coincide com A. Desprezando as forças de atrito e o peso dos elementos, encontramos que as únicas forças que realizam trabalho durante um deslocamento da estrutura são o peso **W** e a força **F** exercida pela mola no ponto B (Fig. 10.13b). A energia potencial total do sistema será, então, obtida somando-se a energia potencial V_g correspondente à força gravitacional **W** e a energia potencial V_e correspondente à força elástica **F**.

Escolhendo um sistema de coordenadas com origem em A e observando que a deflexão da mola, medida a partir de sua posição indeformada, é $AB = x_B$, temos

$$V_e = \frac{1}{2}kx_B^2 \quad \text{e} \quad V_g = Wy_C$$

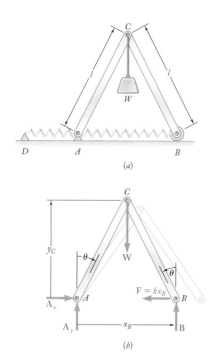

Figura 10.13 (a) Estrutura sustentando uma carga em C com uma mola de B a D; (b) diagrama de corpo livre da estrutura e um deslocamento virtual.

* Uma discussão detalhada das forças conservativas é feita na Seção 13.2B no livro *Dinâmica*.

Expressando as coordenadas x_B e y_C em termos do ângulo θ, temos

$$x_B = 2l \operatorname{sen} \theta \qquad y_C = l \cos \theta$$
$$V_e = \tfrac{1}{2}k(2l \operatorname{sen} \theta)^2 \qquad V_g = W(l \cos \theta)$$
$$V = V_e + V_g = 2kl^2 \operatorname{sen}^2 \theta + Wl \cos \theta \qquad (10.22)$$

As posições de equilíbrio do sistema são obtidas igualando-se a zero a derivada da energia potencial V. Temos

$$\frac{dV}{d\theta} = 4kl^2 \operatorname{sen} \theta \cos \theta - Wl \operatorname{sen} \theta = 0$$

ou, fatorando $l \operatorname{sen} \theta$,

$$\frac{dV}{d\theta} = l \operatorname{sen} \theta (4kl \cos \theta - W) = 0$$

Existem, portanto, duas posições de equilíbrio correspondentes aos valores $\theta = 0$ e $\theta = \cos^{-1}(W/4kl)$, respectivamente.*

10.2D Estabilidade do equilíbrio

Considere as três barras uniformes de comprimento $2a$ e peso **W** mostradas na Fig. 10.14. Embora cada haste esteja em equilíbrio, existe uma importante diferença entre os três casos considerados. Suponha que cada haste seja levemente deslocada da sua posição de equilíbrio e depois solta: a haste a vai se mover de volta em direção à sua posição original; a haste b continuará o movimento afastando-se da sua posição original; e a haste c vai permanecer em sua nova posição. No caso a, diz-se que o equilíbrio da haste é **estável**; no caso b, diz-se que é **instável**; e, no caso c, diz-se que é **neutro**.

Voltando à Seção 10.2B, em que vimos que a energia potencial V_g com respeito à gravidade é igual a Wy, sendo y a elevação do ponto da aplicação de **W** medida a partir de um nível arbitrário, observamos que a energia potencial da haste a é mínima na posição de equilíbrio considerada, que a energia potencial da haste b é máxima, e que a energia potencial da haste c é constante. O equilíbrio é, portanto, *estável*, *instável* ou *neutro*, se a energia potencial for *mínima*, *máxima* ou *constante* (Fig. 10.15).

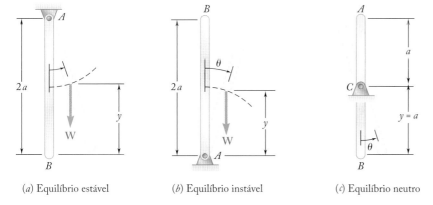

(*a*) Equilíbrio estável   (*b*) Equilíbrio instável   (*c*) Equilíbrio neutro

Figura 10.14 (*a*) Haste sustentada de cima, equilíbrio estável; (*b*) haste sustentada por baixo, equilíbrio instável; (*c*) haste sustentada em seu ponto médio, equilíbrio neutro.

---

* A segunda posição não existe se $W > 4kl$.

O resultado obtido é bem geral e pode ser visto como se segue: primeiro observamos que a força sempre tende a fazer um trabalho positivo e, portanto, a diminuir a energia potencial do sistema sobre o qual ela é aplicada. Portanto, quando um sistema é perturbado a partir da sua posição de equilíbrio, as forças atuantes no sistema tenderão a trazê-lo de volta à sua posição original se V for mínimo (Fig. 10.15a) e a movê-lo para longe se V for máximo (Fig. 10.15b). Se V for constante (Fig. 10.15c), as forças não tendem a mover o sistema de nenhuma dessas maneiras.

Recordando o cálculo que uma função é mínima ou máxima se sua derivada segunda é positiva ou negativa. Podemos, então, resumir as condições para o equilíbrio de um sistema com um grau de liberdade (ou seja, um sistema cuja posição é definida por uma única variável independente θ) como se segue:

$$\frac{dV}{d\theta} = 0 \quad \frac{d^2V}{d\theta^2} > 0: \text{Equilíbrio estável}$$

$$\frac{dV}{d\theta} = 0 \quad \frac{d^2V}{d\theta^2} < 0: \text{Equilíbrio instável}$$

(10.23)

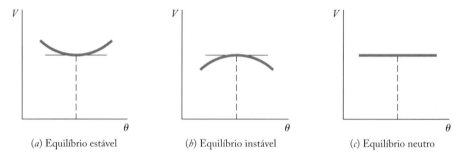

(a) Equilíbrio estável (b) Equilíbrio instável (c) Equilíbrio neutro

Figura 10.15 Os equilíbrios estável, instável e neutro correspondem a valores de energia potencial que são mínimos, máximos ou constantes, respectivamente.

Se a primeira e a segunda derivadas de V forem iguais a zero, é necessário examinar as derivadas de ordens mais altas para se determinar se o equilíbrio é estável, instável ou neutro. O equilíbrio será neutro se todas as derivadas forem zero, pois nesse caso a energia potencial V é uma constante. O equilíbrio será estável se a primeira derivada que for encontrada diferente de zero for de ordem par e positiva. Em todos os outros casos, o equilíbrio será instável.

Se o sistema considerado tem *vários graus de liberdade*, a energia potencial V depende de inúmeras variáveis, e é, portanto, necessário aplicar a teoria de funções de várias variáveis para determinar se V é mínimo. Pode-se verificar que um sistema com 2 graus de liberdade será estável, e a correspondente energia potencial $V(\theta_1, \theta_2)$ será mínima, se as seguintes relações forem satisfeitas simultaneamente:

$$\frac{\partial V}{\partial \theta_1} = \frac{\partial V}{\partial \theta_2} = 0$$

$$\left(\frac{\partial^2 V}{\partial \theta_1 \partial \theta_2}\right)^2 - \frac{\partial^2 V}{\partial \theta_1^2}\frac{\partial^2 V}{\partial \theta_2^2} < 0 \qquad (10.24)$$

$$\frac{\partial^2 V}{\partial \theta_1^2} > 0 \quad \text{ou} \quad \frac{\partial^2 V}{\partial \theta_2^2} > 0$$

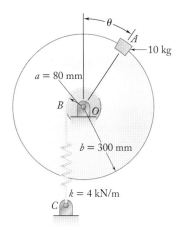

PROBLEMA RESOLVIDO 10.4

Um bloco de 10 kg é preso ao aro de um disco de 300 mm de raio como mostra a figura. Sabendo que a mola BC está indeformada quando $\theta = 0$, determine a posição ou posições de equilíbrio e determine em cada caso se o equilíbrio é estável, instável ou neutro.

ESTRATÉGIA O primeiro passo é determinar a função V da energia potencial para o sistema. Podemos encontrar as posições de equilíbrio determinando onde a derivada de V é zero. Podemos encontrar os tipos de estabilidade determinando onde V é máximo ou mínimo.

MODELAGEM E ANÁLISE

Energia potencial. Representado por s a deflexão da mola a partir da sua posição indeformada e colocando a origem das coordenadas em O (Fig. 1), obtemos

$$V_e = \tfrac{1}{2}ks^2 \qquad V_g = Wy = mgy$$

Medindo θ em radianos, temos

$$s = a\theta \qquad y = b\cos\theta$$

Substituindo s e y nas expressões para V_e e V_g, temos

$$V_e = \tfrac{1}{2}ka^2\theta^2 \qquad V_g = mgb\cos\theta$$

$$V = V_e + V_g = \tfrac{1}{2}ka^2\theta^2 + mgb\cos\theta$$

Posições de equilíbrio. Estabelecendo que $dV/d\theta = 0$, temos

$$\frac{dV}{d\theta} = ka^2\theta - mgb\,\text{sen}\,\theta = 0$$

$$\text{sen}\,\theta = \frac{ka^2}{mgb}\theta$$

Substituindo $a = 0{,}08$ m, $b = 0{,}3$ m, $k = 4$ kN/m e $m = 10$ kg, obtemos

$$\text{sen}\,\theta = \frac{(4\text{ kN/m})(0{,}08\text{ m})^2}{(10\text{ kg})(9{,}81\text{ m/s}^2)(0{,}3\text{ m})}\theta$$

$$\text{sen}\,\theta = 0{,}8699\,\theta$$

sendo θ expresso em radianos. Resolvendo numericamente para θ, encontramos

$$\theta = 0 \qquad \text{e} \qquad \theta = 0{,}902\text{ rad}$$

$$\theta = 0 \qquad \text{e} \qquad \theta = 51{,}7° \quad \blacktriangleleft$$

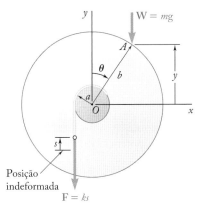

Figura 1 Diagrama de corpo livre do disco rotacionado, mostrando apenas as forças que realizam trabalho.

Estabilidade do equilíbrio. A segunda derivada da energia potencial V em relação a θ é

$$\frac{d^2V}{d\theta^2} = ka^2 - mgb\cos\theta$$
$$= (4\text{ kN/m})(0{,}08\text{ m})^2 - (10\text{ kg})(9{,}81\text{ m/s}^2)(0{,}3\text{ m})\cos\theta$$
$$= 25{,}6 - 29{,}43\cos\theta$$

Para $\theta = 0$, $\quad \dfrac{d^2V}{d\theta^2} = 25{,}6 - 29{,}43\cos 0° = -3{,}83 < 0$

O equilíbrio é instável para $\theta = 0$. $\quad \blacktriangleleft$

Para $\theta = 51{,}7°$, $\quad \dfrac{d^2V}{d\theta^2} = 25{,}6 - 29{,}43\cos 51{,}7° = +7{,}36 > 0$

O equilíbrio é estável para $\theta = 51{,}7°$. $\quad \blacktriangleleft$

PARA REFLETIR Se apenas deixarmos o sistema bloco–disco cair por conta própria, ele entrará em repouso em $\theta = 51{,}7°$. Se equilibramos o sistema em $\theta = 0$, o menor toque o colocará em movimento.

METODOLOGIA PARA A RESOLUÇÃO DE PROBLEMAS

Nesta seção definimos o **trabalho de uma força durante um deslocamento finito** e a **energia potencial** de um corpo rígido ou de um sistema de corpos rígidos. Aprendemos a usar o conceito de energia potencial para determinar a **posição de equilíbrio** de um corpo rígido ou de um sistema de corpos rígidos.

1. **A energia potencial V de um sistema** é igual à soma das energias potenciais associadas às várias forças atuantes sobre o sistema que realizam trabalho à medida que o sistema se move. Nos problemas desta seção, determinaremos o seguinte:

    a. **Energia potencial de um peso.** Essa é a energia potencial devida à *gravidade*, $V_g = Wy$, sendo y a elevação do peso W medida a partir de um nível de referência arbitrário. Observemos que a energia potencial V_g pode ser usada com qualquer força vertical **P** de intensidade constante direcionada para baixo; escrevemos $V_g = Py$.

    b. **Energia potencial de uma mola.** A energia potencial é $V_e = \frac{1}{2}kx^2$, em virtude da força *elástica* exercida por uma mola, sendo k a constante da mola e x a deformação da mola medida a partir da sua posição indeformada.

Reações em apoios fixos, forças internas em conexões, forças exercidas por cordas e cabos inextensíveis e outras forças que não realizam trabalho não contribuem para a energia potencial do sistema.

2. **Expressemos todas as distâncias e os ângulos em termos de uma só variável,** tal como um ângulo θ, quando calcular a energia potencial V de um sistema. Isso é necessário, pois a determinação da posição de equilíbrio do sistema requer o cálculo da derivada $dV/d\theta$.

3. **Quando um sistema está em equilíbrio, a primeira derivada de sua energia potencial é igual a zero.** Logo:

    a. **Para determinar a posição de equilíbrio de um sistema,** uma vez que sua energia potencial V tiver sido expressa em termos de uma só variável θ, calcule sua derivada e resolva a equação $dV/d\theta = 0$, para θ.

    b. **Para determinar a força ou o binário necessário para se manter um sistema em uma dada posição em equilíbrio,** substitua o valor conhecido de θ na equação $dV/d\theta = 0$ e resolva essa equação para a força ou o binário desejado.

4. **Estabilidade do equilíbrio.** As seguintes regras geralmente se aplicam:

    a. **Equilíbrio estável** ocorre quando a energia potencial do sistema é *mínima*, ou seja, quando $dV/d\theta = 0$ e $d^2V/d\theta^2 > 0$ (Figs. 10.14a e 10.15a).

    b. **Equilíbrio instável** ocorre quando a energia potencial do sistema é *máxima*, ou seja, quando $dV/d\theta = 0$ e $d^2V/d\theta^2 < 0$ (Figs. 10.14b e 10.15b).

    c. **Equilíbrio neutro** ocorre quando a energia potencial do sistema é *constante*; $dV/d\theta$, $d^2V/d\theta^2$, e todas as derivadas sucessivas de V são, então, iguais a zero (Figs. 10.14c e 10.15c).

Veja a página 600 para uma discussão do caso quando $dV/d\theta$, $d^2V/d\theta^2$, mas *nem todas* as derivadas sucessivas de V são iguais a zero.

PROBLEMAS

10.59 Usando o método da Seção 10.2C, resolva o Problema 10.29.

10.60 Usando o método da Seção 10.2C, resolva o Problema 10.30.

10.61 Usando o método da Seção 10.2C, resolva o Problema 10.31.

10.62 Usando o método da Seção 10.2C, resolva o Problema 10.32.

10.63 Usando o método da Seção 10.2C, resolva o Problema 10.34.

10.64 Usando o método da Seção 10.2C, resolva o Problema 10.35.

10.65 Usando o método da Seção 10.2C, resolva o Problema 10.37.

10.66 Usando o método da Seção 10.2C, resolva o Problema 10.38.

10.67 Mostre que o equilíbrio é neutro no Problema 10.1.

10.68 Mostre que o equilíbrio é neutro no Problema 10.7.

10.69 Duas barras uniformes, cada qual de massa m, estão unidas a engrenagens de raios iguais, tal como mostra a figura. Determine as posições de equilíbrio do sistema e determine em cada caso se o equilíbrio é estável, instável ou neutro.

10.70 Duas barras uniformes, AB e CD, estão unidas a engrenagens de raios iguais, tal como mostra a figura. Sabendo que $m_{AB} = 3{,}5$ kg e $m_{CD} = 1{,}75$ kg, determine as posições de equilíbrio do sistema e determine em cada caso se o equilíbrio é estável, instável ou neutro.

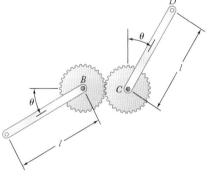

Figura P10.69 e P10.70

10.71 Duas barras uniformes AB e CD que tem o mesmo comprimento l estão unidas a engrenagens, tal como mostra a figura. Sabendo que a barra AB pesa 3 N e a barra CD pesa 2 N, determine as posições de equilíbrio do sistema e determine em cada caso se o equilíbrio é estável, instável ou neutro.

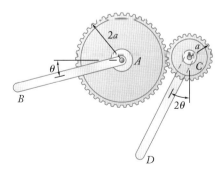

Figura P10.71

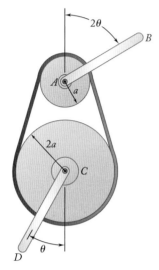

Figura P10.72

10.72 Duas barras uniformes idênticas, cada qual de massa m e comprimento l, estão unidas a roldanas que estão ligadas a uma correia, tal como mostra a figura. Supondo que não há escorregamento entre a correia e as roldanas, determine as posições de equilíbrio do sistema e determine em cada caso se o equilíbrio é estável, instável ou neutro.

10.73 Usando o método da Seção 10.2C, resolva o Problema 10.39. Determine se o equilíbrio é estável, instável ou neutro. (*Dica*: a energia potencial correspondente ao binário exercida por uma mola torcional é igual a $\frac{1}{2}K\theta^2$, sendo K a constante torcional da mola e θ o ângulo de rotação.)

10.74 No Problema 10.40, determine se cada uma das posições de equilíbrio é estável, instável ou neutra. (Veja a dica do Problema 10.73)

10.75 Uma carga W de intensidade 100 N é aplicada ao mecanismo em C. Sabendo que a mola está indeformada quando $\theta = 15°$, determine o valor de θ correspondente ao equilíbrio e verifique se o equilíbrio é estável.

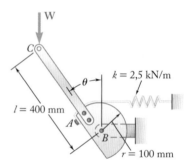

Figura **P10.75 e P10.76**

10.76 Uma carga W de intensidade 100 N é aplicada ao mecanismo em C. Sabendo que a mola está indeformada quando $\theta = 30°$, determine o valor de θ correspondente ao equilíbrio e verifique se o equilíbrio é estável.

10.77 Uma haste delgada AB, de peso W, é unida a dois blocos A e B que podem se movimentar livremente nas guias mostradas na figura. Sabendo que a mola está indeformada quando $y = 0$, determine o valor de y correspondente ao equilíbrio quando $W = 80$ N, $l = 500$ mm e $k = 600$ N/m.

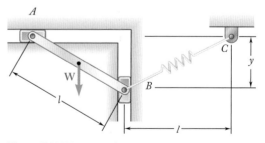

Figura P10.77

10.78 Uma haste delgada AB, de peso W, é unida a dois blocos A e B que podem se movimentar livremente nas guias mostradas na figura. Sabendo que ambas as molas estão indeformadas quando $y = 0$, determine o valor de y correspondente ao equilíbrio quando $W = 80$ N, $l = 500$ mm e $k = 600$ N/m.

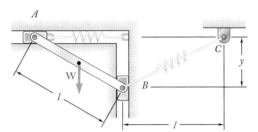

Figura P10.78

10.79 Uma haste delgada AB, de peso W, é unida a dois blocos A e B que podem se movimentar livremente nas guias mostradas na figura. A constante da mola é k, e a mola está indeformada quando AB é horizontal. Desprezando o peso dos blocos, deduza uma equação em θ, W, l e k que deve ser satisfeita quando a haste está em equilíbrio.

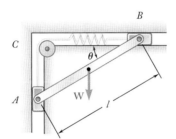

Figura *P10.79* e P10.80

10.80 Uma haste delgada AB, de peso W, é unida a dois blocos A e B que podem se movimentar livremente nas guias mostradas na figura. Sabendo que a mola está indeformada quando AB é horizontal, determine três valores de θ correspondentes ao equilíbrio quando $W = 300$ N, $l = 400$ mm e $k = 3$ kN/m. Determine em cada caso se o equilíbrio é estável, instável ou neutro.

10.81 A mola AB, de constante k, está unida a duas engrenagens idênticas tal como mostra a figura. Sabendo que a mola está indeformada quando $\theta = 0$, determine dois valores do ângulo θ correspondentes ao equilíbrio quando $P = 150$ N, $a = 100$ mm, $b = 75$ mm, $r = 150$ mm, $k = 1$ kN/m. Determine em cada caso se o equilíbrio é estável, instável ou neutro.

10.82 A mola AB, de constante k, está unida a duas engrenagens idênticas tal como mostra a figura. Sabendo que a mola está indeformada quando $\theta = 0$ e dado que $a = 60$ mm, $b = 45$ mm, $r = 90$ mm, $k = 6$ kN/m, determine (*a*) o intervalo de valores de P para que o equilíbrio seja estável, (*b*) dois valores de θ correspondentes ao equilíbrio se o valor de P é igual à metade do limite superior da variação encontrada no item *a*.

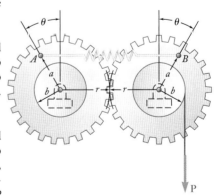

Figura P10.81 e *P10.82*

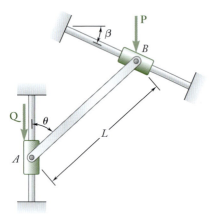

Figura P10.83 e *P10.84*

10.83 Uma haste delgada AB é unida a dois colares A e B que podem se movimentar livremente ao longo das hastes-guia mostradas na figura. Sabendo que $\beta = 30°$, $P = Q = 400$ N, determine o valor do ângulo θ correspondente ao equilíbrio.

10.84 Uma haste delgada AB é unida a dois colares A e B que podem se movimentar livremente ao longo das hastes-guia mostradas na figura. Sabendo que $\beta = 30°$, $P = 100$ N e $Q = 25$ N, determine o valor do ângulo θ correspondente ao equilíbrio.

10.85 e 10.86 O carro B, que pesa 75 kN, rola ao longo de uma trilha inclinada que forma um ângulo β com a horizontal. A constante da mola é 5 kN/m, e a mola está indeformada quando $x = 0$. Determine a distância x correspondente ao equilíbrio para o ângulo β indicado.
  10.85 Ângulo $\beta = 30°$.
  10.86 Ângulo $\beta = 60°$.

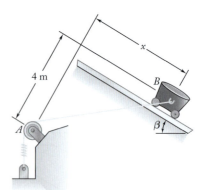

Figura *P10.85* e P10.86

10.87 e 10.88 O colar A pode deslizar livremente sobre a haste semicircular mostrada na figura. Sabendo que a constante da mola é k e que o comprimento indeformado da mola é igual ao raio r, determine o valor de θ correspondente ao equilíbrio quando $W = 200$ N, $r = 180$ mm e $k = 3$ kN/m.

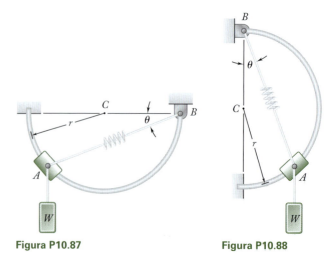

Figura P10.87   Figura P10.88

10.89 Duas barras AB e BC estão presas a uma única mola de constante k que está indeformada quando as barras estão na vertical. Determine o intervalo de valores da intensidade P para duas forças iguais e opostas $\mathbf{P}$ e $-\mathbf{P}$ para os quais o equilíbrio do sistema é estável na posição mostrada na figura.

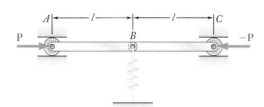

Figura P10.89

10.90 A barra vertical AD é fixada por duas molas de constante k e está em equilíbrio na posição mostrada. Determine o intervalo de valores da intensidade P para duas forças verticais iguais e opostas $\mathbf{P}$ e $-\mathbf{P}$ para as quais a posição de equilíbrio é estável se (a) $AB = CD$, (b) $AB = 2CD$.

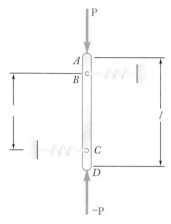

Figura P10.90

10.91 A haste AB está presa a uma articulação em A e a duas molas, cada qual de constante k. Se $h = 500$ mm, $d = 240$ mm e $W = 400$ N, determine o intervalo de valores de k para os quais o equilíbrio da haste é estável na posição mostrada na figura. Cada mola pode atuar tanto sob tração quanto sob compressão.

10.92 A haste AB está presa a uma articulação em A e a duas molas, cada qual de constante k. Se $h = 900$ mm, $k = 1,5$ kN/m e $W = 300$ N, determine a menor distância d para a qual o equilíbrio da haste é estável na posição mostrada na figura. Cada mola pode atuar tanto sob tração quanto sob compressão.

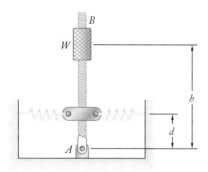

Figura P10.91 e P10.92

10.93 e **10.94** Duas barras estão presas a uma única mola de constante k que está indeformada quando as barras estão na vertical. Determine o intervalo de valores de P para os quais o equilíbrio do sistema é estável na posição mostrada na figura.

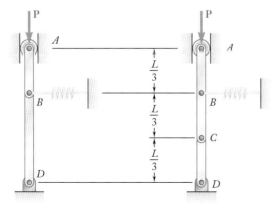

Figura P10.93   **Figura P10.94**

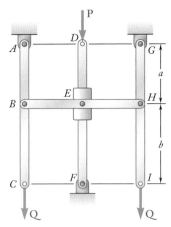

Figura **P10.95** e P10.96

10.95 A barra horizontal *BEH* está unida a três barras verticais. O colar em *E* pode se deslizar livremente sobre a barra *DF*. Determine o intervalo de valores de *Q* para os quais o equilíbrio do sistema é estável na posição mostrada na figura quando $a = 480$ mm, $b = 400$ mm e $P = 600$ N.

10.96 A barra horizontal *BEH* está unida a três barras verticais. O colar em *E* pode se deslizar livremente sobre a barra *DF*. Determine o intervalo de valores de *P* para os quais o equilíbrio do sistema é estável na posição mostrada na figura quando $a = 150$ mm, $b = 200$ mm e $Q = 45$ N.

*10.97 As barras *AB* e *BC*, cada qual de comprimento *l* e peso desprezível, são unidas a duas molas de constante *k* cada uma. As molas estão indeformadas e o sistema está em equilíbrio quando $\theta_1 = \theta_2 = 0$. Determine o intervalo de valores de *P* para os quais a posição de equilíbrio é estável.

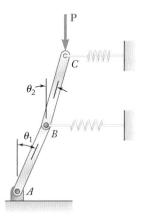

Figura **P10.97**

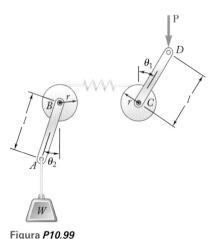

Figura **P10.99**

*10.98 Resolva o Problema 10.97, sabendo que $l = 800$ mm e $k = 2{,}5$ kN/m.

*10.99 Duas barras de peso desprezível estão articuladas a tambores de raio *r* conectados a uma correia e uma mola de constante *k*. Sabendo que a mola é indeformada quando as barras estão na vertical, determine o intervalo de valores de *P* para que a posição de equilíbrio $\theta_1 = \theta_2 = 0$ seja estável.

*10.100 Resolva o Problema 10.99 sabendo que $k = 1{,}6$ kN/m, $r = 150$ mm, $l = 300$ mm e (*a*) $W = 60$ N, (*b*) $W = 240$ N.

REVISÃO E RESUMO

Trabalho de uma força

A primeira parte deste capítulo foi dedicada ao **princípio do trabalho virtual** e à sua aplicação direta à solução de problemas de equilíbrio. Primeiro definimos o **trabalho de uma força F correspondente ao pequeno deslocamento $d\mathbf{r}$** [Seção 10.1A] como a quantidade

$$dU = \mathbf{F} \cdot d\mathbf{r} \tag{10.1}$$

obtida formando-se o produto escalar da força $\mathbf{F}$ e do deslocamento $d\mathbf{r}$ (Fig. 10.16). Representados, respectivamente, por F e ds as intensidades da força e do deslocamento, e por α o ângulo formado entre $\mathbf{F}$ e $d\mathbf{r}$, escrevemos

$$dU = F\, ds \cos \alpha \tag{10.19}$$

O trabalho dU é positivo se $\alpha < 90°$, zero se $\alpha = 90°$ e negativo se $\alpha > 90°$. Também encontramos que o **trabalho de um binário de momento M** atuante sobre um corpo rígido é

$$dU = M\, d\theta \tag{10.2}$$

sendo $d\theta$ o pequeno ângulo, expresso em radianos, que o corpo gira.

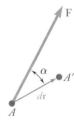

Figura 10.16

Deslocamento virtual

Considerando uma partícula localizada em A e sobre a qual atuam várias forças $\mathbf{F}_1, \mathbf{F}_2, ..., \mathbf{F}_n$ [Sec. 10.1B], imaginamos que a partícula se moveu para uma nova posição A' (Fig. 10.17). Como não aconteceu de verdade, esse deslocamento foi chamado de **deslocamento virtual** e representado por $\delta\mathbf{r}$, enquanto o trabalho correspondente das forças foi denominado **trabalho virtual** e representado por δU. Tínhamos

$$\delta U = \mathbf{F}_1 \cdot \delta\mathbf{r} + \mathbf{F}_2 \cdot \delta\mathbf{r} + \ldots + \mathbf{F}_n \cdot \delta\mathbf{r}$$

Princípio dos trabalhos virtuais.

O **princípio do trabalho virtual** estabelece que, **se uma partícula está em equilíbrio, o trabalho virtual total δU das forças exercidas na partícula é igual a zero para qualquer deslocamento virtual da partícula.**

O princípio do trabalho virtual pode ser estendido ao caso de corpos rígidos e sistemas de corpos rígidos. Como esse princípio envolve somente forças que realizam trabalho, sua aplicação fornece uma alternativa útil ao uso de equações de equilíbrio na solução de muitos problemas de engenharia. O princípio é particularmente eficaz no caso de máquinas e mecanismos que consistem em corpos rígidos ligados entre si, já que o trabalho das reações nos apoios é igual a zero, e o trabalho das forças internas nos pinos de conexão se cancela [Seção 10.1C; Problemas Resolvidos 10.1, 10.2 e 10.3].

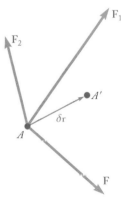

Figura 10.17

Eficiência mecânica

Todavia, no caso de máquinas reais [Seção 10.1D], o trabalho das forças de atrito deve ser levado em conta, resultando que **o trabalho produzido (output) será menor que o trabalho recebido (input)**. Definimos a **eficiência mecânica** de uma máquina como a relação

$$\eta = \frac{\text{Trabalho produzido (output)}}{\text{Trabalho recebido (input)}} \tag{10.9}$$

notamos também que para uma máquina ideal (sem atrito) $\eta = 1$, enquanto para uma máquina real $\eta < 1$.

Trabalho de uma força ao longo de um deslocamento finito

Na segunda parte do capítulo consideramos o trabalho de forças correspondente a deslocamentos finitos de seus pontos de aplicação. O trabalho $U_{1 \to 2}$ da força **F** correspondente ao deslocamento da partícula A de A_1 até A_2 (Fig. 10.18) foi obtido integrando-se o lado direito da Eq. (10.1) ou (10.1′) ao longo da curva descrita pela partícula [Seção 10.2A]. Logo,

$$U_{1 \to 2} = \int_{A_1}^{A_2} \mathbf{F} \cdot d\mathbf{r} \tag{10.11}$$

ou

$$U_{1 \to 2} = \int_{s_1}^{s_2} (F \cos \alpha)\, ds \tag{10.11'}$$

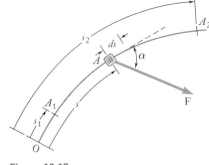

Figura 10.18

De modo semelhante, o trabalho de um binário de momento **M** correspondente a uma rotação finita de θ_1 até θ_2 de um corpo rígido foi expresso como

$$U_{1 \to 2} = \int_{\theta_1}^{\theta_2} M\, d\theta \tag{10.12}$$

Trabalho de um peso

O **trabalho de um peso W de um corpo** à medida que seu centro de gravidade se move da elevação y_1 até y_2 (Fig. 10.19) pode ser obtido retomando que $F = W$ e $\alpha = 180°$ na Eq. (10.11′):

$$U_{1 \to 2} = -\int_{y_1}^{y_2} W\, dy = Wy_1 - Wy_2 \tag{10.13}$$

O trabalho de **W** é, portanto, positivo quando a elevação y diminui.

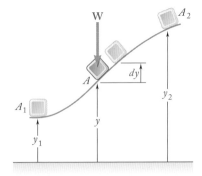

Figura 10.19

Trabalho da força exercida por uma mola

O **trabalho da força F exercida por uma mola** sobre um corpo A à medida que a mola é estendida de x_1 até x_2 (Fig. 10.20) pode ser obtido fazendo-se $F = kx$, sendo k a constante de mola e $\alpha = 180°$ na Eq. (10.11'):

$$U_{1 \to 2} = -\int_{x_1}^{x_2} kx\, dx = \frac{1}{2}kx_1^2 - \frac{1}{2}kx_2^2 \qquad (10.15)$$

O trabalho de **F** é portanto positivo quando a mola está retornando à sua posição indeformada.

Energia potencial

Quando o trabalho de uma força **F** é independente do caminho realmente percorrido entre A_1 e A_2, diz-se que a força é uma **força conservativa**, e seu trabalho pode ser expresso como

$$U_{1 \to 2} = V_1 - V_2 \qquad (10.20)$$

sendo V a **energia potencial** associada a **F**, e V_1 e V_2 representam os valores de V em A_1 e A_2, respectivamente [Seção 10.2B]. As energias potenciais associadas, respectivamente, com a força da gravidade **W** e a força elástica **F** exercida por uma mola foram definidas como

$$V_g = Wy \quad \text{e} \quad V_e = \frac{1}{2}kx^2 \qquad (10.17, 10.18)$$

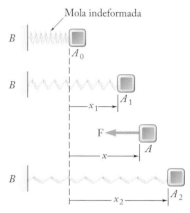

Figura 10.20

Expressão alternativa para o princípio do trabalho virtual

Quando a posição de um sistema mecânico depende de uma única variável independente θ, a energia potencial do sistema é uma função $V(\theta)$ dessa variável, e segue-se da Eq. (10.20) que $\delta U = -\delta V = -(dV/d\theta)\,\delta\theta$. A condição $\delta U = 0$ requerida pelo princípio do trabalho virtual para o equilíbrio do sistema pode então ser substituída pela condição

$$\frac{dV}{d\theta} = 0 \qquad (10.21)$$

Quando todas as forças envolvidas são conservativas, pode ser preferível usar a Eq. (10.21) em vez de aplicar o princípio dos trabalhos virtuais diretamente [Seção 10.2C; Problema Resolvido 10.4].

Estabilidade do equilíbrio.

Essa abordagem apresenta uma outra vantagem, pois é possível determinar, a partir do sinal da segunda derivada de V, se o equilíbrio do sistema é *estável*, *instável* ou *neutro* [Seção 10.2D]. Se $d^2V/d\theta^2 > 0$, V é *mínimo* e o equilíbrio é *estável*; se $d^2V/d\theta^2 < 0$, V é *máximo* e o equilíbrio é *instável*; se $d^2V/d\theta^2 = 0$, é preciso examinar derivadas de ordem mais alta.

PROBLEMAS DE REVISÃO

10.101 Determine a força vertical **P** que deve ser aplicado em *G* para manter o equilíbrio do sistema articulado.

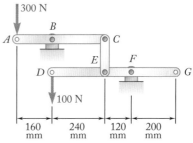

Figura P10.101 e P10.102

10.102 Determine o binário **M** que deve ser aplicado no membro *DEFG* para manter o equilíbrio do sistema articulado.

10.103 Determine a força **P** necessária para se manter o equilíbrio do mecanismo. Todos os membros têm o mesmo comprimento, e as rodas em *A* e *B* giram livremente sobre a barra horizontal.

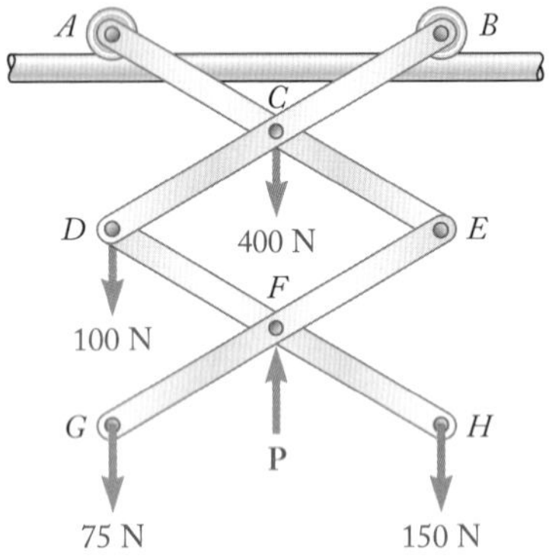

10.104 Deduza uma expressão para a intensidade da força **Q** necessária para manter o equilíbrio do mecanismo mostrado na figura.

10.105 Deduza uma expressão para a intensidade do binário **M** necessária para se manter o equilíbrio do mecanismo articulado mostrado na figura.

Figura P10.103

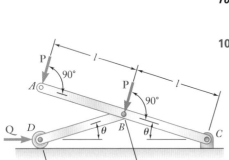

Figura P10.104

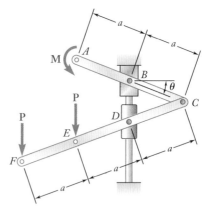

Figura P10.105

10.106 Uma força vertical **W** é aplicada ao mecanismo articulado em *B*. A constante da mola é *k*, e a mola está indeformada quando *AB* e *BC* são horizontais. Desprezando o peso do mecanismo, deduza uma equação em θ, *W*, *l* e *k* que deve ser satisfeita quando o mecanismo está em equilíbrio.

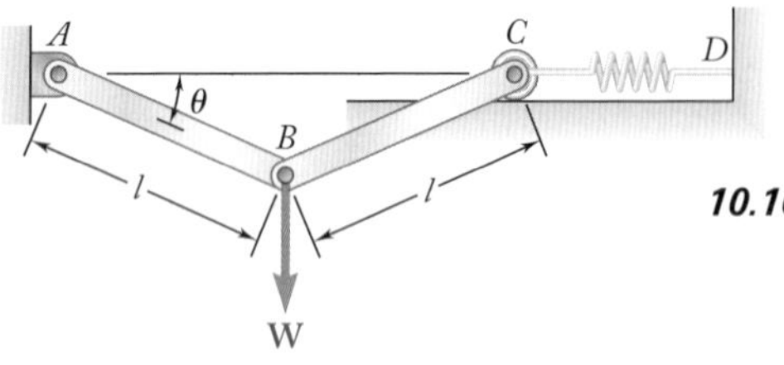

Figura P10.106

10.107 Uma força **P** com intensidade de 240 N é aplicada à extremidade E do cabo CDE, que passa sob a polia D e é ligado ao mecanismo em C. Desprezando o peso do mecanismo e o raio da polia, determine o valor de θ correspondente ao equilíbrio. A constante da mola é $k = 4$ kN/m e a mola está indeformada quando $\theta = 90°$.

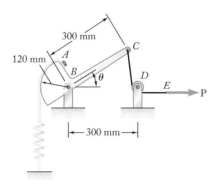

Figura P10.107

10.108 Duas barras idênticas ABC e DBE são conectadas por um pino em B e por uma mola CE. Sabendo que a mola tem comprimento de 80 mm quando indeformada e que a constante da mola é 2 kN/m, determine a distância x correspondente ao equilíbrio quando a carga de 120 N é aplicada em E como mostra a figura.

10.109 Resolva o Problema 10.108 considerando que a carga de 120 N é aplicada em C ao invés de E.

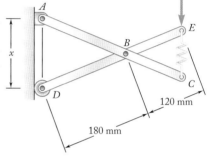

Figura P10.108

10.110 Duas barras uniformes idênticas, cada qual de massa m e comprimento l, estão unidas a engrenagens, tal como mostra a figura. Para o intervalo $0 \leq \theta \leq 180°$, determine as posições de equilíbrio do sistema e determine em cada caso se o equilíbrio é estável, instável ou neutro.

10.111 Uma semiesfera homogênea de raio r é posicionada em uma inclinação como mostra a figura. Considerando que o atrito é suficiente para evitar o escorregamento entre a semiesfera e a inclinação, determine o ângulo θ correspondente ao equilíbrio quando $\beta = 10°$.

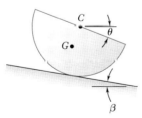

Figura *P10.111* e P10.112

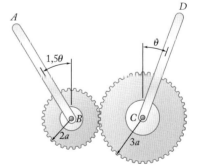

Figura P10.110

10.112 Uma semiesfera homogênea de raio r é posicionada em uma inclinação como mostra a figura. Considerando que o atrito é suficiente para evitar o escorregamento entre a semiesfera e a inclinação, determine (*a*) o maior ângulo β para que haja uma posição de equilíbrio, (*b*) o ângulo θ correspondente ao equilíbrio quando β é igual à metade do valor encontrado no item *a*.

Respostas

CAPÍTULO 2

2.1 1391 N ⦞ 47,8°.
2.2 906 N ⦞ 26,6°.
2.4 8,03 kN ⦩ 3,8°.
2.5 (a) 101,4 N. (b) 196,6 N.
2.6 (a) 853 N. (b) 567 N.
2.8 (a) $T_{AC} = 2{,}60$ kN. (b) R = 4,26 kN.
2.9 (a) $\mathbf{T}_{AC} = 2{,}66$ kN ⦨ 34,3°.
2.10 (a) 37,1°. (b) 73,2 N.
2.11 (a) 392 N. (b) 346 N.
2.13 (a) 368 N →. (b) 213 N.
2.14 (a) 21,1 N ↓. (b) 45,3 N.
2.15 414 N ⦨ 72,0°.
2.16 1391 N ⦞ 47,8°.
2.17 8,03 kN ⦩ 3,8°.
2.19 104,4 N ⦩ 86,7°.
2.21 (29 N) 21,0 N, 20,0 N; (50 N) −14,00 N, 48,0 N; (51 N) 24,0 N, −45,0 N.
2.23 (80 N) 61,3 N, 51,4 N; (120 N) 41,0 N, 112,8 N; (150 N) −122,9 N, 86,0 N.
2.24 (40 N) 20,0 N, −34,6 N; (50 N) −38,3 N, −32,1 N; (60 N) 54,4 N, 25,4 N.
2.26 (a) 523 N. (b) 428 N.
2.27 (a) 621 N. (b) 160,8 N.
2.28 (a) 610 N. (b) 500 N.
2.29 (a) 2190 N. (b) 2060 N.
2.31 38,6 N ⦞ 36,6°.
2.32 251 N ⦩ 85,3°.
2.34 654 N ⦨ 21,5°.
2.35 309 N ⦩ 86,6°.
2.36 474 N ⦨ 32,5°.
2.37 203 N ⦞ 8,46°.
2.39 (a) 21,7°. (b) 229 N.
2.40 (a) 26,5 N. (b) 623 N.
2,42 (a) 56,3°. (b) 204 N.
2.43 (a) 352 N. (b) 261 N.
2.44 (a) 5,22 kN. (b) 3,45 kN
2.46 (a) 305 N. (b) 514 N.
2.48 (a) 1,244 kN. (b) 115,4 N.
2.49 $T_{CA} = 134{,}6$ N; $T_{CB} = 110{,}4$ N.
2.50 179,3 N < P < 669 N.
2.51 $T_A = 1{,}303$ kN; $F_B = 420$ N.
2.53 $F_C = 6{,}40$ kN; $F_D = 4{,}80$ kN.
2.54 $F_B = 15{,}00$ kN; $F_C = 8{,}00$ kN.
2.55 (a) $T_{ACB} = 1{,}213$ kN. (b) $T_{CD} = 166{,}3$ N.
2.57 (a) α = 35,0°; $T_{AC} = 4{,}91$ kN; $T_{BC} = 3{,}44$ kN, (b) α = 55,0°; $T_{AC} = T_{BC} = 3{,}66$ kN.
2.58 (a) 784 N. (b) α = 71,0°.
2.59 (a) α = 5,00°. (b) 1,046 kN.
2.61 1,250 m.
2.62 75,6 mm.
2.63 (a) 43,9 N. (b) 120 N.
2.65 27,4° ≤ α ≤ 222,6°.

2.67 (a) 3 kN. (b) 3 kN. (c) 2 kN. (d) 2 kN. (e) 1,5 kN.
2.68 (a) 2 kN. (b) 1,5 kN.
2.69 (a) 1293 N. (b) 2220 N.
2.71 (a) 220 N, 544 N, 126,8 N. (b) 68,5°, 25,0°, 77,8°.
2.72 (a) −237 N, 258 N, 282 N. (b) 121,8°, 55,0°, 51,1°.
2.73 (a) −175,8 N, −257 N, 251 N. (b) 116,1°, 130,0°, 51,1°.
2.74 (a) 350 N, −169,0 N, 93,8 N. (b) 28,9°, 115,0°, 76,4°.
2.75 (a) −20,5 N, 43,3 N, −14,33 N. (b) 114,2°, 30,0°, 106,7°.
2.77 (a) −7,156 kN, 12,923 kN, 2,605 kN. (b) 118,5°, 30,5°, 80,0°.
2.79 (a) 770 N; 71,8°; 110,5°; 28,0°.
2.81 (a) 140.3°. (b) $F_x = 79{,}9$ N, $F_z = 120{,}1$ N; F = 226 N.
2.82 (a) 118.2°. (b) $F_x = 36{,}0$ N, $F_y = -90{,}0$ N; F = 110,0 N.
2.84 (a) $F_x = 507$ N, $F_y = 919$ N, $F_z = 582$ N. (b) 61,0°.
2.85 240 N; −255 N; 160,0 N.
2.87 −6,3 kN; 6,063 kN; 4,851 kN.
2.88 −4,098 kN; 4,89 kN; −3,943 kN.
2.89 192,0 N; 288 N; −216 N.
2.91 515 N; $\theta_x = 70{,}2°$; $\theta_y = 27{,}6°$; $\theta_z = 71{,}5°$
2.92 515 N; $\theta_x = 79{,}8°$; $\theta_y = 33{,}4°$; $\theta_z = 58{,}6°$.
2.94 913 N; $\theta_x = 50{,}6°$; $\theta_y = 117{,}6°$; $\theta_z = 51{,}8°$.
2.95 748 N; $\theta_x = 120{,}1°$; $\theta_y = 52{,}5°$; $\theta_z = 128{,}0°$.
2.96 $T_{AB} = 490$ N; $T_{AD} = 515$ N.
2.97 130,0 N.
2.99 13,98 kN.
2.101 926 N ↑.
2.103 $T_{DA} = 14{,}42$ N; $T_{DB} = T_{DC} = 13{,}00$ N.
2.104 $T_{DA} = 14{,}42$ N; $T_{DB} = T_{DC} = 13{,}27$ N.
2.106 $T_{AB} = 571$ N; $T_{AC} = 830$ N; $T_{AD} = 528$ N.
2.107 960 N.
2.108 0 ≤ Q < 300 N.
2.109 845 N.
2.110 768 N.
2.112 2 kN.
2.113 $T_{AB} = 126{,}9$ N; $T_{AC} = 257{,}3$ N.
2.115 $T_{AB} = 510$ N; $T_{AC} = 56{,}2$ N; $T_{AD} = 536$ N.
2.116 $T_{AB} = 1340$ N; $T_{AC} = 1025$ N; $T_{AD} = 915$ N.
2.117 $T_{AB} = 1431$ N; $T_{AC} = 1560$ N; $T_{AD} = 183{,}0$ N.
2.118 $T_{AB} = 1249$ N; $T_{AC} = 490$ N; $T_{AD} = 1647$ N.
2.119 $T_{AB} = 974$ N; $T_{AC} = 531$ N; $T_{AD} = 533$ N.
2.121 378 N.
2.123 $T_{BAC} = 76{,}7$ N; $T_{AD} = 26{,}9$ N; $T_{AE} = 49{,}2$ N.
2.124 (a) 305 N. (b) $T_{BAC} = 117{,}0$ N; $T_{AD} = 40{,}9$ N.
2.125 (a) 1155 N. (b) 1012 N.
2.127 21,8 kN ⦨ 73,4°.
2.128 (102 N) −48,0 N, 90,0 N; (106 N) 56,0 N, 90,0 N; (200 N) −160,0 N, −120,0 N.
2.130 (a) 172,7 N. (b) 231 N.
2.131 (a) 312 N. (b) 144,0 N.
2.133 (a) 56,4 N; −103,9 N; −20,5 N. (b) 62,0°, 150,0°, 99,8°.
2.135 940 N; 65,7°, 28,2°, 76,4°.
2.136 P = 131,2 N; Q = 29,6 N.
2.137 (a) 125,0 N. (b) 45,0 N.

CAPÍTULO 3

3.1 (a) 196,2 N·m ↙. (b) 199,0 N ↘ 59,5°.
3.2 (a) 196,2 N·m ↙. (b) 321 N ↗ 35,0°. (c) 231 N ↑ no ponto D.
3.4 (a) 41,7 N·m ↑. (b) 147,4 N ↗ 45,0°.
3.5 (a) 41,7 N·m ↑. (b) 334 N. (c) 176,8 N ↗ 58,0°.
3.6 13,02 N·m.
3.7 13,02 N·m.
3.9 (a) 292 N·m ↙. (b) 292 N·m ↙.
3.11 111,5 N·m ↑.
3.12 123,1 N·m ↑.
3.13 140,0 N·m ↑.
3.17 (a) $\lambda = -0,677\mathbf{i} - 0,369\mathbf{j} - 0,636\mathbf{k}$.
(b) $\lambda = -0,0514\mathbf{i} + 0,566\mathbf{j} + 0,823\mathbf{k}$.
3.18 1,184 m.
3.20 (a) $9\mathbf{i} + 22\mathbf{j} + 21\mathbf{k}$. (b) $22\mathbf{i} + 11\mathbf{k}$. (c) 0.
3.22 $(7,89 \text{ kN·m})\mathbf{j} + (4,74 \text{ kN·m})\mathbf{k}$.
3.23 $(7,50 \text{ N·m})\mathbf{i} - (6,00 \text{ N·m})\mathbf{j} - (10,39 \text{ N·m})\mathbf{k}$.
3.25 $(-42,2 \text{ N·m})\mathbf{i} - (21 \text{ N·m})\mathbf{j} - (21 \text{ N·m})\mathbf{k}$.
3.26 $(1200 \text{ N·m})\mathbf{i} - (1500 \text{ N·m})\mathbf{j} - (900 \text{ N·m})\mathbf{k}$.
3.27 3,68 m.
3.28 100,8 mm.
3.29 144,8 mm.
3.30 1,72 m.
3.32 2,36 m.
3.33 1,491 m.
3.35 $\mathbf{P}\cdot\mathbf{Q} = -5$; $\mathbf{P}\cdot\mathbf{S} = +5$; $\mathbf{Q}\cdot\mathbf{S} = -38$.
3.37 77,9°.
3.39 (a) 59,0°. (b) 648 N.
3.40 (a) 70,5°. (b) 135 N
3.41 (a) 52,9°. (b) 326 N.
3.43 26,8°.
3.44 33,3°.
3.45 (a) 67,0. (b) 111,0.
3.46 2.
3.47 $M_x = 78,9$ kN·m, $M_y = 13,15$ kN·m, $M_z = -9,86$ kN·m.
3.48 3,04 kN.
3.49 $\phi = 24,6°$; $d = 0,346$ m.
3.51 1,252 m.
3.52 1,256 m.
3.53 1,14 kN.
3.55 24,8 N·m.
3.57 −90,0 N·m.
3.58 −111,0 N·m.
3.59 +2,28 N·m.
3.60 −9,50 N·m.
3.61 $aP/\sqrt{2}$.
3.64 13,06 cm.
3.65 12,69 cm.
3.67 0,268 m.
3.68 0,1198 m.
3.70 (a) 7,33 N·m ↑. (b) 91,6 mm.
3.71 6,19 N·m ↙.
3.73 12,5 mm.
3.74 (a) 26,7 N. (b) 50,0 N. (c) 23,5 N.
3.76 $M = 6,04$ N·m; $\theta_x = 72,8°$, $\theta_y = 27,3°$, $\theta_z = 110,5°$.
3.77 $M = 11,7$ N·m; $\theta_x = 81,2°$, $\theta_y = 13,70°$, $\theta_z = 100,4°$.
3.78 $M = 3,22$ N·m; $\theta_x = 90,0°$, $\theta_y = 53,1°$, $\theta_z = 36,9°$.
3.79 $M = 2,72$ N·m; $\theta_x = 134,9°$, $\theta_y = 58,0°$, $\theta_z = 61,9°$.
3.80 $M = 2,86$ kN·m; $\theta_x = 113,0°$, $\theta_y = 92,7°$, $\theta_z = 23,2°$.
3.82 (a) $\mathbf{F}_A = 2,24$ kN ↖ 20,0°; $\mathbf{M}_A = 9,27$ kN·m ↙.
(b) $\mathbf{F}_B = 2,24$ kN ↖ 20,0°; $\mathbf{M}_B = 5,15$ kN·m ↙.
3.83 $\mathbf{F}_A = 389$ N ↖ 60,0°; $\mathbf{F}_C = 651$ N ↖ 60,0°.

3.84 (a) $\mathbf{F} = 30,0$ N ↓; $\mathbf{M} = 1,5$ N·m ↑. (b) $\mathbf{B} = 50,0$ N ←; $\mathbf{C} = 50,0$ N →.
3.86 $\mathbf{F}_A = 168,0$ N ↗ 50,0°; $\mathbf{F}_C = 192,0$ N ↗ 50,0°.
3.87 $\mathbf{F} = 900$ N ↓; $x = 50,0$ mm.
3.89 (a) $\mathbf{F} = 216$ N ↗ 65,0°; $\mathbf{M} = 33$ N·m. ↙.
(b) $\mathbf{F} = 216$ N ↗ 65,0° aplicando 267 mm à esquerda de B.
3.90 (a) 48,0 N interseccionando a linha AB 144,0 mm à direita de A. (b) 77,7° ou −15,72°.
3.91 $(0,906 \text{ N})\mathbf{i} + (0,423 \text{ N})\mathbf{k}$; 1,272 m à direita de B.
3.93 $\mathbf{F} = -(250 \text{ kN})\mathbf{j}$; $\mathbf{M} = (15,00 \text{ kN·m})\mathbf{i} + (7,50 \text{ kN·m})\mathbf{k}$.
3.95 $\mathbf{F} = -(122,9 \text{ N})\mathbf{j} - (86,0 \text{ N})\mathbf{k}$; $\mathbf{M} = (22,6 \text{ N·m})\mathbf{i} + (15,49 \text{ N·m})\mathbf{j} - (22,1 \text{ N·m})\mathbf{k}$.
3.96 $\mathbf{F} = (5,00 \text{ N})\mathbf{i} + (150,0 \text{ N})\mathbf{j} - (90,0 \text{ N})\mathbf{k}$; $\mathbf{M} = (77,4 \text{ N·m})\mathbf{i} + (61,5 \text{ N·m})\mathbf{j} + (106,8 \text{ N·m})\mathbf{k}$.
3.97 $\mathbf{F} = (36,0 \text{ N})\mathbf{i} - (28,0 \text{ N})\mathbf{j} - (6,00 \text{ N})\mathbf{k}$; $\mathbf{M} = -(18,84 \text{ N·m})\mathbf{i} + (2,7 \text{ N·m})\mathbf{j} - (28,84 \text{ N·m})\mathbf{k}$.
3.98 $\mathbf{F} = -(28,5 \text{ N})\mathbf{i} + (106,3 \text{ N})\mathbf{k}$; $\mathbf{M} = (12,35 \text{ N·m})\mathbf{i} - (19,16 \text{ N·m})\mathbf{j} - (5,13 \text{ N·m})\mathbf{k}$.
3.99 $\mathbf{F} = -(640 \text{ N})\mathbf{i} - (1280 \text{ N})\mathbf{j} + (160 \text{ N})\mathbf{k}$; $\mathbf{M} = (5,12 \text{ kN·m})\mathbf{i} + (20,48 \text{ kN·m})\mathbf{k}$.
3.101 (a) Carregamento a: 500 N ↓; 1000 N·m ↙.
Carregamento b: 500 N ↓; 500 N·m ↑.
Carregamento c: 500 N ↓; 500 N·m ↙.
Carregamento d: 500 N ↓; 1100 N·m ↙.
Carregamento e: 500 N ↓; 1000 N·m ↙.
Carregamento f: 500 N ↓; 200 N·m ↙.
Carregamento g: 500 N ↓; 2300 N·m ↑.
Carregamento h: 500 N ↓; 600 N·m ↑.
(b) Os carregamentos a e e são equivalentes.
3.102 Igual ao caso f do problema 3.101.
3.104 Sistema força-binário equivalente em D.
3.105 (a) 0,6 m à direita de C. (b) 0,69 m à direita de C.
3.106 (a) 0,99 m à direita de D. (b) 0,78 cm.
3.108 44,7 N ↘ 26,6°; 10,61 cm à esquerda de C e 5,30 cm abaixo de C.
3.110 (a) 224 N ↘ 63,4°. (b) 130,0 mm à esquerda de B e 260 mm abaixo de B.
3.111 (a) 269 N ↘ 68,2°. (b) 120,0 mm à esquerda de B e 300 mm abaixo de B.
3.113 3,86 kN ↗ 79,0°; 9,54 m à direita de A.
3.114 (a) 34 N ↘ 28°. (b) AB: 116,4 mm à esquerda de B; BC: 62 mm abaixo de B.
3.115 (a) 0,48 N·m ↑. (b) 2,4 N·m↑. (C) 0.
3.116 (a) 0,365 m acima de G. (b) 0,227 m à direita de G.
3.117 (a) 0,299 m acima de G. (b) 0,259 m à direita de G.
3.118 (a) $\mathbf{R} = F\nearrow \text{tg}^{-1}(a^2/2bx)$; $\mathbf{M} = 2Fb^2(x - x^3/a^2)/\sqrt{a^4 + 4b^2x^2}$ ↑.
(b) 0,369 m.
3.119 $\mathbf{R} = -(300 \text{ N})\mathbf{i} - (240 \text{ N})\mathbf{j} + (25,0 \text{ N})\mathbf{k}$;
$\mathbf{M} = -(3,00 \text{ N·m})\mathbf{i} + (13,50 \text{ N·m})\mathbf{j} + (9,00 \text{ N·m})\mathbf{k}$.
3.120 $\mathbf{R} = (420 \text{ N})\mathbf{j} - (339 \text{ N})\mathbf{k}$; $\mathbf{M} = (1,125 \text{ N·m})\mathbf{i} + (163,9 \text{ N·m})\mathbf{j} - (109,9 \text{ N·m})\mathbf{k}$.
3.122 (a) 60,0°. (b) $(100 \text{ N})\mathbf{i} - (173,2 \text{ N})\mathbf{j}$; $(52 \text{ N·m})\mathbf{i}$.
3.124 $\mathbf{R} = -(420 \text{ N})\mathbf{i} - (50,0 \text{ N})\mathbf{j} - (250 \text{ N})\mathbf{k}$; $\mathbf{M} = (30,8 \text{ N·m})\mathbf{j} - (22,0 \text{ N·m})\mathbf{k}$.
3.125 (a) $\mathbf{B} = -(75,0 \text{ N})\mathbf{k}$, $C = -(25,0 \text{ N})\mathbf{i} + (37,5 \text{ N})\mathbf{k}$.
(b) $R_y = 0$, $R_z = -37,5$ N. (c) vertical.
3.126 $\mathbf{A} = (1,600 \text{ N})\mathbf{i} - (36,0 \text{ N})\mathbf{j} + (2,00 \text{ N})\mathbf{k}$,
$\mathbf{B} = -(9,60 \text{ N})\mathbf{i} + (36,0 \text{ N})\mathbf{j} + (2,00 \text{ N})\mathbf{k}$.
3.127 1035 N; 2,57 m de OG e 3,05 m de OE.
3.128 2,32 m de OG e 1,165 m de OE.
3.129 1,62 kN; 5,04 m à direita de AB e 1,175 m abaixo de BC.
3.130 $a = 0,29$ m; $b = 8,2$ m.
3.133 (a) $P\sqrt{3}$; $\theta_x = \theta_y = \theta_z = 54,7°$. (b) $-a$
(c) O eixo do torsor é a diagonal OA.

3.134 (a) P; $\theta_x = 90.0°$, $\theta_y = 90.0°$, $\theta_z = 0$. (b) $5a/2$.
(c) O eixo do torsor é paralelo ao eixo z em $x = a$, $y = -a$.

3.136 (a) $-(21,0 \text{ N})\mathbf{j}$. (b) 5,7 mm. (c) Em $x = 0$, $z = 16,7$ mm e é paralelo ao eixo y.

3.137 (a) $-(84,0 \text{ N})\mathbf{j} - (80,0 \text{ N})\mathbf{k}$. (b) 0,477 m. (c) $x = 0,526$ m, $y = 0$, $z = -0,1857$ m.

3.140 (a) $3P(2\mathbf{i} - 20\mathbf{j} - \mathbf{k})/25$. (b) $-0,0988a$.
(c) $x = 2,00a$, $y = 0$, $z = -1,990a$.

3.141 $\mathbf{R} = (20,0 \text{ N})\mathbf{i} + (30,0 \text{ N})\mathbf{j} - (10,00 \text{ N})\mathbf{k}$; $y = -0,540$ m, $z = -0,420$ m.

3.143 $\mathbf{F}_A = (M/b)\mathbf{i} + R[1 + (a/b)]\mathbf{k}$; $\mathbf{F}_B = -(M/b)\mathbf{i} - (aR/b)\mathbf{k}$.

3.147 (a) 20,5 N·m ↺. (b) 68,4 mm.

3.148 760 N·m ↺.

3.150 43,6°.

3.151 23,0 N·m.

3.153 $\mathbf{M} = 4,50$ N·m; $\theta_x = 90,0°$, $\theta_y = 177,1°$, $\theta_z = 87,1°$.

3.154 $\mathbf{F} = 260$ N ⤢ 67,4°; $M_c = 5$ N·m ↻.

3.156 (a) 135,0 mm. (b) $\mathbf{F}_2 = (42,0 \text{ N})\mathbf{i} + (42,0 \text{ N})\mathbf{j} - (49,0 \text{ N})\mathbf{k}$; $\mathbf{M}_2 = -(25,9 \text{ N·m})\mathbf{i} + (21,2 \text{ N·m})\mathbf{j}$

3.158 (a) $\mathbf{B} = (18,7 \text{ N})\mathbf{i}$, $\mathbf{C} = -(5,7 \text{ N})\mathbf{i} - (12,1 \text{ N})\mathbf{j} - (3,5 \text{ N})\mathbf{k}$.
(b) $\mathbf{R}_y = -12,1$ N; $\mathbf{M}_x = 0,54$ N·m.

CAPÍTULO 4

4.1 42,0 N ↑.
4.2 0,264 m.
4.4 (a) 980 N ↑. (b) 560 N.
4.5 (a) 34,0 kN ↑. (b) 4,96 kN ↑.
4.6 (a) 81,1 kN. (b) 134,1 kN ↑.
4.7 (a) $\mathbf{A} = 20,0$ N ↓; $\mathbf{B} = 150,0$ N ↑. (b) $\mathbf{A} = 10,00$ N ↓; $\mathbf{B} = 140,0$ N ↑.
4.9 1,250 kN ≤ Q ≤ 27,5 kN.
4.12 30 kN ≤ P ≤ 217,5 kN.
4.13 150,0 mm ≤ d ≤ 400 mm.
4.14 50 mm ≤ a ≤ 250 mm.
4.15 (a) 600 N. (b) 1253 N ⦨ 69,8°.
4.17 (a) 80,8 N ↓. (b) 216 N ⦨ 22,0°.
4.18 232 N.
4.19 (a) 2,00 kN. (b) 2,32 kN ⦨ 46,4°.
4.22 (a) 400 N. (b) 458 N ⦨ 49,1°.
4.23 (a) $\mathbf{A} = 44,7$ N ⦩ 26,6°; $\mathbf{B} = 30,0$ N ↑.
(b) $\mathbf{A} = 30,2$ N ⦩ 41,4°; $\mathbf{B} = 34,6$ N ⦩ 60,0°.
4.24 (a) $\mathbf{A} = 20,0$ N ↑; $\mathbf{B} = 50,0$ N ⦩ 36,9°.
(b) $\mathbf{A} = 23,1$ N ⦨ 60,0°; $\mathbf{B} = 59,6$ N ⦩ 30,2°.
4.25 (a) 190,9 N. (b) 142,3 N ⦨ 18,43°.
4.28 (a) 324 N. (b) 270 N →.
4.28 (a) $\mathbf{A} = 225$ N ↑; $\mathbf{C} = 641$ N ⤢ 20,6°.
(b) $\mathbf{A} = 365$ N ⦨ 60,0°; $\mathbf{C} = 884$ N ⤢ 22,0°.
4.31 $T = 2P/3$; $\mathbf{C} = 0,577P$ →.
4.32 $T = 0,586P$; $\mathbf{C} = 0,414P$ →.
4.33 (a) 117,0 N. (b) 129,8 N ⦪ 56,3°.
4.34 (a) 195,0 N. (b) 225 N ⦪ 45,0°.
4.35 (a) 1432 N. (b) 1100 N ↑. (c) 1400 N ←.
4.36 $T_{BE} = 196,2$ N; $\mathbf{A} = 73,6$ N →; $\mathbf{D} = 73,6$ N ←.
4.39 (a) 600 N. (b) $\mathbf{A} = 4,00$ kN ←; $\mathbf{B} = 4,00$ kN →.
4.40 (a) 105,1 N. (b) $\mathbf{A} = 147,2$ N↑; $\mathbf{B} = 105,1$ N ←.
4.41 (a) $\mathbf{A} = 20,2$ N ↑; $\mathbf{B} = 30,0$ N ⦩ 60,0°. (b) 16,21 N ↓.
4.42 5,44 N ≤ P ≤ 17,23 N.
4.43 (a) $\mathbf{E} = 39,6$ kN ↑; $\mathbf{M}_E = 64,8$ kN·m ↻.
(b) $\mathbf{E} = 21,6$ kN ↑; $\mathbf{M}_E = 91,8$ kN·m ↻.
4.45 $T_{máx} = 2240$ N; $T_{mín} = 1522$ N.
4.46 $\mathbf{C} = 1951$ N ⦩ 88,5°; $\mathbf{M}_C = 75,0$ N·m ↻.
4.47 1,232 kN ≤ T ≤ 1,774 kN.

4.48 (a) $\mathbf{D} = 100$ N ↓; $\mathbf{M}_D = 100$ N·m ↻.
(b) $\mathbf{D} = 50$ N ↓; $\mathbf{M}_D = 150$ N·m ↻.
4.50 (a) $\mathbf{A} = 78,5$ N ↑; $\mathbf{M}_A = 125,6$ N·m ↻.
(b) $\mathbf{A} = 111,0$ N ↑; $\mathbf{M}_A = 125,6$ N·m ↻.
(c) $\mathbf{A} = 157,0$ N ↑; $\mathbf{M}_A = 251$ N·m ↻.
4.51 $\theta = \text{sen}^{-1}(2M\cot\alpha/Wl)$.
4.52 $\theta = \text{tg}^{-1}(Q/3P)$.
4.53 (a) $T = (W/2)/(1 - \text{tg }\theta)$. (b) 39,8°.
4.54 (a) $\theta = 2\cos^{-1}\left[\frac{1}{4}\left(\frac{W}{P} \pm \sqrt{\frac{W^2}{P^2} + 8}\right)\right]$. (b) 65,1°.
4.55 (a) $\theta = 2\text{sen}^{-1}(W/2P)$. (b) 29,0°.
4.57 141,1°.
4.59 (1) completamente vinculada; determinada; $\mathbf{A} = \mathbf{C} = 196,2$ N ↑.
(2) completamente vinculada; determinada; $\mathbf{B} = 0$, $\mathbf{C} = \mathbf{D} = 196,2$ N ↑.
(3) completamente vinculada; indeterminada; $\mathbf{A}_x = 294$ N →; $\mathbf{D}_x = 294$ ←.
(4) impropriamente vinculada; indeterminada; não está em equilíbrio. (5) parcialmente vinculada; determinada; em equilíbrio; $\mathbf{C} = \mathbf{D} = 196,2$ N ↑.
(6) completamente vinculada; determinada; $\mathbf{B} = 294$ N →, $\mathbf{D} = 491$ N ⦩ 53,1°.
(7) parcialmente vinculada; não está em equilíbrio.
(8) completamente vinculada; indeterminada; $\mathbf{B} = 196,2$ N ↑, $\mathbf{D}_y = 196,2$ N ↑.
4.61 $T = 1,155$ kN; $\mathbf{A} = 2,31$ kN ⦨ 60,0°.
4.62 $\mathbf{A} = 400$ N ↑; $\mathbf{B} = 500$ N ⦪ 53,1°.
4.63 $a \geq 138,6$ mm.
4.65 $\mathbf{B} = 501$ N ⦩ 56,3°; $\mathbf{C} = 324$ N ⦪ 31,0°.
4.66 $\mathbf{A} = 412,5$ N ⦨ 14,04°; $T = 500$ N.
4.67 $\mathbf{B} = 888$ N ⦪ 41,3°; $\mathbf{D} = 943$ N ⦩ 45,0°.
4.69 (a) 499 N. (b) 457 N ⦩ 26,6°.
4.71 (a) 5,63 kN. (b) 4,52 kN ⤢ 4,76°.
4.72 (a) 24,9 N ⤢ 30,0°. (b) 15,34 N ⦨ 30,0°.
4.73 $\mathbf{A} = 778$ N ↓; $\mathbf{C} = 1012$ N ⦩ 77,9°.
4.75 $\mathbf{A} = 170,0$ N ⦩ 33,9°; $\mathbf{C} = 160,0$ N ⦨ 28,1°.
4.77 $T = 416,7$ N; $\mathbf{B} = 463,1$ N ⦪ 30,3°.
4.78 (a) 400 N. (b) 458 N ⦨ 49,1°.
4.79 (a) $2P$ ⦩ 60,0°. (b) 1,239 P ⦪ 36,2°.
4.80 (a) 1,55 P ⦩ 30,0°. (b) 1,086 P ⦨ 22,9°.
4.81 $\mathbf{A} = 163,1$ N ⦪ 74,1°; $\mathbf{B} = 258$ N ⦩ 65,0°.
4.83 60,0 mm.
4.84 tg $\theta = 2$ tg β.
4.85 (a) 49,1°. (b) $\mathbf{A} = 45,3$ N ←; $\mathbf{B} = 90,6$ N ⦨ 60,0°.
4.86 32,5°.
4.88 (a) 225 mm. (b) 23,1 N. (c) 12,21 N →.
4.90 (a) 59,4°. (b) $\mathbf{A} = 8,45$ N→; $\mathbf{B} = 13,09$ N ⦩ 49,8°.
4.91 $\mathbf{A} = (120,0 \text{ N})\mathbf{j} + (133,3 \text{ N})\mathbf{k}$; $\mathbf{D} = (60,0 \text{ N})\mathbf{j} + (166,7 \text{ N})\mathbf{k}$.
4.93 (a) 96,0 N. (b) $\mathbf{A} = (2,40 \text{ N})\mathbf{j}$; $\mathbf{B} = (2,14 \text{ N})\mathbf{j}$
4.94 $\mathbf{A} = (114,5 \text{ N})\mathbf{i} + (42,5 \text{ N})\mathbf{j}$; $\mathbf{B} = (114,5 \text{ N})\mathbf{i} + (127,5 \text{ N})\mathbf{j}$; $\mathbf{C} = -(229 \text{ N})\mathbf{i}$.
4.95 (a) 78,5 N. (b) $\mathbf{A} = -(27,5 \text{ N})\mathbf{i} + (58,9 \text{ N})\mathbf{j}$; $\mathbf{B} = (106,0 \text{ N})\mathbf{i} + (58,9 \text{ N})\mathbf{j}$.
4.97 $T_A = 21,0$ N; $T_B = T_C = 17,50$ N.
4.99 (a) 121,9 N. (b) −46,2 N. (c) 100,9 N.
4.100 (a) 95,6 N. (b) −7,36 N. (c) 88,3 N.
4.101 $T_A = 23,5$ N; $T_C = 11,77$ N; $T_D = 105,9$ N.
4.102 (a) 0,480 m (b) $T_A = 23,5$ N; $T_C = 0$; $T_D = 117,7$ N.
4.103 (a) $T_A = 60$ N; $T_B = T_C = 90$ N. (b) 15,00 cm.
4.105 $T_{BD} = 5,24$ kN; $T_{BE} = 5,24$ kN; $\mathbf{A} = (5,72 \text{ kN})\mathbf{i} - (2,67 \text{ kN})\mathbf{j}$.
4.106 $T_{BD} = 780$ N; $T_{BE} = 390$ N; $\mathbf{A} = -(195,0 \text{ N})\mathbf{i} + (1170 \text{ N})\mathbf{j} + (130,0 \text{ N})\mathbf{k}$.
4.107 $T_{BD} = 525$ N; $T_{BE} = 105,0$ N; $\mathbf{A} = -(105,0 \text{ N})\mathbf{i} + (840 \text{ N})\mathbf{j} + (140,0 \text{ N})\mathbf{k}$.

4.108 $T_{AD} = 2{,}60$ kN; $T_{AE} = 2{,}80$ kN; $\mathbf{C} = (1{,}800$ kN$)\mathbf{j} + (4{,}80$ kN$)\mathbf{k}$.
4.109 $T_{AD} = 5{,}20$ kN; $T_{AE} = 5{,}60$ kN; $\mathbf{C} = (9{,}60$ kN$)\mathbf{k}$.
4.110 $T_{BD} = T_{BE} = 176{,}8$ N; $\mathbf{C} = -(50{,}0$ N$)\mathbf{j} + (216{,}5$ N$)\mathbf{k}$.
4.113 $F_{CD} = 19{,}62$ N; $\mathbf{A} = -(19{,}22$ N$)\mathbf{i} + (45{,}1$ N$)\mathbf{j}$; $\mathbf{B} = (49{,}1$ N$)\mathbf{j}$.
4.115 $\mathbf{A} = -(56{,}3$ N$)\mathbf{i}$; $\mathbf{B} = -(56{,}2$ N$)\mathbf{i} + (150{,}0$ N$)\mathbf{j} - (75{,}0$ N$)\mathbf{k}$; $F_{CE} = 202$ N.
4.116 (a) 116,6 N. (b) $\mathbf{A} = -(72{,}7$ N$)\mathbf{j} - (38{,}1$ N$)\mathbf{k}$; $\mathbf{B} = (37{,}5$ N$)\mathbf{j}$.
4.117 (a) 345 N. (b) $\mathbf{A} = (114{,}4$ N$)\mathbf{i} + (377$ N$)\mathbf{j} + (141{,}5$ N$)\mathbf{k}$; $\mathbf{B} = (113{,}2$ N$)\mathbf{j} + (185{,}5$ N$)\mathbf{k}$.
4.119 $F_{CD} = 19{,}62$ N; $\mathbf{B} = -(19{,}22$ N$)\mathbf{i} + (94{,}2$ N$)\mathbf{j}$; $\mathbf{M}_B = -(40{,}6$ N·m$)\mathbf{i} - (17{,}30$ N·m$)\mathbf{j}$.
4.120 $\mathbf{A} = -(112{,}5$ N$)\mathbf{i} + (150{,}0$ N$)\mathbf{j} - (75{,}0$ N$)\mathbf{k}$; $\mathbf{M}_A = (600$ N·m$)\mathbf{i} + (225$ N·m$)\mathbf{j}$; $F_{CE} = 202$ N.
4.121 (a) 25 N. (b) $\mathbf{C} = -(25$ N$)\mathbf{i} + (30$ N$)\mathbf{j} - (25$ N$)\mathbf{k}$; $\mathbf{M}_C = (1$ N·m$)\mathbf{j} - (1{,}5$ N·m$)\mathbf{k}$.
4.122 $T_{CF} = 200$ N; $T_{DE} = 450$ N; $\mathbf{A} = (160{,}0$ N$)\mathbf{i} + (270$ N$)\mathbf{k}$; $\mathbf{M}_A = -(16{,}20$ N·m$)\mathbf{i}$.
4.123 $T_{BD} = 2{,}18$ kN; $T_{BE} = 3{,}96$ kN; $T_{CD} = 1{,}500$ kN.
4.124 $T_{BD} = 0$; $T_{BE} = 3{,}96$ kN; $T_{CD} = 3{,}00$ kN.
4.127 $\mathbf{A} = (120{,}0$ N$)\mathbf{j} - (150{,}0$ N$)\mathbf{k}$; $\mathbf{B} = (180{,}0$ N$)\mathbf{i} + (150{,}0$ N$)\mathbf{k}$; $\mathbf{C} = -(180{,}0$ N$)\mathbf{i} + (120{,}0$ N$)\mathbf{j}$.
4.128 $\mathbf{A} = (20{,}0$ N$)\mathbf{j} + (25{,}0$ N$)\mathbf{k}$; $\mathbf{B} = (30{,}0$ N$)\mathbf{i} - (25{,}0$ N$)\mathbf{k}$; $\mathbf{C} = -(30{,}0$ N$)\mathbf{i} - (20{,}0$ N$)\mathbf{j}$.
4.129 $T_{BE} = 975$ N; $T_{CF} = 600$ N; $T_{DG} = 625$ N; $\mathbf{A} = (2100$ N$)\mathbf{i} + (175{,}0$ N$)\mathbf{j} - (375$ N$)\mathbf{k}$.
4.131 $T_B = -0{,}366\,P$; $T_C = 1{,}219\,P$; $T_D = -0{,}853\,P$; $\mathbf{F} = -0{,}345\,P\mathbf{i} + P\mathbf{j} - 0{,}862\,P\mathbf{k}$.
4.133 360 N.
4.135 426,6 N.
4.136 908,6 N.
4.137 $(113$ N$)\mathbf{j}$.
4.138 343 N.
4.140 (a) $x = 4{,}00$ m, $y = 8{,}00$ m. (b) 50,7 N.
4.141 (a) $x = 0$, $y = 16{,}00$ m. (b) 56,6 N.
4.142 (a) 8,8 kN ↑. (b) 3,4 kN ↑.
4.143 (a) 150,0 N. (b) 225 N ⤢ 32,3°.
4.145 (a) 130,0 N. (b) 224 ⤢ 2,05°.
4.146 $T = 80{,}0$ N; $\mathbf{A} = 160{,}0$ N ⤢ 30,0°; $\mathbf{C} = 160{,}0$ N ⤢ 30,0°.
4.148 $\mathbf{A} = 680$ N ⤢ 28,1°; $\mathbf{B} = 600$ N ←.
4.149 $\mathbf{A} = 63{,}6$ N ⤢ 45,0°; $\mathbf{C} = 87{,}5$ N ⤢ 59,0°.
4.151 $T_A = 5{,}63$ N; $T_B = 16{,}88$ N; $T_C = 22{,}5$ N.
4.153 (a) $\mathbf{A} = 0{,}745\,P$ ⤢ 63,4°; $\mathbf{C} = 0{,}471\,P$ ⤢ 45,0°.
(b) $\mathbf{A} = 0{,}812\,P$ ⤢ 60,0°; $\mathbf{C} = 0{,}503\,P$ ⤢ 36,2°.
(c) $\mathbf{A} = 0{,}448\,P$ ⤢ 60,0°; $\mathbf{C} = 0{,}652\,P$ ⤢ 69,9°.
(d) impropriamente vinculada; não está em equilíbrio.

CAPÍTULO 5

5.1 $\overline{X} = 42{,}2$ mm, $\overline{Y} = 24{,}2$ mm.
5.2 $\overline{X} = 1{,}045$ cm, $\overline{Y} = 3{,}59$ cm.
5.3 $\overline{X} = 2{,}84$ mm, $\overline{Y} = 24{,}8$ mm.
5.4 $\overline{X} = 52{,}0$ mm, $\overline{Y} = 65{,}0$ mm.
5.5 $\overline{X} = 3{,}27$ cm, $\overline{Y} = 2{,}82$ cm.
5.6 $\overline{X} = -10{,}00$ mm, $\overline{Y} = 87{,}5$ mm.
5.9 $\overline{X} = \overline{Y} = 16{,}75$ mm.
5.10 $\overline{X} = 50{,}5$ mm, $\overline{Y} = 19{,}34$ mm.
5.11 $\overline{X} = 30{,}0$ mm, $\overline{Y} = 64{,}8$ mm.
5.13 $\overline{X} = 3{,}2$ cm, $\overline{Y} = 2$ cm.
5.14 $\overline{X} = 0$, $\overline{Y} = 1{,}372$ m.
5.16 $\overline{Y} = \left(\dfrac{2}{3}\right)\left(\dfrac{r_2^3 - r_1^3}{r_2^2 - r_1^2}\right)\left(\dfrac{2\cos\alpha}{\pi - 2\alpha}\right)$.

5.17 $\overline{Y} = (r_1 + r_2)(\cos\alpha)/(\pi - 2\alpha)$.
5.19 0,520.
5.20 459 N.
5.21 3675 mm^3 para A_1, -3675 mm^3 para A_2.
5.23 (a) $b(c^2 - y^2)/2$. (b) $y = 0$; $Q_x = bc^2/2$.
5.24 $\overline{X} = 40{,}9$ mm, $\overline{Y} = 25{,}3$ mm.
5.26 $\overline{X} = 3{,}38$ cm, $\overline{Y} = 2{,}93$ cm.
5.29 (a) 125,3 N. (b) 137,0 N ⤢ 56,7°.
5.30 120,0 mm.
5.31 99,5 mm.
5.32 (a) 0,513a. (b) 0,691a.
5.34 $\bar{x} = \tfrac{2}{3}a$, $\bar{y} = \tfrac{2}{3}h$.
5.35 $\bar{x} = a/2$, $\bar{y} = 2h/5$.
5.37 $\bar{x} = a(3 - 4\,\text{sen}\,\alpha)/6(1 - \alpha)$, $\bar{y} = 0$.
5.39 $\bar{x} = 2a/3(4 - \pi)$, $\bar{y} = 2b/3(4 - \pi)$.
5.40 $\bar{x} = a/4$, $\bar{y} = 3b/10$.
5.41 $\bar{x} = 3a/5$, $\bar{y} = 12b/35$.
5.43 $\bar{x} = 17a/130$, $\bar{y} = 11b/26$.
5.44 $\bar{x} = a$, $\bar{y} = 17b/35$.
5.45 $2a/5$.
5.46 $-2\sqrt{2}r/3\pi$.
5.48 $\bar{x} = -9{,}27a$, $\bar{y} = 3{,}09a$.
5.49 $\bar{x} = L/\pi$, $\bar{y} = \pi a/8$.
5.51 $\bar{x} = \bar{y} = 1{,}027$ cm.
5.52 (a) $V = 401 \times 10^3$ mm^3; $A = 34{,}1 \times 10^3$ mm^2.
(b) $V = 492 \times 10^3$ mm^3; $A = 41{,}9 \times 10^3$ mm^2.
5.53 (a) $V = 248$ cm^3; $A = 547$ cm^2.
(b) $V = 72{,}3$ cm^3; $A = 169{,}6$ cm^2.
5.54 (a) $V = 2{,}26 \times 10^6$ mm^3; $A = 116{,}3 \times 10^3$ mm^2.
(b) $V = 1{,}471 \times 10^6$ mm^3; $A = 116{,}3 \times 10^3$ mm^2.
5.55 $V = 3470$ mm^3; $A = 2320$ mm^2.
5.58 308 cm^2.
5.60 31,9 litros.
5.62 $V = 3{,}96$ cm^3, $W = 1{,}211$ N.
5.63 14,52 cm^2.
5.64 0,0305 kg.
5.66 (a) $\mathbf{R} = 6000$ N ↓, $\bar{x} = 3{,}60$ m.
(b) $\mathbf{A} = 6000$ N ↑, $\mathbf{M}_A = 21{,}6$ kN·m ↻.
5.67 (a) $\mathbf{R} = 7{,}60$ kN ↓, $\bar{x} = 2{,}57$ m.
(b) $\mathbf{A} = 4{,}35$ kN ↑, $\mathbf{B} = 3{,}25$ kN ↑.
5.69 $\mathbf{A} = 30$ ↑; $\mathbf{M}_A = 34$ N·m ↻.
5.70 $\mathbf{B} = 1{,}36$ kN ↑; $\mathbf{C} = 2{,}36$ kN ↑.
5.71 $\mathbf{A} = 105{,}0$ N ↑; $\mathbf{B} = 270$ N ↑.
5.73 $\mathbf{A} = 3{,}00$ kN ↑; $\mathbf{M}_A = 12{,}60$ kN·m ↻.
5.74 (a) 0,536 m. (b) $\mathbf{A} = \mathbf{B} = 761$ N ↑.
5.76 $\mathbf{B} = 3{,}77$ kN ↑; $\mathbf{C} = 429$ N ↑.
5.77 (a) 900 N/m. (b) 7,2 kN ↑.
5.78 $w_A = 10{,}00$ kN/m; $w_B = 50$ kN/m.
5.80 (a) $\mathbf{H} = 1589{,}2$ kN →, $\mathbf{V} = 5933{,}1$ kN ↑.
(b) 10,48 m à direita de A.
(c) $\mathbf{R} = 1675{,}2$ kN ⤢ 18,43°.
5.81 (a) $\mathbf{H} = 44{,}1$ kN →, $\mathbf{V} = 228$ kN ↑.
(b) 1,159 m à direita de A.
(c) $\mathbf{R} = 59{,}1$ kN ⤢ 41,6°.
5.82 6,98%.
5.84 300 mm.
5.85 100 mm.
5.87 $\mathbf{T} = 6{,}72$ kN ← ; $\mathbf{A} = 141{,}2$ kN ←.
5.88 $\mathbf{A} = 1197$ N ⤢ 53,1°; $\mathbf{B} = 1511$ N ⤢ 53,1°.
5.89 3570 N.
5.90 1,83 m.
5.92 0,683 m.

5.93 0,0711 m.
5.94 883 N.
5.96 (a) 0,548 L. (b) $2\sqrt{3}$.
5.97 (a) $b/10$ à esquerda da base do cone.
(b) $0.01136b$ à direita da base do cone.
5.98 (a) $-0,402\,a$. (b) $h/a = 2/5$ ou $2/3$.
5.99 27,8 mm acima da base do cone.
5.100 18,28 mm.
5.102 $-0,1403$ cm.
5.103 3,47 cm.
5.104 $-19,02$ mm.
5.106 $\overline{X} = 125,0$ mm, $\overline{Y} = 167,0$ mm, $\overline{Z} = 33,5$ mm.
5.107 $\overline{X} = 0,295$ m, $\overline{Y} = 0,423$ m, $\overline{Z} = 1,703$ m.
5.109 $\overline{X} = \overline{Z} = 4,21$ cm, $\overline{Y} = 7,03$ cm.
5.110 $\overline{X} = 180,2$ mm, $\overline{Y} = 38,0$ mm, $\overline{Z} = 193,5$ mm.
5.111 $\overline{X} = 340$ mm, $\overline{Y} = 314$ mm, $\overline{Z} = 283$ mm.
5.113 $\overline{X} = 46,5$ mm, $\overline{Y} = 27,2$ mm, $\overline{Z} = 30,0$ mm.
5.114 $\overline{X} = 0,909$ m, $\overline{Y} = 0,1842$ m, $\overline{Z} = 0,884$ m.
5.116 $\overline{X} = 0,410$ m, $\overline{Y} = 0,510$ m, $\overline{Z} = 0,1500$ m.
5.117 $\overline{X} = 0$, $\overline{Y} = 10,05$ cm, $\overline{Z} = 5,15$ cm.
5.118 $\overline{X} = 61,1$ mm da extremidade do punho.
5.119 $\overline{Y} = 10,4$ mm acima da base.
5.121 $\overline{Y} = 421$ mm acima do chão.
5.122 $(\bar{x}_1) = 21a/88$; $(\bar{x}_2) = 27a/40$.
5.123 $(\bar{x}_1) = 21h/88$; $(\bar{x}_2) = 27h/40$.
5.124 $(\bar{x}_1) = 2h/9$; $(\bar{x}_2) = 2\,h/3$.
5.125 $\bar{x} = 2,34$ m; $\bar{y} = \bar{z} = 0$.
5.128 $\bar{x} = 1,297a$; $\bar{y} = \bar{z} = 0$.
5.129 $\bar{x} = \bar{z} = 0$; $\bar{y} = 0,374b$.
5.132 (a) $\bar{x} = \bar{z} = 0$, $\bar{y} = -121,9$ mm. (b) $\bar{x} = \bar{z} = 0$, $\bar{y} = -90,2$ mm.
5.134 $\bar{x} = 0$, $\bar{y} = 5h/16$, $\bar{z} = -b/4$.
5.135 $\bar{x} = a/2$, $\bar{y} = 8h/25$, $\bar{z} = b/2$.
5.136 $V = 18,23$ cm^3; $\bar{x} = 4,72$ m.
5.137 $\overline{X} = 5,67$ cm, $\overline{Y} = 5,17$ cm.
5.138 $\overline{X} = 92,0$ mm, $\overline{Y} = 23,3$ mm.
5.139 (a) 25,5 N. (b) 47,4 N ⦨ 57,5°.
5.141 $\bar{x} = 2L/5$, $\bar{y} = 12h/25$.
5.143 **A** = 1,43 kN ↑; **B** = 370 N ↑.
5.144 $w_{BC} = 2810$ N/m; $w_{DE} = 3150$ N/m.
5.146 $-(2h^2 - 3b^2)/2\,(4h - 3b)$.
5.148 $\overline{X} = \overline{Z} = 0$, $\overline{Y} = 83,3$ mm acima da base.

CAPÍTULO 6

6.1 $F_{AB} = 180$ kN T; $F_{AC} = 156$ kN C; $F_{BC} = 144$ kN T.
6.2 $F_{AB} = 1,700$ kN T; $F_{AC} = 2,00$ kN T; $F_{BC} = 2,50$ kN T.
6.3 $F_{AB} = 7,2$ kN T; $F_{AC} = 12$ kN C; $F_{BC} = 7,8$ kN C.
6.4 $F_{AB} = F_{BC} = 0$; $F_{AD} = F_{CF} = 7,00$ kN C; $F_{BD} = F_{BF} = 34,0$ kN C; $F_{BE} = 8,00$ kN T; $F_{DE} = F_{EF} = 30,0$ kN T.
6.6 $F_{AC} = 80,0$ kN T; $F_{CE} = 45,0$ kN T; $F_{DE} = 51,0$ kN C; $F_{BD} = 51,0$ kN C; $F_{CD} = 48,0$ kN T; $F_{BC} = 19,00$ kN C.
6.8 $F_{AB} = 20,0$ kN C; $F_{AD} = 20,6$ kN C; $F_{BC} = 30,0$ kN T; $F_{BD} = 11,18$ kN C; $F_{CD} = 10,00$ kN T.
6.9 $F_{AB} = F_{DE} = 8,00$ kN C; $F_{AF} = F_{FG} = F_{GH} = F_{EH} = 6,93$ kN T; $F_{BC} = F_{CD} = F_{BG} = F_{DG} = 4,00$ kN C; $F_{BF} = F_{DH} = F_{CG} = 4,00$ kN T.
6.11 $F_{AB} = F_{FH} = 5$ kN C; $F_{AC} = F_{CE} = F_{EG} = F_{GH} = 4$ kN T; $F_{BC} = F_{FG} = 0$; $F_{BD} = F_{DF} = 4$ kN C; $F_{BE} = F_{EF} = 200$ N C; $F_{DE} = 240$ N T.
6.12 $F_{AB} = F_{FH} = 5$ kN C; $F_{AC} = F_{CE} = F_{EG} = F_{GH} = 4$ kN T; $F_{BC} = F_{FG} = 0$; $F_{BD} = F_{DF} = 3,333$ kN C; $F_{BE} = F_{EF} = 1,667$ kN C; $F_{DE} = 2$ kN T.
6.13 $F_{AB} = 6,24$ kN C; $F_{AC} = 2,76$ kN T; $F_{BC} = 2,50$ kN C; $F_{BD} = 4,16$ kN C; $F_{CD} = 1,867$ kN T; $F_{CE} = 2,88$ kN T; $F_D = 3,75$ kN C; $F_{DF} = 0$; $F_{EF} = 1,200$ kN C.
6.15 $F_{AB} = F_{FG} = 7,50$ kN C; $F_{AC} = F_{EG} = 4,50$ kN T; $F_{BC} = F_{EF} = 7,50$ kN T; $F_{BD} = F_{DF} = 9,00$ kN C; $F_{CD} = F_{DE} = 0$; $F_{CE} = 9,00$ kN T.
6.17 $F_{AB} = 47,2$ kN C; $F_{AC} = 44,6$ kN T; $F_{BC} = 10,50$ kN C; $F_{BD} = 47,2$ kN C; $F_{CD} = 17,50$ kN T; $F_{CE} = 30,6$ kN T; $F_{DE} = 0$.
6.18 $F_{AB} = 2250$ N C; $F_{AC} = 1200$ N T; $F_{BC} = 750$ N T; $F_{BD} = 1700$ N C; $F_{BE} = 400$ N C; $F_{CE} = 850$ N C; $F_{CF} = 1600$ N T; $F_{DE} = 1500$ N T; $F_{EF} = 2250$ N T.
6.19 $F_{AB} = F_{FH} = 7,50$ kN C; $F_{AC} = F_{GH} = 4,50$ kN T; $F_{BC} = F_{FG} = 4,00$ kN T; $F_{BD} = F_{DF} = 6,00$ kN C; $F_{BE} = F_{EF} = 2,50$ kN T; $F_{CE} = F_{EG} = 4,50$ kN T; $F_{DE} = 0$.
6.21 $F_{AB} = 9,90$ kN C; $F_{AC} = 7,83$ kN T; $F_{BC} = 0$; $F_{BD} = 7,07$ kN C; $F_{BE} = 2,00$ kN C; $F_{CE} = 7,83$ kN T; $F_{DE} = 1,000$ kN T; $F_{DF} = 5,03$ kN C; $F_{DG} = 0,559$ kN C; $F_{EG} = 5,59$ kN T.
6.22 $F_{AB} = 3,61$ kN C; $F_{AC} = 4,11$ kN T; $F_{BC} = 768$ N C; $F_{BD} = 3,84$ kN C; $F_{CD} = 1,37$ kN T; $F_{CE} = 2,74$ kN T; $F_{DE} = 1,54$ kN C.
6.23 $F_{DF} = 4,06$ kN C; $F_{DG} = 1,37$ kN T; $F_{EG} = 2,74$ kN T; $F_{FG} = 768$ N T; $F_{FH} = 4,29$ kN C; $F_{GH} = 4,11$ kN T.
6.24 $F_{AB} = F_{DF} = 2,29$ kN T; $F_{AC} = F_{EF} = 2,29$ kN C; $F_{BC} = F_{DE} = 0,600$ kN C; $F_{BD} = 2,21$ kN T; $F_{BE} = F_{EH} = 0$; $F_{CE} = 2,21$ kN C; $F_{CH} = F_{EJ} = 1,200$ kN C.
6.27 $F_{AB} = F_{BC} = F_{CD} = 24$ kN T; $F_{AE} = 38,4$ kN T; $F_{AF} = 30$ kN C; $F_{BF} = F_{BG} = F_{CG} = F_{CH} = 0$; $F_{DH} = F_{FG} = F_{GH} = 26$ kN C; $F_{EF} = 24$ kN C.
6.28 $F_{AB} = 128,0$ kN T; $F_{AC} = 136,7$ kN C; $F_{BD} = F_{DF} = F_{FH} = 128,0$ kN T; $F_{CE} = F_{EG} = 136,7$ kN C; $F_{GH} = 192,7$ kN C; $F_{BC} = F_{BE} = F_{DE} = F_{DG} = F_{FG} = 0$.
6.29 A treliça do Problema 6.33a é a única treliça simples.
6.30 As treliças do Problema 6.32b e Problema 6.33b são treliças simples.
6.32 (a) AI, BJ, CK, DI, EI, FK, GK.
(b) FK, IO.
6.34 (a) BC, HI, IJ, JK. (b) BF, BG, CG, CH.
6.35 $F_{AB} = F_{AD} = 2,44$ kN C; $F_{AC} = 10,4$ kN T; $F_{BC} = F_{CD} = 5$ kN C; $F_{BD} = 28$ kN T.
6.36 $F_{AB} = F_{AD} = 861$ N C; $F_{AC} = 676$ N T; $F_{BC} = F_{CD} = 162,5$ N T; $F_{BD} = 244$ N T.
6.37 $F_{AB} = F_{AD} = 2810$ N T; $F_{AC} = 5510$ N C; $F_{BC} = F_{CD} = 1325$ N T; $F_{BD} = 1908$ N C.
6.38 $F_{AB} = F_{AC} = 5,3$ kN C; $F_{AD} = 12,5$ kN T; $F_{BC} = 10,5$ kN T; $F_{BD} = F_{CD} = 6,25$ kN C; $F_{BE} = F_{CE} = 6,25$ kN C; $F_{DE} = 7,5$ kN T.
6.39 $F_{AB} = 840$ N C; $F_{AC} = 110,6$ N C; $F_{AD} = 394$ N C; $F_{AE} = 0$; $F_{BC} = 160,0$ N T; $F_{BE} = 200$ N T; $F_{CD} = 225$ N T; $F_{CE} = 233$ N T; $F_{DE} = 120,0$ N T.
6.40 $F_{AB} = F_{AE} = F_{BC} = 0$; $F_{AC} = 995$ N T; $F_{AD} = 1181$ N C; $F_{BE} = 600$ N T; $F_{CD} = 375$ N T; $F_{CE} = 700$ N C; $F_{DE} = 360$ N T.
6.43 $F_{DF} = 5,45$ kN C; $F_{DG} = 1,000$ kN T; $F_{EG} = 4,65$ kN T.
6.44 $F_{GI} = 4,65$ kN T; $F_{HI} = 1,800$ kN C; $F_{HJ} = 4,65$ kN C.
6.45 $F_{BD} = 36,0$ kN C; $F_{CD} = 45,0$ kN C.
6.46 $F_{DF} = 60,0$ kN C; $F_{DG} = 15,00$ kN C.
6.49 $F_{CD} = 20,0$ kN C; $F_{DF} = 52,0$ kN C.
6.50 $F_{CE} = 36,0$ kN T; $F_{EF} = 15,00$ kN C.
6.51 $F_{DE} = 25,0$ kN T; $F_{DF} = 13,00$ kN C.

6.52 $F_{EG} = 16{,}00$ kN T; $F_{EF} = 6{,}40$ kN C.
6.53 $F_{DF} = 91{,}4$ kN T; $F_{DE} = 38{,}6$ kN C.
6.54 $F_{CD} = 64{,}2$ kN T; $F_{CE} = 92{,}1$ kN C.
6.55 $F_{CE} = 7{,}20$ kN T; $F_{DE} = 1{,}047$ kN C; $F_{DF} = 6{,}39$ kN C.
6.56 $F_{EG} = 3{,}46$ kN T; $F_{GH} = 3{,}78$ kN C; $F_{HJ} = 3{,}55$ kN C.
6.59 $F_{AD} = 13{,}5$ kN C; $F_{CD} = 0$; $F_{CE} = 56{,}1$ kN T.
6.60 $F_{DG} = 75$ kN C; $F_{FG} = 56{,}1$ kN T; $F_{FH} = 69{,}7$ kN T.
6.61 $F_{DG} = 3{,}75$ kN T; $F_{FI} = 3{,}75$ kN C.
6.62 $F_{GJ} = 11{,}25$ kN T; $F_{IK} = 11{,}25$ kN C.
6.65 (a) CJ. (b) $1{,}026$ kN T.
6.66 (a) IO. (b) $2{,}05$ kN T.
6.67 $F_{BE} = 10{,}00$ kN T; $F_{DE} = 0$; $F_{EF} = 5{,}00$ kN T.
6.68 $F_{BE} = 2{,}50$ kN T; $F_{DE} = 1{,}500$ kN C; $F_{DG} = 2{,}50$ kN T.
6.69 (a) impropriamente vinculada. (b) completamente vinculada, determinada. (c) completamente vinculada, indeterminada.
6.70 (a) completamente vinculada, determinada. (b) parcialmente vinculada. (c) impropriamente vinculada.
6.71 (a) completamente vinculada, determinada. (b) completamente vinculada, indeterminada. (c) impropriamente vinculada.
6.72 (a) parcialmente vinculada. (b) completamente vinculada, determinada. (c) completamente vinculada, indeterminada.
6.75 $F_{BD} = 375$ N C; $\mathbf{C}_x = 205$ N $\leftarrow$; $\mathbf{C}_y = 360$ N $\downarrow$.
6.76 $F_{BD} = 780$ N T; $\mathbf{C}_x = 720$ N $\leftarrow$, $\mathbf{C}_y = 140{,}0$ N $\downarrow$.
6.77 (a) $125{,}0$ N ⦦ $36{,}9°$. (b) $125{,}0$ N ⦣ $36{,}9°$.
6.78 $\mathbf{A}_x = 480$ N $\rightarrow$, $\mathbf{A}_y = 120$ N $\uparrow$; $\mathbf{B}_x = 480$ N $\leftarrow$, $\mathbf{B}_y = 320$ N $\downarrow$; $\mathbf{C} = 120$ N $\downarrow$; $\mathbf{D} = 320$ N $\uparrow$.
6.79 $\mathbf{A}_x = 18{,}00$ kN $\leftarrow$, $\mathbf{A}_y = 20{,}0$ kN $\downarrow$; $\mathbf{B} = 9{,}00$ kN $\rightarrow$; $\mathbf{C}_x = 9{,}00$ kN $\rightarrow$, $\mathbf{C}_y = 20{,}0$ kN $\uparrow$.
6.80 $\mathbf{A} = 20{,}0$ kN $\downarrow$, $\mathbf{B} = 18{,}00$ kN $\leftarrow$; $\mathbf{C}_x = 18{,}00$ kN $\rightarrow$, $\mathbf{C}_y = 20{,}0$ kN $\uparrow$.
6.81 $\mathbf{A} = 375$ N $\rightarrow$; $\mathbf{B}_x = 375$ N $\leftarrow$, $\mathbf{B}_y = 150$ N $\uparrow$; $\mathbf{C} = 50$ N $\uparrow$; $\mathbf{D} = 200$ N $\downarrow$.
6.83 (a) $\mathbf{A}_x = 2700$ N $\rightarrow$, $\mathbf{A}_y = 200$ N $\uparrow$; $\mathbf{E}_x = 2700$ N $\leftarrow$, $\mathbf{E}_y = 600$ N $\uparrow$.
(b) $\mathbf{A}_x = 300$ N $\rightarrow$, $\mathbf{A}_y = 200$ N $\uparrow$; $\mathbf{E}_x = 300$ N $\leftarrow$, $\mathbf{E}_y = 600$ N $\uparrow$.
6.85 (a) $\mathbf{A}_x = 300$ N $\leftarrow$, $\mathbf{A}_y = 660$ N $\uparrow$; $\mathbf{E}_x = 300$ N $\rightarrow$, $\mathbf{E}_y = 90{,}0$ N $\uparrow$. (b) $\mathbf{A}_x = 300$ N $\leftarrow$, $\mathbf{A}_y = 150{,}0$ N $\uparrow$; $\mathbf{E}_x = 300$ N $\rightarrow$, $\mathbf{E}_y = 600$ N $\uparrow$.
6.87 (a) $\mathbf{A}_x = 80{,}0$ N $\leftarrow$, $\mathbf{A}_y = 40{,}0$ N $\uparrow$; $\mathbf{B}_x = 80{,}0$ N $\rightarrow$, $\mathbf{B}_y = 60{,}0$ N $\uparrow$. (b) $\mathbf{A}_x = 0$, $\mathbf{A}_y = 40{,}0$ N $\uparrow$; $\mathbf{B}_x = 0$, $\mathbf{B}_y = 60{,}0$ N $\uparrow$.
6.88 (a) e (c) $\mathbf{B}_x = 32{,}0$ N $\rightarrow$, $\mathbf{B}_y = 10{,}00$ N $\uparrow$; $\mathbf{F}_x = 32{,}0$ N $\leftarrow$, $\mathbf{F}_y = 38{,}0$ N $\uparrow$. (b) $\mathbf{B}_x = 32{,}0$ N $\leftarrow$, $\mathbf{B}_y = 34{,}0$ N $\uparrow$; $\mathbf{F}_x = 32{,}0$ N $\rightarrow$, $\mathbf{F}_y = 14{,}00$ N $\uparrow$.
6.89 (a) e (c) $\mathbf{B}_x = 24{,}0$ N $\leftarrow$, $\mathbf{B}_y = 7{,}50$ N $\downarrow$; $\mathbf{F}_x = 24{,}0$ N $\rightarrow$, $\mathbf{F}_y = 7{,}50$ N $\uparrow$. (b) $\mathbf{B}_x = 24{,}0$ N $\leftarrow$, $\mathbf{B}_y = 10{,}50$ N $\uparrow$; $\mathbf{F}_x = 24{,}0$ N $\rightarrow$, $\mathbf{F}_y = 10{,}50$ N $\downarrow$.
6.91 $\mathbf{D}_x = 13{,}60$ kN $\rightarrow$, $\mathbf{D}_y = 7{,}50$ kN $\uparrow$; $\mathbf{E}_x = 13{,}60$ kN $\leftarrow$, $\mathbf{E}_y = 2{,}70$ kN $\downarrow$.
6.92 $\mathbf{A}_x = 45{,}0$ N $\leftarrow$, $\mathbf{A}_y = 30{,}0$ N $\downarrow$; $\mathbf{B}_x = 45{,}0$ N $\rightarrow$, $\mathbf{B}_y = 270$ N $\uparrow$.
6.93 (a) $\mathbf{E}_x = 1$ kN $\leftarrow$, $\mathbf{E}_y = 1{,}125$ kN $\uparrow$.
(b) $\mathbf{C}_x = 2$ kN $\leftarrow$, $\mathbf{C}_y = 2{,}875$ kN $\uparrow$.
6.94 (a) $\mathbf{E}_x = 1{,}5$ kN $\leftarrow$, $\mathbf{E}_y = 0{,}75$ kN $\uparrow$.
(b) $\mathbf{C}_x = 1{,}5$ kN $\leftarrow$, $\mathbf{C}_y = 3{,}25$ kN $\uparrow$.
6.95 (a) $\mathbf{A} = 4{,}91$ kN $\uparrow$; $\mathbf{B} = 4{,}68$ kN $\uparrow$; $\mathbf{C} = 3{,}66$ kN $\uparrow$.
(b) $\Delta B = +1{,}45$ kN; $\Delta C = -0{,}36$ kN.
6.96 (a) $2{,}72$ kN. (b) $\mathbf{A} = 5{,}32$ kN $\uparrow$; $\mathbf{B} = 3{,}55$ kN $\uparrow$; $\mathbf{C} = 4{,}35$ kN $\uparrow$.
6.99 $\mathbf{B} = 152{,}0$ N $\downarrow$; $\mathbf{C}_x = 60{,}0$ N $\leftarrow$, $\mathbf{C}_y = 200$ N $\uparrow$; $\mathbf{D}_x = 60{,}0$ N $\rightarrow$, $42{,}0$ N $\uparrow$.
6.100 $\mathbf{B} = 108{,}0$ N $\downarrow$; $\mathbf{C}_x = 90{,}0$ N $\leftarrow$, $\mathbf{C}_y = 150{,}0$ N $\uparrow$; $\mathbf{D}_x = 90{,}0$ N $\rightarrow$, $\mathbf{D}_y = 18{,}00$ N $\uparrow$.
6.101 $\mathbf{A}_x = 13{,}00$ kN $\leftarrow$, $\mathbf{A}_y = 4{,}00$ kN $\downarrow$; $\mathbf{B}_x = 36{,}0$ kN $\rightarrow$, $\mathbf{B}_y = 6{,}00$ kN $\uparrow$; $\mathbf{E}_x = 23{,}0$ kN $\leftarrow$, $\mathbf{E}_y = 2{,}00$ kN $\downarrow$.

6.102 $\mathbf{A}_x = 2025$ N $\leftarrow$, $\mathbf{A}_y = 1800$ kN $\downarrow$; $\mathbf{B}_x = 4050$ N $\rightarrow$, $\mathbf{B}_y = 1200$ N $\uparrow$; $\mathbf{E}_x = 2025$ N $\leftarrow$, $\mathbf{E}_y = 600$ N $\uparrow$.
6.103 $\mathbf{A}_x = 1{,}11$ kN $\leftarrow$, $\mathbf{A}_y = 600$ N $\uparrow$; $\mathbf{B}_x = 1{,}11$ kN $\leftarrow$, $\mathbf{B}_y = 800$ N $\downarrow$; $\mathbf{D}_x = 2{,}22$ kN $\rightarrow$, $\mathbf{D}_y = 200$ N $\uparrow$.
6.104 $\mathbf{A}_x = 660$ N $\leftarrow$, $\mathbf{A}_y = 240$ N $\uparrow$; $\mathbf{B}_x = 660$ N $\leftarrow$, $\mathbf{B}_y = 320$ N $\downarrow$; $\mathbf{D}_x = 1{,}32$ kN $\rightarrow$, $\mathbf{D}_y = 80{,}0$ N $\uparrow$.
6.107 (a) $\mathbf{A}_x = 200$ kN $\rightarrow$, $\mathbf{A}_y = 122{,}0$ kN $\uparrow$.
(b) $\mathbf{B}_x = 200$ kN $\leftarrow$, $\mathbf{B}_y = 10{,}00$ kN $\downarrow$.
6.108 (a) $\mathbf{A}_x = 205$ kN $\rightarrow$, $\mathbf{A}_y = 134{,}5$ kN $\uparrow$.
(b) $\mathbf{B}_x = 205$ kN $\leftarrow$, $\mathbf{B}_y = 5{,}50$ kN $\uparrow$.
6.109 $\mathbf{B} = 98{,}5$ N ⦢ $24{,}0°$; $\mathbf{C} = 90{,}6$ N ⦣ $6{,}34°$.
6.110 $\mathbf{B} = 25{,}0$ N $\uparrow$; $\mathbf{C} = 79{,}1$ N ⦣ $18{,}43°$.
6.112 $F_{AF} = P/4$ C; $F_{BG} = F_{DG} = P/\sqrt{2}$ C; $F_{EH} = P/4$ T.
6.113 $F_{AG} = \sqrt{2}P/6$ C; $F_{BF} = 2\sqrt{2}P/3$ C; $F_{DI} = \sqrt{2}P/3$ C; $F_{EH} = \sqrt{2}P/6$ T.
6.115 $F_{AF} = M_0/4a$ C; $F_{BG} = F_{DG} = M_0/\sqrt{2}a$ T; $F_{EH} = 3M_0/4a$ C.
6.116 $F_{AF} = M_0/6a$ T; $F_{BG} = \sqrt{2}M_0/6a$ T; $F_{DG} = \sqrt{2}M_0/3a$ C; $F_{EH} = M_0/6a$ C.
6.117 $\mathbf{A} = P/15$ $\uparrow$; $\mathbf{D} = 2P/15$ $\uparrow$; $\mathbf{E} = 8P/15$ $\uparrow$; $\mathbf{H} = 4P/15$ $\uparrow$.
6.118 $\mathbf{E} = P/5$ $\downarrow$; $\mathbf{F} = 8P/5$ $\uparrow$; $\mathbf{G} = 4P/5$ $\downarrow$; $\mathbf{H} = 2P/5$ $\uparrow$.
6.120 (a) $\mathbf{A} = 2{,}06P$ ⦢ $14{,}04°$; $\mathbf{B} = 2{,}06$ ⦣ $14{,}04°$; estrutura é rígida. (b) estrutura não é rígida. (c) $\mathbf{A} = 1{,}25P$ ⦣ $36{,}9°$. $\mathbf{B} = 1{,}031P$ ⦢ $14{,}04°$; estrutura é rígida.
6.122 (a) 2860 N $\downarrow$. (b) 2700 N ⦣ $68{,}5°$.
6.123 564 N $\rightarrow$.
6.124 275 N $\rightarrow$.
6.125 764 N $\leftarrow$.
6.127 (a) 746 N $\downarrow$. (b) 565 N ⦣ $61{,}3°$.
6.129 832 N·m $\curvearrowleft$.
6.130 360 N·m $\curvearrowleft$.
6.131 $195{,}0$ kN·m $\curvearrowright$.
6.132 $40{,}5$ kN·m $\curvearrowleft$.
6.133 (a) $160{,}8$ N·m $\curvearrowleft$. (b) $155{,}9$ N·m $\curvearrowleft$.
6.134 (a) $117{,}8$ N·m $\curvearrowleft$. (b) $47{,}9$ N·m $\curvearrowleft$.
6.137 $18{,}43$ N·m $\curvearrowright$.
6.138 208 N·m $\curvearrowright$.
6.139 $F_{AE} = 800$ N T; $F_{DG} = 100{,}0$ N C.
6.140 $\mathbf{P} = 120{,}0$ N $\downarrow$; $\mathbf{Q} = 110{,}0$ N $\leftarrow$.
6.141 $\mathbf{F} = 15{,}2$ kN ⦣ $15{,}1°$; $\mathbf{D} = 21$ kN $\leftarrow$.
6.143 $\mathbf{D} = 30{,}0$ kN $\leftarrow$; $\mathbf{F} = 37{,}5$ kN ⦣ $36{,}9°$.
6.144 $\mathbf{D} = 150{,}0$ kN $\leftarrow$; $\mathbf{F} = 96{,}4$ kN ⦣ $13{,}50°$.
6.145 (a) 2 kN. (b) $2{,}2$ kN ⦣ $63{,}2°$.
6.147 $44{,}8$ kN.
6.148 $8{,}45$ kN.
6.149 $140{,}0$ N.
6.151 315 N.
6.152 (a) $1{,}35$ kN. (b) 14 N·m $\curvearrowright$.
6.153 (a) $21{,}82$ kN C. (b) $47{,}52$ kN C.
6.154 (a) $14{,}3$ kN C. (b) $47{,}1$ kN C.
6.155 (a) $9{,}29$ kN ⦣ $44{,}4°$. (b) $8{,}04$ kN ⦣ $34{,}4°$.
6.159 (a) $(90{,}0$ N·m$)\mathbf{i}$. (b) $\mathbf{A} = 0$; $\mathbf{M}_A = -(48{,}0$ N·m$)\mathbf{i}$, $\mathbf{B} = 0$; $\mathbf{M}_B = -(72{,}0$ N·m$)\mathbf{i}$.
6.160 (a) $27{,}0$ mm. (b) $40{,}0$ N·m $\curvearrowright$.
6.163 $\mathbf{E}_x = 100{,}0$ kN $\rightarrow$, $\mathbf{E}_y = 154{,}9$ kN $\uparrow$; $\mathbf{F}_x = 26{,}5$ kN $\rightarrow$. $\mathbf{F}_y = 118{,}1$ kN $\downarrow$; $\mathbf{H}_x = 126{,}5$ kN $\leftarrow$, $\mathbf{H}_y = 36{,}8$ kN $\downarrow$.
6.164 $F_{AB} = 4{,}00$ kN T; $F_{AD} = 15{,}00$ kN T; $F_{BD} = 9{,}00$ kN C; $F_{BE} = 5{,}00$ kN T; $F_{CD} = 16{,}00$ kN C; $F_{DE} = 4{,}00$ kN C.
6.165 $F_{AB} = 7{,}83$ kN C; $F_{AC} = 7{,}00$ kN T; $F_{BC} = 1{,}886$ kN C; $F_{BD} = 6{,}34$ kN C; $F_{CD} = 1{,}491$ kN C; $F_{CE} = 5{,}00$ kN T; $F_{DE} = 2{,}83$ kN C; $F_{DF} = 3{,}35$ kN C; $F_{EF} = 2{,}75$ kN T;

$F_{EG} = 1,061$ kN C; $F_{EH} = 3,75$ kN T; $F_{FG} = 4,24$ kN C;
$F_{GH} = 5,30$ kN C.
6.166 $F_{AB} = 8,20$ kN T; $F_{AG} = 4,50$ kN T; $F_{FG} = 11,60$ kN C.
6.168 $\mathbf{A}_x = 9$ kN ←; $\mathbf{A}_y = 7,5$ kN ↑; $\mathbf{B} = 8,25$ kN ↓;
$\mathbf{D}_x = 9$ kN →; $\mathbf{D}_y = 7,5$ kN ↑.
6.170 $\mathbf{B}_x = 700$ N ←, $\mathbf{B}_y = 200$ N ↓; $\mathbf{E}_x = 700$ N →,
$\mathbf{E}_y = 500$ N ↑.
6.171 $\mathbf{C}_x = 78,0$ N →, $\mathbf{C}_y = 28,0$ N ↑; $\mathbf{F}_x = 78,0$ N ←,
$\mathbf{F}_y = 12,00$ N ↑.
6.172 $\mathbf{A} = 327$ N →; $\mathbf{B} = 827$ N ←; $\mathbf{D} = 621$ N ↑; $\mathbf{E} = 246$ N ↑.
6.174 (a) 21,0 kN ←. (b) = 52,5 kN ←.

CAPÍTULO 7

7.1 $\mathbf{F} = 720$ N →; $\mathbf{V} = 140,0$ N ↑; $\mathbf{M} = 11,2$ N·m ↻ (Em JC).
7.2 $\mathbf{F} = 480$ N ←; $\mathbf{V} = 120$ N ↓; $\mathbf{M} = 9,6$ N·m ↻.
7.3 $\mathbf{F} = 125,0$ N ⦝ 67,4°; $\mathbf{V} = 300$ N ⦝ 22,6°;
$\mathbf{M} = 156,0$ N·m. ↓.
7.4 $\mathbf{F} = 2330$ N ⦝ 67,4°; $\mathbf{V} = 720$ N ⦝ 22,6°; $\mathbf{M} = 374$ N·m. ↓.
7.7 $\mathbf{F} = 126$ N ⦝ 76,0°; $\mathbf{V} = 155$ N ⦝ 14,04°;
$\mathbf{M} = 57,6$ N·m ↓.
7.8 (a) 160 N em C. (b) 179 N em B e D. (c) 102,4 N·m em C.
7.9 $\mathbf{F} = 103,9$ N ⦝ 60,0°; $\mathbf{V} = 60,0$ N ⦝ 30,0°;
$\mathbf{M} = 18,71$ N·m ↓ (Em AJ).
7.10 $\mathbf{F} = 60,0$ N ⦝ 30,0°; $\mathbf{V} = 103,9$ N ⦝ 60,0°;
$\mathbf{M} = 10,80$ N·m ↻ (Em BK).
7.11 $\mathbf{F} = 194,6$ N ⦝ 60,0°; $\mathbf{V} = 257$ N ⦝ 30,0°;
$\mathbf{M} = 24,7$ N·m ↓ (Em AJ).
7.12 45,2 N·m para $\theta = 82,9°$.
7.15 $\mathbf{F} = 250$ N ⦝ 36,9°; $\mathbf{V} = 120,0$ N ⦝ 53,1;
$\mathbf{M} = 120,0$ N·m ↻ (Em BJ).
7.16 $\mathbf{F} = 560$ N ←; $\mathbf{V} = 90,0$ N ↓; $\mathbf{M} = 72,0$ N·m ↓ (Em AK).
7.17 15 N·m em D.
7.18 1.05 N·m em E.
7.19 $\mathbf{F} = 200$ N ⦝ 36,9°; $\mathbf{V} = 120,0$ N ⦝ 53,1°;
$\mathbf{M} = 120,0$ N·m ↻ (Em BJ).
7.20 $\mathbf{F} = 520$ N ←; $\mathbf{V} = 120,0$ N ↓; $\mathbf{M} = 96,0$ N·m ↓ (Em AK).
7.23 0,0557 Wr (Em AJ).
7.24 0,1009 Wr para $\theta = 57,3°$.
7.25 0,289 Wr (Em BJ).
7.26 0,417 Wr (Em BJ).
7.29 (b) $|V|_{máx} = wL/4$; $|M|_{máx} = 3wL^2/32$.
7.30 (b) $|V|_{máx} = w_0L/2$; $|M|_{máx} = w_0L^2/6$.
7.31 (b) $|V|_{máx} = 2P/3$; $|M|_{máx} = 2PL/9$.
7.32 (b) $|V|_{máx} = 2P$; $|M|_{máx} = 3Pa$.
7.35 (b) $|V|_{máx} = 40,0$ kN; $|M|_{máx} = 55,0$ kN·m.
7.36 (b) $|V|_{máx} = 50,5$ kN; $|M|_{máx} = 39,8$ kN·m.
7.39 (b) $|V|_{mín} = 64,0$ kN; $|M|_{máx} = 92,0$ kN·m
7.40 (b) $|V|_{máx} = 40,0$ kN; $|M|_{máx} = 40,0$ kN·m.
7.41 (b) $|V|_{máx} = 18,00$ kN; $|M|_{máx} = 48,5$ kN·m.
7.42 (b) $|V|_{máx} = 15,30$ kN; $|M|_{máx} = 46,8$ kN·m.
7.45 (b) $|V|_{máx} = 6,00$ kN; $|M|_{máx} = 12,00$ kN·m.
7.46 (b) $|V|_{máx} = 4,00$ kN; $|M|_{máx} = 6,00$ kN·m.
7.47 (b) $|V|_{máx} = 6,00$ kN; $|M|_{máx} = 9,00$ kN·m.
7.48 (b) $|V|_{máx} = 6,00$ kN; $|M|_{máx} = 9,00$ kN·m.
7.49 $|V|_{máx} = 180,0$ N; $|M|_{máx} = 36,0$ N·m.
7.50 $|V|_{máx} = 800$ N; $|M|_{máx} = 180,0$ N·m.
7.51 $|V|_{máx} = 90,0$ N; $|M|_{máx} = 140$ N·m.
7.52 $|V|_{máx} = 165,0$ N; $|M|_{máx} = 162,5$ N·m.
7.55 (a) 54,5°. (b) 675 N·m.
7.56 (a) 1,236. (b) 0,1180 wa^2.
7.57 (a) 40,0 mm. (b) 1.600 N·m.
7.58 (a) 0,840 m. (b) 1.680 N·m.
7.59 0,207 L.
7.62 (a) 0,414 wL; 0,0858 wL^2. (b) 0,250 wL; 0,250 wL^2.
7.69 (a) $|V|_{máx} = 15,00$ kN; $|M|_{máx} = 42,0$ kN·m.
7.70 (b) $|V|_{máx} = 17,00$ kN; $|M|_{máx} = 17,00$ kN·m.
7.77 (b) 75.0 kN·m, 4,00 m de A.
7.78 (b) 1.378 kN·m, 1,050 m de A.
7.79 (b) 26.4 kN·m, 2,05 m de A.
7.80 (b) 5.76 kN·m, 2,40 m de A.
7.81 (b) 1.44 kN·m, 0,6 m de A.
7.82 (b) 6.48 kN·m, 5,5 m de A.
7.86 (a) $V = (w_0/6L)(L^2 - 3x^2)$; $M = (w_0/6L)(L^2x - x^3)$.
(b) 0,0642 w_0L^2A ⦝ = 0,577L.
7.87 (a) $V = (w_0L/4)[3(x/L)^2 - 4(x/L) + 1]$;
$M = (w_0L^2/4)[(x/L)^3 - 2(x/L)^2 + (x/L)]$.
(b) $w_0L^2/27$, em $x = L/3$.
7.89 (a) $\mathbf{P} = 4,00$ kN ↓; $\mathbf{Q} = 6,00$ kN ↓. (b) $M_C = -900$ N·m.
7.90 (a) $\mathbf{P} = 2,50$ kN ↓; $\mathbf{Q} = 7,50$ kN ↓. (b) $M_C = -900$ N·m.
7.91 (a) $\mathbf{P} = 1,350$ kN ↓; $\mathbf{Q} = 0,450$ kN ↓. (b) $V_{máx} = 2,70$ kN em A; $M_{máx} = 6,345$ kN·m, 5,40 m de A.
7.92 (a) $\mathbf{P} = 0,540$ kN ↓; $\mathbf{Q} = 1,860$ kN ↓.
(b) $V_{máx} = 3,14$ kN em B; $M_{máx} = 7,00$ kN·m, 6,88 m de A.
7.93 (a) $\mathbf{E}_x = 10,00$ kN →, $\mathbf{E}_y = 7,00$ kN ↑. (b) 12,21 kN.
7.94 1,667 m.
7.95 (a) 838 N ⦝ 17,4°. (b) 971 N ⦝ 34,5°.
7.96 (a) 2,67 kN ⦝ 2,10°. (b) 2,82 kN ⦝ 18,65°.
7.97 (a) $d_B = 1,733$ m; $d_D = 4,20$ m. (b) 21,5 kN ⦝ 3,81°.
7.98 (a) 2,80 m. (b) $\mathbf{A} = 32,0$ kN ⦝ 38,7°; $\mathbf{E} = 25,0$ kN →.
7.101 196,2 N.
7.102 157,0 N.
7.103 (a) 240 N. (b) 3 m.
7.104 $a = 2,5$ m; $b = 5,83$ m
7.107 (a) 1775 N. (b) 60,1 m.
7.109 (a) 15.042 kN. (b) 1072 m.
7.110 0,8 m.
7.111 (a) 259,52 MN. (b) 1285 m.
7.112 (a) 6,75 m. (b) $T_{AB} = 615$ N; $T_{BC} = 600$ N.
7.114 (a) $\sqrt{3L\Delta/8}$. (b) 3,67 m.
7.115 $h = 27,6$ mm; $\theta_A = 25,5°$; $\theta_C = 27,6°$.
7.116 (a) 4,05 m. (b) 16,41 m. (c) $A_x = 5890$ N ←, $A_y = 5300$ N ↑.
7.117 (a) 235,82 MN, (b) 29,3°.
7.118 (a) 4,8 m à esquerda de B. (b) 9,3 kN.
7.125 $Y = h[1 - \cos(\pi x/L)]$; $T_{mín} = w_0L^2/h\pi^2$;
$T_{máx} = (w_0L/\pi)\sqrt{(L^2/h^2\pi^2) + 1}$
7.127 (a) 9,89 m. (b) 60,3 N.
7.128 (a) 148,3 m. (b) 5,625 kN.
7.129 (a) 35,6 m. (b) 49,2 kg.
7.130 49,86 m.
7.133 (a) 5,89 m. (b) 10,89 N.
7.134 10,05 m.
7.135 (a) 56,3 m. (b) 2,36 N/m.
7.136 (a) 30,2 m. (b) 56,6 kg.
7.139 31,8 N.
7.140 29,8 N.
7.143 (a) $a = 79,0$ m; $b = 60,0$ m. (b) 103,9 m.
7.144 (a) $a = 65,8$ m; $b = 50,0$ m. (b) 86,6 m.
7.145 119,1 N →.
7.146 177,6 N →.
7.147 3,50 m.
7.148 5,71 m.
7.151 0,394 m e 10,97 m.
7.152 0,1408.
7.153 (a) 0,338. (b) 56,5°; 0,755 wL.
7.154 (Em AJ) $\mathbf{F} = 750$ N ↑; $\mathbf{V} = 400$ N ←; $\mathbf{M} = 130,0$ N·m ↻.

Respostas

7.156 (Em *BJ*) **F** = 12,50 N ⦨ 30,0°; **V** = 21,7 N ⦩ 60,0°;
M = 0,75 N·m ↺.
7.157 (*a*) (Em *AJ*) **F** = 500 N ←; **V** = 500 N ↑; **M** = 300 N·m ↺.
(*b*) (Em *AK*) **F** = 970 N ↑; **V** = 171,0 N←; **M** = 446 N·m ↺.
7.158 (*a*) 40,0 kN. (*b*) 40,0 kN·m.
7.161 (*a*) 18,00 kN·m, 3,00 m de *A*.
(*b*) 34,1 kN·m, 2,25 m de *A*.
7.163 (*a*) 2,28 m. (*b*) **D**$_x$ = 13,67 kN →; **D**$_y$ = 7,80 kN ↑.
(*c*) 15,94 kN.
7.164 (*a*) 138,1 m. (*b*) 602 N.
7.165 (*a*) 4,22 m. (*b*) 80,3°.

CAPÍTULO 8

8.1 O bloco está em equilíbrio, **F** = 30,1 N ⦩ 20,0°.
8.2 O bloco se move para cima, **F** = 151,7 N ⦨ 20,0°.
8.3 O bloco está em movimento, **F** = 36,1 N ⦨ 30,0°.
8.4 O bloco está em equilíbrio, **F** = 36,3 N ⦨ 30,0°.
8.5 (*a*) 83,2 N. (*b*) 66,3 N.
8.7 (*a*) 29,7 N ←. (*b*) 20,9 N →.
8.9 74,5 N.
8.10 $17,91° \leq \theta \leq 66,4°$.
8.11 31,0°.
8.12 46,4°.
8.13 O pacote *C* não se move; **F**$_C$ = 10,16 N ↗.
Os pacotes *A* e *B* se movem; **F**$_A$ = 7,58 N ↗; **F**$_B$ = 3,03 N ↗.
8.14 Todos os pacotes se movem; **F**$_A$ = **F**$_C$ = 7,58 N ↗;
F$_B$ = 3,03 N ↗.
8.17 (*a*) 75,0 N. (*b*) O tubo deve deslizar.
8.18 (*a*) *P* = 144 N →. (*b*) $h_{máx}$ = 1 m.
8.19 *P* = 41,7 N.
8.20 *P* = 37,5 N.
8.21 (*a*) 0,300 *Wr*. (*b*) 0,349 *Wr*.
8.22 $M = Wr\mu_s (1 + \mu_s)/(1 + \mu_s^2)$.
8.23 (*a*) 136,4°. (*b*) 0,928 *W*.
8.25 0,208.
8.27 664 N ↓.
8.29 (*a*) A placa está em equilíbrio. (*b*) A placa se move para baixo.
8.30 10,00 N < *P* < 36,7 N.
8.32 0,860.
8.34 0,0533.
8.35 (*a*) 1,333. (*b*) 1,192. (*c*) 0,839.
8.36 (*b*) 2,69 N.
8.37 (*a*) 2,94 N. (*b*) 4,41 N.
8.39 30,6 N·m ↺.
8.40 18,90 N·m ↺.
8.41 540 N.
8.43 (*a*) O sistema desliza; *P* = 62,8 N. (*b*) O sistema gira em torno de *B*. *P* = 73,2 N.
8.44 35,8°.
8.45 20,5°.
8.46 1,225 *W*.
8.47 $46,4° \leq \theta \leq 52,4°$ e $67,6° \leq \theta \leq 79,4°$.
8.48 (*a*) 283 N ←. (*b*) **B**$_x$ = 413 N ←; **B**$_y$ = 480 N ↓.
8.49 (*a*) 107,0 N ←. (*b*) **B**$_x$ = 611 N ←; **B**$_y$ = 480 N ↓.
8.52 (*a*) 80,3 kN. (*b*) 30 kN.
8.53 (*a*) 41,7 kN. (*b*) 30 kN.
8.54 9,86 kN ←.
8.55 9,13 N ←.
8.56 (*a*) 28,1°. (*b*) 728 N ⦨ 14,04°.
8.57 (*a*) 50,4 N ↓. (*b*) 50,4 N ↓.
8.59 143,4 N.
8.60 7 N.
8.62 (*a*) 197,0 N →. (*b*) A base não deve se movimentar.

8.63 (*a*) 280 N ←. (*b*) A base se movimenta.
8.64 (*b*) 283 N ←.
8.65 0,442.
8.66 0,1103.
8.67 0,1013.
8.71 1,068 kN·m.
8.72 35,8 N·m.
8.73 9,02 N·m.
8.74 (*a*) Parafuso *A*. (*b*) 1,41 N·m.
8.77 0,226.
8.78 18,8 kN.
8.79 450 N.
8.80 412 N.
8.81 334 N.
8.82 376 N.
8.84 T_{AB} = 77,5 N; T_{CD} = 72,5 N. T_{EF} = 67,8 N.
8.86 (*a*) 4,80 kN. (*b*) 1,375°.
8.88 22,0 N ←.
8.89 1,95 N ↓.
8.90 18 N ←.
8.92 0,1670.
8.93 15 N.
8.98 48 N.
8.99 1 mm.
8.100 154,4 N.
8.101 300 mm.
8.102 (*a*) 1,288 kN. (*b*) 1,058 kN.
8.103 0,47 m.
8.104 (*a*) 0,329. (*b*) 2,67 voltas.
8.105 $14,23$ kg $\leq m \leq 175,7$ kg.
8.106 (*a*) 0,292. (*b*) 310 N.
8.109 31,8 N·m ↺.
8.110 (*a*) T_A = 42 N; T_B = 98 N. (*b*) 0,270.
8.111 (*a*) T_A = 55,7 N; T_B = 1043 N. (*b*) 10,95 N·m ↺.
8.112 35,1 N·m.
8.113 (*a*) 27,0 N·m. (*b*) 675 N.
8.114 (*a*) 39,0 N·m. (*b*) 844 N.
8.117 4,5 cm.
8.118 (*a*) 11,66 kg. (*b*) 38,6 kg. (*c*) 34,4 kg.
8.119 (*a*) 9,46 kg. (*b*) 167,2 kg. (*c*) 121,0 kg.
8.120 (*a*) 10,4 N. (*b*) 58,5 N.
8.121 (*a*) 28,9 N. (*b*) 28,9 N.
8.124 5,97 N.
8.125 9,56 N.
8.126 0,350.
8.128 (*a*) 0,3 N·m ↺. (*b*) 3,8 N ↓.
8.129 (*a*) 0,172 N·m ↺. (*b*) 2,15 N ↑.
8.133 (*a*) 51,0 N·m. (*b*) 875 N.
8.134 (*a*) 353 N ←. (*b*) 196,2 N ←.
8.136 (*a*) 144 N →. (*b*) 120 N →. (*c*) 51,4 N →.
8.137 $6,35 \leq L/a \leq 10,81$.
8.138 151,5 N·m.
8.140 0,225.
8.141 313 N →.
8.143 6,44 N·m.
8.144 (*a*) 0,238. (*b*) 218 N ↓.

CAPÍTULO 9

9.1 $a^3b/30$.
9.2 $3a^3b/10$.
9.3 $b^3h/12$.
9.4 $a^3b/6$.

- **9.6** $ab^3/6$.
- **9.8** $3ab^3/10$.
- **9.9** $ab^3/15$.
- **9.10** $ab^3/15$.
- **9.11** $0{,}1056\,ab^3$.
- **9.12** $3{,}43\,a^3b$.
- **9.15** $3a^3/35;\ b\sqrt{9/35}$.
- **9.16** $0{,}0945ah^3;\ 0{,}402h$.
- **9.17** $3a^3b/35;\ a\sqrt{9/35}$.
- **9.18** $31a^3h/20;\ a\sqrt{93/35}$.
- **9.21** $20a^4;\ 1{,}826a$.
- **9.22** $4ab(a^2+4b^2)/3;\ \sqrt{(a^2+4b^2)/3}$.
- **9.23** $64a^4/15;\ 1{,}265a$.
- **9.25** $(\pi/2)(R_2^4-R_1^4);\ (\pi/4)(R_2^4-R_1^4)$.
- **9.26** (b) para $t/R_m=1$, $-10{,}56\,\%$; para $t/R_m=1/2$, $-2{,}99\%$; para $t/R_m=1/10$; $-0{,}1250\,\%$.
- **9.28** $bh(12h^2+b^2)/48;\ \sqrt{(12h^2+b^2)/24}$.
- **9.31** $390\times 10^3\ \text{mm}^4;\ 21{,}9$ mm.
- **9.32** $460\times 10^3\ \text{mm}^4;\ 16$ mm.
- **9.33** $64{,}3\times 10^3\ \text{mm}^4;\ 8{,}87$ mm.
- **9.34** $465\times 10^3\ \text{mm}^4;\ 16{,}1$ mm.
- **9.37** $J_B=1800\ \text{mm}^4;\ J_D=3600\ \text{mm}^4$.
- **9.39** $3000\ \text{mm}^2;\ 325\times 10^3\ \text{mm}^4$.
- **9.40** $24{,}6\times 10^6\ \text{mm}^4$.
- **9.41** $\bar{I}_x=13{,}89\times 10^6\ \text{mm}^4;\ \bar{I}_y=20{,}9\times 10^6\ \text{mm}^4$.
- **9.42** $\bar{I}_x=479\times 10^3\ \text{mm}^4;\ \bar{I}_y=149{,}7\times 10^3\ \text{mm}^4$.
- **9.43** $\bar{I}_x=1{,}91\times 10^6\ \text{mm}^4;\ \bar{I}_y=752\times 10^3\ \text{mm}^4$.
- **9.44** $\bar{I}_x=181{,}3\times 10^3\ \text{mm}^4;\ \bar{I}_y=45{,}1\times 10^3\ \text{mm}^4$.
- **9.47** (a) $11{,}57\times 10^6\ \text{mm}^4$. (b) $7{,}81\times 10^6\ \text{mm}^4$.
- **9.48** (a) $12{,}16\times 10^6\ \text{mm}^4$. (b) $9{,}73\times 10^6\ \text{mm}^4$.
- **9.49** $\bar{I}_x=186{,}7\times 10^6\ \text{mm}^4;\ \bar{k}_x=118{,}6$ mm; $\bar{I}_y=167{,}7\times 10^6\ \text{mm}^4$. $\bar{k}_y=112{,}4$ mm.
- **9.50** $\bar{I}_x=18{,}4\times 10^6\ \text{mm}^4;\ \bar{k}_x=54{,}9$ mm.; $\bar{I}_y=11{,}6\times 10^6\ \text{mm}^4;\ \bar{k}_y=43{,}6$ mm.
- **9.51** $\bar{I}_x=103{,}8\times 10^6\ \text{mm}^4;\ \bar{k}_x=104$ mm.; $\bar{I}_y=57{,}5\times 10^6\ \text{mm}^4;\ \bar{k}_y=77{,}4$ mm.
- **9.52** $\bar{I}_x=260\times 10^6\ \text{mm}^4;\ \bar{k}_x=144{,}6$ mm; $\bar{I}_y=17{,}53\times 10^6\ \text{mm}^4;\ \bar{k}_y=37{,}6$ mm.
- **9.54** $\bar{I}_x=745\times 10^6\ \text{mm}^4;\ \bar{I}_y=91{,}3\times 10^6\ \text{mm}^4$.
- **9.55** $\bar{I}_x=3{,}55\times 10^6\ \text{mm}^4;\ \bar{I}_y=49{,}8\times 10^6\ \text{mm}^4$.
- **9.57** $h/2$.
- **9.58** $15h/14$.
- **9.59** $3\pi r/16$.
- **9.60** $4h/7$.
- **9.63** $5a/8$.
- **9.64** $80{,}0$ mm.
- **9.67** $a^4/2$.
- **9.68** $b^2h^2/4$.
- **9.69** $a^2b^2/6$.
- **9.71** $-1{,}760\times 10^6\ \text{mm}^4$.
- **9.72** $2{,}40\times 10^6\ \text{mm}^4$.
- **9.74** $-159{,}6\times 10^3\ \text{mm}^4$.
- **9.75** $471\times 10^3\ \text{mm}^4$.
- **9.76** $-90{,}1\times 10^6\ \text{mm}^4$.
- **9.78** $2{,}54\times 10^6\ \text{mm}^4$.
- **9.79** (a) $\bar{I}_{x'}=0{,}482a^4;\ \bar{I}_{y'}=1{,}482a^4;\ \bar{I}_{x'y'}=-0{,}589a^4$. (b) $\bar{I}_{x'}=1{,}120a^4;\ \bar{I}_{y'}=0{,}843a^4;\ \bar{I}_{x'y'}=0{,}760a^4$.
- **9.80** $\bar{I}_{x'}=2{,}12\times 10^6\ \text{mm}^4;\ \bar{I}_{y'}=8{,}28\times 10^6\ \text{mm}^4;\ \bar{I}_{x'y'}=-0{,}532\times 10^6\ \text{mm}^4$.
- **9.81** $\bar{I}_{x'}=10{,}3\times 10^6\ \text{mm}^4;\ \bar{I}_{y'}=20{,}2\times 10^6\ \text{mm}^4;\ \bar{I}_{x'y'}=-8{,}73\times 10^6\ \text{mm}^4$.
- **9.83** $\bar{I}_{x'}=96{,}78\times 10^3\ \text{mm}^4;\ \bar{I}_{y'}=519{,}22\times 10^3\ \text{mm}^4;\ \bar{I}_{x'y'}=46{,}64\times 10^3\ \text{mm}^4$.
- **9.85** $20{,}2°$ e $110{,}2°;\ 1{,}754a^4;\ 0{,}209a^4$.
- **9.86** $25{,}1°$ e $115{,}1°;\ \bar{I}_{\text{máx}}=8{,}32\times 10^6\ \text{mm}^4;\ \bar{I}_{\text{min}}=2{,}08\times 10^6\ \text{mm}^4$.
- **9.87** $29{,}7°$ e $119{,}7°;\ 25{,}3\times 10^6\ \text{mm}^4;\ 5{,}24\times 10^6\ \text{mm}^4$.
- **9.89** $-23{,}7°$ e $66{,}22°;\ 524{,}3\times 10^3\ \text{mm}^4;\ 91{,}7\times 10^3\ \text{mm}^4$.
- **9.91** (a) $\bar{I}_{x'}=0{,}482a^4;\ \bar{I}_{y'}=1{,}482a^4;\ \bar{I}_{x'y'}=-0{,}589a^4$. (b) $\bar{I}_{x'}=1{,}120a^4;\ \bar{I}_{y'}=0{,}843a^4;\ 0{,}760a^4$.
- **9.92** $\bar{I}_{x'}=2{,}12\times 10^6\ \text{mm}^4;\ \bar{I}_{y'}=8{,}28\times 10^6\ \text{mm}^4;\ \bar{I}_{x'y'}=-0{,}532\times 10^6\ \text{mm}^4$.
- **9.93** $\bar{I}_{x'}=10{,}3\times 10^6\ \text{mm}^4;\ \bar{I}_{y'}=20{,}2\times 10^6\ \text{mm}^4;\ \bar{I}_{x'y'}=-8{,}73\times 10^6\ \text{mm}^4$.
- **9.95** $\bar{I}_{x'}=96{,}79\times 10^3\ \text{mm}^4;\ \bar{I}_{y'}=519{,}21\times 10^3\ \text{mm}^4;\ \bar{I}_{x'y'}=46{,}63\times 10^3\ \text{mm}^4$.
- **9.97** $20{,}2°;\ 1{,}754a^4;\ 0{,}209a^4$.
- **9.98** $23{,}9°;\ 8{,}33\times 10^6\ \text{mm}^4;\ 1{,}465\times 10^6\ \text{mm}^4$.
- **9.99** $33{,}4°;\ 221\times 10^6\ \text{mm}^4;\ 24{,}9\times 10^6\ \text{mm}^4$.
- **9.100** $29{,}7°;\ 25{,}3\times 10^6\ \text{mm}^4;\ 5{,}24\times 10^6\ \text{mm}^4$.
- **9.103** (a) $-1{,}164\times 10^6\ \text{mm}^4$. (b) $19{,}53°$ sentido horário. (c) $4{,}343\times 10^6\ \text{mm}^4$.
- **9.104** $23{,}8°$ sentido horário; $0{,}524\times 10^6\ \text{mm}^4;\ 0{,}0917\times 10^6\ \text{mm}^4$.
- **9.105** $19{,}54°$ sentido anti-horário; $4{,}34\times 10^6\ \text{mm}^4;\ 0{,}647\times 10^6\ \text{mm}^4$.
- **9.106** (a) $25{,}3°$ sentido anti-horário. (b) $1{,}459\times 10^6\ \text{mm}^4;\ 40{,}5\times 10^3\ \text{mm}^4$.
- **9.107** (a) $88{,}0\times 10^6\ \text{mm}^4$. (b) $96{,}3\times 10^6\ \text{mm}^4;\ 39{,}7\times 10^6\ \text{mm}^4$.
- **9.111** (a) $\bar{I}_{AA'}=\bar{I}_{BB'}=ma^2/24$. (b) $ma^2/12$.
- **9.112** (a) $m(r_1^2+r_2^2)/4$. (b) $m(r_1^2+r_2^2)/2$.
- **9.113** (a) $0{,}0699\,mb^2$. (b) $m(a^2+0{,}279\,b^2)/4$.
- **9.114** (a) $mb^2/7$. (b) $m(7a^2+10b^2)/70$.
- **9.117** (a) $5ma^2/18$. (b) $3{,}61\,ma^2$.
- **9.118** (a) $0{,}994\,ma^2$. (b) $2{,}33\,ma^2$.
- **9.119** $m(3a^2+4L^2)/12$.
- **9.120** $1{,}329\,mh^2$.
- **9.121** (a) $0{,}241\,mh^2$. (b) $m(3a^2+0{,}1204\,h^2)$.
- **9.122** $m(b^2+h^2)/10$.
- **9.124** $ma^2/3;\ a/\sqrt{3}$.
- **9.126** $I_x=I_y=ma^2/4;\ I_z=ma^2/2$.
- **9.127** $1{,}286\times 10^{-6}\ \text{kg}\cdot\text{m}^2;\ 8{,}8$ mm
- **9.128** $837\times 10^{-9}\ \text{kg}\cdot\text{m}^2;\ 6{,}92$ mm.
- **9.130** $2\,mr^2/3;\ 0{,}816r$.
- **9.131** (a) 46 mm (b) $8{,}447\times 10^{-3}\ \text{kg}\cdot\text{m}^2;\ 45{,}4$ m.
- **9.132** (a) $\pi pl^2\,[6a^2t(5a^2/3l^2+2a/l+1)+d^2l/4]$. (b) $0{,}1851$.
- **9.133** (a) $27{,}5$ mm à direita de A. (b) $32{,}0$ mm.
- **9.135** $I_x=7{,}11\times 10^{-3}\ \text{kg}\cdot\text{m}^2;\ I_y=16{,}96\times 10^{-3}\ \text{kg}\cdot\text{m}^2;\ I_z=15{,}27\times 10^{-3}\ \text{kg}\cdot\text{m}^2$.
- **9.136** $I_x=175{,}5\times 10^{-3}\ \text{kg}\cdot\text{m}^2;\ I_y=309{,}10\times 10^{-3}\ \text{kg}\cdot\text{m}^2;\ I_z=154{,}4\times 10^{-3}\ \text{kg}\cdot\text{m}^2$.
- **9.138** $I_x=4{,}29\times 10^{-6}\ \text{kg}\cdot\text{m}^2;\ I_y=I_z=17{,}41\times 10^{-6}\ \text{kg}\cdot\text{m}^2$.
- **9.139** $I_x=282{,}5\times 10^{-6}\ \text{kg}\cdot\text{m}^2;\ I_y=108{,}6\times 10^{-6}\ \text{kg}\cdot\text{m}^2;\ I_z=372{,}2\times 10^{-6}\ \text{kg}\cdot\text{m}^2$.
- **9.141** (a) $13{,}99\times 10^{-3}\ \text{kg}\cdot\text{m}^2$. (b) $20{,}6\times 10^{-3}\ \text{kg}\cdot\text{m}^2$. (c) $14{,}30\times 10^{-3}\ \text{kg}\cdot\text{m}^2$.
- **9.142** $I_x=28{,}3\times 10^{-3}\ \text{kg}\cdot\text{m}^2;\ I_y=183{,}8\times 10^{-3}\ \text{kg}\cdot\text{m}^2;\ k_x=42{,}9$ mm; $k_y=109{,}3$ mm.
- **9.143** $38{,}1\times 10^{-3}\ \text{kg}\cdot\text{m}^2$.
- **9.145** (a) $26{,}4\times 10^{-3}\ \text{kg}\cdot\text{m}^2$. (b) $31{,}2\times 10^{-3}\ \text{kg}\cdot\text{m}^2$. (c) $8{,}58\times 10^{-3}\ \text{kg}\cdot\text{m}^2$.
- **9.147** $I_x=23{,}2\times 10^{-3}\ \text{kg}\cdot\text{m}^2;\ I_y=21{,}4\times 10^{-3}\ \text{kg}\cdot\text{m}^2;\ I_z=18\times 10^{-3}\ \text{kg}\cdot\text{m}^2$.
- **9.148** $I_x=0{,}323\ \text{kg}\cdot\text{m}^2;\ I_y=I_z=0{,}419\ \text{kg}\cdot\text{m}^2$.
- **9.149** $I_{xy}=2{,}50\times 10^{-3}\ \text{kg}\cdot\text{m}^2;\ I_{yz}=4{,}06\times 10^{-3}\ \text{kg}\cdot\text{m}^2;\ I_{zx}=8{,}81\times 10^{-3}\ \text{kg}\cdot\text{m}^2$.
- **9.150** $I_{xy}=286\times 10^{-6}\ \text{kg}\cdot\text{m}^2;\ I_{yz}=I_{zx}=0$.
- **9.151** $I_{xy}=-709{,}1\times 10^{-6}\ \text{kg}\cdot\text{m}^2;\ I_{yz}=208{,}5\times 10^{-6}\ \text{kg}\cdot\text{m}^2;\ I_{zx}=-869{,}2\times 10^{-6}\ \text{kg}\cdot\text{m}^2$.

9.152 $I_{xy} = -228.9 \times 10^{-6}$ kg·m²; $I_{yz} = -71.2 \times 10^{-6}$ kg·m²; $I_{zx} = 465.9 \times 10^{-6}$ kg·m².

9.155 $I_{xy} = -8.04 \times 10^{-3}$ kg·m²; $I_{yz} = 12.90 \times 10^{-3}$ kg·m²; $I_{zx} = 94.0 \times 10^{-3}$ kg·m².

9.156 $I_{xy} = 0$; $I_{yz} = 48.3 \times 10^{-6}$ kg·m²; $I_{zx} = -4.43 \times 10^{-3}$ kg·m².

9.157 $I_{xy} = 47.9 \times 10^{-6}$ kg·m²; $I_{yz} = 102.1 \times 10^{-6}$ kg·m²; $I_{zx} = 64.1 \times 10^{-6}$ kg·m².

9.158 $I_{xy} = -m' R_1^3/2$; $I_{yz} = m' R_1^3/2$; $I_{zx} = -m' R_2^3/2$.

9.159 $I_{xy} = wa^3(1 - 5\pi)g$; $I_{yz} = -11\pi\, wa^3/g$; $I_{zx} = 4wa^3(1 + 2\pi)/g$.

9.160 $I_{xy} = -11wa^3/g$; $I_{yz} = wa^3(\pi + 6)/2g$; $I_{zx} = -wa^3/4g$.

9.162 (a) $mac/20$. (b) $I_{xy} = mab/20$; $I_{yz} = mbc/20$.

9.165 18.17×10^{-3} kg·m².

9.166 11.81×10^{-3} kg·m².

9.167 $5Wa^2/18g$.

9.168 $4.41\, \gamma ta^4/g$.

9.169 281×10^{-3} kg·m².

9.170 0.354 kg·m².

9.173 (a) $1/\sqrt{3}$. (b) $\sqrt{7/12}$.

9.174 (a) $b/a = 2$; $c/a = 2$. (b) $b/a = 1$; $c/a = 0.5$.

9.175 (a) 2. (b) $\sqrt{2/3}$.

9.179 (a) $K_1 = 0.363ma^2$; $K_2 = 1.583ma^2$; $K_3 = 1.720ma^2$. (b) $(\theta_x)_1 = (\theta_z)_1 = 49.7°$, $(\theta_y)_1 = 113.7°$; $(\theta_x)_2 = 45.0°$ $(\theta_y)_2 = 90.0°$, $(\theta_z)_2 = 135.0°$; $(\theta_x)_3 = (\theta_z)_3 = 73.5°$, $(\theta_y)_3 = 23.7°$.

9.180 (a) $K_1 = 14.30 \times 10^{-3}$ kg·m²; $K_2 = 13.96 \times 10^{-3}$ kg·m²; $K_3 = 20.6 \times 10^{-3}$ kg·m². (b) $(\theta_x)_1 = (\theta_y)_1 = 90.0°$, $(\theta_z)_1 = 0°$; $(\theta_x)_2 = 3.42°$, $(\theta_y)_2 = 86.6°$, $(\theta_z)_2 = 90.0°$; $(\theta_x)_3 = 93.4°$, $(\theta_y)_3 = 3.43°$, $(\theta_z)_3 = 90.0°$.

9.182 (a) $K_1 = 0.1639Wa^2/g$; $K_2 = 1.054Wa^2/g$; $K_3 = 1.115Wa^2/g$. (b) $(\theta_x)_1 = 36.7°$, $(\theta_y)_1 = 71.6°$; $(\theta_z)_1 = 59.5°$; $(\theta_x)_2 = 74.9°$, $(\theta_y)_2 = 54.5°$, $(\theta_z)_2 = 140.5°$; $(\theta_x)_3 = 57.5°$, $(\theta_y)_3 = 138.8°$, $(\theta_z)_3 = 112.4°$.

9.183 (a) $K_1 = 2.26\gamma ta^4/g$; $K_2 = 17.27\gamma ta^4/g$; $K_3 = 19.08\gamma ta^4/g$. (b) $(\theta_x)_1 = 85.0°$, $(\theta_y)_1 = 36.8°$, $(\theta_z)_1 = 53.7°$; $(\theta_x)_2 = 81.7°$, $(\theta_y)_2 = 54.7°$; $(\theta_z)_2 = 143.4°$; $(\theta_x)_3 = 9.70°$, $(\theta_y)_3 = 99.0°$, $(\theta_z)_3 = 86.3°$.

9.185 $I_x = 16ah^3/105$; $I_y = ha^3/5$.

9.186 $\pi a^3 b/8$; $a/2$.

9.188 $\bar{I}_x = 1.874 \times 10^6$ mm⁴; $\bar{I}_y = 5.82 \times 10^6$ mm⁴.

9.189 (a) 3.13×10^6 mm⁴. (b) 2.41×10^6 mm⁴.

9.191 -1.165×10^6 mm⁴.

9.193 (a) $ma^2/3$. (b) $3ma^2/2$.

9.195 $I_x = 0.877$ kg·m²; $I_y = 1.982$ kg·m²; $I_z = 1.652$ kg·m².

9.196 18.2×10^{-3} kg·m².

CAPÍTULO 10

10.1 65,0 N ↓.
10.2 120 N →.
10.3 39,0 N·m ↓.
10.4 30 N·m ↑.
10.5 (a) 60,0 N C, 8,00 mm ↓. (b) 300 N C, 40,0 mm ↓.
10.6 (a) 120,0 N C, 16,00 mm ↓. (b) 300 N C, 40,0 mm ↓.
10.9 $Q = 3P \operatorname{tg} \theta$.
10.10 $Q = P[(l/a)\cos^3\theta - 1]$.
10.12 $Q = 2P \operatorname{sen}\theta/\cos(\theta/2)$.
10.14 $Q = (3P/2)\operatorname{tg}\theta$.
10.15 $M = Pl/2\,\operatorname{tg}\theta$.
10.16 $M = Pl(\operatorname{sen}\theta + \cos\theta)$.
10.17 $M = \tfrac{1}{2}Wl \operatorname{tg}\alpha \operatorname{sen}\theta$.
10.18 (a) $M = Pl\operatorname{sen}2\theta$. (b) $M = 3Pl\cos\theta$. (c) $M = Pl\operatorname{sen}\theta$.

10.19 426 N·m ↓.
10.20 1,14 kN ⤢ 70,0°.
10.23 38,7°.
10.24 68,0°.
10.27 36,4°.
10.28 67,1°.
10.30 25,0°.
10.31 39,7° e 69,0°.
10.32 390 mm.
10.33 330 mm.
10.35 38,7°.
10.36 52,4°.
10.37 22,6°.
10.38 51,1°.
10.39 59,0°.
10.40 78,7°, 324°, 379°.
10.43 12,03 kN ↘.
10.44 20,4°.
10.45 9,43 kN ↖.
10.46 9,99 kN ↖.
10.48 300 N·m, 81,8 N·m.
10.49 $\eta = 1/(1 + \mu \cot\alpha)$.
10.50 $\eta = \operatorname{tg}\theta/\operatorname{tg}(\theta + \phi_s)$.
10.52 37,6 N, 31,6 N.
10.53 $\mathbf{A} = 250$ N ↑; $\mathbf{M}_A = 450$ N·m ↰.
10.54 1050 N ↑.
10.57 21,1 mm ↓.
10.58 15,8 mm →.
10.60 25,0°.
10.61 39,7° e 69,0°.
10.62 390 mm.
10.69 $\theta = -45,0°$, instável; $\theta = 135,0°$, estável.
10.70 $\theta = -63,4°$, instável; $\theta = 116,6°$, estável.
10.71 $\theta = 90,0°$ e $\theta = 270°$, instável; $\theta = 22,0°$ e $\theta = 158,0°$, estável.
10.72 $\theta = 0$ e $\theta = 180,0°$, instável; $\theta = 75,5°$ e $\theta = 284°$, estável.
10.73 59,0°, estável.
10.74 78,7°, estável; 324°, instável; 379°, estável.
10.77 357 mm.
10.78 252 mm.
10.80 9,39° and 90,0°, estável; 34,16°, instável.
10.81 17,11°, estável; 72,9°, instável.
10.83 49,1°.
10.86 16,88 m.
10.87 54,8°.
10.88 37,4°.
10.89 $P < kl/2$.
10.91 $k > 1,74$ kN/m.
10.92 300 mm.
10.93 $P < 2kL/9$.
10.94 $P < kL/18$.
10.96 $P < 160,0$ N.
10.98 $P < 764$ N.
10.100 (a) P < 40 N. (b) P < 80 N.
10.101 60,0 N ↓.
10.102 12 N·m ↓.
10.103 500 N ↑.
10.105 $M = 7Pa\cos\theta$
10.107 19,40°.
10.108 142,5 mm.
10.110 $\theta = 0$, instável; $\theta = 137,8°$, estável.
10.112 (a) 22,0°. (b) 30,6°.

Créditos das fotos

CAPÍTULO 1
Abertura: ©Renato Bordoni/Alamy; **Foto 1.1:** NASA; **Foto 1.2:** NASA/JPL-Caltech.

CAPÍTULO 2
Abertura: ©Getty Images RF; **Foto 2.1:** ©DGB/Alamy; **Foto 2.2:** ©Michael Doolittle/Alamy; **Foto 2.3:** ©Flirt/ SuperStock; **Foto 2.4:** ©WIN-Initiative/Neleman/Getty Images.

CAPÍTULO 3
Abertura: ©St Petersburg Times/ZumaPress/Newscom; Fig. 3.11a: ©Gavela Montes Productions/Getty Images RF; Fig. 3.11b: ©Image Source/Getty Images RF; Fig. 3.11c: ©Valery Voennyy/Alamy RF; Fig. 3.11d: ©Monty Rakusen/Getty Images RF; **Foto 3.1:** ©McGraw-Hill Education/Foto de Lucinda Dowell; **Foto 3.2:** ©Steve Hix; **Foto 3.3:** ©Jose Luis Pelaez/Getty Images; **Foto 3.4:** ©Images-USA/ Alamy RF; **Foto 3.5:** ©Dana White/PhotoEdit.

CAPÍTULO 4
Abertura: ©View Stock/Getty Images RF; **Fotos 4.1, 4.2:** ©McGraw-Hill Education/Fotos de Lucinda Dowell; Fig. 4.1(Mancal basculante): Cortesia de Godden Collection. National Information Service for Earthquake Engineering, University of California, Berkeley; Fig. 4.1(Hastes): Cortesia de Michigan Department of Transportation; Fig. 4.1(Deslizador e haste): ©McGraw-Hill Education/Foto de Lucinda Dowell; Fig. 4.1(Apoios de pino): Cortesia de Michigan Department of Transportation; Fig. 4.1(Apoio tipo cantiléver): ©Richard Ellis/Alamy; **Foto 4.3:** ©McGraw-Hill Education/Foto de Lucinda Dowell; **Foto 4.4:** Cortesia de SKF, Limited.

CAPÍTULO 5
Abertura: ©Akira Kaede/Getty Images RF; **Foto 5.1:** ©Christie's Images Ltd./SuperStock; **Foto 5.2:** ©C Squared Studios/Getty Images RF; **Foto 5.3:** ©Michel de Leeuw/Getty Images RF; **Foto 5.4:** ©maurice joseph/Alamy; Fig. 5.18: ©North Light Images/agefotostock; **Foto 5.5:** NASA/Carla Thomas

CAPÍTULO 6
Abertura: ©Lee Rentz/Photoshot; **Foto 6.1a:** ©Datacraft Co Ltd/Getty Images RF; **Foto 6.1b:** ©Fuse/Getty Images RF; **Foto 6.1c:** ©Design Pics/Ken Welsh RF; **Foto 6.2:** Cortesia de Godden Collection. National Information Service for Earthquake Engineering, University of California, Berkeley; **Foto 6.3:** Cortesia de Ferdinand Beer; **Foto 6.4:** ©McGraw-Hill Education/Foto de Sabina Dowell; **Foto 6.5:** ©James Hardy/PhotoAlto RF; **Foto 6.6:** ©Mark Thiessen/National Geographic Society/Corbis; **Foto 6.7:** ©Getty Images RF.

CAPÍTULO 7
Abertura: ©Jonatan Martin/Getty Images RF; **Foto 7.1:** ©McGraw-Hill Education/Foto de Sabina Dowell; Fig. 7.6(Viga contínua): ©Ross Chandler/Getty Images RF; Fig. 7.6(Viga apoiada com extremidade em balanço): ©Goodshoot/Getty Images RF; Fig. 7.6(Viga em balanço): ©Ange/ Alamy; **Foto 7.2:** ©Alan Thornton/Getty Images; **Foto 7.3:** ©Bob Edme/AP Photo; **Foto 7.4:** ©Thinkstock/Getty Images RF; **Foto 7.5a:** ©Ingram Publishing/Newscom; **Foto 7.5b:** ©Karl Weatherly/ Getty Images RF; **Foto 7.5c:** ©Eric Nathan/Alamy.

CAPÍTULO 8
Abertura: ©Bicot (Marc Caya); **Foto 8.2:** ©Tomohiro Ohsumi/Bloomberg/Getty Images; **Foto 8.3:** ©Leslie Miller/agefotostock; **Foto 8.4:** Cortesia de REMPCO Inc.; **Foto 8.5:** ©Bart Sadowski/Getty Images RF; **Foto 8.6:** ©Fuse/Getty Images RF.

CAPÍTULO 9
Abertura: ©ConstructionPhotography.com/Photoshot; **Foto 9.1:** ©Barry Willis/Getty Images; **Foto 9.2:** ©loraks/Getty Images RF.

CAPÍTULO 10
Abertura: ©Tom Brakefield/SuperStock; **Foto 10.1:** Cortesia de Brian Miller; **Foto 10.2:** Cortesia de Altec, Inc.; **Foto 10.3:** Cortesia de DE-STA-CO.

Índice

A

Adição
- de binários, 123–124
- de forças, 4, 32–33
- de vetores, 18–20
- lei do paralelogramo para, 4, 18
- regra do triângulo, 19–20
- soma dos componentes x e y, 32–33

Análise de estruturas, 297–366
- aplicações do trabalho virtual, 578–580
- elementos sem força aplicada, 305
- elementos sujeitos a duas forças, 299, 300
- elementos sujeitos a múltiplas forças, 299, 330
- estruturas, 299, 330–338
- máquinas, 299, 330, 348–351
- reações de forças internas, 298–299
- terceira lei de Newton para, 299
- treliças, 299–309, 317–324

Análise. *Ver* Análise de estruturas

Ângulos
- avanço, 451
- de atrito, 433–434
- de repouso, 434
- formados por dois vetores, 106, 113

Apoio por cabos, 173, 206
Apoios de pino, 173–174, 206
Apoios fixos, 174, 206

Área
- centroide de formatos usuais, 238
- corpos bidimensionais, 231, 235–237, 244
- momento de primeira ordem de, 231, 235–237, 244, 250
- unidades de, 7–9

Atrito, 429–484
- ângulos de, 433–434
- círculo de, 460
- coeficientes de, 432–433
- correia, 469–474
- cunhas, 450, 452, 454
- deslizamento, 170–171, 171
- disco, 460–462, 465
- eixo, 459–460, 465
- fluido, 430–431
- forças de, 430–431
- lubrificação e, 431, 459
- mancais de deslizamento, 459–460, 465
- mancais de escora, 459, 460–462, 465
- parafusos, 450–451, 453–454
- resistência ao rolamento, 462–463, 465
- roda, 462–463, 465
- seco, 430–441

Atrito de Coulomb, *ver* Atrito seco

Atrito seco, 430–441
- ângulos de, 433–434
- coeficientes de, 432–433
- força de atrito cinético, 431–432
- força de atrito estático, 431–432
- leis de, 431
- problemas que envolvem, 434–441

Avanço e ângulo de avanço, 451, 454

B

Binários, 120–128
- adição de, 123–124
- equivalentes, 121–123
- momento de, 120–121
- resolução de sistema força-binário, 124–125
- trabalho de, 577

Binários resultantes, 138–141

Braço de momento, 91. *Ver também* Linha de ação

C

Cabos, 368, 403–410, 416–420
- catenária, 416–420
- flecha, 405
- forças internas de, 368, 403–410
- parabólicos, 405–406, 410
- soluções para reações, 409–410, 420
- suportando cargas concentradas, 403–404, 409
- suportando cargas distribuídas, 404–405, 410, 416–420
- suportando cargas verticais, 403–404, 409
- vão, 405

Cargas concentradas
- suporte de cabos, 403–404, 409
- vigas, 262–263, 378

Cargas uniformemente distribuídas, 378

Catenária, 416–420

Centro de gravidade, 84
- corpos bidimensionais, 231–233
- corpos compostos, 275
- corpos tridimensionais, 273–275, 282
- localização de, 232–233
- placas compostas, 239–240
- resolução de problemas com, 239–244
- superfície composta, 240

Centro de pressão, 263

Centroide, 231, 233–235
- corpos bidimensionais, 233–235, 238–239
- corpos tridimensionais, 274–277
- de áreas, 233–235, 238, 244, 249–250, 262–268
- de formatos simples, 238–239, 276
- de linhas, 233–235, 239, 244
- de volume, 274–277
- integração para a determinação de, 249–250, 277
- localização de, 233–235, 244
- problemas de cargas distribuídas com o uso de, 262–268
- teoremas de Pappus-Guldinus, 250–252

Círculo de atrito, 460, 465
Círculo de Mohr para momentos de inércia, 523–526

Coeficientes de atrito, 432–433
- cinético, 432
- de resistência ao rolamento, 463, 465
- estático, 432

Componentes retangulares
- corpos rígidos, 88–90, 93–94
- forças espaciais (tridimensionais), 52–55
- forças planares (bidimensionais), 29–32
- momentos de uma força, 93–94
- partículas, 29–32, 52–55
- produtos vetoriais, 88–90
- vetores unitários para, 29–32, 54–55

Compressão, deformação a partir de, 86
Compressibilidade de fluidos, 2
Comprimento, conversão de unidades de, 10–11

Condições de carregamento
- cabos, 368, 403–410, 416–420
- centro de pressão, 263
- centroide de uma área, 262–268
- concentrada, 262–263, 378, 403–404, 409
- distribuída, 262–268, 378, 404–405, 410, 416–120
- relações com esforço cortante e momento fletor, 391–399
- superfícies submersas, 263, 265–268
- uniformemente distribuída, 378
- vigas, 262–264, 267, 368, 378–386

Conexões, 172–174. *Ver também* Reações de apoio
Conversão de unidades, 10–12
Corpo sujeito à ação de duas forças, equilíbrio de, 195, 198
Corpo sujeito à ação de três forças, equilíbrio de, 196–198

Corpos bidimensionais, 232–244
- centro de gravidade, 232–233, 244
- elementos planares, 232–244
- localização do centroide de uma área ou linha, 233–235, 238–239, 244
- momentos de primeira ordem de áreas e linhas, 235–237, 244
- placas e fios compostos, 237–240

Corpos compostos, 275–276
- centro de gravidade de, 275
- centroide de, 275–276
- momento de inércia de massa para, 533–540, 556

Corpos de formato arbitrário, momentos de inércia de, 552–553, 556
Corpos deformados, mecânica de, 2
Corpos rígidos, 83, 82–168, 169–229
- binários, 120–128
- componentes retangulares, 88–90, 93–94
- diagramas de corpo livre para, 170–172

forças vinculares, 172, 176–177, 205
mecânica de, 2, 4
princípio da transmissibilidade e, 4, 83, 85–87
produtos escalares, 105–106
produtos vetoriais, 87–90, 105–108
reações, 172–174
trabalho virtual, aplicação a sistemas ligados, 578–580
vetores deslizantes, representação, 18, 83
Corpos rígidos, equilíbrio de, 169–229
corpo sujeito à ação de duas forças, 195, 198
corpo sujeito à ação de três forças, 196–198
estruturas bidimensionais, 172–183
estruturas tridimensionais, 204–213
reações de apoio para, 172–174, 204–206
reações estaticamente determinadas, 176
reações estaticamente indeterminadas, 176–177
Corpos rígidos, momentos
de um binário, 120–128
de uma força em relação a um eixo, 84, 105–114
de uma força em relação a um ponto, 83, 90–99
Corpos rígidos, sistemas de
centro de gravidade, 84
deformação e, 86–87
forças externas, 84–85
forças internas, 84, 86–87
peso e, 84–85
ponto de aplicação, 84–85
redução a um sistema força-binário, 136–137
simplificando, 136–150
Corpos rígidos, sistemas força-binário
binários resultantes, 138–141
decomposição da força em, 124–125, 128
equipolente, 138
reduzir um sistema de forças em, 136–137
sistemas equivalentes reduzidos a, 137–138
torsor, 141–142
Corpos tridimensionais, 273–282
centro de gravidade, 273–275, 282
corpos compostos, 275–276
localização do centroide de um sólido, 274–277, 282
Cossenos diretores, 53, 55
Cunhas, 450, 452, 454

D

Deformação, 86–87
forças internas e, 86
princípio da transmissibilidade para prevenção de, 86–87
Deslizamento iminente, 470
Deslizamento, atrito em correia e, 470–471, 474
Deslocamento
de uma partícula, 575
finito, 595–597
trabalho e, 577–578, 585, 595–597
virtual, 577–578, 585

Diagrama espacial, 40
Diagramas de corpo livre, 13
análise de elementos de máquina, 348, 351
análise de estruturas, 330–332
análise de treliças no método dos nós, 303
problemas bidimensionais, 40–41, 170–172
Diagramas de corpo livre, equilíbrio
força de um corpo rígido, 170–172
força de uma partícula, 40–41
Direção e sentido de uma força, 17, 31. *Ver também* Linha de ação
Distância perpendicular entre linhas, 109, 113–114

E

Eficiência mecânica, 580–581
Eixo neutro, 487
Eixos e momentos de inércia principais
de um corpo, 551–553, 557
de uma superfície, 514–516, 519
elipsoide de inércia, 550–552
em relação ao centroide, 516
para um corpo de formato arbitrário, 552–553, 556
Elementos
de máquina, análise, 348, 351
diagramas de corpo livre de, 330–332
esforço cortante em, 370
forças axiais em, 369, 370
forças internas em, 368–373
redundantes, 319
sem força aplicada, 305
sujeitos a duas forças, 299, 300, 370
sujeitos a múltiplas forças, 299, 330, 369–370
Elipsoide de inércia, 550–552
Embreagem a disco, 465
Energia potencial
em relação à força elástica (uma mola), 597, 602
em relação à gravidade (peso), 597, 602
equações de, 597–598
equilíbrio e, 598–599, 602
trabalho virtual e, 574, 597–599, 602
Equação de superfície quadrática, 550
Equilíbrio, 39
determinação de estruturas, 332–333
diagramas de corpo livre para, 40–41, 170–172
equações de, 39–40
estável, 599–600
instável, 599–600
neutro, 599
primeira lei de Newton do movimento e, 40
princípio da transmissibilidade e, 4
relações de força e, 16, 39–45
Equilíbrio, condições do trabalho virtual, 598–602
energia potencial e, 598–599, 602
estabilidade e, 599–602
Equilíbrio de corpos rígidos, 169–229
corpo sujeito à ação de duas forças, 195, 198
corpo sujeito à ação de três forças, 196–198
estruturas bidimensionais, 172–183

estruturas tridimensionais, 204–213
reações em apoios, 172–174, 204–206
reações estaticamente determinadas, 176
reações estaticamente indeterminadas, 176–177, 205
Equilíbrio de uma partícula, 39–40, 66–74
problemas bidimensionais (plano), 39–40
problemas tridimensionais (espaço), 66–74
Escalares, 18
componentes de uma força retangular, 30, 53
produto do vetor e, 20
representação de força da partícula, 18
Esforço cortante, 370–373
diagramas para, 381, 386
forças externas e, 380
forças internas, 368, 370–373
relações entre carga e, 391–392
relações entre momento fletor e, 392–393
vigas, 368, 370, 379–381, 385, 391–399
Espaço, conceito de, 3. *Ver também* Problemas tridimensionais
Estática
de partículas, 15–81
estado de equilíbrio, 16
função na mecânica, 2
resultante de forças, 16–17, 20
Estruturas
análise de, 297–366
bidimensionais, 172–183
equilíbrio de, 172–183, 204–213
reações estaticamente determinadas, 176, 333
reações estaticamente indeterminadas, 176–177, 205, 333
tridimensionais, 204–213
Estruturas, 299, 330–338
diagramas de corpo livre de elementos da força, 330–332
elementos sujeitos a múltiplas forças, 299, 330
equilíbrio das forças, 332–333
estaticamente determinada e rígida, 333
estaticamente indeterminada e não rígida, 333
que entram em colapso sem apoios, 332–333

F

Flecha, 405
Flexão pura, 487
Fluidos, 2
Força. *Ver também* Forças distribuídas; Sistemas de forças
atrito cinético, 431–432
atrito estático, 431–432
atrito, 430–431
conceito de, 3
concorrente, 20, 138
conservativa, 597
conversão de unidades de, 11
coplanar, 19–20, 139–140
de entrada (máquinas), 348
de saída (máquinas), 348

direção, 17, 31
elástica, 597
equilíbrio de partícula e, 15-81
equilíbrio e, 16, 39-45
equivalente, 85
gravidade, 597
intensidade, 17, 52, 56-57
lei do paralelogramo para adição de, 4
linha de ação (direção), 17, 56-57
paralela, 140-141
peso, 4-5
ponto de aplicação, 17
representação escalar, 18, 20
representação vetorial, 17-20
sentido de, 17
trabalho de, 575-577, 595-597
vinculada, 172, 176-177, 205
Força, três dimensões do espaço, 52-74
   componentes escalares, 53
   componentes retangulares, 52-55
   resultante de forças concorrentes, 57
   vetores unitários para, 54-55
Forças concorrentes
   resultantes, 20, 57
   sistemas de redução de, 138
Forças coplanares
   resultantes, 19-20
   sistema de redução de, 139-140
Forças de entrada, 348, 580
Forças de saída, 348, 580
Forças distribuídas, 230-296. *Ver também* Centroides
   cabos sustentando cargas, 404-405, 410, 416-120
   carga concentrada e, 262-263
   cargas em vigas, 262-264, 267, 378
   métodos de integração para localização do centroide, 249-257, 277, 282
   superfícies submersas, 263, 265-268
Forças distribuídas, corpos bidimensionais, 232-244
   centro de gravidade, 232-233, 244
   localização do centroide de áreas e linhas, 233-235, 238-239, 244
   momentos de primeira ordem de áreas e linhas, 235-237, 244
   placas e fios compostos, 237-240
   elementos planares, 232-244
Forças distribuídas, corpos tridimensionais, 273-282
   centro de gravidade, 273-275, 282
   corpos compostos, 275-276
   localização do centroide de sólidos, 274-277, 282
Forças distribuídas, momentos de inércia, 485-572
   de massas, 487
   de superfícies, 487-494, 498-506
   polar, 486, 490, 494
   transformação de, 513-519
Forças externas, 84-85
   esforço cortante e momento fletor, convenções, 380
   sistemas equivalentes e, 84-85
Forças hidrostáticas, sistema de, 488, 506

Forças internas, 84, 367-428
   análise de estruturas e, 298-299
   cabos, 368, 403-410, 416-420
   carregamento, 378-379, 391-399, 403-405
   corpos rígidos, 84, 86-87
   deformação e, 86-87
   diagrama de esforço cortante e de momento fletor, 381, 386
   em compressão, 86, 368
   em elementos, 368-373
   em tração, 86, 368
   esforço cortante como, 368, 370, 379-381, 385, 391-399
   forças axiais, 369, 370
   momento fletor, 368, 370, 379-381, 385, 391-399
   princípio da transmissibilidade para equilíbrio de, 86-87
   relações entre carregamento, esforço cortante e momento fletor, 391-399
   sistemas equivalentes e, 84, 86-87
   vigas, 368, 378-386
Forças paralelas, redução de sistema de, 140-141
Forças planares, 16-51
   componentes escalares, 30
   componentes retangulares, 29-32
   decomposição em componentes, 20-21
   equilíbrio de, 39-45
   intensidade de, 17
   lei do paralelogramo para, 17
   linha de ação, 17
   representação escalar de, 18, 20
   representação vetorial de, 17-20
   resultante de duas forças, 17
   resultante de várias forças concorrentes, 20
   soma dos componentes x e y, 32-33
   vetores unitários para, 29-32
Forças vinculares, 172, 176-177, 205
   completamente vinculada, 176
   corpos rígidos bidimensionais, 176-177
   corpos tridimensionais, 205
   diagrama de corpo livre para reações, 172
   impropriamente vinculada, 177, 205
   parcialmente vinculada, 176, 205

G
Graus de liberdade, 600
Gravidade (peso)
   energia potencial em relação a, 597, 602
   trabalho de, 596

H
Hidráulica, 2

I
Integração
   dupla, 249, 277
   teoremas de Pappus-Guldinos aplicados a, 250-252
   tripla, 277

Integração, centroides determinados por
   de um sólido, 277
   de uma superfície, 249-250
Integração, momentos de inércia determinados por
   de uma massa, 533, 540
   de uma superfície, 488-489, 494
   para um corpo de revolução, 533, 540
   para um corpo tridimensional, 533
   para uma superfície retangular, 488-489
   pelo uso das mesmas faixas elementares, 489
Intensidade de uma força
   características de força, 3-4, 17
   características de vetor, 52
   corpos rígidos, 90-92
   linha de ação e, 4, 17, 56-57
   momentos de uma força, 90-92
   partículas, 17, 52, 56-57
   reações com direção e sentido desconhecidos e, 173-174
   unidades de, 71

L
Lei do paralelogramo, 4
   adição de dois vetores, 18
   adição de forças, 4
   resultante de duas forças, 17
Leis de Newton, 4-5
   gravidade, 4-5
   movimento, 4, 40
   partículas em equilíbrio e, 40
   primeira lei do movimento, 4, 40
   segunda lei do movimento, 4
   terceira lei do movimento, 4, 299
Linha de ação, 17
   corpos rígidos, 91-92, 172-173
   força planar (bidimensional), 17
   força tridimensional (espaço), 54-57
   intensidade e, 3-4, 17
   momento de uma força, 91-92
   partículas, 17, 54-57
   reações com linha de ação conhecida, 172-173
   representação de direção e sentido de uma força, 4, 17, 56-57
   vetor unitário ao longo de, 54-55
Linhas
   centroides mais comuns de, 239
   corpos bidimensionais, 231, 235-237, 244
   momento de primeira ordem de, 231, 235-237, 244
Lubrificação, atrito e, 431, 459

M
Mancais de deslizamento, atrito em eixo de, 459-460, 465
Mancais de escora, 460-461
Mancais de escora, atrito em disco de, 459, 460-462, 465
Mancais de extremidade, 460-461
Máquinas
   análise de estruturas de, 299, 330, 348-351
   diagramas de corpo livre de elementos, 348, 351

eficiência mecânica de, 580–581
elementos sujeitos a múltiplas forças, 299, 330
forças de entrada, 348
forças de saída, 348
Massa
    conceito de, 3
    conversão de unidades de, 11
    eixos e momentos principais, 551–553, 557
    produto de inércia, 549–550, 556
Massa, momentos de inércia de, 487, 529–540
    corpo simples, 529–530
    corpos compostos, 533–540, 556
    formatos geométricos simples, 500, 534
    placas delgadas, 531–533
    integração usada para determinar, 533, 540
    teorema dos eixos paralelos para, 530–531, 539
Mecânica
    conversão de unidades, 10–12
    de corpos deformáveis, 2
    de corpos rígidos, 2, 3
    de fluidos, 2
    de partículas, 3–4
    estudo de, 2–3
    função da estática e da dinâmica em, 2
    método de resolução de problemas, 12–14
    newtoniana, 3
    precisão numérica, 14
    princípios e conceitos fundamentais, 3–5
    relativística, 3
    sistemas de unidades, 5–10
Método das seções, 317–323
Método dos nós, 302–309
Metodologia SMART para resolução de problemas, 13
Molas (força elástica), trabalho de, 596–597, 602
Momento de inércia polar, 486, 490, 494
Momento de primeira ordem
    da área ou linha, 231, 235–237, 244
    do sólido, 274
Momentos de inércia, 485–572
    círculo de Mohr, 523–526
    de corpos de formato arbitrário, 552–553, 556
    eixo neutro, 487
    erros de unidades, 539
    integração usada para determinar, 488–489, 494, 533, 540
    momento de segunda ordem, 486–487, 494
    polar, 486, 490, 494
    raio de giração, 490–491, 494, 530
    teorema dos eixos paralelos para, 498–506, 514, 530–531, 539, 550
Momentos de inércia de superfícies, 487–494, 498–506
    de formatos geométricos simples, 500
    de superfícies compostas, 499–506
    para um sistema de forças hidrostáticas, 488, 506
Momentos de inércia dos corpos, 487, 529–540
    de formatos geométricos simples, 500, 534
    de um corpo simples, 529–530

    para corpos compostos, 533–540, 556
    para placas delgadas, 531–533, 539
Momentos de inércia, transformação de, 513–519, 549–556
    eixos e momentos principais, 514–516, 519, 551–553, 557
    elipsoide de inércia, 550–552
    produto de inércia de corpos, 549–550, 556
    produto de inércia, 513–514, 519
Momentos de uma força de um binário, 120–121
Momentos de uma força em relação a um eixo, 84, 105–114
    ângulos formados por dois vetores, 106, 113
    dada origem para, 108–109
    distância perpendicular entre linhas, 109, 113–114
    ponto arbitrário para, 109–110
    produto triplo misto, 107–108
    produtos escalares, 105–106
    projeção de um vetor para, 106, 113
Momentos de uma força em relação a um ponto, 83, 90–99
    componentes retangulares de, 93–94
    intensidade de, 90–92
    linha de ação (braço de momento), 91–92
    problemas bidimensionais, 92–93, 94, 99
    problemas tridimensionais, 93–94, 99
    produtos vetoriais, 90
    regra da mão direita para, 90
    teorema de Varignon para, 93
    vetor de posição, 90
Momentos fletores, 370–373
    diagramas para, 381, 386
    forças externas e, 380
    forças internas como, 368, 370–373
    relações de esforços cortantes com, 392–393
    vigas, 379–381, 385, 391–399
Movimento
    corpos rígidos, 84–85
    deslizamento, 470–471, 474
    forças externas e, 84–85
    iminente, 432–433, 441, 470
    partículas, 40
    peso e, 84–85
    primeira lei de Newton de, 4, 40
    relativo, 435
    rotação, 85
    translação, 85

N

Nós sujeitos a condições especiais de carregamento, 304–306

P

Pappus-Guldinus, teoremas de, 250–252
Parafusos, 450–451, 453–454
    atrito e, 450–451, 453–454
    autotravante, 451
    avanço e ângulo de avanço, 451, 454

    passo, 451, 454
    rosca quadrada, 450–451, 454
Partículas, 3–4
    deslocamento de, 575
    direção e sentido de uma força, 17, 31
    escalares para representação de forças, 18, 20, 30
    estática de, 15–81
    intensidade de uma força, 17, 52, 56–57
    linha de ação (direção), 17, 56–57
    mecânica de, 3–4
    resultante de forças, 16–17, 20
    vetores para representação de forças, 17–20, 29–30
    vetores unitários para, 29–32, 54–55
Partículas, problemas bidimensionais (plano), 16–50
    adição de forças por componentes, 29–35
    componentes retangulares, 29–32
    decomposição de várias forças em dois componentes, 32–33
    diagramas de corpo livre, 40–41
    equilíbrio de, 39–45
    forças concorrentes, resultantes, 20
    forças planares em, 16–25
    primeira lei de Newton do movimento para, 40
Partículas, problemas tridimensionais (espaço), 52–74
    adição de forças no espaço, 52–62
    componentes retangulares, 52–55
    cossenos diretores para, 53, 55
    equilíbrio de, 39–45
    força definida por sua intensidade e por dois pontos, 56–57
    forças concorrentes, resultantes, 57
Passo, 451, 454
Peso, 4–5
    centro de gravidade, 84
    como uma força, 4–5
    energia potencial afetada por, 597, 602
    forças externas, 84–85
    gravidade e, 596–597, 602
    movimento de um corpo rígido e, 84–85
    ponto de aplicação, 84
    trabalho de, 596
Pinos sem atrito, 173–174
Placas
    centro de gravidade para, 239–240
    circulares, 533
    compostas, 239–240
    delgadas, 532–533, 539
    momento de inércia de corpo para, 532–533
    retangulares, 533
Placas delgadas, momento de inércia de massa para, 532–533, 539
Placas e fios compostos, 237–240
Ponto de aplicação, 17, 84–85
Precisão numérica, 14
Princípio da transmissibilidade, 4, 83, 85–87
    corpos rígidos, aplicação, 83, 85–87
    forças equivalentes de, 85–87
    vetores deslizantes, 83, 85

Princípio do trabalho virtual, 574, 577–580, 585
   aplicação de, 578–580
   deslocamento virtual, 577–578, 585
Problemas, 12–14
   detecção de erros, 13–14
   diagrama espacial para, 40
   diagramas de corpo livre para, 13, 40–41
   método de resolução, 12–14
   metodologia SMART para resolução, 13
   solução básica, 12–13
   triângulo de forças, 41
Problemas bidimensionais (plano)
   equilíbrio em, 172–183
   estruturas de corpos rígidos, 172–183
   momentos de uma força, 92–93, 94, 99
   reações de apoio, 172–174
   reações estaticamente determinadas, 176
   reações estaticamente indeterminadas, 176–177
Problemas tridimensionais (espaço), 52–74
   adição de forças em, 52–65
   componentes escalares, 53
   componentes retangulares, 52–55
   corpos rígidos, 93–94, 99, 204–213
   cossenos diretores para, 53, 55
   equilíbrio em, 66–74, 204–213
   forças concorrentes, resultantes, 57
   forças em, 52–74
   intensidade de força, 56–57
   linha de ação, 54–57
   momentos de uma força em relação a um ponto, 93–94, 99
   partículas, 52–74
   reações de apoio, 204–206
   vetor unitário para, 54–55
Produto de inércia, 513–514, 519
Produtos vetoriais, 87–90, 105–108
   componentes retangulares de, 88–90
   momento de uma força em relação a um eixo, 105–108
   momento de uma força em relação a um ponto, 87–90
   produtos escalares, 105–106
   produtos triplos mistos, 107–108
   propriedade comutativa e, 88
   propriedade distributiva e, 88
   regra da mão direita para, 87, 90
Projeção de um vetor, 106, 113
Propriedade comutativa, 88, 105
Propriedade distributiva, 88

R

Raio de giração, 490–491, 494, 530
Reações, 172
   apoio, 172–174, 204–206
   com direção, sentido e intensidade desconhecidos, 173–174
   com linha de ação conhecida, 172–173
   diagramas de corpo livre mostrando, 172
   equilíbrio de corpos rígidos e, 172–174, 204–206
   equivalente a uma força e a um binário, 174
   estruturas bidimensionais, 172–176
   estruturas tridimensionais, 204–206
   forças vinculares, 172, 176–177
Reações de apoio, 172–174, 204–206
   de uma incógnita e de um sentido, 172–173
   determinação estática e, 333
   engastes, 174
   estruturas bidimensionais, 172–174
   estruturas tridimensionais, 204–206
   pinos sem atrito, 173–174
   roletes e suportes basculantes, 172–173
Reações estaticamente determinadas, 176, 333
Reações estaticamente indeterminadas, 176–177, 205, 333
Regra da mão direita, 87, 90
Regra do triângulo para adição de vetores, 19
Resistência ao rolamento, 462–463, 465
Resultante de forças, 16–17
   concorrentes, 20, 57
   de duas forças, 17
   de várias forças concorrentes, 20
   estática de partículas, 17, 20
   estática e, 16
   forças planares, 17, 20
   lei do paralelogramo para, 17
   tridimensional (espaço), 57
Revolução, momento de inércia de um corpo de, 533, 540
Roletes, 172–173
Rotação, 85
Rótula como apoio, 206

S

Simetria, planos de, 277
Sistema Internacional de Unidades (SI), 6–9
Sistemas de forças, 82–168
   aplicação do trabalho virtual a corpos rígidos ligados, 578–580
   binários, 120–128
   centro de gravidade, 84
   concorrentes, 138
   coplanares, 139–140
   equipolentes, 138
   equivalentes, 84–87, 136–150
   força-binário, 124–125
   forças externas, 84–85
   forças internas, 84, 86–87, 298–299
   momento em relação a um eixo, 84
   momento em relação a um ponto, 83
   paralelas, 140–141
   peso e, 84–85
   ponto de aplicação, 84–85
   redução a um sistema força-binário, 136–137
   simplificando, 136–150
   substituição de uma dada força por um sistema força-binário, 124–125, 128
   vetor de posição definindo, 90, 136
Sistemas de forças equivalentes, 82–168
   corpos rígidos, 82–168
   deformação e, 86–87
   externas, 84–85
   internas, 84, 86–87
   peso e, 84–85
   ponto de aplicação, 84–85
   princípio da transmissibilidade e, 83, 85–87
   redução a um sistema força-binário, 136–137
   simplificando, 136–150
Sistemas de unidades, 5–12
   conversão entre, 10–12
   Sistema Internacional de Unidades (SI), 6–9
   unidades usuais nos EUA, 9–10, 12
Sistemas equipolentes, 138
Sistemas força-binário, 124–125
   binário resultante, 138–141
   condições para, 137–138
   equipolentes, 138
   reações equivalentes a, 174
   redução de um sistema de forças em, 136–137
   sistemas equivalentes reduzidos a, 137–138
   substituição de uma dada força por, 124–125, 128
   torsor, 141–142
Superfície
   raio de giração, 490–491
   teoremas de Pappus-Guldinus, 250–252
Superfície, integração
   centroides determinados por, 249–250
   momentos de inércia determinados por, 488–489, 494
Superfícies de apoio sem atrito, 173, 206
Superfícies submersas, forças distribuídas em, 263, 265–268
Superfícies, momento de inércia, 487–494, 498–506, 513–519
   de formatos geométricos simples, 500
   eixos principais e momentos, 514–516, 519
   momentos de segunda ordem, 487–494
   momentos polares, 490, 494
   para superfícies compostas, 499–506
   para um sistema hidrostático, 488, 506
   para uma superfície retangular, 488–489
   produto de inércia, 513–514, 519
   transformação de, 513–519
   uso das mesmas faixas elementares, 489
Suporte basculante, 172–173
Suporte como apoio, 206
Suporte de superfície rugosa, 173, 206

T

Tempo, conceito de, 3
Teorema
   de Pappus-Guldinus, 250–252
   de Varignon, 93
   eixos paralelos, 498–506, 514, 530–531, 539
Teorema dos eixos paralelos
   aplicação em superfícies compostas, 499–506
   para momentos de inércia de uma superfície, 498–506
   para momentos de inércia dos corpos, 530–531, 539
   para produto de inércia, 514
   para produtos de inércia dos corpos, 550
Teoria da relatividade, 3

Torsor, redução de um sistema força-binário a um, 141–142
Trabalho
  de um binário, 577
  de um peso (gravidade), 596
  de uma força, 575–577, 595–597
  de uma mola (força elástica), 596–597
  durante um deslocamento finito, 595–597
  produzido, 580
  recebido, 580
  virtual, 577–578, 585
Trabalho virtual, 573–613
  condições de equilíbrio, 598–602
  deslocamento de uma partícula, 575
  eficiência mecânica de máquinas, 580–581
  energia potencial e, 574, 597–599, 602
  método de, 574–585
Trabalho virtual, princípio do, 574, 577–580, 585
  aplicação a sistemas de corpos rígidos ligados, 578–580
  deslocamento virtual, 577–578, 585
Trabalho virtual, trabalho
  de um binário, 577
  de uma força, 575–577, 595–597
  durante um deslocamento finito, 595–597
  produzido, 580
  recebido, 580
  virtual, 577–578, 585
Tração, deformação a partir das forças internas de, 86
Translação, 85
Transmissibilidade, *ver* Princípio da transmissibilidade
Treliças, 299–309, 317–324
  análise de, 299–309, 317–324
  compostas, 318–319
  diagramas de corpo livre de nós, 303
  elementos redundantes, 319
  elementos sem força aplicada, 305
  elementos sujeitos a duas forças, 299, 300
  espaciais, 306
  indeformável, 319
  método das seções, 317–323
  método dos nós, 302–309
  não rígida, 319
  nós sujeitos a condições especiais de carregamento, 304–306
  rígida, 301
  simples, 300–302, 306
Tríade orientada diretamente, 87–88
Triângulo de forças, 41

U

Unidades, 5–12
  abreviações no SI (fórmulas), 8
  apoios de junta universal, 206
  básicas, 6
  cinética, 5–6
  comprimento, conversão de, 10–11
  conversão entre sistemas, 10–12
  de área e volume, 7–9
  derivada, 6
  energia, 575
  força, conversão de, 11
  gravitacional, 9
  massa, conversão de, 11
  prefixos no SI, 7
  quantidades no sistema usual dos EUA e as equivalentes no SI, 12
  Sistema Internacional de Unidades (SI), 6–9
  sistemas de, 5–10
  usuais nos EUA, 9–10, 12

V

Vão, 379, 405
Varignon, teorema de, 93
Vetores, 17–20
  adição de forças usando, 17–20, 52–55
  ângulo formado por, 106
  componentes retangulares de uma força, 30, 29–32
  coplanares, 19–20
  de posição, 90, 136
  deslizantes, 18, 83, 85
  fixos (ligados), 18
  forças planares, 17–20
  forças tridimensionais, 53–55
  iguais e opostos, 18
  livres, 18
  opostos, 18–19
  produto de um escalar e, 20
  produtos triplos mistos, 107–108
  projeção de, 106
  representação de corpos rígidos, 83, 85
  representação de força da partícula, 17–20
  subtração de, 19
  unitários, 29–32, 54–55
Vetores, adição de, 18–20
  lei do paralelogramo para, 18
  regra do polígono para, 19–20
  regra do triângulo para, 19
Vetores, momentos de uma força, 90, 105–114
  em relação a um eixo, 105–114
  em relação a um ponto, 90
Vigas
  centroides de, 262–264, 267
  classificação de, 378
  diagramas de esforço cortante e de momento fletor para, 381, 386
  esforço cortante, 379–381, 385, 391–399
  flexão pura, 487
  momento fletor em, 379–381, 385, 391–399
  vão, 379
Vigas, condições de carregamento
  concentrada, 262–263, 378
  distribuída, 262–264, 267, 378
  forças internas e, 368, 378–386
  uniformemente distribuída, 378
Viscosidade, *ver* Atrito fluido
Volume, unidades de, 7–9

Centroides de áreas e linhas de formatos comuns

Formato		$\bar{x}$	$\bar{y}$	Área
Superfície triangular			$\dfrac{h}{3}$	$\dfrac{bh}{2}$
Superfície de um quarto de círculo		$\dfrac{4r}{3\pi}$	$\dfrac{4r}{3\pi}$	$\dfrac{\pi r^2}{4}$
Superfície semicircular		0	$\dfrac{4r}{3\pi}$	$\dfrac{\pi r^2}{2}$
Superfície de um quarto de elipse		$\dfrac{4a}{3\pi}$	$\dfrac{4b}{3\pi}$	$\dfrac{\pi ab}{4}$
Superfície semielíptica		0	$\dfrac{4b}{3\pi}$	$\dfrac{\pi ab}{2}$
Superfície semiparabólica		$\dfrac{3a}{8}$	$\dfrac{3h}{5}$	$\dfrac{2ah}{3}$
Superfície parabólica		0	$\dfrac{3h}{5}$	$\dfrac{4ah}{3}$
Superfície sob um arco parabólico		$\dfrac{3a}{4}$	$\dfrac{3h}{10}$	$\dfrac{ah}{3}$
Superfície sob um arco exponencial qualquer		$\dfrac{n+1}{n+2}a$	$\dfrac{n+1}{4n+2}h$	$\dfrac{ah}{n+1}$
Setor circular		$\dfrac{2r\,\text{sen}\,\alpha}{3\alpha}$	0	αr^2

Formato		$\bar{x}$	$\bar{y}$	Comprimento
Arco de um quarto de círculo		$\dfrac{2r}{\pi}$	$\dfrac{2r}{\pi}$	$\dfrac{\pi r}{2}$
Arco semicircular		0	$\dfrac{2r}{\pi}$	πr
Arco de círculo		$\dfrac{r\,\text{sen}\,\alpha}{\alpha}$	0	$2\alpha r$

Momentos de inércia de áreas geométricas comuns

Retângulo

$\bar{I}_{x'} = \frac{1}{12}bh^3$
$\bar{I}_{y'} = \frac{1}{12}b^3h$
$I_x = \frac{1}{3}bh^3$
$I_y = \frac{1}{3}b^3h$
$J_C = \frac{1}{12}bh(b^2 + h^2)$

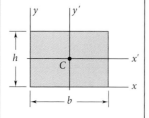

Triângulo

$\bar{I}_{x'} = \frac{1}{36}bh^3$
$I_x = \frac{1}{12}bh^3$

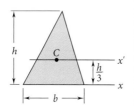

Círculo

$\bar{I}_x = \bar{I}_y = \frac{1}{4}\pi r^4$
$J_O = \frac{1}{2}\pi r^4$

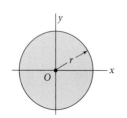

Semicírculo

$I_x = I_y = \frac{1}{8}\pi r^4$
$J_O = \frac{1}{4}\pi r^4$

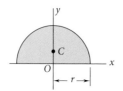

Quarto de círculo

$I_x = I_y = \frac{1}{16}\pi r^4$
$J_O = \frac{1}{8}\pi r^4$

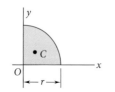

Elipse

$\bar{I}_x = \frac{1}{4}\pi ab^3$
$\bar{I}_y = \frac{1}{4}\pi a^3 b$
$J_O = \frac{1}{4}\pi ab(a^2 + b^2)$

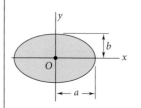

Momentos de inércia de sólidos geométricos comuns

Barra estreita

$I_y = I_z = \frac{1}{12}mL^2$

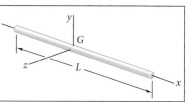

Placa retangular delgada

$I_x = \frac{1}{12}m(b^2 + c^2)$
$I_y = \frac{1}{12}mc^2$
$I_z = \frac{1}{12}mb^2$

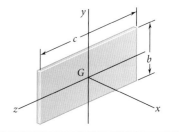

Prisma retangular

$I_x = \frac{1}{12}m(b^2 + c^2)$
$I_y = \frac{1}{12}m(c^2 + a^2)$
$I_z = \frac{1}{12}m(a^2 + b^2)$

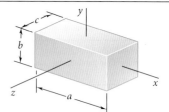

Disco delgado

$I_x = \frac{1}{2}mr^2$
$I_y = I_z = \frac{1}{4}mr^2$

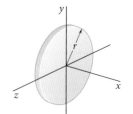

Cilindro circular

$I_x = \frac{1}{2}ma^2$
$I_y = I_z = \frac{1}{12}m(3a^2 + L^2)$

Cone circular

$I_x = \frac{3}{10}ma^2$
$I_y = I_z = \frac{3}{5}m(\frac{1}{4}a^2 + h^2)$

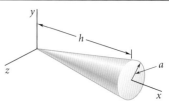

Esfera

$I_x = I_y = I_z = \frac{2}{5}ma^2$

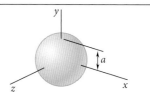

Prefixos SI

Fator de multiplicação	Prefixo	Símbolo
$1.000.000.000.000 = 10^{12}$	tera	T
$1.000.000.000 = 10^{9}$	giga	G
$1.000.000 = 10^{6}$	mega	M
$1.000 = 10^{3}$	quilo	k
$100 = 10^{2}$	hecto*	h
$10 = 10^{1}$	deca*	da
$0,1 = 10^{-1}$	deci*	d
$0,01 = 10^{-2}$	centi*	c
$0,001 = 10^{-3}$	mili	m
$0,000\ 001 = 10^{-6}$	micro	μ
$0,000\ 000\ 001 = 10^{-9}$	nano	n
$0,000\ 000\ 000\ 001 = 10^{-12}$	pico	p
$0,000\ 000\ 000\ 000\ 001 = 10^{-15}$	femto	f
$0,000\ 000\ 000\ 000\ 000\ 001 = 10^{-18}$	atto	a

* O uso desses prefixos deve ser evitado, exceto para a medição de áreas e volumes e para o uso não técnico do centímetro, como no caso das medidas do corpo e de roupas.

Principais unidades do SI usadas em mecânica

Grandeza	Unidade	Símbolo	Fórmula
Aceleração	Metro por segundo ao quadrado	...	m/s²
Ângulo	Radiano	rad	*
Aceleração angular	Radiano por segundo ao quadrado	...	rad/s²
Velocidade angular	Radiano por segundo	...	rad/s
Área	Metro quadrado	...	m²
Massa específica	Quilograma por metro cúbico	...	kg/m³
Energia	Joule	J	N · m
Força	Newton	N	kg · m/s²
Frequência	Hertz	Hz	s⁻¹
Impulso	Newton-segundo	...	kg · m/s
Comprimento	Metro	m	**
Massa	Quilograma	kg	**
Momento de uma força	Newton-metro	...	N · m
Potência	Watt	W	J/s
Pressão	Pascal	Pa	N/m²
Tensão	Pascal	Pa	N/m²
Tempo	Segundo	s	**
Velocidade	Metro por segundo	...	m/s
Volume			
Sólidos	Metro cúbico	...	m³
Líquidos	Litro	L	10⁻³ m³
Trabalho	Joule	J	N · m

* Unidade suplementar (1 revolução = 2π rad = 360°).
** Unidade básica.